Malayalam / Jyotisham / Phaladeepika

Phaladeepika (Sanskrit)
Complete book
28 chapters, 865 slokas,

Author
Mantreswara Daivajna

Translation to Malayalam
Mullappilly

Book No. 6596746
Phaladeepika Malayalam Translation

Category	:	Science / Astronomy
Sub-category	:	Astrology
Author	:	Mantreswara
Language of the book	:	Sanskrit
Language of translation	:	Malayalam
Translator	:	Mullappilly
Member ID	:	3101562
Size	:	7" x 10"
Pages	:	537
CreateSpace ISBN:		: 13-978-1539046363
		10 1539046362

All Rights Reserved.

mullappillymp@gmail.com

ഫലദീപിക
(ജ്യോതിഷം)

ഗ്രന്ഥകാരൻ
മന്ത്രേശ്വരൻ

ഗ്രന്ഥസൂചി

ഫലദീപികയുടെ വ്യാഖ്യാനങ്ങൾ	പരാമർശസൂചന
റ്റി. എൻ. നാണുപിള്ള ആശാൻ, എസ്. ടി. ആർ. പബ്ലിക്കേഷൻസ്, കൊല്ലം (10th Edition)	①
Dr. G. .S. Kapoor, Ranjan Publications, New Delhi (1991)	②
Pandit Gopesh Kumar Ojha and Pandit Ashutosh Ojha, Motilal Banarsidass Publishers, Delhi. (2008)	③
ചെറുവള്ളി നാരായണൻ നമ്പൂതിരി, ദേവി ബുക്ക് സ്റ്റാൾ, കൊടുങ്ങല്ലൂർ (2009)	④

മറ്റു ഗ്രന്ഥങ്ങൾ

1.	ശബ്ദതാരാവലി - ശ്രീകണ്ഠേശ്വരം ജി. പത്മനാഭപിള്ള	⑤
2.	ജ്യോതിഷനിഘണ്ടു - ഓണക്കൂർ ശങ്കരഗണകൻ	⑥

കൂടാതെ, ബൃഹജ്ജാതകം, ബൃഹത്പരാശരഹോര, സാരാവലി, ജാതകപാരിജാതം, ജാതകാദേശം, പ്രശ്നമാർഗ്ഗം തുടങ്ങിയ നിരവധി ഗന്ഥങ്ങളും ഡോ. ബി.വി. രാമൻ, എൻ. ഇ. മുത്തുസ്വാമി തുടങ്ങിയ ആധുനിക ആചാര്യന്മാരുടെ പുസ്തകങ്ങളും ഈ തർജ്ജമയുടെ രചനയിൽ ഉപയോഗിച്ചിട്ടുണ്ട്.

വിഷയവിവരം

അദ്ധ്യായം	വിഷയം
ഗ്രന്ഥസൂചി	
	ഈ പുസ്തകത്തെക്കുറിച്ച്...
1	സംജ്ഞാദ്ധ്യായം (രാശികളും ഭാവങ്ങളും)
2	ഗ്രഹഭേദാദ്ധ്യായം (ഗ്രഹങ്ങളെക്കുറിച്ച് അറിയേണ്ടതെല്ലാം.)
3	വർഗ്ഗങ്ങളും അംശങ്ങളും
4	ഷഡ്ബലം, ചന്ദ്രക്രിയ മുതലായവ
5	കർമ്മാജീവപ്രകരണം
6	യോഗങ്ങൾ
7	സ്വതഃസിദ്ധരാജയോഗങ്ങൾ
8	ഭാവാശ്രയഫലം (ഗ്രഹങ്ങൾ ഭാവങ്ങളിൽ നിന്നാലുള്ള ഫലം)
9	ഗ്രഹങ്ങൾ രാശികളിൽ (ലഗ്നഫലവും ഗ്രഹങ്ങൾ ഉച്ചം, സ്വക്ഷേത്രം മുതലായവയിൽ നിന്നാലുള്ള ഫലവും)
10	ഏഴാം ഭാവചിന്ത
11	സ്ത്രീജാതകം
12	പുത്രചിന്ത
13	ആയുർനിർണ്ണയം
14	രോഗം, മരണം, കഴിഞ്ഞ ജന്മം, അടുത്ത ജന്മം
15	ഭാവചിന്താവിധി
16	ഭാവഫലം
17	നിര്യാണപ്രകരണം
18	ദ്വിഗ്രഹയോഗഫലങ്ങളും പന്ദ്രനെ മറ്റു ഗ്രഹങ്ങൾ ദൃഷ്ടിചെയ്താലുള്ള ഫലങ്ങളും മറ്റും
19	ദശാഫലം
20	ഭാവാധിപ ദശാഫലം
21	അപഹാരഫലം
22	ആയുർദ്ദായദശകൾ
23	അഷ്ടകവർഗ്ഗം
24	അഷ്ടകവർഗ്ഗം (തുടർച്ച)
25	ഉപഗ്രഹങ്ങൾ
26	ചാരഫലം
27	സന്യാസയോഗങ്ങൾ
28	ഉപസംഹാരം
അനുബന്ധം	
1	ഗ്രഹങ്ങളുടെ വർഗ്ഗബലം (അദ്ധ്യായം 3)
2	ഷഡ്ബലം, ചന്ദ്രക്രിയ മുതലായവ (അദ്ധായം 4)
3.	കാലചക്രദശാനാഥപട്ടിക
4.	ശത്രുമിത്രപട്ടിക
5.	കടപയാദി അക്ഷരസംഖ്യ

അദ്ധ്യായം 1
സംജ്ഞാദ്ധ്യായം

ശ്ലോകം   വിഷയം

1. രാശികൾ

1, 2	മംഗളാചരണം
3	ഗണിതം
4.	രാശികളും കാലപുരുഷന്റെ അംഗങ്ങളും
	രാശിസന്ധികൾ
	രാശിസ്വരൂപം
5.	രാശിസ്ഥാനങ്ങൾ
6.	ഗ്രഹങ്ങളുടെ രാശ്യാധിപത്യം
	സൗരയൂഥവും ഗ്രഹങ്ങളുടെ രാശ്യാധിപത്യവും
	ഗ്രഹങ്ങളുടെ ഉച്ചരാശികളും അത്യുച്ചസ്ഥാനങ്ങളും
7.	ഗ്രഹങ്ങളുടെ മൂലത്രികോണരാശികൾ, നരരാശികൾ,
	കീടരാശികൾ, ജലരാശികൾ, ചതുഷ്പാദരാശികൾ
8.	പൃഷ്ഠോദയ - ഉഭയോദയ - ശീർഷോദയരാശികൾ
	രാത്രിരാശികൾ, പകൽ രാശികൾ
	ഊർദ്ധ - അധ - സമരാശികൾ
9.	ചര - സ്ഥിര - ഉഭയരാശികൾ തുടങ്ങിയവ
	പുരുഷരാശികൾ, സ്ത്രീരാശികൾ തുടങ്ങിയവ
	രാശികൾക്ക് ദിക്കുകളുടെ ആധിപത്യം
	വാമാംഗദക്ഷിണാംഗരാശികൾ

2. ഭാവങ്ങൾ

10 - 16	1 മുതൽ 12 വരെയുള്ള ഭാവങ്ങളുടെ വിവരണം.
16	ലീനസ്ഥാനങ്ങൾ, ദുസ്ഥാനങ്ങൾ, സുസ്ഥാനങ്ങൾ, കേന്ദ്രങ്ങൾ
18	പണപരം, ആപോക്ലിമം, ചതുരശ്രം, ഉപചയം, ത്രികോണം.

രാശികൾ

(1)
സന്ദർശനം വിതനുതേ പിതൃദേവനൄണാം
മാസാബ്ദവാസരദളൈരഥ[1] ഊർദ്ധ്വഗം യത്
സവ്യം ക്വചിത് ക്വചിദുപൈത്യപസവ്യമേകം
ജ്യോതിഃ പരം ദിശതു വസ്ത്വമിതാം ശ്രിയം നഃ.
പാഠഭേദം: രഥ

സന്ദർശനം വിതനുതേ	- സന്ദർശിക്കുന്നു (ദർശനം നൽകുന്നു),
പിതൃദേവ നൃണാം	- പിതൃക്കൾക്കും ദേവകൾക്കും മനുഷ്യർക്കും (പിതൃ - ദേവ - മനുഷ്യലോകങ്ങൾക്ക്)
മാസ അബ്ദ വാസര	- മാസം, വർഷം, ദിവസം ഇവയുടെ,
ദളൈഃ അഥ	- പകുതി വീതം,
ഊർദ്ധ്വഗം	- മുകളിലേയ്ക്കു ഗമിക്കുന്നത്,
യത്	- യാതൊന്നാണോ,
ക്വചിത്	- ചിലേടത്ത്, ചിലപ്പോൾ,
സവ്യം	- (തെക്കോട്ട് - ദക്ഷിണായനം),
ക്വചിത് ഉപൈതി അപസവ്യം	- ചിലേടത്ത് (ചിലപ്പോൾ) (വടക്കോട്ട്- ഉത്തരായനം) സഞ്ചരിക്കുന്നു,
ഏകം ജ്യോതിഃ പരം	- പരമമായ ആ ജ്യോതിസ്സ്,
ദിശതു	- കാണിക്കട്ടെ (നൽകട്ടെ),
വസ്തു അമിതാം ശ്രിയം	- അളവറ്റ ഐശ്വര്യത്തെ,
നഃ	- നമുക്ക്.

സാരം: പിതൃക്കൾക്കും ദേവകൾക്കും മനുഷ്യർക്കും മാസത്തിന്റെ പകുതി, വർഷത്തിന്റെ പകുതി, ദിവസത്തിന്റെ പകുതി എന്ന ക്രമത്തിൽ ദർശനമരുളി, എല്ലാറ്റിനും മുകളിൽ ഉയർന്നു നിന്നു പ്രകാശിക്കുന്ന, ആറു മാസം തെക്കോട്ടും ആറു മാസം വടക്കോട്ടും സഞ്ചരിക്കുന്നതായി തോന്നുന്ന, പരമമായ ആ ജ്യോതിസ്സ് നമുക്കു സർവഐശ്വര്യങ്ങളും പ്രദാനം ചെയ്യട്ടെ.

പാഠഭേദം: [1] ***അഥ*** *ഊർദ്ധ്വഗം* എന്നു ④. എന്നാൽ **അഥ**യുടെ കാര്യത്തിൽ മറ്റു മൂന്നു വ്യാഖ്യാനങ്ങളും ഒരേ ***(അഥ)*** അഭിപ്രായക്കാരാണ്. വാസ്തവത്തിൽ ഇതു വൃത്തം ശരിയാക്കാൻ വേണ്ടി ഉപയോഗിച്ച ഒരു അഥമാത്രമാണ്. പരംപൊരുളിന്റെ *അധോഗതി* ഇവിടെ വിവക്ഷിതമല്ല

പിതൃലോകം	ദേവലോകം	മനുഷ്യലോകം	
കാലം	മാസ	*അബ്ദ*	വാസര
ദളം*	വെളുത്തപക്ഷം	ഉത്തരായനം	പകൽ

ദിവസം, മാസം, വർഷം എന്നീ സമയപരിമാണങ്ങളിൽ പകുതി വീതം പ്രകാശമാന മാക്കുന്ന പൊരുളിനെക്കുറിച്ചാണ് ഇവിടെ പറയുന്നത്. ആ പൊരുൾ വൈകുന്നേരങ്ങളിൽ അറബിക്കടലിൽ താഴന്നു പോകുന്ന സൂര്യനല്ല, സൂര്യനുകൂടി പ്രകാശം നൽകുന്ന പരംപൊരുളാണ്. നവഗ്രഹങ്ങളിൽപ്പെട്ട സൂര്യനെ അടുത്ത ശ്ലോകത്തിൽ വണങ്ങുന്നുണ്ട്.) ജീവികൾക്കു ജീവൻ ചൈതന്യമാകുന്നതുപേലെ സൂര്യനു ചൈതന്യമാകുന്ന (തീയില്ലാതെ വിറകു കത്താത്തതു പോലെ, ആ ചൈതന്യമില്ലെങ്കിൽ സൂര്യൻ എരിയില്ല). ഒരു ശക്തിയെക്കുറിച്ചാണ് ഇവിടെ പറയുന്നത്. സൂര്യനു ചൂടും എരിച്ചിലും പ്രദാനം ചെയ്യുന്ന വൾക്കാൻ എന്ന നക്ഷത്ര ത്തെപ്പറ്റി പല പ്രാചീന സംസ്കാരങ്ങളും പറയുന്നുണ്ട്. നമ്മെ സംബന്ധിച്ചിടത്തോളം നമ്മുടെ അദൃശ്യജീവചൈതന്യംപോലെ സൂര്യന്റെ അദൃശ്യചൈതന്യമാണിത് എന്നു കരുതാം.

സവ്യം ക്വചിത് ക്വചിദ്പൈതൃപസവ്യമേകം ജ്യോതിഃ പരം

- ഈ വിഷയം വിശദമായി അനുബന്ധത്തിൽ വിവരിച്ചിട്ടുണ്ട്.

(2)

വാഗ്ദേവീം കുലദേവതാം മമ ഗുരൂൻ കാലത്രയജ്ഞാനദാൻ
സൂര്യാദീംശ്ച നവഗ്രഹാൻ ഗണപതിം ഭക്ത്യാ പ്രണമ്യേശ്വരം
സംക്ഷിപ്യാത്രിപരാശരാദി കഥിതാൻ മന്ത്രേശ്വരോ ദൈവവിദ്-
വക്ഷ്യേƒഹം ഫലദീപികാം സുവിമലാം ജ്യോതിർവിദാം പ്രീതയേ.

വാഗ്ദേവീം	- സരസ്വതീദേവിയെ,
കുലദേവതാം	- ധർമ്മദൈവങ്ങളെ,
കാലത്രയജ്ഞാനദാൻ	- ത്രികാലജ്ഞാനികളായ
മമ ഗുരൂൻ	- എന്റെ ഗുരുനാഥന്മാരെ,
സൂര്യാദീംശ്ച നവഗ്രഹാൻ	- സൂര്യൻ തുടങ്ങിയ നവഗ്രഹങ്ങളെ,
ഗണപതിം	- ഗണപതിയെ,
ഈശ്വരം	- ഈശ്വരനെ (ശിവനെ)
ഭക്ത്യാ പ്രണമ്യ	- ഭക്തിയോടെ നമസ്ക്കരിച്ചിട്ട്,
അത്രിപരാശരാദി	- അത്രി, പരാശരൻ തുടങ്ങിയ മഹർഷിമാരാൽ,
കഥിതാൻ	- പറയപ്പെട്ട (ജ്യോതിഷഫലജ്ഞാനം)
സംക്ഷിപ്യ	- ചുരുക്കി തയ്യാറാക്കിയ
ഫലദീപികാം സുവിമലാം	- പവിത്രമായ ഈ *ഫലദീപികയെ*
ജ്യോതിർവിദാം പ്രീതയേ.	- ജ്യോതിഷവിദ്വാന്മാരുടെ പ്രീതിക്കായിക്കൊണ്ട്
മന്ത്രേശ്വരോ ദൈവവിത്	- മന്ത്രേശ്വരദൈവജ്ഞനായ
വക്ഷ്യേ അഹം	- ഞാൻ വിവരിക്കുന്നു

സാരം: വാഗ്ദേവതയായ സരസ്വതീദേവി, കുലദേവത, ഗുരുനാഥന്മാർ, സൂര്യഭഗവാൻ തുടങ്ങിയ നവഗ്രഹങ്ങൾ, ഗണപതി, പരമശിവൻ ഇവരെ ഭക്തിയോടെ വണങ്ങി ദൈവജ്ഞനായ ഞാൻ, മന്ത്രേശ്വരൻ, ജ്യോതിഷാചാര്യന്മാരായ അത്രി, പരാശരൻ തുടങ്ങിയ മഹർഷിമാരാൽ ഉപദേശിക്ക പ്പെട്ട ജ്യോതിഷശാസ്ത്രം പണ്ഡിതന്മാരുടെ പ്രീതിക്കായിക്കൊണ്ട് ചുരുക്കി വിവരിക്കുകയാണ്.

(3)

പദാഭാദ്യൈർയന്ത്രൈർജനനസമയോƒത്ര പ്രഥമതോ

വിശേഷാദ്വിജ്ഞേയഃ സഹ വിഘടികാഭിസ്ത്വഥ തദാ
ഗതൈർദൃക് തുല്യത്വം ഗണിതകരണൈഃ ഖേചരഗതിം
വിദിത്വാ തദ്ഭാവം ബലമപി ഫലം തൈഃ കഥയതു.

പ്രഥമതഃ	- ആദ്യമായി
പദ:ഭ:ദ്യൈഃ യന്ത്രൈഃ	- അടിയളവോ ഉപകരണങ്ങളോ വെച്ച്,
ജ:ന:ന:സമയഃ അത്ര	- ജനനസമയം,
സഹ വിഘട:ക:ഭിഃ തു അഥ	- വിനാഴിക സഹിതം,
വിശേഷാത് വ:ജ്ഞേ:യഃ	- പ്രത്യേകം അറിയണം. അതിനുശേഷം,
ഗതൈഃദൃക് തുല്യത്വം ഗണ:തകരണൈഃ	- ദൃഗ്ഗണിതപ്രകാരം കണക്കുകൂട്ടി,
ഖേച:ര:ഗതിം	- (ആ സമയത്തെ) ഗ്രഹസ്ഥിതി,
തദ്ഭാവം ബലം അപി	- ഭാവവും ബലവും ഉൾപ്പെടെ
വിദിത്വാ	- അറിഞ്ഞിട്ട്
ഫലം തൈഃ	- അവയുടെ ഫലം,
കഥയതു	- പറയുക.

ആദ്യമായി ശരിയായ ജനനസമയം കണ്ടെത്തുക. എന്നിട്ട് ആ ജനനസമയത്തെ ഗ്രഹനില ഗണിച്ചുണ്ടാക്കുക. (സെൽഫോണിൽവരെ അസ്ട്രോളജി സോഫ്റ്റ്വെയർ ലഭ്യമായ ഇക്കാലത്ത് ഒരു ഗ്രഹനിലയോ തലക്കുറിയോ തയ്യാറാക്കാൻ നിമിഷങ്ങൾ മാത്രം മതി). അതിനുശേഷം ഗ്രഹങ്ങളുമായി ബന്ധപ്പെട്ട ഭാവങ്ങളുടെയും ഭാവാധിപന്മാരെന്ന നിലയ്ക്ക് ഗ്രഹങ്ങളുടെയും ബലവും ഫലദാനശേഷിയും ചിന്തിച്ചെടുക്കുക. ഇത്രയും ചെയ്തിട്ടു വേണം ഇനി പറയാൻ പോകുന്ന ജാതകഫലപ്രവചനനിയമങ്ങൾവെച്ചു ജാതകഫലം ചിന്തിച്ചു തുടങ്ങുവാൻ.

(4)
ശിരോവക്ത്റോരോഹൃജ്ജഠരകടിവസ്തിപ്രജനന-
സ്ഥലാന്യൂരൂ ജാന്വോർയുഗളമിതി ജംഘേ പദയുഗം
വിലഗ്നാൽ കാലാംഗാന്യളിഝഷകുളീരാന്തിമമിദം (1)
ഭസന്ധിർവിഖ്യാതാ സകലഭവനാന്താനപി പരേ.

(1)പാഠഭേദം: *അളിഝഷകുളീരാളി ചരമം* ④ ഇതു തെറ്റാണ്, *അളി* ആവർത്തനവുമാണ്.

രാശികളും കാലപുരുഷന്റെ അവയവങ്ങളും

അംഗം		രാശിചക്രത്തിൽത്തിൽ (രാശി)	ജാതകത്തിൽ (ഭാവം)
ശിര	- ശിരസ്സ്	മേടം	1
വക്ത്ര	- മുഖം	ഇടവം	2
ഉര	- നെഞ്ച്	മിഥുനം	3
ഹൃദ്	- ഹൃദയം	കർക്കടകം	4
ജഠര	- വയർ	ചിങ്ങം	5
കടി	- അരക്കെട്ട്	കന്നി	6
വസ്തി	- പൊക്കിളിനു താഴെയുള്ള ഭാഗം (മൂത്രാശയം)	തുലാം	7
പ്രജ:ന:ന:സ്ഥ:ലാന്	- ജനനേന്ദ്രിയം	വൃശ്ചികം	8

ഊരൂ - തുടകൾ	ധനു		9
ജാന്വോഃ യുഗളം - കാൽമുട്ടുകൾ	മകരം		10
ജംഘേ - കണങ്കാലുകൾ	കുംഭം		11
പദ്‌യുഗം - പാദങ്ങൾ	മീനം		12

വിലഗ്നാൽ - ഇങ്ങനെ ലഗ്നം മുതൽക്ക്
കാലാംഗാനി - കാലപുരുഷന്റെ അംഗങ്ങൾ ആകുന്നു.

രാശിചക്രം സ്ഥലമാണ്; സമയവുമാണ്. സ്ഥലം 360 ഡിഗ്രിയുള്ള വൃത്തമാണെങ്കിൽ, സമയം 60 നാഴിക അഥവാ 24 മണിക്കൂർ ദൈർഘ്യമുള്ള ദിവസമാണ്. ഗണിതംകൊണ്ട് ഇവയെ പരസ്പരം മാറ്റിയെടുക്കാം. രാശിചക്രത്തെ കാലപുരുഷനായി കാണുന്നതിന്റെ അടിസ്ഥാനം ഇതാണ്.
(360° = 24 hours . 1^O = 4 minutes.)

ഹോരാശാസ്ത്രം 1- 4
കാലാംഗാനി വരാംഗമാനനമുരോ ഹൃത് ക്രോഡവാസോ f ഭൃതോ
വസ്തിർവ്യഞ്ജനമൂരുജാനുയുഗളേ ജംഘേ തതോ f ംഘ്രിദ്വയം

12 മീനം	1 മേടം	2 ഇടവം	3 മിഥുനം
11 കുംഭം			4 കർക്കടം
10 മകരം			5 ചിങ്ങം
9 ധനു	8 വൃശ്ചികം	7 തുലാം	6 കന്നി

ഉദയത്തിൽ കിഴക്കൻചക്രവാളത്തിൽ പ്രത്യക്ഷപ്പെടുന്ന സൂര്യൻ ഭൂമിക്കു മുകളിലൂടെ സഞ്ചരിച്ച്, പടിഞ്ഞാറ് അസ്തമിച്ച്, അവിടെനിന്നും ഭൂമിക്കടിയിലൂടെ സഞ്ചരിച്ച്, കിഴക്കൻ ചക്രവാളത്തിലെത്തുന്നു എന്നതു നാം ദിവസവും കാണുന്ന കാഴ്ച. സൂര്യന്റെ ഈ മാർഗ്ഗത്തെ, പ്രദക്ഷിണത്തെ, ഒരു വൃത്തമായി സങ്കൽപ്പിക്കുമ്പോൾ അതൊരു രാശിചക്രമായി. ഈ രാശിചക്രത്തെ ഒരു പുരുഷനായി സങ്കൽപ്പിച്ചാൽ അതു കാലപുരുഷനുമായി.

മേഷാശ്വിപ്രഥമാ നവർക്ഷചരണാശ്ചക്രസ്ഥിതാ രാശയോ,
രാശിക്ഷേത്രഗൃഹർക്ഷഭാനിഭവനം ചൈകാർത്ഥസമ്പ്രത്യയേ. (ഹോരാ)

കാലപുരുഷന്റെ അവയവങ്ങൾ 360 ഡിഗ്രി വൃത്തമായ രാശിചക്രത്തിൽ മേടം മുതൽക്കും ജാതകത്തിൽ ലഗ്നംമുതൽക്കും ചിന്തിക്കണം. ഹോരാശാസ്ത്രത്തിലെ ശ്ലോകത്തിൽ *കാലാം ഗാനി.....ചക്രസ്ഥിതാ രാശയഃ* എന്നതുകൊണ്ട് ഉദ്ദേശിക്കുന്നത് രാശിചക്രരൂപത്തിലുള്ള പുരുഷ നെയാണ്. എന്നാൽ ഫലദീപികയിൽ വിലഗ്നാൽ എന്ന് എടുത്തു പറഞ്ഞിട്ടുള്ളതുകൊണ്ട് ജാത കത്തിൽ ലഗ്നം മുതൽക്കാണ് ഇതു ചിന്തിക്കേണ്ടതെന്നു വ്യക്തമാക്കുന്നു. ഇപ്പോൾ സാധാരണ

ചെയ്തുവരുന്നത് കുജൻ ജാതകത്തിൽ ചിങ്ങത്തിലാണെങ്കിൽ, ചിങ്ങം എത്രാംഭാവമാണോ അവിടെ ഒരു അടയാളം പറയുക എന്നതാണ്.

രാശിസന്ധികൾ

അളിഝഷകുളീരാന്തിമമിദം

അളി	-	തേൾ (വൃശ്ചികം),
ഝഷം	-	മത്സ്യം (മീനം),
കുളീരം	-	ഞണ്ട് (കർക്കടകം),
അന്തിമം	-	അവസാനരാശി (മീനം),
ഇദം	-	ഇപ്രകാരം,
ഭസന്ധിഃ	-	രാശിസന്ധികൾ
വ്യഖ്യാതാ	-	പ്രസിദ്ധമാകുന്നു.
സകലഭവനാന്തേനപി പരേ	-	രാശികൾ ചേരുന്നിടത്തെല്ലാം സന്ധിയുണ്ടെന്നും ചിലർക്ക് അഭിപ്രായമുണ്ട്.

രാശിസന്ധികളും നക്ഷത്രസന്ധികളും

സ്ഥാനം	രാശിസന്ധി	നക്ഷത്രസന്ധി
120^0	കർക്കടം - ചിങ്ങം	ആയില്യം - മകം
240^0	വൃശ്ചികം - ധനു	തൃക്കേട്ട - മൂലം
360^0	മീനം - മേടം	രേവതി - അശ്വതി

ചന്ദ്രൻ സന്ധി കടക്കുമ്പോഴാണ് ഗണ്ഡാന്തം. ഗണ്ഡാന്തം മൂന്നു വിധമുണ്ട്. രാശിഗണ്ഡാന്തം, നക്ഷത്രഗണ്ഡാന്തം, തിഥിഗണ്ഡാന്തം.

ശശിഭവനാളിഝഷാന്തമൃക്ഷസന്ധി.... ഹോരാശാസ്ത്രം: 1- 7

ഫലദീപികയിലെ അടുത്ത ശ്ലോകത്തിലേയ്ക്കു കടക്കുന്നതിനുമുമ്പ് ഹോരാശാസ്ത്രത്തിൽനിന്നുതന്നെ രാശിസ്വരൂപം വിവരിക്കുന്ന ഒരു ശ്ലോകം ഉദ്ധരിക്കാം.

മത്സ്യൗ ഘടീ നൃമിഥുനം സഗദം സവീണം
ചാപീ നരോശ്വജഘനോ മകരോ മൃഗാസ്യഃ
തൗലീഃ സസസ്യദഹനാ പ്ലവഗാ ച കന്യാ
ശേഷാഃ സ്വനാമസദൃശാ സ്വചരാശ്ച സർവേ. ***ഹോരാശാസ്ത്രം 1-5***

രാശിസ്വരൂപം

1	*മത്സ്യൗ*	-	രണ്ടു മത്സ്യങ്ങൾ (മീനം)
2	*ഘടീ*	-	കുടം പിടിച്ചവൻ (കുംഭം)
3	*നൃമിഥുനം സഗദം സവീണം*	-	ഗദയേന്തിയ പുരുഷനും, വീണ പിടിച്ച സ്ത്രീയും (മിഥുനം)
4	*ചാപീ നരോശ്വജഘനോ*	-	അരയ്ക്കു മുകളിൽ കയ്യിൽ വില്ലോടുകൂടിയ പുരുഷൻ, അരയ്ക്കു താഴെ കുതിര (ധനു)

5	*മകരോ മൃഗാസ്യ*	-	മാനിന്റെ മുഖമുള്ള മകരമത്സ്യം അല്ലെങ്കിൽ മാനിനെ പകുതി വിഴുങ്ങിയ മുതല (മകരം)
6	*തൗലി*	-	തുലാസ്സു പിടിച്ച പുരുഷൻ (തുലാം)
7	*സസസ്യദഹനാ പ്ലവഗാ ച കന്യാ*	-	ഒരു കയ്യിൽ സസ്യവും മറ്റേ കയ്യിൽപന്തവും പിടിച്ച് തോണിയിൽ ഇരിക്കുന്ന കന്യക (കന്നി)
	ശേഷാഃ സ്വനാമസദൃശാ	-	ശേഷിച്ചവ തങ്ങളുടെ പേരിനനുസരിച്ചുള്ളവ
8.	മേടം	-	ആട്
9.	ഇടവം	-	കാള
10.	കർക്കടകം	-	ഞണ്ട്
11.	ചിങ്ങം	-	സിംഹം
12.	വൃശ്ചികം	-	തേള്

വൈദികകാലത്ത് കാലഗണനയ്ക്ക് ഉപയോഗിച്ചിരുന്നത് ആറു ഋതുക്കളും ഇരുപത്തേഴോ ഇരുപത്തെട്ടോ വരുന്ന നക്ഷത്രങ്ങളും മാത്രമായിരുന്നു. അതും യാഗം, സത്രം, യുദ്ധം, കൃഷി തുടങ്ങിയവയുടെ സമയനിർണ്ണയത്തിന് മാത്രം സൂര്യൻമുതൽക്കുള്ള ഏഴു ഗ്രഹങ്ങൾ പല സന്ദർഭങ്ങളിലായി (പ്രവചനത്തിനല്ല) വേദങ്ങളിൽ വരുന്നുണ്ട്. . ഹോരാശാസ്ത്രത്തിൽ തന്നെ എട്ടാമതൊരു ഗ്രഹത്തിന്റ ആവശ്യം വരുമ്പോഴാണ് വരാഹമിഹിരൻ രാഹുവിനെ ഓർക്കുന്നത്. ചുരുക്കത്തിൽ ഈ രാശികളും രാശിജ്യോതിഷത്തിന്റെ അടിസ്ഥാനബിന്ദുവായ ലഗ്നവും വിവിധ ഗുണഗണങ്ങളോടുകൂടിയ സചേതനരായ ഗ്രഹങ്ങളും പ്രവചനജ്യോതിഷത്തിന്റെ ആവശ്യത്തിലേയ്ക്കു വളർന്നു വന്നവയാണ്.

ഋതുക്കൾ

1	വസന്തം	(ചൈത്രം, വൈശാഖം)	മീനം, മേടം
2	ഗ്രീഷ്മം	(ജ്യേഷ്ഠം, ആഷാഢം)	ഇടവം, മിഥുനം
3	വർഷം	(ശ്രാവണം, പ്രോഷ്ടപദം)	കർക്കടകം, ചിങ്ങം
4	ശരത്	(ആശ്വിനം,കാർത്തിക)	കന്നി, തുലാം
5	ഹേമന്തം	(മാർഗ്ഗശീർഷം, പൗഷം)	വൃശ്ചികം, ധനു
6	ശിശിരം	(മാഘം, ഫാൽഗുനം)	മകരം, കുംഭം

<u>സൗരമാസങ്ങൾ</u>

സൂര്യൻ ഓരോ രാശിയിലും പ്രവേശിക്കുമ്പോൾ അതിനനുസരിച്ചു മാസങ്ങളും പിറക്കുന്നതാണ് സൗരമാസങ്ങൾ.ഇംഗ്ലീഷ് മാസങ്ങൾ സ്ഥിരമാണ്. ദേശീയമാസങ്ങൾ ഇംഗ്ലീഷ് 20-23 തിയതികൾക്കിടയിലും മറ്റു സൗരമാസങ്ങൾ (ബെംഗാൾ, ആസാം, ഒറീസ, പഞ്ചാബ്, ഹരിയാന, തമിഴ്നാടു, കേരളം തുടങ്ങിയവ) 13-17 തിയതികൾക്കിടയിലുമായി വരും.

രാശി	കേരളം	ദേശീയം	തമിൾ	ഇംഗ്ലീഷ്
മകര 270	മകരം	മാഘ	തായ്	ജനുവരി
കുംഭ	കുംഭം	ഫാൽഗുന	മാസി	ഫെബ്റുവരി
മീന	മീനം	ചൈത്രം	പന്കുനി	മാർച്ച്
മേഷ 0 , 360	മേടം	വൈശാഖ	ചിത്തിരൈ	ഏപ്രിൽ
വൃഷ	ഇടവം	ജ്യേഷ്ഠ	വൈകാശി	മെയ്
മിഥുന	മിഥുനം	ആഷാഢ	ആണി	ജൂൺ
കർക്കടക 90	കർക്കടം	ശ്രാവണ	ആടി	ജൂലൈ
സിംഹ	ചിങ്ങം	ഭാദ്ര	ആവണി	ആഗസ്റ്റ്
കന്യ	കന്നി	അശ്വിന	പുരുട്ടാശി	സെപ്തംബർ

	തുലാ 180	തുലാം	കാർത്തിക	അർപ്പിശി	ഒക്ടോബർ
	വൃശ്ചിക	വൃശ്ചികം	അഗ്രഹായണ	കാർത്തിഗൈ	നവംബർ
ധനു		ധനു	പൗഷ	മാർഗളി	ഡിസംബർ

രാശികൾ

ഗ്രീക്ക്	ഹോരാ	ഇംഗ്ലീഷ്	സംസ്കൃതം	മലയാളം
1 ക്രിഓസ്	ക്രിയ	ഏരീസ്	മേഷ	മേടം
2. താവ്റോസ്	താവുരു	ടോറസ്	വൃഷഭ	ഇടവം
3 ദിദിമോസ്	ജുതുമ	ജെമിനി	മിഥുന	മിഥുനം
4 കാർകിനോസ്	കുളീര	കാൻസർ	കർക്കട	കർക്കടകം
5 ലെ ഓൺ	ലേയ	ലിയോ	സിംഹ	ചിങ്ങം
6 പാർതെനോസ്	പാർത്ഥോന	വിർഗൊ	കന്യ	കന്നി
7 സീഗോൺ	ജുക	ലിബ്ര	തുലാ	തുലാം
8 സ്കോർപിഓസ്	കോർപ്പി	സ്കോർപ്പിയോ	വൃശ്ചിക	വൃശ്ചികം
9 തൊക്സോനിസ	തൗക്ഷിക	സഗിറ്റാറസ്	ധനു	ധനു
10 എഗോകെറോസ്	ആകോകേര	കാപ്രിക്കോൺ	മകര	മകരം
11 ഇഡ്രൊഹോസ്	ഹൃദ്രോഗ	അക്വേറിയസ്	കുംഭ	കുംഭം
12 ഇഹ്തിസ്	ഇത്ഥസി	പീസസ്	മീന	മീനം

ഗ്രീക്ക്നാമങ്ങളും വരാഹമിഹിരൻ തന്റെ ഹോരാശാസ്ത്രത്തിൽ കൊടുത്തിട്ടുള്ള പര്യായനാമങ്ങളും ഒന്നുതന്നെയാണ്.

അലക്സാണ്ടർ വന്നു പോയതിനുശേഷം ഉത്തരേന്ത്യയുടെ കുറെ ഭാഗം അലക്സാണ്ടർ അധികാരമേൽപ്പിച്ച ഗ്രീക്ക് ഗവർണ്ണറുടെ കീഴിലായിരുന്നു. അതിലും അതിന്റെ തുടർച്ചയായി വന്ന ചന്ദ്രഗുപ്തമൗര്യന്റെ ഭരണത്തിൻ കീഴിലും ഗ്രീക്ക്-കല, സാഹിത്യം, വൈദ്യം (യുനാനി), യവനജ്യോതിഷം തുടങ്ങിയവയ്ക്കെല്ലാം ഇവിടെ രാജകീയ പദവി ലഭിച്ചു എന്നു വേണം കരുതാൻ ഇക്കാലത്താണ് രാശ്യാധിഷ്ഠിതമായ ഗ്രീക്ക് ഗ്രഹ-രാശി ജ്യോതിഷവും. ഭാരതീയമായ നക്ഷത്രജ്യോതിഷവും അതൊന്നുമായി ബന്ധമില്ലാത്ത ബുദ്ധിസ്റ്റ് കർമ്മസിദ്ധാന്തവും ചേർത്ത് ഒരു പുതിയ സരണി തുടങ്ങിവെച്ചത് എന്നു തോന്നുന്നു.. കർമ്മസിദ്ധാന്തം പോലേ വിംശോത്തരി, അഷ്ടോത്തരീ, അഷ്ടകവർഗ്ഗം, വർഗ്ഗബലം, ഷഡ്ബലം തുടങ്ങിയവ ഇവിടത്തെ സംഭാവനയാണ് എന്നു വേണം കരുതാൻ. ഓരോ വർഷവും വരുന്ന അയനാംശവ്യത്യാസം മറി കടക്കാൻ നിരയനമെന്ന ഒരു ഗണിത രീതിയും പ്രചാരത്തിൽ വന്നു. വരാഹമിഹിരൻ പ്രചരിപ്പിച്ച നവീനജ്യോതിഷം പരാശരി എന്ന പേരിൽ, ഒറിജിനൽ പരാശരജ്യോതിഷത്തേയും താജിക്, ജൈമിനി തുടങ്ങിയ രീതികളെയും നിഷ്പ്രഭമാക്കി മുന്നേറി. കേരളത്തിലാകട്ടെ, നിമിത്തശാസ്ത്രത്തെ കൂട്ടു പിടിച്ചു കൊണ്ടു വന്ന പ്രശ്നം വൻഹിറ്റാകുകയും ചെയ്തു. വരാഹമിഹിരന്റെ ഹേരാശാസ്ത്രത്തിനും മന്ത്രേശ്വരന്റെ ഫലദീപികയ്ക്കുമിടയിൽ ഒരായിരം വർഷത്തിൽ വന്ന മാറ്റം ശ്രദ്ധേയമാണ്. അതിൽ എത്ര മാത്രം ശാസ്ത്രമുണ്ടെന്നു ദൈവത്തിനു മാത്രം അിറയാം. ഉദാഹരണത്തിന് വരാഹമിഹിരൻ പറയുന്ന ദശാപഹാരങ്ങൾ സാമാന്യ പ്രവചനത്തിനു് ഉപയുക്തമല്ല. അതിനു പകരം ഇപ്പോൾ ഇവിടെ പ്രചാരത്തിലുള്ളത് വിംശോത്തരിയാണ്. ഇത് ആര് എപ്പോൾ കൊണ്ടു വന്നു ശനിക്കു 19 വർഷമുള്ളപ്പോൾ സൂര്യന് ആറു മാത്രമായതെന്തേ ഈ ചോദ്യങ്ങൾക്ക് ഉത്തരമന്വേഷിച്ച് എനിക്കു ഭ്രാന്തായി എന്നു തന്നെ പറയാം.

നക്ഷത്രങ്ങൾ

അശ്വതിമുതൽ രേവതിവരെ ഇരുപത്തേഴു നക്ഷത്രങ്ങളാണല്ലോ ഇന്നു പ്രചാരത്തിലുള്ളത്. എന്നാൽ പല മാറ്റങ്ങൾക്കും വിധേയമായാണ് ഇത് ഈ സ്ഥിതിയിലെത്തിയത്.

നക്ഷത്രപട്ടികയിലെ പരിണാമം

(1) തൈത്തിരീയസംഹിത,

(2) മൈത്രേയിസംഹിത,

(3) കഠസംഹിത,

(4) അഥർവവേദം,

(5) വേദാംഗജ്യോതിഷം,

(6) സൂര്യസിദ്ധാന്തം

എന്ന ക്രമത്തിൽ

	(1) തൈത്തിരീ	(2) മൈത്രേയി	(3) കഠം	(4) അഥർവ	(5) വേദാംഗ	(6) സൂര്യ
1.	കൃത്തികാ,	കൃത്തികാ,	കൃത്തികാ,	കൃത്തികാ,	ഭരണ്യ,	അശ്വിനി
2.	രോഹിണി,	രോഗിണി,	രോഹിണി,	രോഹീണി,	കൃത്തിക,	ഭരണി
3.	മൃഗശീർഷ,	ഇൻക,	ഇൻക,	മൃഗശിരസ് ,	രോഹിണി,	കൃത്തിക
4.	ആർദ്ര,	ബാഹു,	ബാഹു,	ആർദ്ര,	മൃഗശീർഷം,	രോഹിണി
5.	പുനർവസു,	പുനർവസു,	പുനർവസു,	പുനർവസു,	ആർദ്ര,	മൃഗശീർഷ
6.	തിഷ്യ,	തിഷ്യ,	തിഷ്യ,	പുഷ്യ,	പുനർവസു,	ആർദ്ര
7	അസ്രിസസ്,	അസ്ലാസാസ്,	അസ്ലിസാസ്,	അസ്ലിസാസ്,	പുഷ്യ,	പുനർവസു
8	മഘം,	മഘം,	മഘം,	മഘം,	ആശ്ലേഷ,	പുഷ്യ
9.	ഫൽഗുനി,	ഫൽഗുനിസ്,	ഫൽഗുനിസ് ,	ഫൽഗുനി,	മഘം,	ആശ്ലേഷം
10.	ഫൽഗുനി,	ഫൽഗുനി,	ഉത്തരഫൽഗുനി,	...........,	പൂർവഫൽഗുനി	മഘം
11.	ഹസ്ത,	ഹസ്ത,	ഹസ്തൗ,	ഹസ്ത,	ഉത്തരഫൽഗുനി,	പൂർവഫൽഗുനി
12.	ചിത്ര,	ചിത്ര,	ചിത്ര,	ചിത്ര,	ഹസ്തം,	ഉത്തരഫൽഗുനി
13.	സ്വാതി,	നിഷ്ട്യ,	സ്വാതി,	സ്വാതി,	ചിത്ര,	ഹസ്തം
14.	വിശാഖ,	വിശാഖ,	വിശാഖ,	വിശാഖ,	സ്വാതി,	ചിത്ര
15.	അനുരാധാ,	അനുരാധാ,	അനുരാധാ,	അനുരാധ,	വിശാഖ,	സ്വാതി
16.	രോഹിണി,	ജ്യേഷ്ഠ,	ജ്യേഷ്ഠ,	ജ്യേഷ്ഠ,	അനുരാധ,	വിശാഖ
7.	വിസ്യതം,	മൂലം,	മൂല,	മൂലം,	ജ്യേഷ്ഠ,	അനുരാധ
18.	അസധാസ് ,	അസാധാസ് ,	അസധാസ് ,	പൂർവഅസധാസ്,	മൂലം,	ജ്യേഷ്ഠ
19.	അഷാഢം	അഷാഢം	ഉത്തരഅഷാഢം	ഉത്തരഅഷാഢം,	പൂർവാഷാഢം,	മൂലം
20.	.........,	അഭിജിത്ത്,	.......,	അഭിജിത്ത് ,	ഉത്തരാഷാഢം,	പൂർവഅഷാഢം
21.	ശ്രോണ,	ശ്രോണ,	അശ്വത്ഥ,	ശ്രാവണ,	ശ്രാവണം,	ഉത്തരഅഷാഢം
22.	ശ്രവിഷ്ഠം,	ശ്രവിഷ്ഠം,	ശ്രാവിഷ്ഠം,	ശ്രാവിഷ്ഠം,	ധനിഷ്ഠം,	അഭിജിത്
23.	ശതാഭിഷജ്,	ശതഭിഷജ്,	ശതഭിഷജ് ,	ശതഭിഷജ്,	ശതഭിഷജ്,	ശ്രാവണം
24.	പ്രോഷ്ഠപാദം,	പ്രോ.പാദം,	പ്രോ.പാദം,	ദ്വയപ്രോഷ്ഠ,	പൂർവഭാദ്രപദം,	ശ്രവിഷ്ഠം
25.	പ്രോഷ്ഠപാദം,	പ്രോഷ്ഠപാദം,	ഉത്തര	പ്രോഷ്ഠപാദം,	.......,	ഉത്തരഭാദ്രപദം
26.	രേവതി,	രേവതി,	രേവതി,	രേവതി,	രേവതി,	പൂർവഭാദ്രപദം
27.	അശ്വയുജൗ,	അശ്വയുജൗ,	അശ്വയുജൗ,	അശ്വയുജൗ,	അശ്വയുജൗ,	ഉത്തരഭാദ്രപദം
28.	അപഭരനി,	ഭരണി,	അപഭരണി,	ഭരണ്യാഃ ,	.... ,	രേവതി

(ശാസ്ത്രം ഇന്ത്യയിൽ എന്ന പുസ്തകത്തിൽനിന്നും ഉദ്ധരിച്ചത്)

'. ഗ്രഹ-രാശി-നക്ഷത്ര നാമങ്ങളും അവയുടെ ഗുണദോഷങ്ങളും ഈശ്വരദത്തമെന്നതിനേക്കാൾ ആദ്യകാലപണ്ഡിതന്മാരുടെ നിരീക്ഷണപരീക്ഷണഫലങ്ങളാണെന്നു വിശ്വസിക്കാനാണ് ഇന്നുള്ള വർക്ക് ഇഷ്ടം. പുഴക്കരയിലെ മണലിൽ മലർന്നു കിടന്നു ദിവസവും ഗ്രഹനക്ഷത്രങ്ങളെ നിരീക്ഷിച്ചിരുന്ന ജ്യോതിശ്ശാസ്ത്രജ്ഞരുടെ നാടാണല്ലോ ഇത്. . വരാഹമിഹിരൻ ശേഖരിച്ച ജ്യോതിഷഫലജ്ഞാനത്തെ വിശദീകരിച്ചു എളുപ്പമാക്കുകയാണ് സാരാവലി, ജാതകപാരിജാതം, ഫലദീപിക എന്നിവയുടെ കർത്താക്കൾ ചെയ്ത്ത്.

സ്വചരാശ്ച സർവേ - എല്ലാം താന്താങ്ങളുടെ സ്ഥലങ്ങളിൽ സഞ്ചരിക്കുന്നവ.
സ്വചരാശ്ച സർവേ എന്നതിന്റെ വിശദീകരണമാണ് ഫലദീപികയിലെ അടുത്ത ശ്ലോകം.

(5)

അരണ്യേ കേദാരേ ശയനഭവനേ ശ്വഭ്രസലിലേ
ഗിരൗ പാഥഃ സസ്യാന്വിതഭുവി വിശാംധാമ്നി സുഷിരേ
ജനാധീശസ്ഥാനേ സജലവിപിനേ ധാമ്നി വിചരൽ
കുലാലേ കീലാലേ വസതിരുദിതാ മേഷഭവനാത്.

രാശിസ്ഥാനങ്ങൾ

അരണ്യേ	-	കാട്ടിൽ,
കേദാരേ	-	വയലിൽ,
ശയനഭവനേ	-	കിടപ്പുമുറിയിൽ,
ശുഭ്രസലിലേ	-	ശുദ്ധജലത്തിൽ,
ഗിരൗ	-	മലകളിൽ,
പാഥഃ സസ്യാന്വിതഭുവി	-	ജലവും സസ്യങ്ങളുമുള്ള സ്ഥലം,
വിശാംധാമ്നി	-	കച്ചവടസ്ഥലങ്ങൾ,
സുഷിരേ	-	പൊത്തുകളിൽ,
ജനാധീശസ്ഥാനേ	-	കൊട്ടാരങ്ങളിൽ,
സജലവിപിനേ	-	ജലമുള്ള കാട്ടിൽ,
ധാമ്നി വിചരത് കുലാലേ	-	മൺപാത്രങ്ങൾ ഉണ്ടാക്കുന്ന സ്ഥലം
കീലാലേ	-	ജലത്തിൽ,
വസതിഃ ഉദിതാ	-	വാസസ്ഥാനം പറയപ്പടുന്നു,
മേഷഭവനാത്	-	മേടം രാശിമുതൽ.

രാശിസ്ഥാനങ്ങൾ

	രാശി	സ്വരൂപം	സ്ഥാനം
1.	മേടം	ആട്	കാട്
2.	ഇടവം	കാള	വയൽ
3.	മിഥുനം	യുവമിഥുനങ്ങൾ	കിടപ്പുമുറി
4.	കർക്കടകം	ഞണ്ട്	ശുദ്ധജലം
5.	ചിങ്ങം	സിംഹം	മലപ്രദേശം
6.	കന്നി	കന്യക	ജലവും സസ്യങ്ങളുമുള്ള സ്ഥലം

7.	തുലാം	തുലാസ്സ്	കച്ചവടസ്ഥലങ്ങൾ
8.	വൃശ്ചികം	തേൾ	പൊത്ത്
9.	ധനു	രാജഗുരു	രാജസദസ്സ്
10.	മകരം	മകരമത്സ്യം	ജലാശയങ്ങളുള്ള കാട്
11.	കുംഭം	കുടം	മൺപാത്രങ്ങൾ ഉണ്ടാക്കുന്നസ്ഥലം
12.	മീനം	രണ്ടു മത്സ്യങ്ങൾ	ജലം

(6)
ഭൗമഃ ശുക്ര ബുധേന്ദു സൂര്യ ശശിജാഃ ശുക്രാര ജീവാർക്കജാഃ
മന്ദോ ദേവഗുരുഃ ക്രമേണ കഥിതാ മേഷാദി രാശീശ്വരാഃ
സൂര്യാദുച്ചഗൃഹാഃ ക്രിയോ വൃഷമൃഗസ്ത്രീ കർക്കി മീനാസ്തുലാഃ
ദിക്ര്ത്യംശൈർമനുയുക് തിഥീഷുഭനഖാംശൈസ്തേ f സ്ത നീചാഃ ക്രമാത്.

ഗ്രഹങ്ങളുടെ രാശ്യാധിപത്യം

ഭൗമഃ ശുക്ര....മേഷാദി രാശ്.ശ്വരാഃ - മേടം തുടങ്ങിയ രാശികളുടെ നാഥന്മാർ
ക്രമേണ കഥിതാ - ക്രമത്തിൽ പറയപ്പെടുന്നു....

	രാശി	രാശ്യാധിപൻ				
1.	മേടം	*ഭൗമ*	-	കുജൻ	-	കു
2.	ഇടവം	*ശുക്ര*	-	ശുക്രൻ	-	ശു
3.	മിഥുനം	*ബുധ*	-	ബുധൻ	-	ബു
4.	കർക്കടം	*ഇന്ദു*	-	ചന്ദ്രൻ	-	ച
5.	ചിങ്ങം	*സൂര്യ*	-	രവി	-	ര
6.	കന്നി	*ശശിജാ*	-	ബുധൻ	-	ബു
7.	തുലാം	*ശുക്ര*	-	ശുക്രൻ	-	ശു
8.	വൃശ്ചികം	*ആര*	-	കുജൻ	-	കു
9.	ധനു	*ജീവ*	-	വ്യാഴം	-	ഗു
10.	മകരം	*അർക്കജ*	-	ശനി	-	മ
11.	കുംഭം	*മന്ദ*	-	ശനി	-	മ
12.	മീനം	*ദേവഗുരു*	-	വ്യാഴം	-	ഗു

ഹോരാശാസ്ത്രം 1- 6
ക്ഷിത്.ജസ്.ത.ജ്ഞ ചന്ദ്ര രവ്.സൗമ്യ.സ്.ത.വനിജാഃ
സൂരഗുരുസൗര്.മന്ദഗുരുവശ്ച ഗൃഹാംശകപാഃ

സൗരയൂഥവും ഗ്രഹങ്ങളുടെ രാശ്യാധിപത്യവും

സൗരയൂഥത്തിൽ ഗ്രഹങ്ങളുടെ സ്ഥാനം ബുധൻ, ശുക്രൻ, ഭൂമി, കുജൻ, ഗുരു, ശനി എന്ന ക്രമത്തിലാണല്ലോ. ഈ ക്രമത്തിൽത്തന്നെയാണ് ഗ്രഹങ്ങളുടെ രാശ്യാധിപത്യവും വരുന്നത്. മുകളിലെ 6 എണ്ണം ചന്ദ്രാധീനവും താഴത്തെ 6 എണ്ണം സൂര്യാധീനവുമാണ്. സൂര്യനുപകരം ഭൂമിയാണ് ഈ രാശിചക്രത്തിന്റെ കേന്ദ്രം എന്നതുമാത്രമാണ് ഒരു വ്യത്യാസം.

ഗ്രഹങ്ങളുടെ ഉച്ചരാശികളും അത്യുച്ചസ്ഥാനങ്ങളും

സൂര്യാത്		-	സൂര്യൻമുതൽക്ക്,
ഉച്ചഗൃഹാ		-	ഉച്ചരാശികൾ
<u>ഗ്രഹം</u>			<u>രാശി</u>
രവി	*ക്രിയ*	-	മേടം,
ചന്ദ്രൻ	*വൃഷ*	-	ഇടവം,
കുജൻ	*മൃഗ*	-	മകരം,
ബുധൻ	*സ്ത്രീ*	-	കന്നി,
ഗുരു	*കർക്കി*	-	കർക്കടകം,
ശുക്രൻ	*മ:ന*	-	മീനം,
ശനി	*തുലാ*	-	തുലാം,

<u>ഉച്ചം ഭൂതസംഖ്യയിൽ</u>

ദിക്	-	പത്തു ദിക്കുകൾ	-	10
ത്ര്യംശൈ:	-	3 ഭാഗ	-	3
മനൂയുക്	-	മനുക്കൾ (14) • 2	-	28
തിഥി	-	തിഥികൾ	-	15
ഇഷു - ശരം	-	പഞ്ചശരങ്ങൾ	-	5
ഭം	-	(27) നക്ഷത്രങ്ങൾ	-	27
നഖ	-	നഖങ്ങൾ 10+ 10	=	20
അസ്ത	-	(ഇവയുടെ) ഏഴാംരാശി,		
നീച	-	നീചസ്ഥാനം,		
ക്രമാത്	-	ക്രമത്തിൽ.		

<u>അളവുകൾ</u>

60 " വികല Second = 1 ' കല Minute

60' കല = 1^{0} ഭാഗ Degree

30^{0} ഭാഗ = 1 രാശി Sign

<u>പട്ടിക</u>

ഗ്രഹം	ഉച്ചം / അത്യുച്ചം		നീചം / അതിനീചം	
രവി	മേടം	10^{0}	തുലാം	10^{0}
ചന്ദ്രൻ	ഇടവം	3^{0}	വൃശ്ചികം	3^{0}
കുജൻ	മകരം	28^{0}	കർക്കടം	28^{0}
ബുധൻ	കന്നി	15^{0}	മീനം	15^{0}
ഗുരു	കർക്കടം	5^{0}	മകരം	5^{0}
ശുക്രൻ	മീനം	27^{0}	കന്നി	27^{0}
ശനി	തുലാം	20^{0}	മേടം	20^{0}

സൂര്യന് മേടത്തിൽ ഉച്ചം. മേടം 10 ഡിഗ്രിയിൽ അത്യുച്ചം. ഈ രീതി തന്നെ മറ്റുള്ളവർക്കും. ഉച്ചത്തിൽനിന്നും ഏഴാംരാശി നീചം. അത്യുച്ചത്തി നിന്നും 180^{0} ഡിഗ്രിയിൽ അതിനീചം.

<u>ഹോരാശാസ്ത്രം : 1- 13</u>

അജവൃഷഭമൃഗാംഗനാകുളീരാ

ഝഷവണിജൗ ച ദിവാകരാദി തുംഗാഃ

(7)
സിംഹോക്ഷാജവധൂഹയാംഗവണിജഃ
കുംഭസ്ത്രികോണാഃ രവേഃ
ജ്ഞേന്ദോസ്തൂച്ചലവാന്നഖോഡ്വിനശരൈഃ
ദിഗ്ഭൂതകൃത്യംശകൈഃ
ചാപാദ്യർധവധൂനൃയുഗ് ഘടതുലാ
മർത്ത്യാശ്ച കീടാ f ളിഭം
ത്വാപ്യാഃ കർക്കിമൃഗാപരാർദ്ധശഫരാഃ
ശേഷാശ്ചതുഷ്പാദകാഃ.

ഗ്രഹങ്ങളുടെ മൂലത്രികോണരാശികൾ

ത്രികോണേ - മൂലത്രികോണങ്ങൾ,
രവേഃ - സൂര്യൻ മുതൽക്ക്,

<u>മൂലത്രികോണരാശി</u>		<u>മൂലത്രികോണഭാഗ</u>			<u>ഗ്രഹം</u>	<u>പരിധി</u>
സിംഹ	- ചിങ്ങം, *നഖോ* -	നഖം		- 20°	*ര*	*1-20*
ഉക്ഷ	- ഇടവം,	*ഉഡു*	- നക്ഷത്രങ്ങൾ	- 27°	*ച*	*4-30*
അജ	- മേടം,	*ഇന*	- സൂര്യന്മാർ	- 12°	*കു*	*1-12*
വധു	- കന്നി,	*ശര*	- ശരങ്ങൾ	- 5°	*ബു*	*16-20*
ഹയാംഗ	- ധനു,	*ദിക്*	- ദിക്കുകൾ	- 10°	*ഗു*	*1-10*
വണിജ	- തുലാം, *ഭൂത*	- പഞ്ചഭൂതങ്ങൾ		- 5°	*ശു*	*1-5*
കുംഭ	- കുംഭം, *കൃതി*			- 20°	*മ*	1-20

<u>ഹോരാശാസ്ത്രം: 1-14</u>
സിംഹോ വൃഷഃ പ്രഥമഷഷ്ഠഹയാംഗതൗലി
കുംഭാഃ ത്രികോണഭവനാനി ഭവന്തി സൂര്യാത്.

നരരാശികൾ, കീടരാശികൾ, ജലരാശികൾ, ചതുഷ്പാദരാശികൾ

(രണ്ടു കാലുള്ളവ, നാലു കാലുള്ളവ, ജലത്തിൽ കഴിയുന്നവ....)

ചാപാദ്യർദ്ധ - ധനു ആദ്യത്തെ പകുതി (അരയ്ക്കു മുകളിൽ),
വധു - കന്നി,
നൃയുഗ് - മിഥുനം,
ഘട - കുംഭം,
തുലാ - തുലാം,
മർത്ത്യാ - (ഇവ) മനുഷ്യ രാശികൾ,

കീട അളിഭം	-	വൃശ്ചികം കീടരാശി
ത്വാപ്യാ	-	അപ്പ് രാശികൾ (ജല/ജലാശ്രയരാശികൾ),
കർക്കി	-	കർക്കടകം,
മൃഗഅപരാർദ്ധ	-	മകരം മറ്റേ പകുതി (അരയ്ക്കു താഴെ),
ശഫരാ	-	മീനം,
ശേഷാ	-	ബാക്കിയുള്ളവ,
ചതുഷ്പദകാ	-	നാലു കാലുള്ളവ.

മീനം കീടരാശിയാണ്. അച്ചടിത്തെറ്റാകാനേ വഴിയുള്ളു.

1.	മേടം	-	നാൽക്കാലി
2.	ഇടവം	-	നാൽക്കാലി
3.	മിഥുനം	-	മനുഷ്യരാശി
4.	കർക്കടകം	-	ജലരാശി
5.	ചിങ്ങം	-	നാൽക്കാലി
6.	കന്നി	-	മനുഷ്യരാശി
7.	തുലാം	-	മനുഷ്യരാശി
8.	വൃശ്ചികം	-	കീടരാശി
9.	ധനു	-	1. ആദ്യത്തെ പകുതി മനുഷ്യരാശി 2 രണ്ടാമത്തെ പകുതി നാൽക്കാലി
10.	മകരം	-	1. ആദ്യത്തെ പകുതി നാൽക്കാലി 2. രണ്ടാമത്തെ പകുതി ജല/ജലാശ്രയരാശി
11.	കുംഭം	-	മനുഷ്യരാശി
12.	മീനം	-	ജലരാശി.

(8)

ഗോകർക്ക്യശ്വജ നക്രഭാന്യഥ നൃയുങ്
മീനൗ പരേ രാശയ-
സ്തേ പൃഷ്ഠോദയകോദയാഃ സമിഥുനാഃ
പൃഷ്ഠോദയാശ്ചൈന്ദവാഃ
സൗരാഃ ശേഷഗൃഹാഃ ക്രമേണ കഥിതാ
രാത്രിദ്യുസംജ്ഞാഃ ക്രമാ-
ദൂർദ്ധ്വാധസ്സമവക്ര (1) ഭാനി തു പുന-
സ്തീക്ഷ്ണാംശു മുക്താൽ ഗൃഹാൽ.

(1) പാഠഭേദം : *വക്രത*

പൃഷ്ഠോദയ - ഉഭയോദയ - ശീർഷോദയരാശികൾ

ഗോ	-	ഇടവം,
കർക്കി	-	കർക്കടകം,
അശ്വ	-	ധനു,
അജ	-	മേടം,
നക്രഭാനി	-	മകരം എന്നിവ അഞ്ചും,
നൃയുങ്	-	മിഥുനം,

മീനൗ	-	മീനം എന്നിവയും (ക്രമത്തിൽ)
പൃഷ്ഠ	-	പൃഷ്ഠംകൊണ്ട് ഉദിക്കുന്നവയും,
ഉഭയകോദയ	-	രണ്ടു ഭാഗംകൊണ്ടും ഉദിക്കുന്നവയും,

ശേഷിച്ചവ (ചിങ്ങം, കന്നി, തുലാം, വൃശ്ചികം, കുംഭം ഇവ അഞ്ചും)
- ശീർഷോദയരാശികളും ആകുന്നു.

രാത്രിരാശികൾ, പകൽ രാശികൾ

സമിഥുനാ	-	മിഥുനവും,
പൃഷ്ഠോദയഃ ച	-	പൃഷ്ഠോദയരാശികളും,
ഇന്ദവാ	-	ചന്ദ്രന്റെ കീഴിലുള്ളവയാകുന്നു.
സൗരാ ശേഷ ഗൃഹാ	-	ശേഷിച്ചവ സൂര്യന്റെ കീഴിലുള്ളവയും, *ക്രമേണ*
	-	ക്രമത്തിൽ
രാത്രി	-	രാത്രി രാശികൾ എന്നും,
ദ്യു	-	പകൽ രാശികൾ എന്നും,
സംജ്ഞാ	-	പേരുകൾ,
ക്രമാത്	-	ക്രമത്തിൽ
കഥിതാ	-	പറയപ്പെടുന്നു.

രാത്രിരാശികൾ രാത്രി ബലമുള്ളവയും, പകൽ രാശികൾ പകൽ ബലമുള്ളവയും ആകുന്നു.

പട്ടിക

1.	മേടം	- പൃഷ്ഠോദയം	ചന്ദ്രാധീനം	രാത്രിരാശി
2.	ഇടവം	- പൃഷ്ഠോദയം	ചന്ദ്രാധീനം	രാത്രിരാശി
3.	മിഥുനം	- ഉഭയോദയം	ചന്ദ്രാധീനം	രാത്രിരാശി
4.	കർക്കടം	- പൃഷ്ഠോദയം	ചന്ദ്രാധീനം	രാത്രിരാശി
5.	ചിങ്ങം	- ശീർഷോദയം	സൂര്യാധീനം	പകൽരാശി
6.	കന്നി	- ശീർഷോദയം	സൂര്യാധീനം	പകൽരാശി
7.	തുലാം	- ശീർഷോദയം	സൂര്യാധീനം	പകൽരാശി
8.	വൃശ്ചികം	- ശീർഷോദയം	സൂര്യാധീനം	പകൽരാശി
9.	ധനു	- പൃഷ്ഠോദയം	ചന്ദ്രാധീനം	രാത്രിരാശി
10	.മകരം	- പൃഷ്ഠോദയം	ചന്ദ്രാധീനം	രാത്രിരാശി
11.	കുംഭം	- ശീർഷോദയം	സൂര്യാധീനം	പകൽരാശി
12 .	മീനം	- ഉഭയോദയം	സൂര്യാധീനം	പകൽരാശി

മിഥുനം ശീർഷോദയരാശിയാണ്.

ഗോജാശ്വികർക്കിമിഥുനാഃ സമൃഗാ നിശാഖ്യാഃ
പൃഷ്ഠോദയാ വിമിഥുനാഃ കഥിതാസ്ത ഏവ
ശീർഷോദയാ ദിനബലാശ്ച ഭവന്തി ശേഷാഃ.....(ഹോരാശാസ്ത്രം: 1-10)

ഊർദ്ധ - അധ - സമരാശികൾ

...ഊർദ്ധ്വാധസ്സമവക്രഭാനി തു പുനസ്തീക്ഷ്ണാംശു മുക്താൽ ഗൃഹാത്.

ഊർദ്ധ്വ	-	ഊർദ്ധ്വരാശികൾ,
അധ	-	അധമരാശികൾ,
സമ	-	സമരാശികൾ,
വക്രഭഃനി തു പുനഃ	-	വക്രരാശികൾ എന്നിങ്ങനെ,
തീക്ഷ്ണാംശു മുക്താൽ ഗൃഹാൽ	-	സൂര്യൻ വിട്ട രാശിമുതൽക്ക് ക്രമത്തി കണക്കാക്കപ്പെടുന്നു.

ഉദാഹരണം

സൂര്യൻ ഇടവത്തിൽ:

സൂര്യൻ മുമ്പു നിന്ന രാശി	-	മേടം	-	ഊർദ്ധ്വ
ഇപ്പോൾ (ജനനത്തിൽ) നിൽക്കുന്ന രാശി	-	ഇടവം	-	അധ
അതിനടുത്ത രാശി	-	മിഥുനം	-	സമ
പിന്നത്തെ രാശി	-	കർക്കടം	-	വക്ര

സൂര്യൻ പിന്നിട്ട രാശിമുതൽ പന്ത്രണ്ടു രാശികളെയും ഇങ്ങനെ കണക്കാക്കണം എന്നാണ് ഈ തർജ്ജമയ്ക്കടിസ്ഥാനമായ, ദേവനാഗരി ലിപിയിലുള്ള, പതിപ്പുകളിൽ കാണുന്നത്. എന്നാൽ ഒരു വ്യാഖ്യാനത്തിൽ *ഊർദ്ധ്വാധസ്സമ വക്രഭഃനി തു പുന സ്തീക്ഷ്ണാംശു മുക്താൽ ഗ്രഹാൽ* എന്നു മൂലവും സൂര്യൻ വിട്ട രാശി മുതൽ നാലു രാശി ഊർദ്ധ്വമുഖരാശിയും അതിനടുത്ത നാലു രാശികൾ തിര്യങ്മുഖരാശിയുമാണ് എന്ന അർത്ഥവും കൊടുത്തിരിക്കുന്നു. സൂര്യൻ വിട്ട രാശിമുതൽ ക്രമത്തിൽ ഊർദ്ധ്വമുഖം, അധോമുഖം, തിര്യങ്മുഖം എന്നിങ്ങനെയും പറഞ്ഞു വരുന്നു എന്നാണ് മറ്റൊന്നിലെ വ്യാഖ്യാനം. മുഹൂർത്ത-പ്രശ്നഗ്രന്ഥങ്ങളിൽ രാശികളെ ഊർദ്ധ്വമുഖരാശി, അധോമുഖരാശി, തിര്യങ്മുഖരാശി എന്നു മൂന്നായി തരം തിരിക്കുന്നുണ്ട്. അതിൽ സൂര്യൻ പിന്നിട്ട രാശി ഊർദ്ധ്വമുഖവും ഇപ്പോൾ നിൽക്കുന്ന രാശി അധോമുഖവും അതിനടുത്ത രാശി തിര്യങ്മുഖവുമാണ്. വക്രം എന്നൊന്ന് അതിലില്ല. ഓലയിൽ ദേവനാഗരി ലിപിയിൽ പകർത്തി എഴുതുമ്പോൾ വക്ത്രം വക്രമായതാണെന്നും വരാം. അതെന്തായാലും, ദില്ലിപതിപ്പുകളിൽ അതു വക്രംതന്നെയാണ്.

(9)

മേഷാദാഹ ചരം സ്ഥിരാഖ്യമുഭയം ദ്വാരം ബഹിർഗർഭം
ധാതുർമൂലമിതീഹ ജീവമുദിതം ക്രൂരം ച സൗമ്യം വിദുഃ
മേഷാദ്യാഃ കഥിതാസ്ത്രികോണസഹിതാഃ പ്രാഗാദിനാഥാഃ ക്രമാ-
ദോജർക്ഷം സമഭം പുമാംശ്ച യുവതിർവാമാങ്ഗമസ്താദികം.

ചര-സ്ഥിര-ഉഭയരാശികൾ

ചരം	*സ്ഥിരം*	*ഉഭയം*
ദ്വാരം	*ബഹി*	*ഗർഭം*
ധാതു	*മൂലം*	*ജീവൻ*
മേടം	ഇടവം	മിഥുനം
കർക്കടകം	ചിങ്ങം	കന്നി
തുലാം	വൃശ്ചികം	ധനു
മകരം	കുംഭം	മീനം

പുരുഷരാശികൾ, സ്ത്രീരാശികൾ തുടങ്ങിയവ

(....ഓജർക്ഷം സമഭം പുമാംശ്ച യുവതിർവാമാംഗമസ്താദ്ദികം.)

ക്രൂരം	*സൗമ്യം*
ഓജം	*യുഗ്മം*
പുരുഷൻ	*സ്ത്രീ*
മേടം	ഇടവം
മിഥുനം	കർക്കടകം
ചിങ്ങം	കന്നി
തുലാം	വൃശ്ചികം
ധനു	മകരം
കുംഭം	മീനം

ഹോരാശാസ്ത്രം: 1- 11

ക്രൂരഃ സൗമ്യഃ പുരുഷവനിതേ തേ ചരാഗദ്വിദേഹാഃ

രാശികൾക്ക് ദിക്കുകളുടെ ആധിപത്യം

മേഷാദ്യാ	-	മേടം മുതൽക്ക്,
ത്രികോണ സഹിതാ	-	ത്രികോണങ്ങൾ (5, 9) അടക്കം,
പ്രാഗാദിനാഥാ	-	കിഴക്കു തുടങ്ങിയ ദിക്കുകളുടെ നാഥരാകുന്നു).

ദിക്കുകളുടെ ആധിപത്യം

കിഴക്ക്	തെക്ക്	പടിഞ്ഞാറ്	വടക്ക്
മേടം	ഇടവം	മിഥുനം	കർക്കടകം
ചിങ്ങം	കന്നി	തുലാം	വൃശ്ചികം
ധനു	മകരം	കുംഭം	മീനം

ഹോരാശാസ്ത്രം: 1- 11

പ്രാഗാദീശാഃ ക്രിയവൃഷനൃയുക്കർക്കടാഃ സത്രികോണാഃ

വാമാംഗ ദക്ഷിണാംഗരാശികൾ

വാമാംഗരാശികൾ (ഇടത്) ദക്ഷിണാംഗരാശികൾ (വലത്)

(1) രാശിചക്രത്തിൽ

തുലാം മുതൽ മീനം വരെ   മേടം മുതൽ കന്നി വരെ

(2) ജാതകത്തിൽ 7 - 12 ഭാവങ്ങൾ   1 - 6 ഭാവങ്ങൾ

2 ഭാവങ്ങളുടെ പേരുകളും കാരകത്വങ്ങളും

(പലതും ഗ്രീക്ക് / യവന വാക്കുകളാണ്.)

(10)

ലഗ്നം ഹോരാ കല്യ ദേഹോദയാഖ്യം
രൂപം ശീർഷം വർത്തമാനം ച ജന്മ
വിത്തം വിദ്യാ സ്വാന്നപാനാനി ഭുക്തിം
ദാക്ഷാക്ഷ്യാസ്യം പത്രികാ വാക് കുടുംബം.

ഒന്നാംഭാവം

1. ലഗ്നം
2. ഹോരാ
3. കല്യം - സുഖം, ആരോഗ്യം
4. ദേഹം
5. ഉദയം - ഉദയരാശി
6. രൂപം
7. ശീർഷം - ശിരസ്സ്
8. വർത്തമാനം - വർത്തമാനകാലം
9. ജന്മം.

രണ്ടാംഭാവം

1. വിത്തം
2. വിദ്യ
3. *സ്വ* - സ്വത്ത്
4. അന്നപാനം
5. ഭുക്തി
6. ദക്ഷഅക്ഷി - വലതുകണ്ണ്
7. *ആസ്യം* - മുഖം
8. പത്രിക
9. വാക്
10. കുടുംബം

(11)

ദുശ്ചിൽകോരോ ദക്ഷകർണ്ണാംശ്ച സേനാം
ധൈര്യം ശൗര്യം വിക്രമം ഭ്രാതരം ച
ഗേഹം ക്ഷേത്രം മാതുലം ഭാഗിനേയം
ബന്ധും മിത്രം വാഹനം മാതരം ച.

മൂന്നാം ഭാവം

1.	*ദുശ്ചിതകം*		
2.	*ഉരഃ*	-	ഉരസ്സ് (മാറിടം)
3.	*ദക്ഷകർണ്ണ*	-	വലതു ചെവി
4.	*സേന*	-	സൈന്യം
5.	ധൈര്യം		
6.	ശൗര്യം		
7.	വിക്രമം		
8.	*ഭ്രാതരം*	-	സഹോദരൻ .

നാലാം ഭാവം

1.	*ഗേഹം*	-	വീട്
2.	*ക്ഷേത്രം*	-	ഭൂമി
3.	*മാതുലം*	-	അമ്മാവൻ
4.	*ഭാഗിനേയം*	-	മരുമകൻ
5.	ബന്ധു		
6.	മിത്രം		
7.	വാഹനം		
8.	*മാതരം*	-	മാതാവ്

(12)
രാജ്യം ഗോ മഹിഷ സുഗന്ധ വസ്ത്ര ഭൂഷാഃ
പാതാളം ഹിബുക സുഖാംബു സേതു നദ്യഃ
രാജാങ്കം സചിവകരാത്മധീ ഭവിഷ്യത്-
ജ്ഞാനാസൂൻ സുതജഠര ശ്രുതിസ്മൃതിശ്ച.

നാലാം ഭാവം (തുടർച്ച)

9.	രാജ്യം		
10.	*ഗോ*	-	പശു
11.	*മഹിഷം*	-	എരുമ / പോത്ത്
12.	സുഗന്ധം		
13.	വസ്ത്രം		
14.	*ഭൂഷാഃ*	-	ആഭരണങ്ങൾ
15.	പാതാളം		
16.	ഹിബുകം		
17.	സുഖം		
18.	*അംബു*	-	ജലം
17.	*സേതു*	-	അണക്കെട്ട്
19.	*നദ്യഃ*	-	നദികൾ

അഞ്ചാം ഭാവം

1.	രാജാങ്കം	-	രാജചിഹ്നം
2.	*സച്ിവകർ*	-	മന്ത്രിമാർ
3.	*ആത്മ*	-	ആത്മാവ്
4.	ധീ	-	ബുദ്ധി
5.	ഭവിഷ്യത്	-	ഭാവി
6.	ജ്ഞാനം,	-	(ഭവിഷ്യജ്ഞാനം എന്നും കാണുന്നു).
7.	*സുത*	-	മക്കൾ
8.	*ജഠരം*	-	ഉദരം
9.	*ശ്രുതി*	-	ശ്രുുതികൾ (വേദങ്ങൾ,.
10.	*സ്മൃതി*	-	സ്മൃതികൾ (മനുസ്മൃതി മുതലായവ).

(13)
ഋണാസ്ത്രചോരക്ഷതരോഗശത്രൂൻ
ജ്ഞാത്യാജി ദുഷ്കൃത്യഘഭീത്യവജ്ഞാഃ
ജാമിത്ര ചിത്തോത്ഥ മദാസ്തകാമാൻ
ദ്യുനാദ്ധ്വലോകാൻ പതിമാർഗ്ഗഭാര്യാ.

ആറാം ഭാവം

1.	*ഋണം*	-	കടം
2.	*അസ്ത്രം*	-	ആയുധം
3.	*ചോ്ര*	-	കള്ളൻ
4.	*ക്ഷതം*	-	മുറിവ്
5.	രോഗം		
6.	ശത്രു		
7.	*ജ്ഞാതി*	-	ബന്ധുക്കൾ
8.	*അജി*	-	യുദ്ധം
9.	*ദുഷ്കൃതി*	-	ദുഷ്കർമ്മങ്ങൾ
10.	*അഘം*	-	പാപം
11.	*ഭീതി*	-	ഭയം
12.	*അവജ്ഞാ*	-	അവജ്ഞ

ഏഴാം ഭാവം

1.	*ജാമിത്രം*		
2.	*ചിത്തോത്ഥം*	-	വികാരം
3.	*മദ*	-	മദം
4.	*അസ്ത*	-	അസ്തമനം
5	കാമം		
6.	*ദ്യൂനം*	-	ഏഴാമിടം
7.	അദ്ധ്വ	-	നടത്തം
8.	*ലോ്കാ*	-	ജനം
9.	*പതി*	-	ഭർത്താവ്
10.	*മാർഗ്ഗം*	-	വഴി
11.	*ഭാര്യ*		

(14)
മംഗല്യരന്ധ്രമലിനാധിപരാഭവായുഃ
ക്ലേശാപവാദമരണാശുചിവിഘ്നദാസാൻ
ആചാര്യദൈവതപിതൃൻ ശുഭപൂർവഭാഗ്യ
പൂജാ തപസ്സുകൃതപൗത്ര ജപാര്യവംശാൻ.

എട്ടാം ഭാവം

1.	*മംഗല്യം*	- താലി, ഭർത്താവിന്റെ ആയുസ്സ്
2.	*രന്ധ്ര*	- ദൗർബല്യം
3.	*മലിന*	- അഴുക്ക്
4.	*ആധി*	- ദുഃഖം
5.	*പരാഭവം*	- അവമാനം
6.	*ആയുഃ*	- ആയുസ്സ്
7.	*ക്ലേശ*	- അപവാദ,
8.	മരണ	
9.	*അശുചി*	- പുല
10.	*വിഘ്ന*	- തടസ്സങ്ങൾ
11.	*ദാസ*	- വേലക്കാരൻ

ഒമ്പതാം ഭാവം

1.	*ആചാര്യ*	- ഗുരു
2.	*ദൈവത*	- ദേവത
3.	*പിതൃ*	- അച്ഛൻ
4.	ശുഭം	
5.	*പൂർവഭാഗ്യ*	- മുജ്ജന്മസുകൃതം
6.	പൂജ	
7.	തപസ്സ്	
8.	സുകൃതം	
9.	പൗത്രൻ	
10.	ജപം	
11.	*ആര്യവംശം*	- ഉത്കൃഷ്ട കുലത്തിൽ ജനനം

(15)
വ്യാപാരാസ്പദമാനകർമജയസത്കീർത്തിം ക്രതും ജീവനം
വ്യോമാചാര ഗുണപ്രവൃത്തി ഗമനാന്യാജ്ഞാംശ്ച മേഷൂരണം
ലാഭായാഗമനാപ്തിസിദ്ധി വിഭവാൻ പ്രാപ്തിം ഭവം ശ്ലാഘ്യതാം
ജ്യേഷ്ഠഭ്രാതരമന്യകർണ്ണസരസാൻ സന്തോഷമാകർണ്ണനം.

പത്താം ഭാവം

1. വ്യാപാരം - കച്ചവടം
2. ആസ്പദം - അടിസ്ഥാനം
3. മ:ന: - അഭിമാനം
4. കർമം - പ്രവർത്തി, തൊഴിൽ
5. ജയം - വിജയം
6. സത്കീർത്തി - സൽപേര്
7. ക്രതു - യാഗാദി കർമങ്ങൾ
8. ജീവന:ം - ജീവിതമാർഗ്ഗം
9. വ്യോമം - ആകാശം
10 *ആച:രം*
11. ഗുണപ്രവൃത്തി - സത്കർമ്മങ്ങൾ
12. ഗമന - പോക്ക് (നടത്തം)
13. ആജ്ഞാ: - ആജ്ഞാശക്തി
14. മേഷൂരണം.

പതിനൊന്നാം ഭാവം

1. ലാഭം
2. ആയം - വരവ്
3. ആഗമന:ം - വരവ്
4. ആപ്തി - ലബ്ധി
5. സിദ്ധി - ലാഭം, കിട്ടൽ
6. വിഭവം (സിദ്ധിവിഭവാൻ എന്നും)
7. പ്രാപ്തി
8. ഭവം
9. ശ്ലാഘ്യത - കീർത്തി
10. ജ്യേഷ്ഠഭ്രാതരം - ജ്യേഷ്ഠസഹോദരൻ
11. അന്യകർണ്ണം - ഇടതു ചെവി
12. സരസം - സാരസ്യം
13. സന്തോഷം
14. ആകർണ്ണന:ം - കേൾക്കൽ.

(16)
ദുഃഖാംഘ്രി വാമനയനക്ഷയസൂചകാന്ത്യ-
ദാരിദ്ര്യപാപശയനവ്യയരിഃഫ ബന്ധാൻ
ഭാവാഹ്വയാ നിഗദിതാഃ ക്രമശോ *f* ഥ ലീന-
സ്ഥാനം ത്രി ഷഡ് വ്യയ പരാഭവ രാശിനാമ.

പന്ത്രണ്ടാം ഭാവം

1. ദുഃഖം - ദുഖം
2. അംഘ്രി - കാലുകൾ
3. വാമനയന:ം - ഇടതു കണ്ണ്
4. ക്ഷയം - നാശം

5. സൂചകം - സൂചകൻ, ചാരൻ
6. അന്ത്യം - അവസാനം, അവസാനഭാവം
7. ദാരിദ്ര്യം
8. പാപം
9. ശയനം
10. വ്യയം
11. രിഫം,
12. ബന്ധനം.

ലീനസ്ഥാനങ്ങൾ

ത്രി - മൂന്ന്,
ഷഡ് - ആറ്,
വ്യയ - പന്ത്രണ്ട്,
പരാഭവ - എട്ട്.

(17)
ദുഃസ്ഥാനമഷ്ടമരിപുവ്യയഭാവമാഹുഃ
സുസ്ഥാനമന്യഭവനം ശുഭദം പ്രദിഷ്ടം
പ്രാഹുർവിലഗ്നദശസപ്തചതുർത്ഥഭാനി
കേന്ദ്രാ ഹി കണ്ടകചതുഷ്ടയനാമയുക്തം.

ദുസ്ഥാനങ്ങൾ

അഷ്ടമം - എട്ടാം ഭാവം,
രിപു - ആറാം ഭാവം,
വ്യയം - പന്ത്രണ്ടാം ഭാവം.

സുസ്ഥാനങ്ങൾ

സുസ്ഥാനം അന്യഭവനം - മറ്റു ഭാവങ്ങൾ (6-8-12 ഒഴിച്ചുള്ളവ) സുസ്ഥാനങ്ങളാണ്.
ശുഭദം പ്രദിഷ്ടം - അവയെല്ലാം ശുഭകരവുമാണ്

ഇത് സാന്ദർഭികമായ ഒരു പ്രസ്താവനമാത്രമാണ്. 3-6-11, 2-7 എന്നിവയും ശുഭകരമല്ല. കൃത്യമായി പറയുകയാണെങ്കിൽ 1-5-9 ഭാവങ്ങൾ, അതായത് ത്രികോണങ്ങൾ, മാത്രമാണ് തികച്ചും ശുഭകരമായിട്ടുള്ളവ. ഇവയുടെ ശുഭത്വവും ആപേക്ഷികമാണ്. ഭാവബലമുണ്ടെങ്കിലേ സുസ്ഥാനങ്ങൾ കൂടി ശുഭദമാകൂ.

കേന്ദ്രങ്ങൾ

വിലഗ്ന - ലഗ്നം (ഒന്നാം ഭാവം),
ദശ - പത്താം ഭാവം,
സപ്ത - ഏഴാം ഭാവം,
ചതുർത്ഥ - നാലാം ഭാവം എന്നിവ,
കേന്ദ്രാഃ - കേന്ദ്രങ്ങളാണ്.
കണ്ടകചതുഷ്ടയനാമയുക്തം - കണ്ടകം, ചതുഷ്ടയം എന്നിവ

കേന്ദ്രത്തിന്റെ പര്യായങ്ങളാണ്.

(18)
പണപരമിതി കേന്ദ്രാദൂർദ്ധ്വമാപോക്ലിമം തത്
പരമഥ ചതുരശ്രം നൈധനം ബന്ധുഭം ച
അഥ സമുപചയാനി വ്യോമശൗര്യാരിലാഭം
നവമസുതഭയുഗ്മം സ്യാത്ത്രികോണം പ്രശസ്തം.

പണപരം മുതലായവ

പണപരം ഇതി കേന്ദ്രാത് ഊർദ്ധ്വ - കേന്ദ്രങ്ങൾക്ക് തൊട്ടുള്ളവ പണപരങ്ങളാണ്.

ആപോക്ലിമം തത് പരം - അതിനുതൊട്ടുള്ളവ ആപോക്ലിമങ്ങളും.

ചതുരശ്രം നൈധനം ബന്ധുഭം ച - എട്ടും നാലും ചതുരശ്രങ്ങളാണ്.

സമുപചയാനി വ്യോമശൗര്യാരി ലാഭം - 10 - 3 - 6 - 11 എന്നിവ ഉപചയങ്ങളും,

നവമ സുതഭ യുഗ്മം സ്യാത് ത്രികോണം പ്രശസ്തം - ഒമ്പത്, അഞ്ച് എന്നിവ രണ്ടും (ശുഭകരമെന്നു) പ്രസിദ്ധമായ ത്രികോണങ്ങളുമാണ്.

കേന്ദ്രം	1	4	7	10
പണപരം	2	5	8	11
ആപോക്ലിമം	3	6	9	12
ചതുരശ്രം	4	8	.	.
ഉപചയം	10	3	6	11
ത്രികോണം	9	5	.	.

ലീനസ്ഥാനങ്ങൾ ന്യൂന (ദോഷ) സ്വഭാവമുള്ളവയും ഉപചയസ്ഥാനങ്ങൾ അഭിവൃദ്ധി നൽകുന്നവയും ത്രികോണങ്ങൾ ശുഭകരവും ആകുന്നു. കേന്ദ്രങ്ങൾ പൊതുവെ ബലദായകങ്ങളാണെങ്കിലും ആധിപത്യവും സ്ഥിതിയും അനുസരിച്ച് ശുഭഗ്രഹങ്ങളെയും പാപഗ്രഹങ്ങളെയും വ്യത്യസ്തമായി ബാധിക്കുന്നു.

അദ്ധ്യായം 2
ഗ്രഹഭേദാദ്ധ്യായം

വിഷയവിവരം

ശ്ലോകം

1- 7	ഗ്രഹങ്ങളുടെ കാരകത്വങ്ങൾ
8 - 14	ഗ്രഹങ്ങളുടെ രൂപവും സ്വഭാവവും
15 - 16	വാസസ്ഥാനം, ദിക്കുകളുടെ ആധിപത്യം
17 - 20	മറ്റു കാരകത്വങ്ങൾ (തൊഴിൽ, പക്ഷി, മൃഗം മുതലായവ)
21, 22.	ശത്രുമിത്രത്വം: നൈസർഗ്ഗികം,
23	ശത്രുമിത്രത്വം: താൽക്കാലികം,
	നൈസർഗ്ഗികം + താൽക്കാലികം.
	ഗ്രഹദൃഷ്ടി (വീക്ഷണം)
24.	കാലം, വർണ്ണം, ഗുണം, ഋതു
25.	ബന്ധു, നേത്ര, കാരകത്വം
26.	ദേഹം - ദേഹി,
	ഗന്ധ - രസ - രൂപ - ശബ്ദ - സ്പർശകാരകത്വം
27.	ശുഭന്മാരും പാപന്മാരും,
	പുരുഷഗ്രഹങ്ങളും സ്ത്രീഗ്രഹങ്ങളും
	ഗ്രഹങ്ങളുടെ ദേവതകൾ, പഞ്ചഭൂതം
28.	ധാന്യം, ദേശം
29.	രത്നം
30.	ലോഹം, വസ്ത്രം
31.	രസം
32.	അടയാളം, പ്രായം
33.	രാഹുസ്വരൂപം
34.	കേതുസ്വരൂപം
35.	രാഹുകേതുക്കളുടെ പാത്രം, വസ്ത്രം,
	മിത്രങ്ങളും ശത്രുക്കളും
36	സ്ഥിതികൊണ്ട് അനുകൂലവും പ്രതികൂലവുമായ ഗ്രഹങ്ങൾ
37	വൃക്ഷാദി കാരകത്വം

കാലപുരുഷനും ഗ്രഹങ്ങളും തമ്മിലുള്ള ബന്ധം

രാശിചക്രത്തെ കാലപുരുഷന്റെ ശരീരമായി ഹോരാശാസ്ത്രത്തിൽ ഉപമിച്ചത്, ജാതക പുരുഷന്റെ ശരീരഭാഗങ്ങളായി ഫലദീപികയിൽ കഴിഞ്ഞ അദ്ധ്യായത്തിൽ വിവരിക്കുകയുണ്ടായി. എന്നാൽ, ഹോരാശാസ്ത്രത്തിൽ ആ കാലശരീരത്തിൽ സൂര്യൻ മുതൽക്കുള്ള ഏഴു ഗ്രഹങ്ങളുടെ സ്വാധീനം വിവരിക്കുന്ന ശ്ലോകത്തിനു സമാന്തരമായി, ജാതകപുരുഷന്റെ ആത്മാവ്, മനസ്സ് തുട ങ്ങിയ കാര്യങ്ങൾ പറയുന്ന ഒരു ശ്ലോകം ഫലദീപികയിലില്ല അതിനുകാരണം, ഹോരാശാസ്ത്രം കാരകത്വങ്ങൾ പറയുന്നത് വിഷയക്രമത്തിലാണെങ്കിൽ ഫലദീപിക അതു പറയുന്നത് ഗ്രഹക്രമ

ത്തിലാണ്. അതുകൊണ്ട്, പ്രധാന്യം കണക്കിലെടുത്ത്, ഹോരയിലെ ആ ശ്ലോകം (ഹോരാ ശസ്ത്രം: 2 - 1) ഇവിടെ ഉദ്ധരിക്കയാണ്:

കാലാത്മാ ദിനകൃന്മനസ്തുഹിനഗുഃ സത്വം കുജോ ജ്ഞോ വചോ
ജീവോ ജ്ഞാനസുഖേ സിതശ്ച മദനോ ദുഖം ദിനേശാത്മജഃ......

1.	*കാലാത്മാ ദിനകൃത്*	- സൂര്യൻ കാലപുരുഷന്റെ ആത്മാവും
2.	*മനഃ തുഹിനഗു*	- ചന്ദ്രൻ മനസ്സും
3.	*സത്വം കുജഃ*	- കുജൻ സത്വവും
4.	*ജ്ഞ വച*	- ബുധൻ വാക്കും
5.	*ജീവ ജ്ഞാനസുഖേ*	- വ്യാഴം ജ്ഞാനവും സുഖവും,
6.	*സിതഃ ച മദനഃ*	- ശുക്രൻ ജ്ഞാനസുഖങ്ങളും കൂടാതെ കാമവും
7.	*ദുഖം ദിനേശാത്മജഃ*	- ശനി ദുഖവും ആകുന്നു.

സിതഃ ച മദനഃ.... ഇവിടെ വളരെ അർത്ഥവത്തായ ഒരു *ച* കൊണ്ട് ജ്ഞാനസുഖങ്ങൾ ശുക്രനും പറഞ്ഞിരിക്കുന്നു. ഈ ജ്ഞാനസുഖങ്ങളുടെ വ്യത്യാസം മനസ്സിലാക്കാൻ ഗുരുവും ശുക്രനും തമ്മിലുള്ള വ്യത്യാസം അറിഞ്ഞാൽ മതി. ഉദാഹരണത്തിന്, പത്താമത്തെ ശ്ലോകത്തിൽ ബൃഹസ്പതി ശ്രേഷ്ഠമതി എന്നും ഭൃഗു സുഖീ എന്നും ഇവരുടെ സ്വഭാവം പറയുന്നുണ്ട്. അതായത് ശ്രേഷ്ഠമതിയായ ഗുരു സൂചിപ്പിക്കുന്നത് ശുദ്ധമായ ജ്ഞാനവും സുഖിയായ ശുക്രൻ സൂചിപ്പിക്കുന്നതു ലൗകിക ജ്ഞാനവു മായിരിക്കും.

സുഖത്തിന്റെ കാര്യത്തിലും ഈ വ്യതാസം കാണാം. ശനിയൊഴിച്ച് മറ്റ് ആറു ഗ്രഹങ്ങളെക്കൊണ്ടും സുഖം പറയുന്നുണ്ട്. അവിടെയും ഗ്രഹ ങ്ങളുടെ സ്വഭാവം നോക്കി വേണം സുഖത്തെ വിലയിരുത്താൻ. ഉദാഹരണത്തിന് ശുക്രൻ സ്ത്രീ, വാഹനം, വീട് എന്നീ സുഖങ്ങൾ സൂചിപ്പിക്കുമ്പോൾ ഈ വകുപ്പിൽ സൂര്യൻ അച്ഛനിൽ നിന്നുമുള്ള സുഖവും ചന്ദ്രൻ അമ്മയിൽനിന്നുമുള്ള സുഖവും വ്യാഴം മക്കളിൽനിന്നുമുള്ള സുഖവും മറ്റുമാണ് പ്രധാനമായും സൂചിപ്പിക്കുക.

അതുപോലെ കുജന്റെ കാരകത്വമായി പറഞ്ഞിട്ടുള്ള സത്വം അടിസ്ഥാനഗുണങ്ങളിൽപ്പെട്ട സത്വഗുണമെന്നും, മനസ്ഥൈര്യം, ഉൾക്കരുത്ത് തുടങ്ങിയ ധൈര്യവുമായി ബന്ധപ്പെട്ട ഗുണങ്ങളാണെന്നും കാണുന്നു.

ഗ്രഹങ്ങളുടെ കാരകത്വങ്ങൾ

(ജാതകത്തിലും മറ്റും ഗ്രഹങ്ങളെക്കൊണ്ടു ചിന്തിക്കേണ്ട വിഷയങ്ങൾ)

(1)

താമ്രം സ്വർണ്ണം പിതൃശുഭഫലം ചാത്മസൗഖ്യം പ്രതാപം
ധൈര്യം ശൗര്യം സമിതിവിജയം രാജസേവാ പ്രകാശം
ശൈവം കാര്യം വനഗിരിഗതിം ഹോമകാര്യപ്രവൃത്തിം
ദേവസ്ഥാനം കഥയതു ബുധസ്തൈക്ഷ്ണ്യമുത്സാഹമർക്കാൽ.

സൂര്യൻ

താമ്രം - ചെമ്പ്.,
സ്വർണ്ണം.
പിതൃ - അച്ഛൻ,
ശുഭഫലം (പിതൃശുഭഫലം എന്നും).
ആത്മ - ആത്മാവ്
സൗഖ്യം - സുഖം (ആത്മസൗഖ്യം എന്നും).
പ്രതാപം.
ധൈര്യം.
ശൗര്യം.
സമിതി വിജയം - യുദ്ധത്തിൽ ജയം.
രാജസേവ - രാജാവിനെ സേവിക്കൽ (സർക്കാർ ജോലിയും ഇതിൽ പെടുന്നു)
പ്രകാശം.
ശൈവം കാര്യം - ശിവനെ സംബന്ധിച്ച കാര്യങ്ങൾ
വനഗിരി ഗതിം - കാട്ടിലൂടെയും മേട്ടിലൂടെയുമുള്ള യാത്ര,
ഹോമകാര്യപ്രവൃത്തിം - ഹോമവുമായി ബന്ധപ്പെട്ട കാര്യങ്ങൾ,
ദേവസ്ഥാനം - ക്ഷേത്രങ്ങളും മറ്റും,
തൈക്ഷ്ണ്യം - തീക്ഷ്ണത,
ഉത്സാഹം.
കഥയതു ബുധ അർക്കാത് - (ഇപ്രകാരം) ബുധന്മാർ (പണ്ഡിതന്മാർ), സൂര്യനെക്കൊണ്ട് (അഥവാ സൂര്യന്റെ കാരകത്വങ്ങൾ) പറയുന്നു.

(2)

മാതൃ സ്വസ്തി മനഃപ്രസാദമുദധിസ്നാനം സിതം ചാമരം
ഛത്രം സുവ്യജനം ഫലാനി മൃദുലം പുഷ്പാണി സസ്യം കൃഷിം
കീർത്തിം മൗക്തികകാംസ്യരൗപ്യമധുരക്ഷീരാദിവസ്ത്രാംബു ഗോ
യോഷാപ്തിം സുഖഭോജനം തനുസുഖം രൂപം വദേച്ചന്ദ്രതഃ

ചന്ദ്രൻ

മാതൃ - മാതാവ്,
സ്വസ്തി - സുഖം,
(മാതുഃ സ്വസ്തി - മാതാവിന്റെ സൗഖ്യം എന്നും)
മനഃപ്രസാദം - മനസ്സുഖം,
ഉദധിസ്നാനം - തീർത്ഥസ്നാനം,
സിതം ചാമരം - വെഞ്ചാമരം,
ഛത്രം - കുട,
സുവ്യജനം - വിശറി (ആലവട്ടം),
ഫലാനി മൃദുലം - മാർദ്ദവമുള്ള പഴങ്ങൾ,
പുഷ്പാണി - പുഷ്പങ്ങൾ,
സസ്യം,
കൃഷി
കീർത്തി - പ്രശസ്തി,
മൗക്തികം - മുത്ത്,
കാംസ്യം - വെങ്കലം (കൂട്ടുലോഹം),

രൗപ്യം - വെള്ളി, മധുരം,
ക്ഷീരാദി - പാൽ തുടങ്ങിയവ,
വസ്ത്രം
അംബു - ജലം,
ഗോ - പശു,
യോഷാ - സ്ത്രീ,
ആപ്തി - ലബ്ധി (സ്ത്രീലബ്ധി)
സുഖഭോജനം - ഭക്ഷണസുഖം,
തനുസുഖം - ശരീരസുഖം,
രൂപം - ആകൃതി (രൂപഭംഗി)
വദേത് ചന്ദ്രതഃ - ചന്ദ്രനെക്കൊണ്ടു പറയണം.

(3)
സത്വം ഭൂഫലിതം സഹോദരഗുണം ക്രൗര്യം രണം സാഹസം
വിദ്വേഷം ച മഹാനസാഗ്നി കനകജ്ഞാത്യസ്ത്രചോരാൻ രിപൂൻ
ഉത്സാഹം പരകാമനീരതിമസത്യോക്തിം മഹീജാദ്വദേ-
ദ്വീര്യം ചിത്തസമുന്നതിം ച കലുഷം സേനാധിപത്യം ക്ഷതം.

കുജൻ
സത്വം - ഉൾക്കരുത്ത്,
ഭൂഫലിതം - ഫലഭൂയിഷ്ഠമായ ഭൂമി,
സഹോദരഗുണം
ക്രൗര്യം
രണം - യുദ്ധം,
സാഹസം
വിദ്വേഷം
മഹാനസം - അടുക്കള,
അഗ്നി,
കനകം - സ്വർണ്ണം
ജ്ഞാതി - ബന്ധുക്കൾ,
അസ്ത്രം - ആയുധങ്ങൾ,
ചോരാൻ - കള്ളന്മാർ,
രിപൂൻ - ശത്രുക്കൾ,
ഉത്സാഹം,
പരകാമനീരതി - പരസ്ത്രീസുഖം,
അസത്യോക്തി - നുണപറയൽ,
വീര്യം - ബലം,
ചിത്തസമുന്നതി - മാനസികോന്നമനം
കലുഷം - പാപം,
സേനാധിപത്യം,
ക്ഷതം - മുറിവ് (എന്നിവ)
മഹീജാത് വദേത് - കുജനെക്കൊണ്ടു പറയണം.

(4)

പാണ്ഡിത്യം സുവചഃ കലാനിപുണതാം വിദ്വത്സ്തുതിം മാതുലം
വാക്ചാതുര്യമുപാസനാദി പടുതാ വിദ്യാസു യുക്തിം മതിം[1]
യജ്ഞം വൈഷ്ണവകർമസത്യവചനം ശുക്തിം വിഹാരസ്ഥലം
ശില്പം ബാന്ധവയൗവരാജ്യസുഹൃദസ്തദ്ഭാഗിനേയം ബുധാത്.

ബുധൻ

പാണ്ഡിത്യം,
സുവചഃ - നല്ല വാമി,
കലാനിപുണത - കലകളിൽ വൈദഗ്ദ്ധ്യം,
വിദ്വൽ സ്തുതി - വിദ്വന്മാരുടെ പ്രശംസ,
മാതുലൻ - അമ്മാവൻ,
വാക്ചാതുര്യം - സംഭാഷണചാതുര്യം
ഉപാസനാദി പടുതാ - ഉപാസനാദികളിൽ പാടവം,
വിദ്യാസു യുക്തിം മതിം - വിദ്യ, യുക്തി, ബുദ്ധി വിദ്യാകാര്യങ്ങളിൽ നിരതമായ മനസ്സ്
യജ്ഞം - യാഗം,
വൈഷ്ണവകർമ്മം - വിഷ്ണുവിനുള്ള ആരാധനാപരമായ കാര്യങ്ങൾ,

സത്യവചനം - സത്യം പറയൽ,
ശുക്തി - മുത്തു ചിപ്പി,
വിഹാരസ്ഥലം - കളിസ്ഥലം,
ശില്പം - കൊത്തുവേലകൾ,
ബാന്ധവ - ബന്ധുക്കൾ,
യൗവരാജ്യ - യുവരാജാവ്,
സുഹൃദ - സുഹൃത്തുക്കൾ,
ഭാഗിനേയം - മരുമക്കൾ,
ബുധാത് - (ഇവ) ബുധനെക്കൊണ്ട് (പറയുന്നു).

(5)

ജ്ഞാനം സദ്ഗുണമാത്മജം ച സചിവം സ്വാചാരമാചാര്യകം
മാഹാത്മ്യം ശ്രുതിശാസ്ത്രധീ സ്മൃതിമതിം സർവോന്നതിം സദ്ഗതിം
ദേവബ്രാഹ്മണഭക്തിമദ്ധ്വരതപഃ ശ്രദ്ധാശ്ച കോശസ്ഥലം
വൈദുഷ്യം വിജിതേന്ദ്രിയം ധവസുഖം സമ്മാനമീഢ്യാദ്ദയാം.

വ്യാഴം

ജ്ഞാനം,
സദ്ഗുണം,
ആത്മജം - മക്കൾ
സചിവം - മന്ത്രിമാർ,
സ്വാചാരം - സ്വകർമ്മം, (ശ്രേഷ്ഠമായ ആചാരം , *നല്ല പെരുമാറ്റം*)
ആചാര്യകം - ആചാര്യന്മാർ (ഗുരുനാഥന്മാർ),
മാഹാത്മ്യം,

ശ്രുതി - വേദങ്ങൾ,
ശാസ്ത്ര - ശാസ്ത്രങ്ങൾ
ധീ - ബുദ്ധി
സ്മൃതി - ഓർമ്മശക്തി / മനുസ്മൃതി മുതലായവ
മതി - മനസ്സ്
സർവോന്നതി - എല്ലാ തരത്തിലുമുള്ള ഉയർച്ച,
സദ്ഗതി - മേൽഗ്ഗതി (മോക്ഷം),
ദേവബ്രാഹ്മണഭക്തി - ദേവന്മാരിലും (ദൈവങ്ങളിലും) ബ്രാഹ്മണരിലും (ആത്മജ്ഞാനികളിലും) ഉള്ള ഭക്തി / ബഹുമാനം
അധ്വര - യാഗാദി കർമ്മങ്ങൾ,
തപഃ - തപസ്സ്,
ശ്രദ്ധാ - ആസ്തിക്യം, (ആത്മിയത),
കോശസ്ഥലം - ഖജനാവ്,
വൈദുഷ്യം - പാണ്ഡിത്യം,
വിജിതേന്ദ്രിയം - ഇന്ദ്രിയസംയമനം,
ധവസുഖം - ദാമ്പത്യസുഖം,
സമ്മാനം - അംഗീകാരം, ബഹുമതി
ദയ,
ഈഡ്യാത് - (ഇവ) വ്യാഴത്തെക്കൊണ്ട് (ചിന്തിക്കണം.)

(6)
സമ്പദ്വാഹനവസ്ത്രഭൂഷണനിധിദ്രവ്യാണി തൗര്യത്രികം
ഭാര്യാസൗഖ്യസുഗന്ധപുഷ്പമദനവ്യാപാരശയ്യാലയാൻ
ശ്രീമത്വം കവിതാസുഖം ബഹുവധൂസംഗം വിലാസം മദം
സാചിവ്യം സരസോക്തിമാഹ ഭൃഗുജാദുദ്വാഹകർമോത്സവം.

ശുക്രൻ
സമ്പത് - സമ്പത്ത്, (ധനം, ഐശ്വര്യം),
വാഹനം,
വസ്ത്രം,
ഭൂഷണ - ആഭരണങ്ങൾ,
നിധി,
ദ്രവ്യാണി - ദ്രവ്യങ്ങൾ (ജംഗമസ്വത്തുക്കൾ, നാണയം, പണം മുതലായവ)
തൗര്യത്രികം - ഗാനം, നൃത്തം, വാദ്യം ഇവ മൂന്നും
ഭാര്യ,
സൗഖ്യം - സുഖം (ഭാര്യാസൗഖ്യം),
സുഗന്ധ - സുഗന്ധദ്രവ്യങ്ങൾ
പുഷ്പ - പൂക്കൾ (*സുഗന്ധപുഷ്പം*),
മദനവ്യാപാരം - കാമലീലകൾ,
ശയ്യ - കിടയ്ക്ക.
ആലയം - വീട് (ശയ്യാലയം - ശയ്യാഗൃഹം),
ശ്രീമത്വം - ഐശ്വര്യം.

കവിതാസുഖം - കാവ്യരചനകൊണ്ടോ കാവ്യാസ്വാദനം കൊണ്ടോ ലഭിക്കുന്ന ആനന്ദം,
ബഹുവധൂസംഗം - പല സ്ത്രീകളുമായി ബന്ധം
വിലാസം - ഉല്ലാസം,
മദം,
സാചിവ്യം - മന്ത്രിസ്ഥാനം,
സരസോക്തി - നർമ്മഭാഷണം,
ഉദ്വാഹകർമ്മം - വിവാഹം,
ഉത്സവം,
ഭൃഗുജാത് - ശുക്രനെക്കൊണ്ട് (ചിന്തിക്കണം).

(7)
ആയുഷ്യം മരണം ഭയം പതിതതാം ദുഖാവമാനാമയാൻ
ദാരിദ്ര്യം ഭൃതകാപവാദകലുഷാന്യാശൗച നിന്ദാപദഃ
സ്ഥൈര്യം നീചജനാശ്രയം ച മഹിഷം തന്ദ്രീമൃണം ചായസം
ദാസത്വം കൃഷിസാധനം രവിസുതാൽ കാരാഗൃഹം ബന്ധനം.

ശനി

ആയുഷ്യം - ആയുസ്സ്,
മരണം,
ഭയം,
പതിതത - പതിത്വം (ജാതിഭ്രഷ്ട്),
ദുഃഖം,
അവമാനം,
ആമയാൻ - രോഗങ്ങൾ,
ദാരിദ്ര്യം,
ഭൃതക - ഭൃത്യൻ,
അപവാദം - ചീത്തപ്പേര്,
കലുഷാനി - പാപകർമ്മങ്ങൾ,
ആശൗചം - അശുദ്ധം (പുല, വാലായ്മ)
നിന്ദ,
ആപദ - ആപത്ത്,
സ്ഥൈര്യം - സ്ഥിരത,
നീചജനാശ്രയം - ദുർജ്ജനത്തെ ആശ്രയിക്കേണ്ടി വരിക
മഹിഷം - പോത്ത്,
തന്ദ്രീ - മയക്കം, ആലസ്യം
ഋണം - കടം,
ആയസം - ഇരുമ്പ്.
ദാസത്വം - ഭൃത്യത്വം,
കൃഷിസാധനം - കാർഷികോപകരണങ്ങൾ,
കാരാഗൃഹം - തടവറ,
ബന്ധനം - തടവ്.
രവിസുതാൽ - ശനിയെക്കൊണ്ട് (ചിന്തിക്കേണ്ടവ).

ഗ്രഹങ്ങളുടെ രൂപവും സ്വഭാവവും

(8)
പിത്താസ്ഥിസാരോൽപകചശ്ച രക്ത-
ശ്യാമാകൃതിഃ സ്യാന്മധുപിംഗളാക്ഷഃ
കൗസുംഭവാസാശ്ചതുരശ്രദേഹഃ
ശൂരഃ പ്രചണ്ഡഃ പൃഥുബാഹുരർക്കഃ.

സൂര്യൻ

അർക്കഃ - സൂര്യൻ:
പിത്ത - പിത്തപ്രകൃതി,
അസ്ഥിസാരോ - എല്ലുറപ്പ്,
അൽപ്കച - മുടി കുറവ്,
രക്തശ്യാമാകൃതി - കറുപ്പുംചുകപ്പും ചേർന്ന നിറത്തിലുള്ള രൂപം,
മധുപിംഗളാക്ഷ - തേൻ നിറമുള്ള കണ്ണുകൾ,
കൗസുംഭവാസ - ചുകന്ന വസ്ത്രം,
ചതുരശ്ര ദേഹം - രണ്ടു കൈ നീളവും മാറിന്റെ വീതിയു ചേർന്ന ഉയരം,
ശൂരൻ,
പ്രചണ്ഡ - അതിശക്തൻ, ഉഗ്രകോപി.
പൃഥുബാഹു - തടിച്ച കൈകൾ.

(9)
സ്ഥൂലോ യുവാ ച സ്ഥവിരഃ കൃശഃ സിതഃ
കാന്തേക്ഷണാശ്ചാസിതസൂക്ഷ്മമൂർദ്ധജഃ
രക്തൈകസാരോ മൃദുവാക് സിതാംശുകോ
ഗൗരഃ ശശീ വാതകഫാത്മകോ മൃദുഃ.

ചന്ദൻ

ശശി - ചന്ദ്രൻ
സ്ഥൂലോ യുവാ ച സ്ഥവിരഃ കൃശഃ
- തടിച്ചതും യൗവനയുക്തവും, ചടച്ചതും പ്രായമായതും ആയ രണ്ടവസ്ഥകൾ,
കാന്തേക്ഷണ - വശ്യമായ കണ്ണുകൾ,
അസിതസൂക്ഷ്മമൂർദ്ധജ - കറുത്ത് നേർത്ത തലമുടി,
രക്തൈകസാരോ - ചോരത്തുടിപ്പുള്ള,
മൃദുവാക് - സൗമ്യമായ സംഭാഷണം,
സിതാംശുകോ - വെളുത്ത വസ്ത്രം,
സിത/ഗൗര - വെളുത്ത നിറം
വാതകഫാത്മകോ - വാതവും കഫവും ചേർന്ന പ്രകൃതി,
മൃദു - സൗമ്യൻ.

(10)
മദ്ധ്യേ കൃശഃ കുഞ്ചിതദീപ്തകേശഃ
ക്രൂരേക്ഷണഃ പൈത്തിക ഉഗ്രബുദ്ധിഃ
രക്താംബരോ രക്തതനുർമഹീജഃ
ചണ്ഡോ ƒ ത്യുദാരസ്തരുണോ ƒ തിമജ്ജഃ.

കുജൻ

മഹീജ - കുജൻ,
മദ്ധ്യേ കൃശ - ഒതുങ്ങിയ അരക്കെട്ട്,
കുഞ്ചിത ദീപ്ത കേശ - ചുരുണ്ട, തിളങ്ങുന്ന മുടി,
ക്രൂരേക്ഷണ - രൂക്ഷമായ നോട്ടം.
പൈത്തിക - പിത്തപ്രകൃതി,
ഉഗ്രബുദ്ധി - തീക്ഷ്ണബുദ്ധി,
രക്താംബരോ - ചുകന്ന വസ്ത്രം,
രക്തതനു - ചുകന്ന ദേഹം,
ചണ്ഡാ - കോപശാലി.,
അത്യുദാര - വളരെ ഉദാരമനസ്കൻ,
തരുണോ - യുവാവ്.
അതിമജ്ജഃ - അധികം മജ്ജ. (കരുത്തുറ്റ ശരീരം).

(11)
ദുർവ്വാലതാശ്യാമതനുസ്ത്രിധാതു
മിശ്രസ്സിരാവാൻ മധുരോക്തിയുക്തഃ
രക്തായതാക്ഷോ ഹരിതാംശുകസ്ത്വക്-
സാരോ ബുധോ ഹാസ്യരുചിസ്സമാംഗഃ.

ബുധൻ

ബുധോ - ബുധൻ.
ദുർവ്വാലതാശ്യാമതനു - കറുകപ്പുല്ലിന്റെ നിറമുള്ള ശരീരം,
ത്രിധാതുമിശ്രഃ - ത്രിദോഷപ്രകൃതി,
സിരാവാൻ - ഞരമ്പുകൾ നിറഞ്ഞ ദേഹം,
മധുരോക്തി യുക്ത - മധുരമായ സംഭാഷണം,
രക്തായതാക്ഷോ - ചുകന്ന കണ്ണുകൾ,
ഹരിതാംശുകം - പച്ച വസ്ത്രം,
ത്വക്സാരോ - കട്ടിയുള്ള തൊലി,
ഹാസ്യരുചി - നർമ്മബോധമുള്ളവൻ,
സമാംഗം - സമമായ അംഗങ്ങളോടുകൂടിയവൻ.

(12)
പീതദ്യുതിഃ പിംഗകചേക്ഷണഃ സ്യാത്

പീനോന്നതോരാശ്ച ബൃഹച്ഛരീരഃ
കഫാത്മകഃ ശ്രേഷ്ഠമതിഃ സുരേഡ്യഃ
സിംഹാബ്ജനാദശ്ച വസുപ്രധാനഃ.

വ്യാഴം

സുരേഡ്യഃ - വ്യാഴം.
പീത.ദ്യുതിഃ - തിളങ്ങുന്ന മഞ്ഞനിറം,
പിംഗ ക.ച ഈ.ക്ഷണ - തവിട്ടു നിറത്തിലുള്ള മുടിയും കണ്ണുകളും,
പ്.ന ഉന്നത ഉരഃ - തടിച്ചതും ഉയർന്നതുമായ മാറ്,
ബൃഹ.ത് ശരീരഃ - വലിയ ശരീരം,
കഫ:ത്മകഃ - കഫപ്രകൃതി,
ശ്രേഷ്ഠമതിഃ - ഉത്കൃഷ്ടമായ മനസ്സ്,
സിംഹ:ബ്ജ.ന:ദ - സിംഹഗർജ്ജനംപോലെ മുഴങ്ങുന്ന ശബ്ദം,
വസു.പ്രധ:ന:ഃ - സമ്പന്നൻ.

(13)
ചിത്രാംബരാ കുഞ്ചിതകൃഷ്ണകേശഃ
സ്ഥൂലാംഗദേഹശ്ച കഫാനിലാത്മാ
ദുർവ്വാങ്കുരാഭഃ കമനേ വിശാല-
നേത്രോ ഭൃഗുഃ സാധിതശുക്ലവൃദ്ധിഃ.

ശുക്രൻ

ഭൃഗുഃ - ശുക്രൻ,
ചിത്രാംബരം -(വി)ചിത്രമായ അല്ലെങ്കിൽ ബഹുവർണ്ണത്തിലുള്ള വസ്ത്രം,
കുഞ്ച്.ത.കൃഷ്ണകേശഃ - ചുരുണ്ടു കറുത്ത മുടി,
സ്ഥൂലാംഗ ദേഹ - തടിച്ച ദേഹപ്രകൃതി,
കഫ അന്.ലാത്മാ - കഫവാതപ്രകൃതി,
ദുർവ്വ:ങ്കുരാഭഃ - കറുകനാമ്പിന്റെ നിറം,
കമനേ വിശ:ലന:ത്രേ - ആകർഷകവും വിശാലവുമായ കണ്ണുകൾ,
സാധിത ശുക്ലവൃദ്ധി - ശുക്ലവൃദ്ധിയുണ്ടാക്കുന്നു.

(14)
പംഗുർനിമ്നവിലോചനഃ [1] കൃശതനുർദ്ദീർഘസ്സിരാളോ ഉ ലസഃ
കൃഷ്ണാംഗഃ പവനാത്മകോ *f* തിപിശുനഃ സ്നായ്വത്മകോ നിർഘൃണഃ
മൂർഖഃ സ്ഥൂലനഖദ്വിജഃ പരുഷരോമാംഗോ *f* ശുചിസ്താമസോ
രൗദ്രഃ ക്രോധപരോ ജരാപരിണതഃ കൃഷ്ണാംബരോ ഭാസ്കരീഃ.
പാഠഭേദം: *പിംഗോ ന.മ്ന.വ.ലേ:ച.ന....*

സാരാവലിയിൽ നിന്നുമുള്ള ഒരു ശ്ലോകം പെറിയ ഭേദഗതികളോടെ ഉദ്ധരിച്ചതാണ് ഇത്
പിംഗോനിമ്നവിലോചനഃ കൃശതനുർദീർഘഃ സിരാളോലസഃ
കൃഷ്ണാംഗപവനാത്മകോതിപിശുനഃ സ്നായ്വാന്വിതോ നിർഘൃണഃ
മൂർഖഃ സ്ഥൂലനഖദ്വിജോതിമലിനോ രൂക്ഷോശുചിസ്താമസോ

രൗദ്രഃ ക്രോധപരോ ജരാപരിണതഃ കൃഷ്ണാംബരോ ഭാസ്കരീഃ. (സാരാവലി 4:27)

ശനി

ഭാസ്കരി - ശനി.
പംഗുഃ - മുടന്തൻ.
നിമ്ന വിലോചന - കുഴിഞ്ഞ കണ്ണുകൾ അല്ലെങ്കിൽ താഴേയ്ക്കു നോക്കുന്ന സ്വഭാവം,
കൃശതനു - മെലിഞ്ഞ ശരീരം,
ദീർഘ - ഉയരമുള്ള ദേഹം,
സിരാള - സിരകൾ നിറഞ്ഞ ശരീരം
അലസ - അലസൻ,
കൃഷ്ണാംഗോ - കറുത്ത ശരീരം,
പവനാത്മക - വാതപ്രകൃതി,
അതിപിശുനഃ - ദുഷ്ടൻ (നിന്ദ്യൻ),
സ്നായ്വാത്മക - പേശികൾ നിറഞ്ഞ (കരുത്തുള്ള),
നിർഘൃണ - നന്ദിയില്ലാത്തവൻ,
മൂർഖ - ബുദ്ധിയില്ലാത്തവൻ,
സ്ഥൂലനഖദ്വിജ - തടിച്ച പല്ലും നഖങ്ങളും,
പരുഷരോമാംഗ - മാർദ്ദവമില്ലാത്ത രോമവും ശരീരവും,
അശുചി - ശുചിത്വമില്ലാത്തവൻ,
താമസ - താമസസ്വഭാവം,
രൗദ്ര - രൗദ്രസ്വഭാവം,
ക്രോധപരോ - മുൻകോപി,
ജരാപരിണതഃ - വാർദ്ധക്യം ബാധിച്ച,
കൃഷ്ണാംബരോ - കറുത്ത വസ്ത്രം,

(15)
ശൈവം ധാമ ബഹിഃപ്രകാശകമരുദ്ദേശം രവേഃ പൂർവദിക്
ദുർഗാസ്ഥാനവധൂജലൗഷധി മധുസ്ഥാനം വിധോർവായുദിക്
ചോരം മ്ലേച്ഛകൃശാനുയുദ്ധഭുവിദിഗ്യാമ്യാ കുജസ്യോദിതാ
വിദ്വദ്വിഷ്ണുസഭാവിഹാരഗണകസ്ഥാനാന്യുദീചീം വിദുഃ.

ഗ്രഹങ്ങളുടെ വാസസ്ഥാനങ്ങൾ

രവേഃ - സൂര്യന്.
ശൈവം ധാമ - ശിവക്ഷേത്രം,
ബഹിപ്രദേശം - വെളിസ്ഥലം,
പ്രകാശക പ്രദേശം - വെളിച്ചമുള്ള സ്ഥലം,
മരുദ്ദേശം - മരുഭൂമി,
പൂർവ ദിക് - കിഴക്കു ദിക്ക്.

വിധോ - ചന്ദ്രന്.
ദുർഗാസ്ഥാനം - ദുർഗ്ഗാക്ഷേത്രം,

വധൂ - സ്ത്രീകൾ,
ജലം,
ഔഷധികൾ,
മധുസ്ഥാനം - തേൻ/മദ്യം ഉള്ള സ്ഥലം,
(വധൂ ജല ഔഷധി മധു എന്നിവ ഉള്ള സ്ഥലം എന്നും),
വായുദിക് - വടക്കുപടിഞ്ഞാറ്

കുജ - കുജന്.
ചോര - കള്ളന്മാർ,
മ്ലേച്ഛ - മ്ലേച്ഛന്മാർ,
കൃശാനു - അഗ്നി,
യുദ്ധഭുവി - യുദ്ധഭൂമി,
ദിഗ്യാമ്യാ - ദിക് യാമ്യാ - യമദിക്ക്, തെക്ക്

വിദു - ബുധന്.
വിദ്വത് - വിദ്വാന്മാർ,
വിഷ്ണു,
സഭാ - സദസ്സുകൾ,
വിഹാര - കളിസ്ഥലം / ബുദ്ധവിഹാരം
ഗണക - ഗണിതജ്ഞൻ - ഗണകൻ/ജ്യോത്സ്യൻ
സ്ഥാനാനി - (ഇവയുള്ള) സ്ഥലങ്ങൾ,
ഉദീചി - വടക്കു ദിക്ക്.

(16)
കോശാശ്വത്ഥസുരദ്വിജാതിനിലയസ്ത്വൈശാനദിഗ്ഗീഷ്പതേർ
വേശ്യാവീഥ്യവരോധനൃത്തശയനസ്ഥാനം ഭൃഗോരഗ്നിദിക്
നീചശ്രേണ്യശുചിസ്ഥലം വരുണദിക്ശാസ്തുഃ ശനേരാലയോ
വാൽമീകാഹിതമോബില[1]ന്യഹി ശിഖിസ്ഥാനാനി ദിഗ്രക്ഷസഃ.

ഗീഷ്പതേഃ - വ്യാഴത്തിന്.
കോശഃ - ഖജനാവ്,
അശ്വത്ഥ - അരയാൽ,
സുരദ്വിജാതിനിലയ - ദേവന്മാർ, ബ്രാഹ്മണർ തുടങ്ങിയവരുടെ വാസസ്ഥലം,
ഈശാനദിക് - വടക്കു കിഴക്ക്,

ഭൃഗോഃ - ശുക്രന്
വേശ്യാവീഥി - വേശ്യാത്തെരുവ്,
അവരോധ - അന്തഃപുരം,
നൃത്തസ്ഥാനം - നൃത്തപരിപാടികൾ നടക്കുന്ന സ്ഥലം,
ശയനസ്ഥാനം - കിടപ്പറ,
അഗ്നിദിക് - അഗ്നികോണ്. കിഴക്കുതെക്കു മൂല.

ശനേ - ശനിക്ക്.
നീചശ്രേണി - ചേരികൾ,
അശുചിസ്ഥലം - വൃത്തികെട്ട സ്ഥലം,
വരുണദിക് - പടിഞ്ഞാറ്,
ശാസ്ത - ശാസ്താവ്,
ആലയം - സ്ഥാനം.

അഹിശിഖി - രാഹുകേതുക്കൾക്ക്.
വാൽമീകം - പുറ്റ്,
തമോബിലം - ഇരുണ്ട മാളം (പൊത്ത്).
സ്ഥാനാനി - സ്ഥാനങ്ങൾ,
ദിഗ്രക്ഷസഃ - *ദിക്‌രക്ഷസ* - നിരൃതി കോണ് (തെക്കുപടിഞ്ഞാറ്).

(17)
ശൈവോ ഭിഷങ്ന്യപതിരധ്വരകൃത്പ്രധാനീ
വ്യാഘ്രോ മൃഗോ ദിനപതേഃ കില ചക്രവാകഃ
ശാസ്താംഗനാ[1] രജക കർഷക തോയഗാസ്യു-
രിന്ദോഃ ശശശ്ച ഹരിണശ്ച ബകശ്ചകോരഃ.

ഗ്രഹങ്ങളുടെ മറ്റു കാരകത്വങ്ങൾ

(തൊഴിൽ, പക്ഷി, മൃഗം മുതലായവ)

ചന്ദ്രൻ
ഇന്ദു - ചന്ദ്രന്
ശാസ്താ - ശാസ്താവ്,
അംഗനാ - സ്ത്രീ,
(പാഠഭേദം *ശസ്താംഗനാ* - പ്രശസ്തയായ സ്ത്രീ)
രജക - അലക്കുകാരൻ,
കർഷക - കൃഷിക്കാരൻ,
തോയഗാ - ജലത്തിൽ സഞ്ചരിക്കുന്നവൻ
ശശം - മുയൽ,
ഹരിണം - മാൻപേട,
ബകം - കൊക്ക്,
ചകോരം - ചെമ്പോത്ത്.

സൂര്യൻ
ദിനപതേഃ - സൂര്യന്.
ശൈവോ - ശിവഭക്തൻ,
ഭിഷക് - വൈദ്യൻ,
നൃപതി - രാജാവ്,
അധ്വരകൃത് - യാഗം ചെയ്യുന്നയാൾ,
പ്രധാനി - മുഖ്യൻ,

വ്യാഘ്രോ - കടുവ,
മൃഗോ - മാൻ,
ചക്രവാകം - പകൽ ഇണ കൂട്ടിനുണ്ടാകുമെങ്കിലും രാത്രിയായാൽ ഇണയെ പിരിഞ്ഞ് വിരഹദുഃഖം അനുഭവിക്കേണ്ടി വരുന്ന ഒരു പക്ഷി എന്നു ⑤

(18)
ഭൗമോ മഹാനസഗതായുധഭൃൽസുവർണ്ണ-
കാരാജകുക്കുടശിവാകപി ഗൃദ്ധ്രചോരാഃ
ഗോപാല ശിൽപി ഗണകോത്തമ[1] വിഷ്ണുദാസാഃ
താർക്ഷ്യഃ കികീദിവി ശുകൗ ശശിജോ ബിഡാലഃ

കുജൻ
ഭൗമ - കുജൻ,
മഹാനസഗത - അടുക്കളക്കാരൻ,
ആയുധഭൃത് - ആയുധം ധരിച്ചവൻ,
സുവർണ്ണകാര - സ്വർണ്ണപ്പണിക്കാരൻ,
അജ - ആട്,
കുക്കുട - കോഴി,
ശിവാ - പെൺകുറുക്കൻ,
കപി - കുരങ്ങൻ,
ഗൃദ്ധ്രു - കഴുകൻ,
ചോരഃ - കള്ളൻ.

ബുധൻ
ശശിജ - ബുധൻ,
ഗോപാല - പശുക്കളെപാലിക്കുന്നവൻ,
ശിൽപി,
ഗണകോത്തമ - ഗണിതജ്ഞൻ,
വിഷ്ണുദാസഃ - വിഷ്ണുഭക്തൻ (വൈഷ്ണവൻ),
താർക്ഷ്യം - പരുന്ത്,
കികീദിവി - കാട്ടുകാക്ക, (കികീ എന്നു കരയുന്ന ഒരു പക്ഷി),
ശുക - തത്ത,
ബിഡാലഃ - പൂച്ച.
(1) വ്യാഖ്യാനഭേദം:
ഗോപജ്ഞശിൽപഗണകോത്തമ

(19)
ദൈവജ്ഞ മന്ത്രി ഗുരു വിപ്ര യതീശ മുഖ്യാഃ
പാരാവതഃ സുരഗുരോസ്തുരഗശ്ച ഹംസഃ
ഗാനീ ധനീ വിട വണിങ് നട തന്തുവായ
വേശ്യാമയൂരമഹിഷീ ച ഭൃഗോഃ ശുകോ ഗൗഃ.

വ്യാഴം

സുരഗുരോ - വ്യാഴത്തിന്,

ദൈവജ്ഞ - ദൈവജ്ഞൻ

മന്ത്രി,

ഗുരു,

വിപ്ര - ബ്രാഹ്മണൻ.

യതീശ - സന്യാസി,

മുഖ്യ - മുഖ്യൻ, (പ്രധാനി),

പാരാവതം - മാടപ്രാവ്,

തുരഗം - കുതിര,

ഹംസം - അരയന്നം.

ശുക്രൻ

ഭൃഗോ - ശുക്രന്

ഗാനീ - ഗായകൻ,

ധനീ - ധനികൻ,

വിട - വിടൻ,

വണിക് - കച്ചവടക്കാരൻ,

നട - നർത്തകൻ (നടൻ),

തന്തുവായ - നെയ്ത്തുകാരൻ,

വേശ്യ,

മയൂര - മയിൽ,

മഹിഷീ / മഹിഷം - എരുമ /പോത്ത്

ശുകോ - തത്ത,

ഗൗ - പശു.

(20)

തൈലക്രയീ ഭൃതകനീചകിരാതകായ-
സ്കാരാശ്ച ദന്തികരടാശ്ച പികാശ്ശനേഃ സ്യുഃ.

ബൗദ്ധാഹിതുണ്ഡികഖരാജകൃകോഷ്ട്രസർപ-
ദ്ധ്വാന്താഖ്യയോർമശകമക്കുണകൃമ്യുലൂകാഃ.

ശനി

ശനേ - ശനിക്ക്.

തൈലക്രയീ - എണ്ണക്കച്ചവടക്കാരൻ,

ഭൃതക - ഭൃത്യൻ,

നീച - നീചൻ,

കിരാത(ക) - കാട്ടാളൻ, ദുഷ്ടൻ

അയസ്കാരാ - കൊല്ലൻ (ഇരുമ്പു പണിക്കാരൻ),

ദന്തി - ആന,

കരടാ - കാക്ക,

പികാ - കുയിൽ,

രാഹു, കേതു

ധ്വാന്ത:ഖ്യയോഃ	- തമോഗ്രഹങ്ങൾക്ക്, രാഹുകേതുക്കൾക്ക് (ധ്വാന്തം - ഇരുട്ട്, ആഖ്യയോ - എന്നു പേരായവ)
ബൗദ്ധ	- ബൗദ്ധൻ (ബുദ്ധമതാനുയായി, അഹിന്ദു),
അഹിതുണ്ഡിക	- പാമ്പു പിടുത്തക്കാരൻ, പാമ്പാട്ടി,
ഖര	- കഴുത
അജ	- ആട്
കൃക (വാകം)	- കൂവുന്ന പക്ഷി, പൂവൻ കോഴി
ഉഷ്ട്രകം	- ഒട്ടകം.
സർപ്പ	- പാമ്പ്,
മശക	- കൊതുക്,
മക്കുണ	- മൂട്ട,
കൃമി,	- കൊച്ചു പ്രാണികൾ
ഉലൂക	- മൂങ്ങ.

(കുജനു പറഞ്ഞ ആടും കോഴിയും ഇവിടെ വീണ്ടും വന്നതിന്റെ കാരണം *കുജവത് കേതു* എന്ന നിയമമായിരിക്കണം.)

ഗ്രഹങ്ങളുടെ ശത്രുമിത്രത്വം

(21)
സൗമ്യഃ സമോർക്കജസിതാവഹിതൗ ഖരാംശോ-
രിന്ദോർഹിതൗ രവിബുധാവപരേ സമാഃ സ്യുഃ
ഭൗമസ്യ മന്ദഭൃഗുജൗ തു സമൗ രിപുർജ്ഞ-
സൗമ്യസ്യ ശീതഗുരരിസ്സുഹൃദൗ സിതാർക്കൗ.

(22)
സുരേർദ്വിഷൗ കവി ബുധൗ രവിജസ്സമഃ സ്യാ-
ന്മദ്ധ്യൗ കവേർഗുരുകുജൗ സുഹൃദൗ ശനിജ്ഞൗ
ജീവഃ സമഃ സിതവിദൗ രവിജസ്യ മിത്രേ
ജ്ഞേയാ അനുക്തഖചരാസ്തു തദന്യഥാ സ്യുഃ.

സൂര്യന്

ഖരാംശോ സൗമ്യ സമോ	- സൂര്യന് ബുധൻ സമൻ,
അർക്കജ സിത അവഹിതൗ	- ശനിയും ശുക്രനും ശത്രുക്കൾ.

ചന്ദ്രന്

ഇന്ദോഃ ഹിതൗ രവി.ബുധ	- ചന്ദ്രന് മിത്രങ്ങൾ സൂര്യനും ബുധനും,
അപരേ സമാഃ	- മററുള്ളവർ സമന്മാർ. (ചന്ദ്രനു ശത്രുക്കളില്ല).

കുജന്

ഭൗമസ്യ മന്ദഃഭൃഗുജൗ തു സമൗ	- കുജന് ശനിയും ശുക്രനും സമന്മാർ,
രിപുർജ്ഞ	- ബുധൻ ശത്രു.

ബുധന്
സൗമ്യസ്യ ശീതഗുഃ അരി - ബുധന് ചന്ദ്രൻ ശത്രു,
സിതാർക്കൗ സുഹൃദ - ശുക്രനും സൂര്യനും മിത്രങ്ങൾ.

ഗുരുവിന്
സുരേഃ ദ്വിഷൗ കവി.ബുധൗ - ശുക്രനും ബുധനും വ്യാഴത്തിനു ശത്രുക്കൾ
രവി.ജഃ സമ - ശനി സമൻ

ശുക്രന്
കവേഃ - ശുക്രന്
ഗുരു.കുജൗ മദ്ധ്യൗ - ഗുരുവും കുജനും സമന്മാർ,
ശനി.ജ്ഞൌ സുഹൃദൗ - ശനിയും ബുധനും സുഹൃത്തുക്കൾ.

ശനിയ്ക്കു
രവി.ജസ്യ ജീവഃ സമ - ശനിയ്ക്കു ഗുരു സമനും
സിത.വിദൗ മിത്രേ - ശുക്രനും ബുധനും മിത്രങ്ങൾ.

ജ്ഞേയാ അനുക്ത ഖചരാസ്തു തഃന്വ്യാസ്യു
- മുകളിൽ എടുത്തു പറയാത്ത ഗ്രഹങ്ങളുടെ കാര്യം ഊഹിച്ചുകൊള്ളണം. (ഉദാഹരണത്തിന് ശ്ലോകത്തിൽ ശനിയുടെ സമനും മിത്രങ്ങളും മാത്രമേ പറഞ്ഞിട്ടുള്ളൂ. ശത്രുവിന്റെ കാര്യം ഊഹിക്കണം.)

ഗ്രഹങ്ങളുടെ ഈ ശത്രു-മിത്ര-സമബന്ധത്തിന്റെ അടിസ്ഥാനം ബൃഹജ്ജാതകത്തിൽ (2-15) പറയുന്നുണ്ട്:

സത്യോക്തേ സുഹൃദസ്ത്രികോണഭവനാത്
സ്വാത് സ്വാന്ത്യധീധർമ്മപാഃ
സ്വോച്ചായുസ്സുഖപാശ്ച ലക്ഷണവിധേർ-
ന്നാന്യേ വിരോധാദിതി.

സത്യാചാര്യൻ പറഞ്ഞിട്ടുള്ളതനുസരിച്ച് സ്വന്തം മൂലത്രികോണരാശിയിൽ നിന്നും, 2, 12, 5, 9 രാശികളുടെ നാഥന്മാരും, സ്വന്തം ഉച്ചരാശി, ആയുസ്സ് (8) സുഖ (4) എന്നിവയുടെ നാഥന്മാരും സുഹൃത്തുക്കൾ ആകുന്നു.ഈ ശാസ്ത്രവിധിക്ക് അനുസൃതമല്ലാത്തവ സുഹൃത്തുക്കൾ ആകുന്നില്ല. ശ്ലോക ത്തിൽ പറഞ്ഞതു പട്ടിക രൂപത്തിലാക്കുമ്പോൾ--

ഗ്രഹം	മൂലത്രി	2	12	5	9	ഉച്ചം	8	4
സൂര്യൻ	ചിങ്ങം	കന്നി ബു	കർക്കട ച	ധനു ഗു	മേടം കു	മേടം കു	മീനം ഗു	വൃശ്ചികം കു
ചന്ദ്രൻ	ഇടവം	മിഥുനം ബു	മേടം കു	കന്നി ബു	മകരം മ	ഇടവം ശു	ധനു ഗു	ചിങ്ങം ര

കുജൻ	മേടം	ഇടവം ശു	മീനം ഗു	ചിങ്ങം ര	ധനു ഗു	മകരം മ	വൃശ്ചി കു	കർക്ക ച
ബുധൻ	കന്നി	തുലാം ശു	ചിങ്ങം ര	മകരം മ	ഇടവ ശു	കന്നി ബു	മേടം കു	ധനു ഗു
ഗുരു	ധനു	മകരം മ	വൃശ്ചി കു	മേടം കു	ചിങ്ങം ര	കർക്ക ച	കർക്ക ച	മീനം ഗു
ശുക്രൻ	തുലാം	വൃശ്ചി കു	കന്നി ബു	കുംഭം മ	മിഥു ബു	മീനം ഗു	ഇടവം ശു	മകരം മ
ശനി	കുംഭം	മീനം ഗു	മകരം മ	മിഥു ബു	തുലാം ശു	തുലാം ശു	കന്നി ബു	ഇടവം ശു

ഇതുപ്രകാരം ഓരോ ഗ്രഹത്തിനും കിട്ടുന്ന പോയന്റുകൾ

	ര	ച	കു	ബു	ഗു	ശു	മ
സൂര്യന്	-	1	3	1	2	-	-
ചന്ദ്രന്	1	-	1	2	1	1	1
കുജന്	1	1	-	1	2	1	1
ബുധന്	1	-	1	1	1	2	1
ഗുരുവിന്	1	2	2	-	1	-	1
ശുക്രന്	-	-	1	2	1	1	2
ശനിക്ക്	-	-	-	2	1	3	1

ഇതുവെച്ചു ശത്രുമിത്രങ്ങളെ കാണുന്ന വിധം - -
1. രണ്ടു രാശികളുടെ ആധിപത്യമുള്ളവർ - രണ്ടു വന്നാൽ മിത്രം
2. ഒരു രാശിയുടെ ആധിപത്യമുള്ളവർ - ഒന്നു വന്നാലും മിത്രം
3. രണ്ടു രാശികളുടെ ആധിപത്യമുള്ളവർ - ഒന്നു വന്നാൽ സമൻ
4. ഒന്നും വരാത്തവ ശത്രു.

അതുപ്രകാരം -

	മിത്രം	സമൻ	ശത്രു
സൂര്യന്	ചകുഗു	ബു	ശുമ
ചന്ദ്രന്	രബു	കുഗുശുമ	ഇല്ല
കുജന്	രചഗു	ശുമ	ബു
ബുധന്	രശു	കുഗുമ	ച
ഗുരുവിന്	രചകു	മ	ബുശു
ശുക്രന്	ബുമ	കുഗു	രച
ശനിക്ക്	ബുശു	ഗു	രചകു

ഇതുവരെ പറഞ്ഞത് ഗ്രഹങ്ങളുടെ നൈസർഗ്ഗികശത്രുമിത്രഅവസ്ഥയാണ്. ഇനി താൽക്കാലിക ശത്രുമിത്രാവസ്ഥ പറയുന്നു.

(23)
അന്യോന്യം ത്രിസുഖസ്വഖാന്ത്യഭവഗാസ്തൽകാലമിത്രാണ്യമീ
തന്നൈസർഗ്ഗികമപ്യവേക്ഷ്യ കഥയേത്തസ്യാതിമിത്രാഹിതാൻ
ശൗര്യാജ്ഞേ രവിജോ ഗുരുർഗുരുസുതൗ ഭൗമശ്ചതുർത്ഥാഷ്ടമൗ
പൂർണ്ണം പശ്യതി സപ്തമഞ്ച സകലാസ്തേഷ്വംഘ്രിവൃദ്ധ്യാ ക്രമാൽ.

ഗ്രഹങ്ങളുടെ താൽക്കാലിക ശത്രുമിത്രാവസ്ഥ

അന്യോന്യം ത്രി സുഖ സ്വ ഖ അന്ത്യ ഭവഗാ തൽകാലമിത്രാണി
- ഒരുഗ്രഹത്തിൽ നിന്നും 3, 4, 2, 10, 12, 11 ഭാവങ്ങളിൽ നിൽക്കുന്ന ഗ്രഹങ്ങൾ തൽക്കാലമിത്രങ്ങളാണ്.

തത് നൈസർഗ്ഗികം അപി അവേക്ഷ്യ കഥയേത് തസ്യ അതിമിത്രാ
- നൈസർഗ്ഗികബന്ധംകൂടി നോക്കി അതിമിത്രം തുടങ്ങിയവ പറയണം.

ഒരു ജാതകത്തിൽ ഒരു ഗ്രഹത്തിന്റെ പിന്നിലെ മൂന്നു രാശികളിലും (10,11,12) മുന്നിലെ മൂന്നു രാശികളിലും (2, 3, 4) നിൽക്കുന്ന ഗ്രഹങ്ങൾ ആ ജാതകത്തിൽ ആ ഗ്രഹത്തിന്റെ തൽക്കാലമിത്രങ്ങളാണ്. ഇതല്ലാത്തവ (5 മുതൽ 9 വരെ ഭാവങ്ങളിൽ നിൽക്കുന്നവ), തൽക്കാലശത്രുക്കളുമാകുന്നു. ഈ തൽക്കാല ബന്ധവും 21, 22 ശ്ലോകങ്ങളിൽ പറഞ്ഞ നൈസർഗ്ഗികബന്ധവും ചേർത്തു ചിന്തിക്കണം. അതായത്- -

തത്ക്കാലമിത്രം + നൈസർഗ്ഗികമിത്രം	=	അതിമിത്രം
തത്ക്കാലമിത്രം + നൈസർഗ്ഗിക ശത്രു	=	സമൻ
തത്ക്കാലമിത്രം + നൈസർഗ്ഗികസമൻ	=	മിത്രം
തത്ക്കാലശത്രു + നൈസർഗ്ഗികശത്രു	=	അതിശത്രു
തത്ക്കാലശത്രു + നൈസർഗ്ഗികമിത്രം	=	സമൻ
തത്ക്കാലശത്രു + നൈസർഗ്ഗികസമൻ	=	ശത്രു

ഗ്രഹങ്ങളുടെ ദൃഷ്ടി (വീക്ഷണം)

..ശൗര്യാജ്ഞാ രവിജോ ഗുരുർഗുരുസുതൗ ഭൗമശ്ചതുർത്ഥാഷ്ടമൗ
പൂർണ്ണം പശ്യതി സപ്തമഞ്ച സകലാസ്തേഷ്വംഘ്രിവൃദ്ധ്യാ ക്രമാൽ.

പൂർണ്ണം പശ്യതി സപ്തമം ച സകലാഃ	- എല്ലാ ഗ്രഹങ്ങൾക്കും ഏഴിലേയ്ക്കു പൂർണ്ണദൃഷ്ടിയുണ്ട്.
ശൗര്യ ആജ്ഞാ രവിജോ	- ശനിയ്ക്ക് 3, 10
ഗുരുഃ ഗുരുസുതൗ	- ഗുരുവിന് 9, 5,
ഭൗമ ചതുർത്ഥ അഷ്ടമൗ	- കുജവന് 4, 8
	- എന്നിങ്ങനെ വിശേഷദൃഷ്ടികളുണ്ട്.
അംഘ്രിവൃദ്ധ്യാ ക്രമാൽ	-പാദവൃദ്ധിക്രമത്തിൽ (പാദദൃഷ്ടിയുമുണ്ട്.)

സാധാരണ ദൃഷ്ടിയും വിശേഷദൃഷ്ടിയും

എല്ലാ ഗ്രഹങ്ങൾക്കും ഏഴിലേയ്ക്കുള്ള പൂർണ്ണദൃഷ്ടിയ്ക്കു പുറമെ ശനി (3-10), ഗുരു (5-9), കുജൻ (4-8) എന്നിങ്ങനെ വിശേഷദൃഷ്ടിയുമുണ്ട്. വിശേഷദൃഷ്ടിയും പൂർണ്ണദൃഷ്ടിയാണ്.

ഒരു ഭാവത്തിൽ നിൽക്കുന്ന ഗ്രഹത്തിന് മറ്റൊരു ഭാവത്തിലേയ്ക്കുള്ള ദൃഷ്ടി സാമാന്യമായി പറഞ്ഞതാണ്. രേഖാംശത്തിൽ നിന്നും രേഖാംശത്തി ലേയ്ക്കാണ് ദൃഷ്ടി വരുന്നത്. അഃായത്--

ഗ്രഹം		ദൃഷ്ടി	രേഖാംശം
1.	സൂര്യൻ	7	180
2.	ചന്ദ്രൻ	7	180
3.	കുജൻ	4, 7, 8	90, 180, 210
4.	ബുധൻ	7	180
5.	വ്യാഴം	5, 7, 9	120, 180, 240
6.	ശുക്രൻ	7	180
7.	ശനി	3, 7, 10	60, 180, 270

ഉദാഹരണം: കുജസ്ഫുടം 0-5-0 (മേടം 5) ആണെങ്കിൽ 7-ലേയ്ക്കു ള്ള ദൃഷ്ടി വരുക 185 ഡിഗ്രിയിലേയ്ക്ക് (തുലാം 5 ലേയ്ക്ക്) ആണ്.വാസ്തവത്തിൽ 185ഡിഗ്രിയുടെ 15 ഡിഗ്രി അപ്പുറത്തേയ്ക്കും 15 ഡിഗ്രി ഇപ്പുറത്തേയ്ക്കും മാത്ര മാണ് ദഷ്ടി വരുന്നത്.. അതായത്, തുലാത്തിൽ 20 ഡിഗ്രിക്കപ്പുറം നിൽക്കുന്ന ഗ്രഹത്തിനു കുജദൃഷ്ടി ഇല്ല.

2) പാദദൃഷ്ടി

അംഘ്രി.വൃദ്ധ്യാ ക്രമാൽ

- പാദവൃദ്ധി അനുസരിച്ച് അവയുടെ ദൃഷ്ടിയുടെ അനുപാതവും കാൽ (3-10), അര (5-9), മുക്കാൽ (4-8) എന്ന ക്രമത്തിൽ വർദ്ധിച്ചു വരുന്നു. 1, 2, 6, 11, 12 ഭാവങ്ങളിലേയ്ക്ക് ഒരു തരം ദൃഷ്ടിയുമില്ല.

(24)

സൂര്യാദേരയനം ക്ഷണോ ദിനമൃതുർമ്മാസശ്ച പക്ഷശ്ശര-
ദ്വിപ്രശ്ശുക്രഗുരു രവിക്ഷിതിസുതൗ ചന്ദ്രോ ബുധോ f ന്ത്യശ്ശനിഃ
പ്രാഹുർസ്സത്വരജസ്തമാംസി ശശിഗുർവർക്കാഃ കവിജ്ഞൗ പരേ
ഗ്രീഷ്മാദർക്കകുജൗ ശശീ ശശിസുതോ ജീവശ്ശനിർഭാർഗ്ഗവഃ.

കാലനിർണ്ണയം

സൂര്യാദേഃ - സൂര്യൻ മുതലായ ഗ്രഹങ്ങളെക്കൊണ്ടു ചിന്തിക്കേണ്ടത്:

സൂര്യൻ	*അയനം*	6 മാസം,
ചന്ദ്രൻ	*ക്ഷണ*	2 നാഴിക,
കുജൻ	*ദിന*	1 ദിവസം,
ബുധൻ	*ഋതു*	2 മാസം,
വ്യാഴം	*മാസ*	1 മാസം,
ശുക്രൻ	*പക്ഷം*	15 ദിവസം,
ശനി	*ശരഃ*	1 വർഷം.

വർണ്ണം:

വിപ്ര ശുക്രഗുരു, - ശുക്രനും ഗുരുവും ബ്രാഹ്മണർ,

രവി.ക്ഷ്.ത്.സുതൗ,	-	സൂര്യനും കുജനും ക്ഷത്രിയർ
ചന്ദ്രോബുധേ,	-	ചന്ദ്രനും ബുധനും വൈശ്യർ
അന്ത്യഃ ശനിഃ	-	ശനി അന്ത്യജൻ (ചാതുർവർണ്യത്തിലെ അവസാനത്തെ ജാതി, ശൂദ്രൻ).
	-	ബുധന്റെ ജാതി കൊടുത്തതു തെറ്റാണ്.

ഗുണം:

സത്വ രജ തമാംസി	-	സാത്വികം, രാജസികം, താമസികം എന്നീ ത്രിഗുണങ്ങൾക്ക് ക്രമത്തിൽ,
ശശി ഗുരു അർക്കാഃ	-	ചന്ദ്രനും ഗുരുവും സൂര്യനും (സാത്വികം),
കവി ജ്ഞൗ	-	ശുക്രനും ബുധനും (രാജസികം),
പരേ	-	മറ്റുള്ളവർ (കുജനും ശനിയും: താമസികം)

ഋതുക്കൾ:

(രുൻകാലങ്ങളി യാഗാദി കർമ്മങ്ങൾക്കു, കാലാവസ്ഥ അനുസരിച്ചുള്ള കാലവിഭജനം. മേടംമുത ഈരണ്ടു മാസം വീതം)

ഗ്രീഷ്മ:ത്	-	ഗ്രീഷ്മം തുടങ്ങിയ ആറു ഋതുക്കളുടെ കാരകന്മാർ:
അർക്ക.കുജൗ	-	സൂര്യനും കുജനും : ഗ്രീഷ്മം - വേന ക്കാലം
ശശീ	-	ചന്ദ്രൻ : വർഷം - മഴക്കാലം
ശശ്.സുതോ	-	ബുധൻ : ശരത് - തുലാം, വൃശ്ചികം (തുലാവർഷവും മഞ്ഞുകാലത്തിന്റെ തുടക്കവും)
ജീവഃ	-	വ്യാഴം : ഹേമന്തം (തുലാം- - ധനു. ഊർജ്ജസ്വലം)
ശനി	:	ശിശിരം, തണുപ്പുകാലം
ഭാർഗവ	-	ശുക്രൻ :വസന്തം

കാലം, വർണ്ണം, ഗുണം, ഋതു

(പട്ടിക രൂപത്തിൽ)

	ഗ്രഹം	കാലം	വർണ്ണം	ഗുണം	ഋതു
1.	സൂര്യൻ	6 മാസം	ക്ഷത്രിയ	സാത്വികം	ഗ്രീഷ്മം(2)
2.	ചന്ദ്രൻ	2 നാഴിക	വൈശ്യ	സാത്വികം	വർഷം (3)
3.	കുജൻ	1 ദിവസം	ക്ഷത്രിയ	താമസികം	ഗ്രീഷ്മം
4.	ബുധൻ	2 മാസം	വൈശ്യ	രാജസികം	ശരത് (4)
5.	വ്യാഴം	1 മാസം	ബ്രാഹ്മണൻ	സാത്വികം	ഹേമന്തം (5)
6.	ശുക്രൻ	15 ദിവസം	ബ്രാഹ്മണൻ	രാജസികം	വസന്തം (1)
7.	ശനി	1 വർഷം	ശൂദ്രൻ	താമസികം	ശിശിരം (6)

(25)

താതാംബേ രവിഭാർഗ്ഗവൗ ദിവി നിശി പ്രാഭാകരീന്ദു സ്മൃതൗ
തദ്വ്യസ്തേന പിതൃവ്യമാതൃഭഗിനീസംജ്ഞാ തദാ തദ്ക്രമാൽ
വാമാക്ഷീന്ദുരിനോ *f* ന്യദക്ഷി കഥിതോ ഭൗമഃ കനിഷ്ഠാനുജോ
ജീവോ ജ്യേഷ്ഠസഹോദരശ്ശശിസുതോ ദത്താത്മജഃ സംജ്ഞിതഃ.

ബന്ധുകാരകത്വവും നേത്രകാരകത്വവും

1.*താതാംബേ*	-	അച്ഛനും അമ്മയും, (ക്രമത്തിൽ)
രവി ഭാർഗ്ഗവൗ	-	സൂര്യനും ശുക്രനും,
ദിവി	-	പകൽ.
നിശി	-	രാത്രിയിൽ,
പ്രാഗ്കരീന്ദു	-	ശനിയും ചന്ദ്രനും,

2. *തദ് വ്യസ്തേന, പിതൃവ്യ മാതൃഭഗിനീ സംജ്ഞാ....*

- പിതാവിന്റെ സഹോദരനും മാതാവിന്റെ സഹോദരിയും (വിപരീതമായും ക്രമത്തിലും),

3.	*വാമാക്ഷി ഇന്ദു*	-	ചന്ദ്രൻ ഇടതു കണ്ണ്,
	ഇനോ അന്യത് അക്ഷി	-	സൂര്യൻ വലതു കണ്ണ്
4.	*ഭൗമഃ കനിഷ്ഠാനുജോ*	-	കുജൻ അനുജൻ,
	ജീവോ ജ്യേഷ്ഠസഹോദര	-	വ്യാഴം ജ്യേഷ്ഠൻ,
	ശശിസുതോ ദത്താത്മജ	-	ബുധൻ ദത്തുപുത്രൻ.

(26)

ദേഹോ ദേഹി ഹിമരുചിരിനസ്ത്വിന്ദ്രിയാണ്യാരപൂർവാ
ആദിത്യദ്വിഡ്ഗുളികശിഖിനസ്തസ്യ പീഡാകരാഃ സ്യുഃ
ഗന്ധഃ സൗമ്യോ ഭൃഗുജശശിനൗ ദ്വൗ രസൗ സൂര്യഭൗമൗ
രൂപൗ ശബ്ദോ ഗുരുരഥ പരേ സ്പർശസംജ്ഞാഃ പ്രദിഷ്ടാഃ

ദേഹം, ദേഹി

ദേഹോ ദേഹി ഹിമരുചി ഇന	-	ചന്ദ്രൻ ദേഹ (ശരീര) കാരകൻ,
സൂര്യൻ	-	ദേഹി (ആത്മ) കാരകൻ,
ഇന്ദ്രിയാണി ആരപൂർവാ	-	കുജൻ തുടങ്ങിയ (അഞ്ചു) ഗ്രഹങ്ങൾ ഇന്ദ്രിയങ്ങൾ,
ഗുളിക ശിഖിന തസ്യ പീഡാകരാഃ സ്യുഃ	-	ഗുളികനും രാഹുകേതുക്കളും ശല്യകാരികളുമാകുന്നു.

ഗന്ധ രസ രൂപ ശബ്ദ സ്പർശ കാരകത്വം

ഗന്ധഃ സൗമ്യോ	- ബുധൻ ഗന്ധകാരകനും,
ഭൃഗുജ ശശിനൗ ദ്വൗ രസൗ	- ശുക്രനും ചന്ദ്രനും രസകാരകന്മാരും,
സൂര്യഭൗമൗ രൂപൗ	- സൂര്യനും കുജനും രൂപകാരകന്മാരും,
ശബ്ദോ ഗുരു അഥ	- ഗുരു ശബ്ദകാരകനും,
പരേ സ്പർശ	- മറ്റു ഗ്രഹങ്ങൾ (മ, സ, ശി) സ്പർശ കാരകരുമാകുന്നു.

(27)

ക്ഷീണേന്ദ്വർക്കകുജാഹികേതുരവിജാഃ പാപസ്സപാപശ്ചവിത്
ക്ലീബാഃ കേതുബുധാർക്കജാഃ ശശിതമഃ ശുക്രാഃ സ്ത്രിയോ ഉ ന്യേ നരാഃ
രുദ്രാംബാ ഗുഹ വിഷ്ണു ധാതൃ കമലാ കാലാഹ്വജാ ദേവതാ-
സ്സൂര്യാദ്യഗ്നി ഭൂമി ഖ പയോ വായ്വാത്മകാഃ സ്യുർഗ്രഹാഃ.

ഗ്രഹങ്ങളുടെ ശുഭപാപത്വം

ക്ഷീണേന്ദു	- ക്ഷീണചന്ദ്രൻ,
അർക്ക	- സൂര്യൻ,
കുജൻ,	- കുജൻ
അഹി	- രാഹു,
കേതു,	- *കേതു*
രവിജാഃ	- ശനി,
പാപ	- ഇവർ പാപന്മാരാകുന്നു,
സപാപ ച വിത്	- പാപനോടുകൂടിയ ബുധനും (പാപനാകുന്നു.)

<u>ശുഭൻ</u>	<u>പാപൻ</u>
1. പക്ഷബലമുള്ള ചന്ദ്രൻ	1. സൂര്യൻ
2. പാപയോഗമില്ലാത്ത ബുധൻ	2. പക്ഷബലമില്ലാത്ത ചന്ദ്രൻ
3. ഗുരു	3. കുജൻ
4. ശുക്രൻ	4. പാപയോഗമുള്ള ബുധൻ
	5. ശനി, 6. രാഹു, 7. കേതു.

നൈസർഗ്ഗികപാപന്മാർ:

പാപന്മാർ എന്നു പൊതുവായി പറയുമ്പോൾ സൂര്യൻ, കുജൻ, ശനി എന്നീ മൂന്നു ഗ്രഹങ്ങൾ മാത്രമേ അതിൽ പെടുന്നുള്ളൂ. എന്നാൽ സൂര്യന്റെ അടുത്തു നിൽക്കുമ്പോൾ ചന്ദ്രനും പാപന്മാരുടെ കൂടെ നിൽക്കുമ്പോൾ ബുധനും പാപരായി മാറുന്നു.

ചന്ദ്രന്റെ പക്ഷബലം:

സൂര്യനുമായുള്ള അകൽച്ചയും അടുപ്പവുമാണ് ചന്ദ്രന്റെ ശുഭ പാപത്വം നിർണ്ണയിക്കുന്നത്. സൂര്യനിൽനിന്നും ഏറ്റവും അകലെ നിൽക്കുന്ന ചന്ദ്രൻ (പൂർണ്ണ ചന്ദ്രൻ) ശുഭനാണ്. കറുത്ത വാവു കഴി ഞ്ഞ് എട്ടാംദിവസംമുതൽക്കാണ് ചന്ദ്രന്റെ പക്ഷബലം ആരംഭിക്കു ന്നത്. വെളുത്ത വാവിൻനാളിൽ അതു പൂർണ്ണമാകും. അവിടുന്ന ങ്ങോട്ട് ബലം കുറയാൻ തുടങ്ങും. വെളുത്ത വാവ് കഴിഞ്ഞ് ഏഴാം നാളാകു മ്പോഴേയ്ക്കും അതു തീരെ ഇല്ലാതാകും. വെളുത്ത പക്ഷം അഷ്ടമിമുതൽ ചന്ദ്രനു നെഗറ്റീവ് ബലമാണ്. ഇറങ്ങി ഇറങ്ങി ചന്ദ്രൻ കറുത്ത വാവിലെത്തുമ്പോൾ (സൂര്യന്റെ ഏറ്റവും അടുത്ത് എത്തുമ്പോൾ) നൂറു ശതമാനവും പാപഫലമാകും. അടുത്ത ദിവസം മുതൽ കയറ്റം ആരംഭിക്കും. എട്ടാം ദിവസം ശുഭത്വ ത്തിലേയ്ക്കു കടക്കും. (അമാവാസി- പൗർണ്ണമികളുടെ ജ്യോതിശ്ശാസ്ത്രതത്വം അറിഞ്ഞാൽ ഇക്കാര്യം കൂടുതൽ വ്യക്തമാകും.)

ബുധന്റെ പാപത്വം

ബുധൻ സ്വതവേ ശുഭനാണ്. എന്നാൽ ബുധൻ നിൽക്കുന്ന അതേ രാശിയിൽ പാപ ഗ്രഹങ്ങളായ സൂര്യൻ, കുജൻ, ശനി ഇവരിൽ ആരെങ്കിലും കൂടെ നിൽപ്പുണ്ടെങ്കിൽ ബുധൻ പാപനാകും.

സ്ത്രീ, പുരുഷൻ, നപുംസകം

ക്ലീബാഃ കേതു ബുധ അർക്കജാഃ -	കേതു, ബുധൻ, ശനി ഇവർ നപുംസകങ്ങളും,
ശശി തമ ശുക്രാഃ സ്ത്രിയോ -	ചന്ദ്രൻ, രാഹു, ശുക്രൻ ഇവർ സ്ത്രീകളും,

അന്യേ നരാഃ - മറ്റുള്ളവർ (സൂര്യൻ, കുജൻ, ഗുരു) പുരുഷഗ്രഹങ്ങളുമാകുന്നു.

ഗ്രഹങ്ങളുടെ ദേവതകൾ

രുദ്ര	- ശിവൻ,
അംബാ	- ശ്രീപാർവതി,
ഗുഹ	- സുബ്രഹ്മണ്യൻ,
വിഷ്ണു,	
ധാതൃ	- ബ്രഹ്മാവ്,
കമല	- മഹാലക്ഷ്മി,
കാല	- യമൻ,
അഹി	- സർപ്പം,
അജാ	- മായ.

പഞ്ചഭൂതകാരകത്വം

സൂര്യാത്	- സൂര്യൻ മുതൽക്ക്,
അഗ്നി, ഭൂമി, ഖ, പയ	- അഗ്നി, ഭൂമി മുതലായ പഞ്ചഭൂതങ്ങളുടെ കാരകത്വം.

	ഗ്രഹം	ലിംഗം	ദേവത	പഞ്ചഭൂതം
1.	സൂര്യൻ	പുരുഷൻ	ശിവൻ	അഗ്നി
2.	ചന്ദ്രൻ	സ്ത്രീ	പാർവതി	ജലം
3.	കുജൻ	പുരുഷൻ	സുബ്രഹ്മണ്യൻ	അഗ്നി
4.	ബുധൻ	നപുംസകം	വിഷ്ണു	ഭൂമി
5.	ഗുരു	പുരുഷൻ	ബ്രഹ്മാവ്.	ആകാശം
6.	ശുക്രൻ	സ്ത്രീ	ലക്ഷ്മി	ജലം
7.	ശനി	നപുംസകം	യമൻ	വായു
8.	രാഹു	സ്ത്രീ	സർപ്പം	-
9	കേതു	നപുംസകം	മായാദേവി	-

(28)

ഗോധൂമം തൺഡുലം വൈ തിലചണകകുലുത്ഥാഢകശ്യാമമുദ്ഗാ-
ന്നിഷ്പാവാ മാഷമർക്കേന്ദ്വസിതഗുരുശിഖിക്രൂരവിദ്ഭൃഗ്വഹീനഃ
ഭോഗീനാർക്ക്യാരജീവജ്ഞശശിശിഖിസിതേഷ്വംബരാഖ്യം കലിംഗം
സൗരാഷ്ട്രാവന്തി സിന്ധൂൻ സുമഗധയവനാൻ പർവതാൻ കീകടാംശ്ച.

ധാന്യങ്ങളും പയറുവർഗ്ഗങ്ങളും

അർക്കേ	-	സൂര്യന്	*ഗോധൂമം*	ഗോതമ്പ്
ഇന്ദു	-	ചന്ദ്രന്	*തൺഡുലം*	അരി
അസി	-	ശനിക്ക്	*തില*	എള്ള്
ഗുരു	-	വ്യാഴത്തിന്	*ചണക*	കടല
ശിഖി	-	കേതുവിന്	*കുലുത്ഥ*	മുതിര
ക്രൂര	-	കുജന്	*ആഢകീ*	തുവര
വിദ്	-	ബുധന്	*ശ്യാമ*	ചാമ
ഭൃഗു	-	ശുക്രന്	*മുദ്ഗാ*	ചെറുപയർ

അഹി	-	രാഹുവിന്	*മാഷം*	ഉഴുന്ന്

ദേശകാരകത്വം

		ഗ്രഹം	ദേശം
ഭോഗീ	-	രാഹു	അംബരം
ഇനൻ	-	സൂര്യൻ	കലിംഗം
അർക്കി	-	ശനി	സൗരാഷ്ട്രം
ആര	-	കുജൻ	അവന്തി
ജീവ	-	വ്യാഴം	സിന്ധു
ജ്ഞ	-	ബുധൻ	മഗധ
ശശീ	-	ചന്ദ്രൻ	യവനം
ശിഖി	-	കേതു	പർവതം
സിത	-	ശുക്രൻ	കീകടം

(29)
മാണിക്യം തരണേഃ സുധാര്യമമലം മുക്താഫലം ശീതഗോർ-
മ്മാഹേയസ്യ ച വിദ്രുമം മരകതം സൗമ്യസ്യ ഗാരുത്മതം
ദേവേഡ്യസ്യ ച പുഷ്യരാഗമസുരാമാത്യസ്യ വജ്രം ശനേർ-
നീലം നിർമ്മലമന്യയോശ്ച ഗദിതേ ഗോമേദവൈഡൂര്യകേ.

രത്നകാരകത്വം

1.	*മാണിക്യം തരണേഃ*	- സൂര്യന് മാണിക്യം
2.	*സുധാര്യം അമലം മുക്താഫലം ശീതഗു*	- ചന്ദ്രന് മുത്ത്
3.	*മാഹേയസ്യ ച വിദ്രുമം*	- കുജന് പവിഴം
4.	*മരകതം സൗമ്യസ്യ*	- ബുധന് മരതകം (മരകതം)
5.	*ഗാരുത്മതം ദേവേഡ്യസ്യ പുഷ്യരാഗം*	- വ്യാഴത്തിന് പുഷ്യരാഗം
6.	*അസുരാമാത്യസ്യ വൈരം*	- ശുക്രന് വജ്രം
7.	*ശനേഃ നീലം നിർമ്മലം*	- ശനിക്ക് ഇന്ദ്രനീലം
	അന്യയോ ച ഗദിതേ ഗോമേദവൈഡൂര്യകേ.	
8.	രാഹുവിന്	- ഗോമേധം
9.	കേതുവിന്	- വൈഡൂര്യം

(30)
താമ്രഃ കാംസ്യം ധാതുതാമ്രം ത്രപുസ്സ്യാത്
സ്വർണ്ണം രൗപ്യം ചായസം ഭാസ്കരാദേഃ
വസ്ത്രം തത്തദ്വർണ്ണയുക്തം വിശേഷാത്
ജീർണ്ണം മന്ദസ്യാഗ്നിദഗ്ധം കുജസ്യ.

ലോഹകാരകത്വം (താമ്രഃ കാംസ്യം....)

ഭാസ്കരാദേഃ		-	സൂര്യൻ മുതലായവർക്ക്		
1.	സൂര്യൻ	-	*താമ്രഃ*	-	ചെമ്പ്
2.	ചന്ദ്രൻ	-	*കാംസ്യം*	-	(ഓട്) കൂട്ടുലോഹം
3.	കുജൻ	-	*ധാതു, താമ്രം*	-	ധാതുദ്രവ്യം, ചെമ്പ്

4.	ബുധൻ	-	*ത്രപു*	-	വെളുത്തീയം
5.	വ്യാഴം	-	*സ്വർണ്ണം*	-	സ്വർണ്ണം
6.	ശുക്രൻ	-	*രൗപ്യം*		വെള്ളി
7.	ശനി	-	*ആയസം*	-	ഇരുമ്പ്

വസ്ത്രകാരകത്വം

വസ്ത്രം തത്തത് വർണ്ണയുക്തം - ഓരോ ഗ്രഹത്തിനും പറഞ്ഞിട്ടുള്ള നിറത്തിലുള്ള വസ്ത്രങ്ങൾ,

വിശേഷാത് ജീർണ്ണം മന്ദ - വിശേഷിച്ചും ശനി ജീർണ്ണിച്ച വസ്ത്രത്തിന്റേയും,

അഗ്നിദഗ്ധം കുജസ്യ - കുജൻ തീ പിടിച്ച (കത്തിയ) വസ്ത്രത്തിന്റെയും കാരകന്മാരാകുന്നു.

(31)

ഭാനോഃ കടുർഭൂമിസുതസ്യ തിക്തം
ലാവണ്യമിന്ദോരഥ ചന്ദ്രജസ്യ
മിശ്രീകൃതം യന്മധുരം ഗുരോസ്തു
ശുക്രസ്യ ചാമ്ലഞ്ച ശനേഃ കഷായഃ.

രസകാരകത്വം

ഭാനോഃ കടുഃ	-	സൂര്യൻ കടുരസം (എരുവ്)
ഭൂമി സുതസ്യ തിക്തം	-	കുജൻ കയ്പ്,
ലാവണ്യം ഇന്ദോ	-	ചന്ദ്രൻ ഉപ്പ്,
ചന്ദ്രജസ്യ മിശ്രീകൃതം	-	ബുധൻ മിശ്രം,
മധുരം ഗുരോഃ	-	വ്യാഴം മധുരം,
ശുക്രസ്യ അമ്ലം	-	ശുക്രൻ അമ്ലം (പുളി)
ശനേഃ കഷായഃ	-	ശനി കഷായം (ചവർപ്പ്).

	ഗ്രഹം	വസ്ത്രം	രസം
1.	സൂര്യൻ	കാവി	കടുരസം,
2.	ചന്ദ്രൻ	വെള്ള	ഉപ്പ്
3.	കുജൻ	ചുകപ്പ്, കത്തിയത്	കയ്പ്പ്
4.	ബുധൻ	പച്ച	മിശ്രരസം
5.	വ്യാഴം	മഞ്ഞ	മധുരം
6.	ശുക്രൻ	വെള്ള	അമ്ലം (പുളി)
7.	ശനി	ജീർണ്ണിച്ച, കറുത്ത,	കഷായം (ചവർപ്പ്)

(32)

ഭാസ്വദ് ഗീഷ്പതി ചന്ദ്രജ ക്ഷിതിഭുവാം സ്വാദ്യക്ഷിണേലാഞ്ഛനം
ശേഷാണാമിതരത്ര തിമകിരണാൽ കട്യാം ശിരഃ പൃഷ്ഠയോഃ
കക്ഷേം *f* സേ വദനേ ച സക്ഥിചരണേ ചിഹ്നം വയാംസ്വർക്കതോ
നേമേ, ദാന, തടം, നഖം, നഗ, സനി, ജ്ഞാനാഢ്യ, നഗാടനം.

അടയാളങ്ങൾ

ഭാസ്വദ്	-	സൂര്യൻ,
ഗീഷ്പതി	-	വ്യാഴം,
ചന്ദ്രജ	-	ബുധൻ,
ക്ഷിതി.ഭുവം	-	കുജൻ,
സ്യാത് ദക്ഷിണേ	-	ഇവയ്ക്കു വലതു വശത്തും
ശേഷാണാം ഇതര അത്ര തിമകിരണാൽ	-	ബാക്കിയുള്ളവയ്ക്കു (ചന്ദ്രൻ, ശുക്രൻ, ശനി, രാഹു, കേതു) ഇടതു വശത്തും,
ലാഞ്ഛനം	-	അടയാളങ്ങൾ ഉണ്ടാകും.
കട്യാം	-	സൂര്യന് അരയിലും,
ശിരഃ	-	ചന്ദ്രനു ശിരസ്സിലും,
പൃഷ്ഠയോഃ	-	കുജനു പൃഷ്ഠഭാഗത്തും,
കക്ഷേ	-	ബുധനു കക്ഷത്തിലും,
അംസേ	-	വ്യാഴത്തിനു തോളിലും,
വദനേ	-	ശുക്രനു മുഖത്തും,
സക്ഥി ചരണേ	-	ശനിക്കു തുടയിലും പാദത്തിലും,
ചിഹ്നം	-	അടയാളങ്ങൾ ഉണ്ടാകും.

	ഗ്രഹം	വശം	അവയവം
1.	സൂര്യൻ	വലത്	അരയിൽ
2.	ചന്ദ്രൻ	ഇടത്	ശിരസ്സിൽ
3.	കുജൻ	വലത്	പൃഷ്ഠഭാഗത്ത് / പിന്നിൽ
4.	ബുധൻ	വലത്	കക്ഷത്തിൽ
5.	വ്യഴം	വലത്	തോളിൽ
6.	ശുക്രൻ	ഇടത്	മുഖത്ത്
7.	ശനി	ഇടത്	തുടയിലും പാദത്തിലും

ഗ്രഹങ്ങൾ സൂചിപ്പിക്കുന്ന പ്രായം

....വയാംസ്യർക്കതോ

നേമേ, ദാനാ, തടം, നഖം, നഗ, സനി, ജ്ഞാനാഢ്യ, നഗ്നാടനം.വയാംസി അർക്കതോ

- സൂര്യൻ മുതൽക്കുള്ളവരുടെ വയസ്സ് (അക്ഷരസംഖ്യയിൽ):

ഗ്രഹം	അക്ഷരസംഖ്യ	വയസ്സ്
സൂര്യൻ	നേമേ - 05 - 50.	50
ചന്ദ്രൻ	ദാന - 80 - 08	8
കുജൻ	തടം 61 - 16	16
ബുധൻ	നഖം - 02 - 20	20
വ്യാഴം	നഗ - 03 - 30	30
ശുക്രൻ	സനി - 70 - 07	7
ശനി	ജ്ഞാനാഢ്യ, 001	100
രാഹു	നഗ്നാടനം. 001	100

(കടപയാദി അക്ഷരസംഖ്യയ്ക്ക് അനുബന്ധം കാണുക)

നീലദ്യുതിർദ്ദീർഘതനുഃ കുവർണ്ണഃ
പാമീ ച പാഷണ്ഡമതസ്സഹിക്കഃ
അസത്യവാദീ കപടീ ച രാഹുഃ
കുഷ്ഠീ പരാന്നിന്ദതി ബുദ്ധിഹീനഃ.

രാഹുസ്വരൂപം

നീലദ്യുതി	-	നീല നിറം,
ദീർഘതനുഃ	-	നീണ്ട (ഉയരമുള്ള) ശരീരം,
കുവർണ്ണഃ	-	കീഴ്ജാതി,
പാമീ	-	ത്വക് രോഗങ്ങൾ ഉള്ളവൻ,
പാഷണ്ഡമതഃ	-	നിരീശ്വരമതക്കാരൻ,
സഹ ഇക്കഃ	-	ഇക്കിൾ,
അസത്യവാദീ	-	നുണയൻ,
കപടീ	-	കാപട്യക്കാരൻ,
കുഷ്ഠീ	-	കുഷ്ഠരോഗി,
പരാൻ നിന്ദതി	-	മറ്റുള്ളവരെ നിന്ദിക്കുന്നവൻ,
ബുദ്ധിഹീനഃ	-	ബുദ്ധിശൂന്യൻ.

(34)
രക്തോഗ്രദൃഷ്ടിർവിഷവാഗുദഗ്ര-
ദേഹഃ സശസ്ത്രഃ പതിതശ്ച കേതുഃ
ധൂമ്രദ്യുതിർധൂമപ ഏവ നിത്യം
വ്രണാങ്കിതാംഗശ്ച കൃശോ നൃശംസഃ.

കേതുസ്വരൂപം

രക്തോഗ്രദൃഷ്ടി	-	ചുവന്ന ഉഗ്രമായ കണ്ണുകൾ,
വിഷവാക്	-	വിഷം വമിക്കുന്ന വാക്ക്,
ഉദഗ്രദേഹ	-	വലിയ ശരീരം,
സശസ്ത്രഃ	-	ആയുധധാരി,
പതിതശ്ച	-	ഭ്രഷ്ടൻ,
ധൂമ്രദ്യുതിർ	-	കറുപ്പും ചുകപ്പും ചേർന്ന നിറം,
ധൂമപ ഏവ നിത്യം	-	പുക വമിക്കുന്നവൻ,
വ്രണാംകിതാംഗശ്ച	-	മുറിപ്പാടുള്ള അവയത്തോടുകൂടിയവൻ.
കൃശോ	-	മെലിഞ്ഞവൻ,
നൃശംസഃ	-	ക്രൂരൻ

(35)
സീസം ച ജീർണ്ണവസനം തമസസ്തു കേതോർ-
മൃദ്ഭാജനം വിവിധചിത്രപടം പ്രദിഷ്ടം
മിത്രാണി വിച്ഛനിസിതാസ്തമസോർദ്വയോസ്തു
ഭൗമസ്സമോ നിഗദിതോ രിപുവശ്ച ശേഷാഃ.

രാഹു കേതുക്കളുടെ പാത്രം, വസ്ത്രം

തമസഃ സീസം ച ജീർണ്ണവസനം- രാഹുവിന് ഇയ്യപ്പാത്രവും ജീർണ്ണവസ്ത്രവും,

കേതോഃ മൃദ്ഭാജനം വിവിധചിത്രപടം- കേതുവിന് മൺപാത്രവും ചിത്രങ്ങളുള്ള (പല നിറങ്ങളുള്ള) വസ്ത്രവും.

രാഹു കേതുക്കളുടെ മിത്രശത്രുക്കൾ

മിത്രാണി വിത് ശനി സിതാ തമസോഃ ദ്വയോഃ	- ഛായാഗ്രഹങ്ങൾ രണ്ടിനും (രാഹുകേതുക്കൾക്ക്) ബുധൻ, ശനി, ശുക്രൻ എന്നിവർ മിത്രങ്ങളും,
ഭൗമ സമോ	- കുജൻ സമനും,
രിപുവശ്ച ശേഷാഃ	- ശേഷിച്ചവ ശത്രുക്കളുമാകുന്നു.

<u>രാഹുകേതുക്കളുടെ മിത്രശത്രു ഗ്രഹങ്ങൾ.</u>

ബുധൻ, ശുക്രൻ, ശനി,	- മിത്രങ്ങൾ.
സൂര്യൻ, ചന്ദ്രൻ, വ്യാഴം	- ശത്രുക്കൾ
കുജൻ	- സമൻ

(36)
മൂഢോ ഽപി നീചരിപുഗോ ƒ ഷ്ടമഷഡ്വ്യയസ്ഥോ
ദുഃസ്ഥഃ സ്മൃതോ ഭവതി സുസ്ഥ ഇതീതരസ്സ്യാത്
ചന്ദ്രേ വ്യയായതനുഷട്സുതകാമസംസ്ഥേ
തോയാഭിവൃദ്ധിമിഹ ശംസതി വൃദ്ധികാര്യേ.

ഗ്രഹങ്ങൾ ദുസ്ഥിതരാകുന്നതെപ്പോൾ

മൂഢ	- മൗഢ്യമുള്ള ഗ്രഹം,
നീച	- തന്റെ നീചരാശിയിൽ നിൽക്കുന്ന ഗ്രഹം,
രിപുഗ	- തന്റെ ശത്രുക്ഷേത്രത്തിൽ നിൽക്കുന്ന ഗ്രഹം,
അഷ്ടമ ഷഡ് വ്യയസ്ഥ	- എട്ട്, ആറ്, പന്ത്രണ്ട് ഭാവങ്ങളിൽ നിൽക്കുന്ന ഗ്രഹങ്ങൾ,
ദുഃസ്ഥഃ ഭവതി സ്മൃത	- ഇവരെല്ലാം ദുസ്ഥിതരെന്നറിയുക.
സുസ്ഥ ഇതി ഇതരഃ സ്യാത്	- മറ്റു ഗ്രഹങ്ങളെല്ലാം സുസ്ഥരും ആകുന്നു.

സ്ഥിതികൊണ്ട് പ്രതികൂലമാകുന്ന ഗ്രഹങ്ങൾ

1. <u>മൗഢ്യം</u>: സൂര്യന്റെഅടുത്ത് ഒരു പ്രത്യേക പരിധിക്കുള്ളിലെത്തുമ്പോഴാണ് ഗ്രഹങ്ങൾ ക്കു മൗഢ്യം എന്ന ബലക്കുറവ് ഉണ്ടാകുന്നത്.

ചന്ദ്രൻ - 12°	കുജൻ - 17°	ബുധൻ 14°
വ്യാഴം - 11°	ശുക്രൻ - 10°	ശനി 16°

സൂര്യന്റെ 17° ഡിഗ്രി പരിധിക്കുള്ളിൽ (സൂര്യന്റെ അപ്പുറവും ഇപ്പുറവും) കുജനു മൗഢ്യമുണ്ട്. ഇതുപോലെ മറ്റുള്ളവർക്കും അവർക്കു നേരെ പറഞ്ഞ പരിധിക്കു ള്ളിൽ മൗഢ്യമുണ്ട്. കുജൻ, ബുധൻ, ശുക്രൻ എന്നീ മൂന്നു ഗ്രഹങ്ങൾ വക്രത്തി ലാണെ ങ്കിൽ ചെറിയ വ്യത്യാസ മുള്ളതായും കാണുന്നു. വക്രത്തിലാണെങ്കിൽ കുജനും ശുക്രനും 8° വരെയും ബധനു 12° വരെയും സൂര്യന്റെ അടുത്തു ചെല്ലാം. ഗുരുവിനും ശനിക്കും ഈ വ്യത്യാസം കാണുന്നില്ല. ചന്ദ്രനും സൂര്യന്റെ 12 ഡിഗ്രി പരിധിക്കുള്ളിൽ ബലക്കുറവുണ്ട്. എങ്കിലും അതു പക്ഷബലത്തിന്റെ കണക്കിൽ വരുന്നതിനാൽ മൗഢ്യത്തിനു വേറെ ബലക്കുറവ് എടുക്കാറില്ല.

2. <u>നീചസ്ഥിതി</u>: അദ്ധ്യായം 1 ശ്ലോകം 6-ൽ ഗ്രഹങ്ങളുടെ നീചസ്ഥാനങ്ങൾ പറഞ്ഞിട്ടു ണ്ടല്ലോ. ആ സ്ഥാനങ്ങളുടെ (രേഖാംശങ്ങളുടെ)അപ്പുറത്തുംഇപ്പുറത്തും ഏകദേശം 15° വരെ നീചത്തിന്റെ ദോഷം കാണും. ഗ്രഹസ്ഫുടവും നീചസ്ഥാന വും തമ്മിലുള്ള അടുപ്പവും അകൽച്ചയും ഗ്രഹബലത്തെ ആനുപാതികമായി ബാധി ക്കുന്നു.

3. <u>ശത്രുക്ഷേത്രസ്ഥിതി</u>: ര ാമദ്ധ്യായം 21, 22 ശ്ലോകങ്ങളിണ പറഞ്ഞിട്ടുള്ള ഗ്രഹങ്ങളുടെ മിത്ര-ശത്രുബന്ധംതന്നെയാണ് ഇതിനടിസ്ഥാനം. ചന്ദ്രന് ശത്രുക്കളി ല്ലാത്തതിനാൽ ചന്ദ്രന്റെ ക്ഷേത്രമായ കർക്കടകം ആർക്കും ശത്രുക്ഷേത്രമല്ല. എന്നാൽ ബുധനെ സംബന്ധിച്ചിടത്തോളം ചന്ദ്രൻ ശത്രുവാകയാൽ ബുധക്ഷേത്രങ്ങളായ മിഥുനവും കന്നിയും ചന്ദ്രനു ശത്രുക്ഷേത്ര ങ്ങളുമാണ്. (ആഥിതേയന്റെ മനോഭാവമാണ് പ്രധാനമെന്നർത്ഥം).

4. <u>ദുസ്ഥാനസ്ഥിതി</u>: ഫലദീപിക അനുസരിച്ച് 6-8-12 ഭാവങ്ങൾ ദുസ്ഥാന ങ്ങളും അവിടെ നിൽക്കുന്ന ശുഭഗ്രഹങ്ങൾ തീർത്തും ദുർബ്ബലരുമാണ്. ജാതകചന്ദ്രിക അനുസരിച്ച് 3-6-11 സ്ഥാനങ്ങളും ദുസ്ഥാനങ്ങളാണ്. ഒന്നുകൂടി വ്യക്തമായി പറയുകയാണെങ്കിൽ 3-6-11 ഭാവങ്ങളിൽ സൂര്യൻ, കൂജൻ, ശനി, രാഹു, കേതു എന്നീ പാപന്മാർ അനുകൂലഫലം നൽകും. എട്ടിൽ ബുധനും ശുക്രനും പന്ത്രണ്ടിൽ ശുക്രൻമാത്രവുമാണ്. അനുകൂലമായി വരുന്നത്.

സ്ഥിതികൊണ്ട് അനുകൂലമാകുന്ന ഗ്രഹങ്ങൾ

മേൽപ്പറഞ്ഞ നാലു തരത്തിൽപ്പെട്ട ഗ്രഹങ്ങൾ ദുഃസ്ഥരും (സ്ഥിതികൊണ്ട് അനുകൂലമല്ലാത്തവയും) ഫലദാനവിഷയത്തിൽ പ്രതികൂലവുമാണ്. അല്ലാത്തവ (അതായത് ഈ ദോഷങ്ങൾ ഇല്ലാത്തവ) സുസ്ഥരും അതുകാരണം അനുകൂലരും ആകുന്നു. ഒന്നുകൂടി വ്യക്തമാക്കുകയാണെങ്കിൽ ദോഷങ്ങളൊന്നുമില്ലെങ്കിൽ വിപരീതഫലം ഉണ്ടാകുകയില്ല എന്നേയുള്ളൂ. ശുഭഫലമുണ്ടാകണമെങ്കിൽ ഉച്ചം, മൂലത്രികോണം,, സ്വക്ഷേത്രം, മിത്രക്ഷേത്രം തുടങ്ങിയ അനുകൂലരാശികളിലുള്ള സ്ഥിതി ആവശ്യമാണ്.

ചന്ദ്രനും വേലിയേറ്റവും

....ചന്ദ്രേ വ്യയായതനുഷട്സുതകാമസംസ്ഥേ
തോയാഭിവൃദ്ധിമിഹ ശംസതി വൃദ്ധികാര്യേ.

ചന്ദ്രേ	-	ചന്ദ്രൻ
വ്യയ	-	12
ആയ	-	11
തനു	-	1
ഷട്	-	6
സുത	-	5

ക:മ - 7 (എന്നീ സ്ഥാനങ്ങളിൽ)

സംസ്ഥേ - നിന്നാൽ

തോയ:ഭ്.വൃദ്ധ്.മിഹ ശംസതി വൃദ്ധ്.കാര്യേ... - വൃദ്ധികാര്യത്തിൽ ജലവൃദ്ധി പറയണം.

സംഗതി ഒറ്റ വരിയിൽ ഒതുക്കിയപ്പോഴുണ്ടായ അവ്യക്തത കാര ണമാകാം പലരും പല തരത്തിലാണ് ഇതു വ്യാഖ്യാനിച്ചിരിക്കുന്നത്.

(1) വേലിയേറ്റം ഉണ്ടാക്കും

(2) ഇതിനോടു യോജിച്ചുകൊണ്ട് രോഗക്ഷയാദി വിഷയങ്ങൾക്ക് വേലിയേറ്റം ഗുണമല്ലെന്നും ഇതുകൊണ്ട് അറിയുകയും വേണം. എന്നു കൂടി ചേർത്തിരിക്കുന്നു.

(3) If there be a query whether water in a reservoir (or in an irrigation project) will increase or decrease, increase in water should be predicted if the Moon be in the 12th, 11th, 1st, 6th, 5th or the 7th house at the time of the qyery".

(37)

അന്തസ്സാരസമുന്നതദ്രുരരുണോ വല്ലീ സിതേന്ദൂ സ്മൃതൗ
ഗുൽമഃ കേതുരഹിശ്ച കണ്ടകനഗൗ ഭൗമാർക്കജൗ കീർത്തിതൗ
വാഗീശസ്സഫലോഉഫലഃ ശശിസുതോ ക്ഷീരപ്രസൂനദ്രുമൗ
ശുക്രേന്ദൂവിധുരോഷധീശ്ശനിരസാരാഗാശ്ച സാലദ്രുമഃ.

വൃക്ഷാദി കാരകത്വം

അന്ത:സ്സ്:ര സ:മു്ന:ത ദ്രു അരുണോ - സൂര്യന് കാതലുള്ള വന്മരങ്ങൾ,

വല്ലീ സിതേന്ദൂ സ്മൃതൗ - ശുക്രനും ചന്ദ്രനും ലതകൾ,

ഗുൽമഃ കേതു അഹി ച - രാഹുവും കേതുവും പുൽക്കൊടികൾ,

കണ്ട:ക:ന:ഗൗ ഭൗമാർക്കജൗ - കുജനും ശനിയും മുള്ളുള്ള മരങ്ങൾ,

വാഗ്:ശ സ:ഫലോ - വ്യാഴം കായ്ക്കുന്ന വൃക്ഷങ്ങൾ,

അ:ഫലേ ശശ്.സുതോ - ബുധൻ കായ്ക്കാത്ത മരങ്ങൾ

ക്ഷീര്പ്രസൂ:ന:ദ്രുമൗ ശുക്രേ:ന്ദൂ - ശുക്രനും ചന്ദ്രനും, പാലും പൂവും ഉള്ള മരങ്ങൾ

വ്.ധു ഒ:ഷധീ - ചന്ദ്രൻ ഔഷധികൾ,

ശ:നി അ:സ:ര:ഗാശ്ച സാലദ്രുമഃ - ശനി കാതലില്ലാത്ത മരങ്ങളും, പനകളും.

പട്ടിക

1.	സൂര്യൻ	- കാതലുള്ള വന്മരങ്ങൾ,
2.	ചന്ദ്രൻ	- ലതകൾ, പാലും പൂവും ഉള്ള മരങ്ങൾ,ഔഷധികൾ
3.	കുജൻ	- മുള്ളുള്ള മരങ്ങൾ
4.	ബുധൻ	- കായ്ക്കാത്ത മരങ്ങൾ
5.	വ്യാഴം	- കായ്ക്കുന്ന വൃക്ഷങ്ങൾ
6.	ശുക്രൻ	- ലതകൾ, പാലും പൂവും ഉള്ള മരങ്ങൾ
7.	ശനി	- മുള്ളുള്ള മരങ്ങൾ, കാതലില്ലാത്ത മരങ്ങൾ, പനകൾ
8.	രാഹു	- പുൽക്കൊടികൾ
9.	കേതു	- പുൽക്കൊടികൾ

.

♋

അദ്ധ്യായം 3

വർഗ്ഗങ്ങളും അംശങ്ങളും

ശ്ലോകം	
1	ദശവർഗ്ഗം, വർഗ്ഗോത്തമം
2	സപ്തവർഗ്ഗം, ഷഡ്വർഗ്ഗം, നവാംശഫലം
3	വർഗ്ഗബലം, ബാലാദി അവസ്ഥകൾ
4	ഹോര, ദ്രേക്കാണം, ദ്വാദശാംശം, ത്രിംശാംശം, നവാംശം
5	ഷഷ്ട്യംശം,
6	സപ്താംശം, ദശാംശം, കലാംശം
7	ത്രയോദശവർഗ്ഗം, ഉത്തമാംശം തുടങ്ങിയവ
8, 9	ഉത്തമാംശാദി ഫലം
10	ദശവർഗ്ഗഫലം, ബാലാദി അവസ്ഥാഫലം
11	ഷഡ്വർഗ്ഗഫലം
12	ഓജയുമ്മരാശ്യംശഫലം ലഗ്നത്തിനും ചന്ദ്രനും ബലമുണ്ടെങ്കിൽ ഫലം ത്രിംശാംശഫലം
13, 14	ദ്രേക്കാണവിശേഷം
15	ദ്രേക്കാണ - ത്രിംശാംശ - ദ്വാദശാംശ - ഹോരാനാഥഫലങ്ങൾ
16	ലഗ്നസംശോധനം
17	ചന്ദ്രസ്ഥിതിഫലം, ത്രിംശാംശസ്ഥിതിഫലം
18,19	പ്രദീപ്താദി അവസ്ഥകൾ
20	പ്രദീപ്താദി അവസ്ഥാഫലം

വർഗ്ഗബലം

ഗ്രഹങ്ങൾ തങ്ങളുടെ കാരകത്വവും ഭാവാധിപത്യവും അനുസരിച്ചുള്ള ഫലം തരുന്നത് അവരുടെ ദശ, അപഹാരം തുടങ്ങിയ കാലയളവുകളിലാണ്. ഇങ്ങനെ അവ നൽകുന്ന ഫലങ്ങളുടെ കുടുതൽക്കുറവുകൾ അറിയുന്നതിനാണ് ഗ്രഹബലം കണക്കാക്കുന്നത്. അതായത് ബലം അനുസരിച്ചാണ് ഗ്രഹ ങ്ങൾ ഫലം നൽകുക. ബലമില്ലെങ്കിൽ ഫലവുമില്ല. ബലം കൂടുംതോറും ഫലദാനശേഷിയും കൂടി വരും. ഗ്രഹങ്ങൾ (ഉദാ: ലഗ്നാധിപൻ) ഏതെങ്കിലും വിധത്തിൽ

അനുകൂലമായാൽ മാത്രം പോരാ, ആവശ്യമായ ബലം കൂടി ഉണ്ടെങ്കിലേ അവയ്ക്കു ഭേദപ്പെട്ട ഫലം നൽകാനാകൂ.

ബലം അറിയുന്നതിന് പല രീതികൾ നിലവിലുണ്ട്. ഇവിടെ ആദ്യം പറയുന്നത് വർഗ്ഗബലത്തെക്കുറിച്ചാണ്. വർഗ്ഗബലം കാണുന്നതിന് ഷഡ്വർഗ്ഗം, സപ്തവർഗ്ഗം, ദശവർഗ്ഗം, ഷോഡശവർഗ്ഗം എന്നിങ്ങനെ പല വർഗ്ഗങ്ങൾ നിലവിലുണ്ട്. ബലം കാണുന്നതിനുമാത്രമല്ല ഫലപ്രവചനത്തിനും ഇവ ഉപയോഗിക്കാറുണ്ട്.

(1)
ക്ഷേത്ര ത്രിഭാഗ നവഭാഗ ദശാംശ ഹോരാ-
ത്രിംശാംശ സപ്തലവ ഷഷ്ടിലവാഃ കലാംശാഃ
തേ ദ്വാദശാംശസഹിതാ ദശവർഗ്ഗസംജ്ഞാ
വർഗ്ഗോത്തമോ നിജനിജേ ഭവനേ നവാംശഃ.

ഒരു രാശിയുടെ 30 ഡിഗ്രിയെ 1, 2, 3, 7, 9, 10, 12, 16, 30, 60 എന്നിങ്ങനെ പത്തു വിധത്തിൽ ഭാഗിച്ചു പത്തു വർഗ്ഗങ്ങളാക്കിയതാണ് ദശവർഗ്ഗം.

ദശവർഗ്ഗം

1.	*ക്ഷേത്രം*	- രാശി	*30 / 1*
2	ഹോരാ		*30 / 2*
3	*ത്രിഭാഗം*	- ദ്രേക്കാണം	30 / 3
4	*സപ്തലവ*	- സപ്താംശം	30 / 7
5.	*നവഭാഗം*	- നവാംശം	30 / 9
6.	ദശാംശം	-	30 / 10
7	ദ്വാദശാംശം	-	30 / 12
8.	*കലാംശം*	- ഷോഡശാംശം	30 / 16
9.	ത്രിംശാംശം	-	30 / 30
10.	*ഷഷ്ടിലവാ*	- ഷഷ്ട്യംശം	30 / 60

വർഗ്ഗോത്തമം

വർഗ്ഗോത്തമോ നിജനിജേ ഭവനേ നവാംശഃ

- ഗ്രഹം നിൽക്കുന്ന രാശിയിൽത്തന്നെ അംശിക്കുന്നത്, അതായത്, നിൽക്കു രാശിയും നവാംശം വരുന്ന രാശിയും ഒന്നായാൽ, അതു വർഗ്ഗോത്തമമാകും (രാശിയിൽ ഇടവത്തിൽ നിൽക്കുന്ന ചന്ദ്രൻ നവാംശത്തിലും ഇടവത്തിൽതന്നെ നിന്നാൽ അതു വർഗ്ഗോത്തമമായി. വർഗ്ഗോത്തമമുള്ള ഗ്രഹത്തിനു ബലം ഉണ്ട്.)

(2)
ദശാംശഷഷ്ട്യംശകലാംശഹീനാ-
സ്തേ സപ്തവർഗ്ഗാശ്ച വിസപ്തമാംശാഃ
ഷഡ്വർഗ്ഗസംജ്ഞാസ്ത്വഥ രാശിഭാവ-
തുല്യം നവാംശസ്യ ഫലം ഹി കേചിത്.

സപ്തവർഗ്ഗം

ദശാംശ ഷഷ്ട്യംശ കലാംശ ഹീനാഃ തേ സപ്തവർഗ്ഗാഃ

- ദശവർഗ്ഗത്തിൽ ദശാംശം, ഷഷ്ട്യംശം, കലാംശം ഇവയൊഴിച്ചുള്ളത് സപ്തവർഗ്ഗം.

ഷഡ്വർഗ്ഗം

വിസപ്തമാംശാഃ ഷഡ്വർഗ്ഗസംജ്ഞാഃ

- സപ്തവർഗ്ഗത്തിൽ നിന്ന് സപ്താംശം ഒഴിച്ചുള്ളത് ഷഡ്വർഗ്ഗം.

വിവിധവർഗ്ഗങ്ങൾ:

ദശവർഗ്ഗം	സപ്തവർഗ്ഗം	ഷഡ് വർഗ്ഗം
1. രാശി	1. രാശി	1. രാശി
2. ഹോര	2. ഹോര	2. ഹോര
3. ദ്രേക്കാണം	3. ദ്രേക്കാണം	3. ദ്രേക്കാണം
4. സപ്താംശം	4. സപ്താംശം	....
5. നവാംശം	5. നവാംശം	4. നവാംശം
6. ദശാംശം	....	....
7. ദ്വാദശാംശം	6. ദ്വാദശാംശം	5. ദ്വാദശാംശം
9. കലാംശം	....	...
9. ത്രിംശാം	7. ത്രിംശാം	6. ത്രിംശാംശം
10. ഷഷ്ട്യംശം	....	....

നവാംശഫലം

രാശിഭാവതുല്യം നവാംശസ്യ ഫലം ഹി കേചിത്

- നവാംശത്തിന് രാശിക്കു തുല്യമായ പ്രാധാന്യമുണ്ടെന്നാണ് ചിലരുടെ അഭിപ്രായം.

സാധാരണ ഒരു തലക്കുറിയിൽ ഗ്രഹങ്ങളുടെ രാശിസ്ഥിതിയും നവാംശസ്ഥിതിയും കൊടുത്തിരിക്കും. ഇവ രണ്ടും താരതമ്യം ചെയ്താൽ ഗ്രഹബലത്തിന്റെ ഒരു ഏകദേശരൂപം കിട്ടും എന്നാണു വിശ്വാസം. നവാംശം രാശിയേക്കാളും സൂക്ഷ്മമായ ഭാഗമായതിനാൽ നവാംശസ്ഥിതിക്ക് രാശിസ്ഥിതിയേക്കാൾ പ്രാധാന്യമുണ്ടെന്നും ചിലർക്കഭിപ്രായ മുണ്ട്. ഉദാഹരണ ത്തിന്, ഒരു ജാതകത്തിൽ ശുക്രന്റെ രാശിസ്ഥിതി നീചത്തിലും നവാംശസ്ഥിതി ഉച്ചത്തിലുമാണ്. ഉച്ചത്തിലെ ഫലം പറയണമെന്നാണ് ജാതകപാരിജാതവും മാനസാഗരിയും പറയുന്നത്. എന്നാൽ അനുഭവത്തിൽ ഉച്ചത്തിന്റെ മെച്ചമോ നീചത്തിന്റെ ദോഷമോ കാണുന്നില്ല. ഫലം ശരാശരിയിൽ നിൽക്കുന്നു. അതായത് നവാംശത്തിലെ നല്ല സ്ഥിതികൊണ്ടു മാത്രമായില്ല: ഗ്രഹബലം കൂടി ഉണ്ടാകണമെന്നാണ് അനുഭവം.

(3)

ക്ഷേത്രേഷു പൂർണ്ണമുദിതം ഫലമന്യ വർഗ്ഗേ-
ഷ്വർദ്ധം കലാദശമഷഷ്ടിലവേഷു പാദം
ബാലഃ കുമാരഃ തരുണഃ പ്രവയാ മൃതോ ഷഡ്-
ഭാഗൈഃ ക്രമാദ്യുജി വിപര്യയമിത്യവസ്ഥാ.

വർഗ്ഗബലം

ക്ഷേത്രേഷു പൂർണ്ണം ഉദിതം - രാശിയിൽ പൂർണ്ണഫലം പറയപ്പെടുന്നു.

ഫലം അന്യ വർഗ്ഗേഷു അർദ്ധം - മറ്റു വർഗ്ഗങ്ങളിൽ പകുതി ഫലം.

കലാ ദശമ ഷഷ്ടി ലവേഷു പാദം - കലാംശം, ദശാംശം, ഷഷ്ട്യംശം ഇവയിൽ കാൽ ഫലം.

വർഗ്ഗവും ബലവും:

രാശി - മുഴുവൻ,

ഹോര, ദ്രേക്കാണം, സപ്താംശം,

നവാംശം, ദ്വാദശാംശം, ത്രിംശാംശ - പകുതി,

ദശാംശം, കലാംശം, ഷഷ്ട്യംശം - കാൽ.

ബാലാദി അവസ്ഥകൾ

ബാലഃ കുമാരഃ തരുണഃ പ്രവയാ മൃതോ ഷഡ്ഭാഗൈഃ ക്രമാത് അയുജി

- ബാല്യം, കൗമാരം, യൗവനം, വാർദ്ധക്യം, മരണം ഈ ക്രമത്തിൽ ഓജ രാശിയിൽ ആറു ഭാഗകൾ വീതമുള്ള അഞ്ച് അവസ്ഥകളുണ്ട്.

വിപര്യയമ്ത്യവസ്ഥാ

- യുഗ്മരാശിക്കു മരണം, വാർദ്ധക്യം, യൗവനം, കൗമാരം, ബാല്യം ഈ ക്രമത്തിലാണ് അവസ്ഥകൾ വരുന്നത്.

(4)

ക്ഷേത്രസ്യാർദ്ധം ഹി ഹോരാ ത്വയുജി രവിസുധാം-
ശ്വോസ്സമേ വ്യസ്തമേതത്
ദ്രേക്കാണേശാസ്ത്രിഭാഗൈസ്തനുസുതശുഭപാ
ദ്വാദശാംശസ്തു ലഗ്നാത്
ഭൗമാർക്കീഡ്വിജ്ഞശുക്രാഃ *ശശിജ സമലവാ*
ഹ്യോജഭേ യുഗ്മഭേ തദ്
വ്യസ്തം ത്രിംശാംശനാഥാഃ ക്രിയമകരതുലാ-
കർക്കടാദ്യാ നവാംശാഃ.

ദശവർഗ്ഗവിവരണം

രാശി

മേടം തുടങ്ങിയവ

രാശിനാഥന്മാർ : ഭൗമഃ ശുക്ര.... (1-6)

ഹോര

ക്ഷേത്രസ്യ അർദ്ധം ഹോരാ - രാശിയെ രണ്ടായി പകുത്തതു ഹോര.

ഹോരാനാഥന്മാർ:

അയുജി രവി, സുധാംശു - ഓജരാശിയിൽ ആദ്യഹോര സൂര്യന്റെയും രണ്ടാമത്തെ ഹോര ചന്ദ്രന്റെയും.

സമേ വ്യസ്തമേതത് - യുഗ്മരാശിയിൽ ആദ്യഹോര ചന്ദ്രന്റെയും

രണ്ടാമത്തെ ഹോര സൂര്യന്റെയും ആകുന്നു.

ദ്രേക്കാണം

ദ്രേക്കാണേശാഃ ത്രിഃഭാഗൈഃ	-	രാശിയെ മൂന്നായി തിരിച്ചതു ദ്രേക്കാണം.
ദ്രേക്കാണനാഥന്മാർ:		
തനു സുത ശുഭപാ	-	ലഗ്നം, അഞ്ച്, ഒമ്പത് എന്നീ ഭാവങ്ങളുടെ നാഥന്മാർ.

ദ്വാദശാംശം

ദ്വാദശാംശസ്തു ലഗ്നാത	-	രാശിയെ പന്ത്രണ്ടായി തിരിച്ചതു ദ്വാദശാംശം.

ദ്വാദശാംശനാഥന്മാർ:

ഗ്രഹം നിൽക്കുന്ന രാശിമുതൽക്കുള്ള 12 രാശികളാണ് ദ്വാദശാംശം. ഉദാഹര ണത്തിന് കുജൻ നിൽക്കുന്നത് മേടത്തിൽ. ദ്വാദശാംശം മേടം മുതൽ മീനം വരെ. ഗുരു നിൽക്കുന്നത് ചിങ്ങത്തിൽ. ദ്വാദശാംശം ചിങ്ങംമുതൽ കർക്കടകം വരെ. ദ്വാദശാംശ നാഥന്മാർ മേടം-കു, ഇടവം-ശു എന്ന ക്രമത്തചന്റ തന്നെ.

ത്രിംശാംശം

ഒരു രാശിയെ മുപ്പതായി തിരിച്ചതു ത്രിംശാംശകം.
ത്രിംശാംശകനാഥന്മാർ (അക്ഷരസംഖ്യയി)

കുജൻ	ശനി,	ഗുരു,	ബുധൻ,	ശുക്രൻ
5	5	8	7	5

ലവാ	-	അംശങ്ങൾ
ഓജഭേ	-	വീതം ഓജരാശിയിൽ.
യുഗ്മഭേ തദ്വ്യസ്തം	-	യുഗ്മരാശിയിൽ ഇതിനു വിപരീതം.

നവാംശം

ഒരു രാശിയെ 3°-20 വീതം ഒമ്പതുഭാഗങ്ങളായി തിരിച്ചതു നവാംശകം.

ക്രിയ മകര തുലാ കർക്കടാദ്യാ നവാംശാഃ

- മേടം (മേഷാദി),
- മകരം (മകരാദി),
- തുലാം, (തുലാദി)
- കർക്കടം (കർക്ക്യാദി)
- തുടങ്ങി നവാംശകങ്ങൾ.

മേഷാദി എന്നു പറഞ്ഞാൽ മേടത്തിനും അതിന്റെ ത്രികോണരാശികൾക്കും (ചിങ്ങം, ധനു) ഒരുപോലെ ആണെന്നർത്ഥം. ഇതുപോലെ മറ്റുള്ളവയും.

	1	5	9
1. *മേഷാദി:*	മേടം,	ചിങ്ങം,	ധനു
2. *മകരാദി*	ഇടവം,	കന്നി,	മകരം
3. *തുലാദി*	മിഥുനം,	തുലാം,	കുംഭം
4. *കർക്ക്യാദി*	കർക്കടം	വൃശ്ചികം	മീനം

(5)
യജ്ഞം രത്‌ന ജനം ധനം നയപടം രൂപം ലയം ചേടിനം
ഹോരാ യോഗഖലം ബലം ഭഗശിഖാധൂലിർന്നവം പ്രസ്വനം
ലാഭം വിശ്വദിവം ധവം രണധമം ഷഷ്ട്യംശകാശ്ചോജഭേ
ക്രൂരാഖ്യാഃ സമഭേ വിപര്യയമിദം ശേഷാസ്തു സൗമ്യാഹ്വയാഃ.

ഷഷ്ട്യംശം

ഒരു രാശിയെ അറുപതായി ഭാഗിച്ചത് ഷഷ്ട്യംശം.
ഷഷ്ട്യംശകാഃ ഓജഭേ ക്രൂരാഖ്യാഃ - ഓജരാശിയിൽ ക്രൂരാംശങ്ങൾ എന്നു പേരായ ഷഷ്ട്യംശങ്ങൾ (അക്ഷരസംഖ്യയിൽ):

യജ്ഞംരത്ന		*ജനം*	*ധനം*	*നയ*	*പടം*	*രൂപം*	*ലയം*	*ചേടിനം*
10	20	80	90	01	11	21	31	61
1	2	8	9	10	11	12	13	16

ഹോരാ	*യോഗ*	*ഖലം*	*ബലം*	*ഭഗ*	*ശിഖാ*	*ധൂലി*	*നവം*	*പ്രസ്വനം*
82	13	23	33	43	53	93	04	24
28	31	32	33	34	35	39	40	42

ലാഭം	*വിശ്വ*	*ദിവം*	*ധവം*	*രണ*	*ധമം*
34	44	84	94	25	95
43	44	48	49	52	59

സമഭേ വിപര്യയമിദം
- യുഗ്മരാശിയിൽ (ക്രൂരാംശങ്ങൾ) ഇതിനു വിപരീതമായി വരുന്നു.

ശേഷാഃ സൗമ്യാഹ്വയാഃ
- ഇവിടെ പറയാത്തവ സൗമ്യം എന്നു പേരുള്ളവയാകുന്നു.

ഓജരാശിയിൽ:

ക്രൂരാംശങ്ങൾ	സൗമ്യാംശങ്ങൾ
1, 2	3 - 7
8 - 13	14, 15
16	17 - 27
28	29, 30
31 - 35	36 - 38
39, 40	41
42 - 44	45 - 47
48 - 49	50, 51
52	53 - 58
59	60

യുഗ്മരാശിയിൽ:

ക്രൂരാംശങ്ങൾ	സൗമ്യാംശങ്ങൾ
....	1, 2
3 - 7	8 - 13
14, 15	16
17 - 27	28
29, 30	31 - 35
36 - 38	39 - 40
41	42 - 44
45 - 47	48 - 49
50, 51	52
53 - 58	59
60	

(6)

സ്വാത് സപ്താംശദശാംശകൗ തു വിഷമേ
യുഗ്മേ തു കാമാച്ഛുഭാത്
സ്വാധീശാശ്ച കലാംശപാ വിധിഹരീ-
ശാർക്കാസ്സമർക്ഷേ f ന്യഥാ
ഖ്യാതൈഃ കോണയുതൈസ്ത്രികോണഭവന
സ്വർക്ഷോച്ചകേന്ദ്രോത്തമൈർ-
വർഗ്ഗാഃ സപ്തദശ ത്രയോദശമിതാ
വർഗ്ഗാഃ പ്രദിഷ്ടാഃ പരൈ.

8, 9. സപ്താംശവും. ദശാംശവും

സ്വാത് സപ്താംശ ദശാംശകൗ തു വിഷമേ
- ഓജരാശിയിൽ സപ്താംശത്തിലും ദശാംശത്തിലും അതാതു രാശി മുതൽ,
യുഗ്മേ തു കാമാ ശുഭാൽ - യുഗ്മരാശിയിൽ ഏഴ്, ഒമ്പതു രാശികൾ മുതൽ.

<u>സപ്താംശം.</u>		<u>ദശാംശം</u>
ഓജരാശിയിൽ	അതാതു രാശിമുതൽ	ഓജരാശിയിൽ അതാതു രാശിമുതൽ
യുഗ്മരാശിയിൽ	ഏഴാം രാശിമുതൽ	ഒമ്പതാംരാശിമുതൽ

10. കലാംശം അഥവാ ഷോഡശാംശം

ഒരു രാശിയെ പതിനാറായി തിരിച്ചതാണ് കലാംശം അഥവാ ഷോഡശാംശം. ഗ്രഹം നിൽക്കുന്ന രാശിമുതൽ തുടർച്ചയായിവരുന്ന പതിനാറുരാശികളാണ് പതിനാറ് അംശങ്ങൾ.

കലാംശപാ വിധി ഹരീ ഈശ അർക്കാഃ
- ഓജരാശിയിൽ ബ്രഹ്മാവ്, വിഷ്ണു ശിവൻ, സൂര്യൻ ഈ ക്രമത്തിലും
സമർക്ഷേ അന്യഥാ
- യുഗ്മരാശിയിൽ സൂര്യൻ, ശിവൻ, വിഷ്ണു, ബ്രഹ്മാവ് എന്ന ക്രമത്തിലും കലാംശദേവതകൾ ആവർത്തിച്ചു വരുന്നു.

മറ്റു മൂന്നു വ്യാഖ്യാനങ്ങളിലും കൊടുത്തിട്ടുള്ള ഈ ഷോഡശവർഗ്ഗനാഥത്വം (വിധീഹരീ ശാർക്ക....) 4-ൽ ഇല്ല.

സ്വാധീശാശ്ച, കലാംശപാശ്ചരമുഖേ-
ഷ്വാദ്യാദ്ധരേശ്ചാപതഃ

എന്നാണ് അവിടെ കൊടുത്തിട്ടുള്ളത്. അതിന്റെ അർത്ഥം-- ഈ കലാംശം ചരരാശികളിൽ മേടം മുതലും സ്ഥിരരാശിയിൽ ചിങ്ങം മുതലും ഉഭയരാശിയിൽ ധനുമുതലും ക്രമത്താലെ കണക്കാക്കേണ്ടതാണ് എന്നാണ്. രണ്ടു പാഠങ്ങളും ചേർത്തു വായിക്കുമ്പോഴേ നിയമം പൂർണ്ണമാകുന്നുള്ളൂ.

ത്രയോദശവർഗ്ഗം

കോണയുതൈഃ ത്രികോണഭവന സ്വർക്ഷ ഉച്ച കേന്ദ്ര ഉത്തമവർഗ്ഗ സപ്തസഹ ത്രയോദശമിതാ വർഗ്ഗാഃ പ്രദിഷ്ടാഃ പരേ

- സപ്തവർഗ്ഗങ്ങളുടെ കൂടെ ത്രികോണം, മൂലത്രികോണം, സ്വക്ഷേത്രം, ഉച്ചം, കേന്ദ്രം, വർഗ്ഗോത്തമം ഇവ ആറും കൂടി കൂട്ടിയത് ത്രയോദശവർഗ്ഗം.

ഇവിടെ 4-ൽ മൂന്നു ശ്ലോകങ്ങളിലായി തുര്യ (1/4), വിംശ (1/20), സിദ്ധ (1/ 24), നക്ഷത്ര (1/27), ചത്വാരി (1/40), സിദ്ധവേദ (1/45) എന്നീ ആറ് അംശങ്ങൾകൂടി വിവരിക്കുന്നുണ്ട്. ദശവർഗ്ഗത്തിന്റെകൂടെ ഈ ആറു വർഗ്ഗങ്ങൾകൂടെ കൂട്ടിയാൽ ഷോഡശവർഗ്ഗമായി. ഫലദീപികയിൽ ഷോഡശവർഗ്ഗം പറയാത്തതിനാൽ പ്രധാന വ്യാഖ്യാനങ്ങളിൽ ഈ മൂന്നു ശ്ലോകങ്ങൾ ഒഴിവാക്കിയതോ പ്രക്ഷിപ്തമോ ആവാം.

(7)

വർഗ്ഗാന്യോജയതു ത്രയോദശ സുഹൃത് സ്വർക്ഷോച്ചഭേഷു ക്രമാദ്-
ദ്വിസ്ത്രിഃപഞ്ചചതുർന്നവാദ്രിവസുഷഡ്സംഖ്യാസുവർഗ്ഗൈക്യതഃ
പ്രാഹുശ്ചോത്തമപാരിജാതകഥിതൗ സിംഹാസനം ഗോപുരം
ചേത്വൈരാവതദേവലോകനരലോകാംശശ്ച പാരാവതം.

ഉത്തമാംശം തുടങ്ങിയവ

ത്രയോദശ വർഗ്ഗാൻ യോജയതു	-	(ജാതകത്തിൽ) ത്രയോദശവർഗ്ഗം കണക്കാക്കിയതിൽ ഗ്രഹങ്ങൾക്ക്
സുഹൃത്	-	മിത്രക്ഷേത്രം,
സ്വർക്ഷം	-	സ്വക്ഷേത്രം,
ഉച്ചഭം	-	ഉച്ചക്ഷേത്രം,

എന്നീ മുന്ന് അനുകൂലസ്ഥാനങ്ങളിലായി

ദ്വി	*ത്രി*	*പഞ്ച*	*ചതു*	*നവ*	*അദ്രി*	*വസു*	*ഷഡ്*
2,	3,	5,	4,	9,	7,	8,	6

സംഖ്യാസു വർഗ്ഗൈഃ കൃതഃ - എന്നിങ്ങനെ വർഗ്ഗസ്ഥിതി കിട്ടുന്നുവെങ്കിൽ ആ സംഖ്യ അനുസരിച്ച് ഗ്രഹങ്ങളുടെ സ്ഥിതി-

1.	*ഉത്തമ*	-	ഉത്തമം,
2.	*പാരിജാത*	-	പാരിജാതം,
3.	*സിംഹാസന*	-	സിംഹാസനം
4.	*ഗോപുര*	-	ഗോപുരം
5.	*ഐരാവത*	-	ഐരാവതം
6.	*ദേവലോക*	-	ദേവലോകം
7.	*നരലോക*	-	നരലോകം
8.	*പാരാവതം.*	-	പാരാവതം

എന്നീ അംശങ്ങളിലായിരിക്കും.

ത്രയോദശവർഗ്ഗത്തിൽ

കിട്ടിയ സംഖ്യ	അംശം
9	ഐരാവതം
8	നരലോകം
7	ദേവലോകം
6	പാരാവതം
5	സിംഹാസനം
4	ഗോപുരം
3	പാരിജാതം
2	ഉത്തമം

നരലോകത്തിനു പകരം സുരലോകം എന്നും വിധി (ബ്രഹ്മ) ലോകം എന്നും പാഠഭേദം കാണുന്നുണ്ട്. കാര്യത്തിനല്ലാതെ പേരിന് പ്രാധാന്യം കൊടുക്കണമെന്നു തോന്നുന്നില്ല. അതുപോലെ ചില പതിപ്പുകളിൽ ഉത്തമത്തെ പാരിജാതമെന്നും പാരിജാതത്തെ ഉത്തമമെന്നും മാറി വിളിക്കുന്നുമുണ്ട്. അതും കാര്യത്തെ ബാധിക്കുന്നില്ല. ഒരു പേരിലെന്തിരി ക്കുന്നു? കിട്ടുന്ന പോയന്റിലാണു പ്രാധാന്യം.

(8)
ആര്യാനൽപ്പഗുണാർത്ഥസൗഖ്യവിഭവാൻ യഃ പാരിജാതാംശഗഃ
സ്വാചാരം വിനയാന്വിതം ച നിപുണം യദ്യുത്തമാംശേ സ്ഥിതഃ
ഖേടോ ഗോപുരഭാഗഗഃ ശുഭമതിം സ്വക്ഷേത്ര ഗോ മന്ദിരം
യഃ സിംഹാസനഗോ നൃപേന്ദ്രദയിതം ഭൂപാലതുല്യം നരം.

(9)
ശ്രേഷ്ഠാശ്വദ്വിപവാഹനാദിവിഭവം പാരാവതാധിഷ്ഠിതഃ
സൽകീർത്തിം യദി ദേവലോകസഹിതോ ഭൂമണ്ഡലാധീശ്വരം
വന്ദ്യം ഭൂപതിഭിഃ സുരേന്ദ്രസദൃശം ത്വൈരാവതാംശസ്ഥിതഃ
സദ്ഭാഗ്യം ധനധാന്യപുത്രസഹിതം ഭൂപം വിദധ്യാദ് ഗ്രഹഃ

ഉത്തമാംശാദി വർഗ്ഗഫലം

1. *ആര്യ അനൽപ്പഗുണ അർത്ഥസൗഖ്യവിഭവാൻ പാരിജാതാംശഗഃ*

- <u>പാരിജാതാംശം</u> (3 ബിന്ദു): ശ്രേഷ്ഠൻ, അധികഗുണവാൻ, ധനം, സുഖം, വിഭവങ്ങൾ.

2. *സ്വാചാരം വിനയാന്വിതം നിപുണം ഉത്തമാംശേ സ്ഥിതഃ*
- ഉത്തമാംശം (2 ബിന്ദു)
: തന്റെ ആചാരങ്ങൾ അനുഷ്ഠി ക്കുന്നവൻ, വിനയം, നൈപുണ്യം.

3. *ഗോപുരഭാഗഗഃ ശുദ്ധമതിം സ്വക്ഷേത്രഗോ മന്ദിരം*
- ഗോപുരാംശം (4 ബിന്ദു) : സന്മനസ്സ്, സ്വന്തമായി ഭൂമി, പശുക്കൾ, വീട്.

4. *സിംഹാസനഗോന്ദ്യപേന്ദ്രദയിതം ഭൂപാലതുല്യം നരം*
- സിംഹാസനനാംശം (5 ബിന്ദു) : രാജാവിനു പ്രിയൻ, രാജതുല്യൻ.

5. *ശ്രേഷ്ഠാ അശ്വ ദ്വിപ വാഹനാദിവിഭവം പാരാവതാധിഷ്ഠിതഃ-*
- പാരാവതാംശം (6 ബിന്ദു) : ശ്രേഷ്ഠമായ കുതിര, ആന മുതലായ വാഹനങ്ങൾ

6. *സൽകീർത്തിം യദി ദേവലോകസഹിതോ ഭൂമണ്ഡലാധീശ്വരം*
- ദേവലോകാംശകം (7 ബിന്ദു) : - സൽ കീർത്തി, രാജാവ്.

7. *വന്ദ്യം ഭൂപതിഭിസ്സുരേന്ദ്രസദൃശം ഐരാവതാംശസ്ഥിതഃ*
- ഐരാവതാംശം(9 ബിന്ദു) : രാജാക്കന്മാരാൽക്കൂടി വന്ദിക്കപ്പെടുന്നവൻ, ദേവേന്ദ്രനു തുല്യൻ.

8. *സദ്ഭാഗ്യം ധനധാന്യപുത്രസഹിതം ഭൂപം*
- നരലോകാംശം (8 ബിന്ദു) ഭാഗ്യവാൻ, ധനം, ധാന്യം, പുത്രന്മാർ ഇവ യോടുകൂടിയവൻ, രാജാവ്.

3, 4 വരികൾ ചെറുവള്ളി കൊടുത്തിട്ടുള്ളതിന് ചെറിയൊരു മാറ്റമുണ്ട്.

സദ്ഭാഗ്യം ധനധാന്യപുത്രസഹിതം ഭൂപം വിരിഞ്ചാംശഗഃ
വന്ദ്യം ഭൂപതിഭിഃ സുരേന്ദ്രസദൃശം ത്വൈരാവതാംശസ്ഥിതഃ.

(10)

യദ്വർഗേഷ്വഖിലേഷു മൃത്യുരബലേഷ്വത്രാഥ വക്ഷ്യേ ക്രമാ-
ന്നാശം ദുഃഖമനർത്ഥതാം ച വിസുഖം ബന്ധുപ്രിയം തദ്വരം
ഭൂപേഷ്ടം ധനിനം നൃപം നൃപവരം വർഗ്ഗേ ബലിഷ്ഠേ *f* ഖിലേ
വർദ്ധധിഷ്ണും സുഖിനം നൃപം ഗദമൃതീ ബാലാദ്യവസ്ഥാഫലം.

ദശവർഗ്ഗഫലം

വർഗ്ഗേഷു അഖിലേഷു - എല്ലാ (പത്തു) പർഗ്ഗങ്ങളിലും
മൃത്യു അബലേഷു - ബലമില്ലെങ്കിൽ മരണം
(മറ്റു വർഗ്ഗങ്ങളിൽ ബലമില്ലെങ്കിൽ ക്രമത്തിൽ)

9 വർഗ്ഗത്തിൽ	ബലമില്ലെങ്കിൽ	- നാശം
8	,,	- ദുഖം,
7	,,	- അനർത്ഥത (അനർത്ഥങ്ങൾ),
6	,,	- വിസുഖം (സുഖമില്ലായ്മ),
5	,,	- ബന്ധുപ്രിയം
4	,,	- തദ്വരം(സ്വജനങ്ങളിൽശ്രേഷ്ഠൻ, തലവൻ)
3	,,	- ഭൂപേഷ്ടം(രാജാവിന് ഇഷ്ടപ്പെട്ടവൻ)
2	,,	- ധനിനം (ധനികൻ)
1	,,	- നൃപം - രാജാവ്

വർഗ്ഗേ ബലിഷ്ഠേ അഖിലേ - എല്ലാ വർഗ്ഗങ്ങൾക്കും ബലമുണ്ടെങ്കിൽ

നൃപവരം - രാജശ്രേഷ്ഠൻ, ചക്രവർത്തി.

ബാലാദി അവസ്ഥാഫലം

ശ്ലോകം 3 ലെ വരികൾ

ബാലഃ കുമാരഃ തരുണഃ പ്രവയാ മൃതോ ഷഡ്ഭാഗൈഃ ....

വർദ്ധധിഷ്ണും സുഖിനം നൃപം ഗദമൃതീ ബാലാദ്യവസ്ഥാഫലം.)

1. *വർദ്ധിഷ്ണും* - വർദ്ധിക്കുന്നവൻ (ബാല്യം)
2. *സുഖിനം* - സുഖമുള്ളവൻ, (കൗമാരം)
3. *നൃപം* - രാജാവ് (താരുണ്യം)
4. *ഗദം* - രോഗം (വാർദ്ധക്യം)
5. *മൃതി* - മരണം

(11)

ഷഡ്വർഗ്ഗേഷു ശുഭഗ്രഹാധികഗുണൈഃ

ശ്രീമാൻ ചിരംജീവതി

ക്രൂരാംശേ ബഹുലേ വിലഗ്നഭവനേ

ദീനോ f ൽപ്പജീവശ്ശഠഃ

തന്നാഥാ ബലിനോ നൃപോ f സ്ത്യഥ നവാം-

ശേശോ ദൃഗാണേശ്വരോ

ലഗ്നേശഃ ക്രമശഃ സുഖീ നൃപസമഃ

ക്ഷോണീപതിർഭാഗ്യവാൻ.

ഷഡ്വർഗ്ഗഫലം

ജാതകത്തിൽ- -

1.ഷഡ്വർഗ്ഗേഷു ശുഭഗ്രഹ അധിക ഗുണൈഃ ശ്രീമാൻ ചിരം ജീവതി

ലഗ്നത്തിന്റെ ഷഡ്വർഗ്ഗങ്ങളിൽ ശുഭഗ്രഹങ്ങളുടെ വർഗ്ഗമാണ് അധികം വരുന്നതെങ്കിൽ, ആ ജാതകൻ ധനികനും ദീർഘായുസ്സുള്ളവനും ആകും.

2. ക്രൂരാംശേ ബഹുലേ വിലഗ്നഭവനേ ദീനഃ അൽപജീവഃ ശഠഃ

ലഗ്നത്തിനു ക്രൂരാംശമാണ് അധികം വരുന്നതെങ്കിൽ ദീനൻ, അൽപ്പായുസ്സ്, ശഠൻ. ശാഠ്യം - വാശി, നിർബന്ധം

3. തന്നാഥാ ബലിനോ നൃപോ

- ലഗ്നത്തിന്റെ ഷഡ്വർഗ്ഗനാഥന്മാർ ബലവാന്മാരായിരുന്നാൽ രാജാവാകും.

4. നവാംശേശോ സുഖീ - നവാംശാധിപൻ ബലവാനായിരുന്നാൽ സുഖി.

5. ദൃഗാണേശ്വരോ നൃപസമഃ

- ദ്രേക്കാണാധിപൻ ബലവാനായിരുന്നാൽ രാജതുല്യൻ.

6. *ലഗ്നേശഃ ക്രമശഃ സുഖീ നൃപസമഃ ക്ഷോണീപതിഃ ഭാഗ്യവാൻ* - ലഗ്നേശ്വരൻ ബലവാനായിരുന്നാൽ ക്രമത്തിൽ സുഖിയായും രാജതുല്യനായും ഭാഗ്യവാനായ രാജാവായും ഭവിക്കും.

(12)

ഓജേ ക്രൂരേ ഉ ർക്കഹോരാം ഗതവതി ബലവാൻ

ക്രൂരവൃത്തിർധനാഢ്യോ

യുഗ്മേ ചാന്ദ്രീം ശുഭേഷു ദ്യുതിവിനയവചോ

ഹൃദ്യസൗഭാഗ്യയുക്തഃ

വ്യസ്തം വ്യസ്തേ *f* ത്ര മിശ്രേ സമഫലമുദിതം

ലഗ്നചന്ദ്രൗ ബലിഷ്ഠൗ

തന്നാഥൗ ദ്വൗ ച തദ്വദ്വിദി ഭവതി ചിരം

ജീവ്യദുഃഖീ യശസ്വീ.

ഓജയുഗ്മരാശ്യംശഫലം

1. *ഓജേ* - ഓജ രാശിയിൽ

അർക്കഹോരാം - സൂര്യഹോരയിൽ (1-15°)

ക്രൂരേ - പാപഗ്രഹങ്ങൾ

ഗതവതി - നിന്നാൽ, ഫലം

ബലവാൻ, കൂരവൃത്തിഃ, ധനാഢ്യ - ശക്തൻ, ക്രൂരൻ, ധനാഢ്യൻ.

2. *യുഗ്മേ ചാന്ദ്രീം ശുഭേഷു* - ഇതുപോലെ യുഗ്മരാശിയിൽ, ചന്ദ്രഹോരയിൽ, സൗമ്യഗ്രഹം നിന്നാൽ

ദ്യുതി വിനയ വചോ ഹൃദ്യസൗഭാഗ്യയുക്തഃ - കാന്തി, വിനയം, വാക്മാധുര്യം, സൗഭാഗ്യം.

3. *വ്യസ്തം വ്യസ്തേ അത്ര* - ഇതിനു വിപരീതമായിരുന്നാൽ വിപരീതഫലം.

4. *മിശ്രേ സമഫലം ഉദിതം* - മിശ്രമായിരുന്നാൽ മിശ്രഫലം.

5. *ലഗ്നചന്ദ്രൗ ബലിഷ്ഠൗ തന്നാഥൗ ദൗ ച തദ്വദ്വിദി ഭവതി* - ലഗ്നത്തിനും ചന്ദ്രനും, അതുപോലെ ലഗ്നാധിപനും ചന്ദ്രലഗ്നാധിപനും ബലമുണ്ടെങ്കിൽ

ചിരംജീവി അദുഃഖീ യശസ്വീ - ചിരംജീവിയായും ദുഃഖമില്ലാത്തവനായും യശസ്വിയായും ഭവിക്കും.

ഇനി വരുന്ന 13, 14, 15, 16 ശ്ലോകങ്ങൾ 1-ൽ ഇല്ല. 4-ൽ ചില വ്യത്യാസ ങ്ങളോടെ കൊടുത്തിട്ടുമുണ്ട്. ഇവയിൽ ആദ്യത്തെ മൂന്നെണ്ണം ദ്രേക്കാണങ്ങളുടെ നാമങ്ങളും ഫലങ്ങളും നാലാമത്തേതു ഗുളികനെവെച്ചു ലഗ്നം ശരിയാക്കാനുള്ള നിയമവുമാണ്. സന്ദർഭത്തിനി ഇവ യോജിക്കുന്നില്ല. പ്രക്ഷിപ്തമാകാം.

(13)

സിംഹാജാശ്വിതുലാന്ത്യയുഗ്മഭവനേ

ഷ്വന്ത്യാ(1) ഹയാജാദിമാഃ

മദ്ധ്യൗ സ്ത്രീയമയോരിഹായുധഭൃതഃ

പാശോ *f* ളിമദ്ധ്യോ ഭവേത്

നക്രാദ്യോ നിഗളോ മൃഗേന്ദ്രഘടയോ-

രാദ്യോ വണിങ്മദ്ധ്യമോ

ഗൃദ്ധ്രാസ്യോ വൃഷഭാന്തിമശ്ച വിഹഗഃ

കർക്യാദി കോലാനനം.
പാഠഭേദം: - മകരേഷ്വന്ത്യാ

ദ്രേക്കാണവിശേഷം

<u>ആയുധദ്രേക്കാണങ്ങൾ</u>
സിംഹ അജ അശ്വി തുലാ ന്യയുമ്മ ഭവനേഷു അന്ത്യാ
- ചിങ്ങം, മേടം, ധനു, തുലാം, മിഥുനം ഈ രാശികളുടെ അന്ത്യദ്രേക്കാണങ്ങളും,
ഹയ അജ ആദിമൗ - ധനു, മേടം രാശികളുടെ ആദിദ്രേക്കാണങ്ങളും,
മദ്ധ്യൗ സ്ത്രീയമയോ...- കന്നിയുടേയും മിഥുനത്തിന്റേയും മദ്ധ്യദ്രേക്കാണങ്ങളും
ആയുധഭൃതഃ - ആയുധദ്രേക്കാണങ്ങൾ.

2. <u>പാശദ്രേക്കാണം</u>
പാശഃ അളിമദ്ധ്യേ ഭവേത്....
അളിമദ്ധ്യേ പാശം - വൃശ്ചികം മദ്ധ്യം - പാശദ്രേക്കാണം.
<u>3.നിഗള ദ്രേക്കാണം</u>
നക്രാദ്യോ നിഗളോ - മകരം ആദ്യം - നിഗള ദ്രേക്കാണം

4. <u>ഗൃധ്രാസ്യ ദ്രേക്കാണങ്ങൾ</u>
മൃഗേന്ദ്ര ഘടയോ ആദ്യോ - ചിങ്ങം, കുംഭം ഇവയുടെ ആദ്യം
വണിങ് മദ്ധ്യയോ - തുലാം മദ്ധ്യം
ഗൃധ്രാസ്യോ - ഇവ ഗൃധ്രമുഖ ദ്രേക്കാണങ്ങൾ.
<u>5വിഹഗദ്രേക്കാണം</u>
വൃഷഭാന്തിമശ്ച വിഹഗഃ - ഇടവം അന്ത്യം പക്ഷിദ്രേക്കാണം.
6. <u>കോലാനനദ്രേക്കാണം</u>
കർക്യാദി കോലാനനം - കർക്കടം ആദ്യം : കോലമുഖ (പന്നിമുഖ) ദ്രേക്കാണം

(14)
കൗർപ്യാദ്യഃ കർകടാന്ത്യോത്ധഷചരമമഹിശ്ചാജഗോമധ്യസിംഹാ-
ദ്യള്യന്തം സ്വാച്ചതുഷ്പാദിഹ ഫലമധനക്രൂരനിന്ദ്യാ ദരിദ്രാഃ
ദ്വന്ദർക്ഷേ സ്യുർദ്യഗാണൈരധമസമശുഭാന്യസ്ഥിരേ ചോത്ക്രമേണ
പ്രാഹുസ്തജ്ഞാഃ സ്ഥിരർക്ഷേഷ്വശുഭശുഭസമാന്യേവ ലഗ്നേഫലാനി.

7. <u>സർപ്പദ്രേക്കാണങ്ങൾ</u>
കൗർപ്യാദ്യഃ - വൃശ്ചികം ആദി
കർകട അന്ത്യോ - കർക്കടകം അന്ത്യം,
ത്ധഷചരമ - മീനം അന്ത്യം
അഹിഃ ച - ഇവ സർപ്പദ്രേക്കാണങ്ങളും

8. <u>ചതുഷ്പാദദ്രേക്കാണങ്ങൾ</u>
അജ ഗോ മധ്യ - മേടം, ഇടവം മദ്ധ്യം
സിംഹാദി - ചിങ്ങം ആദ്യം
അളി അന്തം - വൃശ്ചികം അവസാനം

ചതുഷ്പാദ് - എന്നിവ ചതുഷ്പാദദ്രേക്കാണങ്ങളുമാകുന്നു.

ദ്രേക്കാണഫലം

ഈ ദ്രേക്കാണങ്ങൾ ഉദിക്കുമ്പോൾ ജനിച്ചാൽ, ലഗ്നം ഈ ദ്രേക്കാണങ്ങളിൽ വരുന്നുവെങ്കിൽ,
അധന, ക്രൂര, നിന്ദ്യാ, ദരിദ്രാഃ - ധനമില്ലാത്തവൻ, ക്രൂരൻ, നിന്ദ്യൻ, ദരിദ്രൻ.

ദ്വന്ദർക്ഷേ സ്യുഃ ദൃഗാണൈഃ അധമ സമ ശുഭന...... - ജനനംഏതു രാശിയിൽ ഏതു ദ്രേക്കാണ ത്തിലാണോ വരുന്നത് അതിനനുസരിച്ചു ശുഭ-അശുഭ- മദ്ധ്യമഫലങ്ങളും അനുഭവപ്പെടും.

രാശി	ദ്രേക്കാണം 1	ദ്രേക്കാണം 2	ദ്രേക്കാണം 3
1. ചരരാശി	ഉത്തമം	മദ്ധ്യമം	അധമം
2. സ്ഥിരരാശി	അധമം	ഉത്തമം	മദ്ധ്യമം
3 ഉഭയരാശി	അധമം	മദ്ധ്യമം	ഉത്തമം

(15)

ദ്രേകാണേശേ സ്വവർഗേ ശുഭഖഗസഹിതേ
സ്വോച്ചമിത്രർക്ഷഗേ വാ
തദ്വിത്രിംശാംശനാഥേ ബലവതി യദി ചേ-
ദ്വാദശാംശാധിപേ വാ
ഹോരാനാഥേ തഥാ ചേന്നിഖിലഗുണഗണോ
നിത്യശുദ്ധപ്രവീണോ
ദീർഘായുഃ സ്വാദ്ദയാവാൻ സുതധനസഹിതഃ
കീർത്തിമാൻ രാജഭോഗഃ.

ദ്രേക്കാണേശേ	-	(ജനനസമയത്ത് ഉദിക്കുന്ന ലഗ്നത്തിന്റെ ദ്രേക്കാണനാഥൻ--
1) *സ്വവർഗേ*	-	സ്വവർഗ്ഗത്തിലോ,
2) *ശുഭഖഗസഹിതേ*	-	ശുഭഗ്രഹങ്ങളുടെകൂടെയോ,
3) *സ്വോച്ച*	-	ഉച്ചക്ഷേത്രത്തിലോ
4) *മിത്രർക്ഷഗേ*	-	മിത്രക്ഷേത്രത്തിലോ നിൽക്കുക;
വാ	-	അല്ലെങ്കിൽ
തദ്വിത്രിംശാംശനാഥേ ബലവതി	-	ത്രിംശാംശനാഥനോ,ദ്വാദശാംശനാഥനോ, ഹോരാനാഥനോ ബലമുണ്ടായിരിക്കുക; (എങ്കിൽ ആ ജാതകൻ)
നിഖിലഗുണഗണോ	-	സർവഗുണസമ്പന്നൻ, നിത്യശുദ്ധൻ,
പ്രവീണോ	-	പ്രഗത്ഭൻ,
ദീർഘായുഃ	-	ദീർഘായുസ്സുള്ളവൻ,
ദയാവാൻ	-	ദയയുള്ളവൻ
സുതധനസഹിതഃ	-	പുത്രന്മാരും ധനവുമുള്ളവൻ,
കീർത്തിമാൻ	-	പ്രശസ്തൻ
രാജഭോഗഃ	-	രാജകീയമായ സുഖഭോഗങ്ങൾ.

(16)

മാന്ദിസ്ഥരാശിപതി സംഗതസത്രികോണം
തസ്യാംശരാശിപതി സംയുതമംശകോണം
ലഗ്നം വദന്തി ഗുളികാംശകരാശികോണം
തദ്വദ്വിധൗ ബലയുതേ ശശിനൈവ വിദ്യാത്.

ലഗ്നസംശോധനം

1. *മാന്ദിസ്ഥരാശിപതി സംഗത സത്രികോണം* - ഗുളികഭവനാധിപൻ നിൽക്കുന്ന രാശിയോ അതിന്റെ ത്രികോണങ്ങളോ,

2 *തസ്യാംശരാശിപതിസംയുതമംശകോണം* - ഗുളികഅംശാധിപൻ നിൽക്കുന്ന രാശിയോ അതിന്റെ ത്രികോണങ്ങളോ,

3. *ഗുളിക അംശക രാശി കോണം* - ഗുളികൻ അംശകിച്ച രാശിയോ അതിന്റെ ത്രികോണങ്ങളോ,
ലഗ്നം വദന്തി - ജാതകന്റെ ലഗ്നമായിരിക്കും.

തദ്വദ്വിധൗ ബലയുതേ ശശിനൈവ വിദ്യാത്. - ചന്ദ്രനു ബലമുണ്ടെങ്കിൽ ഇതുപോലെ ചന്ദ്രബന്ധമുള്ള രാശിയായും വരാം.

(17)

കുര്യാദാത്മസുഹൃദ്ദ്വഗാണഗശശീ
കല്യാണരൂപം ഗുണം
ശ്രേയാംസ്യുത്തമവർഗ്ഗജസ്ത്വപരഗ-
സ്തന്നാഥജാതാൻ ഗുണാൻ
സ്വത്രിംശാംശഗതാ ഗ്രഹാ വിദധതേ
തത്കാരകത്വോദിതം
തത്രൈകോƒ പി സുഹൃദ്ഗ്രഹേക്ഷിതയുതഃ
സ്വോച്ചേƒ ർത്ഥയുക്തം നൃപം.

ചന്ദ്രസ്ഥിതിഫലം

1. *കുര്യാദാത്മസുഹൃദ്ദ്വഗാണഗശശീ കല്യാണരൂപം ഗുണം*

ചന്ദ്രൻ തന്റെ ബന്ധുദ്രേക്കാണത്തിൽ നിൽക്കുകയാണെങ്കിൽ ഐശ്വര്യകരമായ രൂപത്തോടും ഗുണത്തോടും കൂടിയവനായിരിക്കും.

ശ്രേയാംസ്യുത്തമവർഗ്ഗജഃ തു - വർഗ്ഗോത്തമാംശത്തിലാണെങ്കിൽ ശ്രേയസ്സുണ്ടാകും.

പരഗഃ തന്നാഥ ജാതാൻ ഗുണാൻ - മറ്റുവിധത്തിലാണെങ്കിൽ അതാത് ഭാവാധിപന്മാർക്കൊത്ത ഗുണങ്ങൾ ചെയ്യും.

ത്രിംശാംശഫലം

1. *സ്വത്രിംശാംശഗത ഗ്രഹാ വിദധതേ തൽക്കാരകത്വോദിതം*
- അവരവരുടെ ത്രിംശാശങ്ങളെ പ്രാപിച്ച ഗ്രഹങ്ങൾ ഏതേതു

കാരകത്വത്തോടുകൂടിയതോ ആ ഫലങ്ങൾ നൽകും.

2. *തത്ര ഏകഃ അപി സുഹൃത്ഗ്രഹ ഈക്ഷ്.ത, സുഹൃത്ഗ്രഹ യുത, സ്വഉച്ചേ* - ഇവയിൽ ഒരു ഗ്രഹമെങ്കിലും മിത്രഗ്രഹത്തിന്റെ ദൃഷ്ടിയോടു കൂടിയോ മിത്രഗ്രഹത്തോടുകൂടിയോ തന്റെ ഉച്ചരാശിയിൽ നിന്നാൽ *അർത്ഥയുക്തം ന്ൃപം* - ധനികനായ രാജാവായിത്തീരും.

(18)
സ്വോച്ചേ പ്രദീപ്തഃ സുഖിതസ്ത്രികോണേ
സ്വസ്ഥഃ സ്വഗേഹേ മുദിതസ്സുഹൃദ്ഭേ
ശാന്തസ്തു സൗമ്യഗ്രഹവർഗ്ഗയുക്തഃ
ശക്തോ മതോ ഉ സൗ സ്ഫുടരശ്മിജാലഃ

(19)
ഗ്രഹാഭിഭൂതഃ സ നിപീഡിതഃ സ്യാത്
ഖലസ്തു പാപഗ്രഹവർഗ്ഗയാതഃ
സദുഃഖിത ശത്രുഗൃഹേ ഗ്രഹേന്ദ്രോ
നീചേ ഉ തിഭീതോ വികലോ ഉസ്തയാതഃ

പ്രദീപ്താദി അവസ്ഥകൾ

1. *സ്വോച്ചേ പ്രദീപ്തം* - ഉച്ചത്തിൽ പ്രദീപ്തം,
2. *സുഖിതഃ ത്രികോണേ* - ത്രികോണത്തിൽ സുഖിതം,
3. *സ്വസ്ഥഃ സ്വഗേഹേ* - സ്വക്ഷേത്രത്തിൽ സ്വസ്ഥം,
4. *മുദ്.ത.സ്സുഹൃദ്ഭേ* - മിത്രക്ഷേത്രത്തിൽ മുദിതം,
5. *ശാന്തസ്തു സൗമ്യഗ്രഹ വർഗ്ഗയുക്തഃ* - ശുഭവർഗ്ഗത്തിൽശാന്തം,
6. *ശക്തോ മതോ സ്ഫുടരശ്മ്.ജാലഃ* - പൂർണ്ണരശ്മികളുള്ളപ്പോൾ (മൗഢ്യം തുടങ്ങിയ മറവുകൾ ഇല്ലാത്തപ്പോൾ) ശക്തം,
7. *ഗഹ്.ഭ്.ഭൂതഃ ന്.പ്.ഡ്.തഃ* - യുദ്ധത്തിൽതോറ്റ ഗ്രഹം പീഡിതം,
8. *ഖലഃപാപഗ്രഹവർഗ്ഗയാതഃ* - പാപവർഗ്ഗത്തിൽ ഖലം,
9. *സദു:ഖ്.ത ശത്രുഗൃഹേ* - ശത്രുക്ഷേത്രത്തിൽ ദുഖിതം,
10. *ന്.ചേ അത്.ഭീതോ* - നീചത്തിൽ ഭീതം,
11. *വികലോ അസ്ത്.യാതഃ* - മൗഢ്യത്തിൽ വികലം.

(20)
പൂർണ്ണം പ്രദീപ്താ വികലാസ്തു ശൂന്യം
മദ്ധ്യേ ഉ നുപാതാച്ച ശുഭം ക്രമേണ
അനുക്രമേണാശുഭമേവ കുര്യുർ-
നാമാനുരൂപാണി ഫലാനി തേഷാം.

പ്രദീപ്താദി അവസ്ഥാഫലം

പൂർണ്ണം പ്രദീപ്താ	-	പ്രദീപ്താവസ്ഥയിൽ പൂർണ്ണഫലം.
വികലാസ്തു ശൂന്യം	-	വികലാവസ്ഥയിൽ ശൂന്യഫലം

മദ്ധ്യേ അനുപാതാച്ച ശുഭം ക്രമേണ - ഇടയിലുള്ളഅവസ്ഥകൾ ക്രമത്തിൽ ശുഭവും
അനുക്രമേണ അശുഭമേവ കുര്യു - അശുഭവും
നാമാനുരൂപാണി ഫലാനി തേഷാം - അവയുടെ പേരുകൾ സൂചിപ്പിക്കുന്നതുപോലെ
ചെയ്യുന്നു.

പ്രദീപ്താദി അവസ്ഥാബലം

		സ്ഥിതി	അവസ്ഥ	ഫലദാനശേഷി
1. *സ്വോച്ചേ പ്രദീപ്തം*	-	ഉച്ചം	പ്രദീപ്തം	+ 100 %
2. *സുഖിത ത്രികോണേ*	-	മൂലത്രികോണം	സുഖിതം	+ 80 %
3. *സ്വസ്ഥഃ സ്വഗേഹേ*	-	സ്വക്ഷേത്രം	സ്വസ്ഥം	+ 75 %
4. *മുദിതസ്സുഹൃദ്ഭേ*	-	മിത്രക്ഷേത്രം	മുദിതം	+ 60 %
5. *ശാന്തസ്തു സൗമ്യഗ്രഹ*	-	ശുഭവർഗ്ഗം	ശാന്തം	+ 50 %
6. *ശക്തോ മതോഃസൗ....*	-	പൂർണ്ണരശ്മി	ശക്തം	+ 40 %
7. *ഗ്രഹാഭിഭൂതസ്സനിപീഡിത*	-	ഗ്രഹയുദ്ധത്തിൽ തോറ്റ ഗ്രഹം പീഡിതം 0 (ശൂന്യം)		
8. *ഖലസ്തു പാപഗ്രഹ...*	-	പാപവർഗ്ഗം	ഖലം	- - 40 %
9. *സദുഃഖിത ശത്രുഗൃഹേ*	-	ശത്രുക്ഷേത്രം	ദുഖിതം	- - 50 %
10. *നീചേ അതിഭീത*	-	നീചം	ഭീതം	- - 60 %
11. *വികലോ അസ്തയാത*	-	മൗഢ്യം	വികലം	- - 75 %

(പ്രദീപ്താദി അവസ്ഥാഫലം : + അനുകൂലം, - - പ്രതികൂലം)

അദ്ധ്യായം 4
ഷഡ്ബലം മുതലായവ

വിഷയവിവരം

1. ഷഡ്ബലം
2. ദിവരാത്രിബലം
3. പക്ഷബലം
4. വർഷ....ഹോരാബലം
5. ചേഷ്ടാബലം
6. ഉച്ചബലം
7. ദിഗ്ബലം
8. അയനബലം
9. സ്ഥാനബലം
10. കേന്ദ്രബലം
11. ദ്രേക്കാണബലം
12. നൈസർഗ്ഗികബലം
13. വക്രബലവും രശ്മിബലവും
14. ഗ്രഹബലം പൊതുവെ
15. ലഗ്നബലം
16. സ്ഥാനബലക്രമം
17. കേന്ദ്രബലക്രമം
18. ദൃഷ്ടിബലക്രമം
19. വർഗ്ഗബലക്രമം
20. ശുഭബലക്രമം
21. ചന്ദ്രക്രിയ, ചന്ദ്രാവസ്ഥ, ചന്ദ്രവേള
22. ചന്ദ്രക്രിയാഫലം
23. ചന്ദ്രാവസ്ഥാഫലം
24. ചന്ദ്രവേളാഫലം
25. ചന്ദ്രക്രിയ മുതലായവയുടെ മേന്മ
26. പ്രധാനബലങ്ങൾ
27. ഫലദാനത്തിന് ഓരോ ഗ്രഹത്തിനും അത്യാവശ്യം ഉണ്ടായിരിക്കേണ്ട ബലം
28. ഭാവാധിപബലം

(1)
വീര്യം ഷഡ്വിധമാഹ കാലജബലം
  ചേഷ്ടാബലം സ്വോച്ചജം

ദിഗ്വീര്യം ത്വയനോത്ഭവം ദിവിഷദാം
സ്ഥാനോദ്ഭവം ച ക്രമാത്
നിശ്യാരേന്ദ്വസിതാഃ(1) പരേ ദിവി സദാ
ജ്ഞഃ ശുക്ലപക്ഷേ ശുഭാഃ
കൃഷ്ണേഉന്യേ ച നിജാബ്ദമാസദിനഹോ-
രാസ്വാംഘ്രിവൃദ്ധ്യാ ക്രമാത്.

(1) പാഠഭേദം: സിത - ശുക്രൻ

ഷഢ്ബലം

ദിവിഷദാം	-	ഗ്രഹങ്ങൾക്ക്
വീര്യം ഷഢ്വിധമാഹ	-	ബലം ആറുവിധം
ക്രമാത്	-	ക്രമത്തിൽ:
കാലജബലം	-	കാലബലം (1)
ചേഷ്ടാ ബലം	-	ചേഷ്ടാബലം *(2)*
സ്വോച്ചജം	-	ഉച്ചബലം (3)
ദിക് വീര്യം	-	ദിഗ്ബലം (4)
അയനോത്ഭവം	-	അയനബലം (5)
സ്ഥാനോത്ഭവം	-	സ്ഥാനബലം (6)

ഹോരാശാസ്ത്രത്തിൽ അഞ്ചു ഗ്രഹബലങ്ങളെക്കുറിച്ചു പറയുന്നത് മെച്ചപ്പെടുത്തലുകൾക്കു വിധേയമായി ഫലദീപികയിൽ എത്തിയപ്പോൾ ആറു ബലങ്ങളായി. ഇന്നു പ്രചാരത്തിലുള്ള രീതിയിലും ആറു ബലങ്ങളാണ് ഉള്ളത്. പക്ഷേ, വിശദാംശങ്ങളിൽ വ്യത്യാസമുണ്ട്.

ഹോരാശാസ്ത്രത്തിൽ	ഫലദീപികയിൽ	ഇന്നത്തെ രീതി
സ്ഥാനബലം,	സ്ഥാനബലം	സ്ഥാനബലം
ദിഗ്ബലം,	ദിഗ്ബലം	ദിഗ്ബലം
ചേഷ്ടാബലം,	ചേഷ്ടാബലം,	ചേഷ്ടാബലം
കാലബലം,	കാലബലം,	കാലബലം
നൈസർഗ്ഗികബലം	....	നൈസർഗ്ഗികബലം
.	അയനബലം,	
.	ഉച്ചബലം,	
- -	- -	ദൃക്ബലം

പുതിയ രീതിപ്രകാരം സ്ഥാനബലത്തിൽ ഉച്ചബലം, സപ്തവർഗ്ഗജബലം, ഓജയുഗ്മരാശ്യംശബലം, കേന്ദ്രബലം, ദ്രേക്കാണബലം എന്നിങ്ങനെ അഞ്ചു ബലങ്ങളും കാലബലത്തിൽ നതോന്നതബലം, പക്ഷബലം, ത്രിഭാഗബലം, അബ്ദ ബലം, മാസബലം, വാരബലം, ഹോരാബലം, അയനബലം, യുദ്ധബലം എന്നിങ്ങനെ എട്ടു ബലങ്ങളും അടങ്ങിയിരിക്കുന്നു. ഇന്നു പൊതുവെ പ്രചാരത്തിലുള്ള ഈ രീതി അനുസരിച്ചാണ് ഈ അദ്ധ്യായത്തിന്റെ അനുബന്ധത്തിൽ കണക്കുചെയ്ത് ഉദാഹരണജാതകത്തിലെ ഗ്രഹങ്ങളുടെ ഷഢ്ബലം കണ്ടിട്ടുള്ളത്.

ദിവരാത്രിബലം (നതോന്നതബലം)

സദാ ജ്ഞഃ	-	ബുധന് എല്ലായ്പ്പോഴും

നിശി ആര ഇന്ദു അസിതാഃ	-	കുജൻ, ചന്ദ്രൻ, ശനി എന്നിവർക്കു രാത്രിയിലും
പരേ ദിവി	-	മറ്റുള്ളവർക്കു (രവി, ഗുരു, ശുക്രൻ) പകലും (ഈ ബലം ലഭിക്കുന്നു)

പക്ഷബലം

ശുക്ലപക്ഷേ ശുഭാഃ	-	വെളുത്തപക്ഷത്തിൽശുഭഗ്രഹങ്ങൾക്കും,
കൃഷ്ണേ അന്യേ ച	-	കറുത്ത പക്ഷത്തിൽ പാപഗ്രഹങ്ങൾക്കും ബലമുണ്ട്.

വർഷ - മാസ - ദിവസ - ഹോരാധിപ ബലം

നിജ അബ്ദ മാസ ദിന ഹോരാ - തങ്ങളുടെ വർഷം, മാസം, ദിവസം, ഹോര എന്നിവകളിലും (വർഷാധിപൻ, മാസാധിപൻ, ദിവസാധിപൻ, ഹോരാധിപൻ എന്നിവർക്കും)

അംഘ്രിവൃദ്ധ്യാ ക്രമാൽ - പാദക്രമത്തിൽ (കാലബലമുണ്ട്.)

ബലം:

വർഷാധിപൻ	മാസാധിപൻ	ദിവസാധിപൻ	ഹോരാധിപൻ
$1/4$	$1/2$	$3/4$	1
15	30	45	60 ഷഷ്ട്യംശം:

ഗ്രഹബലം കണക്കാക്കുന്നത് രൂപയിലാണ്
(60 ഷഷ്ട്യംശം = 1 രൂപ)

(2)

രാകാചന്ദ്രസ്യ ചേഷ്ടാബലമുദഗയനേ
ഭാസ്വതോ വക്രഗാനാം
യുദ്ധേ ചോദക്സ്ഥിതാനാം സ്ഫുടബഹുലരുചാം
സ്വോച്ചവീര്യം സ്വതുംഗേ
ദിഗ്വീര്യം ഖേƒർക്കഭൗമൗ സുഹൃദി ശശിസിതൗ
വിദ്ഗുരൂ ലഗ്നഗൗ ചേ-
ന്മന്ദേƒസ്തേ യാമ്യമാർഗ്ഗേ ബുധശനിശശിനോƒ
ന്യേƒയനാഖ്യേ പരസ്മിൻ.

ചേഷ്ടാബലം

1. രാകാ ചന്ദ്രസ്യ	-	ചന്ദ്രനു വെളുത്തവാവിനും,
2. ഉദഗയനേ ഭാസ്വതോ	-	സൂര്യന് ഉത്തരായണത്തിലും,
3. വക്രഗാനാം	-	മറ്റു ഗ്രഹങ്ങൾക്കു വക്രത്തിലും,
4. യുദ്ധേ ച ഉദക് സ്ഥിതാനാം	-	ഗ്രഹയുദ്ധത്തിൽ വടക്കുള്ളയ്ക്കും,
5. സ്ഫുടബഹുലരുചിം	-	ശുദ്ധരശ്മികൾ അധികം ഉള്ള ഗ്രഹങ്ങൾക്കും (ചേഷ്ടാബലമുണ്ട്.)

സൂര്യന്റെ ചേഷ്ടാബലം അയനബലത്തിലും ചന്ദ്രന്റെ ചേഷ്ടാബലം പക്ഷ ബലത്തിവും അന്തർഗ്ഗതമാണ്. കുജൻ, ബുധൻ, വ്യാഴം, ശുക്രൻ, ശനി എന്നീ താരാഗ്രഹങ്ങൾക്കു

ചേഷ്ടാബലം വരുന്നത് വക്രഗതിയിലാണ്. ഇന്നത്തെ രീതി അനുസരിച്ച് പക്ഷബലം, അയനബലം, യുദ്ധബലം എന്നിവ കാലബലത്തിലും വക്രബലം ചേഷ്ടാബലത്തിലും വരുന്നു.

ഉച്ചബലം

സ്വോച്ചവീര്യംസ്വതുംഗേ - സ്വന്തംഉച്ചരാശിയിൽ നിൽക്കുന്നഗ്രഹത്തിന് ഉച്ചബലം ഉണ്ട്.

ദിഗ്ബലം

ഖേ അർക്കഭൗമൗ - പത്തിൽ സൂര്യനും കുജനും
സുഹൃദി ശശിസിതൗ - നാലിൽ ചന്ദ്രനും ശുക്രനും
വിദ്ഗുരൂ ലഗ്നഗൗ - ലഗ്നത്തിൽ ബുധനും ഗുരുവും
മന്ദോ അസ്തേ - ഏഴിൽ ശനിക്കും
ദിഗ്വീര്യം - ദിക്ബലം (ഉണ്ട്.)

ദിഗ്ബലം:

ഭാവം	10	4	1	7
ഗ്രഹം	രകു	ചശു	ബുഗു	മ

അയനബലം

യാമ്യമാർഗ്ഗേ ബുധ ശനി ശശിനോ - ദക്ഷിണായനത്തിൽ ബുധനും ശനിയും ചന്ദ്രനും,
അന്യേ അയനാഖ്യേ പരസ്മിൻ - ഉത്തരായനത്തിൽ മറ്റുഗ്രഹങ്ങൾക്കും (ര,കു,ഗു,ശു) അയനബലമുണ്ട്.

(3)

സ്വോച്ച സ്വർക്ഷ സുഹൃദ്ഗൃഹേഷു ബലിനഃ
ഷട്സു സ്വവർഗ്ഗേഷു വാ
പ്രോക്തം സ്ഥാനബലം ചതുഷ്ടയമുഖാത്
പൂർണ്ണാർദ്ധപാദാഃ ക്രമാൽ
മദ്ധ്യാദ്യന്തഗ ഷണ്ഡമർത്ത്യവനിതാഃ ഖേടാ
ബലിഷ്ഠാഃ ക്രമാത്
മന്ദാരജ്ഞഗുരൂശനോ ഉ ബ്ജരവയോ
നൈജേ ബലേ വർദ്ധനാഃ.

സ്ഥാന ബലം

സ്വോച്ചം - സ്വന്തം ഉച്ചരാശി,
സ്വർക്ഷം - സ്വക്ഷേത്രം,
സുഹൃദ് ഗൃഹേഷു - മിത്രക്ഷേത്രം
ബലിനഃ ഷട്സു സ്വവർഗ്ഗേഷു - ഷഡ്വർഗ്ഗത്തിലെ സ്വവർഗ്ഗങ്ങൾ (ഇവയിൽ)
പ്രോക്തം സ്ഥാനബലം - സ്ഥാനബലം പറയുന്നു.

കേന്ദ്രബലം

ചതുഷ്ടയമുഖാൽ - കേന്ദ്രം തുടങ്ങിയവയ്ക്കു

പൂർണ്ണാർദ്ധപാദാഃ ക്രമാൽ	-	പൂർണ്ണം, അർദ്ധം, പാദം എന്ന ക്രമത്തിൽ ബലംകിട്ടുന്നു.

കേന്ദ്രത്തിൽ (1-4-7-10) പൂർണ്ണബലവും,
പണപരത്തിൽ (2-5-8-11) പകുതിബലവും,
ആപോക്ലിമത്തിൽ (3-6-9-12) കാൽബലവും
സ്ഥിതി അനുസരിച്ച് ഗ്രഹങ്ങൾക്കു സ്ഥാനബലം കിട്ടും.

ദ്രേക്കാണബലം

മദ്ധ്യആദ്യന്തഗ	-	(രാശിയുടെ) മദ്ധ്യ-ആദ്യ-അന്ത്യഭാഗങ്ങളിൽ നിന്നാൽ
ഷണ്ഢ ഖേടാ ബലിഷ്ഠാ	-	നപുംസക
മർത്ത്യ	-	പുരുഷ
വനിതാ	-	സ്ത്രീഗ്രഹങ്ങൾ ബലമുള്ളവയാകുന്നു.

<u>മദ്ധ്യം</u>	<u>ആദ്യം</u>	<u>അന്ത്യം</u>
നപുംസ	പുരുഷ	സ്ത്രീ
ബു, മ	ര, കു, ഗു	ച, ശു

നൈസർഗ്ഗികബലം

മന്ദാ	*ആര*	*ജ്ഞ*	*ഗുരു*	*ഉശനോ*	*അബ്ജ*	*ഭവയോ*	
ശനി,	കുജൻ,	ബുധൻ,	ഗുരു,	ശുക്രൻ,	ചന്ദ്രൻ,	സൂര്യൻ	എന്നീ ഗ്രഹങ്ങൾക്ക്

നൈജേ ബലേ വർദ്ധനാ - (ഈ) ക്രമത്തിൽ നിസർഗ്ഗബലം വർദ്ധിച്ചു വരുന്നു.
നിസർഗ്ഗബലം:

ഗ്രഹം	മ	കു	ബു	ഗു	ശു	ച	ര
ബലം	1	2	3	4	5	6	7

(ബലം ഏറ്റവും കൂടുതൽ സൂര്യന്, ഏറ്റവും കുറവ് ശനിക്ക്)

(4)
വക്രം ഗതോ രുചിരരശ്മി സമൂഹപൂർണ്ണോ
നീചാരിഭാംശസഹിതോ*f* പി ഭവേത്സ ഖേടഃ
വീര്യാന്വിതസ്തുഹിനരശ്മിരിവോച്ചമിത്ര
സ്വക്ഷേത്രഗോ *f* പി വിബലോ ഹതദീധിതിശ്ചേത്.

വക്രബലവും രശ്മിബലവും

(1) ഒരു ഗ്രഹം നിൽക്കുന്നത് - -

വക്രംഗതോ	-	വക്രത്തിലോ
രുചിരരശ്മിസമൂഹപൂർണ്ണോ	-	പൂർണ്ണരശ്മികളോടെയോ ആണെങ്കിൽ,
നീചാരിഭാംശസഹിതോ അപി	-	(അതു) നീചക്ഷേത്രത്തിലോ, ശത്രുക്ഷേത്രത്തിലോ (ഈ അംശങ്ങളിലോ) ആയിരുന്നാലും

ഖേട:	-	ആ ഗ്രഹം
വീര്യാന്വിത ഭവേത്	-	ബലമുള്ളതായിരിക്കും.

(2) ഒരു ഗ്രഹം- -

തുഹിനരശ്മി: ഇവ	-	(കറുത്തപക്ഷത്തിലെ) ചന്ദ്രനെപ്പോലെ
ഹതദീധിതി: ചേത	-	മറഞ്ഞ രശ്മിയോടു കൂടിയതാണെങ്കിൽ
ഉച്ചമിത്രസ്വക്ഷേത്രഗഃ അപി	-	(അത്) ഉച്ചത്തിലോ മിത്രക്ഷേത്രത്തിലോ സ്വക്ഷേത്രത്തിലോ നിന്നാലും
വിബലീ	-	ദുർബ്ബലനായിരിക്കും.

(5)

തുംഗസ്ഥാ ബലിനോ ഉഖിലാശ്ച
ശശിനഃ ശ്ലാഘ്യം ഹി പക്ഷോദ്ഭവം
ഭാനോർദ്ദിഗ്ബലമാഹ വക്രഗമനേ
താരാഗ്രഹാണാം ബലം
കർക്ക്യുക്ഷാജഝടാളിഗോƒ ഹി-
രബലാന്ത്യോക്ഷാശ്വിപാശ്ചാത്യഗഃ
കേതുസ്തത്പരിവേഷധന്വസു ബലീ
ചേന്ദ്വർക്കയോഗേ നിശി.

ഗ്രഹബലം (പൊതുവെ)

തുംഗസ്ഥാ ബലിനഃ അഖിലാഃ	-	ഉച്ചത്തിൽ എല്ലാ ഗ്രഹങ്ങളും ബലവാന്മാരാണ്.
ശശിനഃ ശ്ലാഘ്യം പക്ഷോത്ഭവം	-	ചന്ദ്രനു പക്ഷബലവും
ഭാനോഃ ദിഗ്ബലം	-	സൂര്യനു ദിഗ്ബലവും
താരാഗ്രഹാണാം ബലം വക്രഗമനേ	-	മറ്റു ഗ്രഹങ്ങൾക്കു വക്രബലവും(പ്രധാനമാണ്.)
അഹി	-	രാഹു
കർക്കി ഉക്ഷ അജ ഝട അളി ഗോ	-	കർക്കടം, ഇടവം, മേടം, കുംഭം, വൃശ്ചികം രാശികളിലും

4 കേതുഃ - കേതു
അബല അന്ത്യ ഉക്ഷ അശ്വി പാശ്ചാത്യഗഃ
- കന്നി, മീനം, ഇടവം, ധനു രണ്ടാംപകുതി ഇവയിലും,
പരിവേഷ ധന്വസു ചേന്ദ്വർക്കയോഗേ നിശി.
- പരിവേഷം, ഇന്ദ്രധനുസ്സ് എന്നീ സൂര്യയോഗങ്ങളുടെകൂടെയും
ബലീ - ബലമുള്ളവരാകുന്നു.

* *ഇന്ദു, നിശി* എന്നീ രണ്ടു വാക്കുകൾ ഈ തർജ്ജമയ്ക്ക് ആധാരമായ നാലു വ്യാഖ്യാനങ്ങളിലും വിശദീകരിച്ചു കാണുന്നില്ല. പരിവേഷം തുടങ്ങിയ അഞ്ച് (ഉപ) ഗ്രഹങ്ങളുടെ ഗണിതം അദ്ധ്യായം 25-ൽ വരുന്നുണ്ട്.

(6)

രൂപം മാനുഷഭേ*f* ളിഭേ*f* ംഘ്രിരപരേഷ്വർദ്ധം ബലം സ്വാത്തനോ-
സ്തുല്യം സ്വാമിബലേന ചോപചയഗേ നാഥേ ഉ തിവീര്യോൽക്കടം
സ്വാമീഢ്യജ്ഞയുതേക്ഷിതേ കവിയുതേ ചാന്യൈരയുക്തേക്ഷിതേ
ശർവര്യാന്നിശി[1] രാശയോ ഹനി പരേ വീര്യാന്വിതാഃ കീർത്തിതാഃ.

പാഠഭേദം: ശർവര്യാം ശശിരാശയോ..

(ശശിയ , നിശിയാണു ശരി.)

ലഗ്നബലം

രൂപം മാനുഷഭേ

- മനുഷ്യരാശികൾ (മിഥുനം, കന്നി, തുലാം, കുംഭം, ധനു ആദ്യപകുതി) ലഗ്നമായാൽ ആ ലഗ്നത്തിനു പൂർണ്ണബലവും

അളിഭേ അംഘ്രി - വൃശ്ചികമായാൽ കാൽബലവും

പരേഷു അർദ്ധം - മറ്റുള്ളവയായാൽ പകുതി ബലവും ലഭിക്കും.

തുല്യം സ്വാമിബലേന

- ലഗ്നത്തിന്റെ ബലം ലഗ്നാധിപന്റെ ബലത്തിനു തുല്യമായിരിക്കും.
  (ലഗ്നാധിപനു ബലമില്ലെങ്കിൽ ലഗ്നവും ദുർബ്ബലമായിരിക്കും.)

ഉപചയഗേ നാഥേ അതിവീര്യോൽക്കടം

- ലഗ്നാധിപൻ നിൽക്കുന്നത് ഉപചയസ്ഥാനങ്ങളിൽ (3 - 6 - 10 - 11) ആണെങ്കിൽ
  ലഗ്നത്തിന്റെ ബലം വളരെ വർദ്ധിക്കുകയും ചെയ്യും.

അന്യൈരയുക്തേക്ഷിതേ - മറ്റുള്ളവയുടെ സ്ഥിതിയോ ദൃഷ്ടിയോ ഇല്ലാതെ

സ്വാമീഢ്യജ്ഞയുതേക്ഷിതേ കവിയുതേ

- ലഗ്നാധിപനോ വ്യാഴമോ ബുധനോ ശുക്രനോ ലഗ്നത്തിൽ നിൽക്കുകയോ ലഗ്നത്തിലേയ്ക്കു നോക്കുകയോ ചെയ്താലും ലഗ്നം ബലമുള്ളതായിരിക്കും

ശർവര്യാം നിശിരാശയോ - ശർവ്വരിയി (രാത്രിയിൽ) നിശിരാശയോ (രാത്രിരാശികൾ) (അ.1, ശ്ലോ. 8) ലഗ്നമായാലും

അഹനി പരേ വീര്യാന്വിതാഃ കീർത്തിതാഃ

-പകൽസമയത്ത് പകൽരാശികൾ ലഗ്നമായാലും ആ ലഗ്നം ബലമുള്ളതായിരിക്കും.

(7)

സ്വോച്ചേ പൂർണ്ണം സ്വത്രികോണേ ത്രിപാദം
സ്വക്ഷേത്രേ*f* ർദ്ധം മിത്രഭേ പാദമേവ
ദ്വിട്ക്ഷേത്രേ *f* ൽപം നീചഗേ *f* സ്തംഗതേ *f* പി
ക്ഷേത്രം വീര്യം നിഷ്ഫലം സ്യാദ്ഗ്രഹാണാം.

സ്ഥാനബലക്രമം

ഗ്രഹങ്ങൾ ഉച്ചം, സ്വക്ഷേത്രം തുടങ്ങിയവയിൽ നിന്നാൽ കിട്ടുന്ന ബലം:

1	2	3	4	5	6	7
ഉച്ചം	മൂലത്രി.	സ്വ	മിത്ര	ശത്രു	നീചം	മൗഢ്യം
പൂർണ്ണം	മുക്കാൽ	പകുതി	കാൽ	അൽപ്പം	ബലമില്ല	ബലമില്ല.

(8)
കേന്ദ്രേ ഗ്രഹാണാമുദിതം ഫലം യത്
സുഖേ നഭസ്യസ്തഗൃഹേ വിലഗ്നേ
ഉപര്യുപര്യുക്തപദക്രമേണ
ബലാഭിവൃദ്ധിം ഹി വികല്പയന്തി.

കേന്ദ്രബലക്രമം

കേന്ദ്രേ ഗ്രഹാണാം

- കേന്ദ്രത്തിൽ നിൽക്കുമ്പോൾ ഗ്രഹങ്ങൾക്കു കിട്ടുന്ന സ്ഥാനബലം

സുഖേ	*നഭസി*	*അസ്ത*	*വിലഗ്ന*	
4,	10,	7,	1	- ഭാവങ്ങളിൽ
1/4	1/2	3/4	പൂർണ്ണം	- ഈ ക്രമത്തിൽ

ഉപരി ഉപരി ഉക്ത പദക്രമേണ ബലാഭിവൃദ്ധിം - വർദ്ധിച്ചുവർദ്ധിച്ചു വരും

.

(9)
ശ്രേഷ്ഠേതി സാ സപ്തമദൃഷ്ടിരേവ
സർവത്ര വാച്യാ ന തഥാ *f* ന്യദൃഷ്ടിഃ
യോഗാദിഷു ന്യൂനഫലപ്രദേതി
വിശേഷദൃഷ്ടിർന തു[1] കൈശ്ചിദുക്താ.

(1) പാഠഭേദം - നനു

ദൃഷ്ടിബലം

ഗ്രഹങ്ങളുടെ ദൃഷ്ടിബലം കണക്കാക്കുന്നതിന് - -

ശ്രേഷ്ഠേതി സാ സപ്തമദൃഷ്ടിഃ ഏവ

- ഏഴിലേയ്ക്കുള്ള ദൃഷ്ടി മാത്രമാണ് ശ്രേഷ്ഠമായിട്ടുള്ളത്;

ന തഥാ അന്യദൃഷ്ടിഃ

- മറ്റു ദൃഷ്ടികൾ (വിശേഷദൃഷ്ടികളും പാദദൃഷ്ടികളും) അതിനു സമം വരില്ല

സർവത്ര വാച്യാ - (എന്ന്) എല്ലായിടത്തും പറയപ്പെട്ടിട്ടുണ്ട്.

യോഗാദിഷു ന്യൂനഫലപ്രദേതി വിശേഷദൃഷ്ടി

- യോഗാദികളിൽ വിശേഷദൃഷ്ടിക്കു ന്യൂനഫലമാണ്.

ന തു (ന,നു) കൈശ്ചിദുക്താ. - അല്ലെന്നു പറയുന്നവരും ഉണ്ട്.

ഗ്രഹബലം കണക്കാക്കുന്നതിനുള്ള ദൃഷ്ടിബലത്തിന് ഏഴിലേയ്ക്കുള്ള, ഏഴിൽ നിന്നുമുള്ള, ദൃഷ്ടിമാത്രം എടുത്താൽ മതി. യോഗാദി വിഷയങ്ങളിൽ വിശേഷദൃഷ്ടി തുടങ്ങിയവ എടുക്കണമോ എന്ന കാര്യത്തിൽ അഭിപ്രായ വ്യത്യാ സമുണ്ടുതാനും.

(10)
നൈസർഗികം ശത്രുസുഹൃത്വമേവ
ഭവേത് പ്രമാണം ഫലകാരി സമ്യക്
താത്കാലികം കാര്യവശേന വാച്യം
തച്ഛത്രുമിത്രത്വമനിത്യമേവ.

വർഗ്ഗബലം

നൈസർഗികം ശത്രുസുഹൃത്വമേവ... - നിസർഗ്ഗശത്രുമിത്രത്വംമാത്രമേ (സാധാരണ) ഗ്രഹബലചിന്തയിൽ പ്രസക്തമായുള്ളൂ.

താത്കാലികം കാര്യവശേന വാച്യം - തൽക്കാലശത്രുമിത്രത്വം കാര്യവശാൽ പറഞ്ഞതാണ് / പറയേണ്ടതാണ്

തച്ഛത്രുമിത്രത്വമനിത്യമേവ - ആ (തൽക്കാല) ശത്രുമിത്രത്വം അനിത്യമാണ്. (കാരണം, അവ ഓരോ ജാതകത്തിലും മാറി മാറിവരുന്നു.)

(11)
നിശ്ശേഷദോഷഹരണേ ശുഭവർദ്ധനേ ച
വീര്യം ഗുരോരധികമസ്ത്യഖിലഗ്രഹേഭ്യഃ
തദ്വീര്യപാദദളശക്തിഭൃതൗ ജ്ഞശുക്രൗ
ചാന്ദ്രം ബലന്തു നിഖിലഗ്രഹവീര്യബീജം.

ശുഭബലക്രമം

നിശ്ശേഷദോഷഹരണേ - സർവദോഷങ്ങളും നശിപ്പിക്കുന്നതിനും

ശുഭവർദ്ധനേ ച - ശുഭഫലം വർദ്ധിപ്പിക്കുന്നതിനും

അഖിലഗ്രഹേഭ്യഃ - എല്ലാ (ശുഭ) ഗ്രഹങ്ങളിലും വെച്ച്

വീര്യം ഗുരോഃ അധികമസ്തി - വ്യാഴത്തിന് അധികം (ശുഭ) ബലമുണ്ട്.

തദ്വീര്യപാദദളശക്തിഭൃതൗ ജ്ഞശുക്രൗ
- ഗുരുവിന്റെ ശുഭബലത്തിന്റെ കാൽബലം ബുധനും, പകുതിബലം ശുക്രനും ഉണ്ട്.

ചാന്ദ്രം ബലന്തു നിഖിലഗ്രഹവീര്യബീജം
- എല്ലാ ഗ്രഹങ്ങളുടെയും ബലത്തിന്റെ അടിസ്ഥാനം ചന്ദ്രന്റെ ബലമാണ്.

ചന്ദ്രക്രിയ, ചന്ദ്രാവസ്ഥ, ചന്ദ്രവേല (ചന്ദ്രവേള)

(12)

ജന്മർക്ഷവിഘടീം നീതൈർ
ഞ്ഞാനാംഗൈർനനയൈർഭജേത്
ലബ്ധാശ്ചന്ദ്രക്രിയാവസ്ഥാ-
വേളാഖ്യാസ്തത്ഫലം ക്രമാത്.

ജന്മർക്ഷ വി ഘടീം	-	ജന്മനക്ഷത്രവിനാഴികയെ,
നീതൈഃ	-	06 (60)
ഞ്ഞാനാംഗൈഃ	-	003 (300)
നനയൈ	-	001 (100)

- - ഇവകൊണ്ട്, അതായത്, ജനിച്ച നക്ഷത്രത്തിൽ കഴിഞ്ഞുപോയ നാഴികവിനാഴികകളെ വിനാഴി കളാക്കി അവയെ 60 - 300 - 100 എന്നീ സംഖ്യകൾ കൊണ്ട് ഹരിച്ചാ ൽ

ലബ്ധാഃ	-	കിട്ടുന്നത്
ക്രമാത്	-	ക്രമത്തിൽ
ചന്ദ്രക്രിയ	-	ചന്ദ്രക്രിയ
അവസ്ഥാ	-	ചന്ദ്രാവസ്ഥ
വേല	-	ചന്ദ്രവേള
ആഖ്യാഃ തൽഫലം	-	എന്നിവ ആകുന്നു.
1. 60 - കൊണ്ടു ഹരിച്ചാൽ ചന്ദ്രക്രിയ	-	60 എണ്ണം
2. 300 - കൊണ്ടു ഹരിച്ചാൽ ചന്ദ്രാവസ്ഥ	-	12 എണ്ണം
3. 100 - കൊണ്ടു ഹരിച്ചാൽ ചന്ദ്രവേള.	-	36 എണ്ണം

(13)

സ്ഥാനാദ് ഭ്രഷ്ടസ്തപസ്വീ പരയുവതിരതോ
ദ്യൂതകൃത് [1] ഹസ്തിമുഖ്യാ-
രൂഢഃ സിംഹാസനസ്ഥോ നരപതിരരിഹാ
ദണ്ഡനേതാ ഗുണീ ച
നിഷ്പ്രാണച്ഛിന്നമൂർദ്ധാ ക്ഷതകരചരണോ
ബന്ധനസ്ഥോ വിനഷ്ടോ
രാജാ വേദാനധീതേ സ്വപിതി സുചരിതഃ
സംസ്മൃതോ ധർമ്മകർത്താ.
പാഠഭേദം - തസ്കരോ

(14)

സദ്വംശ്യോ നിധിസംഗതഃ ശ്രുതകുലോ വ്യാഖ്യാപരഃ ശത്രുഹാ
രോഗീ ശത്രുജിതഃ സ്വദേശചലിതോ ഭൃത്യോ വിനഷ്ടാർത്ഥകഃ

ആസ്ഥാനീ ച സുമന്ത്രകഃ പരമഹീഭർത്താ സഭാര്യോ ഗജ-
ത്രസ്തഃ സംയുഗഭീതിമാനതിഭയോ ലീനോf ന്നദാതാ f ഗ്നിഗഃ.

(15)
ക്ഷുദ്ബാധാസഹിതോf ന്നമത്തി വിചര-
ന്മാംസാശനോf സ്ത്രക്ഷതഃ
ധൃതകന്ദുകോ വിഹരതി
ദ്യുതൈർനൃപോ ദുഃഖിതഃ
ശയ്യാസ്ഥോ രിപുസേവിതശ്ച സസുഹൃ
ദ്യോഗീ[1] ച ഭാര്യാന്വിതോ
മൃഷ്ടാശീ ച പയഃ പിബൻ സുകൃതകൃത്
സ്വസ്ഥസ്തഥാസ്തേ സുഖം.
പാഠഭേദം - ധ്യാനീ

ചന്ദ്രക്രിയാഫലം

1.	*സ്ഥാനാത്ഭ്രഷ്ട*	-	സ്ഥാനം നഷ്ടപ്പെട്ടവൻ
2.	*തപസ്വി*	-	തപസ്വി, ഏകാഗ്രതയുള്ളവൻ
3.	*പരയുവതിരത*	-	പരസ്ത്രീരതൻ
4.	*ദ്യൂതകൃത്*	-	ചൂതാട്ടക്കാരൻ
5.	*ഹസ്തിമുഖ്യാരൂഢ*	-	മുഖ്യമായ ആനപ്പുറത്ത് ഇരിക്കുന്നവൻ
6.	*സിംഹാസനസ്ഥ*	-	സിംഹാസനത്തിൽ ഇരിക്കുന്നവൻ
7.	*നരപതി*	-	രാജാവ്
8.	*അരിഹാ*	-	ശത്രുക്കളെ വധിക്കുന്നവൻ
9.	*ദണ്ഡനേതാ*	-	ശിക്ഷാധികാരി
10.	*ഗുണീ*	-	ഗുണവാൻ
11.	*നിഷ്പ്രാണ*	-	ജീവനില്ലാത്തവൻ
12.	*ഛിന്നമൂർദ്ധാ*	-	ശിരസ്സു തകർ വൻ
13.	*ക്ഷതകരചരണോ*	-	കൈകാലുകളിൽ മുറിവുകൾ
14.	*ബന്ധനസ്ഥോ*	-	തടവുകാരൻ
15.	*വിനഷ്ടോ*	-	നഷ്ടപ്പെട്ടവൻ
16.	*രാജാ*	-	രാജാവ്
17.	*വേദാനധീതേ*	-	വൈദികവിദ്യാർത്ഥി
18.	*സ്വപിതി*		ഉറങ്ങുന്നവൻ, അലസൻ
19.	*സുചരിതം സംസ്മരൻ*	-	സത്കർമ്മം ഓർക്കുന്നവൻ
20	*ധർമ്മകർത്താ*	-	ധാർമ്മികൻ
21.	*സദ്വംശോ*	-	നല്ല വംശത്തിൽ ജനനം.
22.	*നിധിസംഗത*	-	നിധി കിട്ടിയവൻ,
23.	*ശ്രുതകലോ*	-	പ്രസിദ്ധമായ കുലത്തിൽ ജനിച്ചവൻ
24.	*വ്യാഖ്യാപര*	-	വ്യാഖ്യാതാവ്
25.	*ശത്രുഹാ*	-	ശത്രുക്കളെ നശിപ്പിക്കുന്നവൻ
26.	*രോഗീ*	-	രോഗി
27.	*ശത്രുജിതഃ*	-	ശത്രുവിനാൽ ജയിക്കപ്പെട്ടവൻ

28. *സ്വദേശചലിതോ* - സ്വദേശം വിട്ടവൻ
29. *ഭൃത്യോ* - വേലക്കാരൻ
30. *വിനഷ്ടാർത്ഥക* - ധനമെല്ലാം നഷ്ടമായവൻ
31. *ആസ്ഥാനീ* - രാജസദസ്സിലുള്ളവൻ
32. *സുമന്ത്രിക* - നല്ല മന്ത്രി / ഉപദേഷ്ടാവ്
33. *പരമഹീഭർത്താ* - മറ്റുള്ളവരുടെ ഭൂമി അധീനത്തലുള്ളവൻ
34. *സഭാര്യോ* - ഭാര്യയോടുകൂടിയവൻ
35. *ഗജത്രസ്ത* - ആനയെ പേടിയുള്ളവൻ
36. *സംയുഗഭീതാത്മാന* - യുദ്ധഭീരു
37. *അതിഭയോ* - വലിയ ഭയത്തോടു കൂടിയവൻ
38. *ലീനോ* - മറഞ്ഞിരിക്കുന്നവൻ
39. *അന്നദാതാ* - അന്നദാനം ചെയ്യുന്നവൻ
40. *അഗ്നിഗ* - തീയിൽ പെട്ടവൻ
41. *ക്ഷുദ്ബാധാസഹിത* - വിശപ്പുള്ളവൻ
42. *അന്നമത്തി* - അന്നം ഭക്ഷിക്കുന്നവൻ
43. *വിചരൻ* - സഞ്ചാരി
44. *മാംസാശനോ* - മാംസഭോജി
45. *അസ്ത്രക്ഷത* - ആയുധംകൊണ്ടുള്ള മുറിവ്
46. *സോദ്വാഹോ* - വിവാഹിതൻ
47. *ധൃതകന്ദുകോ* - പന്തു ധരിച്ചവൻ
48. *വിഹരതി ദ്യൂതൈഃ* - ചൂതു കളിക്കുന്നവൻ
49. *നൃപോ* - രാജാവ്
50. *ദുഖിത* - ദുഖിതൻ
51. *ശയ്യാസ്ഥോ* - കിടക്കയിൽ കിടക്കുന്നവൻ
52. *രിപുസേവിതഃ* - ശത്രുക്കളാൽ സേവിക്കപ്പെടുന്നവൻ
53. *സസുഹൃദ്* - സ്നേഹിതരുള്ളവൻ
54. യോഗി / *ധ്യാനീ*
55. *ഭാര്യാന്വിതോ* - ഭാര്യയോടുകൂടിയവൻ
56. *മൃഷ്ടാശീ* - യഥേഷ്ടം ഭക്ഷിക്കുന്നവൻ
7. *പയഃ പിബൻ* - പാൽ കുടിക്കുന്നവൻ
58. *സുകൃതകൃത്* - സുകൃതം ചെയ്യുന്നവൻ
59. *സ്വസ്ഥഃ* - ആരോഗ്യവാൻ, സ്വസ്ഥൻ
60. ആസ്തേ സുഖം - സുഖമായിരിക്കുന്നവൻ, സന്തുഷ്ടൻ

(16)

ആത്മസ്ഥാനാത് പ്രവാസോ മഹിതനൃപപദാ-
സക്തതാ പ്രാണഹാനിർ-
ഭൂപാലത്വം സ്വവംശോചിതഗുണനിരതോ
രോഗ ആസ്ഥാനഗത്വം
ഭീതിഃ ക്ഷുദ്ബാധിതത്വം യുവതിപരിണയോ
രമ്യശയ്യാനുഷക്തിം
മൃഷ്ടാശിത്വം ച ഗീതാ ഇതി നിയമവശാത്
സത്ഭിരിന്ദോരവസ്ഥാ.

ചന്ദ്രാവസ്ഥാഫലം

1.	*ആത്മസ്ഥ:ന:ത് പ്രവാസോ*	-	സ്വന്തം വീടു വിട്ടുള്ള വാസം (അന്യദേശവാസം)
2.	*മഹ്:ത:ന:പപദ ആസക്തതാ*	-	രാജപദവിക്കു മോഹിക്കുന്നവൻ
3.	*പ്രാണ:ഹ:നി*	-	മരണം
4.	*ഭൂപാലത്വം*	-	രാജത്വം
5.	*സ്വവ:ശേ:ച്:ത:ഗു:ണ:ന്:രത*	-	സ്വന്തം വംശത്തിന് ഉചിതമായ ഗുണങ്ങളിൽ നിരതൻ
6.	രോഗം		
7.	*ആസ്ഥ:ന:ഗത്വം*	-	രാജസദസ്സിൽ സ്ഥാനം
8.	*ഭീതിഃ*	-	ഭയം
9.	*ക്ഷുൽബ:ധ്:തത്വം*	-	വിശപ്പു ബാധിച്ചവൻ
10.	*യുവത്:പര്:ണയോ*	-	യുവതിയെവിവാഹംചെയ്തവൻ
11	*രമൃശയ്യ:ന:ുഷക്തിം*	-	രമ്യമായ കിടയ്ക്ക പ്രത്യക ഇഷ്ടം
12.	*മൃഷ്ടാശിത്വം*	-	ഭക്ഷണസുഖം

(17)
മൂർദ്ധാമയോ മുദിതതാ യജനം സുഖസ്ഥോ
നേത്രാമയഃ സുഖിതതാ വനിതാവിഹാരഃ
ഉഗ്രജ്വരഃ കനകഭൂഷണമശ്രുമോക്ഷഃ
ക്ഷ്വേളാശനം നിധുവനം ജഠരസ്യ രോഗഃ.

(18)
ക്രീഡാജലേ ഹസനചിത്രവിലേഖനേ ച
ക്രോധശ്ച നൃത്തകരണം ഘൃതഭുക്തിനിദ്രേ[1]
ദാനക്രിയാ[2] ദശനരുക് കലഹഃ പ്രയാണ-
മുന്മത്തതാഥ (ച) സലിലാപ്ലവനം വിരോധഃ.
പാഠഭേദം - (1) ഗാനക്രിയാ

(19)
സ്വേച്ഛാസ്ഥാനം ക്ഷുദ്ഭയം ശാസ്ത്രലാഭം
സ്വൈരം ഗോഷ്ഠീ യോധനം പുണ്യകർമ്മ
പാപാചാരഃ ക്രൂരകർമ്മാ പ്രഹർഷഃ
പ്രാജ്ഞൈരേവം ചന്ദ്രവേളാഃ പ്രദിഷ്ടാഃ

ചന്ദ്രവേലാഫലം

1	*മൂർദ്ധ:മയോ*	-	ശിരോരോഗം
2	*മുദ്:തതാ*	-	സന്തോഷം
3	*യജ:ന:ം*	-	യാഗകർമ്മം
4	*സുഖസ്ഥാ*	-	സുഖമായി (സ്വസ്ഥമായി) രിക്കുന്നവൻ
5	*ന:േത്ര:മയഃ*	-	നേത്രരോഗം
6	*സുഖതതാ*	-	സുഖാവസ്ഥ

7	*വനിതാവിഹാരഃ*	-	സ്ത്രീ വിനോദം
8	*ഉഗ്രജ്വര*	-	കടുത്ത പനി
9	*കനകഭൂഷണ*	-	സ്വർണ്ണാഭരണങ്ങൾ
10	*അശ്രുമോക്ഷ*	-	കണ്ണീർ പ്രവാഹം
11	*ക്ഷ്വേളാശനം*	-	വിഷം കഴിക്കുക
12	*നിധുവനം*	-	സ്തീബന്ധം
13	*ജഠരസ്യ രോഗ*	-	ഉദരരോഗം
14	*ക്രീഡാ ജലേ*	-	ജലക്രീഡ (യും)
	ഹസനചിത്രവിലേഖനേ ച	-	ചിരിയും ചിത്രംവരയും
15	*ക്രോധഃ*	-	ദ്വേഷ്യം
16	*നൃത്തകരണം*	-	നൃത്തം
17	*ഘൃതഭുക്തി*	-	നെയ് ഭക്ഷണം
18	*നിദ്ര*	-	ഉറക്കം
19	*ഗാനക്രിയ*	-	പാട്ടുപാടൽ
20	*ദശനരുക്*	-	ദന്തരോഗം
21	കലഹം		
22	*പ്രയാണം*	-	യാത്ര
23	*ഉന്മത്തത*	-	ഭ്രാന്ത്/ ലഹരി
24	*സലിലപ്ലവനം*	-	നീന്തൽ
25	*വിരോധം*		
26	*സ്വേച്ഛാസ്ഥാനം*	-	ഇഷ്ടസ്ഥാനം
27	*ക്ഷുത്ത്*	-	വിശപ്പ്
28.	*ഭയം*		
29	*ശാസ്ത്രലാഭ*	-	ശാസ്ത്രപഠനം
30	*സ്വൈരം*	-	സ്വൈരം, യഥേഷ്ടം
31	*ഗോഷ്ഠീ*	-	സഭ
32.	*യോധനം*	-	യുദ്ധം
33	പുണ്യകർമ്മം		
34	*പാപചാരം*	-	പാപകർമ്മം
35	ക്രൂരൻ		
36	*പ്രഹർഷം*	-	വലിയ സന്തോഷം

പ്രാജ്ഞൈഃ ഏവം ചന്ദ്രവേലാഃ പ്രദിഷ്ടാഃ
- പണ്ഡിതരാൽ ചന്ദ്രവേലാഫലം ഇങ്ങനെ പറയപ്പെട്ടിരിക്കുന്നു.

പദം മുറിക്കുന്ന കാര്യത്തിൽ വ്യാഖ്യാനങ്ങളിൽ ആശയക്കുഴപ്പം കാണുണ്ട്. അതിന്റെ ഫലമായി പലയിടത്തും അർത്ഥവും മാറുന്നുണ്ട്. ഉദാ: (1) *ക്ഷുദ്ഭയഃ.* (2) *ക്രീഡാജലേ ഹസനചിത്രവിലേഖനേ ച.*

ഉദാഹരണജാതകം:

1.	നക്ഷത്രഗതം (നാളിൽ ചെന്ന നാഴിക)	: 46 - 30
2.	നാഴികകളെ വിനാഴികകളാക്കുമ്പോൾ	: 2790
3.	ചന്ദ്രക്രിയ (60 കൊണ്ടു ഹരിക്കുക) :	46.5= 47. ധൃതകന്ദുകം

4. ചന്ദ്രാവസ്ഥ (300 കൊണ്ടു ഹരിക്കുക) : 9.3=10. യുവതീപരണയം
5. ചന്ദ്രവേല (100 കൊണ്ടു ഹരിക്കുക) : 27.9 = 28. ക്ഷുത്ഭയം.

(20)
ജാതകേ ച മുഹൂർത്തേ ച പ്രശ്നേ ചന്ദ്രക്രിയാദയഃ
സമ്യക്ഫലപ്രദാസ്തസ്മാദ്വിശേഷേണ വിചിന്തയേത്.

ചന്ദ്രക്രിയ മുതലായവയുടെ മേന്മ

ജാതകേ ച മുഹൂർത്തേ ച പ്രശ്നേ - ജാതകത്തിലുംമുഹൂർത്തത്തിലും പ്രശ്നത്തിലും
ചന്ദ്രക്രിയാദയഃ - ചന്ദ്രക്രിയ മുതലായവ
സമ്യക്ഫലപ്രദാഃ - ശരിയായ ഫലം തരുന്നവയാണ്.
തസ്മാത് വിശേഷേണ വിചിന്തയേത് - അതുകൊണ്ട് അവ വിശേഷമായും ചിന്തിക്കണം.

(21)
പക്ഷോത്ഭവം ഹിമകരസ്യ വിശിഷ്ടമാഹുഃ
സ്ഥാനോത്ഭവന്തു ബലമദ്യ(പ്യ)ധികം പരേഷാം
തത്സംപ്രയുക്തമിതരൈരധികാധികം സ്യാ-
ദന്യാനി തേന സദൃശാനി ബഹൂനി ചേത് (തേ) സ്യുഃ.

പ്രധാനബലങ്ങൾ

ഹിമകരസ്യ പക്ഷോത്ഭവം വിശിഷ്ടമാഹു - ചന്ദ്രനു പക്ഷബലം വിശിഷ്ടമാണ്.
സ്ഥാനോത്ഭവം ബലമപി അധികം പരേഷാം - മറ്റു ഗ്രഹങ്ങൾക്കു സ്ഥാനബലം പ്രധാനം.

തത്സംപ്രയുക്തമിതരൈരെ അധികാധികം
- (ഇവയുടെകൂടെ) മറ്റു ബലങ്ങൾ കൂടി ചേരുമ്പോൾ ഗ്രഹത്തിന്റെ ബലം അധികരിക്കുന്നു.
അന്യാനി തേന സദൃശാനി ബഹൂനി - ഇത്തരം ബലങ്ങളാകട്ടെ അനേകമുണ്ടുതാനും.

(22)
സാർദ്ധാനി ഷട് തീക്ഷ്ണകരോ ബലീയാൻ
ചന്ദ്രസ്തു ഷട് പഞ്ച വസുന്ധരാജഃ
സപ്തേന്ദുസൂനോ രവിവത് ഗുരോസ്തു
സാർദ്ധാനി പഞ്ചാഥ സിതോ ബലീ സ്യാത്.

(23)
മന്ദസ്തു പഞ്ചൈവ ഹി ഷട്ബലാനാം
സംയോഗ ഏവാപരഥാ(ധാ)ന്യഥാ സ്യുഃ
ഏവം ഗ്രഹാണാം സ്വബലാബലാനി
വിചിന്ത്യ സമ്യക് കഥയേത് ഫലാനി.

ഫലദാനത്തിന് ഓരോ ഗ്രഹത്തിനും അത്യാവശ്യം ഉണ്ടായിരിക്കേണ്ട ബലം:

1. *സഅർദ്ധാനി ഷട് തീക്ഷ്ണകരോ ബലീയാൻ* - സൂര്യന് ബലപിണ്ഡം ആറര,
2. *ചന്ദ്രഃ തു ഷട്* - ചന്ദ്രന് ആറ്,

3.	*പഞ്ച വസുന്ധരാജഃ*	-	അഞ്ചു കുജന്.
4.	*സപ്ത ഇന്ദുസൂനോ*	-	ഏഴ് ബുധന്.
5.	*രവിവത് ഗുരോസ്തു*	-	സൂര്യനെപ്പോലെ ഗുരുവിന്
6.	*സാർദ്ധാനി പഞ്ച സിതോ*	-	അഞ്ചര ശുക്രന്,
7.	*മന്ദസ്തു പഞ്ചൈവ*	-	ശനിക്ക് അഞ്ച്,

ഷഡ്ബലചിന്തയിൽ ഗ്രഹങ്ങൾക്ക് ഇങ്ങനെ ബലം കിട്ടുന്നില്ലെങ്കിൽ അവ ദുർബ്ബലങ്ങളാണ്.

ഏവം ഗ്രഹാണാം സ്വബലാബലാനി വിചിന്ത്യ സമ്യക് കഥയേത് ഫലാനി
- ഇങ്ങനെ ഗ്രഹങ്ങളുടെ ബലാബലങ്ങൾ ചിന്തിച്ചു വേണം ഫലങ്ങൾ പറയുവാൻ.

ഫലദാനത്തിന് ഓരോ ഗ്രഹത്തിനും അത്യാവശ്യം ഉണ്ടായിരിക്കേണ്ട ബലം:

രവി	ചന്ദ്രൻ	കുജൻ	ബുധൻ	ഗുരു	ശുക്രൻ	ശനി
$6\frac{1}{2}$	6	5	7	$6\frac{1}{2}$	$5\frac{1}{2}$	5

(24)
ലഗ്നാനാമധിപസ്യ പിണ്ഡേ
രൂപാന്വിതേ തത്ബലപിണ്ഡമാഹുഃ
ഗ്രഹസ്യ യസ്യാം ദിശി ദിഗ്ബലം സ്യാ-
ത്തദ്ഭാവവീര്യം സഹതേ f സ്വ ദൃഷ്ട്യാ.

ഭാവാധിപബലം

ലഗ്നാദികാനാമധിപസ്യ പിണ്ഡേ
- ലഗ്നം തുടങ്ങിയ ഭാവങ്ങളുടെ നാഥന്മാരുടെ ബലപിണ്ഡം
രൂപാന്വിതേ തത് ബലപിണ്ഡമാഹുഃ
- പന്ത്രണ്ട് (ര - 2 പ - 1 = 12) ഉണ്ടെങ്കിൽ അതു പൂർണ്ണബലമുള്ളതായി.
2 *ഗ്രഹസ്യ യസ്യാം ദിശി ദിഗ്ബലം സ്യാത്*
- ഒരു ഗ്രഹത്തിന് ദിഗ്ബലമുള്ള ഭാവത്തിലേയ്ക്ക്
അസ്യ ദൃഷ്ട്യാ തദ്ഭാവവീര്യം (സ)ഹതേ
- അതിന്റെ ദൃഷ്ടി വരുന്നത് ആ ഭാവത്തിന്റെ ബലത്തെ നശിപ്പിക്കുന്നു.

ഉദാഹരണജാതകത്തിലെ ഗ്രഹങ്ങളുടെ ഷഡ്ബലം

ചന്ദ്രൻ	സൂര്യൻ	ബുധൻ	ശുക്രൻ	കുജൻ	ഗുരു	ശനി
10.07	8.31	8.85	5.57	7.59	4.75	7.50

♋

അദ്ധ്യായം 5

കർമ്മാജീവപ്രകരണം

(വരുമാനമാർഗ്ഗം, തൊഴിൽ, ജീവനോപായം തുടങ്ങിയവ)

(1)

അർത്ഥാപ്തിം കഥയേദ്വിലഗ്നശശിനോഃ
        പ്രാബല്യതഃ ഖേചരൈഃ
കർമ്മസ്ഥൈഃ പിതൃമാതൃശാത്രവസുഹൃദ്-
        ഭ്രാത്രാദിഭിഃ സ്ത്രീധനാത്[1]
ഭൃത്യാദ്വാ ദിനനാഥലഗ്നശശിനാം
        മദ്ധ്യേ ബലീയാംസ്തതഃ
കർമ്മേശസ്ഥ നവാംശരാശിപവശാദ്-
        വൃത്തിം ജഗുസ്തദ്വിദഃ.

പാഠഭേദം (1) സ്ത്രീജനാത്

ധനാഗമം ചിന്തിക്കേണ്ട വിധം

വിലഗ്ന ശശിനോ	-	ലഗ്നം, ചന്ദ്രൻ ഇവയിൽ
പ്രാബല്യത	-	ബലം അധികം ഉള്ളതിന്റെ
കർമ്മസ്ഥൈഃ ഖേചരൈ	-	പത്തിൽ നിൽക്കുന്ന ഗ്രഹത്തെക്കൊണ്ട്
അർത്ഥാപ്തിം കഥയേത്	-	ധനലബ്ധിയെ പറയണം.

ധനാഗമം ആരു വഴിക്ക്? *(പിതൃ മാതൃ ശാത്രവ ....)*

<u>പത്തിൽ നിൽക്കുന്ന (ബലമേറുന്ന) ഗ്രഹം</u>	<u>ധനവരവിനു കാരണമാകുന്ന ബന്ധു</u>	
സൂര്യൻ	*പിതൃ*	- അച്ഛൻ
ചന്ദ്രൻ	*മാതൃ*	- അമ്മ
കുജൻ	*ശാത്രവ*	- ശത്രുക്കൾ
ബുധൻ	*സുഹൃദ്*	- സുഹൃത്തുക്കൾ
വ്യാഴം	*ഭ്രാത്രാദിഭി*	- സഹോദരന്മാരാൽ,
ശുക്രൻ	*സ്ത്രീജനാൽ*	- സ്ത്രീകളാൽ,
ശനി	*ഭൃത്യാദ്വാ*	- വേലക്കാരാൽ.

തൊഴിൽ

കർമ്മേശസ്ഥ....

ദിനനാഥ ലഗ്ന ശശിനാം മദ്ധ്യേ	- സൂര്യൻ, ലഗ്നം, ചന്ദ്രൻ ഇവരിൽ,
ബലീയാംസ്തതഃ	- ബലമുള്ളതിന്റെ
കർമ്മേശസ്ഥ	- പത്താം ഭാവാധിപൻ നി ക്കു
നവാംശരാശിപവശാത്	- നവാംശത്തിന്റെ നാഥനെക്കൊണ്ട്

വൃത്തിം ജഗുഃ തദ് വിദഃ - വൃത്തിയെ (കർമ്മത്തെ) പറയണം.

(2)

ഫലദ്രുമൈർമന്ത്രജപൈ[1] ശ്ച ശാഠ്യാൽ
ദ്യുതാന്യതൈഃ കംബളഭേഷജാദ്യൈഃ
ധാതുക്രയാദ്വാ ക്ഷിതിപാലപൂജ്യോ
ജീവത്യസൗ പങ്കജവല്ലഭാംശേ.
പാഠഭേദം - (1) ബലൈശ്ച.

ഇങ്ങനെ വരുന്ന പത്താംഭാവാധിന്റെ നവാംശാധിപതി- -

പങ്കജവല്ലഭാംശേ - <u>സൂര്യനായിരുന്നാൽ</u>
ഫലദ്രുമൈഃ - ഫലവൃക്ഷങ്ങൾ
മന്ത്രബലൈഃ - മന്ത്രങ്ങൾ
ശാഠ്യാൽ - ശാഠ്യംകൊണ്ട്
ദ്യൂതാത് - ചൂതുകളി
അനൃതൈ - അസത്യം
കംബള ഭേഷജ ആദ്യൈ - കമ്പിളി, മരുന്ന് തുടങ്ങിയവ
ധാതുക്രയാത് - ധാതുവിൽപ്പന
ക്ഷിതിപാലപൂജ - രാജസേവ
ജീവത്യസൗ - ഇവകൊണ്ട് ജീവിക്കും.

- -പത്താംഭാവത്തിന്റെ നവാംശാധിപതി സൂര്യനായിരുന്നാൽ മേൽപ്പറഞ്ഞവയുമാ യി ബന്ധപ്പെട്ട തൊഴിലുകളെടുത്ത് ജീവിക്കും.

പത്താംഭാവാധിപന്റെ നവാംശാധിപൻ സൂര്യനായിരുന്നാൽ, സൂര്യന്റെ അവസ്ഥ (അനുകൂലം/പ്രതികൂലം, ഫലദാനശേഷി (ഗ്രഹബലം, ഭാവബലം) അനു സരിച്ച് ചൂതുകളിമുതൽ രാജസേവവരെ, വിവിധമായ, നല്ലതും ചീത്തയുമായ, കർമ്മങ്ങൾകൊണ്ട് ജീവിക്കേണ്ടതായി വരും എന്നാണ് ഇവിടെ പറയുന്നത്. ഇതു പോലെ മറ്റു ഗ്രഹങ്ങളുടെ കാരകത്വങ്ങളും സന്ദർഭം അനുരിച്ച് താഴെ പറയും പ്രകാരം ഒരാളുടെ ഉപജീവനമാർഗ്ഗമായി വരും. ഈ മാർഗ്ഗരേഖകൾ വെച്ച്, സന്ദർ ഭാനുസരണം, ഊഹാപോഹങ്ങൾ വഴി, ഒരാളുടെ തൊഴിൽ, ഒരാൾക്കു യോജിച്ച തൊഴിൽ, കണ്ടെത്തണം.

(3)

ജലോത്ഭവാനാം ക്രയവിക്രയേണ
കൃഷിക്രിയാഗോമഹിഷീസമുത്ഥൈഃ
തീർത്ഥാടനാദ്വാ വനിതാശ്രയാദ്വാ
നിശാകരാംശേ വസനക്രയാദ്വാ.

നിശാകരാംശേ - <u>ചന്ദ്രനായിരുന്നാൽ</u>
ജലോത്ഭവാനാം ക്രയവിക്രയേണ - വെള്ളത്തിൽനിന്നു കിട്ടുന്നവയുടെ (മുത്ത് മുതലായവയുടെ) വ്യാപാരം
കൃഷിക്രിയാ - കൃഷി
ഗോ മഹിഷീ സമുത്ഥൈഃ - പശു, എരുമ എന്നിവയെ വളർത്തി
തീർത്ഥാടനാത് - തീർത്ഥാടനം വഴി

വനിതാശ്രയാത്	-	സ്ത്രീകളെ ആശ്രയിച്ച്
വസ്ത്രക്രയാത്	-	വസ്ത്രവ്യാപാരം (തുടങ്ങിയവകൊണ്ട്)
ജീവതി അസൗ	-	ജീവിക്കും.

(4)

ഭൗമാംശകേ ധാതുരണപ്രഹാരൈർ-
മ്മഹാനസാദ് ഭൂമിവശാത് സുവർണ്ണാത്
പരോപതാപായുധസാഹസൈർവാ
മ്ലേച്ഛാശ്രയാത് സൂചകചോരവൃത്യാ.

ഭൗമാംശകേ	-	<u>കുജനായിരുന്നാൽ</u>
ധാതു	-	ധാതുദ്രവ്യങ്ങൾ
രണപ്രഹാരൈഃ	-	യുദ്ധം, ബലപ്രയോഗം മുതലായവ
മഹാനസാത്	-	അടുക്കളപ്പണി
ഭൂമിവശാത്	-	ഭൂമി / ഭൂമിയിൽനിന്നുമുള്ള വരുമാനം
സുവർണ്ണാത്	-	സ്വർണ്ണം
പരോപതാപ	-	മറ്റുള്ളവരെ ദ്രോഹിച്ച്
ആയുധസാഹസൈഃ	-	ആയുധം, സാഹസം
മ്ലേച്ഛാശ്രയാൽ	-	മ്ലേച്ഛന്മാരെ ആശ്രയിച്ച്
സൂചകചോരവൃത്യാ	-	ചാരപ്രവൃത്തി, കളവ്
		ഇവകൊണ്ട് ജീവിക്കും..

(5)

കാവ്യാഗമൈർലേഖന[1] ലിപ്യുപായൈർ-
ജ്യോതിർഗണജ്ഞാനവശാദ് ബുധാംശേ
പരാർത്ഥവേദാദ്ധ്യയനാജ്ജപാച്ച
പുരോഹിതവ്യാജവശാത് പ്രവൃത്തിഃ.

(1) പാഠഭേദം - ലേഖക

ബുധാംശേ	-	<u>ബുധനായിരുന്നാൽ</u>
കാവ്യാഗമൈ	-	കാവ്യം, ആഗമം മുതലായവകൊണ്ട്
ലേഖന ലിപി ഉപായൈഃ	-	എഴുത്തുപണി, ലിപി ഉപയോഗിച്ചുള്ള മറ്റു ജോലികൾ
ജ്യോതിർഗണജ്ഞാനവശാത്	-	ജ്യോതിഷജ്ഞാനം
പര അർത്ഥം	-	അന്യരുടെ ധനം
വേദാദ്ധ്യയനാത്	-	വേദാദ്ധ്യയനം
ജപാത് ച	-	ജപം
പുരോഹിതവ്യാജവശാൽ	-	വ്യാജപുരോഹിതനായിട്ട്
പ്രവൃത്തിഃ	-	ഈ പ്രവർത്തികൾകൊണ്ട് ജീവിക്കും..

(6)

ജീവാംശകേ ഭൂസുരദേവതാനാം
സമാശ്രയാദ് ഭൂമിപതിപ്രസാദാത്

പുരാണശാസ്ത്രാഗമനീതിമാർഗ്ഗാ-
ദ്ധർമ്മോപദേശേന കുസീദവൃത്ത്യാ.

ജീവാംശകേ	-	വ്യാഴമായിരുന്നാൽ
ഭൂസുരദേവതാനാം സമാശ്രയാൽ	-	ബ്രാഹ്മണരെയും ദേവന്മാരെയും ആശ്രയിച്ച്
ഭൂമിപതിപ്രസാദാൽ	-	രാജപ്രസാദം കൊണ്ട
പുരാണ ശാസ്ത്ര ആഗമ നീതിമാർഗ്ഗാത്	-	പുരാണം, ശാസ്ത്രം, ആഗമം, നീതിമാർഗ്ഗം
ധർമ്മോപദേശേന	-	ധർമ്മോപദേശംകൊണ്ട്
കുസീദവൃത്ത്യാ	-	പണം പലിശയ്ക്കു കൊടുക്കൽ ഇവകൾകൊണ്ട് ജീവിക്കും..

(7)

സ്ത്രീസംശ്രയാദ് [1] മഹിഷീഗജാശ്വ-
സ്തൗര്യത്രികൈർവാ രജതൈശ്ച ഗന്ധൈഃ
ക്ഷിരാദ്യലങ്കാരപടീപടാദ്യൈഃ
ശുക്രാംശകെ ള മാത്യഗുണൈഃ കവിത്വാൽ

1) പാഠഭേദം - *ഗോ*

ശുക്രാംശകെ	-	ശുക്രനായിരുന്നാൽ
സ്ത്രീസംശ്രയാത്	-	സ്ത്രീകളെ ആശ്രയിച്ച്
ഗോ മഹിഷീ ഗജം അശ്വം	-	പശു, എരുമ, ആന, കുതിര
തൗര്യത്രികൈഃ	-	ഗാനനൃത്തവാദ്യങ്ങൾ
രജതൈഃ	-	വെള്ളി,
ഗന്ധൈ	-	ചന്ദനം, സുഗന്ധദ്രവ്യങ്ങൾ
ക്ഷിരാദി	-	പാൽ തുടങ്ങിയവ
അലംകാര പടീപടാദ്യൈഃ	-	വസ്ത്രാദി അലങ്കാരങ്ങൾ
അമാത്യഗുണൈഃ	-	ഒരു മന്ത്രിക്കു വേണ്ടതായ ഗുണങ്ങൾ
കവിത്വാൽ	-	കവിത്വം (ഇവകൊണ്ട് ജീവിക്കും.)

(8)

ശന്യംശകേ മൂലഫലൈഃ ശ്രമേണ
പ്രേഷ്യൈഃ ഖലൈർനീചധനൈഃ കുധാന്യൈഃ
ഭാരോദ്വഹാത് കുത്സിതമാർഗവൃത്ത്യാ
ശിൽപ്പാദിഭിർദാരുമയൈർവധാദ്യൈഃ

ശന്യംശകേ	-	ശനിയായിരുന്നാൽ
മൂലഫലൈഃ	-	കിഴങ്ങുകളും ഫലങ്ങളും
ശ്രമേണ	-	കഠിനാദ്ധ്വാനം
പ്രേഷ്യൈഃ	-	ദാസ്യപ്രവർത്തി
ഖലൈഃ നീചധനൈ	-	ദുഷ്ടന്മാരുടെയും നീചന്മാരുടെയും ധനം
കുധാന്യൈഃ	-	ചീത്ത ധാന്യം
ഭാരോദ്വഹാത്	-	ഭാരം വഹിച്ചും
കുത്സിതമാർഗവൃത്ത്യാ	-	ദുർമാർഗ്ഗങ്ങൾ ഉപയോഗിച്ചും
ശിൽപ്പാദിഭി ദാരുമയൈ	-	മരംകൊണ്ടുള്ള ശിൽപ്പങ്ങൾ മുതലായവ

വധാദ്യൈ - വധം മുതലായവ
(ഇവകൊണ്ടു ജീവിക്കും.)

(9)

അംശേശേ ബലവത്യയത്നധനസം-
പ്രാപ്തിം ബലോനേം ള ശപേ
സ്വൽപ്പം പ്രോക്തഫലം ഭവേദുഭയതഃ
കർമ്മർക്ഷദേശേ ഫലം
അംശസ്യോക്തദിശം വദേത് പതിയുതേ
ദൃഷ്ടേ സ്വദേശേ ഫലം
സത്യന്യൈഃ പരദേശജം തദധിപ-
സ്യാംശേ സ്വദേശേ സ്ഥിരേ.

അംശേശേ ബലവതി അയത്നധനസംപ്രാപ്തിഃ

- അംശകാധിപന് ബലമുണ്ടെങ്കി യത്നമില്ലാതെതന്നെ ധനപ്രാപ്തി ഉണ്ടാകും.

അശംപേ ബലോനേ സ്വൽപ്പം പ്രോക്തഫലം

- അംശകാധിപന് ബലമില്ലാതിരുന്നാൽ പറഞ്ഞ ഫലം സ്വൽപ്പമായിരിക്കും.

ഭവേദുഭയത ഫലം

- രണ്ടുപ്രകാരത്തിലായിരുന്നാലും ഫലപ്രാപ്തി

കർമ്മർക്ഷദേശേ, അംശസ്യോക്ത ദിശം വദേത്

- പത്താംഭാവാധിപന്റെയോ അംശനാഥന്റെയോ ദേശത്തിലായിരിക്കും ഉണ്ടാവുക.

പതിയുതേ ദൃഷ്ടേ സ്വദേശേ ഫലം

- അംശാധിപതി ആ അംശത്തിൽ ഇരിക്കുകയോ അതിലേയ്ക്കു നോക്കുകയോ ചെയ്താൽ സ്വദേശത്തിൽ ഫലമുണ്ടാകും.

അന്യൈഃ പരദേശജം

- അന്യഗ്രഹങ്ങൾ ഇരിക്കുകയോ നോക്കുകയോ ചെയ്താൽ പരദേശത്തിൽ ആയിരിക്കും ഫലം.

തദധിപസ്യ അംശേ സ്വദേശേ സ്ഥിരേ

- പത്താംഭാവാധിപന്റെ അംശകം സ്ഥിരരാശിയിൽ ആയിരുന്നാലും സ്വദേശത്തിൽ ഫലമുണ്ടാകും.

പത്തിൽ നിൽക്കുന്ന ഗ്രഹം, പത്താംഭാവാധിപന്റെ നവാംശനാഥൻ എന്നീ ഗ്രഹങ്ങൾ സൂചിപ്പിക്കാവുന്ന ധനാഗമമാർഗ്ഗങ്ങളാണ് മുകളിൽ പറഞ്ഞത്. ഫലദീപിക എഴുതപ്പെട്ടിട്ടു നൂറ്റാണ്ടുകൾ പലതു കഴിഞ്ഞു. ഈ കാലയളവിനുള്ളിൽ കാര്യങ്ങളും ഒരുപാടു മാറി. തൊഴിലിന്റെ കാര്യംതന്നെ എടുക്കൂ. എത്രമാത്രം വിപുലവും വൈവിധ്യവുമാർന്ന രംഗമാണ് അതിന്ന്. ഐ.ടി. മേഖലയിൽതന്നെ വ്യത്യസ്തമായ അസംഖ്യം തൊഴിലുകൾ കാണാം. എല്ലാം പത്താംഭാവംവെച്ചു കണ്ടുപിടിക്കണം. പത്താംഭാവം, പത്താംഭാവാധിപതി, പത്താംഭാവത്തിന്റെ കാരകഗ്രഹങ്ങൾ, പത്തിൽ നിൽക്കുന്ന ഗ്രഹങ്ങൾ, പത്തിലേയ്ക്കു നോക്കുന്ന ഗ്രഹങ്ങൾ, പത്താംഭാവാധിപൻ നിൽക്കുന്ന നവാംശം, ലഗ്നം - ലഗ്നാധിപൻ - ചന്ദ്രൻ ഇവരുടെ സ്വാധീനം, പത്തിനെ ലഗ്നമായി ചിന്തിച്ചുകൊണ്ടുള്ള ഭാവാത്ഭാവചിന്ത - ഇങ്ങനെ ചിന്തിച്ചു ചിന്തിച്ച് ആഴ്ന്നിറങ്ങി ഇറങ്ങി പോകേണ്ടിവരും. പത്താംഭാവത്തിന്റെ മാത്രമല്ല, എല്ലാ ഭാവത്തിന്റെയും കാര്യം ഇതുതന്നെയാണ്.

നല്ല ബുദ്ധിശക്തിയും ഊഹാപോഹപടുത്വവും ഇതിനാവശ്യമാണ്. തൊഴിലും വരുമാനവും പത്തും പതിനൊന്നും ഭാവങ്ങളിലാണു വരിക എന്നു നാം ഫലദീപിക ഒന്നാംഅദ്ധ്യായത്തി പഠിച്ചതാണ്. അത് ഇവിടെ ഒന്നുകൂടെ ഓർമ്മിക്കേണ്ടത് ആവശ്യമായി വന്നിരിക്കുന്നു.

<u>പത്താം ഭാവം</u>

വ്യാപാരം, ആസ്പദം (സ്ഥാനം), അഭിമാനം, കർമം (തൊഴിൽ), ജയം (കാര്യസാദ്ധ്യം), സൽപേര്, യാഗാദി കർമങ്ങൾ, ജീവനം (ജീവിതമാർഗ്ഗം), ആകാശം (പത്താം ഭാവം), ആചാരം, സത്പ്രവൃത്തി, നടത്തം, ആജ്ഞാശക്തി.

<u>പതിനൊന്നാം ഭാവം</u>

ലാഭം, ആയം (വരവ്), ആഗമനം, ആപ്തി (ലബ്ധി), സിദ്ധി (കിട്ടൽ), വിഭവം (സിദ്ധിവിഭവാൻ എന്നും), പ്രാപ്തി, ഭവം, കീർത്തി, ജ്യേഷ്ഠസഹോദരൻ, ഇടതു ചെവി, സാരസ്യം, സന്തോഷം, ആകർണ്ണനം (കേൾക്കൽ).

ഇതിൽനിന്നും തൊഴിൽ അല്ലെങ്കിൽ വരുമാനമാർഗ്ഗം പത്താംഭാവംകൊണ്ടും അതിൽനിന്നുള്ള വരുമാനം അതിന്റെ ധനഭാവമായ (രണ്ടാംഭാവമായ) പതിനൊന്നാംഭാവംകൊണ്ടും ചിന്തിക്കണമെന്നു വരുന്നു. ഈ അദ്ധ്യായത്തിൽ പറയുന്ന കാര്യങ്ങളും ഈ അടിസ്ഥാനത്തിൽത്തന്നെ വേണം ചിന്തിക്കാൻ. എല്ലാ ഭാവങ്ങൾ വഴിക്കുമുള്ള വരവിന്റെ ആകത്തുക പതിനൊന്നിൽ പ്രതിഫലിക്കും.

☆

അദ്ധ്യായം 6
യോഗങ്ങൾ

(1)
രുചക ഭദ്രക ഹംസക മാളവാഃ
സശശകാ ഇതി പഞ്ച ച കീർത്തിതാഃ
സ്വഭവനോച്ചഗതേഷു ചതുഷ്ടയേ
ക്ഷിതിസുതാദിഷു താൻ ക്രമശോ വദേത്.

പഞ്ചമഹായോഗങ്ങൾ

സ്വഭവന ഉച്ച ഗതേഷു ചതുഷ്ടയേ
- ഒരു ഗ്രഹം നിൽക്കുന്നത് സ്വക്ഷേത്രത്തിലോ ഉച്ചക്ഷേത്രത്തിലോ ആവുകയും ആ രാശി കേന്ദ്ര സ്ഥാനം (1- 4 - 7 - 10) ആവുകയും ചെയ്താൽ

1.	*രുചക*	-	രുചകയോഗം
2.	*ഭദ്രക*	-	ഭദ്രയോഗം
3.	*ഹംസക*	-	ഹംസയോഗം
4.	*മാളവാ*	-	മാളവ്യയോഗം
5.	*ശശകാ*	-	ശശയോഗം
ഇതി പഞ്ച		-	എന്നിങ്ങനെ അഞ്ചു മഹായോഗങ്ങൾ
ക്ഷിതിസുതാദിഷു		-	കുജൻ മുതലായ അഞ്ചു ഗ്രഹങ്ങൾക്കു
ക്രമശഃ വദേത്		-	ക്രമത്തിൽ പറയണം.

	പഞ്ചമഹായോഗങ്ങൾ		
	ഗ്രഹം	-	യോഗം
1.	കുജൻ	-	രുചകം
2.	ബുധൻ	-	ഭദ്രകം
3.	വ്യാഴം	-	ഹംസകം
4	ശുക്രൻ	-	മാളവം
5.	ശനി	-	ശശകം

(2)
ദീർഘാസ്യോ ബഹുസാഹസാപ്തിവിഭവഃ ശൂരോ *f* രിഹന്താ ബലീ
ഗർവിഷ്ടോ രുചകേ പ്രതീതഗുണവാൻ സേനാപതിർജിത്വരഃ
ആയുഷ്മാൻ സകുശാഗ്രബുദ്ധിരമലോ വിദ്വജ്ജനശ്ലാഘിതോ
ഭൂപോ ഭദ്രകയോഗജോ *f* തിവിഭവശ്ചാസ്ഥാനകോലാഹലഃ.

രുചകയോഗഫലം

രുചകേ	-	രുചകയോഗത്തിൽ ജനിച്ചവൻ
ദീർഘാസ്യോ	-	ദീർഘമായ മുഖം
ബഹുസാഹസ ആപ്തി വിഭവ	-	വളരെ സാഹസംചെയ്തു നേടിയ വിഭവങ്ങളുള്ള വൻ
ശൂരോ	-	ശൂരൻ
അരിഹന്താ	-	ശത്രുക്കളെ വധിക്കുന്നവൻ
ബലീ	-	ബലമുള്ളവൻ
ഗർവിഷ്ടോ	-	അഹങ്കാരി
പ്രതിതഗുണവാൻ	-	ഗുണശാലി
സേനാപതി	-	സേനാപതി
ജിത്വര	-	ജയിക്കുന്നവൻ.

രുചകയോഗം കുജനെക്കൊണ്ടുള്ള യോഗമായതിനാൽ കുജന്റെ കാരകത്വ ങ്ങളിൽ നല്ലതായ ഗുണങ്ങളാണ് ഈ യോഗമുള്ള വർക്കു ലഭിക്കുക. കുജന്റെ ബലം യോഗഫല ങ്ങളേയും ബാധിക്കും. അതായത്, പൂർണ്ണബല മുണ്ടെങ്കിലാണ് ഇവിടെ പറയുന്ന ഫലങ്ങൾ കിട്ടുക. രാജാവിനു രാജയോഗം വരുമ്പോൾ കിട്ടുന്നതൊരു രാജ്യമാണെങ്കിൽ, മുക്കുവനു രാജയോഗം വരുമ്പോൾ കിട്ടുന്ന തൊരു മുഴുത്ത മത്സ്യം മാത്രമായിരിക്കും എന്നൊരു ചൊല്ലുണ്ടല്ലോ. അതു പ്രകാരം സാഹചര്യങ്ങൾക്കും ഇതിൽ ചെറിയതല്ലാത്ത ഒരു പങ്കുണ്ട്. സാന്ദർഭികമായി പറയട്ടെ, രുചകയോഗമുണ്ടെങ്കിൽ ചൊവ്വാദോഷമില്ല. സ്ഥാനബലമുള്ള കുജൻ ഫലത്തിൽ ശുഭനാകുന്നതുകൊണ്ടാണ് ഇത്.

ഭദ്രകയോഗഫലം

ഭദ്രകയോഗജോ	-	ഭദ്രയോഗത്തിൽ ജനിച്ചവൻ
ആയുഷ്മാൻ	-	ദീർഘായുസ്സുള്ളവൻ
കുശാഗ്രബുദ്ധി	-	ബുദ്ധിമാൻ
അമലോ	-	നിർമ്മലൻ
വിദ്വജ്ജനശ്ലാഘിതോ	-	വിദ്വാന്മാർ പ്രശംസിക്കുന്നവൻ
ഭൂപോ	-	രാജാവ്
അതിവിഭവ	-	വളരെ സ്വത്തുള്ളവൻ
ആസ്ഥാനകോലാഹല	-	രാജസദസ്സുകളിൽ കോലാഹലം

(3)
ഹംസേ സദ്ഭിരഭിഷ്ടുതഃ ക്ഷിതിപതിഃ ശംഖാബ്ജമത്സ്യാങ്കുശൈ
ശ്ചിഹ്നൈഃ പാദകരാങ്കിതഃ ശുഭവപുർമൃഷ്ടാന്നഭുഗ്ധാർമ്മികഃ
പുഷ്ടാംഗോ ധ്യുതിമാൻ ധനീ സുതവധൂഭാഗ്യാന്വിതോ വർദ്ധനോ
മാളവ്യേ സുഖഭുക് സുവാഹനയശാ വിദ്വാൻ പ്രസന്നേന്ദ്രിയഃ.

ഹംസയോഗഫലം

ഹംസേ	-	ഹംസയോഗത്തിൽ ജനിച്ചവൻ
സദ്ഭിഃ അഭിഷ്ടുതഃ	-	സത്തുക്കളാൽ സ്തുതിക്കപ്പെടുന്നവൻ
ക്ഷിതിപതി	-	രാജാവ്

ശംഖ അബ്ജ മത്സ്യ അങ്കുശൈ ചിഹ്നൈഃ
- ശംഖ്, താമര, മത്സ്യം, അങ്കുശം (ആനത്തോട്ടി) തുടങ്ങിയ സാമുദ്രികചിഹ്നങ്ങൾ)

പാദ കര അങ്കിത - കൈകാലുകളിൽ അടയാളമായിട്ടുള്ളവൻ
ശുഭവപു - സുന്ദരൻ
മൃഷ്ടാന്നഭുക് - ഭക്ഷണസുഖമുള്ളവൻ
ധാർമ്മിക - ധർമ്മിഷ്ഠൻ.

മാളവ്യയോഗഫലം

മാളവ്യോ - മാളവയോഗത്തിൽ ജനിച്ചവൻ
പുഷ്ടാംഗോ - പുഷ്ടിയുള്ള ശരീരത്തോടു കൂടിയവൻ
ധൃതിമാൻ - ബുദ്ധിമാൻ, മനസ്ഥൈര്യമുള്ളവൻ
ധനീ - ധനവാൻ
സുതവധൂഭാഗ്യാന്വിതോ - മക്കൾ, ഭാര്യ, ഭാഗ്യം ഇവയോടുകൂടിയവൻ
വർദ്ധനോ - മേൽഗ്ഗതിയുള്ളവൻ
സുഖഭുക് - സുഖങ്ങളനുഭവിക്കുന്നവൻ
സുവാഹന - നല്ല വാഹനം
യശ - യശസ്വി
വിദ്വാൻ - പണ്ഡിതൻ
പ്രസന്നേന്ദ്രിയഃ - പ്രസന്നമായ ഇന്ദ്രിയങ്ങളോടു കൂടിയവൻ.

(4)
ശസ്തഃ സർവജനൈഃ സുഭൃത്യ ബലവാൻ ഗ്രാമാധിപോ വാ നൃപോ
ദുർവൃത്തഃ ശശയോഗജോ -*f* ന്യവനിതാ വിത്താന്വിതഃ സൗഖ്യവാൻ
ലഗ്നേന്ദ്വോരപി യോഗപഞ്ചകമിദം സാമ്രാജ്യസിദ്ധിപ്രദം
തേഷ്വേകാദിഷു ഭാഗ്യവാൻ നൃപസമോ രാജാ നൃപേന്ദ്രാ -*f* ധികഃ.

ശശയോഗഫലം

ശശയോഗജ - ശശയോഗത്തിൽ ജനിച്ചവൻ
സർവജനൈ ശസ്ത - സർവജനങ്ങളാലും പ്രശംസിക്കപ്പെടുന്നവൻ
സുഭൃത്യ - നല്ല ഭൃത്യരുള്ളവൻ
ബലവാൻ - ശക്തിമാൻ
ഗ്രാമാധിപോ വാ നൃപോ - ഗ്രാമാധിപൻ അല്ലെങ്കിൽ രാജാവ്
ദുർവൃത്ത - ദുഷ്പ്രവൃത്തികൾ ചെയ്യുന്നവൻ
അന്യവനിതാ വിത്താന്വിതഃ - പരസ്ത്രീ, പരധനം ഇവയോടുകൂടിയവൻ
സൗഖ്യവാൻ - സുഖത്തോടുകൂടിയവൻ.

ലഗ്നാലും ചന്ദ്രാലും

ലഗ്നേന്ദ്വോരപി യോഗപഞ്ചകമിദം സാമ്രാജ്യസിദ്ധിപ്രദം

- ലഗ്നാലോ ചന്ദ്രാലോ ഈ അഞ്ചു യോഗങ്ങളും ഉള്ളവന് സാമ്രാജ്യംതന്നെ ലഭിക്കും. (ചക്രവർത്തിയാകും.)

1. ഒരു യോഗംമാത്രമുള്ളവൻ - *ഭാഗ്യവാൻ*

2. രണ്ടു യോഗങ്ങളുള്ളവൻ - *നൃപസമ* (രാജാവിനു തുല്യൻ)
3. മൂന്നു യോഗങ്ങൾ ഉണ്ടെങ്കിൽ - *രാജാ* (രാജാവ്)
4. നാലു യോഗങ്ങൾ - *നൃപേന്ദ്രാ്ധിക* (രാജപ്രമുഖൻ)

ഇവിടെ ഒരു കാര്യം വ്യക്തമാക്കാനുണ്ട്. ഈ യോഗങ്ങൾ പേരു സൂചിപ്പിക്കുന്നതു പോലെ മഹായോഗങ്ങൾതന്നെയാണ്. എന്നാൽ ഗ്രഹങ്ങളുടെ കാരകത്വമനുസരിച്ചുള്ള ഫലങ്ങൾമാത്രമാണ് ഇവിടെ പറഞ്ഞിട്ടുള്ളത്. ഭാവാധിപത്യം, കൂട്ടുകെട്ടുകൾ, മിത്രുശത്രുബന്ധങ്ങൾ, ഗ്രഹബലം തുടങ്ങിയ ഒരുപാടു കാര്യങ്ങൾ അനുസരിച്ച്, അതാതു ഗ്രഹങ്ങൾക്കു സ്വാധീനം വരുന്ന സമയത്തായിരിക്കും, ഫലം അനുഭവപ്പെടുക. ചിലപ്പോൾ ചിലർക്ക് ചില ഗ്രഹങ്ങളുടെ ദശ അവരുടെ ആയുസ്സിന്റെ പരിധിയിൽ വരില്ലെന്നും വരാം. തദ്വാരാ ആ യോഗ ത്തിന്റെ ഫലങ്ങളും അനുഭവ ത്തിൽ വരാതെ പോകും. അതായത്, യോഗഫലങ്ങൾ പറയുമ്പോൾ ബന്ധപ്പെട്ട ഗ്രഹത്തിന്റെ ഫലദാനശേഷിയും ഫലം അനുഭവ പ്പെടാവുന്ന സമയവും കൂടി പരിഗണിക്കേണ്ടതുണ്ട്. എന്നാൽ ഗജകേസരി, കേമദ്രുമ തുടങ്ങിയ ചില യോഗങ്ങൾ ജാതകങ്ങളെ പൊതുവായി ബാധിക്കുന്നതായും കാണുന്നു.

ചന്ദ്രാലുള്ള യോഗങ്ങൾ

(5)
വിധോസ്തു സുനഭാനഭാധുരുധുരാഃ സ്വരിഃഫോഭയ-
സ്ഥിതൈർവിരവിഭിർഗ്രഹൈരിതരഥാതു കേമദ്രുമഃ
ഹിമത്വിഷി ചതുഷ്ടയേ ഗ്രഹയുതേ ƒഥ കേമദ്രുമോ
നഹീതി കഥിതോ ƒ ഥവാ ഹിമകരാദ്ഗ്രഹൈഃ കേന്ദ്രഗൈഃ.

സുനഭ, അനഭ, ധുരുധുര,
കേമദ്രുമ, കേമദ്രുമായോഗഭംഗം.

വിധോസ്തു സുനഭ അനഭാ ധുരുധുരാ... സൂര്യനൊഴിച്ചുള്ളവ
(താരാഗ്രഹങ്ങൾ - - കു, ബു, ഗു, ശു, മ)
1. സ്വ - ചന്ദ്രന്റെ രണ്ടിൽ നിന്നാൽ സുനഭായോഗം,
2. രിഃഫ - പന്ത്രണ്ടിൽ നിന്നാൽ അനഭായോഗം,
3. *ഉഭയ* - രണ്ടിലും പന്ത്രണ്ടിലും നിന്നാൽ ധുരുധുരായോഗം

ഈ ഭാവങ്ങളിലെ (2, 12, 2-12) ഗ്രഹസ്ഥിതി അനുസരിച്ച് ഈ യോഗങ്ങൾ പല തരത്തിൽ വരുന്നു. അതായത്, സുനഭാ, അനഭായോഗങ്ങൾ 31 വീതം. ധുരു ധുരാ 180. (ഹോരാശാസ്ത്രം : 13-4)

4. *വിരവിഭിർഗ്രഹൈരിതരഥാതു കേമദ്രുമ* - ചന്ദ്രന്റെ പന്ത്രണ്ടിലോ രണ്ടിലോ താരാഗ്രഹങ്ങൾ ആരുമില്ലെങ്കിൽ <u>കേദ്രുമായോഗം.</u>

5. *ഹിമത്വിഷി ചതുഷ്ടയേ ഗ്രഹയുതേഥ കേമദ്രുമോ നഹി ഇതി* - ചന്ദ്രൻ നിന്നാൽ കേന്ദ്രത്തിൽ ഏതെങ്കിലും താരാഗ്രഹത്തിന്റ കൂടെ നിന്നാൽ കേമദ്രുമായോഗം ഫലിക്കില്ല.

6. *കഥിതോഥവാ ഹിമകരാദ് ഗ്രഹൈഃ കേന്ദ്രഗൈഃ* - ചന്ദ്രന്റെ കേന്ദ്രത്തിൽ ഏതെങ്കിലും താരാഗ്രഹം നിന്നാലും കേമദ്രുമായോഗഭംഗമാകും.

യോഗഭംഗം വെട്ടിനൊരു തടവേ ആകുന്നുള്ളൂ. വെട്ട് ഇല്ലാതാകുന്നില്ല എന്നാണ് അനുഭവം. കേമദ്രുമയോഗക്കാർ, ഭംഗമുണ്ടെങ്കിലും, ജീവിതത്തിൽ കാലുറപ്പിയ്ക്കാൻ സമയമെടുക്കും. അതുപോല വിവാഹവും അൽപ്പം വൈകുന്നതായാണ് കാണുന്നത്.

(6)
സ്വയമധിഗതവിത്തഃ പാർത്ഥിവസ്തത്സമോ വാ
ഭവതി ഹി സുനഭയാം ധീധനഖ്യാതിമാംശ്ച
പ്രഭുരഗദശരീരഃ ശീലവാൻ ഖ്യാതകീർത്തിർ-
വിഷയസുഖസുവേഷോ നിർവൃതീശ്ചാനഭായാം.
(ഹോരാശാസ്ത്രം 13 - 5)

സുനഭായോഗഫലം

സുനഭായാം	- സുനഭായോഗത്തിൽ ജനിച്ചവൻ
സ്വയമധിഗതവിത്ത	- സ്വയം സമ്പാദിച്ച ധനത്തോടുകൂടിവൻ
പാർത്ഥിവ വാ തത്സമോ	- രാജാവ് അല്ലെങ്കിൽ അതിനു തുല്യൻ
ധീ ധന	- ബുദ്ധി, ധനം
ഖ്യാതമാംശ്ച	- പ്രശസ്തൻ.

അനഭായോഗഫലം

അനഭായാം	- അനഭായോഗത്തിൽ ജനിച്ചവൻ
പ്രഭു	- പ്രഭു
അഗദശരീര	- രോഗമില്ലാത്ത ശരീരം
ശീലവാൻ	- സത്സ്വഭാവി
ഖ്യാതകീർത്തി	- പ്രശസ്തൻ
വിഷയസുഖ	- സുഖഭോഗങ്ങൾ അനുഭവിക്കുന്നവൻ
സുവേഷോ	- നല്ല വേഷം ധരിക്കുന്നവൻ
നിർവൃതഃ	- സന്തുഷ്ടൻ

(7)
ഉത്പന്നയോഗസുഖഭാഗ്ധനവാഹനാഢ്യ-
സ്ത്യാഗാന്വിതോ ധുരുധുരാപ്രഭവഃ സഭൃത്യഃ
കേമദ്രുമേ മലിനദുഃഖിതനീചനിസ്വഃ
പ്രേഷ്യഃ ഖലശ്ച നൃപതേരപി വംശജാതഃ. (ഹോരാശാസ്ത്രം 13 - 6)
(1) പാഠഭേദം : ഉത്പന്നഭോഗസുഖഭുഗ..'

ധുരുധുരായോഗഫലം

ധുരുധുരപ്രഭവ	-	ധുരുധുരായോഗത്തിൽ ജനിച്ചവൻ
ഉത്പന്നഭോഗ സുഖഭാക്	-	സുഖഭോഗങ്ങൾ ലഭിക്കുന്നവൻ
ധനവാഹനാഢ്യ	-	ധനവും വാഹനവും ഉള്ളവൻ

ത്യാഗാന്വിതോ - ത്യാഗശീലൻ
സഭൃത്യ - (സേവിക്കാൻ) ഭൃത്യരുള്ളവൻ.

ചന്ദ്രനെക്കൊണ്ടുള്ള സുനഭാ, അനഭാ, ധുരുധുരായോഗങ്ങൾ പോലെത്തന്നെ, സൂര്യനെക്കൊണ്ടുള്ള വേസി, വാസി, ഉഭയചരീയോഗങ്ങൾ, ലഗ്നത്തെക്കൊണ്ടുള്ള കർത്തരീയോഗങ്ങൾ എന്നിവയുടെ ഫലം പറയുമ്പോൾ പന്ത്രണ്ടിലും രണ്ടിലും നിൽക്കുന്ന ഗ്രഹങ്ങളുടെ സ്വഭാവവും ബലവും കൂടി പരിഗണിക്കണം.

കേമദ്രുമായോഗഫലം
കേമദ്രുമേ - കേമദ്രുമായോഗമുള്ളവൻ
നൃപതേരപി വംശജാത - രാജവംശത്തിൽ ജനിച്ചവനായാലും
മലിന - വൃത്തികെട്ടവൻ
ദുഃഖിത - ദുഃഖിതൻ
നീച - നീചൻ
നിസ്വ - ദരിദ്രൻ
പ്രേഷ്യ - ദാസൻ
ഖല - ദുഷ്ടൻ.

സൂര്യനെ ആശ്രയിച്ചുള്ള യോഗങ്ങൾ

(8)
ഹിത്വേന്ദും ശുഭവേസിവാസ്യുഭയച-
 ര്യാഖ്യാസ്വരിഫോഭയ-
സ്ഥാനസ്ഥൈഃ സവിതുഃ ശുഭൈഃ സ്വുരശുഭൈ-
 സ്തേ പാപസംജ്ഞാഃ സ്മൃതാഃ
സത്പാർശ്വേ ശുഭകർതരീത്യുഭയഭേ
 പാപൈസ്തു പാപാഹ്വയോ
ലഗ്നാദ്വിത്തഗതൈഃ ശുഭൈസ്തു സുശുഭോ
 യോഗോ ന പാപേക്ഷിതൈഃ.

ശുഭവേസി, ശുഭവാസി, ഉഭയചരീയോഗങ്ങൾ
അശുഭവേസി, അശുഭവാസി, അശുഭഉഭയചരീയോഗങ്ങൾ

ഹിത്വേന്ദും - ചന്ദ്രനൊഴിച്ചുള്ള
ശുഭൈ - ശുഭന്മാർ (ബു,ഗു,ശു)
സവിതു - സൂര്യന്റെ
സ്വ രിഫ ഉഭയ സ്ഥാനസ്ഥൈ - രണ്ട്, പന്ത്രണ്ട്, രണ്ടും പന്ത്രണ്ടും സ്ഥാനങ്ങളിൽ നിന്നാൽ
ശുഭവേസിവാസ്യുഭയചര്യാഖ്യാഃ - ശുഭവേസി, ശുഭവാസി ശുഭോഭയചരീ,
എന്നിങ്ങനെ മൂന്നുതരം യോഗങ്ങളാകുന്നു.

അശുഭൈ തേ പാപസംജ്ഞാഃ സ്മൃതാഃ

- ഇങ്ങനെ നിൽക്കുന്നത് ശുഭന്മാർക്കു പകരം അശുഭന്മാരാണെങ്കിൽ പാപവേസി, പാപവാസി, പാപോഭയചരി എന്നും അറിയപ്പെടുന്നു.

ലഗ്നാലുള്ള യോഗങ്ങൾ

ശുഭകർത്തരീയോഗം, പാപകർത്തരീയോഗം

സത്പാർശ്വേ ശുഭകർതരീത്യുഭയഭേ

- ലഗ്നത്തിന്റെ രണ്ടിലും പന്ത്രണ്ടിലുമായി ശുഭഗ്രഹങ്ങൾ നിന്നാൽ ശുഭകർതരീയോഗം

പാപൈസ്തു പാപാഹ്വയോ - പാപരാണെങ്കിൽ പാപകർതരീയോഗം

സുശുഭായോഗം

ലഗ്നാദ്വിത്തഗതൈഃ ശുഭൈസ്തു സുശുഭോ

- ലഗ്നത്തിന്റെ രണ്ടിൽ ശുഭഗ്രഹങ്ങൾ നിന്നാൽ സുശുഭായോഗം

യോഗോ ന പാപേക്ഷിതൈഃ.

- പാപദൃഷ്ടിയുണ്ടെങ്കിൽ സുശുഭാ യോഗമില്ല.

ഇനി വിവരിക്കാൻ പോകുന്ന നാലു ശ്ലോകങ്ങൾ (9 - 12 ശ്ലോകങ്ങൾ) 1 - ൽ ഇല്ല .

(9)

ജാതഃ സ്യാത് സുഭഗഃ സുഖീ ഗുണനിധിർധീരോ നൃപോ ധാർമികോ
വിഖ്യാതഃ സകലപ്രിയോ *f* തിസുഭഗോ ദാതാ മഹീശപ്രിയഃ
ചാർവങ്ഗഃ പ്രിയവാക് പ്രപഞ്ചരസികോ വാഗ്മീ യശസ്വീ ധനീ
വിദ്യാദത്ര സുവേസിവാസ്യുഭയചര്യാഖ്യേഷു പാദക്രമാത്.

ശുഭവേസിയോഗഫലം

ശുഭവേസിയോഗത്തിൽ ജനിച്ചവൻ

സുഭഗഃ സുഖീ	-	സുന്ദരൻ, സുഖം അനുഭവിക്കുന്നവൻ
ഗുണ.ന്.ധി	-	സദ്ഗുണങ്ങളുള്ളവൻ
ധീരോ	-	ധൈര്യശാലി
ന്യപോ	-	രാജാവ്
ധാർമികോ	-	ധാർമ്മികൻ.
(സുഭഗ	-	സൗന്ദര്യമുള്ള, ഐശ്വര്യമുള്ള, ഭാഗ്യമുള്ള)

ശുഭവാസിയോഗഫലം

ശുഭവാസിയോഗത്തിൽ ജനിച്ചവൻ

വിഖ്യാതഃ	-	പ്രശസ്തൻ
സകലപ്രിയോ	-	എല്ലാവർക്കും പ്രിയപ്പെട്ടവൻ
അതിസുഭഗോ	-	വളരെ സുന്ദരൻ
ദാതാ	-	ദാനശീലൻ
മഹ്.ശപ്രിയഃ	-	രാജാവിനു പ്രിയപ്പെട്ടവൻ.

ശുഭോദയചരീയോഗഫലം

ശുഭ ഉഭയചരീയോഗത്തിൽജനിച്ചവൻ

ചാർവങ്ഗഃ	-	സുന്ദരമായ ശരീരം
പ്രിയവാക്	-	ഇഷ്ടപ്പെടുന്ന സംസാരം
പ്രപഞ്ചരസികോ	-	ലോകസുഖം ആസ്വദിക്കുന്നവൻ
വാഗ്മീ	-	വാക്സാമർത്ഥ്യമുള്ളവൻ
യശസ്വീ	-	പ്രശസ്തൻ
ധനീ	-	ധനവാൻ

(10)

അന്യായാജ്ജനനിന്ദകോ ഹതരുചിർഹീനപ്രിയോ ദുർജനോ
മായാവീ പരനിന്ദക ഖലയുതോ ദുർവൃത്തശാസ്ത്രാധികഃ
ലോകേ സ്യാദപകീർത്തി ദുഃഖിതമനാ വിദ്യാർഥഭാഗ്യൈശ്ച്യുതോ
ജാതശ്ചാശുഭവേസിവാസ്യുഭയചര്യാഖ്യേഷു പാദക്രമാത്.

അശുഭവേസിയോഗഫലം

അശുഭവേസിയോഗത്തിൽ ജനിച്ചവൻ

അന്യായാത് ജനനിന്ദകോ	-	ന്യായമില്ലാതെ മറ്റുള്ളവരെ നിന്ദിക്കുന്നവൻ
ഹതരുചി	-	സൗന്ദര്യമില്ലാത്തവൻ (ഇഷ്ടങ്ങൾ സാധിക്കത്തവൻ എന്നും കാണുന്നു.)
ഹീന പ്രിയോ	-	ഹീനന്മാരെ, ഹീനന്മാർക്കു, പ്രിയമായവൻ
ദുർജനോ	-	ദുർജ്ജനം, ചീത്തവൻ

അശുഭവാസിയോഗഫലം

അശുഭവാസിയോഗത്തിൽ ജനിച്ചവൻ

മായാവീ	-	മായക്കാരൻ, ചതിയൻ
പരനിന്ദക	-	മറ്റുള്ളവരെ നിന്ദിക്കുന്നവൻ
ഖലരതോ	-	ദുഷ്ടന്മാരുമായി സഹവസിക്കുന്നവൻ
ദുർവൃത്ത	-	ചീത്ത പ്രവർത്തികൾ ചെയ്യുന്നവൻ
ശാസ്ത്രാധികഃ	-	ശാസ്ത്രങ്ങളെ ദുരുപയോഗം ചെയ്യുന്നവൻ

അശുഭ ഉഭയചരീ യോഗഫലം

ലോകേ സ്യാദ് അപകീർത്തി	-	ജനമദ്ധ്യത്തിൽ ദുഷ്പേര്
ദുഃഖിതമനാ	-	ദുഖിക്കുന്ന മനസ്സോടുകൂടിയവൻ
വിദ്യ അർഥ ഭാഗ്യൈ ച്യുതോ	-	പഠിപ്പ്, ധനം, ഭാഗ്യം ഇവ ഇല്ലാത്തവൻ.

(11)

ജൈവാത്യകോ വിഭയരോഗരിപുഃ സുഖീ സ്യാ-
ദാഢ്യഃ ശ്രിയാ ച ശുഭകർത്തരിയോഗജാതഃ
നിസ്വോ f ശുചിർവിസുഖദാരസുതോ ℓ ംഗഹീനഃ
സ്യാത് പാപകർത്തരിഭവോ f ചിരമായുരേതി.

ശുഭകർത്തരീയോഗഫലം

ജൈവാത്യകോ - ദീർഘായുസ്സ്

വിഭയരോഗരിപുഃ - ഭയം, രോഗം, ശത്രു ഇവ ഇല്ലാത്തവൻ

സുഖീ സ്യാത് - സുഖം അനുഭവിക്കുന്നവൻ

ആഢ്യഃ - ആഭിജാത്യമുള്ളവൻ

ശ്രിയാ - ശ്രേയസ്സുള്ളവൻ.

പാപകർത്തരിയോഗഫലം

നിസ്വോ - ദരിദ്രൻ

അശുചി - വൃത്തികെട്ടവൻ

വിസുഖദാരസുതോ - സുഖം, ഭാര്യ, മക്കൾ ഇവ ഇല്ലാത്തവൻ

അംഗഹീനഃ - അംഗഹീനൻ

അല്പമായുരേതി. - അല്പായുസ്സ്.

(12)

ആചാരവാൻ ധർമമതിഃ പ്രസന്നഃ
സൗഭാഗ്യവാൻ പാർഥിവമാനനീയഃ
മൃദുസ്വഭാവഃ സ്മിതഭാഷണശ്ച
ധനീ ഭവേച്ചാമലയോഗജാതഃ

സുശുഭായോഗഫലം *

**അമല യോഗജാതഃ* - സുശുഭായോഗത്തിൽ ജനിച്ചവൻ

ആചാരവാൻ - ആചാരങ്ങൾ പാലിക്കുന്നവൻ

ധർമമതിഃ - ധാർമ്മികൻ

പ്രസന്നഃ - പ്രസന്നൻ

സൗഭാഗ്യവാൻ - ഭാഗ്യവാൻ

പാർഥിവമാനനീയഃ - രാജാവിനാൽ ആദരിക്കപ്പെടുന്നവനും

മൃദുസ്വഭാവഃ - മൃദുസ്വഭാവത്തോടുകൂടിയവനും

സ്മിതഭാഷണശ്ച - പുഞ്ചിരിയോടെ സംസാരിക്കുന്നവനും

ധനീ - ധനികൻ.

(13)

സുശുഭേ ശുഭകർത്തര്യാം
വേസ്യാദൗ സുനഭാദിവത്
ശുഭൈഃ ക്രമാത്ഫലം ജ്ഞേയം
വിപരീതമസദ്ഗ്രഹൈഃ.

ശുഭൈഃ - ശുഭഗ്രഹങ്ങളാലുള്ള

സുശുഭേ - സുശുഭായോഗത്തിനും

ശുഭകർത്തര്യാം - ശുഭകർത്തരിയോഗത്തിനും

വേസ്യാദൗ - വേസിതുടങ്ങിയവയ്ക്കും

സുനഭാദിവത് - സുനഭാ തുടങ്ങിയ യോഗങ്ങളുടെ

ക്രമാത് ഫലം ജ്ഞേയം - ക്രമത്തിലാണ് (ശുഭ)ഫലം എന്നറിയുക.
അസദ്ഗ്രഹൈഃ വിപരീതം - ശുഭന്മാർക്ക്രുപകരം യോഗമുണ്ടാക്കുന്നതു പാപരാണെങ്കിൽ അശുഭഫലമാകുന്നു.

* ①ൽ *ഹിത്വേന്ദും..* എന്ന എട്ടാമത്തെ ശ്ലോകത്തിനു ശേഷം ഒമ്പതാമത്തതായി വരുന്നത് *സുശുഭേ ശുഭകർത്തര്യാം..* എന്ന ശ്ലോകമാണ്. അതായത് 10 മുതൽ 17 വരെയുള്ള യോഗങ്ങളുടെ ഫലം ഈ *സുശുഭേ ശുഭകർത്തര്യാം....* എന്ന ഒറ്റ ശ്ലോകത്തിൽ ഒതുക്കിയിരിക്കുന്നു. എന്നാൽ, നാം പിന്തുടരുന്ന ദില്ലിപതിപ്പുകളിൽ (9) *ജാതഃ സ്യാത്*, (10) *അന്യായാജ്ജനനിന്ദകോ* (11) *ജൈവാതൃകോ* (12) *ആചാര്യവാൻ* എന്നീ നാലു ശ്ലോകങ്ങളിൽ ഈ യോഗങ്ങളുടെ ഫലം വിവരിച്ചതിനുശേഷമാണ് *സുശുഭേ ശുഭകർത്തര്യാം* വരുന്നത്. ഇതിൽ 12-മത്തെ ശ്ലോകമായ *ആചാരവാൻ..* എന്നത് അമലായോഗഫലമാണ് എന്നു ശ്ലോകത്തിൽത്തന്നെ പറയുന്നുണ്ട്. അമലായോഗം പറയാതെ അമലായോഗഫലം പറയുന്നതിൽ ഉള്ള അസ്വാഭാവികത മറ്റൊരു സത്യത്തിലേയ്ക്കാണ് വിരൽ ചൂണ്ടുന്നത്. വാസതവത്തിൽ അത് സുശുഭായോഗഫലമാണ്. കാരണം, രണ്ടാം ഭാവത്തിനു പ്രസക്തമായ ശുഭഫലങ്ങളാണ് ആ ശ്ലോകത്തിൽ പറയുന്നത്. വ്യാഖ്യാനത്തിലും ഈ നാലു ശ്ലോകങ്ങൾ ഉണ്ട്. ആറാംഅദ്ധ്യായത്തിൽ, ഈ കാരണങ്ങൾകൊണ്ട്, ①- ൽ 66 ശ്ലോകങ്ങൾ മാത്രമുള്ളപ്പോൾ മറ്റു പതിപ്പുകളിൽ 70 ശ്ലോകങ്ങളുണ്ട്.

(14)
ഓജേഷ്വർക്കേന്ദുലഗ്നാന്യജനി ദിവി പുമാം-
ശ്ചേന്മഹാഭാഗ്യയോഗഃ
സ്ത്രീണാം തദ്വ്യത്യയേ സ്യാച്ഛശിനി സുരഗുരോഃ
കേന്ദ്രഗേ കേസരീതി.
ജീവാന്ത്യാഷ്ടാരിസംസ്ഥേ ശശിനി തു ശകടം
കേന്ദ്രഗേ നാസ്തി ലഗ്നാ-
ച്ചന്ദ്രേ കേന്ദ്രാദിഗേ f ർക്കാദധമസമവരി-
ഷ്ഠാഖ്യയോഗാഃ പ്രസിദ്ധാഃ.

മഹാഭാഗ്യയോഗം

അർക്ക ഇന്ദു ഓജേഷു ലഗ്നനി ദിവി അജനി - സൂര്യനും ചന്ദ്രനും ഓജരാശിയിൽ നിൽക്കുമ്പോൾ ഓജലഗ്നത്തിൽപകൽ ജനിക്കുകയും
പുമാൻ ചേത് - പുരുഷജനനമാവുകയും ചെയ്താൽ
മഹാഭാഗ്യയോഗഃ - മഹാഭാഗ്യയോഗമാകുന്നു.

സ്ത്രീണാം തത് വ്യത്യയേ സ്യാത്
\- സ്ത്രീകൾക്ക് മഹാഭാഗ്യയോഗത്തിന് ഇതിനു വിപരീതം ആകുന്നു. അതായത്, സൂര്യചന്ദ്രന്മാർ യുഗ്മരാശിയിൽ നിൽക്കുമ്പോൾ യുഗ്മലഗ്നത്തിൽ രാത്രിയിൽ ജനിക്കുന്ന സ്ത്രീയും മഹാഭാഗ്യയോഗമുള്ളവളായിരിക്കും.

കേസരീയോഗം

ശശിനി സുരഗുരോഃ കേന്ദ്രഗേ കേസരീതി
\- വ്യാഴത്തിന്റെ കേന്ദ്രത്തിൽ (1-4-7-10) ചന്ദ്രൻ നിന്നാൽ കേസരീയോഗം

ശകടയോഗം.

ജീവാന്ത്യാഷ്ടാരിസംസ്ഥേ ശശിനി തു ശകടം - വ്യാഴത്തിന്റെ അന്ത്യം (12), അഷ്ടം (8), അരി (6) എന്നീ സ്ഥാനങ്ങളിൽ ചന്ദ്രൻ നിന്നാൽ ശകടയോഗം.

കേന്ദ്രഗേ നാസ്തി ലഗ്നാച്ചന്ദ്രേ - (ലഗ്ന) കേന്ദ്രത്തിലാണു ചന്ദ്രനെങ്കിൽ ശകട യോഗമില്ല.

അധമ സമ വരിഷ്ഠ യോഗങ്ങൾ

ചന്ദ്രേ അർക്കാത് കേന്ദ്രാദിഗേ പ്രസിദ്ധാഃ - ചന്ദ്രൻ സൂര്യനിൽ നിന്ന് കേന്ദ്രം മുതലായവയിൽ നിന്നാൽ പ്രസിദ്ധങ്ങളായ

അധമ സമ വരിഷ്ഠ - അധമം (കേന്ദ്രം 1 - 4 - 7 - 10) സമം (പണപരം 2 - 5 8 - 11) വരിഷ്ഠം (ആപോക്ലിമം 3 - 6 - 9 - 12)

ആഖ്യ യോഗാഃ - എന്നിങ്ങനെ പേരായ യോഗങ്ങൾ ആകുന്നു.

(15)

മഹാഭാഗ്യേ ജാതഃ സകലനയനാനന്ദജനകോ
വദാന്യോ വിഖ്യാതഃ ക്ഷിതിപതിരശീത്യായുരമലഃ
വധൂനാം യോഗേ ഉ സ്മിൻ സതി ധനസുമാംഗല്യസഹിതാ
ചിരം പുത്രൈഃ പൗത്രൈഃ ശുഭമുപഗതാ സാ സുചരിതാ.

മഹാഭാഗ്യയോഗഫലം

മഹാഭാഗ്യേ ജാതഃ	-	മഹാഭാഗ്യയോഗത്തിൽ ജനിച്ചവൻ
സകലനയന ആനന്ദജനകോ	-	എല്ലാവരുടെയും കണ്ണുകൾക്ക് ആനന്ദം ഉണ്ടാക്കുന്നവൻ
വദാന്യോ	-	ദാനശീലൻ
വിഖ്യാതഃ	-	പ്രസിദ്ധൻ
ക്ഷിതിപതി	-	രാജാവ്
അശീത്യായു	-	80 വയസ്സുവരെ ആയുസ്സുള്ളവൻ
അമലഃ	-	നിർമ്മലൻ.

സ്ത്രീകളുടെ മഹാഭാഗ്യയോഗം

വധൂനാംയോഗേഅസ്മിൻ	-	സ്ത്രീകളുടെ മഹാഭാഗ്യയോഗത്തിൽ
സാ	-	അവൾ
സതി	-	പതിവ്രത
സുചരിതാ	-	സൽസ്വഭാവമുള്ളവൾ
ധന സുമംഗല്യ സഹിതാ	-	ധനം,മംഗല്യം എന്നിവയുള്ളവൾ
ചിരംപുത്രൈഃ പൗത്രൈഃ ശുഭമുപഗതാ	-	അവൾ ഏറെക്കാലം പുത്രപൗത്രരോടെ ശുഭമായി ജീവിക്കും.

16)

കേസരീവ രിപുവർഗനിഹന്താ
പ്രൗഢവാക് സദസി രാജിതവൃത്തിഃ
ദീർഘജീവ്യതിയശാഃ പടുബുദ്ധി-
സ്തേജസാ ജയതി കേസരിയോഗേ.

കേസരീയോഗഫലം

കേസര്.യോഗേ	- കേസരീയോഗത്തിൽ ജനിച്ചവൻ
കേസരി ഇവ രിപുവർഗ നി.ഹ	- സിംഹത്തെപ്പോലെ ശത്രുവർഗ്ഗത്തെ കൊന്നൊടുക്കുന്നവനും
സദസി പ്രൗഢവാക്	- സദസ്സിൽ വാക്ഗാംഭീര്യത്തോടുകൂടിയവനും
രാജിത വൃത്തിഃ	- പ്രവൃത്തിയിൽ ശോഭിക്കുന്നവനും
ദീർഘജ്.വി	- ദീർഘായുസ്സ്
അതി.യശാഃ	- വളരെ പ്രസിദ്ധി
പടുബുദ്ധി	- കൂർമ്മബുദ്ധി
തേജസാ	- വ്യക്തിപ്രഭാവം (ഈ ഗുണങ്ങളോടുകൂടിയവനായി)
ജയതി	- ജയിക്കുന്നു. (ദീർഘകാലം ജീവിക്കുന്നു.)

(17)

ക്വചിത് ക്വചിത് ഭാഗ്യപരിച്യുതസ്സൻ
പുനഃ പുനഃ സർവമുപൈതി ഭാഗ്യം
ലോകേ*ƒ* പ്രസിദ്ധോ*ƒ* പരിഹാര്യമന്ത-
ശ്ശല്യം പ്രപന്നഃ ശകടേ*ƒ* തിദുഃഖീ.

ശകടയോഗഫലം

ശക.ടേ	-	ശകടയോഗത്തിൽ ജനിച്ചവന്
ക്വചിത് ക്വചിത് ഭാഗ്യ പരി.ച്യുതഃ സൻ	-	പിന്നെയും പിന്നെയും ഭാഗ്യം നഷ്ടമായും
പു.നഃ പു.നഃ സർവം ഉപൈതി ഭാഗ്യം	-	വീണ്ടും വീണ്ടും എല്ലാ ഭാഗ്യവും വന്നുകൊണ്ടും ഇരിക്കും.
ലോകേ അ.പ്ര.സിദ്ധോ	-	ലോകത്തിൽ അപ്രസിദ്ധനും
അപരി.ഹാ.രം അ.ന്തശ്ശല്യം പ്രപന്നഃ	-	പരിഹാരമില്ലാത്ത മനക്ലേശം അനുഭവിക്കുന്നവനും
അതിദുഃഖീ	-	വളരെ ദുഖിതനും ആയിരിക്കും.

വണ്ടിച്ചക്രത്തിൽ ഒരു അടയാളമിട്ടാൽ വണ്ടി ഓടുമ്പോൾ ഈ അടയാളം ആവർത്തിച്ചാവർത്തിച്ചു പൊങ്ങിയും താണുമിരിക്കുന്നതുപോലെ കഷ്ടകാലവും നല്ലകാലവും മാറി മാറി വന്നും പോയും ഇരിക്കും എന്നാണു സൂചന. എന്നാൽ ① - ൽ- -

ക്വചിത് ക്വചിത് ഭാഗ്യപരിച്യുതസ്സൻ
പുനഃ പുനസ്സർവമുപൈതി ഭാഗം
ലോകപ്രസിദ്ധോ പരിഹാരമന്ത-
ശ്ശല്യം പ്രസന്നഃ ശകടേതിദുഃഖ.

എന്നു മൂലവും,   ശകടയോഗത്തിൽ ജനിച്ചവന്റെ ഭാഗ്യം കുറേശ്ശ കുറേശ്ശയായി കുറഞ്ഞു മുഴുവൻ തീരുകയും പിന്നീടു കുറേശ്ശ കുറേശ്ശയായി വർദ്ധിച്ചു പൂർണ്ണമാവുകയും ചെയ്യും. അവൻ *ലോകപ്രസിദ്ധനായും* തടുക്കത്തക്കതല്ലാത്ത മനശ്ശല്യത്തോടുകൂടിയവനും ഏറ്റവും ദുഃഖിതനായും ഇരിക്കും എന്ന് അർത്ഥവും കൊടുത്തിരിക്കുന്നു. ④   ഇതിനോടു യോജിക്കുന്നു.

അപ്രസിദ്ധി പ്രസിദ്ധിയും *പ്രപന്നം* പ്രസന്നവുമായപ്പോൾ വന്നമാറ്റം ഇവിടെ പരസ്പരവിരുദ്ധമായ വ്യാഖ്യാനങ്ങൾക്കുതന്നെ കാരണമായി. ഇത്തരം സന്ദർഭങ്ങളിൽ യുക്തി ഉപയോഗിക്കുകയേ നിവൃത്തിയുള്ളു. പൊതുവെ ഇതൊരു ദുർഭാഗ്യയോഗമായതിനാൽ ലോകേ *പ്രസിദ്ധി*യേക്കാൾ, *ലോകേ അപ്രസിദ്ധി*യാണ് ചേരുക.. ശകടയോഗമുള്ള ജാതകങ്ങൾ പഠിച്ച് ഇത് ഉറപ്പു വരുത്തിയിട്ടുമുണ്ട്. കുടത്തിലെ വിളക്കെന്നു പറയാം.

(18)
കഷ്ടമദ്ധ്യമവരാഹ്വയയോഗേ
ദ്രവ്യവാഹനയശസ്സുഖസമ്പത്
ജ്ഞാനധീവിനയനൈപുണവിദ്യാ-
ത്യാഗഭോഗജഫലാന്യപി തദ്വത്.

അധമ - സമ - വരിഷ്ഠ യോഗഫലങ്ങൾ

കഷ്ട മദ്ധ്യമ വരാഹ്വയയോഗേ	-	അധമ സമ വരിഷ്ഠ യോഗങ്ങളിൽ ജനിച്ചാൽ
ദ്രവ്യ വാഹന യശഃ	-	പണം, വാഹനം, യശസ്സ്
സുഖ സമ്പത് ജ്ഞാന	-	സുഖം, സമ്പത്ത്, ജ്ഞാനം
ധീ വിനയ നൈപുണ വിദ്യാ ത്യാഗ	-	ബുദ്ധി, വിനയം, സാമർത്ഥ്യം, പഠിപ്പ്, ത്യാഗം
ഭോഗജ	-	സുഖഭോഗങ്ങൾ
ഫലാനി അപി	-	ഇവ ഫലമാകുന്നു.

വരിഷ്ഠയോഗത്തിൽ ഗുണഫലം.
മദ്ധ്യമയോഗത്തിൽ മദ്ധ്യമഫലം.
അധമയോഗത്തിൽ ഗുണഫലം തീരെ കാണില്ല.
- - ഇതാണ് ഫലാനുഭവത്തിന്റെ ക്രമം.

(19)
ചന്ദ്രാദ്വാ വസുമാം തദോപചയഗൈർ-
ലഗ്നാത്സമസ്തൈശ്ശുഭൈഃ
ചന്ദ്രാദ്വ്യോമ്ന്യമലാഹ്വയശ്ശുഭഖഗൈർ
യോഗോ വിലഗ്നാദപി
ജന്മേശേ സഹിതേ വിലഗ്നപതിനാ
കേന്ദ്രേ -f ധിമിത്രർക്ഷഗേ
ലഗ്നം പശ്യതി കശ്ചിദത്ര ബലവാൻ
യോഗോ ഭവേത് പുഷ്കലഃ.

വസുമത് യോഗം

ചന്ദ്രാത് വാ ലഗ്നാത് - ചന്ദ്രനിൽനിന്ന് അല്ലെങ്കിൽ ലഗ്നത്തിൽനിന്ന്
ഉപചയഗൈഃ - ഉപചയസ്ഥാനങ്ങളിൽ (3 - 6 - 10 - 11)
സമസ്തൈഃ ശുഭൈഃ വസുമാൻ - എല്ലാ ശുഭഗ്രഹങ്ങളും (ഗുരുവും, ശുക്രനും ബലമുള്ള ചന്ദ്രനും, ശുഭയോഗമുള്ള ബുധനും) നിന്നാൽ വസുമത് യോഗം

അമലായോഗം

ചന്ദ്രാത് വിലഗ്നാത് അപി	-	ചന്ദ്രാലോ ലഗ്നാലോ
വ്യോമനി ശുഭഖഗൈഃ	-	പത്തിൽ ശുഭഗ്രഹങ്ങൾ നിന്നാൽ
അമല ആഹ്വയ യോഗോ -	-	അമലാ എന്നുപേരായ യോഗം ആകുന്നു.

പുഷ്കലയോഗം

ജന്മേശേ സഹിതേ വിലഗ്നപതിനാ -		ചന്ദ്രൻ നിൽക്കുന്ന രാശിയുടെ നാഥന്റെ കൂടെ ലഗ്നാധിപൻ
കേന്ദ്രേ		കേന്ദ്രത്തിലോ
അധിമിത്രർക്ഷഗേ	-	അതിമിത്രക്ഷേത്രത്തിലോ നിൽക്കുകയും
കശ്ചിദത്ര ബലവാൻ	-	ഏതെങ്കിലുംഒരുബലമുള്ള ഗ്രഹം
ലഗ്നം പശ്യതി	-	ലഗ്നത്തെ നോക്കുകയുംചെയ്യുന്നുവെങ്കിൽ
പുഷ്കല യോഗോ ഭവേത്	-	പുഷ്കലയോഗം ഉണ്ടാകുന്നു.

(20)

തിഷ്ഠേയുഃ സ്വഗൃഹേ സദാ വസുമതി ദ്രവ്യാണ്യനൽപാന്യപി
ക്ഷ്മേശഃ സ്യാദമലേ ധനീ സുതയശസ്സംപദ്യുതോ നീതിമാൻ
ശ്രീമാൻ പുഷ്കലയോഗജോ നൃപവരൈഃ സമ്മാനിതോ വിശ്രുതഃ
സ്വാകൽപാംബരഭൂഷിതഃ ശുഭവചഃ സർവോത്തമഃ സ്യാത് പ്രഭുഃ.

വസുമദ്യോഗഫലം

വസുമതി	- വസുമത് യോഗത്തിൽ ജനിച്ചവൻ
സദാ സ്വഗൃഹേ	- എല്ലായ്പ്പോഴും തന്റെ ഗൃഹത്തിൽത്തന്നെ
അനൽപാൻ അപി ദ്രവ്യാണി തിഷ്ഠേയുഃ	- അധികമായ ദ്രവ്യങ്ങളോടെ കഴിയുന്നു.

അമലായോഗഫലം

സ്യാദമലേ	- അമലായോഗത്തിൽ ജനിച്ചവൻ
ക്ഷ്മേശഃ	- രാജാവ്
ധനീ	- ധനവാൻ
സുത യശ സമ്പത് യുതോ	- മക്കൾ, യശസ്സ്, സമ്പത്ത് ഇവയോടുകൂടിയവൻ
നീതിമാൻ	- നീതിമാൻ.

പുഷ്കലയോഗഫലം

പുഷ്കലയോഗജോ	- പുഷ്കലയോഗത്തിൽ ജനിച്ചവൻ
ശ്രീമാൻ	- ശ്രീമാൻ
നൃപവരൈഃ സമ്മാനിതോ	- രാജാക്കന്മാരാൽ മാനിക്കപ്പെടുന്നവൻ
വിശ്രുതഃ	- പ്രസിദ്ധൻ
സ്വാകൽപാംബരഭൂഷിതഃ	- നല്ല വസ്ത്രങ്ങളും ആഭരണങ്ങളും ധരിക്കുന്നവൻ.
ശുഭവചാഃ	- ശുഭവാക്ക് പറയുന്നവൻ
സർവോത്തമഃ	- സർവോത്തമൻ
പ്രഭുഃ	- പ്രഭു.

(21)
സർവേ പഞ്ചസു ഷട്സു സപ്തസു ശുഭമാലാശ്ച പങ്ക്ത്യാ സ്ഥിതാ
യദ്യേവം മൃതിഷഢ്വ്യയാദിഷു ഗൃഹേഷ്വത്രാശുഭാഖ്യാ സ്മൃതാ
സ്വർക്ഷോച്ചേ യദി കോണകണ്ടകയുതൗ ഭാഗ്യേശശുക്രാവുഭൗ
ലക്ഷ്മ്യാഖ്യോ *f* ഥ തഥാവിധേ ഹിമകരേ ഗൗരീതി ജീവേക്ഷിതേ.

ശുഭമാലായോഗം

സർവേ	-	എല്ലാ ഗ്രഹങ്ങളും
പഞ്ചസു ഷട്സു സപ്തസു	-	അഞ്ച്, ആറ്, ഏഴ് ഈ സ്ഥാനങ്ങളിൽ
പങ്ക്ത്യാ സ്ഥിതാ	-	പംക്തിയായി (നിരയായി) നിന്നാൽ
ശുഭമാല	-	ശുഭമാലായോഗം.

അശുഭമാലായോഗം.

യദി ഏവം	-	ഇതുപോലെ എല്ലാ ഗ്രഹങ്ങളും
മൃതി ഷഢ് വ്യയ ആദിഷു ഗൃഹേഷു	-	മരണം (8), ആറ് (6), വ്യയം(12) എന്നീ ഭാവങ്ങളിൽ
അത്ര സ്ഥിതാ	-	നിന്നാൽ
അശുഭ ആഖ്യാ സ്മൃതാ	-	അശുഭമാലാ എന്നു പേരായ യോഗം ആകുന്നു

ലക്ഷ്മീയോഗം

ഭാഗ്യേശ ശുക്രാവുഭൗ	-	ഒമ്പതാംഭാവാധിപനും ശുക്രനും
സ്വർക്ഷോ	-	സ്വക്ഷേത്രത്തിലോ
ഉച്ചേ യദി	-	ഉച്ചത്തിലോ ആയി നിൽക്കുകയും
കോണ	-	്രഅതു തികോണത്തിലോ
കണ്ടകയുതൗ	-	കേന്ദ്രത്തിലോ ആവുകയും ചെയ്താൽ
ലക്ഷ്മ്യാഖ്യോ	-	ലക്ഷ്മീയോഗം.

ഗൗരീയോഗം

തഥാവിധേ ഹിമകരേ ഗൗരീതി ജീവേക്ഷിതേ -

(1) ചന്ദ്രൻ സ്വക്ഷേത്രത്തിലോ ഉച്ചത്തിലോ നിൽക്കുകയും
(2) ആ രാശി കേന്ദ്രമോ ത്രികോണമോ ആവുകയും
(3) വ്യാഴം ചന്ദ്രനെ നോക്കുകയും ചെയ്യുന്നുവെങ്കിൽ ഗൗരീയോഗം ആകുന്നു.

(22)
ജനാധികാരീ ക്ഷിതിപാലശസ്തോ
ഭോഗീ പ്രദാതാ പരകാര്യകർത്താ
ബന്ധുപ്രിയഃ സൽസുതദാരയുക്തോ
ധീരഃ സുമാലാഹ്വയയോഗജാതഃ.

ശുഭമാലായോഗഫലം

സുമാലാഹ്വയ യോഗജാതഃ	-	ശുഭമാല എന്നു പേരായ യോഗത്തിൽ

		ജനിച്ചവൻ
ജന:ധ്.കാരീ	-	ജനാധികാരി
ക്ഷിത്.പ:ല ശസ്തോ	-	രാജാക്കന്മാരാ മാനിക്കപ്പെടുന്നവൻ
ഭോഗീ	-	സുഖം അനുഭവിക്കുന്നവൻ
.പ്രദാതാ	-	കൊടുക്കുന്നവൻ (ദാനശീലൻ)
പരകാ:രൃകർത്താ	-	മറ്റുള്ളവരുടെ കാര്യങ്ങൾ ചെയ്യുന്നവൻ
ബന്ധുപ്രിയഃ	-	ബന്ധുക്കൾക്കു പ്രിയപ്പെട്ടവൻ
സത് സുത ദ:രയുക്തോ	-	നല്ല മക്കൾ, ഭാര്യ ഇവരോടുകൂടിയവൻ
ധീര	-	ധീരൻ.

(23)
കുമാർഗ്ഗയുക്തോ *f* ശുഭമാലികാഖ്യേ
ദുഃഖീ പരേഷാം വധകൃത് കൃതഘ്നഃ
സ്യാത് കാതരോ ഭൂസുരഭക്തിഹീനോ
ലോകാഭിശസ്തോ കലഹപ്രിയഃ സ്യാത്.

അശുഭമാലായോഗം

അശുഭമ:ല്.കാഖ്യേ	-	അശുഭമാലായോഗത്തൽ ജനിച്ചവൻ
കുമാർഗ്ഗയുക്തോ	-	ദുർമാർഗ്ഗി
ദുഃഖീ	-	ദുഖിക്കുന്നവൻ
പരേഷാം വധകൃത്	-	മറ്റുള്ളവരെ വധിക്കുന്നവൻ
കൃതഘ്ന:ഃ	-	നന്ദികെട്ടവൻ
കാതരോ	-	ഭീരു
ഭൂസുരഭക്ത്.ഹീന:ോ	-	ബ്രാഹ്മണഭക്തിയില്ലാത്തവൻ*
ലോകാ:ഭ്.ശസ്തോ	-	ലോകരാൽ വെറുക്കപ്പെടുന്നവൻ
കലഹ.പ്രിയഃ	-	വഴക്കാളി
സ്യാത്.	-	ആകുന്നു,

*ബ്രാഹ്മണൻ =
(1) ബ്രഹ്മത്തെ അറിയുന്നവൻ,
(2) ഷട്കർമ്മങ്ങൾ ചെയ്യുന്നവൻ. (ഷട്കർമ്മങ്ങൾ - അദ്ധ്യാപനം, അദ്ധ്യയനം, യജനം, യാജനം, ദാനം, പ്രതിഗ്രഹം.) ❺

(24)
നിത്യം മംഗളശീലയാ വനിതയാ ക്രീഡത്യരോഗീ ധനീ
തേജസ്വീ സ്വജനാൻസുരക്ഷതി മഹാലക്ഷീപ്രസാദാലയഃ
ശ്രേഷ്ഠാന്ദോളികയാ പ്രയാതി തുരഗസ്തംബേരമാദ്യാശ്രിതോ
ലോകാനന്ദകരോ മഹീപതിവരോ ദാതാ ച ലക്ഷീഭവഃ.

ലക്ഷ്മീയോഗഫലം

ലക്ഷ്:ഭവഃ	-	ലക്ഷ്മീയോഗത്തിൽ ജനിച്ചവൻ

ന:ിത്യം മംഗ.ളശ്:ലയാ വന്:തയാ ക്രീഡതി

- നിത്യവും സദ്സ്വഭാവിയായ ഭാര്യയോടുകൂടി സന്തോഷമായി കഴിയുന്നവൻ

അരോഗീ	-	രോഗമില്ലാത്തവൻ
ധനീ	-	ധനികൻ
തേജസ്വീ	-	തേജസ്വി
സ്വജനാത് സുരക്ഷതി	-	സ്വജനത്തെ കാത്തു രക്ഷിക്കുന്നു
മഹാലക്ഷ്മീ പ്രസാദാലയഃ	-	ലക്ഷ്മീദേവിയുടെപ്രസാദത്തിന്ഇരിപ്പിടം.
ശ്രേഷ്ഠ ആന്ദോളികയാ പ്രയാതി	-	നല്ല പല്ലക്കിൽ യാത്രചെയ്യുന്നു.
തുരഗസ്തംബേരമം ആദി ആശ്രിതോ	-	കുതിര, ആന തുടങ്ങിയവ ഉള്ളവൻ.
ലോകാനന്ദകരോ	-	ലോകത്തിന്ആനന്ദത്തിനു കാരണമായവൻ
മഹീപതിവരോ	-	രാജപ്രമുഖൻ
ദാതാ ച	-	കൊടുക്കുന്നവനും (ദാനശാലി).

(25)
സുന്ദരഗാത്രഃ ശ്ലാഘിതഗോത്രഃ
പാർത്ഥിവമിത്രഃ സദ്ഗുണപുത്രഃ
പങ്കജനേത്രഃ സംസ്തുതജൈത്രോ
രാജതി ഗൗരീയോഗസമുത്ഥഃ.

ഗൗരീയോഗഫലം

ഗൗരീയോഗസമുത്ഥഃ	-	ഗൗരിയോഗത്തിൽ ജനിച്ചവൻ
സുന്ദരഗാത്രഃ	-	സുന്ദരൻ
ശ്ലാഘിതഗോത്രഃ	-	പുകൾപെറ്റ വംശം
പാർത്ഥിവമിത്ര	-	രാജാവിന്റെ സുഹൃത്ത്
സദ്ഗുണപുത്രഃ	-	സദ്ഗുണങ്ങളുള്ള മക്കളോടുകൂടിയവൻ
പങ്കജനേത്രഃ	-	താമരപ്പൂപോലെമനോഹരമായ കണ്ണുകൾ
സംസ്തുതജൈത്രോ	-	പ്രശംസനീയമായ ജയത്തോടുകൂടിയവൻ
രാജതി	-	വിരാജിക്കുന്നു.

(26)
ശുക്രവാക്പതി സുധാകരാത്മജൈഃ
കേന്ദ്രകോണസഹിതൈർദ്വിതീയഗൈഃ
സ്വോച്ചമിത്രഭവനേഷു വാക്പതൗ [(1)]
വീര്യഗേ സതി സരസ്വതീരിതാ.

സരസ്വതീയോഗം.

ശുക്രവാക്പതി സുധാകരാത്മജൈഃ	-	ശുക്രൻ,വ്യാഴം,ബുധൻ (എന്നീ ശുഭന്മാർ)
കേന്ദ്രകോണസഹിതൈഃ ദ്വിതീയഗൈഃ	-	കേന്ദ്രം(1 - 4 - 7 - 10), ത്രികോണം(1,5,9),രണ്ടാം ഭാവം ഇവയിലൊന്നിൽ നിൽക്കുകയും
വാക്പതൗ വീര്യഗേ സതി	-	വ്യാഴം ബലവാനായി
സ്വഉച്ചമിത്രഭവനേഷ	-	സ്വക്ഷേത്രം,ഉച്ചരാശി, മിത്രക്ഷേത്രം ഇവകളിൽ നിൽക്കുകയുംചെയ്താൽ
സരസ്വതീരിത	-	സരസ്വതീയോഗമാകുന്നു.

(1) അർത്ഥഭേദം: ഈ ശ്ലോകത്തിൽ രണ്ടാമത്തെ വാക്പതിയ്ക്ക് *രണ്ടാം ഭാവാധിപൻ* എന്നാണ് അർത്ഥം കൊടുത്തിട്ടുള്ളത്. വാക്ക് രണ്ടാംഭാവമാണ്. അതുകൊണ്ട് രണ്ടാംഭാവാധിപതി വാക്പതിതന്നെ. എന്നാൽ ഗ്രഹകാരകത്വത്തിന്റെ സന്ദർഭത്തിൽ വരുമ്പോൾ വാക്കിന്റെ പതി വ്യാഴമാണ്.

(27)
ധീമാൻ നാടകഗദ്യപദ്യഗണനാലങ്കാരശാസ്ത്രേഷ്വയം
നിഷ്ണാതഃ കവിതാപ്രബന്ധരചനേ ശാസ്ത്രാർത്ഥപാരംഗതഃ
കീർത്ത്യാക്രാന്തജഗത്രയോ f തിധനികോ ദാരാത്മജൈരന്വിതഃ
സ്യാത്സാരസ്വതയോഗജോ നൃപവരൈഃ സംപൂജിതോ ഭാഗ്യവാൻ.

സരസ്വതീയോഗഫലം

സാരസ്വതയോഗജോ - സരസ്വതീയോഗത്തിൽ ജനിച്ചവൻ

ധീമാൻ - ബുദ്ധിമാൻ

നാടക ഗദ്യ പദ്യ ഗണന അലങ്കാരശാസ്ത്രേഷ്വയം നിഷ്ണാത - നാടകം, ഗദ്യം, പദ്യം, ഗണിതം, അലങ്കാരശാസ്ത്രം തുടങ്ങിയവയിൽ നിഷ്ണാതൻ, സമർത്ഥൻ

കവിതാ പ്രബന്ധരചനേ ശാസ്ത്രാർത്ഥപാരംഗതഃ
- കവിത, പ്രബന്ധ രചന, ശാസ്ത്രാർത്ഥം ഇവയിൽ പാരംഗതൻ, വിദഗ്ദൻ.

കീർത്ത്യാക്രാന്ത ജഗത്രയേ
- മൂന്നുലോകങ്ങളും കീഴടക്കിയ കീർത്തിയോടുകൂടിയവൻ*

അതിധനികോ - വലിയ ധനികൻ

ദാര ആത്മജൈഃ അന്വിതഃ - ഭാര്യ, മക്കൾ ഇവരോടു കൂടിയവൻ

നൃപവരൈഃ സംപൂജ്യതോ - രാജാക്കന്മാരാൽ ബഹുമാനിക്കപ്പെടുന്നവൻ

ഭാഗ്യവാൻ - ഭാഗ്യവാൻ.

*മനുഷ്യ-ദേവ-പിതൃഹിതങ്ങളായ കർമ്മങ്ങൾ ചെയ്യുകയാൽ ആ മൂന്നു ലോകത്തും പ്രസിദ്ധിയുള്ളവനും

(28)
ലഗ്നാധീശ്വരഭാസ്കരാമൃതകരാഃ കേന്ദ്രത്രികോണാശ്രിതാഃ
സ്വോച്ചസ്വർക്ഷസുഹൃദ്ഗൃഹാനുപഗതാഃ ശ്രീകണ്ഠയോഗോ ഭവേത്
തദ്വത് ഭാർഗ്ഗവഭാഗ്യനാഥശശിജാഃ ശ്രീനാഥയോഗസ്തഥാ
വാഗീശാത്മപസൂര്യജാ യദി തദാ വൈരിഞ്ചിയോഗസ്തഥാ.

ശ്രീകണ്ഠയോഗം

ലഗ്നാധീശ്വര ഭാസ്കര അമൃതകരഃ - ലഗ്നാധിപനും സൂര്യനും ചന്ദ്രനും

കേന്ദ്ര ത്രികോണ - കേന്ദ്രത്തിലോ ത്രികോണത്തിലോ

ആശ്രിതാഃ - നിൽക്കുകയും, അത്

സ്വോച്ച സ്വർക്ഷ സുഹൃത്ഗൃഹാൻ - ഉച്ചം, സ്വക്ഷേത്രം, മിത്രക്ഷേത്രം ഇവയിലൊന്നാവുകയും ചെയ്താൽ

ശ്രീകണ്ഠയോഗോ ഭവേത് - ശ്രീകണ്ഠയോഗം ഉണ്ടാകുന്നു.

ശ്രീനാഥയോഗം

ഭാർഗ്ഗവ ഭാഗ്യനാഥ ശശിജാഃ	-	ശുക്രൻ, ഒമ്പതാംഭാവാധിപൻ, ബുധൻഇവർഅതുപോലെ നിന്നാൽ
ശ്രീനാഥയോഗഃ	-	ശ്രീനാഥയോഗം ആകുന്നു.

വൈരിഞ്ചിയോഗം

വാഗീശ ആത്മപ സൂര്യജ	-	വ്യാഴം, അഞ്ചാംഭാവാധിപൻ, [1] ശനി
യദി തദാ	-	ഇവർ അതുപോലെ നിന്നാൽ
വൈരിഞ്ചിയോഗഃ	-	വിരിഞ്ചയോഗം ആകുന്നു.

(1) വ്യാഖ്യാനഭേദം: ആത്മപന്റെ അർത്ഥം ലഗ്നാധിപൻ എന്നാണ് ①-ലും ④-ലും കൊടുത്തിട്ടുള്ളത്. അതു ശരിയല്ല. കാരണം, *ആത്മാ* പഞ്ചമഭാവമാണ് (1 : 12). തന്നെയല്ല, ത്രികോണാധിപരെ നായകന്മാരാക്കിയുള്ള യോഗങ്ങളാണിവ എന്ന കാര്യം സന്ദർഭത്തിൽനിന്നും വ്യക്തമാകുന്നു ണ്ടുതാനും.

(29)

രുദ്രാക്ഷാഭരണോƒ പി ഭൂതിധവളച്ഛായോ മഹാത്മാ ശിവം
ധ്യായന്നാത്മനി സന്തതം സുനിയമഃ ശൈവവ്രതേ ദീക്ഷിതഃ
സാധൂനാമുപകാരകഃ പരമതേഷ്വേവാനസൂയോ ഭവേ-
ത്തേജസ്വീ ശിവപൂജയാ പ്രമുദിതഃ ശ്രീകണ്ഠയോഗോത്ഭവഃ.

ശ്രീകണ്ഠയോഗഫലം

ശ്രീകണ്ഠ യോഗോത്ഭവഃ.	-	ശ്രീകണ്ഠയോഗത്തിൽ ജനിച്ചവൻ
രുദ്രാക്ഷ ആഭരണോപി	-	രുദ്രാക്ഷംകൊണ്ടുള്ള ആഭരണങ്ങൾ ധരിക്കുന്നവനും
ഭൂതിധവളച്ഛായോ	-	ഭസ്മം പൂശി വെളുത്ത നിറത്തോടു കൂടിയവനും
മഹാത്മാ	-	മഹാത്മാവും
ശിവംധ്യായൻ ആത്മനി സന്തതം	-	ശിവനെ സദാ ധ്യാനിക്കുന്നവനും
സുനിയമഃ	-	നിഷ്ഠയുള്ളവനും
ശൈവവ്രതേ പ്രമുദിത	-	ശിവഭക്തിയിൽആനന്ദംഅനുഭവിക്കുന്നവനും
ദീക്ഷിതഃ	-	വ്രതം അനുഷ്ഠിക്കുന്നവനും
സാധൂനാം ഉപകാരകഃ	-	സാധുക്കൾക്ക് ഉപകാരിയും
പരമതേഷു അനസൂയോ	-	അന്യന്റെ അഭിപ്രായങ്ങളിൽ അസിഹ്ണുത ഇല്ലാത്തവനും
തേജസ്വീ	-	തേജസ്വിയും
ശിവപൂജയാ പ്രമുദിതഃ	-	ശിവപൂജയിൽ ആനന്ദിക്കുന്നവനും
ഭവേത്	-	ആയിരിക്കും.

(30)

ലക്ഷ്മീവാൻ സരസോക്തിചാടുനിപുണോ നാരായണാങ്കാങ്കിത-
സ്തന്നാമാങ്കിതഹൃദ്യപദ്യമനിശം സങ്കീർത്തയൻ സജ്ജനഃ

തത്ഭക്താപചിതൗ പ്രസന്നവദനസ്സത്പുത്രദാരാന്വിതഃ
സർവേഷാം നയനപ്രിയോ ള തിസുഭഗഃ ശ്രീനാഥയോഗോത്ഭവഃ.

ശ്രീനാഥയോഗഫലം

ശ്രീനാഥയോഗോത്ഭവഃ	-	ശ്രീനാഥയോഗത്തിൽ ജനിച്ചവൻ
ലക്ഷ്മീവാൻ	-	ഐശ്വര്യമുള്ളവൻ
സരസോക്തി ചാടുനിപുണോ	-	സരസമായും മധുരമായും സംസാരിക്കുന്നവൻ

നാരായണ അങ്കാങ്കിതഃ
- ശരീരത്തിൽ (കരചരണങ്ങളിൽ) വൈഷ്ണവ ലക്ഷണങ്ങൾ (ശംഖ്, ചക്രം, ഗദ, പത്മം തുടങ്ങിയവ) അടയാളമായിട്ടുള്ളവൻ
തത് നാമാങ്കിത ഹൃദ്യ പദ്യം അനിശം സങ്കീർത്തയൻ
- വിഷ്ണുഭഗവന്നാമാങ്കിതമായ, ഹൃദ്യമായ, കീർത്തനങ്ങൾ സദാ പാടിക്കൊണ്ടു നടക്കുന്നവൻ

സജ്ജനഃ	-	സദ്ഗുണങ്ങളോടുകൂടിയവൻ
തത്ഭക്താപചിതൗ പ്രസന്നവദന	-	വിഷ്ണുഭക്തരെപൂജിക്കുന്നതിൽ സന്തോഷമുള്ളവൻ
സത്പുത്ര ദാരാന്വിത	-	നല്ല മക്കളോടും ഭാര്യയോടും കൂടിയവൻ
സർവേഷാം നയനപ്രിയോ	-	എല്ലാവർക്കും പ്രിയങ്കരൻ
അതിസുഭഗഃ	-	വളരെ സുന്ദരൻ.

(31)
ബ്രഹ്മജ്ഞാനപരായണോ ബഹുമതിർവേദപ്രധാനോ ഗുണീ
ഹൃഷ്ടോ വൈദികമാർഗ്ഗതോ ന ചലതി പ്രഖ്യാതശിഷ്യവ്രജഃ
സൗമ്യോക്തിർബഹുവിത്തദാരതനയഃ[1] സദ്ബ്രഹ്മതേജോജ്ജ്വലൻ
ദീർഘായുർവിജിതേന്ദ്രിയോ നതനൃപോ വൈരിഞ്ചിയോഗോത്ഭവഃ.
(1) പാഠഭേദം : സുബ്രഹ്മ

വിരിഞ്ചയോഗഫലം

വൈരിഞ്ചി യോഗോത്ഭവ	-	വിരിഞ്ചയോഗത്തിൽ ജനിച്ചവൻ
ബ്രഹ്മജ്ഞാന പരായണോ	-	ബ്രഹ്മജ്ഞാനതൽപ്പരൻ
ബഹുമതി	-	ബുദ്ധിമാൻ
വേദപ്രധാനീ	-	വൈദികൻ
ഗുണീ	-	ഗുണവാൻ
ഹൃഷ്ടോ	-	സന്തുഷ്ടൻ
വൈദികമാർഗ്ഗതോ ന ചലതി	-	വൈദികമാർഗ്ഗത്തിൽനിന്നു വ്യതിചലിക്കാത്തവൻ
പ്രഖ്യാതശിഷ്യവ്രജഃ	-	പ്രസിദ്ധരായ ശിഷ്യന്മാരുടെ സംഘത്തോടു കൂടിയവൻ
സൗമ്യോക്തി	-	സൗമ്യമായി സംസാരിക്കുന്നവൻ
ബഹുവിത്ത ദാര തനയഃ	-	ധാരാളം ധനവും, ഭാര്യയും, മക്കളും ഉള്ളവൻ
സദ്ബ്രഹ്മതേജോജ്ജ്വലൻ	-	ബ്രഹ്മതേജസ്സുള്ളവൻ
ദീർഘായു	-	ദീർഘായുസ്സുള്ളവൻ
വിജിതേന്ദ്രിയോ	-	ഇന്ദ്രിയങ്ങളെ ജയിച്ചവൻ
നതനൃപോ	-	രാജാക്കന്മാർ നമിക്കുന്നവൻ.

-ൽ കീർത്തിമാന്മാരായ ശിഷ്യന്മാരോടും പുത്രന്മാരോടും എന്നും ഭാര്യ മാരോടും പുത്രന്മാരോടും എന്നും പുത്രന്മാരെ രണ്ടു വട്ടം പറഞ്ഞിരിക്കുന്നു. വ്രജമാണ് കുഴപ്പമുണ്ടാക്കി യതെന്നു തോന്നുന്നു. അതു പോലെ സന്ദർഭം നോക്കുമ്പോൾ *ബഹു* വിത്തത്തിനു മാത്രം മതിയെന്നും തോന്നുന്നു.

(32)

അന്യോന്യം ഭവനസ്ഥയോർവിഹഗയോർ-
ല്ലഗ്നാദിരിഃഫാന്തകം
ഭാവാധീശ്വരയോഃ ക്രമേണ കഥിതാഃ
ഷട്ഷഷ്ടിയോഗാ ജനൈഃ
ത്രിംശദ്ദൈന്യമുദീരിതം വ്യയരിപു-
ച്ഛിദ്രാധിനാഥോത്ഥിതാം-
സ്ത്വഷ്ടൗ ശൗര്യപതേഃ ഖലാ നിഗദിതാഃ
ശേഷാ മഹാഖ്യാഃ സ്മൃതാഃ.

പരിവർത്തനയോഗങ്ങൾ

ലഗ്നാദി രിഃഫാന്തകം	-	ലഗ്നംമുതൽ പന്ത്രണ്ടുവരെയുള്ള ഭാവങ്ങളുടെ
ഭാവാധീശ്വരയോഃ വിഹഗയോഃ	-	നാഥന്മാരായ ഗ്രഹങ്ങൾ
അന്യോന്യം ഭവനസ്ഥയോഃ	-	പരസ്പരം ഭാവം മാറി നിന്നാൽ
ഷഡ്ഷഷ്ടിയോഗാ	-	66 യോഗങ്ങൾ
ക്രമേണ കഥിതാഃ	-	ക്രമത്തിൽ പറയപ്പെടുന്നു. ഇതിൽ
വ്യയരിപുഛിദ്ര അധിനാഥേ	-	12, 6, 8 ഭാവനാഥന്മാരെക്കൊണ്ട് ഉള്ളവ
ത്രിംശ ദൈന്യമുദീരിതം	-	(30) ദൈന്യയോഗങ്ങളും
ശൗര്യപേതഃ	-	3-ാംഭാവാധിപനെക്കൊണ്ട്
അഷ്ടൗ ഖലാ നിഗദിതാ	-	(8) ഖലയോഗങ്ങളും
ശേഷാ	-	ബാക്കിയുള്ളവ (മറ്റു ഭാവാധിപതി കളെകൊണ്ടുള്ളവ)
മഹാഖ്യാഃ	-	(28) മഹായോഗങ്ങളും ആകുന്നു.

ദൈന്യയോഗങ്ങൾ	30
ഖലയോഗങ്ങൾ	8
മഹായോഗങ്ങൾ	28
ആകെ	66

(33)

മൂർഖഃ സ്യാദപവാദകോ ദുരിതകൃന്നിത്യം സപത്നാർദ്ദിതഃ
ക്രൂരോക്തിഃ കില ദൈന്യജശ്ചലമതിർവിഛിന്നകാര്യോദ്യമഃ
ഉദ്വൃത്തശ്ച ഖലേ കദാചിദഖിലം ഭാഗ്യം ലഭേതാഖിലം
സൗമ്യോക്തിശ്ച കദാചിദേവമശുഭം ദാരിദ്ര്യദുഃഖാദികം.

ദൈന്യയോഗഫലം

ദൈന്യജ	-	ദൈന്യയോഗത്തിൽ ജനിച്ചവൻ
മൂർഖഃ സ്യാത്	-	ദുഷ്ടൻ, മന്ദബുദ്ധി
അപവാദകോ	-	അപവാദങ്ങൾ ഉണ്ടാക്കുന്നവൻ, നിന്ദിച്ചു

		സംസാരിക്കുന്നവൻ
ദുര്.ത.കൃത	-	പാപങ്ങൾ ചെയ്യുന്നവൻ
ന.ിത്യം	-	എല്ലായ്പ്പോഴും
സപ.ത.ന.ാർദ്ദിത	-	ശത്രുക്കളാൽ പീഡിപ്പിക്കപ്പെടുന്നവൻ
ക്രൂരോക്തിഃ	-	ക്രൂരമായി സംസാരിക്കുന്നവൻ
ചലമതിഃ	-	ഇളകുന്ന മനസ്സോടുകൂടിയവൻ
വ.ിഛ.ിന്ന.ക:ര്യോ:ദ്യമഃ	-	ആരംഭശൂരൻ.

ഖലയോഗഫലം

ഖലേ	-	ഖലയോഗത്തിൽ ജനിച്ചവൻ
ഉദ് വൃത്ത.ഃ	-	അടക്കമില്ലാത്തവൻ.
സൗമ്യോ:ക്തി	-	സൗമ്യമായി സംസാരിക്കുന്നവൻ
കദ:ച.ിത് അഖിലം ഭാഗ്യം ലഭ.േതാ	-	ചിലപ്പോൾ എല്ലാ ഭാഗ്യവും ലഭിക്കുന്നു
കദ:ചിത് ഏവം	-	മറ്റു ചിലപ്പോൾ ഇതുപോലെ
അശുഭം ദാര.ിദ്ര്യദുഃഖാദ.ികം	-	ദാരിദ്ര്യം, ദുഃഖം തുടങ്ങിയ ഭാഗ്യദാഷങ്ങളും (ഉണ്ടാകന്നു)

(34)
ശ്രീകടാക്ഷനിലയഃ പ്രഭുരാഢ്യ-
ശ്ചിത്രവസ്ത്രകനകാഭരണൈശ്ച
പാർത്ഥിവാപ്തബഹുമാനസമജ്ഞോ
യാനവിത്തസുതവാന്മഹദാഖ്യേ.

മഹായോഗഫലം

മഹ.ദ:ഖ്യേ	-	മഹായോഗത്തിൽ ജനിച്ചവൻ
ശ്രീകട:ക്ഷന.ിലയഃ	-	ധനവാൻ
പ്രഭു	-	പ്രഭു
ആഢ്യ	-	ആഢ്യൻ, ശ്രേഷ്ഠൻ
ചിത്ര.വസ്ത്രം കന.കം ആഭ.രണൈഃച	-	ഭംഗിയുള്ള വസ്ത്രം, സ്വർണ്ണാഭരണങ്ങളും
പാർത്ഥ.ിവ ആപ്ത ബഹു.മ:ന.സമജ്ഞോ	-	രാജബഹുമാനം
യ:ന വ.ിത്ത സു.ത.വാൻ	-	വാഹനം, ധനം, മക്കൾ ഇവയുള്ളവൻ.

(35)
ലഗ്നാധിപാസ്തഭപതിസ്ഥിതരാശിനാഥഃ
സ്വോച്ചസ്വഭേഷു യദി കോണചതുഷ്ടയസ്ഥഃ
യോഗഃ സ കാഹള ഇതി പ്രതിതോf ഥ തദ്വത്
ലഗ്നാധിപോf സ്തഭപതിർയദി പർവതാഖ്യഃ.

കാഹളയോഗം

ലഗ്ന:ധ.ിപ അസ്ത.ഭ.പതി	-	ലഗ്നാധിപനോ ഏഴാം ഭാവാധിപനോ
സ്ഥ.ിത.ര:ശ.ിന.ാഥഃ	-	നിൽക്കുന്ന രാശിയുടെ നാഥൻ
സ്വോച്ചസ്വഭേഷു	-	സ്വന്തം ഉച്ചരാശിയിലോ സ്വക്ഷേത്ര ത്തിലോ നിൽക്കുകയും അത്

യദി കോണചതുഷ്ടയസ്ഥഃ - ത്രികോണമോ കേന്ദ്രമോ ആവുകയുംചെയ്താൽ
യോഗസ്സകാഹള - അതു കാഹളയോഗം.

പർവതയോഗം

ലഗ്നാധിപ അസ്തഭപതിർ യദി - ലഗ്നാധിപനോ ഏഴാംഭാവാധിപനോ ഇങ്ങനെ നിന്നാൽ
പർവതാഖ്യഃ - പർവതയോഗം.

(36)
വർദ്ധിഷ്ണുരാര്യഃ സുമതിഃ പ്രസന്നഃ
ക്ഷേമംകരഃ കാഹളജോ ന്യമാന്യഃ
സ്ഥിരാർത്ഥസൗഖ്യഃ സ്ഥിരകാര്യകർത്താ
ക്ഷിതീശ്വരഃ പർവതയോഗജാതഃ.

കാഹളയോഗഫലം
കാഹളജോ - കാഹളയോഗത്തിൽ ജനിച്ചവൻ
വർദ്ധിഷ്ണുഃ - പുരോഗതിയുള്ളവൻ
ആര്യഃ - ശ്രേഷ്ഠൻ
സുമതിഃ - നല്ല ബുദ്ധി (സന്മനസ്സ്) ഉള്ളവൻ
പ്രസന്നഃ - പ്രസന്നൻ
ക്ഷേമംകരഃ - ക്ഷേമം ചെയ്യുന്നവൻ.
ന്യമാന്യഃ - ജനസമ്മതനും.

പർവതയോഗഫലം
പർവതയോഗജാതഃ - പർവതയോഗത്തിൽ ജനിച്ചവൻ
സ്ഥിര അർത്ഥസൗഖ്യഃ - സ്ഥിരമായ ധനവും സുഖവും ഉള്ളവൻ
സ്ഥിരകാര്യകർത്താ - കാര്യസ്ഥിരത ഉള്ളവൻ
ക്ഷിതീശ്വരഃ - രാജാവ്.

(37)
ധർമ്മകർമ്മഭവനാധിപതീ ദ്വൗ
സംയുതൗ മഹിതഭാവഗതൗ ചേത്
രാജയോഗ ഇതി തദ്വിദിഹ സ്യാത്
കേന്ദ്രകോണപയുതിർയദി ശംഖഃ.

രാജയോഗം

ധർമ്മകർമ്മഭവനാധിപതി ദ്വൗ - ത്രികോണമായ ഒമ്പത്, കേന്ദ്രമായ പത്ത് ഇവയുടെ ഭാവാധിപന്മാർ രണ്ടുപേരും ഒരുമിച്ച്
സംയുതൗ മഹിതഭാവഗതൗ - ഒരുരാശിയിൽ നിന്നാൽ
രാജയോഗ ഇതി - രാജയോഗം എന്നു പറയുന്നു.

ശംഖയോഗം

(ഒമ്പത്, പത്ത് ഭാവാധിപരുടെ കൂടെ)

കേന്ദ്രകോണപയുതിഃ യദി - മറ്റു കേന്ദ്ര (1- 4 - 7 - 10) ത്രികോണ (1- 5 - 9) നാഥന്മാരുടെസ്ഥിതികൂടിവരുന്നുവെങ്കിൽ

ശംഖഃ. - ശംഖയോഗമാകുന്നു.

(38)

ഭേരീശംഖപ്രണാദൈർദ്ധ്യതമൃദുപടികാ-

ജാതവൃത്താതപത്രോ

ഹസ്ത്യശ്വാന്ദോളികാദ്യൈഃ സഹ മഗധകൃത-

പ്രസ്തുതിർഭൂമിപാലഃ

നാനാരൂപോപഹാരസ്ഫുരിതകരയുഗൈഃ

പ്രാർത്ഥിതഃ സജ്ജനൈഃ സ്യാ-

ദ്രാജാ സ്യാച്ഛംഖയോഗേ ബഹുവരവനിതാ-

ഭോഗസമ്പത്തിപൂർണ്ണഃ.

രാജയോഗഫലം

രാജയോഗത്തിൽ ജനിച്ചവൻ- -

ഭേരീ ശംഖ പ്രണാദൈഃ - പെരുമ്പറ, ശംഖ് ഇവകളുടെ ആരവങ്ങളോടെ

മൃദുപടികാജാതവൃത്താതപത്രോ

- മൃദുവായ പട്ടുകൊണ്ടുണ്ടാക്കിയ വെൺകൊറ്റക്കുടക്കീഴിൽ

ഹസ്തി അശ്വ ആന്ദോളികാദ്യൈഃ

- ആന, കുതിര, പല്ലക്ക് തുടങ്ങിയവയുടെ അകമ്പടിയോടെ

മഗധകൃതപ്രസ്തുതിർ - സ്തുതിപാഠകർ പാടുന്ന സ്തുതികളോടെ

നാനാരൂപോപഹാരസ്ഫുരിതകരയുഗൈഃ പ്രാർത്ഥിതഃ സജ്ജനൈഃ

- വിവിധങ്ങളായ ഉപഹാരങ്ങൾ ശോഭിക്കുന്ന കൈകളോടെ തൊഴുതു നിൽക്കുന്ന സജ്ജനങ്ങളോടുകൂടിയ

ഭൂമിപാലഃ ...*സ്യാത്* - രാജാവാകും.

ശംഖയോഗഫലം

ശംഖയോഗേ - ശംഖയോഗത്തിൽ ജനിച്ചവൻ

ബഹുവരവനിതാ - വളരെ ശ്രേഷ്ഠവനിതകളോടെ

ഭോഗസമ്പത്തിപൂർണ്ണഃ - സുഖഭോഗസമ്പത്തുകളോടു കൂടിയ

രാജാ സ്യാത് - രാജാവ് ആകും.

(39)

സംഖ്യായോഗാഃ സപ്തസപ്തർക്ഷസംസ്ഥൈ-

രേകാപായാദ്വല്ലകീ ദാമ പാശഃ

കേദാരാഖ്യ ശൂലയോഗോ യുഗം ച

ഗോളശ്ചാന്യാൻ പൂർവമുക്താൻ വിഹായ.

സംഖ്യായോഗങ്ങൾ

സപ്ത സപ്തർക്ഷ സംസ്ഥൈഃ	-	ഏഴു ഗ്രഹങ്ങൾ 7 രാശികളിലായി നിന്നാലും
ഏകാപായാത്	-	6,5,4,3,2,1 രാശികളിലായി നിന്നാലും
സംഖ്യായോഗഃ	-	സംഖ്യായോഗങ്ങളാകുന്നു.
പൂർവം ഉക്താൻ വിഹായ	-	മുമ്പു പറഞ്ഞവ കഴിച്ച്..

(നേരത്തെ പറഞ്ഞ യോഗങ്ങളൊന്നും ഇല്ലെങ്കിൽ മാത്രമേ സംഖ്യായോഗങ്ങൾ പരിഗണിക്കേണ്ടതുള്ളൂ എന്നർത്ഥം.)

സംഖ്യായോഗങ്ങൾ

7 ഗ്രഹങ്ങൾ 7 രാശിയിൽ	-	വല്ലകീ
7 ഗ്രഹങ്ങൾ 6 രാശിയിൽ	-	ദാമ
7 ഗ്രഹങ്ങൾ 5 രാശിയിൽ	-	പാശ
7 ഗ്രഹങ്ങൾ 4 രാശിയിൽ	-	കേദാര
7 ഗ്രഹങ്ങൾ 3 രാശിയിൽ	-	ശൂല
7 ഗ്രഹങ്ങൾ 2 രാശിയിൽ	-	യുഗ
7 ഗ്രഹങ്ങൾ 1 രാശിയിൽ	-	ഗോള

(40)

വീണായോഗേ നൃത്തഗീതപ്രിയോ f ർത്ഥീ [1]
ദാമ്നീ ത്യാഗീ ഭൂപതിശ്ചോപകാരീ
പാശേ ഭോഗീ സാർത്ഥസച്ഛീലബന്ധുഃ
കേദാരാഖ്യേ ശ്രീകൃഷിക്ഷേത്രയുക്തഃ.

വല്ലകീയോഗഫലം

വീണായോഗേ	-	വീണാ (വല്ലകീ) യോഗത്തിൽ ജനിച്ചവൻ
നൃത്ത ഗീത പ്രിയോ	-	നൃത്തവും ഗീതവും പ്രിയമായവൻ
അർത്ഥീ	-	ധനികൻ

ദാമയോഗഫലം

ദാമ്നീ	-	ദാമയോഗത്തിൽ ജനിച്ചവൻ
ത്യാഗീ ഭൂപതി ഉപകാരീ	-	ത്യാഗി, രാജാവ്, ഉപകാരി.

പാശയോഗഫലം

പാശേ	-	പാശയോഗത്തിൽ ജനിച്ചവൻ
ഭോഗീ	-	സുഖം അനുഭവിക്കുന്നവൻ
സഅർത്ഥ സത്ശീല ബന്ധുഃ	-	ധനം, സദ്സ്വഭാവം, ബന്ധുക്കൾ ഇവ ഉള്ളവൻ

കേദാരയോഗഫലം

കേദാരാഖ്യേ	-	കേദാരയോഗത്തിൽ ജനിച്ചവൻ
ശ്രീ	-	ശ്രീ (ഐശ്വര്യം)
കൃഷിക്ഷേത്ര	-	കൃഷിസ്ഥലം

യുക്തഃ.	-	ഇവയോടുകൂടിയവൻ

(1) അർത്ഥഭേദം:

അർത്ഥിക്കുന്നവനാണ് *അർത്ഥി*. ആവശ്യപ്പെടുന്നവൻ, യാചകൻ എന്നൊക്കെ അർത്ഥം പറയാം. അതനുസരിച്ച് ① - ൽ യാചകനെന്ന അർത്ഥവും കൊടുത്തിരിക്കുന്നു. എന്നാൽ ഇവിടെ ഉപയോഗിച്ചിട്ടുള്ള മൂലത്തിൽ ഈ വാക്ക് *അർത്ഥി*യല്ല, *അർത്ഥ്*യാണ്. അർത്ഥമുള്ളവൻ, ധനികൻ എന്ന് അർത്ഥവും കൊടുത്തിരിക്കുന്നു. അൽപം വീര്യം കുറവാണെങ്കിലും ഇതൊരു ഭാഗ്യയോഗം തന്നെയാണ്. അതുകൊണ്ട് ധനമുള്ളവൻ എന്ന അർത്ഥംതന്നെയാണ് സന്ദർഭത്തിനു യോജിക്കുക.

(41)

ശൂലേ ഹിംസ്രഃ ക്രോധശീലോ ദരിദ്രഃ
പാഷണ്ഡീ സ്യാദ് ദ്രവ്യഹീനോ യുഗാഖ്യേ
നിസ്വഃ പാപീ മ്ലേച്ഛയുക്തഃ കുശിൽപീ
ഗോളേ ജാതശ്ചാലസോ ഒ ൽപായുരേവ.

ശൂലയോഗഫലം

ശൂലേ	-	ശൂലയോഗത്തിൽ ജനിച്ചവൻ
ഹിംസ്രഃ	-	ഹിംസാസ്വഭാവമുള്ളവൻ
ക്രോധശീലോ	-	ദ്വേഷ്യക്കാരൻ
ദരിദ്രഃ	-	ദരിദ്രൻ.

യുഗയോഗഫലം

യുഗാഖ്യേ	-	യുഗയോഗത്തിൽ ജനിച്ചവൻ
പാഷണ്ഡീ	-	നാസ്തികൻ
ദ്രവ്യഹീനോ	-	ദ്രവ്യം (ധനം) ഇല്ലാത്തവൻ

ഗോളയോഗഫലം

ഗോളേജാത	-	ഗോളയോഗത്തിൽ ജനിച്ചവൻ
നിസ്വഃ	-	ദരിദ്രൻ
പാപീ	-	പാപി
മ്ലേച്ഛയുക്തഃ	-	ദുർജ്ജനസഹവാസം
കുശിൽപീ	-	ചീത്തശിൽപങ്ങൾ ചെയ്യുന്നവൻ
അലസോ	-	അലസൻ
അൽപായു.	-	അൽപായുസ്സ്

(42)

സൗമ്യൈരിന്ദോർദ്ധ്യൂനഷഡ്രന്ധ്രസംസ്ഥൈ-
സ്തദ്വല്ലഗ്നാത്സംസ്ഥിതൈർവാധിയോഗഃ
നേതാ മന്ത്രി ഭൂപതിഃ സ്യാത് ക്രമേണ
ഖ്യാതഃ ശ്രീമാൻ ദീർഘജീവി മനസ്വീ.

അധിയോഗം

ഇന്ദോഃ	-	ചന്ദ്രന്റെ
ദ്യൂന ഷഡ് രന്ധ്ര	-	ഏഴ്, ആറ്, എട്ട് സ്ഥാനങ്ങളിൽ
സൗമ്യൈഃ സംസ്ഥിതൈ	-	ശുഭഗ്രഹങ്ങൾ (ബു, ഗു, ശു) നിന്നാൽ,
വാ	-	അല്ലെങ്കിൽ
തദ്വല്ലഗ്നാത് സംസ്ഥിതൈ	-	അപ്രകാരം ലഗ്നാൽ നിന്നാലും,
അധിയോഗഃ	-	അധിയോഗമാകുന്നു.

മേൽപ്പറഞ്ഞ മൂന്നു ഭാവങ്ങളിൽ (ഏഴ്, ആറ്, എട്ട് സ്ഥാനങ്ങളിൽ) ഒന്നിൽ ശുഭൻ നിന്നാൽ- -

നേതാ	-	സൈന്യാധിപനും
രണ്ടെണ്ണത്തിൽ നിന്നാൽ *മന്ത്രി*	-	മന്ത്രിയും
മൂന്നിലും നിന്നാൽ *ഭൂപതി*	-	രാജാവും
സ്യാത് *ക്രമേണ*	-	ആകും.
ഖ്യാതഃ	-	(അയാൾ പൊതുവെ)പ്രസിദ്ധനും
ശ്രീമാൻ	-	ശ്രീമാനും
ദീർഘജീവി	-	ദീർഘായുസ്സുള്ളവനും
യശസ്വീ	-	യശസ്സുള്ളവനും (ആകും.)

വ്യാഖ്യാനഭേദം :

എല്ലാ ശുഭഗ്രഹങ്ങളുംകൂടി ഏഴിൽ നിന്നാൽ നേതാവും ആറിൽ നിന്നാൽ മന്ത്രിയും എട്ടിൽ നിന്നാൽ രാജാവുമാകും എന്നാണ് മല യാള വ്യാഖ്യാനങ്ങളിൽ കാണുന്നത്. അധിയോഗം ഒരു പ്രധാനയോഗ മായതിനാൽ മിക്കവാറും എല്ലാ ജാതകഗ്രന്ഥങ്ങളിലും പ്രത്യക്ഷപ്പെടുന്നുണ്ട്. അതിൽ യുക്തിക്കു ചേരുന്ന പക്ഷ മാണ് ഇവിടെ സ്വീകരിച്ചത്.

(43)
അധിയോഗഭവോ നരേശ്വരഃ
സ്ഥിരസംപദ്ബഹുബന്ധുപോഷകഃ
അമുനാ രിപവഃ പരാജിതാ-
ശ്ചിരമായുർല്ലഭതേ പ്രസിദ്ധതാം.

അധിയോഗഫലം

അധിയോഗഭവോ	-	അധിയോഗത്തിൽ ജനിച്ചവൻ
നരേശ്വരഃ	-	രാജാവും
സ്ഥിരസംപദ്	-	സ്ഥിരമായ സമ്പത്തുള്ളവനും
ബഹുബന്ധുപോഷകഃ	-	വളരെ ബന്ധുക്കളെ സഹായിക്കുന്നവനും
രിപവ പരാജിത	-	തോൽപ്പിക്കപ്പെട്ട ശത്രുക്കളോടുകൂടിയ വനും ആയിരിക്കും.
ചിരമായു	-	(അവന്) ദീർഘായുസ്സും
പ്രസിദ്ധതാം	-	പ്രസിദ്ധിയും
ലഭതേ	-	ലഭിക്കുകയും ചെയ്യും.

ചാമരാദി ദ്വാദശ യോഗങ്ങൾ

(44)
ഭാവൈ വഃ സൗമ്യയുതേക്ഷിതൈസ്തദധിപൈഃ
സുസ്ഥാനഗൈർഭാസ്വരൈഃ
സ്വോച്ചസ്വർക്ഷഗതൈർവിലഗ്നഭവനാ-
ദ്യോഗാഃ ക്രമാത് ദ്വാദശ-
സംജ്ഞാശ്ചാമരധേനുശൗര്യജലധി-
ച്ഛത്രാസ്ത്രകാമാസുരാ
ഭാഗ്യഖ്യാതിസുപാരിജാതമുസലാ-
സ്തജ്ജ്ഞൈര്യഥാ കീർത്തിതാഃ.

ഭാവത്തിനും ഭാവാധിപനും ബലമുണ്ടെങ്കിൽ ചാമരാദി ദ്വാദശയോഗങ്ങൾ

ഭാവൈ സൗമ്യയുതേ ഈക്ഷിതൈ		-	ഭാവങ്ങളിൽ സൗമ്യഗ്രഹസ്ഥിതി / സൗമ്യഗ്രഹദൃഷ്ടി
തദധിപൈ സുസ്ഥാനഗൈഃ		-	ഭാവാധിപതികൾക്ക് സുസ്ഥാനസ്ഥിതി
ഭാസ്വരൈഃ		-	രശ്മിബലം
സ്വോച്ച സ്വർക്ഷ ഗതൈഃ		-	സ്വന്തം ഉച്ചം, സ്വക്ഷേത്രം ഇവയിൽ സ്ഥിതി ഇവയൊത്തുവന്നാൽ
വിലഗ്നഭവനാത്		-	ലഗ്നംമുതൽക്കുള്ള (പന്ത്രണ്ടു ഭാവങ്ങൾക്കു)
ദ്വാദശയോഗാഃ		-	പന്ത്രണ്ടു യോഗങ്ങൾ.
സംജ്ഞാ		-	(അവയുടെ) പേരുകൾ
ക്രമാത്		-	ക്രമത്തിൽ (പറയുന്നു.)
1.	*ചാമര*	-	ചാമരയോഗം
2.	*ധേനു*	-	ധേനുയോഗം
3.	*ശൗര്യ*	-	ശൗര്യയോഗം
4.	*ജലധി*	-	ജലധിയോഗം
5.	*ഛത്ര*	-	ഛത്രയോഗം
6.	*അസ്ത്ര*	-	അസ്ത്രയോഗം
7.	*കാമ*	-	കാമയോഗം
8.	*ആസുര*	-	ആസുരയോഗം
9.	*ഭാഗ്യ*	-	ഭാഗ്യയോഗം
10.	*ഖ്യാതി*	-	ഖ്യാതിയോഗം
11.	*പാരിജാത*	-	പാരിജാതയോഗം
12.	*മുസല*	-	മുസലയോഗം

(45)
പ്രത്യഹം വ്രജതി വൃദ്ധിമുദഗ്രാം
ശുക്ലചന്ദ്ര ഇവ ശോഭനശീലഃ
കീർത്തിമാൻ ജനപതിശ്ചിരജീവി
ശ്രീനിധിർഭവതി ചാമരജാതഃ.

ചാമരയോഗഫലം (ലഗ്നം, ലഗ്നാധിപൻ)

ചാമരജാതഃ	-	ചാമരയോഗത്തിൽ ജനിച്ചവൻ
ശുക്ലചന്ദ്ര ഇവ	-	വെളുത്തപക്ഷത്തിലെ ചന്ദ്രനെപ്പോലെ
പ്രത്യഹം വൃദ്ധിമുദഗ്രാം വ്രജതി	-	ദിനംപ്രതി അഭിവൃദ്ധി പ്രാപിക്കുന്നു.
ശോഭനശീലഃ	-	നല്ല സ്വഭാവത്തോടുകൂടിയവൻ
കീർത്തിമാൻ	-	പ്രശസ്തൻ
ജനപതി	-	രാജാവ്, നേതാവ്
ചിരജീവി	-	ദീർഘായുസ്സുള്ളവൻ
ശ്രീനിധിഃ	-	ഐശ്വര്യവാൻ
ഭവതി	-	ആകുന്നു.

(46)
സാന്നപാനവിഭവോ f ഖിലവിദ്യാ-
പുഷ്കലോ f ധികകുടുംബവിഭൂതിഃ
ഹേമരത്നധനധാന്യസമൃദ്ധോ
രാജരാജ ഇവ രാജതി ധേനൗ.

ധേനുയോഗഫലം (രണ്ടാംഭാവം, രണ്ടാംഭാവാധിപതി)

ധേനൗ	-	ധേനുയോഗത്തിൽ ജനിച്ചവൻ
സാന്നപാനവിഭവോ	-	അന്നപാനവിഭവങ്ങളോടു കൂടിയവൻ
അഖിലവിദ്യാപുഷ്കലോ	-	എല്ലാ വിദ്യകളും അറിഞ്ഞവൻ
അധിക കുടുംബവിഭൂതിഃ	-	വർദ്ധിച്ച കുടുംബ ഐശ്വര്യത്തോടുകൂടിയവൻ
ഹേമരത്നധനധാന്യസമൃദ്ധോ	-	സ്വർണ്ണം, രത്നം, ധനം, ധാന്യം ഇവയുടെ സമൃദ്ധിയോടെ
രാജരാജ ഇവ രാജതി	-	ചക്രവർത്തിയെപ്പോലെ പ്രകാശിക്കുന്നു.

(47)
കീർത്തിമദ്ഭിരനുജൈരഭിഷ്ടുതൈർ-
ല്ലാളിതോ മഹിതവിക്രമയുക്തഃ
ശൗര്യജോ ഭവതി രാമ ഇവാസൗ
രാജകാര്യനിരതോ ഉ തിയശസ്വീ.

ശൗര്യയോഗഫലം (മൂന്നാംഭാവം, മൂന്നാംഭാവാധിപതി)

ശൗര്യജോ	-	ശൗര്യയോഗത്തിൽ ജനിച്ചവൻ
രാമ ഇവ അസൗ	-	ശ്രീരാമനെപ്പോലെ

കീർത്തിമത്ഭിഃ അഭിഷ്ടുതൈഃ അനുജൈഃ ലാളിതോ

- കീർത്തിമാന്മാരും സ്തുതിക്കപ്പെടുന്നവരുമായ ആയ അനുജന്മാരാൽ സേവിക്കപ്പെടും.

മഹിത വിക്രമയുക്തഃ	-	വലിയ വിക്രമശാലിയും
രാജകാര്യനിരതോ	-	രാജ്യകാര്യനിരതനും
അതിയശസ്വീ, ഭവതി	-	വളരെ പ്രസിദ്ധനും ആകും.

(48)

ഗോസമ്പദ്ധനധാന്യശോഭിസദനം ബന്ധുപ്രപൂർണ്ണം വര-
സ്ത്രീരത്നാംബരഭൂഷണാനി മഹിതസ്ഥാനം ച സർവോത്തമം
പ്രാപ്നോത്യംബുധിയോഗജഃ സ്ഥിരസുഖോ ഹസ്ത്യശ്വയാനാദികോ
രാജേന്ദ്രോ ദ്വിജദേവകാര്യനിരതഃ കൂപപ്രപാകൃത് പഥി.

ജലധിയോഗഫലം (നാലാംഭാവം, നാലാംഭാവാധിപതി)

അംബുധിയോഗജഃ	-	ജലധിയോഗത്തിൽ ജനിച്ചവൻ
ഗോസമ്പദ് ധനധാന്യശോഭി(ത)	-	പശുക്കൾ, സമ്പത്ത്, ധനധാന്യങ്ങൾ തുടങ്ങിയവയാൽ ശോഭിക്കുന്ന,
ബന്ധുപ്രപൂർണ്ണം സദനം	-	ബന്ധുക്കൾ നിറഞ്ഞ വീട്
വരസ്ത്രീരത്ന അംബരഭൂഷണാനി	-	ഉത്തമസ്ത്രീകൾ, രത്നങ്ങൾ, വസ്ത്രങ്ങൾ, ആഭരണങ്ങൾ തുടങ്ങി
സർവോത്തമം	-	എല്ലാംകൊണ്ടും ഉത്തമമായ
മഹിതസ്ഥാനം ച പ്രാപ്നോതി	-	ശ്രേഷ്ഠമായ സ്ഥാനം പ്രാപിക്കുന്നു.
സ്ഥിരസുഖോ	-	എന്നും സൗഖ്യം അനുഭവിക്കുന്നു.
ഹസ്തി അശ്വ യാനാദികോ	-	ആന, കുതിര, വാഹനം തുടങ്ങിയവയോടുകൂടിയ
രാജേന്ദ്രോ	-	രാജപ്രമുഖൻ.
ദ്വിജ ദേവ കാര്യ നിരതഃ	-	ബ്രാഹ്മണദേവകാര്യങ്ങളിൽ തൽപരൻ.
കൂപ പഥി പ്രപാകൃത്	-	വഴിയിൽ കിണർ, തണ്ണീർപ്പന്തൽ. എന്നിവ നിർമ്മിച്ചു നൽകുന്നവൻ.

(49)

സുസംസാരഭാഗ്യസ്യ സന്താനലക്ഷ്മീ-
നിവാസോ യശസ്വീ സുഭാഷീ മനീഷീ
അമാത്യോ മഹീശസ്യ പൂജ്യോ ധനാഢ്യഃ
സ്ഫുരത്തീക്ഷ്ണബുദ്ധിർഭവേച്ഛത്രയോഗേ.

ഛത്രയോഗഫലം (അഞ്ചാംഭാവം, അഞ്ചാംഭാവാധിപതി)

ഭവേ ഛത്രയോഗേ	-	ഛത്രയോഗത്തിൽ ജനിച്ചവൻ
സ്വസംസാരഭാഗ്യസ്യ	-	ലൗകികഭാഗ്യങ്ങളായ
സന്താനലക്ഷ്മീനിവാസ	-	സന്താനം, സമ്പത്ത് ഇവയ്ക്ക് ഇരിപ്പിടമായവൻ.
യശസ്വീ	-	യശസ്വി
സുഭാഷീ	-	നല്ലതു സംസാരിക്കുന്നവൻ
മനീഷീ	-	ബുദ്ധിമാൻ
അമാത്യോ	-	മന്ത്രി

മഹ്ശസ്യ പൂജ്യോ	-	രാജാവിനാൽ ബഹുമാനിക്കപ്പെടുന്നവൻ
ധനാഢ്യഃ	-	ധനാഢ്യൻ
തീക്ഷ്ണബുദ്ധിസ്ഫുര	-	തീക്ഷ്ണബുദ്ധിശക്തിസ്ഫുരിക്കുന്നവൻ.

(50)
ശത്രൂൻ ബലിഷ്ഠാൻ ബലവന്നിഗൃഹ്യ
ക്രൂരപ്രവൃത്യാ സഹിതോ *f* ഭിമാനി
വ്രണാങ്കിതാംഗശ്ച വിവാദകാരീ
സ്യാദസ്ത്രയോഗേ ദൃഢഗാത്രയുക്തഃ.

അസ്ത്രയോഗഫലം (ആറാംഭാവം, ആറാംഭാവാധിപതി)

അസ്ത്രയോഗേ	-	അസ്ത്രയോഗത്തിൽ ജനിച്ചവൻ
ബലിഷ്ഠാൻശത്രൂൻബലവന്നിഗൃഹ്യ	-	ബലവാന്മാരായ ശത്രുക്കളെ ബലം കൊണ്ടു വധിക്കുന്നവൻ
ക്രൂരപ്രവൃത്യാ സഹിതോ	-	ക്രൂരപ്രവൃത്തികൾ ചെയ്യുന്നവൻ
അഭിമാനി	-	അഭിമാനി
വ്രണാങ്കിതാംഗശ്ച	-	ദേഹത്തു മുറിപ്പാടോടുകൂടിയവൻ
വിവാദകാരീ	-	വിവാദങ്ങളുണ്ടാക്കുന്നവൻ
ദൃഢഗാത്രയുക്തഃ.	-	ഉറച്ച ശരീരത്തോടുകൂടിയവൻ
സ്യാത്	-	ആകുന്നു.

(51)
പരദാരപരാങ്മുഖോ ഭവേ-
ദ്വരദാരാത്മജബന്ധുസംശ്രിതഃ
ജനകാദധികഃ ശുഭൈർഗുണൈർ-
മഹനീയാം ശ്രിയമേതി കാമജഃ.

കാമയോഗഫലം (ഏഴാം ഭാവം, ഏഴാംഭാവാധിപതി)

കാമജഃ.	-	കാമയോഗത്തിൻ ജനിച്ചവൻ
പരദാര പരാങ്മുഖോ	-	അന്യന്റെ ഭാര്യയിൽ താൽപര്യമില്ലാത്തവനും
വരദാര ആത്മജ ബന്ധുസംശ്രിതഃ	-	ഉത്തമയായ ഭാര്യ, മക്കൾ,ബന്ധുക്കൾ എന്നിവരോടുകൂടിയവനും
ജനകാദധികഃ ശുഭോർഗുണൈഃ	-	അച്ഛനേക്കാൾ അധികംശുഭഗുണങ്ങൾ ഉള്ളവനും
മഹനീയാം ശ്രിയമേതി	-	വളരെ ഐശ്വര്യമുള്ളവനും
ഭവേത്	-	ആയിരിക്കും.

(52)
ഹന്ത്യന്യകാര്യം പിശുനഃ സ്വകാര്യ-
പരോ ദരിദ്രശ്ച ദുരാഗ്രഹീ സ്യാത്
സ്വയംകൃതാനർത്ഥപരമ്പരാർത്തഃ
കുകർമ്മകൃച്ചാസുരയോഗജാതഃ.

ആസുരയോഗഫലം (എട്ടാംഭാവം, എട്ടാംഭാവാധിപതി)

ആസുരയോഗജാതഃ	-	ആസുരയോഗത്തിൽ ജനിച്ചവൻ
ഹന്തി അന്യകാര്യം	-	മറ്റുള്ളവരുടെ കാര്യം മുടക്കുന്നവൻ
പിശുനഃ	-	നുണ പറയുന്നവൻ
സ്വകാര്യപരോ	-	സ്വാർത്ഥി
ദരിദ്ര	-	ദരിദ്രൻ
ദുരാഗ്രഹീ	-	അത്യാഗ്രഹി
സ്വയംകൃതാനർത്ഥപരമ്പരാർത്തഃ	-	സ്വയംകൃതാനർത്ഥങ്ങളുടെ പരമ്പരയാൽ ദുഖിക്കുന്നവൻ
കുകർമ്മകൃത്	-	ദുഷ്കർമ്മങ്ങൾ ചെയ്യുന്നവൻ
സ്യാത്	-	ആകുന്നു.

(53)

ചഞ്ചച്ചാമരവാദ്യഘോഷനിബിഡാ-
മാന്ദോളികാം ശാശ്വതീം
ലക്ഷ്മീം പ്രാപ്യ മഹാജനൈഃ കൃതനുതിഃ
സ്വാദ്ധർമ്മമാർഗ്ഗേ സ്ഥിതഃ
പ്രീണാത്യേഷ പിതൃൻ സുരാൻ ദ്വിജഗണാൻ
തത്തത് പ്രിയൈഃ പൂജനൈഃ
സ്വാചാരഃ സ്വകുലോദ്വഹ സുഹൃദയഃ
സ്യാദ് ഭാഗ്യയോഗോത്ഭവഃ.

ഭാഗ്യയോഗഫലം (ഒമ്പതാംഭാവം, ഒമ്പതാംഭാവാധിപതി)

ഭാഗ്യയോഗോത്ഭവ	-	ഭാഗ്യയോഗത്തിൽ ജനിച്ചവൻ
ചഞ്ചച്ചാമര	-	ചലിക്കുന്ന ചാമരങ്ങളോടെ
വാദ്യഘോഷ	-	വാദ്യഘോഷങ്ങളോടെ
ആന്ദോളികാം	-	പല്ലക്കിലേറി സഞ്ചരിക്കുന്നവൻ
ശാശ്വതീം ലക്ഷ്മീം	-	നശിക്കാത്ത ഐശ്വര്യത്തോടുകൂടിയവൻ
മഹാജനൈ കൃതനുതിഃ	-	മഹാജനങ്ങളാൽനമസ്കരിക്കപ്പെടുന്നവൻ
ധർമ്മമാർഗ്ഗേസ്ഥിതഃ	-	ധാർമ്മികൻ
പിതൃൻ സുരാൻ ദ്വിജഗണാന്	-	പിതൃക്കൾ,ദേവന്മാർ,ബ്രാഹ്മണർ ഇവരെ
തത്തൽ പ്രിയൈ പൂജനൈഃ പ്രീണാത്യേഷു	-	അവരവർക്കു പ്രിയപ്പെട്ട പൂജകൾകൊണ്ട് സന്തോഷിപ്പിക്കുന്നവൻ
സ്വാചാര	-	സ്വന്തംആചാരകാര്യങ്ങളിൽ നിഷ്ഠയുള്ളവൻ
സ്വകുലോദ്വഹ	-	തന്റെ വംശത്തെ നയിക്കുന്നവൻ
സുഹൃദയഃ	-	നല്ല മനസ്സുള്ളവൻ
സ്യാത്	-	ആകുന്നു.

(54)

സൽക്രിയാം സകലലോകസമ്മതാ-
മാചരന്നവതി സജ്ജനാന്നൃപഃ
പുത്രമിത്രധനദാരഭാഗ്യവാൻ

ഖ്യാതിജോ ഭവതി ലോകവിശ്രുതഃ

ഖ്യതിയോഗഫലം (പത്താംഭാവം, പത്താംഭാവാധിപതി

ഖ്യാതിജോ	-	ഖ്യാതിയോഗത്തിൽ ജനിച്ചവൻ
സകലലോകസമ്മതാ	-	ലോകസമ്മതമായ
സത്ക്രിയാം ആചരൻ	-	സത്കർമ്മങ്ങൾ ചെയ്യുന്നവൻ
അവതി സജ്ജനാന്നൃപഃ	-	സജ്ജനങ്ങളെ സംരക്ഷിക്കുന്ന രാജാവ്
പുത്രമിത്രധന ദാര ഭാഗ്യവാൻ	-	പുത്രന്മാർ, സുഹൃത്തുക്കൾ, ധനം, ഭാര്യ ഇവയെല്ലാംകൊണ്ടും ഭാഗ്യവാനും
ലോകവിശ്രുതഃ	-	ലോകപ്രസിദ്ധനും
ഭവതി	-	ആകുന്നു.

(55)
നിത്യമംഗളയുതഃ പൃഥിവീശഃ
സഞ്ചിതാർത്ഥനിചയഃ സകുടുംബീ
സത്ക്കഥാശ്രവണഭക്തിരഭിജ്ഞോ
പാരിജാതജനനഃ ശിവതാതി.

പാരിജാതയോഗഫലം
(പതിനൊന്നാം ഭാവം, പതിനൊന്നാംഭാവാധിപതി)

പാരിജാതജനന	-	പാരിജാതയോഗത്തിൽ ജനിച്ചവൻ
നിത്യമംഗളയുതഃ	-	സ്ഥിരമായ ശ്രേയസ്സോടുകൂടിയവൻ
പൃഥിവീശഃ	-	രാജാവ്
സഞ്ചിതാർത്ഥനിചയ	-	കൂട്ടിവെച്ച ധനത്തോടും
സകുടുംബീ	-	കുടുംബത്തോടും കൂടിയവൻ
സത്ക്കഥാശ്രവണഭക്തിഃ	-	സൽക്കഥകൾ കേൾക്കുന്നതിൽ ശ്രദ്ധയുള്ളവൻ
അഭിജ്ഞോ	-	വിദ്വാൻ.
ശിവതാതി	-	ശുഭം ചെയ്യുന്നവൻ

(56)
കൃഛ്രലബ്ധധനവാൻ പരിഭൂതോ
ലോലസമ്പദുചിതവ്യയശീലഃ
സ്വർഗ്ഗമേവ ലഭതേ ഉന്ത്യദശായാം
ജാൽമകോ മുസലജശ്ചപലശ്ച.

മുസലയോഗഫലം
(പന്ത്രണ്ടാംഭാവം, പന്ത്രണ്ടാംഭാവാധിപതി)

മുസലജ	-	മുസലയോഗത്തിൽ ജനിച്ചവൻ
കൃഛ്രലബ്ധധനവാൻ	-	കഷ്ടപ്പെട്ടു സമ്പാദിച്ച ധനത്തോടുകൂടിയവൻ
പരിഭൂതോ	-	നിന്ദിതൻ, അവമാനിക്കപ്പെട്ടവൻ
ലോലസംപത്	-	ഉറപ്പില്ലാത്ത (നിലനിൽപ്പില്ലാത്ത) സമ്പത്തോടുകൂടിയവൻ

ഉച്.തവ്യയശീലഃ	-	വേണ്ടതിനുമാത്രം ചിലവു ചെയ്യുന്നവൻ
അന്ത്യഃശായാം സ്വർഗ്ഗമേവ ലഭതേ	-	അവസാനകാലത്ത് സ്വർഗ്ഗംതന്നെ *ലഭിക്കു*ന്നു.
ജ:ത്മകോ	-	അവിവേകി
ചപലശ്ച	-	ചപലനും (ആകും.)

(57)

ദുസ്ഥൈ ഭാവഗൃഹേശ്വരൈ ശുഭസം-

യുക്തേക്ഷിതൈർവാ ക്രമാ-

ദ്ഭാവൈഃ സ്യുസ്ത്വവയോഗനിസ്വമൃതയഃ

സംജ്ഞാ കുഹുഃ പാമരഃ

ഹർഷോ ദുഷ്കൃതിരിത്യഥാപി സരളോ

നിർഭാഗ്യദുര്യോഗകൗ

യോഗാദ്ദ്വാദശതോ ദരിദ്രവിമലേ

പ്രോക്താ വിപശ്ചിജ്ജനൈഃ.

അവയോഗാദി ദ്വാദശ യോഗങ്ങൾ

ഭാവഗൃഹേശ്വരൈ ദുസ്ഥൈ	-	ഭാവാധിപർക്കു ദുസ്ഥാനസ്ഥിതി
അശുഭസംയുക്തേ ഇക്ഷ്.തൈ	-	പാപയോഗം, പാപദൃഷ്ടി
വാ	-	അല്ലെങ്കിൽ
ക്രമാത്	-	അതുപോലെ
ഭാവൈഃ	-	ഭാവങ്ങളിൽ പാപസ്ഥിതി, പാപദൃഷ്ടി
സ്യുസ്തു	-	ഇങ്ങനെ വന്നാൽ 12 യോഗങ്ങൾ:- -

1.	*അവയോ:ഗ*	-	അവയോഗം
2	*ന്:സ്വ*	-	നിസ്വയോഗം
3	*മൃതയഃ*	-	മൃതിയോഗം
4	*കുഹുഃ*	-	കുഹുയോഗം
5	*പാമരഃ*	-	പാമരയോഗം
6	*ഹർഷ*	-	ഹർഷയോഗം
7	*ദുഷ്കൃതി*	-	ദുഷ്കൃതിയോഗം
8	*സരള*	-	സരളയോഗം
9	*ന്:ിർഭാഗ്യ*	-	നിർഭാഗ്യയോഗം
10	*ദുര്യോ:ഗ*	-	ദുര്യോഗയോഗം
11	*ദരി.ദ്ര*	-	ദരിദ്രയോഗം
12	*വ്.മല*	-	വിമലയോഗം.

(58)

അപ്രസിദ്ധിരതിദുസ്സഹദൈന്യഃ

സ്വൽപ്പമായുരപമാനമസദ്ഭിഃ

സംയുതഃ കുചരിതഃ കുതനുഃ സ്യാ-

ച്ചഞ്ചലസ്ഥിതിരിഹാപ്യവയോഗേ.

അവയോഗഫലം (ലഗ്നം, ലഗ്നാധിപൻ)

അവയോഗേ - അവയോഗത്തിൽ ജനിച്ചവൻ
അപ്രസിദ്ധി - അറിയപ്പെടാത്തവൻ
അതിദുസ്സഹ ദൈന്യഃ - വളരെ ദുസ്സഹമായ ദീനതയോടുകൂടിയവൻ
സ്വൽപമായു - അൽപ്പായുസ്സ്
അപമാനമസദ്ഭിഃ - അസത്തുക്കളിൽനിന്നും അപമാനം
സംയുത കുചരിതഃ - ദുസ്വഭാവികളുമായി കൂട്ടുകെട്ട്
കുരൂപഃ - വിരൂപി
ചഞ്ചലസ്ഥിതി - അസ്ഥിരത.

(59)

സുവചനശൂന്യോ വിഫലകുടുംബഃ
കുജനസമാജഃ കുദശനചക്ഷുഃ
മതിസുതവിദ്യാവിഭവവിഹീനോ
രിപുഹൃതവിത്തഃ പ്രഭവതി നിസ്വേ.

നിസ്വയോഗഫലം (രണ്ടാംഭാവം, രണ്ടാംഭാവാധിപതി)

നിസ്വേ - നിസ്വയോഗത്തിൽ ജനിച്ചവൻ
സുവചനശൂന്യോ - നല്ല വാക്കു പറയാത്തവൻ
വിഫലകുടുംബഃ - കുടുംബസുഖമില്ലാത്തവൻ
കുജനസമാജഃ - ചീത്ത ആളുകളുടെ കൂട്ടുകെട്ട്
കുദശനചക്ഷുഃ - പല്ലിനും കണ്ണിനും തകരാറ്
മതിസുതവിദ്യാവിഭവവിഹീനോ - ബുദ്ധി, മക്കൾ, വിദ്യ, വിഭവം ഇല്ലാത്തവൻ
രിപുഹൃതവിത്തഃ - ശത്രുക്കൾ കവർന്ന വിത്തത്തോടുകൂടിയവൻ.

(60)

അരിപരിഭൂതഃ സഹജവിഹീനോ
മനസി വിലജ്ജോ ഹതബലവിത്തഃ
അനുചിതകർമ്മാ ശ്രമപരിഖിന്നോ
വികൃതിഗുണഃ സ്യാദിതി മൃതിയോഗേ.

മൃതിയോഗഫലം (മൂന്നാംഭാവം, മൂന്നാംഭാവാധിപതി)

മൃതിയോഗേ - മൃതിയോഗത്തിൽ ജനിച്ചവൻ
അരിപരിഭൂതഃ - ശത്രുക്കളാൽ അവമാനിക്കപ്പെട്ടവൻ
സഹജവിഹീനോ - സഹോദരരില്ലാത്തവൻ
മനസി വിലജ്ജോ - മനസ്സിൽ ലജ്ജയില്ലാത്തവൻ
ഹതബലവിത്തഃ - ബലവും ധനവും നശിച്ചവൻ
അനുചിതകർമ്മാ - ഉചിതമല്ലാത്തകർമ്മങ്ങൾ ചെയ്യുന്നവൻ
ശ്രമപരിഖിന്നോ - അദ്ധ്വാനംകൊണ്ടു ക്ഷീണിച്ചവൻ
വികൃതിഗുണഃ - വിപരീതസ്വഭാവഗുണങ്ങളോടുകൂടിയവൻ.

(61)
മാതൃവാഹനസുഹൃത്സുഖഭൂഷാ
ബന്ധുഭിർവിരഹിതഃ സ്ഥിതിശൂന്യഃ
സ്ഥാനമാശ്രിതമനേന ഹതം സ്യാത്
കുസ്ത്രിയാമഭിരതഃ കുഹുയോഗേ.

കുഹുയോഗഫലം (നാലാംഭാവം, നാലാംഭാവാധിപതി)

കുഹുയോഗേ	-	കുഹുയോഗത്തിൽ ജനിച്ചവൻ
മാതൃവാഹനസുഹൃത്	-	മാതാവ്, വാഹനം, സുഹൃത്തുക്കൾ
സുഖ ഭൂഷാ ബന്ധുഭിഃ	-	സുഖം, ആഭരണങ്ങൾ, ബന്ധുക്കൾ
വിരഹിത	-	എന്നിവ ഇല്ലാത്തവൻ
സ്ഥിതിശൂന്യഃ	-	സ്ഥിതി (തൊഴിൽ) ഇല്ലാത്തവൻ
സ്ഥാനമാശ്രിതമനേന ഹതം	-	ആശ്രയസ്ഥാനം നഷ്ടപ്പെട്ടവൻ
കുസ്ത്രിയാമഭിരതഃ	-	ചീത്ത സ്ത്രീകളിൽ താൽപ്പര്യമുള്ളവൻ

(62)
ദുഃഖജീവ്യനൃതവാഗവിവേകീ
വഞ്ചകോ മൃതസുതോf പ്യനപത്യഃ
നാസ്തികോf ൽപകുജനം ഭജതേf സൗ
ഘസ്മരോ ഭവതി പാമരയോഗേ.

പാമരയോഗം (അഞ്ചാംഭാവം, അഞ്ചാംഭാവാധിപതി)

പാമരയോഗേ	-	പാമരയോഗത്തിൽ ജനിച്ചവൻ
ദുഃഖജീവി	-	ദുഖിതൻ
അനൃതവാക്	-	അസത്യം പറയുന്നവൻ
അവിവേകീ	-	അവിവേകി
വഞ്ചകോ	-	വഞ്ചകൻ
മൃതസുത അപി അനപത്യഃ	-	മക്കൾ ഉണ്ടാവാതിരിക്കുക, ഉണ്ടായാൽ*ത്ത*ന്നെ മരിച്ചുപോവുക.
നാസ്തികോ	-	നാസ്തികൻ
അൽപ കുജനംഭജതേസൗ	-	അൽപ്പരേയും ദുർജ്ജനങ്ങളേയും സേവിക്കുന്നവൻ
ഘസ്തരോ	-	തീറ്റക്കൊതിയൻ, അത്യാർത്തി

(63)
സുഖഭോഗഭാഗ്യദൃഢഗാത്രസംയുതോ
നിഹതാഹിതോ ഭവതി പാപഭീരുകഃ
പ്രഥിതപ്രധാനജനവല്ലഭോ ധന-
ദ്യുതിമിത്രകീർത്തിസുതവാംശ്ച ഹർഷജഃ.

ഹർഷയോഗഫലം (ആറാംഭാവം, ആറാംഭാവാധിപതി)

ഹർഷജഃ - ഹർഷയോഗത്തിൻ ജനിച്ചവൻ
സുഖഭോഗ - സുഖഭോഗങ്ങൾ
ഭാഗ്യ - ഭാഗ്യം
ദൃഢഗാത്ര - കരുത്തുള്ള ശരീരം
സംയുക്തോ - ഇവയുള്ളവൻ
നിഹിതാഹിതോ - ഇഷ്ടമില്ലാത്തവരെ, ശത്രുക്കളെ, കീഴടക്കുന്നവൻ
പാപഭീരുകഃ - പാപംചെയ്യുന്ന കാര്യത്തിൽ ഭീരു

പ്രഥിതപ്രധാനജനവല്ലഭോ - പ്രസിദ്ധരും പ്രധാനികളുമായവരുടെ നായകൻ
ധനദ്യുതിമിത്രകീർത്തിസുതവാൻ ച - ധനവും കാന്തിയും മിത്രങ്ങളും കീർത്തിയും മക്കളും ഉള്ളവനും
ഭവതി - ആകുന്നു.

(64)

സ്വപത്നീവിയോഗം പരസ്ത്രീരതിച്ഛാം
ദുരാലോകമദ്ധ്വാനസഞ്ചാരവൃത്തിഃ
പ്രമേഹാദി ഗുഹ്യാർത്തിമുർവീശപീഡാം
വദേദ്ദുഷ്കൃതൗ ബന്ധുധിക്കാരശോകം.

ദുഷ്കൃതിയോഗഫലം (ഏഴാംഭാവം, ഏഴാംഭാവാധിപതി)

ദുഷ്കൃതൗ - ദുഷ്കൃതിയോഗത്തിൽ ജനിച്ചവൻ
സ്വപത്നീവിയോഗം - ഭാര്യാവിയോഗം
പരസ്ത്രീരതീ - പരസ്ത്രീബന്ധം
ദുരാലോക - കാഴ്ചശക്തി കുറവ്
അദ്ധ്വാന - അദ്ധാനം
സഞ്ചാരവൃത്തിഃ - യാത്രാക്ലേശം
പ്രമേഹാദി - പ്രമേഹം തുടങ്ങിയവ
ഗുഹ്യാർത്തി - ഗുഹ്യരോഗം
ഉർവീശപീഡാം - രാജകോപം
ബന്ധുധിക്കാരശോകം. - ബന്ധുക്കൾ ധിക്കരിച്ചതിന്റെ ദുഖം

(65)

ദീർഘായുഷ്മാൻ ദൃഢമതിരഭയഃ
ശ്രീമാൻ വിദ്യാസുഖധനസഹിതഃ
സിദ്ധാരംഭോ ജിതരിപുരമലോ
വിഖ്യാതാഖ്യഃ പ്രഭവതി സരളേ.

സരളയോഗഫലം (എട്ടാംഭാവം, എട്ടാംഭാവാധിപതി)

സരളേ - സരളയോഗത്തിൽ ജനിച്ചവൻ
ദീർഘായുഷ്മാൻ - ദീർഘായുസ്സ്

ദൃഢമതി	-	ദൃഢബുദ്ധി
അഭയഃ	-	ഭയമില്ലാത്തവൻ
ശ്രീമാൻ	-	ശ്രീമാൻ
വിദ്യാസുഖധ സഹിതഃ	-	വിദ്യ, സുഖം, ധനം ഇവയുള്ളവൻ
സിദ്ധാരംഭോ	-	തുടങ്ങുന്നതെല്ലാം നേടുന്നവനും
ജിതരിപു	-	ശത്രുക്കളെ ജയിക്കുന്നവൻ
അമലോ	-	നിർമ്മലൻ
വിഖ്യാതാഖ്യഃ	-	പ്രസിദ്ധൻ
പ്രഭവതി	-	(എന്നിങ്ങനെ) വിരാജിക്കുന്നു.

(66)
പിത്രാർജ്ജിതക്ഷേത്രഗൃഹാദിനാശകൃത്
സാധൂൻ ഗുരൂൻ നിന്ദതി ധർമ്മവർജ്ജിതഃ
പ്രത്നാതിജീർണ്ണാംബരഭൃച്ച ദുർഗ്ഗതോ
നിർഭാഗ്യയോഗേ ബഹുദുഃഖഭാജനഃ.

നിർഭാഗ്യയോഗഫലം (ഒമ്പതാംഭാവം, ഒമ്പതാം ഭാവാധിപതി)

നിർഭാഗ്യയോഗേ	-	നിർഭാഗ്യയോഗത്തിൽ ജനിച്ചവൻ
പിത്രാർജ്ജിത ക്ഷേത്രഗൃഹാദി നാശകൃത	-	പിതാവു സമ്പാദിച്ച സ്ഥലം, വീട് തുടങ്ങിയവ നശിപ്പിക്കുന്നവൻ
സാധൂൻ ഗുരൂൻ നിന്ദതി	-	സജ്ജനങ്ങളേയും ഗുരുനാഥന്മാരേയും നിന്ദിക്കുന്നവൻ
ധർമ്മവർജ്ജിതഃ	-	അധാർമ്മികൻ
പ്രതനാതിജീർണ്ണാംബരഭൃച്ച	-	പഴകിക്കീറിയ വസ്ത്രങ്ങൾ ധരിക്കുന്നവൻ
ദുർഗ്ഗതോ	-	ഗതികെട്ടവൻ
ബഹുദുഃഖഭാജനഃ.	-	വളരെ ദുഖങ്ങൾക്കു പാത്രമായവൻ

(67)
ശരീരപ്രയാസൈഃ കൃതം കർമ യത്തദ്-
വ്രജേന്നിഷ്ഫലത്വം ലഘുത്വം ജനേഷു
ജനദ്രോഹകാരീ സ്വകുക്ഷിംഭരിഃ സ്വാ-
ദജസ്രം പ്രവാസീ ച ദുര്യോഗജാതഃ.

ദുര്യോഗഫലം (പത്താംഭാവം, പത്താംഭാവാധിപതി)

ദുര്യോഗജാതഃ	-	ദുര്യോഗത്തിൽ ജനിച്ചവൻ
ശരീരപ്രയാസൈഃ ...നിഷ്ഫലത്വം	-	ചെയ്യുന്നകാര്യങ്ങളെല്ലാം നിഷ്ഫലമായിപ്പോകും.
ലഘുത്വം ജനേഷു	-	ജനങ്ങൾക്കു മതിപ്പുണ്ടാവുകയില്ല
ജനദ്രോഹകാരീ	-	ജനദ്രോഹി
സ്വകുക്ഷിംഭരിഃ	-	സ്വന്തം വയർ നിറയ്ക്കുന്ന കാര്യത്തിൽ മാത്രം താൽപ്പര്യമുള്ളവൻ
അജസ്രം പ്രവാസീ	-	എന്നും അന്യനാട്ടിൽ വസിക്കേണ്ടി വരുന്നവൻ

(68)
ഋണഗ്രസ്ത ഉഗ്രോ ദരിദ്രാഗ്രഗണ്യോ
ഭവേത് കർണ്ണരോഗീ ച സൗഭ്രാത്രഹീനഃ
അകാര്യപ്രവൃത്തീ രസാഭാസവാദീ
പരപ്രേഷ്യകഃ സ്യാദ്ദരിദ്രാഖ്യയോഗേ.

ദരിദ്രയോഗഫലം (പതിനൊന്നാംഭാവം, പതിനൊന്നാംഭാവാധിപതി)

ദരിദ്രാഖ്യയോഗേ - ദരിദ്രയോഗത്തിൽ ജനിച്ചവൻ
ഋണഗ്രസ്ത - കടക്കെണിയിൽ പെട്ടവൻ
ഉഗ്രോ - ഉഗ്രസ്വഭാവം
ദരിദ്രാഗ്രഗണ്യോ - അതിദരിദ്രൻ
കർണ്ണരോഗീ ച - കർണ്ണരോഗി
സൗഭ്രാത്രഹീനഃ - നല്ല സഹോദരന്മാരില്ലാത്തവനും
അകാര്യപ്രവൃത്തീ - വേണ്ടാത്തകാര്യങ്ങളിൽചെന്നുചാടുന്നവനും.
രസാഭാസവാദീ - കപടനാട്യക്കാരൻ
പരപ്രേഷ്യകഃ - മറ്റുള്ളവരുടെ ദാസ്യവേല ചെയ്യുന്നവൻ

(69)
കിഞ്ചിദ്വ്യയോ ഭൂരിധനാദിവൃദ്ധിം
പ്രയാത്യയം സർവജനാനുകൂല്യം
സുഖീ സ്വതന്ത്രോ മഹനീയവൃത്തിർ-
ഗുണൈഃ പ്രതീതോ വിമലോത്ഭവഃ സ്യാത്

വിമലയോഗഫലം (പന്ത്രാംഭാവം, പന്ത്രാംഭാവാധിപതി)

വിമലോത്ഭവ - വിമലയോഗത്തിൽ ജനിച്ചവൻ
കിഞ്ചിത് വ്യയോ - ചിലവു കുറവ് (വ്യയഭാവം അനുകൂലം)
ഭൂരിധനാദിവൃദ്ധിം - വളരെ ധനാദിവൃദ്ധി
സർവജനാനുകൂല്യം - സർവരുടേയും ആനുകൂല്യം
സുഖീ - സുഖം അനുഭവിക്കുന്നവൻ
സ്വതന്ത്രോ - സ്വതന്ത്രൻ
മഹനീയവൃത്തി - മഹനീയമായ കാര്യങ്ങൾ ചെയ്യുന്നവൻ
ഗുണൈഃ പ്രതീതോ - സദ്ഗുണങ്ങൾക്കു പേരു കേട്ടവൻ.

(70)
ഛിദ്രാരിവ്യയനായകാഃ പ്രബലഗാഃ
കേന്ദ്രത്രികോണാശ്രിതാ
ലഗ്നവ്യോമചതുർത്ഥഭാഗ്യപതയഃ
ഷഡ്രന്ധ്രരിഃഫസ്ഥിതാഃ
നിർവീര്യാ വിഗതപ്രഭാ യദി തദാ
ദുര്യോഗ ഏവ സ്മൃത-
സ്തദ്വ്യസ്തേ സതി യോഗവാൻ നരപതിർ-
ഭൂപഃ സുഖീ ധാർമ്മികഃ.

ഒരു ദുര്യോഗവും സദ്യോഗവും

ഛിദ്രഅരിവ്യയനായകാഃ പ്രബലഗാഃ - 8, 6, 12 ഭാവനാഥന്മാർ പ്രബലരായി

കേന്ദ്രത്രികോണആശ്രിതാ - കേന്ദ്രം (1,4,7,10) ത്രികോണം (5, 9) ഇവയിൽ നിൽക്കുകയും

ലഗ്നവ്യോമചതുർത്ഥഭാഗ്യപതയഃ - ലഗ്നം, പത്ത്, നാല്, ഒമ്പത് ഭാവാധിപന്മാർ

നിർവീര്യാ വിഗതപ്രഭാ സ്ഥിതാഃ - ദുർബ്ബലരായി, രശ്മി ബലമില്ലാതെ

ഷഡരന്ധ്രരിഫ - ആറ്, പന്ത്രണ്ട്, എട്ട് ഈ ഭാവങ്ങളിൽ നിൽക്കുകയും ചെയ്താൽ

ദുര്യോഗ ഏവ സ്മൃത - അതൊരു ദുര്യോഗമാണ്

സദ്യോഗം

തദ് വ്യസ്തേ സതി - ഇതിന്നു വിപരീതമായി

(ദുസ്ഥാനനാഥന്മാർ ദുർബ്ബലരായി ദുസ്ഥാനങ്ങളിലും കേന്ദ്രത്രികോണനാഥന്മാർ ബലവാന്മാരായി കേന്ദ്രത്രികോണങ്ങളിലും) നിന്നാൽ

യോഗവാൻ - ഭാഗ്യവാൻ

ധനപതിർ - ധനവാൻ

ഭൂപ - രാജാവ്

സുഖീ - സുഖമുള്ളവൻ

ധാർമ്മികഃ. - ധാർമ്മികൻ

അദ്ധ്യായം 7
രാജയോഗങ്ങൾ

പ്രധാനമായും രാജവംശത്തിൽ ജനിക്കുന്നവർക്കും അപ്രധാനമായി സാധാരണ ക്കാർക്കും വരുന്ന രാജയോഗങ്ങളെക്കുറിച്ചാണ് ഇനി പറയുന്നത്. പാരമ്പര്യരാജാധികാരം അപൂർവ്വമായ ഇക്കാലത്ത് സാഹചര്യം വഴിയോ സ്വപ്രയത്നംകൊണ്ടോ വന്നുചേരാവുന്ന അധി കാരവും സമ്പത്തും സുഖങ്ങളും ഈ യോഗങ്ങ ളെകൊണ്ടു ചിന്തിക്കണം.

(1)
ത്ര്യാദ്യൈഃ ഖേടൈഃ സ്വോച്ചഗൈഃ കേന്ദ്രസംസ്ഥൈഃ
സ്വർക്ഷസ്ഥൈർവാ ഭൂപതിഃ സ്യാത് പ്രസിദ്ധഃ
പഞ്ചാദ്യൈസ്തൈരന്യവംശപ്രസൂതോ f -
പ്യുർവ്വീനാഥോ വാരണാശ്വൗഘയുക്തഃ.

യോഗം 1
(ഒരു ജാതകത്തിൽ)

ത്ര്യാദ്യൈ ഖേടൈഃ	-	മൂന്നോ നാലോ ഗ്രഹങ്ങൾ
ഉച്ചഗൈ വാ സ്വർക്ഷസ്ഥൈ	-	ഉച്ചത്തിലോ സ്വക്ഷേത്രത്തിലോ നിൽക്കുകയും
കേന്ദ്രസംസ്ഥൈ	-	ആ രാശികൾ കേന്ദ്രം (1-4-7-10) ആവുകയും ചെയ്യുക (അങ്ങിനെ വന്നാൽ അയാൾ)
പ്രസിദ്ധ ഭൂപതി സ്യാത്	-	പ്രസിദ്ധനായ രാജാവാകും.

യോഗം 2

തൈ	-	അവ (അങ്ങിനെയുള്ള ഗ്രഹങ്ങൾ)
പഞ്ചാദ്യൈ	-	അഞ്ചോ അതിലധികമോ (ഉണ്ടെങ്കിൽ)
അന്യവംശപ്രസൂത	-	രാജവംശത്തിലല്ല ജനനമല്ലെങ്കിലും (അതായത്, സാധാരണക്കാരനായാലും)
വാരണഅശ്വൗഘയുക്ത	-	ആനകൾ, കുതിരകൾ തുടങ്ങിയവ യോടുകൂടിയ
ഉർവ്വീനാഥാ	-	രാജാവാകും.

(2)
ഭൂപാഃ സ്യുർനൃപവംശജാസ്തു യദി ദു-
ര്യോഗേ ന[1] ജാതാസ്തഥാ
ഹ്യന്തധിർനഹി ചേത് കരാദ്ദിനകരാ
ജ്ജാതാഃ സ്ഫുരന്ത്യേവ തേ.
ത്ര്യാദ്യൈഃ കേന്ദ്രഗതൈഃ സ്വഭോച്ചസഹിതൈർ-
ഭൂപോദ്ഭവാഃ പാർത്ഥിവാഃ

മർത്ത്യാസ്ത്വന്യകുലോത്ഭവാഃ ക്ഷിതിപതേ-
സ്തുല്യാഃ കദാചിന്നൃപാഃ.

യോഗം 3

യദി ദുർയോഗേ ന ജാതാഃ	-	ജനനത്തിൽ ദുര്യോഗങ്ങളൊന്നുമില്ലെങ്കിൽ
ഭൂപാഃ സ്യുഃ നൃപവംശജാഃ	-	രാജവംശത്തിൽ ജനിച്ചവൻ രാജാ വാകും.

(1) പാഠഭേദം: ① -ൽ *ദുര്യോഗേന* - ദുര്യോഗത്തിൽ ജനിച്ചവനായാലും എന്നാണു കാണുന്നത്. രാജവംശത്തിൽ ജനിച്ചതുകൊണ്ടുമാത്രം ഒരാൾ രാജാവാകില്ല എന്നിരിക്കെ, ദുര്യോഗ ങ്ങൾകൂടിയുണ്ടെങ്കിൽ ഇതെങ്ങിനെ നടക്കും?

യോഗം 4

ഹ്യന്തധിർനഹി ചേത് കരഃദ്ഗ്ന്കരാജ്ജാതാഃ സ്ഫുരന്ത്യേവ തേ

- അതിൽത്തന്നെ ഗ്രഹങ്ങൾക്കു മൗഢ്യം ഇല്ലെങ്കിൽ തേജസ്വിയായ രാജാവാകും.

യോഗം 5

ത്ര്യാദ്യൈഃ	-	മൂന്നോ അതിലധികമോ ഗ്രഹങ്ങൾക്കു
കേന്ദ്രഗതൈഃ സ്വഭഉച്ചസഹിതൈഃ	-	കേന്ദ്രസ്ഥിതിയും അതോടൊപ്പം സ്വക്ഷേത്ര സ്ഥിതിയോ, ഉച്ചസ്ഥിതിയോ കൂടിയുണ്ടെങ്കിൽ
ഭൂപോദ്ഭവാഃ	-	രാജവംശജനാണെങ്കിൽ
പാർത്ഥിവാ	-	രാജാവാകും.

അന്യകുലോത്ഭവാഃ മർത്ത്യാസ്തു	-	രാജവംശജനല്ലെങ്കിൽക്കൂടി ഈ യോഗങ്ങളുണ്ടെങ്കിൽ
ക്ഷിതിപതേ തുല്യാഃ	-	രാജാവിനു തുല്യനോ
കദാചിത് നൃപാഃ	-	ചിലപ്പോൾ രാജാവോ ആകും.

(3)

യദ്യേകോ*f* പി വിരാജിതാംശുനികരഃ
സുസ്ഥാനഗോ വക്രഗോ
നീചസ്ഥോ*f* പി[(1)] കരോതി ഭൂപസദൃശം
ദ്വൗ വാ ത്രയോ വാ ഗ്രഹാഃ
ഏവം ചേജ്ജനയന്തി ഭൂപതിമമീ
ശസ്താംശ രാശിസ്ഥിതാ
സദ്വച്ചേദ് ബഹവോ നൃപം സമകുട-
ഛത്രോല്ലസച്ചാമരം.

യോഗം 7

യദി ഏക അപി	-	ഒരു ഗ്രഹമെങ്കിലും
നീചസ്ഥ അപി	-	അതു നീചത്തിലാണെങ്കിൽപ്പോലും[(1)]
അംശുനികര	-	രശ്മിബലത്തോടെ
സുസ്ഥാനഗോ	-	ശുഭസ്ഥാനത്തും (6 - 8 - 12 ഒഴിച്ചുള്ളവ ശുഭം)
വക്രതോ	-	വക്രത്തിലും
വിരാജിത	-	വിരാജിക്കുന്നുവെങ്കിൽ

ഭൂപത്സദൃശം കരോതി ഗ്രഹാഃ - രാജാവിനു തുല്യം പ്രതാപം നൽകുന്നു.

(1) *നീചസ്ഥിതോപി* എന്നതിന് നീചകുടുംബത്തിൽ ജനിച്ചാൽപ്പോലും എന്ന അർത്ഥമാണ് ④ - ൽ കൊടുത്തിരിക്കുന്നത്. *നീചസ്ഥിതി* സാധാരണ ഗതിയിൽ രാശിസ്ഥിതിയെ കാണിക്കുന്നതാണ്. കൂടാതെ, വക്രബലം ഉച്ചബലത്തിനു തുല്യവുമാണ്.

യോഗം 8

ദ്വൗ വാ ത്രയോ വാ ഗ്രഹാഃ	-	രണ്ട് അല്ലെങ്കിൽ മൂന്ന് ഗ്രഹങ്ങൾ
ഏവം	-	ഇപ്രകാരം
ശസ്താംശ രാശിസ്ഥിതാ	-	ശുഭരാശ്യംശങ്ങളിൽ നിൽക്കുമ്പോൾ
ജനയന്തി ഭൂപതിമമീ	-	ജനിച്ചാൽ രാജാവ് ആകും.

യോഗം 9

തദ്വച്ഛേദ് ബഹവോ	-	ഇങ്ങനെ ബലമുള്ള കൂടുതൽ ഗ്രഹങ്ങൾ ഒരു ജാതകത്തിൽ ഇരുന്നാൽ
സമകുട ഛത്ര ചാമരം നൃപം ലസത്	-	കിരീടം, വെൺകൊറ്റക്കുട, വെഞ്ചാമരം ഇവകളോടുകൂടിയ രാജാവായി പരിലസിക്കും.

(4)

ദ്വൗ വാ ത്ര്യാദ്യാ ദിഗ്ബലയുക്താ യദി ജാതഃ
ക്ഷ്മാഭൃദ്വംശേ ഭൂമിപതിഃ സ്യാജ്ജയശീലഃ
ഹിത്വാ മന്ദം പഞ്ചഖഗാ ദിഗ്ബലയുക്താ-
ശ്ചത്വാരോ വാ ഭൂപതിരന്യാന്വയജോ *f* പി.

യോഗം 10

ദ്വൗ വാ ത്ര്യാദ്യാ	-	രണ്ട് അല്ലെങ്കിൽ മൂന്നു ഗ്രഹങ്ങൾ
*ദിക്ബല യുക്താ**	-	ദിഗ്ബലമുള്ളവരാണെങ്കിൽ
ക്ഷ്മാഭൃദ്വംശേ യദി ജാതഃ	-	ക്ഷത്രിയവംശത്തിൽ ജനിച്ചാൽ
ജയശീലഃ ഭൂമിപതി സ്യാത്	-	ജയശീലമുള്ള രാജാവ് ആകും

യോഗം 11

ഹിത്വാ മന്ദം	-	ശനി ഒഴിച്ച്
ചത്വാരോ വാ പഞ്ചഖഗാ	-	നാല് അല്ലെങ്കിൽ അഞ്ച് ഗ്രഹങ്ങൾക്കു
ദിഗ്ബലയുക്താ	-	ദിക്ബലമുള്ളപ്പോൾ ജനിച്ചാൽ
അന്യ അന്വയജോ അപി	-	അന്യവംശത്തിൽ ജനിച്ചാലും
ഭൂപതി	-	രാജാവാകും.

* ദിക്ബലം: (അദ്ധ്യായം 4, ശ്ലോകം 2)

ഗ്രഹം	ഭാവം
രവി, കുജൻ	10
ചന്ദ്രൻ, ശുക്രൻ	4
ബുധൻ, വ്യാഴം	1
ശനി	7

(ഭാവമദ്ധ്യത്തിൽ പൂർണ്ണദിക് ബലം)

(5)

ഗണോത്തമേ ലഗ്നനവാംശകോദ്ഗമേ
നിശാകരശ്ചാപി ഗണോത്തമേ *f* പി വാ
ചതുർഗ്രഹൈശ്ചന്ദ്രവിവർജ്ജിതൈസ്തദാ
നിരീക്ഷിതഃ സ്യാദധമോത്ഭവോ നൃപഃ.

യോഗം 12

ഗണോത്തമേ ലഗ്നനവാംശകോദ്ഗമേ - ലഗ്നം വർഗ്ഗോത്തമനവാംശത്തിൽ ആയിരിക്കുക,
നിശാകരഃ ച അപി ഗണോത്തമേപി വാ - അല്ലെങ്കിൽ ചന്ദ്രൻ വർഗ്ഗോത്തമനവാംശത്തിൽ ആയിരിക്കുക,
ചന്ദ്രവിവർജ്ജിതൈ ചതുർഗ്രഹൈ - (അവിടേയ്ക്കു) ചന്ദ്രനൊഴിച്ച് നാലു ഗ്രഹങ്ങളാൽ
നിരീക്ഷിതഃ സ്യാത് - നോക്കപ്പെടുക, ഇതു രണ്ടും ഒത്തു വന്നാൽ
അധമോത്ഭവോ നൃപഃ. - താഴ്ന്ന കുലത്തിൽ ജനിച്ചാലും രാജാവാകും.

(6)

വിലഗ്നേശഃ കേന്ദ്രേ യദി തപസി വർഗ്ഗോത്തമഗതഃ
സ്വതുംഗേ സ്വർക്ഷേ വാ ഗുരുപതിരപി സ്യാദ്യദി തഥാ
ഗജസ്കന്ധേ കാർത്തസ്വരകൃതവിമാനേ *f* തി സുഷമേ
സുഖാസീനം ഭൂപം ജനയതി ലസച്ചാമരയുഗം.

യോഗം 13, യോഗം 14

വിലഗ്നേശഃ കേന്ദ്രേ തപസി - ലഗ്നാധിപൻ കേന്ദ്രത്തിലോ ഒമ്പതിലോ
വർഗ്ഗോത്തമഗത - വർഗ്ഗോത്തമാംശത്തിൽ നിൽക്കുക,
വാ - അല്ലെങ്കിൽ
ഗുരുപതി അപി സ്യാത് യദി - ഒമ്പതാംഭാവാധിപൻ
സ്വതുംഗേ സ്വർക്ഷേ - ഉച്ചത്തിലോ സ്വക്ഷേത്രത്തിലോ നിൽക്കുക,
തഥാ - ഇപ്രകാരം വന്നാൽ
ഗജസ്കന്ധേ - ആനപ്പുറത്ത്
കാർത്തസ്വരകൃത - സ്വർണ്ണം കൊണ്ടുള്ള
സുഷമേ വിമാനേതി - മനോഹരമായ വാഹനത്തിൽ
ലസച്ചാമരയുഗം - വെഞ്ചാമരങ്ങളോടെ
സുഖാസീനം ഭൂപം - സസുഖം വാഴുന്ന രാജാവ് ആകും.

(7)

നിഷാദമപി പാർത്ഥിവം ജനയതീന്ദുരുച്ചസ്വഭ-
സ്ഥിതഗ്രഹനിരീക്ഷിതോ ധവളകാന്തിജാലോജ്ജ്വലഃ
വിഹായ തനുഭം കലാസ്ഫുരിത പൂർണ്ണകാന്തിശ്ശ്രീ
ചതുഷ്ടയഗതോ നൃപം ജനയതി ദ്വിപാശ്വാന്വിതം.

യോഗം 15

നിഷാദം അപി - ജനനം കാട്ടാളകുലത്തിലായാലും
ജനയതി - ജനനത്തിങ്കൽ

ധവളകാന്തിജാലോജ്ജ്വലഃ - വെണ്മയോടെ ജ്വലിക്കുന്ന
ഇന്ദു - ചന്ദ്രന് (പൂർണ്ണചന്ദ്രന്)
ഉച്ച സ്വഭ സ്ഥിത - ഉച്ചം, സ്വക്ഷേത്രം ഇവയിൽ നിൽക്കുന്ന
ഗ്രഹനിരീക്ഷിതോ - ഗ്രഹങ്ങളുടെ ദൃഷ്ടിയുണ്ടെങ്കിൽ
പാർത്ഥിവം - രാജാവ് ആകും.

യോഗം 16
കലാസ്ഫുരിതപൂർണ്ണകാന്തിഃ ശശി - രശ്മിബലമുള്ള ചന്ദ്രൻ (പൂർണ്ണചന്ദ്രൻ)
വിഹായ തനുഭം - ലഗ്നം ഒഴിച്ചുള്ള
ചതുഷ്ടയഗതോ - ഏതെങ്കിലും കേന്ദ്രത്തിൽ നിന്നാൽ
ദ്വിപ അശ്വ അന്വിതഃ. നൃപം - ആനകളും കുതിരകളും ഉള്ള രാജാവാകും.

(8)
അശ്വിന്യാമുദയഗതോ ഭൃഗുർഗ്രഹേന്ദ്രൈർ-
ദൃഷ്ടശ്ചേജ്ജനയതി ഭൂപതിം ജിതാരിം
നീചാരിഗൃഹമപഹായ വിത്തസംസ്ഥേ
ലഗ്നേശസ്സഹ കവിനാ ബലീ ച ഭൂപം.

യോഗം 17
അശ്വിന്യാമുദയഗതോ ഭൃഗു - അശ്വതി ലഗ്നമായി ശുക്രൻ അതിൽ നിൽക്കുക,
ഗ്രഹേന്ദ്രൈർ ദൃഷ്ട ചേത് - ആ ശുക്രനു ശുഭഗ്രഹദൃഷ്ടിയുണ്ടാകുക, ഇവ ഒത്തു വന്നാൽ
ജിതാരിം ഭൂപതിം ജനയതി - ശത്രുക്കളെ ജയിക്കുന്ന രാജാവാകും.

യോഗം 18
ലഗ്നേശനീചഅരിഗൃഹംഅപഹായ - ലഗ്നാധിപൻ നീചരാശിസ്ഥിതിയും ശത്രുക്ഷേത്ര സ്ഥിതിയും ഇല്ലാതെ
കവിനാ സഹ - ശുക്രനോടുകൂടി
ബലീ ച - ബലവാനായി
വിത്തസംസ്ഥേ - രണ്ടിൽ നിന്നാൽ
ഭൂപം - രാജാവാകും.

(9)
ഭൗമശ്ചേദജഹരിചാപലഗ്നസംസ്ഥഃ
പൃഥ്വീശം കലയതി മിത്രഖേടദൃഷ്ടഃ
കർമേശോ നവമഗതശ്ച ഭാഗ്യനാഥോ
മദ്ധ്യസ്ഥോ ഭവതി നൃപോ ജനൈഃ പ്രശസ്തഃ.

യോഗം 19
അജ ഹരി ചാപ ലഗ്ന - മേടം, ചിങ്ങം, ധനു ഇവയിലൊന്നു ലഗ്നമായി അതിൽ
മിത്രഖേടദൃഷ്ട - മിത്രഗ്രഹങ്ങളുടെ (രചഗു) ദൃഷ്ടിയോടെ
ഭൗമശ്ചേത് - കുജൻ

സംസ്ഥോ - സ്ഥിതിചെയ്താൽ
പൃത്ഥീശം കലയതി - രാജാവാകും.

യോഗം 20
കർമ്മേശോ നവമഗതശ്ച - പത്താംഭാവാധിപതി ഒമ്പതിലും
ഭാഗ്യനാഥോ മദ്ധ്യസ്ഥേ - ഒമ്പതാം ഭാവാധിപൻ പത്തിലും നിന്നാൽ
നൃപോ ഭവതി ജനൈഃ പ്രശസ്തഃ - ജനപ്രശസ്തനായ രാജാവാകും.

(10)
ചാപാർദ്ധേ ഭഗവാൻ സഹസ്രകിരണ-
സ്തത്രൈവ താരാധിപോ
ലഗ്നേ ഭാനുസുതോഽ തിവീര്യസഹിത-
സ്സ്വോച്ചേ ച ഭൂനന്ദനഃ
യദ്യേവം ഭവതി ക്ഷിതേരധിപതിഃ
സംശ്രിത്യ ദൂരം ഭയ-
ത്രസ്താ ഏവ നമന്തി യസ്യ രിപവോ
ദഗ്ദ്ധാഃ പ്രതാപാഗ്നിനാ.

യോഗം 21
ചാപാർദ്ധേ ഭഗവാൻ സഹസ്രകിരണഃ - ധനുവിന്റെ ആദ്യപകുതിയിൽ സൂര്യനും
തത്രൈവ താരാധിപോ - ചന്ദ്രനും
ലഗ്നേ ഭാനുസുതോ അതിവീര്യസഹിത - ലഗ്നത്തിൽ അതിബലവാനായി ശനി
സ്വോച്ചേ ച ഭൂനന്ദനഃ - കുജൻ ഉച്ചത്തിൽ
യദ്യേവം ഭവതി - ഇവ ഒത്തുവന്നാൽ
ക്ഷിതേരധിപതിഃ സംശ്രിത്യ . . . .
- പ്രതാപാഗ്നിയിൽ ദഹിച്ചുപോകുമോ എന്ന ഭയത്തോടെ ശത്രുക്കൾ അകന്നു മാറി നിന്നു നമസ്ക്കരിക്കുന്ന പ്രതാപിയായ രാജാവാകും.

(11)
സുധാമൃണാളോപമബിംബശോഭിതഃ
ശശീ നവാംശേ നളിനീപ്രിയസ്യ
യദി ക്ഷിതീശോ ബഹുഹസ്തിപൂർണ്ണഃ
ശുഭാശ്ച കേന്ദ്രേഷു ന പാപയുക്താഃ.

യോഗം 22
സുധാമൃണാളോപമബിംബശോഭിതഃ ശശീ
- വെള്ളത്താമരപ്പൂപോലെ ശോഭിക്കുന്ന ബിംബത്തോടുകൂടിയ ചന്ദ്രൻ (പൂർണ്ണചന്ദ്രൻ)
നളിനീപ്രിയസ്യനവാം - സൂര്യനവാംശത്തിലും (ചിങ്ങത്തിലും)
ശുഭാശ്ച - ശുഭഗ്രഹങ്ങൾ
ന പാപയുക്താഃ. - പാപഗ്രഹയോഗമില്ലാതെ
കേന്ദ്രേഷു - കേന്ദ്രങ്ങളിലും സ്ഥിതിചെയ്യുന്നു
യദി - എങ്കിൽ
ബഹുഹസ്തിപൂർണ്ണഃ - വളരെ ആനകളോടുകൂടിയ
ക്ഷിതീശോ - രാജാവ് ആകും.

(ഈ ശ്ലോകം സാരാവലിയിൽനിന്നുമുള്ളതാണ്.)

(12)

നീചാരിവർഗ്ഗരഹിതൈർവിഹഗൈസ്ത്രിഭിസ്തു
സ്വാംശോപഗൈർബലയുതൈഃ ശുഭദൃഷ്ടിയുക്തൈഃ
ഗോക്ഷീരശംഖധവളോ മൃഗലാഞ്ഛനശ്ച
സ്യാദസ്യ ജന്മനി സ ഭൂമിപതിർജ്ജിതാരിഃ.

യോഗം 23

നീചഅരിവർഗ്ഗരഹിതൈ	-	നീചമോ ശത്രുവർഗ്ഗസ്ഥിതിയോ ഇല്ലാത്ത
വിഹഗൈ ത്രിഭിസ്തു	-	മൂന്നു ഗ്രഹങ്ങൾ
സ്വാംശോപഗൈ	-	സ്വനവാംശങ്ങളിൽ,
ബലയുതൈ	-	ബലവാന്മാരായി
ശുഭദൃഷ്ടിജുഷ്ടൈ	-	ശുഭഗ്രഹദൃഷ്ടിയോടെ നിൽക്കുകയും

ഗോക്ഷീരശംഖധവളോ മൃഗലാഞ്ഛനശ്ച

- പശുവിൻപാൽ, ശംഖ് ഇവപോലെ വെണ്മയുള്ള ചന്ദ്രൻ (പൂർണ്ണചന്ദ്രൻ)

സ്യാദസ്യ ജന്മനി	-	ലഗ്നത്തിൽ നിൽക്കുകയും ചെയ്താൽ
സ ജിതാരിഃ ഭൂമിപതി	-	അവൻ ശത്രുജേതാവായ രാജാവാകും.

(ഈ ശ്ലോകവും സാരാവലിയിൽ നിന്നുമുള്ളതാണ്.)

(13)

കുമുദകുസുമബന്ധും ശ്രേഷ്ഠമംഗം[1] പ്രപന്നം
യദി ബലസമുപേതം പശ്യതി വ്യോമചാരീ
ഉദയഭവനസംസ്ഥഃ പാപസംജ്ഞോƒപി ന ചൈവം
ഭവതി മനുജനാഥ സാർവ്വഭൗമസ്സുദേഹ.

പാഠഭേദം - കുമുദഗഹനബന്ധും - സാരാവലി
(ഈ ശ്ലോകവും സാരാവലിയി നി ുമുള്ളതാണ്.)

യോഗം 24

ശ്രേഷ്ഠമംശംപ്രപന്നം	-	ശ്രേഷ്ഠമായ അംശത്തെ - അംഗത്തെ - പക്ഷബലത്തെ, പ്രാപിച്ച
കുമുദകുസുമബന്ധും	-	ചന്ദ്രനെ
ഉദയഭവനസംസ്ഥഃ	-	ലഗ്നത്തിൽ നിൽക്കുന്ന
ബലസമുപേതഃ വ്യോമചാരീ	-	ബലവാനായ ഒരു ഗ്രഹം
യദി പശ്യതി	-	നോക്കുന്നുവെങ്കിൽ
സാർവ്വഭൗമസുദേഹ മനുജനാഥ	-	സർവ്വഭൂമിയുടേയും അധിപനും ദൃഢഗാത്രനും ആയ രാജാവാകും.

.പാപസംജ്ഞോƒപി ന ചൈവം എന്നതിന് ലഗ്നത്തിൽപാപൻ പാടി ല്ല എന്ന അർത്ഥമാണ് ദില്ലിപതിപ്പുകളിൽ കൊടുത്തിരിക്കുന്നത്. മലയാളം പതിപ്പു കളിൽ ലഗ്നത്തിൽ നിൽക്കുന്ന ഗ്രഹം പാപനായിരുന്നാലും എന്ന വിപരീതാർത്ഥവും കാണുന്നു. ലഗ്നത്തിൽ നിൽക്കുന്നതു കൊണ്ടുമാത്രം പാപന് ഇത്തരം ഒരു രാജയോഗം കൊണ്ട വരാനാകുമോ? യുക്തി ഉപയോഗിക്കണം.

(14)

ജീവോ ബുധോ ഭൃഗുസുതോƒ ഥ നിശാകരോ വാ
ധർമ്മേ വിശുദ്ധഭവനേ[1] സ്ഫുടരശ്മിജാലാഃ
മിത്രൈർനിരീക്ഷിതയുതാ യദി സൂതികാലേ
കുർവന്തി ദേവസദൃശം നൃപതിം മഹാന്തം.

(1) പാഠഭേദം വിശുദ്ധതനവഃ

യോഗം 25

സൂതികാലേ	-	പ്രസവസമയത്തു
ജീവോ ബുധോ ഭൃഗുസുതോ നിശാകരോ	-	വ്യാഴം, ബുധൻ, ശുക്രൻ, ചന്ദ്രൻ ഇവരിലൊരു ഗ്രഹം
വിശുദ്ധഭവനേ ധർമ്മേ	-	ശുഭഭവനമായ ഒമ്പതിൽ
സ്ഫുടരശ്മിജാലാഃ	-	രശ്മിബലത്തോടെ നിൽക്കുകയും
മിത്രൈ നിരീക്ഷിത	-	മിത്രഗ്രഹത്തിന്റെ ദൃഷ്ടിയോ
യുതാ	-	യോഗമോ ഉണ്ടാവുകയും
യദി	-	ചെയ്യുന്നുവെങ്കിൽ (ഇവ ഒത്തു വന്നാൽ)
ദേവസദൃശം മഹാന്തം നൃപതിം കുർവന്തി	-	ദേവതുല്യനും മഹാനും ആയ രാജാവാകും.

(15)

ശുക്രേഡ്യൗ സവിതുഃ ശിശുസ്തിമിയുഗേ സ്വോച്ചേ ച പൂർണ്ണശ്ശശീ
ദൃഷ്ടസ്ത്രീവ്രവിലോചനേന ദിനകൃന്മേഷോദയേƒ സൗ നൃപഃ
സേനായാശ്ചലനേന രേണുപടലൈര്യസ്യ പ്രമൃഷ്ടേ രവാ-
വസ്തഭ്രാന്തിസമാകുലാ കമലിനീ സങ്കോചമാഗച്ഛതി..

യോഗം 26

ശുക്ര ഈഡ്യ സവിതുഃശിശു തിമിയുഗേ	-	ശുക്രൻ, വ്യാഴം, ശനി ഇവർ മീനത്തിലും,
പൂർണ്ണഃ ശശീ സ്വോച്ചേ ച	-	പൂർണ്ണചന്ദ്രൻ ഉച്ചത്തിലും,
ദിനകൃത്	-	സൂര്യനു
ദൃഷ്ട ത്രീവ്രവിലോചനേന	-	കുജദൃഷ്ടിയും,
മേഷം ഉദയം	-	മേടം ലഗ്നമാവുകയും ചെയ്താൽ (ഇവ ഒത്തു വന്നാൽ)
നൃപഃ	-	രാജാവ് ആകും. ഇദ്ദേഹത്തിന്റെ- -
സേനായാ	-	സേനകളുടെ
ചലനേന	-	നീക്കം (പടയോട്ടം) കൊണ്ട് പൊങ്ങുന്ന
രേണുപടലൈ	-	പൊടിപടലത്താൽ
പ്രമൃഷ്ടേ (പ്രവിഷ്ടേ) രവാ	-	മങ്ങിയ സൂര്യനെക്കണ്ട്
അസ്തഭ്രാന്തിസമാകുലാ	-	അസ്തമനമായിയെന്നഭ്രാന്തി(ഭ്രമം) മൂലം
കമലിനീ	-	താമരപ്പൂവിനു
സങ്കോചമാഗച്ഛതി	-	സങ്കോചം വരുന്നു. (കൂമ്പുന്നു.)

(ഈ രാജാവിന്റ സൈന്യം മാർച്ച്ചെയ്തു പോകുമ്പോൾ ഉയരുന്ന പൊടിപടലംകൊണ്ടു സൂര്യൻ മറയുകയും അതു കണ്ട് അസ്തമയമായിയെന്നു കരുതി താമരപ്പൂവുകൾ കൂമ്പാൻ തുടങ്ങു കയും ചെയ്യുമെന്നു സാരം. വളരെയേറെ സൈന്യമുള്ള രാജാവാകുമെന്നർത്ഥം.)

16)

നീചാരിസ്ഥൈരരിഭവഗൈഃ ഷഷ്ഠദുശ്ചിത്കഗൈർവാ

സൗമ്യേ[1] സ്വോച്ചം പരമുപഗതൈർനിർമ്മലൈഃ കേന്ദ്രഗൈർവാ

ആജ്ഞാം യാതേ ശിശിരകിരണേ കർക്കടസ്ഥേ നിശായാ-

മേകച്ഛത്രം ത്രിഭുവനമിദം യസ്യ സ ക്ഷത്രിയേശഃ.

(1) പാഠഭേദം: പാപൈഃ -

യോഗം 27

(1) *നീചഅരിസ്ഥൈ ഭവഗൈഃ ഷഷ്ഠദുശ്ചിത്കഗൈഃ*

- നീചത്തിലോ ശത്രുക്ഷേത്രത്തിലോ നിൽക്കുന്ന ഗ്രഹങ്ങളുടെ
സ്ഥിതി 3-6-11 കളിൽ (ദുസ്ഥാനങ്ങളിൽ) ആവുക

(2) *സൗമ്യൈഃ സ്വോച്ചം പരമുപഗതൈ നിർമ്മലൈഃ കേന്ദ്രഗൈഃ*

- ശുഭഗ്രഹങ്ങൾ ഉച്ചത്തിൽ നിൽക്കുക, ആ ഉച്ചം കേന്ദ്രമാവുകയും ചെയ്യുക

(3) *നിശായാം* - ജനനം രാത്രയിലാവുക

(4) *ശിശിരകിരണേ കർക്കടസ്ഥേ ആജ്ഞാം യാതേ*

- ചന്ദ്രൻ കർക്കടകം പത്താംഭാവമായി അതിൽ നിൽക്കുക,
(ഇവ ഒത്തു വന്നാൽ)

ഏകച്ഛത്രം ത്രിഭുവനമിദം ക്ഷത്രിയേശഃ.

- ഒറ്റ കുടക്കീഴിൽ മൂന്നു ലോകവും ഭരിക്കുന്ന രാജാവ് (ഏകച്ഛത്രാധിപതി) ആകും.

(17)

വർഗ്ഗോത്തമേ ഹിമകരഃ സകരഃ[1] സ്ഥിതോംശേ

കുര്യാന്മഹീപതിമപൂർവയശോഭിരാമം

യസ്യാശ്വവൃന്ദഖുരഘാതരജോഭിഭൂതോ

ഭാനുഃ പ്രഭാതശശിനോ f നുകരോതി രൂപം.

(1) പാഠഭേദം - സകല

യോഗം 28

വർഗ്ഗോത്തമേ ഹിമകരഃ സകരഃ സ്ഥിതോംശേ

- ചന്ദ്രൻ വർഗ്ഗോമത്തമാംശത്തിൽ രശ്മിബലത്തോടെ നിൽക്കുന്നുവെങ്കിൽ

അപൂർവ യശോഭിരാമം മഹീപതി

- അപൂർവകീർത്തിയുള്ള രാജാവ് ആകും.

യസ്യഅശ്വവൃന്ദ ഖുരഘാത രജോഭിഭൂതോ

- ഇദ്ദേഹത്തിന്റെ കുതിരകളുടെ കുളമ്പുകൾ തട്ടി ഉയരുന്ന പൊടിപടലത്താൽ

ഭാനുഃ പ്രഭാതശശിനോ അനുകരോതി രൂപം

- സൂര്യൻ പ്രഭാതത്തിലെ ചന്ദ്രനെപ്പോലെയാകും.

(18)
കേന്ദ്രഗൗ ഹി യദി ജീവശശാങ്കൗ
യസ്യ ജന്മനി ച ഭാർഗ്ഗവദൃഷ്ടൗ
ഭൂപതിർഭവതി സോ ഉ തുലകീർത്തിർ-
നീചഗോ യദി ന കശ്ചിദിഹ സ്യാത്.

യോഗം 29

യസ്യ ജന്മനി	-	ആരുടെ ജനനത്തിലാണോ
ഭാർഗ്ഗവദൃഷ്ടൗ ജീവ ശശാങ്കൗ	-	ശുക്രദൃഷ്ടിയോടെ വ്യാഴവും ചന്ദ്രനും
യദി കേന്ദ്രഗൗ സ	-	കേന്ദ്രത്തിൽ സ്ഥിതിചെയ്യുന്നത്, അവൻ
അതുലകീർത്തി ഭൂപതി ഭവതി	-	വലിയകീർത്തിമാനായ രാജാവാകും.
യദി നീചഗോ	-	ഈ സ്ഥിതി നീചത്തിലാണെങ്കിൽ
ന കശ്ചിദിഹ സ്യാത്	-	യോഗഫലമില്ല.

(19)
ജലചരരാശി നവാംശക ഇന്ദു-
സ്തനുഭവനേ ശുഭദഃ സ്വകവർഗ്ഗേ
സ ശുഭകരഃ (1) ഖലു കണ്ടകയുക്തോ (2)
ഭവതി നൃപോ ബഹുവാരണനാഥഃ.
പാഠഭേദം (1) അശുഭകര (2) കണ്ടകഹീനോ. (കപൂർ) *

യോഗം 30

ഇന്ദു	-	ചന്ദ്രൻ
ജലചരരാശി നവാംശക	-	ജലരാശികളിൽ (കർക്കടകം, മകരം, മീനം) ഒന്നു നവാംശമായി,
ശുഭദഃ സ്വകവർഗ്ഗേ	-	ഷഡ്വർഗ്ഗങ്ങളി സ്വവർഗ്ഗബലത്തോടെ, (ഒരു വർഗ്ഗമെങ്കിലും തന്റേതാവുക)
ശുഭകരഃ	-	ബലവാനായി,
തനുഭവനേ	-	ലഗ്നത്തിൽ നിൽക്കുക;
*കണ്ടകയുക്തോ**	-	(അതല്ലെങ്കിൽ ഇങ്ങനെ ബലവാനായി) കേന്ദ്രങ്ങളിലൊന്നിൽ നിൽക്കുക, ഇങ്ങനെ വന്നാൽ
ബഹുവാരണനാഥഃ.	-	അനേകം ആനകളോടുകൂടിയ
നൃപോ ഭവതി	-	രാജാവ് ആകും.

*കപൂറിന്റെ വ്യാഖ്യാനം

If at birth the Moon be in a watery sign and Navamsa identical with Lagna and also be in his own or benefic Varga, *with no malefics in Kendra*, the native becomes a King owning many elephants.

ദക്ഷിണേന്ത്യൻ വ്യാഖ്യാനങ്ങളിൽ അശുഭകരൻ ശുഭകരനും, കണ്ടകഹീനം കണ്ടകയുക്തവും ആണ്. യുക്തി ഉപയോഗിക്കുക

(20)
ശുക്രോ ജീവനിരീക്ഷിതോ വിതനുതേ ഭൂപോത്ഭവം ഭൂപതിം
ദേവേഡ്യോ മൃഗഭം വിഹായ തനുഗോ മത്തേഭയുക്തം നൃപം
കേന്ദ്രേ ജന്മപതിർബ്ബലാധികയുതഃ കുര്യാദ്ധരിത്രീപതിം
ദൃഷ്ടേ വാക്പതിനാ ബുധേ ദധതി പൃത്ഥ്വീശാച്ച തച്ഛാസനം.

യോഗം 31 - 34
ജീവ ശുക്രേ നിരീക്ഷിതേ - ശുക്രനു വ്യാഴദൃഷ്ടിയുണ്ടെങ്കിൽ
വിതനുതേ ഭൂപോത്ഭവം ഭൂപതിം - സ്വതഃസിദ്ധരാജയോഗമാണ്.
മൃഗഭം വിഹായ തനുഗോ - മകരം ഒഴിച്ച് ഒരു രാശി ലഗ്നമാവുകയും അതിൽ
ദേവേഡ്യോ - വ്യാഴം നിൽക്കുകയും ചെയ്താൽ
മത്തേഭയുക്തം നൃപം - ആനകളോടുകൂടിയ രാജാവ് ആകും.
ജന്മപതി ബലാധികയുതഃ - ലഗ്നാധിപൻ ബലവാനായി
കേന്ദ്രേ കുര്യാത് ധരിത്രീപതിം - കേന്ദ്രത്തിൽ നിന്നാൽ രാജാവാകും.
വാക്പതിനാ ബുധേ ദൃഷ്ടേ - ബുധനു വ്യാഴദൃഷ്ടിയുണ്ടെങ്കിൽ
തച്ഛാസനം പൃത്ഥ്വീശാച്ച ദധതി - അവന്റെ കൽപ്പന രാജാക്കന്മാരും അനുസരിക്കും.

(21)
ഏകോ f പ്യുച്ചക്ഷേത്രഗോ മിത്രദൃഷ്ടഃ
കുര്യാത് ഭൂപം മിത്രയോഗാദ്ധനാഢ്യം
സ്വാംശേ സൂര്യേ സ്വർക്ഷഗശ്ചന്ദ്രമാശ്ചേ
ദ്ദേശാധീശം സാശ്വനാഗം വിധത്തേ.

യോഗം 35
ഏക അപി - ഏതെങ്കിലും ഒരു ഗ്രഹം
ഉച്ചക്ഷേത്രഗോ - ഉച്ചത്തിൽ നിൽക്കുകയും
മിത്രദൃഷ്ടഃ - അതിനു മിത്രദൃഷ്ടി
കുര്യാത് - ഉണ്ടാവുകയും ചെയ്താൽ
ഭൂപം - അയാൾ രാജാവാകും.
മിത്രയോഗാദ്ധനാഢ്യം - മിത്രയോഗമാണ് ഉള്ളതെങ്കിൽ ധനാഢ്യനാകും.

യോഗം 36
സൂര്യേ - സൂര്യൻ
സ്വാംശേ - തന്റെ അംശകത്തിലും
ചന്ദ്രമാ - ചന്ദ്രൻ
സ്വർക്ഷഗഃ - സ്വക്ഷേത്രത്തിലും നിൽക്കുന്നുവെങ്കിൽ
സാശ്വനാഗം - കുതിരകളോടും ആനകളോടും കൂടിയ
ദേശാധീശം - രാജാവ് ആകും.

(22)
മീനേ പൂർണ്ണജ്യോതിഷി മിത്രഗഹദൃഷ്ടേ
ചന്ദ്രേ ലോകാനന്ദകരസ്സ്യാന്നൃപമുഖ്യഃ
പൂർണ്ണജ്യോതിഃ സ്വോച്ചഗതശ്ശ്വേത്തുഹിനാംശു-
സ്ത്യാഗാധിക്യം സജ്ജനശസ്തം ജഗദീശം.

യോഗം 37

ചന്ദ്രേ പൂർണ്ണജ്യോതിഷി	- പൂർണ്ണചന്ദ്രൻ
മിത്രഗ്രഹദൃഷ്ടേ	- മിത്രദൃഷ്ടിയോടെ
മീനേ	- മീനത്തിൽ നിന്നാൽ
ലോകാനന്ദകരസ്യാത്	- ലോകാനന്ദകരമായ
നൃപമുഖ്യ	- രാജമുഖ്യനാകും.

യോഗം 38

പൂർണ്ണജ്യോതിഃ *തുഹിനാംശു*	- പൂർണ്ണചന്ദ്രൻ
സ്വോച്ചഗത	- ഉച്ചത്തിൽ (ഇടവത്തിൽ) നിന്നാൽ
സജ്ജനശസ്തം	- സജ്ജനങ്ങളാൽ പ്രശംസിക്കപ്പെടുന്ന
ജഗദീശം	- രാജാവാകും.

ഉച്ചരാശിയിൽ നിൽക്കുന്ന പൂർണ്ണചന്ദ്രൻ രശ്മിക്കുറവുള്ളവനായി രുന്നാ ലും സജ്ജനങ്ങളാൽ പുകഴ്ത്തപ്പെടുന്നവനും ദാനശീലനും ആയ ലോകാധിപതി യായി ഭവിക്കും എന്നാണ് 1 -ൽ കാണുത്.

(23)
പാപാസ്ത്രിശത്രുഭവഗാ യദി ജന്മനാഥാ-
ല്ലഗ്നാദ്ധനേ കുജബുധൗ ഹിബുകേ f ർക്കശുക്രൗ
കർമ്മായലഗ്നസഹിതാഃ കുജമന്ദജീവാ-
സ്തജ്ജ്ഞാ വദന്തി ചതുരസ്ത്വിഹ രാജയോഗാൻ.

യോഗം 39 - 42

പാപാഃ ത്രിശത്രുഭവഗാ യദി ജന്മനാഥാൽ	-	ലഗ്നാധിപനിൽനിന്നും 3, 6, 11 ഭാവങ്ങളിലായി പാപന്മാർ നിൽക്കുക
ലഗ്നാത് ധനേ	-	ലഗ്നത്തിൽനിന്നും രണ്ടിൽ
കുജബുധൗ	-	കുജനുംബുധനുംകൂടി നിൽക്കുക
ഹിബുകേ അർക്ക ശുക്രൗ	-	നാലിൽ സൂര്യനും ശുക്രനുംകൂടി നിൽക്കുക
കർമ്മ ആയ ലഗ്ന സഹിതാം	-	10,11, ലഗ്നം ഇവകളിൽ ക്രമത്തിൽ
കുജ മന്ദ ജീവ	-	കുജൻ, ശനി, വ്യാഴം എന്നിവർ നിൽക്കുക, ഇങ്ങനെ വന്നാൽ

ജ്ഞാ ചതുരസ്ത്വിഹ രാജയോഗാൻ വദന്തി
- വിദ്വാന്മാർ നാലു തരത്തിലുള്ള രാജയോഗങ്ങൾ പറയുന്നു.

(24)
ചന്ദ്രേƒ തിമിത്രാംശഗതേ സുദൃഷ്ടേ
ശുക്രേണ ലക്ഷ്മീസഹിതോ നൃപസ്സ്യാത്
തഥാസ്ഥിതേ വാസവമന്ത്രിദൃഷ്ടേ
പൂർണ്ണോ ധരിത്രിം പരിപാലയേത്സഃ.

യോഗം 43

അതിമ്.ത്രാംശഗതേ ചന്ദ്രേ	-	അതിമിത്രാംശത്തിൽ നിൽക്കുന്ന ചന്ദ്രൻ
ശുക്രേണ സുദൃഷ്ടേ	-	ശുക്രനാൽ നോക്കപ്പെട്ടാൽ
ലക്ഷ്മീസഹിതോ ന്യപസ്സ്യാത	-	ഐശ്വര്യവാനായ നൃപനാകും.

യോഗം 44

തഥ:സ്ഥിതേ	-	അങ്ങനെയുള്ള ചന്ദ്രനെ
വാസവമന്ത്.ദൃഷ്ടേ	-	വ്യാഴം നോക്കിയാൽ
പൂർണ്ണോ ധരിത്രിം പര്.പ:ലയേത് സ	-	ഭൂമി മുഴുവൻ പരിപാലിക്കും.

(25)
ലാഭേശധർമ്മേശധനേശ്വരാണാ-
മേകോപി ചന്ദ്രഗ്രഹകേന്ദ്രവർത്തീ
സ്വപുത്രലാഭാധിപതിർഗുരുശ്ചേ-
ദഖണ്ഡസാമ്രാജ്യപതിത്വമേതി.

യോഗം 45

ലാഭേശ ധർമ്മേശ ധനേശ്വര:ണാം	-	11, 9, 2 ഭാവാധിപരിൽ
ഏകോപി	-	ഒരാൾ
ചന്ദ്രഗ്രഹ കേന്ദ്രവർത്തീ	-	ചന്ദ്രന്റെ കേന്ദ്രത്തിൽ നിൽക്കുകയും,
സ്വപുത്രല:ഭ:ധ്.പത	-	2, 5, 11 ഭാവങ്ങളിലൊന്നിന്റെ അധിപൻ
ഗുരുശ്ചേത്	-	വ്യാഴമാവുകയും ചെയ്താൽ
അഖണ്ഡസ:മ്ര:ജ്യപത്.ത്വമേതി.	-	അഖണ്ഡസാമ്രാജ്യപതിയാകും.

നീചഭംഗരാജയോഗങ്ങൾ

(26)
നീചസ്ഥിതോ ജന്മനി യോ ഗ്രഹസ്യാ-
ത്തദ്രാശിനാഥോƒ പി തദുച്ചനാഥഃ
സ ചന്ദ്രലഗ്നാദ്യദി കേന്ദ്രവർത്തീ
രാജാ ഭവേദ്ധാർമ്മികചക്രവർത്തി.

യോഗം 46

നീചസ്ഥിതോ ജന്മനി ഗ്രഹ സ്യാത്	-	ജനനസമയത്ത് ഏതു ഗ്രഹമാണോ നീചത്തിൽ നിൽക്കുന്നത്
തത് രാശിനാഥ അപി	-	ആ രാശിയുടെ നാഥനോ
തത് ഉച്ചനാഥ	-	അതിന്റെ ഉച്ചരാശിയുടെ നാഥനോ
ചന്ദ്രലഗ്നാദ്	-	ചന്ദ്രലഗ്നത്തിൽനിന്നും
യദി കേന്ദ്രവർത്തീ	-	കേന്ദ്രത്തിൽ നിൽക്കുന്നുവെങ്കിൽ
ധാർമ്മികചക്രവർത്തി രാജാ ഭവേത്	-	ധർമ്മിഷ്ഠനായ രാജാവാകും.

1. The planet that is exalted in the sign – ②
2. നീചം പ്രാപിച്ച രാശിയിൽ ഉച്ചമുള്ള ഗ്രഹം. - ❻

(27)

യദ്യേകോ നീചഗതസ്തദ്രാശ്യധിപസ്തദുച്ചപഃ കേന്ദ്രേ
യസ്യ സ തു ചക്രവർത്തീ സമസ്തഭൂപാലവന്ദ്യാംഘ്രിഃ.

യോഗം 47

യദി ഏകോ നീചഗത	-	ഏതൊരു ഗ്രഹത്തിനു ഏതൊരു രാശിയിൽ നീചം സംഭവിക്കുന്നുവോ
തത് രാശ്യധിപ	-	ആ രാശിയുടെ നാഥനോ
തത് ഉച്ചപഃ	-	അതിന്റെ ഉച്ചരാശിയുടെ നാഥനോ
കേന്ദ്രേ	-	ലഗ്നകേന്ദ്രത്തിൽ നിന്നാൽ
സമസ്തഭൂപാല വന്ദ്യാംഘ്രിഃ ചക്രവർത്തീ	-	എല്ലാ രാജാക്കന്മാരാലും വന്ദിക്കപ്പെടുന്ന ചക്രവർത്തിയാകും

(28)

യസ്മിൻ രാശൗ വർത്തതേ ഖേചരസ്ത-
ദ്രാശീശേന പ്രേക്ഷിതശ്ചേത്സ ഖേടഃ
ക്ഷോണീപാലം കീർത്തിമന്തം വിദധ്യാത്
സുസ്ഥാനശ്ചേത്[1] കിം പുനഃ പാർത്ഥിവേന്ദ്രഃ.
(1) പാഠഭേദം: സുസ്ഥഃ സ്യാച്ചേത്

യോഗം 48

യസ്മിൻ രാശൗ ഖേചര വർത്തതേ

- യാതൊരു ഗ്രഹം യാതൊരു രാശിയിൽ (നീചത്തിൽ) നിൽക്കുന്നുവോ

ഖേടഃ *തത് രാശീശേന പ്രേക്ഷിതഃ ചേത്*

- ആ ഗ്രഹം ആ രാശിനാഥനാൽ നോക്കപ്പെടുന്നുവെങ്കിൽ

കീർത്തിമന്തം ക്ഷോണീപാലം

- കീർത്തിമാനായ രാജാവ് ആകും.

സുസ്ഥാനഃ ചേത് പാർത്ഥിവേന്ദ്രഃ....

- ആ രാശി ഒരു സുസ്ഥാനം കൂടിയാണെങ്കിൽ പിന്നെ പറയാനുണ്ടോ?

(29)
നീചേ തിഷ്ഠതി യസ്തദാശ്രിതഗൃഹാധീശോ വിലഗ്നാദ്വദാ
ചന്ദ്രാദ്വാ യദി നീചഗസ്യ വിഹഗസ്യോച്ചർക്ഷനാഥോ f ഥവാ
കേന്ദ്രേ തിഷ്ഠതി ചേത് പ്രപൂർണ്ണവിഭവഃ സ്യാച്ചക്രവർത്തീ നൃപോ
ധർമ്മിഷ്ഠോf ന്യമഹീശവന്ദിതപദസ്തേജോ യശോ ഭാഗ്യവാൻ.

യോഗം 49

നീചേ തിഷ്ഠതി	-	(യാതൊരു ഗ്രഹം) നീചത്തിൽ നിൽക്കുന്നുവോ
യ തത് ആശ്രിത ഗൃഹാധീശോ	-	ആ നീചരാശിയുടെ നാഥനോ
യദി നീചഗസ്യ വിഹഗസ്യോ	-	നീചത്തിൽ നിൽക്കുന്ന ഗ്രഹത്തിന്റെ
ഉച്ചർക്ഷനാഥോ	-	ഉച്ചരാശിയുടെ നാഥനോ
വിലഗ്നാദ്വദാ അഥവാ ചന്ദ്രദ്വോ	-	ലഗ്നാലോ അല്ലെങ്കിൽ ചന്ദ്രാലോ
കേന്ദ്രേ തിഷ്ഠതി ചേത്	-	കേന്ദ്രത്തിൽ നിൽക്കുന്നുവെങ്കിൽ
പ്രപൂർണ്ണ വിഭവ സ്യാത്	-	അവൻ എല്ലാ വിഭവങ്ങളോടും
തേജോ യശോ	-	തേജസ്സോടും യശസ്സോടും കൂടിയ
ഭാഗ്യവാൻ ധർമ്മിഷ്ഠോ	-	ഭാഗ്യവാനും ധർമ്മിഷ്ഠനും ആയ,
അന്യമഹീശവന്ദിതപദ	-	മറ്റു രാജാക്കന്മാർ വന്ദിക്കുന്ന പാദങ്ങളോടുകൂടിയ
ചക്രവർത്തീ	-	ചക്രവർത്തിയാകും.

(30)
നീചേ യസ്തസ്യ നീചോച്ചഭേശൗ ദ്വാവേക ഏവ വാ
കേന്ദ്രസ്ഥശ്ചേച്ചക്രവർത്തീ ഭൂപഃ സ്വാദ് ഭൂപവന്ദിത.

യോഗം 50

നീചേ	-	നീചത്തിൽ
യ തസ്യ	-	യാതൊരു ഗ്രഹമാണോ നിൽക്കുന്നത് ആ ഗ്രഹത്തിന്റെ
നീച	-	നീചരാശിയുടെയും
ഉച്ച	-	ഉച്ചരാശിയുടെയും
ഭേശൗ	-	നാഥന്മാർ
ദ്വാ	-	രണ്ടുമോ
വാ	-	അല്ലെങ്കിൽ
ഏക ഏവ	-	ഒന്നെങ്കിലുമോ
കേന്ദ്രസ്ഥശ്ചേത്	-	കേന്ദ്രത്തിൽ നിന്നാൽ
ഭൂപവന്ദിത	-	രാജാക്കന്മാർ വന്ദിക്കുന്ന
ചക്രവർത്തീഭൂപഃസ്യാത്	-	ചക്രവർത്തിയാകും.

ഒരു ജാതകത്തിൽ നീചമുള്ള ഗ്രഹങ്ങളെ കാണുന്നുവെങ്കിൽ ശ്രദ്ധിക്കുക: നീചഭംഗരാജയോഗമുണ്ടാകാം.

അദ്ധ്യായം 8

ഭാവാശ്രയഫലം

(ഒമ്പതു ഗ്രഹങ്ങൾ പന്ത്രണ്ടു ഭാവങ്ങളിൽ നിന്നാലുള്ള ഫലങ്ങൾ)

ഗ്രഹകാരകത്വം, ഭാവാധിപത്യം, ഭാവസ്ഥിതി എന്നിവ അനുസരിച്ചാണ് ഗ്രഹങ്ങൾ ഫലം നൽകുക. ഇതിൽ ഭാവസ്ഥിതിയുടെ കാര്യത്തിൽ ശുഭന്മാർ സുസ്ഥാനങ്ങളിലും പാപന്മാർ ദുസ്ഥാനങ്ങളിലും അനുകൂലഫലത്തെ ചെയ്യും എന്നതാണ് അടിസ്ഥാനതത്ത്വം. ഫലദീപിക അനുസരിച്ച് അഷ്ടമരിപുവ്യയങ്ങളും (8 - 6 - 12) ജാതകചന്ദ്രിക അനുസരിച്ച് ത്രിഷഡായങ്ങളും (3 - 6 - 11) ആണ് ദുസ്ഥാനങ്ങൾ. എന്നാൽ ആ നിയമം പൂർണ്ണമായും ഇവിടെ പാലിച്ചു കാണുന്നില്ല. ഗ്രഹങ്ങളുടെയും ഭാവങ്ങളുടെയും ഗുണദോഷങ്ങൾ, കാരകത്വങ്ങൾ, ഭാവത്തിൽ നിൽക്കുന്ന ഗ്രഹവും ഭാവാധിപനും തമ്മിലുള്ള ബന്ധം, ഭാവാത്ഭാവചിന്ത തുടങ്ങി അനേകം കാര്യങ്ങൾ കണക്കിലെടുത്താണ് ഒമ്പതു ഗ്രഹങ്ങൾ പന്ത്രണ്ടു ഭാവങ്ങളിൽ നിന്നാലുണ്ടാകുന്ന ഫലങ്ങൾ ഇവിടെ പറഞ്ഞിരിക്കുന്നത്. പാഠഭേദങ്ങളും അഭിപ്രായവ്യത്യാസങ്ങളും പതിവുപോലെ ഇക്കാര്യത്തിലും സുലഭമാണ്.

ഗ്രഹങ്ങൾ നിൽക്കുന്ന ഭാവങ്ങളെമാത്രമല്ല, അവയുടെ ദൃഷ്ടിവീഴുന്ന ഭാവങ്ങളെക്കൂടി അവയുടെ സ്വാധീനം ബാധിക്കുമെന്ന കാര്യം പ്രത്യേകം ഓർമ്മിക്കണം.

ഗ്രഹങ്ങൾ പൊതുവെ അനുകൂലമായ ഭാവങ്ങൾ

ഗ്രഹം	അനുകൂലം
ര, കു, മ	3 6 10 11
ച	6 8 12 ഒഴിച്ചുള്ളവ
ബു	3 6 12 ഒഴിച്ചുള്ളവ
ഗു	3 6 8 12 ഒഴിച്ചുള്ളവ
ശു	3 6 7 ഒഴിച്ചുള്ളവ
സ, ശി	3 6, 11

ഇതിൽ പറയാത്തവ പൊതുവെ മിശ്രഫലമോ, പ്രതികൂലമോ ആയിരിക്കും. കാരകൻ ഭാവങ്ങളിൽ വരുന്ന സ്ഥലങ്ങളിൽ ആ പ്രത്യേക വിഷയത്തിൽ ഗുണഫലം ഉണ്ടാവില്ല. അതായത്, പാപന്മാരായ സൂര്യൻ, കുജൻ, ശനി, രാഹു, കേതു എന്നിവർ ദുസ്ഥാനങ്ങളായ 3, 6 ഭാവങ്ങളിൽ അനുകൂലമായിരിക്കും. പതിനൊന്നിൽ എല്ലാ ഗ്രഹങ്ങളും പത്തിൽ രാഹുകേതുക്കൾ ഒഴിച്ചുള്ള ഏഴു ഗ്രഹങ്ങളും അനുകൂലമാണ്. 12-ൽ ശുക്രൻ മാത്രവും 8-ൽ ബുധനും ശുക്രനും മാത്രവും ഗുണം ചെയ്യും. ഈ അനുകൂലഫലത്തിന്റെ തീവ്രത ഗ്രഹത്തിന്റെയും ഭാവത്തിന്റെയും ബലമനുസരിച്ചിരിക്കും. ഈ ഫലങ്ങൾ അനുഭവപ്പെടുന്നത് ഓരോ ഗ്രഹത്തിന്റെയും ദശ, അപഹാരം തുടങ്ങിയ കാലങ്ങളിലുമായിരിക്കും. സമയനിർണ്ണയത്തിന് ഗോചരാവസ്ഥ ഇതിനോടു ചേർത്തു ചിന്തിക്കണം. ഗ്രഹ-ഭാവബലം അറിയാനുള്ള മാർഗ്ഗം നേരത്തെ വിവരിച്ചു. ദശാഫലം ഫലദീപിക പത്തൊമ്പതാം അദ്ധ്യായത്തിലും ചാരഫലം ഇരുപത്തിയാറാം അദ്ധ്യായത്തിലും വിവരിക്കുന്നുണ്ട്.

കാരകൻ അതേ കാരകത്വമുള്ള ഭാവത്തിൽ നിൽക്കുന്നത് നല്ലതല്ല എന്ന നിയമം കൂടി ഇവിടെ ഓർക്കേണ്ടതുണ്ട്. സൂര്യൻ പിതൃകാരകനാണ്. ഭാവങ്ങളിൽ പിതൃകാരകത്വം ഒമ്പതിനും. അതുകൊണ്ട് ഒമ്പതിൽ പൊതുവെ അനുകൂലമായ സൂര്യൻ പിതാവിന്റെ കാര്യത്തിൽമാത്രം അശുഭം ചെയ്യും. അതുപോലെ രുചകം തുടങ്ങിയ യോഗങ്ങൾ ഉണ്ടോ എന്നു നോക്കി അതനുസരിച്ച് ഇവിടെ പറഞ്ഞിട്ടുള്ള ഫലങ്ങളിൽ വേണ്ട മാറ്റം വരുത്തണം. ഉദാ. രുചകയോഗവാനായ കുജൻ വിവാഹകാര്യങ്ങളിൽ നിഷിദ്ധനല്ല.

സൂര്യൻ

സൂര്യൻ സൗമ്യനല്ലാത്തതിനാൽ 3, 6, 10, 11 എന്നീ ഭാവങ്ങളിൽ നിന്നാൽ അനുകൂലവും മറ്റു ഭാവങ്ങളിൽ നിന്നാൽ പ്രതികൂലവുമായിരിക്കും. പിതാവിന്റെ കാര്യമൊഴിച്ചാൽ ഒമ്പതിലും സൂര്യൻ അനുകൂലനാണ്.

സൂര്യൻ ലഗ്നത്തിൽ നിന്നാൽ ശരീരപ്രകൃതിയിലും സ്വഭാവത്തിലും പ്രകടമാകുന്ന പ്രത്യേകതകളാണ് അടുത്ത ശ്ലോകത്തിൽ പ്രധാനമായും പറയുന്നത്. ലഗ്നത്തിന്റെ രാശി, രാശ്യധിപൻ, സൂര്യൻ, ചന്ദ്രൻ, ലഗ്നത്തിൽ നിൽക്കുന്ന ഗ്രഹം, ലഗ്നത്തിലേയ്ക്കു നോക്കുന്ന ഗ്രഹം തുടങ്ങിയവ അവയുടെ ബലമനുസരിച്ച് ഒരാളുടെ ആകൃതിയേയും പ്രകൃതിയേയും സ്വാധീനിക്കുന്നതായി കാണുന്നുണ്ട്. ലഗ്നത്തിനും ആത്മകാരകനായ സൂര്യനും ബലമില്ലെങ്കിൽ അയാളുടെ വ്യക്തിത്വം ദുർബ്ബലമായിരിക്കും.

(1)

ലഗ്നേ *f* ർക്കോ *f* ൽപ്പകചഃ ക്രിയാലസതമഃ
        ക്രോധീ പ്രചണ്ഡോന്നതോ
മാനീ ലോചനരൂക്ഷകഃ കൃശതനുഃ
        ശൂരോ *f* ക്ഷമോ നിർഘൃണഃ
സ്ഫോടാക്ഷഃ ശശിഭേ ക്രിയേ സതിമിരഃ
        സിംഹേ നിശാന്ധഃ പുമാൻ
ദാരിദ്ര്യോപഹതോ വിനഷ്ടതനയോ
        ജാതസ്തുലായാം ഭവേത്.

ലഗ്നേ അർക്കേ	-	സൂര്യൻ ലഗ്നത്തിൽ നിന്നാൽ
അൽപ്പകചഃ	-	തലമുടി കുറഞ്ഞവനും
ക്രിയാ അലസതമ	-	ജോലി ചെയ്യാൻ മടിയുള്ളവനും
ക്രോധീ	-	ദ്വേഷ്യക്കാരനും
പ്രചണ്ഡ	-	ശക്തനും
ഉന്നത	-	ഉയരമുള്ളവനും
മാനീ	-	അഭിമാനിയും
ലോചനരൂക്ഷക	-	ദൃഷ്ടി രൂക്ഷമായവനും
കൃശതനു	-	ചടച്ചവനും
ശൂരോ	-	ശൂരനും
അക്ഷമോ	-	ക്ഷമയില്ലാത്തവനും
നിർഘൃണ	-	ദയയില്ലാത്തവനും ആയിരിക്കും.

രാശി അനുസരിച്ചുള്ള പ്രത്യേകഫലം

ശശിഭേ സ്ഫോടാക്ഷ

\- ചന്ദ്രരാശി (കർക്കടകം) ലഗ്നമാവുകയും സൂര്യൻ അതിൽ നിൽക്കുകയും ചെയ്താൽ നേത്രരോഗം,

ക്രിയേ സതിമിര

\- മേടം (ഉച്ചം) ലഗ്നമാവുകയും സൂര്യൻ അതിൽ നിൽക്കുകയും ചെയ്താൽ തിമിര രോഗം,

സിംഹേ നിശാന്ധ

\- ചിങ്ങം (സ്വക്ഷേത്രം) ലഗ്നമാവുകയും സൂര്യൻ അതിൽ നിൽക്കുകയും ചെയ്താൽ രാത്രിയിൽ അന്ധത (മാലക്കണ്ണ്),

ജാത തുലായാം

\- തുലാം (നീചം) ലഗ്നമാവുകയുംസൂര്യൻ അതിൽ നിൽക്കുകയും ചെയ്താൽ

ദാരിദ്ര്യഃഹതോ വിനഷ്ടതനയോ - ദാരിദ്ര്യദുഃഖം, പുത്രനാശം എന്നിവ ഫലം.

(2)

വിഗതവിദ്യാവിനയവിത്തം സ്ഖലിതവാചം ധനഗതഃ
സബലശൗര്യശ്രിയമുദാരം സ്വജനശത്രും[1] സഹജഗഃ.
ജനയതീമം സുഹൃദി സൂര്യോ വിസുഖബന്ധുക്ഷിതിസുഹൃത്
ഭവനയുഗ്മം നൃപതി സേവം ജനകസമ്പദ്വ്യയകരം.

ധനഗത - സൂര്യൻ രണ്ടിൽ നിന്നാൽ
വിഗത വിദ്യാ വിനയ വിത്തം - വിദ്യ, വിനയം, ധനം ഇവ ഇല്ലാത്തവനും
സ്ഖലിതവാചം - വാക്കിനു ചോർച്ചയുള്ളവനും (വിക്കുള്ളവനും) ആയിരിക്കും.

④ - ൽ അർത്ഥം ഒരു വരി വിട്ടു പോയിട്ടുണ്ട.

സഹജഗ - സൂര്യൻ മൂന്നിൽ നിന്നാൽ
സബല ശൗര്യ ശ്രിയം ഉദാരം - ബലം, ശൗര്യം, ഐശ്വര്യം, ഔദാര്യം ഇവയുള്ളവനും
*സ്വജനശത്രും** - ബന്ധുക്കളുടെ ശത്രുവും ആയിരിക്കും.

* പാഠഭേദം: *വിജിതശത്രും* - ശത്രുക്കളെ ജയിക്കുന്നവൻ

സുഹൃദി സൂര്യോ - സൂര്യൻ നാലിൽ നിന്നാൽ
വിസുഖ ബന്ധു ക്ഷിതി സുഹൃത് ഭവനമുക്തം - സുഖം, ബന്ധുക്കൾ, ഭൂസ്വത്ത്, സുഹൃത്തുക്കൾ, വീട് ഇവ ഇല്ലാത്തവനും

പാഠഭേദം: *ഭവനയുഗ്മം* - രണ്ടു ഭവനങ്ങളോടുകൂടിയവനായും

നൃപതി സേവം - രാജാവിനെ സേവിക്കുന്നവനും
(ഇന്നത്തെ നിലയ്ക്കു സർക്കാർ ജോലിയും ഇതിൽ വരും)
ജനകസമ്പദ്വ്യയകരം - പിതൃസ്വത്ത് വ്യയം ചെയ്യുന്നവനും ആയിരിക്കും.

(3)

സുഖധനായുസ്തനയഹീനം സുമതിമാത്മന്യടവിഗം
പ്രഥിതമുർവീപതിമരിസ്ഥഃ സുഗുണസമ്പദ്വിജയഗം
നൃപവിരുദ്ധം കുതനുമസ്തേ*f* ദ്ധ്വഗമദാരം ഹ്യവമതം
ഹതധനായുസ്സുഹൃദമർക്കോ വിഗതദൃഷ്ടിം[1] നിധനഗഃ

പാഠഭേദം:(1) വികലദൃഷ്ടിം

ആത്മനി	-	സൂര്യൻ അഞ്ചിൽ നിന്നാൽ
സുഖ ധന ആയു തനയഹീനം	-	സുഖം,ധനം,ആയുസ്സ്,മക്കൾഇവ ഇല്ലാത്തവനായും
സുമതിമാൻ	-	ബുദ്ധിമാനായും
അടവിഗം	-	കാട്ടിൽ പോകുന്നവനായും ഭവിക്കും.

അരിസ്ഥ	-	സൂര്യൻ ആറിൽ നിന്നാൽ
പ്രഥിതഉർവീപതിസുഗുണസമ്പത്വിജയഗം	-	സദ്ഗുണവും സമ്പത്തുമുള്ള, വിജയിയായ, രാജാവാകും.

അസ്തേ	-	സൂര്യൻ ഏഴിൽ നിന്നാൽ
നൃപവിരുദ്ധം	-	രാജവിരോധം
കുതനു	-	വൈരൂപ്യം
അദ്ധ്വഗം	-	വഴിനടത്തം / അലച്ചിൽ
അദാരം	-	ഭാര്യയില്ലാത്തവൻ
അവമതം	-	അപമാനം (എന്നിവ ഫലം.)

അർക്കോ നിധനഗ	-	സൂര്യൻ എട്ടിൽ നിന്നാൽ
ഹത ധന ആയു സുഹൃദ	-	ധനം, ആയുസ്സ്, സുഹൃത്തുക്കൾ ഇവ ഇല്ലാത്തവനായും
വിഗതദൃഷ്ടി	-	അന്ധൻ

പാഠഭേദം - *വികലദൃഷ്ടി* - ദൃഷ്ടിവൈകല്യമുള്ളവൻ -

(4)

വിജനകോ*f* ർക്കേ സസുതബന്ധുസ്തപസി ദേവദ്വിജമനാഃ
സസുതയാനസ്തുതിമതിഃ ശ്രീബലയശാഃ ഖേ ക്ഷിതിപതി
ഭവഗതേ*f*ർക്കേ ബഹുധനായുർവിഗതശോകോ ജനപതിഃ
പിതുരമിത്രോ വികലനേത്രോ വിധനപുത്രോ വ്യയഗതേ.

തപസി അർക്കേ	-	സൂര്യൻ ഒമ്പതിൽ നിന്നാൽ
വിജനകോ	-	അച്ഛനില്ലാത്തവനായും
സസുതബന്ധു	-	പുത്രന്മാരോടും ബന്ധുക്കളോടും കൂടിയവനായും
ദേവദ്വിജമനാ	-	ദേവന്മാരേയും ബ്രാഹ്മണന്മാരേയും ബഹുമാനിക്കുന്നവനായും ഭവിക്കും.

ഖേ - സൂര്യൻ പത്തിൽ നിന്നാൽ

സസുത യ:ന സ്തുതി മതി ശ്രീ ബല യശാ ക്ഷിത്:പതി

\- പുത്രന്മാരും വാഹനങ്ങളും പ്രശസ്തിയും ബുദ്ധിയും ഐശ്വര്യവും ബലവും യശസ്സും ഉള്ള രാജാവായി ഭവിക്കും.

അർത്ഥഭേദം : *സ്തുതിമത്* - മറ്റുള്ളവരെക്കുറിച്ചു നല്ലതുമാത്രം പറയാനിഷ്ടപ്പെടുന്നവനും.

ഭവഗതേ അർക്കേ - സൂര്യൻ പതിനൊന്നിൽ നിന്നാൽ

ബഹു ധന ആയു - ധാരാളം ധനവും ആയുസ്സും ഉള്ള

വിഗതശോകോ - ദുഖങ്ങളില്ലാത്ത

ജനപതി - രാജാവാകും.

വ്യയഗതേ - സൂര്യൻ പന്ത്രണ്ടിൽ നിന്നാൽ

പിതുഃ അമിത്രോ - പിതാവുമായി ശത്രുതയും

വികലനേത്രോ - കണ്ണിനു വൈകല്യവും ഉള്ളവനും

വിധനപുത്രോ - ധനവും പുത്രനും ഇല്ലാത്തവനും ആയി ഭവിക്കും.

ചന്ദ്രൻ

പക്ഷബലമുള്ള ശുഭനായ ചന്ദ്രന്റെ ഫലമാണ് ഇവിടെ പറയുന്നത്. എന്തുകൊണ്ടെന്നാൽ ദുസ്ഥാനങ്ങളായ 6,8,12 ഭാവങ്ങളിൽ മാത്രമാണ് ഇവിടെ ദോഷം കാണിച്ചിട്ടുള്ളത്. അതേ കാരണം കൊണ്ടുതന്നെ പാപം വരുന്ന ക്ഷീണചന്ദ്രന്റെ ഫലം പാപഗ്രഹങ്ങൾക്കുള്ള നിയമമനുസരിച്ച് ചിന്തിക്കണമെന്നുവരുന്നു.

(5)

സിതേ ചന്ദ്രേ ലഗ്നേ ദൃഢതനുരദഭ്രായു [(1)] രഭയോ
ബലിഷ്ഠോ ലക്ഷ്മീവാൻ ഭവതി വിപരീതം ക്ഷയഗതേ
ധനാഢ്യോ f ന്തർവാണി വിഷയസുഖവാൻ വാചി വികലഃ
സഹോത്ഥേ സദ്ഭ്രാതൃപ്രമദബലശൗര്യോ f തികൃപണഃ .

(1) പാഠഭേദം: *അനൽപായു* - ദീർഘായുസ്സ് ഉള്ളവനും

സിതേ ചന്ദ്രേ ലഗ്നേ - വെളുത്തപക്ഷത്തിലെ (പക്ഷബലമുള്ള) ചന്ദ്രൻ ലഗ്നത്തിൽ നിന്നാൽ

ദൃഢതനു - ദൃഢഗാത്രനും

അദഭ്ര ആയു - വളരെ ആയുസ്സുള്ളവനും

അഭയോ - നിർഭയനും

ബലിഷ്ഠോ - ബലവാനും

ലക്ഷ്മീവാൻ ഭവതി - ധനികനും ആകും.

ക്ഷയഗതേ - ചന്ദ്രനു പക്ഷബലമില്ലെങ്കിൽ

വിപരീതം - ഫലങ്ങളെല്ലാം വിപരീതമായിരിക്കും.

ധനാഢ്യോ - ധനികനും

അന്തർവാണി - വിദ്വാനും

വിഷയസുഖവാൻ - വിഷയസുഖങ്ങളനുഭവിക്കുന്നവനും

വാചി - ചന്ദ്രൻ രണ്ടിൽ നിന്നാൽ

വ്.കല - വികലൻ (ഉലളലരശേ്‌ല ഹശായ ഗമുീ്യ)

പാഠഭേദം: *വാചി വികല* - വികലവാക്ക്

ശുദ്ധനായ ചന്ദ്രൻ രണ്ടിൽ അനുകൂലമാണ്. ഭാവകാരകനുമല്ല. അ്ുകൊ ണ്ട് രണ്ടിലെ ബലമുള്ള ചന്ദ്രൻ വാക്കിനു വൈകല്യം വരുത്തില്ല. .(ബലമില്ലാത്ത ചന്ദ്രനാണെങ്കിൽ മുകളിൽ പറഞ്ഞ മൂന്നു ഫലങ്ങളും ഉണ്ടാവുകയുമില്ല.) തന്നെയു മല്ല, രണ്ടാംഭാവത്തെ കാണിക്കാൻ *വാച്.*യല്ലാതെ മറ്റൊരു വാക്ക് ഇവിടെ ഇല്ല താനും.) അതുകൊ , ഇവിടെ വാചിയും വികലയും ര ായി കാണണം.

സഹോത്ഥേ - ചന്ദ്രൻ മൂന്നിൽ നിന്നാൽ

സഭ്ര്:തൃ പ്രമദ ബല ശൗര്യോ - സഹോദരൻ, മദം, ബലം, ശൗര്യം ഇവയുള്ളവനും

അ്ത്.കൃപണ - വളരെ പിശുക്കനും ആകും.

(6)

സുഖീ ഭോഗീ ത്യാഗീ സുഹൃദി ച സുഹൃദ്വാഹനയശാ
സപുത്രേ മേധാവീ മൃദുഗതിരമാത്യഃ സുതഗതേ
ക്ഷതേ ഉ ൽപായുശ്ചന്ദ്രേ ഉ മതിരുദരരോഗീ പരിഭവീ
സ്മരേ ദൃഷ്ടേ സൗമ്യോ വരയുവതികാന്തോ ഉ തിസുസുഭഗഃ.

സു്ഹൃദി - ചന്ദ്രൻ നാലിൽ നിന്നാൽ
സുഖീ - സുഖവാനും (സന്തുഷ്ടനും)
ഭോഗീ - ഭോഗങ്ങളനുഭവിക്കുന്നവനും
ത്യാഗീ - ത്യാഗശീലനും
സുഹൃത് വാഹ്ന യശാ - സുഹൃത്തുക്കൾ, വാഹനങ്ങൾ, യശസ്സ് ഇവയുള്ളവനും ആയിരിക്കും.

സു്ത.ഗതേ - ചന്ദ്രൻ അഞ്ചിൽ നിന്നാൽ
സുപുത്രോ - നല്ല പുത്രരുള്ളവനും
മേധാവീ - ബുദ്ധിശാലിയും
മൃദു്ഗതി - മൃദുഗതിയും
അ്മ:ത്യ - മന്ത്രിയും ആകും.

ക്ഷതേ ചന്ദ്രേ - ചന്ദ്രൻ ആറിൽ നിന്നാൽ
അ്ല്പ:യു - അൽപ്പായുസ്സും
അമ്തി - ബുദ്ധിയില്ലാത്തവനും
ഉ്ദരരോഗീ - ഉദരരോഗിയും
പര്.ഭവി - നിന്ദിതനും ആയിരിക്കും.
സ്മരേ ദൃഷ്ടേ - ചന്ദ്രൻ ഏഴിൽ നിന്നാൽ
സൗമ്യോ - സൗമ്യനും
വരയുവത്.കാന്തോ - ഉത്തമയായ ഭാര്യയുള്ളവനും
സു്സുഭഗ - സുന്ദരനും ആയിരിക്കും.

(7)

മൃതൗ രോഗ്യൽപ്പായുസ്തപസി ശുഭധർമ്മാത്മസുതവാൻ
ജയീ സിദ്ധാരംഭോ നഭസി ശുഭകൃത് സത്പ്രിയകരഃ
മനസ്വീ ബഹ്വായുർധനതനയഭൃത്യൈസ്സഹ ഭവേ
വ്യയേ ദ്വേഷ്യോ ദുഖീ പിശുനപരിഭൂതോ f ലസതമഃ.

മൃതൗ	-	ചന്ദ്രൻ എട്ടിൽ നിന്നാൽ
രോഗി	-	രോഗിയും
അൽപ്പായു	-	അൽപ്പായുസ്സും ആയിരിക്കും.
തപസി	-	ചന്ദ്രൻ ഒമ്പതിൽ നിന്നാൽ
ശുഭ	-	ശുഭനും (ഭാഗ്യവാനും)
ധർമ്മാത്മ	-	ധർമ്മിഷ്ഠനും
സുതവാൻ	-	പുത്രരുള്ളവനും ആയിരിക്കും.
നഭസി	-	ചന്ദ്രൻ പത്തിൽ നിന്നാൽ
ജയീ	-	ജയിക്കുന്നവനും
സിദ്ധാരംഭോ	-	തുടങ്ങുന്നതെല്ലാം നേടുന്നവനും
ശുഭകൃത്	-	നന്മ ചെയ്യുന്നവനും
സത്പ്രിയകര	-	സജ്ജനങ്ങൾക്ക് ഇഷ്ടനും ആയിരിക്കും.
ഭവേ	-	ചന്ദ്രൻ പതിനൊന്നിൽ നിന്നാൽ
മനസ്വീ	-	മനസ്വിയും (സന്മനസ്സുള്ളവനും)
ബഹു ആയു ധന തനയ ഭൃത്യൈഃ സഹ		
	-	വളരെ ആയുസ്സും ധനവും പുത്രന്മാരും ഭൃത്യരും ഉള്ളവനുമായിരിക്കും.
വ്യയേ	-	ചന്ദ്രൻ പന്ത്രണ്ടിൽ നിന്നാൽ
ദ്വേഷ്യോ	-	ദ്വേഷ്യക്കാരനും
ദുഖീ	-	ദുഖിതനും
പരിഭൂത	-	അപമാനിതനും
പിശുന	-	ഏഷണിക്കാരനും
അലസതമ	-	അലസനും ആയിരിക്കും.

3. കുജൻ

പാപനായതിനാൽ ദുസ്ഥാനങ്ങളായ 3, 6 ഭാവങ്ങളിലും പൊതുവേ ഗുണഫലം ചെയ്യുന്ന 10, 11 ഭാവങ്ങളിലുമാണ് കുജൻ അനുകൂലം.

(8)

ക്ഷതതനുരതിക്രൂരോ f ൽപ്പായുസ്തനൗ ഘനസാഹസീ
വചസി വിമുഖോ നിർവിദ്യാർത്ഥഃ കുജേ കുജനാശ്രിതഃ

സുഗുണ ധനവാൻ ശൂരോ *f* ധൃഷ്യഃ സുഖീ വ്യനുജോ*f* നുജേ
സുഹൃദി വിസുഹൃന്മാതൃക്ഷോണീസുഖാലയവാഹനഃ.

ത.ന.ൗ	- കുജൻ ലഗ്നത്തിൽ നിന്നാൽ
ക്ഷത.ത.ന.ു	- ക്ഷതം (മുറിവ്) ഉള്ള ശരീരം
അത.ക്രൂര	- വളരെ ക്രൂരൻ
അ.ത.ഫായു	- അൽപ്പായുസ്സ്
ഘ.ന.സാഹസീ	- അതിസാഹസം ചെയ്യുന്നവൻ ഇവ ഫലം.

വചസി കുജേ	- കുജൻ രണ്ടിൽ നിന്നാൽ
വിമുഖോ	- വിമുഖൻ*
ന.ിർവ.ിദ്യാർത്ഥ	- വിദ്യയും ധനവും ഇല്ലാത്തവനും
കുജ.ന.:ശ്രിത	- ദുർജ്ജനങ്ങളെ ആശ്രയിക്കുന്നവനും ആയിരിക്കും.

* *വിമുഖം* എന്ന വാക്കിന് താൽപര്യമില്ലാത്ത, വിലക്ഷണമായ മുഖമുള്ള എന്നൊക്കെ അർത്ഥം പറയാം. ഉത്സാഹമില്ലാത്തവൻ എന്ന അർത്ഥമാണ് 4 കൊടുത്തിരിക്കുന്നത്. (വൈമുഖ്യത്തിൽ നിന്നും പ്രചോദനം കൊണ്ടതാവാം.) ശനി രണ്ടിൽനിന്നാലും വിമുഖത്വം പറയുന്നുണ്ട്. മുഖമായ രണ്ടാംഭാവത്തിൽ പാപൻ നിന്നാൽ വരാവുന്ന അഭംഗിയാണ് ഉദ്ദേശിക്കുന്നതെന്നു തോന്നുന്നു. അനുഭവത്തിൽ, രണ്ടിൽ ചൊവ്വയുള്ളവരിൽ വാക്കിലെ മയമില്ലായ്മ ആണ് സാധാരണ പ്രകടമായി കാണുന്നത്. ഒരു മുച്ചുണ്ടും അനുഭവത്തിലുണ്ട്.

അ.ന.ുജേ	- കുജൻ മൂന്നിൽ നിന്നാൽ
സുഗുണ	- സദ്ഗുണങ്ങളുള്ളവനും
ധ.ന.വാൻ	- ധനികനും
ശൂരോ	- ശൂരനും
അധൃഷ്യ	- അജയ്യനും
സുഖീ	- സുഖങ്ങൾ അനുഭവിക്കുന്നവനും
വിഅ.ന.ുജോ	- അനുജന്മാരില്ലാത്തവനും ആയിരിക്കും. (കാരകൻ ഭാവത്തിൽ)
സുഹൃദി	- കുജൻ നാലിൽ നിന്നാൽ
വിസ.ുഹൃത് മ.ാതൃ ക്ഷേ.ാണീ സ.ുഖ ആലയ വ.ാഹ.ന.ം	- സുഹൃത്തുക്കൾ, മാതാവ്, ഭൂമി, സുഖം, വീട്, വാഹനം എന്നിവ ഇല്ലാത്തവനായിരിക്കും.

(9)
വിസുഖതനയോ*f* നർത്ഥപ്രായഃ സുതേ പിശുനോ *f* ൽപധീഃ
പ്രബലമദനഃ ശ്രീമാൻ ഖ്യാതോ രിപൗ വിജയീ നൃപഃ
അനുചിതകരോ രോഗാർത്തോ*f* സ്തേ*f* ധ്വഗോ മൃതദാരവാൻ
കുതനുരധനോ*f* ൽപ്പായുശ്ഛിദ്രേ കുജേ ജനനിന്ദിതഃ.

സുതേ	- കുജൻ അഞ്ചിൽ നിന്നാൽ
വിസ.ുഖ.ത.ന.യോ അ.ന.ർത്ഥപ്രായ	- സുഖം, മക്കൾ, ധനം ഇവ ഇല്ലാത്തവനായും

പ്.ശു.നോ - ഏഷണിക്കാരനും
അല്പധീ - ബുദ്ധികുറഞ്ഞവനും
(ഇടുങ്ങിയ ചിന്താഗതിക്കാരനും) ആകും.
രിപൗ - കുജൻ ആറിൽ നിന്നാൽ
പ്രബലമ.ന - ശക്തമായ കാമമുള്ളവനായും
ശ്രീമാൻ - ധനികനായും
ഖ്യാതോ - പ്രശസ്തനായും
വിജയീ - വിജയിയായും
ന്യപ - രാജാവായും ഭവിക്കും.

അസ്തേ - കുജൻ ഏഴിൽ നിന്നാൽ
അ.ന്.ച്.ത.കരോ - ഉചിതമല്ലാത്തതു ചെയ്യുന്നവനായും
രോഗാർത്തോ - രോഗംകൊണ്ടു ദുഖിക്കുന്നവനായും
അധ്വഗോ - നടന്നു വിഷമിക്കുന്നവനായും
മൃത.ദാ.രവാൻ - വിഭാര്യനായും ഭവിക്കും.

ഛിദ്രേ കുജേ - കുജൻ എട്ടിൽ നിന്നാൽ
കുത.ന.ു - വിരൂപിയും
അധ.നോ - ധനമില്ലാത്തവനും
അ.ല്പ.യു - അൽപ്പായുസ്സും
ജ.ന.ന്.ദി.ത - നിന്ദിതനും ആയിരിക്കും.

(10)
ന്യപസുഹൃദപി ദ്വേഷ്യോƒ താതഃ ശുഭേ ജനഘാതകോ
നഭസി ന്യപതിഃ ക്രൂരോ ദാതാ പ്രധാനജനൈഃ സ്തുതഃ
ധനസുഖയുതോƒ ശോകഃ ശൂരോ ഭവേ സുഗുണഃ കുജേ
നയനവികൃതഃ ക്രൂരോƒദാരോ വ്യയേ പിശുനോƒധമഃ

ശുഭേ - കുജൻ ഒമ്പതിൽ നിന്നാൽ
ന്യപസുഹൃത് - രാജാവിന്റെ സുഹൃത്തും
ദ്വേഷ്യോ - *ദ്വേഷ്യക്കാ.ര.നും*
അതാത - അച്ഛനില്ലാത്തവനും
ജ.ന.ഘ.ാതകോ - ജനദ്രോഹിയും ആയിരിക്കും.

ന.ഭസി - കുജൻ പത്തിൽ നിന്നാൽ
ന്യപതി - രാജാവും
ക്രൂരോ - ക്രൂരനും
ദാതാ - ദാനശീലനും
പ്രധ.ാ.ന.ജ.നൈ.ഃ സ്തുതഃ - പ്രധാനികളാൽ സ്തുതിക്കപ്പെടുന്നവനും ആയിരിക്കും.

ഭവേ - കുജൻ പതിനൊന്നിൽ നിന്നാൽ
ധ.ന.സു.ഖ.യു.തോ - ധനത്തോടും സുഖത്തോടും കൂടിയവനും

അശോക	-	ശോകമില്ലാത്തവനും
ശൂരോ	-	ശൂരനും
സുഗുണ	-	ഗുണവാനും
ഭവേത്	-	ആയിരിക്കും.

വ്യയേ	-	കുജൻ പന്ത്രണ്ടിൽ നിന്നാൽ
നയനവികൃത	-	നേത്രവൈകല്യമുള്ളവനും
ക്രൂരോ	-	ക്രൂരനും
അദാരോ	-	ഭാര്യയില്ലാത്തവനും
പിശുനോ	-	ഏഷണിക്കാരനും
അധമ	-	അധമനും ആയി ഭവിക്കും.

4.ബുധൻ

ശുഭനായ ബുധൻ 6, 12 ഒഴിച്ചുള്ള എല്ലാ ഭാവങ്ങളിലും ഗുണം ചെയ്യും.

(11)

ദീർഘായുർജ്ജന്മനി ജ്ഞേ മധുരചതുരവാക്
സർവശാസ്ത്രാർത്ഥബോധഃ
സ്യാദ് ബുദ്ധ്യോപാർജ്ജിതസ്വഃ കവിരമലവചാ
വാചിമൃഷ്ടാന്നഭോക്താ
ശൗര്യേഃ ശൂരഃ സമായുഃ സുസഹജസഹിതഃ
സശ്രമോ ദൈന്യയുക്തഃ
സംഖ്യാവാൻ ചാടുവാക്യഃ സുഹൃദി സുഖസുഹൃത് -
ക്ഷേത്രധാന്യാർത്ഥഭോഗീ.

ജന്മനി ജ്ഞേ	-	ബുധൻ ലഗ്നത്തിൽ നിന്നാൽ
ദീർഘായു	-	ദീർഘായുസ്സുള്ളവനും
മധുര ചതുര വാക്	-	മധുരമായും സരസമായും സംസാരിക്കുന്നവനും
സർവശാസ്ത്രാർത്ഥബോധ	-	സർവശാസ്ത്രാർത്ഥങ്ങളും മനസ്സിലാക്കിയവനും ആയിരിക്കും.

വാചിം	-	ബുധൻ രണ്ടിൽ നിന്നാൽ
ബുദ്ധ്യോപാർജ്ജിതസ്വ	-	ബുദ്ധി ഉപയോഗിച്ച് ഉണ്ടാക്കിയ ധനത്തോടുകൂടിയവനും
കവി	-	കവിയും
അമലവചാ	-	കളങ്കമില്ലാത്ത വാക്കോടുകൂടിയവനും
മൃഷ്ടാന്ന ഭോക്താ	-	ഭക്ഷണസുഖം അനുഭവിക്കുന്നവനും ആയിരിക്കും
ശൗര്യേ	-	ബുധൻ മൂന്നിൽ നിന്നാൽ
ശൂര	-	ശൂരനും
സമായു	-	ശരാശരി ആയുസ്സുള്ളവനും
സുസഹജസഹിത	-	നല്ല സഹോദരന്മാരോടുകൂടിയവനും
സശ്രമോ	-	പരിശ്രമത്തോടുകൂടിയവനും
ദൈന്യയുക്ത	-	ദീനനും ആയിരിക്കും.

സുഹൃദി - ബുധൻ നാലിൽ നിന്നാൽ
സംഖ്യ:വാൻ - പണ്ഡിതനും
ചാടുവാക്യ - മധുരമായി സംസാരിക്കുന്നവനും
സുഖ സുഹൃത് ക്ഷേത്ര ധാന്യ അർത്ഥ ഭോഗീ
- സുഖവും സുഹൃത്തുക്കളും ഭൂസ്വത്തും ധാന്യവും ധനവും അനുഭവിക്കു വനുമായിരിക്കും.

(12)
വിദ്യാ സൗഖ്യ പ്രതാപഃ പ്രചുരസുതയുതോ
മാന്ത്രികഃ പഞ്ചമസ്ഥേ
ജാതക്രോധോ വിവാദൈർദ്വിഷി രിപുബലഹ-
ന്താലസോ നിഷ്ഠുരോക്തിഃ
പ്രാജ്ഞോƒ സ്തേ ചാരുവേഷഃ സസകലമഹിമാം
യാതി ഭാര്യാം സവിത്താം
വിഖ്യാതാഖ്യശ്ചിരായുഃ കുലഭൃദധിപതിർ-
ജ്ഞേ-ƒഷ്ടമേ ദണ്ഡനേതാ.

പഞ്ചമസ്ഥേ - ബുധൻ അഞ്ചിൽ നിന്നാൽ
വിദ്യാ സൗഖ്യ പ്രതാപ പ്രചുരസുതയുതോ
- വിദ്യ, സൗഖ്യം, പ്രതാപം, വളരെ മക്കൾ എന്നിവയുള്ളവനും
മാന്ത്രിക - മാന്ത്രികനുമായിരിക്കും.

ദ്വിഷി - ബുധൻ ശത്രു ഭാവത്തിൽ (ആറിൽ) നിന്നാൽ
ജാതക്രോധോ വിവാദൈ - വിവാദങ്ങളിൽ കോപം വരുന്നവനും
രിപുബലഹന്താ - ശത്രുവിന്റെ ബലത്തെ നശിപ്പിക്കുന്നവനും
അലസോ - അലസനും
നിഷ്ഠുരോക്തി - ക്രൂരമായി സംസാരിക്കുന്നവനും ആയിരിക്കും.

പ്രാജ്ഞോ അസ്തേ - ബുധൻ ഏഴിൽ നിന്നാൽ
ചാരുവേഷഃ - മനോഹരമായ വേഷത്തോടുകൂടിയവനും
സസകലമഹിമാ - സകല മഹിമകളോടുകൂടിയവനും
ഭാര്യാം സവിത്താം - ധനികയായഭാര്യയോടുകൂടിയവനുംആയിരിക്കും.

ജ്ഞേ അഷ്ടമേ - ബുധൻ എട്ടിൽ നിന്നാൽ
വിഖ്യാതാഖ്യ - പേരുകേട്ടവനും
ചിരായു - ദീർഘായുസ്സുള്ളവനും
കുലഭൃദധിപതി - കുലപതിയും
ദണ്ഡനേതാ - ശിക്ഷാധികാരിയും ആയി ഭവിക്കും.

(13)
വിദ്യാർത്ഥാചാരധർമ്മൈഃ സഹ തപസി ബുധേ
സ്യാത് പ്രവീണോƒ തിവാഗ്മീ

സിദ്ധാരംഭഃ സുവിദ്യാബലമതിസുഖസത്-
കർമ്മസത്യാന്വിതഃ ഖേ
ബഹ്വായുഃ സത്യസന്ധോ വിപുലധനസുതോ
ലാഭഗേ ഭൃത്യയുക്തോ
ദീനോ വിദ്യാവിഹീനഃ പരിഭവസഹിതോƒ -
ന്ത്യേ നൃശംസോ ƒ ലസശ്ച.

തപസി ബുധേ - ബുധൻ ഒമ്പതിൽ നിന്നാൽ
വിദ്യ അർത്ഥ ആചാര ധർമ്മൈഃ സഹ - വിദ്യ, ധനം, ആചാരം, ധർമ്മം എന്നിവയോടു കൂടിയവനും
പ്രവീണോ - സമർത്ഥനും
അതിവാഗ്മി - വലിയ വാഗ്മിയും ആയിരിക്കും.

ഖേ - ബുധൻ പത്തിൽ നിന്നാൽ
സിദ്ധാരംഭ - തുടങ്ങുന്ന കാര്യങ്ങളിലെല്ലാം വിജയിക്കുന്നവനും
സുവിദ്യാ ബല മതി സുഖ സത്കർമ്മ സത്യാന്വിത - വിദ്യ, ബലം, ബുദ്ധി, സുഖം, സൽകർമ്മം, സത്യസന്ധത എന്നിവയോടുകൂടി ആയിരിക്കും.

ലാഭഗേ - ബുധൻ പതിനൊന്നിൽ നിന്നാൽ
ബഹു ആയു - ധാരാളം ആയുസ്സുള്ളവനും
സത്യസന്ധോ - സത്യസന്ധനും

അന്ത്യേ - ബുധൻ പന്ത്രണ്ടിൽ നിന്നാൽ
ദീനോ - ദീനനും
വിദ്യാവിഹീന - പഠിപ്പില്ലാത്തവനായും
പരിഭവസഹിതോ - അവമാനിതനും
നൃശംസോ - ക്രൂരനും
അലസ - അലസനും ആയിരിക്കും.

5. വ്യാഴം

ഗുരു ശുഭനായതിനാൽ ദുസ്ഥാനങ്ങളായ 3, 6, 8, 12 ഒഴിച്ചുള്ള ഭാവങ്ങളിൽ, അതായത് 1, 2, 4, 5, 7, 9, 10, 11 ഭാവങ്ങളിൽ, നല്ല ഫലം ചെയ്യും.

(14)
ശോഭാവാൻ സുകൃതീ ചിരായുരഭയോ ലഗ്നേ ഗുരൗ സാത്മജോ
വാഗ്മീ ഭോജനസാരവാംശ്ച സുമുഖോ വിത്തേ ധനീ കോവിദഃ
സാവജ്ഞഃ കൃപണഃ പ്രതീതസഹജഃ ശൗര്യേ ƒ ഘകൃത് ദുഷ്ടധീർ-
ബ്ബന്ധൗ മാതൃസുഹൃത്പരിച്ഛദസുതസ്ത്രീസൗഖ്യധാന്യാന്വിതഃ.

ലഗ്നേ ഗുരൗ - ഗുരു ലഗ്നത്തിൽ നിന്നാൽ

ശോഭാവാൻ - ശരീരകാന്തിയുള്ളവനും
സുകൃതീ - പുണ്യവാനും
ചിരായു - ദീർഘായുസ്സുള്ളവനും
അഭയോ - നിർഭയനും
സാത്മജോ - പുത്രന്മാരുള്ളവനും ആയിരിക്കും.

വിത്തേ - ഗുരു രണ്ടിൽ നിന്നാൽ
വാഗ്മീ - വാഗ്മിയും
ഭോജനസംഭവാംശ്ച - നല്ല ഭക്ഷണത്തിൽ തൽപരനും
സുമുഖോ - സുമുഖനും
ധനീ - ധനികനും
കോവിദ - വിദ്വാനും ആയിരിക്കും.

ശൗര്യേ - ഗുരു മൂന്നിൽ നിന്നാൽ
സാവജ്ഞഃ - അവജ്ഞയോടുകൂടിയവനും (നിന്ദിതനും)
കൃപണ - പിശുക്കനും
പ്രതീതസഹജ - പ്രസിദ്ധനായ സഹോദരനോടു കൂടിയവനും
അഘകൃത് - പാപങ്ങൾ ചെയ്യുന്നവനും
ദുഷ്ടധീ - ദുർബ്ബുദ്ധിയും ആകും.

ബന്ധൗ - ഗുരു നാലിൽ നിന്നാൽ
മാതൃ - മാതാവ്,
സുഹൃത് - സുഹൃത്തുക്കൾ
പരിച്ഛദം - പരിവാരം
സുതസ്ത്രീസൗഖ്യധാന്യആന്വിതഃ - മക്കൾ, ഭാര്യ, സുഖം, ധാന്യസമൃദ്ധി എന്നിവയോടു കൂടിയവൻ ആയിരിക്കും.

(15)
പുത്രൈഃ ക്ലേശയുതോ മഹീശസചിവോ ധീമാൻ സുതസ്ഥേ ഗുരൗ
ഷഷ്ഠേ സ്യാദലസോƒ രിഹാ പരീഭവീ മന്ത്രാഭിചാരേ പടുഃ
സത്പത്നീസുതവാൻ മദേƒ തിസുഭഗസ്താതാദുദാരോƒധികോ
ദീനോ ജീവതി സേവയാ കലുഷഭാഗ് ദീർഘായുരിഷ്ടോƒഷ്ടമേ.

സുതസ്ഥേ ഗുരൗ - ഗുരു അഞ്ചിൽ നിന്നാൽ
പുത്രൈഃ ക്ലേശയുതോ - പുത്രദുഃഖം (കാരകൻ ഭാവത്തിൽ)
മഹീശസചിവോ,ധീമാൻ - രാജമന്ത്രിയും ബുദ്ധിമാനും ആയിരിക്കും.

ഷഷ്ഠേ - ഗുരു ആറിൽ നിന്നാൽ
അലസോ അരിഹാ പരീഭവീ മന്ത്രാഭിചാരേ പടു
- അലസനും ശത്രുക്കളെ നശിപ്പിക്കുന്നവനും നിന്ദിതനും (അപമാനിതനും) മന്ത്രവാദം, ആഭിചാരം ഇവകളിൽ സമർത്ഥനും ആയിരിക്കും.

എന്റെ ജാതകത്തിൽ ലഗ്നാധിപനായ ഗുരു ആറാംഭാവമായ ചിങ്ങത്തിലാണ് സ്ഥിതി.. 28-04-1972 മുതൽ 28-4-1988വരെയായിരുന്നു വ്യാഴദശ. ഈ ജാതകത്തിൽ ഏറ്റവും ദുർബ്ബലമായ ഗ്രഹമാണ് ഗുരു, (ഷഡ് ബലം 0.73) ലഗ്നാധിപനായിട്ടും, കേന്ദ്രാധിപത്യവും ദുസ്ഥാനസ്ഥിതിതിയും വ്യാഴത്തെ ദുർബ്ബലനാക്കിക്കളഞ്ഞു എന്നാണ് അനുഭവം.

മദേ	-	ഗുരു ഏഴിൽ നിന്നാൽ
സത്പത്നീ സുതവാൻ	-	നല്ല ഭാര്യയോടും പുത്രന്മാരോടുംകൂടിയവനും*അതി*
സുഭഗ	-	വളരെ സുന്ദരനും
താതാത് അധികോ ഉദാരോ	-	അച്ഛനേക്കാൾ അധികംദാനശീലനും ആയിരിക്കും.

അഷ്ടമേ	-	ഗുരു എട്ടിൽ നിന്നാൽ
ദീനോ	-	ദീനനും
ജീവതി സേവയാ	-	മറ്റുള്ളവരെ സേവിച്ചു ജീവിക്കുന്നവനും
കലുഷഭാഗ്	-	പാപംചെയ്യുന്നവനും
ദീർഘായു	-	ദീർഘായുസ്സുള്ളവനും
ഇഷ്ടേ:	-	പ്രിയപ്പെട്ടവനും ആയിരിക്കും.

(16)
ഖ്യാതഃ സൻ സചിവഃ ശുഭേ *f* ർത്ഥസുതവാൻ
സ്വാദ്ധർമ്മകാര്യോൽസുകഃ
സ്വാചാരഃ സുയശാ നഭസ്യതിധനീ
ജീവേ മഹീശപ്രിയഃ
ആയസ്ഥേ ധനികോ -*f* ഭയോ ഉൽപ്പതനയോ
ജൈവാതൃകോ യാനഗോ
ദ്വേഷ്യോ ധിക്കൃതവാക് വ്യയേ വിതനയഃ
സാഘോ -*f* ലസഃ സേവകഃ.

ശുഭേ	-	ഗുരു ഒമ്പതിൽ നിന്നാൽ
ഖ്യാത	-	പ്രസിദ്ധനും
സചിവ	-	മന്ത്രിയും
അർത്ഥസുതവാൻ	-	ധനവും മക്കളും ഉള്ളവനും
ധർമ്മകാര്യോത്സുക	-	ധാർമ്മികകാര്യങ്ങളിൽ താൽപ്പര്യമുള്ള വനും ആയിരിക്കും.

നഭസി ജീവേ	-	ഗുരു പത്തിൽ നിന്നാൽ
സ്വാചാര	-	സ്വആചാരം, സ്വകർമ്മം, അനുഷ്ഠിക്കുന്നവനും
സുയശാ	-	നല്ല യശസ്സോടുകൂടിയവനും
അതിധനീ	-	വളരെ ധനവാനും
മഹീശപ്രിയ	-	രാജാവിനു പ്രിയമുള്ളവനും ആയിരിക്കും.

ആയസ്ഥേ	-	ഗുരു പതിനൊന്നിൽ നിന്നാൽ
ധനികോ	-	ധനികനും
അഭയോ	-	ഭയമില്ലാത്തവനും

അല്പതനയോ	-	മക്കൾ കുറഞ്ഞവനും
ജൈവാതൃകോ	-	വളരെ ആയുസ്സുള്ളവനും
യാനകോ	-	വാഹനങ്ങളുള്ളവനും ആയിരിക്കും.
വ്യയേ	-	ഗുരു പന്ത്രണ്ടിൽ നിന്നാൽ
ദ്വേഷ്യോ	-	ദ്വേഷ്യമുള്ളവൻ
ധിക്കാരവാക്	-	ധിക്കാരത്തോടെ സംസാരിക്കുന്നവൻ
വിതനയ	-	മക്കളില്ലാത്തവനും
സാഘ - സഅഘ	-	അഘത്തോടുകൂടിയവൻ - പാപിയും
അലസ	-	അലസനും
സേവക	-	സേവകനും ആയിരിക്കും.

ശുക്രൻ

3, 6, 7 ഒഴിച്ചുള്ള ഭാവങ്ങളിൽ ശുക്രൻ ശുഭഫലം നൽകും.

(17)

തനൗ സുതനു ദൃക്പ്രിയം സുഖിനമേവ ദീർഘായുഷം
കരോതി കവിരർത്ഥഗഃ കവിമനേകവിത്താന്വിതം
വിദാരസുഖസമ്പദം കൃപണമപ്രിയം വിക്രമേ
സുവാഹനഗൃഹം സുമാഭരണവസ്ത്രഗന്ധം സുഖേ.

തനൗ	-	ശുക്രൻ ലഗ്നത്തിൽ നിന്നാൽ
സുതനു	-	നല്ല (സുന്ദരമായ) ശരീരം
ദൃക്പ്രിയം	-	കാഴ്ചയ്ക്കു പ്രിയങ്കരം
സുഖിനം ഏവ	-	സുഖങ്ങൾ അനുഭവിക്കുന്നവനും
ദീർഘായുഷം	-	ദീർഘായുസ്സുള്ളവനും ആയിരിക്കും.
കവി അർത്ഥഗ	-	ശുക്രൻ രണ്ടിൽ നിന്നാൽ
കവി	-	കവിയായും
അനേകവിത്താന്വിതം	-	വളരെ ധനമുള്ളവനായും ഭവിക്കും.
വിക്രമ	-	ശുക്രൻ മൂന്നിൽ നിന്നാൽ
വിദാരസുഖസമ്പദം	-	ഭാര്യയും സുഖവും സമ്പത്തും ഇല്ലാത്തവനായും
കൃപണം	-	പിശുക്കനായും
അപ്രിയം	-	പ്രിയങ്കരമല്ലാത്തവനായും ഭവിക്കും.
സുഖേ	-	ശുക്രൻ നാലിൽ നിന്നാൽ

സുവാഹന ഗൃഹം സുമ ആഭരണ വസ്ത്ര ഗന്ധം - നല്ല വാഹനം, വീട്, പൂക്കൾ, ആഭരണം, വസ്ത്രം, സുഗന്ധദ്രവ്യങ്ങൾ എന്നിവ ഉള്ളവനായിരിക്കും.

(18)

അഖണ്ഡിതധനം നൃപം സുമതിമാത്മജേ സാത്മജം
വിശത്രുമധനം ക്ഷതേ യുവതിദൂഷിതം വിക്ലബം

സഭാര്യമസതീരതം മൃതകളത്രമാഢ്യം മദേ
ചിരായുഷമിളാധിപം ധനിനമഷ്ടമേ സംസ്ഥിതഃ.

ആത്മജേ	-	ശുക്രൻ അഞ്ചിൽ നിന്നാൽ
അഖണ്ഡിതധനം	-	അളവറ്റ ധനമുള്ളവനും
നൃപം	-	രാജാവും
സുമതി	-	ബുദ്ധിമാനും
സ ആത്മജം	-	മക്കളുള്ളവനും ആയിരിക്കും.
ക്ഷതേ	-	ശുക്രൻ ആറിൽ നിന്നാൽ
വിശത്രു	-	ശത്രുക്കളില്ലാത്തവനും
അധനം	-	ധനമില്ലാത്തവനും
യുവതിദൂഷിതം	-	യുവതികളാൽ ദുഷിക്കപ്പെടുന്നവനും (യുവതികളെ ദോഷപ്പെടുത്തു വനും)
വിക്ലബം	-	ദുഖിതനും
മദേ	-	ശുക്രൻ ഏഴിൽ നിന്നാൽ
സഭാര്യ	-	ഭാര്യയോടുകൂടിയവനായും
അസതീരതം	-	ചീത്തസ്ത്രീകളുമായി ബന്ധമുള്ളവനായും
മൃതകളത്രമൗഢ്യം	-	ഭാര്യ മരിച്ച വിഷമത്തോടു കൂടിയവനും (കാരകൻ ഭാവത്തിൽ) ആയിരിക്കും.
അഷ്ടമേ സംസ്ഥിത	-	ശുക്രൻ എട്ടിൽ നിന്നാൽ
ചിരായുഷ്മ	-	ദീർഘായുസ്സുള്ളവനും
ഇളാധിപം	-	രാജാവും (ഭൂവുടമ എന്നുമാകാം.)
ധനിന	-	ധനവാനും ആയി ഭവിക്കും.

(19)

സദാരസുഹൃദാത്മജം ക്ഷിതിപലബ്ധഭാഗ്യം ശുഭേ
നഭസ്യതിയശഃ സുഹൃത്സുഖദ[1]വൃത്തിയുക്തം പ്രഭും
ധനാഢ്യമിതരാംഗനാരതമനേകസൗഖ്യം ഭവേ
ഭൃഗുർജ്ജനയതി വ്യയേ സരതിസൗഖ്യവിത്തദ്യുതിം.

(1) പാഠഭേദം - സുഹൃദ

ശുഭേ	-	ശുക്രൻ ഒമ്പതിൽ നിന്നാൽ
സദാരസുഹൃദാത്മജം	-	ഭാര്യ, സുഹൃത്തുക്കൾ, മക്കൾ എന്നിവരോടുകൂടിയവനും
ക്ഷിതിപ ലബ്ധം ഭാഗ്യം	-	രാജാവിൽ നിന്നും ലഭിച്ച ഭാഗ്യത്തോടു കൂടിയവനും ആയിരിക്കും.
നഭസി	-	ശുക്രൻ പത്തിൽ നിന്നാൽ

അതിയശ സുഹൃത് സുഖദവൃത്തി യുക്തം - വളരെ കീർത്തിയും സുഹൃത്തുക്കളും സുഖമായിട്ടിരിക്കുന്നവനും / നല്ല ജോലി ഉള്ളവനും ആയിരിക്കും.

ഭവേ - ശുക്രൻ പതിനൊന്നിൽ നിന്നാൽ
ധനാഢ്യ - ധനികനും
ഇതര അംഗനാരതം - പരസ്ത്രീബന്ധമുള്ളവനും
അനേകസൗഖ്യം - പലവിധ സുഖങ്ങളും അനുഭവിക്കുന്നവനും ആയിരിക്കും.

ഭൃഗു വ്യയേ - ശുക്രൻ പന്ത്രണ്ടിൽ നിന്നാൽ
സരതിസൗഖ്യ - രതിസുഖം (സ്ത്രീസുഖം)
വിത്ത - ധനം
ദ്യുതിം - ദേഹകാന്തി ഇവയുള്ളവനായിരിക്കും.

ശനി

പാപനായ ശനി 3,6,10,11 ഭാവങ്ങളിലാണ് ഗുണം ചെയ്യുക. ശനി നിൽക്കുന്നത് ലഗ്നത്തിലാണെങ്കിൽ, ആ ലഗ്നം തന്റെ രാശിയോ (മകരം, കുംഭം) ഉച്ചമോ (തുലാം) ആണെങ്കിൽ, നല്ല ഫലം പ്രതീക്ഷിക്കാം.

(20)

സ്വോച്ചേ സ്വകീയഭവനേ ക്ഷിതിപാലതുല്യോ
ലഗ്നേ *f* ർക്കജേ ഭവതി ദേശപുരാധിനാഥഃ
ശേഷേഷു ദുഃഖപരിപീഡിത ഏവ ബാല്യേ
ദാരിദ്ര്യദുഃഖവശഗോ മലിനോ *f* ലസശ്ച.

ലഗ്നേ അർക്കജേ - ശനി ലഗ്നത്തിൽ നിന്നാൽ, ആ ലഗ്നം
സ്വോച്ചേ - ശനിയുടെ ഉച്ചരാശിയോ (തുലാം)
സ്വകീയഭവനേ - ശനിയുടെ സ്വക്ഷേത്രമോ (മകരം, കുംഭം) ആണെങ്കിൽ
ക്ഷിതിപാലതുല്യോ - രാജതുല്യനായി
ദേശപുരാധിനാഥഃ - ദേശത്തിന്റെയോ പുരത്തിന്റെയോ നാഥനായി
ഭവതി - ഭവിക്കുന്നു.

ശേഷേഷു - ശേഷം രാശികൾ ലഗ്നമായി ശനി അതിൽ നിന്നാൽ
ദുഃഖപരിപീഡിത ഏവ ബാല്യേ - ബാല്യത്തിൽ വളരെ ദുഖങ്ങൾ അനുഭവിക്കേണ്ടി വരുന്നവനും
ദാരിദ്ര്യദുഃഖവശഗോ മലിനോലസശ്ച - ദരിദ്രനും മലിനനും അലസനും ആയിരിക്കും.

(21)

വിമുഖമധനമർത്ഥേ *f* ന്യായവന്തം[1] ച പശ്ചാ-
ദിതരജനപഥസ്ഥം യാന[2] ഭോഗാർത്ഥയുക്തം
വിപുലമതിമുദാരം ദാരസൗഖ്യം ച ശൗര്യേ
ജനയതി രവിപുത്രശ്ചാലസം വിക്ലബഞ്ച.

പാഠഭേദം: (1) *ന്യായവന്തം* (2) *ന്യായം*

അർത്ഥേ	-	ശനി രണ്ടിൽ നിന്നാൽ
വിമുഖം	-	വിമുഖനും (ശ്ലോകം 8 കാണുക)
അധനം	-	ധനമില്ലാത്തവനും
അന്യായവന്ത	-	ന്യായം നോക്കാത്തവനും

(പാഠഭേദം: *ന്യായവന്തം* - ന്യായവാൻ)

പശ്ചാത്	-	പിന്നീട്
ഇതരജനപഥസ്ഥം	-	മറുനാട്ടിൽ കഴിയേണ്ടി വരും
യാനഭോഗാർത്ഥയുക്തം	-	(അപ്പോൾ) വാഹനം, സുഖം, ധനം എന്നിവ ഉണ്ടാവുകയും ചെയ്യും.

ശൗര്യേ രവിപുത്ര	-	ശനി മൂന്നിൽ നിന്നാൽ
വിപുലമതി	-	വലിയ ബുദ്ധിമാനും (ഉദാരമതിയും)
ഉദാരം	-	ദാനശീലനും
ദാരസൗഖ്യം	-	ഭാര്യാസുഖമുള്ളവനും
അലസം	-	അലസനും
വിക്ലബം	-	ദുഖിതനും ആയിരിക്കും.

(22)

ദുഃഖീ സ്യാദ് ഗൃഹയാന മാതൃവിയുതോ
ബാല്യേ സരുഗ് ബന്ധുഭേ
ഭ്രാന്തോ ജ്ഞാനസുതാർത്ഥഹർഷരഹിതോ
ധീസ്ഥേ ശഠോ ദുർമ്മതിഃ
ബഹ്വാശീ ദ്രവിണാന്വിതോ രിപുഹതോ (നോ)
ധൃഷ്ടശ്ച മാനീ രിപൗ
കാമസ്ഥേ രവിജേ കുദാരനിരതോ
നിസ്വോ f ധ്വഗോ വിഹ്വലഃ.

ബന്ധുഭേ	-	ശനി നാലിൽ നിന്നാൽ
ദുഃഖീ സ്യാത്	-	ദുഖിയായും
ഗൃഹ യാന മാതൃ വിയുതോ	-	വീട്, വാഹനം, അമ്മ ഇവ ഇല്ലാത്തവനായും
ബാല്യേ സരുക്	-	ബാലാരിഷ്ട് ഉള്ളവനായും ഭവിക്കും.

ധീസ്ഥേ	-	ശനി അഞ്ചിൽ നിന്നാൽ
ഭ്രാന്തോ	-	ഭ്രാന്തനും

ജ്ഞാന സുത അർത്ഥ ഹർഷ രഹിതോ

- ജ്ഞാനവും പുത്രരും ധനവും സന്തോഷവും ഇല്ലാത്തവനും

ശഠോ	-	ശഠനും
ദുർമ്മതി	-	ദുർബ്ബുദ്ധിയും ആയിരിക്കും.

രിപൗ	-	ശനി ആറിൽ നിന്നാൽ
ബഹ്വാശീ	-	തീറ്റപ്രിയനും
ദ്രവിണാന്വിതോ	-	ധനികനും

രിപുഹതോ - ശത്രുക്കളെ ജയിക്കുന്നവനും
ധൃഷ്ടശ്ച - ധീരനും
മാനീ - അഭിമാനിയും ആയിരിക്കും.

കാമസ്ഥേ രവിജേ - ശനി ഏഴിൽ നിന്നാൽ
കുദാരനിരതോ - ചീത്ത ഭാര്യയിൽ നിരതനും
നിസ്വോ - ദരിദ്രനും
അദ്ധ്വഗോ - നടന്നലയുന്നവനും
വിഹ്വല - പേടിച്ചവനും ആയിരിക്കും.

(23)
ശനൈശ്ചരോ മൃതിസ്ഥിതേ മലീമസോഽർശസോഽവസുഃ
കരാളധീർബുഭുക്ഷിതഃ സുഹൃജ്ജനാവമാനിതഃ.

ശനൈശ്ചരേ മൃതിസ്ഥിതേ - ശനി എട്ടിൽ നിന്നാൽ
മലീമസോ - മലിനനും
അർശസോ - അർശസ്സുള്ളവനും
അവസു - ധനമില്ലാത്തവനും
കരാളധീ - *ഭയങ്കര*ബുദ്ധിയോടുകൂടിയവനും
ബുഭുക്ഷിത - വിശപ്പടങ്ങാത്തവനും
സുഹൃജ്ജനാവമാനിത - സുഹൃത്തുക്കളാൽ അവമാനിക്കപ്പെടുന്നവനും ആയിരിക്കും.

(24)
ഭാഗ്യാർത്ഥാത്മജതാതധർമ്മരഹിതോ മന്ദേ ശുഭേ ദുർജ്ജനോ
മന്ത്രീ വാ നൃപതിർദ്ധനീ കൃഷിപരഃ ശൂരഃ പ്രസിദ്ധോഽംബരേ
ബഹ്വായുഃ സ്ഥിരസമ്പദായചരിതേ[(1)] ശൂരോ വിരോഗോ ധനീ
നിർല്ലജ്ജാർത്ഥസുതോ വ്യയേഽംഗവികലോ മൂർഖോ രിപുത്സാരിതഃ
(1) പാഠഭേദം - *സഹിതേ*

മന്ദേ ശുഭേ - ശനി ഒമ്പതിൽ നിന്നാൽ
ഭാഗ്യ - ഭാഗ്യം
അർത്ഥ - ധനം
ആത്മജ - മക്കൾ
താത - അച്ഛൻ
ധർമ്മ - ധർമ്മം
രഹിതോ - ഇവയില്ലാത്തവനായും
ദുർജ്ജനോ - ദുർജ്ജനമായും ഭവിക്കും.

അംബരേ - ശനി പത്തിൽ നിന്നാൽ
മന്ത്രീ - മന്ത്രി
വാ - അല്ലെങ്കിൽ
നൃപതി - രാജാവും
ധനീ - ധനികനും

കൃഷ്.പര - കർഷകനും
ശൂര - ശൂരനും
പ്രസിദ്ധോ - പ്രസിദ്ധനും ആയിരിക്കും.

ആയചരിതേ (സഹിതേ) - ശനി പതിനൊന്നിൽ നിന്നാൽ
ബഹ്വായു - വളരെ ആയുസ്സുള്ളവനും
സ്ഥിരസമ്പത് - നശിക്കാത്ത സ്വത്തുള്ളവനും (സ്ഥിരവരുമാനമുള്ളവനും)
ശൂരോ - ശൂരനും
വിരോഗോ (വിരോഗീ) - രോഗങ്ങളില്ലാത്തവനും
ധനീ - ധനികനും ആയിരിക്കും.

വ്യയേ - ശനി പന്ത്രണ്ടിൽ നിന്നാൽ
നിർല്ലജ്ജാർത്ഥ സുതോ - നാണം, ധനം, മക്കൾ ഇവ ഇല്ലാത്തവനും
അംഗവി.കലോ - വികലാംഗനും
മൂർഖോ - വിവരമില്ലാത്തവനും
രിപുത്സ:ര.ത - ശത്രുക്കളാൽ തോൽപ്പിക്കപ്പെട്ടവനും ആകും.

രാഹു

രാഹുവും കേതുവും 3, 6, 11 ഭാവങ്ങളിലാണ് ഗുണം ചെയ്യുക.

(25)

ലഗ്നേ *f* ഹാവ ചിരായുരർത്ഥബലവാനൂർദ്ധ്വാംഗരോഗാന്വിത-
ച്ഛന്നോക്തിർമുഖരുഗ് വ്രണീ നൃപധനീ വിത്തേ സരോഷഃ സുഖീ
മാനീ ഭ്രാതൃവിരോധകോ ദൃഢമതിഃ ശൗര്യേ ചിരായുർദ്ധനീ
മൂർഖോ വേശ്മനിദുഃഖകൃത് സസുഹൃദൽപ്പായുഃകദാചിത് സുഖീ

ലഗ്നേ ള ഹാവ - രാഹു ലഗ്നത്തിൽ നിന്നാൽ
അചിരായു - ആയുസ്സു കുറഞ്ഞവനും
അർത്ഥ ബലവാൻ - ധനം, ബലം ഇവയുള്ളവനും
ഊർദ്ധ്വാംഗരോഗാന്വിത - ശിരോരോഗിയും ആകും.

വിത്തേ - രാഹു രണ്ടിൽ നിന്നാൽ
ഛന്നോക്തി - മറച്ചുവെച്ചു സംസാരിക്കുന്നവനും
മുഖരുക് - മുഖരോഗങ്ങളുള്ളവനും
വ്രണീ - വ്രണമുള്ളവനും
നൃപധനീ - രാജധനത്തോടുകൂടിയവനും
സരോഷ - ദ്വേഷ്യക്കാരനും
സുഖീ - സുഖിയായും ഭവിക്കും.

ശൗര്യേ - രാഹു മൂന്നിൽ നിന്നാൽ
മാനീ - അഭിമാനിയും
ഭ്രാതൃവിരോധകോ - സഹോദരന്മാർക്കു വിരോധം ചെയ്യുന്നവനും

ദൃഢമതി	-	ഉറച്ച മനസ്സുള്ളവനും
ചിരായു	-	ദീർഘായുസ്സുള്ളവനും
ധനീ	-	ധനികനും ആയിരിക്കും.

വേശ്മനി	-	രാഹു നാലിൽ നിന്നാൽ
മൂർഖോ	-	മൂർഖനും (അറിവില്ലാത്തവനും)
ദുഃഖകൃത്	-	വീട്ടിൽ ദുഖങ്ങളുണ്ടാക്കുന്നവനും
സസുഹൃദ്	-	സുഹൃത്തുക്കളുള്ളവനും
അൽപായു	-	അൽപായുസ്സും
കദാചിത് സുഖീ	-	ചിലപ്പോൾ സുഖിയും ആയിരിക്കും.

(26)

നാസോദ്വദ്വചനോ സുതേ കഠിനഹൃദ്രാഹോ സുതേ കുക്ഷിരുക്
ദ്വിട്ക്രൂരഗ്രഹപീഡിതഃ സഗുദരുക് ശ്രീമാൻ ചിരായുഃ ക്ഷതേ
സ്ത്രീസംഗാദധനോ മദേ ച വിധുരോ *f* വീര്യസ്വതന്ത്രോ *f* ൽപധീ
രന്ധ്രേ *f* ൽപായുരശുദ്ധികൃച്ച വികലോ വാതാമയോ *f* ൽപാത്മജഃ.

രാഹൗ സുതേ	-	രാഹു അഞ്ചിൽ നിന്നാൽ
നാസോദ്വദ്വചനോ	-	മൂക്കുകൊണ്ടു സംസാരിക്കുന്നവനും
അസുതോ	-	മക്കളില്ലാത്തവനും
കഠിനഹൃത്ത്	-	കഠിനഹൃദയനും
കുക്ഷിരുക്	-	ഉദരരോഗിയും ആയിരിക്കും.

ക്ഷതേ	-	രാഹു ആറിൽ നിന്നാൽ
ദ്വിട്ക്രൂരഗ്രഹപീഡിത	-	ശത്രു- ക്രൂരഗ്രഹങ്ങളാൽ പീഡിക്കപ്പെടുന്നവനും
ഗുദരുക്	-	ഗുദ (മൂലക്കുരു) രോഗിയായും
ശ്രീമാൻ	-	ശ്രീമാനായും (ധനികനായും)
ചിരായു	-	ദീർഘായുസ്സുള്ളവനായും ഭവിക്കും.

മദേ	-	രാഹു ഏഴിൽ നിന്നാൽ
സ്ത്രീസംഗാദധനോ	-	സ്ത്രീബന്ധംമൂലം നിർദ്ധനനാകുന്നവനും
വിധുരോ	-	ഭാര്യ മരിച്ചവനും
അവീര്യ	-	വീര്യം ഇല്ലാത്തവനും
സ്വതന്ത്രോ	-	സ്വതന്ത്രനും
അൽപധീ	-	അൽപബുദ്ധിയും ആയിരിക്കും.

രന്ധ്രേ	-	രാഹു എട്ടിൽ നിന്നാൽ
അൽപായു	-	ആയുസ്സുകുറഞ്ഞവനും
അശുദ്ധികൃത്	-	അശുദ്ധമാക്കുന്നവനും
വികലോ	-	വികലനും
വാതാമയ	-	വാതരോഗിയും
അൽപാത്മജ	-	മക്കൾ കുറഞ്ഞവനും ആയിരിക്കും.

(27)

ധർമ്മസ്ഥേ പ്രതികൂലവാഗ്ഗണപുരഗ്രാമാധിപോƒ പുണ്യവാൻ
ഖ്യാതഃ ഖേƒ ൽപ്പസുതോƒ ന്യകാര്യനിരതഃ സൽക്കർമ്മഹീനോ ƒ ഭയഃ
ശ്രീമാന്നാതിസുതശ്ചിരായുരസുരേ ലാഭേ സകർണ്ണാമയഃ
പ്രഛന്നാഘരതോ ബഹുവ്യയകരോ രിഫേƒ ംബുരുക്പീഡിതഃ.

ധർമ്മസ്ഥേ	-	രാഹു ഒമ്പതിൽ നിന്നാൽ
പ്രത്:കൂലവ:ക്	-	എതിർപറയുന്നവനും
ഗണ:പു:ര:ഗ്ര:മ:ധിപോ	-	ഗണം,പുരം,ഗ്രാമം എന്നിവയുടെ അധിപനും
അപുണ്യവാൻ	-	പുണ്യം(ഭാഗ്യം/ധർമ്മം)ഇല്ലാത്തവനുംആയിരിക്കും.

ഖേ	-	രാഹു പത്തിൽ നിന്നാൽ
ഖ്യാത	-	പ്രശസ്തനും
അൽഷസുത	-	മക്കൾ കുറഞ്ഞവനും
അന്:,ക:ര്യന്:രത	-	മറ്റുള്ളവരുടെ കാര്യങ്ങളിൽ നിരതനും
സൽക്കർമ്മഹ്:ന്:ോ	-	സത്കർമ്മങ്ങൾ ചെയ്യാത്തവനും
അഭയ	-	നിർഭയനും ആയിരിക്കും.

അസുരേ ലാഭേ	-	രാഹു പതിനൊന്നിൽ നിന്നാൽ
ശ്രീമാൻ	-	ധനവാനും
ന അത്:സുത	-	അധികം മക്കൾ ഇല്ലാത്തവനും
ച്:ര:യു	-	ദീർഘായുസ്സുള്ളവനും
കർണ്ണ:മയ	-	ചെവിരോഗത്തോടുകൂടിയവനും ആകും.

രിഫേ	-	രാഹു പന്ത്രണ്ടിൽ നിന്നാൽ
പ്രച്ഛന്ന അഘ രതോ	-	രഹസ്യമായി പാപങ്ങൾ ചെയ്യുന്നവനും
ബഹുവ്യയകരോ	-	വലിയ ചിലവുകാരനും
അംബു്രുക്പ്:ഡ്:ത	-	ജലദോഷത്താൽ വിഷമിക്കുന്നവനും ആയിരിക്കും.

(28)

ലഗ്നേ കൃതഘ്നമസുഖം പിശുനം വിവർണ്ണം
സ്ഥാനച്യുതിം വികലദേഹമസത്സഭാജം [(1)]
വിദ്യാർത്ഥഹീനമധമോക്തിയുതം കുദൃഷ്ടിം
പാപഃ [(2)] പരാന്നനിരതഃ കുരുതേ ധനസ്ഥഃ.

പാഠഭേദം : (1) *മസതദ്മഭാജം,* (2) *പ:തഃ*

കേതു

പാപ (പാതഃ)	-	കേതു
ലഗ്നേ	-	ലഗ്നത്തിൽ നിന്നാൽ
കൃതഘ്ന	-	നന്ദികെട്ടവനും
അസുഖം	-	സുഖമില്ലാത്തവനും
പിശുന്ം	-	ക്രൂരനും / നുണയനും

വിവർണ്ണം	-	നിറഭേദമുള്ളവനും
സ്ഥ:ന.ച്യുതം	-	സ്ഥാനഭ്രഷ്ടനും
വികലദേഹ	-	വികലാംഗനും
അസത് സഭാജം	-	അയോഗ്യരുമായുള്ള കൂട്ടുകെട്ടുള്ളവനും(ആയിരിക്കും.)

ധ.ന.സ്ഥ	-	കേതു രണ്ടിൽ നിന്നാൽ
വിദ്യാർത്ഥഹീ:ന	-	പഠിപ്പും പണവും ഇല്ലാത്തവനും
അ:ധമോ:ക്തി:യുതം	-	അസഭ്യം പറയുന്നവനും
കുദൃഷ്ടിം	-	ദൃഷ്ടിക്കു തകരാറുള്ളവനും
പര:ന്ന.ന്:രത	-	അന്യന്റെ ഭക്ഷണംകൊണ്ടു കഴിയുന്നവനും ആയിരിക്കും.

(29)

ആയുർബ്ബലം ധനയശഃ പ്രമദാന്നസൗഖ്യം
കേതൗ തൃതീയഭവനേ സഹജപ്രണാശം
ഭൂക്ഷേത്രയാനജനനീസുഖജന്മഭൂമിം
നാശം സുഖേ പരഗൃഹസ്ഥിതിമേവ പാപഃ

കേതൗ തൃതീ:യഭവനേ	-	കേതു മൂന്നിൽ നിന്നാൽ
ആയുർബ്ബലം	-	ആയുസ്സ്
ധ.ന	-	ധനം
യശ	-	പ്രശസ്തി
പ്രമദാ അന്ന സൗഖ്യം	-	സ്ത്രീസുഖം, ഭക്ഷണസുഖം
സഹ.ജപ്രണാശം	-	സഹോദരനാശം എന്നിവ ഫലം.

സുഖേ	-	കേതു നാലിൽ നിന്നാൽ
ഭൂ	-	ഭൂസ്വത്ത്
ക്ഷേത്ര	-	വീട്
യ:ന	-	വാഹനം
ജ.ന.നീ	-	മാതാവ്
സുഖ	-	സുഖം
ജന്മഭൂമി	-	ജനിച്ച നാട്
ന.ാശം	-	(ഇവയ്ക്കു) നാശം,
പരഗൃഹസ്ഥി.തി.മേവ	-	അന്യഗൃഹവാസം എന്നിവ ഫലം.

(പാപനായ കേതു നാലിൽ നിന്നാൽ ഗൃഹസുഖത്തിനു വിഘാത.മുണ്ടാകും എന്നു സാരം.

(30)

പുത്രക്ഷയം ജഠരരോഗപിശാചപീഡാം
ദുർബ്ബുദ്ധിമാത്മനി ഖലപ്രകൃതിം ച പാപഃ (പാതഃ)
ഔദാര്യമുത്തമഗുണം ദൃഢതാം പ്രസിദ്ധിം
ഷഷ്ഠേ പ്രഭുത്വമരിവർദ്ധന[1] മിഷ്ടസിദ്ധിം.

ആത്മനി - കേതു അഞ്ചിൽ നിന്നാൽ
പുത്രക്ഷയം - സന്തതീനാശം
ജഠരരോഗ - ഉദരരോഗം
പിശാചപീഡാം - ദുർമ്മൂർത്തി ബാധ
ദുർബ്ബുദ്ധി - പിഴച്ച ബുദ്ധി
ഖലപ്രകൃതി - ദുഷ്ടപ്രകൃതി (ഇവ ഫലം.)

ഷഷ്ഠേ - കേതു ആറിൽ നിന്നാൽ
ഔദാര്യ - ഉദാരത
ഉത്തമഗുണം - സദ്ഗുണം
ദൃഢതാം - ദാർഢ്യം
പ്രസിദ്ധി - പ്രശസ്തി
പ്രഭുത്വ - പ്രഭുത്വം,
അരിമർദ്ദനം * - ശത്രുജയം
ഇഷ്ടസിദ്ധിം - ഇഷ്ടലാഭം (ഇവ ഫലം.)
(1) പാഠഭേദം: * *അരിവർദ്ധനം* - ശത്രുവർദ്ധന

(31)
ദ്യൂനേ f വമാനമസതീരതിമാന്ത്രരോഗം
പാപ(ത) സ്വദാരവിയുതിം മദധാതുഹാനിം
സ്വൽപായുരിഷ്ടവിരഹം കലഹം ച രന്ധ്രേ
ശസ്ത്രക്ഷതം സകലകാര്യവിരോധമേവ.

ദ്യൂനേ - കേതു ഏഴിൽ നിന്നാൽ
അവമാന - അവമാനം
അസതീരതി - ചീത്ത സ്ത്രീകളുമായി ബന്ധം
ആന്ത്രരോഗം - ആന്ത്രവൃദ്ധി
സ്വദാരവിയുതിം - ഭാര്യയോടു പിരിഞ്ഞിരിക്കുക
മദധാതുഹാനിം - വീര്യനഷ്ടം ഇവ ഫലം.
രന്ധ്രേ - കേതു എട്ടിൽ നിന്നാൽ
സ്വൽപായു - അൽപായുസ്സ്
ഇഷ്ടവിരഹം - ഇഷ്ടപ്പെട്ടവരെ പിരിഞ്ഞിരിക്കേണ്ടി വരിക
കലഹം - വഴക്ക്
ശസ്ത്രക്ഷത - ആയുധങ്ങൾകൊണ്ടു മുറിവ്
സകലകാര്യവിരോധമേവ - എല്ലാത്തിലും തടസ്സം (ഇവ ഫലം.)

(32)
പാപപ്രവൃത്തിമശുഭം പിതൃഭാഗ്യഹീനം
ദാരിദ്ര്യമാര്യജനദൂഷണമാഹ ധർമ്മേ
സത്കർമ്മവിഘ്നമശുചിത്വമവദ്യകൃത്യം
തേജോ f ശുഭോ നഭസി ശൗര്യമതിപ്രസിദ്ധിം.

ധർമ്മേ - കേതു ഒമ്പതിൽ നിന്നാൽ

പാപപ്രവൃത്തി - പാപപ്രവർത്തികൾ
അശുഭം - അശുഭം
പിതൃഭാഗ്യഹീനം - അച്ഛനും ഭാഗ്യവും ഇല്ലാതിരിക്കുക
ദാരിദ്ര്യം - ദാരിദ്ര്യം
ആര്യജനദൂഷണം - ശ്രേഷ്ഠനിന്ദ ഇവ ഫലം.

അശുഭോ - അശുഭൻ (കേതു)
നഭസി - പത്തിൽ നിന്നാൽ
സത്കർമ്മവിഘനം - നല്ല കർമ്മങ്ങൾക്കു തടസ്സം
അശുചിത്വം - വൃത്തികേട് / അശുദ്ധം
അവദ്യകൃത്യം - അരുതാത്തതു ചെയ്യുക
തേജോ - തേജസ്സ്
ശൗര്യം - ശൗര്യം
അതിപ്രസിദ്ധി - പേരും പെരുമയും ഇവ ഫലം.

(33)
ലാഭേ ƒ ർത്ഥസഞ്ചയമനേകഗുണം സുഭോഗം
സദ്രവ്യസോപകരണം സകലാർത്ഥസിദ്ധിം [1]
പ്രച്ഛന്നപാപമധമവ്യയമർത്ഥനാശം
രിഫേ വിരുദ്ധഗതിമക്ഷിരുജം ച പാതഃ.
(1) പാഠഭേദം - *സുഭോഗമുദ്യദ്ഗൃഹോപകരണം*

ലാഭേ - കേതു പതിനൊന്നിൽ നിന്നാൽ
അർത്ഥസഞ്ചയം - സമ്പത്ത്
അനേകഗുണം - സദ്ഗുണങ്ങൾ
സുശോഭ - ശരീരകാന്തി
(പാഠഭേദം: *സുഭോഗ* - ഭോഗാനുഭവം)
ഗൃഹോപകരണം - വീട്ടുസാമഗ്രികൾ
സകലാർത്ഥ സിദ്ധിം - ആഗ്രഹിച്ചതെല്ലാം നടക്കുക ഇവ ഫലം.

രിഫേ - കേതു പന്ത്രണ്ടിൽ നിന്നാൽ
പ്രച്ഛന്നപാപം - മറച്ചുവെച്ച പാപം
അധമവ്യയം - ദുർവ്യയം
അർത്ഥനാശം - ധനനാശം
വിരുദ്ധഗതി - വിപരീതബുദ്ധി
അക്ഷിരുജം - നേത്രരോഗം (എന്നിവ ഫലം.)

തമോഗ്രഹമായതിനാൽ ഒരു തികഞ്ഞ പാപനെന്ന നിലയ്ക്കാണ് കേതു വിനെ ക്കൊണ്ടുള്ള ഫലങ്ങൾ ഇവിടെ വിവരിച്ചിട്ടുള്ളത്. ജാതകങ്ങൾ ഒത്തു നോക്കി തയ്യാറാക്കിയതല്ല, ഉള്ള നിയമങ്ങൾ വികസിപ്പിച്ചെടുത്തതാണ് എന്നു വ്യക്തം. ഫലദീപികയുടെ മാത്രമല്ല, എല്ലാ ഫലജ്യോതിഷഗ്രന്ഥങ്ങളുടേയും സ്ഥിതി ഇതുതന്നെയാണ്. എന്നാൽ ആധുനിക ജ്യോതിഷത്തിന്റെ വരവോടെ ഈ അവസ്ഥയ്ക്കു മാറ്റം വന്നിട്ടുണ്ട്. നിയമങ്ങളേക്കാളധികം അനുഭവത്തിന് ഊന്നൽ കൊടുക്കുന്ന ഈ രീതിപ്രകാരം ദാർശനികമായ കാര്യങ്ങളിൽ കേതുവിനു വലിയ സ്വാധീനമുണ്ട്.

10. ഫലപ്രാപ്തി

(34)
ഉദയർക്ഷാംശസ്ഫുടതുല്യാംശേ
നിവസൻ പൂർണ്ണം ഫലമാദ(ധ)ത്തേ
ശനിവദ്രാഹു കുജവത് കേതുഃ
ഫലദാതാ സ്യാദിഹ സംപ്രോക്തഃ.

ഉദയർക്ഷാംശ...   - മേൽപ്പറഞ്ഞ ഫലങ്ങൾ പൂർണ്ണമായി ലഭിക്കണമെങ്കിൽ ഗ്രഹസ്ഥിതി ലഗ്നത്തിൽ ലഗ്നസ്ഫുടത്തിനു തുല്യമാകണം.

ശനി.വദ്രാഹു...   - രാഹു ശനിയെപ്പോലെയും കേതു കുജനെപ്പോലെയും ഫലം നൽകും.

(35)
ഭാവസമാംശകസംസ്ഥാ
ഭാവഫലം പൂർണ്ണമേവ കലയന്തി
ന്യൂനാധികാംശവശതഃ
ഫലവൃദ്ധിർഹ്രാസതാ വാച്യാ.

ഭാവസമാംശക...

- ഗ്രഹസ്ഫുടം ഭാവസ്ഫുടത്തിനു തുല്യമെങ്കിൽ പൂർണ്ണഫലം ലഭിക്കും. ഈ സ്ഫുടങ്ങൾ തമ്മിൽ വ്യത്യാസമുണ്ടെങ്കിൽ ആ വ്യത്യാസമനുസരിച്ച് ഫലത്തിലും മാറ്റം വരും. കൂടാതെ, പൂർണ്ണഫലം കിട്ടണമെങ്കിൽ ഗ്രഹങ്ങൾക്കും ഭാവങ്ങൾക്കും പൂർണ്ണബലം (ഗ്രഹബലവും ഭാവബലവും) വേണം. ബലം കുറയും തോറും ഫലവും കുറയും.

അദ്ധ്യായം 9

പന്ത്രണ്ടു രാശികൾ ലഗ്നമായാലുള്ള ഫലവും ഗ്രഹങ്ങൾ സ്വക്ഷേത്രം, ഉച്ചരാശി മുതലായവയിൻ നിന്നാലുള്ള ഫലങ്ങളും

വിഷയവിവരം

1. മേഷാദി ലഗ്നഫലം
2. ഗ്രഹങ്ങൾ ഉച്ചരാശി, സ്വക്ഷേത്രം തുടങ്ങിയവയിൽ നിന്നാലുള്ള ഫലം.
    1. ഫലങ്ങൾ ചിന്തിക്കേണ്ട വിധം
    2 .ഗ്രഹങ്ങൾ ഉച്ചത്തിൽ
    3. ഗ്രഹങ്ങൾ സ്വക്ഷേത്രത്തിൽ
    4. ഗ്രഹങ്ങൾ മിത്രക്ഷേത്രത്തിൽ
    5. ഗ്രഹങ്ങൾ ശത്രുക്ഷേത്രത്തിൽ
    6. ഗ്രഹങ്ങൾ നീചത്തിൽ
    7. ഗ്രഹത്തിനു മൗഢ്യമുണ്ടെങ്കിൽ
    8. ഗ്രഹങ്ങൾ സമക്ഷേത്രത്തിൽ
    9. ഗ്രഹങ്ങൾ വക്രഗതിയിൽ
    10. വർഗ്ഗോത്തമഫലം

മേഷാദി ലഗ്നഫലം

(1)

വൃത്തേക്ഷണോ ദുർബ്ബലജാനുരുഗ്രോ
ഭീരുർജലേ സ്വാല്പഘുഭുക് സുകാമീ
സഞ്ചാരശീലശ്ചപലോ -ƒ നൃതോക്തിർ-
വ്രണാങ്കിതാംഗഃ ക്രിയഭേ പ്രജാതഃ.

മേടലഗ്നം

വൃത്തേക്ഷണോ	- വൃത്തമായ കണ്ണുകളുള്ളവൻ
ദുർബ്ബലജാനുഃ	- ദുർബ്ബലമായ കാൽമുട്ടുളോടുകൂടിയവൻ.
ഉഗ്ര	- ഉഗ്രൻ
ഭീരുർജ്ജലേ	- ജലത്തിൽ പേടി.
ലഘുഭുക്	- ലഘുവായി മാത്രം ഭക്ഷിക്കുന്നവൻ
സുകാമീ	- കാമവികാരം കൂടുതലുള്ളവൻ
സഞ്ചാരശീലഃ	- യാത്രകൾ ഇഷ്ടപ്പെടുന്നവൻ
ചപലോ	- ചപലൻ, മനസ്സിന് ഉറപ്പില്ലാത്തവൻ
അനൃതോക്തിഃ	- നുണ പറയുന്നവൻ
വ്രണാങ്കിതാംഗഃ	- മുറിപ്പാടുള്ള ശരീരം

ക്രിയഭേ പ്രജാതഃ. - മേടം രാശിയിൽ / മേടം രാശി ഉദിച്ചുകൊണ്ടിരുന്നപ്പോൾ (മേടം ലഗ്നത്തിൽ) ജനിച്ചവൻ.

(2)

പൃഥൂരുവക്ത്രഃ കൃഷികർമ്മകൃത്സ്യാ-
ന്മദ്ധ്യാന്തസൗഖ്യഃ പ്രമദാപ്രിയശ്ച
ത്യാഗീ ക്ഷമീ ക്ലേശസഹശ്ച ഗോമാൻ
പൃഷ്ഠസ്യ പാർശ്വേ *f* ങ്കയുതോ വൃഷോത്ഥഃ.

ഇടവം ലഗ്നം

വൃഷോത്ഥഃ	-	ഇടവലഗ്നത്തിൽ ജനിച്ചാൽ
പൃഥൂ ഊരു വക്ത്രഃ	-	പൃഥുവായ ഊരുക്കളും വക്ത്രവും. തടിച്ച തുടകളോടും മുഖത്തോടുംകൂടിയവനും
കൃഷികർമ്മകൃത്	-	കർഷകനും
മദ്ധ്യ അന്ത സൗഖ്യഃ	-	ജീവിതത്തിന്റെ മദ്ധ്യഭാഗത്തും അവസാന ഭാഗത്തും സുഖം അനുഭവിക്കുന്നവനും
പ്രമദാ പ്രിയഃ ച	-	സ്ത്രീകളിൽ പ്രിയമുള്ളവനും (സ്ത്രീകൾക്കു പ്രിയപ്പെട്ടവൻ എന്നും കാണുന്നു.)
ത്യാഗീ	-	ത്യാഗശീലനും
ക്ഷമീ	-	ക്ഷമാശീലനും
ക്ലേശസഹഃ ച	-	ക്ലേശങ്ങൾ സഹിക്കുന്നവനും
ഗോമാൻ	-	പശുക്കളുള്ളവനും
പൃഷ്ഠസ്യ പാർശ്വേ അങ്കയുതോ	-	പൃഷ്ഠത്തിന്റെ പാർശ്വഭാഗത്ത് അടയാളമുള്ളവനും ആയിരിക്കും.

(*പൃഷ്ഠ ആസ്യ പാർശ്വേ* എന്നെടുത്ത് പിൻഭാഗത്തും മുഖത്തും പാർശ്വഭാഗത്തും എന്നും ഒരു വ്യാഖ്യാനം കാണുന്നു.)

(3)

ശ്യാമേക്ഷണഃ കുഞ്ചിതമൂർദ്ധജഃ സ്ത്രീ-
ക്രീഡാനുരക്തശ്ച പരേംഗിതജ്ഞഃ
ഉത്തുംഗനാസഃ പ്രിയഗീതനൃത്തോ
വസൻ സദാന്തസ്സദനേ ച യുഗ്മേ.

മിഥുനം ലഗ്നം

യുഗ്മേ	-	മിഥുനം ലഗ്നത്തിൽ ജനിച്ചാൽ
ശ്യാമ ഈക്ഷണഃ	-	കറുത്ത കണ്ണുകൾ
കുഞ്ചിത മൂർദ്ധജഃ	-	ചുരുണ്ട തലമുടി
സ്ത്രീക്രീഡാനുരക്തഃ	-	സ്ത്രീക്രീഡയിൽ അനുരക്തൻ
പര ഇംഗിതജ്ഞഃ	-	മറ്റുള്ളവരുടെ മനസ്സിലുള്ളത് അറിയുന്നവൻ
ഉത്തുംഗനാസഃ	-	ഉയർന്ന മൂക്ക്
പ്രിയഗീതനൃത്തോ	-	പാട്ടിലും നൃത്തത്തിലും പ്രിയമുള്ളവൻ
വസൻ സദാ അന്തഃ സദനേ	-	എപ്പോഴും വീട്ടിനുള്ളിൽത്തന്നെ കഴിയാൻ ഇഷ്ടപ്പെടുന്നവൻ.

(4)
സ്ത്രീനിർജ്ജിതഃ പീനഗളഃ സമിത്രോ
ബഹ്വാലയസ്തുംഗകടിർദ്ധനാഢ്യഃ
ഹ്രസ്വശ്ച വക്രോ ദ്രുതഗഃ കുളീരേ
മേധാന്വിതസ്തോയരതോ f ൽപ്പപുത്രഃ

കർക്കടകം ലഗ്നം

കുളീരേ	-	കർക്കടകലഗ്നത്തിൽ ജനിച്ചാൽ
സ്ത്രീനിർജ്ജിതഃ	-	സ്ത്രീകളോടു വിധേയത്വമുള്ളവൻ
പീനഗളഃ	-	തടിച്ച കഴുത്ത്
സമിത്രോ	-	മിത്രങ്ങളുള്ളവൻ
ബഹ്വാലയഃ	-	അനേകം വീടുകൾ ഉള്ളവൻ
തുംഗകടിഃ	-	ഉയർന്ന അരക്കെട്ട്
ധനാഢ്യഃ	-	ധനാഢ്യൻ
ഹ്രസ്വഃ	-	ഉയരം കുറഞ്ഞവൻ
വക്രോ	-	വളവുള്ളവൻ
ദ്രുതഗഃ	-	വേഗത്തിൽ പോകുന്നവൻ
മേധാന്വിത	-	ബുദ്ധിമാൻ
തോയരതോ	-	ജലത്തിൽ തൽപ്പരൻ
അൽപ്പപുത്രഃ	-	പുത്രർ കുറവ്.

(5)
പിംഗേക്ഷണഃ സ്ഥൂലഹനുർവിശാല-
വക്ത്രോ ഽ ഭിമാനീ സപരാക്രമഃ സ്യാത്
കുപ്യത്യകാര്യേ വനശൈലഗാമീ
മാതൃവിയോഗഃ [1] സ്ഥിരധീർമൃഗേന്ദ്രേ.

(1) പാഠഭേദം - മാതൃവിധേയ

ചിങ്ങം ലഗ്നം

മൃഗേന്ദ്രേ	-	ചിങ്ങം ലഗ്നത്തിൽ ജനിച്ചാൽ
പിംഗേക്ഷണഃ	-	പിംഗനിറത്തിലുള്ള കണ്ണുകളോടുകൂടിയവൻ. (പിംഗം - മഞ്ഞയും ചുവപ്പും കലർന്ന നിറം)
സ്ഥൂലഹനുഃ	-	തടിച്ച താടിയെല്ല്
വിശാലവക്ത്രോ	-	വിശാലമായ മുഖം / വായ
അഭിമാനീ	-	അഭിമാനി
സപരാക്രമ	-	പരാക്രമി
കുപ്യതി അകാര്യേ	-	കാര്യമില്ലാതെ കോപിക്കുന്നവൻ
വനശൈലഗാമീ	-	കാട്ടിലും മലയിലും ഗമിക്കുന്നവൻ
മാതൃവിയോഗഃ	-	മാതാവിന്റെ വിയോഗം
(മാതൃവിധേയ	-	മാതാവിനോടുവിധേയത്വം എന്നും കാണുന്നു.)
സ്ഥിരധീ	-	ഇളക്കമില്ലാത്ത മനസ്സ് / ബുദ്ധി

(6)
 സ്രസ്താംസബാഹുഃ പരവിത്തഗേഹൈഃ
സംപൂജ്യതേ സത്വരതഃ പ്രിയോക്തിഃ
വ്രീളാലസാക്ഷഃ സുരതപ്രിയസ്യാ-
ച്ഛാസ്ത്രാർത്ഥവിച്ചാൽപ്പസുതോംഗനായാം.

കന്നി ലഗ്നം

സ്രസ്താംസബാഹുഃ	-	വേർപെട്ട/ദൃഢമല്ലാത്ത തോളുകളും കൈകളും
പര വി.ത്ത ഗേഹൈഃ സംപൂജ്യതേ	-	മറ്റുള്ളവരുടെ ധനവും വീടും കൊണ്ട് മാനിക്കപ്പെടുന്നവൻ.
പ്രിയോക്തിഃ	-	ഇഷ്ടം പറയുന്നവൻ
വ്രീള:ല സ:ക്ഷ.	-	ലജ്ജകൊണ്ട് അലസമായ കണ്ണുകളോടു കൂടിയവൻ
സു.ര ത.പ്രി.യഃ	-	സുരതത്തിൽ പ്രിയമുള്ളവൻ
ശാസ്ത്രാർത്ഥ.വിത്	-	ശാസ്ത്രാർത്ഥങ്ങളിൽ, ശാസ്ത്രാർത്ഥചർച്ചകളിൽ, വിദ്വാൻ,
അൽപ സുതോ	-	മക്കൾ കുറവ്.

(7)
ചലത്കൃശാംഗോƒ ൽപ്പസുതോƒ തിഭക്തോ
ദേവദ്വിജാനാമടനോ ദ്വിനാമാ
പ്രാംശുശ്ച ദക്ഷഃ ക്രയവിക്രയേഷു
ധീരോƒ ര[(1)] യസ്തൗലിനി മദ്ധ്യവാദീ.

(1) പാഠഭേദം - അഭയ

തുലാം ലഗ്നം

ത:ലി.നി	-	തുലാം ലഗ്നത്തിൽ ജനിച്ചവൻ
ചലൽകൃ ശാ.ംഗോ	-	ചലിക്കുന്നതും കൃശവുമായ അംഗത്തോടുകൂടിയവൻ
അൽപ സുതോ	-	മക്കൾ കുറഞ്ഞിരിക്കും
അതി.ഭക്തോ ദേവദ്വി.ജ:ന.ാം	-	ദേവന്മാരിലും ബ്രാഹ്മണരിലും വളരെ ഭക്തിയുള്ളവൻ
ദ്വി.ന.ാമാ	-	രണ്ടു പേരുള്ളവൻ
പ്രാംശുഃ	-	പൊക്കമുള്ളവൻ
ദക്ഷഃ ക്രയ വി.ക്രി.യേഷു	-	കച്ചവടത്തിൽ സമർത്ഥൻ
ധീരോ	-	ധീരൻ
മദ്ധ്യ വ:ദീ	-	തർക്കങ്ങളിൽ മദ്ധ്യസ്ഥൻ.

(8)
വൃത്തോരുജംഘഃ പൃഥുനേത്രവക്ഷാ
രോഗീ ശിശുത്വേ ഗുരുതാതഹീനഃ
ക്രൂരക്രിയോ രാജകുലാഭിമുഖ്യഃ
കീടേƒബ്ജരേഖാങ്കിതപാണിപാദഃ.

വൃശ്ചികം ലഗ്നം

കീടേ - വൃശ്ചികലഗ്നത്തിൽ ജനിച്ചവൻ

വൃത്തോരുജംഘ - വൃത്തമൊത്ത തുടകളും മുട്ടുകളും

പൃഥുനേത്രവക്ഷാ - പൃഥുവായ നേത്രങ്ങളും വക്ഷസ്സും.,
(വലിയ കണ്ണുകളും വിരിഞ്ഞമാറും)

രോഗീ ശിശുത്വേ - ശൈശവത്തിൽ രോഗി (ബാലാരിഷ്ടുകൾ)

ഗുരു താത ഹീനഃ - ഗുരുവും താതനും ഇല്ലാത്തവൻ,
(പിതാവിന്റെ സംരക്ഷണമോ ഗുരുവിന്റെ ശിക്ഷണമോ ലഭിക്കാത്തവൻ)

ക്രൂരക്രിയോ - ക്രൂരപ്രവർത്തികൾ ചെയ്യുന്നവൻ, ദുഷ്ടൻ

രാജകുലാഭിമുഖ്യഃ - രാജകുലത്തോട് ആഭിമുഖ്യമുള്ളവൻ,
(ഭരിക്കുന്നവരുടെ സഹായമുള്ളവൻ)

അബ്ജരേഖാങ്കിതപാണിപാദഃ - താമരപ്പുവിന്റെ അടയാളമുള്ള കൈകാലുകളോടു കൂടിയവൻ

(9)
ദീർഘാസ്യകണ്ഠഃ പൃഥുകർണ്ണനാസഃ
കർമ്മോദ്യുതഃ കുബ്ജതനുർന്യപേഷ്ടഃ
പ്രാഗത്ഭ്യഭാക് ത്യാഗയുതോƒ രിഹന്താ
സാമ്നൈകസാദ്ധ്യോƒ ശ്വിഭവോ ബലാഢ്യഃ.

ധനു ലഗ്നം

അശ്വിഭവോ - ധനു ലഗ്നത്തിൽ ജനിച്ചവൻ

ദീർഘ ആസ്യ കണ്ഠഃ - ദീർഘമായ മുഖവും കഴുത്തും

പൃഥു കർണ്ണ നാസഃ - തടിച്ച ചെവിയും മൂക്കും.

കർമ്മോദ്യുതഃ - പ്രവർത്തനനിരതൻ.

പ്രാഗത്ഭ്യഭാക് - പ്രഗത്ഭൻ

കുബ്ജ തനുഃ - കൂനുള്ള ശരീരം

നൃപേഷ്ടഃ - നൃപന് ഇഷ്ടമായവൻ

ത്യാഗയുതോ - ത്യാഗശീലൻ

അരിഹന്താ - ശത്രുക്കളെ വധിക്കുന്നവൻ

സാമ്നൈകസാദ്ധ്യോ - നല്ല വാക്കുകളെക്കൊണ്ടു സ്വാധീനിക്കാവു ന്നവൻ

ബലാഢ്യഃ - ശക്തൻ.

(10)
അധഃകൃശഃ സത്വയുതോ ഗൃഹീത-
വാക്യോƒ ലസോƒ ഗമ്യജരാംഗനേഷ്ടഃ
ധർമ്മദ്ധ്വജോ ഭാഗ്യയുതോƒ ടനശ്ച
വാതാർദിതോ നക്രഭവോ വിലജ്ജഃ.

മകര ലഗ്നം

നക്രഭവോ - മകരലഗ്നത്തിൽ ജനിച്ചവൻ

അധഃകൃശ - അരയ്ക്കു താഴെ മെലിഞ്ഞ ശരീരം

സത്വയുതോ - ഉൾക്കരുത്തോടു കൂടിയവൻ.
(സത്വഭാവി എന്നും കാണുന്നു.)
ഗൃഹ്ീത വാക്യോ - സ്വീകരിക്കപ്പെടുന്ന വാക്കോടുകൂടിയവൻ, ജനസമ്മതൻ
അലസോ - അലസൻ, മടിയൻ
അഗമ്യ ജരാംഗന ഇഷ്ടഃ - വൃദ്ധകളിലും പ്രാപിക്കാൻ പാടില്ലാത്ത സ്ത്രീകളിലും താൽപ്പര്യമുള്ളവൻ
ധർമ്മധ്വജോ - ധർമ്മം കൊടിയടയാളമായിട്ടുള്ളവൻ.
(ധർമ്മം കൊടിയിൽ മാത്രമേ കാണൂ. ആൾ അധാർമ്മികനായിരിക്കും.)
ഭാഗ്യയുതോ - ഭാഗ്യമുള്ളവൻ
അടനഃ - ദേശാടനക്കാരൻ
വാതാർദ്ദിതോ - വാതരോഗി.
വിലജ്ജഃ - ലജ്ജയില്ലാത്തവൻ, നാണംകെട്ടവൻ.

(11)
പ്രച്ഛന്നപാപോ ഘടതുല്യദേഹോ
വിഘാതദക്ഷോƒ ധ്വസഹോƒ ൽപ്പവിത്തഃ
ലുബ്ധഃ പരാർത്ഥീ ക്ഷയവൃദ്ധിയുക്തോ
ഘടോത്ഭവഃ സ്യാത് പ്രിയഗന്ധപുഷ്പഃ.

കുംഭം ലഗ്നം
ഘടോത്ഭവഃ - കുഭം ലഗ്നത്തിൽ ജനിച്ചവൻ
പ്രച്ഛന്നപാപോ - മറച്ചുവെച്ച പാപത്തോടുകൂടിയവൻ.
ഘടതുല്യദേഹോ - കുടം.പോലുള്ള ശരീരം.
വിഘാതദക്ഷോ - തടസ്സങ്ങൾ ഉണ്ടാക്കുന്നതിൽ സമർത്ഥൻ.
അധ്വസഹ - നീണ്ട നടത്തം സഹിക്കുന്നവൻ
അൽപവിത്തഃ - അധികം ധനമില്ലാത്തവൻ
ലുബ്ധഃ - ലുബ്ധൻ, പിശുക്കൻ
പരാർത്ഥീ - അന്യരുടെ ധനത്തോടുകൂടിയവൻ
ക്ഷയവൃദ്ധിയുക്തോ - ഉയർച്ചകളും താഴ്ച്ചകളും ഉള്ളവൻ
പ്രിയഗന്ധപുഷ്പഃ. - വാസനകളും പൂക്കളും ഇഷ്ടപ്പെടുന്നവൻ

(12)
അത്യംബുപാനഃ സമചാരുദേഹഃ
സ്വദാരഗസ്തോയജവിത്തഭോക്താ
വിദ്വാൻ കൃതജ്ഞോƒഭിഭവത്യമിത്രാൻ
ശുഭേക്ഷണോ ഭാഗ്യയുതോƒന്ത്യരാശേ.

മീനം ലഗ്നം
അന്ത്യരാശേ - മീനലഗ്നത്തിൽ ജനിച്ചാൽ
അത്യംബുപാന - വളരെ വെള്ളം കുടിക്കുന്നവൻ
സമചാരുദേഹഃ - സമവും ചാരുവുമായ ദേഹം.
സമം - തുല്യതയുള്ള, ഏകരൂപമായ... ❺ ചാരു - ഭംഗിയുള്ള,

..സ്വദാരഗ - സ്വന്തം ഭാര്യയോടു (മാത്രം) ബന്ധംപുലർത്തുന്നവൻ
തോയജ വിത്ത ഭോക്താ - ജലവുമായോ ജലവിഭവങ്ങളുമായോ ബന്ധപ്പെട്ട വരുമാനം. അനുഭവിക്കുന്നവൻ.
വിദ്വാൻ - പണ്ഡിതൻ
കൃതജ്ഞോ - നന്ദിയുള്ളവൻ
അഭിഭവതി അമിത്രാൻ - ശത്രുക്കളെ ജയിക്കുന്നവൻ
ശുഭേക്ഷണോ - വശ്യമായ കണ്ണുകളോടുകൂടിയവൻ
ഭാഗ്യയുതോ - ഭാഗ്യവാൻ.

(13)
രാശേഃ സ്വഭാവാശ്രയരൂപവർണ്ണാൻ
ജ്ഞാത്വാനുരൂപാണി ഫലാനി തസ്യ
യുക്ത്യാ വദേദത്ര ഫലം വിലഗ്നേ
യച്ചന്ദ്രലഗ്നേƒപി തദേവ വാച്യം

ഫലങ്ങൾ ചിന്തിക്കേണ്ട വിധം

രാശേഃ സ്വഭാവ ആശ്രയ രൂപ വർണ്ണാൻ ജ്ഞാത്വാ
- രാശിയുടെ സ്വഭാവം, ആശ്രയം, രൂപം, വർണ്ണം എന്നിവ അറിഞ്ഞിട്ട്
അനുരൂപാണി ഫലാനി തസ്യ യുക്ത്യാ വദേത്
- അനുരൂപമായ ഫലങ്ങൾ യുക്തിപൂർവം പറയണം.
അത്ര ഫലം വിലഗ്നേ യച്ചന്ദ്രലഗ്നേ അപി തദേവ വാച്യം
- ഈ ഫലങ്ങൾ ലഗ്നംവെച്ചും ചന്ദ്രലഗ്നം (ജാതകത്തിൽ ചന്ദ്രൻ നിൽക്കുന്ന രാശി) വെച്ചും പരിശോധിച്ചു പറയണം.

(14)
ഗ്രഹേ സതി നിജോച്ചഗേ ഭവതി രത്നഗർഭാധിപോ
മഹീപതികൃതസ്തുതിർമഹിതസമ്പദാമാലയഃ
ഉദാരഗുണസംയുതോ ജയതി വിക്രമാർക്കോ യഥാ
നയേ യശസി വിക്രമേ വിതരണേ ധൃതൗ കൗശലേ.

ഗ്രഹങ്ങൾ ഉച്ചത്തിൽ നിന്നാലുള്ള ഫലം

ഗ്രഹേ സതി നിജോച്ചഗേ ഭവതി - ജനനത്തിങ്കൽ ഗ്രഹങ്ങൾ സ്വന്തം ഉച്ചരാശികളിലാണെങ്കിൽ
രത്നഗർഭാധിപോ - ഭൂമിയുടെ അധിപൻ
മഹീപതികൃതസ്തുതിഃ - രാജാവിനാൽ സ്തുതിക്കപ്പെടുന്നവൻ
മഹിതസമ്പദാമാലയഃ - വലിയ സമ്പത്തിന്റെ ഇരിപ്പിടം
ഉദാരഗുണസംയുതോ - ഔദാര്യശീലൻ
നയേ യശസി വിക്രമേ വിതരണേ ധൃതൗ കൗശലേ - നയം, യശസ്സ്, വിക്രമം, ദാനം, ബുദ്ധി, കൗശലം തുടങ്ങിയവകൊണ്ട്
ജയതി വിക്രമാർക്കോ യഥാ - വിക്രമാദിത്യനെപ്പോലും ജയിക്കും.

(15)
സ്വമന്ദിരഗതേ ഗ്രഹേ പ്രഭുപരിഗ്രഹാദായതിം
പ്രഭുത്വമപി വാ ഗൃഹസ്ഥിതിമചഞ്ചലാം പ്രാപ്നുയാത്
നവം ഭവനമുർവരാക്ഷിതിമുപൈതി കാലേ സ്വകേ
ജനേ ബഹുമതിം പുനഃ സകലനഷ്ടവസ്തൂന്യപി.

ഗ്രഹങ്ങൾ സ്വക്ഷേത്രത്തിൽ നിന്നാലുള്ള ഫലം

സ്വമന്ദിരഗതേ ഗ്രഹേ - ഗ്രഹങ്ങൾ സ്വക്ഷേത്രങ്ങളിൽ നിൽക്കുമ്പോൾ ജനിച്ചാൽ
പ്രഭുപരിഗ്രഹാദായതിം - പ്രഭുക്കളിൽനിന്നു സമ്മാനങ്ങൾ കിട്ടുന്നവനും
പ്രഭുത്വമപി വാ - അല്ലെങ്കിൽ പ്രഭുത്വംതന്നെ (ലഭിക്കുന്നവനും)
ഗൃഹസ്ഥിതിം അചഞ്ചലാം - ഇളക്കം തട്ടാത്ത ഗൃഹവാസം
പ്രാപനുയാത് നവം ഭവനം ഉർവരാക്ഷിതി - പുതിയ വീടും ഫലഭൂയിഷ്ഠമായ കൃഷിസ്ഥലവും സമ്പാദിക്കും.

കാലേ സ്വകേ - സ്വന്തം (ഈ ഗ്രഹത്തിന്റെ ദശയിൽ)
ജനേ ബഹുമതിം - ജനങ്ങളുടെ ബഹുമാനം ലഭിക്കും

പുനഃ സകലനഷ്ടവസ്തൂന്യപി - നഷ്ടപ്പെട്ട വസ്തുക്കളെല്ലാം തിരിച്ചു കിട്ടുകയും ചെയ്യും.

(16)
ഗ്രഹഃ സുഹൃത്ക്ഷേത്രഗതഃ സുഹൃത്ഭിഃ
കാര്യസ്യ സിദ്ധിം നവസൗഹൃദം ച
സു(സത്)പുത്രജായാധനധാന്യഭാഗ്യം
ദദാത്യയം സർവജനാനുകൂല്യം.

ഗ്രഹങ്ങൾ മിത്രക്ഷേത്രത്തിൽ നിന്നാലുള്ള ഫലം

ഗ്രഹഃ സുഹൃത്ക്ഷേത്ര ഗത - ഗ്രഹങ്ങൾ മിത്രക്ഷേത്രത്തിൽ നിൽക്കുമ്പോൾ ജനിച്ചാൽ
സുഹൃത്ഭിഃ കാര്യസ്യ സിദ്ധിം - സുഹൃത്തുക്കളാൽ / ബന്ധുക്കളെക്കൊണ്ടു കാര്യങ്ങൾ സാധിക്കും

നവസൗഹൃദം ച - പുതിയ സുഹൃത്ബന്ധങ്ങൾ സ്ഥാപിക്കും

സുപുത്ര ജായാ ധന ധാന്യഭാഗ്യം - നല്ല മക്കൾ, ഭാര്യ, ധനം,ഭാഗ്യം എന്നിവ ഉണ്ടാകും.
സർവജനാനുകൂല്യം - എല്ലാവരും അനുകൂലിക്കുന്നവനും ആയിരിക്കും

(17)

ഗതേ ഗ്രഹേ ശത്രുഗൃഹം നികൃഷ്ടതാം
പരാന്നവൃത്തിം പരമന്ദിരസ്ഥിതിം
അകിഞ്ചനത്വം രിപുപീഡനം സദാ
സ്നിഗ്ധോപി തസ്യാതിരിപുത്വമാപ്നുയാത്.

ഗ്രഹങ്ങൾ ശത്രുക്ഷേത്രത്തിൽ നിന്നാലുള്ള ഫലം

ഗതേ ഗ്രഹേ ശത്രുഗൃഹം	- ഗ്രഹങ്ങൾ ശത്രുക്ഷേത്രത്തിൽ നിൽക്കുമ്പോൾജനിച്ചാൽ
നികൃഷ്ടതാം	- നികൃഷ്ടമായ, ചീത്ത, കർമ്മങ്ങൾ ചെയ്യുന്നവനും
പരാന്നവൃത്തിം	- അന്യൻ തരുന്ന ഭക്ഷണംകൊണ്ടു ജീവിക്കുന്നവനും
പരമന്ദിരസ്ഥിതിം	- അന്യന്റെ വീട്ടിൽ താമസിക്കുന്നവനും
രിപുപീഡനം സദാ	- എപ്പോഴും ശത്രുശല്യം അനുഭവിക്കുന്നവനും
സ്നിഗ്ധ അപി തസ്യ അതിരിപുത്വം ആപനുയാത്	- മിത്രങ്ങൾപോലും ശത്രുക്കളാകുന്നവനും ആയിരിക്കും

(18)

നീചഗൃഹേ ഉധഃപതനം സ്വവൃത്തൈർ-
ദൈന്യം ദുരാചാരമൃണാപ്തിമാഹുഃ
നീചാശ്രയം കീകടദേശവാസം
ഭൃത്യത്വമദ്ധ്വാമനർത്ഥകാര്യം.

ഗ്രഹങ്ങൾ നീചത്തിൽ നിന്നാലുള്ള ഫലം

നീചഗൃഹേ	-	ഗ്രഹം നീചരാശിയിൽ നിൽക്കുമ്പോൾ ജനിച്ചാൽ
അധഃപതനം സ്വവൃത്തൈഃ	-	സ്വന്തം പ്രവർത്തികൾകൊണ്ട്/സ്വന്തംതൊഴിലിൽനിന്ന്അധപതനം
ദൈന്യം	-	ദീനത
ദുരാചാരം	-	ദുഷ്പ്രവർത്തികൾ
ഋണാപ്തി	-	കടബാദ്ധ്യതകൾ
നീചാശ്രയം	-	ദുർജ്ജനങ്ങളെ ആശ്രയിക്കേണ്ടി വരുക.
കീകടദേശവാസം	-	ഗുണംപിടിക്കാത്ത, ദരിദ്രമായ, ദേശങ്ങളിൽ ജീവിക്കേണ്ടി വരും
ഭൃത്യത്വ	-	ദാസ്യവേല ചെയ്യും
അദ്ധ്വന്യൻ	-	വഴി നടന്നു വിഷമിക്കും
അനർത്ഥകാര്യം	-	അനർത്ഥങ്ങളിൽ ചെന്നുചാടും.

(19)

ഗ്രഹോ മൗഢ്യം പ്രാപ്തോ മരണമചിരാത് സ്ത്രീസുതധനൈഃ
പ്രഹീണത്വം വ്യർത്ഥേ കലഹമപവാദം പരിഭവം
സമർക്ഷസ്ഥഃ ഖേടോ ന കലയതി വൈശേഷികഫലം
സുഖം വാ ദുഃഖം വാ ജനയതി യഥാപൂർവമചലം.

ഗ്രഹത്തിനു മൗഢ്യമുണ്ടെങ്കിൽ

ഗ്രഹോ മൗഢ്യം പ്രാപ്തോ	-	ഗ്രഹത്തിനു മൗഢ്യമുണ്ടെങ്കിൽ

മരണം അചിരാൽ	-	മരണം വേഗത്തിൽ, അൽപ്പായുസ്സ്
സ്ത്രീസുതധനൈഃ പ്രഹീണത്വം	-	ഭാര്യ,മക്കൾ, ധനം മുതലായവയുടെ പ്രഹീണത്വം.
പ്രഹീണം	-	ത്വജിക്കപ്പെട്ടത്. (ഇവ ഇല്ലാത്തവൻ എന്നർത്ഥം.)
വ്യർത്ഥേ കലഹം	-	വെറുതെയുള്ള വഴക്കുകൾ
അപവാദം	-	ചീത്തപ്പേര്
പരിഭവം	-	അവമാനം ഇവ ഫലം.

ഗ്രഹങ്ങൾ സമക്ഷേത്രത്തിൽ നിന്നാലുള്ള ഫലം

സമർക്ഷസ്ഥഃ ഖേടോ - ജനനത്തിൽ സമക്ഷേത്രത്തിൽ നിൽക്കുന്ന ഗ്രഹം

ന കലയതി വൈശേഷികഫലം - (തന്റെദശാപഹാരങ്ങളിൽ) വിശേഷമായി ഒന്നും ചെയ്യുന്നില്ല ഒരു മാറ്റവും വരുത്തുന്നില്ല.

സുഖം വാ ദുഃഖം വാ ജനയതി യഥാപൂർവമചലം

- സുഖമായാലും ദുഖമായാലും, പഴയതുപോലെ, മാറ്റമില്ലാതെ തുടരും. (തൊട്ടുമുമ്പ് അനുഭവിച്ച ദശാഫലംതന്നെ സമക്ഷേത്രത്തിൽ നിൽക്കുന്ന ഗ്രഹത്തിന്റെ ദശയിലും തുടരും എന്നർത്ഥം.)

(20)

വക്രം ഗതേ <u>സ്വോച്ചഫലം</u> വിദദ്യാത്
സപത്നനീചർക്ഷഗതോf പി ഖേടഃ
വർഗ്ഗോത്തമാംശസ്ഥിതഖേചരോപി
സ്വക്ഷേത്രഗസ്യോക്തഫലാനി തദ്വത്.

ഗ്രഹങ്ങൾ വക്രഗതിയിൽ ആണെങ്കിൽ ഫലം

സപത്ന നീചർക്ഷ ഗത അപി ഖേടഃ

- ശത്രുക്ഷേത്രം, നീചം എന്നിവയിൽ നിൽക്കുന്ന ഗ്രഹങ്ങൾകൂടി

വക്രം ഗതേ സ്വോച്ചഫലം വിദദ്യാത്

- വക്രഗതിയിലാണെങ്കിൽ <u>*ഉച്ചത്തിൽ*</u>* നിന്നാലുള്ള ഫലം നൽകും.

(ഈ അഭിപ്രായം വേറെ എവിടെയും കണ്ടതായി ഓർക്കുന്നില്ല. വക്രത്തിന് ഉച്ചബലം നൽകുകയാണെങ്കിൽക്കൂടി, ശത്രു-നീച ദോഷങ്ങൾ എവിടെയും പോകില്ല. തന്നെയല്ല വെറുമൊരു തോന്നൽമാത്രമായ വക്രത്തിനു കാര്യമായി ഒന്നും ചെയ്യാനുംകഴിയില്ല. ഇത് എന്റെ വ്യക്തിപരമായ അഭിപ്രായമാണ്. പഴമക്കാർ പറഞ്ഞു എന്നതുകൊണ്ടുമാത്രം ഒന്നും ശാസത്രമാകുന്നില്ല.)

വർഗ്ഗോത്തമഫലം

വർഗ്ഗോത്തമാംശസ്ഥിതി ഖേചരോപി	-	വർഗ്ഗോത്തമത്തിലുള്ള ഗ്രഹം
സ്വക്ഷേത്രഗസ്യോക്തഫലാനി തദ്വത്	-	സ്വക്ഷേത്രത്തിൽ നിൽക്കുന്ന ഗ്രഹത്തിന്റെ ഫലം നൽകും.

അദ്ധ്യായം 10
ഏഴാം ഭാവചിന്ത

ഏഴാംഭാവം, ഏഴാംഭാവാധിപൻ, ഏഴാംഭാവഭാവകാരകൻ, ശുക്രൻ എന്നിവ അടിസ്ഥാന മാക്കിയാണ് പുരുഷജാതകത്തിൽ കളത്രസംബന്ധമായ കാര്യങ്ങൾ -- ഭാര്യയുടെ ആയുസ്സ്, സ്വഭാവഗുണം, സത്പുത്രന്മാരെ നൽകാനുള്ള യോഗം എന്നിവ -- സാധാരണ ചിന്തിക്കുന്നത്.

(1)
ശുഭാധിപയുതേക്ഷിതേ സുതകളത്രഭേ ലഗ്നതോ
വിധോരപി തയോഃ ശുഭം ത്വിതരഥാ ന സിദ്ധിസ്തയോഃ
സിതാദ്വ്യയസുഖാഷ്ടഗൈഃ ഖരഖഗൈരസന്മദ്ധ്യഗേ
സിതേƒ പ്യഥ ശുഭേതരേക്ഷിതയുതേ ച ജായാവധഃ.

ലഗ്നതോ വിധോ അപി	- ലഗ്നാലോ ചന്ദ്രാലോ,
സുതകളത്രഭേ	- അഞ്ച് (പുത്ര), ഏഴ് (കളത്ര) ഭാവങ്ങളിൽ,
ശുഭാധിപയുതേക്ഷിതേ	- ശുഭഗ്രഹസ്ഥിതിയോ ഭാവാധിപസ്ഥിതിയോ ഇവരുടെ ദൃഷ്ടിയോ ഉണ്ടായാൽ,
തയോഃ ശുഭം	- അവ രണ്ടും (5, 7) ശുഭകരമായിരിക്കും.
ഇതരഥാ	- മറിച്ച്, അങ്ങിനെയല്ലെങ്കിൽ,
ന സിദ്ധിഃ തയോഃ	- അവ രണ്ടിനും ഫലസിദ്ധി ഉണ്ടാവുകയില്ല..
സിതാത്	- ശുക്രാൽ,
വ്യയസുഖാഷ്ടഗൈഃ	- 12, 4, 8 ഭാവങ്ങളിൽ,
ഖരഖഗൈഃ	- പാപഗ്രഹങ്ങളുണ്ടാവുക,
അസത് മദ്ധ്യഗേ സിതേ	- ശുക്രസ്ഥിതി പാപരുടെ ഇടയ്ക്കാവുക,
ശുഭേതര ഈക്ഷിത യുതേ	- ശുക്രനു പാപദൃഷ്ടിയോ പാപയോഗമോ ഉണ്ടാവുക, എങ്കിൽ
ജായാവധഃ	- ഭാര്യ മരിക്കും.

.*1.* പുരുഷജാതകത്തിൽ ലഗ്നാലും ചന്ദ്രാലും, അഞ്ച് - ഏഴ് ഭാവങ്ങളിൽ ശുഭഗ്രഹസ്ഥിതി, ഭാവാധിപസ്ഥിതി, ശുഭഗ്രഹദൃഷ്ടി, ഭാവാധിപദൃഷ്ടി എന്നിവ ഭാവപുഷ്ടിക്കു കാരണമാകുന്നു. ഈ ബലങ്ങളുള്ള ഏഴാംഭാവം ഭാര്യാഗുണവും അഞ്ചാംഭാവം പുത്രഗുണവും നൽകുന്നു. ഇതിനു വിപരീതമായി ഈ ഭാവങ്ങളിൽ പാപസ്ഥിതിയും പാപദൃഷ്ടിയും ഉണ്ടായാൽ ഫലം പ്രതികൂലവുമായിരിക്കും.

2. കളത്രഭാവം ശുക്രാലുംചിന്തിക്കണം.

പുരുഷജാതകത്തിൽശുക്രാൽ 4-8-12 ഭാവങ്ങളിൽ പാപഗ്രഹങ്ങളുണ്ടാവുക, ശുക്ര സ്ഥിതി പാപമദ്ധ്യത്തിലാവുക, ശുക്രനു പാപദൃഷ്ടിയോ പാപയോഗമോ ഉണ്ടാവുക. എന്നിവ

അശുഭകരമാണ്. ശുക്രനു വരുന്ന ബലക്കുറവുകൾക്കനുസരിച്ചു ഭർത്താവ് ഇരിക്കേ ഭാര്യയുടെ മരണം വരെ സംഭവിക്കാം.

(2)

ദാരേശേ സുതഗേ പ്രണഷ്ടവനിതോƒ -
പുത്രോƒ ഥവാ ധീശ്വരോ
ദ്യൂനേ വാ നിധനേശ്വരോƒപി കുരുതേ
പത്നീവിനാശം ധ്രുവം
ക്ഷീണേന്ദൗ സുതഗേ വ്യയാസ്തതനുഗൈഃ
പാപൈരദാരാത്മജഃ
സ്ത്രീസംഗാദ്ധനനാശനം മദഗയോഃ
സ്വർഭാനു ഭാന്വോർവദേത്.

ദാരേശേ - ഏഴാംഭാവാധിപൻ,
സുതഗേ - അഞ്ചാംഭാവത്തിൽ നിന്നാൽ,
പ്രണഷ്ട വനിതഃ - ഭാര്യ നഷ്ടമാകും.
അപുത്ര അഥവാ - അല്ലെങ്കിൽ പുത്രന്മാർ ഇല്ലാത്തവനോ ആകും.

ധീശ്വരോ ദ്യൂനേ വാ നിധനേശ്വരോ - അഞ്ചാംഭാവാധിപതിയോ എട്ടാംഭാവാധിപതിയോ ഏഴിൽ നിന്നാൽ,
കുരുതേ പത്നീവിനാശം ധ്രുവം - തീർച്ചയായും പത്നിയുടെ നാശംചെയ്യും.

ക്ഷീണേന്ദൗ സുതഗേ - അഞ്ചിൽ ക്ഷീണചന്ദ്രനും,
വ്യയ അസ്ത തനുഗൈഃ പാപൈഃ, - പന്ത്രണ്ട്, ഏഴ്, ലഗ്നം ഇവയിൽ പാപന്മാരും നിന്നാൽ,
അദാരാത്മജഃ - ഭാര്യയും മക്കളും ഇല്ലാത്തവനായി ഭവിക്കും.
മദഗയോഃ സ്വർഭാനു ഭാന്വോഃ - സൂര്യനും രാഹുവും (രണ്ടും) ഏഴിൽ നിന്നാൽ,

സ്ത്രീസംഗാത് ധനനാശനം വദേത് - സ്ത്രീസംഗംകൊണ്ടു ധനനാശം പറയണം.

1. പുരുഷജാതകത്തിൽ ഏഴാംഭാവാധിപതി അഞ്ചാംഭാവത്തിൽ നിൽക്കുന്നതും
2. അഞ്ചാംഭാവാധിപതിയോ എട്ടാംഭാവാധിപതിയോ ഏഴിൽ നിൽക്കുന്നതും
3. അഞ്ചിൽ ക്ഷീണചന്ദ്രനും 1-7-12 ഭാവങ്ങളിൽ പാപന്മാരും നിൽക്കുന്നതും ദോഷമാണ്.
4. ഏഴിൽ സൂര്യനും രാഹുവും ചേർന്നു നിന്നാൽ സ്ത്രീസംഗം കൊണ്ടു ധനനാശം ഉണ്ടാകും.

(3)

ശുക്രേ വൃശ്ചികഗേ മദേ മൃതവധൂഃ കാമേ വൃഷസ്ഥേ ബുധേ
സ്ത്രീനാശസ്ത്വഥ നീചഗേ സുരഗുരൗ ദ്യൂനാധിരൂഢേ തഥാ
ജാമിത്രേ ഝഷഗേ ശനൗ സതി തഥാ ഭൗമേƒഥവാ സ്ത്രീമൃതി-
ശ്ചന്ദ്രക്ഷേത്രഗയോർമദേƒർകികുജയോഃ പത്നീ സതീ ശോഭനാ.

വൃശ്ചികഗേ മദേ - ഏഴാംഭാവം വൃശ്ചികമാവുകയും, അതിൽ
ശുക്രേ - ശുക്രൻ നിൽക്കുകയും ചെയ്താൽ,

മൃതവധൂഃ - ഭാര്യ മരിക്കും.

കാമേ വൃഷസ്ഥേ - ഏഴാംഭാവം ഇടവമാകുകയും, അതിൽ
ബുധേ - ബുധൻ നിൽക്കുകയും ചെയ്താൽ,
സ്ത്രീനാശഃ - ഭാര്യാ നാശം.

നീചഗേ സുരഗുരൗ - നീചനായ ഗുരു,
ദ്യൂനാധിരൂഢേ - ഏഴിൽ നിന്നാലും,
തഥാ - അപ്രകാരംതന്നെ.

ജാമിത്രേ ഝഷഗേ - ഏഴാംഭാവം മീനമാവുകയും
ശനൗ സതി തഥാ ഭൗമേ അഥവാ - ശനിയോ കുജനോ അതിൽ നിൽക്കുകയും ചെയ്താൽ
സ്ത്രീമൃതി - ഭാര്യാനാശമുണ്ടാകും.

ഏഴാംഭാവം ചില പ്രത്യേകരാശികളിൽ വരികയും ചില പ്രത്യേക ഗ്രഹങ്ങൾ അതിൽ നിൽക്കുകയും ചെയ്താൽ ഭാര്യയുടെ മരണമുണ്ടാകാം.

ഭാവം	രാശി	ഗ്രഹം
7	വൃശ്ചികം	ശുക്രൻ
7	ഇടവം	ബുധൻ
7	മകരം	ഗുരു
7	മീനം	ശനി / കുജൻ

ചന്ദ്രക്ഷേത്രഗയോഃ മദേഃ - ഏഴാംഭാവം കർക്കടമാവുകയും അതിൽ
അർക്കികുജയോഃ - ശനിയും കുജനും ഒരുമിച്ചു നിൽക്കുകയും ചെയ്താൽ,
പത്നീ സതീ ശോഭനാ - ഭാര്യ സത്സ്വഭാവിയും സുന്ദരിയുമായിരിക്കും.

ഏഴാംഭാവം കർക്കടമാവുകയും അതിൽ ശനിയും കുജനും ചേർന്നു നിൽക്കുകയും ചെയ്താൽ ഭാര്യ സത്സ്വഭാവിയും സുന്ദരിയുമായിരിക്കും.

(4)
അസ്തേ വാസ്തപതാവസദ്ഗ്രഹയുതേ ദൃഷ്ടേഽ പ്യസന്മദ്ധ്യഗേ
നീചാരാതിഗൃഹേ ഽ ർക്കകാന്ത്യഭിഹതേ ബ്രൂയാത് കളത്രച്യുതിം
കാമേ വാ സുതഭാഗ്യയോർവികലദാരോ ഽ സൗ സപാപേ ഭൃഗൗ
ശുക്രേ വാ കുജമന്ദവർഗസഹിതേ ദൃഷ്ടേ പരസ്ത്രീരതഃ.

അസ്തേ വാ അസ്തപാത് - ഏഴാംഭാവത്തിനോ ഏഴാംഭാവാധിപനോ,
അസത് ഗ്രഹയുതേ, ദൃഷ്ടേ അപി, - പാപയോഗമോ പാപദൃഷ്ടിയോ
അസത് മദ്ധ്യഗേ - പാപമദ്ധ്യസ്ഥിതിയോ,
നീചാരാതിഗൃഹേ - നീചക്ഷേത്രസ്ഥിതിയോ, ശത്രുക്ഷത്രസ്ഥിതിയോ,
അർക്കകാന്തി അഭിഹതേ - മൗഢ്യമോ ഉണ്ടായാൽ,
ബ്രൂയാത് കളത്രച്യുതിം - കളത്രനാശത്തെ പറയണം.
ധീശ്വരോ ഭൃഗൗ സപാപേ ശുക്രൻ പാപഗ്രഹയോഗത്തോടെ,
കാമേ സുത ഭാഗ്യയോഃ - ഏഴിലോ അഞ്ചിലോ ഒമ്പതിലോ നിന്നാൽ,

വികലദാരോ	-	ഭാര്യ വൈകല്യമുള്ളവളായിരിക്കും.

ശുക്രേ	-	ശുക്രൻ
കുജമന്ദവർഗസഹിതേ	-	ശനിയുടേയോ കുജന്റേയോ വർഗ്ഗത്തിൽ നിൽക്കുകയോ,
ദൃഷ്ടേ	-	അവരാൽ നോക്കപ്പെടുകയോ ചെയ്താൽ,
പരസ്ത്രീരതഃ	-	പരസ്ത്രീരതനായി ഭവിക്കും.

1. ഏഴാംഭാവത്തിനോ ഏഴാംഭാവാധിപനോ പാപയോഗമോ,പാപദൃഷ്ടിയോ, പാപമദ്ധ്യ സ്ഥിതിയോ, നീചക്ഷേത്രസ്ഥിതിയോ, ശത്രുക്ഷേത്രസ്ഥിതിയോ, മൗഢ്യമോ ഉണ്ടായാൽ കളത്ര നാശത്തെ പറയണം.

2. ശുക്രൻ പാപഗ്രഹയോഗത്തോടെ ഏഴിലോ അഞ്ചിലോ ഒമ്പതി ലോ നിന്നാൽ ഭാര്യയ്ക്ക് അംഗവൈകല്യമോ, സ്വഭാവവൈകല്യമോ, മാറാ രോഗമോ എന്തെങ്കിലും ഒരു തകരാറ് ഉണ്ടായിരിക്കും

. 3. ശുക്രൻ ശനിയുടേയോ കുജന്റേയോ വർഗ്ഗത്തിൽ നിൽ ക്കുകയോ അവരാൽ നോക്കപ്പെടുകയോ ചെയ്താൽ അയാൾ അന്യസ്ത്രീകളുമായി ബന്ധമുള്ളവനായിരിക്കും.

(5)

ഭൗമാർക്ക്യസ്തേ ഭൃഗുജശശിനോർദാരഹീനോ f സുതോ വാ
ക്ലീബോ f സ്തേ വാ ഭവതി ഭവഗൗ ദ്വൗ ഗ്രഹൗ സ്ത്രീദ്വയം സ്യാത്
ദ്വന്ദ്വർക്ഷാംശേ മദപതിസിതൗ തസ്യ ജായാദ്വയം സ്യാ-
ത്താഭ്യാം യുക്തൈർഗഗനനിലയൈഃ* ദാരസംഖ്യാം വദന്തു.

ഭൃഗുജ ശശിനോ അസ്തേ	-	ശുക്രചന്ദ്രന്മാരുടെ ഏഴാംഭാവത്തിൽ,
ഭൗമ അർക്കി	-	കുജനോ ശനിയോ നിന്നാൽ,
ദാരഹീനോ അസുതോ വാ	-	ഭാര്യയോ മക്കളോ ഇല്ലാത്തവനാകും.
ക്ലീബോ അസ്തേ	-	(ഇവരുടെ) ഏഴിൽ ക്ലീബഗ്രഹം (ബു, മ) നിന്നാൽ,
അസുതോ	-	മക്കളും ഉണ്ടാകില്ല.

ഭവതി ഭവഗൗ ദ്വേ ഗ്രഹൗ	-	പതിനൊന്നാംഭാവത്തിൽ രണ്ടു ഗ്രഹം നിന്നാൽ,
സ്ത്രീദ്വയഃ സ്യാത്	-	രണ്ടു ഭാര്യമാർ ഉണ്ടാകും.

മദപതി സിതൗ	-	ഏഴാംഭാവാധിപനും ശുക്രനും,
ദ്വന്ദ്വർക്ഷാംശേ	-	യുഗ്മരാശിയിൽ നിൽക്കുകയോ അംശിക്കുകയോ ചെയ്താൽ,
തസ്യ ജായാദ്വയം സ്യാത്	-	അയാൾക്കു രണ്ടു ഭാര്യമാർ ഉണ്ടാകും.
*ത്വഭ്യാം യുക്തൈഃ**	-	അവയോടു (ഏഴാംഭാവാധിപൻ, ശുക്രൻ) കൂടിയ, (ഗ്രഹങ്ങളെക്കൊണ്ട്)
ദാരസംഖ്യാം വദന്തു	-	ഭാര്യമാരുടെ എണ്ണം പറയണം.

1. ശുക്രചന്ദ്രന്മാരുടെ ഏഴിൽ കുജനോ ശനിയോ നിന്നാൽ ഭാര്യ (ഭാര്യാഗുണം) ഉണ്ടാകില്ല.
2. ശുക്രചന്ദ്രന്മാരുടെ ഏഴാംഭാവത്തിൽ ക്ലീബഗ്രഹം നിന്നാൽമക്കളുംഉണ്ടാകില്ല.
3. പതിനൊന്നാംഭാവത്തിൽ രണ്ടു ഗ്രഹം നിന്നാൽ രണ്ടു ഭാര്യമാർഉണ്ടാകും.

4. ഏഴാംഭാവാധിപനുംശുക്രനും യുഗ്മരാശിയിൽ നിൽക്കുകയോ അംശിക്കുകയോ ചെയ്താലും രണ്ടു ഭാര്യമാർ ഉണ്ടാകും.
5. ഏഴാംഭാവാധിപൻ, ശുക്രൻ ഇവരോടുകൂടിയ ഗ്രഹങ്ങളെക്കൊണ്ട് ഭാര്യമാരുടെ എണ്ണത്തെ പറയണം.

* *താഭ്യാം യുക്തൈഃ ഗഗനനിലയൈഃ* എന്നതിലെ *ഗഗനനിലയ*ത്തെക്കുറിച്ചു വ്യാഖ്യാനങ്ങളിൽ ഒന്നും കാണുന്നില്ല. ജ്യോതിഷത്തിൽ *ഗഗനനിലയം* പത്താമിടമാണ്.

(6)

സ്ത്രീസംഖ്യാം മദഗൈർഗ്രഹൈർമൃതിമസത്
ഖേടൈശ്ച സത്ഭിഃ സ്ഥിതിം
ദ്യൂനേശേ സബലേ ശുഭേ സതി വധൂഃ
സാധ്വീ സുപുത്രാന്വിതാ
പാപോ*f* പി സ്വഗൃഹം ഗതഃ ശുഭകരഃ
പത്ന്യാശ്ച കാമസ്ഥിതാ
ഹിത്വാ ഷഡ്വ്യയരന്ധ്രപാന്മദനഗാഃ
സൗമ്യാസ്തു സൗഖ്യാവഹാഃ.

1 *സ്ത്രീസംഖ്യാം മദഗൈഃ ഗ്രഹൈഃ*	- ഏഴാംഭാവത്തിൽ ഉള്ള ഗ്രഹങ്ങളെക്കൊണ്ടു ഭാര്യമാരുടെ എണ്ണവും,
2 *മൃതിം അസത് ഖേടൈഃ ച*	- അതിൽപാപഗ്രഹങ്ങളെക്കൊണ്ട് ആയുസ്സുകുറഞ്ഞഭാര്യമാരുടെ എണ്ണവും,
സത്ഭിഃ	- ശുഭഗ്രഹങ്ങളെക്കൊണ്ട് ആയുസ്സുള്ള ഭാര്യമാരുടെ എണ്ണവും ചിന്തിക്കണം.
3 *ദ്യൂനേശേ സബലേ ശുഭേ*	- ഏഴാംഭാവാധിപൻ ബലവാനായ ശുഭനാണെങ്കിൽ,
വധൂ സാധ്വീ സുപുത്രാന്വിതാ	- ഭാര്യ പതിവ്രതയാകും. നല്ല പുത്രന്മാരുംഉണ്ടാകും.
പാപഃ അപി	- പാപനാണെങ്കിലും
കാമസ്ഥിതഃ	- ഏഴിൽ നിൽക്കുന്ന ഗ്രഹം
സ്വഗൃഹം ഗതഃ പത്ന്യാശ്ച	- ഏഴാംഭാവാധിപതിയാണെങ്കിൽ
ശുഭകരഃ	- ശുഭത്തെ ചെയ്യും.
ഹിത്വാ ഷഡ്വ്യയ രന്ധ്രപാ	- 6, 12, 8 ഭാവങ്ങൾ ഒഴിച്ചുള്ള ഭാവങ്ങളുടെ അധിപതികളും
സൗമ്യാഃ തു	- ശുഭന്മാരുമായ ഗ്രഹങ്ങളാണ്,
മദനഗാ	- ഏഴാംഭാവത്തിൽ നിൽക്കുന്നതെങ്കിൽ,
സൗഖ്യാവഹാഃ	- സൗഖ്യപ്രദമാണ്.

ഏഴാംഭാവത്തിൽ ഉള്ള ഗ്രഹങ്ങളെക്കൊണ്ടു ഭാര്യമാരുടെ എണ്ണം പറയണം.അതിൽ പാപഗ്രഹങ്ങളെക്കൊണ്ട് മരിച്ചുപോകുന്ന ഭാര്യമാരുടെ എണ്ണവും ശുഭഗഹങ്ങളെക്കൊണ്ട് ആയുസ്സുള്ള ഭാര്യമാരുടെ എണ്ണവും ചിന്തിക്കണം.

ഏഴാംഭാവാധിപൻ ബലമുള്ള ശുഭനാണെങ്കിൽ ഭാര്യ പതിവ്രതയായും നല്ല പുത്രന്മാരോടു കൂടിയവളായും ഭവിക്കും.

ഏഴിൽ നിൽക്കുന്ന ഗ്രഹം പാപനാണെങ്കിലും ഏഴാംഭാവാധിപതിയാണെങ്കിൽ ശുഭത്തെ ചെയ്യും.

. 6 - 8 - 12 ഭാവാധിപരല്ലാത്ത ശുഭന്മാർ ഏഴാംഭാവത്തിൽ നിന്നാൽ നല്ല ഫലം ഉണ്ടാകും.

(7)

ഭാര്യാനാശസ്ത്വശുഭസഹിതൗ വീക്ഷിതൗ വാർത്ഥകാമൗ
തത്ര പ്രാഹുസ്ത്വശുഭഫലദാ ക്രൂരദൃഷ്ടിം വിശേഷാത്
ഏവം പത്ന്യാ അപി സതി മദേ ചാഷ്ടമേ വാസ്തി ദോഷഃ
സൗമ്യൈർദൃഷ്ടേ സതി ശുഭയുതേ ദമ്പതീ ഭാഗ്യവന്തൗ.

അ:ർത്ഥകാമൗ	-	2, 7 ഭാവങ്ങളിൽ
അശുഭസഹിതൗ വീക്ഷിതാഃ	-	പാപസ്ഥിതിയോപാപദൃഷ്ടിയോ വരുകിൽ
ഭാര്യ:ന:ാശ	-	ഭാര്യാനാശമുണ്ടാകും.
അശുഭഫലദാ ക്രൂരദൃഷ്ടിം വിശേഷ:ൽ	-	ക്രൂരദൃഷ്ടി വിശേഷിച്ചും ദോഷകരമാണ്.

ഏവം പത ന്യാ അപി സതി മദേ ചാഷ്ടമേ വാസ്തി ദോഷഃ

- സ്ത്രീജാതകത്തിൽ 7, 8 ഭാവങ്ങളിൽ ഇങ്ങനെ വന്നാലും- - പാപന്മാർ നിൽക്കുകയോ നോക്കുകയോ ചെയ്താലും- - ദോഷമാണ്.

സൗമ്യൈഃ ദൃഷ്ടേ സതി ശുഭയുതേ ദമ്പതീ ഭാഗ്യവന്തൗ - (ഈ ഭാവങ്ങളിൽ) സൗമ്യന്മാർ നോക്കുകയോ നിൽക്കുയോ ചെയ്താൽ ദമ്പതിമാർ ഭാഗ്യശാലികളാകും.

♑

അദ്ധ്യായം 11
സ്ത്രീജാതകം

(1)

യദ്വത് പുംപ്രസവേ ക്ഷമം തദഖിലം
സ്തീണാം പ്രിയേ വാ വദേ-
ന്മാംഗല്യം നിധനാത് സുതാംശ്ച നവമാ-
ല്ലഗ്നാത്തനോശ്ചാരുതാം
ഭർത്താരം സുഭഗത്വമസ്തഭവനാത്
സംഗം സതീത്വം സുഖാത്
സന്തസ്തേഷു ശുഭപ്രദാസ്ത്വശുഭദാഃ
ക്രൂരാസ്തദീശം വിനാ.

1യദ്വത് പുംപ്രസവേ ക്ഷമം തദഖിലം
- പുരുഷജന്മത്തിനു പറഞ്ഞ നിയമങ്ങളും യോഗങ്ങളും ഫലങ്ങളുമെല്ലാം

സ്തീണാം പ്രിയേ വാ വദേത് - സ്ത്രീജന്മത്തിനും പറയണം.

സ്ത്രീക്കു ബാധകമല്ലാത്ത കാര്യങ്ങൾ സ്ത്രീജാതകത്തിലുണ്ടെങ്കിൽ അതു ഭർത്താവിനെക്കൊണ്ടു പറയണം. അവയ്ക്കു പുറമേ, വിശേഷിച്ച് - -

മാംഗല്യം നിധനാത് - സ്ത്രീജാതകത്തിൽ എട്ടാംഭാവംകൊണ്ട് മാംഗല്യവും (ഭർത്താവിന്റെ ആയുസ്സും)
സുതാംശ്ച നവമാത് - ഒമ്പതാംഭാവംകൊണ്ട് പുത്രഗുണവും
ലഗ്നാത്തനോശ്ചാരുതാം - ലഗ്നംകൊണ്ട് രൂപസൗകുമാര്യവും
ഭർത്താരം സുഭഗത്വമസ്തഭവനാത് - ഏഴാംഭാവംകൊണ്ട് ദാമ്പത്യഗുണാനുഭവം, സുഭഗത്വം ഇവയും
സംഗം സതീത്വം സുഖാത് - നാലാംഭാവംകൊണ്ട് പാതിവ്രത്യവും (ചിന്തിക്കണം).

സന്തഃ തേഷു ശുഭപ്രദാഃ തു ശുഭദാഃ - ഈ ഭാവങ്ങളിൽ ശുഭന്മാർ നിന്നാൽ ശുഭഫലവും
ക്രൂരാഃ തത് ഈശം വിനാ - ഭാവാധിപനല്ലാത്ത പാപന്മാർ നിന്നാൽ അശുഭഫലവും ഉണ്ടാകും. (ഭാവാധിപൻ പാപനാണെങ്കിലും തന്റെ ഭാവത്തിനു ദോഷം ചെയ്യില്ല.)

(2)

ഉദയഹിമകരൗ ദ്വൗ യുഗ്മഗൗ സൗമ്യദൃഷ്ടൗ
സുതനയപതിഭൂഷാസമ്പദൂത്കൃഷ്ടശീലാ
അശുഭസഹിതദൃഷ്ടൗ ചോജഗൗ പുംസ്വഭാവാ
കുടിലമതിരവശ്യാ ഭർതൃരൂഗ്രാ ദരിദ്രാ.

ഉദയഹിമകരൗ ദ്വൗ യുഗ്മഗൗ സൗമ്യദൃഷ്ടൗ

- ലഗ്നവും ചന്ദ്രനും രണ്ടും യുഗ്മ രാശികളിൽ ശുഭദൃഷ്ടിയോടെ നിന്നാൽ-

സുതനയ പതി ഭൂഷാ സമ്പത് ഉത്കൃഷ്ടശീലാ

- നല്ല മക്കൾ, ഭർത്താവ്, ആഭരണങ്ങൾ, ധനം, നല്ല സ്വഭാവം ഇവ ഉള്ളവളാകും.

അശുഭസഹിതദൃഷ്ടൗ ച ഓജഗൗ

- അശുഭസ്ഥിതി, അശുഭദൃഷ്ടി എന്നിവകളോടെ ലഗ്നവും ചന്ദ്രനും ഓജരാശിയിൽ നിന്നാൽ

പുംസ്വഭാവാ കുടിലമതി അവശ്യാഭർത്ത്യ ഉഗ്രാ ദരിദ്രാ

- പുരുഷസ്വഭാവം, വക്രബുദ്ധി, ഭർത്താവിന്റെ വരുതിക്കു നിൽക്കാത്ത വൾ, ഉഗ്രസ്വഭാവി, ദരിദ്ര ഇവ ഫലം.

(3)

സദ്രാശ്യംശയുതേ മദേ ദ്യുതിയശോ-
　　　　വിദ്യാർത്ഥവാൻ തത്പതിർ-
വ്യത്യസ്തേ കുതനുർജഡശ്ച[1] കിതവോ
　　　　നിസ്വോ വിയോഗസ്തയോഃ
ആഗ്നേയൈർമദനസ്ഥിതൈശ്ച വിധവാ
　　　　മിശ്രൈഃ പുനർഭൂർഭവേത്
ക്രൂരേഷ്വായുഷി ഭർത്ത്യഹന്ത്ര്യപി ധനേ
　　　　സന്തഃ സ്വയം സ്ത്രീമൃതിഃ.

(1) പാഠഭേദം : ജളശ്ച

സത്രാശി അംശ യുതേ മദേ

- (സ്ത്രീജാതകത്തിൽ) ഏഴാംഭാവം ശുഭരാശി യായും ശുഭാംശകമായും ശുഭഗ്രഹത്താടുകൂടിയും ഇരുന്നാൽ,

ദ്യുതി യശഃ വിദ്യ അർത്ഥവാൻ തത്പതിഃ

- അവളുടെ ഭർത്താവ് കാന്തി, യശസ്സ്, വിദ്യ, ധനം എന്നിവയുള്ളവനായിരിക്കും

വ്യത്യസ്തേ

- (ഇതിൽനിന്നും) വ്യത്യസ്തമായി (ഏഴിൽ ഈ മൂന്നും അശുഭമായി) ഇരുന്നാൽ

കുതനു ജഡഃച കിതവോ നിസ്വോ

- (ഭർത്താവ്) വിരൂപനും മൂഢനും ചതിയനും ദരിദ്രനും ആയിരിക്കും.

വിയോഗസ്തയോഃ

- അവർ തമ്മിൽ വിയോഗത്തിനും സാദ്ധ്യതയുണ്ട്.

ആഗ്നേയൈർമദനസ്ഥിതൈശ്ച വിധവാ

- ഏഴിൽ ആഗ്നേയഗ്രഹങ്ങൾ നിന്നാൽ വൈധവ്യം.

ആഗ്നേയഗ്രഹങ്ങൾ:

ആഗ്നേയഗ്രഹങ്ങൾക്കു ④- ൽ പാപഗ്രഹങ്ങൾ എന്ന അർത്ഥമാണ് കാണുന്നത് സൂര്യൻ, കുജൻ, കേതു. പാപന്മാർ എന്നും ഒരു പക്ഷം. ❻

മിശ്രൈഃ പുനർഭൂർഭവേത്

- മിശ്രമായിരുന്നാൽ (ശുഭരും പാപരും കൂടി നിന്നാൽ) പുനർവിവാഹം

.ക്രൂരേഷുആയുഷിഭർത്തൃഹന്ത്യപി

- എട്ടിൽ പാപൻ നിന്നാൽ ഭർത്താവു മരിക്കും.

ധനേ നന്ദഃ സ്വയം സ്ത്രീമൃതിഃ.

- രണ്ടിൽ ശുഭൻ നിന്നാൽ ആദ്യം ഭാര്യ മരിക്കും.

(4)

സുതസ്ഥേƒ ളിസ്ത്രീഗോഹരിഷു ഹിമഗൗ ചാൽപ്പതനയാ
യമാരാ(പ്ത്യ)ംശർക്ഷേ മദനസദനേ സാƒ മയഭഗാ
സുഖേ പാപൈർയുക്തേ ഭവതി കുലടാ മന്ദകുജയോർ-
ഗൃഹേƒ ംശേ ലഗ്നേന്ദു ഭൃഗുരപി ച പുംശ്ചല്യഭിഹിതാ.

സുതസ്ഥേ അളി സ്ത്രീ ഗോ ഹരിഷു ഹിമഗ ച അൽപതനയാ

- അഞ്ചാംഭാവം വൃശ്ചികം, കന്നി, ഇടവം, ചിങ്ങം ഇതിലൊന്നായി അതിൽ ചന്ദ്രൻ നിന്നാൽ മക്കൾ കുറവായിരിക്കും.

യമ ആര ആപ്തി അംശർക്ഷേ മദനസദനേ ആമയ ഭഗാ

- ശനി, കജൻ ഇവർ ഏഴിൽ നിൽക്കുകയോ അംശിക്കുകയോ ചെയ്താൽ സ്തീ ഗുഹ്യരോഗമുള്ള വളാകും

സുഖേ പാപൈഃ യുക്തേ ഭവതി കുലടാ

- നാലിൽ പാപഗ്രഹങ്ങൾ നിന്നാൽ കുലട/പാതിവ്രത്യം ഇല്ലാത്തവൾ.

ലഗ്നേന്ദു ഭൃഗുഃ അപി ച പുംശ്ചലി അഭിഹിതാ

- ലഗ്നവും ചന്ദ്രനും ശുക്രനും നിൽക്കുന്ന രാശിയോ നവാംശമോ ശനിയുടേയോ ചൊവ്വ യുടേയോ രാശി ആയാൽ വ്യഭിചാരിണി ആകും

(5)

ശുഭക്ഷേത്രാംശേƒ സ്തേ(ഥേ) സുഭഗജഘനാ മംഗളവതീ
വിധോഃ സത്സംബന്ധോƒപ്യുദയസുഖയോഃ സാധ്വീ അതിഗുണാ
ത്രികോണേ സൗമ്യാശ്ചേത് സുഖസുതസമ്പത് ഗുണവതീ
ബലോനാഃ ക്രൂരാശ്ചേദ്യദി ഭവതി വന്ധ്യാ മൃതസുതാ.

ശുഭക്ഷേത്രാംശേ തേ സുഭഗജഘനാ മംഗളവതീ

- (സ്ത്രീജാതക ത്തിലെ ഏഴാംഭാവം) ശുഭഗ്രഹത്തിന്റെ രാശിയോ നവാംശമോ ആണെങ്കിൽ സുന്ദരമായ അരക്കെട്ടോടുകൂടിയവളും മംഗല്യവതിയും ആകും.

വിധോഃ	-	ചന്ദ്രന്
അപി ഉദയ സുഖയോഃ	-	അല്ലെങ്കിൽ ലഗ്നത്തിനോ നാലാംഭാവത്തിനോ
സത്സംബന്ധ	-	ശുഭഗ്രഹബന്ധം (ഉണ്ടെങ്കിൽ)
സാദ്ധ്വി അതിഗുണാ	-	സാദ്ധ്വിയും ഗുണവതിയും ആയിരിക്കും.

.ത്രികോണേ സൗമ്യാശ്ചേത്	-	ത്രികോണഭാവങ്ങളിൽ ശുഭഗ്രഹങ്ങളുണ്ടായാൽ
സസുഖ സുത സമ്പത് ഗുണവതീ	-	സുഖവും സന്താനവും സമ്പത്തും നല്ല ഗുണങ്ങളും ഉണ്ടാകും.

ബലേഃനാഃ ക്രൂരാ ചേത് യദി - ത്രികോണങ്ങളിൽ ദുർബ്ബലരായ പാപന്മാർ നിന്നാൽ
ഭവതി വന്ധ്യാ മൃതസുതാ - പ്രസവിക്കാത്തവളോ മക്കൾ മരിക്കുന്നവളോ ആകും.

(6)
ചന്ദ്രേ ഭൗമഗൃഹേ കുജാദികഥിത-
    തിംശാംശകേഷു ക്രമാദ്
ദുഷ്ടാ ദാസ്യസതീ സുശീല വിഭവാ
    മായാവിനീ ദൂഷണീ
ശുക്രർക്ഷേ ബഹുദൂഷണാന്യപതിഗാ
    പൂജ്യാ സുധീർ വിശ്രുതാ
ജ്ഞർക്ഷേ ഛാത്മവതീ നപുംസകസമാ
    സാദ്ധ്വീ ഗുണാഢ്യോത്സുകാ.
(7)
സ്വച്ഛന്ദാ ഭർത്യഘ്നാതിന്യതിമഹിതഗുണാ
    ശില്പിനീ സാധുവൃത്താ
ചന്ദ്രോ ജൈവേ ഗുണാഢ്യാ വിരതിരതിഗുണ-
    ജ്ഞാ ശിൽപ്പാതിസാദ്ധ്വീ
മന്ദേ ദാസ്യന്യസക്താ ശ്രിതപതിരസതീ
    നിഷ്പ്രജാർത്ഥാർക്കഭേ സ്യാദ്-
ദുർഭാഷാ ഹീനവൃത്ത ധരണിപതിവധൂഃ
    പുംവിചേഷ്ടാന്യസക്താ.

(8)
ശശിലഗ്നസമായുക്തൈഃ ഫലം ത്രിംശാംശകൈരിദം
ബലാബലവികൽപ്പേന തയോരേവം വിചിന്തയേത്.

ചന്ദ്രൻ സ്ത്രീജാതകത്തിൽ അഞ്ചു താരാഗ്രഹങ്ങളുടേയും രാശികളുടെ ത്രിംശാംശങ്ങളിൽ നിന്നാലുള്ള ഫലങ്ങളാണ് ഇനി പറയുന്നത്. (ത്രിംശാംശനാഥക്രമം : കുജൻ, മന്ദൻ, ഗുരു, ബുധൻ, ശുക്രൻ)

ചന്ദ്രേ ഭൗമഗൃഹേ	-	ചന്ദ്രൻ കുജന്റെ രാശികളിൽ (മേടം, വൃശ്ചികം)
കുജാദി കഥിത ത്രിംശാംശകേഷു ക്രമാത	-	കുജൻ തുടങ്ങിയവരുടെ

ത്രിംശാംശങ്ങളിൽ നിന്നാൽ (ഫലം) ക്രമത്തിൽ : - -

ദുഷ്ടാ ദാസി അസതീ സുശീല വിഭവാ മായാവ്.ന്.ീ ദൂഷണീ

<u>ത്രിംശാംശകനാഥൻ</u>		<u>ഫലം</u>	
കുജൻ	-	*ദുഷ്ടാ*	- ദുഷ്ട,
ശനി	-	*ദാസി അസതീ*	- ദാസി, പതിവ്രതയല്ലാത്തവൾ
ഗുരു	-	*സുശീല വിഭവാ*	- സുശീല, ധനിക
ബുധൻ	-	*മായാവ്.ന്.ീ*	- മായാവിനീ (മയക്കുന്നവൾ)
ശുക്രൻ	-	*ദൂഷണീ*	- ദൂഷണി (ദുഃസ്വഭാവി)

ശുക്രേ ബഹുദൂഷണാ:ന്യപതിഗാ പൂജ്യാ സുധ്.ീ വിശ്രുതാ

\- ചന്ദ്രൻ ശുക്രന്റെ രാശികളിൽ (ഇടവം, തുലാം) താരാഗ്രഹങ്ങളുടെ ത്രിംശാംശങ്ങളിൽ, നിന്നാലുള്ള ഫലം

ത്രിംശാംശകനാഥൻ ഫലം			
കുജൻ	-	*ബഹുദൂഷണാ*	- വലിയ ദുസ്വഭാവി
ശനി	-	*അന്യപതിഗാ*	- പരപുരുഷബന്ധമുള്ളവൾ
ഗുരു	-	*പൂജ്യാ*	- ആദരിക്കപ്പെടേണ്ടവൾ
ബുധൻ	-	*സുധീ*	- *ബുദ്ധിശാലി*
ശുക്രൻ	-	*വിശ്രുത*	- പ്രസിദ്ധ

ജ്ഞർക്ഷേ ഛദ്മവതീ ന്യപുംസകസമാ സാദ്ധ്വീ ഗുണാഢ്യേ:ത്സുകാ

\- ചന്ദ്രൻ ബുധന്റെ രാശികളിൽ (മിഥുനം, കന്നി) താരാഗ്രഹങ്ങളുടെ ത്രിംശാംശങ്ങളിൽ, നിന്നാലുള്ള ഫലം.

<u>ത്രിംശാംശകനാഥൻ</u>		<u>ഫലം</u>		
കുജൻ	-	ഛദ്മവതീ	-	കപടവേഷക്കാരി
ശനി	-	നപുംസകസമാ	-	ആണുംപെണ്ണുംകെട്ടഒറ്റ ഗുരു
	-	സാധ്വീ	-	പതിവ്രത
ബുധൻ	-	ഗുണാഢ്യ	-	ഗുണസമ്പന്ന
ശുക്രൻ	-	ഉത്സുകാ	-	ഉത്സാഹി

സ്വച്ഛന്ദാ ഭ്.ർതൃഘ്നാത്.ന്യതിമഹ്.തഗുണാ ശില്പ്.ന്.ീ സാധുവൃത്താ

\- സ്വക്ഷേത്രത്തിൽ (കർക്കടത്തിൽ) നിൽക്കുന്ന ചന്ദ്രൻ കുജാദികളായ ഗ്രഹങ്ങളുടെ ത്രിംശാംശങ്ങളിൽ നിന്നാൽ- -

<u>ത്രിംശാംശകനാഥൻ</u>		<u>ഫലം</u>		
കുജൻ	-	സ്വച്ഛന്ദാ	-	തന്നിഷ്ടക്കാരി
ശനി	-	ഭർതൃഘ്നാതീ	-	ഭർത്ത്യഘ്നാതകി
ഗുരു	-	മഹിതഗുണാ	-	ഗുണസമ്പന്ന
ബുധൻ	-	ശിൽപ്പിനീ	-	കൊത്തുപണിക്കാരി
ശുക്രൻ	-	സാധുവൃത്താ	-	സദ്സ്വഭാവി

ചന്ദ്രേ ജൈവേ ഗുണാഢ്യാ വിരതിരതിഗുണാ ജ്ഞാതശില്പാതി സാധ്വീ

- വ്യാഴക്ഷേത്രത്തിൽ (ധനു, മീനം) നിൽക്കുന്ന ചന്ദ്രൻ കുജദികളായ ഗ്രഹങ്ങളുടെ ത്രിംശാംശങ്ങളിൽ നിന്നാൽ- -

<u>തിംശാംശകനാഥൻ</u>	<u>ഫലം</u>			
കുജൻ	-	ഗുണാഢ്യാ	-	ഗുണവതി
ശനി	-	വിരതി	-	രതിയിൽ താൽപര്യമില്ലാത്തവൾ
ഗുരു	-	അതിഗുണവതി	-	സദ്ഗുണസമ്പന്ന ബുധൻ
	-	ജ്ഞാതശിൽപ്പാ	-	(ശിൽപ്പവേലഅറിയാവുന്നവൾ)
ശുക്രൻ	-	അതിസാധ്വീ *	-	പതിവ്രത

* പാഠഭേദം: *അസാധ്വീ* - പാതിവ്രത്യമില്ലാത്തവൾ

ഇതു ശരിയാണെന്നു തോന്നുന്നില്ല. മൂന്നു ഗ്രഹങ്ങളും ശുഭരാണല്ലോ.

മന്ദേ ദാസ്യന്യസക്താ ശ്രിതപതിരസതീ നിഷ്പ്രജാർത്ഥ

- ശനിക്ഷേത്രങ്ങളിൽ (മകരം, കുംഭം) നിൽക്കുന്ന ചന്ദ്രൻ കുജാദികളായ ഗ്രഹങ്ങളുടെ ത്രിംശാംശങ്ങളിൽ നിന്നാൽ- -

<u>ത്രിംശാംശകനാഥൻ</u>		<u>ഫലം</u>		
കുജൻ	-	ദാസി		
ശനി	-	അന്യാസക്താ	-	പരപുരുഷാസക്തിയുള്ളവൾ
ഗുരു	-	ശ്രിതപതി	-	ഭർത്താവിനെ ആശ്രയിക്കുന്നവൾ
ബുധൻ	-	അസതി	-	പതിവ്രതയല്ലാത്തവൾ
ശുക്രൻ	-	നിഷ്പ്രജാർത്ഥ	-	മക്കളും ധനവും ഇല്ലാത്തവൾ

ദുർഭാഷാ ഹീനവൃത്താ ധരണിപതിവധൂഃ പുംവിചേഷ്ടാ അന്യസക്താ

- സൂര്യക്ഷേത്രത്തിൽ (ചിങ്ങത്തിൽ) നിൽക്കുന്ന ചന്ദ്രൻ കുജാദികളായ ഗ്രഹങ്ങളുടെ ത്രിംശാംശങ്ങളിൽ നിന്നാൽ-

<u>ത്രിംശാംശകനാഥൻ</u>		<u>ഫലം</u>
കുജൻ -	ദുർഭാഷാ	- ചീത്ത വാക്കുകൾ പറയുന്നവൾ
ശനി -	ഹീനവൃത്ത	- ഹീനപ്രവർത്തികൾ ചെയ്യുന്നവൾ
ഗുരു -	ധരണിപതിവധൂഃ	- രാജ്ഞി
ബുധൻ -	പുംവിചേഷ്ടാ	- പുരുഷനെപ്പോലെ പെരുമാറുന്നഗറ്റ
ശുക്രൻ -	അന്യസക്താ	- പരപുരുഷാസക്തിയുള്ളവൾ

ശശിലഗ്നസമായുക്തൈഃ ഫലം ത്രിംശാംശകൈരിദം

- ലഗ്നത്തിന്റെ ത്രിംശാംശകഫലം ചന്ദ്രന്റേതുപേലെത്തന്നെയാണ്. ലഗ്നം, ചന്ദ്രൻ ഇവയിൽ ബലം കൂടിയതിനെക്കൊണ്ടു ഫലം പറയണം.

(9)

ജ്യേഷ്ഠഭ്രാതരമംബികാഞ്ച പിതരം
ഭർതുഃ കനിഷ്ഠം ക്രമാത്
ജ്യേഷ്ഠാഹ്യാസുരശൂർപ്പജാശ്ച വനിതാ
ഘ്നന്തീതി തജ്ഞാ വിദുഃ

ചിത്രാർദ്രാഭുജഗസ്വരാട് ഛതഭിഷങ്
　　　　മൂലാഗ്നിതിഷ്യോത്ഭവാ
വന്ധ്യാ വാ വിധവാ*ƒ* ഥവാ മൃതസുതാ
　　　　ത്യക്താ പ്രിയേണാഥവാ.

ജ്യേഷ്ഠഭ്രാതാമംബികാഞ്ച .... തദജ്ഞാ വിദുഃ

- ത്യക്കേട്ട, ആയില്യം, മൂലം, വിശാഖം ഈ നാലു നാളുകളിൽ സ്ത്രീ ജനിച്ചാൽ ഭർതൃബന്ധുക്കൾക്കു ദോഷമാണ് / മാരകമാണ്.

<u>നക്ഷത്രം</u>	<u>ബാധിക്കപ്പെടുന്ന ബന്ധു</u>		
ജ്യേഷ്ഠാ - കേട്ട.	>	ജ്യേഷ്ഠഭ്രാതരം	- ഭർത്താവിന്റെ ജ്യേഷ്ഠൻ
അഹി - ആയില്യം.	>	അംബിക	- ഭർത്താവിന്റെ മാതാവ്
അസുര - മൂലം	>	പിതരം	- ഭർത്താവിന്റെ പിതാവ്
ശൂർപ്പം - വിശാഖം	>	ഭർത്തുകനിഷ്ഠം	- ഭർത്താവിന്റെ അനുജൻ.

ചിത്രാർദ്രാഭുജഗ .... ത്യക്താ പ്രിയേണാഥവാ.

ചിത്ര	-	ചിത്തിര,
ആർദ്രാ	-	തിരുവാതിര,
ഭുജഗ	-	ആയില്യം
ജ്യേഷ്ഠ	-	ത്യക്കേട്ട
ശതഭിഷ	-	ചതയം,
മൂലം,	-	മൂലം
അഗ്നി	-	കാർത്തിക,
പൂയം		

-- ഈ നാളുകളിൽ ജനിച്ച സ്ത്രീകൾ

വന്ധ്യാ	-	പ്രസവിക്കാത്തവൾ,
വിധവാ	-	ഭർത്താവു മരിച്ചവൾ
മൃതസുതാ	-	മക്കൾമരിച്ചവൾ,
ത്യക്താ പ്രിയേണ	-	ഭർത്താവ് ഉപേക്ഷിച്ചവൾ

(ഇവർക്കു ഭർത്ത്യസുഖവും പുത്രസുഖവും കുറവായിരിക്കും എന്നു സാരം.)

(10)

ചന്ദ്രാസ്തോദയഭാഗ്യപാഃ സഹ ശുഭൈഃ
　　　　സുസ്ഥാനഗാ ഭാസ്വരാഃ
പൂജ്യാ ബന്ധുഷു പുണ്യകർമകുശലാ
　　　　സൗന്ദര്യഭാഗ്യാന്വിതാ
ഭർതുഃ പ്രീതികരീ സുപുത്രസഹിതാ
　　　　കല്യാണശീലാ സതീ
താവദ്ഭാതി സുമംഗലീ ച സുതനുർ-
　　　　യാവച്ഛുഭാഢ്യേ *ƒ* ഷ്ടമേ.

ചന്ദ്രാസ്തോദയഭാഗ്യപസ്സഹ ശുഭൈ

- ചന്ദ്രൻ, ഏഴാംഭാവാധിപതി, ലഗ്നാധിപൻ, ഭാഗ്യാധിപൻ ഇവർ ശുഭസംബന്ധത്തോടെ

സുസ്ഥാനഗാ ഭാസ്വരാഃ - ശുഭസ്ഥാനങ്ങളിൽ മൗഢ്യമില്ലാതെ നിന്നാൽ

പൂജ്യാ ബന്ധുഷു - ബന്ധുക്കളാൽ പൂജിക്കപ്പെടുന്നവൾ,

പുണ്യകർമ്മകുശലാ - പുണ്യകർമ്മങ്ങളിൽ സമർത്ഥയായവൾ

സൗന്ദര്യഭാഗ്യാന്വിതാ - സൗന്ദര്യവും ഭാഗ്യവും ഉള്ളവൾ

ഭർത്തു പ്രീതികരാ - ഭർത്താവിനു പ്രീതി ഉണ്ടാക്കുന്നവളും

സുപുത്രസഹിതാ - നല്ല മക്കളോടുകൂടിയവളും

കല്യാണശീലാ സതീ - നല്ല സ്വഭാവമുള്ളവളും പതിവ്രതയും ആയിരിക്കും.

താവദ്ഭാതി സുമംഗലീ ച സുതനൂര്യാവാച്ഛുഭാഷ്ടമേ.

- എട്ടാം ഭാവം ഇതുപോലെ ശുഭകരമായിരുന്നാൽ സുമംഗലിയും സുതനുവും (സുന്ദരിയും) ആയിരിക്കും.

(11)

ശീതജ്യോതിഷി യോഷിതോ *f* നുപചയ-
സ്ഥാനേ കുജേനേക്ഷിതേ
ജാതംഗർഭഫലപ്രദം ഖലു രജ-
സ്യാന്യഥാ നിഷ്ഫലം
ദൃഷ്ടേ *f* സ്മിൻ ഗുരുണാ നിജോപചയഗേ
കുര്യാന്നിഷേകഃ പുമാ-
നത്യാജ്യേ സമയേ ശുഭാധികയുതേ
പൂർവാദികാലോജ്ഝിതേ.

ശീതജ്യോതിഷി യോഷിതോƒനുപചയസ്ഥാനേ

- ചന്ദ്രൻ സ്ത്രീയുടെ ലഗ്നത്തിന്റെ അനുപചയ സ്ഥാനങ്ങളിൽ (2-4-5-7-8-9-12-1) ഏതിലെങ്കിലും നിൽക്കുകയും

കുജേനേക്ഷിതേ - കുജൻ നോക്കുകയും ചെയ്യുമ്പോൾ

ജാതം ഗർഭഫലപ്രദം - ഉണ്ടാകുന്ന ഗർഭം ഫലപ്രദമാകും.

ഖലു രജസ്യന്യഥാ നിഷ്ഫലം

- അല്ലാത്തപ്പോൾ ഉണ്ടാകുന്ന രജസ്സ് നിഷ്ഫലമായിപ്പോകും. (ഗർഭമുണ്ടാവില്ല.)

ദൃഷ്ടേസ്മിൻ ഗുരുണാ നിജോപചയഗേ കുര്യാന്നിഷേകഃ ...

- പുരുഷൻ ഗർഭാധാനം ചെയ്യുന്നതു സ്ത്രീയുടെ ലഗ്നത്തിന്റെ ഉപചയസ്ഥാനങ്ങളിൽ (3-6-10-11) നിൽക്കുന്ന ചന്ദ്രനെ വ്യാഴം നോക്കു ന്ന സമയത്തായിരിക്കണം.

അത്യാജ്യേ സമയേ ശുഭാധികയുതേ പൂർവാദികാലോജ്ഝിതേ.

- ഇതു ത്യാജ്യദിവസമാവരുത്, ഗുണാധിക്യമുള്ളതാവണം, ഈ വിഷയത്തിലെ മറ്റു നിയമങ്ങൾക്ക് അനുസൃതവുമാവണം. ♒

അദ്ധ്യായം 12

പുത്രചിന്ത

(1)

സുസ്ഥാ വിലഗ്നശശിനോഃ സുതഭേശജീവാഃ
സുസ്ഥാനനാഥ ശുഭദൃഷ്ടിയുതേ സുതർക്ഷേ
ലഗ്നാത്മപൗ യദി യുതൗ ച മിഥഃ സുദൃഷ്ടൗ
ക്ഷേത്രേ പരസ്പരഗതൗ യദി പുത്രസിദ്ധിഃ.

വിലഗ്ന ശശിനോഃ	-	ലഗ്നാലും ചന്ദ്രാലും,
സുതഭേശ ജീവാഃ	-	അഞ്ചാംഭാവാധിപതിയും വ്യാഴവും,
സുസ്ഥാ	-	സുസ്ഥാനങ്ങളിൽ നിന്നാലും,
സുസ്ഥാനനാഥ ശുഭദൃഷ്ടി യുതേ	-	സുസ്ഥാനനാഥന്മാരുടെയോ ശുഭരുടെയോ ദൃഷ്ടിയോ യോഗമോ
സുതർക്ഷേ	-	അഞ്ചാംഭാവത്തിനുണ്ടായാലും,
ലഗ്നാത്മപൗ യദി യുതൗ	-	ലഗ്നാധിപനും അഞ്ചാംഭാവാധിപനും ഒരുമിച്ചുനിന്നാലും
മിഥഃ സുദൃഷ്ടൗ	-	പരസ്പരം നോക്കിയാലും
ക്ഷേത്രേ പരസ്പരഗതൗ യദി	-	പരസ്പരം രാശിമാറിന്നാലും
പുത്രസിദ്ധിഃ	-	പുത്രരുണ്ടാകും

സുതഭേശൻ - അഞ്ചാം ഭാവാധിപതി - പുത്രഭാവത്തിന്റെ നാഥൻ
ജീവൻ - വ്യാഴം - പുത്രകാരകൻ
സുസ്ഥാനങ്ങൾ: ദുസ്ഥാനങ്ങൾ (6 - 8 - 12) ഒഴിച്ചുള്ളവ.
ശുഭന്മാർ: ഗു, ശു (ച, ബു വ്യവസ്ഥകളോടെ)
മിഥ : പരസ്പരം

(2)

ലഗ്നാമരേഡ്യശശിനാം സുതഭേഷു പാപൈർ-
യുക്തേക്ഷിതേഷ്വഥ ശുഭൈരയുതേക്ഷിതേഷു
പാപോഭയേഷു സുതഭേഷു സുതേശ്വരേഷു
ദുഃസ്ഥാനഗേഷു ന ഭവന്തി സുതാഃ കഥഞ്ചിത്.

ലഗ്നാമരേഡ്യശശിനാം	-	ലഗ്നം, ഗുരു, ചന്ദ്രൻ ഇവരുടെ
സുതഭേഷു	-	അഞ്ചാംഭാവത്തിൽ
പാപൈഃയുക്തേ	-	പാപന്മാർ നിൽക്കുകയോ
ഈക്ഷിതേഷു	-	നോക്കുകയോ ചെയ്താലും,
ശുഭൈ അയുതേക്ഷിതേഷു	-	ഈ സ്ഥാനങ്ങളിൽ ശുഭന്മാർ നിൽക്കുകയോ നോക്കുകയോചെയ്യാതിരുന്നാലും,
പാപ ഉഭയേഷു സുതഭേഷു	-	ഇവയുടെ ഇരുവശത്തും പാപഗ്രഹങ്ങൾ നിന്നാലും,
സുതേശ്വരേഷു ദുസ്ഥാനഗേഷു	-	പുത്രസ്ഥാനാധിപൻ ദുസ്ഥാനങ്ങളിൽ നിന്നാലും,
ന ഭവന്തി സുതാഃ കഥഞ്ചിത്	-	ഒരു തരത്തിലും പുത്രന്മാരുണ്ടാകില്ല.

(3)

പാപേ സ്വർക്ഷഗതേ സുതേ തനയഭാക്
തസ്മിന്നപാപേ പുനഃ
പുത്രാഃ സ്യുർബഹുലാഃ ശുഭോ സ്വഭവനേ
സോഗ്രേ സുതേ പുത്രഹാ
സംജ്ഞാഞ്ചാല്പസുതർക്ഷമിത്യളിവൃഷ-
സ്ത്രീസിംഹാഭാനാം വിദു-
സ്തദ്രാശൗസുതഭാഗഗേല്പസുതവാൻ
കാലാന്തരേ സിദ്ധ്യതി.

പാപേ സുതേ	-	പുത്രസ്ഥാനത്തുനിൽക്കുന്നതു പാപനാണെങ്കിലും
സ്വർക്ഷഗതേ	-	അത് ആ ഗ്രഹത്തിന്റെ സ്വക്ഷേത്രമാണെങ്കിൽ
തനയഭാക്	-	പുത്രരുണ്ടാകും.
തസ്മിൻ അപാപേ പുനഃ	-	പാപനു പകരം അപാപനാണ് ഇങ്ങിനെ നിൽക്കുന്നതെങ്കിൽ വേറെ പറയേണ്ടതുണ്ടോ ?
ശുഭോ സ്വഭവനേ	-	ശുഭന്മാർ സ്വക്ഷേത്രത്തിൽ (അഞ്ചിൽ) നിന്നാൽ
പുത്രാഃ സ്യുഃ ബഹുലാഃ	-	അനേകം പുത്രരുണ്ടാകും.
സോഗ്രേ സുതേ പുത്രഹാ	-	അഞ്ചിലെ പാപൻ പുത്രനെ ഹനിക്കും.
സംജ്ഞാം അൽപസുതർക്ഷമിതി	-	അൽപ്പസുതക്ഷേത്രങ്ങളായ
അളി വൃഷ സ്ത്രീ സിംഹാഭാനാം	-	വൃശ്ചികം, ഇടവം, കന്നി, ചിങ്ങം
തത് രാശൗ സുതഭാഗഗേ	-	ഈ രാശികൾ അഞ്ചാംഭാവമായി വന്നാൽ
അൽപസുതവാൻ	-	മക്കൾ കുറവായിരിക്കും.
കാലാന്തരേ സിദ്ധ്യതി.	-	ഉണ്ടാകുന്നതിന് സമയമെടുത്തുവെന്നും വരാം

.

(4)

സൂര്യേ ചാൽപ്പസുതർക്ഷഗേ നിധനഗേ മന്ദേ കുജേ ലഗ്നഗേ
ലഗ്നാഷ്ടവ്യയഗൈഃ ശനീഢ്യരുധിരൈശ്ചാൽപ്പാത്മജർക്ഷേ സുതേ
ചന്ദ്രേ ലാഭഗതേ ഗുരുസ്ഥിതസുതസ്ഥാനേ സപാപേ ഭവേത്
ലഗ്നേ ഽനേകഖഗാന്വിതേ തനയഭാക് കാലാന്തരേ യത്നതഃ.

സൂര്യേ അൽപ്പസുതർക്ഷഗേ	-	സൂര്യൻ അൽപ്പസുതരാശികളിൽ നിന്നാലും
നിധനഗേ മന്ദേ	-	എട്ടിൽ ശനി നിന്നാലും,
കുജേ ലഗ്നഗേ	-	ലഗ്നത്തിൽ കുജൻ നിന്നാലും
ലഗ്ന അഷ്ട വ്യയഗൈഃ	-	ലഗ്നം, എട്ട്, പന്ത്രണ്ട് ഭാവങ്ങളിലായി
ശനി ഈഢ്യ രുധിരൈ	-	ശനി, ഗുരു, കുജൻ എന്നിവർ നിന്നാലും
അൽപാത്മജർക്ഷേ സുതേ	-	അൽപ്പപുത്രസ്ഥാനങ്ങൾ സുതഭാവമായി വന്നാലും
ചന്ദ്രേ ലാഭഗതേ	-	ചന്ദ്രൻ പതിനൊന്നാം ഭാവത്തിൽ നിന്നാലും

ഗുരുസ്ഥിത സുതസ്ഥാനേ സപാപേ ഭവേത്

- ഗുരു നിൽക്കുന്ന രാശിയുടെ അഞ്ചിൽ പാപി നിന്നാലും

ലഗ്നേ അനേക ഖഗാന്വിതേ - ലഗ്നത്തിൽ അനേകം ഗ്രഹങ്ങൾ നിന്നാലും

തനയഭാക് കാലാന്തരേ യത്നതഃ. - കാലാന്തരത്തിൽ, യത്നംകൊണ്ട് (പരിഹാരകർമ്മങ്ങൾകൊണ്ട്) മക്കളുണ്ടാകും.

(5)

സൂര്യേ നാന്യയുതേ സുതർക്ഷസഹിതേ ചന്ദ്രസ്യ ഗേഹേ സ്ഥിതേ
ഭൗമേ വാ ഭൃഗുജേ f പി വാ സതി സുതപ്രാപ്തിം ദ്വിതീയസ്ത്രിയാം
മന്ദേ വാ ബഹുപുത്രവാംച്ഛശിനി വാ സൗമ്യോപി വാൽപ്പാത്മജോ
ദേവേഡ്യേ ബഹുദാരികാ ശശിഗൃഹേ തദ്വത് സുതാധിഷ്ഠിതേ.

സൂര്യേ ന അന്യയുതേ സുതർക്ഷ സഹിതേ ചന്ദ്രസ്യ ഗേഹേ സ്ഥിതേ

- കർക്കടം അഞ്ചാംഭാവമായി സൂര്യൻഅതിൽ ഒറ്റയ്ക്കു നിൽക്കുക, അല്ലെങ്കിൽ

ഭൗമേ വാ ഭൃഗുജോപി വാ സതി - കുജനോ ശുക്രനോ അങ്ങിനെ നിൽക്കുക,

സുതപ്രാപ്തിം ദ്വിതീയസ്ത്രിയാം - എന്നാൽ രണ്ടാംഭാര്യയിൽ മക്കളുണ്ടാകും.,

മന്ദേ വാ ബഹുപുത്രവാം - ശനി ഇങ്ങനെ നിന്നാൽ വളരെ പുത്രരുണ്ടാകും.

ശശിനി വാ സൗമ്യോപി വാ അൽപ്പാത്മജോ

- ചന്ദ്രനോ ബുധനോ ഇതുപോലെ ഒറ്റയ്ക്കു നിന്നാൽ മക്കൾ കുറയും

ദേവേഡ്യേ ബഹുദാരികാ ശശിഗൃഹേ തദ്വത് സുതാധിഷ്ഠിതേ.

- ഗുരു ഇങ്ങനെ നിന്നാൽ വളരെ പുത്രിമാർ ഉണ്ടാകും. (ദാരിക - പുത്രി)

(6)

സുഖാസ്തദശമസ്ഥിതൈരശുഭകാവ്യശീതാംശുഭിർ-
വ്യയാഷ്ടതനയോദയേഷ്വശുഭഗേഷു വംശക്ഷയഃ
മദേ കവിവിദൗ മതൗ ഗുരുരസത്ഭിരംബുസ്ഥിതൈഃ
സുതേ ശശിനി നൈധനവ്യയതനുസ്ഥപാപൈരപി.

സുഖ അസ്ത ദശമ സ്ഥിതൈഃ അശുഭ കാവ്യ ശീതാംശുഭിഃ

- നാലിൽ പാപൻ, ഏഴിൽ ശുക്രൻ, പത്തിൽചന്ദ്രൻ

വ്യയ അഷ്ട തനയ ഉദയേഷഷു അശുഭഗേഷു - 12, 8, 5, ലഗ്നം ഇവകളിൽ പാപന്മാർ *വംശക്ഷയഃ*

- (ഈ ഗ്രഹസ്ഥിതി) വംശനാശം (സൂചിപ്പിക്കുന്നു).

മദേ കവി വിദൗ - ഏഴിൽ ശുക്രനും ബുധനും

ഗുരു അസത്ഭി അംബുസ്ഥിതൈ - നാലിൽ വ്യാഴം പാപരോടു കൂടി

സുതേ ശശിനി - അഞ്ചിൽ ചന്ദ്രൻ

നൈധന വ്യയ തനുസ്ഥ പാപൈഃ - 7, 12, 1 ഭാവങ്ങളിൽ പാപികൾ

- ഇതെല്ലാം വംശനാശം സൂചിപ്പിക്കുന്നു.

(7)

പാപേ ലഗ്നേ ലഗ്നപേ പുത്രസംസ്ഥേ
ധീശേ വീര്യേ വേശ്മനീന്ദാവപുത്രഃ
ഓജർക്ഷേ f ംശേ പുത്രഗേ സൂര്യദൃഷ്ടേ
ചന്ദ്രേ പുത്രക്ലേശഭാക് സ്യാദസൂനുഃ.

പാപേ ലഗ്നേ	-	പാപൻ ലഗ്നത്തിൽ
ലഗ്നപേ പുത്രസംസ്ഥേ	-	അഞ്ചിൽ ലഗ്നാധിപതി
ധീശേ വീര്യേ	-	അഞ്ചാംഭാവാധിപതി മൂന്നിൽ
വേശ്മനീന്ദൗ	-	നാലിൽ ചന്ദ്രൻ
അപുത്രഃ	-	ഇതെല്ലാം അപുത്രയോഗങ്ങളാണ്.

ഓജർക്ഷേഅംശേപുത്രഗേചന്ദ്രേ

- പുത്രസ്ഥാനംഓജരാശ്യംശമായിരിക്കുകയും അതിൽ ചന്ദ്രൻ നിൽക്കുകയും

സൂര്യദൃഷ്ടേ	-	സൂര്യൻ നോക്കുകയും ചെയ്താൽ
പുത്രക്ലേശഭാക് സ്യാത്	-	പുത്രക്ലേശം അല്ലെങ്കിൽ
അസൂനുഃ	-	അപുത്രത്വം ഫലം.

(8)

മാന്ദം സുതർക്ഷം യദി വാ f ഥബൗധം
മാന്ദ്യർകപുത്രാന്വിതവീക്ഷിതം ചേത്
ദത്തത്മജഃ സ്യാദുദയാസ്തനാഥ-
സ്സംബന്ധഹീനോ വിബലഃ സുതേശഃ.

മാന്ദം സുതർക്ഷം	-	അഞ്ചാംഭാവം ശനിയുടെ രാശിയാവുക,
യദി വാ അഥ ബൗധം	-	അല്ലെങ്കിൽ ബുധന്റെ രാശിയാവുക
മാന്ദിഅർക്കപുത്രാന്വിത	-	(അതിനു) ഗുളികൻ, ശനി ഇവരുടെ യോഗമോ
വീക്ഷിതം ചേത്	-	ദൃഷ്ടിയോയോ ഉണ്ടാവുക;
വിബലഃ സുതേശഃ	-	അഞ്ചാംഭാവാധിപന് ബലമില്ലാതിരിക്കുക;
ഉദയാസ്തനാഥ	-	(അതിനു) ലഗ്നാധിപനും ഏഴാംഭാവാധിപനുമായി
സംബന്ധഹീനോ	-	സംബന്ധമില്ലാതിരിക്കുക
ദത്തത്മജ സ്യാത്	-	ഇതു രണ്ടും ദത്തുപുത്രയോഗമാണ്.

(9)

നീചാരിമൂഢോപഗതേ സുതേശേ
രിഃഫാരി രന്ധ്രാധിപസംയുതേ വാ
സുതസ്യനാശഃ കഥിതോ f ത്ര തജ്ഞൈഃ
ശുഭൈരദൃഷ്ടേ സുതഭേ സുതേശേ.

സുതേശേ	-	അഞ്ചാംഭാവാധിപതി
നീച അരി മൂഢ ഉപഗതേ	-	നീചത്തിലോ ശത്രുക്ഷേത്രത്തിലോ മൗഢ്യത്തോടു കൂടിയോ നിൽക്കുക
വാ	-	അല്ലെങ്കിൽ

രിഃഫ അരി രന്ധ്ര അധിപസംയുതേ	-	12,6,8അധിപരുടെ കൂടെ നിൽക്കുക;
സുതഭേ	-	അഞ്ചാംഭാവത്തിനും
സുതേശേ	-	അഞ്ചാംഭാവാധിപതിക്കും
ശുഭൈഃ അദൃഷ്ടേ	-	ശുഭദൃഷ്ടി ഇല്ലാതിരിക്കുക.

സുതസ്യ നാശഃ

\- ഈ സ്ഥിതികൾ പുത്രനാശത്തെ സൂചിപ്പിക്കുന്നുവെന്നു

കഥിതോ അത്ര തജ്ഞൈഃ - (എന്ന്) അറിവുള്ളവർ പറയുന്നു.

(10)

സുതനാഥജീവകുജഭാസ്കരേഷു വൈ
പുരുഷാംശകേഷു ച ഗതേഷു കുത്രചിത്
മുനയോ വദന്തി ബഹുപുത്രതാം തദാ
സുതനാഥവീര്യവശതഃ സുപുത്രതാം.

സുത നാഥ ജീവ കുജ ഭാസ്കരേഷു വൈ	-	അഞ്ചാംഭാവാധിപൻ, ഗുരു, കുജൻ, രവി ഇവർ
പുരുഷാംശകേഷു ച ഗതേഷു കുത്രചിത	-	നിൽക്കുന്ന നവാംശം പുരുഷരാശിയായാൽ
നയോ വദന്തി ബഹുപുത്രതാം തദാ	-	വളരെ പുത്രരുണ്ടാകുമെന്നു മുനിമാർ പറയുന്നു.
സുത നാഥവീര്യവശതഃ	-	അഞ്ചാംഭാവാധിപന്റെ ബലമനുസരിച്ചു
സുപുത്രതാം	-	പുത്രന്റെ സ്വഭാവഗുണവും പറയാം.

(11)

പുംരാശ്യംശേ ധീശ്വരേ പുംഗ്രഹേന്ദ്രൈർ-
യുക്തേ ദൃഷ്ടേ പുംഗ്രഹേ പുംപ്രസൂതിഃ
സ്ത്രീരാശ്യംശേ സ്ത്രീഗ്രഹൈഃര്യുക്തദൃഷ്ടേ
സ്ത്രീണാം ജന്മ സ്യാത് സുതർക്ഷേ സുതേശേ.

ധീശ്വരേ	-	അഞ്ചാംഭാവാധിപതി
പുംരാശ്യംശേ	-	പുരുഷരാശിയിൽ/നവാംശത്തിൽ നിൽക്കുക; അതിനു
പുംഗ്രഹേന്ദ്രൈഃ യുക്തേ	-	പുരുഷഗ്രഹങ്ങളുടെ യോഗമോ
പുംഗ്രഹേ ദൃഷ്ടേ	-	ദൃഷ്ടിയോ ഉണ്ടാവുക (എങ്കിൽ)
പുംപ്രസൂതിഃ	-	ആൺകുട്ടിയാകും.
സ്ത്രീരാശ്യംശേ	-	(അഞ്ചാംഭാവാധിപതി) സ്ത്രീരാശി യിലോ സ്ത്രീനവാംശത്തിലോ നിൽക്കുക;അതിനു
സ്ത്രീഗ്രഹൈഃ യുക്ത ദൃഷ്ടേ	-	സ്ത്രീഗ്രഹങ്ങളുടെ യോഗമോ ദൃഷ്ടിയോ ഉണ്ടാവുക, എങ്കിൽ
സ്ത്രീണാം ജന്മ സ്യാത്	-	പെൺകുട്ടിയാകും.
സുത ർക്ഷേ സുതേശേ.	-	അഞ്ചാംഭാവംകൊണ്ടും അഞ്ചാംഭാവാധിപതിയെ ക്കൊണ്ടും (ഇങ്ങനെ ചിന്തിക്കണം.)

(12)
ബലയുക്തൗ സ്വഗഹാംശേ-
ഷ്വർക്കസിതാവപചയർക്ഷഗൗ പുംസാം
സ്ത്രീണാം വാ കുജചന്ദ്രൗ
യദാ തദാ സംഭവതി ഗർഭഃ.

അർക്ക സിതാ - രവിശുക്രന്മാർ
ബലയുക്തൗ - ബലവാന്മാരായി
സ്വഗൃഹാംശേഷു - സ്വക്ഷേത്രനവാംശങ്ങളിൽ
ഉപചയർക്ഷഗൗ - ഉപചയസ്ഥാനങ്ങളിൽ നിൽക്കുമ്പോൾ
പുംസാം - പുരുഷനും (അതായത്, പുരുഷൻ ബന്ധപ്പെടുന്ന സ്ത്രീക്കും)

കുജചന്ദ്രൗ - കുജനും ചന്ദ്രനും(ഇതുപോലെ നിൽക്കുമ്പോൾ)
സ്ത്രീണാം - സ്ത്രീകൾക്കു
സംഭവതി ഗർഭഃ - ഗർഭം ഉണ്ടാകും.

(13)
അശത്രുനീചാരിനവാംശകൈസ്സുതേ
സുതേശയുക്തൈരപി തൈസ്തഥാവിധൈഃ
സുതർക്ഷഗൈർവാ ഗുരുഭാദിനാംശകാത്
സുതേ ഫലൈഃ പുത്രമിതിർവിചിന്ത്യതേ.

സുതേ - അഞ്ചിൽ നിൽക്കുന്നതും
അശത്രുനീചഅരിനവാംശകൈഃ - ശത്രുക്ഷേത്രസ്ഥിതിയോനീചാവസ്ഥയോ ശത്രുനവാംശകസ്ഥിതിയോ ഇല്ലാത്തതുമായ ഗ്രഹങ്ങളുടെ എണ്ണംകൊണ്ടോ
സുതേശയുക്തൈരപി - അഞ്ചാംഭാവാധിപന്റെ കൂടെ
തൈസ്തഥാവിധൈഃ - നിൽക്കുന്ന ഗ്രഹങ്ങളിൽ ശത്രുക്ഷേത്രസ്ഥിതി മുതലായവ ഇല്ലാത്ത ഗ്രഹങ്ങളുടെ എണ്ണംകൊണ്ടോ
ഗുരുഭാ - വ്യാഴം നിൽക്കുന്ന രാശിയിൽനിന്നോ
ദിനാംശകാത് - സൂര്യൻ നിൽക്കുന്ന നവാംശത്തിൽനിന്നോ
സുതർക്ഷഗൈർവാ - അഞ്ചിൽ നിൽക്കുന്ന ഗ്രഹങ്ങളുടെ അഷ്ടകവർഗ്ഗബിന്ദുക്കളെക്കൊണ്ടോ
സുതേ... - പുത്രസംഖ്യ പറയണം.

(14)
ജീവേന്ദുക്ഷിതിജസ്ഫുടൈക്യഭവനേ
യുഗ്മേ ച യുഗ്മാംശകേ
സ്ത്രീണാം ക്ഷേത്രഫലം വദന്തി സുതദം
മിശ്രേ പ്രയാസാത് ഫലം
ഭാസ്വത്ശുക്രഗുരുസ്ഫുടൈക്യഭവനേf-
പ്യോജാംശകേളപ്യോജഭേ

പുംസാം ബീജബലം സുതപ്രദമിമം
മിശ്രേ തു മിശ്രം വദേത്.

ജീവ ഇന്ദു ക്ഷിതിജ സ്ഫുട - (സ്ത്രീജാതകത്തിൽ) ഗുരു, ചന്ദ്രൻ, കുജൻ ഇവരുടെ സ്ഫുടങ്ങൾ
ഐക്യഭവനേ - കൂട്ടിയാൽ കിട്ടുന്നത്
യുഗ്മേ ച യുഗ്മാംശകേ - യുഗ്മരാശിയിൽ യുഗ്മാംശമായി വന്നാൽ
സ്ത്രീണാം ക്ഷേത്രഫലം സുതദം - സ്ത്രീകൾക്കു പുത്രസിദ്ധിക്കു വേണ്ട ക്ഷേത്രഫലമാകും.

മിശ്രേ പ്രയാസാത് ഫലം - ഇതുമിശ്രമായിരുന്നാൽ ഫലപ്രാപ്തിക്കു പ്രയാസ മുണ്ടാകുമെന്നും (പരിഹാരങ്ങൾ വേണ്ടിവരുമെന്നും)
വദന്തി - (ആചാര്യന്മാർ) പറയുന്നു.

ഭാസ്വത്ശുക്ര ഗുരു സ്ഫുടൈക്യ - (പുരുഷജാതകത്തിൽ) രവി, ശുക്രൻ,ഗുരു ഇവരുടെ സ്ഫുടങ്ങൾ കൂട്ടിയാൽ കിട്ടുന്നത്
ഭവനേഷ്വോജാംശകേഷ്വോജകേ - ഓജരാശിയും ഓജഅംശകവുമായിരുന്നാൽ
പുംസാം ബീജബലം സുതപ്രദമിമം - പുത്രസിദ്ധിക്ക് ആവശ്യമായബീജബലമാകും.
മിശ്രേ തു മിശ്രം വദേത് - മിശ്രമായിരുന്നാൽ പ്രയത്നം (പരിഹാര ക്രിയകൾ) കൊണ്ട് ഫലം ഉണ്ടാകുമെന്നും പറയണം.

(15)
പഞ്ചഘ്നാച്ഛശിനഃ സ്ഫുടാദിഷു ഹതം
ഭാനുസ്ഫുടം ശോധയേ-
ന്നീത്വാ തത്ര തിഥിം സിതേ ശുഭതിഥൗ
പുത്രോ f സ്ത്യയത്നാദപി
കൃഷ്ണേ നാസ്തി സുതസ്ഥിതേഃ ബലവശാത്
ബ്രൂയാദ്വയോഃ പക്ഷയോഃ
ദർശേ ഛിദ്രതിഥൗ ച വിഷ്ടികരണേ
ന സ്യാത് സ്ഥിരാഖ്യേ സുതഃ.

പഞ്ചഘ്നാച്ഛശിനഃ സ്ഫുടാദിഷു - അഞ്ചുകൊണ്ട് ഗുണിച്ച ചന്ദ്രസ്ഫുടത്തിൽനിന്നും
ഹതം ഭാനുസ്ഫുടം ശോധയേന്നീത്വാ തത്ര തിഥിം - അഞ്ചുകൊണ്ട്ഗുണിച്ച സൂര്യസ്ഫുടം കുറച്ചാൽ സന്താനതിഥിസ്ഫുടം കിട്ടും. ഇതിനെ തിഥിപ്രമാണം (720 കല) കൊണ്ടു ഹരിച്ചു തിഥി കാണണം.
തത്ര തിഥിം സിതേ ശുഭതിഥൗ പുത്രോ അസ്തി അയത്നാദപി
- ഈ തിഥി വെളുത്ത പക്ഷത്തിലെ ശുഭതിഥിയാണെങ്കിൽ സാധാരണ ഗതിയിൽ ത്തന്നെ പുത്രന്മാർ ഉണ്ടാകും.
കൃഷ്ണേ നാസ്തി...
- കറുത്തപക്ഷതിഥിയാണെങ്കിൽ പ്രയത്നം കൂടാതെ (പരിഹാരം ചെയ്യാതെ) പുത്രരുണ്ടാകില്ല.
സുതസ്ഥിതേഃ ബലവശാത് ബ്രൂയാത് ദ്വയോഃ പക്ഷയോഃ - ഇത് ഏതു പക്ഷത്തിലായാലും, അഞ്ചിൽ നിൽക്കുന്ന ഗ്രഹത്തിന്റെ ബലം കൂടി നോക്കേണ്ടതുണ്ട്.

ദർശേ ഛിദ്രതിഥൗ ച വിഷ്ടികരണേ ന സ്ഥിരാഖ്യേ സുതഃ. - ഛിദ്രതിഥികളോ വിഷ്ടികരണമോ, സ്ഥിരകരണമോ വരുന്നുവെങ്കിൽ, പുത്രരുണ്ടാവുകയുമില്ല.

1. ഛിദ്രതിഥികൾ:
   ചതുർത്ഥി, ഷഷ്ഠി. അഷ്ടമി, നവമി, ദ്വാദശി, ചതുർദ്ദശി.

2. വിഷ്ടികരണം:
   വെളുത്തപക്ഷത്തിൽ:
   അഷ്ടമി, വാവ് ഇവയുടെ പൂർവാദ്ധം
   ചതുർത്ഥി, ഏകാദശി ഇവയുടെ ഉത്തരാർദ്ധം
   കറുത്തപക്ഷത്തിൽ:
   സപ്തമി, ചതുർദ്ദശി ഇവയുടെ പൂർവാർദ്ധം
   തൃതീയ, ദശമി ഇവയുടെ ഉത്തരാർദ്ധം

3. സ്ഥിരകരണം: പുള്ള്, നാൽക്കാലി, പാമ്പ്, പുഴു.
   (ഇവയെല്ലാം നല്ല കാര്യങ്ങൾക്ക് ഒഴിവാക്കേണ്ടവയാണ്.)

(16)
വിഷ്ടിഃ സ്ഥിരം വാ കരണം യദി സ്യാത്
കൃഷ്ണം യജേത് പൗരുഷസൂക്ത മന്ത്രൈഃ
ഷഷ്ഠ്യാം ഗുഹാരാധനമത്ര കാര്യം
യജേ ചതുർത്ഥ്യാം കില നാഗരാജം.

വിഷ്ടിഃ സ്ഥിരം വാ കരണം യദി സ്യാത്
- സന്താനതിഥിയിൽ വിഷ്ടിയോ സ്ഥിരകരണമോ ആണ് വരുന്നതെങ്കിൽ *കൃഷ്ണം യജേത് പൗരുഷസൂക്തമന്ത്രൈഃ*
- പുരുഷസൂക്തംകൊണ്ട് കൃഷ്ണ നെ ആരാധിക്കണം.
ഷഷ്ഠ്യാം ഗുഹാരാധനം അത്രകാര്യം
- അതുപോലെ) ഷഷ്ഠിയിൽ സുബ്രഹ്മ ണ്യനേയും
യജേ ചതുർത്ഥ്യാം നാഗരാജം.
- ചതുർത്ഥിയിൽ നാഗരാജാവിനെയും പൂജിക്കണം.

(17)
രാമായണസ്യ ശ്രവണം നവമ്യാം
യദ്യഷ്ടമീ ചേത് ശ്രവണം വ്രതം ച
ചതുർദ്ദശീ ചേദ്യദി രുദ്രപൂജാ
സ്യാദ്ദ്വാദശീ ചേത് സ്മൃതമന്നദാനം.

രാമായണസ്യ ശ്രവണം നവമ്യാം
- (സന്താനതിഥി)നവമിയിൽ ആണെങ്കിൽ രാമായണം കേൾക്കണം (ശ്രവണം)
യദ്യഷ്ടമീ ചേത് ശ്രവണം വ്രതം ച - അഷ്ടമിയിൽ ശ്രവണവും വ്രതവും
ചതുർദ്ദശീ ചേത് യദി രുദ്രപൂജാ - ചതുർദ്ദശിയിൽ രുദ്രപൂജ

ദ്വാദശീ ചേത് സ്മൃതമന്നദാനം. - ദ്വാദശിയിൽ ഊട്ട്.

(18)

തൃപ്തിം പിതൃണാമിഹ പഞ്ചദശ്യാം
കൃഷ്ണേ ദശമ്യാം പരതോ ഉതിയത്നാത്
പക്ഷത്രിഭാഗേഷ്വപി നാഗരാജം
സ്കന്ദഞ്ച സേവേത ഹരിം ക്രമേണ.

തൃപ്തിം പിതൃണാമിഹ പഞ്ചദശ്യാം - (സന്താനതിഥി)പഞ്ചദശിയിൽ (വാവുന്നാളിൽ) ആണെങ്കിൽ പിതൃക്കളെ തൃപ്തിപ്പെടുത്തണം
കൃഷ്ണേ ദശമ്യാം പരതോ അതിയത്നാത് - (സന്താനതിഥി) കൃഷ്ണ പക്ഷദശമിക്കു ശേഷമാണെങ്കിൽ അതിപ്രയത്നം (കൂടുതൽ പരിഹാരം) കൊണ്ടു മാത്രമേ സന്തതി ഉണ്ടാകൂ.

ഇവകൂടാതെ സന്താനതിഥി ദോഷപരിഹാരത്തിന് -
പക്ഷത്രിഭാഗേഷ്വപി നാഗരാജം സ്കന്ദഞ്ച സേവേത ഹരിം ക്രമേണ
- ഒരു പക്ഷത്തെ മൂന്നു ഭാഗമാക്കിയാൽ - -
ആദ്യഭാഗത്താണെങ്കിൽ (1- 5 തിഥികൾ) - നാഗരാജാവ്,
രണ്ടാമതുഭാഗത്താണെങ്കിൽ(6 - 10തിഥികൾ) - സ്കന്ദൻ (സുബ്രഹ്മണ്യൻ),
മൂന്നാം ഭാഗത്താണെങ്കിൽ (11- 15 തിഥികൾ) - ഹരി (വിഷ്ണു)- - എന്ന ക്രമത്തിൽ പൂജിക്കയും വേണം.

(19)

പുത്രേശോ രിപുനീചഗോ *f* സ്തമയഗോ
രിഃഫാഷ്ടമാരിസ്ഥിത-
സ്തദ്വത്പുത്രഗൃഹസ്ഥിതോ *f* പി യദി വാ
ദുസ്ഥാനപസ്തദ്വശാത്
പുത്രാഭാവനിദാനമേവ കഥയേ-
ത്തത്ഖേചരാക്രാന്തഭഃ
പ്രോക്തൈർദൈവതഭൂരുഹൈരപി മൃഗൈഃ
സന്താനഹേതും വദേത്.

പുത്രേശ രിപു നീച അസ്തമയഗോ, രിഃഫാ അഷ്ടമ അരിസ്ഥിത
- അഞ്ചാംഭാവാധിപതി, ശത്രുക്ഷേത്രത്തിലോ നീചത്തിലോ മൗഢ്യ ത്തിലോ, 12 - 8 - 6 ഭാവങ്ങളിലോ നിന്നാലും
തദ്വത് പുത്രഗൃഹ സ്ഥിത അപി
- അതുപോലെ അഞ്ചാംഭാവത്തിൽ നിൽക്കുന്ന ഗ്രഹം ഇപ്രകാരം നിന്നാലും

ദുസ്ഥാനപസ്തദ്വശാത്
- ആ ഗ്രഹം (അഞ്ചാംഭാവാധിപതി / അഞ്ചാംഭാവത്തിൽ നിൽക്കുന്ന ഗ്രഹം) ദുസ്ഥാനാധിപൻ ആയിരുന്നാലും
പുത്ര അഭാവ നിദാനമേവ കഥയേത്
- പുത്രന്മാർ ഇല്ലെന്നും (അതിനു കാരണവും) പറയണം.

തത് ഖേചര ആക്രാന്തഭഃ

- ആ ഗ്രഹം നിൽക്കുന്ന രാശി / നക്ഷത്രം വെച്ച്

പ്രോക്തൈഃ ദൈവത ഭൂരുഹൈ അപി മൃഗൈഃ സന്താനഹേതും വദേത്

- ദേവത, വൃക്ഷം, മൃഗം തുടങ്ങിയ സന്താന(ദോഷ)കാരണങ്ങൾ പറയണം. (അതു വഴി എന്തിന്റെ കോപം / ശാപം മൂലമാണ് മക്കൾ ഉണ്ടാകാത്തതെന്നു കണ്ടെത്തുകയും അതിനു പരിഹാരം ചെയ്യുകയും ചെയ്യാം.)

(20)

ദ്രോഹാച്ഛംഭു സുപർണ്ണയോർനഹി സുതഃ
    ശാപാത് പിതൃണാം രവേ-
രിന്ദോർമാതൃസുവാസിനീ ഭഗവതീ-
    കോപാന്മനോദോഷതഃ
സ്വഗ്രാമസ്ഥിതദേവതാഗുഹരിപു-
    ജ്ഞാത്യുത്ഥദോഷാത് കുജേ
ശാപാത് ബാലകൃതാദ് ബിലാള (ബിഡാല) വധതഃ
    ശ്രീവിഷ്ണുകോപാത് ബുധേ.

(21)

പാരമ്പര്യസുരപ്രിയദ്വിജഗുരുദ്രോഹാത് ഫലാഢ്യദ്രുമ-
ച്ഛേദാത് ദേവഗുരൗ തഥാ സതി ഭൃഗൗ പുഷ്പദ്രുമച്ഛേദനാത്
സാധ്വീ ഗോകുലജാതദോഷവശതോ യക്ഷ്യാദി കാമേന സാ
മന്ദേ *ƒ* ശ്വത്ഥവധാദ്രുഷാ പിതൃപതേഃ പ്രേതൈഃ പിശാചാദിഭിഃ.

(22)

സ്വർഭാനൗ സുതഗേ സുതേശസഹിതേ
    സർപസ്യ ശാപാത്തഥാ
കേതൗ ബ്രാഹ്മണശാപതശ്ച ഗുളികേ
    പ്രേതോത്ഥശാപം വദേത്
ശുക്രേന്ദൂ ഗുളികാന്വിതൗ യദി വധൂ-
    ഗോഹത്തിമാഹുസ്സുതേ
ജീവോ വാഥ ശിഖീ സമാന്ദിരിഹ ചേത്
    ഭൂദേവഹത്യാ *ƒ* സുതഃ.

സുതഗേ സുതേശസഹിതേ

- (ദുർബ്ബലനായ) അഞ്ചാംഭാവാധിപൻ / അഞ്ചിൽ നിൽക്കുന്ന ഗ്രഹം സൂചിപ്പിക്കുന്ന സന്താനദോഷകാരണങ്ങൾ- -

1. *രവേ - സൂര്യനാണെങ്കിൽ*
   ദ്രോഹാത് ശംഭു സുപർണ്ണയോഃ ശാപാത് പിതൃണാം
   -ശിവൻ, ഗരുഡൻ, പിതാവ് / പിതൃക്കൾ ഇവരുടെ കോപം/ശാപം

2. *ഇന്ദോഃ* - ചന്ദ്രനാണെങ്കിൽ

മാതൃ സുവാസിനീ ഭഗവതീ കോപാന്മനോദോഷതഃ
- മാതാവ്, സുമംഗലി, ഭഗവതി ഇവരുടെ കോപം/ശാപം

3. *കുജേ - കുജനാണെങ്കിൽ*
സ്വഗ്രാമസ്ഥിതദേവതാ ഗുഹ രിപു ജ്ഞാത്യുത്ഥദോഷാത
- ഗ്രാമദേവത, സുബ്രഹ്മണ്യൻ, ശത്രുക്കൾ, ബന്ധുക്കൾ ഇവരുടെ കോപം/ശാപം

4. *ബുധേ. - ബുധനാ*ണെങ്കിൽ
ശാപാത് ബാലകൃതാത് ബിഡാലവധതഃ ശ്രീവിഷ്ണുകോപാത്
- ബാലശാപം, മാർജ്ജാരവധം, വിഷ്ണുകോപം

5. *ദേവഗുരൗ - വ്യാഴമാ*ണെങ്കിൽ
പാരമ്പര്യസുരപ്രിയദ്വിജഗുരുദ്രോഹാത് ഫലാഢ്യദ്രുമച്ഛേദാത്
- ധർമ്മദൈവം, ബ്രാഹ്മണൻ, ഗുരു ഇവരുടെ കോപം/ശാപം,
ഫലവൃക്ഷങ്ങൾ മുറിച്ചതിന്റെ പാപം.

6. *ഭൃഗൗ* - ശുക്രനാണെങ്കിൽ
പുഷ്പ ദ്രുമ ച്ഛേദനാത് സാധ്വീ ഗോകുലജാത ദോഷവശതോ യക്ഷാദി കാമേന - പൂക്കുന്ന മരങ്ങൾ മുറിച്ചതിന്റെ ദോഷം, ശ്രേഷ്ഠസ്ത്രീശാപം, പശുദ്രോഹപാപം, യക്ഷി-ഗന്ധർവ ഉപദ്രവങ്ങൾ

7. *മന്ദേ* - ശനിയാ*ണെങ്കിൽ*
അശ്വത്ഥവധാദ്രുഷാ പിതൃപതേഃ പ്രേതൈഃ പാശാചാദിഭിഃ
- അരയാൽ മുറിച്ചതിന്റെ ദോഷം, ധർമ്മദേവ (യമ) കോപം, പ്രേതപിശാചുക്കളുടെ ഉപദ്രവം.

8. *സ്വർഭാനൗ* - രാഹുവാണെങ്കിൽ
സർപസ്യ ശാപം - നാഗശാപം

9. *കേതൗ - കേതുവാണെങ്കിൽ*
ബ്രാഹ്മണശാപതശ്ച - ബ്രാഹ്മണശാപം

10. *ഗുളികേ - ഗുളികനാണെങ്കിൽ*
പ്രേതോത്ഥശാപം - പ്രേതശാപം

11. *ശുക്രേന്ദൂ ഗുളികാന്വിതൗ യദി വധൂഗോഹത്യ..* - ശുക്രനും ചന്ദ്രനും ഗുളികനും കൂടി ഇതുപോലെ നിന്നാൽ സ്ത്രീവധ ഗോവധ പാപങ്ങൾ

12. *ജീവോ ശിഖീ സമാന്ദിരിഹ ചേത്* - വ്യാഴം, കേതു, ഗുളികൻ ഇപ്രകാരം നിന്നാൽ
ഭൂദേവഹത്യ - ബ്രഹ്മഹത്യാപാപം.

(23)
ഏവം ഹി ജന്മസമയേ ബഹുപൂർവജന്മ-
കർമ്മാർജ്ജിതം ദൂരിതമസ്യ വദന്തി തജ്ജ്ഞാഃ
തത്തദ് ഗ്രഹോക്തജപദാനശുഭക്രിയാഭി-
സ്തദ്ദോഷശാന്തിമിഹ ശംസതി പുത്രസിദ്ധ്യൈ.

ബഹു പൂർവജന്മ കർമ്മ ആർജ്ജിതം ദൂരിതമസ്യ - മുൻജന്മങ്ങളിൽ ചെയ്ത കർമ്മങ്ങളുടെ ഫലമായി ഉണ്ടാകുന്ന (സന്താനമില്ലായ്മ തുടങ്ങിയ) ദുരിതങ്ങൾ
ഏവം ഹി ജന്മസമയേ വദന്തി തജ്ജ്ഞാഃ - ഇപ്രകാരമാണ് ജനനസമയത്തെ ഗ്രഹനിലയിൽക്കൂടി സൂചിപ്പിക്കപ്പെടുന്നതെന്ന് അറിവുള്ളവർ പറയുന്നു.

തദ്ദോഷശാന്തിം ഇഹ പുത്രസിദ്ധ്യൈ - മക്കളുണ്ടാകുന്നതിന്, ഈ ദോഷങ്ങളുടെ ശാന്തിക്കായി
തത്തദ് ഗ്രഹോക്ത - ഓരോ ഗ്രഹത്തിനും പറഞ്ഞിട്ടുള്ള
ജപദാന ശുഭക്രിയാഭിഃ - ജപം, ദാനം, തുടങ്ങിയ ശുഭക്രിയകൾ (പരിഹാരമായി ചെയ്യണം)
ശംസതി - എന്നും പറയപ്പെട്ടിരിക്കുന്നു.

(24)
സേതുസ്നാനം കീർത്തനം സൽക്കഥായാം
പൂജാം ശംഭോഃ ശ്രീപതേഃ സദ്വ്രതാനി
ദാനം ശ്രാദ്ധം കർമ നാഗപ്രതിഷ്ഠാം
കുര്യാദേതൈരാപ്നുയാത് സന്തതീം സഃ.

സേതുസ്നാനം - സമുദ്രസ്നാനം,
കീർത്തനം സത്ക്കഥായാം - (പുരാണാദി) സത്ക്കഥകളുടെ കീർത്തനം (പാരായണം)
പൂജാം ശംഭോഃ ശ്രീപതേഃ - ശിവപൂജ, വിഷ്ണുപൂജ, ഇവരുമായിബന്ധപ്പെട്ട വ്രതങ്ങൾ,
ദാനം ശ്രാദ്ധം കർമ നാഗപ്രതിഷ്ഠാം - ദാനം, ശ്രാദ്ധകർമ്മങ്ങൾ, നാഗപ്രതിഷ്ഠ
കുര്യാത് ഏതൈ - (തുടങ്ങിയ പരിഹാരക്രിയകൾ) ചെയ്താൽ
ആപ്നുയാത് സന്തതീം. - സന്താനമുണ്ടാകും.

(25)
ലഗ്നാസ്തപുത്രപതിജീവദശാപഹാരേ
പുത്രേക്ഷകസ്യ സുതഗസ്യ ച പുത്രസിദ്ധിഃ
പുത്രേശരാശിമഥവാ യമകണ്ടകർക്ഷം
ജീവേ ഗതേ തനയസിദ്ധിരഥാംശഭേ വാ.

ലഗ്ന - അസ്ത - പുത്രപതി ജീവ - 1 , 7, 5 ഭാവാധിപതികൾ, ഗുരു ഇവരുടെ
ദശാപഹാരേ - ദശാപഹാരങ്ങളിലോ
പുത്രേക്ഷകസ്യ സുതഗസ്യ ച - അഞ്ചിൽ നിൽക്കുകയോ അഞ്ചിലേയ്ക്കു നോക്കുകയോ ചെയ്യുന്ന ഗ്രഹങ്ങളുടെ (ദശാപഹാരങ്ങളിലോ)
പുത്രസിദ്ധിഃ - പുത്രരുണ്ടാകും.

പുത്രേശരാശിം അഥവാ യമകണ്ടകർക്ഷം	-	(അല്ലെങ്കിൽ) അഞ്ചാംഭാവാധിപതിയോ യമകണ്ടകനോ നിൽക്കുകയോ അംശിക്കുകയോ ചെയ്യുന്ന രാശിയിൽ
ജീവേ ഗതേ	-	(ചാരവശാൽ) ഗുരു വരുന്ന സമയത്തും
തനയസിദ്ധിഃ	-	പുത്രരുണ്ടാകും.

(26)

ലഗ്നാധീശഃ പുത്രനാഥേന യോഗം
സ്വോച്ചേ സ്വർക്ഷേ ചാരഗത്യാ സമേതി
പുത്രപ്രാപ്തിഃ സ്വാത്തദാ ലഗ്നനാഥഃ
പുത്രർക്ഷം വാ യാത്യധീശാപ്തഭം വാ.

ലഗ്നാധീശഃ പുത്രനാഥേന യോഗം	-	ലഗ്നാധിപതി അഞ്ചാംഭാവാധിപതിയോടുകൂടി
സ്വോച്ചേ സ്വർക്ഷേ ചാരഗത്യാ സമേതി	-	ഉച്ചത്തിലോ സ്വക്ഷേത്ര ത്തിലോ ചാരവശാൽ വരുമ്പോൾ
പുത്രപ്രാപ്തിഃ	-	പുത്രരുണ്ടാകും.

സ്വാത് തദാ ലഗ്നനാഥഃ പുത്രർക്ഷം വാ അധീശാപ്തഭം യാതി...

\- ലഗ്നാധിപതി ഇപ്രകാരം അഞ്ചിലോ അഞ്ചാംഭാവാധിപതി നിൽക്കുന്ന രാശിയിലോ വരുമ്പോഴും (പുത്രരുണ്ടാകും.)

(27)

വിലഗ്നകാമാത്മജനായകാനാം
യോഗാത് സമാനീയ ദശാം മഹാഖ്യാം
സുതസ്ഥദ്വീക്ഷകതത്പതീനാം
ദശാപഹാരേഷു സുതോത്ഭവഃ സ്യാത്.

വിലഗ്നകാമാത്മജനായകാനാം... .ദശാം മഹാഖ്യാം - ലഗ്നാധിപതി, ഏഴാംഭാവാധിപതി, അഞ്ചാം ഭാവാധിപതി ഇവരുടെ ദശയിൽ (ഇവരുടെ ഗ്രഹസ്ഫുടങ്ങൾ കൂട്ടി നക്ഷത്രദശ വരുത്തിയതിൽ) *സുതസ്ഥ വീക്ഷക തത്പതീനാം ദശാപഹാരേഷു* - അഞ്ചിൽ നിൽക്കുകയോ അഞ്ചിലേയ്ക്കു നോക്കുകയോ ചെയ്യുന്ന ഗ്രഹത്തിന്റെയോ അഞ്ചാംഭാവാധിപന്റേയോ ദശാപഹാരഹാരങ്ങളിൽ
സുതോത്ഭവഃ - പുത്രരുണ്ടാകും.

(28)

സുതപതിഗുർവോരഥവാ
തദ്യുക്തരാശ്യംശകാധിപാനാം വാ
ബലസഹിതസ്യ ദശായാ-
മപഹാരേ വാ സുതപ്രാപ്തിഃ

സുതപതി ഗുർവോ	-	അഞ്ചാംഭാവാധിപതി, ഗുരു,
അഥവാ തദ്യുക്ത...	-	അല്ലെങ്കിൽ അഞ്ചാംഭാവാധിപതിയോ ഗുരുവോ (നിൽക്കുന്ന)
രാശ്യംശകാധിപാനാം വാ	-	രാശിയുടെ നാഥൻ, അംശകനാഥൻ (ഇവരിൽ)
ബലസഹിതസ്യ ദശായാമപഹാരേ വാ	-	ബലമേറുന്ന ഗ്രഹത്തിന്റെ ദശാപഹാരങ്ങളിൽ

സുതപ്രാപ്തിഃ - പുത്രരുണ്ടാകും.

(29)
ജീവേ തു ജീവാത്മജനാഥഭാംശക-
ത്രികോണഗേ പുത്രജനീർഭവേന്നൃണാം
അഥാന്യശാസ്ത്രേണ ച ജന്മകലതോ
നിരൂപയേത്സന്തതിലക്ഷണം ബുധഃ.

ജീവാത്മജനാഥഭാംശക - (ജനനസമയത്തു) വ്യാഴം നിന്ന രാശിയുടേയോ അഞ്ചാം ഭാവാധിപതി നിന്ന രാശിയുടേയോ അംശകത്തിന്റെയോ
ത്രികോണഗേ - ത്രികോണത്തിൽ
ജീവേ - *വ്യാഴം* വരുമ്പോൾ
പുത്രജനീർഭവേന്നൃണാം - പുത്രൻ ജനിക്കും.

അഥാന്യശാസ്ത്രേണ ച ജന്മകാലതോ നിരൂപയേത് സന്തതിലക്ഷണം ബുധഃ
- അന്യശാസ്ത്രങ്ങളെക്കൊണ്ടും ജനനസമയത്തെ സന്തതി ലക്ഷണം നിരൂപിക്കണം.

(30)
ജന്മനക്ഷത്രനാഥസ്യ പ്രത്യരർക്ഷാധിപസ്യ ച
സ്ഫുടയോഗം ഗതേ ജീവേ ത്രികോണേ വാ സുതോത്ഭവഃ.

ജന്മനക്ഷത്രനാഥസ്യ - ജന്മനക്ഷത്രാധിപന്റേയും
പ്രത്യരർക്ഷാധിപസ്യ ച - അഞ്ചാംനക്ഷത്രാധിപന്റേയും
സ്ഫുടയോഗം - സ്ഫുടയോഗത്തിന്റെ
ത്രികോണേ വാ - ത്രികോണത്തിൽ
ഗതേ ജീവേ - ഗുരു വരുമ്പോൾ
സുതോത്ഭവഃ - പുത്രരുണ്ടാകും

(31)
നിഷേകലഗ്നാദ്ദിനപസ്തൃതീയേ
രാശൗ യദാ ചാരവശാദുപൈതി
ആധാനലഗ്നാദഥവാ ത്രികോണേ
രവൗ യദാ ജന്മ വദേന്നരാണാം.

നിഷേകലഗ്നാത് തൃതീയേ രാശൗ - നിഷേകലഗ്നത്തിന്റെ മൂന്നിൽ
അഥവാ - അല്ലെങ്കിൽ
ആധാനലഗ്നാത് ത്രികോണേ - ആധാനലഗ്നത്തിന്റെ ത്രികോണത്തിൽ
ദിനപ ചാരവശാത് ഉപൈതി - സൂര്യൻ ചാരവശാൽ നിൽക്കുന്നുവെങ്കിൽ
ജന്മ വദേത് നരാണാം - അതു മനുഷ്യജന്മമാണെന്നു പറയണം.

നിഷേകം - സേകം : വിവാഹശേഷം ആദ്യമായി ബന്ധപ്പെടുന്നത്.
ആധാനം : ഗർഭാധാനം

(32)
ആധാനലഗ്നാത് സുതഭേശജന്മ-
ഭഗ്യേ f പി വാ പുണ്യവശാച്ച വാച്യം
ആധാനലഗ്നേ ശുഭദൃഷ്ടിയോഗേ
ദീർഘായുരൈശ്വര്യയുതോ നരഃ സ്യാത്.

ആധാനലഗ്നാത് സുതഭേശ	-	ആധാനലഗ്നത്തിന്റെ അഞ്ചാംഭാവാധിപൻ
ജന്മഭഗ്യേ അപി വാ	-	ജന്മത്തിലോ (1) ഭാഗ്യത്തിലോ (9) നിൽക്കുകയാണെങ്കിൽ
പുണ്യവശാത് ച വാച്യം	-	പുണ്യംകൊണ്ടുള്ള ജനനമാണെന്നും പറയണം.

ആധാനലഗ്നേ ശുഭദൃഷ്ടിയോഗേ
- ആധാനലഗ്നത്തിനു ശുഭന്റെ യോഗമോ ദൃഷ്ടിയോ ഉണ്ടെങ്കിൽ
ദീർഘായു ഐശ്വര്യയുതോ നരഃ സ്യാത്. - ദീർഘായുസ്സും ഐശ്വര്യവും ഉള്ളവനാകും.

(33)
തത്കാലേന്ദു ദ്വാദശാംശേ മേഷാത്താവതി ഭേ f പി വാ
തസ്മാത്താവതി ഭേ വാ f പി ജന്മചന്ദ്രം വദേദ് ബുധഃ.

തത്കാലേന്ദു	-	ആധാനസമയത്തെ ചന്ദ്രന്റെ
ദ്വാദശാംശേ	-	ദ്വാദശാംശം
മേഷാത്താവതി ഭേ	-	മേടംമുതൽ എത്രാമത്തെ രാശിയി ലാണോ
തസ്മാത്താവതി ഭേ ..	-	അത്രാമത്തെ രാശിയിലായിരിക്കും
ജന്മചന്ദ്രം	-	ജാതകത്തിലെ ചന്ദ്രൻ
വദേത്	-	എന്നു പറയണം.

(34)
പ്രശ്നാത്മജ സ്വീകരണോപനീതി-
കന്യാപ്രദാനാ f ഭിനവാർതവേഷു
ആധാനകാലേപി ച ജന്മതുല്യം
ഫലം വദേജ്ജന്മവിലഗ്നതശ്ച.

പ്രശ്നം	-	പ്രശ്നം
ആത്മജ സ്വീകരണ	-	പുത്രസ്വീകരണം,
ഉപനീതി	-	ഉപനയനം,
കന്യാപ്രദാന	-	കന്യകാദാനം,
അഭിനവ ആർത്തവേഷു	-	ആദ്യഋതു മുതലായവയിലും
ആധാനകാലേ അപി	-	ആധാനകാലത്തിലും
ജന്മതുല്യം	-	ജാതകത്തിൽ ചെയ്യുന്നതുപോലെ
ജന്മവിലഗ്നതഃ ച	-	ലഗ്നാലും ചന്ദ്രാലും ചിന്തിച്ചു
ഫലം വദേത്	-	ഫലം പറയണം.

൦൦

അദ്ധ്യായം 13
ആയുർനിർണ്ണയം

(1)
ജാതേ കുമാരേ സതി പൂർവമാര്യൈ-
രായുർവിചിന്ത്യം ഹി തതഃ ഫലാനി
വിചാരണീയ ഗുണിനി സ്ഥിതേ തദ്-
ഗുണാഃ സമസ്താഃ ഖലു ലക്ഷണജ്ഞൈഃ.

ജാതേ കുമാരേ	- ഒരു ശിശു ജനിച്ചാൽ
പൂർവമാര്യൈഃ	- ആദ്യമായി ചെയ്യേണ്ടത്
ആയുഃ വിചിന്ത്യം	- ആയുർചിന്തയാണ്.
ഹി തതഃ ഫലാനി	- അതിനുശേഷം വേണം ഫലചിന്ത.
ഗുണിനി സ്ഥിതേ	- (ജനനസമയത്തെ ഗ്രഹനിലയിൽ) ഗുണകരമായ ഗ്രഹസ്ഥിതി കാണുന്നുവെങ്കിൽ
ഗുണാഃ സമസ്താഃ	- (ദീർഘായുസ്സു തുടങ്ങിയ) സകല ഗുണഫലവും
ലക്ഷണജ്ഞൈഃ.	- (പരിചയ സമ്പന്നനായ)ദൈവജ്ഞനാൽ(മാത്രം)
വിചാരണീയ	- ചിന്തിക്കപ്പെടണം

(2)
കേചിദ്യഥാധാനവിലഗ്നമന്യേ
ശീർഷോദയം ഭൂപതനം ഹി കേചിത്
ഹോരാവിദശ്ചേതനകായയോന്യോർ
വിയോഗകാലം കഥയന്തി ലഗ്നം.

1. *കേചിത് യഥാ ആധാനവിലഗ്നം* - ചിലർആധാനസമയത്തെ ലഗ്നവും
2. *അന്യേ ശീർഷോദയം*
   - ചിലർ ശിരോദർശന (ശിരസ്സു വെളിയിൽ കാണുന്ന) സമയത്തെ ലഗ്നവും
3. *ഭൂപതനം ഹി കേചിത്*
   - മറ്റു ചിലർ ഭൂപതന (കുട്ടി മാതൃശരീരം വിട്ട് താഴെ വീഴുന്ന) സമയത്തെ ലഗ്നവും
4. *ചേതനകായയോഃ വിയോഗകാലം*
   - ഇനി ചിലർ പൊക്കിൾകൊടി മുറിച്ച് കുട്ടി തികച്ചും സ്വതന്ത്രമാകുന്ന സമയത്തെ ലഗ്നവും ജന്മലഗ്നമായെടുക്കുന്നു.

ഇതിൽ ഏതാണ 'ശരിയായ ജനനസമയം ഏന്നത് ഇന്നും തർക്കവിഷയമാണ്. ശിരോദർശനമാണ് ഇവിടെ പ്രധാനമായും പിന്തുടരുന്നത്.

(3)
ആദ്വാദശാബ്ദാന്നരയോനിജന്മനാ-
മായുഷ്കലാ നിശ്ചയിതും ന ശക്യതേ
മാത്രാ ച പിത്രാ കൃതപാപകർമണാ
ബാലഗ്രഹൈർനാശമുപൈതി ബാലകഃ.

ജാതകപ്രകാരം ധാരാളം ആയുസ്സു കാണാമെങ്കിലും- -

ആദ്വാദശാബ്ദാൻ നരയോനിജന്മനാം
- പന്ത്രണ്ടു വയസ്സു തികയുന്നതുവരെ ഒരാളുടെ
ആയുഷ്കലാ നിശ്ചയിതും ന ശക്യതേ
- യഥാർത്ഥ ആയുസ്സ് പറയാൻ സാദ്ധ്യമല്ല..
മാത്രാ ച പിത്രാ കൃതപാപകർമണാ
- (കാരണം) മാതാപിതാക്കൾ ചെയ്യുന്ന പാപകർമ്മങ്ങളുടെ ഫലമായും
ബാലഗ്രഹൈ - ബാലഗ്രഹപീഡകൾ (ബാലാരിഷ്ടതകൾ) കൊണ്ടും
നാശം ഉപൈതി ബാലകഃ. - കുട്ടി (നേരത്തേ) മരിച്ചു പോയെന്നു വരാം
.
(4)
ആദ്യേ ചതുഷ്കേ ജനനീ കൃതാഘൈർ-
മദ്ധ്യേ ച പിത്രാർജ്ജിത പാപസംഘൈഃ[1]
ബാലസ്തദന്ത്യാസു ചതുഃ ശരത്സു
സ്വകീയദോഷൈഃ സമുപൈതി നാശം.
(1) പാഠഭേദം: പാപസംഘൈ

ഈ പന്ത്രണ്ടു വയസ്സിൽ - -

ആദ്യേ ചതുഷ്കേ ജനനീ കൃത അഘൈഃ
- ആദ്യത്തെ നാലു വയസ്സുവരെ (1- 4) അമ്മയുടെ പാപങ്ങളാലും
മദ്ധ്യേ ച പിതൃ ആർജ്ജിത പാപസംഘൈഃ
- പിന്നത്തെ നാലു വയസ്സ് (4 - 8) അച്ഛന്റെ പാപങ്ങളാലും
തത് അന്ത്യാസു ചതുഃ ശരത്സു സ്വകീയദോഷൈഃ
- അവസാന നാലു വർഷം (9 - 12) സ്വകർമ്മദോഷത്താലും
ബാലഃ സമുപൈതി നാശം. - കുട്ടി മരിച്ചു പോയെന്നു വരാം.

(5)
തദ്ദോഷശാന്ത്യൈ പ്രതിജന്മ താര-
മാദ്വാദശാബ്ദം ജപഹോമപൂർവം
ആയുഷ്കരം കർമവിധായ താതോ
ബാലം ചികിത്സാദിഭിരേവ രക്ഷേത്.

തത് ദോഷശാന്ത്യൈ - അത്തരത്തിലുള്ള ദോഷങ്ങളുടെ ശാന്തിക്കായിക്കൊണ്ട്
ആദ്വാദശാബ്ദം - പന്ത്രണ്ട് വയസ്സു തികയുന്നതുവരെ

പ്രതിജന്മ താരം - എല്ലാപിറന്നാളിനും
ജപഹോമപൂർവം - ജപഹോമങ്ങളോടെ
ആയുഷ്കരം കർമവിധായ - ദീർഘായുസ്സിനുവേണ്ടിയുള്ള കർമ്മങ്ങൾ ചെയ്തും
ബാലം ചികിത്സാദിഭിരേവ - ബാലരോഗങ്ങൾക്കുള്ള ചികിത്സ നൽകിയും
താതോ രക്ഷേത് - അച്ഛൻ കുട്ടിയെ (ദോഷങ്ങളിൽ നിന്നും) രക്ഷിക്കണം.

(6)

അഷ്ടൗ ബാലാരിഷ്ടമാദൗ നരാണാം
യോഗാരിഷ്ടം പ്രാഹുരാവിംശതിസ്യാത്
അൽപം ചാദ്വാത്രിംശതം മധ്യമായുഃ-
ശ്ചാസപ്തത്യാഃ പൂർണ്ണമായുഃ ശതാന്തമ്.

അഷ്ടൗ ബാലാരിഷ്ടം ആദൗ നരാണാം
- കുട്ടികൾക്ക് ആദ്യത്തെ എട്ടു വയസ്സുവരെ ബാലാരിഷ്ടവും (1- 8)
യോഗാരിഷ്ടം പ്രാഹുഃ ആവിംശതി സ്യാത്
- ഇരുപതു വയസ്സുവരെ യോഗാരിഷ്ടവും (9- 20)
അൽപം ചാ ദ്വാ ത്രിംശതം
- മുപ്പത്തിരണ്ടു വയസ്സുവരെ അൽപായുസ്സും (21- 32)
മധ്യമായുഃ ആസപ്തത്യാഃ
- എഴുപതു വയസ്സുവരെ മധ്യായുസ്സും (32- 70)
പൂർണ്ണം ആയുഃ ശതാന്തഃ.
- നൂറുവയസ്സുവരെ പൂർണ്ണായുസ്സും (71- 100) ആകുന്നു.

(7)

നൃണാം വർഷശതം ഹ്യായുസ്തസ്മിംസ്ത്രേധാ വിഭജ്യതേ
അൽപം മദ്ധ്യം ദീർഘാമായുരിത്യേതത് സർവസമ്മതം

(ഈ സമ്പ്രദായത്തിൽ)

നൃണാം വർഷശതം ഹി ആയു - മനുഷ്യർക്ക് നൂറു വർഷമാണ്ആയുസ്സ്.
തസ്മിൻ ത്രേധാ വിഭജ്യതേ - അതിനെ മൂന്നായി ഭാഗിച്ചാൽ
അൽപം മദ്ധ്യം ദീർഘാമായുഃ ഇത്യേതത്
- അൽപം, മദ്ധ്യം, ദീർഘം എന്നിങ്ങനെ മൂന്നുവിധം ആയുഷ്കാലങ്ങൾ കിട്ടും.
സർവസമ്മതം - ഈ വിഭജനം സർവസമ്മതമാകുന്നു.

(8)

മൃത്യുഃ സ്യാദ്ദിനമൃത്യുരുഗ്രിഷഘടീ-
കാലേ f ഥ തിഷ്യാ f ംബുഭേ
താതാംബാ[1] സുതമാതുലാൻ പദവശാ-
ദ്ധസ്തേ ച ഹന്യാത്തഥാ
മൂലർക്ഷേ പിതൃമാതൃവംശവിലയം
തസ്യാന്ത്യപാദേ ശ്രിയം
സർപ്പേ വ്യസ്തമിദം ഫലം ന ശുഭസം-
ബന്ധം വിലഗ്നം യദി.

പാഠഭേദം: (1) ജാതാംബാ

ദിനമൃത്യു രുഗ് വിഷഘടീകാലേ - ദിനമൃത്യു, ദിവാരോഗം, വിഷഘടിക ഇവയിൽ ജനിച്ചാൽ
മൃത്യുഃ സ്യാത് - മരണമാകുന്നു. (കുട്ടിക്ക് ആയുസ്സു കുറയും)
തിഷ്യ,അംബു...പദവശാത ഹസ്തേ - പൂയം, പൂരാടം, അത്തം നാളുകളിൽ ജനിച്ചാൽ പാദക്രമത്തിൽ
താത അംബാ സുത മാതുലാന് - പിതാവ്, മാതാവ്, ജാതകൻ, മാതുലൻ ഇവരെ
ഹന്യാത്തഥാ - ഹനിക്കും

<u>അർത്ഥം</u>
തിഷ്യം, പുഷ്യം = പൂയം.
അംബുഭം - അംബുനക്ഷത്രം - പൂരാടം.
ഹസ്തം = അത്തം

<u>നക്ഷത്രപാദദോഷങ്ങൾ</u>

(1)	<u>പൂയം - പൂരാടം - അത്തം</u>			
പാദം	1	2	3	4
പൂയം	ജാതകൻ	മാതാവ്	അച്ഛൻ	അമ്മാവൻ
പൂരാടം	മാതാവ്	അച്ഛൻ	അമ്മാവൻ	ജാതകൻ
അത്തം	അച്ഛൻ	അമ്മാവൻ*	ജാതകൻ	അമ്മ

* വിശ്വാസഭേദം: അത്തം നക്ഷത്രത്തിന്റെ രണ്ടാംപാദത്തിൽ ജനിച്ചാൽ അമ്മയ്ക്കും നാലാം പാദത്തിൽ അമ്മാവനും മൃത്യു സംഭവിക്കും എന്നും കാണുന്നു.

2) <u>മൂലം - ആയില്യം</u>

മൂലർക്ഷേ പിതൃ മാതൃ വംശവിലയം തസ്യാന്ത്യപാദേ ശ്രിയം

	പാദം 1	2	3	4
മൂലം	പിതാനാശം	മാതാനാശം	വംശനാശം	ഐശ്വര്യം

സർപ്പേ വ്യസ്തമിദം* - ആയില്യത്തിൽ ഇതിനു വിപരീതം

ആയില്യം	പാദം 1	2	3	4
	ഐശ്വര്യം	വംശനാശം	മാതാനാശം	പിതാനാശം

ഫലം ന ശുഭസംബന്ധം വിലഗ്നം യദി
- ലഗ്നം ശുഭബന്ധത്തോടുകൂടിയിരുന്നാൽ ഈ ദോഷഫലങ്ങൾ ഉണ്ടാകുകയില്ല.

ചന്ദ്രൻ ശുഭഗ്രഹത്തോടുകൂടി നിന്നാൽ ദിനമൃത്യുവിനും ദിവാരോഗ ത്തിനും പരിഹാരമായി.

ചന്ദ്രൻ ശുഭാംശത്തിൽ നിൽക്കുകയോ ശുഭഗ്രഹങ്ങൾ ചന്ദ്രനെ നോക്കുക യോ ചന്ദ്രൻ ശുഭഗ്രഹങ്ങളോടു ചേരുകയോ വ്യാഴം കേന്ദ്രത്രികോണ ങ്ങളിൽ നിൽക്കുകയോ ചെയ്താൽ വിഷഘടികയ്ക്കും ദോഷമില്ല.

ദിനമൃത്യു		ദിവാരോഗം	
നാൾ	പാദം	നാൾ	പാദം
അത്തം	1	അശ്വതി	1
അവിട്ടം	1	ആയില്യം	1
തിരുവാതിര	2	ഭരണി	2
വിശാഖം	2	മൂലം	2
ആയില്യം	3	ഉത്രം	3
ഉത്രട്ടാതി	3	തിരുവോണം	3
ഭരണി	4	മകയിരം	4
മൂലം	4	ചോതി	4

ദിവാരോഗങ്ങളിൽ അശ്വതി - 1 നു പകരമായി ചില ഗ്രന്ഥങ്ങളിൽ ഉത്രട്ടാതി - 1 കാണുണ്ട്.

വിഷഘടിക

ഓരോ നാളിലുമുള്ള ദോഷകരമായ നാഴികകൾ .(നാളുകൾക്കു നേരെ കാണിച്ചിട്ടുള്ള സമയംമുതൽ നാലു നാഴിക).

നാൾ	വിഷഘടിക
അശ്വതി	50
ഭരണി	24
കാർത്തിക	30
രോഹിണി	40
മകയിരം	14
തിരുവാതിര	11
പുണർതം	30
പൂയം	20
ആയില്യം	32
മകം	30
പൂരം	40
ഉത്രം	18
അത്തം	22
ചിത്ര	20
ചോതി	14
വിശാഖം	14
അനിഴം	19
തൃക്കേട്ട	14
മൂലം	20
പൂരാടം	24
ഉത്രാടം	20
തിരുവോണം	10
അവിട്ടം	20

ചതയം	18
പൂരൂരുട്ടാതി	16
ഉത്രട്ടാതി	24
രേവതി	30

പേരു സൂചിപ്പിക്കുന്നതുപോലെ ഈ സമയങ്ങളെല്ലാംതന്നെ ശുഭകാര്യ ങ്ങൾക്കു വർജ്ജ്യമാണ്. ഈ സമയത്തുള്ള ജനനം ആയു സ്സിനും ദോഷകരമാണ്.

(9)

പാപാപ്തേക്ഷിതരാശിസന്ധിജനനേ സദ്യോ വിനാശം ധ്രുവം
ഗണ്ഡാന്തേ പിതൃമാതൃഹാ ശിശുമൃതിർ ജീവേദ്യദി ക്ഷ്മാപതിഃ
ജാതഃ സന്ധി ചതുഷ്ടയേ *f* പ്യശുഭസംയുക്തേക്ഷിതേ സ്ഥാനുമൃതിർ-
മൃത്യോർഭാഗഗതേ ച സംസദി വിധൗ കേന്ദ്രേ*f* ഷ്ടമേ വാ മൃതിഃ.

1.	*പാപ ആപ്ത*	-	പാപന്മാർ നിൽക്കുന്നതും
	ഈക്ഷിത	-	നോക്കുന്നതുമായ
	രാശിസന്ധി ജനനേ	-	രാശിസന്ധിയിൽ ജനിച്ചാൽ
	സദ്യോ വിനാശം ധ്രുവം	-	ഉടൻ മരണം ഉറപ്പ്.

2 *ഗണ്ഡാന്തേ പിതൃമാതൃഹാ ശിശുമൃതി*

- ഗണ്ഡാന്തത്തിൽ ജനിച്ചാൽ പിതാവിനും മാതാവിനും കുട്ടിക്കും നാശം.

ജീവേത് യദി ക്ഷ്മാപതിഃ

- ജീവിക്കുന്നുവെങ്കിൽ രാജാവാകും

.

3	ജാതഃ സന്ധി ചതുഷ്ടയേ അപി	-	കേന്ദ്രസന്ധികളിലെ ജനനത്തിന്
	അശുഭസംയുക്തേക്ഷിതേ	-	അശുഭന്മാരുടെ യോഗദൃഷ്ടികളുണ്ടെങ്കിൽ
	സ്യാത് മൃതിഃ	-	മരണമുണ്ടാകും.

<u>രാശിസന്ധികളും നക്ഷത്രസന്ധികളും</u>

സ്ഥാനം	രാശിസന്ധി *	നക്ഷത്രസന്ധി
120°	കർക്കടം - ചിങ്ങം	ആയില്യം - മകം
240°	വൃശ്ചികം - ധനു	തൃക്കേട്ട - മൂലം
360°	മീനം - മേടം	രേവതി - അശ്വതി

*രാശികൾ ചേരുന്നിടത്തെല്ലാം സന്ധിയുണ്ടെന്നും അഭിപ്രായമുണ്ട്.

<u>ഗണ്ഡാന്തം</u>

ചന്ദ്രൻ സന്ധി കടക്കുമ്പോഴാണ് ഗണ്ഡാന്തം. ഗണ്ഡാന്തം മൂന്നു വിധമുണ്ട്. രാശി ഗണ്ഡാന്തം, നക്ഷത്രഗണ്ഡാന്തം, തിഥിഗണ്ഡാന്തം. ഗണ്ഡാന്ത ദോഷം:

ഏതു ഗണ്ഡാന്തത്തിൽ ജനിച്ചാലും ജനനം സന്ധ്യകളിലായാൽ ജനിച്ച കുട്ടിക്കും രാത്രിയിലായാൽ മാതാവിനും പകലായാൽ പിതാവിനും ആണ് ദോഷം ബാധിക്കുന്നത്. - - ജ്യോതിഷനിഘണ്ഡു

(10)

ചാന്ദ്രം രൂപം ലോകശുരോ വരജ്ഞഃ
കുദ്ധ്യേ ചിത്രം ഭാഗ്യ ലോകേ മുഖാനാം
മേനേ രാജ്യം മൃത്യുഭാഗാഃ പ്രദിഷ്ടാ
മേഷാദീനാം വർണസംഖ്യൈർഹിമാംശോഃ.

മൃത്യുഭാഗകൾ (ചന്ദ്രാൽ)
(കടപയാദി അക്ഷരസംഖ്യയിൽ)

മേടം	ഇടവം	മിഥുന	കർക്ക	ചിങ്ങം	കന്നി	തുല	വൃശ്ചി	ധനു	മകരം	കുംഭം	മീനം
ചാന്ദ്ര	രൂപം	ലോക	ശുര	വരജ്ഞ	കുദ്ധ്യ	ചിത്ര	ഭാഗ്യ	ലോകേ	മുഖാ	മേനേ	രാജ്യം
62	21	31	52	42	11	62	41	31	52	50	21
26	12	13	25	24	11	26	14	13	25	5	12

വർണസംഖ്യൈഃ - (ഇവ) അക്ഷരസംഖ്യയിൽ (അനുബന്ധം)
മേഷാദീനാം - മേടം തുടങ്ങിയ രാശികളിലെ
ഹിമാംശോഃ. - ചന്ദ്രന്റെ
മൃത്യുഭാഗാഃ പ്രദിഷ്ടാ - മൃത്യുഭാഗകളാകുന്നു.
- ചന്ദ്രൻ ഈ ഭാഗകളിൽ നിൽക്കുമ്പോൾ ജനിച്ചാൽ ആയുസ്സുണ്ടാവില്ല.

(11)

ദാനം ധേനോ രുദ്ര രൗദ്രീ മുഖേന
ഭാഗ്യോ ഭാനു ഗോത്രജായാ നഖേന
പുത്രീ നിത്യം മൃത്യു ഭാഗാഃ ക്രമേണ
മേഷാദീനാം തേഷു ജാതോ ഗതായുഃ.

മൃത്യുഭാഗകൾ (ലഗ്നാൽ)

മേടം	ഇടവം	മിഥുന	കർക്ക	ചിങ്ങം	കന്നി	തുല	വൃശ്ചി	ധനു	മകരം	കുംഭം	മീനം
ദാനം	ധേനോ	രുദ്ര	രൗദ്രി	മുഖേന	ഭാഗ്യോ	ഭാനു	ഗോത്ര	ജായ	നഖേന	പുത്രീ	നിത്യ
20	9	12	6	8	24	16	17	22	2	3	23

(ജ്യോതിഷനിഘണ്ടു)

മേഷാദീനാം ക്രമേണ - (ഇവ) ക്രമത്തിൽ മേടം തുടങ്ങിയ രാശികളുടെ
മൃത്യു ഭാഗാഃ - മൃത്യു ഭാഗകളാകുന്നു.
തേഷു ജാതോ ഗതായുഃ - ഈ രാശിഭാഗങ്ങൾ ഉദിക്കുമ്പോൾ ജനിച്ചാലും ആയുസ്സുണ്ടാവില്ല

(12)

രന്ധ്രേ കേന്ദ്രേഷു പാപൈരുദയനിധനഗൈർ-
വാഥ ലഗ്നാസ്തയോർവാ
ലഗ്നേ *f* ബ്ജേ വോഗ്രമദ്ധ്യേ വ്യയമൃതിരിപുഗേ
ദുർബലേ ശീതഭാനൗ
ക്ഷീണേന്ദൗ സാ ശുഭേ വാ തനുമദഗുരുധീ-
ഭാജി രന്ധ്രാസ്തഗോഗ്രൈർ-
മൃത്യുഃ സ്യാദാശു കേന്ദ്രേ ന യദി (1) ശുഭഖഗാഃ

സദ്യുതിഃ വീക്ഷണം വാ.

(1) പാഠഭേദം: തപസി - ഒമ്പതിലും

1 *രന്ധ്രേ കേന്ദ്രേഷു പാപൈ* - എട്ടിലും കേന്ദ്രങ്ങളിലും പാപന്മാർ നിൽക്കുക;

2 *ഉദയ നിധനഗൈ* - ലഗ്നത്തിലും എട്ടിലും പാപന്മാർ നിൽക്കുക;

3 *വാ അഥ ലഗ്ന അസ്തയോഃ* - അല്ലെങ്കിൽ ലഗ്നത്തിലും ഏഴിലും പാപന്മാർ നിൽക്കുക;

4. *ലഗ്നേ അബ്ജേ ഉഗ്രമദ്ധ്യേ*- ലഗ്നത്തിന്റേയും ചന്ദ്രന്റേയും ഇരുവശവും പാപർ നിൽക്കുക;

5 *വ്യയമൃതിരിപുഗേ ദുർബലേ ശീതഭാനൗ*
- ദുർബ്ബലനായ ചന്ദ്രൻ 12 - 8 - 6 ഭാവങ്ങളിൽ നിൽക്കുക;

6 *ക്ഷീണേന്ദൗ* - ക്ഷീണചന്ദ്രൻ
സ അശുഭേ - പാപഗ്രഹങ്ങളോടുകൂടി
തനു മദ ഗുരു ധീഭാജി - 1 - 7 - 9 - 5 ഈ ഭാവങ്ങളിൽ നിൽക്കുക;

7 *രന്ധ്ര അസ്തഗോപൈഗ്രഃ* - 8 - 7 ഭാവങ്ങളിൽ പാപന്മാർ നിൽക്കുക;

മൃത്യു സ്യാത് ആശു - - ഇവയെല്ലാംശിശുമരണം സൂചിപ്പിക്കുന്നവയാണ്.

എന്നാൽ- -

1 കേന്ദ്രേ യദി ശുഭഖഗാഃ - കേന്ദ്രങ്ങങ്ങളിൽ (ഒമ്പതിലും?) ശുഭഗ്രഹങ്ങൾ നിൽക്കുകയോ
2 സദ്യുതിഃ *വീക്ഷണം വാ*
- (ലഗ്നം, ചന്ദ്രൻ, പാപഗ്രഹം ഇവയ്ക്കു) ശുഭദൃഷ്ടി ഉണ്ടാവുകയോചെയ്താൽ
ന - ഇങ്ങനെ സംഭവിക്കുകയില്ല .

(13)

ജന്മേശോ *f* ഥ വിലഗ്നപോ യദി ഭവേദ്ദുസ്ഥോ *f* ബലോ വത്സരൈ-
സ്തദ്രാശി പ്രമിതൈശ്ച മാരയതി തന്മാസൈർദൃഗാണാധിപഃ
അംശേശോ ദിവസൈസ്തഥാ യദി മൃതിർ ദ്വിത്ര്യാദിയോഗാൻ ബഹൂ-
നാലോച്യ പ്രവദേത് സുതാഷ്ടമഗതൈഃ പാപൈരരിഷ്ടം ശിശോഃ.

1. ജന്മേശ അഥ വിലഗ്നപോ - ചന്ദ്രലഗ്നാധിപൻ / ലഗ്നാധിപൻ
യദി ഭവേത് ദുസ്ഥ അബല - ബലഹീനനായി ദുസ്ഥാനത്തു(6 - 8 - 12) നിന്നാൽ
വത്സരൈ തത് രാശി പ്രമിതൈശ്ച - ആ ദുസ്ഥാനരാശിക്കു തുല്യമായ വത്സരത്തിൽ (വയസ്സിൽ) (മേടം 1, ഇടവം 2....എന്ന ക്രമത്തിൽ)
മാരയതി - ശിശു മരിക്കാം.

2 *തന്മാസൈഃ ദൃഗാണാധിപഃ* - ദ്രേക്കാണാധിപൻ അപ്രകാരം നിൽക്കുകയാണെങ്കിൽ ആ രാശിക്കു തുല്യമായ മാസത്തിലും
അംശേശോ ദിവസൈഃ തഥാ - അംശകനാഥൻ അങ്ങനെയാണെങ്കിൽ ആ രാശിക്കു തുല്യമായ ദിവസത്തിലും
മൃതിഃ - ശിശു മരിക്കാം.

3 *ദ്വിത്രാദിയോഗാൻ ബഹൂൻ* - (കുട്ടിയുടെ ജനനത്തിൽ) ഈ യോഗം രണ്ടോ മൂന്നോ അതിലധികമോ കാണുന്നുവെങ്കിൽ

ആലോച്യ പ്രവദേത് - അതിനനുസരിച്ചു ചിന്തിച്ചു പറയണം.

സുത അഷ്ടമ ഗതൈഃ പാപൈഃ അരിഷ്ടം ശിശോഃ.

- അഞ്ചിലും എട്ടിലും പാപന്മാർ നിന്നാൽ കുട്ടിക്ക് അരിഷ്ടമുണ്ടാകും.

(14)

ലഗ്നേന്ദോസ്തദധീശയോരപി മിഥോ ലഗ്നേശരന്ധ്രേശയോർ-
ദ്രേക്കാണാത് സ്വനവാംശകാദപി മിഥ സ്തദ്വാദശാംശാത് ക്രമാത്
ആയുർദീർഘസമാൽപതാം ചരനഗവ്യംഗൈശ്ചരേ ഉ ഥസ്ഥിരേ
ബ്രൂയാദ്വന്ദ്വചരസ്ഥിതൈരുഭയഭേദസ്ഥാസ്നു ദ്വിദേഹാടനൈ.

ലഗ്നം, ചന്ദ്രൻ തുടങ്ങിയവയുടെ ചര-സ്ഥിര-ഉഭയ രാശികളിലെ സ്ഥിതി അനുസരിച്ച് ദീർഘ-സമ-അൽപ ആയുസ്സുകൾ :--

ലഗ്നേന്ദോ തദധീശയോഃ അപി മിഥഃ - ലഗ്നാധിപനും ചന്ദ്രലഗ്നാധിപനും
ദ്രേക്കാണാത് സ്വനവാംശകാത് - ദ്രേക്കാണത്തിലും നവാംശത്തിലും
ലഗ്നേശ രന്ധ്രേശയോഃ - ലഗ്നാധിപനും അഷ്ടമാധിപനും
തത് ദ്വാദശാംശാത് - ദ്വാദശാംശത്തിലും (നിന്നാൽ)
ക്രമാത് - ക്രമത്തിൽ
ദീർഘ സമ അൽപതാം ആയുഃ - (1) ദീർഘ (2) സമ (3) അൽപ്പം ആയുസ്സുകൾ
ചര നഗ ... - ചര-സ്ഥിര-ഉഭയരാശികൾക്കനുസരിച്ചു പറയണം.

ഈ ശ്ലോകം ദുർഗ്രഹമായതിനാലാണെന്നു തോന്നുന്നു, ഇതിന്റെ വ്യാ ഖ്യാനം നാലു പുസ്തകങ്ങളിൽ നാലു തരത്തിലാണ് കാണുന്നത്. അവയിൽ പൊതുവായി കാണുന്നത് മൂന്നു നിയമങ്ങളാണ്:

1 ലഗ്നാധിപൻ നിൽക്കുന്ന ദ്രേക്കാണവും ചന്ദ്രലഗ്നാധിപൻ നിൽക്കുന്ന ദ്രേ ക്കാണവും തമ്മിലുള്ള ചര-സ്ഥിര-ഉഭയ ബന്ധം,

2 ലഗ്നാധിപൻ നിൽക്കുന്ന നവാംശവും ചന്ദ്രലഗ്നാധിപൻ നിൽക്കുന്ന നവാംശവും തമ്മിലുള്ള ചര-സ്ഥിര-ഉഭയ ബന്ധം,

3 ലഗ്നാധിപൻ നിൽക്കുന്ന ദ്വാദശാംശവും അഷ്ടമാധിപൻ നിൽക്കുന്ന ദ്വാദശാംശവും തമ്മിലുള്ള ചര-സ്ഥിര-ഉഭയ ബന്ധം.

ഇതു വെച്ച്, ഒരു കുട്ടിയുടെ ആയുസ്സ് ദീർഘമോ, മദ്ധ്യമോ, അൽപ്പമോ എന്നറിയുന്നതിന് താഴെ കൊടുത്തിട്ടുള്ള പട്ടിക ഉപയോഗിക്കാം

(1)		(2)	
ലഗ്നാധിപൻ		**ചന്ദ്രലഗ്നാധിപൻ**	
നിൽക്കുന്ന		നിൽക്കുന്ന	
ദ്രേക്കാണം/		ദ്രേക്കാണം/	
	നവാംശം	നവാംശം	ഫലം
1.	ചരം	ചരം	ദീർഘായുസ്സ്
	ചരം	സ്ഥിരം	മദ്ധ്യായുസ്സ്
	ചരം	ഉഭയം	അൽപായുസ്സ്
2.	സ്ഥിരം	ഉഭയ	ദീർഘായുസ്സ്
	സ്ഥിരം	ചരം	മദ്ധ്യായുസ്സ്
	സ്ഥിരം	സ്ഥിരം	അല്പായുസ്സ്
3.	ഉഭയം	സ്ഥിരം	ദിർഘായുസ്സ്
	ഉഭയം	ഉഭയം	മദ്ധ്യായുസ്സ്
	ഉഭയം	ചരം	അല്പായുസ്സ്

ഉദാഹരണം (ദ്രേക്കാണസ്ഥിതി)

ലഗ്നദ്രേക്കാണം ചരം + ചന്ദ്രദ്രേക്കാണം ചരം = ദീർഘായുസ്സ്
+ ചന്ദ്രദ്രേക്കാണം സ്ഥിരം = മദ്ധ്യായുസ്സ്
+ ചന്ദ്രദ്രേക്കാണം ഉഭയം = അൽഷായുസ്സ്

ലഗ്നദ്രേക്കാണം സ്ഥിരം + ചന്ദ്രദ്രേക്കാണം ഉഭയം = ദീർഘായുസ്സ്
+ ചന്ദ്രദ്രേക്കാണം ചരം = മദ്ധ്യായുസ്സ്
+ ചന്ദ്രദ്രേക്കാണം സ്ഥിരം = അൽഷായുസ്സ്

ലഗ്നദ്രേക്കാണം ഉഭയം + ചന്ദ്രദ്രേക്കാണം സ്ഥിരം = ദീർഘായുസ്സ്
+ ചന്ദ്രദ്രേക്കാണം ഉഭയം = മദ്ധ്യായുസ്സ്
+ ചന്ദ്രദ്രേക്കാണം ചരം = അൽഷായുസ്സ്

(15)

ലഗ്നാധീശശുഭാഃ ക്രമാദ് ബഹുസമാൽപായുഷി കേന്ദ്രാദിഗാഃ
രന്ധ്രേശോഗ്രഖഗാസ്തഥാ യദി ഗതാ വ്യസ്തം വിദധ്യുഃ ഫലം
ജന്മേശാഷ്ടമനാഥയോരുദയപച്ഛിദ്രേശയോർമൈത്രിതോ
ഭാസ്വല്ലഗ്നപയോശ്ചിരായുരഹിതേ *f* ല്പായുഃ സമേ മധ്യമഃ.

1 ലഗ്നാധീശ ശുഭാഃ ക്രമാദ് - ലഗ്നാധിപതിയും ശുഭന്മാരും
കേന്ദ്രാദിഗാഃ - കേന്ദ്രം തുടങ്ങിയവയിൽ നിന്നാൽ ക്രമത്തിൽ
ബഹു സമ അൽപായുഷി കേന്ദ്രാദിഗാഃ
- ദീർഘായുസ്സ്.(കേന്ദ്രം)

മദ്ധ്യായുസ്സ് (പണപരം)
അൽപായുസ്സ് (ആപോക്ലിമം)

2 *രന്ധ്രേശോ ഉഗ്രഖഗാഃ സ്തദാ യദി ഗതാ* - അഷ്ടമാധിപതിയും പാപഗ്രഹങ്ങളും അങ്ങിനെ നിന്നാൽ
വ്യസ്തം വിദധ്യുഃ ഫലം - ഫലം മറിച്ചായിരിക്കും. അതായത്- -
- കേന്ദ്രത്തിൽ നിന്നാൽ അൽപായുസ്സ്
- പണപരത്തിൽ നിന്നാൽ മദ്ധ്യായുസ്സ്.
- ആപോക്ലിമത്തിൽ നിന്നാൽ ദീർഘായുസ്സ്

3 *ജന്മേശ അഷ്ടമനാഥയോ* - ചന്ദ്രലഗ്നാധിപനും അതിന്റെ അഷ്ടമാധിപനും തമ്മിലും
ഉദയപ ഛിദ്രേശയോഃ മൈത്രിതേ: - ഉദയലഗ്നാധിപനും അതിന്റെ അഷ്ടമാധിപനും തമ്മിലും
ഭാസ്വത് ലഗ്നപയോ - രവിയും ലഗ്നാധിപനും തമ്മിലും
മൈത്രിത .. ചിരായു - സുഹൃത്തുക്കളായിരുന്നാൽ ദീർഘായുസ്സും
മൈത്രിത .. രഹിതേ - ശത്രുക്കളായിരുന്നാൽ അൽപ്പായുസ്സും
മൈത്രിത .. സമേ - സമന്മാരായിരുന്നാൽ മദ്ധ്യായുസ്സും ഫലം.

(16)
ലഗ്നാധിപോ ലഗ്നനവാംശനായകോ
ജന്മേശ്വരോ ജന്മനവാംശനായകാ
സ്വസ്വാഷ്ടമേശാദ്യതി ചേദ് ബലാന്വിതോ
ദീർഘായുഷസ്യുർവിപരീതമന്യഥാ..

ലഗ്നാധിപോ - ലഗ്നാധിപൻ
ലഗ്നനവാംശനായകോ - ലഗ്നനവാംശാധിപൻ
ജന്മേശ്വരോ - ചന്ദ്രലഗ്നാധിപൻ
ജന്മനവാംശനായകോ - ചന്ദ്രനവാംശാധിപൻ
സ്വ സ്വ അഷ്ടമേശാത് യദി ചേത് ബലാന്വിതോ
- ഇവർക്ക് അവരവരുടെ അഷ്ടമാധിപനേക്കാൾ ബലമുണ്ടെങ്കിൽ
ദീർഘായുഷസ്യുഃ - ദീർഘായുസ്സായിരിക്കും.
വിപരീതമന്യഥാ. - ബലമില്ലെങ്കിൽ ഫലം വിപരീതം (അൽപ്പായുസ്സ്).

(17)
ലഗ്നേശ്വരാദതിബലീ നിധനേശ്വരോ ƒ സൗ
കേന്ദ്രസ്ഥിതോ നിധനരിഃഫഗതൈശ്ച പാപൈഃ
തസ്യായുരൽപമഥവാ യദി മധ്യമായു-
രുത്സാഹസങ്കടവശാത് പരമായരേതി.

ലഗ്നേശ്വരാദതിബലീ നിധനേശ്വരോസൗ - ലഗ്നാധിപനേക്കാൾ ബലമുള്ള അഷ്ടമാധിപൻ
കേന്ദ്രസ്ഥിതോ - കേന്ദ്രത്തിൽ നിൽക്കുകയും
നിധനരിഃഫഗതൈശ്ച പാപൈഃ - ലഗ്നത്തിന്റെ എട്ടിലും പന്ത്രണ്ടിലും പാപികൾ നിൽക്കുകയും ചെയ്താൽ
തസ്യ ആയു അൽപം - അവന് അൽപായുസ്സായിരിക്കും.

അഥവാ യദി മധ്യമായു - ഇനി അഥവാ മദ്ധ്യായുസ്സാണെങ്കിലും
ഉത്സാഹ സങ്കട വശാത് പരമായുരേതി.
- ഉത്സാഹം, സങ്കടം എന്നിവകൊണ്ടല്ലാതെ ദീർഘായുസ്സുണ്ടാകുന്നതല്ല.

പല ഭാഷകൾ പ്രചാരത്തിലുണ്ടെങ്കിലും വേദനിക്കുന്ന മനസ്സിന്റെ പൊള്ളു ന്ന ഭാഷയേ ഈശ്വരനിലെത്തൂ. പൊള്ളുന്ന ഈ ഭാഷ സംജാതമാകാ നുള്ള ഏകമാർഗ്ഗം നെഞ്ചുരുക്കുന്ന ദുരിതാനുഭവമാണ്. വേദനയുടേതുമാത്രമായ ഈ അനുഭവം ഭക്തിക്കോ ജ്ഞാനത്തിനോ കാരണമാകാം. നല്ല ഭക്തനേ നല്ല ജ്ഞാനിയാകാൻ കഴിയു. രണ്ടും അവയുടെ പാരമ്യതയിൽ തിരിച്ചറിയിലെത്തി ക്കുകയും ചെയ്യും. ഉത്സാഹം പരിശ്രമമാണ്; സങ്കടം വേദനാനുഭവവും. മന്ത്രേശ്വരൻ ജ്യോതിഷപണ്ഡിതൻ മാത്രമായിരുന്നില്ല, തികഞ്ഞ ഒരു തത്വജ്ഞാനി കൂടിയായിരുന്നുവെന്നതിനു വേറെ തെളിവുകൾ ആവശ്യമില്ല.

(18)
നരോ *f*ൽപായുർയോഗേ പ്രഥമഭഗണേ നശ്യതി ശനേർ-
ദ്വിതീയേ മദ്ധ്യായുര്യദി ഭവതി ദീർഘായുഷി സതി
തൃതീയേ നിര്യാണം സ്ഫുടജശനിഗുർവർക ഹിമഗൂൻ
ദശാം ഭുക്തിം കഷ്ടാമപി വദതു നിശ്ചിത്യ സുമതിഃ.

നരഃ അൽപായുർയോഗേ - അൽപായുർയോഗത്തിൽ ജനിച്ചാൽ
ശനേഃ പ്രഥമഭഗണേ നശ്യതി - ശനിയുടെ ആദ്യഭഗണത്തിൽ മരിക്കും.

ദ്വിതീയേ മദ്ധ്യായു യഹിദിഭവതി - മദ്ധായുസ്സാണെങ്കിൽ രണ്ടാമത്തെ ഭഗണത്തിലും
ദീർഘായുഷി തൃതീയേ നിര്യാണം - ദീർഘായുസ്സാണെങ്കിൽ മൂന്നാമത്തെ ഭഗണത്തിലും മരിക്കും.

സ്ഫുടജ ശനി ഗുരു അർക്ക ഹിമഗൂൻ - സ്ഫുടമാക്കിയ ശനി, വ്യാഴം, രവി, ചന്ദ്രൻ ഇവരുടെ ദശകൾ കൃത്യമാക്കി
ദശാം ഭുക്തിം കഷ്ടാമപി വദതി നിശ്ചിത്യ സുമതിഃ. - കഷ്ടമായ ദശയേയും ഭുക്തിയേയും (അപഹാരത്തേയും) അറിഞ്ഞിട്ടു വേണം ദൈവജ്ഞൻ ഇപ്രകാരം ആയുർനിർണ്ണയം നടത്താൻ.

ഭഗണം ഇവിടെ രാശിചക്രത്തിലൂടെയുള്ള ഗ്രഹസഞ്ചാരമാണ്. ശനിയുടെ ഭഗണം ഏകദേശം മുപ്പതു വർഷം വരും. ജനനസമയത്തു നിന്നിടത്തുതന്നെ ശനി ആദ്യമായി തിരിച്ചെത്തുന്നതാണ് ആദ്യഭഗണം. എന്നാൽ ഉത്തരേന്ത്യൻ വ്യാഖ്യാന ങ്ങൾ പ്രകാരം ശനി, വ്യാഴം, രവി, ചന്ദ്രൻ ഇവരുടെ ഗ്രഹസ്ഫുടങ്ങൾ കൂട്ടിക്കിട്ടുന്ന രാശിയാണ് ഭഗണം.

(19)
സപാപോ ലഗ്നേശോ രവിഹതരുചിർനീചരിപുഗോ
യദാ ദുസ്ഥാനേഷു സ്ഥിതിമുപഗതോ ഗോചരവശാത്
തനൗ വാ തദ്യോഗോ യദി നിധനമാഹുസ്തനഭൃതാം
നവാംശാദ്രേക്കാണാച്ഛിശിരകരലഗ്നാദപി വദേത്.

സപാപോ - പാപയോഗം
രവിഹതരുചി നീച രിപുഗോ - മൗഢ്യം, നീചസ്ഥിതി, ശത്രുക്ഷേത്രസ്ഥിതി

	തുടങ്ങിയ ബലക്ഷയങ്ങളുള്ള
ലഗ്നേശോ	- ലഗ്നാധിപതി
യദാ ഉപഗതോ ഗോചരവശാത്	- ഗോചരത്തിൽ
ദുസ്ഥാനേഷുസ്ഥിതിം ..	- ദുസ്ഥാനം (6 - 8 - 12), ലഗ്നം, ലഗ്നനവാംശം, ലഗ്നദ്രേക്കാണം, ചന്ദ്രലഗ്നം ഇവയിൽ സഞ്ചരിക്കുമ്പോൾ
നിധനമാഹു	- മരണം സംഭവിക്കും

(20)

ശശീ തദാരൂഢഗ്രഹാധിപശ്ച
ലഗ്നാധിനാഥശ്ച യദാ ത്രയോ *f* മീ
ഗുണാധികാഃ സദ്ഗ്രഹദൃഷ്ടിയുക്താ
ഗുണാധികം തം കഥയന്തി കാലം.

ശശീ തദാരൂഢഗ്രഹാധിപശ്ച ലഗ്നാധിനാഥശ്ച യദാ ത്രയോമീ
- (ജാതകത്തിൽ) ചന്ദ്രൻ, ചന്ദ്രലഗ്നാധിപൻ, ലഗ്നാധിപൻ എന്നീ മുന്നു ഗ്രഹങ്ങൾക്കും

ഗുണാധികാഃ	- (സ്ഥിതിയിൽ) ഗുണാധിക്യവും (ബലവും)
സദ്ഗ്രഹദൃഷ്ടിയുക്ത	- സദ്ഗ്രഹങ്ങളുടെ ദൃഷ്ടിയും ഉണ്ടെങ്കിൽ
ഗുണാധികം തം കലയന്തി കാലം.	- അത് (ആ കുട്ടിയുടെ ആയുസ്സിനും) ഗുണകരമാകുന്നു.

(21)

ലഗ്നാധിപോ *f* തിബലവാനശുഭൈരദൃഷ്ടഃ
കേന്ദ്രസ്ഥിതഃ ശുഭഖഗൈരവലോക്യമാനഃ
മൃത്യും വിഹായ വിദധാതി സുദീർഘമായുഃ
സാർദ്ധം ഗുണൈർബഹുഭിരൂർജ്ജിതരാജലക്ഷ്മ്യാ

അശുഭൈ അദൃഷ്ട	- പാപദൃഷ്ടി ഇല്ലാതെ
കേന്ദ്രസ്ഥിത	- കേന്ദ്രസ്ഥിതിയോടെ
ശുഭഖഗൈ അവലോക്യമാനാഃ	- ശുഭദൃഷ്ടിയോടെ നിൽക്കുന്ന
ലഗ്നാധിപ അതിബലവാൻ	- ബലവാനായ ലഗ്നാധിപൻ
മൃത്യും വിഹായ	- (അകാല) മരണത്തെ അകറ്റി
ഗുണൈബഹുഭി	- വളരെ ഗുണാനുഭവങ്ങളോടെ
ഊർജ്ജിത രാജലക്ഷ്മ്യാ.	- ഐശ്വര്യത്തോടെ
വിദധാതി സ ദീർഘമായുഃ	- ദീർഘായുസ്സു നൽകുന്നു.

(22)

സർവാതിശായ്യതിബലഃ സ്ഫുരദംശുജാലോ
ലഗ്നേ സ്ഥിതഃ പ്രശമയേത് സുരരാജമന്ത്രീ
ഏകോ ബഹൂനി ദുരിതാനി സുദുസ്തരാണി
ഭക്ത്യാ പ്രയുക്ത ഇവ ചക്രധരേ പ്രണാമഃ.

സർവാതിശായി സുരരാജമന്ത്രീ	- സർവാതിശായിയായ ദേവഗുരു
അതിബലഃ	- ബലവാനായി

സ്ഫുദംശുജാലോ - തെളിഞ്ഞ രശ്മികളോടെ
ലഗ്നേ സ്ഥിതഃ - ലഗ്നത്തിൽ നിന്നാൽ
ഭക്ത്യാ പ്രയുക്ത ഇവ ചക്രധര പ്രണാമ - ചക്രധരനായ മഹാവിഷ്ണുവിനെ പ്രണമിക്കുന്നത് എപ്രകാരം ഫലപ്രദമാണോ, അപ്രകാരം
ഏകോ ബഹൂനി ദുരിതാനി .സുദുസ്തരാണി - ഒറ്റയായോ കൂട്ടമായോ വരുന്ന ദുർഘടങ്ങളായ ദുരിതങ്ങളെയെല്ലാം
പ്രശമയേത് - ശമിപ്പിക്കുന്നു.

(23)
മൂർത്തേസ്ത്രികോണാഗമകണ്ടകേഷു
രവീന്ദുജീവർക്ഷനവാംശസംസ്ഥഃ
സുകർമ്മകൃന്നിത്യമശേഷദോഷാൻ
മുഷ്ണാതി വർദ്ധിഷ്ണുരനുഷ്ണരശ്മിഃ.

അനുഷ്ണരശ്മിഃ മൂർത്തേ - ചന്ദ്രൻ ലഗ്നാൽ
ത്രികോണാ ആഗമ കണ്ടകേഷു - ത്രികോണങ്ങളിലോ(5, 9) പതിനൊന്നിലോ(11), കേന്ദ്രങ്ങളിലോ(1, 4, 7,10),
രവീ ഇന്ദു ജീവർക്ഷ നവാംശസംസ്ഥഃ - രവി, ചന്ദ്രൻ, ഗുരു ഇവരുടെ രാശികൾ (ചിങ്ങം, കർക്കടകം, ധനു, മീനം) നവാംശമായോ നിന്നാൽ
മുഷ്ണാതി വർധിഷ്ണു - ദോഷങ്ങളെ ഇല്ലാതാക്കി സൽഫലങ്ങളെ വർദ്ധിപ്പിക്കും.

(24)
കേന്ദ്രത്രികോണനിധനേഷു ന യസ്യ പാപാ
ലഗ്നാധിപഃ സുരഗുരുശ്ച ചതുഷ്ടയസ്ഥൗ
ഭുക്ത്വാ സുഖാനി വിവിധാനി സുപുണ്യകർമാ
ജീവേച്ച വത്സരശതം സ വിമുക്തരോഗഃ.

കേന്ദ്ര ത്രികോണ നിധനേഷു ന യസ്യ പാപാ
- ആരുടെ ജാതകത്തിലാണോ കേന്ദ്രങ്ങളിലും ത്രികോണങ്ങളിലും അഷ്ടമത്തിലും പാപന്മാർ ഇല്ലാത്തത്;

ലഗ്നാധിപഃ സുരഗുരുശ്ച ചതുഷ്ടയസ്ഥൗ
- (ആരുടെ ജാതകത്തിലാണോ) ലഗ്നാധിപനും വ്യാഴവും കേന്ദ്രത്തിൽ നിൽക്കുന്നത്;

സുപുണ്യകർമാ - (ഇതു രണ്ടുമുള്ള) പുണ്യവാനായ അവൻ
ഭുക്ത്വാ സുഖാനി വിവിധാനി - വളരെ സുഖങ്ങളെ അനുഭവിച്ച്
വിമുക്തരോഗ - ആരോഗ്യവാനായി
ജീവേത് വത്സരശതം - നൂറു വർഷം ജീവിച്ചിരിക്കും.

(25)
ശ്രീപത്യുദീരിതദശാഭിരഥാഷ്ടവർഗ്ഗാ-
ദ്വത് കാലചക്രദശയോഡുദശാപ്രകാരാത്

സമ്യക് സ്ഫുടാഭിഹതയോ ക്രിയയാ *f* പ്തവാക്യാ-
രായുർബുധോ വദതു ഭൂരിപരീക്ഷയാ ച.

ശ്രീപതി ഉദീരിത ദശാഭിഃ	-	ശ്രീപതിയാൽ പറയപ്പെട്ടിട്ടുള്ള ദശകൾ
അഷ്ടവർഗ്ഗാത്	-	അഷ്ടവർഗ്ഗദശ,
കാലചക്രദശ	-	കാലചക്രദശ
ഉഡുദശാ പ്രകാരാത്	-	നക്ഷത്രദശ തുടങ്ങിയ ദശാസമ്പ്രദായങ്ങൾ
സമ്യക് സ്ഫുടാഭിഹതയോ ക്രിയയാ	-	സ്ഫുടക്രിയ (ആയുർഗ്ഗണിതം)
ആപ്തവാക്യാത്	-	(ഈ വിഷയത്തിലുള്ള) ആപ്തവാക്യങ്ങൾ തുടങ്ങിയവയെല്ലാം പരിഗണിച്ചും
ഭൂരിപരീക്ഷയാ	-	വളരെ പരീക്ഷിച്ചും (ശ്രദ്ധിച്ചും)
ആയുഃ ബുധോ വദതു	-	ബുധന്മാർ ആയുസ്സു പറയണം.

അദ്ധ്യായം 14

രോഗം, മരണം, കഴിഞ്ഞ ജന്മം, വരും ജന്മം

(1)

രോഗസ്യ ചിന്താമപി രോഗഭാവ-
സ്ഥിതൈർഗ്രഹൈർവാ വ്യയമൃത്യുസംസ്ഥൈഃ
രോഗേശ്വരാണാമപി തദന്വിതൈർവാ
ദ്വിത്ര്യാദി സംവാദവശാദ് വദന്തു.

രോഗഭാവസ്ഥിതൈഃ ഗ്രഹൈഃ - ആറിൽ നിൽക്കുന്ന ഗ്രഹം
വ്യയമൃത്യുസംസ്ഥൈഃ - പന്ത്രണ്ട്, എട്ട് ഭാവങ്ങളിൽ നിൽക്കുന്ന ഗ്രഹങ്ങൾ
രോഗേശ്വരാണാമപി - ആറാംഭാവാധിപൻ
തദന്വിതൈർവാ - ആറാംഭാവാധിപനോടുകൂടി നിൽക്കുന്ന ഗ്രഹങ്ങൾ
രോഗസ്യ ചിന്താമപി - (ഇവരെക്കൊണ്ടു വേണം) രോഗചിന്ത ചെയ്യാൻ.

ദ്വിത്ര്യാദി സംവാദവശാദ് വദന്തു.
- ഇതിൽത്തന്നെ രണ്ടോ മൂന്നോ അതിൽക്കൂടുതലോ, രോഗ സാദ്ധ്യത സൂചിപ്പിക്കുന്ന ഗ്രഹങ്ങളുണ്ടെങ്കിൽ ആ ക്രമത്തിലും രോഗചിന്ത ചെയ്യണം.

അദ്ധ്യായം 1, ശ്ലോകം 13 പ്രകാരം രോഗസ്ഥാനം ആറാംഭാവമാണ്. അതനുസരിച്ച്, ആറാംഭാവാധിപൻ, ആറാംഭാവാധിപന്റെകൂടെ നിൽക്കുന്ന ഗ്രഹങ്ങൾ, 6-8-12 കളിൽ നിൽക്കുന്ന ഗ്രഹങ്ങൾ എന്നിവ രോഗകാരണമാകാം. ഒരോ ഗ്രഹവും അവയുടെ ധർമ്മമനുസരിച്ചുള്ള രോഗത്തെയാണ് സൂചിപ്പിക്കുക.

(2)

പിത്തോഷ്ണജ്വരതാപദേഹതപനാ[(1)] പസ്മാരഹൃത്ക്രോഡജ
വ്യാധീന്വക്തി രവിർദൃഗാർത്ത്യരിഭയം ത്വഗ്ദോഷമസ്ഥിസ്രുതിം
കാഷ്ഠാഗ്ന്യസ്ത്രവിഷാർത്തി ദാരതനയവ്യാപച്ചതുഷ്പാദ്ഭയം
ചോരക്ഷ്മാപതിധർമദേവഫണഭൃദ്ഭൂതേശഭൂതം[(2)] ഭയം.

പാഠഭേദം: (1) ദേഹപതനം (2) ഭൂതാദ് ഭയം

രോഗം / ദുരിതം സൂചിപ്പിക്കുന്ന ഗ്രഹം :--

സൂര്യൻ

പിത്തോഷ്ണജ്വരതാപദേഹതപനാഃപസ്മാരഹൃത്ക്രോഡജവ്യാധീൻ....
പിത്തം
ഉഷ്ണം
ജ്വരം - പനി
താപം - ചൂട്

ദേഹതപനം - ചുട്ടുനീറ്റം

(ദേഹപതനം - ശരീരം വീഴ്ച - സന്ദർഭത്തിനു യോജിക്കുന്നില്ല.)

അപസ്മാരം

ഹൃത്ക്രോഡജവ്യാധി - ഹൃദ്രോഗം, നെഞ്ചുരോഗം (ക്രോഡം - നെഞ്ച്)

ദൃഗാർത്ത്യരിഭയം ത്വഗ്ദോഷമസ്ഥിസ്രുതിം...

ദൃഗാർത്തി - നേത്രരോഗം

അരിഭയം - ശത്രുശല്യം

ത്വഗ്ദോഷം - ത്വക് രോഗം

അസ്ഥിസ്രുതിം - അസ്ഥിസ്രവണം - അസ്ഥിസ്രാവം

കാഷ്ഠാഗ്ന്യസ്ത്രവിഷാർത്തി ദാരതനയവ്യാപച്ചതുഷ്പാദ് ഭയം

കാഷ്ഠ അഗ്നി അസ്ത്ര വിഷ ആർത്തി...

- മരക്കൊമ്പ്, അഗ്നി, അസ്ത്രം (ആയുധം), വിഷം

ദാര തനയ വ്യാപത് ചതുഷ്പാദ്ഭയം

- ഭാര്യ, മക്കൾ, നാൽക്കാലികൾ

ചോരക്ഷ്മാപതിധർമദേവഫണഭൃദ്ഭൂതേശഭൂതം ഭയം.

- കള്ളന്മാർ, രാജാവ്, ധർമ്മദൈവം, നാഗദേവത, ശിവൻ / ശിവഭൂതങ്ങൾ മുതലായവരുടെ ശാപം/കോപംമൂലം രോഗം / ദുരിതം/ ഭയം അനുഭവിക്കും.

(3)

നിദ്രാലസ്യകഫാതിസാരപിടകാഃ ശീതജ്വരം ചന്ദ്രമാഃ

ശൃംഗ്യബ്ജാഹതിമഗ്നിമാന്ദ്യമരുചിം(1) യോഷിദ്വ്യഥാം കാമിലാം

ചേതഃ ശ്രാന്തിമസൃഗ്വികാരമുദകാത്ഭീതിഞ്ച ബാലഗ്രഹാദ്

ദുർഗാകിന്നരധർമദേവഫണഭൃദ്യക്ഷ്യാച്ച ഭീതിം(2) വദേത്.

പാഠഭേദം: (1) കൃശതാ. (2) പീഡാം

ചന്ദ്രൻ

നിദ്രാലസ്യകഫാതിസാരപിടകാഃ ശീതജ്വരം ചന്ദ്രമാഃ

നിദ്ര - ഉറക്കസംബന്ധമായ രോഗങ്ങൾ

ആലസ്യം

കഫം

അതിസാരം - വയറിളക്കം

പിടക - പരു, കുരു

ശീതജ്വരം - ഒരു തരം പനി

ശൃംഗ്യബ്ജാഹതിമഗ്നിമാന്ദ്യമരുചിം യോഷിദ്വ്യഥാം കാമിലാം...

ശൃംഗി അബ്ജാഹതി - കൊമ്പുള്ള മൃഗങ്ങളും ജലജന്തുക്കളും മൂലം

അഗ്നിമാന്ദ്യം - ദഹനക്കുറവ്

അരുചി - രുചിയില്ലായ്മ

യോഷിദ് വ്യഥാം - സ്ത്രീ സംബന്ധമായ ദുഖങ്ങൾ

കാമില - മഞ്ഞപ്പിത്തം

ചേതഃ ശ്രാന്തിമസൃഗ്വികാരമുദകാത്ഭീതിഞ്ച ബാലഗ്രഹാദ്
ചേതഃ ശ്രാന്തി - മനസ്സിനു / ബുദ്ധിക്കു മാന്ദ്യം
അസൃക് വികാര - രക്തദൂഷ്യംകൊണ്ടുള്ള രോഗങ്ങൾ
ഉദകാത് ഭീതി - ജലഭയം
ബാലഗ്രഹാത് - ബാലഗ്രഹം മൂലം

ദുർഗാ കിന്നര ധർമദേവ ഫണഭൃത് യക്ഷ്യാത് ....
- ദുർഗ്ഗ, കിന്നരൻ, ധർമ്മദൈവം, നാഗദേവത,യക്ഷൻ. മുതലായവരുടെ ശാപം / കോപംമൂലം രോഗം / ദുരിതം/ ഭയം അനുഭവിക്കും.

(4)

തൃഷ്ണാസൃക്കോപപിത്തജ്വരമനലവിഷാ-
സ്ത്രാർതി കുഷ്ഠാക്ഷിരോഗാൻ
ഗുല്മാപസ്മാരമജ്ജാവിഹതിപരുഷതാ-
പാമികാ ദേഹഭംഗാൻ
ഭൂപാരിസ്തേനപീഡാംസഹജസുതസുഹൃ-
ദ്വൈരിയുദ്ധം വിധത്തെ
രക്ഷോഗന്ധർവഘോരഗ്രഹഭയമവനീ-
സൂനുർദ്ധ്വാംഗരോഗം.

കുജൻ

തൃഷ്ണാസൃക്കോപപിത്തജ്വര....
തൃഷ്ണാ - അതിദാഹം
അസൃക് കോപം - രക്തദോഷം
പിത്തജ്വരം - പിത്തസംബന്ധമായ പനി
അനല വിഷ അസ്ത്ര ആർത്തി - അഗ്നി, വിഷം, അസ്ത്രം
കുഷ്ഠ അക്ഷിരോഗാൻ - കുഷ്ഠം, നേത്രരോഗം,

ഗുല്മാപസ്മാരമജ്ജാവിഹതിപരുഷതാ -
ഗുല്മം - ഗുന്മൻ (ഉദരരോഗം)
അപസ്മാരം,
മജ്ജാവിഹത - മജ്ജാനാശം
പരുഷതാ - മാർദ്ദവമില്ലായ്മ
പാമികാ - ചൊറി, ചിരങ്ങ്
ദേഹഭംഗം - അംഗഭംഗം

ഭൂപാരിസ്തേനപീഡാം...
ഭൂപൻ - രാജാവ്,
അരി - ശത്രു,
സ്തേന - തസ്ക്കരൻ
സഹജ സുത സുഹൃത് വൈരിയുദ്ധം
- സഹോദരൻ, മക്കൾ, സുഹൃത്തുക്കൾ

(ബന്ധുക്കൾ)

രക്ഷോ ഗന്ധർവ ഘോരഗ്രഹ....	-	രക്ഷസ്സ്, ഗന്ധർവ്വൻ, ഘോരഗ്രഹം
ഊർദ്ധ്വാംഗരോഗം.	-	ശിരോരോഗങ്ങൾ

മുതലായ ശാപം / കോപം മൂലം രോഗം / ദുരിതം/ ഭയം അനുഭവിക്കും.

(5)

ഭ്രാന്തിം ദുർവചനം ദൃഗാമയഗളഘ്രാണോത്ഥരോഗം ജ്വരം

പിത്തശ്ലേഷ്മസമീരജം വിഷമപി ത്വഗ്ദോഷപാണ്ഡ്വാമയാൻ

ദുഃസ്പ്നം ച വിചർചികാഗ്നിപതനേ[1] പാരുഷ്യബന്ധശ്രമാൻ

ഗന്ധർവക്ഷിതിഹർമ്യവാഹിഭിരപി[2] ജ്ഞോ വക്തി പീഡാം ഗ്രഹൈഃ.

പാഠഭേദം:

(1) വിചർച്ചികാം നിപതനം

(2) ഗന്ധർവക്ഷിതിഹർമ്യവാസമയുഭിഃ

ബുധൻ

ഭ്രാന്തിം ദുർവചനം ദൃഗാമയഗളഘ്രാണോത്ഥരോഗം

ഭ്രാന്തിം	-	മാനസികവിഭ്രാന്തി
ദുർവചനം	-	*ദുർഭാഷണം*
ദൃഗാമയം	-	നേത്രരോഗം
ഗളഘ്രാണോത്ഥ രോഗം	-	കഴുത്തിനും മൂക്കിനും രോഗം,
ജ്വരം	-	പനി,

പിത്തശ്ലേഷ്മസമീരജം വിഷമപി ത്വഗ്ദോഷപാണ്ഡ്വാമയാൻ

പിത്തശ്ലേഷ്മസമീരജം	=	പിത്ത - കഫ - വാത (ത്രിദോഷ) രോഗങ്ങൾ
വിഷം,		
ത്വഗ്ദോഷം	-	ത്വഗ്രോഗം,
പാണ്ഡ്വാമയം	-	പാണ്ടുരോഗം

ദുഃസ്പനം ച വിചർചികാഗ്നിപതനേ പാരുഷ്യബന്ധശ്രമാൻ

ദുഃസ്വപനം		
വിചർചികാ	-	ചൊറി, ചിരങ്ങ്,
അഗ്നിപതനം	-	അഗ്നിബാധ, പൊള്ളൽ
പാരുഷ്യം		
ബന്ധനം		
ശ്രമം	-	അദ്ധ്വാനം,

ഗന്ധർവക്ഷിതിഹർമ്യവാസമയുഭിഃ ജ്ഞോ വക്തി പീഡാം ഗ്രഹൈഃ.

ഇതു ശരിക്കു മനസ്സിലായില്ല. വ്യാഖ്യാനങ്ങളിലും വ്യത്യാസമുണ്ട്.

1. ഭൂമിയിലും മാളികകളിലും വസിക്കുന്ന ഗ്രഹങ്ങളുടെ പീഡ

2. ഭൂമിയിലുള്ള ഹർമ്യങ്ങളിൽ (ധനികരുടെ വലിയ മാളികകളിൽ) പാർക്കുന്ന കിന്നരഗഹ ങ്ങൾ ബാധിക്കുക

(6)

ഗുന്മാന്ത്രജ്വരശോകമോഹകഫജശ്രോത്രാർതി മേഹാമയാൻ
ദേവസ്ഥാനനിധിപ്രപീഡനമഹീദേവേശശാപോത്ഭവം
രോഗം കിന്നരയക്ഷദേവഫണഭൃദ്വിദ്യാധരാദ്യുത്ഭവം
ജീവഃ സൂചയതി സ്വയം ബുധഗുരുത്കൃഷ്ടാ [(1)] പചാരോത്ഭവം.

(1) പാഠഭേദം: ബുധഗുരു കൃഷ്ണാപചാരോത്ഭവം

5. ഗുരു

ഗുന്മാന്ത്രജ്വരശോകമോഹകഫജശ്രോത്രാർതി മേഹാമയാൻ

ഗുന്മം - ഗുൽമം - പ്ലീഹ വലുതാകൽ

ആന്ത്രം - ആന്ത്രരോഗം, ആന്ത്രവായു, ആന്ത്രവീക്കം

ജ്വരം,

ശോകം,

മോഹം - മോഹാലസ്യം (ബോധക്ഷയം)

കഫജ - കഫജന്യ രോഗങ്ങൾ,

ശ്രോത്രാർത്തി - ചെവി / കേൾവിസംബന്ധമായ രോഗങ്ങൾ,

മേഹാമയാൻ - പ്രമേഹം

ദേവസ്ഥാനനിധിപ്രപീഡനമഹീദേവേശശാപോത്ഭവം...

- ദേവസ്വ സംബന്ധമായ ബ്രാഹ്മണശാപംമൂലം

കിന്നര യക്ഷ ദേവ ഫണഭൃത് വിദ്യാധരാദി..

.- കിന്നരൻ, യക്ഷൻ, ദേവൻ, സർപ്പം, വിദ്യാധരന്മാർ

ബുധഗുരുത്കൃഷ്ടാപചാര..

- ജ്ഞാനികൾ, ഗുരുനാഥന്മാർ, ഉത്കൃഷ്ടരായവർ (പ്രായക്കൂടുതലുള്ളവർ) മുതലായവരുടെ ശാപം / കോപം മൂലം രോഗം / ദുരിതം/ ഭയം അനുഭവിക്കും.

കൃഷ്ണാപചാരോത്ഭവം എന്ന പാഠത്തിന്റെ വ്യാഖ്യാനം:

ബുധൻ അനിഷ്ടസ്ഥാനസ്ഥിതനായാലും വ്യാഴം അനിഷ്ടസ്ഥനായാലും കൃഷ്ണനെ ആചരിക്കാത്തതിനാലോ വിപരീതമായി ആചരിച്ചതിനാലോ ഉള്ള ദോഷം രോഗകരണമാകുന്നുവെന്നു പറയണം.

(7)

പാണ്ഡു ശ്ലേഷ്മമരുത്പ്രകോപ നയനവ്യാപത് പ്രമേഹാമയാൻ
ഗുഹ്യാസ്യാമയ മൂത്രകൃച്ഛ്ര മദനവ്യാപത്തി ശുക്ലസ്രുതിം
വാരസ്ത്രീകൃത [(1)] ദേഹകാന്തിവിഹതം ശോഷാമയം [(2)] യോഗിനീ-
യക്ഷീമാതൃഗണാദ്ഭയം പ്രിയസുഹൃത്ഭംഗം സിതഃ സൂചയേത്

പാഠഭേദം: (1) വാസസ്ത്രീകൃഷി (2) ശോഹാമയം

6.ശുക്രൻ

പാണ്ഡു ശ്ലേഷ്മമരുത്പ്രകോപ നയനവ്യാപത് പ്രമേഹാമയാൻ

പ:ണ്ഡു - പാണ്ടുരോഗം, വിളർച്ച
ശ്ലേഷ്മ മരുത് പ്രകോപം - കഫ വാത ദോഷങ്ങൾ
ന:യന വ്യാപത് - നേത്രരോഗം
പ്രമേഹാമയ:ൻ - പ്രമേഹം

ഗുഹ്യാസ്യാമയമൂത്രകൃച്ഛ്രമദവ്യാപത്തിശുക്ലസ്രുതിം
ഗുഹ്യ ആസ്യ ആമയ - ഗുഹ്യരോഗങ്ങളും മുഖരോഗങ്ങളും
മൂത്രകൃച്ഛ്രം - മൂത്രതടസ്സം
മ:ന:വ്യാപത്തി - ലൈംഗിക പ്രശ്നങ്ങൾ
ശുക്ലസ്രുതിം - ശുക്ലസ്രാവം

വാരസ്ത്രീകൃതദേഹക:ന്തിവിഹതം ശോഷാമയം വാരസ്ത്രീകൃതദേഹക:ന്തി വിഹതം
- വേശ്യാസംസർഗ്ഗംമൂലം ദേഹകാന്തി നഷ്ടപ്പെടുക
ശോഷാമയം - മെലിച്ചിൽ, ക്ഷയരോഗം

യോഗ:ന:ീ യക്ഷീ മാതൃഗണാദഭയം - യോഗിനി, യക്ഷി, മാതൃഗണങ്ങൾ
പ്രിയ സുഹൃത്ഭംഗം
- പ്രിയസുഹൃത്തിന്റെ നഷ്ടം, മരണം മുതലായവ മൂലം രോഗം / ദുരിതം/ ഭയം അനുഭവിക്കും.

പാഠഭേദങ്ങൾ:
1. വാസസ്ത്രീകൃഷി - വസ്ത്രങ്ങൾ കീറിയോ മറ്റോ നശിക്കുകയോ കാണാതാവുകയോ ചെയ്ക, ഭാര്യാനാശം, കൃഷിനഷ്ടം
2. ശോഫാമയം - ശരീരം നീരുവന്നു വീർക്കുക.
-- ഗ്രഹവും സന്ദർഭവുമായി ഇവ രണ്ടും ഒത്തുപോകുന്നില്ല.

(8)
വാതശ്ലേഷ്മവികാര പാദവിഹതി വ്യാപത്തി തന്ദ്രീ ശ്രമാൻ
ഭ്രാന്തിം കുക്ഷിരുഗന്തരുഷ്ണ ഭൂതകദ്ധ്വംസം ച പശ്വാഹതിം
ഭാര്യാപുത്രവിപത്തിമംഗവിഹതിം ഹൃത്താപമർകാത്മജോ
വൃക്ഷാശ്മക്ഷതിമാഹ കശ്മലഗണൈഃ പീഡാം പിശാചാദിഭിഃ.

7. ശനി
വാതശ്ലേഷ്മവികാരപാദവിഹതിവ്യാപത്തിതന്ദ്രീശ്രമ:ൻ
വാത - *ശ്ലേഷ്മ വികാര* - വാതകഫരോഗങ്ങൾ
പാദവിഹതി - പാദനഷ്ടം (*പംഗു* ഓർക്കുക)
വ്യാപത്തി - ആപത്തുകൾ, അപകടങ്ങൾ
തന്ദ്രീ ശ്രമ:ൻ - ആലസ്യം, അദ്ധ്വാനം

ഭ്ര:ന്തിം കുക്ഷിരുഗ:ന്തരുഷ്ണ ഭൂതകദ്ധ്വംസം ച പശ്വാഹതിം
ഭ്ര:ന്തിം - വിഭ്രാന്തി, ഭ്രാന്ത്,
കുക്ഷിരുക് - വയറുവേദന
അ:ന്തരുഷ്ണ - ഉൾച്ചൂട്

ഭൂതകദ്ധ്വംസം - ഭൃത്യനാശം
പശ്വാഹതിം - പശുനാശം

ഭാര്യാപുത്രവിപത്തിമംഗവിഹതിം ഹൃത്താപ..
ഭാര്യാ പുത്ര വിപത്തി - ഭാര്യയ്ക്കും മക്കൾക്കും ആപത്ത്
അംഗവിഹതിം - അംഗഭംഗം
ഹൃത്താപ - മനോവേദന

വൃക്ഷാശ്മക്ഷതിമാഹ - മരം / കല്ലുകൊണ്ടു മുറിവ്
കശ്മലഗണൈഃ പീഡാം പിശാചാദിഭിഃ.
- ദുഷ്ടശക്തികളുടേയും പിശാചുക്കളുടേയും (ശാപം / കോപം മൂലം രോഗം / ദുരിതം/ ഭയം അനുഭവിക്കും.)

(9)

സ്വർഭാനു ഹൃദിതാപ [1] കുഷ്ഠവിഷമവ്യാധീൻ വിഷം കൃത്രിമം
പാദാർത്തിം ച പിശാചപന്നഗഭയം ഭാര്യാതനൂജാപദം
ബ്രഹ്മക്ഷത്ര [2] വിരോധശത്രുജഭയം കേതുസ്തു സംസൂചയേത്
പ്രേതോത്ഥഞ്ച ഭയം വിഷം ച ഗുളികോ ദേഹാർത്തി [3] മാശൗചജം.

പാഠഭേദം: (1) തനുതാപ
(2) ബ്രഹ്മക്ഷേത്ര
(3) സർപ്പാർത്തി

8.രാഹു
ഹൃദിതാപകുഷ്ഠവിഷമവ്യാധീൻ വിഷം കൃത്രിമം
ഹൃദിതാപം - മനോദുഖം, ഉള്ളിൽ തീ
കുഷ്ഠം
വിഷമവ്യാധീൻ - വിഷമ(ഒന്നു മറ്റൊന്നിനു വിരുദ്ധമായ) രോഗങ്ങൾ,
വിഷം കൃത്രിമം - സ്വാഭാവികമല്ലാത്ത വിഷം

പാദാർത്തിം ച പിശാചപന്നഗഭയം ഭാര്യാതനൂജാപദം
പാദാർത്തിം - പാദരോഗം,
പിശാചപന്നഗഭയം - പിശാചുഭയം, സർപ്പഭയം,
ഭാര്യാതനൂജാപദം - ഭാര്യയ്ക്കും മക്കൾക്കും ആപത്ത്

9. കേതു
ബ്രഹ്മക്ഷത്രവിരോധശത്രുജഭയം...
ബ്രഹ്മക്ഷത്രവിരോധം - ബ്രാഹ്മണരും ക്ഷത്രിയരുമായി വിരോധം,
ശത്രുജഭയം - ശത്രുക്കളിൽനിന്നുമുള്ള ഭയം

10.ഗുളികൻ
പ്രേതോത്ഥഞ്ച ഭയം വിഷം ച ദേഹാർത്തിമാശൗചജം

പ്രേതോത്ഥം	-	പ്രേതബാധ
വിഷം	-	വിഷഭയം,
ദേഹാർത്തി	-	രോഗങ്ങൾ
ആശൗചജം	-	പുല / വാലായ്മ (വേണ്ടപ്പെട്ടവരാരോ മരിക്കുമെന്നു സൂചന.)

(10)

മന്ദാരാന്വിതവീക്ഷിതേ വ്യയധനേ
ചന്ദ്രാരുണൗ ചാക്ഷിരുക്-
ശൗര്യായാംഗിരസോ യമാരസഹിതാ
ദൃഷ്ടാ യദി ശ്രോത്രരുക്
സോഗ്രേ പഞ്ചമഭേ ഭവേദുദരരു-
ഗ്രന്ധ്രാരി നാഥാന്വിതേ
തദ്വത്സപ്തമനൈധനേ സഗുദരുക്
ശുക്രേ *f* ഥ ഗുഹ്യാമയം.

മന്ദ ആര അന്വിത വീക്ഷിതേ	-	ശനി, കുജൻ ഇവരുടെ യോഗമോ ദൃഷ്ടിയോ ഉള്ള
വ്യയ ധനേ	-	പന്ത്രണ്ടിലോ രണ്ടിലോ നിൽക്കുന്ന
ചന്ദ്ര അരുണൗ	-	ചന്ദ്രസൂര്യന്മാർ
അക്ഷിരുക്	-	നേത്രരോഗം (സൂചിപ്പിക്കുന്നു).

ശൗര്യായാംഗിരസോ യമാരസഹിതാ ദൃഷ്ടാ യദി ശ്രോത്രരുക്

- മൂന്നാംഭാവത്തിനോ പതിനൊന്നാംഭാവത്തിനോ ഗുരുവിനോ ശനി, കുജൻ ഇവരുടെ യോഗമോ ദൃഷ്ടിയോ വരുന്നുവെങ്കിൽ ശ്രോത്ര (ചെവി) രോഗമുണ്ടാകും.

സോഗ്രേ പഞ്ചമഭേ ഭവേത് ഉദരരുക്

- അഞ്ചാംഭാവത്തിൽ പാപഗ്രഹങ്ങൾ നിന്നാൽ ഉദരരോഗമുണ്ടാകും.

രന്ധ്ര അരി നാഥാന്വിതേ സപ്തമ നൈധനേ ഗുദരുക്

- എട്ടാംഭാവാധിപൻ ഏഴിലും ആറാംഭാവാധിപൻ എട്ടിലും നിന്നാൽ ഗുദരോഗം

സപ്തമ നൈധനേ ശുക്രേഥ ഗുഹ്യാമയം

- ശുക്രൻ ഇപ്രകാരം ഏഴിലോ എട്ടിലോ നിന്നാൽ ഗുഹ്യരോഗം.

(11)

ഷഷ്ഠേ *f* ർക്കേ *f* പ്യഥവാഷ്ടമേ ജ്വരഭയം
ഭൗമേ ച കേതോ വ്രണം
ശുക്രേ ഗുഹ്യരുജം ക്ഷയം സുരഗുരൗ
മന്ദേ ച വാതാമയം
രാഹൗ ഭൗമ[(1)] നിരീക്ഷിതേ ച പിടകാം
സേന്ദൗ ശനൗ ഗുല്മജം
ക്ഷീണേന്ദൗ ജലഭേഷു പാപസഹിതേ
തത്സ്ഥേ *f* ംബുരോഗം ക്ഷയം.

(1) പാഠഭേദം: മന്ദനിരീക്ഷിതേ

ഷഷ്ഠേ അഥവാ അഷ്ടമേ		-	ആറിലോ എട്ടിലോ
1	*അർക്കേ ജ്വരഭയം*	-	സൂര്യൻ നിന്നാൽ പനി
2	*ഭൗമേ ച കേതോ വ്രണം*	-	കുജനോ കേതുവോ നിന്നാൽ വ്രണം
3	*ശുക്രേ ഗുഹ്യരുജം*	-	ശുക്രൻ നിന്നാൽ ഗുഹ്യരോഗം
4	*ക്ഷയം സുരഗുരൗ*	-	വ്യാഴം നിന്നാൽ ക്ഷയം
5	*മന്ദേ വാതാമയം*	-	ശനി നിന്നാൽ വാതരോഗം
6	*രാഹൗ ഭൗമനിരീക്ഷിതേ പിടകാം* നിന്നാൽ കുരുക്കൾ	-	കുജദൃഷ്ടിയോടെ രാഹു
7	*സഇന്ദൗ ശനൗ ഗുല്മജം*	-	ചന്ദ്രനോടുകൂടെ ശനി നിന്നാൽ ഗുല്മ (പ്ലീഹ വലുതാകൽ)
8	*ക്ഷീണേന്ദൗ ജലഭേഷു പാപസഹിതേ* - ക്ഷീണചന്ദ്രൻ പാപരോടുകൂടെ ജലരാശികളിൽ നിന്നാൽ		
	അംബുരോഗം ക്ഷയം	-	ജലദോഷം, ക്ഷയം.

(12)

ജാതോ ഗച്ഛതി യേന കേന മരണം
വക്ഷ്യേƒഥ തത്കാരണം
രന്ധ്രസ്ഥൈസ്തദവേക്ഷകൈർബലവതാ
തസ്യോക്തരോഗൈർമൃതിഃ
രന്ധ്രർക്ഷോക്തരുജാഥവാ മൃതിപതി-
പ്രാപ്തർക്ഷദോഷേണ വാ
രന്ധ്രേശേന ഖരത്രിഭാഗപതിനാ
മൃത്യും വദേന്നിശ്ചിതം.

1	*രന്ധ്രസ്ഥൈഃ*	-	എട്ടിൽ നിൽക്കുന്ന ഗ്രഹം
	തത് അവേക്ഷകൈ	-	എട്ടിലേയ്ക്കു നോക്കുന്ന ഗ്രഹം
	ബലവതാ	-	ഇവയിൽ ദോഷബലം കൂടുതലുള്ള ഗ്രഹമേതോ
	തസ്യ ഉക്ത	-	അതിനു പറഞ്ഞിട്ടുള്ള
	രോഗൈ മൃതി	-	രോഗം മരണകാരണമാകും.
2	*രന്ധ്രർക്ഷ ഉക്ത രുജ*	-	എട്ടിനു പറഞ്ഞ രോഗം
	അഥവാ	-	അല്ലെങ്കിൽ
	മൃതിപതി പ്രാപ്തർക്ഷ	-	എട്ടാംഭാവാധിപൻ നിൽക്കുന്ന രാശിക്കു (രാശ്യാധിപനു)
	ദോഷേണ വാ	-	പറഞ്ഞ രോഗംകൊണ്ട് (മരണം)
3	*രന്ധ്രേശേന*	-	എട്ടാം ഭാവാധിപനു പറഞ്ഞ
	രോഗംകൊണ്ടോ*ഖരത്രിഭാഗപതിനാ*		
-	ഇരുപത്തിരണ്ടാംദ്രേക്കാണാധിപനുപറഞ്ഞ രോഗംകൊണ്ടോ		
	മൃത്യും വദേത് നിശ്ചിതം	-	മരണം നിശ്ചിതമാണെന്നു പറയണം

(13)

ഗ്രഹേണ യുക്തേ [1] നിധനേ തദുക്ത-

രോഗൈർമൃതിർവാഥ തദീക്ഷകസ്യ [2]

ഗ്രഹൈർവിമുക്തേ നിധനേ *ƒ* ഥ [3] തസ്യ

രാശേഃ സ്വഭാവോദിതദോഷജാതാ.

പാഠഭേദം:

(1) ദൃഷ്ടേ

(2) തദാശ്രിതസ്യ

(3) നിധനേശ്വരസ്യ

1 *നിധനേ* - എട്ടാം ഭാവത്തിൽ

ഗ്രഹേണ യുക്തോ - ഗ്രഹം നിൽക്കുന്നുണ്ടെങ്കിൽ

തദുക്തരോഗൈഃ മൃതിഃ - ആ ഗ്രഹം സൂചിപ്പിക്കുന്ന രോഗംകൊണ്ടു മരണം (സംഭവിക്കാം.)

(എട്ടിൽ ഗ്രഹങ്ങളില്ലെങ്കിൽ)

2 *തത് ഈക്ഷകസ്യ*

- എട്ടിലേയ്ക്കു നോക്കുന്ന ഗ്രഹത്തിന്റെ (രോഗവും മരണ കാരണമാകാം.)

(ഇനി ഈ പറഞ്ഞ വിധത്തിലുള്ള)

3 *ഗ്രഹൈഃ വിമുക്തേഃ നിധനേ*

- ഗ്രഹസാന്നിദ്ധ്യമൊന്നുമില്ലെങ്കിൽ

തസ്യ രാശേഃ സ്വഭാവോദിതദോഷജാതം.

- ആ രാശിക്ക് (എട്ടാംഭാവമായ രാശിക്ക്) പറഞ്ഞിട്ടുള്ള ദോഷങ്ങൾ കൊണ്ടു (മരണം സംഭവിക്കാം.)

(14)

അഗ്ന്യുഷ്ണജ്വരപിത്തശസ്ത്രജമിനശ്ചന്ദ്രോ വിഷൂച്യംബുരു-

ഗ്യക്ഷ്മാദി ക്ഷിതിജോ *ƒ* സ്യജാ ച ദഹന ക്ഷുദ്രാഭിചാരായുധൈഃ

പാണ്ഡ്വാദി ഭ്രമജം ബുധോ ഗുരുരനായാസേന മൃത്യും കഫാത്

സ്ത്രീസംഗോത്ഥരുജം കവിസ്തു മരുതാ വാ സന്നിപാതൈഃ ശനിഃ.

(15)

കുഷ്ഠേന വാ കൃത്രിമഭക്ഷണാദ്വാ

രാഹുർവിഷാദ്വാഥ മസൂരികാദ്യൈഃ

കുര്യാച്ഛിഖീ ദുർമരണം നരാണാം

രിപോർവിരോധാദപി കീടകാദ്യൈഃ

മരണം സൂചിപ്പിക്കുന്ന ഗ്രഹവും
കാരണമായേക്കാവുന്ന രോഗവും

1 *ഇനോ അഗ്നി ഉഷ്ണജ്വര പിത്ത ശസ്ത്രജം*
- സൂര്യൻ : അഗ്നി, ഉഷ്ണജ്വരം, പിത്തം, ആയുധം

ചന്ദ്രോ വിഷൂച്യംബുരുക് യക്ഷ്മാദി
- ചന്ദ്രൻ : വിഷൂചിക (കോളറ), നീർദ്ദോഷം, ക്ഷയം

3 *ക്ഷിതിജോ അസൃജാ ച ദഹന ക്ഷുദ്രാഭിചാരായുധൈഃ*
- കജൻ; രക്തദോഷം, അഗ്നിബാധ / ഉഷ്ണരോഗം, ആഭിചാരം, ആയുധം

4 *പാണ്ഡ്വാദി ഭ്രമജം ബുധോ*
- ബുധൻ : പാണ്ഡുരോഗം, ചിത്തഭ്രമം

5 *ഗുരു അനായാസേന മൃത്യും, കഫാത്*
- ഗുരു : മരണം പ്രയാസമില്ലാതെ, കഫദോഷം

6 *സ്ത്രീസംഗോത്ഥരുജം കവിസ്തു*
- ശുക്രൻ : ലൈംഗികബന്ധം മൂലമുണ്ടായ രോഗം

7 *മരുതാ വാ സന്നിപാതൈഃ ശനിഃ.*
- ശനി : വാതരോഗം, സന്നിപാതജ്വരം

8 *കുഷ്ഠേന വാ കൃത്രിമ ഭക്ഷണാദ്വാരാഹു വിഷാദ്വാഥ മസൂരികാദ്യൈഃ*
- രാഹു : കുഷ്ഠം, കൃത്രിമഭക്ഷണം, വിഷം, വസൂരി.

9 *കുര്യാത് ശിഖീ ദുർമരണം നരാണാം രിപോർവിരോധാദപി കീടകാദ്യൈഃ*
- കേതു : ശത്രുക്കൾ, കീടങ്ങൾ മൂലമുണ്ടാകുന്ന ദുർമ്മരണം

(16)
ലഗ്നാദഷ്ടമരാശേ സ്വഭാവദോഷോദ്ഭവം വദേന്മൃത്യും വിദ്യാത്
നിധനേശസ്യ നവാംശസ്ഥിതരാശി നിമിത്തദോഷജനിതം വാ.

1 *ലഗ്നാത് അഷ്ടമരാശേ സ്വഭാവദോഷോദ്ഭവം മൃതിം*
- ലഗ്നാൽ എട്ടാം ഭാവത്തിന്റെ സ്വഭാവദോഷമനുസരിച്ച് മരണം വരാം.

2 *നിധനേശസ്യ നവാംശസ്ഥിതരാശി നിമിത്തദോഷജനിതം വാ*
- അല്ലെങ്കിൽ എട്ടാം ഭാവാധിപന്റെ നവാംശരാശിയുടെദോഷംകൊണ്ടും ആകാം മരണം.

(17)
പൈത്യജ്വരോഷ്ണജഠരാഗ്നിനാജേ
വൃഷേ ത്രിദോഷൈർദ്ദഹനാച്ച ശസ്ത്രാത്
യുഗ്മേ തു കാസശ്വസനോഷ്ണശൂലൈ-
രുന്മാദവാതാരുചിഭിഃ കുളീരേ.

(18)
മൃഗജ്വരസ്ഫോടജശത്രുജം ഹരൗ
സ്ത്രിയാം സ്ത്രിയാഗുഹ്യരുജാ പ്രപാതനാത്
തുലാധരേ ധീജ്വരസന്നിപാതജം
പ്ലീഹാളിപാണ്ഡുഗ്രഹണീരുജാളിനി.

(19)
വൃക്ഷാംബുകാഷ്ഠായുധജം ഹയാംഗേ
മൃഗേതു ശൂലാരുചിധീഭ്രമാദ്യൈഃ
കുംഭേ തു കാസജ്വരയക്ഷ്മരോഗൈർ-
ജലേ വിപദ്വാ ജലരോഗതോ f ന്ത്യേ.

മരണകാരണം രാശികൊണ്ടു ചിന്തിക്കുമ്പോൾ

1 *പൈത്യ ജ്വര ഉഷ്ണെ ജഠരാഗ്നിനാ അജേ*
മേടം - പിത്തകോപം, പനി, ഉഷ്ണാധിക്യം, ജഠരാഗ്നിദോഷം

2. *വൃഷേ ത്രിദോഷൈഃ ദഹനാഃ ച ശസ്ത്രാത്*
ഇടവം - ത്രിദോഷം, അഗ്നി, ആയുധം

3. *യുഗ്മേ തു കാസശ്വസന ഉഷ്ണ ശൂലൈ*
മിഥുനം - കാസശ്വാസം, ഉഷ്ണരോഗം, ശൂല (ഉദാ: ഉദരശൂല (വയറുവേദന)

4. *ഉന്മാദ വാത അരുചിഭിഃ കുളീരേ.*
കർക്കടകം - ചിത്തഭ്രമം, വാതം, അരുചി,

5. *മൃഗ ജ്വര സ്ഫോടജ ശത്രുജം ഹരൗ*
ചിങ്ങം - മൃഗഭയം, ജ്വരം, കുരു, ശത്രുപീഡ

6. *സ്ത്രിയാം സ്ത്രിയാ ഗുഹ്യരുജാ പ്രപാതനാത്*
കന്നി - സ്ത്രീ, ഗുഹ്യരോഗം, വീഴ്ച

7. *തുലാധരേ ധീ ജ്വര സന്നിപാതജം*
തുലാം - ബുദ്ധിഭ്രമം, ജ്വരം, സന്നിപാതം

8. *പ്ലീഹാളിപ:ണ്ഡുഗ്രഹണീരുജാള്:ന:ീ.*
   വൃശ്ചികം - പ്ലീഹാരോഗം, പാണ്ഡു, ഗ്രഹണി

9. *വൃക്ഷ അംബു കാഷ്ഠ ആയുധജം ഹയാംഗേ*
   ധനു - വൃക്ഷം, ജലം, വിറക് , ആയുധം,

10 *മൃഗേതു ശൂലാരുചിധീഭ്രമാദ്യൈഃ*
   മകരം - ശൂല, അരുചി, ബുദ്ധിഭ്രമം

11. *കുംഭേ തു കാസജ്വരയക്ഷ്മരോഗൈ:ര്*
   കുംഭം - കാസം, ജ്വരം, രാജയക്ഷാവ് (ക്ഷയം),

12. *ജലേ വിപദ്വാ ജലരോഗതോ ഉ ന്ത്യേ.*
   മീനം - ജലം കാരണമായുള്ള വിപത്ത്, നീർദ്ദോഷങ്ങൾ

(20)
പാപർക്ഷയുക്തേ നിധനേ സപാപേ
ശസ്ത്രാനലവ്യാഘ്രഭുജംഗപീഡാം [1]
അന്യോന്യദൃഷ്ടൗ ദ്വശുഭൗ സകേന്ദ്രൗ
കോപാത് പ്രഭോ ശസ്ത്രവിഷാഗ്നിജൈർവാ.
പാഠഭേദം: ഭുജംഗമാദ്യൈ

1 *പാപ:ർക്ഷ യുക്തേ ന:ിധനേ സപാപേ* - അഷ്ടമഭാവം പാപഗ്രഹത്തിന്റെ രാശിയാവുകയും അതിൽ പാപഗ്രഹങ്ങൾ നിൽക്കുകയും ചെയ്താൽ
ശസ്ത്ര അ:ന:ല വ്യാഘ്ര ഭുജംഗ പീഡാം
- ആയുധങ്ങൾ, അഗ്നി, കടുവ, സർപ്പം ഇവയുടെ പീഡ മൂലവും

അന്യോ:ന്യ ദൃഷ്ടൗ ദ്വയ അശുഭൗ സകേന്ദ്ര: - - കേന്ദ്രങ്ങളിൽ നിൽക്കുന്ന (രണ്ടു) പാപന്മാർ പരസ്പരം നോക്കുകയാണെങ്കിൽ
കോപാത് പ്രഭോ ശസ്ത്രവിഷ:ഗ്നിജൈ:ര്വാ - പ്രഭു (രാജ) കോപം, ആയുധം, വിഷം, അഗ്നി ഇവമൂലവും (മരണമുണ്ടാകും.)

(21)
സൗമ്യാംശകേ സൗമ്യഗൃഹേ f ഥ സൗമ്യ-
സംബന്ധഗേ വാ ക്ഷയഭേ ക്ഷയേശേ
അക്ലേശജാതം മരണം നരാണാം
വ്യസ്തേ തദാ ക്രൂരമൃതിം വദന്തി.

ക്ഷയഭേ ക്ഷയേശേ	-	പന്ത്രണ്ടാം ഭാവത്തിന് /പന്ത്രണ്ടാംഭാവാധിപതിക്ക്
സൗമ്യഗൃഹേ	-	ശുഭഗ്രഹത്തിന്റെ രാശിയിൽ സ്ഥിതിയോ
സൗമ്യാംശകേ	-	ശുഭഗ്രഹത്തിന്റെ രാശിയിൽ നവാംശമോ
സൗമ്യസംബന്ധഗേ വ:	-	ശുഭഗ്രഹവുമായി ബന്ധമോ ഉണ്ടെങ്കിൽ

അക്ലേശജാതം മരണം നരാണാം	-	ക്ലേശമില്ലാതെ മരിക്കും.
വ്യസ്തേ തദാ	-	ഇതിനു വിപരീതമായാൽ
ക്രൂരമൃതിം വദന്തി	-	ദയനീയമായ മരണം പറയുന്നു.

(22)
സ്വോച്ചേ സ്വമിത്രേ സതി സൗമ്യവർഗ്ഗേ
വ്യയാധിപേ ചോർദ്ധ്വഗതിം സസൗമ്യേ
വിപര്യയേ ഉ ധോഗതിമേവ കേചി-
ദൂർദ്ധ്വാസ്യ ശീർഷോദയരാശിഭേദാത്.

വ്യയാധിപേ	-	പന്ത്രണ്ടാം ഭാവാധിപന്
സ്വോച്ചേ	-	ഉച്ചം,
സ്വമിത്രേ	-	മിത്രക്ഷേത്രം,
സൗമ്യവർഗ്ഗേ	-	ശുഭവർഗ്ഗം,
സസൗമ്യേ	-	ശുഭഗ്രഹയോഗം തുടങ്ങിയ ബലങ്ങളുണ്ടെങ്കിൽ
ഊർദ്ധ്വഗതിം	-	ഊർദ്ധ്വഗതിയും *
വിപര്യയേ	-	ഇതിനു വിപരീതമായാൽ (ശുഭത്തിനു പകരം പാപമായാൽ)
അധോഗതിം ഏവ	-	അധോഗതിയുമായിരിക്കും.

കേചിത് ഊർദ്ധ്വാസ്യ ശീർഷോദയരാശിഭേദാത.
- ചിലർ ഊർദ്ധ്വമുഖ-ശീർഷോദയാദി രാശികളെക്കൊണ്ടും (അ.1, ശ്ലോ.8) ഇതു ചിന്തിക്കാറുണ്ട്.

*ഊർദ്ധ്വഗതി - ഉയർന്ന ജന്മം / സ്വർഗ്ഗം. അധോഗതി - താഴ്ന്ന ജന്മം / നരകം

(23)
കൈലാസം രവിശീതഗു ഭൃഗുസുതേ
സ്വർഗ്ഗം മഹീജോ മഹീം
വൈകുണ്ഠം ശശിജോ യമോ യമപുരം
സുബ്രഹ്മലോകം ഗുരുഃ
ദ്വീപാൻ ദൈത്യവരഃ ശിഖീ തു നിരയം
സംപ്രാപയേത് പ്രാണിനാം
സംബന്ധാദ്വ്യയനായകസ്യ കഥയേ-
ത്തത്രാന്ത്യരാശ്യംശതഃ.

മരണാനന്തരഗതി
സംബന്ധാദ് വ്യയനായകസ്യ കഥയേത് തത്രാന്ത്യരാശ്യംശതഃ.
- (സൂര്യൻ തുടങ്ങിയ ഗ്രഹങ്ങൾക്ക്) പന്ത്രണ്ടാംഭാവാധിപനുമായി ബന്ധം ഉണ്ടാവുകയോ, (അവർ) പന്ത്രണ്ടാംഭാവമായ രാശിയിൽ അംശിക്കുകയോ (അവരുടെ നവാംശം വരികയോ) ചെയ്താൽ, മരണശേഷം--

കൈലാസം രവിശീതഗു - സൂര്യൻ, ചന്ദ്രൻ കൈലാസം
മഹീജോ മഹീം - കുജൻ ഭൂമി
വൈകുണ്ഠം ശശിജേ: - ബുധൻ വൈകുണ്ഠം
സുബ്രഹ്മലോകം ഗുരുഃ - വ്യാഴം ബ്രഹ്മലോകം
ഭൃഗുസുത സ്വർഗ്ഗം - ശുക്രൻ സ്വർഗ്ഗം
യമോ യമപുരം - ശനി യമലോകം
ദ്വീപാൻ ദൈത്യവരഃ - രാഹു ദ്വീപുകൾ
ശിഖീ തു നിരയം - കേതു നരകം (എന്നീ ലോകങ്ങളിൽ)
സംപ്രാപയേത് പ്രാണിനാം - പ്രാണികൾ (മനുഷ്യർ) എത്തുന്നു.

കഴിഞ്ഞ ജന്മത്തിലെ / വരും ജന്മത്തിലെ
കാര്യങ്ങൾ അറിയുവാൻ

(24)
ധർമ്മേശ്വരേണൈവ ഹി പൂർവജന്മ-
വൃത്തം ഭവിഷ്യജ്ജനനം സുതേശാത്
തദീശജാതിം തദധിഷ്ഠിതർക്ഷ-
ദൃശാ ഹി തത്രൈവ തദീശദേശം.

1 *ധർമ്മേശ്വരേണൈവ പൂർവജന്മവൃത്തം* - ഒമ്പതാംഭാവാധിപനെക്കൊണ്ട്കഴിഞ്ഞ ജന്മത്തിലെ കാര്യങ്ങൾ പറയണം;

ഭവിഷ്യജ്ജനനം സുതേശാത് - അടുത്ത ജന്മത്തിലെ കാര്യങ്ങൾ അഞ്ചാം ഭാവാധിപനെ ക്കൊണ്ടും പറയണം.

2 *തദീശജാതിം* - ആ ഭാവാധിപന്റെ ജാതിവെച്ച് ജാതി പറയണം. (ഒമ്പതാംഭാവാധിപനെക്കൊണ്ട് കഴിഞ്ഞജന്മത്തിലെ ജാതിയും അഞ്ചാംഭാവാധിപനെക്കൊണ്ട് വരുംജന്മത്തിലെ ജാതിയും പറയണം.)

3 *തദധിഷ്ഠിത ഋർക്ഷ ദൃശ ഹി തത്രൈവ തദീശദേശം.* - ആ ഗ്രഹം (9/5 ഭാവാധിപതി) നിൽക്കുന്ന രാശിയുടെ ദേശമോ, അതിനെ നോക്കുന്നഗ്രഹത്തിന്റെ രാശിയുടെ ദേശമോ വെച്ച് സ്ഥലം പറയണം.

(25)
സ്വോച്ചേ യദീശേ സതി ദേവഭൂമിം
ദ്വീപാന്തരം നീചരിപുഗൃഹസ്ഥേ
സ്വർക്ഷേ സുഹൃദ്ഭേ സമഭേ സ്ഥിതേ വാ
സംപ്രാപ്നുയാത് ഭാരതവർഷമേവ.

4 (1) സ്വോച്ചേ യദീശേ സതി ദേവഭൂമിം

- ആ ഗ്രഹം (9/5 ഭാവാധിപൻ) ഉച്ചത്തിലാണ് നിൽക്കുന്നതെങ്കിൽ ദേവഭൂമി (സ്വർഗ്ഗം)

(2) ദ്വീ (ദീ) പ:ന്തരം നീചരിപുഗൃഹസ്ഥേ

- നീചത്തിലോ ശത്രുരാശിയിലോ ആണ് നിൽക്കുന്നതെങ്കിൽ *ദീപ:ന്തരം* (മറ്റു ദ്വീപുകളോ ഭൂഖണ്ഡങ്ങളോ)

(3) സ്വർക്ഷേ സുഹൃദ്ഭേ സമഭേ സ്ഥിതേ വാ സംപ്രാപനുയാത് ഭാരതവർഷമേവ.

- ആ ഭാവാധിപൻ (9/5 ഭാവാധിപൻ) സ്വക്ഷേത്രം, മിത്രക്ഷേത്രം, സമക്ഷേത്രം ഇവയിലൊന്നിലാണു നിൽക്കുന്നതെങ്കിൽ ഭാരതവർഷം (പുണ്യഭൂമി)

ഇരുപത്തിനാലാം ശ്ലോകംമുതൽ വർത്തമാനജന്മത്തിന് പിമ്പും മുമ്പും ഉള്ള ജന്മങ്ങളിലെ കാര്യങ്ങൾ (പ്രധാനമായും അടുത്ത ജന്മത്തിലെ വിശേഷങ്ങൾ) കണ്ടെത്താനുള്ള മാർഗ്ഗങ്ങളാണു പറയുന്നത്. ആ ശ്ലോകത്തിൽ *തദീശ / തദധിഷ്ഠിത* എന്നും ഈ ശ്ലോകത്തിൽ *യദീശേ* എന്നും പറയുന്നത് 5-9 ഭാവാധിപരെക്കുറിച്ചാണെന്ന കാര്യം വ്യക്തവുമാണ്. എന്നാൽ ഈ ശ്ലോകത്തിലും 27, 28, 29 ശ്ലോകങ്ങളിലും പറയുന്നത് ഏതു ഗ്രഹത്തെക്കുറിച്ചാണ് എന്ന കാര്യത്തിൽ അഭിപ്രായവ്യത്യാസവും കാണുന്നുണ്ട്. ഇംഗ്ലീഷ് വ്യാഖ്യാനങ്ങൾ പ്രകാരം അത് 5-9 ഭാവാധിപരാണ്; എന്നാൽ 4-ൽ അനുസരിച്ച് അതു പന്ത്രണ്ടാംഭാവാധിപനും. 1-ൽ ഇരുപത്തിയഞ്ചാം ശ്ലോകത്തിന്റെ വ്യാഖ്യാനത്തിൽ പന്ത്രണ്ടാം ഭാവാധിപൻ എന്നു പറയുന്നുണ്ടെങ്കിലും പിന്നീടുള്ള ശ്ലോകങ്ങളുടെ വ്യാഖ്യാനത്തിൽ ആ അധിപൻ എന്നേ പറയുന്നുള്ളൂ.) ആദ്യം പറഞ്ഞ (5/9 ഭാവാധിപൻ) ആണ് സന്ദർഭത്തിനും യുക്തിക്കും ചേരുക എന്നു തോന്നുന്നതുകൊണ്ട് ആ വീക്ഷണഗതി അനുസരിച്ചാണ് ഇവിടെ അർത്ഥം കൊടുക്കുന്നത്.

(26)
ആര്യാവർത്തം ഗീഷ്പതേഃ പുണ്യനദ്യഃ
കാവ്യേന്ദോശ്ച ജ്ഞസ്യ പുണ്യസ്ഥലാനി
പംഗോർനിന്ദ്യാ മ്ലേച്ഛഭൂസ്തീക്ഷ്ണഭാനോ
ശൈലാരണ്യം കീകടം ഭൂമിജസ്യ.

(1)	*ആര്യാവർത്തം ഗീഷ്പതേഃ പുണ്യനദ്യഃ*	-	(ആ 5/9 ഭാവാധിപൻ) വ്യാഴമാണെങ്കിൽ ആര്യാവർത്തവുംപുണ്യതീർത്ഥങ്ങളും
(2,3)	*കാവ്യേന്ദോശ്ച ജ്ഞസ്യ പുണ്യസ്ഥലങ്ങളും*	-	ശുക്രൻ, ചന്ദ്രൻ, ബുധൻ ഇവർക്ക് പുണ്യസ്ഥലങ്ങളും
(5)	*പംഗോർനിന്ദ്യാ മ്ലേച്ഛഭൂ*	-	ശനിക്കു നിന്ദ്യവും മ്ലേച്ഛവുമായ സ്ഥലങ്ങളും
(6)	തീക്ഷ്ണഭാനോ *ശൈലാരണ്യം*	-	സൂര്യനു കാടും മേടും
(7)	*കീകടം ഭൂമിജസ്യ*	-	കുജനു കീകടം* എന്നിവയും (പറയണം)..

* കീകടം - മഗധത്തിന്റെ ദക്ഷിണഭാഗം ❺ കീകട = ദരിദ്രമായ, ഗൂര്യനു മ്ലേച്ഛഭൂമിയാണ് മറ്റു വ്യാഖ്യാനങ്ങളിൽ. ആലോചനക്കുറവുതന്നെ.

(27)
സ്ഥിരേ സ്ഥിരാംശാധിഗതഃ സപാപഃ
പൃഷ്ഠോദയേ f ധോമുഖഭേ ച സംസ്ഥഃ
തദീശ്വരോ വൃക്ഷലതാദിജന്മ
സ്യാദന്യഥാ ജീവയുതഃ ശരീരി.

6	*തദീശ്വരോ*	-	ആ ഭാവനാഥൻ
(1)	*സ്ഥിരേ സ്ഥിരാംശാധിഗതഃ*	-	സ്ഥിരരാശിയിലോ / സ്ഥിരനവാംശത്തിലോ
(2)	*പൃഷ്ഠോദയ അധോമുഖഭേ* ച	-	പൃഷ്ഠോദയരാശിയിലോ / അധോമുഖരാശിലോ
(3)	*സപാപഃ*	-	പാപന്റെ കൂടെ
	സംസ്ഥഃ	-	നിൽക്കുന്നുവെങ്കിൽ (1+2+3) (കഴിഞ്ഞ ജന്മം / അടുത്ത ജന്മം)
വൃക്ഷലതാദിജന്മ		-	വൃക്ഷം, ലത തുടങ്ങിയവയായിരിക്കും.
സ്യാത് അന്യഥാ		-	മറിച്ചാണെങ്കിൽ (ചരം/ശീർഷോദയം/ഊർദ്ധ്വമുഖ/ശുഭ)
ജീവയുതഃ ശരീരി..		-	ജീവിയായിരിക്കും.

(28)
ലഗ്നേശിതുഃ സ്വോച്ചസുഹൃത്സ്വഗേഹേ
തദീശ്വരോ യാതി മനുഷ്യജന്മ -
സമേ മൃഗാഃ സ്യുർവിഹഗാഃ പരസ്മിൻ
ദ്രേക്കാണരൂപൈരപി ചിന്തനീയം.

7.	*തദീശ്വരോ...ലഗ്നേശിതുഃ **	-	ആ (5/9) ഭാവാധിപൻ
	സ്വോച്ചസുഹൃത്സ്വഗേഹേ	-	ലഗ്നാധിപന്റെ ഉച്ചരാശിയിലോ, സ്വക്ഷേത്രത്തിലോ മിത്രക്ഷേത്രത്തിലോ നിൽക്കുന്നുവെങ്കിൽ
	യാതി മനുഷ്യജന്മ	-	അതു മനുഷ്യജന്മം ആയിരിക്കും.
8.	*സമേ മൃഗാഃ*	-	സമക്ഷേത്രത്തിൽ മൃഗജന്മവും
9.	*പരസ്മിൻ*	-	മറ്റുള്ളവയിൽ പക്ഷിജന്മവുംആയിരിക്കും

ദ്രേക്കാണരൂപൈരപി ചിന്തനീയം - ദ്രേക്കാണരൂപംകൊണ്ടും ഇങ്ങിനെ ചിന്തിക്കാം.

(29)
താവേകരാശൗ ജനനം സ്വദേശേ
തൗ തുല്യവീര്യൗ യദി തുല്യ ജാതിഃ
വർണ്ണോ ഗുണസ്തസ്യ ഖഗസ്യ തുല്യഃ
സംജ്ഞാദിഭിരേവ വദേത്സമസ്തം.

10. താവേകരാശൗ ജനനം സ്വദേശേ - അവർ രണ്ടുപേരും (അഞ്ചാംഭാവാധിപനും ഒമ്പതാംഭാവാധിപനും)* നിൽക്കുന്നത് ഒരേ രാശിയിലാണെങ്കിൽ ജനനം സ്വദേശത്തുതന്നെയായിരിക്കും.

(* പന്ത്രണ്ടാം ഭാവാധിപനും ലഗ്നാധിപനും എന്നു കൊടുങ്ങല്ലൂർ പതിപ്പ്.)

11. *തൗ തുല്യവീര്യൗ യദി തുല്യ ജാതിഃ*

- അവർക്കു തുല്യബലമാണെങ്കിൽ തുല്യജാതിയിൽത്തന്നെ ജനിക്കും.

12. *വർണ്ണ ഗുണ തസ്യ ഖഗസ്യ തുല്യഃ*

- വർണ്ണവും ഗുണവും ആ ഗ്രഹത്തിന്റെ വർണ്ണ- ഗുണങ്ങൾക്കു തുല്യമായിരിക്കും.

സംജ്ഞാദിതൈരേവ വദേത്സമസ്തം.

- (ഇങ്ങനെ) സംജ്ഞകളിൽ (രാശിഭാവസംജ്ഞാ - അദ്ധ്യായം 1, ഗ്രഹസംജ്ഞാ - അദ്ധ്യായം 2) പറഞ്ഞിട്ടുള്ള കാര്യങ്ങളെല്ലാം തന്നെ സമന്വയിപ്പിച്ചു ഫലം പറയണം.

അദ്ധ്യായം 15
ഭാവചിന്താവിധി

(1)

ഭാവാഃ സർവേ ശുഭപതിയുതാ വീക്ഷിതാ വാ ശുഭേശൈഃ
തത്തദ് ഭാവാഃ സകലഫലദാഃ പാപദൃഗ്യോഗഹീനാഃ
പാപാഃ സർവേ ഭവനപതയശ്ചേദിഹാഹുസ്തഥൈവ
ഖേടൈഃ സർവൈശ്ശുഭഫലമിദം നീചമൂഢാരി ഹീനൈഃ.

ശുഭ	-	ശുഭഗ്രഹം,
പതി	-	ഭാവാധിപതി,
വാ	-	അല്ലെങ്കിൽ
ശുഭേശൈഃ	-	ശുഭഭാവാധിപതി
യുതാ	-	നിൽക്കുന്നതും
വീക്ഷിതാ	-	ദൃഷ്ടിചെയ്യുന്നതും ആയവയും
പാപദൃക് യോഗഹീനാഃ	-	പാപഗ്രഹത്തിന്റെ ദൃഷ്ടി, യോഗം (സ്ഥിതി) ഇവ ഇല്ലാത്തവയും ആയ
ഭാവാഃ സർവേ സകലഫലദാഃ	-	സർവഭാവങ്ങളും സകല (ശുഭ) ഫലങ്ങളും തരുന്നു.
പാപാഃ സർവേ	-	പാപന്മാർ
ഭവനപതയശ്ചേദി തഥൈവ	-	ഭാവാധിപരാകുമ്പോഴും ഇങ്ങിനെത്തന്നെ.

(ഭാവാധിപതി പാപഗ്രഹമാണെങ്കിലും ഈ നിയമം ബാധകമാണ്. ഭാവാധിപനായ പാപന്റെ ദൃഷ്ടിയോഗങ്ങൾ ഭാവത്തിനു ദോഷകരമല്ല; ഭാവാധിപബന്ധം ഭാവത്തിനു ഗുണമേ ചെയ്യൂ എന്നു താൽപര്യം.)

ഖേടൈഃ സർവൈ	-	(1, 2 പ്രകാരം ഫലപ്രദങ്ങളായ ഭാവങ്ങളുമായി ബന്ധപ്പെട്ട) എല്ലാ ഗ്രഹങ്ങളും
നീച മൂഢ അരി ഹീനൈഃ	-	നീചം, മൗഢ്യം, ശത്രുക്ഷേത്രസ്ഥിതി ഇവ ഇല്ലെങ്കിൽ
ശുഭഫലമിദം	-	ശുഭഫലം നൽകും

(2)

തത്തദ്ഭാവത്രികോണേ സ്വസുഖമദനഭേ
ചാസ്പദേ സൗമ്യയുക്തേ
പാപാനാം ദൃഷ്ടിഹീനേ ഭവനപസഹിതൈഃ
പാപഖേടൈരയുക്തേ
ഭാവാനാം പുഷ്ടിമാഹുഃ സകലശുഭകരീ-

മന്യഥാ ചേത് പ്രണാശം
മിശ്രം മിശ്രൈർഗ്രഹേന്ദ്രൈസ്സകലമപി തഥാ
മൂർത്തിഭാവാധികാനാം.

ഓരോ ജാതകത്തിലും ഭാവങ്ങൾക്കു ഗ്രഹങ്ങളുമായി വരുന്ന ബന്ധം ഭാവഫലത്തെഎങ്ങിനെ സ്വാധീനിക്കുമെന്നാണ് കഴിഞ്ഞ ശ്ലോകത്തിൽ പറഞ്ഞത്. നേരിട്ട ബന്ധംമാത്രമല്ല, ഭാവങ്ങളുടെ കേന്ദ്രങ്ങളിലും ത്രികോണങ്ങളിലും നിൽക്കുന്ന ഗ്രഹങ്ങളും ഭാവഫലത്തെ ബാധിക്കുമെന്ന് ഈ ശ്ലോകത്തിൽ വ്യക്തമാക്കുന്നു.

തത്തത്ഭ:വ	- അതാതു ഭാവത്തിന്റെ
ത്രി:കോണേ	- ത്രികോണത്തിലും (5,9)
സ്വസുഖമദന:ഭേ ചാസ്പദ	- സ്വ (2), സുഖ (4), മദന (7), ആസ്പദ (10) ഭാവങ്ങളിലും
സൗമ്യയുക്തേ	- ശുഭന്മാർ നിൽക്കുക
പാപ:നാം ദൃഷ്ടി:ഹീനേ	- പാപദൃഷ്ടിയില്ലാതിരിക്കുക
ഭവ:ന:പ:ന:ഹിതൈഃ	- ഭാവാധിപസ്ഥിതി ഉ ാവുക
പാപഖേടൈ അയുക്തേ	- പാപഗ്രഹങ്ങൾ ഇല്ലാതിരിക്കുക
ന:ക:ല:ശു:ഭ:ക:ര:	- ഇങ്ങനെ സകലം ശുഭകരമായാൽ
ഭാവ:നാം പുഷ്ടി:മ:ഹു	- ഭാവപുഷ്ടി പറയണം.
അ:ന്യഥാ ചേത് പ്രണാശം	- അങ്ങിനെ അല്ലെങ്കിൽ ഭാവനാശം.
മിശ്രം മിശ്രൈ	- മിശ്രമാണെങ്കിൽ മിശ്രഫലം.
മൂർത്തി:ഭ:വ:ധി:ക:ന:ം	- ലഗ്നം മുതലായ ഭാവങ്ങളെ
ഗ്ര:ഹേ:ന്ദ്രൈഃ ന:ക:ല:മപി തഥാ	- (ഇങ്ങനെയും) ഗ്രഹങ്ങളുമായി ചേർത്തു ചിന്തിക്കണം.

(3)
നാശസ്ഥാനഗതോ ദിവാകരകരൈർ-
ലുബ്ധസ്തു യത്ഭാവപോ
നീചാരാതിഗൃഹം ഗതോ യദി ഭവേത്
സൗമ്യൈരയുക്തേക്ഷിതഃ
തത്ഭാവസ്യ വിനാശനം വിതനുതേ
താദൃഗ്വി ധാന്യോ*ƒ* സ്തി ചേ-
ത്തത്ഭാവേ*ƒ* പി ഫലപ്രദോ ന ഹി[1] ശുഭ-
ശ്ചേന്നാശമുഗ്രഗ്രഹഃ.

(1) പാഠഭേദം : നഹി

ഒരു ജാതകത്തിലെ സ്ഥിതികൊണ്ട് ഭാവനാഥനായ ഗ്രഹത്തിനു വരുന്ന ബലവും ബലക്കുറവും ഭാവത്തെ എങ്ങിനെ ബാധിക്കുമെന്നാണ് ഈ ശ്ലോകത്തിൽ പറയുന്നത്.

ഒരു ഭാവനാഥന്

1	*നാ:ശ:സ്ഥാ:ന:ഗതോ:*	- നാശസ്ഥാനത്തിൽ (8 - ൽ) സ്ഥിതി
2	*ദിവ:ക:ര:ക:രൈഃ ലുബ്ധസ്തു*	- സൂര്യരശ്മികളെക്കൊണ്ട് മറവ്(മൗഢ്യം)
3	*നീ:ച:ര:തി:ഗൃഹം*	- നീചത്തിലോ ശത്രുരാശിയിലോ സ്ഥിതി
4	*സൗമ്യൈഃ അയുക്ത ഈ:ക്ഷിതഃ*	- സൗമ്യഗ്രഹങ്ങളുടെ യോഗദൃഷ്ടിക

ളില്ലാതിരിക്കുക (ഇങ്ങിനെ വന്നാൽ)

തത്ഭാവസ്യ വിനാശനം വിതനുതേ	- ആ (ഭാവനാഥന്റെ) ഭാവത്തിനു നാശം സംഭവിക്കുന്നു.

താദൃഗ്വിധോ അന്യോസ്തി ചേത്തത്ഭാവേ അപി ഫലപ്രദോ

- നേരെ മറിച്ചാണെങ്കിൽ ഫലവും മറിച്ചായിരിക്കും. (ശുഭമായിരിക്കും.)

നഹി (ന ഹി) ശുഭശ്ചേത് നാശം ഉഗ്രഗ്രഹഃ.

- ശുഭനാണെങ്കിൽ പാപന്റെ അത്ര ദോഷം ചെയ്യുകയില്ല.*

1* മാത്രമേ ഈ അർത്ഥവുമായി യോജിക്കുന്നുള്ളു.

2* വ്യാഖ്യാനത്തിനു വ്യക്തത കുറവാണ്.

മറ്റു രണ്ടു വ്യാഖ്യാനങ്ങളും ഇക്കാര്യത്തിൽ നിശ്ശബ്ദവുമാണ്. അതെന്തായാലും, പാപന്മാരും ദുസ്ഥാനങ്ങളുമായുള്ള ബന്ധം, ശുഭന്മാരും ദുസ്ഥാനങ്ങളുമായുള്ള ബന്ധത്തേക്കാൾ ദോഷകരമാണെന്ന് ശ്ലോകം 19-ൽ വ്യക്തമാക്കുന്നുണ്ട്.

(4)

ലഗ്നാദിഭാവാദ്രിപുരന്ധ്രരിഃഫേ
പാപഗ്രഹാസ്തദ്ഭവനാദിനാശം
സൗമ്യാസ്തു നാത്യന്തഫലപ്രദാഃ സ്യുർ-
ഭാവാധികാനാം ഫലമേവമാഹുഃ.

ലഗ്നാദിഭാവാത്	- ലഗ്നം തുടങ്ങിയ ഭാവങ്ങളിൽനിന്ന്
രിപുരന്ധ്രരിഃഫേ	- 6-8-12 ഭാവങ്ങളിൽ
പാപഗ്രഹാത്	- പാപന്മാർ നിന്നാൽ
തത് ഭവനാദിനാശം	- ആ ഭാവത്തിനു നാശം ഉ ാകുന്നു.
സൗമ്യാസ്തു	- ശുഭഗ്രഹങ്ങളാകട്ടെ
നാത്യന്തഫലപ്രദാഃ സ്യു	- (അവിടെ) അധികം ഫലപ്രദരുമല്ല.
ഭാവാധികാനാം	- ഭാവങ്ങളുടെ
ഫലമേവമാഹുഃ	- ഫലം ഇപ്രകാരം പറയണം. (ശ്ലോകം 19 കൂടി കാണുക).

(5)

യത്ഭാവനാഥോ രിപുരന്ധ്രരിഃഫേ
ദുഃസ്ഥാനപോ യത്ഭവനസ്ഥിതോ വാ
തത്ഭാവനാശം കഥയന്തി തജ്ഞാഃ
ശുഭേക്ഷിതസ്തദ്ഭവനസ്യ സൗഖ്യം.

യത്ഭാവനാഥോ	- യാതൊരു ഭാവനാഥൻ
രിപുരന്ധ്രരിഃഫേ	- 6-8-12 ഭാവങ്ങളിൽ നിൽക്കുന്നുവോ
വാ	- അല്ലെങ്കിൽ
ദുഃസ്ഥാനപോ	- ദുഃസ്ഥാന (6-8-12) നാഥന്മാർ
യത്ഭവനസ്ഥിതോ	- യാതൊരു ഭാവത്തിൽ നിൽക്കുന്നുവോ
തത്ഭാവനാശം	- ആ ഭാവത്തിനു നാശം
കഥയന്തി	- പറയുന്നു.

ശുഭേക്ഷിത - ശുഭദൃഷ്ടിയുള്ള
തത്ഭാവസ്യ - ഭാവത്തിനു
സൗഖ്യം - സൗഖ്യം ഉണ്ടാകുന്നു.

ഒരു ഭാവത്തിനു ശുഭദൃഷ്ടിയുണ്ടെങ്കിൽ അത് അതിന്റെ ദുസ്ഥാനബന്ധത്തിനു പരിഹാരമാകുമെന്നുമാത്രമല്ല, ശുഭകരവുമാകം എന്നു സൂചന.

(6)
ഭാവാധീശേ ച ഭാവേ സതി ബലരഹിതേ
ച ഗ്രഹേ കാരകാഖ്യേ
പാപാന്തസ്ഥേ ച പാപൈരരിഭിരപി സമേ-
തേഷിതേ നാന്യഖേടൈഃ
പാപൈസ്തദ്ബന്ധുമൃത്യുവ്യയഭവനഗതൈ-
സ്തത്രികോണസ്ഥിതൈർവാ
വാച്യാ തത്ഭാവഹാനിഃ സ്ഫുടമിഹ ഭവതി
ദ്വിത്രിസംവാദഭാവാത്.

ഭാവാധീശേ ച ഭാവേ കാരകാഖ്യേ - ഭാവാധീശനും ഭാവത്തിനും കാരകഗ്രഹത്തിനും
ബലരഹിതേ ച - ബലമില്ലാതിരിക്കുക,

പാപാന്തസ്ഥേ - പാപമദ്ധ്യസ്ഥിതി,

പാപൈഃ അരിഭിഃ - പാപന്മാരുടെയോ ശത്രുക്കളുടെയോ
സമേതേ ഈഷിതേ - യോഗമോ ദൃഷ്ടിയോ ഉണ്ടാവുക,

നാന്യഖേടൈഃ - മറ്റുള്ള ഗ്രഹങ്ങളുടെ (ശുഭരുടെയോ മിത്രങ്ങളുടെയോ) യോഗമോ ദൃഷ്ടിയോ ഇല്ലാതിരിക്കുക

പാപൈ - പാപന്മാർ
തത് ബന്ധു മൃത്യു വ്യയ ഭവനഗതൈ - അതിന്റെ 4, 8, 12 ഭാവങ്ങളിൽ നിൽക്കുക,
തത് ത്രികോണസ്ഥിതൈഃ വാ - അല്ലെങ്കിൽ അതിന്റെ 5, 9 ഭാവങ്ങളിൽ നിൽക്കുക,
വാച്യാ തത്ഭാവഹാനിഃ - (ഇവയെല്ലാം) ആ ഭാവത്തെ ഹനിക്കുന്നതായി പറയപ്പെട്ടിരിക്കുന്നു.

ഹനിക്കുക എന്നതിന് ഇവിടെ *ദോഷകരമാണ്* എന്ന അർത്ഥം എടുത്താൽ മതി. കാരണം ഈ ദോഷങ്ങൾ ഓരോന്നും ഒരോ തരത്തിലാണ് ഒരു ഭാവത്തെ ബാധിക്കുക. ഭാവനാഥന്റെ മിത്രശത്രുക്കൾ തന്നെയാണ് ഭാവത്തിന്റെ മിത്രശത്രക്കളും.

ദ്വി ത്രി സംവാദഭാവാത് സ്ഫുടമിഹ ഭവതി
- മേൽപ്പറഞ്ഞതിൽ രണ്ടു മൂന്നു കാര്യങ്ങൾ ഒത്തുവന്നാൽ ഭാവനാശം (ദോഷഫലം) ഉറപ്പാണ്.

(7)

തത്തദ് ഭാവപരാഭവേശ്വരഖരദ്രേക്കാണപാ ദുർബലാ
ഭാവാദ്യഷ്ടമകാമഗാ നിജദശായാം ഭാവനാശപ്രദാഃ
പാപാ ഭാവഗൃഹാത് ത്രിശത്രുഭവഗാഃ കേന്ദ്രത്രികോണേ ശുഭാ
വീര്യാഢ്യഃ ഖലു ഭാവനാഥസുഹൃദോ ഭാവസ്യ സിദ്ധിപ്രദാഃ.

തത്തദ്ഭാവ - ഒരു ഭാവത്തിന്റെ
പരാഭവേശ്വര - അഷ്ടമാധിപനും
ഖരദ്രേക്കാണപാ - 22-ാം ദ്രേക്കാണാധിപനും
ദുർബലാ - ദുർബ്ബലരായി
ഭാവാത് അരി അഷ്ടമ കാമഗ - ആ ഭാവത്തിന്റെ 6, 8, 7 രാശികളിൽ നിന്നാൽ
നിജദശായാം - അവരുടെ ദശയിൽ
ഭാവനാശപ്രദാഃ - ആ ഭാവത്തിനു ദോഷം ചെയ്യും.
പാപാ ഭാവഗൃഹാത് ത്രിശത്രുഭവഗാഃ
\- ഭാവത്തിൽനിന്ന് 3, 6, 11 സ്ഥാനങ്ങ ളിൽ നിൽക്കുന്ന പാപന്മാരും
കേന്ദ്രത്രികോണേ ശുഭാ വീര്യാഢ്യഃ
\- ബലവാന്മാരായി (ഭാവത്തിൽനിന്ന്) കേന്ദ്രങ്ങളിലോ (1,4,7,10) ത്രികോണ ങ്ങളിലോ (1,5,9) നിൽക്കുന്ന ശുഭന്മാരും,
വീര്യാഢ്യഃ ഭാവനാഥ സുഹൃദോ
\- ഭാവനാഥന്റ (ബലവാന്മാരായ) മിത്ര ങ്ങളും (അവരുടെ ദശാപഹാരങ്ങളിൽ)
ഭാവസ്യ സിദ്ധിപ്രദാഃ. - ഭാവസിദ്ധിക്കു കാരണമാകും.(ഭാവത്തിന്റെ ഗുണഫലം അനുഭവപ്പെടും.)

(8)

രാശ്യോർജ്ജന്മവിലഗ്നയോർമൃതിപതിർ [(1)] മൃത്യുസ്ഥ തദ്വീക്ഷകോ
മന്ദക്രൂരദൃഗാണപോ ഗുളികപസ്തൈരുക്തരാശ്യംശപഃ
രാഹുശ്ചൈഷു സുദുർബലഃ സ ജനനേ ഭാവേƒനഭീഷ്ടേ സ്ഥിതഃ
പാപാലോകിതസംയുതോ നിജദശായാം ഭാവനാശാവഹഃ.
(1) പാഠഭേദം: ധൃതിപതി (മൂന്നാം ഭാവാധിപതി) *

രാശ്യോ ജന്മ വിലഗ്നയോഃ - ചന്ദ്രാലോ ലഗ്നാലോ
1 *മൃതിപതിഃ ** - എട്ടാം ഭാവാധിപതി
2 *മൃത്യുസ്ഥ* - എട്ടിൽ നിൽക്കുന്ന ഗ്രഹം
3 *വീക്ഷകോ* - എട്ടിൽ നോക്കുന്ന ഗ്രഹം
4 *മന്ദ* - ശനി
5 *ക്രൂരദൃഗാണപോ* - 22-ാംദ്രേക്കണാധിപൻ
6 *ഗുളികപഃ* - ഗുളികൻ നിൽക്കുന്ന രാശിയുടെ അധിപൻ
7 *തൈരുക്തരാശ്യംശപഃ* - ഈ ഗ്രഹങ്ങൾ നിൽക്കുന്ന രാശികളുടെ നാഥന്മാരും അംശകിച്ച രാശികളുടെ നാഥന്മാരും
8 *രാഹുശ്ചൈഷു* - രാഹുവും
ജനനേ സുദുർബ്ബല - ഇവരിൽ ജനനസമയത്തു ദുർബ്ബലരും

ഭാവേ അനിഷ്ടേ സ്ഥിതഃ - ദോഷസ്ഥാനങ്ങളിൽ (ലഗ്നാൽ 6-8-12 / 3-6-11) നിൽക്കുന്നവരും
പാപാലോകിത - പാപദൃഷ്ടിയുള്ളവരും
പാപസംയുതോ - പാപയോഗമുള്ളവരും
നിജദശായാം ഭാവനാശാവഹഃ - തങ്ങളുടെ ദശകളിൽ ഭാവനാശംചെയ്യും.

* രണ്ട് ഉത്തരേന്ത്യൻ പതിപ്പുകളിലും *മൃതിപതി*ക്കു പകരം *ധൃതിപതി* ആണ് കൊടുത്തിട്ടുള്ളത്. 3-6-11 ഭാവങ്ങളെ ദുസ്ഥാനങ്ങളായി കാണുന്ന പരാശരഹോര തുടങ്ങിയ ഗ്രന്ഥങ്ങൾ പ്രകാരം അതു ശരിയുമാകാം. എന്നാൽ ഫലദീപിക 1 : 17 പ്രകാരം 6-8-12 ഭാവങ്ങളാണ് ദുസ്ഥാനങ്ങൾ. അതുപ്രകാരം എട്ടാംഭാവമാണ് സന്ദർഭത്തിനു യോജിക്കുക.

(9)
ഭാവസ്യോദയപാശ്രിതസ്യ കുശലം
യത്ഭാവപേനോദയ-
സ്വാമീ തിഷ്ഠതി സംയുതോപി കലയേ-
ത്തദ്ഭാവജാതം ഫലം
ദുസ്ഥാനേ വിപരീതമേതദുദിതം
ഭാവേശ്വരേ ദുർബലേ
ദോഷോ ƒ തീവ ഭവേത് ബലേന സഹിതേ
ദോഷാൽപതാ ജൽപിതാ.

ഭാവസ്യ ഉദയപ ആശ്രിതസ്യ കുശലം
- ലഗ്നാധിപൻ ഏതു ഭാവത്തിലിരുന്നാലും ആ ഭാവത്തിനു കുശലമാണ്.
യത് ഭാവപേന ഉദയസ്വാമി തിഷ്ഠതി സംയുതോപി
- ലഗ്നാധിപൻ ഏതു ഭാവനാഥനോടുകൂടെ നി ക്കുന്നുവോ,
കലയേത് തത് ഭാവജാതം ഫലം
- ആ ഭാവം അതിന്റെ ഫലം നൽകുന്നു.
ദുസ്ഥാനേ വിപരീതമേതദുദിതം
- (ഭാവാധിപൻ നിൽക്കുന്നത്) ദുസ്ഥാനത്താണെങ്കിൽ (6-8-12) വിപരീതഫലം പറയണം.
ഭാവേശ്വരേ ദുർബലേ ദോഷഃ അതീവ ഭവേത്
- ഭാവനാഥൻ ദുർബ്ബലനാണെങ്കിൽ അതീവദോഷം ഭവിക്കും.
ബലേന സഹിതേ ദോഷാല്പതാ ജല്പിതാ
- ബലവാനാണെങ്കിൽ ദോഷഫലം കുറയും എന്നും പറയപ്പെട്ടിരിക്കുന്നു.

(10)
യത്ഭാവേഷ്വശുഭോƒ പി ചോദയപതിഃ
തത്ഭാവവൃദ്ധിം ദിശേദ്
ദുഃസ്ഥാനാധിപതിഃ സ ചേദ്യദി തനോഃ
പ്രാബല്യമന്യസ്യ ന
അത്രോദാഹരണം കുജേ സുതഗതേ
സിംഹേ ഝഷേ വാ സ്ഥിതേ
പുത്രാപ്തിം ശുഭവീക്ഷിതേ ഝടിതി തത്-
പ്രാപ്തിം വദന്ത്യുത്തമാഃ.

യത് ഭാവേഷു അശുഭഃ അപി ച ഉദയപതിഃ തത് ഭാവവൃദ്ധിം ദിശേത് - പാപഗ്രഹമായിരുന്നാലും ലഗ്നാധിപതി താൻ നിൽക്കുന്ന ഭാവത്തിനു അഭിവൃദ്ധി നൽകും.

ദുഃസ്ഥാനാധിപതി സഃ ചേത് യദി തനോഃ പ്രാബല്യമന്യസ്യ ന - ലഗ്നാധിപനു ദുസ്ഥാനാധിപത്യംകൂടി വരുന്ന സന്ദർഭങ്ങളിലും ലഗ്നാധിപത്യത്തിന്റെഅനുകൂലഫലമല്ലാതെ ദുസ്ഥാനാധിപത്യത്തിന്റെ ദോഷഫലം ചെയ്യുകയില്ല.

അത്ര ഉദാഹരണം - ഉദാഹരണത്തിന്
കുജേ സുതഗതേ സിംഹേ ഝഷേ വാ സ്ഥിതേ പുത്രാപ്തിം - കുജൻ അഞ്ചിൽ, ചിങ്ങത്തിൽ അല്ലെങ്കിൽ മീനത്തിൽ, നിന്നാൽ പുത്രജനനം പറയണം. (ഗ്രഹങ്ങളുടെ ലഗ്നാധിപത്യബലം ദുസ്ഥാനാധിപത്യദോഷത്തേക്കാൾ പ്രബലമാണെന്നു സാരം)

ശുഭവീക്ഷിതേ ഝടിതി തത് പ്രാപ്തിം വദന്തി ഉത്തമാഃ. - ശുഭദൃഷ്ടിയുണ്ടെങ്കിൽ, താമസമില്ലാതെ പുത്രജനനമുണ്ടാകുമെന്ന് ആചാര്യന്മാർ പറയുന്നു.

വിശദീകരണം:

മേടം ലഗ്നം. ലഗ്നാധിപൻ കുജൻ. കുജന് വൃശ്ചികരാശിയുടെ ആധി പത്യംകൂടിയുണ്ടല്ലോ. വൃശ്ചികം ഇവിടെ എട്ടാംഭാവമാണ്, എട്ടാംഭാവം ദുസ്ഥാനമായതിനാൽ കുജനു ദുസ്ഥാനാധിപത്യംകൂടി ഉണ്ട്. കുജൻ നിൽക്കുന്നത് അഞ്ചാംഭാവമായ ചിങ്ങത്തിൽ. ദുസ്ഥാനാധിപത്യമുള്ള പാപനായ കുജന്റെ പുത്രഭാവത്തിലെ സ്ഥിതി മക്കൾ ഉണ്ടാകില്ല എന്നാണോ സൂചിപ്പിക്കുന്നത് എന്ന ഒരു സംശയം തോന്നാം. ലഗ്നാധിപന്റെ അഞ്ചിലെ അനുകൂലസ്ഥിതി പുത്രഗുണാനുഭവമാണു കാണിക്കുന്നതെന്നും ആ കുജനു ശുഭദൃഷ്ടികൂടി ഉണ്ടെങ്കിൽ കാലതാമസമോ പ്രയാസമോ കൂടാതെ വേഗത്തിൽ പുത്രന്മാർ ഉണ്ടാകുമെന്നും പറയണം. ഒരു ഗ്രഹം അനുകൂലമായാൽമാത്രം പോരാ, അനുകൂലഫലം നൽകാൻ ആവശ്യമായ ഗ്രഹബലംകൂടി അതിനുണ്ടാകണം എന്നതുകൂടി ഇവിടെ സൂചിപ്പിച്ചിരിക്കുന്നു. നേരത്തെ പറഞ്ഞ ഉദാഹരണത്തിലെ ഗുരു ലഗ്നാധിപനാണെങ്കിലും 6-ലെ സ്ഥിതിയും ഷഡ്ബലങ്ങളിലെ ബലക്കുറവും കാരണം നിർഗ്ഗുണനായിപ്പോയി.

(11)

ദ്വിസ്ഥാനാധിപതിത്വമസ്തി യദി ചേത്
    ന്മുഖ്യം ത്രികോണർക്ഷജം
തസ്യാർദ്ധം സ്വഗൃഹേ *f* ഥ പൂർവമുഭയോ-
    ര്യത്തദ്ദശാദൗ വദേത്.
പശ്ചാദ്ഭാവമിഹാപരാർദ്ധസമയേ
    യുഗ്മേ ഗൃഹേ യുഗ്മജം
ത്വോജസ്ഥേ സതി ചോജഭാവജഫലം
    ശംസന്തി കേചിജ്ജനാഃ.

ഏഴു ഗ്രഹങ്ങളിൽ അഞ്ചു താരാഗ്രഹങ്ങൾക്കും ഈരണ്ടു വീതം രാശികളുടെ ആധിപത്യമുണ്ട്. ആ ഗ്രഹത്തിന്റെ ദശയിൽ ഈ രണ്ടു രാശികളിൽ ഏതിന്റെ ഫലമാണ് പധാനമായും അനുഭവപ്പെടുക, ഏതിന്റെ ഫലമാണ് ആദ്യമായി അനുഭവപ്പെടുക തുടങ്ങിയ സംശയങ്ങൾക്കുള്ള മറുപടിയാണ് ഈ ശ്ലോകത്തിൽ പറയുന്നത്.

ദ്വിസ്ഥാനാധിപത്യം അസ്തി യദി ചേത്

- രണ്ട് ഭാവങ്ങളുടെ ആധിപത്യമുള്ള ഗ്രഹമാണെങ്കിൽ (അതിന്റെ ദശയിൽ)

മുഖ്യം ത്രികോണർക്ഷഭം

- മുഖ്യമായും (ഒന്നാം സ്ഥാനത്ത്) അനുഭവപ്പെടുക. അതിന്റെ മൂലത്രികോണരാശിയായ ഭാവത്തിന്റെ ഫലങ്ങളാണ്.

തസ്യാർദ്ധം സ്വഗൃഹേ

- അതിന്റെ പകുതി (ര ാംസ്ഥാനത്ത്) സ്വക്ഷേത്രംമാത്രമായ ഭാവത്തിന്റെ ഫലവും അനുഭവപ്പെടും.

പൂർവം ഉഭയോഃ യത് ദശാദൗ വദേത്

- ഈ രണ്ടു രാശികളുടെ ദശകളിൽ ആദ്യം അനുഭവപ്പെടുകയും മേൽപ്പറഞ്ഞതിന്റെ (മൂലത്രികോണരാശിയുടെ) ഫലങ്ങളാണ്.

പശ്ചാദ്ഭാവം ഇഹ അപരാർദ്ധസമയേ

- രണ്ടാമത്തെ പകുതിയിൽ മറ്റേ ഭാവത്തിന്റെ ഫലങ്ങളും അനുഭവപ്പെടും.

യുഗ്മേ ഗൃഹേ യുഗ്മജം

- (ആ ഗ്രഹം നിൽക്കുന്നത്) യുഗ്മരാശിയിലാണെങ്കിൽ ആ രാശിയിൽ വരുന്ന ഭാവത്തിന്റെ ഫലവും

ഓജസ്ഥേ സതി ചോജഭാവജഫലം

- ഓജരാശിയിലാണെങ്കിൽ ആ രാശിയിൽ വരുന്ന ഭാവത്തിന്റെ ഫലവും

ശംസന്തി കേചിജ്ജനാഃ - ആദ്യം വരുമെന്നാണ് ചിലരുടെ അഭിപ്രായം.

(12)

യത്ഭാവേശസ്യാതിശത്രുഗ്രഹേ വാ
യോ വാ ഖേടോ ബിന്ദുശൂന്യർക്ഷയുക്തഃ
തത്തത്ഭാവേ മൂർത്തിഭാവാദികാനാം
നാശം ബ്രൂയാദ്ദൈവവിത് പ്രാശ്നികം ഹി.

സ്ഥിതികൊണ്ട് തികച്ചും ദുർബ്ബലരായ ഗ്രഹങ്ങൾ, ഉദാഹരണത്തിന് -

യത് ഭാവേശസ്യ അതിശത്രുഗ്രഹേ - തന്റെ അതിശത്രുക്ഷേത്രമായ ഭാവത്തിൽ നിൽക്കുന്ന ഗ്രഹം (2: 23)

വാ - അല്ലെങ്കിൽ

യോ ഖേടോ ബിന്ദുശൂന്യർക്ഷയുക്തഃ - അഷ്ടകവർഗ്ഗത്തിൽ തനിക്കു ബിന്ദുക്കളൊന്നും ഇല്ലാത്ത രാശിയിൽ നിൽക്കുന്ന ഗ്രഹം (അദ്ധ്യായം 23, 24) (ഇവ അവയുടെ ദശയിൽ)

തത് തത് ഭാവേ മൂർത്തിഭാവാദികാനാം - (അവ നിൽക്കുന്ന) ലഗ്നം തുടങ്ങിയ അതാതു ഭാവങ്ങളുടെ

നാശം ബ്രൂയാത് - നാശം ചെയ്യുമെന്നു പറയണം.

(13)

സ്വോച്ചൈഃ സുഹൃത്ക്ഷേത്രഗതൈഃ ഗ്രഹേന്ദ്രൈഃ
ഷഡ്ഭിർബ്ബലൈഃ മുഖ്യഫലാന്വിതോ *f* പി
സന്ധൗ സ്ഥിതഃ സന്ന ഫലപ്രദഃ സ്യാ-

ദേവം വിചിന്ത്യാ*f*ത്ര വദേദ്വിപാകേ.

ഒരു ഭാവത്തിൽ നിൽക്കുന്ന ഗ്രഹം അതിന്റെ ദശയിൽ എത്രമാത്രം ഭാവഫലം നൽകും എന്നതിന്റെ വിശദീകരണം:- -

സ്വഉച്ച സുഹൃത്ക്ഷേത്ര ഗതൈ ഗ്രഹേന്ദ്രൈഃ

- ഗ്രഹങ്ങൾ സ്വന്തം ഉച്ചരാശി, മിത്രക്ഷേത്രം തുടങ്ങിയവയിൽ നിന്നാലും

ഷഡ്ഭിഃ ബലൈഃ മുഖ്യഫലാ അന്വിത അപി

- ഷഡ്ബലങ്ങൾ തുടങ്ങിയ മുഖ്യഫലശേഷികൾ ഇരുന്നാലും

സന്ധൗ സ്ഥിത - ഭാവസന്ധിയിലാണു സ്ഥിതിയെങ്കിൽ

സഃ ന ഫലപ്രദഃ - ഒട്ടും ഫലപ്രദരല്ല.

സ്യാത് ഏവം വിചിന്ത്യ അത്ര വദേത് വിപാകേ

- ഇക്കാര്യംകൂടി കണക്കിലെടുത്തുവേണം ഫലങ്ങൾ പറയുവാൻ.

വിപാകം

- (കർമ്മഫലത്തിന്റെ) അനുഭവയോഗ്യമായ അവസ്ഥ. ഈ സന്ദർഭത്തിൽ ഗ്രഹദശ.

(14)

ഭാവേഷു ഭാവസ്ഫുടതുല്യഭാഗഃ
തത്ഭാവജം പൂർണ്ണഫലം വിധത്തേ
സന്ധൗ ഫലം നാസ്തി തദന്തരാളേ
ചിന്ത്യോ*f* നുപാതഃ ഖലു ഖേചരാണാം.

ഭാവേഷു ഭാവസ്ഫുടതുല്യഭാഗഃ

- ഗ്രഹങ്ങളുടെ ഭാവങ്ങളിലെ സ്ഥിതി ഭാവസ്ഫുടത്തിനു തുല്യമാണെങ്കിൽ, ഭാവസ്ഫുടവും ഗ്രഹസ്ഫുടവും ഒന്നാണെങ്കിൽ,

തത്ഭാവജം പൂർണ്ണഫലം വിധത്തേ

- ആ ഭാവത്തിലെ സ്ഥിതികൊണ്ട് ആ ഗ്രഹം നൽകേണ്ട ഫലം പൂർണ്ണമായും നൽകും.

സന്ധൗ ഫലം നാസ്തി

- ഭാവസന്ധികളിൽ നിൽക്കുന്ന ഗ്രഹങ്ങൾ ഒരു ഗുണവും ചെയ്യുകയില്ല.

തദന്തരാളേ ചിന്ത്യ അനുപാതഃ ഖലു ഖേചരാണാം

- ഭാവമദ്ധ്യത്തിനും ഭാവസന്ധിക്കും ഇടയിലുള്ള ഗ്രഹസ്ഥിതിക്ക് ഈ അനുപാതത്തിൽ ചിന്തിച്ചു ഫലം പറയണം.

(15)

സൂര്യാദാത്മപിതൃപ്രഭാവവിരുജാം ശക്തിം ശ്രിയം ചിന്തയേ-
ച്ചേതോബുദ്ധിനൃപപ്രസാദജനനീസമ്പത്കരശ്ചന്ദ്രമഃ[1]
സത്വം രോഗഗുണാനുജാഗ്നിരിപുജ്ഞാതീൻ ധരാസൂനുനാ
വിദ്യാബന്ധുവിവേകമാതുലസുഹൃദ്വാക്കർമ്മകൃദ് ബോധനഃ.
പാഠഭേദം: ചന്ദ്രതഃ

(16)

പ്രജ്ഞാവിത്തശരീരപുഷ്ടിതനയജ്ഞാനാനി വാഗീശ്വരാത്
പത്നീവാഹനഭൂഷണാനി മദനവ്യാപാരസൗഖ്യം ഭൃഗോഃ
ആയുർജ്ജീവനമൃത്യുകാരണവിപദ്ഭൃത്യാശ്ച മന്ദാദ്വദേത്
സർപ്പേണൈവ പിതാമഹന്തുശിഖിനാ മാതാമഹം ചിന്തയേത്.

ഗ്രഹങ്ങളെക്കൊണ്ടു ചിന്തിക്കേണ്ട വിഷയങ്ങൾ

സൂര്യ:ത്	-	സൂര്യനെക്കൊണ്ട്
ആത്മ	-	ആത്മാവ്
പി.തൃ	-	അച്ഛൻ
പ്രഭ:വ	-	പ്രഭാവം
വി.രുജാം	-	ആരോഗ്യം
ശക്തിം	-	ബലം
ശ്രിയം	-	ഐശ്വര്യം
ചിന്ത.യേത്	-	(എന്നിവ) ചിന്തിക്കണം.
ചന്ദ്രമസ് (ചന്ദ്രതഃ)	-	ചന്ദ്രനെക്കൊണ്ട്
ചേതഃ	-	മനസ്സ്
ന.,പപ്രസ:ദ	-	രാജപ്രീതി
ജ.ന.നീ	-	അമ്മ
സ.മ്പത്കര	-	സമ്പത്ത്. (എന്നിവ ചിന്തിക്കണം.)
ധര:സൂ.ന.ുന.ാ	-	കുജനെക്കൊണ്ട്
സത്വം	-	കരുത്ത് (ശാരീരികവും മാനസികവുമായ ബലം)
രോഗ	-	രോഗങ്ങൾ
ഗുണാ	-	ഗുണങ്ങൾ
അ.ന.ുജ	-	ഇളയ സഹോദരൻ
അ.വ.നി	-	ഭൂമി
രി.പു	-	ശത്രു
ജ്ഞാ:തീൻ	-	ബന്ധുക്കൾ (എന്നിവ ചിന്തിക്കണം.)
ബോധ.ന.ഃ	-	ബുധനെക്കൊണ്ട്
വിദ്യാ	-	വിദ്യ / വിദ്യാഭ്യാസം
ബ.ന്ധു		
വി.വേകം		
മ:തുല	-	അമ്മാവൻ
സുഹൃത	-	കൂട്ടുകാർ
വാക്	-	വാക്ക്
കർമ്മകൃത്	-	കർമ്മം / തൊഴി (എന്നിവ ചിന്തിക്കണം.)
വാഗ:ശ്വ.രാത്	-	വ്യാഴത്തെക്കൊണ്ട്
പ്രജ്ഞാ	-	പ്രജ്ഞ, വിശേഷബുദ്ധി

വിത്തം - ധനം
ശരീരപുഷ്ടി
തനയ - മക്കൾ
ജ്ഞാനം - അറിവ് (എന്നിവ ചിന്തിക്കണം.)

ഭൃഗോഃ - ശുക്രനെക്കൊണ്ട്
പത്നി - ഭാര്യ
വാഹനം
ഭൂഷണം - ആഭരണം
മദനവ്യാപാരം - കാമം
സൗഖ്യം - സുഖം (എന്നിവ ചിന്തിക്കണം.)

മന്ദാത് - ശനിയെക്കൊണ്ടു്
ആയു - ആയുസ്സ്
ജീവനം - ജീവിതമാർഗ്ഗം, തൊഴിൽ
മൃത്യുകാരണം - മരണകാരണം
വിപദ് - ആപത്ത്
ഭൃത്യാ - ഭൃത്യന്മാർ
വദേത് - (എന്നിവ) പറയണം.

സർപ്പേണൈവ - രാഹുവിനെക്കൊണ്ട്
പിതാമഹം - അച്ഛന്റെ അച്ഛൻ
ശിഖിനാ - കേതുവിനെക്കൊണ്ട്
മാതാമഹം - അമ്മയുടെ അച്ഛൻ
ചിന്തയേത - (എന്നിവയും) ചിന്തിക്കണം

(17)
ദ്യുമണിരമരമന്ത്രീ ഭൂസുതഃ സോമസൗമ്യൗ
ഗുരുരിനതനയാരൗ ഭാർഗ്ഗവോ ഭാനുപുത്ര
ദിനകരശശിജേഡ്യൗ ജീവഭാനുജ്ഞമന്ദാ
സുരഗുരുരിനസൂനുഃ കാരകാഃ സ്വുഃ വിലഗ്നാത്.

ഭാവങ്ങളുടെ കാരകന്മാർ
കാരകാഃ സ്യുഃ വിലഗ്നാത് - ലഗ്നം മുതൽക്കുള്ള പന്ത്രണ്ടു ഭാവങ്ങളുടെയും കാരകന്മാർ

ഭാവം	കാരകഗ്രഹം		
ലഗ്നം	*ദ്യുമണി*	-	സൂര്യൻ
2	*അമരമന്ത്രീ*	-	വ്യാഴം
3	*ഭൂസുതൻ*	-	കുജൻ
4.	*സോമ സൗമ്യൗ*	-	ചന്ദ്രനും ബുധനും
5	*ഗുരു*	-	വ്യാഴം
6	*ഇനതനയ ആരൗ*	-	ശനിയും കുജനും

7	*ഭാർഗ്ഗവ*	-	ശുക്രൻ
8	*ഭാനുപുത്ര*	-	ശനി
9	*ദിനകര ശശിജ ഈഡ്യാ*	-	സൂര്യനും, ബുധനും, വ്യാഴവും
10	*ജീവ ഭാനു ജ്ഞ മന്ദാ*	-	വ്യാഴവും, സൂര്യനും, ബുധനും, ശനിയും.
11	*സുരഗുരു*	-	വ്യാഴം
12	*ഇനസൂനുഃ*	-	ശനി

ഭാവങ്ങളെക്കൊണ്ടു ചിന്തിക്കേണ്ട വിഷയങ്ങൾ ഒന്നാംഅദ്ധ്യായത്തിലും ഗ്രഹങ്ങളെക്കൊണ്ടു ചിന്തിക്കേണ്ട വിഷയങ്ങൾ രണ്ടാംഅദ്ധ്യായത്തിലും വിസ്തരിച്ചു പറഞ്ഞിട്ടുണ്ട്.

ഇവിടെ 15, 16, 17 ശ്ലോകങ്ങളിൽ പറഞ്ഞത് അതിന്റെ ചുരുക്കംമാത്രമാണ്. വാസ്തവത്തിൽ, എല്ലാ ഗ്രഹങ്ങൾക്കും എല്ലാ ഭാവങ്ങളിലും സ്വാധീനം വരുന്നുണ്ട്. ഉദാഹരണത്തിന് ആത്മകാരകൻ സൂര്യനാണെങ്കിലും ആത്മസൗഖ്യത്തിന്റെ കാര്യം വരുമ്പോൾ മറ്റ് ആറു ഗ്രഹങ്ങൾക്കും അതിൽ സ്വാധീനമുള്ളതായി കാണാം. അതുപോലെ വരവിന്റെ സ്ഥാനമായ പതിനൊന്നിന്റെ കാരകൻ വ്യാഴമാണെങ്കിലും മറ്റു ഗ്രഹങ്ങളെക്കൊണ്ടും ഇക്കാര്യം ചിന്തിക്കാനുണ്ട്. അതായത്, സൂര്യനെക്കൊണ്ട് അച്ഛനിൽനിന്നുമുള്ള ധനവരവും ചന്ദ്രനെക്കൊണ്ട് അമ്മകാരണമായിട്ടുള്ള വരവും ചിന്തിക്കാം. എന്നാൽ മറ്റുള്ള ഗ്രഹങ്ങളുടെയെല്ലാം മുമ്പിൽനിന്നു പ്രവർത്തിക്കുക ഭാവകാരകനായിരിക്കും. കാരകനു ബലക്കുറവ് അല്ലെങ്കിൽ കാരകൻ ഭാവത്തിൽ നിൽക്കുക തുടങ്ങിയ ദോഷാവസ്ഥകളിൽ അതു വരുമാനസ്രോതസ്സിനെത്തന്നെ ബാധിക്കുകയും ചെയ്യും.

(18)

സുഹൃദരിപരകീയസ്വർക്ഷതുംഗസ്ഥിതാനാം
ഫലമനുപരിചിന്ത്യം ലഗ്നദേഹാദിഭാവൈഃ
സമുപചയവിപത്തിം സൗമ്യപാപേഷു സത്യഃ
കഥയതി വിപരീതം രിഃഫഷഷ്ഠാഷ്ടമേഷു.

ലഗ്നദേഹാദിഭാവൈഃ	-	ലഗ്നം തുടങ്ങിയ ഭാവങ്ങളുടെ
ഫലമനുപരിചിന്ത്യം	-	ഫലം പറയുമ്പോൾ ആ ഭാവവുമായി ബന്ധപ്പെട്ട ഗ്രഹത്തിന്റെ (കാരകന്റെ/ഭാവാധിപന്റെ)
സുഹൃദ	-	മിത്രക്ഷേത്രം
അരി	-	ശത്രുക്ഷേത്രം
പരകീയം	-	സമക്ഷേത്രം
സ്വർക്ഷം	-	സ്വക്ഷേത്രം
തുംഗ	-	ഉച്ചക്ഷേത്രം തുടങ്ങിയ സ്ഥാനങ്ങളിലെ
സ്ഥിതാനാം	-	സ്ഥിതി അനുസരിച്ച് ഗ്രഹബലത്തിനു വരുന്ന ഏറ്റക്കുറച്ചിലുകൾ പരിശോധിക്കണം.

സമുപചയവിപത്തിം	-	ഭാവങ്ങളുടെ വൃദ്ധിയും നാശവും
സൗമ്യപാപേഷു	-	ശുഭ- പാപഗ്രഹങ്ങളെക്കൊണ്ട് ചിന്തിക്കണമെന്നും
രിഃഫ ഷഷ്ഠ അഷ്ടമേഷു	-	(എന്നാൽ) 6 - 8 - 12 ഭാവങ്ങളിൽ
വിപരീതം	-	ഫലം വിപരീതമാകുന്നുവെന്നും
സത്യഃ കഥയതി	-	സത്യാചാര്യർ പറയുന്നു.

(19)
പാപഗ്രഹാഃ ഷഷ്ഠമൃതിവ്യയസ്ഥാഃ
തത്ഭാവവൃദ്ധിം കലയന്തി ദോഷൈഃ
ശുഭാസ്തു തത്ഭാവലയം ഹി തസ്മാ-
ച്ഛത്രാദി ഭാവോത്ഥ ഫലപ്രണാശഃ.[1]

(1) പാഠഭേദം : *അരിഭാവാദി ഫലപ്രണാശഃ*

പാപഗ്രഹാ ഷഷ്ഠ മൃതി വ്യയസ്ഥാഃ
- പാപഗ്രഹങ്ങൾ 6, 8, 12 ഭാവങ്ങളിൽ നിന്നാൽ

തത് ഭാവവൃദ്ധിം കലയന്തി ദോഷൈഃ
- ആ ഭാവങ്ങങ്ങളുടെ ദോഷങ്ങൾ വർദ്ധിപ്പിക്കും.

പാപന്മാർ ദുസ്ഥാനങ്ങളിൽ നിന്നാൽ ആ ഭാവങ്ങളുടെ ദോഷഫലം കൂടും എന്നർത്ഥം.

ശുഭാഃ തു തത്ഭാവലയം
- ശുഭന്മാർ നിന്നാലാകട്ടെ, ആ ഭാവങ്ങൾക്കു (ദുസ്ഥാനങ്ങൾക്കു) നാശം ഉണ്ടാകുന്നു.

തസ്മാത് അത്ര അരിഭാവാദി ഫലപ്രണാശഃ.
- (അതായത്) ശുഭസ്ഥിതികൊണ്ട് ആറ് തുടങ്ങിയ (6 - 8 - 12) ഭാവങ്ങളുടെ ദോഷഫലം നശിക്കുന്നു.

വിശദീകരണം:

1. പാപന്മാർ ദുസ്ഥാനങ്ങളിൽ നിന്നാൽ ആ ഭാവങ്ങളുടെ ദോഷഫലം കൂടും എന്നതു സാമാന്യനിയമംമാത്രമാണ്. (ആറാം അദ്ധ്യായത്തിൽ വിവരിച്ച ഹർഷ - സരള - വിമലയോഗങ്ങൾ കാണുക.)
2. ശുഭസ്ഥിതികൊണ്ട് ദുസ്ഥാനങ്ങളുടെ ദോഷം തീരുമെങ്കിലും, അത് ആ ശുഭഗ്രഹത്തിന്റെ ബലത്തെ ദോഷമായി ബാധിക്കുന്നുമുണ്ട്. ഉദാഹരണത്തിന് ആറിലെ വ്യാഴം ശത്രുക്കൾക്കെതിരെ പ്രതിരോധമായി നിൽക്കുമെങ്കിലും, ദുസ്ഥാനസ്ഥിതി വ്യാഴത്തെ ദുർബ്ബലനാക്കും.

ഭാവാത് ഭാവചിന്ത

(20)
ഭാവസ്യ യസ്യൈവ ഫലം വിചിന്ത്യം
ഭാവം ച തം ലഗ്നമിതി പ്രകല്പ്യ
തസ്മാദ്വദേദ്ദ്വാദശഭാവജാനി
ഫലാനി തദ്രൂപധനാദികാനി.

ഭാവസ്യ യസ്യൈവ ഫലം വിചിന്ത്യം	-	ഏതൊരു ഭാവത്തിന്റെ ഫലമാണോ അറിയേണ്ടത്
ഭാവം ച തം ലഗ്നമിതി പ്രകല്പ്യ	-	ആ ഭാവത്തെ ലഗ്നമായി സങ്കൽപ്പിച്ച്
തസ്മാത്	-	അതുമുതൽ
രൂപധനാദികാനി	-	രൂപം (ലഗ്നം), ധനം (രണ്ടാംഭാവം) തുടങ്ങി
ദ്വാദശഭാവജാനി	-	പന്ത്രണ്ടു ഭാവങ്ങളുടെയും
ഫലാനി	-	ഫലങ്ങൾ

വദേത് - പറയണം. (ചിന്തിക്കണം.)

കാരകാത് ഫലചിന്ത

(21)
ഏവം ഹി തത്കാരകതോ വിചിന്ത്യം
പിതുശ്ച മാതുശ്ച സഹോദരസ്യ
തന്മാതുലസ്യാപി സുതസ്യ പത്യുർ-
ഭൃത്യസ്യ സൂര്യാദി ഗ്രഹസ്ഥിതർക്ഷാത്.

ഏവം ഹി സൂര്യാദി ഗ്രഹസ്ഥിതർക്ഷാത്.
- ഇപ്രകാരംതന്നെ സൂര്യൻ തുടങ്ങിയ ഗ്രഹങ്ങൾ നിൽക്കുന്ന രാശികളെ ക്കൊ ' (കാരകന്മാർ നിൽക്കുന്ന രാശിയെ ലഗ്നമാക്കി)

തത്കാരകതോ വിചിന്ത്യം
- ഭാവകാരകന്മാരെക്കൊണ്ടും ചിന്തിക്കണം.

അതായത്- -

പിതു	-	അച്ഛന്റെ കാര്യങ്ങളറിയാൻ സൂര്യൻ നിൽക്കുന്ന രാശി മുതൽക്കും	
മാതു	-	അമ്മ	- ചന്ദ്രൻ നിൽക്കുന്ന രാശിമുതൽക്കും
സഹോദര	-	സഹോദരൻ	- കുജൻ നിൽക്കുന്ന രാശിമുതൽക്കും
മാതുല	-	അമ്മാവൻ	- ബുധൻ നിൽക്കുന്ന രാശിമുതൽക്കും
സുത	-	പുത്രൻ	- വ്യാഴം നിൽക്കുന്ന രാശിമുതൽക്കും
പതി	-	കളത്രം	- ശുക്രൻ നിൽക്കുന്ന രാശിമുതൽക്കും
ഭൃത്യ	-	വേലക്കാരൻ	- ശനി നിൽക്കുന്ന രാശിമുതൽക്കും (ചിന്തിക്കണം.)

ഉദാഹരണം: സൂര്യനെക്കൊണ്ട് അച്ഛനെക്കുറിച്ചു പറയുന്ന വിധം

(22)
സൂര്യസ്ഥിതർക്ഷാജ്ജനകസ്വരൂപം
വൃദ്ധിം ദ്വിതീയേന തു തത്പ്രകാശം
തദ്ഭ്രാതരം തസ്യ ഗുണം തൃതീയാ-
ത്തന്മാതരം ചാപി സുഖം ചതുർത്ഥാത്.

(23)
ബുദ്ധിം പ്രസാദം സുതഭാച്ച ഷഷ്ഠാത്
പീഡാം പിതുർദ്ദോഷമരിം ച രോഗം
കാമം മദം തസ്യ തു സപ്തമേന
ദുഃഖം മൃതിം മൃത്യുഗൃഹാത്തദായുഃ.

(24)
പുണ്യം ശുഭം തത്പിതരം ശുഭേന
വ്യാപാരമസ്യൈവ ഹി കർമ്മഭാവാത്

ലാഭം ഹ്യുപാന്ത്യാത് ക്ഷയമന്ത്യഭാവാ-
ച്ചന്ദ്രാദികാനാം ഫലമേവമാഹുഃ.

സൂര്യസ്ഥിതർക്ഷാ ജനകസ്വരൂപം

- സൂര്യൻ നിൽക്കുന്ന ഭാവംകൊണ്ട് അച്ഛന്റെ രൂപം

വൃദ്ധിഃ ദ്വിതീയേ

- അതിന്റെ അടുത്ത ഭാവംകൊണ്ട് അച്ഛന്റെ ധനവൃദ്ധിയും

തത് ഭ്രാതരം തസ്യ ഗുണം തൃതീയാ

- മൂന്നാമത്തെഭാവംകൊണ്ട് അച്ഛന്റെ സഹോദരന്മാരെയും ഗുണത്തേയും

തന്മാതരം ച അപി സുഖം ചതുർത്ഥാത്

- നാലാംഭാവംകൊണ്ട് അച്ഛന്റെ അമ്മയേയും അച്ഛന്റെ സുഖത്തേയും

ബുദ്ധിം പ്രസാദം സുതഭാത് ച

- അഞ്ചാം ഭാവംകൊണ്ട് അച്ഛന്റെ ബുദ്ധിയും പ്രസാദവും

ഷഷ്ഠാത് പിതുഃ പീഡാം ദ്വേഷം അരിം ച രോഗം

- ആറാംഭാവംകൊണ്ട് അച്ഛന്റെ ഉപദ്രവങ്ങൾ, ദോഷങ്ങൾ, ശത്രു, രോഗം

കാമം മദം തസ്യ തു സപ്തമേന

- ഏഴാംഭാവംകൊണ്ട് അച്ഛന്റെ കാമം, മദം

ദുഃഖം മൃതിം മൃത്യുഗൃഹാത് തദായുഃ.

- എട്ടാംഭാവംകൊണ്ട് അച്ഛന്റെ ആയുസ്സ്, ദുഃഖം, മൃതി എന്നിവയും

പുണ്യം ശുഭം തത്പിതരം ശുഭേന

- ഒമ്പതാംഭാവംകൊണ്ട് അച്ഛന്റെ പുണ്യം, ശുഭം എന്നിവയും അച്ഛന്റെ അച്ഛനേയും

കർമ്മഭാവാത്വ്യാപാരം അസ്യൈവ ഹി

- പത്താംഭാവംകൊണ്ട് അച്ഛന്റെ വ്യാപാരവും

ലാഭം ഉപാന്ത്യാത്

- പതിനൊന്നാംഭാവംകൊണ്ട് അച്ഛന്റെ ലാഭവും

ക്ഷയം അന്ത്യഭാവാത്

- പന്ത്രണ്ടാംഭാവംകൊണ്ട് അച്ഛന്റെ ക്ഷയവും (നാശവും)ചിന്തിക്കണം.

ചന്ദ്രാദികാനാം ഫലം ഏവം ആഹുഃ

- അമ്മ തുടങ്ങിയവരുടെ കാര്യങ്ങൾ ഇതുപോലെ ചന്ദ്രൻ തുടങ്ങിയ കാരകഗ്രഹങ്ങളെക്കൊണ്ടു പറയണം.

(25)

തത്തത്ഭാവാത് കാരകാദേവമൂഹ്യം
തത്തന്മാതൃഭ്രാതൃപിത്രാത്മജാദ്യം
തസ്മിൻ ഭാവേ കാരകേ ഭാവനാഥേ
വീര്യോപേതേ തസ്യ ഭാവസ്യ സൗഖ്യം.

തത്തത്ഭാവാത്	-	അതാത് ഭാവങ്ങളെക്കൊണ്ടും
കാരകാത്	-	കാരകഗ്രഹങ്ങളെക്കൊണ്ടും
തത്തത്	-	ജാതകന്റെ
മാതൃ	-	അമ്മ
ഭ്രാതൃ	-	സഹോദരൻ

പിത്ര	-	അച്ഛൻ
ആത്മജാദ്യം	-	മക്കൾ തുടങ്ങിയവയെല്ലാം
ഏവം ഊഹ്യം	-	ഇപ്രകാരം ചിന്തിച്ചു പറയണം.
തസ്മിൻ	-	ഇതിൽ
ഭാവേ	-	ഭാവം
കാരകേ	-	കാരകൻ
ഭാവനാഥേ	-	ഭാവനാഥൻ (ഇവയിൽ)
വീര്യോപേതഃ	-	ബലമുള്ളതേതോ
തസ്യ	-	അതിന്റെ
ഭാവസ്യ	-	ഭാവത്തിന്
സൗഖ്യം	-	സൗഖ്യം (ഫലദാനശേഷി) ഉണ്ടാകും.

(26)
ധർമ്മേ സൂര്യഃ ശീതഗുർബ്ബന്ധുഭാവേ
ശൗര്യേ ഭൗമഃ പഞ്ചമേ ദേവമന്ത്രീ
കാമേ ശുക്രശ്ചാഷ്ടമേ ഭാനുപുത്രഃ
കുര്യാത്തസ്യ ക്ലേശമിത്യാഹുരന്യേ.

ധർമ്മേ സൂര്യഃ	-	ഒമ്പതിലെ സൂര്യൻ
ശീതഗുഃ ബന്ധുഭാവേ	-	നാലിൽ ചന്ദ്രൻ
ശൗര്യേ ഭൗമഃ	-	മൂന്നിൽ കുജൻ
പഞ്ചമേ ദേവമന്ത്രീ	-	അഞ്ചിൽ വ്യാഴം
കാമേ ശുക്ര	-	ഏഴിൽ ശുക്രൻ
അഷ്ടമേ ഭാനുപുത്രഃ	-	എട്ടിൽ ശനി
കുര്യാത് തസ്യ ക്ലേശം	-	ഇവ അതാതു ഭാവങ്ങൾക്കു ക്ലേശമുണ്ടാക്കുമെന്നു
ഇതി ആഹുഃ അന്യേ	-	വേറെ ചിലർ പറയുന്നു.

(കാരകഗ്രഹം ഭാവത്തിൽ നിൽക്കുന്നതു ഭാവത്തിനു നല്ലതല്ല.)

(27)
ലഗ്നേശ്വരോ യത്ഭവനേശയുക്തോ
യത്ഭാവഗസ്തസ്യ ഫലം ദദാതി
ഭാവേ തദീശേ ബലഭാജി തേന
ഭാവേന സൗഖ്യം വ്യസനം ബലോനേ.

ലഗ്നേശ്വരഃ	-	ലഗ്നാധിപൻ
യത്ഭവനേശയുക്തോ	-	ഏതു ഭാവാധിപന്റെകൂടെയാണോ നിൽക്കുന്നത്,
യത്ഭാവഗഃ	-	ഏതു ഭാവത്തിലാണോ നിൽക്കുന്നത്,
തസ്യ തസ്യ	-	അതാതിന്റെ (ആ ഭാവാധിപന്റെ / ഭാവത്തിന്റെ)
ഫലം ദദാതി	-	ഫലം തരുന്നു. (ബലം വർദ്ധിപ്പിക്കുന്നു.)

ഭാവേ തദീശേ	-	ഭാവത്തിനും അതിന്റെ നാഥനും
ബലഭാജി തേന	-	ബലമുണ്ടെങ്കിൽ
ഭാവേന സൗഖ്യം	-	ആ ഭാവം ശുഭഫലം (നൽകുന്നു).

വ്യസനം ബലേഃനേ. - ബലമില്ലെങ്കിൽ വ്യസനം (ദുഖഫലവും)ഉ ാകുന്നു.

(28)
യത്ഭാവപ്രഭുണാ യുതോ ബലവതാ മുഖ്യാംഗഗോ ലഗ്നപഃ
തത്ഭാവാനുഭവം ശുഭം വിതനുതേ യത്ഭാവഗസ്തസ്യ ച
സംയുക്തോ ബലഹീനഭാവപതിനാ നിന്ദ്യാംഗഭാജാ ഫലം
കുര്യാത്തദ്വിപരീതമേവമുദിതം സർവേഷു ഭാവേഷ്വപി.

മുഖ്യാംഗഗോ ലഗ്നപഃ - ലഗ്നാധിപന് ബലമുള്ള ഭാവത്തിന്റെ നാഥനും
ഭാവപ്രഭുണാ യുതോ ബലവതാ - അങ്ങിനെയുള്ള ഭാവവും
തത്ഭാവാനുഭവം ശുഭം വിതനുതേ - ശുഭഫലം ന കുന്നു.

യത് ഭാവഗഃ തസ്യ ച
- ലഗ്നാധിപതി ഏതു ഭാവത്തിലാണോ നിൽക്കുന്നത് അതിന്റെ അനുഭവവും ശുഭമാകുന്നു.

സംയുക്തോ ബലഹീനഭാവപതിനാ നിന്ദ്യാംഗഭാജാ
- ദുർബ്ബലനായ ഭാവാധിപന്റെ കൂടെ ബലമില്ലാത്ത ലഗ്നാധിപൻ നിന്നാൽ
ഫലം കുര്യാത് തത് വിപരീതം ഏവം ഉദിതം
- ഫലം വിപരീതമായിരിക്കും.
സർവേഷു ഭാവേഷു അപി.
- എല്ലാ ഭാവങ്ങളെക്കൊണ്ടും ഇങ്ങനെ ചിന്തിക്കണം

ബലവതാ മുഖ്യാംഗഗോ ലഗ്നപഃ
- ഈ ശ്ലോകത്തിൽ പറയുന്ന ബലം ഉത്തരേന്ത്യൻ വ്യാഖ്യാനങ്ങൾ പ്രകാരം അഷ്ടവർഗ്ഗ ബലമാണ്.
(29)
ദുഃസ്ഥാനപസ്തദിതരസ്വഗൃഹസ്ഥിതശ്ചേത്
സ്വക്ഷേത്രഭാവഫലമേവ കരോതി നാന്യം
മന്ദോ മൃഗേ സുതഗൃഹേ യദി പുത്രസിദ്ധിഃ
ഷഷ്ഠാധിപത്യകൃതദോഷഫലം ന ചാത്ര.

ദുഃസ്ഥാനപ തത് ഇതര സ്വഗൃഹ സ്ഥിതശ്ചേത്
- ദുസ്ഥാനാധിപൻ (6-8-12 ഭാവാധിപൻ) തന്റെ മറ്റൊരു രാശിയായ സ്വക്ഷേത്രത്തിൽ നിൽക്കുമ്പോൾ
സ്വക്ഷേത്രഭാവഫലം ഏവ കരോതി ന അന്യം
- നിൽക്കുന്ന ക്ഷേത്രത്തിന്റെ ഫലമല്ലാതെ മറ്റെ ഭാവത്തിന്റെ (ദുസ്ഥാനത്തിന്റെ) ഫലം നൽകുകയില്ല.

ഉദാഹരണത്തിന്:- -
മന്ദോ മൃഗേ സുതഗൃഹേ യദി പുത്രസിദ്ധിഃ
- ശനി മകരത്തിൽ, അഞ്ചിൽ, (നിൽക്കുന്നു) എങ്കിൽ പുത്രലാഭം (ഉണ്ടാകും);
ഷഷ്ഠാധിപത്യകൃതദോഷഫലം ന ച അത്ര

- ആറാം ഭാവാധിപത്യം കൊണ്ടുള്ള ദോഷഫലം ഉണ്ടാകില്ല.

കന്നി ലഗ്നത്തിനു മകരം അഞ്ചാംഭാവവും കുംഭം ആറാം ഭാവവും ആണല്ലോ. അഞ്ചും ആറും ഭാവങ്ങളുടെ അധിപതി ഒരേ ഗ്രഹം (ശനി) തന്നെ. അഞ്ചിൽ നിൽക്കുന്ന ശനിഅഞ്ചാം ഭാവാധിപതി എന്ന നിലയ്ക്കുള്ള നല്ല ഫലമല്ലാതെ, ആറാംഭാവാധിപതി എന്ന നിലയ്ക്കുള്ള ദോഷം ചെയ്യ കയില്ല എന്നു സാരം.

(30)
രാശൗ സ്ഥിതിർമ്മിഥോ യോഗോ
ദൃഷ്ടി കേന്ദ്രേഷു സംസ്ഥിതിഃ
ത്രികോണേ വാ സ്ഥിതിഃ പഞ്ച-
പ്രകാരോ ബന്ധ ഈരിതഃ.

1.	*രാശൗ സ്ഥിതിഃ മിഥോ*	-	പരസ്പരം രാശി മാറി നി ക്കുക
2	*യോഗോ*	-	ഒന്നിച്ചു നിൽക്കുക,
3	*ദൃഷ്ടി*	-	പരസ്പരദൃഷ്ടി
4	*കേന്ദ്രേഷു സംസ്ഥിതി*	-	പരസ്പരം കേന്ദ്രത്തിൽ നിൽക്കുക,
5	*ത്രികോണേസ്ഥിതി*	-	പരസ്പരം ത്രികോണത്തിൽ സ്ഥിതി
	പഞ്ചപ്രകാരോ	-	(ഇങ്ങനെ) അഞ്ചു പ്രകാരത്തിൽ
	ബന്ധ ഈരിതഃ	-	ഗ്രഹബന്ധം പറയപ്പെട്ടിരിക്കുന്നു.

⊙

അദ്ധ്യായം 16

ഭാവഫലം

വിഷയവിവരം

1. ശരീരപ്രകൃതി, നിറം, അംഗങ്ങളുടെ ഗുണദോഷങ്ങൾ
2 ലഗ്നാധിപൻ മുതൽ പന്ത്രണ്ടാംഭാവാധിപൻവരെയുള്ളവരുടെ സ്ഥിതിഅനുസരിച്ചുള്ള ഫലങ്ങൾ
3. ഭാവസിദ്ധികാലം

(1)

ലഗ്നനവാംശപതുല്യതനുഃ സ്യാ-
ദ്വീര്യയുതഗ്രഹതുല്യതനുർവാ
ചന്ദ്രസമേതനവാംശപവര്ണഃ
കാദിവിലഗ്നവിഭക്തഭഗാത്രഃ

ശരീരപ്രകൃതി, നിറം, അംഗങ്ങളുടെ ഗുണദോഷങ്ങൾ

ലഗ്ന.ന.വാംശപതുല്യത.ന.ുസ്യാത്

- (ലഗ്നാധിപൻ), ലഗ്നനവാംശധിപൻ,

വീര്യയുതഗ്രഹതുല്യത.ന.ുഃ വാ

- (അല്ലെങ്കിൽ) ജാതകത്തിലെ ബലക്കൂടുതലുള്ള ഗ്രഹം ഇവരിലൊരാളെ അനുസരിച്ചായിരിക്കും ശരീരപ്രകൃതി.*

ചന്ദ്രസമേത ന.വാംശപ വര്ണഃ

- ചന്ദ്രനവാംശം വരുന്ന രാശിയുടെ നാഥനു പറഞ്ഞിട്ടുള്ളതായിരിക്കും നിറം.

കാദിവിലഗ്നവിഭക്തിഭഗാത്ര

- കാലാംഗാദി (1:4) വിവരണപ്രകാരം ഓരോ രാശിയിലും നിൽക്കുന്ന ഗ്രഹങ്ങൾക്കനുസരിച്ചായിരിക്കും അവയവങ്ങളുടെ ഗുണദോഷങ്ങൾ.

(2)

ലഗ്നേശേ കേന്ദ്രകോണേ സ്ഫുടകരനികരേ
 സ്വോച്ചഭേ വാ സ്വഭേ വാ
കേന്ദ്രാദന്യത്ര സംസ്ഥേ നിധനഭവനപേ
 സൗമ്യയുക്തേ വിലഗ്നേ
ദീർഘായുഷ്മാൻ ധനാഢ്യോ മഹിതഗുണയുതോ
 ഭൂമിപാലപ്രശസ്തോ
ലക്ഷ്മീവാൻ സുന്ദരാംഗോ ദൃഢതനുരഭയോ
 ധാർമ്മികഃ സത്കുടുംബീ.

ലഗ്നാധിപനും ലഗ്നത്തിനും ബലമുണ്ടെങ്കിൽ

ലഗ്നേശേ		-	ലഗ്നാധിപൻ
1.	*കേന്ദ്ര കോണേ*	-	കേന്ദ്രത്തിലോ, ത്രികോണത്തിലോ
	സ്ഫുടകരനികരേ	-	രശ്മിബലത്തോടെയോ
	സ്വോച്ചഭേ വാ സ്വഭേ വാ	-	ഉച്ചത്തിലോ സ്വക്ഷേത്രത്തിലോ നിൽക്കുകയും
2.	*നിധനഭവനപേ*	-	എട്ടാംഭാവാധിപൻ
	കേന്ദ്രാത് അന്യത്ര സംസ്ഥേ	-	കേന്ദ്രമല്ലാത്ത ഭാവത്തിൽ നിൽക്കുകയും
3.	*സൗമ്യയുക്തേ വിലഗ്നേ*	-	ലഗ്നത്തിൽ ശുഭഗ്രഹമുണ്ടാവുകയും ചെയ്താൽ, ഫലം:- -
	ദീർഘായുഷ്മാൻ	-	ദീർഘായുസ്സ്
	ധനാഢ്യോ	-	ധനികൻ
	മഹിതഗുണയുതോ	-	വർദ്ധിച്ച ഗുണങ്ങളോടുകൂടിയവൻ
	ഭൂമിപാല പ്രശസ്തോ	-	രാജാവിനെപ്പോലെ പ്രശസ്തൻ
	ലക്ഷീവാൻ	-	ഐശ്വര്യമുള്ളവൻ
	സുന്ദരാംഗോ	-	സൗന്ദര്യമുള്ളവൻ
	ദൃഢതനു	-	ഉറച്ച ശരീരമുള്ളവൻ
	അഭയോ	-	ഭയമില്ലാത്തവൻ
	ധാർമ്മിക	-	ധാർമ്മികൻ
	സത്കുടുംബീ	-	നല്ല കുടുംബത്തോടുകൂടിയവൻ

ലഗ്നാധിപന്റെ സ്ഥിതി അനുസരിച്ചുള്ള ഫലങ്ങൾ

(3)
സത്സംബന്ധയുതേ കളേബരപതൗ സദ്ഗ്രാമവാസോ f ഥവാ
സത്സംഗഃ പ്രബലഗ്രഹേണ സഹിതോ വിഖ്യാതഭൂപാശ്രയഃ
സ്വോച്ചസ്ഥേ നൃപതിഃ സ്വയം സ്വഗൃഹഗേ തജ്ജന്മഭൂമൗ സ്ഥിതിഃ
സഞ്ചാരശ്ചരഭേ സ്ഥിതിഃ സ്ഥിരഗൃഹേ ദ്വന്ദം വിരൂപം ഫലം.

(4)
വിഖ്യാതഃ കിരണോജ്വലേ തനുപതൗ നുസ്ഥേ സുഖീ വർദ്ധനോ
ദുഃസ്ഥേ ദുഃഖസദൃക്ഷനീചഭവനേ [1] വാസോ നികൃഷ്ടസ്ഥലേ
സ്വസ്ഥം ജീവതി ശക്തിമത്യുദയഭേ വർദ്ധിഷ്ണുരൂർജസ്വലോ
നിശ്ശക്തൗ നിഹതോ ദ്വിഷദ്ഭിരസകൃത് ഖിന്നോ ഭവേദാതുരഃ.
പാഠഭേദം: മൂഢ സപത്ന നീച ഭവനേ

കളേബരപതൗ	- ലഗ്നാധിപൻ,
സത്സംബന്ധയുതേ	- ശുഭഗ്രഹയോഗത്തോടെയാണു നിൽക്കുന്നതെങ്കിൽ
സദ്ഗ്രാമവാസോ	- നല്ല ദേശത്തു വസിക്കുന്നവനും
അഥവാ	- അല്ലെങ്കിൽ

സത് സംഗഃ - നല്ലവരുമായി സഹവാസമുള്ളവനും ആയിരിക്കും.
പ്രബലഗ്രഹേണ സഹിതോ - ബലമുള്ള ഗ്രഹത്തോടുകൂടെയാണുസ്ഥിതിയെങ്കി
വിഖ്യാതഭൂപാശ്രയഃ - പ്രസിദ്ധനായ രാജാവിന്റെ ആശ്രിതനാവും.

സ്വ ഉച്ചസ്ഥേ നൃപതിഃ - ഉച്ചരാശിയിലാണു സ്ഥിതിയെങ്കിൽ രാജാവാകും.

സ്വഗൃഹേ തത് ജന്മഭൂമൗ സ്ഥിതി
- സ്വക്ഷേത്രത്തിലാണു സ്ഥിതിയെങ്കിൽ ജന്മദേശത്തുതന്നെ ജീവിക്കും
സഞ്ചാരശ്ചരഭേ സ്ഥിതിഃ - ചരരാശിയിലാണെങ്കിൽ സഞ്ചരിക്കുന്നവനാകും.
സ്ഥിരഗൃഹേ - സ്ഥിരരാശിയിലാണെങ്കിൽ സ്ഥിരമായി ഒരിടത്തു കഴിയും.

ദ്വന്ദേ ദ്വിരൂപം ഫലം - ഉഭയരാശിയിലാണെങ്കി രണ്ടു സ്വഭാവവും കാണിക്കും.

വിഖ്യാതഃ കിരണോജ്ജ്വലേ തനുപതൗ - ലഗ്നാധിപനുരശ്മിബലമുണ്ടെങ്കിൽ വിഖ്യാതനാകും.

സുസ്ഥേ *സുഖീ വർദ്ധനോ*
- സുസ്ഥാനത്ത് (6-8-12 ഒഴികെയുള്ള ഭാവങ്ങളിൽ) നിന്നാൽ സുഖം അനുഭവിക്കുന്നവനും അഭിവൃദ്ധിയുള്ളവനുമാകും.

ദുഃസ്ഥേ ദുഃഖ - ദുസ്ഥാന (6-8-12) സ്ഥിതി : ദുഃഖം
നീചഭവനേ വാസോ *നികൃഷ്ടസ്ഥലേ* - നീചരാശിസ്ഥിതി: നികൃഷ്ടമായ സ്ഥലങ്ങളിൽ വസിക്കും.

ശക്തിമത്യുദയഭേ - (ലഗ്നാധിപൻ) ബലവാനായി ലഗ്നത്തിൽ നിൽക്കുന്നുവെങ്കിൽ
വർദ്ധിഷ്ണു ഊർജസ്വലോ - അഭിവൃദ്ധിയുള്ളവനായി, ഊർജസ്വലനായി
സ്വസ്ഥം ജീവതി - സ്വസ്ഥമായി ജീവിക്കും.

നിശ്ശക്തൗ നിഹതോ ദ്വിഷദ്ഭിരസകൃത് ഖിന്നോ ഭവേദാതുരഃ. - ലഗ്നാധിപൻ ബലരഹിതനാണെങ്കിൽ ജാതകൻ പരാജിതനും ദുഖിതനും രോഗിയുമായിരിക്കും.

രണ്ടാംഭാവാധിപന്റെ സ്ഥിതി അനുസരിച്ചുള്ള ഫലങ്ങൾ

(1) (5)
അർത്ഥസ്വാമിനി മുഖ്യാഭാവജുഷി സത്സ്വർത്ഥേ കുടുംബശ്രിയാ
സർവോത്കൃഷ്ടഗുണോ ധനീ ച സുമുഖഃ സ്വാദ്ദൂരദർശീ നരഃ
സംബന്ധേ സവിതുർദ്വിതീയപതിനാ ലോകോപകാരക്ഷമാം
വിദ്യാമർത്ഥമവാപ്നുയാദഥ ശനേഃ ക്ഷുദ്രാൽപവിദ്യാരതഃ

(6)
ജൈവേ വൈദികധർമ്മശാസ്ത്രനിപുണോ
ബൗധേ *f* ർത്ഥശാസ്ത്രേ പടുഃ
ശൃംഗാരോക്തിപടുർഭൃഗോർഹിമരുചേഃ
കിഞ്ചിത്കലാവിദ് ഭവേത്

കൗജേ ക്രൂരകലാപടുശ്ച പിശുനോ
രാഹൗ സ്ഥിതേ ലോഹളഃ
കേതൗ ഭശ്വദളീകവാഗ് ധനഗതൈഃ
പാപൈശ്ച മൂഢോ *f* ധനഃ.

അർത്ഥസ്വാമ്നി	-	രണ്ടാംഭാവാധിപൻ
(1) *മുഖ്യഭാവജുഷി,*	-	സുസ്ഥാനങ്ങളിൽ നിന്നാലും
(2) *സത്സു അർത്ഥേ*	-	ശുഭന്മാർ രണ്ടിൽ നിന്നാലും
കുടുംബശ്രിയാ	-	ജാതകൻ കുടുംബശ്രീയോടെ
സർവോത്കൃഷ്ടഗുണോ	-	സർവോത്കൃഷ്ടമായ ഗുണങ്ങളോടുകൂടിയവനും
ധനീ സുമുഖഃ ദൂരദർശീ നരഃ	-	ധനികനുംസുമുഖനും ദീർഘദർശിയുമായിരിക്കും.
സംബന്ധേ	-	രണ്ടാംഭാവാധിപനു സൂര്യൻ തുടങ്ങിയ ഗ്രഹങ്ങളുമായി ബന്ധം (15:30) വന്നാൽ-

സവിതുഃ ലോകോപകാരക്ഷമാം വിദ്യാം അർത്ഥം അവാപ്നുയാത - രണ്ടാംഭാവാധിപനു സൂര്യനുമായി ബന്ധം വന്നാൽ ലോകോപകാര പ്രദമായ വിദ്യയും, ധനവും ഉണ്ടാകും.

ശനേഃ ക്ഷുദ്രാൽപവിദ്യാരതഃ
- ശനിയുമായി ബന്ധം വന്നാൽ ക്ഷുദ്രവും നിസ്സാരവുമായ വിദ്യകളിൽ ഏർപ്പെടും.

ജൈവേ വൈദികധർമ്മശാസ്ത്രനിപുണോ - വ്യാഴത്തോടു ബന്ധം വന്നാൽ വേദങ്ങളിലും ധർമ്മശാസ്ത്രങ്ങളിലും നിപുണനാകും.

ബൗധേ അർഥശാസ്ത്രേ പടുഃ - ബുധനുമായി ബന്ധം വന്നാൽ അർത്ഥ ശാസ്ത്രങ്ങളിൽ (സാമ്പത്തികശാസ്ത്രത്തിൽ) സമർത്ഥൻ.

ശൃംഗാരോക്തിപടുഃ ഭൃഗോഃ - ശുക്രനുമായി ബന്ധം വന്നാൽ ശൃംഗാരം പറയുന്നതിൽ സമർത്ഥൻ.

ഹിമരുചേഃ കിഞ്ചിത്കലാവിദ് ഭവേത് - ചന്ദ്രനുമായി ബന്ധം വന്നാൽ കലാകാരൻ.

കൗജേ ക്രൂരകലാപടുശ്ച പിശുനോ - കുജനുമായി ബന്ധം വന്നാൽ ആസുരമായ കലകളിൽ സമർത്ഥൻ, ക്രൂരൻ.

രാഹൗ സ്ഥിതേ ലോഹളഃ - രണ്ടാം ഭാവാധിപനു രാഹുവുമായി ബന്ധം വന്നാൽ കൊഞ്ഞൻ (വിക്കൻ)

കേതൗ ഭശ്വദളീകവാഗ് - കേതുവുമായി ബന്ധം വന്നാൽ കളവുപറയുന്നവൻ.

ധനഗതൈഃ പാപൈഃ മൂഢേ അധനഃ. - പാപഗ്രഹങ്ങൾ രണ്ടിൽ നിന്നാൽ മൂഢനും ദരിദ്രനും ആയിരിക്കും.

മൂന്നാം ഭാവാധിപന്റെ സ്ഥിതി അനുസരിച്ചുള്ള ഫലങ്ങൾ

(7)
ബന്ധോ യദി സ്വാത്തനുശൗര്യനാഥയോ-
രന്യോന്യരാശിസ്ഥിതയോർബ്ബലാഢ്യയോഃ
ധൈര്യം ച ശൗര്യം സഹജാനുകൂലതാം
പ്രാപ്നോത്യയം സാഹസകാര്യകർതൃതാം.

(8)
ശൗര്യപേ തു ബലിസദ്ഗ്രഹയുക്തേ
കാരകേ*f* പി ശുഭഭാവമുപേതേ
ഭ്രാതൃവൃദ്ധിരഥ വീര്യവിഹീനേ
ദുഃസ്ഥിതേ ഭവതി സോദരനാശം.

(9)
അയുഗ്മരാശൗ യദി കാരകേശൗ
ഗുർവർകഭൂസൂനു നിരീക്ഷിതൗ ചേത്
ഓജോ ഗൃഹഃ സ്യാദ്യദി വിക്രമാഖ്യഃ
പുംഭ്രാതരസ്ത്വംശവശാദ് ഭവേയുഃ.*

ബലാഢ്യയോഃ- - ബലവാന്മരായ
തനുശൗര്യനാഥയോ - ലഗ്നാധിപനും മൂന്നാംഭാവാധിപനും
അന്യോന്യരാശിസ്ഥിതയോഃ - പരസ്പരം രാശി മാറിയുള്ള
ബന്ധോ - ബന്ധത്തോടെ (15:30) നിന്നാൽ
ധൈര്യം ശൗര്യം സഹജാനുകൂല്യതാം .
- ധൈര്യം, ശൗര്യം, സഹോദരഗുണം, സാഹസപ്രവർത്തികൾ ഇവ ഫലം.

ശൗര്യപേ തു ബലി - മൂന്നാംഭാവാധിപൻ ബലശാലിയായി,
സദ്ഗ്രഹയുതേ - ശുഭരുമായി ബന്ധത്തോടെ ഇരിക്കുകയും,
കാരകേ അപി ശുഭഭാവമുപേതഃ - ഭാവകാരകൻ (കുജൻ) ശുഭഭാവത്തിൽ നിൽക്കുകയും ചെയ്താൽ
ഭാതൃവൃദ്ധിരഥ - സഹോദരങ്ങൾക്ക് അഭിവൃദ്ധിയുണ്ടാകും.

വീര്യവിഹീനേ, ദുഃസ്ഥിതൗ, - മൂന്നാംഭാവാധിപൻ ബലമില്ലാതെ ദുസ്ഥാനത്തു നിന്നാൽ
ഭവതി സോദരനാശം - സഹോദരനാശം ഫലം.

കാരകേശൗ അയുഗ്മരാശൗ - കാരകനും മൂന്നാംഭാവാധിപനും ഓജരാശിയിൽ നിൽക്കുക
ഗുരു അർക്ക ഭൂസൂനു നിരീക്ഷചഃ - വ്യാഴം, സൂര്യൻ, കുജൻ ഇവരുടെ ദൃഷ്ടി ഉണ്ടാവുക
ഓജോ ഗൃഹഃ യദി വിക്രമാഖ്യഃ - മൂന്നാംഭാവം ഓജരാശിയാവുക (എങ്കിൽ)
പുംഭ്രാതരസ്തു .. ഭവേയു - സഹോദരന്മാർ ഉണ്ടാകും.

* *അംശവശാത് ഭവേയുഃ* എന്നത് രണ്ടു തരത്തിൽ വ്യാഖ്യാനിക്കപ്പെട്ടിട്ടുണ്ട്.

1. കാരകനും മൂന്നാംഭാവാധിപനും ഓജരാശിയിൽ നിൽക്കുകയും അംശിക്കുകയും വേണം
2. നവാംശം അനുസരിച്ച് (ചെന്ന നവാംശം സൂചിപ്പിക്കുന്നത്ര) സഹോദരന്മാർ ഉണ്ടാകും

നാലാംഭാവാധിപന്റെ സ്ഥിതി അനുസരിച്ചുള്ള ഫലങ്ങൾ

(10)
ദുസ്ഥാനേ സുഖപേ ശശിന്യപി സതാം
യോഗേക്ഷണൈർവർജിതേ
പാപാന്തഃ സ്ഥിതിമത്യസദ്ഗ്രഹയുതേ
ദൃഷ്ടേ ജനന്യാഃ മൃതിഃ
ഏതൗ ദ്വാവപി വീര്യഗൗ ശുഭയുതൗ
ദൃഷ്ടൗ ശുഭൈർബന്ധുഗൈർ-
മ്മാതുഃ സൗഖ്യകരൗ വിധോശ്ച സുഖഗൈഃ
സൗമ്യൈർവദേത്തത്സുഖം.
(11)
ലഗ്നേശേ സുഖഗേ *f* ഥവാ സുഖപതൗ
ലഗ്നേ തയോരീക്ഷണേ
യോഗേ വാ ശശിനസ്തഥാ യദി കരോ-
ത്യന്ത്യാം സ്വമാതുഃ ക്രിയാം
അന്യോന്യം യദി ശത്രുനീചഭവനേ
ഷഷ്ഠാഷ്ടമേ വാ തയോർ-
മാതൃർന്നോ *f* പി കരോതി നാശസമയേ
ബന്ധുസ്തയോർവാ ന ചേത്.

(12)
മാതൃഭാവോക്തവദ്വാച്യം പിതൃഭ്രാതൃസുതാദിഷു
ഭാവകാരകഭാവേശൈർലഗ്നലഗ്നേശ്വരൈർ വദേത്.

(13)
സുസ്ഥൗ സുഖേശഭൃഗുജൗ തനുബന്ധുയുക്താ-
വാന്ദോളികാം ജനപദേശ്വരതാം വിധത്തഃ
സ്വർണാദ്യനർഘമണിഭൂഷണപട്ടശയ്യാ-
കാമോപഭോഗകരണാനി ച ഗോഗജാശ്വാൻ.

(14)
ദുസ്ഥേ സുഖേശേ കുജസൂര്യയുക്തേ
സുഖേ *f* പി വാ ജന്മഗൃഹം പ്രദഗ്ദ്ധം
ജീർണ്ണം തമോമന്ദയുതേ *f* രിയുക്തേ
പരൈർഹൃതം ഗോക്ഷിതിവാഹനാദ്യം

ദുസ്ഥാനേ സുഖപേ - നാലാംഭാവാധിപൻ ദുസ്ഥാനത്തു (6 - 8 - 12) നിൽക്കുക
ശശ്ിനി അപി സതാം യോഗ ഈക്ഷണൈ വർജിതേ - ചന്ദ്രന് ശുഭരുടെ ദൃഷ്ടിയോ യോഗമോ ഇല്ലാതിരിക്കുക

*പാപാന്തഃസ്ഥിതവത്യസദ്ഗ്രഹയുതേ ദൃഷ്ടേ** - ചന്ദ്രന് പാപമദ്ധ്യസ്ഥിതി, പാപയോഗം, പാപദൃഷ്ടി ഇവ ഉണ്ടാവുക, എങ്കിൽ
ജനന്യാഃ മൃതിഃ - മാതൃമരണം ഫലം.

* മലയാളവ്യാഖ്യാനങ്ങളിൽ ഇതിനെ *അതിഅസദ്ഗ്രഹയുതേ ദൃഷ്ടേ* എന്നെടുത്ത് അതിപാപയോഗം, അതിപാപദൃഷ്ടി എന്ന് അർത്ഥം കൊടുത്തിരിക്കുന്നു. മാതൃകാരകനായ ചന്ദ്രന് പാപബന്ധം വന്നാൽത്തന്നെ അതു മാതാവിനു ദോഷമാകും. തന്നെയല്ല, പാപനെന്നല്ലാതെ അതിപാപനെന്ന പ്രയോഗം സാധാരണ വുമല്ല.

മുകളിൽ പറഞ്ഞ മൂന്നു കാര്യങ്ങൾ, വെവ്വേറെ എന്നല്ല ഒരുമിച്ച് എടുത്താലും, മാതൃമരണം ഉറപ്പിച്ചു പറയാനാവില്ല എന്ന് അറിയാത്ത ആളല്ല മന്ത്രേശ്വരൻ. നാലാംഭാവാധിപനും മാതൃകാരകനും ഒരുപോലെ ദുർബ്ബലരായിരുന്നാൽ അത് മാതൃഗുണത്തേയോ, മാതാവിന്റെ ആയുസ്സിനെത്തന്നെയോ, ബാധിക്കാം എന്നതാണ് അടിസ്ഥാന ആശയം.

ഏതൗ ദ്വാവപി - നാലാംഭാവാധിപനും ചന്ദ്രനും
വീര്യഗൗ ശുഭയുതൗ ദൃഷ്ടൗ - ബലവാന്മാരായി ശുഭഗ്രഹയോഗത്തോടെ /

ശുഭഗ്രഹദൃഷ്ടിയോടെ നിൽക്കുക
ശുഭൈ ബന്ധുഭൈ - നാലാംഭാവത്തിൽ ശുഭഗ്രഹങ്ങൾ നിൽക്കുക
മാതുഃ സൗഖ്യകരൗ - എങ്കിൽ, മാതാവിന് സൗഖ്യമാണ്.
വിധോശ്ച സുഭഗൈഃ സൗഖ്യൈഃ - ചന്ദ്രനിൽനിന്നു സുസ്ഥാനങ്ങളിൽ ശുഭർ നിന്നാലും
വദേത് തത്സുഖം - മാതാവിന്റെ സൗഖ്യത്തെ പറയണം.

ലഗ്നേശേ സുഖഗേ - ലഗ്നാധിപൻ നാലിൽ
അഥവാ സുഖപതൗ ലഗ്നേ - അല്ലെങ്കിൽ നാലാംഭാവാധിപതി ലഗ്നത്തിൽ
തയോരീക്ഷണേ - ഇവരുടെ (പരസ്പര) ദൃഷ്ടി,
യോഗേ - (ഇവർ തമ്മിൽ) യോഗം
വാ ശശ്ിനഃ തഥാ - അല്ലെങ്കിൽ ഇവർ ചന്ദ്രന്റെ കൂടെ സ്ഥിതി, എങ്കിൽ
കരോത്യന്ത്യാം സ്വമാതുഃ ക്രിയാം - മാതാവിന്റെ അന്ത്യക്രിയകൾ ചെയ്യും.

അന്യോന്യം - അവർ (ലഗ്നാധിപനും നാലാംഭാവാധിപനും) പരസ്പരം
ശത്രുനീചഭവനേ - ശത്രുക്ഷേത്രത്തിലോ നീചരാശിയിലോ
ഷഷ്ഠാഷ്ടമേ വാ തയോഃ - ആറ്, എട്ട് സ്ഥാനങ്ങളിലോ നിൽക്കുക
ബന്ധഃ തയോഃ വാ ന ചേത്. - അവർ തമ്മിൽ ബന്ധം ഇല്ലാതിരിക്കുക (ഇങ്ങനെ വന്നാൽ)
മാതൃഃ ന അപി കരോതി നാശസമയേ - മാതാവിന്റെ മരണസമയത്തു ശേഷക്രിയകൾ ചെയ്യാൻ കഴിയുകയില്ല.

മാതൃഭാവ ഉക്തവത് വാച്യാ - മാതൃഭാവത്തെക്കുറിച്ചു പറഞ്ഞതുപോലെ
പിതൃ ഭാതൃ സുതാദിഷു - പിതൃഭാവം, സഹോദരഭാവം, പുത്രഭാവം തുടങ്ങിയവയും
ഭാവ കാരക ഭാവേശൈഃ - ഭാവം, ഭാവകാരകൻ, ഭാവാധിപൻ, ഇവരെക്കൊണ്ടും (അവർക്കു)
ലഗ്നലഗ്നേശ്വരൈ വദേത് - ലഗ്നവും ലഗ്നാധിപനുമായുള്ള ബന്ധം പരിഗണിച്ചും പറയണം.

സുഖേശ ഭൃഗുജൗ - നാലാംഭാവാധിപനും ശുക്രനും
സുസ്ഥൗ - സുസ്ഥാനങ്ങളിൽ നിന്നാലും
തനുബന്ധുയുക്താ - ലഗ്നത്തിലോ നാലിലോ നിന്നാലും
ആന്ദോളികാം ജനപദേശ്വരതാം - പല്ലക്ക്, രാജത്വം,
സ്വർണാദിഅനർഘമണിഭൂഷണപട്ടശയ്യാ
- സ്വർണ്ണം തുടങ്ങിയവ, വിലപിടിച്ച രത്നങ്ങൾ, ആഭരണങ്ങൾ, കിടക്ക,
കാമോപഭോഗകരണാനി ച - കാമോപഭോഗവസ്തുക്കൾ,
ഗോഗജാശ്വാൻ - പശുക്കൾ, ആനകൾ, കുതിരകൾ തുടങ്ങിയവ ഉണ്ടാകും.
ദുസ്ഥേ സുഖേശേ - നാലാംഭാവാധിപതി ദുസ്ഥാനത്ത് നിൽക്കുക
കുജസൂര്യയുക്തേ - അല്ലെങ്കിൽ കുജനും സൂര്യനുമായിയോഗം വരുക
സുഖേപി വ - നാലിൽ കുജനും സൂര്യനും ചേർന്നു നിൽക്കുക (ഇവയുണ്ടെങ്കിൽ)
ജന്മഗൃഹം പ്രദഗ്ദ്ധ - ജന്മഗൃഹം കത്തിപ്പോകും.

തമോമന്ദയുതേ - (നാലാംഭാവാധിപതിക്ക്) ശനി-രാഹുക്കളോട് ബന്ധം വന്നാൽ
ജീർണ്ണം - ജന്മഗൃഹം ജീർണ്ണാവസ്ഥയിലുള്ള തായിരിക്കും.
അരിയുക്തേ - (നാലാംഭാവാധിപതി) ശത്രുക്കളോടുകൂടി നിന്നാൽ
ഗോക്ഷിതി വാഹനാദ്യം - പശുക്കളും, ഭൂമിയും വാഹനങ്ങളുമൊക്കെ
പരൈർഹൃതാ - അന്യന്മാർ (വല്ലവരും) കൊണ്ടു പോകും.

അഞ്ചാംഭാവാധിപന്റെ സ്ഥിതി അനുസരിച്ചുള്ള ഫലങ്ങൾ

(15)
സൗമ്യർക്ഷാംശേ സൗമ്യയുക്തേ പഞ്ചമേ വാ തദീശ്വരേ
വൈശേഷികാംശേ സദ്ഭാവേ ധീമാന്നിഷ്കപടീ ഭവേത്

പഞ്ചമേ - അഞ്ചാംഭാവം
സൗമ്യർക്ഷാംശേ - ശുഭഗ്രഹത്തിന്റെ രാശിയോ
സൗമ്യയുക്തേ - ശുഭഅംശകമോ
സൗമ്യയുക്തേ - ശുഭനോടുകൂടിയോ ആവുക;
വാ - അല്ലെങ്കിൽ
തദീശ്വരേ - അഞ്ചാംഭാവാധിപൻ
വൈശേഷികാംശേ - വൈശേഷികാംശത്തിലും*

സദ്ഭാവേ - ശുഭഭാവങ്ങളിലും നിൽക്കുകയോ ചെയ്താൽ

ധീമാൻ നിഷ്കപടീ ഭവേത് - ബുദ്ധിശാലിയും കപടമില്ലാത്തവനും ആയിരിക്കും.

* ഫലദീപിക മൂന്നാം അദ്ധ്യായം ഏഴാംശ്ലോകത്തിൽ പറയുന്ന ഉത്തമാംശം തുടങ്ങിയവ യാണ് വൈശേഷികാംശങ്ങൾ.

ആറാംഭാവാധിപന്റെ സ്ഥിതി അനുസരിച്ചുള്ള ഫലങ്ങൾ

(16)
സ്ഥിതിഃ പാപാനാം വാ ദ്വിഷദി ബലയുക്താരിപതിനാ
യുതോ വാ ദൃഷ്ടോ വാ യദി രിപുഗ്രഹേ വാ

അരീശഃ കേന്ദ്രേ വാപ്യശുഭഖഗസംവീക്ഷിതയുതേ
രിപൂണാം പീഡാം ദ്രാഗ്ഭൃശമപരിഹര്യാം വിതനുതേ.

(17)
ഷഷ്ഠേശ്വരാദതിബലിന്യുദയാധിനാഥേ
സൗമ്യഗ്രഹാംശസഹിതേ ശുഭദൃഷ്ടിയുക്തേ
സൗഖ്യേശ്വരേ ƒ പി സബലേ യദി കേന്ദ്രകോണേ-
ഷ്വാരോഗ്യഭാഗ്യസഹിതോ ദൃഢഗാത്രയുക്തഃ.

(18)
ശത്രുനാഥേ തു ദുഃസ്ഥാനേ നീചമൂഢാരിസംയുതേ
തസ്മാദ്ബലാഢ്യേ ലഗ്നേശേ ശത്രുനാശം രിപൗ[(1)] ശുഭേ.
പാഠഭേദം: (1) രവൗ ശുഭേ - ഒമ്പതിൽ സൂര്യൻ

(19)
യദ്ഭാവേശയുതോ വൈരിനാഥോ യദ്ഭാവസംശ്രിതഃ
ഷഷ്ഠസ്ഥിതോ യദ്ഭാവേശഃ സ്തേ ഭാവാശുഭതാം യയുഃ.

1 പാപ:നാം ദ്വിഷദി സ്ഥിതിഃ - ആറിൽ പാപഗ്രഹങ്ങൾ നിൽക്കുക
2. ത:നുപതിഃ ബലയുക്ത അരിപത്:നാ യുതോ ദൃഷ്ടോ - ലഗ്നാധിപനു ബലവാനായ ആറാം ഭാവാധിപന്റെ യോഗമോ ദൃഷ്ടിയോ ഉണ്ടാവുക,
3.രിപുഗ്രഹേ ത:നുപതിഃ - ലഗ്നാധിപൻ ആറിൽ നിൽക്കുക,
4.അരീശഃ കേന്ദ്രേ - ആറാംഭാവാധിപൻ കേന്ദ്രത്തിൽ നിൽക്കുക
5.അശുഭ ഖഗ വീക്ഷിത യുതോ - ആറാംഭാവാധിപന് പാപഗ്രഹങ്ങളുടെ ദൃഷ്ടിയോ യോഗമോ ഉണ്ടാവുക

- - ഇവയെല്ലാംതന്നെ
രിപൂണാം പീഡാം ദ്രാഗ്ഭൃശമപരിഹാര്യാം - (ഇവയെല്ലാം) പരിഹാരമില്ലാതെ എക്കാലവും തുടരുന്ന ശത്രുശല്യത്തെ സൂചിപ്പിക്കുന്നു.

ഉദയാധി:നാഥേ - ലഗ്നാധിപന
1 ഷഷ്ഠേശ്വരാത് അതിബലി:നി - ആറാംഭാവാധിപനേക്കാൾബലമുണ്ടാവുക,
2 സൗമ്യഗ്രഹാംശസഹിതേ

- (ലഗ്നാധിപൻ) ശുഭഗ്രഹങ്ങളുടെ രാശിയിൽ അംശിക്കുക

3. *ശുഭദൃഷ്ടിയുക്തേ* (ലഗ്നാധിപന്)

- ശുഭഗ്രഹങ്ങളുടെ ദൃഷ്ടിയോ യോഗമോ ഉണ്ടാവുക

4 *സൗഖ്യേശ്വരേ സബലേ* - നാലാംഭാവാധിപൻ ബലവാനായി
കേന്ദ്രകോണേഷു - കേന്ദ്രത്തിലോ ത്രികോണത്തിലോ നിൽക്കുക, എങ്കിൽ
ആരോഗ്യഭാഗ്യസഹിതോ ദൃഢഗാത്രയുക്തഃ.

- ആരോഗ്യം, ഭാഗ്യം, ദൃഢഗാത്രം ഇവയുള്ളവനായിരിക്കും.

ശത്രുനാഥേ ദുഃസ്ഥാനേ - ആറാംഭാവാധിപനു ദുസ്ഥാനസ്ഥിതി,
നീചമൂഢാരിസംയുതേ - നീചം, മൗഢ്യം, ശത്രുഗ്രഹയോഗം
(തുടങ്ങിയ ബലക്കുറവുകൾ) ഉണ്ടാവുക
തസ്മാത് ബലാഢ്യേ ലഗ്നേശേ - ലഗ്നേശന് ആറാം ഭാവാധിപനേക്കാൾ ബലമുണ്ടാവുക
രിപൗ ശുഭേ - ആറിൽ ശുഭന്മാർ നിൽക്കുക
ശത്രുനാശം - ഇവ ശത്രുനാശത്തെ സൂചിപ്പിക്കുന്നു.

യദ്ഭാവേശയുതോ വൈരിനാഥോ - ആറാംഭാവാധിപന്റെ കൂടെ നിൽക്കുന്ന ഗ്രഹവും
(ആ ഗ്രഹത്തിന് ആധിപത്യമുള്ള ഭാവവും)

യദ്ഭാവസംശ്രിതഃ - ആറാംഭാവാധിപൻ നിൽക്കുന്ന ആ ഭാവവും

ഷഷ്ഠസ്ഥിതോ തദ്ഭാവേശഃ - ആറാംഭാവത്തിൽ നിൽക്കുന്ന ഗ്രഹവും (അതിന്റെ ഭാവവും)
തേ ഭാവാശുഭതാം യയുഃ. - അശുഭത്തെ പ്രാപിക്കുന്നു. (ദുർബ്ബലമാകുന്നു.)

ആറാംഭാവം ദുസ്ഥാനമായതിനാൽ അതുമായോ അതിന്റെ ഭാവാധിപനുമായോ ഉള്ള ബന്ധം മറ്റു ഭാവങ്ങളേയും അവയുമായി ബന്ധപ്പെട്ട ഗ്രഹങ്ങളേയും അശുഭകരമാക്കുന്നു എന്നു ചുരുക്കം.

ഏഴാംഭാവാധിപന്റെ സ്ഥിതി അനുസരിച്ചുള്ള ഫലങ്ങൾ

(20)
സത് സംബന്ധയുതേ സപ്തർക്ഷേ തദീശേ ബലാന്വിതേ
പതി പുത്രവതീ സാധ്വീ ഭാര്യാ സർവഗുണൈർവ്വതാ.

സത് സംബന്ധയുതേ സപ്തർക്ഷ - ഏഴാംഭാവം ശുഭഗ്രഹത്തോടെയും
തദീശേ ബലാന്വിതേ - ഏഴാംഭാവാധിപൻ ബലവാനായും ഇരുന്നാൽ
പതി പുത്രവതീ സാധ്വീ ഭാര്യാ - ഭാര്യ പതിവ്രതയും പുത്രരുണ്ടാകുന്നവളും
സർവഗുണൈർവ്വതാ - സമ്പന്നയുമായിരിക്കും.

എട്ടാംഭാവാധിപന്റെ സ്ഥിതി അനുസരിച്ചുള്ള ഫലങ്ങൾ

(21)
കേന്ദ്രാദന്യത്ര രന്ധ്രേശേ ലഗ്നേശാദ്ദുർബലേ സതി
വ്യാധിർന്ന വിഘ്നം ന ക്ലേശം ന്യണാമായുശ്ചിരം ഭവേത്.

കേന്ദ്രാദന്യത്ര രന്ധ്രേശേ	-	എട്ടാംഭാവാധിപൻ കേന്ദ്രങ്ങളൊഴിച്ചുള്ള സ്ഥാനങ്ങളിൽ നിൽക്കുക;
ലഗ്നേശാഃ ദുർബലേ സതി	-	എട്ടാംഭാവാധിപന് ലഗ്നാധിപനേക്കാൾ ബലംകുറഞ്ഞിരിക്കുക; എങ്കിൽ
വ്യാധിഃ ന വിഘ്നം ന ക്ലേശം	-	വ്യാധിയും വിഘ്നവും ക്ലേശവും ഉണ്ടാവുകയില്ല.
ന്യണാമായുശ്ചിരം ഭവേത്	-	മനുഷ്യനു ദീർഘായുസ്സ് ഉണ്ടാവുകയും ചെയ്യും.

ഒമ്പതാംഭാവാധിപന്റെ സ്ഥിതി അനുസരിച്ചുള്ള ഫലങ്ങൾ

(22)
ധർമേ കുജേ വാ സൂര്യേ വാ ദുസ്ഥേ തന്നായകേ സതി
പാപമദ്ധ്യഗതേ വാ പി പിത്യമരണാമാദിശേത്.

(23)
ദിവാ സൂര്യേ നിശാ മന്ദേ സുസ്ഥേ ശുഭനിരീക്ഷിതേ
ധർമേശേ ബലസംയുക്തേ ചിരം ജീപതി തത്പിതാ.

(24)
ശനിർഭാഗ്യാധിപഃ സ്വാച്ചേച്ചരസ്ഥോ ശുഭേക്ഷിതഃ
സൂര്യോ ദുസ്ഥാനഗേ f പ്യന്യ f പിതരം ഹ്യുപജീവതി.

(25)
മന്ദാരയോഃ ശീതരുചൗ ച സൂര്യോ
ത്രികോണഗേ തജ്ജനനീ പിത്യദ്വ്യാം
ത്യക്തോ ഭവേച്ഛക്രപുരോഹിതേന
ദൃഷ്ടേ തനൂജോ f സ്തി സുഖീ ചിരായുഃ

(26)
ധർമേ തദീശേ വാ മന്ദയുക്തേ ദൃഷ്ടേ f പി വാ ചരേ
ജാതോ ദത്തോ ഭവേന്നൂനം വ്യയേശേ ബലശാലിനി.

ധർമേ കുജേ വാ സൂര്യേ	-	ഒമ്പതിൽ കുജനോ സൂര്യനോ നിൽക്കുകയോ
വാ ദുസ്ഥേ തന്നായകേ സതി	-	ഒമ്പതാംഭാവാധിപതി ദുസ്ഥാനത്തു (6 - 8 - 12)

നിൽക്കുകയോ

പാപമദ്ധ്യഗതേ വാ- ഒമ്പതാംഭാവാധിപതിക്കു പാപമദ്ധ്യസ്ഥിതി വരുകയോ (ചെയ്താൽ)
പിതൃമരണം ആദിശേത്. - പിതൃമരണം പറയണം.

ദിവാ സൂര്യേ നിശാ മന്ദേ - പകൽ ജനനത്തിൽ സൂര്യനും രാത്രിജനനത്തിൽ ശനിയും
സുസ്ഥേ ശുഭനിരീക്ഷിതേ- ശുഭസ്ഥാനങ്ങളിൽ ശുഭദൃഷ്ടിയോടെ നിൽക്കു കയും
ധർമേശേ ബലസംയുതേ - ഒമ്പതാംഭാവാധിപനു ബലമുണ്ടായിരിക്കുകയും ചെയ്താൽ
ചിരം ജീപതി തത്പിതാ. - ജാതകന്റെ പിതാവിനു ദീർഘായുസ്സുണ്ടാകും

ശനി ഭാഗ്യാധിപഃ ചരസ്ഥഃ - ശനി ഒമ്പതാംഭാവാധിപനായി ചരരാശിയിൽ,
ന ശുഭേക്ഷിതഃ - ശുഭദൃഷ്ടിയില്ലാതെ നിൽക്കുക
സൂര്യോ ദുഃസ്ഥാനഗ - സൂര്യൻ ദുസ്ഥാനത്തു നിൽക്കുക
അന്യപിതരം ഹി ഉപജീവതി - എങ്കിൽ, അന്യപിതാവിനെ ആശ്രയിക്കേണ്ടി വരും.

ശീതരുചൗ ച സൂര്യോ - ചന്ദ്രനും സൂര്യനും
മന്ദാരയോഃ ത്രികോണഗേ - ശനികുജന്മാരുടെ ത്രികോണത്തിൽ നിന്നാൽ
തജ്ജനനീ പിതൃഭ്യാം ത്യക്തോ ഭവേത് - മാതാപിതാക്കളാൽ ഉപേക്ഷിക്കപ്പെടും.

ശക്രപുരോഹിതേന ദൃഷ്ടേ - വ്യാഴദൃഷ്ടിയുണ്ടെങ്കിൽ
തനൂജ സുഖീ ചിരായുഃ അസ്തി - ആ പുത്രൻ സുഖിയായും ദീർഘായുസ്സായും ജീവിക്കും.

ധർമ്മേ തദീശേ വാ മന്ദയുക്തേ
- ശനി ഒമ്പതാംഭാവത്തിലോ ഒമ്പതാംഭാവാധിപന്റെ കൂടെയോ നിൽക്കുക
ദൃഷ്ടേപി വ - അല്ലെങ്കിൽ അവ ശനിയാൽ നോക്കപ്പെടുക
ചരേ - ഒമ്പതാംഭാവം ചരരാശിയാവുക
വ്യയേശേ ബലശാലിനി. - പന്ത്രണ്ടാംഭാവാധിപതി ബലവാനായിരിക്കുക , എങ്കിൽ
ജാതോ ദത്തോ ഭവേത് നൂനം - ജാതകൻ ദത്തുപുത്രനാകും.

പത്താംഭാവാധിപന്റെ സ്ഥിതി അനുസരിച്ചുള്ള ഫലങ്ങൾ

(27)
നഭസി ശുഭഖഗേ വാ തത്പതൗ കേന്ദ്രകോണേ
ബലിനി നിജഗ്രഹോച്ചേ കർമഗേ ലഗ്നപേ വാ
മഹിതപൃഥുയശാഃ സ്യാദ്ധർമ്മകർമ്മ[1] പ്രവൃത്തിർ-
നൃപതിസദൃശഭാഗ്യം ദീർഘമായുശ്ച തസ്യ.
പാഠഭേദം : സ്യാദ്ധർമ്മവൃത്തപ്രവൃത്തി.

(28)
ഊർജസ്വീ ജനവല്ലഭോ ദശമഗേ സൂര്യേ കുജേ വാ മഹത്
കാര്യം സാധയതി പ്രതാപബഹുലം ഖേശശ്ച സുസ്ഥോ യദി
സവ്യാപാരവതീം ക്രിയാം വിതനുതേ സൗമ്യേഷു സച്ശ്ലാഘിതാം

കർമസ്ഥേഷ്വഹിമന്ദകേതുഷു ഭവേദുഷ്കർമകാരീ നരഃ.

നഭസി ശുഭഖഗോ വാ - പത്തിൽ ശുഭഗ്രഹങ്ങൾ നിൽക്കുക
തത്പതൗ - പത്താംഭാവാധിപൻ
കേന്ദ്രകോണേ - കേന്ദ്രത്തിലോ ത്രികോണത്തിലോ
നിജഗ്രഹോച്ചേ - സ്വക്ഷേത്രത്തിലോ ഉച്ചത്തിലോ
ബലിനി - ബലവാനായി നിൽക്കുക
കർമഗേ ലഗ്നപേ വാ - അല്ലെങ്കിൽ ലഗ്നാധിപൻ പത്തിൽ നിൽക്കുക

അതായത്, പത്താംഭാവത്തിൽ ശുഭഗ്രഹസ്ഥിതി/ ലഗ്നാധിപസ്ഥിതി/ പത്താംഭാവാധിപനു ഗ്രഹ ബലം ഇവ ഉണ്ടെങ്കിൽ

മഹിതപൃഥുയശാഃ - ജാതകൻ വളരെ യശസ്സോടെ
സ്യാത് ധർമ്മകർമ്മപ്രവൃത്തി - ധാർമ്മികപ്രവർത്തികൾ ചെയ്ത്
നൃപതിസദൃശഭാഗ്യം - രാജാവിനെപ്പോലെ ഭാഗ്യവും
ദീർഘമായുഃ ച തസ്യ - ദീർഘായുസ്സും ഉള്ളവനായി ജീവിക്കും

ദശമഗേ സൂര്യേ കുജേ വാ - പത്തിൽ സൂര്യൻ അല്ലെങ്കിൽ കുജൻ നിന്നാൽ
ഊർജസ്വീ ജനവല്ലഭോ - ശക്തനായ ഭരണാധികാരിയാകും,
മഹത്കാര്യം സാധയതി - വലിയ കാര്യങ്ങൾ സാധിക്കും.

ഖേശശ്ച സുസ്ഥോ യദി - പത്താംഭാവാധിപൻ സുസ്ഥനാണെങ്കിൽ
പ്രതാപബഹുലം - പ്രതാപിയാകും.

സൗമ്യേഷു - (പത്താംഭാവാധിപൻ) ശുഭഗ്രഹമാണെങ്കി
സദ്വ്യാപാരവതീം ക്രിയാം - ശുഭകർമ്മങ്ങൾ ചെയ്യുന്നവനും
സത് ശ്ലാഘിതാം - സത്തുക്കളാൽ ശ്ലാഘിക്കപ്പെടുന്നവനുമാകും.

അഹി മന്ദ കേതുഷു കർമസ്ഥേഷു - പത്തിൽ ശനിയോ രാഹുകേതുക്കളോ നിന്നാൽ
ഭവേദുഷ്കർമ്മകാരീ നരഃ - ദുഷ്കർമ്മങ്ങൾ ചെയ്യുന്നവനാകും.

പതിനൊന്നാംഭാവാധിപന്റെ സ്ഥിതി അനുസരിച്ചുള്ള ഫലങ്ങൾ

(29)
ലാഭേശേ യദ്ഭാവനാഥയുക്തോ യദ്ഭാവഗേ f പി വാ
ലാഭം തദനുരൂപസ്യ വസ്തുനോ ലാഭഗൈരപി.

ലാഭേശേ യദ്ഭാവനാഥയുക്തേ - ലാഭേശൻ ഏതു ഭാവനാഥന്റെ കൂടെ നിൽക്കുന്നുവോ
യദ്ഭാവഗേപി വാ - ലാഭേശൻ ഏതു ഭാവത്തിൽ നിൽക്കുന്നുവോ
ലാഭഗൈരപി. - ലാഭത്തിൽ ഏതെല്ലാഗ്രഹങ്ങൾനിൽക്കുന്നുവോ
തദനുരൂപസ്യ വസ്തുനോ - അതിനനുസരിച്ചുള്ള വസ്തുക്കളുടെ ലാഭമുണ്ടാകും.

പതിനൊന്നാംഭാവവും പതിനൊന്നാംഭാവാധിപനുമായി ബന്ധമുള്ള ഗ്രഹങ്ങളും ഭാവങ്ങളും ലാഭത്തിന്റെ, വരുമാനത്തിന്റെ, വഴികൾ സൂചിപ്പിക്കുന്നു.

പന്ത്രണ്ടാംഭാവാധിപന്റെ സ്ഥിതി അനുസരിച്ചുള്ള ഫലങ്ങൾ

(30)
വ്യയസ്ഥിതോ യദ്ഭാവേശോ വ്യയേശോ യത്ര തിഷ്ഠതി
തസ്യ ഭാവസ്യാനുരൂപവസ്തുനോ നാശമാദിശേത്.

വ്യയസ്ഥിതോ യദ്ഭാവേശോ	-	പന്ത്രണ്ടിൽ നിൽക്കുന്ന ഭാവാധിപനും
വ്യയേശോ യത്ര തിഷ്ഠതി	-	പന്ത്രണ്ടാം ഭാവാധിപൻ നിൽക്കുന്ന ഭാവവും അനുസരിച്ച്
തസ്യ ഭാവസ്യ അനുരൂപവസ്തുനോ	-	ആ ഭാവത്തിന് അനുരൂപമായ വസ്തുക്കളുടെ
നാശമാദിശേത്.	-	നാശം പറയണം.

പന്ത്രണ്ടിൽ നിൽക്കുന്ന ഗ്രഹത്തിന് ആധിപത്യമുള്ള ഭാവവും പന്ത്രണ്ടാം ഭാവാധിപൻ നിൽക്കുന്ന ഭാവവും സൂചിപ്പിക്കുന്നതായിരിക്കും നാശത്തിന്റെ, ചിലവിന്റെ, വഴികൾ.

ഭാവസിദ്ധികാലം

(31)
ഭാവേശസ്ഥിതഭാംശകോണമപി വാ ഭാവം തു വാ ലഗ്നപോ
ലഗ്നേശസ്ഥിതഭാംശകോണമുദയം വാ യാതി ഭാവാധിപഃ
സംയോഗേ ƒ പി വിലോകനേ ƒ പി ച തയോസ്തത്ഭാവസിദ്ധിം തദാ
ബ്രൂയാത് കാരകയോഗതസ്തനുപതേർല്ലഗ്നാച്ച ചന്ദ്രാദപി.

ഭാവേശ സ്ഥിത	-	ഭാവനാഥൻ നിൽക്കുന്ന
ഭാംശ	-	രാശിയുടേയോ അംശകത്തിന്റേയോ
കോണമപി വാ	-	ത്രികോണത്തിലോ
ഭാവം	-	ഭാവത്തിലോ
ലഗ്നപോ	-	ലഗ്നാധിപൻ വരുന്ന സമയത്തോ,
ലഗ്നേശസ്ഥിത	-	ലഗ്നാധിപൻ നിൽക്കുന്ന
ഭാംശ	-	രാശിയുടേയോ അംശകത്തിന്റെയോ
കോണം	-	ത്രികോണത്തിലോ
ഉദയം	-	ലഗ്നത്തിലോ
യാതി ഭാവാധിപഃ	-	ഭാവനാഥൻ വരുന്ന സമയത്തോ,
തയോ	-	രണ്ടു പേരും (ലഗ്നാധിപനും ഭാവനാഥനും)
തമ്മിൽ*വിലോകനേ.പി ച*	-	യോഗമോ ദൃഷ്ടിയോ വരുന്ന സമയത്തും
തത് ഭാവസിദ്ധിം തദാ	-	ഭാവസിദ്ധിയുണ്ടാകും.

കാരകയോഗതഃ തനുപതേഃ - ഭാവകാരകനും ലഗ്നാധിപനും തമ്മിൽ ബന്ധം വരുന്നതനുസരിച്ചും (കാരകൻ ഗോചരത്തിൽ ലഗ്നാധിപൻ നിൽക്കുന്ന ഭാവത്തിൽ വരുമ്പോഴും) ഭാവസിദ്ധിയുണ്ടാകും.

ബ്രൂയാത് ലഗ്നാത് ച ചന്ദ്രാദപി - ലഗ്നാലും ചന്ദ്രാലും പറയണം. (ഇങ്ങനെ ചിന്തിക്കണം.)

(32)
യദ്ഭാവേശസ്ഥിതർക്ഷാംശത്രികോണസ്ഥേ ഗുരുർ യദാ
ഗോചരേ തസ്യ ഭാവസ്യ ഫലപ്രാപ്തിം വിനിർദ്ദശേത്.

യത് ഭാവേശ സ്ഥിതഃ - ഭാവേശൻ നിൽക്കുന്ന
ഋക്ഷാംശ ത്രികോണസ്ഥോ - രാശിയുടേയോ അംശകത്തിന്റേയോ ത്രികോണത്തിൽ
ഗുരുഃ യദാ ഗോചരേ - വ്യാഴം ചാരവശാൽ വരുമ്പോൾ
തസ്യ ഭാവസ്യ ഫലപ്രാപ്തിം വിനിർദ്ദശേത് - ആ ഭാവത്തിന്റെ ഫലപ്രാപ്തി പറയണം.

(33)
ലഗ്നാരിനാഥയോഗേ തു ലഗ്നേശാദ്ദുർബ്ബലേ രവൗ
തദാ തദ്വശഗഃ ശത്രുർവിപരീതമതോ ƒ ന്യഥാ.

ലഗ്നാരിനാഥയോഗോ തു - ലഗ്നാധിപനും ആറാംഭാവാധിപനും തമ്മിൽ (ഗോചരത്തിൽ) യോഗമുണ്ടാവുകയും
ലഗ്നേശാദ്ദുർബ്ബലേ രവൗ - രവിയ്ക്കു ലഗ്നാധിപനേക്കാൾ ബലം കുറഞ്ഞിരിക്കുകയും ചെയ്താൽ
തദാ തദ്വശഗഃ ശത്രു - ശത്രുക്കൾ ജാതകന്റെ അധീനതയിലാകും.
വിപരീതമതോ അന്യഥാ. - വിപരീതമായാൽ ജാതകൻ പരാധീനതയിലുമാകും.

(34)
യദ്ഭാവപസ്യ തനുപസ്യ ഭവത്യരിത്വം
തത്കാലശത്രുവശതോ ƒ രിമൃതിസ്ഥിതിർവാ
സ്പർദ്ധാം തദാ വദതു തേന ച ഗോചരസ്ഥ-
സ്തദ്വത് സുഹൃത്വമപി സംയുതിമൈത്രതശ്ച.

യദ്ഭാവപസ്യ തനുപസ്യ ഭവതി അരിത്വം തത്കാലശത്രുവശതഃ
- ഭാവാധിപനും ലഗ്നാധിപനും (ഗോചരത്തിൽ) തത്കാലശത്രുക്കളാകുക
അരിമൃതിസ്ഥിതിർവാ - അല്ലങ്കിൽ (പരസ്പരം) 6-8 ഭാവങ്ങളിൽ വരുക
സ്പർദ്ധാം തദാ വദതു തേന ച - എങ്കിൽ വഴക്കുണ്ടാകുമെന്നു പറയണം.
ഗോചരജ്ഞസ്തദ്വത് സുഹൃത്വമപി സംയുതി മൈത്രതഃ ച
- ഇവരുടെ സംയോഗവും(തത്കാല)മൈത്രിയുംമൂലംസൗഹൃദവും ഭവിക്കും.

(35)
ലഗ്നേശയദ്ഭാവപയോസ്തു യോഗോ
യദാ തദാ തത്ഫലസിദ്ധികാലഃ

ഭാവേശവീര്യേ ശുഭമന്യഥാന്യ-
ല്ലഗ്നാച്ച ചന്ദ്രാദപി ചിന്തനീയം.

ലഗ്നേശ യത് ഭാവപയോഃ യോഗോ   -   ലഗ്നേശനും ഭാവാധിപനും തമ്മിൽ
                                 (ചാരവശാത്)യോഗമുണ്ടാകുമ്പോൾ

യദാ തദാ തത്ഫലസിദ്ധികാലഃ   -   ആ ഭാവത്തിന്റെ ഫലം ലഭിക്കും.

ഭാവേശ വീര്യേ ശുഭം, അന്യഥാന്യ   -   ഭാവേശനു ബലമുണ്ടെങ്കിൽ
                                  ശുഭഫലം. ഇല്ലെങ്കിൽ അശുഭഫലം.

ലഗ്നാത് ച ചന്ദ്രാത് അപി ചിന്തനീയം -   ലഗ്നാലും ചന്ദ്രാലും ഇതു ചിന്തിക്കണം.

അദ്ധ്യായം 17
നിര്യാണപ്രകരണം

(1)
തത്തദ്ഭാവാദഷ്ടമേശസ്ഥിതാംശേ തത്ത്രികോണഗേ
വ്യയേശസ്ഥിതഭാംശേ വാ മന്ദേ തദ്ഭാവനാശനം.

ഭാവനാശം വരുന്നതെപ്പോൾ

തത്തത് ഭാവാത്	-	ഏതൊരു ഭാവത്തിന്റെയും
അഷ്ടമേശസ്ഥിതാംശേ	-	(അതിന്റെ) എട്ടാംഭാവാധിപൻ നിൽക്കുന്ന രാശിയിലോ, അംശകത്തിലോ
തത് ത്രികോണഗേ	-	അവയുടെ ത്രികോണത്തിലോ
വാ	-	അല്ലെങ്കിൽ
വ്യയേശ സ്ഥിത ഭാംശേ	-	പന്ത്രണ്ടാംഭാവാധിപൻ നിൽക്കുന്ന രാശിയിലോ, അംശകത്തിലോ(അവയുടെ ത്രികോണത്തിലോ)
മന്ദേ	-	ശനി (ഗോചരത്തിൽ) വരുമ്പോൾ
തദ്ഭാവനാശനം	-	ആ ഭാവത്തിനു നാശമുണ്ടാകും

(ആ ഭാവത്തെകൊണ്ടുള്ള ഗുണമൊന്നും ഉണ്ടാവുകയില്ല.)

പ്രതിപാദനരീതികൊണ്ടും ഉള്ളടക്കംകൊണ്ടും ഈ ശ്ലോകം കഴിഞ്ഞ അദ്ധ്യായത്തിലെ 31, 32 ശ്ലോകങ്ങളുടെ രീതിയിലുള്ളതായതുകൊണ്ട് അതേ വിധത്തിലാണ് ഇവിടെ അർത്ഥം പറഞ്ഞിട്ടുള്ളതും.

(2)
രന്ധ്രേശോ ഗുളികോ മന്ദഃ ഖരദ്രേക്കാണപോ ƒ പി വാ
യത്ര തിഷ്ഠതി തദ്ഭാംശത്രികോണേ രവിജേ മൃതിഃ

ശനി മരണം സൂചിപ്പിക്കുന്നതെപ്പോൾ

രന്ധ്രേശോ	-	അഷ്ടമാധിപതി
ഗുളികോ	-	ഗുളികൻ
മന്ദഃ	-	ശനി
ഖരദ്രേക്കാണപ അപി വാ	-	ഇരുപത്തിരണ്ടാം ദ്രേക്കാണാധിപൻ
യത്ര തിഷ്ഠതി	-	ഇവർ എവിടെ നിൽക്കുന്നുവോ
തദ്ഭാംശത്രികോണേ	-	ആ രാശിയിലോ അംശകത്തിലോ അവയുടെ ത്രികോണത്തിലോ
രവിജേ	-	ശനി വരുന്ന സമയത്തു
മൃതിഃ	-	മരണമുണ്ടാകും.

വ്യാഴം മരണം സൂചിപ്പിക്കുന്നതെപ്പോൾ

(3)
ഉദ്യദ്ദ്യഗാണനാഥസ്യ തഥാ രന്ധ്രാധിപസ്യ ച
രന്ധ്രദ്രേക്കാണപസ്യാപി ഭാംശകോണേ ഗുരൗ മൃതി.

ഉദ്യത് ദൃഗാണ നാഥസ്യ	-	ലഗ്നദ്രേക്കാണത്തിന്റ നാഥന്റേയോ
തഥാ രന്ധ്രാധിപസ്യ ച	-	അഷ്ടമാധിപന്റേയോ
രന്ധ്രദ്രേക്കാണപസ്യാപി	-	ഇരുപത്തിരണ്ടാം ദ്രേക്കാണനാഥന്റേയോ
ഭാംശകോണേ ഗുരൗ മൃതിഃ	-	രാശിയിലോ അംശകത്തിലോ ഇവയുടെ ത്രികോണങ്ങളിലോ വ്യാഴം വരുന്ന സമയത്തു മരണം ഉണ്ടാകും.

(4)
സ്വസ്ഫുടദ്വാദശാംശേ വാ രന്ധ്രേശസ്ഥ നവാംശകേ
ലഗ്നേശസ്ഥനവാംശേ വാ[1] തത്ത്രികോണേ / പി വാ മൃതിഃ.

പാഠഭേദം : ലഗ്നേശസ്ഥനവാംശേർകേ
(അർക്കൻ ഇവിടെ പ്രസക്തമല്ല.)

സ്വസ്ഫുടദ്വാദശാംശേ	-	വ്യാഴത്തിന്റെ ദ്വാദശാംത്തിലോ
രന്ധ്രേശസ്ഥ നവാംശകേ	-	അഷ്മാധിപന്റെ നവാംശത്തിലോ
ലഗ്നേശസ്ഥനവാംശേ വാ	-	ലഗ്നാധിപന്റെ നവാംശത്തിലോ
തത്ത്രികോണേ അപി വാ മൃതിഃ	-	ഇവയുടെ ത്രികോണങ്ങളിലോ
ഗുരൗ മൃതിഃ	-	വ്യാഴം വരുന്ന കാലത്ത് മരണമുണ്ടാകും.

ചന്ദ്രൻ മരണം സൂചിപ്പിക്കുന്നത് എപ്പോൾ

(5)
രന്ധ്രപ്രഭോർവാ ഭാനോർവാ ഭാംശകോണം ഗതേ വിധൗ
മൃതിം വദേത്സർവമേതല്ലഗ്നാത്ച്ചന്ദ്രാത് ച ചിന്തയേത്

രന്ധ്രപ്രഭോ വാ	-	അഷ്ടമാധിപന്റെയോ
ഭാനോർവാ	-	സൂര്യന്റേയോ
ഭാംശകോണം	-	രാശിയിലോ അംശകത്തിലോ ത്രികോണത്തിലോ
ഗതേ വിധൗ	-	ചന്ദ്രൻ വരുന്ന സമയത്തു
മൃതിം വദേത് സർവമേതത്.	-	മരണമുണ്ടാകും
ലഗ്നാത് ചന്ദ്രാത് ച ചിന്തയേത്	-	ഇതു ലഗ്നംകൊണ്ടും ചന്ദ്രനെക്കൊണ്ടും ചിന്തിക്കണം.

സ്വമരണവും സഹോദരമരണവും

ലഗ്നേശ ഹീന യമകണ്ടകഭാംശകോണം
പ്രാപ്തേ*/* ഥവാ ശനിവിഹീന ഹിമാംശുഭാംശം
യാതേ ഗുരൗ സ്വമരണം ത്വഥ രാഹുഹീന-
ഭൂസൂനുഭാംശകഗുരൗ സഹജപ്രണാശഃ.

ലഗ്നേശഹീന യമകണ്ടക ഭാംശകോണം പ്രാപ്തേ - യമകണ്ടകസ്ഫുടത്തിൽനിന്നും (26:3) ലഗ്നാധിപസ്ഫുടം കുറച്ചാൽ കിട്ടുന്ന രാശിയിലോ അംശകത്തിലോ അവയുടെ ത്രികോണങ്ങളിലോ,

അഥവാ - അല്ലെങ്കിൽ
ശനിവിഹീന ഹിമാംശ - ചന്ദ്രസ്ഫുടത്തിൽനിന്നും ശനിസ്ഫുടം കുറച്ചാൽ കിട്ടുന്ന രാശിയിലോ അംശകത്തിലോ അവയുടെ ത്രികോണങ്ങളിലോ
യാതേ ഗുരൗ സ്വമരണം - ഗുരു വരുന്ന സമയത്ത് ജാതകന്റെ മരണം സംഭവിക്കാം.

രാഹുഹീന ഭൂസൂനുഭാംശകഗുരൗ
- കുജസ്ഫുടത്തിൽനിന്നും രാഹുസ്ഫുടം കുറച്ചാൽ കിട്ടുന്നരാശിയിലോ അംശകത്തിലോ അവയുടെ ത്രികോണങ്ങളിലോ, ഗുരു വരുമ്പോൾ
സഹജപ്രണാശഃ. - സഹോദരൻ മരിക്കാം.

(7)
ഭാനോഃ കണ്ടകവർജിതസ്യ ഭവനാം-
ശേ വാ ത്രികോണേ ഗുരൗ
താതോ നശ്യതി കണ്ടകോന ഗുളികർ-
ക്ഷാംശത്രികോണേ ശനൗ
അർക്കോനേന്ദുഗൃഹാംശകോണഗഗുരൗ
ചന്ദ്രോനമന്ദാത്മജ-
ക്ഷേത്രേം*f* ശേ*f* പ്യഥവാ ത്രികോണഗൃഹഗേ
മന്ദേ ജനന്യാ മൃതിഃ.

അച്ഛന്റെ മരണം

ഭാനൗ കണ്ടകവർജിതസ്യ - സൂര്യസ്ഫുടത്തിൽനിന്നും യമകണ്ടകസ്ഫുടം കുറച്ചാൽ വരുന്ന
ഭവനാംശേ വാ ത്രികോണേ - രാശിയിലോ അംശകത്തിലോ അവയുടെ ത്രികോണങ്ങളിലോ
ഗുരൗ - വ്യാഴം വരുന്ന സമയത്ത്
താതോ നശ്യതി - അച്ഛൻ മരിക്കാം.

.

കണ്ടകോന ഗുളിക - ഗുളികസ്ഫുടത്തിൽനിന്നും യമകണ്ടകസ്ഫുടം കുറച്ചാൽ കിട്ടുന്ന രാശിയിലോ അംശകത്തിലോ അവയുടെ ത്രികോണങ്ങളിലോ

ശനൗ	-	ശനി വരുമ്പോഴും അച്ഛൻ മരിക്കാം.

അമ്മയടെ മരണം

അർക്കോനേന്ദു	-	ചന്ദ്രസ്ഫുടത്തിൽനിന്നും സൂര്യസ്ഫുടം കുറച്ചാൽ കിട്ടുന്ന
ഗൃഹാംശകോണഗ	-	രാശിയിലോ അംശകത്തിലോ അവയുടെ ത്രികോണങ്ങളിലോ
ഗുരൗ	-	വ്യാഴം വരുമ്പോഴും

ചന്ദ്രോനമന്ദാത്മജ	-	രാഹുസ്ഫുടത്തിൽനിന്നും ചന്ദ്രസ്ഫുടം കുറച്ചാൽ കിട്ടുന്ന
ക്ഷേത്രേ അംശേ അഥവാ ത്രികോണഗൃഹഗേ		
	-	രാശിയിലോ അംശകത്തിലോ അവയുടെ ത്രികോണങ്ങളിലോ
മന്ദേ	-	ശനി വരുമ്പേഴും
ജനന്യാ മൃതിഃ.	-	മാതാവു മരിക്കാം.

ഈ ശ്ലോകത്തിന്റെ വ്യാഖ്യാനങ്ങളിൽ വലിയ ആശയക്കുഴപ്പം കാണുന്നുണ്ട്. ഏത് ഏതിൽനിന്നും കുറയ്ക്കണമെന്നതാണ് പ്രധാന പ്രശ്നം. ഇവിടെ പറഞ്ഞതിന്റെ നേരെ വിപരീതമാണ് ഇംഗ്ലീഷ് വ്യാഖ്യാനങ്ങളിൽ കാണുന്നത്. യമകണ്ടകസ്ഫുടവും ഗുളികസ്ഫുടവും ഒന്നിച്ചു കൂട്ടണമെന്നാണ് രണ്ടു മലയാളവ്യാഖ്യാനങ്ങളിലും കാണുന്നത്. *കണ്ടക ഊന ഗുളിക* അനുസരിച്ചു നാം കുറയ്ക്കുകയാണ് ചെയ്തത്. രാഹുസ്ഫുട ത്തി നിന്നും ചന്ദ്രസ്ഫുടം കുറയ്ക്കണമെന്നതിന് ഒരു പതിപ്പിൽ കാണുന്നത് ചന്ദ്രസ്ഫുടത്തിൽനിന്നും വ്യാഴസ്ഫുടം കുറയ്ക്കണമെന്നാണ്.

പുത്രനാശം

(8)
വദേത് പ്രത്യരനക്ഷത്രനാഥാച്ച യമകണ്ടകം
ത്യക്ത്വാ തദ്ഭവനേ കോണേ ഗുരൗ പുത്രവിനാശനം.

പ്രത്യരനക്ഷത്രനാഥാത്	-	പ്രത്യരനക്ഷത്രാധിപസ്ഫുടത്തിൽനിന്നും
യമകണ്ടകം ത്യക്ത്വാ	-	യമകണ്ടകസ്ഫുടം കുറച്ചാൽ കിട്ടുന്ന
തദ്ഭവനേ കോണേ	-	രാശിയിലോ (അംശകത്തിലോ) അവയുടെ ത്രികോണങ്ങളിലോ
ഗുരൗ	-	വ്യാഴം വരുമ്പേൾ
പുത്രവിനാശനം വദേത്	-	പുത്രന്റെ മരണം സംഭവിക്കുമെന്നു പറയണം.

പ്രത്യരനക്ഷത്രം = ജന്മനക്ഷത്രത്തിൽനിന്നും അഞ്ചാമത്തെ നക്ഷത്രം.
നക്ഷത്രനാഥൻ = അശ്വതി, മകം, മൂലം കേതു 7 എന്ന പട്ടികപ്രകാരം വരുന്ന ദശാനാഥന്മാർ തന്നെയാണ് നക്ഷത്രനാഥന്മാർ. (19 : 2)

(9)
ലഗ്നാർക്കമാന്ദിസ്ഫുടയോഗരാശേ-
രധീശ്വരോ യദ്ഭവനോപഗസ്തു
തദ്രാശിസംസ്ഥേ പുരുഹൂതവന്ദ്യേ
തത്കോണഗേ വാ മൃതിമേതി ജാതഃ.

സ്വന്തം മരണം

ലഗ്ന അർക്ക മാന്ദി - ലഗ്നം, സൂര്യൻ, ഗുളികൻ
സ്ഫുട യോഗ രാശേ അധീശ്വരോ - ഈ മൂന്നു സ്ഫുടങ്ങളും ഒരുമിച്ചു കൂട്ടിയാൽ കിട്ടുന്ന രാശിയുടെ നാഥൻ
യത് ഭവന ഉപഗസ്തു - ജനനസമയത്ത് ഏതു രാശിയിൽനിന്നിരുന്നുവോ
തത് രാശി സംസ്ഥേ - ആ രാശിയിലോ
വാ - അല്ലെങ്കിൽ
തത് കോ:ണഗേ - അ:ിന്റെ (അംശകത്തിലോ) ത്രികോണത്തിലോ
പുരുഹൂതവന്ദ്യേ - വ്യാഴം വരുമ്പോൾ
മൃതിമേതി ജാതഃ. - ജാതകനു മരണം സംഭവിക്കാം.

(10)
മാന്ദിസ്ഫുടേ *ഭ:നുസുതം* വിശോധ്യ
രാശ്യംശകോണേ രവിജേ മൃതിഃ സ്യാത്
ധൂമാദി പഞ്ചഗ്രഹ യോഗരാശി-
ദ്രേക്കാണയാതേ*f* ർക്കസുതേ ച മൃത്യുഃ.

മാന്ദിസ്ഫുടേ ഭ:നുസുതം വിശോധ്യ രാശ്യംശകോണേ - ഗുളിക സ്ഫുടത്തിൽനിന്നും ശനിസ്ഫുടം കുറച്ചാൽ കിട്ടുന്ന രാശി, അംശകം, ത്രികോണം ഇവയിൽ
രവിജേ - ശനി വരുന്ന സമയത്തു
മൃതിഃ സ്യാത് - മരണം ഉണ്ടാകും.
ധൂമാദി പഞ്ചഗ്രഹ യോഗരാശി - ധൂമാദി പഞ്ചഗ്രഹങ്ങളുടെ (25:1) സ്ഫുടങ്ങളെ ഒരുമിച്ചു കൂട്ടിയാൽ കിട്ടുന്ന
ദ്രേക്കാണയാതേർക്കസുതേ ച - ദ്രേക്കാണത്തിൽ ശനി വരുമ്പോഴും
മൃത്യുഃ - ജാതകൻ മരിക്കാം.

ഭ:നുസുതം എന്നതിനു രണ്ടു മലയാളം പതിപ്പുകളിലും *ആദിത്യന്റെ* എന്ന അർത്ഥമാണ് കൊടുത്തിട്ടുള്ളത്. സൂര്യന്റെ പുത്രൻ ശനിയാണെന്നാണറിവ്. പകർത്തിപ്പകർത്തി ഈച്ചക്കോപ്പി ആയതോ അതോ നാം അറിയാത്ത നിഗൂഢാർത്ഥം വല്ലതുമുണ്ടോ? ബന്ധപ്പെട്ടവർ വിശദീകരിച്ചാൽ ജ്യോതിഷവിദ്യാർത്ഥികൾക്ക് അതൊരു ഉപകാരമാകും.

(11)
വിലഗ്നമാന്ദിസ്ഫുടയോഗഭാംശം
നിര്യാണമാസം പ്രവദന്തി തജ്ഞാഃ
നിര്യാണചന്ദ്രോ ഗുളികേന്ദുയോഗോ
ലഗ്നം വിലഗ്നാർക്കിസുതേന്ദുയോഗം.

വിലഗ്ന മാന്ദി സ്ഫുട യേ:ഗ ഭാംശം - ലഗ്നസ്ഫുടവും ഗുളികസഫുടവും കൂട്ടിയാൽ കിട്ടുന്ന രാശിയോ അംശകമോ (അതായത്, സൂര്യൻ ആ രാശികളിൽ ചാരവശാൽ വരുമ്പോൾ ആയിരിക്കും*)*

നിര്യാണമാസം പ്രവദന്തി തജ്ഞാഃ - നിര്യാണമാസം എന്ന് അറിവുള്ളവർ പറയുന്നു.

നിര്യാണചന്ദ്രോ ഗുളികേന്ദുയോഗോ
- ചന്ദ്രസ്ഫുടവും ഗുളികസ്ഫുടവും കൂട്ടിയാൽ കിട്ടുന്ന രാശിയിൽ ചന്ദ്രൻ വരുന്നതായിരിക്കും നിര്യാണരാശി.

ലഗ്നം വിലഗ്ന അർക്കിസുത ഇന്ദുയോഗം.
- ലഗ്നസ്ഫുടവും ഗുളികസ്ഫുടവും ചന്ദ്രസ്ഫുടവും* കൂട്ടിയാൽ കിട്ടുന്ന തായിരിക്കും നിര്യാണലഗ്നം (*ഇതിലെ ചന്ദ്രസ്ഫുടം മലയാളവ്യാഖ്യാനങ്ങളിൽ കാണുന്നില്ല.)

(12)
മാന്ദിസ്ഫുടോദിതനവാംശഗതേ *f* മരേഡ്യേ
തദ്വാദശാംസസഹിതേ ദിനനാഥസൂനൗ
ദ്രേക്കാണകോണഭവനേ ദിനപേ ച മൃതുർ-
ല്ലഗ്നേന്ദുമാന്ദിയുതഭേശഗതോദയേ സ്യാത്.

മാന്ദിസ്ഫുടോദിത മൃത്യു - വ്യാഴം ഗുളികനവാംശത്തിലോ, ശനി ഗുളികദ്വാദശാംശത്തിലോ, സൂര്യൻ ഗുളികദ്രേക്കണത്തിലോ അതിന്റെ ത്രികോണത്തിലോ വരുമ്പോഴായിരിക്കും മരണം.

ലഗ്ന ഇന്ദു മാന്ദി യുത ഭേശ - ലഗ്നസ്ഫുടവും ചന്ദ്രസ്ഫുടവും ഗുളിക സ്ഫുടവും കൂട്ടിയാൽ കിട്ടുന്ന രാശിയുടെ നാഥൻ
ഗത ഉദയേ - നിൽക്കുന്ന രാശിയും നിര്യാണലഗ്നമാകാം.

(13)
ഗുളികം രവിസൂനും ച ഗുണിത്വാ നവസംഖ്യയാ
ഉദയോരൈക്യരാശ്യംശഗൃഹഗേ രവിജേ മൃതിഃ.

ഗുളികം രവിസൂനും ച - ഗുളികനെയും ശനിയെയും *
ഗുണിത്വാ നവസംഖ്യയോ - ഒമ്പതുകൊണ്ടു പെരുക്കി
ഉദയോരൈക്യ - രണ്ടും കൂട്ടിയാൽ കിട്ടുന്ന
രാശ്യംശഗൃഹഗേ - രാശിയിലോ അംശകരാശിയിലോ
രവിജേ - ശനി വരുന്ന സമയത്തും
മൃതിഃ. - മരണം സംഭവിക്കാം.

രവിസൂനും എന്നതിന് ഒരു മലയാളംപതിപ്പി (4) ആദിത്യസ്ഫുടം എന്ന അർത്ഥമാണ് കൊടുത്തി രിക്കുന്നത്. മുകളി വിവരിച്ച ഭാനസുതംകൂടി കാണുക. ഭാനുസുതന് ഭാനു എ ാരു അർത്ഥംകൂടികാണുമോ?

രണ്ടുസ്ഫുടങ്ങളും കൂട്ടിയിട്ട് ഒമ്പതുകൊണ്ടു ഗുണിക്കണമെന്നാണ്മലയാള വ്യാഖ്യാനങ്ങൾ പറയു ന്നത്. *ഉദയോ* നിൽക്കുന്ന സ്ഥാനം വെച്ചു നോക്കുമ്പോൾ അതു ശരിയല്ല.

(14)

സ്ഫുടേ വിലഗ്നനാഥസ്യ വിശോധ്യ യമകണ്ടകം
തദ്രാശി നവഭാഗസ്ഥേ ജീവേ മൃത്യുർ ന സംശയഃ.

സ്ഫുടേ വിലഗ്നനാഥസ്യ - ലഗ്നാധിപനിൽനിന്നും
വിശോധ്യ യമകണ്ടകം - യമകണ്ടകനെ കുറച്ചാൽ
തത് രാശി നവഭാഗസ്ഥേ - കിട്ടുന്ന രാശിയിലോ നവാംശത്തിലോ
ജീവേ - വ്യാഴം വരുന്ന സമയത്തു
മൃത്യുഃ ന സംശയഃ. - മരണം സംഭവിക്കും.

(15)

ഷഷ്ഠാവസാനരന്ധ്രേശസ്ഫുടൈക്യഭവനം ഗതേ
തത്ത്രികോണോപഗേ വാƒ പി മന്ദേ മൃത്യുഭയം നൃണാം.

ഷഷ്ഠ അവസാന രന്ധ്രേശ - 6 - 12 - 8 ഈ ഭാവാധിപരുടെ
സ്ഫുടൈക്യഭവനം ഗതേ - സ്ഫുടങ്ങൾ ഒന്നിച്ചു കൂട്ടിയാൽ കിട്ടുന്ന രാശിയിലോ
തത് ത്രികോണോപഗേ വാപി - അതിന്റെ ത്രികോണത്തിലോ (5, 9)
മന്ദേ - ശനി വരുമ്പോൾ
മൃത്യുഭയം നൃണാം. - മനുഷ്യനു മരണഭയം (മരണം) ഉണ്ടാകും.

(16)

ഉദ്യദ്ദൃഗാണപതി രാശിഗതേ സുരേഡ്യേ
തസ്യ ത്രികോണമപി ഗച്ഛതി വാ വിനാശം
രന്ധ്രത്രിഭാഗപതിമന്ദിരഗേƒ ഥ മന്ദേ
പ്രാപ്തേ ത്രികോണമഥവാസ്യ വദന്തി മൃത്യും.

ഉദ്യദ്ദൃഗാണപതി രാശിഗതേ - ലഗ്നം വരുന്ന ദ്രേക്കാണത്തിന്റെ അധിപതി
രാശിഗതേ - നിൽക്കുന്ന രാശിയിലോ
തസ്യ ത്രികോണമപി - അതിന്റെ ത്രികോണത്തിലോ
സുരേഡ്യേ - വ്യാഴം
ഗച്ഛതി - (ചാരവശാൽ) വരുമ്പോൾ
വിനാശം - മരണം സംഭവിക്കും.

രന്ധ്രത്രിഭാഗപതിമന്ദിരഗേ - അഷ്ടമദ്രേക്കാണപതി * നിൽക്കുന്ന രാശിയിലോ
ത്രികോണമമഥ - അതിന്റെ ത്രികോണത്തിലോ
മന്ദേ - ശനി വരുമ്പോൾ
വദന്തി മൃത്യും - മരണം പറയുന്നു.

*അഷ്ടമദ്രേക്കാണത്തിന് (1)എട്ടാമത്തെ ദ്രേക്കാണമെന്നോ (2) അഷ്ടമ ഭാവസ്ഫുടം വരുന്ന ദ്രേക്കാണമെന്നോ (3) അഷ്ടമാധിപൻ നിൽക്കുന്ന ദ്രേക്കാണമെന്നോ ഒക്കെ അർത്ഥം പറയാം. മലയാളവ്യാഖ്യാനങ്ങൾ ഇതിനെപ്പറ്റി ഒന്നും പറയുന്നില്ല. ഇംഗ്ലീഷ് വ്യാഖ്യാനപ്രകാരം ഇത് അഷ്ടമഭാവസ്ഫുടം വരുന്ന ദ്രേക്കാണമാണ്. രേഖാംശസ്ഫുടങ്ങളുള്ള ലഗ്നത്തിനും ഗ്രഹങ്ങൾ

ക്കും ഹോര, ദ്രേക്കാണം, നവാംശം തുടങ്ങിയ വർഗ്ഗങ്ങൾ കാണുന്നതുപോലെ ഭാവങ്ങൾക്കു വർഗ്ഗങ്ങൾ കാണുന്ന രീതി സാധാരണമല്ല. ലഗ്നാൽ 22-ാം ദ്രേക്കാണത്തിന് ഈ വിഷയവുമായി ഒരു ബന്ധമുണ്ടല്ലോ. (17 : 2). ആ നിലയ്ക്ക് അഷ്ടമഭാവസ്ഫുടം വരുന്ന ദ്രേക്കാണം എന്ന വ്യാഖ്യാനം ശരിയുമാണ്.

(17)

വിലഗ്നജന്മാഷ്ടമരാശിനാഥയോഃ
ഖരത്രിഭാഗേശ്വരയോസ്തയോരപി
ശശാങ്കമാന്ദ്യോരപി ദുർബലാംശക
ത്രികോണഗേ സൂര്യസുതേ മൃതിം ഭവേത്.

1. *വിലഗ്ന ജന്മാഷ്ടമ രാശിനാഥയോഃ* - ലഗ്നാലും ചന്ദ്രാലും എട്ടാംഭാവാധിപർ
2. *ഖരത്രിഭാഗേശ്വരയോഃ തയോരപി* - ലഗ്നാലും ചന്ദ്രാലും 22-ാം ദ്രേക്കാണാധിപർ
3. *ശശാങ്ക* - ചന്ദ്രൻ
4. *മാന്ദി* - ഗുളികൻ

ദുർബല - ഇവരിൽ ദുർബ്ബലനായ ഗ്രഹത്തിന്റെ
അംശക ത്രികോണഗേ - നവാംശരാശിയിലോ അതിന്റെ ത്രികോണങ്ങളിലോ
സൂര്യസുതേ - ശനി വരുമ്പോൾ
മൃതിം ഭവേത്. - മരണം സംഭവിക്കും.

(18)

ലഗ്നാധിപസ്ഥിതനവാംശകരാശിതുല്യം
രന്ധ്രാധിപസ്യ ഗൃഹമാപതിതേ ഘടേശേഃ
തസ്മിൻ വദേന്മരണയോഗമനേകശാസ്ത്ര-
സംക്ഷുണ്ണഭിന്നമതിഭിഃ പരികീർത്തിതം തത്.

ലഗ്നാധിപസ്ഥിതനവാംശകരാശിതുല്യം
- ലഗ്നാധിപൻ നിൽക്കുന്ന നവാംശരാശിക്കുതുല്യമായ സ്ഥാനത്ത്
രന്ധ്രാധിപസ്യ ഗൃഹമാപതിതേ ഘടേശേഃ - എട്ടാംഭാവാധിപന്റെ രാശിയിൽ ശനി വരുമ്പോൾ
തസ്മിൻ വദേത് മരണയോഗം - മരണയോഗമാണെന്ന്
സംക്ഷുണ്ണവിന്നമതിഭിഃ പരികീർത്തിതം തത - ജ്ഞാനികൾ പറഞ്ഞിട്ടുണ്ട്.

(19)

ശശാങ്കസംയുക്തദൃഗാണപൂർവതഃ പി വാ
ഖരത്രിഭാഗേശ ഗൃഹം ഗതേƒ പി വാ
ത്രികോണഗേ വാ മരണം ശരീരിണാം
ശശിന്യഥ സ്വാത്തനുരന്ധ്രരിഃഫഗേ.

1. *ശശാങ്കസംയുക്ത ദൃഗാണ* - ചന്ദ്രദ്രേക്കാണത്തിലോ
2. *ഖരത്രിഭാഗേശഗൃഹം ഗതേ അപി വാ* - (ചന്ദ്രദ്രേക്കാണത്തിൽ നിന്നും) ഇരുപത്തിരണ്ടാം ദ്രേക്കാണാധിപന്റെ രാശിയിലോ
3. *ത്രികോണഗേ* - അതിന്റെ ത്രികോണങ്ങളിലോ
4. *തനുരന്ധ്രരിഃഫഗേ.* - 1-8-12 ഭാവങ്ങളിലോ

ശശിനി - ചന്ദ്രൻ വരുമ്പോൾ
മരണം ശരീരിണാം - മരണം ഉണ്ടാകും.

(20)

നിധനേശ്വരഗതരാശൗ ഭാന്വാവിന്ദൗ തു ഭാനുഗതരാശൗ
നിധനാധിപസംയുക്തേ നക്ഷത്രേ നിർദ്ദിശേത് മരണം.

1. *നിധനേശ്വരഗതരാശൗ ഭാനു* - സൂര്യൻ അഷ്ടമാധിപതി നിൽക്കുന്ന രാശിയിലോ
2. *ഇന്ദൗ തു ഭാനുഗതരാശൗ* - ചന്ദ്രൻ സൂര്യൻ നിൽക്കുന്ന രാശിയിലോ
3 *നിധനാധിപസംയുക്തേ നക്ഷത്രേ* - ചന്ദ്രൻ അഷ്ടമാധിപതി നിൽക്കുന്ന നക്ഷത്ത്തിലോ വരുമ്പോൾ

നിർദ്ദിശേത് മരണം. - മരണം പറയണം.

അഷ്ടമാധിപതി നിൽക്കുന്ന രാശിയിലോ, ആദിത്യചന്ദ്രന്മാരിലോ, ആദിത്യൻ നിൽക്കുന്ന രാശിയിലോ, അഷ്ടമാധിപതി ചേരുന്ന നക്ഷത്രത്തിൽ മരണം സംഭവിക്കും എന്നാണ് കൊല്ലംപതിപ്പിലെ വ്യാഖ്യാനം. കൊടുങ്ങല്ലൂർപതിപ്പിൽ അത് അതേ പടി പകർത്തിവെച്ചിരിക്കുന്നു!

(21)

യോ രാശിർഗുളികോപേതഃ തത്ത്രികോണഗതേ ശനൗ
മരണം നിശിജാതാനാം ദിവിജാനാം തദസ്തകേ.

മരണം നിശിജാതാനാം - രാത്രി ജനിച്ചവരുടെ മരണം
യോ രാശിഃ ഗുളികോപേതഃ - (ജാതകത്തിൽ) ഗുളികൻ നിൽക്കുന്ന രാശി ഏതാണോ
തത് ത്രികോണഗതേ ശനൗ - അതിന്റെ ത്രികോണങ്ങളിൽ ശനി (ചാരവശാൽ) വരുമ്പോൾ സംഭവിക്കും.

ദിവിജാനാം - പകൽ ജനിച്ചവരുടെ മരണം
തദസ്തകേ - ഗുളികൻ നിൽക്കുന്ന രാശിയുടെ ഏഴാംരാശിയിൽ ശനി വരുമ്പോഴായിരിക്കും.

ഗുരുരാഹുസ്ഫുടൈക്യസ്യ രാശിം യാതേ ഗുരൗ യദാ
തദാ തു നിധനം വിദ്യാത്ത്രികോണഗതേ *f* ഥവാ.

ഗുരു രാഹു സ്ഫുടൈക്യസ്യ രാശിം - വ്യാഴസ്ഫുടവും രാഹുസ്ഫുടവും കൂട്ടിയാൽ കിട്ടുന്ന രാശിയിലോ
തത് ത്രികോണഗേ - അതിന്റെ ത്രികോണങ്ങളിലോ
യാതേ ഗുരൗ - വ്യാഴം വരുമ്പോൾ
നിധനം - മരണം സംഭവിക്കും.

(23)

അഷ്ടമസ്യ ത്രിഭാഗാംശപതിസ്ഥിതഗൃഹം ശനൗ
തദീശനവഭാഗർക്ഷം ഗതേ വാ മരണം ഭവേത്.

1.*അഷ്ടമസ്യ....* - അഷ്ടമത്തിന്റെ (അഷ്ടമഭാവസ്ഫുടം വരുന്ന) ദ്രേക്കാണത്തിന്റെ നവാംശത്തിന്റെ നാഥനായ ഗ്രഹം നിൽക്കുന്ന രാശിയിലോ

2.*തദ്ശ...*	-	അഷ്ടമാധിപന്റെ നവാംശം വരുന്ന രാശിയിലോ
ശനൗ	-	ശനി വരുന്ന കാലത്തു
മരണം ഭവേത്	-	മരണം സംഭവിക്കും.

(24)
ജന്മകാലേ ശനൗ യസ്യ ജന്മാഷ്ടമപതേരപി
രാശേരംശകരാശേർവാ ത്രികോണസ്ഥേ ശനൗ മൃതിഃ

ജന്മകാലേ ശനൗ	-	ജനനസമയത്തു ശനിയോ
ജന്മാഷ്ടമപതേരപി	-	എട്ടാംഭാവാധിപതിയോ നിന്ന
രാശേ	-	രാശിയിലോ
അംശകരാശേർവാ	-	അംശകരാശിയിലോ അവയുടെ ത്രികോണങ്ങളിലോ ശനി വരുന്ന കാലത്ത്
മൃതിഃ	-	മരണം സംഭവിക്കും.

ശനിയും അഷ്ടമാധിപനും നിന്ന രാശിക്കു പുറമെ, ഇംഗ്ലീഷ് വ്യാഖ്യാനങ്ങളിൽ, ജന്മം എന്ന വാക്കിന്റെ പ്രത്യേക അർത്ഥം (ജന്മരാശി) കണക്കിലെടുത്ത്, ചന്ദ്രൻ നിന്ന രാശിയുടെ അധിപൻ നിന്ന രാശികൂടി പറയുന്നുണ്ട്.

(25)
രന്ധ്രേശ്വരാദ്യാവതി ഭേ മാന്ദിസ്താവതി ഭേ തതഃ
ശനിശ്ചേന്മരണം ബ്രൂയാദിതി സദ്ഗുരുഭാഷിതം.

രന്ധ്രേശ്വരാദ്യാവതി ഭേ	-	അഷ്ടമാധിപൻ നിൽക്കുന്ന രാശിമുതൽ
മാന്ദിസ്താവതി ഭേ തതഃ	-	ഗുളികൻ നിൽക്കുന്ന രാശിവരെ എത്ര രാശിയുണ്ടോ, ഗുളികനിൽനിന്നും അത്രാമത്തെ രാശിയിൽ
ശനി ചേത് മരണം ബ്രൂയാത്	-	ശനി വരുമ്പോൾ മരണം പറയണം
ഇതി സദ്ഗുരുഭാഷിതം	-	എന്ന് ആചാര്യന്മാർ പറഞ്ഞിരിക്കുന്നു.

(26)
ജന്മകാലീന ഭൃഗുജാത് കാമശത്രുവ്യയേ രവൗ
മരണം നിശ്ചിതം ബ്രൂയാദിതി സദ്ഗുരുഭാഷിതം.

ജന്മകാലീന ഭൃഗുജാത്	-	ജനനസമയത്തു ശുക്രൻ നിന്ന രാശിയുടെ
കാമശത്രുവ്യയേ രവൗ	-	7 - 6 - 12 രാശികളിൽ സൂര്യൻ വരുമ്പോഴും
മരണം നിശ്ചിതം ബ്രൂയാത്	-	മരണം പറയണം
സദ്ഗുരുഭാഷിതം	-	എന്ന് ആചാര്യന്മാർ പറഞ്ഞിരിക്കുന്നു.

(27)

തിഷ്ഠന്ത്യഷ്ടമരിഃഫഷഷ്ഠപതയോ
 രന്ധ്രത്രിഭാഗേശ്വരോ
മാന്ദ്യര്വദ്ഭവനേഷു തേഷ്വപി ഗൃഹേ
 ഷ്വാർക്കീഡ്യസൂര്യേന്ദവഃ
സർവേ ചാരവശാത് പ്രയാന്തി ഹി യദാ
 മൃത്യുസ്തദാ സ്യാന്നൃണാം
തേഷാമംശവശാദ്വദന്തു നിധനം
 തത്തത്ത്രികോണേ ƒ പി വാ.

അഷ്ടമ രിഃഫപ ഷഷ്ഠപതയോ	-	8 - 12 - 6 ഭാവങ്ങളുടെ അധിപന്മാർ
രന്ധ്രത്രിഭാഗേശ്വരോ	-	അഷ്ടമദ്രേക്കാണാധിപതി (ഇരുപത്തിരണ്ടാം ദ്രേക്കണാധിപൻ)
മാന്ദി	-	ഗുളികൻ
തിഷ്ഠന്തി /യദ്ഭവനേഷു തേഷ്വപി	-	എന്നീ ഗ്രഹങ്ങൾ നിൽക്കുന്ന രാശികളിലും
അംശവശാത്	-	അംശകരാശികളിലും
തത്തത്ത്രികോണേ അപി വാ.	-	അവയുടെത്രികോണരാശികളിലും
അർക്കി ഈഢ്യ സൂര്യ ഇന്ദവ	-	ശനി, വ്യാഴം, സൂര്യൻ, ചന്ദ്രൻ
സർവേ ചാരവശാത് പ്രയാന്തി	-	ഇവരെല്ലാം ഗോചരവശാൽ വരുമ്പോഴും
മൃത്യുസ്തദാ സ്യാന്നൃണാം	-	മരണം സംഭവിക്കും

♂

അദ്ധ്യായം 18

ദ്വിഗ്രഹയോഗഫലങ്ങളും
ചന്ദ്രനെ മറ്റു ഗ്രഹങ്ങൾ ദൃഷ്ടി ചെയ്താലുള്ള ഫലങ്ങളും മറ്റും

ഹോരാശാസ്ത്രത്തിലെ പതിനാലാം അദ്ധ്യായത്തിലും (ദ്വിഗ്രഹയോഗപ്രകരണം), പതിനേഴാം അദ്ധ്യായത്തിലും (ദൃഷ്ടിപ്രകരണം) വിവരിച്ചിട്ടുള്ള വിഷയങ്ങളാണ് ഫലദീപിക ഈ അദ്ധ്യായത്തിൽ ചർച്ച ചെയ്യുന്നത്.

1. ശ്ലോകം 1-5 : രണ്ടു ഗ്രഹങ്ങൾ ഒരു രാശിയിൽ നിന്നാലുള്ള ഫലങ്ങൾ. ഈ അഞ്ചു ശ്ലോകങ്ങളും ഹോരാശാസ്ത്രം പതിനാലാം അദ്ധ്യായത്തിൽനിന്നു മുള്ളവയാണ്. അപൂർവം ചില വാക്കുകൾക്കു മാത്രമേ മാറ്റമുള്ളൂ.

2. ശ്ലോകം 6-11 : മേടം തുടങ്ങിയ പന്ത്രണ്ടു രാശികളിൽ നിൽക്കുന്ന ചന്ദ്രനെ മറ്റു ഗ്രഹങ്ങൾദൃഷ്ടി ചെയ്താലുള്ള ഫലങ്ങൾ. പ്രതിപാദനരീതിയുംശ്ലോകങ്ങളും ഹോരാശാസ്ത്രത്തിൽനിന്നും ഭിന്നമാണ്.

3 ശ്ലോകം 12-15: കുജൻ തുടങ്ങിയ ഏഴു ഗ്രഹങ്ങളുടേയും അംശങ്ങളിൽ നിൽക്കുന്ന ചന്ദ്രനെ മറ്റു ഗ്രഹങ്ങൾ ദൃഷ്ടിചെയ്താലുള്ള ഫലങ്ങൾ. ഹോരാ ശാസ്ത്രം പതിനേഴാം അദ്ധ്യായത്തിലെ ശ്ലോകങ്ങൾ (5-8) തന്നെയാണ് ഇവ.

4. ശ്ലോകം 16: മുകളിൽ പറഞ്ഞ അംശങ്ങൾ നവാംശങ്ങൾ തന്നെയാകുന്നു എന്ന്.

5. ശ്ലോകം 17: ഇഷ്ടകഷ്ടഫലങ്ങൾ

ഒരു രാശിയിൽ രണ്ടു ഗ്രഹങ്ങൾ
നിന്നാലുള്ള ഫലം

(1)

തിഗ്മാംശൂർജനയത്യുഷേ [1] ശസഹിതോ യന്ത്രാശ്മകാരം നരം
ഭൗമേനാഘരതം ബുധേന നിപുണം ധീകീർത്തിസൗഖ്യാന്വിതം
ക്രൂരം വാക്പതിനാന്യകാര്യനിരതം ശുക്രേണ രംഗായുധൈർ-
ലബ്ധസ്വം രവിജേന ധാതുകുശലം ഭാണ്ഡപ്രകാരേഷു വാ.
(1) പാഠഭേദം: ജനയത്യേന്ദുസഹിതോ - ഹോരാ.

സൂര്യനും മറ്റു ഗ്രഹങ്ങളും

1..തിഗ്മാംശുഃ ഉഷേശസഹിതോ - സൂര്യനും ചന്ദ്രനും ചേർന്നാൽ

യന്ത്രാശ്മകാരം ന്‌.രം - യന്ത്രകാരൻ : യന്ത്രങ്ങൾ ഉണ്ടാക്കുകയോ ഉപയോഗിക്കുകയോ ചെയ്യുന്നവൻ

അശ്മകാരൻ: അശ്മം - കല്ല്, കൽപ്പണിക്കാരനോ, കല്ലിൽ കൊത്തുപണികൾ ചെയ്യുന്നവനോ രത്നങ്ങൾ മിനുക്കുന്നവനോ ആകാം.

2. ഭൗമേന - സൂര്യനും കുജനും
അഘരതം - പാപകർമ്മങ്ങൾ ചെയ്യുന്നവൻ

3. ബുധേന - സൂര്യനും ബുധനും
നിപുണം ധീ കീർത്തി സൗഖ്യം - സാമർത്ഥ്യം, ബുദ്ധി, പ്രശസ്തി, സുഖം

4. വാക്പതി - സൂര്യനും വ്യാഴവും
ക്രൂരം അന്യകാര്യനിരതം - ക്രൂരൻ, അന്യരുടെ കാര്യങ്ങളിൽ നിരതൻ

5. ശുക്രേണ - സൂര്യനും ശുക്രനും
രംഗായുധൈഃ ലബ്ധസ്വം - അരങ്ങും ആയുധവുമായി ബന്ധപ്പെട്ട വരുമാനത്തോടുകൂടിയവൻ

6. രവിജേന - സൂര്യനും ശനിയും
ധാതു കുശലം - ധാതുക്കളുമായോ ലോഹങ്ങളുമായോ ബന്ധപ്പെട്ട തൊഴിലുകളിൽ സമർത്ഥൻ
ഭ്ാണ്ഡപ്രകാരം - ലോഹങ്ങളിൽ പാത്രങ്ങളും മറ്റും ഉണ്ടാക്കുന്നവൻ

(2)
കുടസ്ത്ര്യാസവകുംഭപണ്യമശിവം മാതുഃ സവക്രഃ ശശീ
സജ്ഞഃ പ്രശ്രിതവാക്യമർത്ഥനിപുണം സൗഭാഗ്യകീർത്ത്യന്വിതം
വിക്രാന്തം കുലമുഖ്യമസ്ഥിരമതിം വിത്തേശ്വരം സാംഗിരാ
വസ്ത്രാണാം സസിതഃ ക്രയാദികുശലം സാർക്കിഃ പുനർഭൂസുതം.

ചന്ദ്രനും മറ്റു ഗ്രഹങ്ങളും

1. സവക്രഃ ശശീ - ചന്ദ്രനും കുജനും
കുടം, സ്ത്രീ ആസവ കുംഭ പണി - കൂടം, സ്ത്രീ, മദ്യം, കുടം ഇവയുമായി ബന്ധപ്പെട്ട കട നടത്തുന്നവൻ/വ്യാപാരം ചെയ്യുവൻ
അശിവം മാതുഃ - മാതാവിന് അമംഗളം / ദുഖം ഉണ്ടാക്കുന്നവൻ

2. സജ്ഞഃ - ചന്ദ്രനും ബുധനും
പ്രശ്രിതവാക്യം - വിനയത്തോടെ സംസാരിക്കുന്നവൻ
അർത്ഥ.ന്‌.ിപുണം - സാമ്പത്തികകാര്യങ്ങളിൽ സമർത്ഥൻ
സൗഭാഗ്യകീർത്തി അ.ന്‌.്വിതം - ഭാഗ്യവും കീർത്തിയുമുള്ളവൻ.

3. സാംഗിരാ - സഅംഗിര - ചന്ദ്രനും ഗുരുവും
വിക്രാന്തം - കീഴടക്കുന്നവൻ / പരാക്രമി
കുലമുഖ്യം - കുലപതി
അസ്ഥിരമതിം - അസ്ഥിരബുദ്ധി
വിത്തേശ്വരം - ധനികൻ.

4. സസിതഃ - ചന്ദ്രനും ശുക്രനും
വസ്ത്രാണാം ക്രയാദികുശലം - വസ്ത്രവ്യാപാരത്തിൽ സമർത്ഥൻ

5. സാർക്കിഃ - സഅർക്കി - ചന്ദ്രനും ശനിയും
പുനർഭൂസുതം. - പുനർവിവാഹിതയുടെ പുത്രൻ

(3)
മൂലാദിസ്നേഹകൂടൈർവ്യവഹരതി വണിക്
ബാഹുയോദ്ധാ സസൗമ്യേ
പുര്യദ്ധ്യക്ഷഃ സജീവേ ഭവതി നരപതി-
പ്രാപ്തവിത്തോ ദ്വിജോ വാ
ഗോപോ മല്ലോ ƒ ഥ ദക്ഷഃ പരയുവതിരതോ
ദ്യൂതകൃത് സാസുരേഡ്യേ
ദുഖാർത്തോ ƒ സത്യസന്ധഃ സസവിതൃതനയേ
ഭൂമിജേ നിന്ദിതശ്ച.

കുജനും മറ്റു ഗ്രഹങ്ങളും

1. *സസൗമ്യേ* - കുജനും ബുധനും
മൂലാദി സ്നേഹ കൂടൈഃ ...വണിക്
- വേര്, എണ്ണ, കൂടം* തുടങ്ങിയവ കച്ചവടം ചെയ്യുവൻ
ബാഹുയോദ്ധാ - ഗുസ്തിക്കാരൻ

* കൂടം : (18/2,3) കൂടത്തിന് ശബ്ദതാരാവലിയിൽ കൊടുമുടി, കാപട്യം, ഗൃഹം, കെണി തുടങ്ങി 23 അർത്ഥങ്ങൾ കൊടുത്തിട്ടുണ്ട്. ഹോരാ എഴുത പ്പെട്ടത് 1500 വർഷം മുമ്പാണ്. അക്കാര്യംകൂടി കണക്കിലെടുക്കേ ണ്ടതുണ്ട്.

2. *സജീവേ* - കുജനും ഗുരുവും
പുര്യദ്ധ്യക്ഷ - നഗരാദ്ധ്യക്ഷൻ,
നരപതിപ്രാപ്തവിത്തോ ദ്വിജോ വാ - അല്ലെങ്കിൽ രാജാവിൽനിന്നും കിട്ടിയ ധനത്തോടുകൂടിയ ബ്രാഹ്മണൻ **

***ദ്വിജോ : ഹോരാവ്യാഖ്യാനത്തിൽ* ഒരാളുടെ പുത്രനും മറ്റൊരാളുടെ ദത്തു പുത്രനും (അല്ലെങ്കിൽ വളർത്തു മകനും) എന്ന അർത്ഥവും കൊടുത്തു കാണു ന്നു. വ്യാഴത്തിനു പാപനായ കുജന്റെ ബന്ധം വന്നതാണ് പിതൃഗുണാനുഭവത്തിന് ഇങ്ങനെയൊരു മാനം

കൊടുത്തത്. ക്ഷത്രിയധന പ്രതാപമുള്ള ബ്രാഹ്മണനെന്ന വ്യാഖ്യാനവും സന്ദർഭത്തിനു യോജിക്കുന്നതു തന്നെയാണ്.

3.	സഅസുരേഡ്യേ	-	കുജനും ശുക്രനും
	ഗോപോ	-	പശുക്കളെ സംരക്ഷിക്കുന്നവൻ,
	മല്ലൻ	-	ഗുസ്തിക്കാരൻ
	ദക്ഷൻ	-	സമർത്ഥൻ
	പരയുവതിരതോ	-	അന്യസ്ത്രീകളിൽ തല്പരൻ
	ദ്യൂതകൃത്	-	ചൂതുകളിക്കാരൻ
4.	സസവിതൃതനയേ ഭൂമിജേ	-	കുജനും ശനിയും
	ദുഖാർത്തോ:	-	ദുഖിതൻ
	അസത്യസന്ധ	-	സത്യസന്ധനല്ലാത്തവൻ
	നിന്ദിതഃ ച	-	നിന്ദിതൻ.

(4)

സൗമ്യേ രംഗചരോ ബൃഹസ്പതിയുതേ
ഗീതപ്രിയോ നൃത്തവി-
ദ്വാഗ്മീ ഭൂഗണപഃ സിതേന മൃദുനാ
മായാപടുർലമ്പടഃ (1)
സദ്വിദ്യോ ധനദാരവാൻ ബഹുഗുണഃ
ശുക്രേണ യുക്തേ ഗുരൗ
ജ്ഞേയഃ ശ്മശ്രുകരോƒ സിതേന ഘടകൃത്
ജ്ജാതോ (2) ƒ ന്നകാരോƒ പി വാ.

പാഠഭേദം:
(1)*ലംഘകഃ* (ഹോരാ) - ഗുരുവിനെ/ആചാരങ്ങളെ ലംഘിക്കുന്നവൻ, ധിക്കാരി
(2) ദാസോ (ഹോരാ)

ബുധനും മറ്റു ഗ്രഹങ്ങളും

സൗമ്യേ ബൃഹസ്പതിയുതേ	-	ബുധനും ഗുരുവും
രംഗചരോ	-	അരങ്ങിൽ നൃത്തം, നാടകം മുതലായവ അവതരിപ്പിക്കുന്നവൻ
ഗീതപ്രിയോ	-	ഗാനങ്ങൾ ഇഷ്ടപ്പെടുന്നവൻ
നൃത്തവിത്	-	നർത്തകൻ
സിതേന	-	ബുധനും ശുക്രനും
വാഗ്മി	-	വാഗ്മി, പ്രഭാഷകൻ
ഭൂഗണപഃ	-	ഭൂവുടമ, ഭരണാധികാരി
മൃദുനാ	-	ബുധനും ശനിയും

മായാപടുഃ - കബളിപ്പിക്കുന്നവൻ,
ലമ്പടൻ - വ്യഭിചാരി.

വ്യാഴവും മറ്റു ഗ്രഹങ്ങളും

1.ശുക്രേണ യുക്തേ ഗുരൗ - ഗുരുവും ശുക്രനും
സത് വിദ്യോ - വിദ്യാസമ്പന്നൻ
ധനദാരവാൻ - ധനവും ദാര (ദാമ്പത്യ)സുഖവുമുള്ളവൻ
ബഹുഗുണഃ - നല്ല ഗുണങ്ങളോടുകൂടിയവൻ
(ദാരത്തിനാണ് ബഹുഗുണം എന്ന വ്യാഖ്യാനവുമുണ്ട്.)

അസിതേന - ഗുരുവും ശനിയും
ശ്മശ്രുകരോ - ക്ഷുരകൻ,
ഘടകൃത് - കുടം (മൺപാത്രങ്ങൾ) ഉണ്ടാക്കുന്നവൻ
ദാസോ - വേലക്കാരൻ
അന്നകാരോ - അടുക്കളക്കാരൻ.

(5)
അസിതസിതസമാഗമേƒ ൽപചക്ഷുർ-
യുവതിസമാശ്രയ (1) സംപ്രവൃദ്ധവിത്തഃ
ഭവതി ച ലിപി പുസ്ത(ക)ചിത്രവേത്താ
കഥിതഫലൈഃ പരതോ വികൽപനീയാഃ.(2)
പാഠഭേദം: (1) യുവതിജനാശ്രയ - ഹോരാ
(2) പരതോ ƒപരേ വികൽപ്യാഃ.- ഹോരാ,

ശുക്രനും ശനിയും

അസിത സിത സമാഗമേ - ശനിയും ശുക്രനും
ƒൽപചക്ഷു - കാഴ്ചശക്തി കുറവ്
യുവതിസമാശ്രയസംപ്രവൃദ്ധവിത്ത
- സ്ത്രീസഹായംകൊണ്ട്വർദ്ധിച്ച ധനത്തോടു കൂടിയവൻ
ഭവതി ച ലിപി പുസ്ത(ക)ചിത്രവേത്താ - എഴുത്തുകാൻ, ചിത്രകാരൻ

രണ്ടിലധികം ഗ്രഹങ്ങളുടെ യോഗം

കഥിതഫലൈഃ പരതോ വികൽപനീയാഃ.
- ഇവിടെ പറയാത്തവ (രണ്ടിലധികം ഗ്രഹങ്ങളുടെ യോഗഫലം) ഇതേ രീതിയിൽ ചിന്തിച്ച് അറിഞ്ഞുകൊള്ളണം.

2. ദൃഷ്ടിഫലം

(6)
ഭൂപോ വിദ്വാൻ ഭൂപതിർഭുപതുല്യഃ
ചന്ദ്രേ മേഷേ മോഷകോ നിർദ്ധനശ്ച
നിസ്വഃ സ്തേനോ ലോകമാന്യോ മഹീശഃ
സ്വാഢ്യഃ പ്രേഷ്യശ്ചാപി ദൃഷ്ടേ കുജാദ്യൈഃ[1]
പാഠഭേദം: *സ്വാഢ്യഃ പ്രേഷ്യോ ഗവ്യഥാരാദിദൃഷ്ടേ*

മേടത്തിൽ നിൽക്കുന്ന ചന്ദ്രന് മറ്റു ഗ്രഹങ്ങളുടെ ദൃഷ്ടി വന്നാലുള്ള ഫലം

കുജൻ	ബുധൻ	ഗുരു	ശുക്രൻ	ശനി	സൂര്യൻ
ഭൂപോ	*വിദ്വാൻ*	*ഭൂപതി*	*ഭുപതുല്യ*	*മോഷകാ*	*നിർദ്ധന*
രാജാവ്	വിദ്വാൻ	രാജാവ്	രാജാവിനു സമൻ	കള്ളൻ	ദരിദ്രൻ

ഇടവത്തിൽ നിൽക്കുന്ന ചന്ദ്രന് മറ്റു ഗ്രഹങ്ങളുടെ ദൃഷ്ടി വന്നാലുള്ള ഫലം

കുജൻ	ബുധൻ	ഗുരു	ശുക്രൻ	ശനി	സൂര്യൻ
നിസ്വഃ	*സ്തേന*	*ലോകമാന്യ*	*മഹീശഃ*	*സ്വാഢ്യ*	*പ്രേഷ്യ*
ദരിദ്രൻ	കള്ളൻ	ബഹുമാനിതൻ	രാജാവ്	ധനാഢ്യൻ	ഭൃത്യൻ, ദൂതൻ

(7)
യുഗ്മസ്ഥേƒ യോജീവിഭൂപജ്ഞധൃഷ്ടാ-
ശ്ചന്ദ്രേ ദൃഷ്ടേ തന്തുവായോ ധനീ ച
സ്വർക്ഷ യോധപ്രാജ്ഞസൂരിക്ഷിതീശാ
ലോഹാജീവോ നേത്രരോഗീ ക്രമേണ.

മിഥുനത്തിൽ നിൽക്കുന്ന ചന്ദ്രന് മറ്റു ഗ്രഹങ്ങളുടെ ദൃഷ്ടി വന്നാലുള്ള ഫലം

കുജൻ	ബുധൻ	ഗുരു	ശുക്രൻ	ശനി	സൂര്യൻ
അയോജീവി	*ഭൂപ*	*ജ്ഞ*	*ധൃഷ്ട*	*തന്തുവായ*	*ധനീ*
കൊല്ലൻ	രാജാവ്	ജ്ഞാനി	ധീരൻ	നെയ്ത്തുകാരൻ	ധനികൻ

കർക്കടകത്തിൽ നിൽക്കുന്ന ചന്ദ്രന് മറ്റു ഗ്രഹങ്ങളുടെ ദൃഷ്ടി വന്നാലുള്ള ഫലം

കുജൻ	ബുധൻ	ഗുരു	ശുക്രൻ	ശനി	സുര്യൻ
യോധ	*പ്രാജ്ഞ*	*സൂരി*	*ക്ഷിതീശ*	*ലോഹാജീവ*	*നേത്രരോഗീ*

യോദ്ധാ	വിദ്വാൻ	പണ്ഡിതൻ	രാജാവ്	കൊല്ലൻ	നേത്രരോഗി

(8)
രാജാ ജ്യോതിർവിദ്ധനാഢ്യോ നരേന്ദ്രോ
സിംഹേ ചന്ദ്രേ നാപിതഃ പാർത്ഥിവേന്ദ്രഃ
ദക്ഷോ ഭൂപഃ സൈന്യപഃ കന്യകായാം
നിഷ്ണാതഃ സ്യാദ് ഭൂമിനാഥശ്ച ഭൂപഃ.

ചിങ്ങത്തിൽ നിൽക്കുന്ന ചന്ദ്രന്
മറ്റു ഗ്രഹങ്ങളുടെ ദൃഷ്ടി വന്നാലുള്ള ഫലം

കുജൻ	ബുധൻ	ഗുരു	ശുക്രൻ	ശനി	സൂര്യൻ
രാജാ	*ജ്യോതിർവിത്*	*ധനാഢ്യ*	*നരേന്ദ്ര*	*നാപിത*	*പാർത്ഥിവേന്ദ്ര*
രാജാവ്	ജ്യോതിഷ പണ്ഡിതൻ	ധനികൻ	രാജാവ്	ക്ഷുരകൻ	രാജാവ്

കന്നിയിൽ നിൽക്കുന്ന ചന്ദ്രന്
മറ്റു ഗ്രഹങ്ങളുടെ ദൃഷ്ടി വന്നാലുള്ള ഫലം

കുജൻ	ബുധൻ	ഗുരു	ശുക്രൻ	ശനി	സൂര്യൻ
ദക്ഷ	*ഭൂപ*	*സൈന്യപ*	*നിഷ്ണാത*	*ഭൂമ്നാഥ്യ*	*ഭൂപ*
സമർത്ഥൻ	രാജാവ്	സൈന്യാധിപൻ	സമർത്ഥൻ	രാജാവ്	രാജാവ്

(9)
ശഠോ നൃപസ്തൗലിനി രുക്മകാര-
ശ്ചന്ദ്രേ വണിക് സ്യാത് പിശുനഃ ഖലശ്ച
കീടേ നൃപോ യുഗ്മപിതാ (1) മഹീശഃ
സ്യാദ്വസ്ത്രജീവീ(2) വികൃതാംഗവിത്തഃ

തുലാത്തിൽ നിൽക്കുന്ന ചന്ദ്രന്
മറ്റു ഗ്രഹങ്ങളുടെ ദൃഷ്ടി വന്നാലുള്ള ഫലം

കുജൻ	ബുധൻ	ഗുരു	ശുക്രൻ	ശനി	സൂര്യൻ
ശഠ	*നൃപ*	*രുക്മകാരഃ*	*വണിക്*	*പിശുനഃ*	*ഖല*
ശഠൻ	രാജാവ്	തട്ടാൻ	കച്ചപടം	ചതിയൻ/ദുഷ്ടൻ	നുണയൻ

.വൃശ്ചികത്തിൽ നിൽക്കുന്ന ചന്ദ്രന്
മറ്റു ഗ്രഹങ്ങളുടെ ദൃഷ്ടി വന്നാ ലുള്ള ഫലം

കുജൻ	ബുധൻ	ഗുരു	ശുക്രൻ	ശനി	സൂര്യൻ
നൃപോ	*യുഗ്മപിതാ*	*മഹീശഃ*	*വസ്ത്രജീവി*	*വികൃതാംഗ*	*നിസ്വ*

രാജാവ് .	*	രാജാവ്	തുണിക്കച്ചവടം	വികലാംഗൻ	ദരിദ്രൻ
	രജകൻ				

(1) *യുഗ്മപിതാ -*

1. ഇരട്ടക്കുട്ടികളുടെ അച്ഛൻ (ഇംഗ്ലീഷ് വ്യാഖ്യാനങ്ങൾ)
2. രണ്ടു പിതാക്കളുള്ളവൻ (മലയാളം വ്യാഖ്യാനങ്ങൾ)

(2) വസ്ത്രജീവി
വസ്ത്രജീവി - തുണിസംബന്ധമായ തൊഴിലെടുത്തു ജീവിക്കുന്നവൻ
(ഉത്തരേന്ത്യൻ വ്യാഖ്യാനങ്ങൾ)
ശത്രുജീവി - ശത്രുക്കളെക്കൊണ്ടു ജീവിക്കുന്നവൻ
ശ്മശ്രുജീവി - രജകൻ
ഇതു വലിയൊരു നോട്ടപ്പിഴതന്നെയാണ്. കാരണം, ശ്മശ്രു മുഖത്തു വളരുന്ന രോമമാണ്. അലക്കാനുള്ള വസത്രമല്ല . അതെന്തായാലും, ശത്രുവോ, ശ്മത്രുവോ അല്ല , ശുക്രബന്ധമായ തിനാൽ , വസ്ത്രം (2/6) ആണ് സന്ദർഭത്തിനു ചേരുക.

(10)
ധൂർതോ ഹയാംഗേ സ്വജനം ജനേശം
നരൗഘമാശ്രിത്യ[(1)] ശഠഃ സദംഭഃ
ഭൂപോ നരേശ്രഃ ക്ഷിതിപോ വിപശ്ചി-
ദ്ധനീ ദരിദ്രോ മകരേ ഹിമാംശൌ.
(1) പാഠഭേദം : ജനാശ്രയശ്ചാപി

9.ധനുവിൽ നിൽക്കുന്ന ചന്ദ്രന്
മറ്റു ഗ്രഹങ്ങളുടെ ദൃഷ്ടി വന്നാലുള്ള ഫലം

കുജൻ	ബുധൻ	ഗുരു	ശുക്രൻ	ശനി	സൂര്യൻ
ധൂർത (1)	*സ്വജന* (2) *ജനേശ*	*നരൗഘ*.(3).	*ശഠഃ* (4)	*സദംഭഃ*	
ധൂർത്തൻ	..	രാജാവ്		ശഠൻ	അഹങ്കാരി

(1) *ധൂർത്ത*- ചതിയൻ, കള്ളൻ, സൂത്രശാലി, ധൂർത്തടിക്കുന്നവൻ
(ശബ്ദ താരാവലി)
(2) *സ്വജന* - സ്വജനങ്ങളോടുകൂടിയവനും
(3) *നരൗഘമാശ്രിത്യ / ജനാശ്രയശ്ചാപി* - ജനം ആശ്രയിക്കുന്നവൻ / ജനത്തെ ആശ്രയിക്കുന്നവൻ (ചന്ദ്ര-ഗുരു-ശുക്രബന്ധംസർവ്വശുഭമയമാണെങ്കിലും ശുക്രൻ ഗുരുവിന്റെ ശത്രുവാണ്; ചന്ദ്രൻ ശുക്രന്റേയും. ആ ന്യൂനത വെച്ചു നോക്കു മ്പോൾ രണ്ടാമത്തെ അർത്ഥമാണ് ശരിയെന്നു തോന്നുന്നു.)
(4) *ശഠ* - ശാഠ്യമുള്ളവൻ, ധൂർത്തൻ, ചതിയൻ, മണ്ടൻ, മടിയൻ
(ശബ്ദതാരാവലി)

മകരത്തിൽ നിൽക്കുന്ന ചന്ദ്രന് മറ്റു ഗ്രഹങ്ങളുടെ ദൃഷ്ടി വന്നാലുള്ള ഫലം

കുജൻ	ബുധൻ	ഗുരു	ശുക്രൻ	ശനി	സൂര്യൻ
ഭൂപ	*നരേന്ദ്രഃ*	*ക്ഷിതിപ*	*വിപശ്ചിത്*	*ധനീ*	*ദരിദ്ര*
രാജാവ്	രാജാവ്	രാജാവ്	വിദ്വാൻ	ധനികൻ	ദരിദ്രൻ

(11)
കുംഭേ *f* ന്യദാരനിരതഃ ക്ഷിതിപോ നരേന്ദ്രോ
വേശ്യാപതിർ നൃപവരോ ഹിമഗൗ നൃമാന്യഃ
അന്ത്യേ *f* ഘകൃത് പടുമതിർനൃപതിശ്ച വിദ്വാൻ
ദോഷൈകദൃഗ്ദുരിതകൃച്ച കുജാദി ദൃഷ്ടേ.

കുംഭത്തിൽ നിൽക്കുന്ന ചന്ദ്രന് മറ്റു ഗ്രഹങ്ങളുടെ ദൃഷ്ടി വന്നാലുള്ള ഫലം

കുജൻ,	ബുധൻ,	ഗുരു,	ശുക്രൻ,	ശനി,	സൂര്യൻ
അന്യദാരനിരത	*ക്ഷിതിപ*	*നരേന്ദ്ര*	*വേശ്യാപതി*	*നൃപവര*	*നൃമാന്യഃ*
പരസ്ത്രീ തൽപരൻ	രാജാവ്	രാജാവ്	വേശ്യയുടെ ഭർത്താവ്	രാജാവ്	ആദരണീയൻ

മീനത്തിൽ നിൽക്കുന്ന ചന്ദ്രന് മറ്റു ഗ്രഹങ്ങളുടെ ദൃഷ്ടി വന്നാലുള്ള ഫലം

കുജൻ	ബുധൻ	ഗുരു	ശുക്രൻ	ശനി	സൂര്യൻ
അഘകൃത്	*പടുമതി*	*നൃപതി*	*വിദ്വാൻ*	*ദോഷൈകദൃക്*	*ദുരിതകൃത്*
പാപം ചെയ്യുന്നവൻ	ബുദ്ധിമാൻ	രാജാവ്	പണ്ഡിതൻ	ദോഷംമാത്രം കാണുന്നവൻ	ദുരിതം ചെയ്യുന്നവൻ

കുജൻ തുടങ്ങിയ ഏഴു ഗ്രഹങ്ങളുടേയും അംശങ്ങളിൽ നിൽക്കുന്ന ചന്ദ്രനെ മറ്റു ഗ്രഹങ്ങൾ ദൃഷ്ടിചെയ്താലുള്ള ഫലങ്ങൾ.

(12)
ആരക്ഷകോ വധരുചിഃ കുശലോ നിയുദ്ധേ
ഭൂപോ *f* ർത്ഥവാൻ കലഹകൃത് ക്ഷിതിജാംശസംസ്ഥേ
മൂർഖോന്യദാരനിരതഃ സുകവിഃ[1] സിതാംശേ
സത്കാവ്യകൃത് സുഖപരോ *f* ന്യകളത്രഗശ്ച.

(1) പാഠഭേദം: മൂർഖാന്യദാരരതകാവ്യവിദഃ - ഹോരാ

1. *ക്ഷിതിജാംശസംസ്ഥേ* - ചന്ദ്രൻ ജനനസമയത്ത് കുജന്റെ നവാംശത്തിൽ (1 മേടം, 8 വൃശ്ചികം) മറ്റു ഗ്രഹങ്ങളുടെ ദൃഷ്ടിയിൽ നിന്നാലുള്ള ഫലം:

സുര്യൻ	കുജൻ	ബുധൻ	ഗുരു	ശുക്രൻ	ശനി
ആരക്ഷക	*വധരുചി*	*കുശലേ. .*	*ഭൂപ*	*അർത്ഥവാൻ*	*കലഹകൃത്*
രക്ഷകൻ	വധിക്കുന്നതിൽ തൽപ്പരൻ	മുഷ്ടിയുദ്ധത്തിൽ സമർത്ഥൻ	രാജാവ്	ധനികൻ	വഴക്കാളി

2. *സിതാംശേ* - ചന്ദ്രൻ ജനനസമയത്ത് ശുക്രന്റെ നവാംശത്തിൽ (2 ഇടവം, 7 തുലാം) മറ്റു ഗ്രഹങ്ങളുടെ ദൃഷ്ടിയിൽനിന്നാലുള്ള ഫലം

സുര്യൻ	കുജൻ	ബുധൻ	ഗുരു	ശുക്രൻ	ശനി
മൂർഖ	*അന്യദാരനിരത*	*സുകവി:*	*സത്കാവ്യകൃത്*	*സുഖപര*	*അന്യകളത്രഗ*
വിഡ്ഢി	പരസ്ത്രീ ബന്ധമുള്ളവൻ	കവി	സത്കവി	സുഖിക്കുന്നവൻ	പരസ്ത്ര ബന്ധമുള്ളവൻ

(13)
ബൗധേ ഹി രംഗചരചോരകവീന്ദ്രമന്ത്രീ-
ഗേയജ്ഞശില്പനിപുണാഃ ശശിനീ സ്ഥിതേംശേ
സ്വാംശേ ƒ ല്പഗാത്രധനലുബ്ധതപസ്വിമുഖ്യ-
സ്ത്രീപോഷ്യകൃത്യനിരതാശ്ച നിരീക്ഷമാണേ.

ബൗധേ - ചന്ദ്രൻ ജനനസമയത്ത് ബുധന്റെ നവാംശത്തിൽ
(3 മിഥുനം, 6 കന്നി) മറ്റു ഗ്രഹങ്ങളുടെ ദൃഷ്ടിയിൽ നിന്നാലുള്ള ഫലം

സുര്യൻ	കുജൻ	ബുധൻ	ഗുരു	ശുക്രൻ	ശനി
രംഗചര	*ചോര*	*കവീന്ദ്ര*	*മന്ത്രീ*	*ഗേയജ്ഞ*	*ശില്പനിപുണാഃ*
രംഗകലകൾ അവതരിപ്പിക്കുന്നവൻ	കള്ളൻ	കവി	മന്ത്രി	സംഗീതജ്ഞൻ	ശില്പി

4. *സ്വാംശേ* - ചന്ദ്രൻ ജനനസമയത്ത് (4) കർക്കടകത്തിൽ മറ്റു ഗ്രഹങ്ങളുടെ ദൃഷ്ടിയിൽനിന്നാലുള്ള ഫലം

സുര്യൻ	കുജൻ	ബുധൻ	ഗുരു	ശുക്രൻ	ശനി
അല്പഗാത്ര	*ലുബ്ധ*	*തപസ്വി*	*മുഖ്യ*	*സ്ത്രീപോഷ്യ*	*കൃത്യനിരത*
ചെറിയശരീരം	ലുബ്ധൻ	തപസ്വി	മുഖ്യൻ	സ്ത്രീജിതൻ	കൃത്യനിരതൻ

(14)
സക്രോധോ നരപതിസമ്മതോ നിധീശഃ
സിംഹാംശേ പ്രഭുരസുതോ ള തിഹിംസ്രകർമ്മാ
ജൈവാംശേ പ്രഥിതബലോ രണോപദേഷ്ടാ
ഹാസ്യജ്ഞഃ സചിവവികാമവൃദ്ധശീലാഃ.

5. *സിംഹാംശേ* - ചന്ദ്രൻ ജനനസമയത്ത് ചിങ്ങംനവാംശത്തിൽ (5) മറ്റു ഗ്രഹങ്ങളുടെ ദൃഷ്ടിയിൽ നിന്നാലുള്ള ഫലം

സുര്യൻ	കുജൻ	ബുധൻ	ഗുരു	ശുക്രൻ	ശനി
സക്രോധ	*ന.രപ.തിസമ്മത*	*ന.ിധീശ*	*പ്രഭു*	*അസുത*	*അതിഹിംസ്രകർമ്മാ*
കോപിഷ്ഠൻ	രാജസമ്മതൻ	ധനികൻ	പ്രഭു	മക്കൾ ഇല്ലാത്തവൻ	ക്രൂരൻ

6. *ജൈവാംശേ* - ചന്ദ്രൻ ജനനസമയത്ത് ധനു (9) മീനം (12) നവാംശങ്ങ ളിൽ മറ്റു ഗ്രഹങ്ങളുടെ ദൃഷ്ടിയിൽ നിന്നാലുള്ള ഫലം

സുര്യൻ	കുജൻ	ബുധൻ	ഗുരു	ശുക്രൻ	ശനി
പ്രഥിതബല	*രണോപദേഷ്ടാ*	*ഹാസ്യജ്ഞ*	*സചിവ*	*വികാമ*	*വൃദ്ധശീലാഃ.*
ബലവാൻ	യുദ്ധകാര്യങ്ങളിൽ ഉപദേഷ്ടാവ്	സരസൻ	മന്ത്രി	കാമം ഇല്ലാത്തവൻ	വാർദ്ധക്യ...

(15)
അല്പാപത്യോ ദുഖിതഃ സത്യപി സ്വേ
മാനാസക്തഃ കർമ്മണി സ്വേ *f* നുരക്തഃ
ദുഷ്ടസ്ത്രീഷ്ടഃ കൃപണശ്ചാർക്കിഭാംശേ
ചന്ദ്രേ ഭാനൗ തദ്വദിന്ദ്വാദിദൃഷ്ടേ.

7. ചന്ദ്രൻ ജനനസമയത്ത് മകരം (10) കുഭം (11) നവാംശങ്ങളിൽ മറ്റു ഗ്രഹങ്ങളുടെ ദൃഷ്ടിയിൽ നിന്നാലുള്ള ഫലം

സുര്യൻ	കുജൻ	ബുധൻ	ഗുരു	ശുക്രൻ	ശനി
അല്പാപത്യ	*ദുഖിതഃ*	*മ:ന.ാസക്തഃ*	*കർമ്മണി...*	*ദുഷ്ടസ്ത്രീഷ്ടഃ*	*കൃപണ*
സന്തതികൾ കുറവ്	ദുഖിതൻ	അഹങ്കാരി	സ്വകർമ്മ നിരതൻ	ചീത്ത സ്ത്രീകളിൽ ഇഷ്ടം	ഹീനൻ

ചന്ദ്രേ ഭ:ന.ൗ തദ്വദിന്ദ്വാദിദൃഷ്ടേ - മേൽപ്പറഞ്ഞ നവാംശങ്ങളിൽ നിൽക്കുന്ന സൂര്യനെ ചന്ദ്രൻ തുടങ്ങിയ ഗ്രഹങ്ങൾ നോക്കിയാലുള്ള ഫലവും ഇങ്ങനെത്തന്നെയാണ്

(16)
സൂര്യാദിതോ *f* ത്രാംശഫലം പ്രദിഷ്ടം
ജ്ഞേയം നവാംശസ്യ ഫലം തദേവ
രാശീക്ഷണേ യത് ഫലമുക്തമിന്ദോ-
സ്തദ്വാദശാംശസ്യ ഫലം ഹി വാച്യം.

സൂര്യാദിത അത്ര അംശഫലം പ്രദിഷ്ടം
- 12 - 15 ശ്ലോകങ്ങളിൽ സൂര്യൻ തുടങ്ങിയ ഗ്രഹങ്ങളുടെ അംശഫലമെന്ന് പറഞ്ഞത്

ജ്ഞേയം നവാംശസ്യ ഫലം തദേവ
- നവാംശഫലംതന്നെയാണ് എന്നറിയുക
രാശീക്ഷണേ യത് ഫലം ഉക്തം ഇന്ദോ
- ചന്ദ്രന് രാശിദൃഷ്ടിയിൽ (6 - 11) യാതൊരുഫലം പറഞ്ഞുവോ
തത് ദ്വാദശാംശസ്യ ഫലസ്യ വാച്യം.

\- ദ്വാദശാംശത്തിനും ആ ഫലം തന്നെ പറയണം.

(17)
വർഗ്ഗോത്തമസ്വപരഗേഷു ശുഭം യദുക്തം
തത്പുഷ്ടമദ്ധ്യലഘുതാ f ശുഭമുത്ക്രമേണ
വീര്യാന്വിതോ f ംശകപതിർനിരുണദ്ധി പൂർവം
രാശീക്ഷണസ്യ ബലമംശഫലം ദദാതി.

വർഗ്ഗോത്തമഗേഷു ശുഭം പുഷ്ട - വർഗ്ഗോത്തമാംശത്തിൽ നിൽക്കുന്ന ഗ്രഹത്തിന്റെ ശുഭഫലം പുഷ്ടിയോടുകൂടിയതായിരിക്കും.

സ്വ- സ്വാംശകത്തിൽ നിൽക്കുന്ന ഗ്രഹത്തിന്റെ ശുഭഫലം മദ്ധ്യമമായിരിക്കും.

പരഗേഷു - പരാംശകത്തിൽ നിൽക്കുന്ന ഗ്രഹത്തിന്റെ ഫലം അല്പമായിരിക്കും.
അശുഭമുത്ക്രമേണ - അശുഭഫലം ഇതിനു വിപരീതമായിരിക്കും.
വീര്യാന്വിത അംശകപതി ....
\- അംശകാധിപതിവീര്യവാനാകുന്നുവെങ്കിൽ രാശിദൃഷ്ടിഫലത്തെ തടുക്കുകയും രാശീക്ഷണസ്യ ബലമംശഫലം ദദാതി - അംശകദൃഷ്ടിഫലത്തെ കൊടുക്കുകയും ചെയ്യുന്നു.

അദ്ധ്യായം 19

ദശാഫലം

വിഷയവിവരം

1. ദശാക്രമം
2. വിംശോത്തരി (നക്ഷത്ര) ദശ
3 . ശിഷ്ടദശ ഗണിതം
4. വർഷം കണക്കാക്കുന്ന വിധം
5 ദശാഫലം (രചകുബുഗുശുമസശി ക്രമത്തിൽ)
6. വിംശോത്തരിദശാ (രചകുസഗുമബുശിശു) ക്രമത്തിൽ

ഈ അദ്ധ്യായത്തിൽ നവഗ്രഹങ്ങളുടെ ദശാകാലത്ത് അനുഭവപ്പെടുന്ന ഫലങ്ങളാണ് വിവരിക്കുന്നത്. 5 മുതൽ 17 വരെ ശ്ലോകങ്ങളിൽ രചകുബുഗുശുമസശി എന്ന സാധാരണഗ്രഹ ക്രമത്തിലും 18 മുതൽ 27 വരെയുള്ള ശ്ലോകങ്ങളിൽ രചകുസഗുമബുശിശു എന്നിങ്ങനെ വിംശോത്തരിദശാക്രമത്തിലുമാണ് ഫലം പറയുന്നുത്. ഗ്രഹം അനുകൂലമാണോ പ്രതികൂലമാണോ, അതിന് ആവശ്യമായ ഗ്രഹബല മുണ്ടോ തുടങ്ങിയ കാര്യങ്ങൾ കൂടി ചേർത്തു ചിന്തിക്കയും വേണം.

(1)

ഭക്ത്യാ യേന നവഗ്രഹാ ബഹുവിധൈരാരാധിതാസ്തേ ചിരം
സന്തുഷ്ടാഃ ഫലബോധഹേതുമദിശൻ സാനുഗ്രഹം നിർണ്ണയം
ഖ്യാതാം തേന പരാശരേണ കഥിതാം സംഗൃഹ്യ ഹോരാഗമാത്
സാരം ഭൂരിപരീക്ഷയാƒ തിഫലിതാം വക്ഷ്യേ മഹാഖ്യാം ദശാം.

ഭക്ത്യാ യേന നവഗ്രഹാ ബഹുവിധൈ ആരാധിതാസ്തേ ചിരം

- ആരാൽ ചിരകാലം ഭക്തിപൂർവം പല വിധത്തിൽ ആരാധിക്കപ്പെട്ട്

സന്തുഷ്ടാഃ ഫലബോധഹേതുമദിശൻ സാനുഗ്രഹം നിർണ്ണയം

- സന്തുഷ്ടരായി നവഗ്രഹങ്ങൾ ഫലബോധഹേതു അനുഗ്രഹിച്ചു നൽകിയോ

ഖ്യാതാം തേന പരാശരേണ കഥിതാം സംഗൃഹ്യ ഹോരാഗമാത് സാരം

- ആ പരാശരനാൽ പറയപ്പെട്ട ഹോരാഗമസാരം

ഭൂരിപരീക്ഷയാ അതിഫലിതാം വക്ഷ്യേ മഹാഖ്യാം ദശാം.

- സ്വയം പരീക്ഷിച്ചറിഞ്ഞ് വളരെ ഫലവത്താണെന്നു കണ്ട് അതിലെ മഹാ (നക്ഷത്ര/ വിംശോത്തരി) ദശാഫലസമ്പ്രദായം ഞാൻ ചുരുക്കി പറയുകയാണ്.

(2)

അഗ്ന്യാദി താരപതയോ രവിചന്ദ്രഭൗമ
സർപാമരേഡ്യശനിചന്ദ്രജകേതുശുക്രാഃ
തേ, നാട, സൈനി (സാനി), ജയ, ചാടു, ധടാനു, സൗമ്യ,
സ്ഥാനേ, നഖാ, നിഗദിതാ ശരദസ്തു തേഷാം.

ദശാക്രമം

അഗ്ന്യാദി	- കാർത്തികമുതലായ
താരപതയോ	- നക്ഷത്രാധിപന്മാർ

	ഗ്രഹം		ദശാവർഷം				
1.	രവി	- സൂര്യൻ,	തേ	-	ത	-	- 6
2.	ചന്ദ്ര	- ചന്ദ്രൻ,	നാട	-	നട	- 01	- 10
3.	ഭൗമ	- കുജൻ,	സൈനി	-	സന	- 70	- 7
4.	സർപ്പാ	- രാഹു,	ജയ	-	-	- 81	- 18
5.	അമരേഡ്യ	- വ്യാഴം,	ചാടു	-	ചട	- 61	- 16
6.	ശനി,		ധടാനു	-	ധടന	- 910	- 19
7.	ചന്ദ്രജ	- ബുധൻ,	സൗമ്യ	-	സയ	- 71	- 17
8.	കേതു,		സ്ഥാനേ	-	ഥന	- 70	- 7
9.	ശുക്ര	- ശുക്രൻ,	നഖാ	-	നഖ	- 02	- 20

നിഗദിതാ ശരതസ്തു തേഷാം

- എ ിങ്ങനെ അവയുടെ ദശാവർഷങ്ങൾ പറയപ്പെട്ടിരിക്കന്നു.

കടപയാദിഅക്ഷരസംഖ്യ ഉപയോഗിച്ചാണ് ഇവിടെ ഗ്രഹങ്ങളുടെ ദശാവർഷം പറയുന്നത്. അത് അനുബന്ധത്തിൽ കൊടുത്തിട്ടുണ്ട്.

2.വിംശോത്തരി ദശ (നക്ഷത്ര ദശ)

നക്ഷത്രം				നക്ഷത്രാധിപൻ	ദശാവർഷം
അശ്വതി	മകം	മൂലം	-	കേതു	7
ഭരണി	പൂരം	പൂരാടം	-	ശുക്രൻ	20
കാർത്തിക	ഉത്രം	ഉത്രാടം	-	സൂര്യൻ	6
രോഹിണി	അത്തം	തിരുവോണം	-	ചന്ദ്രൻ	10
മകയിരം	ചിത്ര	അവിട്ടം	-	കുജൻ	7
തിരുവാതിര	ചോതി	ചതയം	-	രാഹു	18
പുണർതം	വിശാഖം	പൂരൂരുട്ടാതി	-	വ്യാഴം	16
പൂയം	അനിഴം	ഉത്രട്ടാതി	-	ശനി	19
ആയില്യം	തൃക്കേട്ട	രേവതി	-	ബുധൻ	17
				ആകെ വർഷം	**120**

ഓർമ്മിക്കാൻ ഒരു മലയാളം ശ്ലോകം:

ആദിത്യനാറു ശശി പത്തുമൊരേഴു ചൊവ്വ
പത്തെട്ടു പാമ്പു പതിനാറു ബൃഹസ്പതീശ
പത്തൊമ്പതേ ശനി ബുധൻ പതിനേഴു പിമ
കേതൂനൊരേഴിരുപതാമതു ശുക്രനന്ത്യം.

(3)
ഋക്ഷസ്യ ഗമ്യാ ഘടികാ ദശാബ്ദ-
നിഘ്നാ നടാപ്താ സ്വദശാബ്ദസംഖ്യാ
രൂപൈർ ഗൈഃ സംഗുണയേ തേന
ഹൃതാസ്തു മാസാ ദിവസാഃ ക്രമേണ.

ശിഷ്ടദശാ ഗണിതം

ഋക്ഷസ്യ ഗമ്യാ ഘടികാ ....

- നക്ഷത്രത്തിൽ ബാക്കിയുള്ള നാഴികകളെ ദശാവർഷംകൊണ്ടു പെരുക്കി, 60 - കൊണ്ടു ഹരിച്ചാൽ കിട്ടുന്നതു വർഷം.

ബാക്കിയെ
രൂപൈ, ന,ഗൈ, ന,രേ,ന.... 12, 30, 60 എന്നിവകൊണ്ടു യഥാവിധി ക്രിയ ചെയ്താൽ ക്രമത്തിൽ മാസം, ദിവസം, നാഴിക എന്നിവ കിട്ടും.

നക്ഷത്രം തുടങ്ങുമ്പോൾ തന്നെ ജനിച്ചാലേ ദശാവർഷം മുഴുവൻ കിട്ടൂ. അതു സാധാരണമല്ലോ. അതിനാൽ ഒരു നാളിന്റെ ഇടയ്ക്കു ജനനം വന്നാ ശിഷ്ടദശ (ഗർഭശിഷ്ടദശ എ ും പറയും.) കണക്കാക്കു രീതിയാണ് ഈ ശ്ലോകത്തി വിവരിക്കു ത്.

ജനനം രോഹിണി നക്ഷത്രത്തിലാണെന്നു കരുതുക. ഒരുദിവസം 60 നാഴികയായതിനാൽ , രോഹിണിയും സാധാരണഗതിയിൽ 60 നാഴികയാവണം. ജനനം നടന്നത് രോഹിണി 30 നാഴിക കഴിഞ്ഞിട്ടാണെങ്കിൽ , ബാക്കി 30 നാഴികയ്ക്കു ശിഷ്ടദശ എത്ര കാണും?

ജന്മനക്ഷത്രത്തിൽ ബാക്കിയുള്ള സമയത്തെ അതിന്റെ ദശാവർഷംകൊണ്ടു പെരുക്കി ദിവസ ദൈർഘ്യംകൊണ്ടു ഹരിച്ചാൽ കിട്ടുന്ന ഫലം വർഷം. ബാക്കിയെ 12 കൊണ്ടു പെരുക്കി കിട്ടുന്നതു മാസം. അതിന്റെ ബാക്കിയെ 30 കൊണ്ടു പെരുക്കി കിട്ടന്നതു ദിവസം. ഇതുപോലെ അറുപതുകൊണ്ടു പെരുക്കി ബാക്കിയുള്ള നാഴിക - വിനാഴികകളെയും കാണാം.

ഉദാഹരണം (ആധുനികരീതി):

രോഹിണിനക്ഷത്രം : 40° മുതൽ 53° 20 വരെ

ചന്ദ്രസ്ഫുടം : 1 - 20° - 33 . = 50° - 33

നക്ഷത്രത്തി ബാക്കി 53° 20 - - 50° - 33 = 2^{O} - 47 - 167

13° - 20 അഥവാ 800- ന് ചന്ദ്രദശ = 10 വർഷം

അതുകൊ ' 2^{O} - 47 അഥവാ 167 ന് ചന്ദ്രദശ = ?

1. $\frac{10 \bullet 167}{800}$ = **2**. 0875 വർഷം

(13 - 20 • 60 = 800)

2 $\frac{0875 \bullet 12}{10000}$ = **1.** 05 മാസം

3 $5 \bullet 30$ = 1. 5 ദിവസം

100

4 5• 60 = **30** നാഴിക

10

ശിഷ്ടദശ : 2 വർഷം 1 മാസം 1 ദിവസം 30 നാഴിക ചന്ദ്രദശ.

(4)
രവിസ്ഫുടം സ(ത)ജ്ജനനേ യദാസീത്
തഥാവിധശ്ചേത് പ്രതിവർഷമർക്കഃ
ആവൃത്തയഃ സന്തി ദശാബ്ദകാനാം
ഭാഗക്രമാത്തദ്ദിവസാഃ പ്രകൽപ്യാ.

വർഷം കണക്കാക്കുന്ന വിധം

ഒരാളുടെ ജനനസമയത്ത് സൂര്യൻ നിൽക്കുന്ന സ്ഥാനത്തുതന്നെ സൂര്യൻ വീണ്ടും വരുമ്പോഴാണ് ജാതകന് ഒരു വയസ്സാകുന്നത്. ഇതനുസരിച്ചുവേണം ദശാവർഷം കണക്കാക്കു തും. വർഷത്തിനു തികയാതെ വരുന്ന ബാക്കിയെക്കൊണ്ട് ഭാഗക്രമം അനുസരിച്ച് (30 ദിവസം = 1 മാസം, 12 മാസം = 1 വർഷം) മാസവും ദിവസവും കാണണം.

വർഷം എന്നാൽ എത്ര ദിവസമാണ് എന്നതു ജ്യോതിഷത്തിലെ ഒരു വലിയ തർക്കവിഷയമാണ്. അതിനുള്ള മറുപടികൂടിയാണ് ഈ ശ്ലോകം.

ദശാഫലം

(രചകുബുഗുശുമസശി ക്രമത്തിൽ)

സൂര്യദശ

(5)
ഭാനുഃ കരോതി കലഹം ക്ഷിതിപാലകോപ-
മാകസ്മികം സ്വജനരോഗപരിഭ്രമം ച
അന്യോന്യവൈരമതിദുസ്സഹചിത്തകോപം
ഗുപ്ത്യർത്ഥധാന്യസുതദാരകൃശാനുപീഡാം.

ഭാനുഃ കരോതി	-	സൂര്യൻ ചെയ്യുന്നു (സൂര്യദശയിൽ),
കലഹം	-	വഴക്ക്
ക്ഷിതിപാലകോപം ആകസ്മികം	-	അപ്രതീക്ഷിതമായ രാജകോപം,
സ്വജനരോഗം	-	സ്വന്തക്കാർക്കു രോഗങ്ങൾ,
പരിഭ്രമം	-	പരിഭ്രമം, പരിഭ്രമണം
അന്യോന്യവൈരം	-	പരസ്പരശത്രുത
അതിദുസ്സഹ ചിത്തകോപം	-	അസഹനീയമായ മാനസികക്ഷോഭം,
*ഗുപ്തി **	-	ഒളിവിൽ / തടവിൽ കഴിയുക
അർത്ഥ ധാന്യ സുത ദാര കൃശാനു പീഡാം	-	ധനം, ധാന്യം, മക്കൾ, ഭാര്യ.

		അഗ്നി. ഇവ കാരണമായുള്ള ദുഖം.
*ഗുപ്ത്യർത്ഥം	-	രഹസ്യമായ. ധനം എന്നും കാണുന്നു.

സൂര്യൻ ദുസ്ഥനാണെങ്കിലുള്ള ഫലങ്ങളാണ് ഈ ശ്ലോകത്തിൽ പറഞ്ഞത്. അടുത്ത ശ്ലോകത്തിൽ സൂര്യൻ സുസ്ഥനായാലുള്ള ഫലങ്ങൾ വിവരിക്കുന്നു.

(6)
ക്രൗര്യാധ്വഭൂപൈഃ കലഹൈർദ്ധനാപ്തിം
വനാദി(ദ്രി)സഞ്ചാരമതിപ്രസിദ്ധിം
കരോതി സുസ്ഥോ വിജയം ദിനേശ-
സ്തൈക്ഷ്ണ്യം സദോദ്യോഗരതിം സുഖം ച

കരോതി സുസ്ഥോ ദിനേശ	-	സൂര്യനു സുസ്ഥാനസ്ഥിതിയാണെങ്കിൽ
ക്രൗര്യാധ്വഭൂപൈഃ കലഹൈർദ്ധനാപ്തിം	-	ക്രൂരപ്രവർത്തികൾ, യാത്ര, രാജാവ്, കലഹം ഇവ വഴി ധനാഗമം
വനാദ്രി സഞ്ചാരം	-	കാട്ടിലും മലയിലുമുള്ള യാത്ര.
അതിപ്രസിദ്ധിം	-	വളരെ പ്രസിദ്ധി,
വിജയം,		
തൈഷ്ണ്യം	-	തീക്ഷ്ണത,
സദോദ്യോഗരതിം - സദാ ഉദ്യോഗരതിം	-	എപ്പോഴും പ്രവർത്തനനിരതൻ
സുഖം		

ചന്ദ്രദശ.

(7)
മനഃപ്രസാദം പ്രകരോതി ചന്ദ്രഃ
സർവാർത്ഥസിദ്ധിം സുഖഭോജനം ച
സ്ത്രീപുത്രഭൂഷാംബരരത്നസിദ്ധിം
ഗോക്ഷേത്രലാഭം ദ്വിജപൂജനം ച

പകരോതി ചന്ദ്രഃ	-	ചന്ദ്രൻ ചെയ്യുന്നു (ചന്ദ്രദശയിൽ)
മനഃപ്രസാദം	-	ഉന്മേഷം, സന്തോഷം,
സർവാർത്ഥസിദ്ധിം	-	എല്ലാ ഉദ്യമങ്ങളിലും വിജയം.,
സുഖഭോജനം	-	സുഖഭക്ഷണം,
സ്ത്രീപുത്രഭൂഷാംബരരത്നസിദ്ധിം	-	ഭാര്യ, മക്കൾ, ആഭരണങ്ങൾ, വസ്ത്രങ്ങൾ, രത്നങ്ങൾ ഇവയുടെ ലബ്ധി
ഗോക്ഷേത്രലാഭം	-	പശുക്കൾ, ഭൂസ്വത്ത് ഇവയുടെ ലാഭം
ദ്വിജപൂജനം	-	ബ്രാഹ്മണപൂജ.

(8)
ബലേന സർവം ശശിനസ്തു വാച്യം
പൂർവേ ദശാഹേ ഫലമത്ര മദ്ധ്യം
മദ്ധ്യേ ദശാഹേ പരിപൂർണ്ണവീര്യം
തൃതീയഭാഗേ *f* പഫലം ക്രമേണ.

ബലേന സർവം ശശ്ന്ഃ തു വാച്യം - ചന്ദ്രദശാഫലം ചന്ദ്രന്റെ ബലമനുസരിച്ചു പറയണം

പൂർവേ ദശാഹേ ഫലമത്ര മദ്ധ്യം - ചന്ദ്രൻ ചാന്ദ്രമാസത്തിന്റെ ആദ്യഭാഗത്താണെങ്കിൽ ഫലം മദ്ധ്യമം.

മദ്ധ്യേ ദശാഹേ പര്പൂർണ്ണ്വീര്യം - മദ്ധ്യഭാഗത്താണെങ്കിൽ പൂർണ്ണഫലം.

(ദശാഹം - പത്തു ദിവസം)

തൃത്യഭ്ഗേ അ് ഫലം
- അവസാനഭാഗത്താണെങ്കി അൽപ്പഫലം.

പന്ദ്രന്റെ പക്ഷബലം (ചന്ദ്രന്റെ ശക്തി / ബലം / ഫലം)

1. ശുക്ലപക്ഷപ്രതിപദംമുതൽ ശുക്ലപക്ഷദശമി വരെ - ആദ്യഭാഗം, ഫലം മദ്ധ്യമം.
2. ശുക്ലപക്ഷ ഏകാദശിമുതൽ കൃഷ്ണപക്ഷപഞ്ചമിവരെ - മദ്ധ്യഭാഗം, പൂർണ്ണ ഫലം.
3. കൃഷ്ണപക്ഷ ഷഷ്ഠിമുതൽ അമാവാസിവരെ - അവസാനഭാഗം, അൽപ്പഫലം.

കുജദശ

(9)
ഭൗമസ്യ സ്വദശാഫലാനി ഹുതഭുഗ്
ഭൂപാഹവാദ്യൈർധനം
ഭൈഷജ്യാനൃതവ നൈശ്ച വിവിധൈഃ
ക്രൗര്യൈർദ്ധനസ്യാഗമഃ
പിത്താസൃഗ്ജ്വരബാധിതശ്ച സതതം
നീചാംഗനാസേവനം
വിദ്വേഷഃ സുതദാരബന്ധുഗുരുഭിഃ
കഷ്ടോ*f* ന്യഭാഗ്യേ രതഃ.

ഭൗമസ്യ സ്വദശാഫലാനി - കുജദശയിൽ
ഹുതഭുക് ഭൂപ ആഹവ ആദ്യൈഃ ധനം - അഗ്നി, രാജാവ്, യുദ്ധം ഇവ വഴി ധനം
ഭൈഷജ്യ, അനൃത വ നൈശ്ച വിവിധൈഃ ക്രൗര്യൈഃ ധനസ്യാഗമഃ*
- ചതി*, അസത്യം, വ ന, പലവിധ ക്രൂരപ്രവർത്തികൾ ഇവയും ധനാഗമമാർഗ്ഗം.

* ഭേഷജത്തിന്റെ പ്രധാന അർത്ഥം, മറ്റു വ്യാഖ്യാനങ്ങളിൽ കൊടുത്തിട്ടുള്ളതു പോലെ, ഔഷധം എന്നാണെങ്കിലും സന്ദർഭത്തിനു ചേരുക ഈ അപ്രധാന അർത്ഥമാണ്.

പിത്ത അസൃക് ജ്വര ബാധിതശ്ച - പിത്തം, രക്തദൂഷ്യം, പനി തുടങ്ങിയ രോഗങ്ങൾ
നീചാംഗനാസേവനം - നീചസ്ത്രീ സേവ,
സുത ദാര ബന്ധു ഗുരുഭിഃ വിദ്വേഷം - മക്കൾ, ഭാര്യ, ബന്ധുക്കൾ, ഗുരുനാഥന്മാർ ഇവരുമായി വിദ്വേഷം,

കഷ്ടോ - കഷ്ടപ്പാടുകൾ
അന്യഭാഗ്യേ രതഃ - മറ്റുള്ളവരുടെ ഭാഗ്യത്തി രതൻ

കഷ്ടോ അന്യഭാഗ്യേ രത - അന്യന്മാരുടെ ഭാഗ്യം കണ്ട് സഹിക്കാൻ പാടില്ലാതെയിരിക്കുക എന്നും ഒരു വ്യാഖ്യാനമുണ്ട്

ബുധദശ

(10)
സൗമ്യഃ കരോതി സുഹൃദാഗമമാത്മസൗഖ്യം
വിദ്വത്പ്രശംസിതയശശ്ച ഗുരുപ്രസാദം
പ്രാഗത്ഭ്യമുക്തിവിഷയേƒ പി പരോപകാരം
ജായാത്മജാദി സുഹൃദാം കുശലം മഹത്വം.

സൗമ്യഃ കരോതി - ബുധദശയിൽ ,
സുഹൃദാഗമം - സുഹൃത്തുക്കളുടെ/ബന്ധുക്കളുടെ ആഗമനം,
ആത്മ സൗഖ്യം - സുഖം
വിദ്വത്പ്രശംസിത യശശ്ച - വിദ്വാന്മാരുടെ പ്രശംസ മൂലമുണ്ടാകുന്ന യശസ്സ്,
ഗുരുപ്രസാദം - ആചാര്യന്റെ സന്തുഷ്ടി
പ്രാഗത്ഭ്യം ഉക്തിവിഷയേ - വാക്ചാതുര്യം,
പരോപകാരം - റ്റുള്ളവർക്ക് ഉപകാരം ചെയ്യുക
ജായാത്മജാദി സുഹൃദാം കുശലം മഹത്വം - ഭാര്യ, മക്കൾ, സുഹൃത്തുക്കൾ തുടങ്ങിയവർക്ക് കുശലവും മഹത്വവും.

ഗുരുദശ

(11)
ധർമ്മക്രിയാപ്തിമമരേന്ദ്രഗുരുർവിധത്തേ
സന്താനസിദ്ധിമവനീപതിപൂജനം ച
ശ്ലാഘ്യത്വമു തജനേഷു ഗജാശ്വയാന-
പ്രാപ്തിം വധൂസുതസുഹൃദ്ദ്യുതിമിഷ്ടസിദ്ധിം.

അമരേന്ദ്രഗുരുഃ വിധത്തേ - ഗുരുദശയിൽ ,
ധർമ്മക്രിയാപ്തി - ധാർമ്മിക പ്രവർത്തികൾ,

സന്താനസിദ്ധി - സന്താനലാഭം,
അവനീപതിപൂജനം ച - രാജബഹുമാനം,
ശ്ലാഘ്യത്വം ഉന്നതജനേഷു - ഉന്നത വ്യക്തികളുടെ പ്രശംസ,
ഗജ അശ്വ യാന പ്രാപ്തിം - ആന, കുതിര, വാഹനം ഇവയുടെ ലബ്ധി
വധൂ സുത സുഹൃദ്യുതി - ഭാര്യ, മക്കൾ, സുഹൃത്തുക്കൾ ഇവരുടെ സാമീപ്യം
ഇഷ്ടസിദ്ധിം - ഇഷ്ടലാഭം

ശുക്രദശ

(12)
ക്രീഡാസുഖോപകരണാനി സുവാഹനാപ്തിം
ഗോരത്നഭൂഷണനിധി പ്രമദാപ്രമോദം
ജ്ഞാനക്രിയാം സലിലയാനമുപൈതി ശൗക്ര്യാം
കല്യാണകർമ്മബഹുമാനമിളാധിനാഥാത്.

ഉപൈതി ശൗക്ര്യാം - ശുക്രദശയിൽ
ക്രീഡാ സുഖ ഉപകരണാനി - വിനോദത്തിനും സുഖത്തിനും വേണ്ട ഉപകരണങ്ങൾ, ക്രീഡാ (കാമവിനോദം) സുഖത്തിനു വേണ്ടതെല്ലാം
സുവാഹന ആപ്തിം - നല്ല വാഹനം ഇവയുടെ ലബ്ധി,
ഗോരത്നഭൂഷണ നിധി പ്രമദാ പ്രമോദം - പശുക്കൾ, *രത്നം*, ഭൂഷണം, നിധി, സ്ത്രീ ഇവമൂലമുള്ള സന്തോഷം
ജ്ഞാനക്രിയാം - ജ്ഞാനസമ്പാദനത്തിനു വേണ്ട പ്രവർത്തികൾ,
സലിലയാനം - ജലയാത്ര,
കല്യാണകർമ്മ - മംഗളകർമ്മങ്ങൾ,
ബഹുമാനം ഇളാധിനാഥാത് - രാജബഹുമാനം

ശനിദശ

(13)
പാകേƒർക്കജസ്യ നിജദാരസുതാദിരോഗാൻ
വാതോത്തരാൻ കൃഷിവിനാശമസത്പ്രലാപം
കുസ്ത്രീരതിം പരിജനൈർവിയുതിം പ്രവാസ-
മാകസ്മികം സ്വജനഭൂമിസുഖാർത്ഥനാശം.

പാകേ അർക്കജസ്യ - ശനിദശയിൽ
നിജ ദാര സുതാദി രോഗാൻ വാതോത്തരാൻ - തനിക്കും ഭാര്യയ്ക്കും മക്കൾക്കും വാതസംബന്ധമായ രോഗങ്ങൾ,
കൃഷിവിനാശം - കൃഷിനാശം,
അസത് പ്രലാപം - അസത്തുക്കളുമായി വാക്കേറ്റം,
കുസ്ത്രീരതിം - ചീത്ത സ്ത്രീകളുമായി ബന്ധം,
പരിജനൈ വിയുതിം - ഭൃത്യനഷ്ടം,
പ്രവാസം - പരദേശവാസം,

ആകസ്മികം സ്വജന ഭൂമി സുഖ അർത്ഥ നാശം
- സ്വജനം, ഭൂമി, സുഖം, ധനം ഇവയുടെ അവിചാരിതമായ നഷ്ടം.

രാഹുദശ

(14)
കുര്യാദഹിഃ ക്ഷിതിപചോരവിഷാഗ്നിശസ്ത്ര-
ഭീതിം സുതാർത്തിമതിവിഭ്രമബന്ധുനാശം
നീചാപമാനനമതിക്രമതോf പവാദം
സ്ഥാനച്യുതിം പദഹതിം കൃതകാര്യഹാനിം.

(15)
വിധുന്തുദേ ശുഭാന്വിതേ പ്രശസ്ത ഭാവസംയുതേ
ദശാ ശുഭപ്രദാ തദാ മഹീപതുല്യഭൂതിദാ
അഭീഷ്ടകാര്യസിദ്ധയോ ഗൃഹേ സുഖസ്ഥിതിർഭവേ-
ദ്ഛ ലാർത്ഥസ യാഃ ക്ഷിതൗ പ്രസിദ്ധകീർത്തയഃ.

(16)
കന്യാസമീനാളിഗതസ്യ രാഹോർ-
ദശാവിപാകേ മഹിത സൗഖ്യം
ദേശാധിപത്യം ധനവാഹനാപ്തിം
ദശാവസാനേ സകലം വിനാശം.

കുര്യാദഹിഃ - രാഹു ദശയി
ക്ഷിതിപ ചോര വിഷ അഗ്നി ശസ്ത്ര ഭീതിം
- രാജാവ്,കള്ളന്മാർ, വിഷം, തീ, ആയുധം ഇവയിൽ നിന്നും ഭയം,
സുതാർത്തി - പുത്രദുഖം,
മതിവിഭ്രമം - ബുദ്ധിഭ്രമം,
ബന്ധുനാശം
നീച അപമാനനം - നീചരാൽ അപമാനം
അതിക്രമം,
അപവാദം,
സ്ഥാനച്യുതിം - പദവിനഷ്ടം,
പദഹതിം * - സ്ഥാനനഷ്ടം (തരം താഴ്ത്ത)
(* കാലിനു ഭംഗം എന്നു മറ്റൊരു വ്യാഖ്യാനം)
കൃതകാര്യഹാനിം - പ്രവർത്തികളിൽ പരാജയം.

ശുഭാന്വിതേ - ശുഭഗ്രഹയോഗമോ,
പ്രശസ്ത ഭാവസംയുതേ - ശുഭഭാവസ്ഥിതിയോ ഉള്ള
വിധുന്തുദേ ദശാ - രാഹുവിന്റെ ദശ
ശുഭപ്രദാ - ശുഭഫലങ്ങൾ ന കും.

മഹ്ീപതുല്യഭൂത്ദഃ. - രാജാവിനു തുല്യമായ ഐശ്വര്യം തരും.

അങ്ങനെയുള്ള രാഹുവിന്റെ ദശയിൽ
അഭ്ീഷ്ടകാര്യസ്ദ്ധയോ - ആഗ്രഹിച്ചതെ ാം നടക്കും.
ഗൃഹേ സുഖസ്ഥ്തിഃ ഭവേത് - ഗൃഹത്തി സുഖമു ാകും.
അച ലാർത്ഥന യാ - ഉറച്ച ധനസ്ഥിതിയും
ക്ഷിതൗ പ്രസിദ്ധകീർത്തയഃ - പ്രസിദ്ധിയും (ഉ ാകും.)

കന്യാ നമ്ന അളി ഗതസ്യ - കന്നി, മീനം, വൃശ്ചികം ഇവയിൽ നിൽക്കുന്ന
രാഹോഃ ദശാവ്പാകേ - രാഹുവിന്റെ ദശയി
മഹ്തം ച സൗഖ്യം - മഹത്ത്വവും, സുഖവും, (വലിയ സൗഖ്യം എ ും കാണു ു.)
ദേശാധിപത്യം
ധന വാഹനാപ്ത്ം - ധനം, വാഹനം ഇവയുടെ ലബ്ധി.
ദശാവസാനേ സകലം വ്നാശം - രാഹുദശപോകുന്നതോടെ അതെല്ലാംപോവുകയും ചെയ്യും.

കേതുദശ

(17)
കേതോർദശായാമരിചോരഭൂപൈഃ
പീഡാം ച ശസ്ത്രക്ഷതമുഷ്ണരോഗം
മിത്ഥ്യാപവാദം കുലദൂഷിതത്വം
വഹ്നേർഭയം പ്രോഷണമാത്മദേശാത്.

കേതോർദശായാം - കേതുദശയിൽ
അരിചോരഭൂപൈഃ പീഡാം - ശത്രുക്കൾ, കള്ളന്മാർ, രാജാവ് ഇവരിൽ നിന്നുമുള്ള,ശല്യം,
കസ്ത്രക്ഷതിം - ആയുധംകൊണ്ടു മുറിവ്,
ഉഷ്ണരോഗം,
മിത്ഥ്യാപവാദം - അടിസ്ഥാനമില്ലാത്ത അപവാദം,
കുലദൂഷ്തത്വം - കുലം ദുഷിക്കുക,
വഹ്നേഃ ഭയം - അഗ്നിഭയം,
പ്രോഷണം ആത്മദേശാത് - ജനിച്ച നാടു വിട്ടു പോകേ ിവരുക.

വിംശോത്തരിദശ

(രചകുസഗുമബുശിശു) ക്രമത്തി

(18)
അഥ തരണി ദശായാം ക്രൗര്യഭൂപാലയുദ്ധൈർ-
ധനമനലചതുഷ്പാദ്പീഡനം നേത്രതാപം
ഉദരദശനരോഗം പുത്രദാരാർത്തിരുച്ചൈർ-

ഗുരുജനവിരഹഃ സ്യാദ് ഭൃത്യനാശോ *f* ർത്ഥഹാനി.

സൂര്യദശ

അഥ തരണി ദശായാം	-	സൂര്യദശയിൽ ,
ക്രൗര്യഭൂപാലയുദ്ധൈർധന	-	ക്രൂരപ്രവർത്തികൾകൊണ്ടും,രാജാവിനാലും, യുദ്ധംകൊണ്ടും ധനലാഭം,
അനലചതുഷ്പാദ്പീഡനം	-	തീ, നാ ക്കാലികൾ ഇവയുടെ ഉപദ്രവം
നേത്രതാപം	-	നേത്രരോഗം,
ഉദരദശനരോഗം	-	വയറ്, പല്ല് ഇവയ്ക്കു രോഗം
പുത്രദാരാർത്തിരുച്ചൈ	-	ഭാര്യയ്ക്കും മക്കൾക്കും ദുഖം
ഗുരുജന വിരഹം	-	ഗുരുജനങ്ങളുടെ വേർപാട്,
ഭൃത്യനാശോ	-	ഭൃത്യനാശം,
അർത്ഥഹാനി	-	ധനനഷ്ടം.

(19)

ശിശിരകരദശായാം മന്ത്രദേവദ്വിജോർവീ-
പതിജനിതവിഭൂതിഃ സ്ത്രീധനക്ഷേത്രസിദ്ധിഃ
കുസുമവസനഭൂഷാഗന്ധനാനാരസാപ്തിർ-
ഭവതി ബലിവിരോധഃ സ്വക്ഷയോ വാതരോഗഃ

ചന്ദ്രദശ

ശിശിരകരദശായാം	-	ചന്ദ്രദശയിൽ
മന്ത്രദേവദ്വിജോർവീപതിജനിതവിഭൂതിഃ	-	മന്ത്രം, ദേവന്മാർ, ബ്രാഹ്മണന്മാർ, രാജാവ് എന്നിവർ കാരണം ഉണ്ടാകുന്ന ഐശ്വര്യം,
സ്ത്രീധനക്ഷേത്രസിദ്ധിഃ	-	ഭാര്യ, ധനം, ഭൂമി, ഇവയുടെ ലാഭം,
കുസുമവസനഭൂഷാഗന്ധനാനാരസാപ്തിർ	-	പൂക്കൾ, വസ്ത്രം, ആഭരണങ്ങൾ, സുഗന്ധദ്രവ്യങ്ങൾ തുടങ്ങി,
നാനാ രസാപ്തിഃ	-	പലതരത്തിലുള്ള സുഖഭോഗങ്ങളുടെ ലബ്ധി,
ഭവതി ബലി വിരോധ	-	ബലവാന്മാരുമായി വിരോധം,

(പാഠഭേദം - ഭവതി ഖലവിരോധ - ഖലരുമായി വിരോധം),

സ്വക്ഷയോ		സ്വത്തിനു ക്ഷയം, ധനനാശം,
വാതരോഗ	-	വാതം എന്നിവ ഫലം.,

(പാഠഭേദം : വാരിരോഗഃ- ജലജന്യമായ രോഗങ്ങൾ)

(20)

ക്ഷിതിതനയദശായാം ക്ഷേത്രവൈരിക്ഷിതീശ-
പ്രതിജനിതവിഭൂതിഃ സ്യാത് പശുക്ഷേത്രലാഭഃ
സഹജതനയവൈരം ദുർജ്ജനസ്ത്രീഷു സക്തിർ-
ദ്ദഹനരുധിരപിത്തവ്യാധിരർത്ഥോപഹാനിഃ.

കുജദശ

ക്ഷിതിതനയ ദശായാം	-	കുജദശയിൽ
ക്ഷേത്രവൈരക്ഷിതീശപ്രതിജനിതവിഭൂതിഃ	-	ഭൂമി, ശത്രു, രാജാവ്, ഇവയാൽ ഐശ്വര്യം
പശു ക്ഷേത്ര ലാഭ	-	പശു, ഭൂമി ഇവയുടെ ലബ്ധി,
സഹജ തനയ വൈരം	-	സഹോദരന്മാരും മക്കളുമായി വൈരം,
ദുർജ്ജനസ്ത്രീഷു സക്തി	-	ചീത്തസ്ത്രീകളിൽ ആസക്തി,
ദഹന രുധിര പിത്തവ്യാധിഃ	-	ഉഷ്ണ രക്ത പിത്ത രോഗങ്ങൾ,
അർത്ഥോപഹാനി	-	ധനനാശം.

(21)

അസുരവരദശായാം ദുസ്വഭാവോ *f* ഥവാ[(1)] സ്വാ-
ദതിഗഹനഗദാർത്തിഃ സൂനുനാര്യോർവിനാശഃ
വിഷഭയമരിപീഡാ വീക്ഷണോർദ്ധ്വാംഗരോഗഃ
സുഹൃദുദിതവിരോധോ ഭൂപതേർദ്വേഷലാഭഃ.

(1) പാഠഭേദം - അസ്വഭാവോ

രാഹുദശ

അസുരവരദശായാം	-	രാഹുദശയി
ദുസ്സ്വഭാവോ	-	ദുസ്വഭാവം,
അതിഗഹനഗദാർത്തി	-	കഠിനമായ രോഗദുഖം,
സൂനു നാര്യോഃ വിനാശ	-	മകൻ, ഭാര്യ ഇവരുടെ നാശം,
വിഷഭയ	-	വിഷഭയം,
അരിപീഡാ	-	ശത്രുശല്യം,
വീക്ഷണ ഊർദ്ധ്വാംഗരോഗ	-	കണ്ണ്, ശിരസ്സ് ഇവയ്ക്കു രോഗം,
സുഹൃദുദിതവിരോധോ	-	സുഹൃത് വിരോധം,
ഭൂപതേഃ ദ്വേഷലാഭഃ	-	രാജകോപം.

(22)

അമരഗുരുദശായാമംബരാദ്യർത്ഥ സിദ്ധി
പരിജനപരിവാരപ്രൗഢിരത്യർത്ഥമാനഃ
സുതധനസുഹൃദാപ്തിഃ സാധുവാദാപ്തപൂജാ
ഭവതി ഗുരുവിയോഗഃ കർണ്ണരോഗഃ കഫാർത്തിഃ.

വ്യാഴദശ

അമരഗുരുദശായാം	-	വ്യാഴദശയി
അംബരാദി അർത്ഥസിദ്ധി	-	വസ്ത്രം, ധനം തുടങ്ങിയവയുടെ ലബ്ധി
പരിജന പരിവാര പ്രൗഢി	-	പരിചാരകരോടും പരിവാരത്തോടും കൂടിയ പ്രൗഢി,
അത്യർത്ഥമാനം	-	വലിയ ബഹുമാനം,
സുത ധന സുഹൃത് ആപ്തി	-	മക്കൾ, ധനം, സുഹൃത്തുക്കൾ

ഇവയുടെ പ്രാപ്തി,

സാധു വ:ദാത് ആപ്ത.പൂജാ

- സാധുവായ (ശരിയായ) വാദംകൊണ്ട , ആപ്തമാകുന്ന (ലഭിക്കുന്ന) പൂജ (ആദരവ്) എന്ന് ഒരർത്ഥം. സൽക്കാര്യങ്ങളെപ്പറയുന്ന യോഗ്യന്മാരുടെ പൂജ എന്നു മറ്റൊരർത്ഥം.

(*സാധുവാദാപ്തപൂജ* - നല്ല വാക്കും യോഗ്യന്മാരുടെ പൂജയും എന്നും കാണുന്നു.).

ഗുരുവ്.യോഗം - ഗുരുജനങ്ങളുമായി വേർപാട്,

കർണ്ണരോഗം - ചെവിയ്ക്ക് അസുഖം,

കഫാർത്തി - കഫരോഗം.

(23)

രവിതനയദശായാം രാഷ്ട്രപീഡാപ്രഹാര[(1)] -
പ്രതിജനിതവിഭൂതിഃ പ്രേഷ്യവൃദ്ധാംഗനാപ്തിഃ
പശുമഹിഷവൃഷാപ്തിഃ പുത്രദാരപ്രപീഡാ
പവനകഫഗുദാർത്തിഃ പാദഹസ്താംഗതാപഃ.

(1) പാഠഭേദം - അഗ്രഹാര*

ശനിദശ

രവിത.ന.യ ദശായാം - ശനിദശയിൽ ,

രാഷ്ട്രപ്.ഡാപ്രഹ.ര പ്രത്.ജ.ന്.ത വ്.ഭൂതി - രാഷ്ട്രീയ പ്രശ്നങ്ങൾ (ആഭ്യന്തരകലാപങ്ങൾ), അതിക്രമങ്ങൾ (ബലപ്രയോഗങ്ങൾ) ഇവ വഴി ഐശ്വര്യം,

പ്രേഷ്യ വൃദ്ധാം.ഗ.ന ആപ്തി - ദാസ, വൃദ്ധസ്ത്രീ, പ്രാപ്തി.

പശു മഹ്.ഷ വൃഷ ആപ്തി - പശു, എരുമ, കാള ഇവയുടെ ലബ്ധി,

പുത്ര ദ:ര പ്രപീഡാ - പുത്രൻ, ഭാര്യ ഇവർക്ക് ഉപദ്രവം,

പവന ക.ഫ ഗുദാർത്തി - വാതം, കഫം, അർശസ്സ്,

പാദ ഹ.സ്താം.ഗ ത:പ - കാർ, കൈ ചുട്ടുനീറ്റം.

* *പ്രഹാര*ത്തിനു പകരം ചില വ്യാഖ്യാനങ്ങളിൽ *അഗ്രഹാര*മാണ് കാണുന്നത്.

(24)

ശശിതനയദശായാം ശശ്വദാചാര്യ[(1)]സിദ്ധിർ-
ദ്വിജജനിതധനാപ്തിഃ ക്ഷേത്രഗോവാജിലാഭഃ
മനുവരസുരപൂജാവിത്തസംഘാതസിദ്ധിഃ
പ്രഭവതി മരുദഷ്ണശ്ലേഷ്മരോഗപ്രപീഡാ.

(1)പാഠഭേദം - ആചാരസിദ്ധി

ബുധദശ

ശശ്.ത.ന.യ.ദശായാം - ബുധദശയി

ശശ്വ.ദ:ച:ര്യ.സ്.ദ്ധി - ഗുരുലബ്ധി.

ദ്വിജ ജ.ന്.ത ധ.ന.ാപ്തി - ബ്രാഹ്മണർ വഴി ധനലാഭം

ക്ഷേത്ര ഗോ വ:ജി ലാഭം - ഭൂമി, പശുക്കൾ, കുതിരകൾ ഇവ കിട്ടുക,

മ.നു.വര സു.ര പൂജാ - രാജ-ദേവപൂജകൾ,

വ്.ത്ത സം.ഘ:ത സിദ്ധി - വലിയ ധനലബ്ധി, (മനുവരസുരപൂജകൊണ്ട് വിത്തസിദ്ധി എന്നും കാണുന്നു.)

മരുത് ഉഷ്ണ ശ്ലേഷ്മരോഗ പ്രപീഡാ - വായുക്ഷോഭം, ഉഷ്ണം, കഫരോഗം ഇവയുടെ ശല്യം

(25)
ശിഖിജനിതദശായാം ശോകമോഹോƒ ംഗനാദിഃ
പ്രഭുജനപരിപീഡാ വിത്തനാശോƒ പരാധഃ
പ്രഭവതി തനുഭാജാം പ്രോഷണം സ്വീയദേശാ-
ദ്ദശനചരണരോഗഃ ശ്ലേഷ്മസന്താപനം ച.

കേതുദശ

ശിഖിജനിതദശായാം - കേതുദശയിൽ
ശോകമോഹം അംഗനാദി - സ്ത്രീകളാൽ ശോകവുംമോഹവും
(വിരഹാദികളെക്കൊണ്ടുള്ള ദുഖവും തന്നിമിത്തമുള്ള മനശ്ചാഞ്ചല്യവും -- മറ്റൊരു വ്യാഖ്യാനം)
പ്രഭുജന പരിപീഡാ - പ്രഭുക്കളുടെ ശല്യം,
വിത്തനാശ - ധനനാശം
അപരാധ - അപരാധം,
പ്രോഷണം സ്വീയദേശാത് - നാടുവിടേണ്ടി വരുക,
ദശന ചരണ രോഗ - പല്ല്, കാല് ഇവയ്ക്ക് രോഗം,
ശ്ലേഷ്മസന്താപനം - കഫരോഗം. ഇവയുടെ ശല്യം.

(26)
ഭൃഗുതനയദശായാമംഗനാരത്നവസ്ത്ര-
ദ്യുതിനിധിധനഭൂഷാവാജിശയ്യാസനാപ്തിഃ
ക്രയകൃഷിജലയാന പ്രാപ്തവിത്താഗമോ വാ
ഭവതിഗുരുവിയോഗോ ബാന്ധവാർത്തിർമനോരുക്.

ശുക്രദശ

ഭൃഗുതനയദശായാം - ശുക്രദശയിൽ
അംഗനാ രതന വസ്ത്ര ദ്യുതി നിധി ധന ഭൂഷാ വാജി ശയ്യ ആസനാപ്തിഃ - സ്ത്രീ,രത്നം, വസ്ത്രം, *ദ്യുതി*, നിധി, ധനം, ആഭരണങ്ങൾ, കുതിര, കിടയ്ക്ക, ഇരിപ്പിടം, ഇവയുടെ ലബ്ധി
ക്രയ കൃഷി ജലയാന പ്രാപ്തവിത്താഗമ - കച്ചവടം, കൃഷി, ജലയാത്ര ഇവ വഴി ധനപ്രാപ്തി
ഭവതി ഗുരുവിയോഗോ - ഗുരുനാഥന്റെ / ഗുരുജനങ്ങളുടെ വേർപാട്,
ബാന്ധവാർത്തി - ബന്ധുദുഖം
മനോരുക് - മനോവേദന.

അദ്ധ്യായം 20
ഭാവാധിപ ദശാഫലം

ഓരോ ഗ്രഹങ്ങളുടെയും ഗുണങ്ങൾക്കനുസൃതമായി അവ അവയുടെ ദശാപഹാരങ്ങളിൽ നൽകുന്ന (സൂചിപ്പിക്കുന്ന) ഫലങ്ങളെയാണ് കഴിഞ്ഞ അദ്ധ്യായത്തിൽ വിവരിച്ചത്. അവ ഭാവാധിപരെന്ന നിലയിൽ നൽകുന്ന ഫലങ്ങൾകൂടി അതിന്റെ കൂടെ ചേർത്തു ചിന്തിക്കണം.

(1)
ഭാവേശ്വരേണ പ്രബലേന യേന
യദ്യത്ഫലം ഹീനബലേന യേന
യദാനുഭോക്തവ്യമനന്യ സമ്യക്
സംസൂചയിഷ്യത്യഥ സംഗ്രഹേണ.

ഭാവേശ്വരേണ പ്രബലേന യേന	-	ബലമുള്ള ഭാവാധിപരെക്കൊണ്ടും,
യദ്യത്ഫലം ഹീനബലേന യേന	-	ദുർബ്ബലരായ ഭാവാധിപരെക്കൊണ്ടും ഉള്ള ഫലം,
യദാനുഭോക്തവ്യമനന്യ സമ്യക	-	എപ്പോൾ എങ്ങിനെ അനുഭവപ്പെടും എന്ന്
സംസൂചയിഷ്യത്യഥ സംഗ്രഹേണ	-	ചുരുക്കി പറയാം.

സുസ്ഥ ഭാവാധിപ ദശാഫലം

(2)
ലഗ്നേ ബലിഷ്ഠേ ജഗതി പ്രഭുത്വം
സുഖസ്ഥിതിം ദേഹബലം സുവർച്ചഃ
ഉപര്യുപര്യഭ്യുദയാഭിവൃദ്ധിം
പ്രാപ്നോതി ബാലേന്ദുവദേഷ ജാതഃ.

ലഗ്നാധിപന്റെ ദശ

ലഗ്നേ ബലിഷ്ഠേ	-	ലഗ്നം ബലമുള്ളതായിരുന്നാൽ
ജഗതി പ്രഭുത്വം	-	ലോകത്തിൽ പ്രഭുത്വവും,
സുഖസ്ഥിതിം	-	സുഖാവസ്ഥയും,
ദേഹബലം	-	ശരീരബലവും,
സുവർച്ച	-	ശരീരകാന്തിയും ഉണ്ടാകും.
ബാലേന്ദുവത് ഏഷ ജാതഃ	-	ജാതകൻ ബാലചന്ദ്രനെപ്പോലെ,
ഉപരി ഉപരി അഭ്യുദയ അഭിവൃദ്ധിം	-	മേൽക്കുമേൽ അഭ്യുദയവും അഭിവൃദ്ധിയും
പ്രാപ്നോതി	-	പ്രാപിക്കുകയും ചെയ്യും.

(3)
പാകേf ർത്ഥനാഥസ്യ കുടുംബസിദ്ധിം
സൽപുത്രികാപ്തിം സുഖഭോജനം ച
പ്രാപ്നോതി വാഗ്ജീവികയാ തദുക്തിം
ധനാനി വക്താ സദസി പ്രശസ്താം.

രണ്ടാംഭാവാധിപന്റെ ദശ

പാകേ അർത്ഥനാഥസ്യ	-	(ബലമുള്ള) രണ്ടാം ഭാവാധിപന്റെ ദശയിൽ,
കുടുംബസിദ്ധിം	-	കുടുംബം,
സൽപുത്രികാപ്തിം	-	സദ്ഗുണമുള്ള പെൺമക്കൾ,
സുഖഭോജനം	-	സുഖഭക്ഷണം,
വാഗ്ജീവികയാ	-	വാക് ഉപജീവനമാർഗ്ഗം,
തദുക്തിം ധനാനി	-	ആ വാക്സാമർത്ഥ്യംകൊണ്ടു ധനലാഭം,
വക്താ സദസി പ്രശസ്താം	-	സദസ്സുകളിൽപ്രശസ്തനായ വാഗ്മിയാകും. ഇവ ഫലം.

(4)
ശൗര്യേ സവീര്യേ സഹജാനുകൂല്യം
സന്തോഷവാർത്താശ്രവണം ച ശൗര്യം
സേനാപതിത്വം ലഭതേf ഭിമാനം
ജനാശ്രയം സദ്ഗുണഭാജനത്വം.

മൂന്നാംഭാവാധിപന്റെ ദശ

ശൗര്യേ സവീര്യേ	-	ബലവാനായ മൂന്നാംഭാവാധിപന്റെ ദശയിൽ,
സഹജാനുകൂല്യം	-	സഹോദരന്മാരുടെ സഹായം.
സന്തോഷവാർത്താശ്രവണം	-	സന്തോഷവാർത്തകൾ കേൾക്കും.

ശൗര്യം,
സേനാപതിത്വം,
അഭിമാനം,
ജനാശ്രയം

സദ്ഗുണഭാജനത്വം	-	നല്ല ഗുണങ്ങൾക്ക് ഇരിപ്പിടം ഇവ ഫലം.

(5)
ബന്ധൂപകാരം കൃഷികർമ്മസിദ്ധീം
സ്ത്രീസംഗമം വാഹനലാഭമേതി
ക്ഷേത്രം ഗൃഹം നൂതനമർത്ഥസിദ്ധിം
സ്ഥാനപ്രശസ്തിം ച സുഖേ ദശായാം.[1]
(1) പാഠഭേദം - സുഖേശ ദായേ.

നാലാംഭാവാധിപന്റെ ദശ

സുഖേ ദശായാം	-	(ബലവാനായ) നാലാംഭാവാധിപന്റെ ദശയിൽ,
ബന്ധൂപകാരം	-	ബന്ധുക്കളെക്കൊണ്ട് ഉപകാരം.

കൃഷികർമ്മസിദ്ധിം - കൃഷിയിൽ നിന്നു നേട്ടം.
സ്ത്രീസംഗമം - സ്ത്രീസംഗമം
വാഹനലാഭം - വാഹനലാഭം.
ക്ഷേത്രം ഗൃഹം നൂതനം അർത്ഥസിദ്ധിം - കൃഷിഭൂമി, പുതിയ വീട്, ധനം, ഇവയുണ്ടാകും.
സ്ഥാനപ്രശസ്തിം - സ്ഥാനമാനങ്ങൾ ലഭിക്കും.

(6)

പുത്രപ്രാപ്തിം ബന്ധുവിലാസം നൃപതീനാം
സാചിവ്യം വാ ധീശദശായാം ബഹുമാനം
പ്രാജ്ഞൈർഭോജ്യൈർമൃഷ്ടമിഹാശ്നാതി ദദാതി
ശ്രേയസ്കാര്യം സജ്ജനശസ്തം സ വിദദ്ധ്യാത്.

അഞ്ചാംഭാവാധിപന്റെ ദശ

ധീശദശായാം - (ബലവാനായ) അഞ്ചാംഭാവാധിപന്റെ ദശയിൽ
പുത്രപ്രാപ്തിം - പുത്രജനനം.
ബന്ധുവിലാസം - ബന്ധുക്കളുമായി ആഘോഷം.
നൃപതീനാം സാചിവ്യം - മന്ത്രിപദം.
ബഹുമാനം - ബഹുമതികൾ.
പ്രാജ്ഞൈഃ ഭോജ്യൈഃ
മൃഷ്ടമിഹാശ്നാതി ദദാതി - നല്ല ഭക്ഷണങ്ങൾ കഴിക്കുകയും മറ്റുള്ളവർക്കു കൊടുക്കുകയും ചെയ്യുക.
ശ്രേയസ്കാര്യം സജ്ജനശസ്തം - സജ്ജനങ്ങൾ പ്രശംസിക്കുന്ന ശ്രേയസ്സ് ഇവ ഫലം.

(7)

രിപൂന്നിഹന്തി സാഹസൈരരീശ്വരസ്യ വത്സരേ
അരോഗതാമുദാരതാമധൃഷ്യതാമതിശ്രിയം.
അവിഘ്നതാമഭൗമതാമതുല്യബാഹുവീര്യതാ-
മസംശയം സമേത്യഥോ ശരീരപുഷ്ടതാമപി

ആറാംഭാവാധിപന്റെ ദശയിൽ

അരീശ്വരസ്യ വത്സരേ - (ബലവാനായ) ആറാംഭാവാധിന്റെ ദശയിൽ.
രിപൂന്നിഹന്തി സാഹസൈഃ - സാഹസംകൊണ്ട് ശത്രുക്കളെ വധിക്കും.
അരോഗതാം - ആരോഗ്യം.
ഉദാരതാം - ദാനശീലം.
അധൃഷ്യത - അജയ്യത.
അതിശ്രിയം - ഐശ്വര്യം.
അവിഘ്നതാ - വിഘ്നങ്ങളില്ലാതിരിക്കുക.
അഭൗമതാ - അഭൗമമായ നേട്ടങ്ങൾ.
അതുല്യബാഹുവീര്യതാ - അതുല്യമായ കരബലം.

(8)
സമ്പാദ്യ വസ്ത്രാഭരണാനി ശയ്യാം
പ്രീതോ രമണ്യാം രമതേƒ തിവീര്യഃ
കരോതി കല്യാണമഹോത്സവാദീൻ
സന്തോഷയാത്രാം ച മദേശദായേ.

ഏഴാംഭാവാധിപന്റെ ദശ

മദേശദായേ - (ബലവാനായ) ഏഴാംഭാവാധിപന്റെ ദശയിൽ,
വസ്ത്ര ആഭരാണാനി ശയ്യാം സമ്പാദ്യ പ്രീതോ രമണ്യാം രമതേ അതിവീര്യ
- വസ്ത്രം, ആഭരണം, കിടയ്ക്ക ഇവ സമ്പാദിച്ച് ഭാര്യയെ പ്രീതയാക്കി വർദ്ധിതവീര്യത്തോടെ രമിക്കും.
കരോതി കല്യാണമഹോത്സവാദീൻ സന്തോഷയാത്രാം
- കല്യാണങ്ങളും മറ്റു മഹോത്സവാദികളും ഉല്ലാസയാത്രകളും മറ്റും നടത്തും.

(9)
ഋണവിമോചനമുച്ഛ്റതിമാത്മനഃ
കലഹകൃത്യനിവൃത്തിമുപൈതി സഃ
മഹിഷപശ്വജഭൃത്യജനാഗമം
വയസി രന്ധ്രപതേർബലശാലിനഃ.

എട്ടാംഭാവാധിപന്റെ ദശ

വയസി രന്ധ്രപതേഃ ബലശാലിനഃ - ബലവാനായ എട്ടാംഭാവാധിപന്റെ ദശയിൽ,
ഋണവിമോചനം - കടത്തിൽനിന്നും മോചനം,
ഉച്ഛ്റതിം ആത്മന - മേൽഗതി,
കലഹകൃത്യ നിവൃത്തിമുപൈതി - വഴക്കുകൾക്കു പരിഹാരം,
മഹിഷ പശു അജ ഭൃത്യജന ആഗമം - പോത്ത്, പശു, ആട്, വേലക്കാർ ഇവ വന്നുചേരും.

(10)
സ്ത്രീപുത്രപൗത്രൈസ്സഹ ബന്ധുവർഗ്ഗൈഃ
ഭാഗ്യം ശ്രിയം ച അനുഭവത്യജസ്രം
ശ്രേയാംസി കാര്യാണ്യവനീശപൂജാം
ഭാഗ്യേശദായേ ദ്വിജദേവഭക്തിം.

ഒമ്പതാംഭാവാധിപന്റെ ദശ

ഭാഗ്യേശദായേ - (ബലവാനായ) ഒമ്പതാം ഭാവാധിപന്റെ ദശയിൽ,
സ്ത്രീപുത്രപൗത്രൈഃ സഹ ബന്ധുവർഗ്ഗൈഃ
- ഭാര്യ, മക്കൾ, മക്കളുടെ മക്കൾ, ബന്ധുക്കൾ തുടങ്ങിയവരുടെ കൂടെ
ഭാഗ്യം ശ്രിയം ച അനുഭവത്യജസ്രം

- ഭാഗ്യവും ഐശ്വര്യവും എന്നും അനുഭവിക്കും.

ശ്രേയാംസി കാര്യാണി	-	ശ്രേയസ്കരമായ കാര്യങ്ങൾ ചെയ്യും.
അവനീശപൂജ	-	രാജബഹുമാനം ലഭിക്കും
ദ്വിജദേവഭക്തിം	-	ബ്രഹ്മജ്ഞാനികളിലും ദേവന്മാരിലും ഭക്തി ഉണ്ടാകും.

(11)
യത്കാര്യമാരബ്ധമുപൈത്യനേന
തസ്യൈവ സിദ്ധിം സുഖജീവനം ച
കീർത്തിം പ്രതിഷ്ഠാം കുശലപ്രവൃത്തിം
മാനോന്നതിം കർമ്മപതേർദശായാം.

പത്താംഭാവാധിപന്റെ ദശ

കർമ്മപതേർദശായാം	-	(ബലവാനായ) പത്താംഭാവാധിപന്റെ ദശയിൽ,
യത്കാര്യമാരബ്ധമുപൈതി അനേന തസ്യൈവ സിദ്ധിം		
	-	തുടങ്ങുന്ന കാര്യമെല്ലാം വിജയിക്കും,
സുഖജീവനം ച	-	ജീവിതം സുഖപ്രദമാകും.
കീർത്തിം	-	പ്രശസ്തി
പ്രതിഷ്ഠ	-	ആദരണീയമായ സ്ഥിതി, സൽപ്പേര്
കുശലപ്രവൃത്തി	-	കുശലമായ പ്രവർത്തികൾ
മാനോന്നതിം	-	സ്ഥാനമാനങ്ങളിൽ ഉയർച്ച.

(12)
ഐശ്വര്യമവ്യാഹതമിഷ്ടബന്ധു-
സമാഗമം ഭൃത്യജനാംശ്ച ദാസാൻ
സംസാരസൗഭാഗ്യമഹോദയശ്ച
ലഭേത ലാഭാധിപതേർദശായാം.

പതിനൊന്നാം ഭാവാധിപന്റെ ദശ

ലാഭാധിപതേർദശായാം	-	(ബലവാനായ) പതിനൊന്നാം ഭാവാധിപന്റെ ദശയിൽ.
ഐശ്വര്യം അവ്യാഹതം	-	ഐശ്വര്യം തടസ്സമില്ലാതെ വർദ്ധിച്ചുകൊണ്ടേയിരിക്കും
ഇഷ്ടബന്ധുസമാഗമം	-	വേണ്ടപ്പെട്ടവരുമായി സമാഗമം ഉണ്ടാകും.
ഭൃത്യജനാം ച ദാസാൻ	-	ഭൃത്യരും ദാസന്മാരും
സംസാര സൗഭാഗ്യ മഹോദയശ്ച-		ലൗകികമായ എല്ലാ ഭാഗ്യങ്ങളും,
ലഭതേ	-	ലഭിക്കും.

(13)
വ്യയേശിതുർവയസ്യതി വ്യയം കരോതി സജ്ജനേ
അഘൗഘനാശിനിം ശുഭക്രിയാം മഹീശമാന്യതാം
നൃപപ്രിയത്വമാന്യതേ പരിച്ഛദാദി ലബ്ധതാ-
മദുർല്ലഭാമരോഗതാം പദസ്ഥിതിം തഥാപ്നുയാത്.

പന്ത്രണ്ടാം ഭാവാധിപന്റെ ദശ

വ്യയേശ്തു: വയസ്യതി - (ബലവാനായ) പന്ത്രണ്ടാംഭാവാധിപന്റെ ദശയിൽ,
വ്യയം കരോതി സജ്ജനേ - സജ്ജനങ്ങൾക്കു വേണ്ടി വ്യയം ചെയ്യും.
അഘൗഘനാശിനിം ശുഭക്രിയാം - പാപനാശകങ്ങളായ സത്കർമ്മങ്ങൾ ചെയ്യും.
മഹിശമാനതാം - രാജബഹുമാനം ഉണ്ടാകും.
നൃപപ്രിയത്വമാന്യതേ - രാജാവിൽനിന്നു സ്നേഹവും മാന്യതയും ലഭിക്കും.
പരിച്ഛദാദി ലബ്ധതാ - ഗാർഹികോപകരണങ്ങളുടെ ലബ്ധിയും.
അരോഗതാം - ആരോഗ്യവും
പദസ്ഥിതി - സ്ഥാനഗുണവും ഉണ്ടാകും

ഏഴാം ശ്ലോകത്തിലെപ്പോലെ ഈ ശ്ലോകത്തിലെയും 3, 4 വരികൾ *കൊടുങ്ങല്ലൂർ* പതിപ്പിൽ മാത്രമേ കാണുന്നുള്ളു.

(14)
വക്രഗസ്യ നിജതുംഗസുഹൃത്സത്-
സ്ഥാനഗസ്യ തു ദശാഫലമേവം
ശത്രുനീചഗൃഹമൗഢ്യഷഡന്ത്യ-
ഛിദ്രഗസ്യ തു ഫലാന്യപി വക്ഷ്യേ.

ദുസ്ഥഭാവാധിപ ദശാഫലം

വക്രഗസ്യ നിജതുംഗ സുഹൃത് സത്സ്ഥാനഗസ്യ തു ദശാഫലം ഏവം
- വക്രം, ഉച്ചം, മിത്രക്ഷേത്രം, സുസ്ഥാനം (6-8-12 ഒഴിച്ചുള്ളവ) ഇവയിൽ നിൽക്കുന്ന ഗ്രഹങ്ങളുടെ ദശാഫലം, അതായത് ബലമുള്ള ഭാവാധിപരുടെ ദശാഫലം, മേൽപറഞ്ഞതു പോലെയാണ്.

ശത്രു, നീചഗൃഹ, മൗഢ്യ, ഷഡന്ത്യ ഛിദ്രഗസ്യ ഫലാനി അപി വക്ഷ്യേ
- ശത്രുക്ഷേത്രം, തന്റെ നീചരാശിയിൽ നിൽക്കുന്ന ഗ്രഹം, മൗഢ്യമുള്ള ഗ്രഹം, 6-12-8 ഭാവങ്ങളിൽ നിൽക്കുന്ന ഗ്രഹം തുടങ്ങിയവയുടെ, അതായത് ബലമില്ലാത്ത ഭാവാധിപരുടെ ദശാഫലം, ഇനി പറയുന്നു.

(15)
ദുഃസ്ഥേ ലഗ്നപതൗ നിരോധനമുപൈത്യജ്ഞാതവാസം ഭയം
വ്യാധ്യാധിനിതരക്രിയാഭിഗമനം[1] സ്ഥാനച്യുതിം ചാപദം
ജാഡ്യം സംസദി വാക്കുടുംബചലനം ദുഷ്പത്രികാം ദൃഗ്രുജം
വാഗ്ദോഷം ദ്രവിണവ്യയം നൃപഭയം ദുഃസ്ഥേ ദ്വിതീയാധിപേ.
(1) പാഠഭേദം - വ്യാധ്യാധീനപരക്രിയാഭിഗമനം

ദുർബ്ബലനായ ലഗ്നാധിപന്റെ ദശയിൽ

ദുഃസ്ഥേ ലഗ്നപതൗ - ലഗ്നനാധിപൻ ദുസ്ഥനായാൽ,
നിരോധനം ഉപൈതി - പ്രവൃത്തികൾക്കു വിലക്ക്
അജ്ഞാതവാസം - ഒളിവിൽ കഴിയേണ്ടതായും വരുക,

ഭയം വ്യാധി ആധി	-	പേടി, രോഗം, ദുഖം,
ഇതരക്രിയാഭിഗമനം	-	ഇതരക്രിയകളെ അഭിഗമിക്കുക.
സ്ഥാനച്യുതിം ച ആപദം	-	സ്ഥാനഭ്രംശവും ആപത്തും

ദുർബ്ബലനായ രണ്ടാംഭാവാധിപന്റെ ദശയിൽ

ദുഃസ്ഥേ ദ്വിതീയാധിപേ	-	ദുർബ്ബലനായ രണ്ടാംഭാവാധിപന്റെ ദശയിൽ
ജാഡ്യം സംസദി	-	സദസ്സിൽ ശോഭിക്കാതെ വരുക
വാക് കുടുംബചലനം	-	വാക്കുപാലിക്കാൻകഴിയാതെ വരുക, വീടുമാറുക
ദുഷ്പത്രികാം	-	ദോഷകരമായ കത്തുകൾ
ദൃഗ്രുജം - ദൃക് രുജം	-	നേത്രരോഗം
വാഗ്ദോഷം	-	നാവു പിഴയ്ക്കുക,
ദ്രവിണവ്യയം	-	ധനനഷ്ടം,
നൃപഭയം	-	രാജകോപം.

(16)
ദുശ്ചിത്കാധിപതൗ സഹോദരമൃതിം കാര്യേ ദുരാലോചനാ-
മന്തശ്ശത്രുനിപീഡനം പരിഭവം തദ്ഗർവ ഭംഗം വദേത്.
മാതൃക്ലേശമരിഷ്ടമിഷ്ടസുഹൃദാം ക്ഷേത്രഗൃഹോപപ്ലുതിം
പശ്വശ്വാദിവിനാശനം ജലഭയം പാതാളനാഥേ *f* ബലേ.

ദുർബ്ബലനായ മൂന്നാംഭാവാധിപന്റെ ദശ

ദുശ്ചിത്കാധിപതൗ	-	ദുർബ്ബലനായ മൂന്നാംഭാവാധിപന്റെ ദശയിൽ,
സഹോദരമൃതി	-	സഹോദരമരണം,
കാര്യേ ദുരാലോചനാം	-	ദുർവ്വിചാരം,
അന്തഃശത്രുനിപീഡനം, പരിഭവം	-	മനഃക്ലേശം, ശത്രുപീഡ, പരിഭവം
ഗർവഭംഗം	-	അഹങ്കാരനാശം

ദുർബ്ബലനായ നാലാംഭാവാധിപന്റെ ദശ

പാതാളനാഥേ അബലേ	-	ദുർബ്ബലനായ നാലാംഭാവാധിപന്റെ ദശയിൽ
മാതൃക്ലേശം	-	മാതൃദുഖം
അരിഷ്ടം ഇഷ്ടസുഹൃദാം	-	വേണ്ടപ്പെട്ടവർക്ക് അരിഷ്ടം,
ദുഖം *ക്ഷേത്ര ഗൃഹോപപ്ലുതിം*	-	ഭൂമിക്കും വീടിനും നാശം,
പശു അശ്വാദി വിനാശനം	-	പശുക്കൾ, കുതിരകൾ ഇവയക്കു നാശം, *ജലഭയം.*

(17)
വീര്യോനേ പ്രതിഭാപതൗ സുതമൃതി ബുദ്ധിഭ്രമം വഞ്ചനാം
അദ്ധ്വാനം ഹൃദരാ(ജഠരാ)മയം നരപതേഃ കോപം സ്വശക്തിക്ഷയം
ചോരാത് ഭീതി അനർത്ഥദം ച ദമനം രോഗാൻ ബഹൂൻ ദുഷ്കൃതിം

ഭൃത്യത്വം ലഭതേ *f* വമാനമയശഃ ഷഷ്ഠേശദായേ വ്രണം.

ദുർബ്ബലനായ അഞ്ചാംഭാവാധിപന്റെ ദശ

വീര്യോനേ പ്രതിഭാപതൗ - ദുർബ്ബലനായ അഞ്ചാംഭാവാധിപന്റെ ദശയിൽ,

സുതമൃതി - പുത്രമരണം,

ബുദ്ധിഭ്രമം - ഭ്രാന്ത്,

വഞ്ചന,

അദ്ധ്വാനം,

ഉദരാമയം - വയറ്റിന് അസുഖം,

നൃപതേഃ കോപം - രാജകോപം,

സ്വശക്തിക്ഷയം - ബലക്ഷയം,

ദുർബ്ബലനായ ആറാംഭാവാധിപന്റെ ദശ

ഷഷ്ഠേശദായേ - ദുർബ്ബലനായ ആറാംഭാവാധിപന്റെ ദശയിൽ,

ചോരാത് ഭീതി - തസ്കരഭയം,

അനർത്ഥദം - അനർത്ഥങ്ങൾ,

ദമനം - കീഴടങ്ങൽ / കീഴ്പ്പെടൽ,

രോഗാൻ ബഹൂൻ - രോഗപീഡ,

ദുഷ്കൃതിം - ദുഷ്കർമ്മങ്ങൾ,

ഭൃത്യത്വം - ദാസത്വം,

അവമാനം

അയശഃ - ദുഷ്കീർത്തി,

വ്രണം.

(18)

ജാമാതുർവ്യസനം കളത്രവിരഹം സ്ത്രീഹേത്വനർത്ഥാഗമം
ദ്യൂനേശേ വിബലിന്യസത്യഭിരതിം ഗുഹ്യാമയം ചാടനം
രന്ധ്രേശായുഷി ശോകമോഹമദനാത്സർവ്വാഭിമൂർച്ഛോച്ഛ്രതിം
ദാരിദ്ര്യം ഭ്രമണം വദേദപയശോവ്യാധീനവജ്ഞാം മൃതിം.

ദുർബ്ബലനായ ഏഴാംഭാവാധിപന്റെ ദശ

ദ്യൂനേശേ വിബലിനി - ഏഴാംഭാവാധിപനു ബലമില്ലെങ്കിൽ,

ജാമാതുഃ വ്യസനം - മകളുടെ ഭർത്താവ് മൂലം ദുഖം,

കളത്രവിരഹം - ഭാര്യാവിരഹം,

സ്ത്രീഹേതു അനർത്ഥാഗമം - സ്ത്രീ കാരണം അനർത്ഥങ്ങൾ,

അസതി അഭിരതിം - പിഴച്ച സ്ത്രീകളുമായി ബന്ധം,

ഗുഹ്യാമയം - ഗുഹ്യരോഗം,

അടനം - ഊരുചുറ്റൽ,

ദുർബ്ബലനായ എട്ടാംഭാവാധിപന്റെ ദശ

രന്ധ്രേശായുഷി - ദുർബ്ബലനായ എട്ടാം ഭാവാധിപന്റെ ദശയിൽ,

ശോക മോഹ മദനാത് സർവ്വാഭിമൂർച്ഛോച്ഛ്രതിം

- ദുഖം, മോഹം,കാമം ഇവമൂലം പ്രശ്നങ്ങൾ,

ദാരിദ്ര്യം,

ഭ്രമണം - കറക്കം, അലഞ്ഞുതിരിയൽ,

അപയശോ - ദുഷ്കീർത്തി

വ്യാധിൻ - രോഗങ്ങൾ,

അവജ്ഞാം - നിന്ദ

മൃതിം - മരണം,

(19)

പൂർവോപാസിതദേവകോപമശുഭം ജായാതനൂജാപദം
ദൗഷ്കൃത്യം സ്വഗുരോഃ പിതുശ്ച നിധനം ദൈന്യം ശുഭേ ദുർബ്ബലേ
യദ്വത് കർമ്മ കരോതി തത്തദഫലം സ്വാന്മാനഭംഗം നഭോ-
ഭാവേ ദുർഗ്ഗുണതാം പ്രവാസമശുഭം ദുർവൃത്തിമാപന്നതാം.

ദുർബ്ബലനായ ഒമ്പതാംഭാവാധിപന്റെ ദശ

ശുഭേ ദുർബ്ബലേ - ദുർബ്ബലനായ ഒമ്പതാം ഭാവാധിപന്റെ ദശയിൽ,

പൂർവോപാസിതദേവകോപം - മുമ്പ് ഉപാസിച്ചിരുന്ന ദേവതയുടെ കോപം,അശുഭം,

ജായാ തനൂജ ആപദം - ഭാര്യയ്ക്കും മക്കൾക്കും ആപത്ത്

ദൗഷ്കൃത്യം - ദുഷ്കർമ്മങ്ങൾ

സ്വഗുരോഃ പിതുശ്ച നിധനം - ഗുരുവിനും അച്ഛനും മരണം

ദൈന്യം - ദീനത

ദുർബ്ബലനായ പത്താംഭാവാധിപന്റെ ദശ

നഭോ ഭാവേ - ദുർബ്ബലനായ പത്താംഭാവാധിപന്റെ ദശയിൽ,

യദ്വത് കർമ്മ കരോതി, തത്തത് അഫലം

- ചെയ്യുന്ന കർമ്മങ്ങളെല്ലാംനിഷ്ഫലമാവുക,

മാനഭംഗം, - അപമാനം

ദുർഗ്ഗുണതാം - ദുർഗ്ഗുണങ്ങൾ,

പ്രവാസം - അന്യദേശവാസം,

അശുഭം,

ദുർവൃത്തി - ദുഷ്പ്രവർത്തികൾ

ആപന്നതാം - ആപത്തുകൾ.

(20)

ശ്രവണമശുഭവാചാം ഭ്രാതൃകഷ്ടം സുതാർത്തിം
ഭവപവയസി ദൈന്യം വഞ്ചനം കർണ്ണരോഗം
ബഹുരുജമപമാനം ബന്ധനം സർവസമ്പത്
ക്ഷയമപരശശീ വാ യാതി രിഫേശദായേ.

ദുർബ്ബലനായ പതിനൊന്നാംഭാവാധിപന്റെ ദശ

ഭവപവയസി - പതിനൊന്നാംഭാവാധിപന്റെ ദശയിൽ,

ശ്രവണം അശുഭവാചാ - അശുഭവാർത്തകൾ കേൽക്കും.

ഭ്രാതൃകഷ്ടം - സഹോദരനു (ജ്യേഷ്ഠനു) കഷ്ടം

സുതാർത്തിം - പുത്രദുഖം
ദൈന്യം
വഞ്ചനം
കർണ്ണരോഗം

ദുർബ്ബലനായ പന്ത്രണ്ടാംഭാവാധിപന്റെ ദശ

രിഃഫേശദാ്യേ - പന്ത്രണ്ടാംഭാവാധിപന്റെ ദശയിൽ
ബഹുരുജം - വളരെ രോഗങ്ങൾ
അപമാനം
ബന്ധനം
സർവസമ്പത് ക്ഷയം അപരശശീ വാ
- കറുത്ത പക്ഷത്തിലെ ചന്ദ്രനെപ്പോലെ പടിപടിയായി സകല സമ്പത്തും നശിക്കും.

(21)
സംജ്ഞായാം യദഗാച്ച കാരകവിധിശ്ലോകേഷു യജ്ജൽപ്പിതം
കർമ്മാജീവനിരൂപിതം ഫലമിദം യദ്രോഗചിന്താവിധൗ
യദ്വ്യസ്യേക്ഷണയോഗസംഭവഫലം ഭാവേശയോഗോത്ഭവം
ഭാവേശൈരപി ഭാവഗൈരപി ഫലം വാച്യം ദശായാമിഹ.

ദശാഫലപ്രവചനത്തിൽ ശ്രദ്ധിക്കേണ്ട
ചില പ്രധാന കാര്യങ്ങൾ

സംജ്ഞായാം യദഗാ ച - സംജ്ഞാദ്ധ്യായത്തിലും (അദ്ധ്യായം 1)
കാരകവിധിശ്ലോകേഷു യജ്ജൽപ്പിതം - കാരകവിധി അദ്ധ്യായത്തിലും(അദ്ധ്യായം 2)
കർമ്മാജീവനിരൂപിതം - കർമ്മജീവപ്രകരണത്തിലും (അദ്ധ്യായം 5)
യത് രോഗചിന്താവിധൗ - രോഗചിന്താവിധിയിലും, (അദ്ധ്യായം 14)
ഫലമിദം - പറഞ്ഞിട്ടുള്ള ഫലങ്ങളും,
യദ്വ്യസ്യ ഈക്ഷണ യോഗ സംഭവഫലം - ഗ്രഹങ്ങളുടെ ദൃഷ്ടി, യോഗം ഇവയുടെ ഫലം, (അദ്ധ്യായം 18)

ഭാവേശൈ ഭാവഗൈ ഭാവേശയോഗോത്ഭവം
- ഭാവാധിപരുടെ വിവിധഭാവങ്ങളിലെ സ്ഥിതി, ഇവയുടെ ഫലം (അദ്ധ്യായം 15, 16)
ഫലം വാച്യം ദശായാമിഹ - തുടങ്ങിയവയെല്ലാംതന്നെപരിഗണിച്ചിട്ടുവേണം ദശാഫലം പറയാൻ.

(22)
വർഗ്ഗോത്തമാംശസ്ഥദശാ ശുഭപ്രദാ
മിത്രൈശ്രവ സാ ചാസ്തമിതേ ച നീചഗേ
മൃത്യുർവ്യയാരീശദശാപഹാരയോ-
സ്തത്ര സ്ഥിതസ്യാപ്യശുഭം ഫലം ഭവേത്.

വർഗ്ഗോത്തമാംശസ്ഥ ദശാ ശുഭപ്രദാ - വർഗ്ഗോമസ്ഥിതിയുള്ള ഗ്രഹത്തിന്റെ ദശ ശുഭപ്രദമാകും.
മിത്രൈശ്രവ സാ ച അസ്തമിതേ ച നീചഗേ

- ആ ഗ്രഹത്തിനു മൗഢ്യമോ നീചമോ വന്നാൽമിശ്രഫലം,

മൃത്യുഃ വ്യയ അര്ശ - 8-12-6 ഭാവാധിപരുടെയും

തത്ര സ്ഥിതസ്യ അപി - ആ ഭാവങ്ങളിൽ നിൽക്കുന്ന ഗ്രഹങ്ങളുടെയും

ദശാപഹാരയോഃ - ദശാപഹാരങ്ങൾ

അശുഭം ഫലം ഭവേത് - അശുഭഫലപ്രദങ്ങളായിരിക്കും.

(23)

ക്രൂരഗ്രഹസ്യൈവ ദശാപഹാരേ
ത്രിപഞ്ചസപ്തർക്ഷപതേർവിപാകേ
തഥൈവ ജന്മാഷ്ടമനാഥഭുക്തൗ
ചോരാരിപീഡാം ലഭതേƒ തിദുഃഖം.

ക്രൂരഗ്രഹസ്യൈവ ദശാപഹാരേ - ക്രൂരഗ്രഹങ്ങളുടെ ദശാപഹാരങ്ങളിലും,

ത്രി പഞ്ച സപ്തർക്ഷപതേഃ വിപാകേ - 3-5-7 നക്ഷത്രാധിപരുടെ ദശാകാലങ്ങളിലും,

തഥൈവ - അതുപോലെ,

ജന്മാഷ്ടമനാഥഭുക്തൗ - ജന്മാഷ്ടമനാഥന്റെ അപഹാരകാലത്തും,

ചോര അരി പീഡാം - കള്ളന്മാർ, ശത്രുക്കൾ ഇവരുടെ ഉപദ്രവവും,

അതിദുഃഖം - ദുഖവും ഉണ്ടാകും.

(24)

ശനേശ്ചതുർത്ഥീ ച ഗുരോസ്തു ഷഷ്ഠീ
ദശാ കുജാഹ്യോർയദി പഞ്ചമീ സാ
കഷ്ടാ ഭവേദ്രാശ്യവസാനഭാഗ-
സ്ഥിതസ്യ ദുഃസ്ഥാനപതേസ്തഥൈവ.

ശനേഃ ചതുർത്ഥീ - ശനിയുടെ ദശ നാലാമതായോ

ഗുരോസ്തു ഷഷ്ഠീ - വ്യാഴത്തിന്റെ ദശ ആറാമതായോ

ദശാ കുജാഹ്യോഃ യദി പഞ്ചമീ - കുജന്റെയും രാഹുവിന്റേയും ദശ അഞ്ചാമതായോ വന്നാലും

സാ കഷ്ടാ - ആ ദശ കഷ്ടഫലപ്രദമാകും.

രാശ്യവസാനഭാഗസ്ഥിതസ്യ - രാശിയുടെ അവസാനഭാഗയിൽ നിൽക്കുന്ന ഗ്രഹത്തിന്റെ ദശയും

ദുഃസ്ഥാനപതേഃ - ദുസ്ഥാനപതിയുടെ ദശയും

തഥൈവ - അപ്രകാരം തന്നെ (ദോഷകരമാണ്.)

,

(25)

ഊർദ്ധ്വാസ്യതുംഗഭവനസ്ഥിതഭൂമിജസ്യ
കർമ്മായഗസ്യ ഹി ദശാ വിദധാതി രാജ്യം
ജിത്വാ രിപൂൻ വിപുലവാഹനസൈന്യയുക്താം
രാജ്യശ്രിയം വിതനുതേ ƒ ധികമന്നദാനം.

ഊർദ്ധ്വാസ്യ - ഊർദ്ധ്വമുഖരാശിയിലോ,

തുംഗഭവന - ഉച്ചരാശിയിലോ,

കർമ്മാ ആയഗസ്യ - പത്ത് പതിനൊന്ന് ഭാവങ്ങളിലോ നിൽക്കുന്ന,
ഭൂമിജസ്യ ദശാ - കുജന്റെ ദശയിൽ,
ജിത്വാ രിപൂൻ - ശത്രുക്കളെ ജയിച്ച്,
വിപുല വാഹന സൈന്യ യുക്താം - വളരെ വാഹനങ്ങളും സൈന്യങ്ങളുമുള്ള,
രാജ്യം വിദധാതി - രാജ്യം നേടുന്നു.
രാജ്യശ്രിയം - രാജ്യശ്രീ ഉണ്ടാകുന്നു.
വിതനുതേ അധികമന്നദാനം - ധരാളമായി അന്നദാനം ചെയ്യുകയും ചെയ്യുന്നു.

(26)
സ്വോച്ചസ്ഥിതോ ഭൃഗുസുതോ വ്യയകർമ്മഗോ വാ
ലാഭേऽപി വാऽസ്തരഹിതോ ന ച പാപയുക്തഃ
തസ്യാബ്ദപാകവിഷയേ ബഹുരത്നപൂർണ്ണോ
ധീമാൻ വിശാലവിഭവോ ജയതി പ്രശസ്തഃ.

ഭൃഗുസുതോ സ്വോച്ചസ്ഥിതോ - ശുക്രൻ ഉച്ചത്തിലോ
ആ സ്ഥിതി *വ്യയ കർമ്മഗോ വാ ലാഭേ അപി*
- പന്ത്രണ്ടിലോ, പത്തിലോ, പതിനൊന്നിലോ,
അസ്തരഹിതോ - മൗഢ്യമോ,
ന ച പാപയുക്ത - പാപയോഗമോ ഇല്ലാതെ നിന്നാൽ,
തസ്യ അബ്ദപാകവിഷയേ - ആ ശുക്രന്റെ ദശാപഹാരങ്ങളിൽ,
ബഹുരത്നപൂർണ്ണോ - വളരെ രത്നങ്ങളുള്ളവനും
ധീമാൻ - ബുദ്ധിമാനും,
വിശാലവിഭവോ - വിഭവസമ്പന്നനും,
പ്രശസ്ത - പ്രശസ്തനും ആകും.

(27)
നീചാരിഷഷ്ഠവ്യയസംശ്രിതാ ഹി
ശുഭാഃ പ്രയച്ഛന്ത്യശുഭാനി സർവേ
ശുഭേതരാഹ്വേഷു ഗതാ പ്രയച്ഛ
ന്ത്യമോഘദുഃഖാനി ദശാസു തേഷാം.

നീച അരി ഷഷ്ഠ വ്യയ സംശ്രിതാ ഹി
- നീചം, ശത്രുക്ഷേത്രം, 6 - 12 ഭാവങ്ങൾ ഇവയിൽ നിൽക്കുന്ന
ശുഭാ പ്രയച്ഛന്തി അശുഭാനി സർവേ
- ശുഭന്മാർ അശുഭഫലങ്ങൾ നൽകുന്നു.
ശുഭേതരാഹ്വേഷു ഗതാ പ്രയച്ഛന്തി
- പാപന്മാർക്കാണ് ഇത്തരം ദുസ്ഥിതിയുള്ളതെങ്കിൽ
അമോഘ ദുഃഖാനി ദശാസു തേഷാം
- അവയുടെ ദശയിൽ അത്യന്തം ദുഖത്തെ ചെയ്യുന്നു.

(28)
ദശേശശത്രോരരിഗേഹഭാജോ
ലഗ്നേശശത്രോരപി വാऽധി ഭുക്തൗ

ശത്രോർഭയം സ്ഥാനഭ(ല)യഃ ത്വാസ്യ
സ്നിഗ്ദ്ധോ*f* പിശത്രുത്വമുപൈതി നൂനം.

ദശേശ ശത്രോഃ - ദശാനാഥന്റെ ശത്രുവിന്റെയും,
അരിഗേഹഭാജോ - ആറാംഭാവത്തിൽനിൽക്കുന്നഗ്രഹത്തിന്റെയും,
ലഗ്നേശ ശത്രോഃ - ലഗ്നാധിപന്റെ ശത്രുവിന്റെയും,
ഭുക്തൗ - അപഹാരത്തിൽ,
ശത്രോഃ ഭയം - ശത്രുഭയം,
സ്ഥാന (ഭയം) ചലനം - സ്ഥാനചലനം,
സ്നിഗ്ധോപി ശത്രുത്വം ഉപൈതി
- ബന്ധുക്കൾകൂടി ശത്രുക്കളാകുക എന്നിവ ഫലം.

(29)
യത്ഭാവഗഃ പാകപതിർദ്ദശേശാ-
ത്തത്ഭാവജാതാനി ഫലാനി കുര്യാത്
വിപക്ഷരിഃഫാഷ്ടമഭാവഗശ്ചേത്
ദുഃഖം വിദധ്യാദിതരത്ര സൗഖ്യം.

യത്ഭാവഗഃ പാകപതിർദ്ദശേശാ
- ദശാനാഥനിൽനിന്നും എത്രാമത്തെ ഭാവത്തിലാണോ അപഹാരനാഥൻ നിൽക്കുന്നുത്,
തത്ഭാവജാതാനി ഫലാനി കുര്യാത്
- ആ ഭാവത്തിന് അനുസൃതമായ ഫലങ്ങളാണ് ആ ഗ്രഹം (അപഹാരനാഥൻ) നൽകുക.
വിപക്ഷ രിഃഫ അഷ്ടമ ഭാവഗശ്ചേത് ദുഃഖം
- ദശാനാഥനിൽനിന്നും 6 - 8 - 12 ഭാവങ്ങളിൽ നിൽക്കുന്ന അപഹാരനാഥൻ ദുഖവും
വിദധ്യാദിതരത്ര സൗഖ്യം
- അതല്ലാത്ത ഭാവങ്ങളിൽ നിൽക്കുന്ന അപഹാരനാഥൻ സുഖവും തരും.

(30)
സ്വോച്ചത്രികോണസ്വഹിതാരിനീചേ
പൂർണ്ണം ത്രിപാദാർദ്ധപദാൽപ്പ ശൂന്യം
ക്രമാച്ഛുഭം ചേദശുഭം വിലോമാൽ
മൂഢേ ഗ്രഹേ നീചഫലം സമം[1] സ്യാത്.
(1) പാഠഭേദം: നീചസമം ഫലം

സ്വോച്ച ത്രികോണ സ്വഹിത അരിനീചേ
- ഉച്ചം, മൂലത്രികോണം, സ്വക്ഷേത്രം, ബന്ധുക്ഷേത്രം, ശത്രുക്ഷേത്രം, നീചം ഇവയിൽ നിൽക്കുന്ന ഗ്രഹങ്ങൾ,
പൂർണ്ണം ത്രിപാദ അർദ്ധ പദ അൽപ്പ ശൂന്യം
- പൂർണ്ണം, മുക്കാൽ, അര, കാല്, അൽപ്പം, ശൂന്യം
ക്രമാൽ ശുഭം ചേത്
- എന്നിങ്ങനെ ക്രമത്തിൽ ശുഭഫലവും
അശുഭം വിലോമാൽ
- വിലോമമായി (വിപരീതമായി) അശുഭഫലവും നൽകും.

മൂഢേ ഗ്രഹേ നീചഫലം സമം സ്യാത്

- മൗഢ്യമുള്ള ഗ്രഹത്തിന്റെ ഫലം നീചമുള്ള ഗ്രഹത്തിന്റെ ഫലത്തിനു സമമാണ്.

ഗ്രഹങ്ങളുടെ ബലം

ഉച്ചം	- *പൂർണ്ണം*
മൂലത്രികോണം	- മുക്കാൽ
സ്വക്ഷേത്രം	- പകുതി
ബന്ധുക്ഷേത്രം	- നാലിലൊന്ന്
ശത്രുക്ഷേത്രം	- അൽപ്പം
നീചം	- ശൂന്യം
മൗഢ്യം	- ശൂന്യം

(31)
മന്ദമാന്ദ്യഹിഖരേശരന്ധ്രപാ
സ്തന്നവാംശപതയോ f പി യേ ഗ്രഹാഃ
തേഷു ദുർബ്ബലദശാ മൃതിപ്രദാഃ
കഷ്ടദേ ചരതി സൂര്യനന്ദനേ.

മന്ദ മാന്ദി അഹി ഖരേശ രന്ധ്രപാ
- ശനി,ഗുളികൻ, രാഹു, 22-ാം ദ്രാക്കാണധിപൻ, അഷ്ടമാധിപൻ ഇവരും
തന്നവാംശപതയോ അപി യേ ഗ്രഹാഃ - ഇവരുടെ നവാംശാധിപന്മാരും ആയ ഗ്രഹങ്ങളിൽ,
തേഷു ദുർബ്ബലദശാ - ദുർബ്ബലനായ ഗ്രഹത്തിന്റെ ദശയിൽ,
കഷ്ടദേ ചരതി സൂര്യനന്ദനേ - ശനി (ചാരവശാൽ) ദുസ്ഥാനത്തു വരുമ്പോൾ,
മൃതിപ്രദാ - മരണകാരണമാകും.

(32)
മൃതീശനാഥസ്ഥിതഭാംശകേശയോഃ
ഖരത്രിഭാഗേശ്വരയോർവ്വബലീയസഃ
ദശാഗമേ മൃത്യുപയുക്തഭാംശക-
ത്രികോണഗേ ദേവഗുരൗ തനുക്ഷയഃ

മൃതീശ നാഥ സ്ഥിത ഭാംശകേശയോഃ
- അഷ്ടമാധിപൻ, ആ ഗ്രഹം നിൽക്കുന്ന രാശിയുടെ അധിപൻ, അംശകിച്ച രാശിനാഥൻ,*
ഖരത്രിഭാഗേശ്വരയോഃ - 22-ാംദ്രേക്കാണാധിപൻ,
ബലീയസഃ ദശാഗമേ - ഇവരിൽ ബലവാനായ ഗ്രഹത്തിന്റെ ദശയിൽ,
മൃത്യുപയുക്തഭാംശക ത്രികോണഗേ ദേവഗുരു
- വ്യാഴം അഷ്ടമത്തിലോ അതിന്റെ ത്രികോണത്തിലോ ചാരവശാൽ വരുന്ന സമയത്ത്,
തനുക്ഷയഃ - ദേഹനാശം (മരണം) സംഭവിക്കും.

* മൃതീശൻ നിൽക്കുന്ന രാശിയുടെ നാഥൻ നിൽക്കുന്ന നവാംശത്തിന്റെ നാഥൻ എന്നും കാണുന്നു.

(33)
ചതുഷ്ടയസ്ഥാ ഗുരുജന്മലഗ്നപാ
ഭവന്തി മധ്യേ വയസഃ സുഖപ്രദാഃ
ക്രമേണ പൃഷ്ടോഭയ മസ്തകോദയ
സ്ഥിതോ ഽന്ത്യമധ്യപ്രഥമേഷു പാകദഃ.

ചതുഷ്ടയസ്ഥാ ഗുരുജന്മലഗ്നപ - വ്യാഴം, ജന്മരാശ്യാധിപൻ, ലഗ്നാധിപൻ ഇവർ
ചതുഷ്ടയസ്ഥാ - കേന്ദ്രത്തിൽ നിന്നാൽ
ഭവന്തി മധ്യേ വയസഃ സുഖപ്രദാഃ - മദ്ധ്യവയസ്സിൽ സുഖപ്രദമാകും.
പൃഷ്ടോദയ ഉഭയോദയ മസ്തകോദയ സ്ഥിത
- പൃഷ്ടോദയം, ഉഭയോദയം, ശീർഷോദയം എന്നിവകളിൽ നിൽക്കുന്ന ഗ്രഹങ്ങൾ,
ക്രമേണ അന്ത്യ മധ്യ പ്രഥമേഷു പാകദഃ
- ക്രമത്തിൽ അവസാനം, മദ്ധ്യം, ആദ്യഭാഗങ്ങളിൽ ഫലം നൽകും.

(34)
യദ്ഭാവഗോ ഗോചരതോ വിലഗ്നാത
ദശേശ്വരഃ സ്വോച്ചസുഹൃദ്ഗൃഹസ്ഥഃ
തദ്ഭാവപുഷ്ടിം കുരുതേ തദാനിം
ബലാന്വിതശ്ചേജ്ജനനേ ƒ പി തസ്യ.

ബലാന്വിത ജനനേപി ... ദശേശ്വരഃ - ജാതകാൽ ബലവാനായ ദശാനാഥൻ,
യത്ഭാവഗോ ഗോചരതോ - ചാരവശാൽ
സ്വോച്ച സുഹൃദ്ഗൃഹസ്ഥ
- സ്വക്ഷേത്രം, ഉച്ചം, മിത്രക്ഷേത്രം തുടങ്ങിയ ബലമുള്ള സ്ഥാനങ്ങളിൽ വരുമ്പോൾ,
തത്ഭാവപുഷ്ടിം കുരുതേ തദാനിം
- ആ ഭാവങ്ങളുടെ പുഷ്ടിയെക്കൂടി ചെയ്യുന്നു. (നല്ല ഫലം നൽകുന്നു.)

രചനയിലുള്ള പ്രത്യകതകൊണ്ടാകാം ഈ ശ്ലോകത്തിനു പല വ്യാഖ്യാനങ്ങളുണ്ട്.

(35)
ബലോനിതോ ജന്മനി പാക നാഥോ
സ്വനീചം രിപുമന്ദിരം വാ
പ്രാപ്തശ്ച യത്ഭാവമുപൈതി ചാരാത്
തത്ഭാവനാശം കുരുതേ തദാനിം.

മൗഢ്യം സ്വനീചം രിപുമന്ദിരം വാ പ്രാപ്തശ്ച
- മൗഢ്യം, നീചം, ശത്രുക്ഷേത്രം ഇവയിലെ സ്ഥിതികൊണ്ട്
ബലോനതോ ജന്മനി പാകനാഥോ
- ജാതകാൽ ബലഹീനനായ ദശാനാഥൻ
യത്ഭാവമുപൈതി ചാരാൽ
- ചാരവശാൽ ഏതു ഭാവത്തിൽ വരുന്നുവോ,

തത്ഭാവനാശം കുരുതേ തദാനിം
- അപ്പോൾ ആ ഭാവത്തിനു നാശത്തെ ചെയ്യുന്നു.

(36)
ദശേശസ്യ തുംഗേ സുഹൃത്ഭേ ദശേശ-
ത്രിഷ്ടകർമ്മലാഭത്രികോണാസ്തഭേഷു
യദാ ചാരഗത്യാ സമായാതി ചന്ദ്രഃ
ശുഭം സംവിധത്തേ ƒ ന്യഥാ ചേദരിഷ്ടം.

ദശേശസ്യ തുംഗേ സുഹൃത്ഭേ - ദശാനാഥന്റെ ഉച്ചരാശി, മിത്രക്ഷേത്രം,
ത്രി ഷ്ട കർമ്മ ലാഭ ത്രികോണ അസ്തഭേഷു
- ദശേശന്റെ 3 - 6 - 10 - 11, ത്രികോണം (5, 9), 7 ഇവയിൽ
യദാ ചാരഗത്യാ സമായാതി ചന്ദ്രഃ - ചന്ദ്രൻ ചാരവശാൽ വരുമ്പോൾ,
ശുഭം സംവിധത്തേ - ശുഭഫലം നൽകുന്നു.
അന്യഥാ ചേത് അരിഷ്ടം - അല്ലെങ്കിൽ ദോഷഫലം.

(37)
പാകപ്രഭുർഗോചരതഃ സ്വനീചം
മൗഢ്യം യദാ യാതി വിപക്ഷഭം വാ
കഷ്ടം വിദധ്യാത് സ്വഗൃഹം സ്വതുംഗം
വക്രം ഗതേ സൗഖ്യഫലം തദാനീം.

പാകപ്രഭുഃ ഗോചരതഃ - ദശാനാഥൻ ചാരവശാൽ,
സ്വനീചം മൗഢ്യം വിപക്ഷഭം യാതി തദാ
- നീചം, മൗഢ്യം, ശത്രുക്ഷേത്രം ഇവയിൽ എപ്പോൾ വരുന്നുവോ അപ്പോൾ,
കഷ്ടം വിദധ്യാത് - കഷ്ടഫലം ഉണ്ടാകുന്നു.,

സ്വഗൃഹം സ്വതുംഗം വക്രം ഗതേ - സ്വക്ഷേത്രം, ഉച്ചം, വക്രം ഇവയിൽ വരുമ്പോൾ,
സൗഖ്യഫലം തദാനീം - സുഖഫലവും തരുന്നു.

(38)
പാകേശസ്യ ശുഭപ്രദസ്യ ഭവനം
തുംഗം പ്രപന്നേ യദാ
സൂര്യേ തൽഫലസിദ്ധിമേതി ഗുരുണാ ƒ -
പ്യേവം ഫലം ചിന്തയേത്
നീചം കഷ്ടഫലസ്യ തസ്യ ച ദശാ-
നാഥസ്യ വൈരിഗൃഹം
പ്രാപ്തേ ഭാസ്വതി ഗോചരേണ ലഭതേ
തസ്യൈവ കഷ്ടം ഫലം.

പാകേശസ്യ ശുഭപ്രദസ്യ ഭവനം തുംഗം - ശുഭപ്രദനായ ദശാനാഥന്റെ ഉച്ചരാശിയിൽ
പ്രപന്നേ യദാ സൂര്യ - എപ്പോൾ സൂര്യൻ വരുന്നുവോ അപ്പോൾ,
തൽഫലസിദ്ധിമേതി - ആ ശുഭഫലം അനുഭവത്തിൽ വരും.,

ഗുരുണാ അപി ഏവം ഫലം ചിന്തയേത് - വ്യാഴവും ഇപ്രകാരം ശുഭഫലം തരും.

കഷ്ടഫലസ്യ തസ്യ ച ദശാനാഥസ്യ - കഷ്ടഫലം തരുന്ന ദശാനാഥന്റെ
നീചം വൈരിഗൃഹം - നീചരാശിയിലും ശത്രുക്ഷേത്രത്തിലും,
പ്രാപ്തേ ഭാസ്വതി ഗോചരേണ - സൂര്യൻ ചാരവശാൽ വരുമ്പോൾ,
ലഭതേ തസ്യൈവ കഷ്ടം ഫലം - കഷ്ടഫലവും അനുഭവമാകുന്നു.

(39)
യേന ഗ്രഹേണ സഹിതോ ഭുജഗാധിനാഥ-
സ്തത്ഖേടജാതഗുണദോഷഫലാനി കുര്യാത്
സർപാന്വിതഃ സ തു ഖഗശ്ശുഭദോപി കഷ്ടം
ദുഃഖം ദശാന്ത്യസമയേ കുരുതേ വിശേഷാത്.

യേന ഗ്രഹേണ സഹിതോ ഭുജഗാധിനാഥ
- രാഹു ഏതു ഗ്രഹത്തിന്റെ കൂടെയാണോ നിൽക്കുന്നത്,
തൽഖേടജാതഗുണദോഷഫലാനി കുര്യാത്
- ആ ഗ്രഹത്തിനു സമമായ ഗുണദോഷഫലങ്ങൾ നൽകും.

സർപാന്വിത ഖഗ ശുഭദോപി - രാഹുവിന്റെകൂടെ നിൽക്കുന്ന ഗ്രഹം ശുഭഫലദനാണെങ്കിൽക്കൂടി
ദശാന്ത്യസമയേ - ദശയുടെ അന്ത്യഭാഗത്തു
വിശേഷാൽ - വിശേഷഫലമായി
കഷ്ടം, ദുഃഖം കുരുതേ - *കഷ്ടവും* ദുഖവും തരുന്നതാണ്.

(40)
ദ്വാവർത്ഥകാമാവിഹ മാരകാഖ്യൗ
സ്തദീശ്വരസ്തത്രഗതോ ബലാഢ്യഃ
ഹന്തി സ്വപാകേ നിധനേശ്വരോ വാ
വ്യയേശ്വരോ വാപ്യതിദുർബ്ബലശ്ചേത്

ദ്വാവർത്ഥകാമാവിഹ - അർത്ഥം (2) കാമം (7) എന്നീ രണ്ടു ഭാവങ്ങളും,
മാരകാഖ്യൗ - മാരകങ്ങളെന്ന് അറിയപ്പെടുന്നു
തദീശ്വര .. ബലാഢ്യഃ - അവയുടെ ബലശാലികളായ അധിപന്മാരും
തത്രഗതോ - അവയിൽനിൽക്കുന്ന (ബലമുള്ള) ഗ്രഹങ്ങളും
ഹന്തി സ്വപാകേ - തങ്ങളുടെ ദശയിൽ വധിക്കുന്നു.

നിധനേശ്വരോ വാ വ്യയേശ്വരോ വാ അപി - എട്ടാംഭാവാധിപതിയും പന്ത്രണ്ടാം ഭാവാധിപതിയും
അതിദുർബ്ബലശ്ചേത് - വളരെ ദുർബ്ബലരായിരുന്നാലും (അങ്ങിനെ സംഭവിക്കും.)

(41)
കേന്ദ്രേശസ്യ സതോ-ƒ സതോƒ ശുഭശുഭൗ കുര്യദ്ദശാ കോണപാഃ
സർവ്വേ ശോഭനദ സ്ത്രീവൈരിഭവപാ യദ്യപ്യനർത്ഥപ്രദാഃ

രന്ധ്രേശോƒ പി വിലഗ്നപോ യദി ശുഭം കുര്യാദ്രവിർവാ ശശീ
യദ്യേവം ശുഭദഃ പരാശരമതം തത്തദ്ദശായാം ഫലം.

കേന്ദ്രേശസ്യ സതോ അസതോ ശുഭശുഭൗ
- കേന്ദ്രാധിപത്യമുള്ള അശുഭൻ ശുഭഫലവും ശുഭൻ അശുഭഫലവും തരും

ദശാകോണപാഃ സർവ്വേ ശോഭനദ
- ത്രികോണാധിപരായ ഗ്രഹങ്ങൾ (അവർ ശുഭരായാലും പാപരായാലും) ശുഭഫലം ചെയ്യും.

ത്രീ വൈരി ഭവപാ അനർത്ഥപ്രദാ
- 3, 6, 11 ഭാവാധിപർ (ശുഭരായാലും) അവരുടെ ദശയിൽ അനർത്ഥങ്ങൾ ചെയ്യും.

രന്ധ്രേശോ അപി വിലഗ്നപോ യദി ശുഭം...
- അഷ്ടമാധിപനു ലഗ്നാധിപത്യം കൂടി ഉണ്ടെങ്കിൽ ശുഭഫലം നൽകും.

രവിഃ വാ ശശീ യദി ഏവം
- സൂര്യനോ ചന്ദ്രനോ ഇപ്രകാരമാണെങ്കിൽക്കൂടി (അഷ്ടമാധിപത്യമുണ്ടെങ്കിലും)

ശുഭദഃ പരാശരമതം തത്തദ്ദശായാം ഫലം
- അവരുടെ ദശയിൽ ശുഭഫലം തരുമെന്ന് പരാശരമതം.

(സൂര്യചന്ദ്രന്മാർക്ക് അഷ്ടമാധിപത്യ ദോഷമില്ല.)

(42)
കോണാധീശഃ കേന്ദ്രഗഃ കേന്ദ്രപോ വാ
കോണസ്ഥശ്ച ദ്വൗ ച യോഗപ്രദൗ തൗ
ദ്വാവപ്യേതൗ ഭുക്തികാലേ ദശായാ-
മന്യോന്യം തൗ യോഗദൗ സോപകാരൗ

കോണാധീശഃ	-	ത്രികോണാധിപർ (1,5,9 ഭാവാധിപർ),
കേന്ദ്രപോ	-	കേന്ദ്രാധിപതികൾ (1-4-7-10 ഭാവാധിപർ)
കേന്ദ്രഗഃ	-	കേന്ദ്രങ്ങളിൽ നിൽക്കുന്നവർ,
കോണസ്ഥശ്ച	-	ത്രികോണങ്ങളിൽ നിൽക്കുന്നവർ,
ദ്വൗ ച യോഗപ്രദൗ തൗ	-	ഇതിൽ രണ്ടുപേർ (കേന്ദ്രം + ത്രികോണം) ചേർന്നാൽ യോഗപ്രദരാകും

ദ്വൗ അപി ഏതൗ ഭുക്തികാലേ ദശായാം - രണ്ടുപേരും അവരുടെ ദശാപഹാരകാലങ്ങളിൽ
അന്യോന്യം തൗ യോഗദൗ സോപകാരൗ - പരസ്പരം യോഗപ്രദരായ ഉപകാരികളാകും.

43 മുതൽ 54 വരെയുള്ള ശ്ലോകങ്ങൾ യഥാർത്ഥപരാശരഹോരയിൽ നിന്നുമുള്ളവയാണ്. ജാതകചന്ദ്രിക, ലഘുപരാശരി, ഉഡുദായപ്രദീപം എന്നീ ലഘുഗ്രന്ഥങ്ങളിലും ഈ ശ്ലോകങ്ങൾ സമാഹരിച്ചിട്ടുണ്ട്. (ഇന്നു പ്രചാരത്തിലുള്ള പരാശരഹോര ഒറിജിനലല്ല, അല്ലെങ്കിൽ അടുത്ത കാലത്ത് ഇന്നത്തെ രൂപത്തിലെത്തിയതാണ്.)

(43)

ന ദിശേയുർഗ്രഹാഃ സർവേ സ്വദശാസു സ്വഭുക്തിഷു
ശുഭാശുഭഫലം നൃണാമാത്മഭാവാനുരൂപതഃ.

ഗ്രഹാഃ സർവേ - എല്ലാ ഗ്രഹങ്ങളും
സ്വദശാസു സ്വഭുക്തിഷു - സ്വന്തം ദശകളിൽ സ്വന്തം അപഹാരകാലത്ത്
ശുഭാശുഭഫലം നൃണാമാത്മഭാവാനുരൂപതഃ. - തങ്ങളുടെ സ്വഭാവമനുസരിച്ചുള്ള ശുഭാശുഭഫലത്തെ
ന ദിശേയു - കാണിക്കുന്നില്ല.

(സ്വാപഹാരകാലത്ത്) പൂർവ്വദശാനുരൂപമായ ഫലം തുടരുമെന്നു താൽപ്പര്യം എന്നു കൃഷ്ണനാശാൻ.

(44)

ആത്മസംബന്ധിനോ യേ ച യേ യേ നിജ സധർമ്മിണഃ
തേഷാമന്തർദശാസ്വേവ ദിശന്തി സ്വദശാഫലം.

ആത്മസംബന്ധിനോ - (ദശാനാഥന്മാർ) ആത്മസംബന്ധികളും
നിജ സധർമ്മിണഃ - സധർമ്മികളും ആയ ഗ്രഹങ്ങളുടെ
തേഷാമന്തർദശാസ്വേവ - അപഹാരകാലങ്ങളിലാണ്
ദിശന്തി സ്വദശാഫലം - സ്വദശാഫലങ്ങളെ നൽകുക.

ആത്മസംബന്ധികൾ : യോഗം, ദൃഷ്ടി മുതലായവവഴി തനിക്കു ബന്ധമുള്ളവർ. (15/30) സധർമ്മികൾ : ശുഭർക്കു ശുഭരും പാപർക്കു പാപരും.

(45)

കേന്ദ്രത്രികോണനേതാരൗ ദോഷയു.ക്താവപി സ്വയം
സംബന്ധമാത്രാദ് ബലിനൗ ഭവേതാം യോഗകാരകൗ.

കേന്ദ്ര ത്രികോണ നേതാരൗ - കേന്ദ്രം (1-4-7-10), ത്രികോണം (5-9) ഇവയുടെ അധിപതികൾ
ദോഷയുക്താവപി സ്വയം - അവ സ്വയം ദോഷമുള്ളവരായിരുന്നാലും
സംബന്ധമാത്രാത് ബലി - പരസ്പരബന്ധംകൊണ്ടു ബലമുള്ളവരായി
ഭവേതാം യോഗകാരകൗ - യോഗകാരകരാകും.

ഗ്രഹദോഷം യോഗകാരകത്വത്തിനു തടസ്സമാവില്ല എന്നർത്ഥം. രണ്ടു ഭാവങ്ങളുടെ ആധിപത്യം വരുന്ന ഗ്രഹങ്ങൾക്ക് ഒരു ഭാവം ശുഭകരമാണെങ്കിലും മറ്റതു ദോഷമുള്ളതാണെന്നു വരാമല്ലോ. ഉദാ: ചിങ്ങം ലഗ്നത്തിന് വ്യാഴം. (5, 8)

(46)

ത്രികോണാധിപയോർമദ്ധ്യേ സംബന്ധോ യേന കേന ചിത്
കേന്ദ്രനാഥസ്യ ബലിനോ ഭവേദ്യദി സയോഗകൃത്.

ത്രികോണാധിപയോ മദ്ധ്യേ - ഒരു ത്രികോണാധിപതിക്ക്
കേന്ദ്രനാഥസ്യ ബലിനോ - ബലമുള്ള ഒരു കേന്ദ്രാധിപതിയുമായി
സംബന്ധോ യേന കേന ചിത് - ബന്ധം വന്നാൽ
ഭവേദ്യദി സയോഗകൃത് - യോഗകാരകനാകും.

(47)
കേന്ദ്രത്രികോണാധിപയോരൈക്യേ തൗ യോഗകാരകൗ
അന്യത്രികോണപതിനാ സംബന്ധോ യദി കിം പുനഃ.

കേന്ദ്രത്രികോണാധിപയോരൈക്യേ
- കേന്ദ്രാധിപനും ത്രികോണാധിപനും ഒരേ ഗ്രഹമാണെങ്കിൽത്തന്നെ
തൗ യോഗകാരകൗ - യോഗകാരകനാകും.
അന്യത്രികോണപതിന - ആ നിലയ്ക്ക് മറ്റൊരുത്രികോണാധിപനുമായി
സംബന്ധോ യദി കിം പുനഃ - ബന്ധം വന്നാൽ ഉള്ള ഫലം പ്രത്യേകം പറയേണ്ടതില്ലല്ലോ.

ഈ ശ്ലോകത്തിലെ *തൗ* ആശയക്കുഴപ്പം ഉണ്ടാക്കുന്നുണ്ട്. ഉഡുദായപ്രദീപത്തിൽ അതു തിരുത്തിയതായി കാണുന്നു:

കേന്ദ്രത്രികോണാധിപയോ ഏകത്വേ യോഗകാരിതാ
അന്യത്രികോണപതിനാ സംബന്ധോ യദി കിം പരം.

(48)
യോഗകാരകസംബന്ധാത് പാപിനോ*ƒ* പി ഗ്രഹാഃ സ്വതഃ
തത്തദ്ഭുക്ത്യനുസാരേണ ദിയേശയുർയൗഗികം ഫലം.

പാപിന അപി ഗ്രഹാഃ സ്വതഃ - സ്വതവേ പാപന്മാരായ ഗ്രഹങ്ങളും
യോഗകാരകസംബന്ധാത് - യോഗകാരകബന്ധംകൊണ്ട്
തത്തത്ഭുക്ത്യനുസാരേണ - അവരവരുടെ അപഹാരകാലങ്ങളിൽ
ദിയേശയുർയൗഗികം ഫലം - യോഗഫലം നൽകും.

യോഗകാരകബന്ധമുള്ള പാപന്മാരും തങ്ങളുടെ ദശകളിൽ വരുന്ന യോഗ കാരകഭുക്തികളിൽ യോഗഫലത്തെ പ്രദാനം ചെയ്യുമെന്നു താൽപ്പര്യം - കൃഷ്ണ നാശാൻ, ജാതകചന്ദ്രിക

(49)
സ്വദശായാം ത്രികോണേശോ ഭുക്തൗ കേന്ദ്രപതേഃ ശുഭം
ദിശേത് സോപി തഥാനോ ചേത് അസംബന്ധേ*ന* പാപകൃത്.

സ്വദശായാം കേന്ദ്രപതേഃ - കേന്ദ്രാധിപർ സ്വദശകളിൽ
ത്രികോണേശോ ഭുക്തൗ - ത്രികോണാധിപരുടെ അപഹാരങ്ങളിൽ
ശുഭം ദിശേത് - ശുഭം ചെയ്യും.
സ അപി തഥാ - (അതുപോലെത്തന്നെ) ത്രികോണാധിപരുടെ

ദശകളിൽ കേന്ദ്രാധിപരുടെ അപഹാരങ്ങളിലും

നോ ചേത് അസംബന്ധേന പാപകൃത്.

- സംബന്ധംകൊണ്ടു പാപരാകുന്നില്ലെങ്കിൽ ഗുണം ചെയ്യും

ത്രികോണാധിപതിയുടെ മഹാദശ നടക്കുമ്പോൾ പാപബന്ധമില്ലാത്ത കേന്ദ്രാധിപതിയുടെ അപഹാരം ശുഭമായിരിക്കും....അതുപോലെ കേന്ദ്രാധിപരായ പാപന്മാരുടെ ദശ നടക്കുമ്പോൾ (ശുഭന്മാർക്കിത് ബാധകമല്ല) പാപബന്ധമില്ലാത്ത ത്രികോണാധിപതിയുടെ അപഹാരവും ശുഭമായിരിക്കും. - - മുത്തുസ്വാമി

(50)

കേന്ദ്രാധിപത്യദോഷസ്തു ബലവാൻ ഗുരുശുക്രയോഃ

മാരകത്വേ *f* പി ച തയോർമാരകസ്ഥാനസംസ്ഥിതിഃ.

(51)

ബുധസ്തദനു ചന്ദ്രോ *f* പി ഭവേത്തദനു തദ്വിധഃ

പാപാശ്ചേത് കേന്ദ്രപതയഃ ശുഭദാശ്ചോത്തരോത്തരം.

കേന്ദ്രാധിപത്യദോഷസ്തു

- കേന്ദ്രാധിപത്യംമൂലം ശുഭന്മാർക്കു വരുന്ന കേന്ദ്രാധിപത്യദോഷം

ബലവാൻ ഗുരുശുക്രയോഃ

- ഏറ്റവും കൂടുതൽ വ്യാഴത്തിനും പിന്നെ ശുക്രനുമാണ്.

തയോർമാരകസ്ഥാനസംസ്ഥിതിഃ. - മാരകസ്ഥാനസ്ഥിതിയിൽ (2,7)

മാരകത്വേ *അ*പി ച - ഇവർ ശക്തരായ മാരകരുമാകും.

ബുധസ്തദനു ചന്ദ്രോ *അ* പി ഭവേത്തദനു തദ്വിധഃ

- - (കേന്ദ്രാധിപത്യദോഷം ശുക്രനേക്കൾ) ബുധനും ബുധനേക്കാൾ ചന്ദ്രനും കുറവാകുന്നു.

പാപാശ്ചേത് കേന്ദ്രപതയഃ

- പാപന്മാർക്ക് കേന്ദ്രാധിപത്യം വന്നാൽ അവ ഉത്തരോത്തരം,പാപത്വക്രമം അനുസരിച്ച്, ഒന്ന് മറ്റതിനേക്കാൾ ശുഭഫലം ചെയ്യും.

സൂര്യൻ, കുജൻ, ശനി എന്നീ പാപന്മാർക്കു കേന്ദ്രാധിപത്യം വന്നാൽ ഏറ്റവും കൂടുതൽ പാപശക്തിയുള്ള ശനിയാണ് ഏറ്റവും ശുഭം ചെയ്യുക. ശനിയേക്കാൾ കുറവ് കുജനും കുജനേക്കാൾ കുറവ് സൂര്യനും ഗുണം ചെയ്യും.

(52)

യദി കേന്ദ്രേ ത്രികോണേ വാ നിവസേതാം തമോഗ്രഹൗ

നാഥേനാന്യതരസ്യൈവ സംബന്ധാദ്യോഗകാരകൗ.

തമോഗ്രഹൗ - രാഹുകേതുക്കൾ

യദി കേന്ദ്രേ ത്രികോണേ വാ നിവസേതാം - കേന്ദ്രത്തിലോ ത്രികോണത്തിലോ നിൽക്കുകയും

നാഥേനാന്യതരസ്യൈവ സംബന്ധാത്

- അവയിൽ ഒന്നിന്റെ (കേന്ദ്രം / ത്രികോണ) നാഥനുമായി ബന്ധം വരുകയും ചെയ്താൽ

യോഗകാരകൗ - യോഗകാരകരാകും.

(53)
തമോഗ്രഹൗ ശുഭാരൂഢൗ അസംബന്ധൗ ച കേനചിത്
അന്തർദ്ധശാനുരൂപേണ ഭവേതാംയോഗകാരകൗ.

തമോഗ്രഹൗ ശുഭാരൂഢൗ
- രാഹുകേതുക്കൾ ശുഭസ്ഥാനങ്ങളി / ശുഭഗ്രഹങ്ങളുടെ രാശികളിൽ നിൽക്കുകയും
അസംബന്ധൗ ച കേനചിത്
- ആരുമായി ബന്ധമില്ലാതിരിക്കുകയും ചെയ്താൽ *
അന്തർദ്ധശാനുരൂപേണ
- അവരുടെ അപഹാരകാലത്തു യോഗകാരകഫലം നൽകും

ഉദാഹരണമായി ബുധശുക്രന്മാർ യോഗകാരകരായിട്ടുള്ള ഒരു ജാതകത്തിൽ രാഹു മിഥുനത്തിൽ അന്യഗ്രഹങ്ങളുമായി യോഗമോ ദൃഷ്ടിയോ ഇല്ലാതെ സ്ഥിതി ചെയ്താൽ രാഹുദശയിൽ വരുന്ന ബുധാപഹാരത്തിലും ശുക്രാപഹാരത്തിലും യോഗഫലം അനുഭവിക്കും. - - മുത്തുസ്വാമി

<u>പാഠഭേദം</u>
തമോഗ്രഹൗ ശുഭാരൂഢൗ സംബന്ധൗ യേനകേനചിത്
അന്തർദ്ദശാനുരൂപേണ ഭവേതാം യോഗകാരകൗ.

ആരോടെങ്കിലും സംബന്ധപ്പെടുകയും ചെയ്താൽ (മലയാളം വ്യാഖ്യാനങ്ങൾ)
ആരോടും ബന്ധപ്പെടുന്നില്ലെങ്കിൽ (ഇംഗ്ലീഷ് വ്യാഖ്യാനങ്ങൾ)

(54)
ആരംഭോ രാജയോഗസ്യ ഭവേന്മാരകഭുക്തിഷു [(1)]
പ്രഥയന്തി തമാരബ്ധം ക്രമശഃ പാപഭുക്തയഃ.
(1) പാഠഭേദം: ഭവേത്കാരകഭുക്തിഷു

യോഗകാരകഗ്രഹങ്ങളുടെ ദശയിൽ

മാരകഭുക്തിഷു - മാരകഗ്രഹങ്ങളുടെ (2,7) അപഹാരങ്ങളിലാണ്
രാജയോഗസ്യ ആരംഭോ ഭവേത് - രാജയോഗത്തിന്റെ ആരംഭം എങ്കിൽ
തമാരബ്ധം - അങ്ങിനെ ആരംഭിക്കപ്പെട്ട രാജയോഗം
പ്രഥയന്തി ക്രമശഃ പാപഭുക്തയഃ
- പാപരുടെ അപഹാരകാലത്തും ദോഷത്തെ പിന്തള്ളി യോഗഫലം ക്രമത്തിൽ അനുഭവത്തിൽ വരും.

രാജയോഗകാരകദശകളിൽ ഭുക്തിനാഥന്മാരുടെ പാപത്വം നിമിത്തമുള്ള ദോഷത്തിനു പ്രസക്തിയില്ലെന്നു ചുരുക്കം. - - കൃഷ്ണനാശാൻ

വ്യാഖ്യാനഭേദം

1. ആരംഭം ക്രമേണ പാപികളുടെ ഭുക്തിയിൽ മാത്രമേ ഫലിക്കുകയുള്ളു
2. കപൂർ മാരകനുപകരം കാരകൻ എന്നാണു കൊടുത്തിരിക്കുന്നത്.
3. മാരകാധിപത്യമുള്ള ഗ്രഹങ്ങൾ രാജയോഗത്തിനു ഭംഗം ചെയ്യുകയില്ല എന്നുമാത്രമല്ല, അവർ യോഗപ്രദന്മാരായി വർത്തിക്കുമെന്നു സാരം

(55)

രന്ധ്രസ്ഥ രന്ധ്രേക്ഷക രന്ധ്രനാഥ
രന്ധ്രത്രിഭാഗാധിപമാന്ദിഭേശാഃ [(1)]
ദുഖപ്രദാസ്തേഷ്വപി ദുർബലോ യഃ
സ നാശകാരീ സ്വദശാപഹാരേ.

(1) പാഠഭേദം: ദൃഗാണാധിപമാന്ദിഭേശാഃ

1.	രന്ധ്രസ്ഥ	-	എട്ടാം ഭാവത്തിൽ നിൽക്കുന്ന ഗ്രഹം,
2.	രന്ധ്രേക്ഷക	-	എട്ടാം ഭാവത്തിൽ നോക്കുന്ന ഗ്രഹം,
3.	രന്ധ്രനാഥ	-	എട്ടാം ഭാവാധിപതി,
4.	രന്ധ്രത്രിഭാഗാധിപ	-	22-ാം ദ്രേക്കാണാധിപൻ
5.	മാന്ദിഭേശാഃ	-	ഗുളികൻ നിൽക്കുന്ന രാശിയുടെ അധിപൻ
	ദുഖപ്രദാഃ	-	ഇവർ ദുഃഖപ്രദരാകുന്നു.
	തേഷു അപി ദുർബലോ യഃ	-	ഇവരിൽ ഏതൊരു ഗ്രഹം ദുർബ്ബലനായിരിക്കുന്നുവോ
	സ	-	ആ ഗ്രഹം
നാശകാരീ സ്വദശാപഹാരേ		-	തന്റെ ദശയിലോ അപഹാരത്തിലോ നാശകാരിയാകും (മാരകനാകും).

(56)

ഭ്രഷ്ടസ്യ തുംഗാദവരോഹിസംജ്ഞാ
മദ്ധ്യാ ഭവേത്സാ സുഹൃദുച്ചഭാംശേ
ആരോഹിണീ നിമ്നപരിച്യുതസ്യ
നീചാരിഭാംശേഷ്വധമാ ഭവേത്സാ.

ഭ്രഷ്ടസ്യ തുംഗാത് അവരോഹിസംജ്ഞാ
- ഉച്ചത്തിൽനിന്നും നീചത്തിലേയ്ക്കിറങ്ങുന്ന ഗ്രഹത്തിന്റെ ദശ അവരോഹണിദശ.

മദ്ധ്യാ ഭവേത്സാ സുഹൃദുച്ചഭാംശേ
- അങ്ങനെ നീചത്തിലേയ്ക്കു പോകുന്ന ഗ്രഹം മിത്രനവാംശ ത്തിലോ ഉച്ചനവാംശത്തിലോ നിന്നാൽ ഉണ്ടാകുന്ന ദശ മദ്ധ്യദശ

ആരോഹിണീ നിമ്നപരിച്യുതസ്യ
- നീചം വിട്ട് ഉച്ചത്തിലേയ്ക്കു പോകുന്ന ഗ്രഹത്തിന്റെ ദശ ആരോഹണി ദശ

നീചാരിഭാംശേഷ്വധമാ ഭവേത്സാ

- അങ്ങിനെ പോകുമ്പോൾ ശത്രുനവാംശത്തലോ നീചാംശത്തിലോ നിന്നാൽ ആഗ്രഹത്തിന്റെ ദശ അധമദശ.

(57)
ശസ്തഗൃഹേ -*f* ശസ്താംശേ
നീചേ രിപുഭേ *f*സ്തസംസ്ഥിതേ വാ*f* പി
തസ്യ ദശാ മിശ്രഫലാ
(ദശാ)പരാർദ്ധേ ഫലപ്രദാ ജ്ഞേയാ.

ശസ്തഗൃഹേ അശസ്താംശേ - ശുഭഗ്രഹങ്ങൾ അശുഭാംശത്തിലും
നീചേ രിപുഭേ അസ്തസംസ്ഥിതേ വാ അപി നീചം
- നീചം, ശത്രുക്ഷേത്രം ഇവയിലും നിൽക്കുകയോ മൗഢ്യം പ്രാപിക്കുകയോ ചെയ്താൽ
തസ്യ ദശാ മിശ്രഫലാ
- ആ ഗ്രഹത്തിന്റെ ദശ മിശ്രഫലത്താടുകൂടിയതായിരിക്കും.
(ദശാ)പരാർദ്ധേ ഫലപ്രദാ ജ്ഞേയാ - ദശയുടെ രണ്ടാംപകുതി ശുഭഫലപ്രദമാകും..

(58)
തത്തദ്ഭാവാദ്വ്യയസ്ഥസ്യ തത്തദ്ഭാവവ്യയപസ്യ ച
വീര്യഹീനസ്യ ഖേടസ്യ പാകേ മൃത്യുമവാപ്നുയാത്.

തത്തദ്ഭാവാദ്വ്യയസ്ഥസ
- അതാതു ഭാവങ്ങളുടെ പന്ത്രണ്ടാം ഭാവത്തിൽ നിൽക്കുന്ന ഗ്രഹത്തിലും
തത്തദ്ഭാവവ്യയപസ്യ ച - പന്ത്രണ്ടാം ഭാവാധിപതിയിലും
വീര്യഹീനസ്യ ഖേടസ്യ - ബലം കുറഞ്ഞ ഗ്രഹം ഏതോ അതിന്റെ
പാകേ - ദശയിൽ
മൃത്യുമവാപ്നുയാത് - മരണം സംഭവിക്കും.

ദശാപഹാരഫലങ്ങളിൽ ചാരഗതിയുടെ സ്വാധീനം

(59)
ദശാപതിർല്ലഗ്നഗതോ യദി സ്യാ-
ത്ത്രിഷഡ്ദശൈകാദശഗശ്ച ലഗ്നാത്[1]
തത്സപ്തവർഗേ*f*പ്യഥ തത്സുഹൃദ്വാ
ലഗ്നേ ശുഭോ വാ ശുഭദാ ദശാ സ്യാത്.
പാഠഭേദം: (1) ചാരാത്

ദശാപതി ലഗ്നഗതോ യദി സ്യാത്
- ദശാധിപൻ (ചാരവശാൽ) ലഗ്നത്തിലോ
ത്രി ഷഡ് ദശ ഏകാദശഗശ്ച
- ലഗ്നത്തിന്റെ 3, 6, 10, 11 ഭാവങ്ങളിലോ
തത്സപ്തവർഗേ *അപി അഥ*

- അതിന്റെ സപ്തവർഗ്ഗങ്ങളിലോ വരുകയോ

തത്സുഹൃദ്വാ ലഗ്നേ ശുഭോ വാ

- ദശാനാഥന്റെ സുഹൃത്തോ ശുഭനോ ലഗ്നത്തിൽ വരുകയോ ചെയ്താൽ

ശുഭദാ ദശാ സ്യാത്.

- ആ ദശ ശുഭഫലത്തെ ചെയ്യും.

(60)

യാവന്തി വർഷാണി ദശാ ച സാ സ്യാ-
ത്താവന്തി വർഷാണി ദശാപതിഃ സഃ
യത്ര സ്ഥിതസ്തത്ഭവനാദ്ദ്വയോസ്തു
സ്ഥിതൈഃ പ്രകൽപ്യം സദസത്ഫലം ഹി.

ശ്ലോകം വ്യക്തമാകാത്തതിനാൽ മറ്റു വ്യാഖ്യാനങ്ങളെ ആശ്രയിക്കുന്നു.

1.എത്ര വർഷകാലത്തേയ്ക്കു ദശ നിൽക്കുന്നുവോ അത്രയും വർഷ ങ്ങൾക്കു ദശാപതി ചന്ദ്രാലും ലഗ്നാലും യാതൊരിടത്തിരിക്കുന്നുവോ ആ രാശി മുതൽ ക്കുള്ള ദ്വാദശഭാവങ്ങളെക്കൊണ്ടു ശുഭാ ശുഭഫലങ്ങളെ പറയണം

2.ദശാപഹാരനാഥന്മാർ ചാരവശാൽ ശുഭസ്ഥാനങ്ങളിൽ വരുമ്പോൾ ശുഭഫലവും അശുഭസ്ഥാനങ്ങളിൽ വരുമ്പോൾ അശുഭഫലവും തരും.

3ദശാകാലത്തു ദശാനാഥൻ ചന്ദ്രനിൽ നിന്നു ചാരവശാൽ ഏതേതു ഭാവങ്ങളിൽ സഞ്ചരിക്കുന്നുവോ ആ ഭവനത്തിന്റേയും ഭാവത്തിന്റേയും ശുഭാശുഭത്വമനു സരിച്ചുള്ള ഫലത്തെ പ്രദാനം ചെയ്യും.

(61)

ദശാധിനാഥസ്യ സുഹൃദ്ഗ്രഹസ്ഥ-
സ്തദുച്ചഗോ വാ *f* ഥ ദശാധിനാഥാത്
സ്മരത്രികോണോപചയോപഗശ്ച
ദദാതി ചന്ദ്രഃ ഖലു സദ്ഫലാനി.

ചന്ദ്രഃ ദശാധിനാഥസ്യ	-	ചന്ദ്രൻ (ചാരവശാൽ) ദശാനാഥന്റെ
സുഹൃദ്ഗ്രഹസ്ഥ	-	മിത്രക്ഷേത്രം,
സ്തദുച്ചഗോ	-	ഉച്ചം ഇവയിൽ വരുമ്പോഴും
ദശാധിനാഥാത്	-	ദശാനാഥനിൽനിന്നും
സ്മരത്രികോണോപചയോപഗശ്ച		
	-	സ്മരം (7)
		ത്രികോണം (5, 9),
		ഉപചയം (3, 6, 10, 11) ഈ ഭാവങ്ങളിൽ വരുമ്പോഴും
ദദാതി ചന്ദ്രഃ ഖലു സദ്ഫലാനി-		നല്ല ഫലങ്ങളെ കൊടുക്കും.

(ഫലം പറയുമ്പോൾ ചന്ദ്രൻ ഒരു രാശിയിൽ എത്ര ദിവസം കാണും എന്നതും ഓർമ്മ വേണം.)

(62)

ഉക്തേഷു രാശിഷു ഗതസ്യ വിധോഃ സ രാശിഃ [(1)]
സ്യാജ്ജന്മകാലഭവമൂർത്തിധനാദി ഭാവഃ
തത്തദ്വൃദ്ധികൃദസൗ കഥിതോ നരാണാം
തത്ഭാവഹാനി കൃദഥേതരരാശിസംസ്ഥഃ.

(1) പാഠഭേദം: ജന്മ

ഉക്തേഷു രാശിഷു ഗതസ്യ വിധോഃ
- ചന്ദ്രൻ മേൽപറഞ്ഞ സ്ഥാനങ്ങളിൽ ചാരവശാൽ വരുമ്പോൾ
സ രാശിഃ സ്യാത് ജന്മകാലഭവ മൂർത്തി ധനാദി ഭാവഃ
- അതു ലഗ്നം, ധനം തുടങ്ങി ഏതു ഭാവമാണോ
തത്തദ്വൃദ്ധികൃദസൗ കഥിതോ നരാണാം
- ആ ഭാവത്തിനു വൃദ്ധിയും
തത്ഭാവഹാനി കൃദഥേതരരാശിസംസ്ഥഃ.
- മറ്റു രാശികളിൽ വരുമ്പോൾ അതിനു ഹാനിയേയും ചെയ്യും.

(63)

സാരാവലീം ഉഡുദശാം ച വരാഹഹോരാം
ആലോക്യ ജാതകഫലം പ്രവദേത്നരാണാം
പ്രശ്നോദയഗ്രഹവശാദഥവാ സ്വജന്മ-
രാശ്യാദിനാ വദതു നാസ്ത്യനയോർവിശേഷഃ.

സാരാവലീം ഉഡുദശാം ച വരാഹഹോരാം
- സാരാവലി, നക്ഷത്രദശ, വരാഹഹോര
ആലോക്യ ജാതകഫലം പ്രവദേത് നരാണാം
- ഇവനോക്കി വേണം ജാതകഫലം പറയാൻ.

പ്രശ്നോദയഗ്രഹവശാദഥവാ	-	പ്രശ്നോദയഗ്രഹംകൊണ്ടോ
സ്വജന്മരാശ്യാദിനാ	-	ജന്മരാശി തുടങ്ങിയവകൊണ്ടാ
വദതു	-	ഫലം പറയാം.
നാസ്ത്യനയോർവിശേഷഃ	-	അത് ഏതായാലും ഫലം ഒരുപോലിരിക്കും.

അദ്ധ്യായം 21

അപഹാരഫലം

വിംശോത്തരിദശാസമ്പ്രദായത്തിൽ ഓരോ ഗ്രഹത്തിന്റെയും ഭരണകാലത്തെ ദശ (വർഷം), അപഹാരം (മാസം), ഛിദ്രം (ദിവസം), സൂക്ഷ്മം (മണിക്കൂർ), പ്രാണൻ (മിനിറ്റ്) എന്നിങ്ങനെ സൂക്ഷ്മമാക്കിയിട്ടുണ്ട്. ഉദാഹരണത്തിന് സൂര്യദശ 6 വർഷം എടുക്കാം. സൂര്യ ദശയിലെ സൂര്യാപ ഹാരത്തിലെ സൂര്യ ഛിദ്രത്തിലെ സൂര്യസൂക്ഷ്മത്തിലെ സൂര്യപ്രാണങ്ങൾ ഇതുപോലെ തന്നെ കണ ക്കാക്കാം. അപ്പോൾ ഒരു സംഭവം ഇന്ന വർഷം, ഇന്ന മാസം, ഇന്ന ദിവസം, ഇത്ര മണിക്കാണ് സംഭ വിക്കുക എന്നു കൃത്യമായി പറയാനും കഴിയും.

(1)
പാകേശാബ്ദഹതേ ദശേശ്വരസമാ നേത്രാന്തഭക്താഃ സമാ-
ശ്ലിഷ്ടാ രൂപഹതാ നരാങ്കവിഹൃതാ മാസാ (സമാ) നഗൈർവാസരാഃ
ഛിദ്രാദിഷ്വപി ചൈവമേവ കലയേ പാകക്രമാച്ഛേദ്ദശാ-
നാഥാദ്യാഃ പുനരന്തരാന്തരാദശാസ്തത് പാകനാഥക്രമാഃ.

അപഹാരകാലം കാണുന്ന രീതി

ദശാനാഥന്റെ വർഷത്തെ അപഹാരനാഥന്റെ വർഷംകൊണ്ടു പെരുക്കി യാൽ കിട്ടുന്നതിനെ 120-കൊണ്ടു ഹരിച്ചാൽ വരുന്ന ഫലം വർഷം. ബാക്കിയെ 12, 30, 60 ഇവകൊണ്ടു പെരുക്കിയാൽ വരുന്ന ഫലം ക്രമത്തിൽ മാസം, ദിവസം, നാഴിക ഇവയാകുന്നു. ഉദാഹരണത്തിന് സൂര്യദശയിൽ സൂര്യാപഹാരം.

ആകെ ദശ 120 വർഷം. സൂര്യദശ 6 വർഷം, അപഹാരനാഥന്റെ പങ്കും 6 വർഷംതന്നെ.

(1) (2) (3)

6 • 6 = 36 36 • 12 = 3.6 മാസം
120 120 120

.6-നെ ദിവസമാക്കണം 6 • 30 = 180 = 18 ദിവസം
10 10

അതുകൊണ്ട് സൂര്യദശയിൽ സൂര്യാപഹാരം = 0 വർഷം 3 മാസം 18 ദിവസം. ഈ വിധത്തിൽ എല്ലാ ഗ്രഹങ്ങളുടെയും ദശകൾ, അപഹാരങ്ങൾ, ഛിദ്രങ്ങൾ തുടങ്ങിയവ കണക്കാക്കിയെടു ക്കാം. എന്നാൽ ഇപ്പോൾ അതിന്റെയൊന്നും ആവശ്യമില്ല. മിക്കവാറും എല്ലാ പഞ്ചാംഗങ്ങളിലും അവ കൊടുത്തിരിക്കും.

സൂര്യദശയിലെ അപഹാരങ്ങൾ

(2)

മഹീശ്വരാദുപലഭതോ ƒ ധികം യശോ
വനാചലസ്ഥലവസതിം ധനാഗമം
ജ്വരോഷ്ണരുഗ്ജനകവിയോഗജം ഭയം
നിജാം ദശാം പ്രവിശതി തീഷ്ണദീധിതൗ.

സൂര്യദശയിലെ സ്വാപഹാരം

നിജാം ദശാം പ്രവിശതി തീഷ്ണദീധിതൗ	-	സൂര്യദശയിലെ സ്വാപഹാരത്തിൽ
മഹീശ്വരാത് ഉപലഭയേത് അധികം യശോ	-	രാജകൃപയാൽ അധികം യശസ്സ്,
വന അചല സ്ഥല വസതിം	-	കാട്,മല ഇവകളിൽ വാസം,ധനാഗമം,
ജ്വരോ	-	പനി,
ഉഷ്ണരുക്	-	ഉഷ്ണരോഗങ്ങൾ
ജനകവിയോഗജം	-	പിതാവിൽനിന്നും വേർപാട്,
ഭയം.		

(3)

രിപുക്ഷയോ വ്യസനശമോ ധനാഗമഃ
കൃഷിക്രിയാ ഗൃഹകരണം സുഹൃദ്യുതി
ക്ഷയാനിലപ്രതിഹതിരർക്കദായകം
ശശീ യദാ ഹരതി ജലോത്ഭവാ രുജഃ.

സൂര്യദശയിലെ ചന്ദ്രാപഹാരം

രിപുക്ഷയോ	-	ശത്രുനാശം,
വ്യസനശമോ	-	ദുഖനാശം,
ധനാഗമ	-	ധനാഗമം,
കൃഷിക്രിയ	-	കാർഷികപ്രവർത്തികൾ,
ഗൃഹകരണം	-	ഗൃഹനിർമ്മാണം,
സുഹൃദ്യുതി	-	മിത്രലാഭം
ക്ഷയ അനില പ്രതിഹതി	-	ക്ഷയം, വാതം തുടങ്ങിയ രോഗങ്ങളും
ജലോത്ഭവാ രുജ	-	ജലസംബന്ധമായ രോഗങ്ങളും ഉണ്ടാകും.

(4)

രുജാഗമഃ പദവിരഹോ ƒ രിപീഡനം [1]
വ്രണോത്ഭവഃ സ്വകുലജനൈർവിരോധിതാ
മഹീഭൃതോ ഭവതി ഭയം ധനച്യുതിർ-
യദാ കുജോ ഹരതി തദാർക്കവത്സരം.

(1) പാഠഭേദം : ഊരു പീഡനം

സൂര്യദശയിലെ കുജാപഹാരം

യദാ കുജോ ഹരതി അർക്കവത്സരം	-	സൂര്യദശയിൽ കുജാപഹാരത്തിൽ ,
രുജാഗമഃ	-	രോഗം വരുക,
പദവിരഹിതോ	-	സ്ഥാനഭ്രംശം,
അരിപീഡനം	-	ശത്രുശല്യം,
വ്രണോത്ഭവഃ	-	വ്രണങ്ങൾ ഉണ്ടാവുക,
സ്വകുലജനൈഃ വിരോധിതാ	-	സ്വജനവിരോധം
മഹീഭൃതോ ഭയം	-	രാജഭയം,
ധനച്യുതിഃ	-	ധനനഷ്ടം

(5)

രിപൂദയോ ധനഹൃതിരാപദുദ്ഗമോ
വിഷാദ്ഭയം വിഷജവിമൂഢതാ പുനഃ
ശിരോദൃശോരധികരുഗേവ ദേഹിനാ-
മഹൗ ഭവേദഹിമകരായുരന്തരേ.

സൂര്യദശയിലെ രാഹുഅപഹാരം

രിപൂദയോ	-	ശത്രുശല്യം,
ധനഹൃതി	-	ധനനഷ്ടം,
ആപദുദ്ഗമോ	-	ആപത്തുകൾ,
വിഷാത് ഭയം	-	വിഷഭയം,
വിഷജവിമൂഢതാ	-	വിഷബാധകൊണ്ടുള്ള വിമൂഢത,പകപ്പ്
ശിരോ ദൃശോ അധികരുക്	-	ശിരോരോഗങ്ങളും നേത്രരോഗങ്ങളും.

(6)

രിപുക്ഷയോ വിവിധധനാപ്തിരന്വഹം
സുരാർച്ചനം ദ്വിജഗുരുബന്ധുപൂജനം
ശ്രവശ്രമോ ഭവതി ച യക്ഷ്മരോഗതാ
ഗിരാംപതൗ പ്രവിശതി ഗോപതേർദ്ദശാം.

സൂര്യദശയിലെ ഗുരുഅപഹാരം

ഗിരാംപതൗ പ്രവിശതി ഗോപതേർദ്ദശാം

	-	സൂര്യദശയിലെ ഗുരുഅപഹാരത്തി
രിപുക്ഷയോ	-	ശത്രുനാശം,
വിവിധ ധന ആപ്തി അന്വഹം	-	പലവിധത്തി , മുടങ്ങാതെ, ധനംവരവ്,
സുരാർച്ചനം	-	ദേവപൂജ
ദ്വിജ ഗുരു ബന്ധു പൂജനം	-	ബ്രാഹ്മണൻ, ഗുരു,ബന്ധു ഇവരെ ആദരിക്ക
ശ്രവശ്രമോ	-	ചെവിരോഗം
യക്ഷ്മരോഗതാ	-	ക്ഷയരോഗം

(7)
ധനാഹതിഃ സുതവിരഹഃ സ്ത്രിയോ രുജോ
ഗുരൂവ്യയഃ സപദി പരിച്ഛദച്യുതിഃ
മലാക്തതാ[1] ഭവതി കഫപ്രപീഡനം
ശനൈശ്ചരേ സവിതൃദശാന്തരം ഗതേ.
(1) പാഠഭേദം - മലിഷ്ഠതാ.

സൂര്യദശയിലെ ശനിഅപഹാരം

ശനൈശ്ചരേ സവിതൃദശാന്തരം ഗതേ - സൂര്യദശയി ശനി അപഹാരത്തിൽ
ധനാഹതിഃ - ധനനാശം,
സുതവിരഹഃ - പുത്രവിരഹം,
സ്ത്രിയോ രുജോ - ഭാര്യക്കു രോഗം,
ഗുരുവ്യയം - വലിയ ചിലവുകൾ,
Death of an elderly person, preceptor
പരിച്ഛദച്യുതി - ബന്ധുക്കളുമായി വേർപാട്
മലാക്തതാ - മലിനത,
കഫ പ്രപീഡനം - കഫശല്യം

(8)
വിചർച്ചികാപിടകസകുഷ്ഠകാമിലാ
വികത്ഥനം[1] ജഠരകടിപ്രപീഡനം
മഹീക്ഷയഃ സ്ത്രീഗദഭയോ ഭവേത്തദാ
വിധോഃ സുതേ ചരതി രവേരഥാബ്ദകം
(1) പാഠഭേദം - വിശർധനം

സൂര്യദശയിലെ ബുധഅപഹാരം

വിചർച്ചികാ - ചൊറി, ചിരങ്ങ്,
പിടക - കുരു, പരു,
സകുഷ്ഠ - കുഷ്ഠം,
കാമിലാ - മഞ്ഞപ്പിത്തം,
വികത്ഥനം - നിന്ദാസ്തുതി,
ജഠര കടി പ്രപീഡനം - ഉദരവേദന, അരക്കെട്ടുവേദന,
മഹീക്ഷയ - ഭൂമിനാശം,
ത്രിഗദ - വാതപിത്തകഫദോഷങ്ങൾ,
ഭയോ - ഭയം.

(9)
സുഹൃദ്വ്യയഃ സ്വജനകുടുംബവിഗ്രഹോ
രിപോർഭയം ധനഹരണം പദച്യുതിം
ഗുരോർഗദശ്ചരണശിരോരുഗുച്ചകൈ-
ശ്ശിഖി യദാ വിശതി ദശാം വിവസ്വതഃ.

സൂര്യദശയിലെ കേതുഅപഹാരം

ശിഖി യദാ വിശതി ദശാം വിവസ്വതഃ. - സൂര്യദശയിലെ കേതുഅപഹാരത്തിൽ
സുഹൃദ്വ്യയഃ - സൗഹാർദ്ദനാശം (ബന്ധുനാശം),
സ്വജന കുടുംബ വിഗ്രഹോ - സ്വജനങ്ങളുംകുടുംബാംഗങ്ങളുമായി വിരോധം,
രിപുഭയം - ശത്രുഭയം,
ധനഹരണം - ധനമോഷണം,
പദച്യുതിം - സ്ഥാനനഷ്ടം,
ഗുരോഃ ഗദ - ഗുരുവിനു രോഗം,
ചരണ ശിര രുക് - (തനിക്കു) കാലിനും ശിരസ്സിനും രോഗം.

(10)

ശിരോരുജാ ജഠരഗദാർത്തിപീഡനം [(1)]
കൃഷിക്രിയാഗൃഹധനധാന്യവിച്യുതിം
സുതസ്ത്രിയോരസുഖമതീവ ദേഹിനാം
ഭൃഗോഃ സുതേ ചരതി രവേരഥാബ്ദകം.
(1) പാഠഭേദം : ജഠരഗുദാർത്തിപീഡനം

സൂര്യദശയിലെ ശുക്രാപഹാരം

ഭൃഗോഃ സുതേ ചരതി രവേരഥാബ്ദക - സൂര്യദശയിലെ ശുക്രാപഹാരത്തി
ശിരോരുജാ - ശിരോരോഗം,
ജഠരഗുദാർത്തിപീഡനം - വയറുവേദന തുടങ്ങിയ രോഗങ്ങളുടെ ഉപദ്രവം, ഗുദരോഗം.
കൃഷിക്രിയാ ഗൃഹ ധന ധാന്യ വിച്യുതിം - കൃഷി, വീട്, ധനം, ധാന്യം ഇവയ്ക്കുനാശം,
സുത സ്ത്രിയോ അസുഖമതീവ - പുത്രനും ഭാര്യയ്ക്കും അസുഖം.

ചന്ദ്രദശയിലെ അപഹാരങ്ങൾ

(11)
സ്ത്രീപ്രജാപ്തിരമലാംശുകാഗമോ
ഭൂസുരോത്തമസമാഗമോ ഭവേത്
മാതുരിഷ്ടഫലമംഗനാസുഖം
സ്വാം ദശാം വിശതി ശീതദീധിതൗ.

ചന്ദ്രദശയിലെ സ്വാപഹാരം

സ്വാം ദശാം വിശതി ശീതദീധിതൗ - ചന്ദ്രദശയിലെ സ്വാപഹാരത്തി
സ്ത്രീപ്രജാപ്തി - പുത്രീജനനം (ഭാര്യാപുത്രആപ്തി എന്നും കാണുന്നു.)
അമലാംശുകാഗമോ - നല്ല വസ്ത്രം ലഭിക്കുക
ഭൂസുരോത്തമസമാഗമോ - ബ്രഹ്മജ്ഞാനികളുമായി സമാഗമം
മാതുരിഷ്ടഫലം - മാതാവി നിന്നും ഇഷ്ടഫലം
അംഗനാസുഖം - സ്ത്രീസുഖം.

(12)
പിത്തവഹ്നിരുധിരോത്ഭവാ രുജഃ
ക്ലേശദുഖരിപുചോരപീഡനം
വിത്തമാനവിഹതിർഭവേത് കുജേ
ശീതദീധിതിദശാന്തരം ഗതേ.

ചന്ദ്രദശയിലെ കുജാപഹാരം

കുജേശീതദീധിതിദശാന്തരം ഗതേ	-	ചന്ദ്രദശയിലെ കുജാപഹാരത്തി
പിത്ത വഹ്നി രുധിരോത്ഭവാ രുജഃ	-	പിത്തം, അഗ്നി, രക്തം ഇവ സംബന്ധമായ രോഗങ്ങൾ,
ക്ലേശ ദുഃഖ	-	ക്ലേശം, ദുഖം
രിപു ചോര പീഡനം	-	ശത്രു, കള്ളൻ ഇവരുടെ ഉപദ്രവം,
വിത്ത മാന വിഹതി	-	ധനനഷ്ടം, മാനഹാനി.

(13)
തീവ്രദോഷരിപുവൃദ്ധിബന്ധുരുങ്-
മാരുതാഹതിഭയാർത്തിരുഗ്ഭവേത്[1]
അ പാനജനിതജ്വരാദയാ-
ശ്ചന്ദ്രവത്സരവിഹാരകേ *f* പ്യഹൗ.
പാഠഭേദം- മാരുതാശനി ഭയാർത്തിരുദ്ഭവേത് (ഇംഗ്ലീഷ് വ്യാഖ്യാനങ്ങൾ *)

ചന്ദ്രദശയിലെ രാഹുഅപഹാരം

ചന്ദ്രവത്സരവിഹാരകേ അപി അഹൗ

-

ചന്ദ്രദശയിലെ രാഹുഅപഹാരത്തി		
തീവ്രദോഷ	-	കഠിനമായ ദോഷങ്ങൾ,
രിപു വൃദ്ധി	-	ശത്രുവർദ്ധന,
ബന്ധുരുക്	-	ബന്ധുക്കൾക്ക് രോഗം,
മാരുതാഹതി ഭയാർത്തി രുഗ് *	-	വാതരോഗം,
അ പാന ജനിത ജ്വരാദയാ	-	ഭക്ഷണദോഷസംബന്ധമായുണ്ടാകുന്ന പനി തുടങ്ങിയവ
* *മാരുത അശനിഭയ ആർത്തിഃ ഉദ്ഭവേത്*	-	കൊടുങ്കാറ്റ്, ഇടിമി ഇവമൂലമുള്ള ഭയം.

(14)
ദാനധർമ്മനിരതസ്സുഖോദയോ
വസ്ത്രഭൂഷണസുഹൃജ്ജനാഗമഃ
രാജസത്കൃതിരതീവ ജായതേ
കൈരവപ്രിയവയോഹരേ ഗുരൗ.

ചന്ദ്രദശയിലെ വ്യാഴ അപഹാരം

ചന്ദ്രദശയിലെ ഗുരു അപഹാരത്തിൽ

ദാന ധർമ്മ നിരതഃ	-	ദാനധർമ്മങ്ങളി നിരതൻ, മുഴുകിയവൻ,
സുഖോദയോ	-	സുഖാനുഭവം,
വസ്ത്ര ഭൂഷണ സുഹൃജ്ജനാഗമ	-	വസ്ത്രം, ആഭരണം, സുഹൃത്തുക്കൾ, ഇവയുടെ ലബ്ധി,
രാജ സത്കൃതിഃ അതീവ	-	വളരെ രാജകീയ ബഹുമതികൾ.

(15)

നൈകരോഗകദനം[(1)] സുഹൃത് സുത-
സ്ത്രീരുജാ വ്യസനസംഭവോ മഹാൻ
പ്രാണഹാനിരഥവാ ഭവേച്ഛനൗ
മാരബന്ധു വയസോƒ ന്തരം ഗതേ.

(1) പാഠഭേദം - നൈകരോഗവിഹതി

ചന്ദ്രദശയിലെ ശനി അപഹാരം

ശനൗ മാരബന്ധു വയസോ അന്തരം ഗതേ.	-	ചന്ദ്രദശയിലെ ശനി അപഹാരത്തിൽ
നൈകരോഗ-ന ഏകരോഗ-*കദനം*	-	പലവിധ രോഗങ്ങൾമൂലം ദുഖം.
സുഹൃത് സുത സ്ത്രീ രുജാ	-	ബന്ധുക്കൾ, മക്കൾ, ഭാര്യ ഇവർക്ക് രോഗം,
വ്യസനസംഭവോ മഹാൻ	-	വലിയ ദുഖസംഭവങ്ങൾ,
പ്രാണഹാനി	-	മരണം.

(16)

സർവദാ ധനഗജാശ്വഗോകുല-
പ്രാപ്തിരാഭരണസൗഖ്യസംപദഃ
ചിത്തബോധ ഇതി ജായതേ വിധോ-
രായുഷി പ്രവിശതേ യദാ ബുധഃ.

ചന്ദ്രദശയിലെ ബുധാപഹാരം

വിധോരായുഷി പ്രവിശതേ യദാ ബുധഃ	-	ചന്ദ്രദശയിലെ ബുധാപഹാരത്തിൽ
സർവദാ ധന ഗജ അശ്വ ഗോകുല പ്രാപ്തിഃ	-	ധനം, ആന, കുതിര, പശു ഇവയുടെ ലബ്ധി,
ആഭരണ	-	ആഭരണം,
സൗഖ്യ	-	സുഖം,
സംപദഃ	-	സമ്പത്ത്
ചിത്തബോധ	-	ബുദ്ധി പ്രകാശിക്ക

(17)

ചിത്തച ലനമർത്ഥവിച്യുതിർ[(1)-]
ബന്ധുഹാനിരപി തോയജം ഭയം
ദാനഭൃത്യഹതിരസ്തി ദേഹിനാം
കേതുകേ ഹരതി ചാന്ദ്രമബ്ദകം

പാഠഭേദം - ചിത്തഹാനിരപി സമ്പദച്യുതിർ.

ചന്ദ്രദശയിലെ കേതു അപഹാരം

കേതുകേ ഹരതി ചാന്ദ്രമബ്ദകം	- ചന്ദ്രദശയിലെ കേതുഅപഹാരത്തിൽ
ചിത്തചഞ്ചലനം	- മനശ്ചാഞ്ചല്യം, മനോദുഖം,
അർത്ഥവിച്യുതി	- ധനനാശം,
ബന്ധുഹാനി	- ബന്ധുനഷ്ടം,
തായജം ഭയം	- ജലംകാരണമായ ഭയം,
ദാന ഭൃത്യ ഹതി	- ദാനം, ഭൃത്യർ ഇവയ്ക്കു ഹാനി.

(18)
തോയയാനവസുഭൂഷണാംഗനാ-
വിക്രയക്രയകൃഷിക്രിയാദയഃ
പുത്രമിത്രപശുധാന്യസംയുതി-
ശ്ചന്ദ്രദായഹരണോന്മുഖേ ഭൃഗൗ.

ചന്ദ്രദശയിലെ ശുക്രാപഹാരം

ചന്ദ്രദായഹരണോന്മുഖേ ഭൃഗൗ	-	ചന്ദ്രദശയിലെ ശുക്രാപഹാരത്തിൽ
തോയയാന	-	ജലവാഹനങ്ങൾ, *
വസു	-	സമ്പത്ത്,
ഭൂഷ	-	ആഭരണങ്ങൾ,
അംഗനാ	-	സ്ത്രീകൾ (ഭാര്യ),
വിക്രയക്രയ	-	കച്ചവടം,
കൃഷിക്രിയ	-	കൃഷി,
പുത്ര മിത്ര പശു ധാന്യ സംയുതി	-	പുത്രന്മാർ, മിത്രങ്ങൾ, പശുക്കൾ, ധാന്യം ഇവയുടെ ലബ്ധി.

* ജലസംബന്ധമായുള്ള ധനം എന്നും അർത്ഥം പറഞ്ഞു കാണുന്നു.

(19)
രാജമാനനമതീവ ശൂരതാ
രോഗശാന്തിരരിപക്ഷവിച്യുതിം
പിത്തവാതരുഗിനേ ഗതാ തദാ
സ്യാച്ഛശാങ്കപരിവത്സരാന്തരം.

ചന്ദ്രദശയിലെ സൂര്യാപഹാരം

സ്യാത് ശശാങ്കപരിവത്സരാന്തര	-	ചന്ദ്രദശയിലെ സൂര്യാപഹാരത്തിൽ
രാജമാനന	-	രാജബഹുമാനം,
അതീവ ശൂരതാ	-	വളരെ ശൗര്യം,
രോഗശാന്തി	-	രോഗശമനം
അരിപക്ഷവിച്യുതിം	-	ശത്രുപക്ഷത്തിനു നാശം,
പിത്ത വാത	-	പിത്തവാതരോഗങ്ങൾ.

കുജദശയിലെ അപഹാരങ്ങൾ

(20)
പിത്തോഷ്ണരുഗ്വ്രണഭയം സഹജൈർവിയോഗം
ക്ഷേത്രപ്രവാദജനിതാർത്ഥവിഭൂതിസിദ്ധിഃ
ജ്ഞാത്യഗ്നിശത്രുനൃപചോരജനൈർവിരോധോ[(1)]
ധാത്രീസുതോ ഹരതി ചേച്ഛരദം സ്വകീയം.

(1) പാഠഭേദം: വിഷാദോ

കുജദശയിലെ സ്വാപഹാരം
ധാത്രീസുതോ ഹരതി ചേച്ഛരദം സ്വകീയം- കുജദശയിലെ സ്വാപഹാരത്തി
പിത്തോഷ്ണ.രുക് - പിത്ത ഉഷ്ണ രോഗങ്ങൾ, വ്രണഭയം,
സഹ.ജൈഃ വി.യോഗം - സഹോദര ാരുടെ വേർപാട്,
ക്ഷേത്ര പ്ര.വാ.ദ ജ.നി.ത അർത്ഥ വി.ഭൂതിസിദ്ധി
- ഭൂമിസംബന്ധമായതർക്കംജയിച്ചുണ്ടാകുന്നസാമ്പത്തികനേട്ടങ്ങളും ഐശ്വര്യവും
ജ്ഞാതി അഗ്നി ശത്രു നൃ.പ ചോ.ര.ജ.നൈ വി.രോധോ
- ബന്ധുക്കൾ, അഗ്നി, ശത്രു, രാജാവ്, കള്ളന്മാർ ഇവരുടെ വിരോധം

(21)
ശസ്ത്രാഗ്നിചോരരിപുഭൂപഭയം വിഷാർത്തിഃ
കുക്ഷ്യക്ഷിശീർഷജഗദോ ഗുരുബന്ധുഹാനിഃ
പ്രാണവ്യയോഥ യദി വാ വിപുലാപദോ[(1)] വാ
വക്രായുരന്തരഗതേ ഭുജഗാധിനാഥേ.

(1) പാഠഭേദം - വിപുലാപവാദോ

കുജദശയിലെ രാഹുഅപഹാരം

വക്രായുരന്തരഗതേ ഭുജഗാധിനാഥേ - കുജദശയിലെ രാഹുഅപഹാരത്തിൽ
ശസ്ത്ര അഗ്നി ചോ.ര രി.പു ഭൂ.പ.ഭയം - ആയുധം, തീ, കള്ളൻ, ശത്രു, രാജാവ് ഇവരില നിന്നു ഭയം,
വിഷാർത്തി - വിഷഭയം,
കുക്ഷി അക്ഷി ശീർഷ.ജ ഗദോ - വയർ, കണ്ണ്, ശിരസ്സ് ഇവയ്ക്ക് അസുഖം,
ഗുരു ബ.ന്ധു.ഹാ.നി - ഗുരു ബന്ധു ഇവരുടെ നഷ്ടം,
പ്രാണ.വ്യയോ - പ്രാണനഷ്ടം
വിപു.ലാ.പ.ദോ - (അല്ലെങ്കിൽ) വലിയ ആപത്തുകൾ.

(22)
ദ്വിജഗുരുബുധപൂജാ[(1)] തീർത്ഥപുണ്യാനുസേവാ
സതതമതിഥിപൂജാ പുത്രമിത്രാഭിവൃദ്ധിഃ
ശ്രവണരുഗതിമാത്രം ശ്ലേഷ്മരോഗോദ്ഭവോ വാ
ഭവതി കുജദശാന്തസ്സംഗതേ വാഗധീശേ.

(1) പാഠഭേദം - ദ്വിജവിബുധസമർച്ചാ

കുജദശയിലെ ഗുരുഅപഹാരം

ഭവതി കുജദശാന്തസ്സംഗതേ വാഗധീശേ

	-	കുജദശയിലെ ഗുരു അപഹാരത്തിൽ
ദ്വിജ ഗുരു ബുധ പൂജാ	-	ബ്രഹ്മജ്ഞാനി, ഗുരു, വിദ്വാൻ ഇവരുടെ പൂജ,
തീർത്ഥ പുണ്യാ അനുസേവാ	-	തീർത്ഥസ്നാനം, അതിഥിപൂജ,
പുത്ര മിത്ര അഭിവൃദ്ധി	-	പുത്രന്മാർക്കും മിത്രങ്ങൾക്കും അഭിവൃദ്ധി,
ശ്രവണരുഗതിമാത്രം	-	കർണ്ണരോഗം,
ശ്ലേഷ്മരോഗ	-	കഫരോഗം

(23)

ഉപരിപരിവിനാശഃ സ്വാത്മജസ്ത്രീഗുരൂണാ-
മഗണിതവിപദന്തം ദുഃഖമർത്ഥോപഹാനിഃ
വസുഹരണമരിഭ്യോ ഭീതിരുഷ്ണാനിലാർത്തിർ-
ഭവതി കുജദശായാമർക്കജേ സംപ്രയാതേ.

കുജദശയിലെ ശനിപഹാരം

ഭവതി കുജദശായാമർക്കജേ സംപ്രയാതേ	-	കുജദശയിലെ ശനി അപഹാരത്തി
സ്വആത്മജ സ്ത്രീ ഗുരൂണാം	-	മക്കൾ, ഭാര്യ, ഗുരു ഇവർക്ക്,
ഉപരിപരിവിനാശഃ	-	വളരെ ദോഷങ്ങളും
അഗണിത വിപദന്തം	-	പലവിധ ആപത്തുകളും, ദുഃഖം,
അർത്ഥോപഹാനിഃ	-	ധനനഷ്ടം,
വസു ഹരണം	-	ധനാപഹരണം,
അരിഭ്യോ ഭീതി	-	ശത്രുഭയം,
ഉഷ്ണഅനിലആർത്തി ഭവതി	-	ഉഷ്ണ, വാത സംബന്ധമായ രോഗങ്ങൾ.

(24)

അരിഭയമുരുചോരോപദ്രവോർത്ഥാർത്ഥഹാനിഃ
പശുഗജതുരഗാണാം വിപ്ലവോ *ƒ* മിത്രയോഗഃ
നൃപകൃതപരിപീഡാ ശൂദ്രവൈരോദ്ഭവോ വാ
ദിശതി വിശതി സൗമ്യേ[1] വിശ്വധാത്രീസുതായുഃ.

(1) പാഠഭേദം - വിശതി ശശിതനൂജേ

കുജദശയിലെ ബുധാപഹാരം

ദിശതി വിശതി സൗമ്യേ വിശ്വധാത്രീസുതായുഃ	-	കുജദശയിലെ ബുധാപഹാരത്തി
അരിഭയം	-	ശത്രുഭയം,
ചോരോപദ്രവ	-	കള്ളന്മാരുടെ ശല്യം,
അർത്ഥഹാനി	-	ധനനഷ്ടം,
പശു ഗജ തുരഗാണാം വിപ്ലവോ	-	പശു, ആന, കുതിര ഇവയ്ക്കു ദോഷം,
അമിത്രയോഗഃ	-	ശത്രുബന്ധം,
നൃപകൃത പരിപീഡാ	-	രാജകോപം,

ശൂദ്രവൈരോത്ഭവോ	-	ശൂദ്രരുടെ വിരോധം

(25)
അശനിഭയമകസ്മാദഗ്നിശസ്ത്രപീഡാ
വിഗമനമഥ ദേശാദ്വിത്തനാശോ ഽഥവാ സ്യാത്
അവഗമനമസുഭ്യോ യോഷിതോ വാ വിനാശഃ
പ്രവിശതി യദി കേതൗ ക്രൂരനേത്രായുരന്തം.

കുജദശയിലെ കേതു അപഹാരം

പ്രവിശതി യദി കേതുഃ ക്രൂരനേത്രായുരന്തം - കുജദശയിലെ കേതു അപഹാരത്തിൽ

അശനിഭയ	-	ഇടിമിന്നൽ ഭയം,
അകസ്മാത്	-	അപ്രതീക്ഷിതമായ
അഗ്നി ശസ്ത്ര പ്രപീഡാ	-	അഗ്നി മൂലവും ആയുധം മൂലവും ഭയം,
വിഗമനമഥ ദേശാ	-	വിദേശഗമനം,
വിത്തനാശ	-	ധനനാശം,
അവഗമനം അസുഭ്യോ	-	(തനിക്കു) പ്രാണനഷ്ടം
യോഷിതോ വാ വിനാശഃ	-	അല്ലെങ്കിൽ ഭാര്യാമരണം

(26)
യുധി ജനിതവിമാനം വിപ്രവാസഃ സ്വദേശാത്-
വസുഹൃതിരപി ചോരൈർവാമനേത്രോപരോധഃ
പരിജനപരിഹാനിർജ്ജായതേ മാനവാനാ-
മപഹരതി യദായുർഭൂമിജം ഭാർഗ്ഗവേന്ദ്രഃ.

കുജദശയിലെ ശുക്രാപഹാരം

ആയുർഭൂമിജം ഭാർഗ്ഗവേന്ദ്രഃ.	-	കുജദശയിലെ ശുക്രാപഹാരത്തിൽ
യുധി ജനിത വിമാനം *	-	യുദ്ധം (തോറ്റതു) മൂലമുണ്ടാകുന്ന മാനക്കേട്
വിപ്ര വാസഃ സ്വദേശാത്	-	അന്യദേശവാസം,
വസുഹൃതി അപി ചോരൈഃ	-	കള്ളന്മാർ ധനം കൊണ്ടുപോകും,
വാമനേത്ര ഉപരോധ **	-	ഇടതുകണ്ണിന് അസുഖം,
പരിജന പരിഹാനി	-	ഭൃത്യനാശം

* യുദ്ധത്തിലുള്ള ജയംകൊണ്ടുണ്ടാകുന്ന മാനവും എന്നു മലയാളം വ്യാഖ്യാനങ്ങൾ. ഇംഗ്ലീഷ്‌വ്യാഖ്യാനങ്ങളിൽ അതു യുദ്ധത്തിൽ തോൽവി തന്നെയാണ്.

** സ്ത്രീജനങ്ങൾക്കു രോഗവും എന്നും കാണുന്നു.

(27)
നൃപകൃതപരിപൂജാ യുദ്ധലബ്ധപ്രഭാവഃ
പരിജനധനധാന്യശ്രീമദന്തഃപുരം ച
അതിവിലസിതവൃത്തിം സാഹസാദാപ്തലക്ഷ്മീ-
സ്തിമിരഭിദി കുജായുർദ്ദായസംഹാരണീതി.

കുജദശയിലെ സൂര്യാപഹാരം

നൃപകൃതപരിപൂജാ - രാജബഹുമാനം,
യുദ്ധലബ്ധപ്രഭാവഃ - യുദ്ധം (യുദ്ധജയം) കൊണ്ടുണ്ടാകുന്ന പ്രതാപം,

പരിജന ധന ധാന്യ ശ്രീമത് അന്തഃപുരം ച
- ഭൃത്യർ, ധനം, ധാന്യം, ഐശ്വര്യം, അന്തപുരം ഇവകളും,
അതിവിലസിതവൃത്തിം - ആനന്ദപ്രദമായ പ്രവർത്തികളും,
സാഹസാത് ആപ്ത ലക്ഷ്മീ - സാഹസംകൊണ്ട് ലഭിച്ച സ്വത്തും.

(28)
വിവിധധനസുതാപ്തിർവിപ്രയോഗോരി *f* വർഗ്ഗൈർ-
വസനശയനഭൂഷാരത്നസമ്പത് പ്രസൂതിഃ
ഭവതി ഗുരുജനാർത്തിർ ഗ്ലു മപിത്തപ്രപീഡാ
ധരണിതനയവർഷം ശീതഗൗ സംപ്രയാതേ.

കുജദശയിലെ ചന്ദ്രാപഹാരം

ധരണിതനയവർഷം ശീതഗൗ സംപ്രയാതേ.- കുജദശയിലെ ചന്ദ്രാപഹാരത്തി
വിവിധ ധന സുതാപ്തിഃ - പലവിധ ധനലാഭം, പുത്രലാഭം,
വിപ്രയോഗോ അരിവർഗ്ഗൈഃ - ശത്രുക്കൾ നിരുപദ്രവം
(The enemies will not be able to cause sufferings or loss.)*
വസന ശയന ഭൂഷാ രത്ന സമ്പത് പ്രസൂതിഃ
- വസ്ത്രം, കിടപ്പ്, ആഭരണങ്ങൾ,രത്നം, സമ്പത്ത് ഇവയുടെ ലബ്ധി,
ഗുരുജനാർത്തി - ഗുരുജനങ്ങൾക്കു ദുഖം,
ഗുൽമ പിത്ത പ്രപീഡാ - ഗുല്മപിത്തരോഗങ്ങൾ
* ശത്രുപീഡകൊണ്ട് അന്യദേശവാസം എന്നു മലയാളം വ്യാഖ്യാനങ്ങൾ.

രാഹുദശയിലെ അപഹാരങ്ങൾ

(29)
വിഷാംബുരുഗ് ദുഷ്ടഭുജംഗദർശനം [(1)]
പരാബലാസംയുതിരിഷ്ടവിച്ച്യുതിഃ
അനിഷ്ടവാഗ് ദുഷ്ടജനവ്യഥാ ഭവേത്
വിധുന്തുദേനാപഹൃതേ സ്വവത്സരേ.
(1) പാഠഭേദം: ദർശനം

രാഹുദശയിലെ സ്വാപഹാരം

വിധുന്തുദേനാപഹൃതേ സ്വവത്സരേ- രാഹുദശയിലെ സ്വാപഹാരത്തിൽ
വിഷ അംബുരുഗ് - വിഷം, ജലം ഇവയുമായി ബന്ധപ്പെട്ട രോഗങ്ങൾ,
ദുഷ്ടഭുജംഗദർശനം - വിഷപ്പാമ്പുകളുടെ ദർശനം
പരാബലാസംയുതി - പരസ്ത്രീബന്ധം,

ഇഷ്ടവിച്യുതി - ബന്ധുനാശം
അനിഷ്ടവാഗ് - അപ്രിയഭാഷണം,
ദുഷ്ടജനവ്യഥാ - ദുഷ്ടരാൽ ദുഖം.

(30)
സുഖോപനീതിസ്സുരവിപ്രപൂജനം
വിരോഗതാ വാമദൃശാം സമാഗമാഃ
സുപുണ്യശാസ്ത്രാർത്ഥവിചാരസംഭവ-
സ്സുരാരിദായാന്തരഗേ ബൃഹസ്പതൗ.

രാഹുദശയിലെ ഗുരു അപഹാരം

സുരാരിദായാന്തരഗേ ബൃഹസ്പതൗ. - രാഹുദശയിലെ ഗുരു അപഹാരത്തിൽ
സുഖോപനീതി - സുഖാനുഭവം,
സുര വിപ്ര പൂജനം - ദേവബ്രാഹ്മണപൂജ,
വിരോഗതാ - ആരോഗ്യം,
വാമദൃശാം സമാഗമാ - സുന്ദരീസമാഗമം
സുപുണ്യ - പുണ്യകർമ്മങ്ങൾ,
ശാസ്ത്രാർത്ഥ വിചാര സംഭവ - ശാസ്ത്രാർത്ഥം മുതലായവ.

(31)
സമീരപിത്തപ്രഗദഃ ക്ഷതിസ്തനോ
തനൂജയോഷിത്സഹജൈശ്ച വിഗ്രഹഃ
സ്വഭൃത്യനാശശ്ച പദച്യുതിർഭവേ-
ദ്ദിതിപ്രജായുഃ പ്രവിശത്യഥാർക്കജേ.

രാഹുദശയിലെ ശനിപഹാരം

ദിതിപ്രജായുഃപ്രവിശത്യഥാർക്കറു - രാഹുദശയിലെ ശനിപഹാരത്തി
സമീര പിത്ത പ്രഗദഃ - വാതപിത്തരോഗങ്ങൾ,
ക്ഷതി തനൗ - ദേഹത്തു മുറിവ്,
തനൂജ യോഷിത സഹജൈ ച വിഗ്രഹഃ
- മക്കൾ,ഭാര്യ,സഹോദരർ,ഇവരുമായി വഴക്ക്,
സ്വഭൃത്യനാശശ്ച - ഭൃത്യനാശം,
പദച്യുതി - സ്ഥാനഭ്രംശം

(32)
സുതസ്വസിദ്ധിഃ സുഹൃദാം സമാഗമോ
മനോവിനന്ദത്വമതീവ ജായതേ
പടുക്രിയാഭൂഷണകൗശലാദയോ
ഭുജംഗസംവത്സരഹാരിണീന്ദുജേ.

രാഹുദശയിലെ ബുധാപഹാരം

ഭുജംഗസംവത്സരഹാരിണീന്ദുജേ	-	രാഹുദശയിലെ ബുധാപഹാരത്തിൽ
സുത സ്വ സിദ്ധി	-	പുത്ര ധന ലാഭം,
സുഹൃദാം സമാഗമോ	-	സുഹൃദ്സമാഗമം,
മനോ വിനന്ദത്വ	-	മനസ്സന്തോഷം
പടുക്രിയാ	-	നല്ല പ്രപർത്തികൾ,
ഭൂഷണ	-	ആഭരണങ്ങൾ,
കൗശലാദയോ	-	കൗശലം തുടങ്ങിയവ

**മനോ വി - നന്ദത്വ* - മനോവിഷമം (feeling of inferiority in an acute form) എന്നും കാണുന്നു. സന്ദർഭം നോക്കുമ്പോൾ സന്തോഷമാണ് യോജിക്കുന്നത്.

(33)
ജ്വരാഗ്നിശസ്ത്രാരിഭയം ശിരോരുജോ
ശരീരകമ്പഃ സ്വസുഹൃദ് ഗുരുവ്യഥാ
വിഷവ്രണാർത്തിഃ കലഹം സുഹൃജ്ജനൈ-
രഹീന്ദ്രദായാന്തരഗേ ശിഖാധരേ.

രാഹുദശയിലെ കേതുഅപഹാരം

അഹീന്ദ്രദായാന്തരഗേ ശിഖാധരേ	-	രാഹുദശയിലെ കേതുഅപഹാരത്തിൽ
ജ്വര അഗ്നി ശസ്ത്ര അരി ഭയം	-	പനി, തീ, ആയുധം, ശത്രു ഇവയാൽ ഭയം,
ശിരോരുജോ	-	ശിരോരോഗം,
ശരീരകമ്പഃ	-	ദേഹം വിറയ്ക്ക
സ്വ സുഹൃദ് ഗുരു വ്യഥാ	-	തനിക്കും സുഹൃത്തുക്കൾക്കും ഗുരുവിനും ദുഖം,
വിഷ വ്രണ ആർത്തിഃ	-	വിഷം, മുറിവ് ഇവകൊ ു വിഷമം,
കലഹം സുഹൃജ്ജനൈനേ	-	സുഹൃത്തുക്കളുമായി കലഹം.

(34)
കളത്രലബ്ധിശ്ശയനോപചാരതാ
തുരംഗമാതംഗമഹീസമാഗമഃ
കഫാനിലാർത്തിഃ സ്വജനൈർവിരോധതാ
ഭവേദ് ഭുജംഗായുരുപാഹൃതേ ഭൃഗൗ.

രാഹുദശയിലെ ശുക്രാപഹാരം

ഭുജംഗായുരുപാഹൃതേ ഭൃഗൗ	-	രാഹുദശയിലെ ശുക്രാപഹാരത്തിൽ
കളത്ര ലബ്ധി	-	ഭാര്യാലാഭം,
ശയനോപചാരതാ		ശയനസുഖം,
തുരംഗ മാതംഗ മഹീ സമാഗമഃ	-	കുതിര, ആന, ഭൂമി ഇവ ലാഭം,
കഫ അനില ആർത്തിഃ	-	കഫവാതരോഗങ്ങൾ,
സ്വജനൈർവിരോധതാ	-	ബന്ധുവിരോധം

(35)
അരിവ്യഥാ സ്യാദതിപീഡനം ദൃശോർ-
വിഷാഗ്നിശസ്ത്രാഹതിരാപദുദ്ഗമഃ
വധൂ*സുതാർത്തി*[1] നൃപതേർമഹാഭയം
ഭുജംഗവർഷേ തിമിരാരിണാ ഹൃതേ.

(1) പാഠഭേദം: വധൂസുതാപ്തി - ഭാവകുതൂഹലം

രാഹുദശയിലെ സൂര്യാപഹാരം

ഭുജംഗവർഷേ തിമിരാരിണാഹൃതേ	-	രാഹുദശയിലെ സൂര്യാപഹാരത്തി
അരിവ്യഥാ	-	ശത്രുദുഖം,
അതിപീഡനം ദൃശോ	-	നേത്രരോഗം,
വിഷ അഗ്നി ശസ്ത്രാ ഹതി ആപദുദ്ഗമഃ	-	വിഷം, അഗ്നി, ആയുധം ഇവമൂലമുള്ള ആപത്തുകൾ
വധൂസുതാർത്തി	-	ഭാര്യാപുത്രദുഖം
(ഭാര്യയ്ക്കും പുത്രന്മാർക്കും ദുഖം.അല്ലെങ്കിൽ		ഭാര്യയും പുത്രരും മൂലം ദുഖം.)
നൃപതേർമഹാഭയം	-	രാജഭയം

(36)
വധൂവിനാശഃ കലഹോ മനോരുജഃ
കൃഷിക്രിയാ വിത്തപശുപ്രജാക്ഷയഃ
സുഹൃജ്ജനാർത്തിഃ[1] സലിലാത്ഭയം ഭവേത്
വിധൗ ദശാഭോക്തരി ദേവവിദ്വിഷഃ.

(1) പാഠഭേദം - സുഹൃദ്വിപത്തി

രാഹുദശയിലെ ചന്ദ്രാപഹാരം

വിധൗ ദശാഭോക്തരി ദേവവിദ്വിഷഃ	-	രാഹുദശയിലെ ചന്ദ്രാപഹാരത്തി
വധൂവിനാശഃ	-	ഭാര്യാനാശം,
കലഹോ	-	കലഹം,
മനോരുജഃ	-	മനോവേദനകൾ
കൃഷി ക്രിയാ വിത്ത പശു പ്രജാക്ഷയഃ	-	കൃഷി, ധനം, പശു, മക്കൾ/പ്രജകൾ ഇവയ്ക്കു നാശം,
സുഹൃജ്ജന ആർത്തി	-	ബന്ധുക്കൾക്കു ദുഖം,
സലിലാത് ഭയം	-	ജലഭയം.

(37)
നൃപാഗ്നിചോരാസ്ത്രഭയം ശരീരിണാം
ശരീരനാശോ യദി വാ മഹാരുജഃ
പദഭ്രമം ഹൃന്നയനപ്രപീഡനം[1]
യദാത്ര സർപ്പായുഷി സ രേത് കുജഃ

(1) പാഠഭേദം - ഹൃന്നിധനം പ്രവീഡനം

രാഹുദശയിലെ കുജാപഹാരം

സർപ്പായുഷി സ രേത് കുജ - രാഹുദശയിലെ കുജാപഹാരത്തിൽ
നൃപ അഗ്നി ചോര അസ്ത്രഭയം ശരീരിണാം
- രാജാവ്, തീ, കള്ളന്മാർ ആയുധങ്ങൾ ഇവമൂലമുള്ള ഭയം
ശരീരനാശോ - ദേഹനാശം,
യദി വാ - അല്ലെങ്കിൽ
മഹാരുജഃ - മഹാരോഗം,
പരിഭ്രമം - സ്ഥാനചലനം,
ഹൃ യനപ്രപീഡനം - ഹൃദ്രോഗം, നേത്രരോഗം
(*ഹൃന്നിധനം* - മനോഭംഗം - മലയാളം വ്യാഖ്യാനങ്ങൾ)

ഗുരുദശയിലെ അപഹാരങ്ങൾ

(38)
സൗഭാഗ്യകാന്തിരതിമാനഗുണോദയഃ സ്യാത്
സത്പുത്രസിദ്ധിരവനീപതിപൂജനം ച
ആചാര്യസാധുജനസംയുതിരിഷ്ട സിദ്ധിഃ
സംവത്സരം ഹരതി ദേവഗുരൗ സ്വകീയം.

ഗുരുദശയിലെ സ്വാപഹാരം

സംവത്സരം ഹരതി ദേവഗുരൗ സ്വകീയം - ഗുരുദശയിലെ സ്വാപഹാരത്തിൽ
സൗഭാഗ്യ - ഭാഗ്യം,
കാന്തി - ദേഹകാന്തി
അതിമാനഗുണോദയഃ - വളരെ ബഹുമാനവും ഗുണഫലങ്ങളും
സത്പുത്രസിദ്ധി - സത്പുത്രലാഭം,
അവനീപതിപൂജനം - രാജബഹുമാനം,
ആചാര്യ സാധുജന സംയുതി - ആചാര്യന്മാർ, സജ്ജനങ്ങൾ ഇവരുമായി ചേരുക,
ഇഷ്ട സിദ്ധിഃ - ഇഷ്ടകാര്യസിദ്ധി

(39)
വേശ്യാംഗനാമദകൃതാമിത[1] ദോഷസംഗഃ
സത്ക്കർമ[2] സൗഖ്യസകുടുംബപശുപ്രപീഡാഃ
അർത്ഥവ്യയോരുഭയമക്ഷിജരുക് സുതാർത്തിർ-
ജൈവീദശാം വിശതി ദൈനകരേ നരാണാം.
പാഠഭേദം - (1) മദക്യദാസവദോഷസംഗഃ (2) ഉത്കർഷ

ഗുരുദശയിലെ ശനിഅപഹാരം

ജൈവീദശാം വിശതി ദൈനകരേ നരാണാം- ഗുരുദശയിലെ ശനി അപഹാരത്തിൽ
വേശ്യാംഗനാ മദകൃത അമിതദോഷസംഗഃ- വേശ്യാസംഗവും മറ്റും മൂലമുള്ള ദോഷഫലങ്ങൾ,
സതക്കർമ സൗഖ്യ - സത്കർമ്മം,സൗഖ്യം,(സത്പ്രവൃത്തികൾകൊണ്ടുസൗഖ്യവുംഎന്നും കാണുന്നു.)

കുടുംബ പശു പ്രപീഡാഃ - കുടുംബം പശു ഇവയ്ക്കു പീഡകൾ
അർത്ഥവ്യയോ - ധനവ്യയം,
ഉഭയമക്ഷിജരുക് - നേത്രരോഗം,
സുതാർത്തി - പുത്രദുഖം.

(40)
സ്ത്രീദ്യൂതമദ്യജമഹാവ്യസനം ത്രിദോഷൈഃ
കേചിദ്വിദന്ത്യപി ച കേവലമംഗളാപ്തിഃ
ദേവദ്വിജാർച്ചനസുതാർത്ഥസുഖപ്രയോഗൈർ-
ഗീർവാണപൂജിതദശാഹൃദി ചന്ദ്രസൂനൗ.

ഗുരുദശയിലെ ബുധാപഹാരം

ഗീർവാണപൂജിതദശാഹൃദി ചന്ദ്രസൂനൗ - ഗുരുദശയിലെ ബുധാപഹാരത്തിൽ
സ്ത്രീ ദ്യൂത മദ്യജ മഹാവ്യസനം - സ്ത്രീകളുമായുള്ള (വഴിവിട്ട) ബന്ധങ്ങളും, ചൂതാട്ടവും മദ്യപാനവും മൂലം, വളരെയധികം ദുഖങ്ങളും
ത്രിദോഷൈ - വാതപിത്തകഫങ്ങൾ കോപിച്ചതുകൊണ്ടുള്ള രോഗങ്ങളും ഫലമാകുന്നു. (എന്നാൽ)
ദേവ ദ്വിജ അർച്ചന - ദേവബ്രാഹ്മണപൂജ
സുത അർത്ഥ സുഖ പ്രയോഗൈഃ - പുത്ര ധന സുഖ പ്രാപ്തി (തുടങ്ങിയ)
കേവലമംഗളാപ്തിഃ - മംഗളമായ ഫലങ്ങളുണ്ടാകുമെന്നു
കേചിത് വദന്തി അപി - മറ്റു ചിലരും പറയുന്നു.

പരസ്പരവിരുദ്ധമായ ഈ രണ്ടുതരം ഫലങ്ങൾക്കും അവയുടേതായ കാരണമുണ്ട്. ശുഭനായ വ്യാഴത്തിന്റെ ദശയിൽ മറ്റൊരു ശുഭനായ ബുധന്റെ അപഹാരം വ്യാഴത്തിന്റെ കാരകത്വങ്ങളിപ്പെടുന്ന പുത്രൻ, ധനം, സുഖം, ദേവബ്രാഹ്മണപൂജ തുടങ്ങിയ നല്ല ഫലങ്ങൾ കൊണ്ടുവരേണ്ടതാണ്. എന്നാൽ വ്യാഴത്തിന്റെ നൈസർഗ്ഗികശത്രു എന്ന നിലയ്ക്ക് സ്ത്രീകൾ, മദ്യം, ചൂതാട്ടം ഇവ വഴി വ്യാഴത്തിന്റെ ധനകാരകത്വത്തെ ദുർബ്ബലമാക്കി, ത്രിദോഷകോപത്തിനിടയാക്കി, വ്യാഴം തരേണ്ട ധവസുഖംപോലും പാഴാക്കുകയാണ് അനുകൂലനല്ലാത്ത ബുധൻ ചെയ്യുക

(41)
ശസ്ത്രവ്രണോ ഭവതി ഭൃത്യജനൈർനിരോധ-
ശ്ചിത്തവ്യഥാ തനയയോഷിദുപദ്രവശ്ച
പ്രാണച്യുതിർഗുരുസുഹൃജ്ജനവിപ്രയോഗോ
ദേവേഡ്യമായുരപഹൃത്യ ദദാതി കേതുഃ.

ഗുരുദശയിലെ കേതു അപഹാരം

ദേവേഡ്യമായുരപഹൃത്യ ദദാതി കേതുഃ - ഗുരുദശയിലെ കേതു അപഹാരത്തിൽ
ശസ്ത്രവ്രണോ ഭവതി - ആയുധംകൊണ്ടു മുറിവ്,
ഭൃത്യജനൈഃ വിരോധ - ഭൃത്യരുമായി വിരോധം,
ചിത്തവ്യഥാ - മനോദുഖം,
തനയ യോഷിത ഉപദ്ര - മക്കൾക്കും ഭാര്യയ്ക്കും ഉപദ്രവം, രോഗം

പ്രാണച്യുതി - മരണം,
ഗുരു സുഹൃജ്ജന വിപ്രയോഗോ - ഗുരുജനങ്ങളുടേയും ബന്ധുക്കളുടേയും വേർപാട്.

(42)
നാനാവിധാർത്ഥപശുധാന്യപരിച്ഛദസ്ത്രീ-
പുത്രാ പാനശയനാംബരഭൂഷണാപ്തിഃ
ദേവദ്വിജാർച്ചനമുപാസനതത്പരത്വ-
മായുര്യദാ ഹരതി ജൈവമഥാ*f* സുരേഡ്യഃ.

ഗുരുദശയിലെ ശുക്രാപഹാരം
ആയു യദാ ഹരതി ജൈവമഥ അസുരേഡ്യഃ.
- ഗുരുദശയിലെ ശുക്രാപഹാരത്തിൽ
നാനാവിധ - പലവിധത്തിലും
അർത്ഥ പശു ധാന്യ പരിച്ഛദ - ധനം, പശുക്കൾ, ധാന്യം, പരിവാരങ്ങൾ
സ്ത്രീ പുത്ര - ഭാര്യ, മക്കൾ
അ പാന ശയന - ഭക്ഷണം, പാനീയം, ശയനം
അംബര ഭൂഷണ - വസ്ത്രങ്ങൾ, ആഭരണങ്ങൾ
ആപ്തിഃ - ഇവ ലഭിക്കും.
ദേവദ്വിജ അർച്ചന - ദേവ ബ്രാഹ്മണ പൂജ,
ഉപാസന തത്പരത്വം - ഉപാസന ഇവകളിൽ തൽപ്പരനാകും.

(43)
ശത്രോർജയഃ ക്ഷിതിപമാനനകീർത്തിലാഭഃ
സ്വാച്ഛണ്ഡതാ നരതുരംഗമവാഹനാപ്തിഃ
ശ്രേണ്യഗ്രഹാരപുരരാഷ്ട്രസമസ്തസമ്പ-
ദുച്ചൈരുതത്ഥ്യസഹജായുരുപാഹൃതേ*f* ർക്കേ.

ഗുരുദശയിലെ സൂര്യാപഹാരം
ഉചത്ഥ്യസഹജ ആയു ഉപാഹൃതേ അർക്കേ - ഗുരുദശയിലെ സൂര്യാപഹാരത്തി
ശത്രോർജയഃ - ശത്രുജയം,
ക്ഷിതിപമാനന - രാജബഹുമാനം,
കീർത്തിലാഭഃ - പ്രശസ്തി,
ചണ്ഡതാ - പരാക്രമം,
നര തുരംഗമ വാഹന ആപ്തിഃ - പല്ലക്ക്, തേര് മുതലായ വാഹനങ്ങളും
ശ്രേണി അഗ്രഹാര പുര രാഷ്ട്ര സമസ്ത സമ്പത് - തെരുവ്, അഗ്രഹാരം, നഗരം, രാജ്യം തുടങ്ങി സകല സമ്പത്തുകളും (ക്രമത്തിൽ) ഉണ്ടാകും.

(44)
യോഷിദ്ബഹുത്വമരിനാശനമർത്ഥലാഭം
കൃഷ്യർത്ഥവസ്തുപരമോ തകീർത്തിലാഭം
ദേവദ്വിജാർച്ചനപരത്വമതീവ പുംസാം
സഞ്ജായതേ ഗുരുദശാഹൃതി ശർവരീശേ.

ഗുരുദശയിലെ ചന്ദ്രാപഹാരം

ഗുരുദശാഹൃതി ശർവരീശേ	-	ഗുരുദശയിലെ ചന്ദ്രാപഹാരത്തിൽ
യോഷിത് ബഹുത്വം	-	വളരെ ഭാര്യമാർ,
അരിനാശനം	-	ശത്രുനാശം,
അർത്ഥ ലാഭം	-	ധനലാഭം,
കൃഷി അർത്ഥ വസ്തു	-	കൃഷി, ധനം,
പരമോ ത കീർത്തിലാഭം	-	ഏറ്റവും വലിയ പ്രശസ്തി ഇവ ലഭിക്കും.
ദേവദ്വിജഅർച്ചനപരത്വം അതീവ...	-	ദേവബ്രാഹ്മണപൂജകളിൽ അതീവ താൽപ്പര്യം ഉണ്ടാകും.

(45)
ബന്ധൂപതോഷണമരിവ്രജതോ *f* ർത്ഥലാഭഃ
സുക്ഷേത്രസത്കൃതിരിഹ പ്രഥിതപ്രഭാവഃ
ഈഷത് ഗുരൂപഹതിരീക്ഷണസുക്ഷതിർവാ
ക്ഷിത്യാത്മജേ ഹരതി വത്സരമാര്യജാതം.

ഗുരുദശയിലെ കുജാപഹാരം

ക്ഷിത്യാത്മജേ ഹരതി വത്സരമാര്യജാതം	-	ഗുരുദശയിലെ കുജാപഹാരത്തിൽ
ബന്ധൂപതോഷണം	-	ബന്ധുക്കൾക്കു സന്തോഷം,
അരിവ്രജതോ അർത്ഥലാഭഃ	-	ശത്രുക്കളിൽനിന്നും അർത്ഥലാഭം,
സുക്ഷേത്ര	-	ഭൂമിലാഭം
സത്കൃതി	-	സത്പ്രവൃത്തികൾ,
പ്രഥിതപ്രഭാവഃ	-	പ്രഭാവവർദ്ധന,
ഈഷത് ഗുരൂപഹതി	-	ഗുരുവിന് അനർത്ഥം
ഈക്ഷണസുക്ഷതി	-	നേത്രരോഗം

(46)
ബന്ധൂപതപ്തിരുരുമാനസരുഗ്ദദാർത്തി-
ശ്ചോരാത്ഭയം ഗുരുഗദോ ജഠരോത്ഭവോ വാ
രാജേന്ദ്രപീഡനമരിവ്യസനം സ്വനാശം
സമ്പദ്യതേ ഹരതി സൂരിദശാം സുരാരൗ.

ഗുരുദശയിലെ രാഹുഅപഹാരം

സൂരിദശാം സുരാരൗ	-	ഗുരുദശയിലെ രാഹുഅപഹാരത്തി
ബന്ധൂപതപ്തി	-	ബന്ധുക്കൾക്കു ദുഖം (ബന്ധുക്കളെക്കൊണ്ടു ദുഖം എന്നും)
ഉരുമാനസ	-	മനഃപ്രയാസം,
രുഗ്ദദാർത്തി	-	രോഗദുഖങ്ങൾ,
ചോരാത്ഭയം	-	മോഷണഭീതി
ഗുരുഗദോ ജഠരോത്ഭവോ വാ	-	ഗുരുതരമായ, ബന്ധമായ, പ്രശ്നങ്ങൾ
രാജേന്ദ്രപീഡന	-	രാജോപദ്രവം,
അരിവ്യസനം	-	ശത്രുശല്യം,
സ്വനാശം	-	ധനനാശം

ശനിദശയിലെ അപഹാരങ്ങൾ

(47)
കൃഷിവൃദ്ധിഭൃത്യമഹിഷാഭ്യുദയം
പവമാനരുകഗ്വൃഷലജാതിധനം
സ്ഥവിരാംഗനാപ്തിരലസത്വമഘം
നിജവത്സരാന്തരഗതേ രവിജേ.

ശനിദശയിലെ സ്വാപഹാരം

നിജവത്സരാന്തരഗതേ രവിജേ.	-	ശനിദശയിലെ സ്വാപഹാരത്തി
കൃഷിവൃദ്ധി	-	കൃഷിക്ക് അഭിവൃദ്ധി,
ഭൃത്യ മഹിഷ അഭ്യുദയം	-	ഭൃത്യന്മാരും, പോത്തുകളും വർദ്ധിക്കും.
പവമാനരുക്	-	വാത/വായുരോഗം,
വൃഷലജാതിധനം	-	ദാസന്മാർ വഴി ധനാഗമം,
സ്ഥവിര അംഗന ആപ്തി	-	വൃദ്ധസ്ത്രീബന്ധം,
അലസത്വം	-	അലസത,
അഘം	-	പാപം

(48)
സുഭഗത്വമസ്തിസുഖിതാ വനിതാ
നൃപലാളനം വിജയമിത്രയുതിഃ
ത്രിഗദോത്ഭവഃ സഹജപുത്രരുജാ
ശനിദായഹാരിണി ശശാങ്കസുതേ.

ശനിദശയിലെ ബുധാപഹാരം

ശനിദായഹാരിണി ശശാങ്കസുഠഃ	-	ശനിദശയിലെ ബുധാപഹാരത്തിൽ
സുഭഗത്വം	-	സൗന്ദര്യം,
സുഖിതാ വനിതാ	-	സ്ത്രീസുഖം,
നൃപലാളനം	-	രാജസന്തോഷം
വിജയം,		
മിത്രയുതി	-	സുഹൃത് സംഗമം,
ത്രിഗദോത്ഭവഃ	-	ത്രിദോഷങ്ങൾ,
സഹജ പുത്ര രുജാ	-	സഹോദരർക്കും പുത്രർക്കും രോഗങ്ങൾ

(49)
മരുദഗ്നിപീഡനമരിവ്യസനം
സുതദാരവിഗ്രഹയുതിസ്സതതം
അശുഭാവലോകനമഹേശ്ച ഭയം
മൃദുവത്സരാൻ ഹരതി കേതുപതൗ.[1]

പാഠഭേദം: ശനിവത്സരാദ്ധരതി കേതുപതൗ - ഭാവകുതൂഹലം

ശനിദശയിലെ കേതുഅപഹാരം

മരുദഗ്നിപീഡനം - വാത/വായുരോഗം,
അഗ്നിഭയം,
അരി വ്യസനം - ശത്രുക്കൾമൂലം ദുഖം,
സുത ദാര വിഗ്രഹ - മക്കളും ഭാര്യയുമായി വഴക്ക്,
അശുഭ അവലോകന - അശുഭകരമായവ കാണുക
മഹോരഗ ഭയം - സർപ്പഭയം.

(50)
സുഹൃദംഗനാതനയ സൗഖ്യയുതിഃ
കൃഷിതോയയാനജനിതാർത്ഥചയഃ
ശുഭകീർത്തിരുത്ഭവതി ദേഹഭൃതാം
യമദായഹാരിണി ഭൃഗോസ്തനയേ.

ശനിദശയിലെ ശുക്രാപഹാരം

യമദായഹാരിണി ഭൃഗോസ്തനയേ - ശനിദശയിലെ ശുക്രാപഹാരത്തിൽ
സുഹൃത് അംഗനാ തനയ സൗഖ്യയുതിഃ - ബന്ധു - ഭാര്യ - പുത്ര സുഖം,
കൃഷിതോയയാന ജനിത അർത്ഥസംചയഃ - കൃഷി, ജലയാത്ര ഇവമൂലം സമ്പത്ത്
ശുഭകീർത്തിഃ - പ്രശസ്തി.

(51)
മരണന്തു വാ രിപുഭയം സതതം
ഗുരുവർഗ്ഗരുഗ്ജഠരനേത്രരുജാ
ധനധാന്യവിച്യുതിരിഹ പ്രഭവേത്
രവിജായുരാവിശതി തീവ്രകരേ.

ശനിദശയിലെ സൂര്യാപഹാരം

രവിജായുരാവിശതി തീവ്രകരേ - ശനിദശയിലെ സൂര്യാപഹാരത്തി
മരണം തു വാ - മരണം അല്ലെങ്കിൽ
രിപുഭയം സതതം - എപ്പോഴും ശത്രുഭയം
ഗുരുവർഗ്ഗ രുഗ് - ഗുരുജനങ്ങൾക്ക് അസുഖം,
ജഠര നേത്രരുജാ - ഉദരനേത്രരോഗങ്ങൾ,
ധന ധാന്യ വിച്യുതി - ധന ധാന്യ നാശം

(52)
വനിതാഹതിർമരണമേവ നൃണാം
സുഹൃദാം വിപത്തിരതിരോഗഭയം
ജലവാതജം ഭയമതീവ ഭവേ-
ദ്രവിജായുരാവിശതി രാത്രികരേ.

ശനിദശയിലെ ചന്ദ്രാപഹാരം

രവിജായുരാവിശതി രാത്രികരേ - ശനിദശയിലെ ചന്ദ്രാപഹാരത്തി

വനിതാഹതിഃ - ഭാര്യാമരണം,
മരണമേവ നൃണാം - തനിക്കു മരണം,
സുഹൃദാം വിപത്തി - സുഹൃത്തുക്കൾക്ക്/ബന്ധുക്കൾക്ക് ആപത്തുകൾ,
അതിരോഗഭയം - വലിയ രോഗഭയം,
ജലവാതജം ഭയമതീവ ഭവേത് - ജലജന്യവും വാതസംബന്ധവുമായ രോഗങ്ങൾ

(53)
സ്വപദച്യുതിഃ സ്വജനവിഗ്രഹരുഗ്
ജ്വരവഹ്നിശസ്ത്രവിഷഭീരഥവാ
അരിവൃദ്ധിരാന്ത്രജരുഗക്ഷിഭയം
രവിജായുരാവിശതി ഭൂമിസുതേ.

ശനിദശയിലെ കുജാപഹാരം

രവിജായുരാവിശതി ഭൂമിസുഠഃ - ശനിദശയിലെ കുജാപഹാരത്തിൽ
സ്വപദച്യുതി - സ്ഥാനചലനം,
സ്വജനവിഗ്രഹ - ബന്ധുവിരോധം,
രുക് ജ്വര വഹ്നി ശസ്ത്ര വിഷ ഭീതി - രോഗം, പനി, അഗ്നി, ആയുധം, വിഷം ഇവയുടെ ഭയം,
അരിവൃദ്ധി - ശത്രുവർദ്ധന
ആന്ത്രജരുഗ് - ആന്ത്രരോഗം (ഒല്യിശമ),
അക്ഷിഭയം - നേത്രരോഗം

(54)
അപമാർഗ്ഗയാനമസുഭിർവിരഹം
ത്വഥവാ പ്രമേഹഗുരുഗുന്മഭയം
ജ്വരരുക് ക്ഷതിഃസതതമേവ നൃണാ-
മസിതാന്തരം വിശതി ഭോഗിപതൗ.

ശനിദശയിലെ രാഹുഅപഹാരം

അസിതാന്തരം വിശതി ഭോഗിപതൗ - ശനിദശയിലെ രാഹുഅപഹാരത്തിൽ
അപമാർഗ്ഗയാനം - അപഥസഞ്ചാരം,
അസുഭിർവിരഹം - ജീവനാശം
പ്രമേഹ ഗുരുഗുന്മ ഭയം - പ്രമേഹം, ഗുരുതരമായ ഗുല്മം (Enlargement of spleen) തുടങ്ങിയ രോഗങ്ങൾ,
ജ്വരരുക് - പനി,
ക്ഷതി - ക്ഷതം, മുറിവ്

(55)
അമരാർച്ചനം[1] ദ്വിജഗണാദിരുചിർ-
ഗൃഹപുത്രദാരവിഹൃതിസ്തു ഭവേത്
ധനധാന്യവൃദ്ധിരധികാ ഹി നൃണാം

ഗതവത്യഥാ *f* ർക്കിവയസീന്ദ്രഗുരൗ.

(1) പാഠഭേദം - ദേവാർച്ചനം

ശനിദശയിലെ ഗുരുഅപഹാരം

അർക്കിവയസീന്ദ്രഗുരൗ	-	ശനിദശയിലെ ഗുരു അപഹാരത്തി
അമരാർച്ചനം	-	ദേവപൂജ,
ദ്വിജഗുണാഭിരുചി	-	ബ്രാഹ്മണഭക്തി,
ഗൃഹ പുത്ര ദാര വിഹതി	-	വീട്, പുത്രൻ, ഭാര്യ ഇവയ്ക്കു നാശം,
ധന ധാന്യ വൃദ്ധി അധികാ	-	ധനധാന്യവർദ്ധന

ബുധദശയിലെ അപഹാരങ്ങൾ

(56)

ധർമ്മമാർഗ്ഗനിരതിർവിപശ്ചിദാം
സംഗമോ വിമലധീർധനം ദ്വിജാത്
വിദ്യയാ ബഹുയശസ്സുഖം സദാ
ചന്ദ്രജേ ഹരതി വത്സരം സ്വകം.

ബുധദശയിലെ സ്വാപഹാരം

ചന്ദ്രജേ ഹരതി വത്സരം സ്വകം	-	ബുധദശയിലെ സ്വാപഹാരത്തിൽ
ധർമ്മമാർഗ്ഗനിരതി	-	ധാർമ്മികകാര്യങ്ങളി താൽപ്പര്യം,
വിപശ്ചിതാം സംഗമോ	-	വിദ്വാന്മാരുമായി സംഗമം.
വിമലധീ	-	നിർമ്മലബുദ്ധി,
ധനം ദ്വിജാത്	-	ബ്രാഹ്മണരാ ധനാഗമം,
വിദ്യയാ ബഹുയശഃ	-	വിദ്യകൊണ്ട് വളരെ യശസ്സ്,
സുഖം സദാ	-	എപ്പോഴും സുഖം.

(57)

ദുഃഖശോകകലഹാകുലത്വതാ
ഗാത്രകമ്പനമമിത്രസംയുതിഃ
ക്ഷേത്രയാനവിയുതിര്വദാ ഭവേത്
സോമസൂനുശരദം ഗതഃ ശിഖീ.

ബുധദശയിലെ കേതു അപഹാരം.

സോമസൂനുശരദം ഗതഃ ശിഖീ.	-	ബുധദശയിലെ കേതു അപഹാരത്തിൽ
ദുഃഖ	-	ദുഖം,
ശോക	-	ശോകം,
കലഹ	-	വഴക്ക്
ആകുലത്വതാ	-	ഭയം
ഗാത്രകമ്പനം	-	ശരീരം വിറയ്ക്കുക
അമിത്രസംയുതി	-	ശത്രുക്കളുമായി സംയോഗം,

ക്ഷേത്ര യാന വിയുതിഃ - ഭൂമി, വാഹനം ഇവ നഷ്ടം.

(58)

ദേവവിപ്രഗുരുപൂജനക്രിയാ
ദാനധർമ്മപരതാ സദാഗമഃ
വസ്ത്രഭൂഷണസുഹൃദ്യുതിർഭവേത്
ബോധനായുഷി സമാഹൃതേ സിതേ.

ബുധദശയിലെ ശുക്രാപഹാരം.

ബോധനായുഷി സമാഹൃതേ സിതേ - ബുധദശയിലെ ശുക്രാപഹാരത്തിൽ
ദേവ വിപ്ര ഗുരു പൂജനക്രിയാ - ദേവന്മാർ, ബ്രാഹ്മണർ, ഗുരുജനങ്ങൾ ഇവരെ പൂജിക്കുക,
ദാനധർമ്മപരതാ - ദാനധർമ്മങ്ങൾ,
സദാഗമഃ - സത്സംഗം,
വസ്ത്ര ഭൂഷണ സുഹൃദ്യുതി - വസ്ത്രം, ആഭരണം ബന്ധുക്കൾ ഇവ യുടെ വർദ്ധന.

(59)

ഹേമവിദ്രുമതുരംഗവാരണ-
പ്രാവൃതം ഭവനമ പാനയുക്
ഭൂപതേരപി ച പൂജനം ഭവേത്
ഭാനുമാലിനി ബുധാബ്ദകാൻ ഗതേ.

ബുധദശയിലെ സൂര്യാപഹാരം

ഭാനുമാലിനി ബുധാബ്ദകാൻ ഗതേ - ബുധദശയിലെ സൂര്യാപഹാരത്തിൽ
ഹേമ - സ്വർണ്ണം,
വിദ്രുമ - പവിഴം,
തുരംഗ - കുതിര,
വാരണ - ആന,
അന്ന പാനയുക് - തിന്നാനും കുടിക്കാനും വേണ്ടവ
പ്രാവൃതം ഭവന - ഇവ സമൃദ്ധമായ വീട്,
ഭൂപതേഃ അപി പൂജനം ഭവേത് - രാജാവുകൂടി മാനിക്കും.

(60)

മസ്തകവ്യസനമക്ഷിപീഡനം
കുഷ്ഠദദ്രുബഹുകണ്ഠപീഡനം
പ്രാണസംശയയുതിർന്നൃണാം ഭവേത്
ജ്ഞാനയുഷം വ്രജതി ശീതദീധിതൗ.

ബുധദശയിലെ ചന്ദ്രാപഹാരം

ജ്ഞാനയുഷം വ്രജതി ശീതദീധിതൗ - ബുധദശയിലെ ചന്ദ്രാപഹാരത്തിൽ
മസ്തകവ്യസനം - തലവേദന,
അക്ഷിപീഡനം - നേത്രരോഗം,

കുഷ്ഠ - കുഷ്ഠം
ദദ്രുബഹു - വട്ടച്ചൊറി,
കണ്ഠപീഡനം - കണ്ഠരോഗം,
പ്രാണസംശയയുതി - പ്രാണഭയം.

(61)
അഗ്നിഭീതിരപി നേത്രജാ രുജാ
ചോരജം ഭയമതീവ ദുഃഖിതാ
സ്ഥാനഹാനിരഥ വാതരോഗിതാ
ജ്ഞായുഷം ഹരതി മേദിനീസുതേ.

ബുധദശയിലെ കുജാപഹാരം

ജ്ഞായുഷം ഹരതി മേദിനീസുതേ - ബുധദശയിലെ കുജാപഹാരത്തിൽ
അഗ്നിഭീതി - അഗ്നിഭയം,
നേത്രജാ രുജാ - നേത്രരോഗം,
ചോരജം ഭയ - തസ്ക്കരഭയം
അതീവ ദുഃഖിതാ - തീവ്രദുഖം,
സ്ഥാനഹാനി - സ്ഥാനനഷ്ടം,
വാതരോഗിതാ - വാതരോഗം

(62)
മാനഹാനിരഥവാ ƒ ശ്രയച്യുതിഃ
സ്വക്ഷയോƒഗ്നിവിഷതോയജം ഭയം
മസ്തകാക്ഷിജഠരപ്രപീഡനം
ശീതരശ്മിജദശാം ഗതേ ƒ സുരേ.

ബുധദശയിലെ രാഹുഅപഹാരം

ശീതരശ്മിജദശാം ഗതേ അസുരേ - ബുധദശയിലെ രാഹു അപഹാരത്തിൽ
മാനഹാനി - മാനഹാനി
ആശ്രയച്യുതിഃ - ആശ്രയമില്ലാതാവുക,
സ്വക്ഷയോ - സ്വത്തുനാശം
അഗ്നി വിഷ തോയജം ഭയം - അഗ്നി, വിഷം, ജലം ഇവ കാരണമായുണ്ടാകുന്ന ഭയം,
മസ്തക അക്ഷി ജഠര പ്രപീഡനം - ശിരസ്സ്, കണ്ണ്, വയർ ഇവയ്ക്കു രോഗപീഡകൾ.

(63)
വ്യാധിശത്രുഭയവിച്യുതിർഭവേത്
ബ്രഹ്മസിദ്ധിരവനീശസത്ക്കൃതിഃ
ധർമ്മസിദ്ധ[1]തപസാം സമുദ്ഗമോ
ദേവമന്ത്രിണീ വിദോ ദശാം ഗതേ.

(1) പാഠഭേദം - ധർമ്മസിദ്ധി

ബുധദശയിലെ വ്യാഴാപഹാരം

ദേവമന്ത്രിണീ വിദോ ദശാം ഗതേ	-	ബുധദശയിലെ വ്യാഴാപഹാരത്തിൽ
വ്യാധി ശത്രു ഭയ വിച്യുതിർഭവേത്	-	രോഗം, ശത്രു, ഭയം ഇവയി ാതാവും,
ബ്രഹ്മസിദ്ധി	-	ബ്രഹ്മജ്ഞാനസിദ്ധി,
അവനീശസ ക്കൃതിഃ	-	രാജബഹുമാനം,
ധർമ്മസിദ്ധതപസാം സമുദ്ഗമോ	-	ധർമ്മവർദ്ധനയാൽ തപോവൃത്തി ആരംഭിക്കും

(64)
അർത്ഥധർമ്മപരിലുപ്തിരുച്ചകൈഃ
സർവകാര്യവിഫലത്വമംഗിനാം
ശ്ലേഷ്മവാതജനിതോരുരുഗ്ഭവോ
ബോധനായുഷി സമാഹൃതേ *f* സിതേ.

ബുധദശയിലെ ശനി അപഹാരം

ബോധനായുഷി സമാഹൃതേ അസിഃ	-	ബുധശയിലെ ശനിഅപഹാരത്തിൽ
അർത്ഥ ധർമ്മ പരിലുപ്തി ഉച്ചകൈഃ	-	അർത്ഥം, ധർമ്മം ഇവ നഷ്ടമാകും,
സർവകാര്യവിഫലത്വം	-	എല്ലാ കാര്യങ്ങളിലും പരാജയം
ശ്ലേഷ്മ വാതജനിത രുഗ്ഭവോ	-	കഫവാതസംബന്ധികളായ രോഗങ്ങൾ.

കേതുദശയിലെ അപഹാരങ്ങൾ

(65)
രിപുജനകലഹം സുഹൃദ്വിരോധ-
സ്ത്വശുഭവചഃ ശ്രവണം ജ്വരാംഗദാഹം
ഗമനമപരധാമ്നി വിത്തനാശം
ശിഖിനി ലഭേത ദശാം ഗതേ സ്വകീയാം.

കേതുദശയിലെ സ്വാപഹാരം

ശിഖിനി ലഭേത ദശാം ഗതേ സ്വകീയാം	-	കേതുദശയിലെ സ്വാപഹാരത്തിൽ
രിപുജനകലഹം	-	ശത്രുക്കളുമായി വഴക്ക്,
സുഹൃദ്വിരോധസ്തു	-	ബന്ധുവിരോധം,
അശുഭവചഃ ശ്രവണം	-	അശുഭവാർത്തകൾ കേൾക്കുക,
ജ്വരാംഗദാഹം	-	പനിയും ചുട്ടുനീറലും
ഗമനം അപരധാമനി	-	അന്യഗൃഹവാസം,
വിത്തനാശം	-	ധനനഷ്ടം.

(66)
ദ്വിജവരകലഹം സ്ത്രിയാ വിരോധം
സ്വകുലജനൈരപി കന്യകാപ്രസൂതിഃ

പരിഭവജനനം പരോപതാപോ
ഭവതി സിതേ ശിഖിവത്സരാന്തരാളേ.

കേതുദശയിലെ ശുക്രാപഹാരം

ഭവതി സിതേ ശിഖിവത്സരാന്തരാളേ - കേതുദശയിലെ ശുക്രാപഹാരത്തിൽ
ദ്വിജവരകലഹം - ബ്രാഹ്മണകലഹം
സ്ത്രിയാ വിരോധം - ഭാര്യാവിരോധം
സ്വകുലജനൈരപി - സ്വജനവിരോധം
കന്യകാപ്രസൂതിഃ - പുത്രീജനനം,
പരിഭവജനനം - പരിഭവം,
പരോപതാപോ - മറ്റുള്ളവർക്കു ദുഖമുണ്ടാക്കുന്ന കാര്യങ്ങൾ ചെയ്യുക.

(67)
ഗുരുജനമരണം ജ്വരാവതാരഃ
സ്വജനവിരോധവിദേശയാനലാഭം
നൃപഭയകലഹം[1] കഫാനിലാർത്തിർ-
വിശതി രവൗ ശിഖിവത്സരാന്തരാളം.
(1) പാഠഭേദം - നൃപകൃതകലഹം

കേതുദശയിലെ സൂര്യാപഹാരം

രവൗ ശിഖിവത്സരാന്തരാളം - കേതുദശയിലെ സൂര്യാപഹാരത്തിൽ
ഗുരുജനമരണം - ഗുരുജനങ്ങളുടെ മരണം,
ജ്വരാവതാരഃ - പനി,
സ്വജനവിരോധം,
വിദേശയാനലാഭം - വിദേശയാത്രകൊണ്ടു ധനലാഭം
നൃപഭയ - *രാജഭയം*
കലഹം - വിരോധം,
കഫാനിലാർത്തി - കഫവാതരോഗങ്ങൾ

(68)
സുലഭബഹുധനം തഥൈവ ഹാനിഃ
സുതവിരഹോ ബഹുദുഃഖഭാക് പ്രസൂതിഃ
പരിജനയുവതിപ്രജാപ്രലാപഃ
ശശിനി യദാ ശിഖിദായമദ്ധ്യുപേതേ.

കേതുദശയിലെ ചന്ദ്രാപഹാരം

ശശിനി ശിഖിദായമദ്ധ്യുപേതേ - കേതുദശയിലെ ചന്ദ്രാപഹാരത്തിൽ
സുലഭബഹുധനം - പ്രയാസപ്പെടാതെതന്നെ വളരെ ധനം ലഭിക്കും.,
തഥൈവ ഹാനിഃ - വരുന്ന എളുപ്പത്തിൽത്തന്നെഅവ പോകുകയും ചെയ്യും.
സുതവിരഹോ - പുത്രവിരഹം,

ബഹുദുഃഖഭാക് പ്രസൂതിഃ - വളരെ ദുഖമുണ്ടാക്കുന്ന മക്കളുടെ ജനനം,
പരിജന യുവതി പ്രജാ പ്രലാപ - ഭൃത്യർക്കും ഭാര്യയ്ക്കും മക്കൾക്കും ദുഖം

.

(69)
സ്വകുലജകലഹം സ്വബന്ധുനാശോ
ഭയമപി പ ഗജം വദന്തി ചോരാത്
ഹുതവഹഭയമത്രശത്രുപീഡാ
വ്രജതി കുജേ ധ്വജനാമഖേചരായുഃ.

കേതുദശയിലെ കുജാപഹാരം

വ്രജതി കുജേ ധ്വജനാമഖേചരായുഃ	-	കേതുദശയിലെ കുജാപഹാരത്തിൽ
സ്വജനകലഹം	-	സ്വന്തക്കാരുമായി വഴക്ക്,
സ്വബന്ധുനാശോ	-	ബന്ധുക്കൾക്കു നാശം,
ഭയമപി പ ഗജം വദന്തി ചോരാ	-	സർപ്പഭയം, തസ്കരഭയം,
ഹുതവഹഭയ	-	അഗ്നിഭയം,
ശത്രുപീഡാ	-	ശത്രുക്കളുടെ ഉപദ്രവം

(70)
അരിഗതകലഹോ നൃപാഗ്നിചോരൈർ-
ഭയമപി പ ഗജം വദന്തി തജ്ഞാഃ
ഖലജനവചനം ദുരിഷ്ടചേഷ്ടാ
തമസി ഗതേ *f* ത്ര ശിഖീന്ദ്രദായമാഹുഃ.

കേതുദശയിലെ രാഹു അപഹാരം

തമസി ഗതേ അത്ര ശിഖീന്ദ്രദായമാഹുഃ	-	കേതുദശയിലെ രാഹു അപഹാരത്തിൽ
അരിഗതകലഹോ	-	ശത്രുക്കളുമായി വഴക്ക്,
നൃപ അഗ്നി ചോരൈഃ പ ഗജം ഭയം ഇവരിൽ നിന്നും ഭയം	-	രാജാവ്, തീ, കള്ളന്മാർ, സർപ്പങ്ങൾ
ഖലജനവചനം	-	ദുർജ്ജനങ്ങളുമായി വാഗ്വാദം,
ദുരിഷ്ടചേഷ്ടാ	-	ഇഷ്ടമല്ലാത്ത പ്രവർത്തികൾ

(71)
സുതവരജനനം സുരേന്ദ്രപൂജാ
ധരണിധനാപ്തിരുപായനാർത്ഥസിദ്ധിഃ
ഗതവതി ദേവഗുരൗ ശിഖീന്ദ്രദായം.

കേതുദശയിലെ വ്യാഴാപഹാരം

ദേവഗുരൗ ശിഖീന്ദ്രദായം.	-	കേതുദശയിലെ വ്യാഴാപഹാരത്തിൽ
സുതവരജനനം	-	സത്പുത്രലാഭം,
സുരേന്ദ്രപൂജാ	-	ദേവപൂജ,
ധരണി ധന ആപ്തി	-	ഭൂമി, ധനം എന്നിവ ഉണ്ടാകും
ഉപായനാർത്ഥസിദ്ധിഃ	-	കാഴ്ചദ്രവ്യങ്ങൾ ലഭിക്കും

മഹീശമാനം - രാജബഹുമാനം.സിദ്ധിക്കും.

(72)
പരിജനവിഹതിഃ പരോപതാപം
രിപുജനവിഗ്രഹമംഗഭംഗതാം ച
ധനപദവിയുതിം തഥാഹുരാര്യാ
ഗതവതി സൂര്യസുതേ ശിഖാധരായുഃ.

കേതുദശയിലെ ശനിഅപഹാരം

സൂര്യസുതേ ശിഖാധരായുഃ. - കേതുദശയിലെ ശനിഅപഹാരത്തിൽ
പരിജനവിഹതിഃ - ഭൃത്യനാശം
പരോപതാപം - വലിയ ദുഖങ്ങൾ
രിപു ജന വിഗ്രഹം - ശത്രുക്കളുമായി വഴക്ക്
അംഗഭംഗതാം - അംഗഭംഗം,
ധന പദവി യുതിം - ധനം, സ്ഥാനം ഇവയുടെ നാശം

(73)
സുതവരജനനം പ്രഭുപ്രശസ്തിഃ
ക്ഷിതിധനസിദ്ധിരരീശ്വരപ്രപീഡാ
പശുകൃഷിവിഹതിർഭവേത്തു പുംസാം
വിശതി ബുധേ ശിഖിവത്സരാന്തരാളം.

കേതുദശയിലെ ബുധാപഹാരം

ബുധേ ശിഖിവത്സരാന്തരാളം. - കേതുദശയിലെ ബുധാപഹാരത്തിൽ
സുതവരജനനം - സത്പുത്രജനനം,
പ്രഭുപ്രശസ്തിഃ - പ്രഭുക്ക ാരുടെ അംഗീകാരം,
ക്ഷിതി ധന സിദ്ധി - ഭൂമി, ധനലാഭം,
അരീശ്വര പ്രപീഡാ - ശത്രുശല്യം,
പശു കൃഷി വിഹതിഃ - പശുക്കൾ, കൃഷി ഇവയ്ക്കു നാശം.

ശുക്രദശയിലെ അപഹാരങ്ങൾ

(74)
വസനഭൂഷണവാഹനചന്ദനാ-
ദ്യനുഭവഃ പ്രമദാസുഖസംപദഃ
ദ്യുതിയുവ(രപി)ക്ഷിതിപാദ്ധനലബ്ധയോ
ഭൃഗുസുതേ സ്വദശാം പ്രവിശത്യപി.

ശുക്ര്വശയിലെ സ്വാപഹാരം

ഭൃഗുസുതേ സ്വദശാം പ്രവിശതി - ശുക്ര്വശയിലെ സ്വാപഹാരത്തിൽ
വസന ഭൂഷണ വാഹന ചന്ദനാദി അനുഭവ - വസ്ത്രം, ആഭരണം, വാഹനം, ചന്ദനാദി വാസനദ്രവ്യങ്ങൾ തുടങ്ങിയവയുടെ അനുഭവം,

പ്രമദാസുഖം	-	സ്ത്രീസുഖം
സംപദഃ	-	സമ്പത്ത്,
ദ്യുതി	-	ദേഹകാന്തി,
യുവക്ഷിതിപാത് ധനലബ്ധയോ	-	യുവരാജാവിൽ നിന്നും ധനലബ്ധി

(75)

നയനകുക്ഷികപോലഗദോത്ഭവഃ
ക്ഷിതിപഭീശ്ച സദാഽ പി[1] ശരീരിണാം
ഗുരുകുലോത്ഭവബാന്ധവപീഡനം
ഭൃഗുസുതായുഷി ഭാനുമതി സ്ഥിതേ.

(1) പാഠഭേദം - ക്ഷിതിഭൃതോ ഭയമസ്തി

ശുക്രദശയിലെ സൂര്യാപഹാരം

ഭൃഗുസുതായുഷി ഭാനുമതി സ്ഥിതേ.	-	ശുക്രദശയിലെ സൂര്യാപഹാരത്തിൽ
നയന കുക്ഷി കപോല ഗദ ഉത്ഭവഃ	-	നേത്രം, ഉദരം, കവിൾ ഇവയ്ക്ക് അസുഖം,
ക്ഷിതിപ ഭീഃ	-	രാജഭയം
ഗുരു കുല ഉത്ഭവ ബാന്ധവ പീഡനം	-	ഗുരുജനങ്ങളി നിന്നും ബന്ധുക്കളിൽനിന്നും

ഉപദ്രവം

(76)

നഖശിരോരദനക്ഷതിരുച്ചകൈഃ
പവനപിത്തരുഗർത്ഥവിനാശനം
ഗ്രഹണിഗുല്മകയക്ഷ്മകപീഡനം
സിതവയോഹൃതി തത്ര ഹിമത്വിഷി.

ശുക്രദശയിലെ ചന്ദ്രാപഹാരം

സിതവയോഹൃതി ഹിമത്വിഷി.	-	ശുക്രദശയിലെ ചന്ദ്രാപഹാരത്തിൽ
നഖശിരോരദനക്ഷതിഃ ഉച്ചകൈഃ	-	നഖം, ശിരസ്സ്, പല്ല് ഇവയ്ക്കു രോഗം,
പവന പിത്ത രുഗ്	-	വാതപിത്തരോഗങ്ങൾ,
അർത്ഥവിനാശനം	-	ധനനഷ്ടം,
ഗ്രഹണിഗുല്മകയക്ഷ്മക പീഡനം	-	ഗ്രഹണി, ഗുന്മൻ, ക്ഷയം ഇവയുടെ ശല്യം.

(77)

രുധിരപിത്തഗദാർത്തിസമാശ്രയഃ
കനകതാമ്രചയോ ഽ വനിസംഗ്രഹഃ
യുവതിദൂഷണമുദ്യമവിച് യുതിർ-
വൃഷഭവ ഭവത്സരഗേ കുജേ.

ശുക്രദശയിലെ കുജാപഹാരം

വൃഷഭവ ഭവത്സരഗേ കുജേ.	-	ശുക്രദശയിലെ കുജാപഹാരത്തിൽ
രുധിര പിത്ത ഗദ ആർത്തി സമാശ്രയഃ	-	രക്ത പിത്ത രോഗങ്ങൾ
കനക താമ്ര ചയോ അവനിസംഗ്രഹം	-	സ്വർണ്ണം, ചെമ്പ്, ഭൂമി ഇവയുടെ സമ്പാദനം,

യുവതിദൂഷണം	-	സ്ത്രീകളെ ദുഷിക്കുക
ഉദ്യമവിച്യുതി	-	ശ്രമങ്ങളെല്ലാം പരാജയപ്പെടുക.

(78)
നിധിഭവസ്സുതലബ്ധിരഭീഷ്ടവാക്
സ്വജനപൂജനമപ്യരിബന്ധനം
ദഹനചോരവിഷോത്ഭവ പീഡനം
തുലധരേശ്വര വത്സരഗേƒ സുരേ.

ശുക്ര്വശയിലെ രാഹുഅപഹാരം

തുലധരേശ്വര വത്സരഗേ അസുരേ	-	ശുക്രദശയിലെ രാഹുഅപഹാരത്തിൽ
നിധിഭവ	-	നിധിലാഭം,
സുതലബ്ധി	-	പുത്രജനനം,
അഭീഷ്ടവാക്	-	ഇഷ്ടവാക്കുകൾ,
സ്വജന പൂജനം അപി	-	സ്വന്തക്കാർ കൂടി ബഹുമാനിക്കും.,
അരിബന്ധനം	-	ശത്രുക്കളെ തളയ്ക്കും
ദഹനചോരവിഷഉത്ഭവ പീഡനം	-	തീ, കള്ളന്മാർ, വിഷം ഇവയുടെ ഉപദ്രവം

(79)
വിവിധധർമ്മസുരേശ നമസ്ക്രിയാ
ഭവതി ചാത്മജവാമദൃഗാഗമഃ
വിവിധരാജ്യസുഖം ച ശരീരിണാം
കവിദശാഹ്യതി കാർമ്മുകനായകേ.

ശുക്ര്വശയിലെ വ്യാഴാപഹാരം

കവിദശാഹ്യതി കാർമ്മുകനായകേ.	-	ശുക്രശയിലെ വ്യാഴാപഹാരത്തിൽ
വിവിധ ധർമ്മ	-	പലവിധ ധാർമ്മിക പ്രവർത്തികൾ,
സുരേശ നമസ്ക്രിയാ	-	ദേവപൂജ,
ആത്മജ വാമദൃക് ആഗമഃ	-	വിവാഹം, പുത്രജനനം,
വിവിധ രാജ്യ സുഖം	-	രാജ്യാധികാരമടക്കംപലസുഖഭോഗങ്ങളുംലഭിക്കും.

(80)
നഗരനാഥനൃപോത്ഭവപൂജനം
പ്രവരയോഷിദവാപ്തിരഥാസ്തി വാ
വിവിധവിത്തപരിച്ഛദസംയുതിർ-
ദ്ദിതിജപൂജിതദായഗതേ ശനൗ.

ശുക്രദശയിലെ ശനിഅപഹാരം

ദിതിജപൂജിതദായഗതേ ശനൗ	-	ശുക്രശയിലെ ശനിഅപഹാരത്തിൽ
നഗരനാഥ നൃപ ഉത്ഭവ പൂജനം	-	നഗരാധിപൻ, രാജാവ് തുടങ്ങിയവ രുടെ ആദരവ്,

പ്രവര യോഷിത അവാപ്തി	-	സദ്ഗുണവതിയായ ഭാര്യയെ കിട്ടും,
വിവിധ വിത്ത പരിച്ഛദ സംയുതിഃ	-	ധനവും മറ്റു സുഖസൗകര്യങ്ങളും ഉണ്ടാകും.

(81)
തനയസൗഖ്യസമാഗമസമ്പദാം
നിചയലബ്ധിരതിപ്രഭുതാ യശഃ
പവനപിത്തകഫാർത്തിരരിച്ച്യുതിർ-
ദ്ദനുജമന്ത്രിദശാഹ്വതി ചന്ദ്രജേ.

ശുക്രശയിലെ ബുധാപഹാരം

ദനുജമന്ത്രിദശാഹ്വതി ചന്ദ്രജേ.	-	ശുക്രശയിലെ ബുധാപഹാരത്തി
തനയ സൗഖ്യ	-	പുത്രസുഖം,
സമാഗമ സമ്പദാം	-	സാമ്പത്തികാഭിവൃദ്ധി
അതിപ്രഭുതാ	-	പ്രഭുത്വം,
യശഃ	-	യശസ്സ്
പവന പിത്ത കഫ ആർത്തി	-	വാത പിത്ത കഫ പ്രശ്നങ്ങൾ,
അരിച്ച്യുതി	-	ശത്രുനാശം.

(82)
സുഖസുതാദിബഹിഃസ്ഥിതിമഗ്നിജം
ഭയമതീവതരാപദമംഗരുക്
അപിച വാരവധൂജനസംയുതിം
ശിഖിനി യാത്യലമൗശനസീം ദശാം.

ശുക്ര്വശയിലെ കേതുഅപഹാരം

ശിഖിനി യാതി ഉശനസീം ദശാം.	-	ശുക്ര്വശയിലെ കേതുഅപഹാരത്തി
സുഖ സുത ആദി ബഹിഃസ്ഥിതി	-	സുഖം, പുത്രൻ ഇവ ഇല്ലാതാവുക,
അഗ്നിജം ഭയം	-	അഗ്നിഭയം,
അതീവ തര ആപദ	-	വലിയ ആപത്തുകൾ,
അംഗരുക്	-	ശാരീരികാസ്വാസ്ഥ്യങ്ങൾ,
വാരവധൂജന സംയുതി	-	വേശ്യാസംസർഗ്ഗം.

ദശാഫലപ്രവചനത്തി ശ്രദ്ധിക്കേണ്ട കാര്യങ്ങൾ

(83)
ദശാപഹാരേഷു ഫലം യദുക്തം
വർണ്ണാധികാരാനുഗുണം വദന്തു
ഛിദ്രേഷു സൂക്ഷ്മേഷ്വപി തത്ഫലാപ്തിർ-
ച്ഛായാങ്കവാർത്താശ്രവണാനി വാ സ്യുഃ.

ദശാപഹാരേഷു ഫലം യദുക്തം -	ദശാപഹാരങ്ങളിൽ എന്തു ഫലമാണോ ഉക്തമായിട്ടുള്ളത്, ആ ഫലം ഓരോരുത്തരുടേയും,
വർണ്ണ അധികാര അനുഗുണം വദന്തു -	വർണ്ണം (ജാതി), തൊഴിൽ, ഗുണം ഇവകൂടി അനുസരിച്ചു പറയണം.
ഛിദ്രേഷു സൂക്ഷ്മേഷ്വപി തത്ഫലാപ്തിഃ -	ഛിദ്രം, സൂക്ഷ്മം ഇവകളിലെ ഫലപ്രാപ്തിയ്ക്കു
ഛായാങ്കവാർത്താശ്രവണാനി വാ സ്യുഃ -	ഛായ, അടയാളം, വാർത്താശ്രവണം ഇവയും (പ്രശ്നവും) പരിഗണിക്കണം.

കൊല്ലത്തുനിന്നും എസ്. റ്റി. റെഡ്യാർ ആൻഡ് സൺസ് പ്രസിദ്ധീകരിച്ച ഭാവകുതൂഹലം എന്ന ഒരു ഗ്രന്ഥമുണ്ട്. അപഹാരഫലങ്ങൾ വിവരിക്കുന്ന ഈ 81 ശ്ലോകങ്ങളും അതിലും ഇതേ പടി കാണുന്നുണ്ട്.

അദ്ധ്യായം 22
ആയുർദ്ദായദശകൾ

വിഷയവിവരം

1. കാലചക്രദശ
2. ഉത്പന്ന ആധാന മഹാദശകൾ
3. നിസർഗ്ഗദശ
4. അംശകദശ
6. ജീവശർമ്മദശ
7. പുരുഷായുസ്സ് എത്ര?
8. ദശാക്രമം
9. ഈ ദശകൾ ചിന്തിക്കേണ്ടതെപ്പോൾ
10. പരമായുസ്സ്
11. പരമായുസ്സ് ആർക്കു കിട്ടും ?

കാലചക്രദശ

1. കാലചക്രദശ
2. കാലചക്രദശ കാണുന്ന വിധം
3. നക്ഷത്രപാദങ്ങളിൽ രാശികളുടെ വിന്യാസം
4. സവ്യഅപസവ്യനക്ഷത്രങ്ങൾ
5. കാലചക്രദശയിൽ ഗ്രഹങ്ങളുടെ ദശാവർഷം
6. ദശാക്രമം
   (1) അശ്വതി - കാർത്തിക ഗണങ്ങൾ
   (2) ഭരണി ഗണം
   (3) രോഹിണി ഗണം
   (4) മകയിരം - തിരുവാതിര ഗണങ്ങൾ
7. കാലചക്രദശയ്ക്ക് അടിസ്ഥാനമായ നാലു നക്ഷത്രഗണങ്ങൾ
8. ശിഷ്ടദശ കാണുന്ന വിധം
9. ദശാക്രമത്തിലെ ചില പ്രത്യേകഗതികൾ
   (1) സിംഹാവലോകനഗതി
   (2, 3) അശ്വവര - മണ്ഡൂക ഗതികൾ
10. അപഹാരങ്ങൾ കാണുന്ന രീതി
11. നക്ഷത്രപാദ പരമായുസ്സ്
12. ദശാഫലം

ഹോരാശാസ്ത്രത്തിലെ ഏഴാമദ്ധ്യായം ആയുർദ്ദായത്തെക്കുറിച്ചുള്ളതാണ്. ഉച്ചനീചദശ, ജീവശർമ്മീയദശ, അംശകദശ എന്നീ മൂന്ന് ആയുർദ്ദായദശകൾ അവിടെ വിവരിക്കുന്നുണ്ട്. ഫലദീപിക ഇരുപത്തിരണ്ടാംഅദ്ധ്യായത്തിലും ഈ വിഷയമാണ് കൈകാര്യം ചെയ്യുന്നത്. കാലചക്രദശ (ശ്ലോകം 1- 15), ഉൽപ്പന്നാദാന മഹാദശകൾ (ശ്ലോകം 16), നിസർഗ്ഗദശ (17), അംശകദശ

(ശ്ലോകം 18 - 20), ഉച്ചനീചദശ (ശ്ലോകം 21 - 24), ജീവശർമ്മീയദശ (ശ്ലോകം 25) എന്നിങ്ങനെ ആറു ദശകളാണ് ഇവിടെ ഈ സന്ദർഭത്തിൽ വിവരിക്കുന്നത്. ഇവയിൽ കാലചക്രദശയാണ് പ്രത്യേകപരിഗണനയോടെ ആദ്യം വിവരിക്കുന്നത്. കേരളത്തിലെ ജാതകങ്ങളിൽ അടുത്ത കാലംവരെ വിംശോത്തരിക്കുമുമ്പ് കാലചക്രദശ എഴുതുന്ന പതിവുണ്ടായിരുന്നു.

കാലചക്രദശ (രാശിനാഥദശ)

വിംശോത്തരിദശയിലെപ്പോലെ കാലചക്രദശയിലും ദശകൾ കണക്കാക്കുന്നത് നക്ഷത്ര ങ്ങളെ അടിസ്ഥാനമാക്കിയാണ്. എന്നാൽ വിംശോത്തരിയിൽ ചന്ദ്രൻ നിൽക്കുന്ന നക്ഷത്ര മാണ് ആദ്യദശയും ശിഷ്ടദശയും നിശ്ചയിക്കുന്നതെങ്കിൽ കാലചക്രദശയിൽ ഇവയ്ക്കടി സ്ഥാനം ചന്ദ്രൻ നിൽക്കുന്ന നക്ഷത്ര പാദമാണ്.

രാശ്യാധിപരാണ് കാലചക്രദശയിലെ ദശാനാഥന്മാർ. മേടത്തിനു കുജൻ, ഇടവത്തിനു ശുക്രൻ, മിഥുനത്തിനു ബുധൻ എന്ന ക്രമത്തിൽ തന്നെയാണ് ഇതു വരുന്നത്.

ഫലദീപിക കൊല്ലംപതിപ്പിൽ കാലചക്രദശയെക്കുറിച്ചു പത്തു ശ്ലോകങ്ങളേ കാണു ന്നുള്ളൂ. ഉത്തരേന്ത്യൻപതിപ്പുകളിൽ പതിനഞ്ചു ശ്ലോകങ്ങളുണ്ട്; കൊടുങ്ങല്ലൂർ പതിപ്പിൽ പതിനേഴു ശ്ലോകങ്ങളും. ഈ വിഷയത്തിൽ ജാതകപാരിജാതത്തിൽ ഫലഭാഗവും വിശദാംശ ങ്ങളും അടക്കം 112 ശ്ലോകങ്ങളുമുണ്ട്. ഈ അദ്ധ്യായത്തിലെ വിഷയം ആയുർഗണിത മായതി നാൽ അതിന് ആവശ്യമായ ഗണിതഭാഗം മാത്രമേ ഫലദീപികയുടെ കർത്താവ് ഇവിടെ വിവരി ക്കുന്നുള്ളൂ എന്നതാണ് ഈ വ്യത്യാസത്തിനു കാരണം.

കാലചക്രദശ കാണു വിധം:

1. ആദ്യമായി ജനനസമയത്തെ നക്ഷത്രപാദം കാണുക.
2. നക്ഷത്രപാദംവെച്ച് ജനനസമയത്തെ രാശിദശ കാണുക.
   രാശിനാഥൻതന്നെയാണ് ദശാനാഥൻ.

(1)

ദസ്രാദിതഃ പാദവശേന മേഷാ-
ന്മീനാംശകാന്തം ക്രമശോ f പസവ്യം[1]
കീടാദ്ധയാന്തം ഗണയേച്ച സവ്യ-
മാർഗേണ[2] പാദക്രമശോ f ജതാരാ

പാഠഭേദം : (1) ക്രമശോഥ ദക്ഷത (2) വാമമാർഗ്ഗേണ

നക്ഷത്രപാദങ്ങളിൽ രാശിദശകളുടെ വിന്യാസം

(മേഷാത് മീനാംശകാന്തവും കീടാദ്ധയാന്തവും)

അപസവ്യം	-	അപസവ്യമായ (വലതു ഭാഗം)
ദസ്രാദിതഃ	-	അശ്വതി മുതലായ നക്ഷത്രങ്ങളുടെ (അശ്വതി, ഭാരണി, കാർത്തിക ഗണങ്ങളുടെ)
പാദവശേന	-	പാദങ്ങൾക്കനുസൃതമായി.
മേഷാത് മീനാംശകാന്തം ക്രമശഃ	-	മേടം മുതൽ മീനംവരെയുള്ള രാശികൾ ക്രമത്തിലും
കീടാദ്ധയാന്തം	-	വൃശ്ചികം മുതൽ ക്കു ധനുവരെയുള്ള രാശികൾ

		പിറകോട്ടും എന്ന ക്രമത്തിലും
ഗണയേത് ച	-	ദശകൾ ഗണിക്കണം.

<u>ഉദാഹരണം</u> : അശ്വതി- കാർത്തിക ഗണരാശികൾ

(1 മേടം. 2 ഇടവം എന്ന ക്രമത്തിൽ)

<u>പാദം</u>	<u>രാശികൾ</u>								
(1)	1	2	3	4	5	6	7	8	9
(2)	10	11	12	8	7	6	4*	5	3
(3)	2	1	12	11	10	9	1	2	3
(4)	4	5	6	7	8	9	10	11	12

സവ്യമാർഗേണ	-	സവ്യമായ (ഇടത്ത്)
അജതാരഃ	-	രോഹിണി മുതലായ നക്ഷത്രങ്ങളുടെ കാര്യത്തിലും (രോഹിണി, മകയിരം, തിരുവാതിര ഗണങ്ങൾ)
പാദക്രമശോ	-	ഇങ്ങനെ പാദക്രമത്തിൽ ദശകൾ ഗണിക്കണം. അവിടെ രാശികളുടെ ക്രമം ഇതിനു വിപരീതമാണ്.)

<u>ഉദാഹരണം</u>: രോഹിണി ഗണം രാശികൾ

(1 മേടം. 2 ഇടവം എ ക്രമത്തി)

<u>പാദം</u>	<u>രാശികൾ</u>								
1	9	10	11	12	1	2	3	5*	4
2	6	7	8	12	11	10	9	8	7
3	6	5	4	3	2	1	9	10	11
4	12	1	2	3	5*	4	6	7	8

ഒരു നക്ഷത്രത്തിന് നാലു പാദങ്ങൾ. ഒരു പാദത്തിന് ഒമ്പതു ദശകൾ. ഇതു പ്രകാരം ഒരു നക്ഷത്രത്തിന് 36 ദശകൾ വരും. 36 ദശകൾ വട്ടമെത്താൻ പന്ത്രണ്ടു രാശികൾ മൂന്നു വട്ടം ആവർത്തിച്ചു വരണം. ഇതി ആദ്യത്തെ പന്ത്രണ്ടെണ്ണം മേടംമുതൽ മീനംവരെ എന്നു സാധാരണ ക്രമത്തിലും പിന്നെ പന്ത്രണ്ടെണ്ണം വൃശ്ചികംമുതൽ ധനുവരെ എന്നു വിപരീത ക്രമത്തിലും അടുത്ത പന്ത്രണ്ടെണ്ണം മേടം മുതൽ മീനം വരെ എന്ന സാധാരണ ക്രമത്തിലും ആവർത്തിച്ചുവരും. (ഇതു വ്യക്തമായി മനസ്സിലാകാൻ ശ്ലോകങ്ങൾ 5 - 9 കൂടി കാണണം).

അപസവ്യ- സവ്യനക്ഷത്രങ്ങൾ

(ദസ്രാദിത.....അജതാരാത്)

<u>വലതു കയ്യിൽ എണ്ണുന്ന വ</u>			<u>ഇടതു കയ്യിൽ എണ്ണുന്ന വ</u>		
(1)	(2)	(3)	(4)	(5)	(6)
അശ്വതി	ഭരണി	കാർത്തിക	രോഹിണി	മകയിരം	തിരുവാതിര
പുണർതം	പൂയം	ആയില്യം	മകം	പൂരം	ഉത്രം

അത്തം	ചിത്ര	ചോതി	വിശാഖം	അനിഴം	തൃക്കേട്ട
മൂലം	പൂരാടം	ഉത്രാടം	തി.വോണം	അവിട്ടം	ചതയം
പൂരൂരുട്ടാതി	ഉത്രട്ടാതി	രേവതി			

അപസവ്യം, സവ്യം എന്ന വിഭജനത്തിന്റെ കാര്യത്തിൽ വ്യാഖ്യാനങ്ങളിൽ വ്യത്യാസം കാണുന്നുണ്ട്. അതെന്തായാലും, ഈ തർജ്ജമയിൽ വിവരിക്കുന്നതു നക്ഷത്രഗ്രൂപ്പുകൾ എടുത്തു പറഞ്ഞായതിനാൽ ഇവിടെ അങ്ങിനെ ഒരു ആശയക്കുഴപ്പത്തിന്റെ ആവശ്യമില്ല .

(2)

ഏവം ഭൂയാച്ചാപസവ്യം ച സവ്യം
ഭാനി ത്രീണി (ത്രീണി) വിദ്യാത്ക്രമേണ
തദ്രാശീശപ്രോക്തവർഷൈർദശാ സ്യാ-
ദേവം പ്രാഹുഃ കാലചക്രേ മഹാന്തഃ.

ഏവം ഭൂയാത് ച അപസവ്യം ച സവ്യം ...

- ഇപ്രകാരം അപസവ്യവും സവ്യവുമായ നക്ഷത്രങ്ങൾ

ഭാനി ത്രീണി (ത്രീണി) വിദ്യാത്ക്രമേണ...

- (മേൽപ്പറഞ്ഞതുപോലെ)മുമ്മൂന്നുവീതമുള്ള നക്ഷത്രഗണങ്ങളാകുന്നു.

തത് രാശീശ പ്രോക്ത വർഷൈ ദശാ സ്യാത്

- (അവയുടെ പാദങ്ങൾക്കനുസരിച്ചു വരുന്ന) രാശിനാഥന്മാർക്കു പറഞ്ഞിട്ടുള്ളതാകുന്നു അവയുടെ ദശാവർഷങ്ങൾ.

മുകളിൽ പറഞ്ഞ ആറു നക്ഷത്രഗണങ്ങളിൽ അശ്വതി, ഭരണി, കാർത്തികയും അവയ്ക്കു താഴെയുള്ളവയും ഒരു വിഭാഗവും രോഹിണി, മകയിരം, തിരുവാതിരയും അവയ്ക്കു താഴെയുള്ളവയും മറ്റൊരു വിഭാഗവും ആണ്. എന്നാൽ നക്ഷത്രഗണങ്ങൾ ആറെണ്ണ മുണ്ടെങ്കിലും കാലചക്രദശയിൽ അശ്വതി, ഭരണി, രോഹിണി, മകയിരം എന്നിങ്ങനെ നാലു ഗണങ്ങൾക്കേ രാശിദശാവിന്യാസം വരുന്നുള്ളു. (ഇക്കാര്യം ശ്ലോകം ഏഴിൽ വ്യക്തമാക്കുന്നുണ്ട്.) അതുകൊണ്ട്, ഒരു നക്ഷത്രത്തിന് നാലു പാദങ്ങൾ വെച്ച് 27 നക്ഷത്രങ്ങൾക്ക് 108 പാദ ങ്ങളുങ്കിലും ഇവിടെ ദശയുടെ കാര്യത്തിൽ 4 ഗണം, 4 പാദം = 16 പാദങ്ങളേ പരിഗണി ക്കുന്നുള്ളു. എന്നാൽ ഈ 16 പാദങ്ങൾക്കും ഒമ്പതുവീതം ഗ്രഹങ്ങളുടെ ദശ വരുന്നുണ്ട്. അതിന്റെ ക്രമവും ഗ്രഹങ്ങളുടെ ദശാവർഷവുമാണ് ഇനി പറയുന്നത്.

(3)

മനുഃ പരഃ സനിർധനിർനൃപസ്തപോ വനേ ക്രമാത്
ദിവാകരാദി വത്സരാഃ ശുഭാശുഭാപ്തിഹേതവഃ.

കാലചക്രദശയിൽ ഗ്രഹങ്ങളുടെ ദശാവർഷങ്ങൾ

		ര	**ച**	**കു**	**ബു**	**ഗു**	**ശു**	**മ**	
രാശി	ചിങ്ങം	കർക്കടം	മേടം	മിഥുനം&	ധനു&	ഇടവം&	മകരം&		
			വൃശ്ചിക	കന്നി	മീനം	തുലാം	കുംഭം		
രാശ്യാധിപ	**ര**	**ച**	**കു**	**ബു**	**ഗു**	**ശു**	**മ**		**ആകെ**
	മനു	പര	സനി	ധനി	നൃപ	തപ	വന		
	50	12	70	09	01	61	40		
	5	21	7	9	10	16	4		72

ക്രമാത്	-	ഇങ്ങനെ ക്രമത്തിൽ
ദിവാകരാദി വത്സരാഃ	-	സൂര്യൻ തുടങ്ങിയവരുടെ ദശാവർഷം ആകുന്നു.
ശുഭാശുഭാപ്തിഹേതവഃ	-	(അവ) ശുഭവും അശുഭവും ആയ ഫലങ്ങൾക്ക് ഹേതുവാകുന്നു.

(കടപയാദി അക്ഷരസംഖ്യ അനുബന്ധമായി കൊടുത്തിട്ടുണ്ട്.)

(4)
ദശാപഹാരാദികകാലചക്രേ
വാക്യാനി ദസ്രാദിപദാദിജാനി
വക്ഷ്യാമി വർണ്ണൈർ വദിർഭമാനൈ-
രാശീശവർഷൈഃ പരമായുരത്ര.

ദസ്രാദി പദാദിജാനി	-	അശ്വതി മുതലായ നക്ഷത്രങ്ങളുടെ പാദങ്ങളുടെ
ദശാപഹാരാദിക രാശിചക്രേ	-	കാലചക്രദശയിലെ ദശകളും അപഹാരങ്ങളും
വാക്യാനി	-	വാക്കുകളിൽ,
വർണ്ണൈ നവഭിഃ	-	ഒമ്പതു വർണ്ണങ്ങളിൽ, അക്ഷരസംഖ്യകളിൽ
വക്ഷ്യാമി	-	ഞാൻ പറയുന്നു.

അശ്വതി തുടങ്ങിയ നക്ഷത്രങ്ങളുടെ പാദങ്ങൾക്ക് നിശ്ചയിച്ചിട്ടുള്ള ഒമ്പ തു വീതമുള്ള രാശികളെ ഞാൻ കടപയാദി അക്ഷരസംഖ്യകളി വിവരിക്കുന്നു.

നാലു നക്ഷത്രഗണങ്ങൾ. ഓരോന്നിനും നാലു പാദങ്ങൾ. ഒരു പാദത്തിന്റെ കീഴിൽ 9 രാശികൾ. അതായത് ഒരു നക്ഷത്രഗണത്തിന് ആകെ 36 രാശികൾ വേണം. ഇതു ശരിയാക്കാൻ മേടംമുതൽക്ക് മീനംവരെയുള്ള പന്ത്രണ്ടു രാശികൾ മൂന്നുവട്ടം ആവർത്തിച്ചു വരണം. ഈ ആവർത്തനം രണ്ടു വിധത്തിലാണ്. ആദ്യം മേടംമുതൽ മീനംവരെ ക്രമത്തിൽ. പിന്നീട് വൃശ്ചികം മുതൽ ധനുവരെ പിറകോട്ട്. (രാശികൾ : 1 - മേടം, 2 ഇടവം എന്ന ക്രമത്തിൽ)

നക്ഷത്രഗ്രൂപ്പുകളുടെ ദശാക്രമം അക്ഷരസംഖ്യകളിൽ

(5)
പൗരം ഗാവോ മിത സംദിഗ്ധം നക്ഷത്രേന്ദുഃ സ തു ഭൂശൂലം
രൂപേത്രക്ഷന്നിധയോരംഗേ വാണീ ച സ്ഥം ദധിനക്ഷത്ര.
(6)
ദാസതവേശോ ഗൗരീപുത്രം ക്ഷന്നിധികാരോ ഗോഭൂശേഷം
സൗദധിനക്ഷത്രേഹാസന്തോ ഭൗമഗുരുഃ പുത്രാക്ഷോനാധി.

അശ്വതി, കാർത്തിക ഗണങ്ങൾ

<u>പാദം</u>	പൗ	രം	ഗാ	വോ	മി	ത	സം	ദി	ഗ്ധം
(1)	**1**	2	3	4	5	6	7	8	9
	ന	ക്ഷ	ത്രേ	ന്ദു	സ	തു	ഭൂ	ശൂ	ലം
(2)	10	11	12	**8**	7	6	4*	5	3

	രൂ	പേ	ത്ര	ക്ഷ	ന്നി	ധ	യോ	രം	ഗേ
(3)	2	1	12	11	10	9	**1**	2	3
	വാ	ണീ	ച	സ്ഥം	ദ	ധി	ന	ക്ഷ	ത്രം
(4)	4	5	6	7	8	9	10	11	12

ഭരണി ഗണം

	ദാ	സ	ത	വേ	ശോ	ഗൗ	രീ	പു	ത്ര
(1)	**8**	7	6	4*	5	3	2	1	12
	ക്ഷ	ന്നി	ധി	കാ	രോ	ഗോ	ഭൂ	ശേ	ഷം
(2)	11	10	9	**1**	2	3	4	5	6
	സ	ദ	ധി	ന	ക്ഷ	ത്രേ	ഹാ	സ	ന്തോ
(3)	7	8	9	10	11	12	**8**	7	6
	ഭൗ	മ	ഗു	രു	പു	ത്രാ	ക്ഷോ	നാ	ധി.
(4)	4*	5	3	2	1	12	11	10	9

(7)
വാക്യാന്യേതാന്യശ്വിയാമ്യർക്ഷയോർയോ-
ന്യശ്വിന്യാദ്യാന്യഗ്നിഭസ്യാപസവ്യേ
ഗവ്യേ ƒ ജേന്ദ്വോർവക്ഷ്യമാണേഷു വാക്യേ-
ഷ്വിന്ദോർവാക്യാന്യേവ രൗദ്രസ്യ ഭൂയഃ.

വാക്യ:നി ഏത:നി - ഈ വാക്യങ്ങൾ.
അശ്വി യാമി ഋക്ഷയോ - അശ്വതി, ഭരണി നക്ഷത്രങ്ങളുടെ (അശ്വതി- ഭരണി ഗ്രൂപ്പുകളുടെ) നാലു പാദങ്ങളുടെ രാശികൾ (ദശാക്രമം) ആകുന്നു.

അശ്വ്.ന്യാദ്യ:നി അഗ്നിഭസ്യ അപസവ്യേ - അപസവ്യനക്ഷത്രങ്ങളിൽ അശ്വതി തുടങ്ങിയവയുടെ (അശ്വതിഗ്രൂപ്പിന്റെ) വാക്യങ്ങൾതന്നെയാണ് കാർത്തിക ഗ്രൂപ്പിന്റേതും.

സവ്യേ അജേന്ദ്വോ - സവ്യനക്ഷത്രങ്ങളിൽ രോഹിണി, മകയിരനക്ഷത്രങ്ങൾക്കു (രോഹിണി - മകയിര ഗ്രൂപ്പുകൾക്കു)
വക്ഷ്യമാണേഷു വാക്യേഷു - ഇനി പറയാൻ പോകുന്ന വാക്യങ്ങളിൽ
ഇന്ദോ വാക്യ:നി ഏവ - മകയിരത്തിന്റെ വാക്യങ്ങൾതന്നെ
രൗദ്രസ്യ ഭുയ - തിരുവാതിരയ്ക്കും വരുന്നു.

രോഹിണി, മകയിരം ഗ്രൂപ്പുകളുടെ പാദങ്ങളുടെ രാശികൾ താഴെ പറയുന്നു. ഇതിൽ മകയിരംഗ്രൂപ്പിനും തിരുവാതിരഗ്രൂപ്പിനും ഒരേ വാക്യങ്ങൾ തന്നെയാകുന്നു. (രാശികൾ അവയുടെ നമ്പറിൽ , 1 മേടം, 2 ഇടവം എന്ന ക്രമത്തി ലാണു വരുക.)

ആറു നക്ഷത്രഗണങ്ങളെ നാലു ഗണങ്ങളാക്കിയപ്പോൾ

(1)	(2)	(3)	(4)
അശ്വതി	ഭരണി	രോഹിണി	മകയിരം
കാർത്തിക	പൂയം	മകം	തിരുവാതിര
പുണർതം	ചിത്ര	വിശാഖം	പൂരം
ആയില്യം	പൂരാടം	തിരുവോണം	ഉത്രം
അത്തം	ഉത്രട്ടാതി	ഠ	അനിഴം
ഠചാതി	ഠ	ഠ	തൃക്കേട്ട
മൂലം	ഠ	ഠ	അവിട്ടം
ഉത്രാടം	ഠ	ഠ	ചതയം
പൂരൂരുട്ടാതി	ഠ	ഠ	
രേവതി			

(8)
ധേനുഃ ക്ഷേത്രേ പുരഗോ ശുഭു-
സ്താസാം ജത്രു ക്ഷന്നിധി ദാസീ
ചർമാഭോഗീ രായധിനാക്ഷ-
സ്ത്രി പൗരാംഗോ ശിവതീർത്ഥാബ്ജേ.

രോഹിണി ഗണം

	ധേ	നുഃ	ക്ഷേ	ത്രേ	പു	ര	ഗോ	ശം	ഭു
(1)	**9**	10	11	12	1	2	3	5*	4
	സ്താ	സാം	ജ	ത്രു	ക്ഷ	ന്നി	ധി	ദാ	സീ
(2)	6	7	8	**12**	11	10	9	8	7
	ചർ	മാ	ഭോ	ഗീ	രാ	യ	ധി	നാ	ക്ഷ
(3)	6	5	4	3	2	1	**9**	10	11
	സ്ത്രി	പൗ	രാം	ഗോ	ശി	വ	തീർ	ത്ഥാ	ബ്ജേ.
(4)	12	1	2	3	5*	4	6	7	8

(9)
ത്രക്ഷനിധിർദാ സൂചീശംഭോ
ഗൗരയധീ നക്ഷത്രം പാരം
ഗോശീവ തീർഥേ ദാത്രീക്ഷ-
ന്നോ ധീഹസിതാംശുർഭോഗീ രമ്യാ.

മകയിരം, തിരുവാതിര ഗണങ്ങൾ

	ത്ര	ക്ഷ	നി	ധിർ	ദാ	സൂ	ചീ	ശം	ഭോ
(1)	**12**	11	10	9	8	7	6	5	4
	ഗൗ	ര	യ	ധീ	ന	ക്ഷ	ത്രം	പാ	രം
(2)	3	2	1	**9**	10	11	12	1	2
	ഗോ	ശീ	വ	തീർ	ഥേ	ദാ	ത്രി	ക്ഷ	ന്നോ
(3)	3	5*	4	6	7	8	**12**	11	10
	ധീ	ഹ	സി	താം	ശുർ	ഭോ	ഗീ	ര	മ്യാ.
(4)	9	8	7	6	5	4	3	2	1

(10)
നക്ഷത്രപാദൈഷ്യഘടീസമുത്ഥാ
പൂർവാ ദശാ തത്പതിവർഷജാതാ
പൂർവോക്തപാദക്രമശോ *ƒ* ത്ര വിദ്യാത്
കേഷാംചിദേവം മതമാഹുരാര്യാഃ.

ന.ക്ഷത്രപാദൈ ഘടീസമുത്ഥാ	-	ജനനസമയത്തെ നക്ഷത്രപാദത്തിലെ നാഴികവെച്ച്, ചന്ദ്രൻ നിൽക്കുന്ന നക്ഷത്രപാദത്തിന്റെ ബാക്കി വെച്ച്,
പൂർവാ ദശാ തത് പതി വർഷജാതഃ	-	ആദ്യത്തെ രാശിദശ, ശിഷ്ടദശ, ആ രാശ്യാധിപന്റെ ദശാവർഷത്തി കാണണം.
പൂർവോക്തപാദക്രമശഃ	-	നേരത്തെ പറഞ്ഞ പാദക്രമത്തി തുടർന്നുള്ള ദശകളും കാണണം.
കേഷഃ ിദേവം മതമാഹു ആര്യാ	-	ഇതാണ് ആചാര്യന്മാരുടെ അഭിപ്രായം.

<u>ശിഷ്ടദശ കാണുന്ന രീതി</u>

ഉദാഹരണജാതകം. രോഹിണി നക്ഷത്രം

രോഹിണി . നക്ഷത്ര ഗതം 47-28 $^1/_2$

നക്ഷത്രപാദം: നാലാംപാദം

ദശാരാശി മീനം. ദശാനാഥൻ ഗുരു. ദശാവർഷം 10 വർഷം

ക്രിയ

നക്ഷത്രദൈർഘ്യം 60 നാഴിക. നക്ഷത്രഗതം 47 - 28 $^1/_2$

ബാക്കി (60 - - 47 1/2)	= 12 - 31 $^1/_2$ ബാക്കി	
10 • 12 - 31 $^1/_2$	= 10 • 12 • 30	= 3600 • 7515
15	15 • 12 • 30 • 60 •10	= 8.35 വർഷം
		- 4. 2 മാസം 6 ദിവസം

ജനനശിഷ്ടദശ 8 വർഷം 4 മാസം 6 ദിവസം ഝഷാധിപ ഗുരുദശാ.

നക്ഷത്രം 60 നാഴിക എ കണക്ക് ഇടക്കാലത്തുവെച്ചു മാറിയ തി നാ ഇപ്പോൾ ഓരോ ദിവസത്തേയും നക്ഷത്രനാഴിക പ്രത്യേകം നോക്കേണ്ടതുണ്ട്. പാരമ്പര്യരീതിയിലെ സമയാധിഷ്ഠിതമായ ഗണിതത്തിലേ ഈ ബുദ്ധിമുട്ടുള്ളൂ. സ്ഥലാധിഷ്ഠിതമായ ആധുനിക ഗണിതത്തി ചന്ദ്രസ്ഫു ടം വെച്ച് ഈ ക്രിയ എളുപ്പം ചെയ്യാം.

ഉദാഹരണം- -

ചന്ദ്രസ്ഫുടം	1 - 20 - 33		=	50 - 33
അതു വരുന്ന നക്ഷത്രപാദം	=	50 - 00 - - 53 - 20		= രോഹിണി നാലാം പാദം
ദശാരാശിയും ദശാനാഥനും			=	മീനം. ഗുരു. 10 വർഷം
നക്ഷത്രപാദത്തിൽ ബാക്കി				
53 - 20 - - 50 - 33			=	2 - 47
	3 - 20		=	10
	2 - 47		=	?

10 • 167 = 8.35 വർഷം= 8 വർഷം 4 മാസം 6 ദിവസം

200

ഈ ഗണിതം കൂടുതൽ എളുപ്പത്തിൽ ചെയ്യാൻ ടേബിളും ലഭ്യമാണ്.

തുടർന്നുള്ള ദശകൾ കാണു രീതി

ഉദാഹരണം

രോഹിണി ഗ്രൂപ്പ് പാദം 4

12	1	2	3	5*	4	6	7	8
മീനം	മേടം	ഇടവം	മിഥുനം	ചിങ്ങ	കർക്കടം	കന്നി	തുലാം	വൃശ്ചി
ഗു	കു	ശു	ബു	ര	ച	ബു	ശു	കു
8 - 4 - 6	7	16	9	5	21	9	16	7

....

(11)
ദസ്രാദിപാദപ്രഭൃതീനി ഭാനാം
വാക്യാനി യാന്യക്ഷരപംക്തിജാനി
തേഷാം ക്രമേണൈവ ദശാ പ്രകല്പ്യാ
വാക്യക്രമം സാധ്വിതി കേചിദാഹുഃ

ദസ്രാദിപാദപ്രഭൃതീനി ഭാനാം	-	അശ്വതി തുടങ്ങിയ നക്ഷത്രങ്ങളുടെ പാദങ്ങൾക്കു
വാക്യാനി യാനി അക്ഷരപംക്തിജാനി	-	അക്ഷരസംഖ്യകളിൽ പറഞ്ഞിട്ടുള്ള
തേഷാം ക്രമേണൈവ ദശാ പ്രകല്പ്യാ	-	ക്രമത്തിൽ ദശകൾ പറയണം.
വാക്യക്രമം സാധു ഇതി	-	വാക്യക്രമമാണ് സാധുവായിട്ടുള്ളത് എന്നു
കേചിദാഹുഃ..	-	ചിലർ പറയുന്നു.

(12)
വാക്യക്രമേ കർക്യളിമീനസന്ധൗ
മണ്ഡൂകഗത്യശ്വവരപ്ലുതിശ്ച
സിംഹാവലോകസ്ത്രിവിധാ തദാനീം
ദശാന്തരം ദുഖഫലപ്രദം സ്യാത്.

ദശാക്രമത്തിലെ ചില പ്രത്യേക ഗതികൾ
(മണ്ഡൂക തുരഗ സിംഹാവലോകന ഗതികൾ)

വാക്യക്രമേ - വാക്യക്രമത്തിൽ.
കർക്കി അളി മീന സന്ധൗ - കർക്കിടം (4), വൃശ്ചികം (8), മീനം (12) ഇവകളുടെ സന്ധികളിൽ, (സാധാരണ അനുലോമ - പ്രതിലോമഗതികൾക്കു പുറമെ ദശാരാശികൾക്ക്)
മണ്ഡൂകഗതി അശ്വവരപ്ലുതി ച സിംഹാവലോകഃ ത്രിവിധാ
- മണ്ഡൂകഗതി, തുരഗഗതി, സിംഹാവലോകനം എന്നീ മൂന്നുതരം പ്രത്യേകഗതികൾകൂടി ഉണ്ട്.
തദാനീം ദശാന്തരം ദുഖഫലപ്രദം സ്യാത് - അത്തരം ദശകൾ ദോഷഫലം ചെയ്യും.

(1) സിംഹാവലോകനഗതി

അശ്വതിഗ്രൂപ്പിൽ , മേടംമുതൽ മീനംവരെയുള്ള പന്ത്രണ്ടു രാശികളുടെ ഒരു പരിവൃത്തി പൂർത്തിയാക്കി, അടുത്ത പന്ത്രണ്ടു രാശികളുടെ പരിവൃത്തി ആരംഭിക്കുന്നത് വൃശ്ചികത്തിലാണല്ലോ. മീനത്തിൽനിന്നും വൃശ്ചികത്തിലേയ്ക്കുള്ള ഈ ചാട്ടമാണ് സിംഹഗതി. ഇതു പോലെ പന്ത്രണ്ടു രാശികളുടെ ഒരു പരിവൃത്തി പൂർത്തിയാക്കി അടുത്തത് ആരംഭിക്കു മ്പോഴെല്ലാം സിംഹഗതി ആവർത്തിക്കുന്നതായി കാണാം.

സിംഹഗതി.

നക്ഷത്രഗ്രൂപ്പ്	പാദം		പാദം	
അശ്വതി	2	മീനം - വൃശ്ചികം,	3	ധനു - മേടം
ഭരണി	2	ധനു - മേടം,	3	മീനം - വൃശ്ചികം
രോഹിണി	2	വൃശ്ചികം - മീനം.	3	മേടം - ധനു
മകയിരം	2	മേടം - ധനു,	3	വൃശ്ചികം - മീനം

ഉദാഹരണം

പാദം 2	10	11	12	8	7	6	4	5	3
പാദം 3	2	1	12	11	10	9	1	2	3

ഒറ്റ രാശികൾ മാത്രമുള്ള കർക്കടക-ചിങ്ങങ്ങളിലാണ് ഈ ഗതികൾ വരുന്നത്. അശ്വതി-ഭരണി ഗ്രൂപ്പുകളിൽ രാശിക്രമം പിറകോട്ടു പോകുമ്പോഴും രോഹിണി-മകയിര ഗ്രൂപ്പുകളിൽ മുന്നോട്ട് പോകുമ്പോഴുമാണ് ഈ രണ്ടു ഗതികളുണ്ടാവുക.

(2, 3) മണ്ഡൂകിദശയും അശ്വദശയും

കാലചക്രദശയിൽ ദശാക്രമം ഒരു രാശിയെ മറികടന്ന് (ചാടിക്കടന്ന്) അടുത്ത രാശിയിലേയ്ക്കു പോകുന്നതാണ് മണ്ഡൂകിദശ.

ഇങ്ങനെ ചാടിക്കടന്ന ദശ വീണ്ടും പിറകോട്ടു വന്നു പഴയ ഗതി തുടരുന്നതാണ് അശ്വദശ.

ഉദാഹരണം

1.	അശ്വതി ഗ്രൂപ്പ്	പാദം 2	6-4-5
2.	ഭരണി ഗ്രൂപ്പ്	പാദം 1	6-4-5
3.	രോഹിണിഗ്രൂപ്പ്	പാദം 1	3-5-4
4.	മകയിരം ഗ്രൂപ്പ്	പാദം 3	3-5-4

4-ൽ ഈ മൂന്നു പ്രത്യേകഗതികളെ വിവരിക്കുന്ന രണ്ടു ശ്ലോകങ്ങൾ കൊടുത്തിട്ടുണ്ട്. താത്പര്യം ഇതുതന്നെ .

(13)
തദ്വാക്യവർണക്രമശോ f പഹാര-
വർഷാഹതേ തത്പരമായുരാപ്തേ
തദാ ദശായാമപഹാരവർഷ
സംഖ്യാശ്ച മാസാന്ദിവസാൻ വദേയുഃ.

അപഹാരങ്ങൾ കാണു രീതി

ദശാവർഷത്തെ അപഹാരനാഥന്റെ വർഷംകൊണ്ടു ഗുണിച്ച് പരമായുസ്സുകൊണ്ടു ഹരിച്ചാൽ അപഹാരകാലം കിട്ടും. വർഷം കഴിഞ്ഞു വരുന്നതിനെ പന്ത്രണ്ടുകൊണ്ടു പെരുക്കിയാൽ മാസവും, മാസം കഴിഞ്ഞു വരുന്നതിനെ മുപ്പതുകൊണ്ടു പെരുക്കിയാൽ ദിവസവും കിട്ടും. പരമായുസ്സിനെപ്പറ്റി പറയുന്നത് അടുത്ത ശ്ലോകത്തിലാണ്.

(14)
വാക്യേഷു യാവചരദാം പ്രമാണം
വദന്തി താവത് പരമായുരത്ര

മേഷാദനീകം മദനം ഗജേന
തുന്ദഃ പുനശ്ചൈവമുദീരിതം തത്.

നക്ഷത്രപാദ പരമായുസ്സ്

വാക്യേഷു.... - (താഴെ) വാക്യങ്ങളിൽ പ്രമാണമായി പറഞ്ഞിട്ടുള്ള വർഷങ്ങളാണ് ഓരോ നക്ഷത്രപാദത്തിന്റെയും പരമായുസ്സ്.

മേഷാത് - മേടം തുടങ്ങിയ രാശികൾക്ക്

അനീകം	മദനം	ഗജേന	തുന്ദഃ
001	58	38	68
100	85	83	86

ഈ ക്രമം അശ്വതി, ഭരണി ഗ്രൂപ്പുകളുടേതാണ്.

പുനഃ ച ഏവം ഉദീരിതം തത്

- രോഹിണി, മകയിരം സംഘങ്ങളുടെ പരമായുസ്സ് ഇതിനു വിപരീതമായി വരും.

നക്ഷത്രപാദം	നക്ഷത്രഗ്രൂപ്പുകൾ അശ്വതി - ഭരണി കാർത്തിക	നക്ഷത്രഗ്രൂപ്പുകൾ രോഹിണി - മകയിരം തിരുവാതിര
പാദം 1	100	86
പാദം 2	85	83
പാദം 3	83	85
പാദം 4	86	100

ഒരു നക്ഷത്രപാദത്തിന്റെ ദശാരംഭം സാധാരണ ഗതിയിൽ രാശികളുടെ ഇടയ്ക്കാണു വരുക. അതു കാരണം പരമായുസ്സ് തികയാതെ വരും. അപ്പോൾ അടുത്ത പാദത്തിന്റെ ദശാക്രമത്തിലെ ആദ്യരാശിയെ തുടർച്ച രാശിയായി എടുക്കണം. അതേ നക്ഷത്രപാദത്തിന്റെ രാശികൾ ആവർത്തിച്ചു വരും എന്ന അഭിപ്രയവും നിലവിലുണ്ട് .

ദശാഫലം

(15)
മഹാദശാസു യത്ഫലം പ്രകീർത്തിതം മയാ പുരാ
തദേവ യോജയേത് ബുധോ ദശാംസു ചൈവമാദിഷു.

മഹാദശാസു	-	വിംശോത്തരിദശയക്ക് (19, 20, 21 അദ്ധ്യായങ്ങളിൽ)
യത് ഫലം	-	യാതൊരു ഫലമാണോ,
പ്രകീർത്തിതം മയാ പുരാ	-	എന്നാൽ നേരത്തെ പറയപ്പെട്ടത്,
തത് ഏവ	-	അതുതന്നെ,
ദശാംസു ച ഏവം ആദിഷു	-	ഈ ദശകൾക്കും,
യോജയേത്	-	യോജിപ്പിച്ചു പറയണം.

കാലചക്രദശാസമ്പ്രദായത്തിലെ ആയുർഗണിതഭാഗത്തിന്റെ ഒരു സംഗ്രഹം മാത്രമാണ് ഇവിടെ നൽകിയിട്ടുള്ളത്. വിസ്തരിച്ച ഫലപ്രവചനത്തിന് വിംശോത്തരിദശയ്ക്കു പറഞ്ഞ ഫലങ്ങൾ ചേർത്തു ചിന്തിക്കാവുന്നതാണ്.

കൂടുതൽ വിവരങ്ങൾക്കും വിസ്തരിച്ച ഫലഭാഗത്തിനും ജാതകപാരിജാതം, ശ്രീ മുത്തുസ്വാമിയുടെ കാലചക്രദശ തുടങ്ങിയ ഗ്രന്ഥങ്ങൾ സഹായിക്കും.

(കാലചക്രദശയിലെ ദശാനാഥപട്ടികയ്ക്ക് അനുബന്ധം കാണുക)

2. ഉത്പ - ആധാന - മഹാദശകൾ (നക്ഷത്രദശകൾ)

(16)

ജന്മർക്ഷാത് പരതസ്തു പഞ്ചമഭവാ *ƒ* ഥോത്പ സംജ്ഞാ ദശാ
സ്യാദാധാനദശാ *ƒ* പ്യതോ *ƒ* ഷ്ടമഭവാത് ക്ഷേമാ ഹാഖ്യാ ദശാ
ആസാമേവ ദശാവസാനസമയേ മൃത്യുപ്രദാ സ്യാന്നൃണാം
സ്വൽപാനൽപസമായുഷാം[1] ത്രിവധപഞ്ചർക്ഷേ ദശായാന്തിമേ.

(1)പാഠഭേദം - സാൽപം ദീർഘസമായുഷാം

ജന്മർക്ഷാത് പരതസ്തു	-	ജന്മനക്ഷത്രത്തിൽനിന്നും
പഞ്ചമഭവാത് ഉൽപന്നസംജ്ഞാ ദശാ	-	അഞ്ചാമത്തെ നക്ഷത്രത്തിന്റെ ദശ *ഉൽപന്ന* എന്നു പേരായ ദശയാകുന്നു.
ആധാനദശാ അഷ്ടമഭവാത്	-	എട്ടാം നക്ഷത്രത്തിന്റെ ദശ *ആധാനദശ.*
ക്ഷേമാത് മഹാഖ്യാ ദശാ.	-	*ക്ഷേമം* - സുഖം - നാല്. നാലാംനക്ഷത്രത്തിന്റെ ദശ *മഹാദശ.*

ദശാവസാനസമയേ മൃത്യുപ്രദഃ സ്യാത് നൃണാം

- ഈ ദശകളുടെ അവസാന സമയം (ദശാസന്ധികൾ)മനുഷ്യർക്കു മാരകമാണ്.

സ്വൽപ അനൽപ സമ ആയുഷാം

- അൽപായുസ്സ്, ദീർഘായുസ്സ്, മദ്ധ്യായുസ്സ് എന്നിങ്ങനെയുള്ള മൂന്നുവിധ ആയുർഗണങ്ങളിൽപ്പെട്ടവർക്ക്

ത്രി വധ പഞ്ചർക്ഷേ ദശായാന്തിമേ

- (ക്രമത്തിൽ) മൂന്ന്, ഏഴ്, അഞ്ച് എന്നീ നക്ഷത്രങ്ങളുടെ ദശകളുടെ അന്ത്യം മൃത്യുപ്രദമാണ്.

നക്ഷത്ര ആയുർദ്ദശകൾ

നക്ഷത്രങ്ങൾ	5	8	4	3	7	5
പേര്	*ഉൽപന്ന*	*ആധാന*	*മഹാ*	*അൽപ*	*ദീർഘ*	*മദ്ധ്യ*

3. നിസർഗ്ഗദശ

(17)

ഏകം ദ്വേ നവവിംശതിർധ്യതികൃതിഃ പഞ്ചാശദേഷാം ക്രമാ-
ച്ചന്ദ്രാരേന്ദുജശുക്രജീവദിനകൃദ്ദൈവാകരീണാം സമാഃ
സ്വൈ സ്വൈഃ [(1)] പുഷ്ടഫലാ നിസർഗജനിതൈഃ പംക്തിർദശായാഃ ക്രമാ-
ദന്തേ ലഗ്നദശാ ശുഭേതി യവനാ നേച്ഛന്തി കേചിത്തഥാ.

(1) പാഠഭേദം - സ്വേ സ്വേ

ഏക ദ്വേ ന.വ വിംശതിഃ ധൃതി കൃതിഃ പഞ്ചാശത് ഏതാഃ ക്രമാത്
1 2 9 20 18 20 50 = (120) - ഈ ക്രമത്തിൽ

ചന്ദ്ര ആര ഇന്ദുജ ശുക്ര ജീവ ദി.ന.കൃത് ദിവാകരീണാം
ച കു ബു ശു ഗു ര മ - തുടങ്ങിയവരുടെ

സമാഃ - (ദശാ) വർഷങ്ങൾ ആകുന്നു.

സ്വേ സ്വേ പുഷ്ടഫലാ.ന്.ി....
- ദശാനാഥന്മാർക്കു ബലമുണ്ടെങ്കിൽ അവരവരുടെ ദശയി ശുഭഫല ങ്ങൾ ഉണ്ടാകും.

അന്ത്യേ ലഗ്നദശാ ശുഭേതി യവ.ന.ാ
- ലഗ്നദശയുടെ അവസാനഭാഗം ശുഭമെന്നാണ് യവനാചാര്യരുടെ അഭിപ്രായം.

ന ഇച്ഛന്തി കേചിത് തഥാ - ചിലർ ഇതിനോടു യോജിക്കുന്നില്ല.

നിസർഗ്ഗദശകൾ

ഗ്രഹം	ദശാവർഷം	ദശാകാലം (വയസ്സ്) വർഷം
ചന്ദ്രൻ	1	1
കുജൻ	2	2 - 3
ബുധൻ	9	4 - 12
ശുക്രൻ	20	13 - 32
ഗുരു	18	33 - 50
രവി	20	51 - 70
മന്ദൻ	50	71 - 120
ലഗ്നദശ		.... 5 ദിവസം
ആകെ		120 വർഷം 5 ദിവസം

നിസർഗ്ഗദശാവർഷവും ദശാക്രമവും എല്ലാവർക്കും ഈ ക്രമത്തിലാണ്..

ഈ ദശാവർഷങ്ങൾ പൂർണ്ണബലമുള്ള അഥവാ പരമോച്ചന്മാരായ ഗ്രഹ ങ്ങൾക്കുള്ളതാണ്. അതുപ്രകാരം ഗ്രഹം നീചത്തിലാണെങ്കിൽദശാവർഷം ഇതിന്റെ പകുതിയേ വരൂ. ചില കുറയ്ക്കലുകൾ (ഹരണങ്ങൾ) കൂടി ചെയ്യാനുണ്ട്. അതു ചെയ്താൽ ജീവശർമ്മ ദശപോലെ വരും. ലഗ്നത്തിൽ കുജൻ നിന്നാൽ മുഴുവൻ ആയുസ്സും പോകും. ചന്ദ്രൻ നിന്നാൽ പത്തിലൊന്നു പോകും.

ദില്ലിപതിപ്പുകളിൽ ഇവിടെ ചെറിയ വ്യത്യാസം കാണുന്നുണ്ട്. ലഗ്നദശ അന്ത്യത്തിൽ ശുഭമാകുമെന്നതിനു പകരം ശനിയുടെ അമ്പതു വർഷത്തിൽ ലഗ്നത്തിന്റെ ദശകൂടി ഉൾപ്പെടുന്നുവെന്ന കാര്യമാണ് യവനാചാര്യരുടെ അഭിപ്രായമായി കൊടുത്തിട്ടുള്ളത്. അതെന്തായാലും, മറ്റു പല ഗ്രന്ഥങ്ങളിലും ഇത്തരം ദശകളിൽ -- നിസർഗ്ഗദശ, ഉച്ചനീചദശ, ജീവ ശർമ്മീയ ദശ തുടങ്ങിയവകളിൽ -- ഗ്രഹങ്ങളുടെ ദശാവർഷം പറയുന്നിടത്ത് ലഗ്നത്തിന്റെ ദശാവർഷം കാണുന്ന രീതികൂടി കൊടുത്തിട്ടുണ്ട്.

4. അംശകദശ

1. അംശകദശ കാണുന്ന വിധം
2. അംശകദശ - ഗണിതം
3. വക്രത്തിലും ഉച്ചത്തിലും മറ്റും നിൽക്കുന്ന ഗ്രഹങ്ങളുടെ ദശാവർഷത്തിൽ വരുന്ന വർദ്ധന
4. നീചമൗഢ്യഹരണം
5. ദൃശ്യാർദ്ധഹരണം
6. ശത്രുക്ഷേത്രഹരണം
7. ലഗ്നായുസ്സ്

ആയുർദ്ദായഗണിതത്തിലെ ഒരു പ്രധാനദശയാണ് അംശദശ. വരാഹമിഹിരൻ വളരെ ബഹുമാനിച്ചിരുന്ന സത്യാചാര്യരുടേതാണ് ഈ ദശ. ഹോരാശാസ്ത്രത്തിൽ ഏഴാംഅദ്ധ്യായത്തിൽ (ശ്ലോകം 9 മുതൽ 13 വരെ) അംശകദശ വിസ്തരിച്ചു പറയുന്നുണ്ട്. സൂര്യചന്ദ്രന്മാരേക്കാൾ ലഗ്നാധിപനു ബലമുണ്ടെങ്കിൽ ഈ ദശാരീതിയാണു യോജിക്കുക എന്നാണ് അഭിപ്രായം.

(18)
ലിപ്തീകൃത്യ ഭജേത് ഗ്രഹം ഖഘനനൈസ്തച്ഛിഷ്ടമായുഷ്കലാ
ആശാഖാശ്വിഹൃതാബ്ദമാസദിവസാഃ സത്യോദിതേം *f* ശായുഷി
വക്രിണ്യുച്ചഗതേ ത്രിസംഗുണമിദം സ്വാംശത്രിഭാഗോത്തമേ
ദ്വിഘ്നം നീചഗതേ *f* ർധമപൃഥ ദളം മൗഢ്യേ സിതാർക്കീ വിനാ.

അംശകദശ കാണുന്ന വിധം

ലിപ്തീകൃത്യ ഭജേത് ഗ്രഹം
ഖഘനനൈസ്തച്ഛിഷ്ടമായുഷ്കലാ.....സത്യോദിതേ അംശായുഷി
സത്യാചാര്യൻ പറഞ്ഞ അംശകദശയിൽ
ഗ്രഹം - ഗ്രഹസ്ഫുടത്തെ.
ലിപ്തീകൃത്യ - കലകളാക്കി.
ഭജേത് ഖഘനനൈ.

	ഖ	ഘ	ന	നൈ	
	2	4	0	0	= 2400 കൊണ്ടു ഹരിച്ചാൽ

തത് ശിഷ്ടമായുഷ്കലാ: - കിട്ടുന്ന. ശിഷ്ടം (ഹരണഫലമല്ല, ബാക്കി വരുന്ന സംഖ്യ) കലകളിലുള്ള ആയുസ്സാകുന്നു

ആശാഖാശ്വി (ആകാശാശ്വി) ഹൃതാബ്ദമാസദിവസാഃ
സത്യോദിതേംള ശായുഷി - മേൽപ്പറഞ്ഞ കലകളിലുള്ള ആയുസ്സിനെ

(1) 200 കൊണ്ടു ഹരിച്ചാൽ വർഷവും
(2) ബാക്കിയെ 12 കൊണ്ടു ഗുണിച്ച് 200 കൊണ്ടു ഹരിച്ചാൽ മാസവും
(3) അതിൽ ബാക്കി വന്നതിനെ 30 കൊണ്ടു ഗുണിച്ച് 200-കൊണ്ടു ഹരിച്ചാൽ ദിവസവും കിട്ടും.
(ഇങ്ങനെ എല്ലാ ഗ്രഹങ്ങളുടേയും ആയുർവർഷം കാണണം.)

ഹോരയിലെ *ഗ്രഹഭുക്ത.ന.വാംശരാശിതുല്യം....*എന്ന വാക്യമനുസരിച്ച് അംശകദശയിൽ ഓരോ ഗ്രഹവും നൽകുന്ന ആയസ്സ് ആ ഗ്രഹം ഭുജിച്ച (പിന്നിട്ട) നവാംശകത്തിനു തുല്യമാണ്. ഒരു നവാംശത്തിന് ഒരു വർഷം എന്നതാണ് കണക്ക്. ഒരു നവാംശം = 3°-20 = 200 .

200 (നവാംശം) കൊണ്ടും 12 (രാശിചക്രം) കൊണ്ടുമുള്ള രണ്ടു ഹരണങ്ങളെ ചേർത്താണ് ഫലദപികയിൽ 2400-കൊണ്ടു ഹരിക്കണമെന്നു പറഞ്ഞിരിക്കുന്നത്. ഗ്രഹസ്ഫുടത്തിൽ എത്ര നവാംശങ്ങളുണ്ട് എന്നറിയാനാണ് 200 കൊണ്ടു ഹരിക്കുന്നത്.

ഒരു നവാംശമണ്ഡലത്തെ അഥവാ അംശകചക്രത്തെയാണ് 12 സൂചിപ്പിക്കുന്നത്. ഒന്നിലധികമുള്ള മണ്ഡലങ്ങളെ കലകളിലുള്ള ഗ്രഹസ്ഫുടത്തിൽനിന്നും നീക്കാനാണ് ഇത്. അതിന്റെ താൽപര്യമിതാണ്. 200 കലകൾ വീതമുള്ള 12 അംശകങ്ങൾ ചേരുമ്പോൾ ഒരു മണ്ഡലമാകും. (3-20 • 12 = 40 ഭാഗ). 360 ഭാഗയുള്ള രാശിചക്രത്തെ ഒമ്പതു ഭാഗമാക്കുമ്പോൾ 40 ഭാഗയാണല്ലോ കിട്ടുക. അതായത്, രാശിചക്രത്തെ ഒമ്പതിലൊന്നാക്കിയാൽ നവാംശമണ്ഡലം. നവാംശ മണ്ഡലത്തെ ഒമ്പതിലൊന്നാക്കിയാൽ നവാംശം.

ഗ്രഹസ്ഫുടത്തെ കലകളാക്കി, കലകളെ 200 കൊണ്ടു ഹരിച്ച്, 12-ന്റെ ഗുണിതങ്ങൾ നീക്കം ചെയ്താൽ, അല്ലെങ്കിൽ 2400-കൊണ്ടു ഹരിച്ചാൽ, കിട്ടുന്ന ശിഷ്ടം കലകളിലുള്ള ആയുസ്സാണ്. ഇതിനെ ഒരു നവാംശത്തിന് ഒരു വർഷം എന്ന കണക്കിൽ വർഷ- മാസ -ദിവസങ്ങളാക്കണം.

അംശകദശ : ഗണിതം

ഉദാഹരണജാതകത്തിലെ സൂര്യസ്ഫുടം: = 1-25-31

1. ഗ്രഹസ്ഫുടത്തെ (1 രാശി 25 ഭാഗ 31 കലയെ) കലകളാക്കുക

   1 • 30 = 30 + 25 = 55 • 60 = 3300 + 31 = 3331 കല

2. അതിലെ 2400-കൾ എല്ലാം നീക്കം ചെയ്ത് ശിഷ്ടം കാണുക

   3331-നെ 2400 കൊ ു ഹരിക്കുമ്പോൾ 1 (2400) കിട്ടും.
   ഇതിനെ ഉപേക്ഷിച്ച് ശിഷ്ടംകൊണ്ട് ക്രിയ തുടരണം.
   ശിഷ്ടം (3331 - - 2400) = 931 കല

3. ശിഷ്ടം വന്ന 931 കലയെ ഒരു നവാംശത്തിന് ഒരു വർഷം എന്ന കണക്കിൽ വർഷമാക്കണം

ഒരു നവാംശം 3 ഭാഗ 20 കല = 200 കല

931 / 200 = 4.655

= 4 വർഷം ബാക്കി .655 നെ 12 കൊ ു

പെരുക്കി മാസങ്ങളാക്കണം.

(655 / 1000) • 12 = 7.86 = 7 മാസം

ബാക്കി . 86 നെ 30 കൊ ു പെരുക്കി ദിവസങ്ങളാക്കണം

(86 / 100) • 30 = 25.8 = 26 ദിവസം

(.8 നെ 24 കൊണ്ടു പെരുക്കി മണിക്കൂറോ, 60 കൊണ്ടു പെരുക്കി നാഴികകളോ ആക്കാം. ഇവിടെ .5- നേക്കാൾ കൂടുതലായതിനാൽ 1 ആയി എടുത്തു.)

വക്രത്തിലും ഉച്ചത്തിലും മറ്റും നിൽക്കുന്ന ഗ്രഹങ്ങളുടെ ദശാവർഷത്തിൽ വരുന്ന വർദ്ധന

വക്രിണ്യുച്ചഗതേ ത്രിസംഗുണമിദം സ്വാംശത്രിഭാഗോത്തമേ ദ്വിഘ്നം ....

വക്രിണ്യുച്ചഗതേ......

- വക്രത്തിലോ ഉച്ചത്തിലോ ഉള്ള ഗ്രഹങ്ങളുടെ ആയുർവർഷത്തെ

ത്രിസംഗുണമിദം

- മൂന്നുകൊണ്ടു പെരുക്കണം.

സ്വാംശത്രിഭാഗോത്തമൈഃ ദ്വിഘ്നം

- സ്വന്തം നവാംശം, സ്വന്തം ദ്രേക്കാണം, വർഗ്ഗോത്തമം ഇവയിൽ നിൽക്കുന്ന ഗ്രഹങ്ങളുടെ ആയുർവർഷത്തെ രണ്ടുകൊണ്ടുപെരുക്കണം.

ദശാവർഷ വർദ്ധന- -

1. ഉച്ചം, വക്രം
   - 3 (+)
2. സ്വക്ഷേത്രം, സ്വദ്രേക്കാണം, സ്വനവാംശം, വർഗ്ഗോത്തമനവാംശം
   - 2 (+)

നീചമൗഢ്യഹരണം

നീചഗതേ അർധമപ്യഥ ദളം മൗഢ്യേ സിതാർക്കീ വി.നാ.നീചഗതേഃ അർദ്ധ...

നീചഗതേ അർധ - നീചത്തിലുള്ള ഗ്രഹത്തിന്റെ പകുതി കുറയ്ക്കണം.

ദളം മൗഢ്യേ സിത അർക്കീ വി.നാ.

- ശുക്രൻ, ശനി ഇവയൊഴിച്ചുള്ള ഗ്രഹങ്ങൾക്ക് മൗഢ്യത്തിൽ പകുതി കുറയ്ക്കണം.

നീചത്തിലും മൗഢ്യത്തിലും നി ക്കു ഗ്രഹങ്ങളുടെ ദശാവർഷത്തിൽ വരുന്ന കുറവ്- -
നീചം, മൗഢ്യം (ശു, മ ഒഴികെ) - 1/2 (- -)

(19)

സർവാർദ്ധത്രികൃതേഷു [(1)] ഷണ്മിതലവഹ്രാസോ f സതാമുത്ക്രമാത്
രിഃഫാത് സത്സു ദളം തദാ ഹരതി ബല്യേകോ ബഹുഷ്വേകദേ
ത്ര്യംശോനം രിപുഭേ വിനാ ക്ഷിതിസുതം സത്യോപദേശേ ദശാ-
ലഗ്നസ്യാംശസമാ ബലിന്യുദയഭേ f സ്യാത്രാപി തുല്യാപി ച..
പാഠഭേദം: രശ്മിതലവാദ്ധ്രാസോ

ദൃശ്യാർദ്ധഹരണം.

1രിഫാത് - 12 മുതലായ ഭാവങ്ങളിൽ നിൽക്കുന്ന
അസതാ - പാപഗ്രഹങ്ങളുടെ അംശകദശയിൽ നിന്നു
ഉത്ക്രമാത് - ക്രമത്തിൽ
സർവാർദ്ധത്രികൃതേഷുഷണ്മിതലവഹ്രാസോ
- മുഴുവൻ, പകുതി, 1/3, 1/4, 1/5, 1/6 എന്ന ക്രമത്തിൽ ആയുസ്സു കുറയ്ക്കണം.

സത്സു ദളം....
- ഈ ഭാവങ്ങളിൽ നിൽക്കുന്നതു ശുഭഗ്രഹങ്ങളാണെങ്കിൽ ഈ പറഞ്ഞതിന്റെ പകുതി വീതം കുറച്ചാൽ മതി

ബഹുഷു ഏകദേ
- ഒരു രാശിയിൽ പല ഗ്രഹങ്ങളുണ്ടെങ്കിൽ കൂടുതൽ ബലമുള്ള ഒരു ഗ്രഹത്തിന്റെ വർഷത്തിൽ മാത്രമേ കുറവു ചെയ്യേണ്ടതുള്ളൂ.

രിഃഫം മുതൽക്കുള്ള ഭാവങ്ങളിൽ (ദൃശ്യാർദ്ധത്തിൽ) പാപന്മാർ
നിന്നാൽ ആയുർവർഷത്തിൽ വരുന്ന കുറവ്

ഭാവം	12	11	10	9	8	7
കുറയ്ക്കേ ത്	മുഴുവൻ	1/2	1/3	1/4	1/5	1/6

ദൃശ്യാർദ്ധത്തിൽ ശുഭന്മാർ നിന്നാൾ പാപന്മാർക്കു പറഞ്ഞതിൽ പകുതി കുറയ്ക്കണം

ഭാവം	12	11	10	9	8	7
കുറവ്	1/2	1/4	1/6	1/8	1/10	1/12

ഒരു രാശിയിൽ ഒന്നിലധികം ഗ്രഹങ്ങൾക്കു ദൃശ്യാർദ്ധഹരണം വരുന്നുവെങ്കിൽ കൂടുതൽ വരുന്നത് (ഹരണം അധികമുള്ള ഒരു ഗ്രഹത്തിന്റെ ആയുസ്സിൽ) മാത്രമേ കുറവു വരുത്തേണ്ടതുള്ളു

ശത്രുക്ഷേത്രഹരണം

ത്ര്യംശോ:ന:ം രിപുഭേ വി.ന:ാ ക്ഷിതിസുതം

- കുജൻ ഒഴികെയുള്ള ഗ്രഹങ്ങൾ ശത്രുക്ഷേത്രത്തിൽ നിന്നാൽ 1/3 കുറയ്ക്കണം.

അംശകദശയിലെ മൊത്തം കൂട്ടലും കുറയ്ക്കലും:

<u>വർദ്ധനകൾ</u>: ഉച്ചം, വക്രം, സ്വക്ഷേത്രം, സ്വദ്രേക്കാണം, സ്വനവാംശം, വർഗ്ഗോത്തമനവാംശം
<u>ഹരണങ്ങൾ</u>: നീചഹരണം, മൗഢ്യഹരണം, ദൃശ്യാർദ്ധഹരണം ശത്രുക്ഷേത്രഹരണം

കൂട്ടലും കുറയ്ക്കലും - ഏത് ആദ്യം വേണം?

ഇരട്ടിക്കലുകൾ ആദ്യം ചെയ്യണോ, ഹരണങ്ങൾ ആദ്യം ചെയ്യണോ എന്നൊരു സംശയം വരാം. ഹരണങ്ങൾ കഴിച്ചു ബാക്കിയുള്ളതിനെ ഇരട്ടിക്കുകയാണ് വേണ്ടത്. അതായത്, ദശാവർഷം കണ്ട്, നാലു ഹരണങ്ങളും ചെയ്തിട്ടുവേണം *വക്രിണ്യുച്ചഗതേ*.....യിൽ പറയുന്ന വർദ്ധനകൾ ചെയ്യുവാൻ.

ലഗ്നായുസ്സ് (അംശകദശയിലെ ലഗ്നദശ)

ലഗ്നസ്യാംശസമാഃ

- ലഗ്നത്തിൽ ചെന്ന നവാംശത്തിനു തുല്യമാണ് ലഗ്നായുസ്സ്

ബലി.ന:ി ഉദയഭേ...

- ലഗ്നത്തിനാണ് അധികം ബലമെങ്കിൽ, എത്രരാശിയാണോ കഴിഞ്ഞത്, അത്രയും വർഷമാണ് ലഗ്നായുസ്സ്.(ഒരു നവാംശം ഒരു വർഷം / ഒരു രാശി ഒരു വർഷം)

ലഗ്നരാശിയെക്കാൾ ബലം ലഗ്നരാശ്യംശകത്തിനാണെങ്കിൽ അംശകത്തിനു തുല്യ മായിരിക്കും ആയുസ്സ്. അഥവാ ലഗ്നത്തിന്റെ നവാംശകാധിപന് ലഗ്നാധിപനേക്കാൾ ബലം കൂടുമെങ്കിൽ ലഗ്നസ്ഫുടത്തിലെ രാശി കളഞ്ഞ് ബാക്കിയെ കലകളാക്കി 200 കൊണ്ടു ഹരിക്കണം. ആദ്യം കിട്ടുന്നതു വർഷം. ബാക്കിയെ 12-ലും 30-ലും പെരുക്കി 200-കൊണ്ടു ഹരിച്ചു മാസവും ദിവസവും കാണണം.

അംശകത്തിനേക്കാൾ അധികം ബലം ലഗ്നത്തിനാണെങ്കിൽ രാശിക്കു തുല്യമാണ് ആയുസ്സ്. അഥവാ ലഗ്നനവാംശകാധിപനേക്കാൾ ലഗ്നാധിപനു ബലം കൂടുമെങ്കിൽ ലഗ്നസ്ഫുട ത്തെ രാശിയടക്കം കലകളാക്കി (200 • 9) 1800 കൊണ്ടു ഹരിക്കണം. ഹരണഫലം വർഷം. ശേഷിച്ചതിനെ മാസവും ദിവസവുമാക്കണം. സപ്തഗ്രഹങ്ങളുടേയും ലഗ്നത്തിന്റെയും ദശകൾ ഒരുമിച്ചു കൂട്ടിയതാണ് അംശകദശയിലെ പരമായുസ്സ്.

(20)

സത്യോപദേശഃ പ്രവരോ*f* ത്ര കിന്തു
കുർവന്ത്യയോഗ്യം ബഹുവർഗ്ഗണാഭിഃ
ആചാര്യകം ത്വത്ര ബഹുഘ്നതായാ-
മേകന്തു യദ്ഭൂരി തദേവ കാര്യം.

സത്യോപദേശഃ - സത്യാചാര്യരുടെ ഉപദേശം (മറ്റുള്ളവരുടേതപേക്ഷിച്ച്)
പ്രവരഃ അത്ര - പ്രവരമാണ്, ശ്രേഷ്ഠമാണ്.
കിന്തു കുർവന്തി അയോഗ്യം ബഹുവർഗ്ഗണാദിഃ - എന്നാൽ (ചിലർ) ബഹുവർഗ്ഗണം) (series of multiplications) കൊണ്ട് ഇതിനെ അയോഗ്യമാക്കുന്നു.

ആചാര്യകം തു അത്ര - സത്യോപദേശം അനുസരിച്ച്
ബഹുഘ്നത്വായാം ഏകന്തു യദ്ഭൂരി തത് ഏവ കാര്യം - പല കൂട്ടലുകൾ വരുന്നുവെങ്കിൽ അതിൽ ഏറ്റവും അധികമുള്ളതുമാത്രം എടുത്താൽ മതി.

ഈ ശ്ലോകം ഹോരാശാസ്ത്രം ഏഴാം അദ്ധ്യായത്തിൽ നിന്നുമുള്ളതാണ്. (7 - 12) അവിടെ പിണ്ഡദശ (ഉച്ചനീചദശ), ജീവശർമ്മദശ, അംശകദശ എന്നീ മൂന്ന് ആയുർദ്ദായദശകളും വിവരിച്ചതിനുശേഷമാണ് ഈ ശ്ലോകം വരുന്നത്. മറ്റു രണ്ടു ദശകളെ അപേക്ഷിച്ച് അംശകദശയാണ് കൂടുതൽ കൃത്യമായി കാണുന്നത്. എങ്കിലും ചിലർ ഗണിതം തെറ്റായി ചെയ്ത് അതിന്റെ ഗുണം കളയുന്നതിനാൽ ശരിയായ രീതി വ്യക്തമാക്കുകയാണ് ഇവിടെ.

ആയുർദ്ദായഗണിതത്തിൽ സത്യാചാര്യന്റെ ഈ അംശകദശതന്നെയാണ് ശ്രേഷ്ഠമായിട്ടുള്ളത്. പക്ഷേ, അനാവശ്യമായ പെരുക്കലുകൾ കൊണ്ട് ചിലർ അതിന്റെ ഗുണം കളയുന്നു. അതായത്, ഒരു ഗ്രഹം നിൽക്കുന്നത് ഒരേ സമയം അതിന്റെ സ്വക്ഷേത്രത്തിലും ഉച്ചത്തിലും വക്രത്തിലും ആണെങ്കിൽ ആയുർദ്ദായം ആദ്യം ഇരട്ടിക്കുക, പിന്നെ മൂന്നിരട്ടി ആക്കുക, എന്നിങ്ങനെ പല ക്രിയകൾ ചെയ്യുന്നു. അങ്ങിനെ പാടില്ല. മൂന്നിരട്ടിയാക്കുക എന്ന ഒറ്റ ക്രിയ ചെയ്താൽ മതി (കൂടുതൽ ഗുണിക്കലുകൾ വരുമ്പോൾ ഏറ്റവും അധികമുള്ള ഒരു ഗുണനം മാത്രം മതി എന്നർത്ഥം.) കുറയ്ക്കലിന്റെ കാര്യത്തിലും ഈ രീതിതന്നെയാണ് വേണ്ടത്. ഉദാഹരണത്തിന്, ശത്രുക്ഷേത്രസ്ഥിതിയും മൗഢ്യവും ഒത്തു വരുന്നുവെങ്കിൽ മൗഢ്യത്തിന്റെതു മാത്രം, അതായത് പകുതി മാത്രം, കുറച്ചാൽ മതി.

5. പിണ്ഡദശ (ഉച്ചനീചദശ)

1. പിണ്ഡദശാവർഷങ്ങൾ
2. ഹരണങ്ങൾ
3. ക്രൂരോദയഹരണം
4. ലഗ്നദശ
5. നീചഹരണം വ്യക്തമാക്കുന്നു
6. അഭിപ്രായം

പിണ്ഡദശാവർഷങ്ങൾ

(21)

ധേയം ശൂര ശകേ ശ്രിയം സ്മയ പരേ നിദ്രാഃ സമാ ഭാസ്കരാത്
പിണ്ഡാഖ്യായുഷി പൂർവവച്ച ഹരണം സർവം വിദധ്യാദിഹ
ലഗ്നേ പാപിനി ഭം വിനോദയലവൈർനിർദ്ധാ നതാങ്ഗൈഃ ഹൃതം (1)
ത്യാജ്യം സൗമ്യനിരീക്ഷിതേർഉദ്ധമ്യണമത്രായുഷ്യഭിജ്ഞാ വിദുഃ.

(1) പാഠഭേദം - വിനോദയലവൈർവിഘ്നം നതാംഗേ ഹൃതം.

ധേയം....പിണ്ഡാഖ്യായുഷി - സൂര്യൻ തുടങ്ങിയവരുടെ പിണ്ഡായുർദ്ദായം:

ധേയം	*ശൂര*	*ശകേ*	*ശ്രിയം*	*സ്മയ*	*പരേ*	*നിദ്രാഃ സമാ ഭാസ്കരാത്*
91	52	51	21	51	12	02
19	25	15	12	15	21	20
-	എന്നീ വർഷങ്ങൾ (127 വർഷങ്ങൾ)					
ര	ച	കു	ബു	ഗു	ശു	മ
-	എന്ന ക്രമത്തിൽ					

സൂര്യാദി ഗ്രഹങ്ങൾ നൽകുന്ന, അനുക്രമമായിട്ടുള്ള, പിണ്ഡായുവർഷങ്ങളാണ്.

ഗ്രഹം	ഉച്ചം	ദശാവർഷം	നീചം	ദശാവർഷം
രവി	മേടം	19	തുലാം	9 1/2
ചന്ദ്രൻ	ഇടവം	25	വൃശ്ചികം	12 1/2
കുജൻ	മകരം	15	കർക്കടകം	7 1/2
ബുധൻ	കന്നി	12	മീനം	6
ഗുരു	കർക്കടം	15	മകരം	7 1/2
ശുക്രൻ	മീനം	21	കന്നി	10 1/2
മന്ദൻ	തുലാം	20	മേടം	10

ഹരണങ്ങൾ

പൂർവവത് ച ഹരണം സർവം വിദധ്യാദിഹ - നേരത്തെ അംശകായുർദ്ദായത്തിനു പറഞ്ഞ എല്ലാ ഹരണങ്ങളും പിണ്ഡായുർദ്ദായത്തിലും ചെയ്യണം.

ഗ്രഹങ്ങൾ അത്യുച്ചത്തിൽ (സൂര്യൻ മേടം 10° തുടങ്ങിയവ) നിന്നാലാണു മേൽപ്രറഞ്ഞ ദശാവർഷങ്ങൾ ലഭിക്കുക. ഇതിൽനിന്നു വ്യത്യസ്തമായി നീചസ്ഥിതി, ശത്രുക്ഷേത്രസ്ഥിതി, മൗഢ്യം, ദൃശ്യാർദ്ധസ്ഥിതി, ലഗ്നത്തിൽ പാപസ്ഥിതി എന്നീ അഞ്ചു സന്ദർഭങ്ങളിൽ ദശാവർഷങ്ങ ളിൽ മാറ്റം വരും. ഇവയിൽ നാലു ഹരണങ്ങൾ --നീചഹരണം, മൗഢ്യഹരണം, ദൃശ്യാർദ്ധഹരണം, ശത്രുക്ഷേത്രഹരണം എന്നിവ -- അംശായുർദ്ദായത്തിനു പറഞ്ഞതുപോലെത്തന്നെ ചെയ്യണം. അഞ്ചാമത്തേതായ ക്രൂരോദയഹരണം ഇനി പറയുന്നു.

ക്രൂരോദയഹരണം

ലഗ്നേ പാപ്.നി ഭം...

1. ലഗ്നത്തിൽ പാപഗ്രഹങ്ങൾ (ര, കു, മ) നിൽക്കുന്നുണ്ടെങ്കിൽ
ലഗ്നസ്ഫുടത്തിലെ രാശിയെ നീക്കി ഭാഗ-കലകളെ കലകളാക്കുക.

2 .അതുകൊണ്ട് ഓരോ ഗ്രഹവും നൽകുന്ന ആയുർദ്ദായവർഷത്തെ
പെരുക്കുക, അതിനെ (അങ്ങിനെ കിട്ടുന്ന ഫലത്തെ)

3. *ന.താംഗേ ഹൃതം* - ന ത ഗ - 063 - 360^{0} കൊണ്ട്
അഥവാ 360^{0} യെ 60-കൊണ്ടു ഹരിക്കുക.
ഹരണഫലം ലഗ്നത്തിൽ നിൽക്കുന്ന പാപഗ്രഹത്തിന്റെ (കലകളിലുള്ള) ഹരണമാണ്
.

4. ഇതിനെ ഒരോ ഗ്രഹവും നൽകുന്ന ആയുസ്സിൽനിന്നും കുറച്ചാൽ കൃത്യമായ ദശാവർഷം (ശുദ്ധായുസ്സ്)കിട്ടും.

സൗമ്യന്.ിരീക്ഷിതോ... - ലഗ്നത്തിനു ശുഭദൃഷ്ടിയുണ്ടെങ്കിൽ പകുതി കുറച്ചാൽ മതി.

(22)
ലഗ്നദശാമംശസമാം ബലവത്യംശേ വദന്തി പൈണ്ഡ്യാഖ്യേ
ബലയുക്തം യദി ലഗ്നം രാശിസമൈവാത്ര[1] നാംശോത്ഥാ.
(1) പാഠഭേദം : ദശോക്താ.

ലഗ്നദശ

ലഗ്നദശാ പൈണ്ഡാഖ്യേ - പിണ്ഡായുർദ്ദായത്തിലെ ലഗ്നദശ
ബലവതി അംശേ അംശസമാം
- ലഗ്നത്തിന്റെ അംശകം (ലഗ്നനവാംശം) ബലത്തോടുകൂടിയതാണെങ്കിൽ അംശകത്തിനു സമാനമായ വർഷം.
ബലയുക്തം യദി ലഗ്ന.ം രാശിസമം
- ലഗ്നം ബലത്തോടുകൂടിയതാണെങ്കിൽ രാശിക്കു തുല്യമായ വർഷം.

1. ലഗ്നത്തിന്റെ നവാംശകാധിപന് ലഗ്നാധിപനേക്കാൾ ബലം കൂടുമെങ്കിൽ ലഗ്നസ്ഫുടത്തിലെ *രാശി കളഞ്ഞ്* ബാക്കിയെ കലകളാക്കി 200 കൊണ്ടു ഹരിക്കണം. ആദ്യം കിട്ടുന്നതു വർഷം. ബാക്കിയെ 12-ലും 30-ലും പെരുക്കി 200- കൊണ്ടു ഹരിച്ചു മാസവും ദിവസവും കാണണം.

2 ലഗ്നാധിപനു ലഗ്നനവാംശകാധിപനേക്കാൾ ബലം കൂടുമെങ്കിൽ ലഗ്നസ്ഫുടത്തെ, *രാശിയെ അടക്കം,* കലകളാക്കി 200 • 9 = 1800 കൊണ്ടു ഹരിക്കണം. ഹരണഫലം വർഷം. ശേഷിച്ചതിനെ മാസവും ദിവസവുമാക്കണം.

3. രാശ്യാധിപനും നവാംശകാധിപനും ബലം തുല്യമായി വന്നാൽ രണ്ടാമതു പറഞ്ഞ വിധം.)

(23)
ഹരണം നീചേർ*f* ദ്ധമ്യണം സ്യാത്
സമ്പൂർണ്ണ പ്രോക്തവർഷമുച്ചഗൃഹേ
പൈണ്ഡ്യാദൗ ദ്വ്യന്തരഗേ
പ്രാജ്ഞൈജ്ഞസ്ത്രൈരാശികം ചിന്ത്യം.

നീചഹരണം വ്യക്തമാക്കുന്നു

ഹരണം നീചേ അർദ്ധം...

1. ഗ്രഹങ്ങൾ ഉച്ചത്തിലാണെങ്കിലാണ് മേൽപ്പറഞ്ഞ വർഷങ്ങൾ കിട്ടുക.
2. ഗ്രഹങ്ങൾ നീചത്തിലാണെങ്കി ഇതിൽ പകുതി കുറയും.
3. ഉച്ചത്തിനും നീചത്തിനും ഇടയിലും നീചത്തിനും ഉച്ചത്തിനും ഇടയി ലുമുള്ള സ്ഥിതിക്ക് ആയുർവർഷം കാണാൻ ത്രൈരാശികം ചെയ്യണം

.

(24)

പൈണ്ഡ്യാഖ്യമായുർബ്രുവതേ പ്രധാനം
മണിത്ഥചാണക്യമയാദയശ്ച
ഏത സാധ്വിത്യവദദ്ഭദന്തോ[(1)]
വരാഹസൂര്യസ്യ തദേവ വാക്യം.

(1) പാഠഭേദം: മഹാന്തോ

അഭിപ്രായം

പൈണ്ഡ്യാഖ്യം ആയുഃ ബ്രുവതേ പ്രധാനം

പിണ്ഡായുർദ്ദായം(ഉച്ചനീചദശ) ഉത്തമമാണെന്നാണ് മണിന്ഥൻ, ചാണക്യൻ, മയൻ എന്നീ ആചാര്യന്മാരുടെ അഭിപ്രായം.

ഏതത് ന സാധു ഇതി അവദത് ഭദന്തോ

- എന്നാൽ ഈ ദശാസമ്പ്രദായം കുറ്റമറ്റതല്ല എന്നു ഭദന്തൻ പറഞ്ഞിട്ടുണ്ട്.

വരാഹസൂര്യസ്യ തദേവ വാക്യം

- വരാഹമിഹിരന്റെ അഭിപ്രായവും ഇതുതന്നെയായിരുന്നു

(ഭദന്തൻ - ബൗദ്ധസന്യാസി / സത്യാചാര്യൻ).

6. ജീവശർമ്മദശ

(25)

സൂര്യാദികാനാം സ്വമതേന ജീവ-
ശർമ്മാ സ്വരാംശം പരമായുഷോƒ ത്ര
അസ്യാപി സർവം ഹരണം വിധേയം
പൂർവോക്തവ ഗ്നദശാമപീഹ.

സ്വമതേന ജീവശർമ്മാ

- ജീവശർമ്മ എന്ന ആചാര്യന്റെ അഭിപ്രായത്തിൽ

  സൂര്യാദികാനാം - സൂര്യൻ തുടങ്ങിയ സപ്തഗ്രഹങ്ങളുടെആയുർദ്ദായം

സ്വരാംശം പരമായുഷ അത്ര

- പരമായുസ്സിനെ ഏഴായി ഭാഗിച്ചതാണ്.

അസ്യാപി സർവം ഹരണം വിധേയം - ഇതും നേരത്തെ പറഞ്ഞ -- പിണ്ഡദശയ്ക്കു പറഞ്ഞ -- എല്ലാ ഹരണങ്ങൾക്കും വിധേയമാണ്.

3. *പൂർവോക്തവ ഗന്ദശാമപീഹ*- ലഗ്നദശയും നേരത്തേ പറഞ്ഞതുപോലെ - പിണ്ഡദശയ്ക്കു പറഞ്ഞതുപോലെ -- ത്തന്നെ .

ഈ ദശാരീതിയിൽ നിസർഗ്ഗദശയിലേതുപോലെ, പരമായുസ്സ് 120വർഷം 5 ദിവസമാണ്. ഇതിനെ ഏഴായി ഭാഗിച്ചത് -- 17 വർഷം 1 മാസം 22 ദിവസം -- ആണ് ഓരോ ഗ്രഹത്തിന്റയും ദശ. പിണ്ഡദശയ്ക്കു പറഞ്ഞ എല്ലാ ഹരണങ്ങളും ഇതിനും വേണം. ലഗ്നദശയും അതുപോലെത്തന്നെ .

പൊതുവായ ചില കാര്യങ്ങൾ

പുരുഷായുസ്സ് എത്ര?

(26)
നൃണാം ദ്വാദശവത്സരാ ദശഹതാ ആയുഃ പ്രമാണം പരൈ-
രാഖ്യാതം പരമം ശനൈസ്ത്രിഭഗണോ യാവജ്ജനൈരീരിതം
കേചിച്ചന്ദ്രസഹസ്രദർശനമിഹ പ്രോക്തം കലൗ കിന്തു യ-
ദ്വോദോക്തം ശരദശ്ശതം ഹി പരമായുർദ്ദായമാചക്ഷ്മഹേ.

നൃണാം ദ്വാദശവത്സരാ ദശഹതാ ആയുഃ

- ചിലരുടെ അഭിപ്രായത്തി മനുഷ്യരുടെ ആയുസ്സ് നൂറ്റിരുപത് വർഷമാണ്

പരൈ ആഖ്യാതം പരമം ശനൈഃ ത്രിഭഗണോ യാവത് ജനൈഃ ഈരിതം

- മറ്റു ചിലരുടെ അഭിപ്രായത്തിൽ ശനിയുടെ മൂന്നു *ഭഗണകാലം* (30 • 3) ആണ് പരമായുസ്സ്.

കേചിത് ചന്ദ്രസഹസ്രദർശനമിഹപ്രോക്തം

- ആയിരം പൂർണ്ണചന്ദ്രനെ കാണുന്നതാണ് പൂർണ്ണായുസ്സ് എന്നും പക്ഷമുണ്ട്.

കലൗ കിന്തു യത് വേദോക്തം ശരദശ്ശതം ഹി പരമായുർദ്ദായ മാചക്ഷ്മഹേ

- എന്നാൽ വേദം പറയുന്നത് കലിയുഗത്തിൽ മനുഷ്യായുസ്സ് നൂറു വർഷം ആണെന്നാണ്. നമ്മളും അതിനോടു യോജിക്കുന്നു.

ദശാക്രമം

(27)
ലഗ്നാദിത്യേന്ദുകാനാമധികബലവതഃ
സ്യാദ്ദശാദൗ തതോ *f* ന്യാ
തത്കേന്ദ്രാദിസ്ഥിതാനാമിഹ ബഹുഷു പുനർ-
വീര്യതോ വീര്യസാമ്യേ

ബഹ്വായുർവർഷദാതുഃ പ്രഥമമിനവശാ-
ച്ചോദിതസ്വാബ്ദസാമ്യേ
വീര്യം കിംത്വത്ര സന്ധിർഗ്രഹവിവരഹതം
ഭാവസന്ധ്യന്തരാപ്തം.

ലഗ്ന ആദിത്യ ഇന്ദുഭ്:ന:ാം അധികബലവതഃ സ്യാത് ദശാദൗ

- ലഗ്നം, ആദിത്യൻ, ചന്ദ്രൻ ഇവരി അധികം ബലമുള്ളഗ്രഹത്തിന്റെ ദശയാണ് ആദ്യം വരുക.

തതഃ അ:ന്യാ തത് കേന്ദ്രാദി സ്ഥിത:ന:ാം ഇഹ

- രണ്ടാമതായി കേന്ദ്രത്തിൽ നിൽക്കുന്ന ഗ്രഹത്തിന്റെ ദശ വരും

ബഹുഷു പു:ന:ഃ വീര്യതോ

- കേന്ദ്രത്തിൽ അധികം ഗ്രഹങ്ങൾ ഉണ്ടെങ്കിൽ അവരിൽ ബലമേറിയവന്റെ ദശ എടുക്കണം.

വീര്യസാമ്യേ ബഹ്വായുഃ വർഷദാതുഃ

- ബലംകൊണ്ടു തുല്യാവസ്ഥയോടു കൂടിയ ഗ്രഹങ്ങൾ കേന്ദ്രത്തിൽ ഉണ്ടായാൽ അധികം ആയുർവർഷം തരുന്ന ഗ്രഹത്തിന്റെ ദശ എടുക്കണം.

പ്രഥമം ഇ:ന:വശേന ഉദിത സ്യാത് അബ്ദസാമ്യേ

- ആയുർവർഷത്തിലും ഗ്രഹങ്ങൾക്കു സാമ്യം വന്നാൽ സൂര്യബന്ധത്തിൽ നിന്നും ആദ്യം പുറത്തു വരുന്ന ഗ്രഹത്തിന്റെ ദശ ആദ്യം വരും.

വീര്യം കിം തു അത്ര....

- ഇനി അഥവാ വീര്യം, ദശാവർഷം, സൂര്യയോഗത്തിനുശേഷം ആദ്യം ഉദിക്കുക എന്നിവയെല്ലാത്തിലും ഒത്തുവരികയാണെങ്കിൽ അടുത്ത സ്ഥാനത്തുള്ള ഗ്രഹത്തെ ക്കൊണ്ടു ചിന്തിക്കണം.

ഈ ദശകൾ ചിന്തിക്കേണ്ടതെപ്പോൾ

(28)
അംശോത്ഭവം ലഗ്നബലാത്പ്രസാധ്യ-
മായുശ്ച പിണ്ഡോത്ഭവമർക്കവീര്യാത്
നൈസർഗ്ഗികം ചന്ദ്രബലാത് പ്രസാധ്യം
ബ്രൂയാത് ത്രയാണാമപി വീര്യസാമേ

(29)
തേഷാം ത്രയാണാമിഹ സംയുതിസ്തു
ത്രിഭിർഹൃതാ സൈവ ദശാ പ്രക പ്യാ
വീര്യം ദ്വയോരൈക്യദളം തയോഃ സ്യാത്
ചേജ്ജീവശർമായുരമീ ബലോനാഃ.

1. ലഗ്നത്തിനാണ് ബലം കൂടുതലെങ്കിൽ അംശായുസ്സും
2. സൂര്യനാണു ബലമെങ്കിൽ പിണ്ഡായുസ്സും
3. ചന്ദ്രനാണു ബലമെങ്കിൽ നിസർഗ്ഗായുസ്സും എടുക്കണം.
4 മുൻപറഞ്ഞ മൂന്നിലും ബലസാമ്യം വരുകയാണെങ്കിൽ
മൂന്നുവിധ ആയുസ്സും ഒരുമിച്ചുകൂട്ടി മൂന്നുകൊണ്ടു ഹരിക്കണം.
5 രണ്ടെണ്ണത്തിനു തുല്യബലം വരികയാണെങ്കിൽ രണ്ടും തമ്മിൽകൂട്ടി
രണ്ടുകൊണ്ടു ഹരിക്കുക.
6 മൂന്നിനും ബലമില്ലെങ്കിൽ ജീവശർമ്മീയരീതി അനുസരിച്ചു ദശ കാണുക.

(30)
കാലചക്രദശാ ജ്ഞേയാ ചന്ദ്രാംശേശേ ബലാന്വിതേ
സദാ നക്ഷത്രമാർഗ്ഗേണ ദശാ ബലവതീ സ്മൃതാ.

1. *ചന്ദ്രാംശേശേ ബലാന്വിതേ കാലചക്രദശാ ജ്ഞേയാ*
- ചന്ദ്രന്റെ നവാംശത്തിന്റെ നാഥന് ബലമുണ്ടെങ്കിൽ കാലചദശ
അനുസരിച്ചു ഫലം അറിയണം.

2. *നക്ഷത്രമാർഗ്ഗേണ ദശാ സദാ ബലവതീ സ്മൃതാ* -- നക്ഷത്രദശ എപ്പോഴും, എല്ലാ സന്ദർഭങ്ങളിലും, ഫലം കാണിക്കുന്നതാണ്.

(31)
സമാഃ ഷഷ്ടിർദ്വിഘ്നാ മനുജകരിണാം പ ച നിശാ
ഹയാനാം ദ്വാത്രിംശത് ഖരകരഭയോഃ പ കകൃതിഃ
വിരൂപാ സാ ത്വായുർവൃഷമഹിഷയോർദ്വാദശ ശൂനാം
സ്മൃതം ഛാഗാദീനാം ദശകസഹിതാഃ ഷട് ച പരമം.

ജീവികളുടെ ആയുസ്സ്

ഷഷ്ഠിർദ്വിഘ്നാ മനുജകരിണാം...
- മനുഷ്യർക്കും ആനകൾക്കും നൂറ്റിയിരുപതു വർഷം അഞ്ചു ദിവസം

ഹയാനാം ദ്വാത്രിംശത് - കുതിരയ്ക്ക് മുപ്പത്തിരണ്ടു വർഷം

ഖരകരഭയോഃ പ കകൃതിഃ - ഒട്ടകത്തിനും കഴുതയ്ക്കും ഇരുപത്തിയഞ്ചു വർഷം

വിരൂപാ സാപ്യായുഃ വൃഷമഹിഷയോ - കാളയ്ക്കും പോത്തിനും ഇരുപത്തിനാലു വർഷം

ദ്വാദശ ശൂനാം - നായയ്ക്കു പന്ത്രണ്ടു വർഷം

ഛാഗാദീനാം ദശകസഹിതാഃ ഷട് - ആടിനു പതിനാറു വർഷം

ഈ ശ്ലോകം ഹോരാശാസ്ത്രത്തിൽ നിന്നുമുള്ളതാണ്. (7 - 5)

പരമായുഃ	വർഷം
മനുഷ്യൻ, ആന	120
കുതിര	32
ഒട്ടകം, കഴുത	25
കാള, പോത്ത്	24
നായ	12
ആട്	16

(32)
യേ ധർമ്മകർമ്മനിരതാ വിജിതേന്ദ്രിയാശ്ച
യേപത്ഥ്യഭോജനരതാ ദ്വിജദേവഭക്താഃ
യേ മാനവാ ദധതി യേ കുലശീലസീമാം
തേഷാമിദം കഥിതമായുരുദാരധീഭിഃ.

പരമായുസ്സ് ആർക്കു കിട്ടും ?

യേ ധർമ്മകർമ്മനിരതഃ	-	ധർമ്മകർമ്മങ്ങളിൽ നിരതരായി,
വിജിതേന്ദ്രിയാശ്ച	-	വിജിതേന്ദ്രിയരുമായി
യേ പത്ഥ്യഭോജനരതാ	-	പത്ഥ്യഭോജനത്തിൽ രതരായി (സാത്വികഭക്ഷണം കഴിച്ചു)
ദ്വിജദേവഭക്താഃ യേ മാനവാ ദധതി	ന്ന-	ബ്രഹ്മജ്ഞാനികളേയും ദൈവങ്ങളേയും വന്ദിക്കുവനായി
യേ കുലശീലസീമാം	-	കുലശീലങ്ങൾ അനുസരിച്ച് കഴിയുന്നുവോ
തേഷാമിദം	-	ആ മനുഷ്യർക്കാണ് ഈ ആയുസ്സ് പറയുന്നത്.

ഇതും ഹോരയിലുള്ള ശ്ലോകമാണ്. ജാതകപാരിജാതവും ഇത് ഉദ്ധരിക്കുന്നുണ്ട്.

ഇന്നത്തെ ഭാരതീയഫലജ്യോതിഷത്തിന്റെ അടിസ്ഥാനഗ്രന്ഥമെന്നറിയപ്പെടുന്ന ഹോരാശാസ്ത്രം അഥവാ ബൃഹജ്ജാതകം വിവരിക്കുന്നത് ഉച്ചനീചദശ, ജീവശർമ്മദശ, അംശകദശ എന്നീ മൂന്നു ദശാസമ്പ്രദായങ്ങൾ മാത്രമാണ്. അവ ആയുർനിർണ്ണയത്തിനു മാത്രമല്ല പൊതുവായ ഫലപ്രവചനത്തിനും ഉപയോഗിക്കാൻ വേണ്ട മാർഗ്ഗനിർദ്ദേശങ്ങളും അവിടെ നൽകുന്നുണ്ട്. എന്നാൽ നൂറ്റാണ്ടുകൾക്കുശേഷം സമാഹരിക്കപ്പെട്ട പരാശരഹോരയിൽ 28 ദശകളെപ്പറ്റി പറയുന്നുണ്ട്. ഇവയിൽ വിംശോത്തരിയ്ക്കു തെക്കും അഷ്ടോത്തരിയ്ക്കു വടക്കും ഇന്നു കൂടുതൽ പ്രചാരമുണ്ട്. ആയുർനിർണ്ണയത്തിനും സാധാരണ ഗതിയിൽ ഇന്ന് ഈ ദശകളെത്തന്നെയാണ് ആശ്രയിക്കുന്നത്.

അദ്ധ്യായം 23
അഷ്ടകവർഗ്ഗം

വിഷയവിവരം

1. അഷ്ടകവർഗ്ഗം ഗണിതത്തിന് ഒരു ഉദാഹരണജാതകം
2. കടപയാദി അക്ഷരസംഖ്യ
3. ഭിന്നാഷ്ടവർഗ്ഗം

4 - 10 സൂര്യാഷ്ടവർഗ്ഗം മുത ശന്യഷ്ടവർഗ്ഗം വരെ

11. അഷ്ടവർഗ്ഗമനരിച്ച് ഗ്രഹങ്ങളുടെ ഇഷ്ടരാശികളും അനിഷ്ടരാശികളും
12. അഷ്ടവർഗ്ഗ ഫലം

13 ഉത്തമം, മദ്ധ്യമം, അധമം

14 ഫലം പറയേ രീതി

15. പ്രസ്താരാഷ്ടകവർഗ്ഗം

16 ഗ്രഹങ്ങൾ അഷ്ടവർഗ്ഗപ്രകാരം ശുഭഫലം നൽകുന്നതെപ്പോൾ?

17 പാപഗ്രഹങ്ങളുടെ ഗുണദോഷഫലങ്ങൾ

<u>ഗണിതത്തിന് ഉദാഹരണജാതകം</u>

മീനം **ല**	മേടം കുശു	ഇടവം രചബു	മിഥുനം മസ
കുംഭം മാ			കർക്കടകം 0
മകരം 0			ചിങ്ങം ഗു
ധനു ശി	വൃശ്ചികം 0	തുലാം 0	കന്നി 0

കടപയാദി അക്ഷരസംഖ്യ

ഈ അദ്ധ്യായത്തിലും അക്കങ്ങൾക്കുപകരം അക്ഷരസംഖ്യകളാണ്. ഉപയോഗിച്ചിട്ടുള്ളത്. അത് അനുബന്ധമായി കൊടുത്തിട്ടുണ്ട്

ഭിന്നാഷ്ടവർഗ്ഗം

എട്ടിന്റെ വർഗ്ഗമാണ് അഷ്ടവർഗ്ഗം. സപ്തഗ്രഹങ്ങളും ലഗ്നവും ചേർന്നതാണ് ഈ എട്ട്. (സൂര്യൻ, ചന്ദ്രൻ, കുജൻ, ബുധൻ, ഗുരു, ശുക്രൻ, ശനി, ലഗ്നം.) സപ്തഗ്രഹങ്ങൾക്കു മാത്രമേ അഷ്ടവർഗ്ഗമുള്ളൂ. ലഗ്നത്തിനെ കണക്കിനു പരിഗണിക്കുന്നുണ്ടെങ്കിലും ഗ്രഹമല്ലാത്തതിനാൽ, അഷ്ടവർഗ്ഗമില്ല. (ഉണ്ടെന്ന അഭിപ്രായമുള്ളവരും ഉണ്ട്.) ജാതകത്തിലെ സ്ഥിതിവെച്ച്, ഏഴു ഗ്രഹങ്ങൾക്കും തങ്ങളിൽനിന്നും മറ്റു ഗ്രഹങ്ങളിൽനിന്നും ലഗ്നത്തിൽ നിന്നുമായി കിട്ടുന്ന ബല ത്തിന്റേതായ ബിന്ദുക്കളാണ് അഷ്ടവർഗ്ഗബിന്ദുക്കൾ. ഉദാഹരണത്തിന് സൂര്യന് താൻ നിൽക്കുന്ന രാശിയുടെ 1, 2, 4, 7, 8, 9, 10, 11 സ്ഥാനങ്ങളിൽ ഓരോ ബിന്ദുവീതം ആകെ 8 ബിന്ദുക്കൾ കിട്ടുന്നുണ്ട്. ഇതുപോലെ മറ്റു ഗ്രഹങ്ങളും സൂര്യനു ബിന്ദുക്കൾ നൽകുന്നുണ്ട്. അതു പ്രകാരം ആകെ സൂര്യാഷ്ടവർഗ്ഗം 48 ആകും.

(1)

ഗോചരഗ്രഹവശാന്മനുജാനാം
യച്ഛുഭാശുഭഫലാദ്യുപലബ്ധ്യൈ
അഷ്ടവർഗമിതി യന്മഹദുക്തം
തത്പ്രസാധനമിഹാഭിവദേ*f*ഹം.

ഗോചരഗ്രഹവശാത് മനുജാനാം - ഗോചരത്തിൽ, ചാരവശാൽ, മനുഷ്യർക്കു, (ഗ്രഹങ്ങളാൽ)
യത് ശുഭ അശുഭ ഫലം ഉപലബ്ധ്യൈ - എന്തെല്ലാം ശുഭാശുഭഫലങ്ങളുണ്ടാകുമെന്നറിയുന്നതിന്,
അഷ്ടവർഗമിതി യത് മഹദുക്തം
- മഹാന്മാരാൽ പറയപ്പെട്ട അഷ്ടവർഗ്ഗം എന്ന സമ്പ്രദായം ഏതാണോ
തത് പ്രസാധനം ഇഹ അഭിവദേ അഹം
- അതിന്റെ പ്രസാധനം ഞാൻ ഇവിടെ നിർവഹിക്കുന്നു.

(2)

ആലിഖ്യ സമ്യഗ്ഭുവി രാശിചക്രം
ഗ്രഹസ്ഥിതിം തജ്ജനനപ്രവൃത്താം
തത്തദ് ഗ്രഹർക്ഷാത് ക്രമശോ*f*ഷ്ടവർഗ്ഗം
പ്രോക്തം കരോത്യക്ഷവിധാനമത്ര.

ആലിഖ്യ സമ്യക് ഭുവി രാശിചക്രം - നിലത്തു രാശിചക്രം വരച്ച്
ഗ്ര ഹസ്ഥിതിം തത് ജനനപ്രവൃത്താം - (അതിൽ)ജനനസമയത്തെ ഗ്രഹസ്ഥിതി എഴുതി
തത്തത് ഗ്രഹർക്ഷാത് ക്രമശോ അഷ്ടവർഗ്ഗം പ്രോക്തം കരോതി അക്ഷവിധാനം അത്ര.....
- അതാതു ഗ്രഹങ്ങളുടെ രാശികളിൽനിന്നും ക്രമത്തിൽ അക്ഷങ്ങൾ (ബിന്ദുക്കൾ, പരലുകൾ) ഇട്ട് അഷ്ടവർഗ്ഗം കാണുന്ന രീതി വിവരിക്കുന്നു..

(3)
പുത്രീവസാഹിധനികേƒർക്കകുജാർക്കജേഭ്യോ
മുക്താളകേ സുരഗുരോർഭൃഗുജാത്തഥാശ്രീഃ
ജ്ഞാദ്ഗോമതീധനപരാ രവിരിഷ്ടദോƒ ബ്ജാ-
ഗ്നീതോന്നയേപ്യുദയഭാല്ലഘുതാന്നപാത്രേ.

സൂര്യാഷ്ടവർഗ്ഗം

അർക്ക കുജ അർക്കജേഭ്യോ
(1) സൂര്യൻ, (2) കുജൻ, (3) ശനി എന്നിവരിൽനിന്നും (സൂര്യനു കിട്ടുന്ന) അഷ്ടവർഗ്ഗബിന്ദുക്കൾ

വാക്യം	*പു*	*ത്രീ*	*വ*	*സാ*	*ഹി*	*ധ*	*നി*	*കേ*	**ആകെ**
	അക്ഷരം	പ	ര	വ	സ	ഹ	ധ	ന	ക
	രാശി	1	2	4	7	8	9	10	11 **8 ,3**

(4) *സുരഗുരോ* - വ്യാഴത്തിൽനിന്നും സൂര്യനു കിട്ടുന്നത്

മു	ക്താ	ള	കേ	
മ	ത	ള	ക	
5	6	9	11	4

(5) *ഭൃഗുജാത്* - ശുക്രനിൽനിന്നും സൂര്യനു കിട്ടുന്നത്

ത	ഥാ	ശ്രീ	
ത	ഥ	ര	
6	7	12	3

(6) *ജ്ഞാത്* - ബുധനിൽനിന്നും സൂര്യനു കിട്ടുന്നത്

ഗോ	*മ*	*തീ*	*ധ*	*ന*	*പ*	*രാ*	
ഗ	മ	ത	ധ	ന	പ	രാ	
3	5	6	9	10	11	12	7

(7) ചന്ദ്രനിൽനിന്നും

ഗ്നീ	*തോ*	*ന്ന*	*യേ*	
ഗ	ത	ന	യ	
3	6	10	11	4

(8) ലഗ്നാൽ സൂര്യനു കിട്ടുന്ന അഷ്ടവർഗ്ഗബലം
ഉദയഭാത് - ലഗ്നംമുതൽ സൂര്യാഷ്ടവർഗ്ഗം (6 ബിന്ദുക്കൾ)

ല	ഘു	താ	ന്ന	പാ	ത്രേ.	
ല	ഘ	ത	ന	പ	ര	
3	4	6	10	11	12	6

ആകെ സൂര്യാഷ്ടവർഗ്ഗം (48)

ഉദാഹരണജാതകത്തിൽ സൂര്യന്റെ അഷ്ടവർഗ്ഗം

മീനം	മേടം	ഇടവം	മിഥുനം
5	4	3	4
കുംഭം			കർക്കടകം
6		(48)	4
മകരം			ചിങ്ങം
6			2
ധനു	വൃശ്ചികം	തുലാം	കന്നി
5	2	4	3

ഇതുപ്രകാരം സൂര്യന്റെ 48 ബിന്ദുക്കൾ മേടം 4, ഇടവം 3, മിഥുനം 4....., എന്ന ക്രമത്തിൽ വരുന്നു. അതു പ്രകാരം അഞ്ചോ അതിലധികമോ ബിന്ദുക്കളുള്ളത് ധനു, മകരം, കുംഭം, മീനം രാശികളിൽ മാത്രമാണ്. നിയമപ്രകാരം ചാരവശാൽ ഈ നാലു രാശികളിൽ വരുമ്പോഴാണ് സൂര്യൻ തന്റെ ഭാവാധിപത്യം, കാരകത്വങ്ങൾ എന്നിവ അനുസരിച്ചുള്ള നല്ല ഫലം നൽകുക. ഈ ജാതകത്തിൽ സൂര്യൻ ഇടവത്തിലാണ്. അപ്പോൾ മകരം ഒമ്പത്. അതുപ്രകാരം സൂര്യൻ മകരംരാശിയിൽ വരുമ്പോൾ ഒമ്പതാംഭാവത്തിന്റെ ഗുണങ്ങളായ ഭാഗ്യം തുടങ്ങിയവ നൽകണം.

(4)

ഗീതാസൗ ജനകേ രവേഃ കലിതസാന്നിഷ്കേ തുഷാരദ്യുതേഃ
ഭൗമാച്ഛ്രീഗുണിതേ ധനസ്യ യുഗവന്മാസാബ്ദനിത്യേ ബുധാത്
ജീവാത് കൗരവസജ്ജനസ്യ ഭൃഗുജാദ്ഗൂഢാത്മസിദ്ധാജ്ഞയാ
മന്ദാദ്ഗണചയേ തനീർഗതിനയേ ചന്ദ്രഃ ശുഭോ ഗോചരേ.

ചന്ദ്രാഷ്ടവർഗ്ഗം

രവേഃ - ചന്ദ്രാഷ്ടവർഗ്ഗം സൂര്യനിൽനിന്നും

ഗീ	താ	സൗ	ജ	ന	കേ	
ഗ	ത	സ	ജ	ന	ക	
3	6	7	8	10	11	6

തുഷാരദ്യുതേഃ ചന്ദ്രാഷ്ടവർഗ്ഗം ചന്ദ്രനിൽനിന്നും

ക	ലി	ത	സാ	ന്നി	ഷ്കേ	
ക	ല	ത	സ	ന്ന	ക	
1	3	6	7	10	11	6

ഭൗമാ - ചന്ദ്രാഷ്ടവർഗ്ഗം കുജനിൽനിന്നും

ശ്രീ	ഗു	ണി	തേ	ധ	ന	സ്യ	
ര	ഗ	ണ	ത	ധ	ന	യ	
2	3	5	6	9	10	11	7

ബുധാത് - ചന്ദ്രാഷ്ടവർഗ്ഗം ബുധനിൽനിന്നും

യു	ഗ	വ	ന്മാ	സാ	ബ്ദ	നി	ത്ര്യേ	
യ	ഗ	വ	മ	സ	ദ	ന	യ	
1	3	4	5	7	8	10	11	8

ജീവാത് - ചന്ദ്രാഷ്ടവർഗ്ഗം വ്യാഴത്തിൽനിന്നും

കൗ	ര	വ	സ	ജ്ജ	ന	സ്യ	
ക	ര	വ	സ	ജ	ന	യ	
1	2	4	7	8	10	11	7

ഭൃഗുജാത് - ചന്ദ്രാഷ്ടവർഗ്ഗം ശുക്രനിൽനിന്നും

മൂ	ഢാ	ത്മ	സി	ദ്ധാ	ജ്ഞ	യാ	
മ	ഢ	മ	സ	ധ	ഞ	യ	
3	4	5	7	9	10	11	7

മന്ദാത് - ചന്ദ്രാഷ്ടവർഗ്ഗം ശനിയിൽനിന്നും

ഗ	ണ	ച	യേ	
ഗ	ണ	ച	യ	
3	5	6	11	4

ചന്ദ്രാഷ്ടവർഗ്ഗം ലഗ്നത്തിൽനിന്നും

ഗ	തി	ന	യേ	
ഗ	ത	ന	യ	
3	6	10	11	
				4

ചന്ദ്രഃ ശുഭോ ഗോചരേ.

- ചന്ദ്രൻ ഗോചരത്തിൽ ശുഭഫലം നൽകുന്നു.

ഉദാഹരണജാതകത്തിലെ ചന്ദ്രാഷ്ടകവർഗ്ഗം = (49)

മീനം 4	മേടം 1	ഇടവം 5	മിഥുനം 3
കുംഭം 6			കർക്കടകം 5
മകരം 3			ചിങ്ങം 6
ധനു 5	വൃശ്ചികം 5	തുലാം 4	കന്നി 2

(5)

തീക്ഷ്ണാംശോർഗണിതാനകേ ശശിരഗോല്ലാ-

ക്ഷായഭൂമേസ്സുതായ്

പുത്രീവാസജനായ ചന്ദ്രരതനയാത്
ഗോമേദകേ ഗീഷ്പദേഃ
താകാരിസിതാത്തദാ കരുശനേഃ
കോവാസദാധേനുകോ
ലഗ്നാതത് സ്വാത് കലിതം നയേത് ക്ഷിതിസുതഃ
ക്ഷേമപ്രദോ ഗോവരേ.

കുജാഷ്ടവർഗ്ഗം

തീക്ഷ്ണാംശോ - സൂര്യനിൽനിന്നും

ഗ	ണി	താ	ന	കേ	
ഗ	ണ	ത	ന	ക	
3	5	6	10	11	5

ശശി - ചന്ദ്രനിൽനിന്നും

ഗോ	ക്ഷാ		യ	
ഗ	ഷ		യ	
3	6		11	3

ഭൂമേസ്സുതാത് - കുജനിൽനിന്നും

പു	ത്രീ	വാ	സ	ജ	നാ	യ	
പ	ര	വ	സ	ജ	ന	യ	
1	2	4	7	8	10	11	7

ചന്ദ്രതനയാത് - ബുധനിൽനിന്നും

ഗോ	മേ	ദ	കേ	
ഗ	മ	ദ	ക	
3	5	6	11	4

ഗീഷ്പദേഃ - ഗുരുവിൽനിന്നും

ത	ന്നാ	കാ	രി	
ത	ന	ക	ര	
6	10	11	12	4

സിതാത് - ശുക്രനിൽനിന്നും

ക	രു	ശ	നേഃ	
ക	ര	ശ	ന	
6	8	11	12	4

ശനിയിൽനിന്നും

കോ	വാ	സ	ദാ	ധേ	നു	കോ

ക	വ	സ	ദ	ധ	ന	ക	
1	4	7	8	9	10	11	7

ലഗ്നാതത് സ്വാത് - ലഗ്നത്തിൽനിന്നും

കലിതം നയേൽ

ക	ല	ത	ന	യ
1	3	6	10	11
			5	

ഉദാഹരണജാതകത്തിലെ കുജാഷ്ടവർഗ്ഗം - (39)

മീനം 6	മേടം 2	ഇടവം 3	മിഥുനം 2
കുംഭം 4			കർക്കടകം 5
മകരം 4			ചിങ്ങം 1
ധനു 2	വൃശ്ചികം 2	തുലാം 4	കന്നി 4

(6)

സൗമ്യാദ്യോഗശതം ധനൈഃ കുരുരവേർമേഷാധികശ്രീഗുരോഃ
തേജോ യത്ര യമാരയോഃ പുരവസം ദിഗ്ധേ നയേ ഭാർഗവാത്
പുത്രോ ഗർഭമഹാന്ധകേ പരഭൃതാം ദാനായ ലഗ്നാത്സുധാ-
മൂർതേഃ പ്രാവൃഷി ജാനകീ ശശിസുതസ്ത്വത്ര സ്ഥിതശ്ചേച്ഛുഭഃ.

ബുധാഷ്ടവർഗ്ഗം

സൗമ്യാത് - ബുധനിൽനിന്ന്

യോ	ഗ	ശ	തം	ധ	നൈഃ കു		രു	
യ	ഗ	ശ	ത	ധ	ന	ക	രു	
1	3	5	6	9	10	11	12	8

രവേഃ - സൂര്യനിൽനിന്ന്

മേ	*ഷാ*	*ധി*	*ക*	*ശ്രീ*	
മ	ഷ	ധ	ക	ര	
5	6	9	11	12	5

ഗുരോഃ - വ്യാഴത്തിൽനിന്ന്

തേജോയത്രയമാരയോ

ത	ജ	യ	ര	
6	8	11	12	
				4

യമ ആരയോ - ശനിയിൽനിന്നും കുജനിൽനിന്നും

പു	*ര*	*വ*	*സ*	*ദി*	*ഗ്ധേ*	*ന*	*യേ*	
പ	ര	വ	സ	ദ	ധ	ന	യ	
1	2	4	7	8	9	10	11	8, 8

ഭാർഗവാത് - ശുക്രനിൽനിന്ന്

പു	*ത്രോ*	*ഗ*	*ർഭ*	*മ*	*ഹാ*	*ന്ധ*	*കേ*	
പ	ര	ഗ	ഭ	മ	ഹ	ധ	ക	
1	2	3	4	5	8	9	11	8

പ	ര	ഭൃ	താം	ദാ	നാ	യ	
പ	*ര*	*ഭ*	*ത*	*ദ*	*ന*	*യ*	
1	2	4	6	8	10	11	7

ലഗ്നാത് - ലഗ്നത്തിൽനിന്ന്

സുധാമൂർത്തേ - ചന്ദ്രനിൽനിന്ന്

പ്രാ	*വൃ*	*ഷി*	*ജ*	*ന*	*കീ*	
ര	വ	ഷ	ജ	ന	ക	
2	4	6	8	10	11	6

ഉദാഹരണജാതകത്തിലെ ബുധാഷ്ടവർഗ്ഗം (54)

മീനം 6	മേടം 6	ഇടവം 3	മിഥുനം 5
കുംഭം 5			കർക്കടകം 5
മകരം 6			ചിങ്ങം 3
ധനു 5	വൃശ്ചികം 2	തുലാം 5	കന്നി 3

(7)

മാർത്താണ്ഡാത് കരലാഭസജ്ജധനികേചന്ദ്രാദ്രുമേഷാളികേ
ഭൗമാത് കിംപ്രഭുസൂദനായ കരവശ്ശിക്ഷാധനാഢ്യേ ബുധാത്
പുത്രീഗർഭസദാനകേ സുരഗുരോഃ സ്വർല്ലക്ഷ്മി ചന്ദ്രേ ശനേഃ
ശ്രീമന്തോ ധനികാഃ സിതാത് കരിവിശേഷസിദ്ധിനിത്യം തനോഃ

വ്യാഴാഷ്ടവർഗ്ഗം

മാർത്താണ്ഡാത് - സൂര്യനിൽനിന്ന്

ക	ര	ലാ	ഭ	സ	ജ്ജ	ധ	നി	കേ	
ക	ര	ല	ഭ	സ	ജ	ധ	ന	ക	
1	2	3	4	7	8	9	10	11	9

ചന്ദ്രാത് - ചന്ദ്രനിൽനിന്ന്

രു	മേ	ഷാ	ളി	കേ					
ര	മ	ഷ	ള	ക					
2	5	7	9	11					5

ഭൗമാത് - കുജനിൽനിന്ന്

കിം	പ്ര	ഭു	സൂ	ദ	നാ	യ			
ക	ര	ഭ	സ	ദ	ന	യ			
1	2	4	7	8	10	11			7

കരവശ്ശിക്ഷാധനാഢ്യേ

ക	ര	വ	ശ	ഷ	ധ	ന	ഢ		
1	2	4	5	6	9	10	11		8

ബുധാത് - ബുധനിൽനിന്ന്

പുത്രീഗർഭസദാനകേ

പ	ര	ഗ	ഭ	സ	ദ	ന	ക		
1	2	3	4	7	8	10	11		8

സുരഗുരോഃ - വ്യാഴത്തിൽനിന്ന്

ല	ഷ്മി	ച	ന്ദ്രേ						
ല	മ	ച	ര						
3	5	6	12						4

ശനേഃ - ശനിയിൽനിന്ന്

ശ്രീമന്തോ ധനികാത്

ര	മ	ത	ധ	ന	ക				
2	5	6	9	10	11				6

സിതാത് - ശുക്രനിൽനിന്ന്

കരിവിശേഷസിദ്ധനിത്യം

ക	ര	വ	ശ	ഷ	സ	ധ	ന	ത	
1	2	4	5	6	7	9	10	11	9

തനോഃ - *ലഗ്നാത്*

ഉദാഹരണജാതകത്തിലെ വ്യാഴാഷ്ടവർഗ്ഗം (56)

മീനം	മേടം	ഇടവം	മിഥുനം
5	2	6	5
കുംഭം			കർക്കടകം
5			3
മകരം			ചിങ്ങം
6			6
ധനു	വൃശ്ചികം	തുലാം	കന്നി
3	6	4	5

(8)
ജാത്യാം ശ്രീസ്തു രവേർവിധോഃ പുരഗവാമന്ദോളപുത്രേ തനോഃ
പൗരേ ലാഭമദാളികേ കുരുലവം മോഹേ ധനേഢ്യേ ഭൃഗോഃ
ലോഭസ്താളിപരേ കുജാദ്രവിസുതാൽ ഗർഭം മഹാബ്ധൗ നയേ
ജ്ഞാളക്ഷ്മീചുളകേ ഗുരോർമദധതാഢ്യോ f സൗ ഭൃഗു സൗഖ്യദ.

ശുക്രാഷ്ടവർഗ്ഗം

ജാ	ത്യാം	ശ്രീ	
ജ	യ	ര	
8	11	12	3

രവേ - സൂര്യനിൽനിന്ന്

വിധോഃ - ചന്ദ്രനിൽനിന്ന്
പുരഗവാമന്ദോളപുത്രേ

പ	ര	ഗ	വ	മ	ദ		
1	2	3	4	5	8		9
ള		പ		ര			
9		11		12			3

തനോ - ലഗ്നത്തിൽനിന്ന്
പൗരേ ലാഭമദാളികേ

പ	ര	ല	ഭ	മ	ദ	ള	ക	
1	2	3	4	5	8	9	11	8

കുരുലവം മോഹേ ധനേഢ്യേ

ക	ര	ല	വ	മ	ഹ	ധ	ന	ഢ	
1	2	3	4	5	8	9	10	11	9

ഭൃഗോ - ശുക്രനിൽനിന്ന്

ലോഭസ്ഥാളിപരേ

ല	ഭ	ഥ	ള	പ	ര	
3	4	6	9	11	12	6

കുജ - കുജന്

രവിസുതാത് - ശനിയിൽനിന്ന്
ഗർഭം മഹാബ്ധൗ നയേ

ഗ	ഭ	മ	ഹ	ധ	ന	യ	
3	4	5	8	9	10	11	7

ജ്ഞാത് - ബുധനിൽനിന്ന്

ലക്ഷ്മീ ചുളകേ

ല	മ	ച	ള	ക	
3	5	6	9	11	5

ഗുരോ - ഗുരുവിൽനിന്ന്

മദധ:നാദ്ധ്യേ

മ	ദ	ധ	ന	യ	
5	8	9	10	11	5

ഉദാഹരണജാതകത്തിലെ ശുക്രാഷ്ടവർഗ്ഗം (52)

മീനം	മേടം	ഇടവം	മിഥുനം
7	6	4	5
കുംഭം			കർക്കടകം
3			4
മകരം			ചിങ്ങം
5			4
ധനു	വൃശ്ചികം	തുലാം	കന്നി
5	2	3	4

(9)

രവേർയാത്രാവീഥി ജനയ ശശിനോ ലക്ഷയ ശനേഃ
ഗുണേസ്തുത്യോ ഭൗമാത് ഗണിതനികരോ ള സൗ ശുഭകരഃ
ശതാകാരേ ജീവാത്തദധനപരേ ജ്ഞാദുദയഭാത്
കലാഭൂതാനമ്യേ ഭൃഗുജ ചയഖേ സൂര്യതനയ.

ശനി അഷ്ടവർഗ്ഗം

രവേ - സൂര്യനിൽനിന്ന്

യാത്രാവീഥി ജനയ

യ	ര	വ	ഥ	ജ	ന	യ	
1	2	4	7	8	10	11	7

ശശിനോ - ചന്ദ്രനിൽനിന്ന്

ലക്ഷയ

ല	ഷ	യ	
3	6	11	3

ശനേഃ - ശനിയിൽനിന്ന്

ഗുണേസ്തത്യോ

ഗ	ണ	ത	യ

3 5 6 11 4

ഭൗമാത് - കുജനിൽനിന്ന്

ഗണിത്നികരോ

ഗ	ണ	ത	ന	ക	ര	
3	5	6	10	11	12	6

ശതാകാരേ

ശ	ത	ക	ര	
5	6	11	12	4

ജീവാത് - ഗുരുവിൽനിന്ന്

തധന്പരേ

ത	ദ	ധ	ന	പ	ര	
6	8	9	10	11	12	6

ജ്ഞാത് - ബുധനിൽനിന്ന്

ഉദയഭാത് - ലഗ്നത്തിൽനിന്ന്

കലാഭൂത്ന്മ്യേ

ക	ല	ഭ	ത	ന	യ	
1	3	4	6	10	11	6

ഭൃഗുജ - ശുക്രനിൽനിന്ന്

ച	യ	ഖേ	
6	11	12	
			3

സൂര്യത്നയ - ശനിയുടെ അഷ്ടവർഗ്ഗം

ഉദാഹരണജാതകത്തിൽ ശനിയുടെ അഷ്ടവർഗ്ഗം (39)

മീനം 6	മേടം 2	ഇടവം 2	മിഥുനം 4
കുംഭം 4			കർക്കടകം 2
മകരം 4			ചിങ്ങം 4
ധനു 4	വൃശ്ചികം 2	തുലാം 3	കന്നി 2

(10)

ഇതി നിഗദിതമിഷ്ടം നേഷ്ടമന്യദ്വിശേഷാ-
ദധികഫലവിപാകം ജന്മിനാം തത്ര ദദ്യുഃ
ഉപചയഗൃഹമിത്രസ്വോച്ചഗൈഃ പുഷ്ടമിഷ്ടം
ത്വപചയഗൃഹനീചാരാതിഗൈർനേഷ്ടസമ്പത്.

അഷ്ടവർഗ്ഗമനുസരിച്ച് ഗ്രഹങ്ങളുടെ ഇഷ്ടരാശികളും അനിഷ്ടരാശികളും

ഇതി നിഗദിതം ഇഷ്ടം -
ഇങ്ങനെ ഗ്രഹങ്ങളുടെ ഇഷ്ടരാശികൾ (അഷ്ടവർഗ്ഗപ്രകാരം ബലമുള്ള രാശികൾ) പറയപ്പെട്ടിരിക്കുന്നു.

ന ഇഷ്ടമന്യത - ശേഷിച്ചവ (ഇങ്ങനെ ബിന്ദുക്കൾ ഇല്ലാത്തവ) അനിഷ്ടങ്ങളുമാകുന്നു.

വിശേഷാത് അധികഫലവിപാകം ജന്മനാം തത്ര ദദ്യുഃ

- അവിടെ (അധികം ബിന്ദുക്കളുള്ള രാശികളിൽ) അതാതു ഗ്രഹങ്ങൾ അധികമായ ഫലവും തരുന്നു..

ഉപചയഗൃഹ മിത്ര സ്വോച്ചഗൈഃ പുഷ്ടമിഷ്ടം

- ഗ്രഹങ്ങളുടെ ഈ ഇഷ്ടരാശികൾക്ക് ഉപചയം, മിത്രക്ഷേത്രം, ഉച്ചരാശി തുടങ്ങിയ ബലങ്ങൾ കൂടിയുണ്ടെങ്കിൽ അവ കൂടുതൽ ഫലപുഷ്ടങ്ങളാ കുന്നു.

അപചയഗൃഹനീചാരാതിഗൈർന്നേഷ്ടസമ്പത്

- എന്നാൽ അതിനു പകരം അപചയം, നീചരാശി, ശത്രുക്ഷേത്രം എന്നിവയാ ണെങ്കിൽ ഫലം അതിനനുസരിച്ചു കുറയുന്നു.

(11)
കൃത്വാഷ്ടവർഗം ദ്വ്യസദാം ക്രിയാദി-
ഷ്വക്ഷൈർവിഹീനേ മൃതിരേകബിന്ദോഃ
നാശോ വ്യയോ ഭീത്വഭയാർത്ഥനാരീ-
ശ്രീരാജ്യസിദ്ധിഃ ക്രമശഃ ഫലാനി.

അഷ്ടവർഗ്ഗ ഫലം

കൃത്വാഷ്ടവർഗ്ഗം...

- അഷ്ടവർഗ്ഗത്തിൽ കിട്ടിയ ബിന്ദുക്കൾപ്രകാരം, ഓരോ ഗ്രഹവുംഅതാതു രാശികളിൽ ക്കൂടി കടന്നുപോകുമ്പോൾ, ഉണ്ടാകുന്ന ഫലം.

അക്ഷൈർവിഹീനേ മൃതി - ബിന്ദുക്കൾ ഒന്നുംതന്നെ ഇല്ലെങ്കിൽ മൃതി
ഏകബിന്ദോഃ നാശോ വ്യയോ ....

1.	ഒരു ബിന്ദുവേ ഉള്ളൂവെങ്കിൽ	-	നാശം
2.	രണ്ടു ബിന്ദുക്കളേ ഉള്ളൂവെങ്കിൽ	-	വ്യയം
3.	മൂന്നു ബിന്ദുക്കളേ ഉള്ളൂവെങ്കിൽ	-	ഭയം
4.	നാലു ബിന്ദുക്കൾ ഉണ്ടെങ്കിൽ	-	അഭയം
5.	അഞ്ചു ബിന്ദുക്കൾ ഉണ്ടെങ്കിൽ	-	ധനം
6.	ആറു ബിന്ദുക്കൾ ഉണ്ടെങ്കിൽ	-	സ്ത്രീസുഖം

7.	ഏഴു ബിന്ദുക്കൾ ഉണ്ടെങ്കിൽ	-	ഐശ്വര്യം
8.	എട്ടു ബിന്ദുക്കളും ഉണ്ടെങ്കിൽ	-	രാജ്യസിദ്ധി

ഉത്തമം, മദ്ധ്യമം, അധമം

അഞ്ചോ അതിലധികമോ ബിന്ദുക്കളുണ്ടെങ്കിൽ ഉത്തമം, നാലു ബിന്ദുക്കൾ മദ്ധ്യമം, നാലിനു താഴെ അധമം എന്ന നിയമമാണ് ഇതിനടിസ്ഥാനം.

ഈ ഫലങ്ങൾ അക്ഷരാർത്ഥത്തിൽ എടുക്കേണ്ടതില്ല. ചാരവശാൽ സൂ ര്യൻ തനിക്കു ബിന്ദുക്കൾ ഒന്നും കിട്ടാത്ത രാശിയിൽക്കൂടി കടന്നു പോകു മ്പോൾ ഒരാളെ കൊല്ലുമെന്നോ എട്ടു ബിന്ദുക്കളും കിട്ടിയ രാശിയിൽ വരുമ്പോൾ രാജാവാക്കുമെന്നോ ഇതിനർത്ഥമില്ല. ജാതകാലുള്ള ഫലങ്ങളുടെ സൂക്ഷ്മ സമയനിർണ്ണയത്തിനു ചാരഫലങ്ങൾ സഹായിക്കുന്നുവെന്ന് എടുത്താൽ മതി.

(12)
തത്തത്ഗ്രഹാധിഷ്ഠിതസർവരാശീം
തത്സംജ്ഞിതം ലഗ്നമിതി പ്രകൽപ്യ
തേഭ്യഃ ഫലാന്യഷ്ടവിധാനി ഭൂയാ-
സ്തത്തത ്ഗ്രഹാത് ഭാവവശാദ്വദന്തു.

ഫലം പറയേ രീതി

തത്തത്ഗ്രഹാധിഷ്ഠിതസർവരാശീം	-	ഗ്രഹങ്ങൾ നിൽക്കുന്ന രാശികളെ
തത്സംജ്ഞിതം ലഗ്നമിതി പ്രകൽപ്യ	-	ലഗ്നമായി എടുത്ത് അവിടംമുതൽ
തത ്ഗ്രഹാത് ഭാവവശാത്	-	ആ ഗ്രഹത്തിന്റെ ഭാവവശാലുള്ള
തേഭ്യഃ ഫലാനി അഷ്ടവിധാനി	-	അഷ്ടവർഗ്ഗഫലം
വദന്തു.	-	പറയണം.

ജാതകാലുള്ള ഭാവങ്ങൾ വെച്ച് ഫലം പറയുന്ന രീതിയാണ് പൊതുവേയുള്ളത്. ഈ ശ്ലോകത്തിൽ ഗ്രഹം നിൽക്കുന്ന രാശിയെ ലഗ്നമായെടുത്ത് ഫലം പറയേണ്ട രീതി അവതരിപ്പി ക്കുന്നു. ശ്ലോകം 14-ൽ വിഷയം തുടരുന്നുണ്ട്.

(13)
തത്ത്ഗ്രഹർക്ഷാംശകതുല്യഭാംശം
സ്ഥിത്വാ ഗ്രഹാശ്ചാരവശാദിദാനീം
തഥൈവ തത്ഭാവസമുത്ഥിതാനി
ഫലാനി കുർവന്തി ശുഭാശുഭാനി.

തത്ത്ഗ്രഹർക്ഷാംശകതുല്യഭാംശം സ്ഥിത്വാ ഗ്രഹാശ്ചാരവശാദിദാനീം.....

ഗ്രഹങ്ങൾ ജാതകത്തിൽ സ്ഥിതിചെയ്യുന്ന രാശിനവാംശങ്ങൾക്കു തുല്യമായി ചാരവശാൽ വരുമ്പോൾ അതാതു ഭാവങ്ങൾക്കനുസൃതമായ ശുഭമോ അശുഭമോ ആയ ഫലങ്ങൾ ചെയ്യുന്നു

(14)
കൃതേ ള ഷ്ടവർഗം സതി കാരകർക്ഷാത്-
യദ്ഭാവമുക്താങ്കമുപൈതി ഖേടഃ
തദ്ഭാവപുഷ്ടിം സശുഭോ f ശുഭോ വാ
കരോത്യനുക്തേ വിപരീതമേവ.

കൃതേ അഷ്ടവർഗം സതി കാരകർക്ഷാത് യദ്ഭാവമുക്താങ്കമുപൈതി ഖേടഃ
- ഒരു ഗ്രഹത്തിന്റെ അഷ്ടവർഗ്ഗം ഇട്ടു കഴിഞ്ഞാൽ ഏതു രാശിയിലാണ് അധികം ബിന്ദുക്കൾ വന്നിട്ടുള്ളതെന്നു നോക്കുക. ഗ്രഹം നിൽക്കുന്ന രാശിയെ ലഗ്നമായി കണ്ട് ആ ഇഷ്ടരാശി എത്രാംഭാവമായാണ് വരുന്നതെന്നും നോക്കുക.

തദ്ഭാവപുഷ്ടിം സശുഭോ ള ശുഭോ വാ കരോത്യനുക്തേ വിപരീതമേവ.
- ഒരു ഗ്രഹം (ശുഭനായാലും അശുഭനായാലും) ആ ഇഷ്ടരാശയിൽക്കൂടി കടന്നു പോകുമ്പോൾ ആ ഭാവത്തിന്റെ ഫലം പുഷ്ടിപ്പെടുത്തുന്നു. അതുപോലെ ബിന്ദുക്കൾ കുറവുള്ള രാശിയിൽക്കൂടി കടന്നു പോകുമ്പോൾ അതിനനുസൃതമായി ഫലവും കുറയുന്നു.

(15)
ഏകത്ര ഭാവേ ബഹവോ യദാ ഹി
മുക്താങ്കഗാശ്ചാരവശാദ്വ്രജന്തി
പുഷ്ണന്തി തദ്ഭാവഫലാനി സമ്യക്
തത്കാരകാത്തത്തനുപൂർവഭാഗേ.

ബിന്ദുബലമുള്ളുള്ള ഒന്നിൽക്കൂകൂടുതൽ ഗ്രഹങ്ങൾ ഒരു ഭാവത്തിൽക്കൂടി ഒരേസമയം കടന്നുപോകുകയാണെങ്കിൽ അതാതു ഭാവത്തിനു പുഷ്ടി അനുഭവപ്പെടും.

ഉദാഹരണം (1)

	<u>ജാതകാൽ</u>	<u>ചാരവശാൽ</u>
ഗുരു	ചിങ്ങം	മേടം (9)
ശനി	മിഥുനം	മേടം (11)

മേടത്തിൽ / മേടത്തിന് അഷ്ടവർഗ്ഗബലമുണ്ടെങ്കിൽ ഗുരു ഒമ്പതാംഭാവത്തിന്റെയും ശനി പതിനൊന്നാം ഭാവത്തിന്റേയും ജാതകവശാലുള്ള ശുഭഫലം ചാരവശാൽ പ്രാവർത്തികമാക്കും.

ഉദാഹരണം (2)

സർവാഷ്ടവർഗ്ഗത്തിൽ ബിന്ദുബലമുള്ള മേടം ജാതകാൽ പതിനൊന്നാം ഭാവമാണെന്നിരിക്കട്ടെ. ചാരവശാൽ അവിടെ വരുന്ന ഗ്രഹങ്ങളെല്ലാം ശുഭഫലംനൽകും. (ഫലത്തിന്റെ സ്വഭാവം കാരകത്വവും ആധിപത്യവും അനുസരി ച്ചിരിക്കും.)

(16)
ബിന്ദൗ സ്ഥിതേ തത്ഫലസിദ്ധികാല
വിനിർണയായ പ്രഹിതേ f ഷ്ടവർഗേ
ഭാന്യഷ്ടധാ തത്ര വിഭജ്യ കക്ഷ്യാഃ
ക്രമേണ തേഷാം ഫലമാഹുരന്യേ.

അഷ്ടവർഗ്ഗത്തിൽ ബിന്ദുക്കൾ ഉണ്ടെങ്കിൽ ഫലസിദ്ധികാലത്തെ നിർണ്ണയിക്കുന്നതിന് ആ രാശിയെ എട്ടായി ഭാഗിച്ചു കക്ഷ്യാക്രമത്തിനു അതിന്റെ ഫലത്തെ പറയണം എന്നാണ് ചിലരുടെ അഭിപ്രായം

പ്രസ്താരാഷ്ടകവർഗ്ഗം

(17)
ആലിഖ്യ ചക്രം നവ പൂർവരേഖാഃ
യാമ്യോത്തരസ്ഥാ ദശ ച ത്രിരേഖാഃ
പ്രസ്താരകം ഷണ്ണവതിപ്രകോഷ്ഠം
പങ്കത്യഷ്ടകം ചാഷ്ടകവർഗജം [1] സ്യാത്.
(1) പാഠഭേദം - പർജ്ജന്യകഞ്ചാഷ്ടകവർഗ്ഗജം സ്യാത്.

കിഴക്കുപടിഞ്ഞാറ് ഒമ്പതുവരയും തെക്കുവടക്ക് പതിമൂന്നുവരയും വരച്ചാൽ 96 കള്ളികൾ കിട്ടും. ഇതിലാണ് വിശദമായ അഷ്ടവർഗ്ഗം രേഖപ്പെടുത്തേണ്ടത്. മുകളിൽനിന്നു താഴോട്ട് എട്ടു കള്ളികളിലായി ഏഴു ഗ്രഹങ്ങളും ലഗ്നവും. ഇടത്തുനിന്നും വലത്തോട്ട് പന്ത്രണ്ടു കള്ളികളിലായി പന്ത്രണ്ടു രാശികൾ - - ഇതാണ് ഉദ്ദേശിക്കുന്നത്.

(18)
ഹോരാശശീബോധനശുക്രസൂര്യ-
ഭൗമാമരേന്ദ്രാർചിതഭാനുപുത്രാഃ
യാമ്യാദിപങ്കത്യഷ്ടക[1]രാശിനാഥാഃ
ക്രമേണ തദ്ബിന്ദുഫലപ്രദാഃ സ്യുഃ.
(1) പാഠഭേദം - പർജ്ജന്യ

ഒരു രാശിയെ എട്ടാക്കിയതിൽ ഒരോ കള്ളിക്കും ആധിപത്യം ലഗ്നം, ചന്ദ്രൻ, ബുധൻ, ശുക്രൻ, സൂര്യൻ, കുജൻ, ഗുരു, ശനി എന്നിവയ്ക്കാണു വരുക.

(19)
രാശ്യഷ്ടഭാഗപ്രഥമാംശകാലേ
ശനിർദ്വിതീയേ തു ഗുരുഃ ഫലായ
കക്ഷ്യാക്രമേണൈവമിഹാന്ത്യഭാഗ-
കാലേ വിലഗ്നം ഫലദം പ്രദിഷ്ടം.

ആദ്യത്തെ കള്ളിയിൽ ശനി, അതിനു താഴെ ഗുരു, ഏറ്റവും താഴത്തെ കള്ളിയിൽ ലഗ്നം ഈ ക്രമത്തിലാണ് കള്ളികളുടെ ആധിപത്യം വരുക. ഒരു രാശിയെ എട്ടു ഭാഗമാക്കിയാൽ ഒരു ഭാഗത്തിന്റെ ദൈർഘ്യം 3 ഭാഗ 45 കല. ഈ നിയമമാണ് അഷ്ടവർഗ്ഗത്തിൽ ഗ്രഹങ്ങളെ പരസ്പരം ബന്ധപ്പെടുത്തുന്നതും കൃത്യമായ ഫലപ്രവചനത്തിനു സഹായിക്കുന്നതും.

ഉദാഹരണജാതകത്തിലെ സൂര്യന്റെ പ്രസ്താരാഷ്ടകവർഗ്ഗം.

	മേട	ഇ	മി	കർ	ചി	ക	തു	വൃ	ധ	മ	കും	മീനം	ആകെ
മ	0	-	0	0	-	0	-	-	0	0	0	0	8
ഗു	0	-	0	-	-	-	-	-	0	0	-	-	4
കു	0	0	-	0	-	-	0	0	0	0	0	-	8
ര	-	0	0	-	0	-	-	0	0	0	0	0	8
ശു	-	-	-	-	0	0	-	-	-	-	-	0	3
ബു	0	-	-	0	-	0	0	-	-	0	0	0	7
ച	-	-	-	0	-	0	-	-	-	-	0	0	4
ല	-	0	0	-	0	-	-	-	0	0	0	-	6
ആകെ	4	3	4	4	2	3	4	2	5	6	6	5	48

ഉദാഹരണജാതകത്തിലെ ആകെ പ്രസ്താരാഷ്ടകവർഗ്ഗം.

	ച	ര	ബു	ശു	കു	ഗു	മ	ആകെ
മേടം	1	4	6	6	2	2	2	23
ഇടവം	5	3	3	4	3	6	2	26
മിഥുനം	3	4	5	5	2	5	4	28
കർക്കടം	5	4	5	4	5	3	2	28
ചിങ്ങം	6	2	3	4	1	6	4	26
കന്നി	2	3	3	4	4	5	2	23
തുലാം	4	4	5	3	4	4	3	27
വൃശ്ചികം	5	2	2	2	2	6	2	21
ധനു	5	5	5	5	2	3	4	29
മകരം	3	6	6	5	4	6	4	34
കുംഭം	6	6	5	3	4	5	4	33
മീനം	4	5	6	7	6	5	6	39
ആകെ	49	48	54	52	39	56	39	337

ഉദാഹരണത്തിന്, സൂര്യനു മേടത്തിൽ കിട്ടിയ 4 ബിന്ദുക്കളുടെ വിവരം:

1)	1	-	3.45	-	ശനി	0
2)	3.45	-	7.30	-	ഗുരു	0
3)	7.30	-	11.15	-	കുജൻ	0
4)	11.15	-	15	-	സൂര്യൻ	-
5)	15	-	18.45	-	ശുക്രൻ	-
6)	18.45	-	22.30	-	ബുധൻ	0
7)	22.30	-	26.15	-	ചന്ദ്രൻ	-
8)	26-15	-	30	-	ലഗ്നം	-

ഉദാഹരണജാതകത്തിൽ, സൂര്യാഷ്ടവർഗ്ഗത്തിൽ, മേടത്തിൽ എട്ടു ഭാഗങ്ങളുള്ളതിൽ 1, 2, 3, 6 ഭാഗങ്ങളിൽ സൂര്യനു ബിന്ദുക്കളുണ്ട് സൂര്യൻ മേടത്തിന്റെ ഈ ഭാഗങ്ങളിൽ വരുമ്പോൾ സമയം അനുകൂലമാകും. സൂര്യന്റെ നീക്കം നോക്കി കൃത്യം തിയതികളും കണ്ടെത്താം.

(20)
സർവഗ്രഹാണാം പ്രഹിതോ *f* ഷ്ടവർഗേ
തത്കാലരാശിസ്ഥിതബിന്ദുയോഗേ
അഷ്ടാക്ഷസംഖ്യാധികബിന്ദവശ്ചേത്
ശുഭം തദൂനേ വ്യസനം ക്രമേണ.

സർവഗ്രഹാണാം പ്രഹിതോ അഷ്ടവർഗേ
- എല്ലാ ഗ്രഹങ്ങൾക്കും (മേൽപ്പറഞ്ഞതുപോലെ) നിശ്ചയിക്കപ്പെട്ട അഷ്ട വർഗ്ഗങ്ങളിൽ
തത്കാലരാശിസ്ഥിതബിന്ദുയോഗേ
- ജനനസമയത്തെ ഗ്രഹസ്ഥിതി അനുസരിച്ചുള്ള ബിന്ദുക്കളിട്ടതിൽ
അഷ്ടാക്ഷസംഖ്യാധികബിന്ദവശ്ചേത് ശുഭം - അഷ്ടവർഗ്ഗബിന്ദുസംഖ്യ അധികമുണ്ടെങ്കിൽ
ശുഭം - ശുഭഫലമുണ്ടാകും.
തദൂനേ വ്യസനം - അങ്ങിനെയല്ലെങ്കിൽ വ്യസനം - ദോഷഫലം.

എല്ലാ ഗ്രഹങ്ങളുടെയും പ്രസ്താരാഷ്ടകവർഗ്ഗമിട്ടിട്ട് ഓരോ ഗ്രഹ ത്തിനും ഓരോ രാശിയിലും എത്ര ബിന്ദുക്കളുണ്ടെന്നു കണക്കാക്കണം. ചാരവശാൽ ഒരു ഗ്രഹം ഒരു രാശിയിൽ സഞ്ചരിക്കുമ്പോൾ ആ രാശിയിൽ ആ ഗ്രഹത്തിന് അഞ്ചോ അതിലധികമോ ബിന്ദുക്കളുണ്ടെങ്കിൽ ശുഭമാണ്.

സർവാഷ്ടവർഗ്ഗം
എല്ലാ ഗ്രഹങ്ങളുടെയും അഷ്ടവർഗ്ഗം ചേർന്നത് സർവാഷ്ടകവർഗ്ഗം

<u>ഉദാഹരണജാതകത്തിലെ സർവാഷ്ടകവർഗ്ഗം--</u>

മീനം 39	മേടം 23	ഇടവം 26	മിഥുനം 28
കുംഭം 33	ആകെ		കർക്കടകം 28
മകരം 34	337		ചിങ്ങം 25
ധനു 29	വൃശ്ചികം 21	തുലാം 27	കന്നി 24

ആകെയുള്ള 337 ബിന്ദുക്കളെ 12 രാശികൾകൊണ്ടു ഹരിക്കുമ്പോൾ 28 കിട്ടും. അതുപ്രകാരം ഇരുപത്തെട്ടോ അതിലധികമോ ബിന്ദുക്കൾ വീണിട്ടുള്ള രാശികൾ ശുഭകരമായിരിക്കും. ബിന്ദുക്കൾ കൂടുംതോറും ഫലവും കൂടും. അതുപോലെ ഇരുപത്തെട്ടിൽനിന്നും കുറയും തോറും ഫലവും കുറയും. സർവാഷ്ടകവർഗ്ഗമായതിനാൽ ഇത് എല്ലാ ഗ്രഹങ്ങൾക്കും ഒരുപോലെയാണ്. അതായത്, ഈ ജാതകത്തിൽ മീനം രാശിയിൽ ചാരവശാൽ എല്ലാ ഗ്രഹങ്ങളും പൊതുവെ അനുകൂലമായിരിക്കും.

(21)
യാവന്തുസ്തുഹിനരുചേഃ ശുഭാങ്കസംസ്ഥാ
യാവന്തഃ ശുഭഭവനേ ഹിമദ്യുതേർവാ
ഇത്ഥം തദ്വിദിതമിഹാധികേ ച തേഭ്യഃ[1]
സ്തസ്ത്യൂനേ വിപദിതി സൂചിതം പരേഷാം.
(1) പാഠഭേദം - ചതുർഭി

ഗ്രഹങ്ങൾ അഷ്ടവർഗ്ഗപ്രകാരം ശുഭഫലം നൽകുന്നതെപ്പോൾ?

യാവന്തുസ്തുഹിനരുചേഃ ശുഭാങ്കസംസ്ഥാ
- ചന്ദ്രൻ അഷ്ടവർഗ്ഗബലത്തോടെ നിൽക്കുക
യാവന്തഃ ശുഭഭവനേ ഹിമദ്യുതേർവാ
- ചന്ദ്രൻ (അഷ്ടവർഗ്ഗബലത്തോടെ) ശുഭഭവനത്തിൽ നിൽക്കുക
ഇത്ഥം തദ്വിദിതമിഹാധികേ ച തേഭ്യഃ
- ഈ സ്ഥിതികൾ ഒന്നിനൊന്നു ശുഭകരമാണ്
സ്തസ്ത്യൂനേ വിപദിതി സൂചിതം പരേഷാം.
- ഇതിനു വിപരീതമായിരുന്നാൽ ഫലവും വിപരീതമായിരിക്കും.
സൂചിതം പരേഷാം. - എന്നു ചിലർ സൂചിപ്പിക്കുന്നു.

(22)
കർത്തുഃ സ്വജന്മസമയാവസഥഗ്രഹാണാം
കൃത്യാഷ്ടവർഗകഥിതാക്ഷവിധാനമത്ര
ബഹ്വക്ഷയോഗവശതഃ ശുഭരാശിമാസ-
ഭാവഗ്രഹസ്ഥിതിഷു കർമശുഭം വിദധ്യാത്.

കർത്തുഃ സ്വജന്മസമയാവസഥ ഗ്രഹാണാം	-	ജനനസമയത്തെ ഗ്രഹനിലയുണ്ടാക്കി
കൃത്യാഷ്ടവർഗകഥിതാക്ഷവിധാനമത്ര	-	അഷ്ടവർഗ്ഗത്തിൽ പറയുന്ന ബിന്ദുക്കളിടുമ്പാൾ
ബഹ്വക്ഷയോഗവശതഃ	-	കിട്ടുന്ന, കൂടുതൽ ബിന്ദുക്കളുള്ള,
ശുഭരാശിമാസഭാവഗ്രഹസ്ഥിതിഷു	-	ശുഭകരമായ, രാശി-മാസ-ഭാവങ്ങളിൽ
കർമശുഭം	-	കർമഗുണം, പ്രവർത്തിവിജയം
വിദധ്യാത്.	-	ഉണ്ടാകുമെന്നറിയുക..

അഷ്ടവർഗ്ഗത്തിൽ ധാരാളം ബിന്ദുക്കളുള്ള രാശി-മാസങ്ങളിൽ വരുമ്പോൾ ഗ്രഹങ്ങൾ ശുഭഫലം നൽകുന്നു.

(23)
പാപോ *f*പി സ്വഗൃഹസ്ഥശ്ചേത്
ഭാവവൃദ്ധിം കരോത്യലം
നീചാരാതിഗൃഹസ്ഥശ്ചേത്
കുര്യാത ് ഭാവക്ഷയം ധ്രുവം.

പാപഗ്രഹങ്ങളുടെ ഗുണദോഷഫലങ്ങൾ

പാപോ അപി സ്വഗൃഹസ്ഥ ചേത്
- പാപരായിരുന്നാലും ഗ്രഹങ്ങൾ(ചാരവശാൽ) സ്വക്ഷേത്രത്തിൽ വരുമ്പോൾ
ഭാവവൃദ്ധിം കരോത്യലം - ഭാവവൃദ്ധിയെ ചെയ്യുന്നു.
നീചാരാതിഗൃഹസ്ഥശ്ചേത് - നീചരാശിയിലോ ശത്രുക്ഷേത്രത്തിലോ ആണെങ്കിൽ
കുര്യാത് ഭാവക്ഷയം ധ്രുവം.- ഭാവക്ഷയവും ചെയ്യുന്നു.

(24)
സ്വോച്ചസ്ഥോപി ശുഭോ ഭാവഹാനിം ദുസ്ഥാനപോ യദി
സുസ്ഥാനപശ്ചേത് സ്വോച്ചസ്ഥഃ പാപീ ഭാവാന്യുകൂലകൃതം.

ദുസ്ഥാനപോ യദി	-	ഒരു ഗ്രഹം ദുസ്ഥാനാധിപനാണെങ്കിൽ
ശുഭോ	-	ശുഭനാണെങ്കിലും
സ്വോച്ചസ്ഥോപി	-	ഉച്ചസ്ഥനാണെങ്കിലും
ഭാവഹാനിം	-	ഭാവത്തെ നശിപ്പിക്കുന്നു.
പാപീ	-	ഒരു ഗ്രഹം പാപിയാണെങ്കിലും
സുസ്ഥാനപശ്ചേത് സ്വോച്ചസ്ഥ	-	സുസ്ഥാനാധിപനും ഉച്ചസ്ഥനുമാണെങ്കിൽ
ഭാവാന്യുകൂലകൃതം.	-	ഭാവത്തെ പുഷ്ടിപ്പെടുത്തുന്നു.

അദ്ധ്യായം 24
അഷ്ടകവർഗ്ഗം (തുടർച്ച)

1. നിർവ്വചനങ്ങൾ
    1. അഷ്ടവർഗ്ഗം
    2. ഭിന്നാഷ്ടകവർഗ്ഗം
    3. പ്രസ്താരാഷ്ടകവർഗ്ഗം
    4. ത്രികോണശോധനയും ഏകാധിപത്യശോധനയും
    5.. ശുദ്ധപിണ്ഡം
2 ചില പ്രധാന അഷ്ടവർഗ്ഗഫലങ്ങൾ .
    1. സൂര്യാഷ്ടവർഗ്ഗഫലം (പിതൃക്ലേശം)
    ത്രികോണനക്ഷത്രങ്ങൾ
    ശോധ്യപിണ്ഡം
    ശോധ്യവും ശേഷവും.
    2. ചന്ദ്രാഷ്ടവർഗ്ഗഫലം (മാതൃഹാനി)
    3. കുജാഷ്ടവർഗ്ഗഫലം (സഹോദരഗുണം)
    4. ബുധാഷ്ടവർഗ്ഗഫലം (ബന്ധുഗുണം)
    5. വ്യാഴാഷ്ടവർഗ്ഗഫലം (പുത്രഗുണം)
    . 6. ശുക്രാഷ്ടവർഗ്ഗഫലം (കളത്രഗുണം)
    7. മന്ദാഷ്ടവർഗ്ഗഫലം (ജാതകന്റെ മൃതി)
3. ത്രികോണശോധന
4. ഏകാധിപത്യശോധന
5 ഉദാഹരണജാതകത്തിൽ സപ്തഗ്രഹങ്ങളുടെ അഷ്ടവർഗ്ഗം, ശോധനകൾക്കു മുമ്പും പിൻപും
6. ശോധ്യപിണ്ഡം
7. രാശിഗുണകാരങ്ങൾ
8. ഗ്രഹഗുണകാരങ്ങൾ
9. കാലചക്ര ദശാഗണന
10 ഹരണങ്ങൾ
11. സമുദായാഷ്ടവർഗ്ഗം
12. സമുദായാഷ്ടവർഗ്ഗഫലം

നിർവ്വചനങ്ങൾ

അഷ്ടവർഗ്ഗം

ഒരു രാശിയെ എട്ടു ഭാഗങ്ങളാക്കിയും ലഗ്നവും സപ്തഗ്രഹങ്ങളും ചേർന്ന എട്ടിനെ ബന്ധപ്പെടുത്തിയും ആണ് അഷ്ടവർഗ്ഗം കാണുന്നത്. അഷ്ടകവർഗ്ഗത്തിൽ ഒരു രാശിയിൽ വരാവുന്ന ഏറ്റവും വലിയ സംഖ്യ എട്ടാണ്. .സൂര്യാഷ്ടവർഗ്ഗം, ചന്ദ്രാഷ്ടവർഗ്ഗം, കുജാഷ്ട വർഗ്ഗം,

ബുധാഷ്ടവർഗ്ഗം, ഗുർവാഷ്ടവർഗ്ഗം, ശുക്രാഷ്ടവർഗ്ഗം, മന്ദാഷ്ടവർഗ്ഗം, ലഗ്നാഷ്ടവർഗ്ഗം. എന്നിവയാണ് അഷ്ടവർഗ്ഗം.. ഗ്രഹങ്ങളുടെ അഷ്ടവർഗ്ഗ ബലം കാണുന്നതിന് ഉപയോഗപ്പെടു ത്തുന്നുങ്കിലും, ലഗ്നാഷ്ടവർഗ്ഗം ലഗ്ന ത്തിന്റെ ഫല പ്രവചനത്തിനു വരുന്നില്ല.

ഭിന്നാഷ്ടകവർഗ്ഗം

അഷ്ടവർഗ്ഗമിടുമ്പോൾ രാശിചക്രം വരച്ച് അതാത് അക്ഷങ്ങൾക്ക് അതാതു ഗ്രഹങ്ങളുടെ പേരെഴുതുന്നതാണ് ഭിന്നാഷ്ടവർഗ്ഗം. ഓരോ രാശിയിലും ആരുടെയെല്ലാം അക്ഷമാണു വീണിരിക്കുന്നതെനു മനസ്സിക്കാൻ ഇത് ഉപകരിക്കും.

പ്രസ്താരാഷ്ടകവർഗ്ഗം

സപ്തഗ്രഹങ്ങളും ലഗ്നവും എട്ടും ഓരോ രാശിയുടേയും 1/8 ഭാഗത്തിന്റെ പതികളാണ്. ഏതു കക്ഷ്യയിലാണോ അക്ഷം വിഴുന്നത്, ആ ഭാഗത്തു സഞ്ചരിക്കുമ്പോഴാണ് ആ അഷ്ടവർഗ്ഗനാഥൻ തന്റെ കാരകത്വങ്ങൾ അനുസരിച്ചുള്ള ഫലം നൽകുന്നത്. (ഒരു ഭാഗം 30/8 = 3.45 ഡിഗ്രി).

ത്രികോണശോധനയും ഏകാധിപത്യശോധനയും

അഷ്ടവർഗ്ഗത്തിൽ ഓരോ ഗ്രഹങ്ങളുടെയും അക്ഷങ്ങൾ ഇട്ടു കഴിഞ്ഞാൽ പിന്നെ ഉപരിഗണിതത്തിനു വേണ്ടി അവയെ ക്രമപ്പെടുത്തി എടുക്കുന്നതാണ് ഇവ. രണ്ടും നന്നാലു തരത്തിൽ ചെയ്യാനുണ്ട്.

ശുദ്ധപിണ്ഡം

അഷ്ടവർഗ്ഗത്തിൽ ത്രികോണശോധനയും ഏകാധിപത്യശോധനയും കഴിച്ച് ശേഷമുള്ള അക്ഷങ്ങളെ അതാതു രാശികളുടേയും അവിടെ നിൽക്കുന്ന ഗ്രഹങ്ങളുടേയും ഗുണകാരംകൊണ്ട് ഗുണിച്ച് എല്ലാംകൂടി കൂട്ടിക്കിട്ടുന്നതാണ് ശുദ്ധപിണ്ഡം.

ഹോരാശാസ്ത്രം ഒമ്പതാമദ്ധ്യായം അഷ്ടവർഗ്ഗപ്രകരണമാണ്. അതിൽ ആകെ എട്ടു ശ്ലോകങ്ങളേ ഉള്ളൂ - - ഏഴു ശ്ലോകങ്ങളിൽ ഏഴു ഗ്രഹങ്ങളുടെ അഷ്ടകവർഗ്ഗങ്ങളും എട്ടാമത്തെ ശ്ലോകത്തിൽ അവ ഫലവിപാകത്തെ എങ്ങനെ സ്വാധീനിക്കുന്നുവെന്നും വിവരിക്കുന്നു. (ഈ ശ്ലോകം കഴിഞ്ഞ അദ്ധ്യായത്തിൽ പത്താംശ്ലോകമായി വന്നിട്ടുണ്ട്.) ഈ എട്ടു ശ്ലോകളുടെ വിഷയത്തെയാണ് ഫലദീപിക രണ്ടദ്ധ്യായങ്ങളിലായി 68 ശ്ലോകങ്ങളിൽ വിവരിച്ചിട്ടുള്ളത്. ആദ്യകാലത്ത് ചാരഫലം സൂക്ഷ്മമാക്കാൻ ഉപയോഗിച്ചിരുന്ന അഷ്ടകവർഗ്ഗം ഇന്ന് ഫലപ്രവചന ത്തിനുള്ള ഒരു പ്രത്യേക ശാഖ (Ashtakavarga system of Prediction) യായിത്തന്നെ വളർന്നിട്ടുണ്ട്.

ഫലദീപിക കഴിഞ്ഞ അദ്ധ്യായത്തിൽ ഭിന്നാഷ്ടവർഗ്ഗം, പ്രസ്താരാഷ്ടവർഗ്ഗം, സർവാ ഷ്ടവർഗ്ഗം, എന്നിവ പ്രതിപാദിച്ചു. ഈ അദ്ധ്യായത്തിൽ അഷ്ടവർഗ്ഗത്തെ കുറേക്കൂടി സൂക്ഷ്മ മാക്കാനുള്ള ക്രിയകളായ ത്രികോണശോധന, ഏകാധിപത്യശോധന എന്നിവയും ആ ശോധനകൾക്കുശേഷമുള്ള അഷ്ടവർഗ്ഗം ഉപയോഗിച്ചുള്ള ഫലപ്രവചനരീതിയും വിവരിക്കുന്നു

ചില പ്രധാന അഷ്ടവർഗ്ഗഫലങ്ങൾ .

പിതൃക്ലേശം (സൂര്യൻ / ഒമ്പത്)

(1 - 3)
അർക്കസ്ഥിതസ്യ നവമോ രാശിഃ പിതൃഗൃഹഃ സ്മൃതഃ
തദ്രാശിഫലസംഖ്യാഭിർവർദ്ധയേച്ഛോധ്യപിണ്ഡകം.
സപ്തവിംശഹൃതാല്ലബ്ധം നക്ഷത്രം യാതി ഭാനുജേ
തസ്മിൻ കാലേ പിതൃക്ലേശോ ഭവിഷ്യതി ന സംശയഃ.
തത് ത്രികോണഗതേ വാ f പി പിതൃതുല്യസ്യ വാ മൃതിഃ
സംയോഗഃ ശോധ്യശോഷാണാം ശോധ്യപിണ്ഡ ഇതി സ്മൃതഃ.

1. *അർക്കസ്ഥിതസ്യ നവമോ രാശിഃ*

-	സൂര്യൻ നിൽക്കുന്ന രാശിയുടെ ഒമ്പതാംരാശി.		
2.	പിതൃഗൃഹഃ സ്മൃതഃ	-	പിതൃഭാവമാണ്
3.	*തത് രാശിഫലസംഖ്യാഭി*	-	ആ രാശിയുടെ സംഖ്യകൊണ്ട്
4.	*വർദ്ധയേത് ശോധ്യപിണ്ഡകം*	-	ശോധ്യപിണ്ഡത്തെ* പെരുക്കി അതിനെ
5.	*സപ്തവിംശഹൃതാലബ്ധം*	-	27 കൊണ്ടു ഹരിക്കുമ്പോൾ കിട്ടുന്ന
6.	*നക്ഷത്രം*	-	നക്ഷത്രത്തിൽക്കൂടി
7.	*യാതി ഭാനുജേ*	-	ശനി സഞ്ചരിക്കുമ്പോൾ
6.	*തസ്മിൻ കാലേ പിതൃക്ലേശോ ഭവിഷ്യത്.*	-	പിതൃക്ലേശം ഉണ്ടാകും.
7.	*തത് ത്രികോണഗതേ വാപി*	-	അതിന്റെ ത്രികോണ നക്ഷത്ര ങ്ങളിൽ** വരുമ്പോൾ
8.	*പിതൃതുല്യസ്യ വാ മൃതിഃ*	-	അച്ഛനു തുല്യനായ ആൾക്ക് (ഉദാ: പിതൃസഹോദരന്) മരണം സംഭവിക്കാം.

** ത്രികോണനക്ഷത്രങ്ങൾ

1	10	19
അശ്വതി	മകം	മൂലം
ഭരണി	പൂരം	പൂരാടം
കാർത്തിക	ഉത്രം	ഉത്രാടം
രോഹിണി	അത്തം	തിരുവോണം
മകയിരം	ചിത്ര	അവിട്ടം
തിരുവാതിര	ചോതി	ചതയം
പുണർതം	വിശാഖം	പൂരുരുട്ടാതി
പൂയം	അനിഴം	ഉത്രട്ടാതി
ആയില്യം	തൃക്കേട്ട	രേവതി

ഗണിതം

1. ഉദാഹരണജാതകത്തിൽ സൂര്യൻ
ഇടവത്തിൽ. ഇടവത്തിൽനിന്നും ഒമ്പതാംരാശി മകരം.

2. ആ രാശിയുടെ സംഖ്യകൊണ്ട് (സൂര്യാഷ്ടവർഗ്ഗത്തിൽ മകരത്തിലെ ബിന്ദുക്കൾകൊണ് അഥവാ ആറുകൊണ്ട് ശോധ്യപിണ്ഡത്തെ പെരുക്കണം.

(ശോധ്യപിണ്ഡം - 84 = 84 ׃ 6 = 504
(ശോധ്യപിണ്ഡം എന്താണെന്നും 84 എന്ന സംഖ്യ എങ്ങിനെ കിട്ടുന്നുവെന്നും വഴിയേ വിവരിക്കുന്നുണ്ട്.)

4. 504 നെ 27 കൊണ്ടു ഹരിക്കുമ്പോൾ ശിഷ്ടം വരുന്നത് 18.
അശ്വതിയിൽനിന്നും പതിനെട്ടാമത്തെ നക്ഷത്രം = തൃക്കേട്ട.

5. ശനി തൃക്കേട്ടയിൽക്കൂടി സഞ്ചരിക്കുമ്പോൾ ആ സമയത്ത് പിതൃക്ലേശം ഉണ്ടാകും.

6. ശനി അതിന്റെ (തൃക്കേട്ടയുടെ) ത്രികോണനക്ഷത്രങ്ങളായ രേവതി, ആയില്യം ഇവയിൽ നിൽക്കുമ്പോൾ അച്ഛനു തുല്യനായ ആൾക്ക് (പിതൃസഹോദരന്) മരണം സംഭവിക്കാം.

* ശോധ്യപിണ്ഡം
സംയോഗഃ ശോധ്യശോഷാണാം ശോധ്യപിണ്ഡ ഇതി സ്മൃതഃ
ശോധ്യം, ശോഷം ഇവയുടെ സംയോഗമാണ് ശോധ്യപിണ്ഡം. (ശോഷത്തിനു പകരം ശേഷം എന്നും കാണുന്നു.)

ശോധ്യവും ശോഷവും.

അഷ്ടവർഗ്ഗത്തിലെ യഥാർത്ഥസംഖ്യയും ഏകാധിപത്യശോധന, ത്രികോണശോധന എന്നിവയ്ക്കു ശേഷമുള്ള സംഖ്യയും ആണ് ഇവയെന്നാണ് ചില വ്യാഖ്യാതാക്കളുടെ അഭിപ്രായം. മറ്റു ചിലരുടെ അഭിപ്രായം ഇത് താഴെ 23 മുതൽ 26 വരെയുള്ള ശ്ലോകങ്ങളിൽ പറയുന്ന, ആയുർദ്ദായത്തിന്റെ സന്ദർഭത്തിൽ വിവരിക്കുന്ന, സംഖ്യയാണ് എന്നാണ്. സന്ദർഭവുമായി കൂടുതൽ യോജിക്കുന്നത് അതാകയാൽ ആ രീതിയാണ് ഇവിടെ സ്വീകരിച്ചിട്ടുള്ളത്. ഡോ. ബി. വി. രാമനും ഈ രീതിതന്നെയാണ് പിന്തുടർന്നിട്ടുള്ളത്.

ഇരുപത്തേഴ് നക്ഷത്രസംഖ്യയാണ്. ഇരുപത്തേഴു നക്ഷത്രങ്ങൾ ചേരുമ്പോൾ ഒരു (രാശി)മണ്ഡലമാകും. (13-20 ׃ 27 = 360). ശോധ്യപിണ്ഡത്തെ അഷ്ടവർഗ്ഗം കൊണ്ടു പെരുക്കുമ്പോൾ കിട്ടുന്ന ഉത്തരം സാധാരണ 360 ഡിഗ്രിയിൽ കൂടുതലായിരിക്കും. അതുകൊണ് അതിനെ ഇരുപത്തിയേഴുകൊണ്ടു ഹരിക്കുന്നത്. അതുപോലെ ഹരണഫലമല്ല ശിഷ്ടം വരുന്ന സംഖ്യയാണ് നമുക്കാവശ്യം. ഇവിടെ ഒരു കാര്യം പ്രത്യേകം അറിയാനുണ്ട്. ഈ ക്രിയ ചെയ്തു നമുക്കു കിട്ടുന്ന വർഷം ചാന്ദ്രവർഷമാണ്. അതിനെ സൗരവർഷമാക്കണമെങ്കിൽ 324 (27 ׃ 12) കൊണ്ടു പെരുക്കി 365 കൊണ്ടു ഹരിക്കണം.

ഗോചരത്തിൽ ശനി കടന്നു പോകുമ്പോൾ അച്ഛന്റെ ആയുസ്സിന് ദോഷകരമായ ഒരു നക്ഷത്രംമാത്രമാണ് ഇപ്പോൾ കിട്ടിയിട്ടുള്ളത്. സംഗതി കുറച്ചുകൂടി വ്യക്തമാകണമെങ്കിൽ മറ്റു

കുറെ കാര്യങ്ങൾകൂടി (അച്ഛന്റെ ജാതകത്തിലെ ആയുർദ്ദായം, മരണസമയം, ദശാപഹാരങ്ങൾ, യോഗങ്ങൾ തുടങ്ങിയവയും അമ്മ ജീവിച്ചിരിപ്പുണ്ടെങ്കിൽ അവരുടെ ജാതകത്തിൽ വൈധവ്യയോഗമുണ്ടോ ഉണ്ടെങ്കിൽ അതിന്റെ സമയം തുടങ്ങിയവയും) പരിഗണിക്കാനുണ്ട്. പിതൃസഹോദരന്റെ കാര്യത്തിലും ഇത്തരം പരിശോധനകൾ ആവശ്യമാണ്.

(4)
ലഗ്നാത് സുഖേശ്വരാംശേശദശായാം ച പിതൃക്ഷയഃ
സുഖനാഥദശായാം വാ പിതൃതുല്യമൃതിം വദേത്.

ലഗ്നാത്	-	ലഗ്നത്തിൽനിന്നും.
സുഖേശ്വരാംശേശദശായാം	-	നാലാംഭാവാധിപൻ നിൽക്കുന്ന നവാംശകത്തിന്റെനാഥന്റെ ദശയിലും.
പിതൃക്ഷയഃ	-	പിതൃ മരണമു ാകാം.
സുഖ നാഥദശായാംപിതൃതുല്യമൃതിം	-	നാലാംഭാവാധിപന്റെ ദശയിൽ പിതൃതുല്യരുടെ മരണമുണ്ടാകാം.

ഉദാഹരണജാതകത്തിലെ ലഗ്നം മീനം. ലഗ്നത്തിൽനിന്നും നാലാംഭാവം മിഥുനം. മിഥുനത്തിന്റെ അധിപൻ ബുധൻ. ബുധൻ അംശകിച്ചിരിക്കുന്നത് മിഥുനത്തിൽ. ബുധദശയിൽ പിതൃക്ലേശമുണ്ടാകം. അതുപോലെ നാലാംഭാവാ ധിപന്റെ ദശയിൽ (ബുധദശയിൽ) പിതൃതുല്യരുടെ മരണവും സംഭവിക്കാം.

(5, 6)
സംശോധ്യ പിണ്ഡം സൂര്യസ്യ രന്ധ്രമാനേന വർദ്ധയേത്
ദ്വാദശേന ഹൃതാച്ഛേഷരാശിം യാതേ ദിവാകരേ.
തത് ത്രികോണഗതേ വാ f പി മരണം തസ്യ നിർദ്ദിശേത്
ഏവം ഗ്രഹാണാം സർവേഷാം ചിന്തയേന്മതിമാന്നരഃ.

സംശോധ്യ പിണ്ഡം സൂര്യസ്യ	-	സൂര്യന്റെ അഷ്ടവർഗ്ഗം ശോധിച്ച്.
രന്ധ്രമാനേന വർദ്ധയേത്	-	(അതിനെ) എട്ടുകൊണ്ടു പെരുക്കി.
ദ്വാദശേന ഹൃതഃ	-	പന്ത്രണ്ടു കൊണ്ടു ഹരിക്കുമ്പോൾ.
ശേഷരാശിം യാതേ ദിവാകരേ	-	ബാക്കി വരുന്ന രാശിയിൽ സൂര്യൻവരുമ്പോൾ.
പിതൃക്ഷയഃ	-	പിതൃമരണമുണ്ടാകാം.
തത് ത്രികോണഗതേ വാ ള പി	-	ആ രാശിയുടെ ത്രികോണരാശിയിൽ സൂര്യൻ വരുമ്പോഴും.
മരണം തസ്യ നിർദ്ദിശേത്	-	അച്ഛന്റെ മരണം പറയണം.
ഏവം ഗ്രഹാണാം സർവേഷാം	-	ഇപ്രകാരം എല്ലാ ഗ്രഹങ്ങളെക്കൊണ്ടും
ചിന്തയേത് മതിമാൻ നരഃ	-	ചിന്തിക്കണം.

സൂര്യനെക്കൊണ്ട് അച്ഛനെക്കുറിച്ചു ചിന്തിക്കുന്നതുപോലെ മറ്റു ഗ്രഹങ്ങളെക്കൊണ്ടു മറ്റു ബന്ധുക്കളെക്കുറിച്ചും ചിന്തിക്കണം.

ഉദാഹരണം / വിശദീകരണം:;

1. സൂര്യന്റെ ശോധ്യപിണ്ഡത്തെ എട്ടുകൊണ്ടു പെരുക്കുക.
84 ꞉ 8 = 672.
ഇതിനെ പന്ത്രണ്ടുകൊണ്ടു ഹരിക്കുക.
672 / 12 = 56. ബാക്കി 0.

അച്ഛന്റെ മരണത്തിനു സാധ്യതയുള്ള നക്ഷത്രം (നാൾ), രാശി (മാസം) എന്നിവ നമുക്ക് ഏകദേശം ഇങ്ങനെ ഗണിച്ചെടുക്കാം. (അപമൃത്യു ഇതിൽ പെടില്ല.)

എട്ടുകൊണ്ടു പെരുക്കണം എന്നു പറഞ്ഞത് *വർദ്ധയേത്* എന്ന സംസ്കൃതം വാക്കിന്റെ അടിസ്ഥാനത്തിലാണ്. ഒന്നാംശ്ലോകത്തിലും ഈ അർത്ഥംതന്നെയാണ് കൊടുത്തിട്ടുള്ളത്. എന്നാൽ ഈ ശ്ലോകത്തിന്റെ ചില വ്യാഖ്യാനങ്ങളിൽ പെരുക്കണം എന്നതിനു പകരം കൂട്ടണം എന്നാണു കാണുന്നത്. ഫലദീപികയിൽത്തന്നെ, ഇതേ ക്രിയ പറയുന്ന മറ്റു ശ്ലോകങ്ങൾ ഈ വ്യാഖ്യാനത്തിന് (കൂട്ടലിന്) അനുകൂലമല്ലെന്നു കാണാവുന്നതാണ്.

മാതൃഹാനി (ചന്ദ്രൻ / നാല്)
(7)
ചന്ദ്രാത്സുഖഫലൈഃ പിണ്ഡം ഹത്വാ സാരാവശേഷിതം
ശനൗ യാതേ മാതൃഹാനിഃ ത്രികോണർക്ഷഗതേ f പി വാ.

(8)
ചന്ദ്രാത് സുഖാഷ്ടമേശാംശത്രികോണേ ദിവസാധിപേ
മാതുർവിയോഗം തന്മാസേ നിർദ്ദിശേല്ലഗ്നതഃ പിതുഃ

ചന്ദ്രാത് സുഖഫലൈഃ ... .
ചന്ദ്രാൽ നാലിൽ ഉള്ള അഷ്ടവർഗ്ഗബിന്ദുക്കളെക്കൊണ്ടു ശോദ്ധ്യപിണ്ഡത്തെ പെരുക്കി ഇരുപത്തേഴുകൊണ്ടു ഹരിച്ചാൽ വരുന്ന ശിഷ്ടത്തെ അശ്വതി മുതൽക്കുള്ള നക്ഷത്രമായി എണ്ണിയാൽ കിട്ടുന്ന നക്ഷത്രത്തിൽ.

ശനൗ യാതേ	-	ശനി വരുന്ന സമയത്തു.
മാതൃഹാനിഃ	-	മാതാവിന്റെ മരണം സംഭവിക്കാം.
ത്രികോണർക്ഷഗതേ അപി വാ	-	അതല്ലെങ്കിൽ അതിന്റെ ത്രികോണ നക്ഷത്രത്തിൽ ശനിവരുമ്പോഴും ഇതു സംഭവിക്കാം.
ചന്ദ്രാത് സുഖാത്	-	ചന്ദ്രാൽ നാലിന്റെ
അഷ്ടമേശ	-	എട്ടാം ഭാവാധിപൻ
അംശ	-	അംശകിച്ച രാശിയുടെ നാഥന്റെ
ത്രികോണേ	-	ത്രികോണത്തിൽ
ദിവസാധിപേ	-	സൂര്യൻ വരുന്ന
തന്മാസേ	-	മാസത്തിൽ
മാതുർവിയോഗം നിർദ്ദിശേത്	-	മാതാവിന്റെ മരണം പറയണം.

ലഗ്നതഃ പിതുഃ
- ഇപ്രകാരം ലഗ്നത്തെക്കൊണ്ടു പിതാവിന്റെ മരണത്തേയും ചിന്തിക്കണം.

(9)

ഭൗമാത്തൃതീയരാശിസ്ഥഫലൈർഭ്രാതൃഗുണം ഭവേത്
ബുധാൽ സുഖഫലൈർബ്ബന്ധുഗുണം വാ മാതുലസ്യ ച.

സഹോദരഗുണം (കുജൻ / മൂന്ന്)

ഭൗമാത് തൃതീയ രാശിസ്ഥ ഫലൈഃ - ചൊവ്വയിൽനിന്നും മൂന്നാം രാശിയിലുള്ള അഷ്ടവർഗ്ഗബിന്ദുക്കൾ കൊണ്ടു

ഭ്രാതൃഗുണം ഭവേത് - സഹോദരഗുണം ഉണ്ടാകും.

ബന്ധുഗുണം (ബുധൻ / നാല്)

ബുധാൽ സുഖഫലൈഃ - ബുധന്റെ നാലിൽ ഉള്ള അഷ്ടവർഗ്ഗബിന്ദുക്കൾ കൊണ്ട

ബന്ധു ഗുണം - ബന്ധുഗുണവും / സുഹൃത് ഗുണവും

മാതുലസ്യ ച. - മാതുലഗുണവും പറയണം.

(10)

ഗുരുസ്ഥിതസുതസ്ഥാനേ യാവതാം വിദ്യതേ ഫലം
ശത്രുനീചഗ്രഹം[(1)] ത്യക്ത്വാ ശേഷാഃ തസ്യാത്മജഃ സ്മൃതാഃ.

(1) പാഠഭേദം: ഗൃഹം

പുത്രഗുണം (വ്യാഴം / അഞ്ച്)

ഗുരുസ്ഥിതസുതസ്ഥാനേ	-	വ്യാഴത്തിന്റെ അഞ്ചിൽ.
യാവതാം വിദ്യതേ ഫലം	-	ഉള്ള ബിന്ദുക്കളിൽനിന്നും.
ശത്രുനീചഗ്രഹം ത്യക്ത്വാ	-	ശത്രുഗ്രഹം, നീചത്തിലുള്ള ഗ്രഹം എന്നിവയുടെ ബിന്ദുക്കളെ കുറച്ചാൽ.
ശേഷാഃ തസ്യ ആത്മജാഃ	-	ബാക്കി വരുന്ന ബിന്ദുക്കൾ സൂചിപ്പിക്കുന്നതായിരിക്കും മക്കളുടെ സംഖ്യ.

(11)

ഗുരോരഷ്ടകവർഗ്ഗേഷു ശോധ്യ ശിഷ്ടഫലാനി വൈ
ക്രൂരരാശിഫലം ത്യക്ത്വാ ശേഷാഃ തസ്യാത്മജാഃ സ്മൃതാഃ.

മക്കളുടെ സംഖ്യ

ഗുരോഃ അഷ്ടകവർഗ്ഗേ	-	ഗുരുവിന്റെ അഷ്ടവർഗ്ഗത്തെ
ശോധ്യ ശിഷ്ടഫലാനി	-	ശോധിച്ചാൽ ബാക്കി കിട്ടുന്ന ബിന്ദുക്കളിൽനിന്നും
ക്രൂരരാശിഫലം ത്യക്ത്വാ	-	പാപഗ്രഹങ്ങളുടെ (കു, മ) ബിന്ദുക്കൾ കുറച്ചാൽ
ശേഷാഃ തസ്യ ആത്മജാഃ സ്മൃതാഃ	-	ബാക്കിവരുന്നതായിരിക്കും മക്കളുടെ സംഖ്യ

(12)

ഫലാധികം ഭൃഗോർയത്ര തത്ര ഭാര്യാ ജനിർയദി
തസ്യ വംശാദിവൃദ്ധിഃ സ്യാദൽപേ ക്ഷീണാർത്ഥസന്തതിഃ.

കളത്രഗുണം (ശുക്രൻ)

ഫലാധികം ഭൃഗോഃ യത്ര	- ശുക്രാഷ്ടവർഗ്ഗത്തിൽ അധികംബിന്ദുക്കളുള്ള രാശിയാണ്
തത്ര ഭാര്യാ ജന്മഃ യദി	- ഭാര്യയുടെ ജന്മരാശിയെങ്കിൽ.
തസ്യ വംശാഭി വൃദ്ധിഃ സ്യാത്	- വംശം അഭിവൃദ്ധിപ്പെടും.
അൽപ്പേ	- മറിച്ച്, അത് ബിന്ദുക്കൾ കുറഞ്ഞതാണെങ്കിൽ.
ക്ഷീണാർത്ഥസന്തതിഃ	- ധനവും സന്തതിയും കുറഞ്ഞിരിക്കും.

(13)

ശോധ്യപിണ്ഡം ശനേർലഗ്നാദ്ധത്വാ രന്ധ്രഫലൈഃ സുധൈഃ
ഹൃത്വാവശേഷഭം യാതേ മന്ദേ ജീവേ*f* പി വാ മൃതിഃ.

ജാതകന്റെ മൃതി (ശനി / എട്ട്)

ശനേഃ	-	ശനിയുടെ
ലഗ്നാദ്ധത്വാ	-	ലഗ്നാൽ എട്ടിലെ
രന്ധ്രഫലൈഃ	-	അഷ്ടവർഗ്ഗബിന്ദുക്കൾകൊണ്ട്
ശോധ്യപിണ്ഡം ഹൃത്വാ	-	ശോധ്യപിണ്ഡത്തെ പെരുക്കി ഇരുപത്തേഴുകൊണ്ടു ഹരിച്ചാൽ
അവശേഷഭം	-	കിട്ടുന്ന ശിഷ്ടം അശ്വതിമുതൽ എണ്ണിയാൽ കിട്ടുന്ന നക്ഷത്രത്തിൽ
യാതേ മന്ദേ ജീവേ f പി വാ	-	ശനി അല്ലെങ്കിൽ ഗുരു വരുമ്പോൾ.
മൃതിഃ	-	മരണം ഉണ്ടാകാം.

(14)

ലഗ്നാദിമന്ദാന്തഫലൈക്യസംഖ്യാ-
വർഷേ വിപത്തിസ്തു തഥാർക്കപുത്രാൽ
യാവദ്വിലഗ്നാന്തഫലാനി തസ്മി-
ന്നാശോ ഹി തദ്യോഗസമാനവർഷേ.

ലഗ്നാദിമന്ദാന്ത...	-	ലഗ്നം മുതൽ ശനി നിൽക്കുന്ന രാശിവരെ ഉള്ള
അർക്കപുത്രാൽ	-	ശനിയുടെ അഷ്ടവർഗ്ഗബിന്ദുക്കൾ കൂട്ടിയാൽ കിട്ടുന്ന
തദ്യോഗസമാനവർഷേ.	-	എണ്ണത്തിനു തുല്യമായ വർഷത്തിൽ
വിപത്തിഃ	-	ആപത്തുണ്ടാകാം.
യാവത് വിലഗ്നാന്ത ഫലാനി	-	അതുപോലെ ശനി നിൽക്കുന്ന രാശി മുതൽ ലഗ്നം വരെയുള്ള രാശികളിൽ ആകെ എത്ര ബിന്ദുക്കൾ ഉണ്ടോ
തദ്യോഗസമാനവർഷേ	-	അതിനു തുല്യമായ വർഷത്തിലും
തസ്മിൻ നാശഃ	-	നാശമുണ്ടാകാം.

(15)

അഷ്ടമസ്ഥഫലൈർല്ലഗ്നാത് പിണ്ഡം ഹത്വാ സുധൈർഭജേത്
ഫലമായുർവിജാനീയാത് പ്രാഗ്വദ്വേളാന്തു കല്പയേത്.

ആയുസ്സ്

അഷ്ടമസ്ഥഫലൈഃ ലഗ്നാത്	- ലഗ്നാൽ എട്ടിലുള്ള അഷ്ടവർഗ്ഗംകൊണ്ട്
പിണ്ഡം ഹത്വാ	- ശോദ്ധ്യപിണ്ഡത്തെ പെരുക്കി.
സുഖൈഃ ഭജേത്	- ഇരുപത്തിയേഴു (സ-7, ഖ-2) കൊണ്ടു ഹരിച്ചാൽ
ആയുഃ വിജാനീ യാത്	- കിട്ടുന്ന ഫലം (ബിന്ദുക്കൾ) ആയുർദൈർഘ്യമാണെന്നറിയുക.
പ്രാഗ്വദ്വേളാന്തു കല്പയേത്.	- മരണസമയം നേരത്തെ പറഞ്ഞതുപോലെ.

.

ലഗ്നാൽ എട്ടിലുള്ള അഷ്ടവർഗ്ഗത്തെ അതാതു ഗ്രഹത്തിന്റെ ശോധ്യ പിണ്ഡംകൊണ്ടു പെരുക്കി ഇരുപത്തിയേഴുകൊണ്ടു ഹരിക്കുമ്പോൾ ബാക്കി വരുന്നവയെ കൂട്ടിയാൽ കിട്ടുന്നതു പരമായുസ്സാണ്. മരണസമയം ശ്ലോകം പതിമൂന്നിൽ പറഞ്ഞതുപോലെ.

ത്രികോണശോധന

(16, 17)
ത്രികോണേഷു തു യദ്യൂനം തത്തുല്യം ത്രിഷു ശോധയേത്
ഏകസ്മിൻ ഭവനേ ശൂന്യേ തത്ത്രികോണം ന ശോധയേത്.
ഭവനദ്വയശൂന്യേ തു ശോധയേദന്യമന്ദിരം [(1)]
സമത്വേ സർവഗേഹേഷു സർവം സംശോധയേത്തദാ.
(1) ഭവനദ്വയശൂന്യേ ന ശോധയേദന്യമന്ദിരം

1. *ത്രികോണേഷു തു യദ്യൂനം തത്തുല്യം ത്രിഷു ശോധയേത്* - -
ഒരു ത്രികോണത്തിലെ മൂന്നു രാശികളിലും ഒരേ വിധത്തിലല്ല ബിന്ദുക്കൾ കാണുന്നതെങ്കിൽ, ഏതിലാണോ ബിന്ദുക്കൾ ഏറ്റവും കുറവ്, ആ സംഖ്യ മൂന്നിൽനിന്നും കുറച്ച് ബാക്കി നിർത്തണം

2. *ഏകസ്മിൻ ഭവനേ ശൂന്യേ തത് ത്രികോണം ന ശോധയേത* - -
ഒരു ത്രികോണത്തിലെ ഒരു രാശിയിൽ ബിന്ദുക്കൾ ഇല്ലെങ്കിൽ ആ ത്രികോണം ശോധിക്കേണ്ടതില്ല.

ത്രികോണരാശികൾ:

മേടം	ചിങ്ങം	ധനു
ഇടവം	കന്നി	മകരം
മിഥുനം	തുലാം	കുംഭം
കർക്കടം	വൃശ്ചികം	മീനം

3 *ഭവനദ്വയശൂന്യേ തു ശോധയേദന്യമന്ദിരം* - -
- ഒരു ത്രികോണത്തിലെ രണ്ടു രാശികളിൽ ബിന്ദുക്കൾ ഇല്ലെങ്കിൽ മൂന്നാമത്തതും ശൂന്യമാക്കുക.

പാഠഭേദം: (1) ഭവനദ്വയശൂന്യേ ന ശോധയേദന്യമന്ദിരം -- ഈ പാഠവും അതിന്റെ വ്യാഖ്യാനവും മറ്റു വ്യാഖ്യാനങ്ങളുമായോ ഡോ. രാമന്റെ ഈ വിഷയത്തിലുള്ള പുസ്തകവുമായോ യോജിക്കുന്നില്ല. കാരണം മനസ്സിലായലല്ലോ.

4. *സമത്വേ സർവഗേഹേഷു സർവം സംശോധയേത്തദാ* - -

\- ഒരു ത്രികോണത്തിലെ മൂന്നു രാശികളിലെയും ബിന്ദുക്കൾ ഒരുപോലെയാണെങ്കിൽ മൂന്നും ശൂന്യമാക്കണം.

ഏകാധിപത്യശോധന

രണ്ടു രാശികളുടെ ആധിപത്യമുള്ള ഗ്രഹങ്ങളുടെ (കു, ബു, ഗു, ശു, മ) ബിന്ദുക്കൾ വീണ്ടും ചെറുതാക്കി എടുക്കുന്നതാണ് ഈ ക്രിയ. ഒരു രാശിയുടെ മാത്രം ആധിപത്യമുള്ള ഗ്രഹങ്ങളുടെ (ര, ച) ബിന്ദുക്കൾക്കു മാറ്റമില്ല.

(18 - 22)

ത്രികോണശോധനാം കൃത്വാ പശ്ചാദേകാധിപത്യകം
ക്ഷേത്രദ്വയേ ഫലാനി സ്യുസ്തദാ സംശോധയേത്സുധിഃ (ന്നര)ഃ

ഗ്രഹയുക്തേ ഫലേ ഹീനേ ഗ്രഹാഭാവേ ഫലാധികേ
ഊനേന സദൃശന്ത്വസ്മിൻ ശോധയേദ്ഗ്രഹവർജ്ജിതേ

ഫലാധികേ ഗ്രഹൈർയുക്തേ ചാന്യസ്മിൻ സർവമുത്സൃജേത്
സഗ്രഹാഗ്രഹതുല്യത്വേ സർവം സംശോധ്യമഗ്രഹാത്.

ഉഭാഭ്യാം ഗ്രഹഹീനാഭ്യാം സമത്വേ സകലം ത്യജേത്
ഉഭയോർഗ്രഹസംയുക്തേ ന സംശോദ്ധ്യം കദാചന.

ഏകസ്മിൻ ഭവനേ ശൂന്യേ ന സംശോദ്ധ്യം കദാചന
ദ്വാവഗ്രഹൗ ചേദ്യന്നൂനം തത്തുല്യം ശോദയേദ്ദ്വയോഃ.

ത്രികോണശോധനാം കൃത്വാ പശ്ചാത് ഏകാധിപത്യകം

\- ത്രികോണശോധനയ്ക്കുശേഷം ഏകാധിപത്യശോധന ചെയ്യണം.

ഏകാധിപത്യശോധന

1. *ക്ഷേത്രദ്വയേ ഫലാനി സ്യു തദാ സംശോധയേത്* - -

\- ഒരു ഗ്രഹത്തിന്റെ രണ്ടു രാശികളിലും ബിന്ദുക്കൾ ഉണ്ടെങ്കിലേ ഏകാധിപത്യശോധന വേണ്ടതുള്ളൂ. (രണ്ടു രാശികളുടെ ആധിപത്യമുള്ള ഗ്രഹങ്ങളുടെ അഷ്ടകവർഗ്ഗത്തിനേ ഈ ശോധന ഉള്ളൂ.)

2 *ഗ്രഹയുക്തേ ഫലേ ഹീനേ ഗ്രഹാഭാവേ ഫലാധികേ ശോധയേത് ഗ്രഹവർജ്ജിതേ*- -

- (ഒരു ഗ്രഹത്തിന്റെ രണ്ടു രാശികളിൽ ഒന്നിൽ ഗ്രഹസ്ഥിതി ഉണ്ടാവുകയും മറ്റതിൽ ഇല്ലാതിരിക്കുകയും ചെയ്താൽ) ഗ്രഹമുള്ള രാശിയിൽ ബിന്ദുക്കൾ കുറവായും ഗ്രഹമില്ലാത്ത രാശിയിൽ കൂടുതലായും ഇരുന്നാൽ ഗ്രഹമില്ലാത്ത രാശിയിലെ കൂടുതൽ ബിന്ദുക്കളെ

ഊന്നേന സദൃശം തു -

- ഗ്രഹമുള്ള രാശിയിലെ ബിന്ദുക്കൾക്കു തുല്യമാക്കണം.

3. *ഫലാധികേ ഗ്രഹൈർയുക്തേ അന്യസ്മിൻ സർവമുത്സൃജേത് - -*

- നേരെ മറിച്ച്, ഗ്രഹം നിൽക്കുന്ന രാശിയിൽ ബിന്ദുക്കൾ കൂടുതലായും ഗ്രഹമില്ലാത്ത രാശിയിൽ കുറവായും ഇരുന്നാൽ ആ കുറഞ്ഞ ബിന്ദുക്കളെ പൂർണ്ണമായും കളയണം.

4. *സഗ്രഹ അഗ്രഹ തുല്യത്വേ സർവം സംശോധ്യം അഗ്രഹാത് -*

- അതല്ല,ഗ്രഹത്തോടുകൂടിയ രാശിയിലും അതില്ലാത്ത രാശിയിലും ബിന്ദുക്കൾ സമമാണെന്നു വന്നാൽ ഗ്രഹമില്ലാത്ത രാശിയിലെ ബിന്ദുക്കളെ പാടെ ഉപേക്ഷിക്കണം.

5 *ഉഭാഭ്യാം ഗ്രഹഹീനാഭ്യാം സമത്വേ, സകലം ത്യജേത*

-- ഇനി അതുമല്ല, രണ്ടു രാശികളിലും ഗ്രഹങ്ങൾ ഇല്ലാതിരിക്കുകയും രണ്ടിലും ബിന്ദുക്കൾ തുല്യമായിരിക്കുകയും ചെയ്താൽ. രണ്ടു രാശികളിലെയും ബിന്ദുക്കളെ ത്യജിക്കണം.

6 *ഉഭയോഃ ഗ്രഹസംയുക്തേ ന സംശോദ്ധ്യം കദാചന*

-- രണ്ടിലും ഗ്രഹങ്ങൾ ഉണ്ടെങ്കിൽ. ഈ ശോധന വേണ്ടതില്ല.

7. *ഏകസ്മിൻ ഭവനേ ശൂന്യേ ന സംശോദ്ധ്യം കദാചന*

-- രണ്ടു രാശികളിൽ ഒരുരാശിയിൽ ബിന്ദുക്കൾ ഇല്ലാതിരുന്നാലും ശോധന ആവശ്യമില്ല.

8 ദ്വൗ *അഗ്രഹൗ ചേത് ന്യൂനം , തത്തുല്യം ശോധയേത് ദ്വയേഃ*

-- രണ്ടു രാശികളിലും ഗ്രഹങ്ങൾ ഇല്ലാതിരിക്കുകയും രണ്ടിലെയും ബിന്ദുക്കൾ സമമല്ലാതെയും ഇരുന്നാൽ, കുറഞ്ഞതിലേയ്ക്ക് ബിന്ദുക്കൾ ക്രമപ്പെടുത്തണം.

ഏകാധിപത്യശോധന ചുരുക്കത്തിൽ

1. <u>രണ്ടിലും ഗ്രഹമുള്ളത്</u> - - മാറ്റമില്ല.

2. <u>ഒന്നിൽമാത്രം ഗ്രഹമുള്ളത് - -</u>

<u>ഗ്രഹമുള്ളത്</u>	<u>ഗ്രഹമില്ലാത്തത്</u>
ബിന്ദുക്കൾ കുറവ്	ബിന്ദുക്കൾ കൂടുതൽ

-- രണ്ടും കുറഞ്ഞതിനു തുല്യമാക്കണം

. ബിന്ദുക്കൾ കൂടുതൽ ബിന്ദുക്കൾ കുറവ്

-- കുറവുള്ളത് കളയണം

രണ്ടും സമം - - ഗ്രഹമില്ല.ാത്തതു കളയണം

3. രണ്ടിലും ഗ്രഹമില്ലാത്തത്-
   രണ്ടിലും ബിന്ദുക്കൾ തുല്യമാണെങ്കൽ -- രണ്ടും കളയണം
   ഒന്നിൽ ബിന്ദുക്കൾ കൂടിയും മറ്റതിൽ കുറഞ്ഞും ഇരുന്നാൽ -- കുറഞ്ഞത്
   എടുക്കണം. ഒന്നിൽമാത്രം ബിന്ദുക്കൾ ഉള്ളത് -- മാറ്റമില്ല

ഉദാഹരണജാതകത്തിൽ സപ്തഗ്രഹങ്ങളുടെ അഷ്ടവർഗ്ഗം,
ശോധനകൾക്കു മുമ്പും പിൻപും

1സൂര്യാഷ്ടവർഗ്ഗം (48)				ത്രികോണശോധന യ്ക്കുശേഷം (15)				ഏകാധിപത്യശോധന യ്ക്കുശേഷം (8)			
മീനം	മേടം	ഇടവം	മിഥു	മീനം	മേടം	ഇടവം	മിഥുനം	മീനം	മേടം	ഇടവം	മിഥുനം
5	4	3	4	3	2	0	0	0	2	0	0
കുംഭം			കർ	കുംഭം			കർ	കുംഭം			കർക്കട
6			4	2			2	2			2
മകരം			ചിങ്ങം	മകരം			ചി	മകരം			ചിങ്ങം
6			2	3			0	2			0
ധനു	വൃശ്ചികം	തുലാം	കന്നി	ധനു	വൃശ്ചി	തുലാം	കന്നി	ധനു	വൃശ്ചി	തുലാം	കന്നി
8	2	4	3	3	0	0	0	0	0	0	0

2. ചന്ദ്രാഷ്ടവർഗ്ഗം

4	1	5	3	0	0	3	0	0	0	3	0
6			5	3			1	1			1
3			6	1			5	1			5
5	5	4	2	4	1	1	0	4	1	0	0

3. കുജാഷ്ടവർഗ്ഗം

6	2	3	2	4	1	0	0	1	1	0	0
4			5	2			3	1			3
4			1	1			0	1			0
2	2	4	4	1	0	2	1	1	0	2	1

4. ബുധാഷ്ടവർഗ്ഗം

6	6	3	5	4	3	0	0	2	3	0	0
5			5	0			3	0			3
6			3	3			0	3			0
5	2	5	3	2	0	0	0	2	0	0	0

5. ഗുരു അഷ്ടവർഗ്ഗം

5	2	6	5	2	0	1	1		1	0	1	1
5			3	1			0		0			0
6			6	1			4		0			4
3	6	4	5	1	3	0	0		1	3	0	0

6. ശുക്രാഷ്ടവർഗ്ഗം

7	6	4	5		5	2	0	2	1	2	0	2
3			4		0			2	0			2
3			4		0			2	0			2
5	2	3	4		1	0	0	0	1	0	0	0

7. ശനി അഷ്ടകവർഗ്ഗം

6	2	2	4		4	0	0	1		2	0	0 1
4			2		1			0		1		0
4			4		2			2		1		2
4	2	3	2		2	0	0	0		2	0	00

8. സർവാഷ്ടകവർഗ്ഗം

		(337)			(103)			(77)				
39	23	26	28		*22*	*8*	*4*	*4*	**7**	**8**	**4**	**4**
33			28		*9*			*11*	**5**			**11**
36			12 25		*12*			*11*	**9**			**11**
29	21	27	23 24		*14*	*4*	*3*	*1*	**11**	**4**	**3**	**1**

ശോധ്യപിണ്ഡം

(23)
ശോദ്ധ്യാവശിഷ്ടം സംസ്ഥാപ്യ രാശിമാനേന വർദ്ധയേത്
ഗ്രഹയുക്തേ f പി തദ്രാശൗ ഗ്രഹമാനേന വർദ്ധയേത്.

(24)
ഗോസിംഹൗ ദശഭിർഗുണിതൗ വസുഭിർമിഥുനാളിഭേ
വണിങ്മേഷൗ ച മുനിഭിഃ കന്യകാ മകരേ ശരൈഃ.

(25)
ശേഷാഃ സ്വനാമഗുണിതാഃ കർക്കീചാപഘടീഝഷാഃ
ഏതേ രാശിഗുണാഃ പ്രോക്താഃ പൃഥക് ഗ്രഹഗുണാഃ പൃഥക്.

ശോധ്യപിണ്ഡം കാണുന്ന രീതി

ശോധ്യാവശിഷ്ടം സംസ്ഥാപ്യ
- ത്രികോണശോധനയും ഏകാധിപത്യശോധനയും ചെയ്തു ബാക്കി വരുന്ന അഷ്ടവർഗ്ഗ ബിന്ദുക്കളെ. ആ രാശിയുടെ

രാശിമാനേന വർദ്ധയേത്
- രാശിമാനം (രാശിഗുണകാരം) കൊണ്ടു പെരുക്കണം.

ഗ്രഹ യുക്തേ അപി തത് രാശൗ
- രാശിയിൽ ഗ്രഹങ്ങളുണ്ടെങ്കിൽ അവയെ

ഗ്രഹമാനേന വർദ്ധയേത്
- ഗ്രഹമാനം (ഗ്രഹഗുണകാരം) കൊണ്ടും പെരുക്കണം.

രാശിഗുണകാരങ്ങൾ

ഗോസിംഹൗ ദശഗുണിതൗ	-	ഇടവവും ചിങ്ങവും പത്തുകൊണ്ടും
വസുഭിഃ മിഥുനാളിഭേ	-	മിഥുനവും വൃശ്ചികവും എട്ടുകൊണ്ടും
വണിങ് മേഷൗ ച മുനിഭിഃ	-	തുലാവും മേടവും ഏഴുകൊണ്ടും
കന്യകാ മകരേ ശരൈഃ.	-	കന്നിയും മകരവും അഞ്ചുകൊണ്ടും ഗുണിക്കണം. ബാക്കിയുള്ള,
കർക്കീ ചാപ ഘടീ ഝഷാഃ	-	കർക്കടകം, ധനുസ്സ്, കുംഭം, മീനം ഇവയെ,
സ്വനാമഗുണിതാഃ	-	അവയുടെ പേരു (രാശിചക്രത്തിലെ സ്ഥാനം) കൊണ്ടും ഗുണിക്കണം.

(കർക്കടം - 4, ധനു - 9, കുംഭം - 11, മീനം - 12)

ഏതേ രാശിഗുണാഃ പ്രോക്താഃ	-	ഇവയാണ് രാശിഗുണകാരങ്ങൾ
പൃഥഗ് ഗ്രഹഗുണാഃ പൃഥക്	-	ഗ്രഹഗുണകാരങ്ങൾ വേറെയാണ്.

രാശിഗുണകാരങ്ങൾ

മേടം	ഇടവം.	മിഥുനം	കർക്കട	ചിങ്ങം	കന്നി	തുലാം	വൃശ്ചികം	ധനു	മകരം	കുംഭം	മീനം
7.	10.	8	4	10.	5	7	8	9	5	11	12

26)
ജീവാരശുക്രസൗമ്യാനാം
ദശവസുസപ്തേന്ദ്രിയൈഃ ക്രമാദ് ഗുണിതാ
ബുധസംഖ്യാ ശേഷാണാം
രാശിഗുണാത് ഗ്രഹഗുണൈഃ പൃഥക്കാര്യാഃ.

ഗ്രഹഗുണകാരങ്ങൾ

ജീവ ആര ശുക്ര സൗമ്യ:നാം - ഗുരു, കുജൻ, ശുക്രൻ, ബുധൻ ഇവയെ

ദശവസുസപ്തേന്ദ്രിയൈഃ ക്രമാത് - 10, 8, 7, 5 എന്ന ക്രമത്തിലും

ബുധസംഖ്യാ ശേഷാണാം

- ശേഷിച്ചവയ്ക്കു (സൂര്യൻ, ചന്ദ്രൻ, ശനി) ബുധന്റെ സംഖ്യയും (5) ഗ്രഹഗുണകാരകങ്ങളാകുന്നു.

രാശിഗുണാൽ ഗ്രഹഗുണഃ പൃഥക്കാര്യഃ.

- (ശോധനകൾ കഴിഞ്ഞ അഷ്ടവർഗ്ഗത്തെ) രാശിഗുണകാര സംഖ്യ കൊണ്ടും ഗ്രഹഗുണ കാരസംഖ്യകൊണ്ടും വെവ്വേറെ പെരുക്കണം.

.ഗ്രഹഗുണകാരം.

സൂര്യൻ	ചന്ദ്രൻ	കുജൻ	ബുധൻ	ഗുരു	ശുക്രൻ	ശനി
5	5	8	5	10	7	5

ഈ നിയമങ്ങൾവെച്ചുകൊണ്ട ' ഉദാഹരണജാതകത്തിലെ സൂര്യന്റെ ശോധ്യ പിണ്ഡം കാണാം.

രാശിഗുണകാരം. (ബിന്ദുക്കളുള്ള രാശികൾക്കുമാത്രമേ ഇതു ബാധകമാകു.)

	രാശിഗുണകാരം	ഃ	സൂര്യാഷ്ടവർഗ്ഗം		
മേടം	7	ഃ	2	=	14
ഇടവം	10		-		-
മിഥുനം	8		-		-
കർക്കടകം	4		2		8
ചിങ്ങം	10		-		-
കന്നി	5		-		-
തുലാം	7		-		-
വൃശ്ചികം	8		-		-
ധനു	9		-		-
മകരം	5		2		10
കുംഭം	11		2		22
മീനം	12		-		-
ആകെ	54				

ഗ്രഹഗുണകാരം (ബിന്ദുക്കളുള്ള രാശികളിൽ നിൽക്കുന്ന ഗ്രഹങ്ങൾക്കു മാത്രമേ ഈ വർദ്ധനവുള്ളൂ. ഒരു രാശിയിൽ ഒന്നിലധികം ഗ്രഹങ്ങളുണ്ടെങ്കിൽ എല്ലാറ്റിനും ഗുണകാരം ഒന്നുതന്നെ).

ഗ്രഹഗുണകാരം ഃ സൂര്യാഷ്ടവർഗ്ഗം

സൂര്യൻ	5	-	-	-
ചന്ദ്രൻ	5	-	-	-
കുജൻ	8	ഃ	2	16
ബുധൻ	5	-	-	-
വ്യാഴം	10	-	-	-

ശുക്രൻ	7	ഃ	2	14
ശനി	5	-	-	-
ആകെ				30
ശോധ്യപിണ്ഡം 54 + 30		= 84.		

ഇതാണ് സൂര്യന്റെ ശോധ്യപിണ്ഡം. ഇതുപോലെ മറ്റു ഗ്രഹങ്ങളുടെ ശോധ്യപിണ്ഡവും കാണണം.

അഷ്ടവർഗ്ഗദശാഗണന

(27)
ഏവം ഗുണിത്വാ സംയോജ്യ സപ്തഭിർഗുണയേത് പുനഃ
സപ്തവിംശഹൃതാല്ലബ്ധവർഷാണ്യത്ര ഭവന്തി ഹി.

(28)
ദ്വാദശാദ് ഗുണയേല്ലബ്ധാ മാസാഹർഘടികാഃ സ്മൃതാ (ക്രമാത്)
സപ്തവിംശതി വർഷാണി മണ്ഡലം ശോധയേദ് പുനഃ. (1)
(1) പാഠഭേദം - ബുധഃ

1. *ഏവം ഗുണിത്വാ സംയോജ്യ* - ഇപ്രകാരം ഗുണിച്ചു കിട്ടുന്ന രണ്ടു സംഖ്യകളും കൂട്ടി (ഇതു തന്നെയാണ് തുടക്കത്തിൽ പറഞ്ഞ ശോധ്യപിണ്ഡം)

2. *സപ്തഭിർഗുണയേത് പുനഃ സപ്തവിംശഹൃതാഃ*
 - ഏഴുകൊണ്ടു ഗുണിച്ച്. ഇരുപത്തിയേഴുകൊണ്ടു ഹരിച്ചാൽ.

 ലബ്ധ വർഷാണി അത്ര ഭവന്തി ഹി - കിട്ടുന്നതു വർഷം.

3. *ദ്വാദശാദി ഗുണയേത് ലബ്ധാ മാസ അഹ ഘടികാഃ* (ക്രമാത്)

- ബാക്കിയുള്ളതിനെ പന്ത്രണ്ടുകൊണ്ടു പെരുക്കി ഇരുപത്തേഴുകൊണ്ടു ഹരിച്ചാൽ കിട്ടുന്നതു മാസം. അതിന്റെ ബാക്കിയെ 30 കൊണ്ടു പെരുക്കി ഇരുപത്തേഴുകൊണ്ടു ഹരിച്ചാൽ കിട്ടുന്നതു ദിവസം. ഇങ്ങനെ നാഴികയും കാണാം. (അങ്ങിനെ കിട്ടുന്ന വർഷത്തെ അത് ഇരുപത്തേഴിൽ കൂടുതലാണെങ്കിൽ)

4. *സപ്ത വിംശതി വർഷാണി മണ്ഡലം ശോധയേത്*

- ഇരുപത്തേഴു വർഷംകൊണ്ട് ആ മണ്ഡലത്തെ ശോധിക്കണം.

ഏഴുകൊണ്ടു പെരുക്കി ഇരുപത്തിയേഴുകൊണ്ടു ഹരിക്കൽ

ഈ അദ്ധ്യായത്തിൽ പലയിടത്തും ഈ ഗണിതം വരുന്നുണ്ട്. ഒരു ഗ്രഹത്തിന്റെ അഷ്ടവർഗ്ഗം വാസ്തവത്തിൽ ആകെയുള്ളതിന്റെ (ഏഴു ഗ്രഹം = 360 ഡിഗ്രി) ഏഴിൽ ഒരു ഭാഗമേ ആകുന്നുള്ളൂ. ഇരുപത്തേഴ് നക്ഷത്രസംഖ്യയാണ്. ഇരുപത്തേഴു നക്ഷത്രങ്ങൾ

ചേരുമ്പോൾ ഒരു മണ്ഡലമാകും. (13-20 ∶ 27 = 360). ശോധ്യപിണ്ഡത്തെ ഏഴുകൊണ്ടു പെരുക്കുമ്പോൾ കിട്ടുന്ന ഉത്തരം സാധാരണ 360 ഡിഗ്രിയിൽ കൂടുതലായിരിക്കും. അതുകൊണ്ടാണ് അതിനെ ഇരുപത്തിയേഴു കൊണ്ടു ഹരിക്കുന്നത്. അതുപോലെ ഹരണഫലമല്ല ശിഷ്ടം വരുന്ന സംഖ്യയാണ് നമുക്കാവശ്യം. ഇവിടെ ഒരു കാര്യം പ്രത്യേകം അറിയാനുണ്ട്. ഈ ക്രിയചെയ്തു നമുക്കു കിട്ടുന്ന വർഷം ചാന്ദ്രവർഷമാണ്. അതിനെ സൗരവർഷമാക്കണമെങ്കിൽ 324 (27 ∶ 12) കൊണ്ടു പെരുക്കി 365 കൊണ്ടു ഹരിക്കണം. ഇത് ക്രിയയുടെ അവസാനം ചെയ്താൽ മതി. കാരണം ഈ വർഷങ്ങൾക്ക് ഏതാനും കൃത്യമാക്കലുകൾകൂടി ബാക്കിയുണ്ട്.

ഇവിടെ മറ്റു മൂന്നു പതിപ്പുകളിലും കാണാത്ത ഒരു ശ്ലോകം കൊടുങ്ങല്ലൂർ പതിപ്പിൽ കാണുന്നുണ്ട്.

തദൂർദ്ധ്വേ ഭൂമിഭിഃ ശോദ്ധ്യം ത്യജേദ് ഭൂമിം തദൂർദ്ധ്വകേ
കുജാധികേ ഭവേദ്വ്യത്ര ജനകാച്ഛോധയേത്തഥാ.

അർത്ഥം: അഷ്ടവർഗ്ഗായുസ്സ് ഇപ്രകാരം കണക്കാക്കിയാൽ ഇരുപത്തേഴിനകത്താണെങ്കിൽ അത്രയും തന്നെ സ്വീകരിക്കണം. ഇരുപത്തേഴിൽ അധികമാണെങ്കിൽ അമ്പത്തിനാലിൽ നിന്നു കുറയ്ക്കണം. അമ്പത്തിനാലിലധികമായാൽ അമ്പത്തിനാലു കുറയ്ക്കണം. എൺപത്തൊന്നിലധികമായാൽ നൂറ്റെട്ടിൽനിന്നു കുറയ്ക്കണം. സംഭവം മുകളിൽ പറഞ്ഞതുതന്നെ.

ഹരണങ്ങൾ

(29)

അന്യോ *f* ന്യമർദ്ധഹരണം ഗ്രഹയുക്തേ തു കാരയേത്
നീചേ ഉ ർദ്ധമസ്ത(ഗേ)കേ *f* പ്യർദ്ധഹരണം തേഷു കാരയേത്.

1. *അന്യോന്യം അർദ്ധഹരണം ഗ്രഹയുക്തേ തു കാരയേത്* -
- ഒരു രാശിയിൽ ഒന്നിലധികം ഗ്രഹങ്ങളുണ്ടെങ്കിൽ ഓരോന്നിന്റേയും പകുതി വീതം കുറയ്ക്കണം.

2. *നീചേ അർദ്ധമസ്ത(ഗേ)കേ അപി അർദ്ധഹരണം തേഷു കാരയേത്*
   - നീചവും മൗഢ്യവുമുള്ള ഗ്രഹങ്ങൾക്കും പകുതി വീതം കളയണം.

(30)

ശത്രുക്ഷേത്രേ ത്രിഭാഗേന ദൃശ്യാർദ്ധഹരണം തഥാ
ത്ര്യംശോനഹരണം ഭംഗേ സൂര്യേന്ദ്വോഃ പാതസംശ്രയാത്.

3 *ശത്രുക്ഷേത്രേ ത്രിഭാഗേന* - ശത്രുക്ഷേത്രത്തിൽ മൂന്നിൽ ഒന്ന്.

4. *ദൃശ്യാർദ്ധഹരണം തഥാ* - ദൃശ്യാർദ്ധഹരണവും വേണം.
(അദ്ധ്യായം 22. ശ്ലോകം 19)

5. *ത്ര്യംശോനഹരണം രണഭംഗേ*
- യുദ്ധത്തിൽ തോറ്റ ഗ്രഹം - 1/ 3 ഭാഗം കുറയ്ക്കണം.

6. *സൂര്യേന്ദ്വോഃ പാതസംശ്രയാത് -* സൂര്യചന്ദ്രന്മാർ പാതത്തിലാണെങ്കിൽ 1/ 3 കുറയ്ക്കണം. *(പാതം - ഗ്രഹണം.)*

ഉദാഹരണജാതകത്തിൽ ഇതു രണ്ടുമില്ല.

1. ഉദാഹരണജാതകത്തിൽ രചകുബുശു ഇവയുടെ പകുതി കുറയും.
2. നീചം - ഇല്ല. മൗഢ്യം - ബു. 1/2
3. ശത്രുക്ഷേത്രസ്ഥിതി - സൂര്യൻ - 1/3
4. ദൃശ്യം - ഇല്ല.
5. ഗ്രഹയുദ്ധം - ഇല്ല.
6. ഗ്രഹണം - ഇല്ല.

(31)
ബഹുത്വേ ഹരണേ പ്രാപ്തേ കാരയേത് ബലവത്തരം
പശ്ചാത് തത് സകലാൻ കൃത്വാ വരാംഗേണ വിവർദ്ധയേത്.

(32)
മാതങ്ഗലബ്ധം ശുദ്ധായുർഭവതീതി ന സംശയഃ
പുർവവദ്ദിമാസാബ്ദാൻ കൃത്വാ തസ്യ ദശാ ഭവേത്.

7.ബഹുത്വേ ഹരണേ പ്രാപ്തേ കാരയേത് ബലവത്തരം

\- ഒരു ഗ്രഹത്തിനു പല ഹരണങ്ങൾ വരുന്നുണ്ടെങ്കിൽ ഏറ്റവും അധികമുള്ളതമാത്രം കുറയ്ക്കുക.(ഒന്നിലധി സംഖ്യ കുറയ്ക്കാനുണ്ടെ ങ്കിൽ ഏറ്റവും കൂടുതലുള്ളതു മാത്രം കുറയ്ക്കാൻ നിർത്തി ബാക്കിയെല്ല കളയണം.)
ഉദാ. സൂര്യന് 1/2, 1/3 എന്നിങ്ങനെ ര ു ഹരണങ്ങളുള്ളതിൽ 1/2 മാത്രം കുറച്ചാൽ മതി

.8. *പശ്ചാത് തത് സകലാൻ കൃത്വാ* - പിന്നെ അവയെ എല്ലാം കൂട്ടി
വരാംഗേണ വിവർദ്ധയേത് - വരഗ 423 - 324 കൊണ്ടു ഗുണിച്ച്
മാതങ്ഗലബ്ധം - മാതംഗ - മതഗ 563 - 365 കൊണ്ടു ഹരിച്ചാൽ
ശുദ്ധായുഃ ഭവതി - കൃത്യമായ ആയുസ്സ് കിട്ടും
ഇതി ന സംശയഃ - സംശയം വേണ്ട.
(ചാന്ദ്രവർഷത്തെ സൗരവർഷമാക്കാനുള്ള ക്രിയയാണിത്) .

(33)
ഏവം ഗ്രഹാണാം സർവേഷാം ദശാം കുര്യാൽ പൃഥക് പൃഥക്
അഷ്ടവർഗദശാമാർഗഃ സർവേഷാമുത്തമോത്തമഃ

ഏവം ഗ്രഹാണാം സർവേഷാം - ഇങ്ങനെ എല്ലാ ഗ്രഹങ്ങളുടെയും
ദശാം കുര്യാൽ പൃഥക് പൃഥക് - ദശ (ആയുസ്സ്) വേറെ വേറെ കാണണം.

ക്രിയാക്രമം:

1. അഷ്ടകവർഗ്ഗം കാണുക

2. ത്രികോണ- ഏകാധിപത്യശോധനകൾ ചെയ്യുക

3. ബാക്കി വരുന്നതിനെ രാശി- ഗ്രഹഗുണകാരങ്ങൾകൊണ്ടു പെരുക്കി, എല്ലാം കൂട്ടി ശോദ്ധ്യപിണ്ഡം കാണുക.
(ഉദാഹരണജാതകത്തിലെ സൂര്യന്റെ ശോദ്ധ്യപിണ്ഡം 84 (പേജ് 549)

4. ഇതിനെ ഏഴുകൊണ്ടു പൊരുക്കി ഇരുപത്തേഴുകൊണ്ടു ഹരിക്കുക.
84 ঃ 7 / 27 = 21.78

5. ഇത് സൂര്യന്റെമാത്രം അഷ്ടവർഗ്ഗായുസ്സാണ്. അതുകൊണ്ട് ഇതു പോലെ മറ്റ് ആറു ഗ്രഹങ്ങളുടെ കൂടി ആയുർവർഷം കണ്ടു കൂട്ടുക

6. ഈ ആയുസ്സിനെ മുകളിൽ പറഞ്ഞ നാലു ഹരണങ്ങൾ നടത്തി ശുദ്ധമാക്കുക. ഇങ്ങിനെ കിട്ടുന്ന വർഷങ്ങളാണ് അഷ്ടവർഗ്ഗ പരമായുസ്സ്.

ഗ്രഹം	ശോധ്യ പിണ്ഡം	ക്രിയ	ഉത്തരം	മണ്ഡലം ശോധന	ബാക്കി	ഹരണം	ബാക്കി
സൂര്യൻ	84	7/27	21.78	-	21.78	1/2, 1/3	10.89
ചന്ദ്രൻ	206		53.41	27	26.41	1/2	13,20
കുജൻ	90		23.33	-	23.33	1/2	11.66
ബുധൻ	135		35.	27	8. -	1/2, 1/2.	4. -
വ്യാഴം	163		42.25	27	15.25		15.25
ശുക്രൻ	104		26.96	-	26.96	1/2	13.48
ശനി	111		28.78	27	1. 78		1.78
ആകെ	893		231.51		108		
			123.51				70.26

70.26 ചാന്ദ്രവർഷമാണ്. ഇതിനെ സൗരവർഷമാക്കണം.
70.26 ঃ 324/365 = 62.36 വർഷം.
.38 വർഷത്തെ മാസമാക്കുമ്പോൾ .36 ঃ 12 / 100 = 4.32 മാസം.
.56 മാസത്തെ ദിവസമാക്കുമ്പോൾ 56 ঃ 30 = 9.6 ദിവസം.
അഷ്ടകവർഗ്ഗം ആയുർദ്ദായം 62 വർഷം 4 മാസം 17 ദിവസം
(ഇത് എല്ലാ ഗ്രഹങ്ങളുടെയും ദശ ചേർന്നതാണ്.)

അഷ്ടവർഗദശാമാർഗഃ സർവേഷാമുത്തമോത്തമഃ

- ഈ അഷ്ടവർഗദശാരീതി മറ്റ് എല്ലാ ആയുർദ്ദായഗണിത സമ്പദായ ത്തേ ക്കാളും ഉത്തമമാണ്.

സമുദായാഷ്ടവർഗ്ഗം

(34)

ബാലോ ബലിഷ്ഠോ ലവണാഗമോ സുരോ
രാഗീ മുരാരിഃ ശിഖരീന്ദ്രഗാഥയാ
ഭൗമോ ഗണേന്ദ്രോ ലഘു ഭാവതാം സുരോ.
ഗോകർണ്ണരക്താ തു പുരാണമൈഥിലീ.

(35)

രുദ്ര പരം ഗഹ്വരഭൈരവസ്ഥലീ
രാഗീ ബലീ ഭാസ്വരഗീർഭഗാചലാഃ
ഗിരൗ വിവസ്വാൻ ബലവദ്വിവക്ഷയാ
ശൂലീ മമ പ്രീതികരോ ഉ ത്ര തീർത്ഥകൃത്.

ബാലോ ബലിഷ്ഠോ ലവണാഗമോ സുരോ
3 3 3 3 2 3 4 5 3 5 7 2 (ര - 43)

രാഗീ മുരാരി ശിഖരീന്ദ്രഗാഥയാ
2 3 5 2 2 5 2 2 2 3 7 1 (ച - 36)

ഭൗമോ ഗണേന്ദ്രോ ലഘുഭാവതാം സുരോ.
4 5 3 5 2 3 4 4 4 6 7 2 (കു - 49)

ഗോകർണ്ണരക്താ തു പുരാണ മൈഥിലീ.
3 1 5 2 6 6 1 2 5 5 7 3 (ബു - 46)

രുദ്ര പരം ഗഹ്വര ഭൈരവസ്ഥലീ
2 2 1 2 3 4 2 4 2 4 7 3 (ഗു - 36)

രാഗീ ബലീ ഭാസ്വര ഗീർ ഭഗാചലാഃ
2 3 3 3 4 4 2 3 4 3 6 3 (ശു - 40)

ഗിരൗ വിവസ്വാൻ ബലവദ്വിവക്ഷയാ
3 2 4 4 4 3 3 4 4 4 6 1 (മ - 42)

ശൂലീ മമ പ്രീതി കരോത്ര തീർത്ഥകൃത്.
5 3 5 5 2 6 1 2 2 6 7 1 (ല - 45)

ഉദാഹരണജാതകത്തിലെ സമുദായാഷ്ടവർഗ്ഗം

	മേ	ഇ	മി	ക	ചി	ക	തു	വൃ	ധ	മ	കും	മീ	ആകെ
ര	2	3	3	3	3	2	3	4	5	3	5	7	**43**
ച	1	2	3	5	2	2	5	2	2	2	3	7	**36**

കു	4	5	3	5	2	3	4	4	4	6	7	2	**49**
ബു	3	3	1	5	2	6	6	1	2	5	5	7	**46**
ഗു	2	4	7	3	2	2	1	2	3	4	2	4	**36**
ശു	2	3	3	3	4	4	2	3	4	3	6	3	**40**
മ	6	1	3	2	4	4	4	3	3	4	4	4	**42**
ല	3	5	5	2	6	1	2	2	6	7	1	5	**45**
	23	**26**	**28**	**28**	**25**	**24**	**27**	**21**	**29**	**34**	**33**	**39**	**337**

കഴിഞ്ഞ അദ്ധ്യായത്തിൽ കൊടുത്ത സർവാഷ്ടവർഗ്ഗവും ഇവിടെ പറയുന്ന സമുദായാഷ്ടവർഗ്ഗവും തമ്മിലുള്ള വ്യത്യാസം ആദ്യത്തേത് ഗ്രഹപരവും ഇതു രാശിപരവുമാണെന്നതാണ്. ആദ്യത്തേതിൽ സപ്തഗ്രഹങ്ങളുടെ ബിന്ദുക്കൾ 48, 49, 39, 54, 56, 52, 39 എന്ന ക്രമത്തിലാണെങ്കിൽ ഇതിൽ 43, 36, 49, 46, 36, 40, 42, 45 എന്ന ക്രമത്തിലാണ് വരുന്നത്.

ഉദാഹരണം- -

	ര	ച	കു	ബു	ഗു	ശു	മ	ല	ആകെ
സർവ	48	49	39	54	56	52	39	- -	337
സമുദായ	43	36	49	46	36	40	42	45	337

മറ്റു വിധത്തിൽ പറഞ്ഞാൽ, ആദ്യത്തേത് ഗ്രഹങ്ങൾക്കു തങ്ങളിൽനിന്നും മറ്റു ഗ്രഹങ്ങളിൽനിന്നും ഓരോ രാശിയിലും കിട്ടുന്ന ബിന്ദുക്കളാണ്. രണ്ടാമത്തേത് ഗ്രഹങ്ങൾ തങ്ങൾക്കും മറ്റു ഗ്രഹങ്ങൾക്കും കൊടുക്കുന്ന, ഓരോ രാശിയിലും വീഴുന്ന, ബിന്ദുക്കളാണ്. ലഗ്നാഷ്ടവർഗ്ഗം വഴിയുള്ള ഈ വ്യത്യാസമൊഴിച്ചാൽ ബാക്കിയെല്ലാം ഒത്തു പോകും.

ഉദാഹരണജാതകത്തിലെ സമുദായാഷ്ടവർഗ്ഗം <u>ആകെ 337</u>

മീനം	മേടം	ഇടവം	മിഥുനം
39	23	26	28
കുംഭം			കർക്കടകം
33			28
മകരം			ചിങ്ങം
34			26
ധനു	വൃശ്ചികം	തുലാം	കന്നി
29	21	27	23

36)

സർവകർമഫലോപേതം അഷ്ടവർഗകമുച്യതേ
അന്യഥാ ബലവിജ്ഞാനം ദുർജ്ഞേയം ഗുണദോഷജം.

സർവകർമഫലോപേതം അഷ്ടവർഗകമുച്യതേ

- എല്ലാ കർമ്മഫലങ്ങളും സൂക്ഷ്മമായി കാണിക്കുന്നതാണ് അഷ്ടകവർഗ്ഗസമ്പ്രദായം

അന്യഥാ	-	മറ്റൊരു വിധത്തിലും
ഗുണദോഷജം	-	ഗൂണദോഷഫലങ്ങളെ കാണിക്കുന്ന.
ബലവിജ്ഞാനം	-	ഗ്രഹബലവും ഭാവബലവും
ദുർജ്ഞേയം	-	ഇതുപോലെ അറിയാൻ കഴിയില്ല .

സമുദായാഷ്ടവർഗ്ഗഫലം

(37)
ത്രിംശാധികഫലാ യേ സ്യൂ രാശയസ്തേ ശുഭപ്രദാഃ
പഞ്ചവിംശാത്പരം മദ്ധ്യം കഷ്ടം തസ്മാദധഃ ഫലം.

ത്രിംശാധികഫലാ:	-	മുപ്പതിൽ അധികം ബിന്ദുക്കളുള്ള
രാശയഃ ശുഭപ്രദാഃ	-	രാശികൾ ശുഭഫലപ്രദമാണ്.
പഞ്ചവിംശാത്പരം മദ്ധ്യം	-	ഇരുപത്തിയഞ്ച് - മുപ്പതു ബിന്ദുക്കൾ മദ്ധ്യമം.
കഷ്ടം തസ്മാത് അധഃ ഫലം	-	ഇരുപത്തിയഞ്ചിൽ കുറഞ്ഞാൽ ദുർബ്ബലം.

(38)
മധ്യാത്ഫലാധികം ലാഭേ ലാഭാത് ക്ഷീണതരേ വ്യയേ
യസ്യ വ്യയാധികേ ലഗ്നേ ഭോഗവാനർഥവാൻ ഭവേത്.

മധ്യാത് ഫലാധികം ലാഭേ
- പതിനൊന്നാംഭാവത്തിൽപത്താംഭാവത്തിനേക്കാൾകൂടുതൽബിന്ദുക്കൾഉണ്ടാവുക.

ലാഭാത് ക്ഷീണതരേ വ്യയേ
- പന്ത്രണ്ടാംഭാവത്തിൽ പതിനൊന്നാം ഭാവത്തിനേക്കാൾ ബിന്ദുക്കൾ കുറവാ യിരിക്കുക.

യസ്യ വ്യയാധികേ ലഗ്നേ
- ലഗ്നത്തിൽ പന്ത്രണ്ടാംഭാവത്തിനേക്കാൾ അധികം ബിന്ദുക്കൾ ഉണ്ടാവുക. (ഇങ്ങനെ വന്നാൽ)

ഭോഗവാൻ അർഥവാൻ ഭവേത്
- സുഖങ്ങൾ അനുഭവിക്കുന്നവനും ധനികനും ആകും.

(39)
മൂർത്ത്യാദി വ്യയഭാവാന്തം ദൃഷ്ട്വാ ഭാവഫലാനി വൈ
അധികേ ശോഭനം വിദ്യാദ്ധീനേ ദോഷം വിനിർദശേത്.

മൂർത്ത്യാദി വ്യയഭാവന്തം ദൃഷ്ട്വാ
- ലഗ്നം മുതൽ പന്ത്രണ്ടുവരെ എല്ലാഭാവങ്ങളും വിലയിരുത്തിയിട്ട്.

അധികേ ശോഭനം വിദ്യാത്
- ബിന്ദുക്കൾ കൂടുതലുള്ള ഭാവങ്ങൾ ശോഭനമായിരിക്കുമെന്നും.

ഹീനേ ദോഷം
- ബിന്ദുക്കൾ കുറവുള്ള ഭാവങ്ങൾ ദോഷകരമായിരിക്കുമെന്നും.

ഭാവഫലാനി വിനിർദശേത് - ഭാവഫലം നിർദ്ദേശിക്കണം.

(40)

ഷഷ്ഠാഷ്ടമവ്യയാംസ്ത്യക്ത്വാ ശേഷേഷ്വേവ പ്രകല്പയേത്
ശ്രേഷ്ഠരാശിഷു സർവാണി ശുഭകാര്യാണി കാരയേത്.

സർവാണി ശുഭകാര്യാണി	-	എല്ലാ ശുഭകാര്യങ്ങളും
ഷഷ്ഠാഷ്ടമവ്യയാം ത്യക്ത്വാ	-	6 – 8 – 12 ഭാവങ്ങൾ കഴിച്ച്
ശേഷേഷു	-	ബാക്കിയുള്ളവയിൽ,
ശ്രേഷ്ഠ രാശിഷു	-	ബിന്ദുക്കൾ കൂടുതലുള്ള രാശികളിൽ,
കാരയേത്	-	ചെയ്യണം.

(41)

ലഗ്നാത്പ്രഭൂതി [1] മന്ദാന്തമേകീകൃത്യ ഫലാനി വൈ
സപ്തഭിർഗുണയേത് പശ്ചാത് സപ്തവിംശഹൃതാത് ഫലം.

(1) പാഠഭേദം - പ്രഭൃതി

(42)

തത്സമാനഗതേ വർഷേ ദുഃഖം വാ രോഗമാപ്നുയാത്
ഏവം മന്ദാദി ലഗ്നാന്തം ഭൗമാരാഹ്വോസ്തഥാ ഫലം.

ലഗ്നാത്പ്രഭൂതി മന്ദാന്തം	-	ലഗ്നംമുതൽ ശനിവരെയുള്ള
ഏകീകൃത്യ ഫലാനി വൈ	-	ബിന്ദുക്കളെ കൂട്ടി.
സപ്തഭിഃ ഗുണയേത്	-	ഏഴുകൊണ്ടു പെരുക്കി.
സപ്തവിംശ ഹൃതാത് ഫലം	-	ഇരുപത്തിയേഴുകൊണ്ടു ഹരിക്കുമ്പോൾ കിട്ടുന്ന സംഖ്യയുടെ
സമാനഗതേ വർഷേ	-	തുല്യമായ വർഷത്തിൽ
ദുഃഖം വാ രോഗം ആപ്നുയാത്	-	ദുഖം അല്ലെങ്കിൽ രോഗം ഉണ്ടാകും.
ഏവം മന്ദാദി ലഗ്നാന്തം	-	ഇങ്ങനെ ശനി മുതൽ ലഗ്നംവരെയും ചെയ്യണം.

ഭൗമാ രാഹ്വോ തഥാ ഫലം

- ശനിയെക്കൊണ്ടെന്നപോലെ കുജനെക്കൊണ്ടും രാഹുവിനെക്കൊണ്ടും ഇങ്ങിനെ ക്രിയ ചെയ്തു ചിന്തിക്കണം.

(43)

ശുഭഗ്രഹാണാം സംയോഗഃ സമാനാബ്ദേ ശുഭം ഭവേത്
പുത്രവിത്തസുഖാദീനി ലഭതേ നാത്ര സംശയഃ.

ശുഭഗ്രഹാണാം സംയോഗഃ സമാനാബ്ദേ ശുഭം ഭവേത്

- ഇങ്ങനെ ശുഭരെക്കൊണ്ടു ക്രിയ ചെയ്തു കിട്ടുന്നതിനു തുല്യമായ വർഷത്തിൽ ശുഭഫലമുണ്ടാകും.

പുത്രവിത്തസുഖാദീനി ലഭതേ നാത്ര സംശയഃ.

- പുത്രൻ, വിത്തം, സുഖം എന്നിവ ലഭിക്കും. സംശയം വേണ്ട .

(44)
സംഗ്രഹേണ മയാ പ്രോക്തമഷ്ടവർഫലം ത്വിഹ
തജ്ജൈഞർവിസ്തരതഃ പ്രോക്തമന്യത്ര പടുബുദ്ധിഭിഃ.

സംഗ്രഹേണ മയാ പ്രോക്തം അഷ്ടവർഗഫലം
- ഇങ്ങനെ അഷ്ടവർഗ്ഗഫലം എന്നാൽ ചുരുക്കത്തിൽ പറയപ്പെട്ടു.

തത് ജ്ജൈഞഃ വിസ്തരതഃ പ്രോക്തം അന്യത്ര പടുബുദ്ധിഭിഃ
- ഈ വിഷയം ധിഷണാശാലികളാൽ അവരുടെ ഗ്രന്ഥങ്ങളിൽ വിസ്തരിച്ചു പറയപ്പെട്ടിട്ടുണ്ട്.

അദ്ധ്യായം 25
ഉപഗ്രഹങ്ങൾ

1 മാന്ദി
1. ഗുളികോദയം
2 അഷ്ടാംശസമയരീതി
3 അഷ്ടാംശസമയഭാഗങ്ങളുടെ ഗ്രഹാധിപത്യം
4 ഗുളികോദയം
5 കല റിലെ ഗുളികകാലം തുടങ്ങിയവയിലെ അശാസ്ത്രീയത
(1) ഗുളികകാലം
(2.) യമക കകാലം
(3). രാഹുകാലം
2. ഗുളികനെപ്പോലെ ഉദിക്കുന്ന മറ്റ് ഉപഗ്രഹങ്ങൾ
1. യമക കൻ
2. അർദ്ധപ്രഹാരൻ
3. കാലൻ
3. സൂര്യസ്ഫുടം അടിസ്ഥാനമാക്കിയുള്ള ഉപഗ്രഹങ്ങൾ
1. ധൂമം
2. വ്യതീപാതം
3. പരിവേഷം (പരിധി)
4. ഇന്ദ്രധനുസ്സ്
5. ഉപകേതു
4. (1) മാന്ദി പന്ത്രണ്ടു ഭാവങ്ങളിൽ നിന്നാലുള്ള ഫലം
(2) മാന്ദി മറ്റു ഗ്രഹങ്ങളുടെ കൂടെ നിന്നാലുള്ള ഫലം
5 ഉപഗ്രഹങ്ങളുടെ ഗുണദോഷഫലങ്ങൾ
6 ധൂമാദി ഉപഗ്രഹഫലം
7 ഫലദാനസമയം
8 ഉപകേതു ലഗ്നം തുടങ്ങിയ പന്ത്രണ്ടുഭാവങ്ങളിൽ നിന്നാലുള്ള ഫലം.

ഉപഗ്രഹവന്ദനം

(1)
നമാമി മാന്ദിം യമകണ്ടകാഖ്യ-
മർദ്ധപ്രഹാരം ഭുവി കാലസംജ്ഞം
ധൂമവ്യതീപാതപരിധ്യഭിഖ്യാ-
നുപഗ്രഹാനിന്ദ്രധനുശ്ച കേതൂൻ.

മാന്ദിം	-	മാന്ദി അഥവാ ഗുളികൻ
യമകണ്ടകാഖ്യം	-	യമകണ്ടകൻ

അർദ്ധപ്രഹാര	-	അർദ്ധപ്രഹരൻ
കാലസംജ്ഞം	-	കാലൻ
ധൂമ വ്യതീപാത പരിധ്യഭിഖ്യാൻ	-	ധൂമം, വ്യതീപാതം, പരിധി
ഇന്ദ്രധനുശ്ച കേതൂൻ	-	ഇന്ദ്രധനുസ്സ്, (ഉപ)കേതു (എന്നീ)
ഉപഗ്രഹാനി	-	ഉപഗ്രഹങ്ങളെ
നമാമി	-	ഞാൻ നമസ്കരിക്കുന്നു

	ഗ്രഹം	ഉപഗ്രഹം
1.	സൂര്യൻ	കാല
2.	ചന്ദ്രൻ	പരിധി (പരിവേഷം)
3.	കുജൻ	ധൂമ
4.	ബുധൻ	അർദ്ധപ്രഹാര
5.	ഗുരു	യമകണ്ടക
6.	ശുക്രൻ	ഇന്ദ്രചാപം (ഇന്ദ്രധനുസ്സ്, കോദണ്ഡ)
7.	ശനി	ഗുളികൻ (മാന്ദി)
8.	രാഹു	വ്യതീപാതം (പാത)
9.	കേതു	ഉപകേതു (ശിഖി)

ഈ ഉപഗ്രഹങ്ങൾ ഒന്നിനുംതന്നെ ആധുനികശാസ്ത്രദൃഷ്ട്യാ അസ്തിത്വമില്ല. രാഹുകേതുകൾക്ക് അവകാശപ്പെടാവുന്ന നിഴലിന്റെ അടിസ്ഥാനം പോലുമില്ല. വാസ്തവമെന്താണെന്നുവെച്ചാൽ ഇവ ഏതാനും ഗണിതഫലങ്ങൾ മാത്രമാണ്. ഇതിൽ ഗുളികൻ, യമക കൻ, അർദ്ധപ്രഹാരൻ, കാലൻ എന്നിവയെ അഷ്ടാംശ സമയരീതി അനുസരിച്ചും ധൂമം, വ്യതീപാതം, പരിധി, ഇന്ദ്രചാപം, ഉപകേതു എന്നി വയെ സൂര്യസ്ഫുടം അടിസ്ഥാനമാക്കിയുമാണ് ഗണിച്ചെടുക്കുന്നത്. ഒരുകാര്യം കൂടി. അഷ്ടാംശരീതിയിൽ സൂര്യന്റെ സമയത്താണ് ഉദിക്കുന്നതെങ്കിൽക്കൂടി ഫലദാനവിഷയത്തിൽ കാലൻ രാഹുവിനെപ്പോലെയാണ്.

മാന്ദി (ഗുളികൻ)

(2)

ചരം രുദ്രദാസ്യം ഘടം നിത്യതാനം
ഖനിർമാന്ദിനാഢ്യഃ ക്രമേണാർക്കവാരാൽ
അഹർമ്മാനവൃദ്ധിക്ഷയൗ തത്ര കാര്യൗ
നിശായാം തു വാരേശ്വരാത് പഞ്ചമാദ്യാഃ.

ഗുളികോദയം

ചരം	*രുദ്ര*	*ദാസ്യം*	*ഘടം*	*നിത്യ*	*താനം*	*ഖനിഃ*	
62	22	81	41	01	60	20	അതായത്
26	22	18	14	10	6	2	ഈ നാഴികക്രമത്തിൽ

മാന്ദിനാഢ്യഃ ക്രമേണ അർക്കവാരാൽ

- മാന്ദിയുടെ അഥവാ ഗുളികന്റെ ഞായറാഴ്ച മുതൽ ഏഴു ദിവസങ്ങളിലെയും ഉദയം.

അഹർമ്മാ:ന്വൃദ്ധിക്ഷയൗ തത്ര കാര്യൗ

- (ഗുളികോദയം കണക്കാക്കുമ്പോൾ) ദിനമാനത്തിന്റെ ഏറ്റക്കുറച്ചിലുകൾ കൂടി പരിഗണിക്കണം.

ന്:ിശായാം തു വാരേശ്വരാത് പഞ്ചമാദ്യാഃ

- പകലത്തേതിന്റെ അഞ്ചാമത്തെ ദിവസത്തേതായിരിക്കും. രാത്രിയിലെ ഗുളികോദയം

അഷ്ടാംശസമയരീതി

സൂര്യൻ മുതലായ സപ്തഗ്രഹങ്ങൾക്കു സമയം പങ്കുവെച്ചു നൽകുന്ന ഒരു രീതിയാണിത്. 60 നാഴിക ദൈർഘ്യമുള്ള ഒരു ദിവസത്തെ ആദ്യം പകൽ സമയമെന്നും രാത്രിസമയമെന്നും രണ്ടായി വിഭജിക്കുന്നു. പിന്നീട് ഓരോ ഭാഗ ത്തേയും എട്ടായി ഭാഗിക്കുന്നു. സൂര്യൻ, ചന്ദ്രൻ, കുജൻ, ബുധൻ, ഗുരു, ശുക്രൻ, ശനി എന്ന ക്രമത്തിൽ ഓരോ ഭാഗവും സപ്തഗ്രഹ ങ്ങളുടേതാണ്. എട്ടാമത്തെ ഭാഗം അനാഥമാണ്. (ചിലർ ഇത് എട്ടാമത്തെ ഗ്രഹമായ രാഹുവിനു നൽകു ന്നുമുണ്ട്. അതാണ് രാഹുകാലം.)

പകൽ സൂര്യോദയത്തിൽനിന്നും ആരംഭിക്കുന്നു.പകലിന്റെ ആദ്യഭാഗം വാരാധിപ ന്റേതാണ്. അതുപോലെ രാത്രി സൂര്യാസ്തമനത്തിൽനിന്നും ആരംഭിക്കുന്നു. ആദ്യഭാഗം അഞ്ചാം വാരാധിപന്റേതും. ഉദാഹരണത്തിന്, ശനി യാഴ്ച പകൽ ശനിയിൽനിന്നും രാത്രി ബുധനിൽനിന്നും തുടങ്ങുന്നു. (സൗകര്യത്തിനു വേണ്ടി ഇങ്ങനെയുള്ള സമയഭാഗങ്ങൾക്കു മൂർത്തിത്വം സങ്കൽപ്പിച്ച് ഓരോ പേരു കൊടുത്തതാണ് ഈ ഉപഗ്രഹനാമങ്ങൾ.)

അഷ്ടാംശ സമയഭാഗങ്ങളുടെ ഗ്രഹാധിപത്യം

ഭാഗം	**1**	**2**	**3**	**4**	**5**	**6**	**7**	**8**
നാഴിക	2	6	10	14	18	22	26	-
ഞായർ ര	ച	കു	ബു	ഗു	ശു	**മ**	-	
തിങ്കൾ	ച	കു	ബു	ഗു	ശു	**മ**	ര	-
ചൊവ്വ	കു	ബു	ഗു	ശു	**മ**	ര	ച	-
ബുധൻ	ബു	ഗു	ശു	**മ**	ര	ച	കു	-
വ്യാഴം	ഗു	ശു	**മ**	ര	ച	കു	ബു	-
വെള്ളി	ശു	**മ**	ര	ച	കു	ബു	ഗു	-
ശനി	**മ**	ര	ച	കു	**ബു**	ഗു	ശു	-

1. ശനിയാഴ്ച പകൽ ഗുളികോദയം. **– മ**

2. ശനിയാഴ്ച രാത്രി ഗുളികോദയം. (അഞ്ചാംവാരാധിപൻ) - ബു

3. അഷ്ടാംശത്തിൽ ശനിയുടെ സമയഭാഗമാണ് ഗുളികനു വരുക.

4 ഗുളികോദയം : പകൽ / രാത്രി

ഗുളികോദയനാഴിക		പകൽ	രാത്രി
ഞായർ		26	10
തിങ്കൾ		22	6
ചൊവ്വ		18	2
ബുധൻ	14	26	
വ്യാഴം	10	22	

വെള്ളി	6	18
ശനി	2	14

ഗണിതം

ഉദാഹരണം - ഗുളികോദയം ശനിയാഴ്ച പകൽ

പകലിന്റെ നീളം പന്ത്രണ്ടു മണിക്കൂറാണെന്നു കരുതുക. പകലിനെ എട്ടു കൊണ്ടു ഹരിച്ചു എട്ടു ഭാഗമാക്കുക. ഒരു ഭാഗം ഒന്നരമണിക്കൂർ വരും. ആദ്യത്തെ ഭാഗം വാരാധിപനാണ്. ശനിയാഴ്ചയായതിനാൽ ഇവിടെ അതു ശനിക്കാണ്. അടുത്തത് ഞായാഴ്ചയുടെ ഗ്രഹം സൂര്യന്. പിന്നെ തിങ്കളാഴ്ചയുടെ ഗ്രഹം ചന്ദ്രന്. ഈ ക്രമത്തിൽതന്നെ മറ്റുള്ളവയും. എട്ടാമത്തെ ഭാഗം ശൂന്യം.

കല റിലെ ഗുളികകാലം
തുടങ്ങിയവയിലെ അശാസ്ത്രീയത

കലണ്ടർ നോക്കിയാൽ ശനിയാഴ്ചകളിൽ മൂന്നുതരം ദോഷസമയങ്ങൾ കാണാം.

1.	രാഹുകാലം	9 - 10.30
2.	ഗുളികകാലം	6 - 7.30
3.	യമകണ്ടകകാലം	1..30 - 3.

ഇതെങ്ങിനെയാണു വരുന്നതെന്നു നോക്കാം.

(1.) ഗുളികകാലം
ദിനമാനം 30 നാഴിക (12 മണ്ക്കൂർ) ആണെങ്കിൽ

എട്ടു ഭാഗങ്ങളുടെയും ദൈർഘ്യം- -

ഭാഗം	1	2	3	4	5	6	7	8
(നാഴിക)	30 - 4	4 - 8	8 - 12	12 - 16	16 - 20	20 - 24	24 - 28	28 - 2

ഉപഗ്രഹങ്ങളുടെ ഉദയനാഴിക അഥവാ അഷ്ടാംശത്തിന്റെ മദ്ധ്യഭാഗം- -

	2	6	10	14	18	22	26	30

മണിക്കൂറിലാകുമ്പോൾ 1 ഭാഗം ഒന്നര മണിക്കൂർ
ഉദയം 6 മണിക്കാകുമ്പോൾ- -
ശനിയാഴ്ച ഓരോ സമയഭാഗവും ആരംഭിക്കുന്നത്- -
(മണി / AM)

6	7.30	9	10.30	12	1.30	3	4.30
അധിപർ മ	ര	ച	കു	ബു	ഗു	ശു	-

ശനിയാഴ്ച ആദ്യഭാഗം ശനിക്ക് അഥവാ ശനിയുടെ ഉപഗ്രഹമായ ഗുളികന്. അതുകൊണ് ' ശനിയാഴ്ച പകലിലെ ഗുളികകാലം 6 AM മുതൽ 7.30 AM വരെ.

(2) യമകണ്ടകകാലം
അതുപോലെ ശനിയാഴ്ചയിലെ ആറാമത്തെ ഭാഗം വ്യാഴത്തിന്റെ അഥവാ വ്യാഴ ത്തിന്റെ ഉപഗ്രഹമായ യമക കന്റേതാണ്. അങ്ങനെ അന്നു 1.30 മുതൽ 3 വരെ യമക കകാലമായി.

(3). രാഹുകാലം

ശൂന്യം വരുന്ന എട്ടാമത്തെ ഭാഗം എട്ടാമത്തെ ഗ്രഹമായ രാഹുവിനു കൊടുത്താൽ രാഹുകാലമായി. എന്നാൽ കല റിലെ രീതി ഇതല്ല.

ആഴ്ച	രീതി 1		രീതി 2	
ഞായർ	8-ാമത്തെ ഭാഗം		8-ാമത്തെ ഭാഗം	
തിങ്കൾ	7	,,	2	,,
ചൊവ്വ	6	,,	7	,,
ബുധൻ	5	,,	5	,,
വ്യാഴം	4	,,	6	,,
വെള്ളി	3	,,	4	,,
ശനി	2	,,	3	,,

രണ്ടാമത്തെ രീതി പരദേശിയാണ്. അതാണ് കലണ്ടറിൽ കൊടുക്കുന്നത്. ഇതു പ്രകാരമാണ് ശനിയാഴ്ച 9 മുതൽ 10.30 വരെ രാഹുകാലം വരുന്നതും.

ഭാരതീയ ജ്യോതിഷത്തിന്റെ അടിസ്ഥാനഗ്രന്ഥമായ ഹോരാശാസ്ത്രത്തിൽ അപൂർവമായാണ് രാഹു പ്രത്യക്ഷപ്പെടുന്നതുതന്നെ. അതും ഒരു സഹനടന്റെ റോളിൽ മാത്രം. തന്നെയല്ല, 6 മണിക്ക് ഉദയം വരുക വിരലിൽ എണ്ണാവുന്ന ദിവസങ്ങളിൽ മാത്രമാണുതാനും. ചുരുക്കത്തിൽ കലണ്ടറിലെ 6 മണിക്ക് ഉദയം അടിസ്ഥാനമാക്കിയുള്ള രാഹുകാലം അസംബന്ധമാണ്.

ഗുളികനെപ്പോലെ ഉദിക്കുന്ന മറ്റ് ഉപഗ്രഹങ്ങൾ
(ഇവ രാത്രിയും പകലും കൃത്യസമയങ്ങളിൽ ഉദിക്കുന്നു.)

(3)
ദിവ്യാ ഘടീ നിത്യതനുഃ ഖനീനാം
ചന്ദ്രേ രുരുഃ സ്വാദ്യമകണ്ടകസ്യ
അർദ്ധപ്രഹാരസ്യ ഭടാ നടേന
സ്തനൗ ഖനീ ചന്ദ്രഖരൗ ജയജ്ഞഃ

1. യമക കൻ

യമകണ്ടകസ്യ - യമകണ്ടകന്റെ ഉദയനാഴികകൾ (ക്രമത്തിൽ)

ഞായർ	തിങ്കൾ	ചൊവ്വ	ബുധൻ	വ്യാഴം	വെള്ളി	ശനി
ദിവ്യാ	ഘടീ	നിത്യ	തനുഃ	ഖനീനാംചന്ദ്രേ		രുരു
81	41	01	60	200	62	22

അതായത്

| 18 | 14 | 10 | 6 | 2 | 26 | 22 |

2. അർദ്ധപ്രഹാരൻ

അർദ്ധപ്രഹാരന്റെ ഉദയനാഴികകൾ ക്രമത്തിൽ

ഞായർ	തിങ്കൾ	ചൊവ്വ	ബുധൻ	വ്യാഴം	വെള്ളി	ശനി
ഭടാ	നടേന	തനൗ	ഖനീ	ചന്ദ്ര	ഖരൗ	ജയ
41	010	60	20	62	22	81

അതായത്

14	10	6	2	26	22	18

(4)

കാലസ്യ ഫേനം തരുരുദ്രദിവ്യം
വന്ദ്യോ നടസ്തൈരനു സൂര്യവാരാത്
ഏഷാം സമം മാന്ദിവദേവതത്ത-
ന്നാഢ്യാ സ്ഫുടം ലഗ്നവദത്ര സാദ്ധ്യം.

3. കാലൻ

കാലസ്യ - കാലൻ എന്ന ഉപഗ്രഹത്തിന്റെ ഉദയം

ഫേനം	തരു	രുദ്ര	ദിവ്യം	വന്ദ്യോ	നട	തേ	
20	62	22	81	41	01	6	അതായത്
2	26	22	18	14	10	6	ഈ ക്രമത്തിൽ

ഞായർ തിങ്കൾ ചൊവ്വ ബുധൻ വ്യാഴം വെള്ളി ശനി ദിവസങ്ങളിൽ.

നിശായാം തു വാരേശ്വരാത് പഞ്ചമാദ്യാ എന്ന നിയമം ഇവയ്ക്കും ബാധകമാണ്.

സ്ഫുടം കാണുന്ന രീതി

ഉദാഹരണം ശനിയാഴ്ച രാത്രി ജനനം. ഇടവമാസം

ഉദയം 6-03. അസ്തമനം 6-46. സ്ഥലം തൃശൂർ.

ഇടവമാസമായതിനാൽ ദിനമാനം കൂടുതലും രാത്രി കുറവുമായിരിക്കും.

	മണി മിനിറ്റ്
അസ്തമനം 6-46 ജങ്ങ അഥവാ	18 - 46
ഉദയം	6 - 03
പകലിന്റെ നീളം	12 - 43

പകൽ കൂടുതലുള്ള സമയം (43 മിനിറ്റ്) രാത്രിയിൽ കുറയും.

അടുത്ത ഉദയം 6-03 AM അഥവാ	6 - 03
അസ്തമനം	6 - 48
രാത്രിയുടെദൈർഘ്യം	11 - 17

11 മണിക്കൂർ 17 മിനിറ്റ് എന്നു പറഞ്ഞാൽ 677 മിനിറ്റ്. ഇതിനെ എട്ടുകൊണ്ടു ഹരിക്കുമ്പോൾ 84 മിനിറ്റും കുറച്ചു സെക്കന്റും അതായത് 1 മണിക്കൂർ 24 മിനിറ്റു വരും. നമ്മുടെ

ജനനം ശനിയാഴ്ചയായതിനാൽ അഞ്ചാമത്തെ വാരാധിപൻ അതായത് ബുധന്റെ സമയമാണ് ആദ്യം വരുക.

1) ശനിയാഴ്ച രാത്രി ആദ്യസമയഭാഗം 6-46 + 1-24 = 8-10 വരെ. ഗ്രഹം ബുധൻ. (പകലിന്റെ, ശനിയാഴ്ചയുടെ, അഞ്ചാംവാരത്തിന്റെ, ബുധനാഴ്ചയുടെ അധിപൻ). ബുധന്റെ ഉപഗ്രഹം അർദ്ധപ്രഹാരൻ. 6-46-ന്റെ ലഗ്നം കാണുക. വൃശ്ചികം കിട്ടും. വൃശ്ചികരാശിയിലായിരിക്കും അപ്പോൾ അർദ്ധപ്രഹാരന്റെ സ്ഥിതി.

2) രണ്ടാമത്തെ സമയഭാഗം 8-10 + 1-24 = 9.34വരെ. ബുധൻ കഴിഞ്ഞാൽ അടുത്ത ഗ്രഹം ഗുരൂ. ഗുരുവിന്റെ ഉപഗ്രഹം യമക കൻ. 8-10ന്റെ ലഗ്നം ധനു. യമക കസ്ഥിതി ധനുവിൽ.

3) മൂന്നാമത്തെ സമയഭാഗം 9-34 + 1-24 = 10-58 വരെ. ഗ്രഹം ശുക്രൻ (ശുക്രന്റെ ഉപഗ്രഹം ധൂമാദി പഞ്ചസ്ഫുടത്തിലാണു വരുന്നത്.)

4) നാലാമത്തെ സമയഭാഗം 10-58 + 1-24 = 12 - 22 വരെ. ഗ്രഹം ശനി. ഉപഗ്രഹം ഗുളികൻ. 10-58ന്റെ ലഗ്നം മകരം. ഗുളികൻ മകരത്തിൽ.

5) അഞ്ചാമത്തെ സമയഭാഗം 12 -22 + 1-24 = 1.46 വരെ.
ഗ്രഹം രവി. ഉപഗ്രഹം കാലൻ. 12-22ന്റെ ലഗ്നം കുംഭം. കാലൻ കുംഭത്തിൽ.

മാന്ദിയും ഗുളികനും

ഫലദീപികയിൽ മാന്ദിയും ഗുളികനും ഒന്നാണ്. ഗ്രഹമെന്ന നിലയ്ക്കു നിലവിലുള്ള സ്ഫുടംവെച്ചു ക്രിയ ചെയ്യുമ്പോൾ ഉദാഹരണ ജാതകത്തിലെ മാന്ദിസ്ഫുടം കുംഭം 15-45 ആണു കിട്ടുക. എന്നാൽ ഉപഗ്രഹമെന്ന നിലയ്ക്കു ശനിയുടെ അഷ്ടാംശസമയം വെച്ചു കണക്കു ചെയ്യുമ്പോൾ ഇതു മകരത്തിൽ വരും. വ്യത്യാസം അറിയുന്നതിന്, മകരത്തിൽ ഗുളികനെയും കുംഭത്തിൽ മാന്ദി എന്നും അടയാളപ്പെടുത്താം.

(5)
ധൂമോ വേദഗൃഹൈസ്ത്രയോദശഭി-
രപ്യംശൈസ്സമേതേ രവൗ
സ്യാത്തസ്മിൻ വ്യതിപാതകോ വിഗളിതേ
ചക്രാദഥാസ്മിന്യുതേ
ഷഡ്ഭിർഭൈഃ പരിവേഷ ഇന്ദ്രധനുരി-
ത്യസ്മിൻ ച്യുതേ മണ്ഡലാ-
ദത്യഷ്ട്യംശയുതേ f ത്ര കേതുരഥ
തത്രൈകർക്ഷയുക്തോ രവിഃ.

സൂര്യസ്ഫുടം അടിസ്ഥാനമാക്കിയുള്ള ഉപഗ്രഹങ്ങൾ

ബാക്കിയുള്ള അഞ്ച് ഉപഗ്രഹങ്ങളുടെ രേഖാംശം (ധൂമാദി പഞ്ച സ്ഫുടം) കാണുന്ന രീതിയാണ് ഈ ശ്ലോകത്തിൽ പറയുന്നത്.

1. ധൂമം

വേദഗൃഹൈ	-	4 രാശി
ത്രയോദശഭി അപി അംശൈ	-	13 ഭാഗ (20 കലയും)
സമേതേ രവൗ	-	കൂടിയ സൂര്യൻ (സൂര്യസ്ഫുടം)
ധൂമോ	-	ധൂമസ്ഫുടം ആകുന്നു.

<u>ഉദാഹരണം</u>

സൂര്യസ്ഫുടം	1 - 25 - 31	=	55 - 31
	+ 4 - 13 - 20	=	133 - 20
	6 - 8 - 51	=	188 - 51 (ധൂമം തുലാത്തിൽ)

2. വ്യതീപാതം

തസ്മിൻ വ്യതിപാതകോ വിഗളിതേ ചക്രാത്

- അതിനെ ചക്രത്തിൽ (12 രാശി / 360 ഡിഗ്രിയിൽ) നിന്നും കുറച്ചാൽ വ്യതീപാതം.

<u>ഉദാഹരണം</u> : 360 - 188 - 51 = 171 - 9 (വ്യതീപാതം കന്നിയിൽ)

3. പരിവേഷം (പരിധി)

തസ്മിൻ യുതേ ഷഡ്ഭിർഭൈഃ പരിവേഷ

- വ്യതിപാതത്തോട് 6 രാശി കൂട്ടിയാൽ പരിവേഷം (പരിധി)

<u>ഉദാഹരണം</u> : 171 - 9 + 180 = 351 - 9 (പരിവേഷം മീനത്തിൽ)

4. ഇന്ദ്രധനുസ്സ്

ഇന്ദ്രധനുഃ ഇതി അസ്മിൻ ച്യുതേ മണ്ഡലാത്

- അതിനെ 12 രാശിയിൽ നിന്നും കുറച്ചാൽ ഇന്ദ്രധനുസ്സ്

<u>ഉദാഹരണം</u> 360 - - 351 - 9 = 8 - 51 (ഇന്ദ്രചാപം മേടത്തിൽ)

5. ഉപകേതു

അത്യഷ്ട്യംശയുതേ അത്ര കേതു അഥ

- അതിനോടു 17 ഭാഗകൾ (16 - 40 കൃത്യം) ചേർത്താൽ ഉപകേതു (5)

<u>ഉദാഹരണം</u> 8 - 51 + 16 - 40 = 25 - 31 = ഉപകേതു മേടത്തിൽ

തത്ര ഏകർക്ഷ യുക്തോ രവിഃ

- അതിനോട് ഒരു രാശി ചേർത്താൽ സൂര്യൻ

<u>ഉദാഹരണം</u> 25 - 31 + 30 = 55 - 31. = സൂര്യൻ ഇടവത്തിൽ

(6)

ഭാവാധ്യായേ പൂർവമേവ മയാ പ്രോക്തം സമുച്ചയം
മുക്താനാം യത്തദേവാത്ര വാച്യം ഭാവഫലം ദൃഢം.

ഗ്രഹങ്ങൾ ഭാവങ്ങളിൽ നിന്നാലുള്ള ഫലം മുമ്പ് ഭാവാദ്ധ്യായത്തിൽ, വിവരിച്ചിട്ടുണ്ട്. ഉപഗ്രഹങ്ങൾക്കും അതനുസരിച്ചു പറയാം. അതായത്- -

ഗ്രഹങ്ങളും ഉപഗ്രഹങ്ങളും

ശനി	-	ഗുളികൻ
വ്യാഴം	-	യമകണ്ടകൻ
ബുധൻ	-	അർദ്ധപ്രഹരൻ
രാഹു	-	കാലൻ

(7)

തഥാപി ഗുളികാദീനാം വിശേഷോ f ത്ര നിഗദ്യതേ
പൂർവാചാര്യൈര്യദാഖ്യാതം തത്സംഗൃഹ്യ മയോദിതം.

എന്നിരുന്നാലും, ഗുളികൻ മുതലായവയുടെ വിശേഷഫലങ്ങൾ പൂർവാചാര്യന്മാരാൽ, പറയപ്പെട്ടത് ഞാൻ ചുരുക്കി വിവരിക്കാം.

മാന്ദി പന്ത്രണ്ടു ഭാവങ്ങളിൽ നിന്നാലുള്ള ഫലം

(8)

ചോരഃ ക്രൂരോ വിനയരഹിതോ വേദശാസ്ത്രാർത്ഥഹീനോ
നാതിസ്ഥൂലോ നയനവികൃതോ നാതിധീർന്നാതിപുത്രഃ
[1] നാൽപാഹാരീ സുഖവിരഹിതോ ലമ്പടോ നാതിജീവീ
ശുരോ ന സ്വാദപി ജഡമതിഃ കോപനോ മാന്ദി ലഗ്നേ.

.(1) പാഠഭേദം -
നാൽപ്പാഹാരീ ന ഭോഗീ ബഹുവിഷയപരോ നാതിജീവീ ന ശൂരോ
നോവിദ്വാൻ നിത്യകോപീ കലഹകൃദനിശം മന്ദപുത്രേ വിലഗ്നേ.

മാന്ദി ലഗ്നത്തിൽ

മന്ദപുത്രേ വിലഗ്നേ	- മാന്ദി ലഗ്നത്തിൽ നിന്നാൽ
ചോരഃ	- കള്ളൻ,
ക്രൂരോ	- ക്രൂരൻ,
വിനയരഹിതോ	- വിനയമില്ലാത്തവൻ,
വേദശാസ്ത്രാർത്ഥഹീനോ	- വേദവും ശാസ്ത്രാർത്ഥങ്ങളും പഠിക്കാത്തവൻ,
ന അതിസ്ഥൂലോ	- അധികം തടിയില്ലാത്തവൻ,
നയന വികൃതിഃ	- നേത്രവൈകല്യം,
ന അതിധീഃ	- അധികം ബുദ്ധിയില്ലാത്തവൻ,
ന അതിപുത്രഃ	- അധികം മക്കളില്ലാത്തവൻ,
ന അൽപ്പാഹാരീ	- കുറച്ചുമാത്രം ഭക്ഷണം കഴിക്കുന്നവനല്ല,
ന ഭോഗീ	- സുഖഭോഗങ്ങൾക്കു ഭാഗ്യമില്ലാത്തവൻ,
ബഹുവിഷയപരോ	- വളരെ വിഷയ (സുഖ) തൽപ്പരൻ,
ന അതിജീവീ	- അധികം ജീവിക്കാത്തവൻ (അൽപ്പായുസ്സ്),
ന ശൂരോ	- ശൂരനല്ലാത്തവൻ,
ന വിദ്വാൻ	- അൽപ്പജ്ഞൻ,
നിത്യകോപീ	- സ്ഥിരം ശുണ്ഠിക്കാരൻ,

കലഹകൃത് അനിശം - എപ്പോഴും വഴക്കുണ്ടാക്കുന്നവൻ.

(9)
ന ചാടുവാക്യം കലഹായമാനോ
ന വിത്തധാന്യം പരദേശവാസീ
ന വാങ`ന സൂക്ഷ്മാർത്ഥവിവാദവാക്യോ
ദിനേശപൗത്രേ ധനരാശി സംസ്ഥേ.

മാന്ദി രണ്ടിൽ

ദിനേശപൗത്രേ ധനരാശി സംസ്ഥേ	-	മാന്ദി രണ്ടിൽ നിന്നാൽ,
ന ചാടുവാക്യം	-	വാക്സാമർത്ഥ്യമില്ലാത്തവൻ,
കലഹായമാനോ	-	വഴക്കാളി,
ന വിത്തധാന്യം	-	ധനവും ധാന്യവും ഇല്ലാത്തവൻ,
പരദേശവാസീ	-	അന്യനാട്ടിൽ ജീവിക്കാൻ
	-	വിധിക്കപ്പെട്ടവൻ,
ന വാങ	-	നിരർത്ഥവാദി (വാക്കുപാലിക്കാത്തവൻ എന്നും കാണുന്നു.),

ന സൂക്ഷ്മാർത്ഥ വിവാദ വാക്യോ
- സൂക്ഷ്മാർത്ഥം മനസ്സിലാക്കാതെ വാദപ്രതിവാദത്തിനു മുതിരുന്നവൻ. (വെറുതെ തർക്കിക്കുന്നവൻ)

(10)
വിരഹഗർവമദാദി ഗ(ഗു)ണൈർയുത
പ്രചുരകോപധനാർജ്ജനസംഭ്രമഃ
വിഗതശോകഭയശ്ച വിസോദരോ
ഗുളികനാമനി സോദരസംസ്ഥിതേ.[1]
(1) പാഠഭേദം - സഹജധാമനി മന്ദസുതോ യദാ.

മാന്ദി മൂന്നിൽ

ഗുളികനാമനി സോദര സംസ്ഥിതേ	-	മാന്ദി മൂന്നിൽ നിന്നാൽ,
വിരഹ ഗർവ മദാദി ഗുണൈഃ യുത	-	ഗർവം, മദം തുടങ്ങിയവയുള്ളവൻ,
പ്രചുരകോപ	-	വലിയ ദ്വേഷ്യക്കാരൻ,
ധനാർജ്ജനസംഭ്രമഃ	-	പണമുണ്ടാക്കൻ വേണ്ടി പാടുപെടുന്നവൻ,
വിഗത ശോക ഭയഃ ച	-	ദുഖവും ഭയവുമില്ലാത്തവൻ,
വിസോദരോ	-	സഹോദരന്മാരില്ലാത്തവൻ.

(11)
സുഹൃദി ശനിസുതേ സ്യാത് ബന്ധുയാനാർത്ഥഹീന-
ശ്ചലമതിരവബുദ്ധിർന്നാൽപ്പജീവീ[1] ന പുത്രഃ
ബഹുരിപുഗണഹന്താ ഭൂതവിദ്യാവിനോദീ
രിപുഗത ഗുളികേ സശ്രേഷ്ഠപുത്രസ്സുശൂരഃ.
(1) പാഠഭേദം : സ്വൽപ്പജീവീ

മാന്ദി നാലിൽ

സുഹൃദി ശന്സുത സ്യാത് - മാന്ദി നാലിൽ നിന്നാൽ,
ബന്ധു യാന അർത്ഥ ഹീന - ബന്ധുക്കൾ, വാഹനങ്ങൾ എന്നിവ ഇല്ലാത്തവനാകും.

മാന്ദി അഞ്ചിൽ

പുത്രേ - മാന്ദി അഞ്ചിൽ നിന്നാൽ,
ചലമതിഃ - മനസ്സ് ഉറച്ചു നിൽക്കാത്തവൻ,
അവബുദ്ധിഃ - ദുർബ്ബുദ്ധി,
അൽപജീവീ - അൽപായുസ്സ്
ന പുത്രഃ - പുത്രഭാഗ്യം ഇല്ലാത്തവൻ,

മാന്ദി ആറിൽ

രിപുഗത ഗുളികേ - മാന്ദി ആറിൽ നിന്നാൽ,
ബഹു രിപു ഗണഹന്താ - ശത്രുഗണത്തെ നശിപ്പിക്കുന്നവൻ,
ഭൂതവിദ്യാവിനോദീ - ഭൂതവിദ്യയിൽ (പിശാചുസേവയിൽ) രസിക്കുന്നവൻ.
സശ്രേഷ്ഠ പുത്ര - ശ്രേഷ്ഠരായ പുത്രരോടുകൂടിയവൻ,
സുശൂരഃ - ശൗര്യമുള്ളവൻ.

(12)

കളത്രസംസ്ഥേ ഗുളികേ കലഹീ ബഹുഭാര്യകഃ
ലോകദ്വേഷീ കൃതഘ്നശ്ച സ്വൽപജ്ഞഃ സ്വൽപകോപനഃ.

മാന്ദി ഏഴിൽ

കളത്രസംസ്ഥേ ഗുളികേ - മാന്ദി ഏഴിൽ നിന്നാൽ,
കലഹീ - വഴക്കാളി,
ബഹുഭാര്യകഃ - ബഹുഭാര്യത്വം,
ലോകദ്വേഷീ - ലോകത്തെ വെറുക്കുന്നവൻ,
കൃതഘ്ന - നന്ദികെട്ടവൻ,
സ്വൽപജ്ഞഃ - അൽപജ്ഞാനി,
സ്വൽപകോപനഃ - നിസ്സാരകാര്യങ്ങളിൽപ്പോലും കോപിക്കുന്നവൻ

(13)

വികലനയനവക്ത്രോ ഹ്രസ്വദേഹോƒഷ്ടമസ്ഥേ
ഗുരുസുതവിയുതോ ƒ ഭൂദ്ധർമ്മസംസ്ഥേƒർക്കപുത്രേ.[1]
ന ശുഭദഫലകർമ്മാ[2] കർമ്മസംസ്ഥേ വിദാനഃ
സുഖസുതമതിതേജഃ കാന്തിമാൻ ലാഭസംസ്ഥേ.

പാഠഭേദം

(1) ഗുരുസുതവിയുതസ്സ്യാദ്ധർമ്മസംസ്ഥേ വിഷാഖ്യേ
(2) അശുഭദഫലകർമ്മാ

മാന്ദി എട്ടിൽ

അഷ്ടമസ്ഥേ - മാന്ദി എട്ടിൽ നിന്നാൽ,

വികല നയന വക്ത്രോ - വികലമായ (വിരൂപമായ) കണ്ണുകളും മുഖവും,

ഹ്രസ്വ ദേഹോ - നീളം കുറഞ്ഞ ദേഹം (ഉയരമില്ലാത്തവൻ),

മാന്ദി ഒമ്പതിൽ

ധർമ്മസംസ്ഥേ വിഷാഖ്യേ - മാന്ദി ഒമ്പതിൽ നിന്നാൽ,

ഗുരു സുത വിയുത സ്യാത് - ഗുരു, പുത്രൻ ഇവ ഇല്ലാത്തവൻ,

മാന്ദി പത്തിൽ

കർമ്മസംസ്ഥേ വിഷാഖ്യേ - മാന്ദി കർമ്മത്തിൽ (പത്തിൽ) നിന്നാൽ,

അശുഭഫലകർമ്മാ - അശുഭകർമ്മങ്ങളെ ചെയ്യുന്നവൻ,

വിദാന - ദാനം ചെയ്യാത്തവൻ,

മാന്ദി പതിനൊന്നിൽ

ലാഭസംസ്ഥേ - മാന്ദി ലാഭത്തിൽ നിന്നാൽ,

സുഖ സുത മതി തേജാഃ കാന്തിമാൻ - സുഖം, സുതൻ, ബുദ്ധി, തേജസ്സ്, ദേഹകാന്തി ഇവയുണ്ടാകും.

(14)

വിഷയ(വി)രഹിതോ ദീനോ ബഹുവ്യയഃ
സ്യാദ്വ്യയേ ഗുളികസംസ്ഥേ
ഗുളികത്രികോണഭേ വാ
ജന്മ ബ്രൂയാന്നവാംശേ വാ.

മാന്ദി പന്ത്ര ിൽ

വ്യയേ ഗുളികസംസ്ഥേ - മാന്ദി പന്ത്രണ്ടിൽ നിന്നാൽ,

വിഷയരഹിതോ - വിഷയം (സുഖഭോഗം) ഇല്ലാത്തവൻ,

ദീനോ - ദീനൻ,

ബഹുവ്യയഃ സ്യാത് - വളരെ ചിലവു ചെയ്യുന്നവൻ ആകും.

ഗുളികനെക്കൊണ്ട് ജനനസമയം കൃത്യമാക്കാനുള്ള നിയമം.

ഗുളികത്രികോണഭേ വാ ജന്മ ബ്രൂയാന്നവാംശേ വാ

- ഗുളികൻ നിൽക്കുന്ന രാശിയുടെ ത്രികോണത്തിലോ ഗുളികൻ നിൽക്കുന്ന നവാംശത്തിലോ ആയിരിക്കും ജനനം. (ജനനസമയം കൃത്യമാക്കാനുള്ളതാണ് ഈ നിയമം)

മാന്ദി മറ്റു ഗ്രഹങ്ങളുടെ കൂടെ നിന്നാലുള്ള ഫലം

(15)

രവിയുക്തേ പിതൃഹന്താ മാതൃക്ലേശീ നിശാപസംയുക്തേ

ഭ്രാതൃവിയോഗസ്സകുജേ ബുധയുക്തേ മന്ദജേ ച സോന്മാദീ.

രവിയുക്തേ പിതൃഹന്താ - മാന്ദി രവിയോടുകൂടി നിന്നാൽ പിതൃമരണം,
മാതൃക്ലേശീ നിശാപസംയുക്തേ - ചന്ദ്രനോടുകൂടി നിന്നാൽ മാതൃക്ലേശം,
ഭ്രാതൃവിയോഗസ്സകുജേ - കുജനോടുകൂടി നിന്നാൽ സഹോദരവിയോഗം,
ബുധയുക്തേ മന്ദജേ ച സോന്മാദീ - ബുധനോടുകൂടി നിന്നാൽ ഉന്മാദമുള്ളവൻ(മാനസികരോഗി).

(16)
ഗുരുയുക്തേ പാഷാണ്ഡീ കവിയുക്തേ നീചകാമിനീസംഗഃ
ശനിയുക്തേ ശനിപുത്രേ കുഷ്ഠവ്യാധീയുതശ്ച സോൽ *f* ഷായുഃ.

ശനിപുത്രേ ഗുരുയുക്തേ പാഷാണ്ഡീ - മാന്ദി വ്യാഴത്തിന്റെ കൂടെ നിന്നാൽ നിരീശ്വരവാദി,
കവിയുക്തേ നീചകാമിനീസംഗഃ - ശുക്രന്റെ കൂടെ നിന്നാൽ നീചസ്ത്രീകളുമായി ബന്ധം.,
ശനിയുക്തേ കുഷ്ഠവ്യാധിയുതഃ ച അൽപായുഃ.
- ശനിയുടെ കൂടെ നിന്നാൽ കുഷ്ഠരോഗം, അൽപ്പായുസ്സ്.

(17)
വിഷരോഗീ രാഹുയുതേ
ശിഖിയുക്തേ വഹ്നിപീഡിതോ മാന്ദൗ
ഗുളികത്യാജ്യയുതശ്ചേ-
ത്തസ്മിൻ ജാതോ നൃപോ *f* പി ഭിക്ഷാശീ.

മാന്ദൗ വിഷരോഗീ രാഹുയുതേ - രാഹുവിന്റെകൂടെ നിന്നാൽ വിഷസംബന്ധമായ രോഗങ്ങളുള്ളവൻ
ശിഖിയുക്തേ വഹ്നിപീഡിതോ - കേതുവിന്റെകൂടെ നിന്നാൽ അഗ്നിഭയം.

ഗുളിക ത്യാജ്യ യുത ചേത് തസ്മിൻ ജാതോ നൃപോ അപി ഭിക്ഷാശീ
- ഗുളികൻ ത്യാജ്യത്തോടുകൂടി നിന്നാൽ, രാജാവായി ജനിച്ചാലും, പിച്ച തെണ്ടും.
ത്യാജ്യം - ത്യാജമുഹൂർത്തങ്ങൾ

(18)
ഗുളികസ്യ തു സംയോഗേ ദോഷാൻ സർവത്ര നിർദ്ദിശേത്
യമകണ്ടകസംയോഗേ സർവത്ര കഥയേച്ഛുഭം.

ഗുളികൻ ഏതു ഗ്രഹത്തിന്റെ കൂടെ നിന്നാലും ഏതു ഭാവത്തിൽ നിന്നാലും ദോഷഫല മായിരിക്കും തരുക. ഗുളികനു പകരം യമകണ്ടകനാണെങ്കിൽ ശുഭഫലമായിരിക്കും.

(19)
ദോഷപ്രദാനേ ഗുളികോ ബലീയാൻ
ശുഭപ്രദാനേ യമകണ്ടകഃ സ്യാത്
അന്യേ ച സർവേ വ്യസനപ്രദാനേ
മാന്ദ്യുക്തവീര്യാർദ്ധബലാന്വിതാഃ സ്യുഃ.

ഉപഗ്രഹങ്ങളുടെ ഗുണദോഷഫലങ്ങൾ

ദോഷപ്രദാനേ ഗുളികോ ബലീയാൻ - ദോഷഫലംകൊടുക്കുന്നതിൽ ഗുളികനാണ് മുമ്പൻ
ശുഭപ്രദാനേ യമകണ്ടകസ്യാത് - ശുഭഫലം നൽകുന്നതിൽ യമകണ്ടകനും.
അന്യേ ച സർവേ വ്യസനപ്രദാനേ
- മറ്റുള്ളവ (അർദ്ധപ്രഹരനും കാലനും) വ്യസനം കൊടുക്കുന്നവയാണ്. എങ്കിലും- -

മാന്ദ്യുക്ത വീര്യാർദ്ധ ബലാന്വിതാഃ സ്യുഃ.
- ദോഷശക്തി മാന്ദിക്കു (ഗുളികനു) പറഞ്ഞതിന്റെ പകുതിയേ ഇവയ്ക്കുള്ളൂ.

(20)
ശനിവദ്ഗുളികേ പ്രോക്തം ഗുരുവദ്യമക കേ
അർദ്ധപ്രഹാരേ ബുധവത് ഫലം കാലേ തു രാഹുവത്.

ശനിവത് ഗുളികേ പ്രോക്തം - മാന്ദി ശനിയെപ്പോലെയും,
ഗുരുവത് യമകണ്ടക - യമകണ്ടകൻ ഗുരുവിനെപ്പോലെയും,
അർദ്ധപ്രഹാരേ ബുധവത് - അർദ്ധപ്രഹാരൻ ബുധനെപ്പോലെയും,
കാലേ തു രാഹുവത് - കാലൻ രാഹുവിനെപ്പോലെയും,
ഫലം - ഫലം (നൽകുന്നു).

(21)
കാലസ്തു രാഹുർഗുളികശ്ച മൃത്യുർ-
ജീവാതുകഃ സ്യാദ്യമകണ്ടകോƒ പി
അർദ്ധപ്രഹാരഃ ശുഭദഃ ശുഭാങ്ക-
യുക്തോƒ ന്യഥാ ചേദശുഭം വിദധ്യാത്.

കാലസ്തു രാഹുഃ - കാലൻ രാഹുവിനെപ്പോലെയും,
ഗുളികസ്തു മൃത്യു - ഗുളികൻ മാരകനായും
ജീവാതുകഃ സ്യാത് യമകണ്ടക അപി - യമകണ്ടകൻ മൃതസഞ്ജീവനിയായും ഫലം നൽകുന്നു.

അർദ്ധപ്രഹാരഃ ശുഭദഃ ശുഭാങ്കയുക്ത - അർദ്ധപ്രഹാരൻ (ബുധനെപ്പോലെ) ശുഭരോടു ചേർന്നാൽ ശുഭഫലം.
അന്യഥാ ചേത് അശുഭം വിദധ്യാത് - അശുഭരോടുചേർന്നാൽ അശുഭവും ഫലം.

ശുഭാങ്കയുക്തൻ എന്നു പറഞ്ഞാൽ ശുഭബിന്ദുക്കളോടുകൂടിയവൻ എന്നാണ് അർത്ഥം. ബുധനെപ്പോലെയായതിനാൽ ഭാവാർത്ഥം കൊടുത്തു.

ധൂമാദി ഉപഗ്രഹഫലം

(22)
ആത്മാദയോƒധിപൈർയുക്താ ധൂമാദിഗ്രഹസംയുതാഃ
തേ ഭാവനാശതാം യാന്തി വദതീതി പരാശരഃ.

ആത്മാദയ അധിപൈ യുക്താ ധൂമാദിഗ്രഹസംയുതാ
- ലഗ്നം തുടങ്ങിയ ഭാവങ്ങളുടെ നാഥന്മാർക്കു ധൂമാദി ഉപഗ്രഹബന്ധം വന്നാൽ,
തേ ഭാവനാശതാം യാന്തി വദതീതി പരാശരഃ - അവ ഭാവനാശം ചെയ്യും എന്നു പരാശരൻ.

(23)
ധൂമേ സന്തതമുഷ്ണം സ്യാദഗ്നിഭീതിർമനോവ്യഥാ
വ്യതീപാതേ മൃഗഭയം[1] ചതുഷ്പാന്മരണം തു വാ.
(1) പാഠഭേദം - മൃതിഭയം

ധൂമഫലം
ധൂമേ സന്തതം ഉഷ്ണം സ്യാത് അഗ്നിഭീതി മനോവ്യഥാ
- ചൂടുകൊ ുള്ള വിഷമങ്ങൾ, അഗ്നിഭയം, മനോദുഖം എന്നിവ ധൂമഫലം,

വ്യതീപാതഫലം
വ്യതീപാതേമൃഗഭയംചതുഷ്പാന്മരണം - മൃഗഭയമോ നാൽക്കാലികൾക്കു നാശമോ വ്യതീപാതഫലം

(24)
പരിവേഷേ ജലേ ഭീരുർജലരോഗഞ്ച ബന്ധനം
ഇന്ദ്രചാപേ ശിലാഘാതഃ ക്ഷതം ശസ്ത്രൈരപി ച്യുതിഃ.

പരിവേഷഫലം
പരിവേഷേ ജലേ ഭീരു ജലരോഗം ച ബന്ധനം
- ജലഭയം, ജലജന്യരോഗങ്ങൾ, ബന്ധനം ഇവ പരിവേഷഫലം,

ഇന്ദ്രചാപഫലം
ഇന്ദ്രചാപേ ശിലാഘാതഃ ക്ഷതം ശസ്ത്രൈരപി ച്യുതിഃ
- കല്ലുകൊണ്ടുള്ള ആഘാതങ്ങൾ, ആയുധങ്ങൾകൊ ുള്ള ക്ഷതങ്ങൾ, ച്യുതി (നാശം / അപമാനം) ഇവ ഇന്ദ്രചാചഫലം.

(25)
കേതൗ പതനഘാതാദ്യം കാര്യനാശോƒശനേർഭയം
ഏതേ യദ്ഭാവസഹിതാസ്തദ്ദശായാം ഫലം വദേത്.

ഉപകേതു ഫലം

കേതൗ പതനഘാതാദ്യം കാര്യനാശം അശനേർഭയം

- വീഴ്ച, ആഘാതം, കാര്യനാശം, ഇടിമിന്നൽഭയം ഇവ ഉപകേതുഫലം,

ഫലദാനസമയം

ഏതേ യത് ഭാവസഹിതാഃ

- ഈ ഉപഗ്രഹങ്ങൾ ഏതൊരു ഭാവനാഥന്റെ കൂടെയാണോ നിൽക്കുന്നത്,

തദ്ദശായാം ഫലം വദേത് - ആ ഭാവനാഥന്റെ ദശയിൽ ഫലം പറയണം.

ഉപഗ്രഹങ്ങളുടെ ഫലം എപ്പോൾ അനുഭവപ്പെടും എന്ന ചോദ്യത്തിനുള്ള ഉത്തരമാണ് ഇത്.

(26)

അൽപ്പായുഃ കുമുഖഃ പരാക്രമഗുണോ
    ദുഃഖീ ച നഷ്ടാത്മജഃ
പ്രത്യർത്ഥിർക്ഷുഭിതോ വിശീർണ്ണമദനോ
    ദുർമ്മാർഗമൃത്യും ഗതഃ
ധർമ്മാദിപ്രതികൂലതോ ƒടനരുചിർ-
    ല്ലാഭാന്വിതോ ദോഷവാ-
നിത്യേവം ക്രമശോ വിലഗ്നഭവനാത്
    കേതോഃ ഫലം കീർത്തയേത്.

ഉപകേതു ലഗ്നം തുടങ്ങിയ പന്ത്രണ്ടു
ഭാവങ്ങളിൽ നിന്നാലുള്ള ഫലം.

ഭാവം	ഫലം		
1.	അൽപ്പായു	-	അൽപ്പായുസ്സ്
2.	കുമുഖഃ	-	ദുർമ്മുഖൻ (വൈരൂപ്യമുള്ള മുഖം)
3.	പരാക്രമഗുണീ	-	പരാക്രമി
4.	ദുഖീ	-	ദുഖിതൻ
5.	നഷ്ടാത്മജഃ	-	മക്കൾ നഷ്ടപ്പെട്ടവൻ
6.	പ്രത്യർത്ഥി ക്ഷുഭിതോ	-	ശത്രുക്കളോടു ക്ഷോഭം
7.	വിശീർണ്ണമദനോ	-	നശിച്ച കാമത്തോടുകൂടിയവൻ
8.	ദുർമ്മാർഗമൃത്യും ഗതഃ	-	ദർമ്മരണം
9.	ധർമ്മാദി പ്രതികൂലതാ	-	അധാർമ്മികൻ
10.	അടനരുചിഃ	-	സഞ്ചാരി
11.	ലാഭാന്വിതോ	-	ലാഭത്തോടുകൂടിയവൻ
12.	ദോഷവാൻ	-	ദോഷി (ദോഷസ്വഭാവങ്ങളുള്ളവൻ)

ഇത്യേവം ക്രമശോ വിലഗ്നഭവനാത് കേതോഃ ഫലം കീർത്തയേത്

- ഇങ്ങനെ ക്രമത്തിൽ ലഗ്നംമുതൽക്ക് ഉപകേതുവിന്റെ ഫലം പറയപ്പെട്ടിരിക്കുന്നു.

(27)
അപ്രകാശാഃ സഞ്ചരന്തി ധൂമാദ്യാഃ പഞ്ചഖേചരാഃ
ക്വചിത് കദാചിത് ദൃശ്യന്തേ ലോകോപദ്രവഹേതവേ.

അപ്രകാശാ സ രന്തി ധൂമാദ്യാ പ ഖേചരാ - ധൂമാദി അഞ്ച് ഉപഗ്രഹങ്ങൾ അദൃശ്യരാണ്,
ക്വചിത് കദാചിത് ദൃശ്യന്തേ ലോകോപദ്രവഹേതവേ
- എപ്പോഴെങ്കിലും അവ ദൃശ്യമാകുന്നുവെങ്കിൽ അതു ലോകോപദ്രവ ഹേതുവുമാണ്. (ധൂമാദികളെ കാണുന്നതു ദുർന്നിമിത്തമാണെു സാരം.)

(28)
ധൂമസ്തു ധൂമപടലഃ പുച്ഛർക്ഷമിതി കേചന
ഉൽക്കാപാതോ വ്യതീപാതഃ പരിവേഷസ്തു ദൃശ്യതേ.

(29)
ലോകേ പ്രസിദ്ധം യദൃഷ്ടം തദേവേന്ദ്രധനുഃ സ്മൃതം
കേതുശ്ച ധൂമകേതുഃ സ്യാത് ലോകോപദ്രവകാരകഃ.

ധൂമസ്തു ധൂമപടലഃ - ധൂമം പുകപടലമാണ്,
പുച്ഛർക്ഷമിതി കേചന - വാൽനക്ഷത്രമെന്നും ചിലർ പറയുന്നു.
ഉൽക്കാപാതോ വ്യതീപാതഃ - വ്യതീപാതം കൊള്ളിമീൻ വീഴ്ചയാണ്.
പരിവേഷസ്തു ദൃശ്യതേ - സൂര്യചന്ദ്രന്മാരുടെ ചുറ്റുമുള്ള പ്രകാശ വലയമായ പരിവേഷം ദൃശ്യമാണ്.

ലോകേ പ്രസിദ്ധം യത് ദൃഷ്ടംതത് ഏവ ഇന്ദ്രധനുഃ സ്മൃതം
-- ലോകപ്രസിമായതും ദൃശ്യവുമായ മഴവില്ലാണ് ഇന്ദ്രചാപം.
കേതുശ്ച ധൂമകേതുഃ സ്യാത് ലോകോപദ്രവകാരകഃ.
- കേതുവും ധൂമകേതുവും ലോകത്തിന് ഉപദ്രവകരമാണ് (ജീവജാലങ്ങൾക്കു ദോഷകരമാണ്.)

(30)
ഗുളികഭവനനാഥേ കേന്ദ്രഗേ വാ ത്രികോണേ
ബലിനി നിജഗൃഹസ്ഥേ സ്വോച്ചമിത്രസ്ഥിതേ വാ
രഥഗജതുരഗാണാം നായകോ മാരതുല്യോ
മഹിതപൃഥുയശാസ്സ്യാന്മേദിനീമണ്ഡലേന്ദ്രഃ.

ഗുളികഭവനനാഥേ - ഗുളികൻ നിൽക്കുന്ന രാശിയുടെ അധിപനായ ഗ്രഹം
ബലിനി - ബലവാനായി
കേന്ദ്രഗേ വാ ത്രികോണേ - കേന്ദ്രത്തിലോ ത്രികോണത്തിലോ നിൽക്കുകയും
നിജഗൃഹസ്ഥേ സ്വോച്ചമിത്രസ്ഥിതേ വാ
- അതു സ്വക്ഷേത്രം, തന്റെ ഉച്ചരാശി, മിത്രക്ഷേത്രം ഇവയിലൊന്നാവുകയും ചെയ്താൽ
രഥ ഗജ തുരഗാണാം നായകോ മാരതുല്യോ
- തേരുകൾ, ആനകൾ, കുതിരകൾ ഇവയുടെ നായകനും കാമദേവനെ പ്പോലെ സുന്ദരനും,

മഹിതപൃഥുയശാ സ്യാത് മേദ്.ന.ീമണ്ഡലേന്ദ്രഃ.

\- വർദ്ധിച്ച യശസ്സോടുകൂടിയ രാജാവുമായിരിക്കും.

ഗുളികസ്ഥിതിയുള്ള ഭാവത്തിന്റെ അധിപനുബലമുണ്ടെങ്കിൽ, ആ ബലത്തിനനുസരിച്ചു, രാജയോഗംവരെ പ്രതീക്ഷിക്കാമെന്നു ചുരുക്കം.

ഉപഗ്രഹസ്തുതിയോടെ ആരംഭിച്ച്, മംഗളാശംസകളോടെ അവസാനിക്കുന്നുവെന്നത് ഈ അദ്ധ്യായത്തിന്റെ ഒരു സവിശേഷതയാണ്. മന്ത്രേശ്വരൻ ഈ വിഷയത്തിന് എത്രമാത്രം പ്രാധാന്യം കൊടുത്തിരുന്നുവെന്ന് ഇതു കാണിക്കുന്നു. മുഹൂർത്തഗ്രന്ഥങ്ങളിൽ ഒളിഞ്ഞും തെളിഞ്ഞും കിടന്നിരുന്ന ഉപഗ്രഹങ്ങളെ ഗ്രഹങ്ങളുടെകൂടെ ചേർത്തുവായിച്ചു ഫലപ്രവചനരീതി കുറെക്കൂടി കുറ്റമറ്റതാക്കി എന്നതാണ് ഇതിന്റെ യഥാർത്ഥ മേന്മ. ഉദാഹരണജാതകം കാണുക. ഒറ്റ നോട്ടത്തിൽ നിർദ്ദോഷമെന്നു തോന്നുന്ന ഭാവങ്ങളുടെ നിജസ്ഥിതി വെളിപ്പെടുത്തുന്നതിൽ ഉപഗ്രഹസ്ഥിതി വിജയിച്ചുവെന്നുതന്നെയാണ് അനുഭവ സാക്ഷ്യപത്രം.

ഉദാഹരണജാതകത്തിലെ ഉപഗ്രഹസ്ഥിതി

മീനം **ലഗ്നം** *പരിധി*	**മേടം** കു ശു *ഇന്ദ്രചാപം* *ഉപകേതു*	ഇടവം ചരബു	മിഥുനം മസ
കുംഭം മാന്ദി *കാലൻ*			കർക്കടകം
മകരം ഗുളികൻ			ചിങ്ങം ഗു
ധനു ശി *യമകണ്ടക*	വൃശ്ചികം *അർദ്ധപ്ര*	തുലാം *ധൂമ*	കന്നി *വ്യതീപാത*

അദ്ധ്യായം 26

ചാരഫലം

1. ഗോചരഫലചിന്തയിൽ ചന്ദ്രലഗ്നത്തിന്റെ പ്രാധാന്യം
2 ഗ്രഹങ്ങളുടെ ശുഭസ്ഥാനങ്ങൾ
3 ശുഭസ്ഥാനങ്ങളുടെ വേധസ്ഥാനങ്ങൾ
4 ഗ്രഹങ്ങൾ ചാരവശാൽ ഓരോ ഭാവത്തിലും നിന്നാലുള്ള ഫലം
5. നക്ഷത്രഗോചരം
6. ചില പ്രത്യേകഫലങ്ങൾ
7. അംഗനക്ഷത്രങ്ങളും അവയിൽ ഗ്രഹങ്ങൾ നിന്നാലുള്ള ഫലങ്ങളും
8 അഷ്ടവർഗ്ഗഫലം
9 ലത്താനക്ഷത്രങ്ങളും അവയിൽ ഗ്രഹങ്ങൾ നിന്നാലുള്ള ഫലങ്ങളും
10 വേധങ്ങൾക്ക് സർവ്വതോഭദ്രചക്രവും പ്രമാണമാകുന്നു

ജനനസമയത്തെ രാശിചക്രത്തിന്റെ ചിത്രമാണ് ജാതകം. കഴിഞ്ഞ ജന്മാവസാനം ബാക്കി നിൽക്കുന്ന കർമ്മത്തിൽ, ഈ ജന്മം അനുഭവിച്ചു തീർക്കേണ്ട കർമ്മഫലത്തിന്റെ - പ്രാരബ്ധ കർമ്മത്തിന്റെ - - കണക്കാണ് ഇതു കാണിക്കുക. (ജനനസമയംമുതൽ ജാതകം നോക്കുന്ന സമയംവരെയുള്ള കർമ്മത്തിന്റെ കണക്കറിയാൻ പ്രശ്നംകൊണ്ടേ പറ്റൂ.)

ജാതകപ്രകാരമുള്ള കാര്യങ്ങൾ എപ്പോൾ അനുഭവത്തിൽ വരുമെന്നറിയാൻ ദശാപഹാരഫലങ്ങളുടെ കൂടെ ചാരഫലം കൂടി ചേർത്തു ചിന്തിക്കണം. ചാരഫലം എന്നു പറഞ്ഞാൽ ഗോചരപ്രകാരം - ഗ്രഹഗതിക്കനുസരിച്ച് അവയുടെ ഇപ്പോഴത്തെ സ്ഥിതിപ്രകാരം - ഉള്ള ഫലമാണ്. അതായത്, ജന്മരാശിയിൽ (ജനിച്ച കൂറിൽ) നിന്നും ഗ്രഹങ്ങൾ ഓരോ രാശിയിൽ (ഭാവത്തിൽ) വരുമ്പോഴുണ്ടാകുന്ന ഫലമാണ് ചാരഫലം അഥവാ ഗോചരഫലം.

ഈ ഭൂമുഖത്തെ മൊത്തം മനുഷ്യരാശിയെ പന്ത്രണ്ടാക്കി തിരിച്ചുള്ള വാരഫലം വ്യക്തിഗത ദശാപഹാരഫലങ്ങളുമായി ഒത്തുനോക്കാതെ ഒരു തീരുമാനത്തിലും എത്താൻ പാടില്ല എന്ന കാര്യം പ്രത്യേകം ഓർക്കണം.

ഗോചരഫലചിന്തയിൽ ചന്ദ്രലഗ്നത്തിന്റെ പ്രാധാന്യം

(1)
സർവേഷു ലഗ്നേഷ്വപി സത്സു ചന്ദ്ര-
ലഗ്നം പ്രധാനം ഖലു ഗോചരേഷു
തസ്മാത്തദ്യക്ഷാദപി വർത്തമാന-
ഗ്രഹേന്ദ്രചാരൈഃ കഥയേത് ഫലാനി.

ഗോചരേഷു	-	ഗോചരത്തിൽ
സർവേഷു ലഗ്നേഷു അപി	-	എല്ലാ ലഗ്നങ്ങളിലും വെച്ച്
ചന്ദ്രലഗ്നം പ്രധാനം ഖലു	-	ചന്ദ്രലഗ്നമാണ് പ്രധാനം.
തസ്മാത്	-	അതുകൊണ്ട്
തത് ഋക്ഷാദപി	-	ആ രാശി (ജനനസമയത്തു ചന്ദ്രൻ നിൽക്കുന്ന രാശി) മുതൽക്ക്
വർത്തമാന	-	ഇപ്പോഴത്തെ
ഗ്രഹേന്ദ്രചാരൈഃ	-	ഗ്രഹനീക്കത്തിനനുസരിച്ച്
ഫലാനി	-	ഫലങ്ങൾ - ചാരഫലം
കഥയേത്	-	പറയണം.

ജാതകത്തിൽ ചന്ദ്രൻ നിൽക്കുന്ന രാശിയാണ് ചന്ദ്രലഗ്നം. അവിടെ നിന്നു വേണം ചാരഫലത്തിന് എണ്ണിത്തുടങ്ങാൻ.

ഗ്രഹങ്ങളുടെ ശുഭസ്ഥാനങ്ങൾ

(2)

സൂര്യാഃ ഷട്ത്രിദശസ്ഥിതസ്ത്രിദശഷട് -
    സപ്താദ്യതശ്ചന്ദ്രമാഃ
ജീവസ്ത്വസ്തതപോദ്വിപഞ്ചമഗതോ
    വക്രാർക്കജൗ ഷട്ത്രിഗൗ
സൗമ്യാഷട്സ്വചതുർദ്ദശാഷ്ടമഗതാ
    സർവേപ്യുപാന്ത്യസ്ഥിതാഃ
ശുക്രഃ ഖാസ്തരിപൂൻ വിഹായ ശുഭദ-
    സ്തിമ്മാംശുവദ്ഭോഗിനഃ.

സൂര്യാഃ ഷട് ത്രി ദശ	- സൂര്യൻ 6 - 3 - 10 ഭാവങ്ങളിലും
ചന്ദ്രമാഃ തി ദശ ഷട് സപ്ത ആദ്യഗ	- ചന്ദ്രൻ 3 - 10 - 6 - 7 - 1 ഭാവങ്ങളിലും,
ജീവഃ അസ്ത തപ ദ്വി പഞ്ചമ	- വ്യാഴം 7 - 9 - 2 - 5 ഭാവങ്ങളിലും,
വക്ര അർക്കജൗ ഷട് ത്രി	- കുജനും ശനിയും 6 - 3 ഭാവങ്ങളിലും
സൗമ്യാഃ ഷട് സ്വ ചതു ദശ അഷ്ടമ	- ബുധൻ *6 - 2 - 4 - 10 - 8 ഭാവങ്ങളിലും,*
ശുക്രഃ *ഖ അസ്ത രിപു വിഹായ*	- ശുക്രൻ 10 - 7 - 6 ഒഴിച്ചുള്ളവയിലും,
സർവേ അപി ഉപാന്ത സ്ഥിതാഃ	- എല്ലാ ഗ്രഹങ്ങളും പതിനൊന്നിലും,
ശുഭദസ്തി	- ശുഭഫലം നൽകുന്നു.

ശുഭസ്ഥാനങ്ങളുടെ വേധസ്ഥാനങ്ങൾ

(3)

ലാഭവിക്രമാരിഷു സുസ്ഥിതഃ
ശോഭനോ നിഗദിതോ ദിവാകരഃ
ഖേചരൈസ്സുതതപോജലാന്ത്യഗൈ-
വാർക്കിഭിർയദി ന വിദ്ധ്യതേ തദാ.

സൂര്യൻ

ലാഭ വിക്രമ ഖ അരിഷു - 11-3-10-6 ഭാവങ്ങളിൽ
സുസ്ഥിതഃ ദിവാകരഃ - സുസ്ഥനായ ദിവാകരൻ
ശോഭനോ നിഗദിതോ - ശുഭഫലപ്രദനാണ് എന്നു പറയുന്നുവെങ്കിലും
സുത തപോ ജല അന്ത്യ - 5-9-4-12 ഭാവങ്ങളിൽ
ഖേചരൈഃ വാ അർക്കിഭിഃ യദി - ശനിയൊഴിച്ചുള്ള ഗ്രഹങ്ങൾ ഉണ്ടെങ്കിൽ
ന വിദ്ധ്യതേ തദാ - ഫലമില്ല.

സൂര്യനു 3-6-10-11 ഭാവങ്ങൾ ശുഭസ്ഥാനങ്ങളും 4-5-9-12 ഭാവങ്ങൾ വേധസ്ഥാനങ്ങളും ആണെന്നു ചുരുക്കം. സൂര്യനും ശനിയും തമ്മിൽ വേധമില്ലാത്തതിനാൽ 4-5-9-12 ഭാവങ്ങളിൽ ശനി നിന്നാൽ ദോഷമില്ല.

(4)
ദ്യൂനജന്മരിപുലാഭഖത്രിഗ-
ശ്ചന്ദ്രമാശ്ശുഭഫലപ്രദസ്സദാ
സ്വാത്മജാന്ത്യമൃതിബന്ധുധർമ്മഗൈർ-
വിദ്ധ്യതേ ന വിബുധൈര്യദി ഗ്രഹൈ

ചന്ദ്രൻ

ദ്യൂന ജന്മ രിപു ലാഭ ഖ ത്രി - 7-1-6-11-10-3 ഭാവങ്ങളിൽ നിൽക്കുന്ന,
ചന്ദ്രമാ ശുഭഫലപ്രദഃ സദാ - ചന്ദ്രൻ ശുഭഫലപ്രദനാണ്. എന്നാൽ
സ്വ ആത്മജ അന്ത്യ മൃതി ബന്ധു ധർമ്മ - 2-5-12-8-4-9 ഭാവങ്ങളിൽ,
വിദ്ധ്യതേ ന വിബുധൈഃ യദി ഗ്രഹൈ - ബുധനൊഴിച്ചുള്ള ഗ്രഹങ്ങൾ നിന്നാൽ ശുഭഫലമില്ല.

ചന്ദ്രൻ - ബുധൻ വേധമില്ല.

(5)
വിക്രമായരിപുഗഃ കുജഃ ശുഭസ്സ്യാ
ത്തദാന്ത്യസുതധർമ്മഗൈഃ ഖഗൈഃ
ചേന്ന വിദ്ധ ഇനസൂനുരപ്യസൗ
കിന്തു ധർമ്മഘൃണിനാ ന വിദ്ധ്യതേ.

കുജൻ, ശനി

വിക്രമ ആയ രിപുഗ - 3-11-6 ഭാവങ്ങളിൽ നിൽക്കുന്ന
കുജഃ ശുഭഃ സ്യാത് - കുജൻ ശുഭനാകുന്നു. എന്നാൽ അപ്പോൾ
അന്ത്യ സുത ധർമ്മ ഗൈഃ ഖഗൈഃ
- 12-5-9 ഭാവങ്ങളിൽ ഗ്രഹങ്ങൾ ഉണ്ടെങ്കിൽ ആ ശുഭഫലം ലഭിക്കുകയില്ല.

ന വിദ്ധ ഇനസൂനുഃ അപി അസൗ - ശനിയുടെ കാര്യവും ഇതുതന്നെ. (3-11-6 / 12-5-9)
കിന്തു ധർമ്മഘൃണിനാ ന വിദ്ധ്യതേ - എന്നാൽ സൂര്യന് ഇതു ബാധകമല്ല. (ശനി - രവി വേധമില്ല.)

(6)
സ്വാംബുശത്രുമൃതിഖായഗഃ ശുഭോ
ജ്ഞസ്തദാ ന ഖലു വിദ്ധ്യതേ സദാ
സ്വാത്മജ ത്രിതപ ആദ്യനൈധന-
പ്രാപ്തഗൈർവിധുഭിര്യദി ഗ്രഹൈഃ.

ബുധൻ

സ്വ അംബു ശത്രു മൃതി ഖ ആയഗഃ ജ്ഞ - 2-4-6-8-10-11ഭാവങ്ങളിൽ നിൽക്കുന്ന ബുധൻ
ശുഭോ - ശുഭനാണ്. എന്നാൽ
സ്വാത്മജ ത്രി തപ ആദ്യ നൈധന പ്രാപ്തഗൈ - 5-3-9-1-8-12 ഭാവങ്ങളിൽ
വിധുഭി യദി ഗ്രഹൈഃ. - ചന്ദ്രനൊഴിച്ചുള്ള ഗ്രഹങ്ങൾ ഉ ങ്കിൽ ശുഭഫലം ഉണ്ടാവില്ല.

(7)
സ്വായധർമ്മതനയാസ്തസംസ്ഥിതോ
നാകനായകപുരോഹിതഃ ശുഭഃ
രിഫരന്ധ്രഖജലത്രിഗൈർയദാ
വിദ്യതേ ഗഗനചാരിഭിർന്നഹി.

വ്യാഴം

സ്വ ആയ ധർമ്മ തനയാഃ അസ്ത - 2-11-9-5-7 ഭാവങ്ങളിൽ
സംസ്ഥിതോ നാകനായകപുരോഹിതഃ - ദേവേന്ദ്രന്റെ പുരോഹിതൻ (വ്യാഴം) നിന്നാൽ,
ശുഭഃ - ശുഭമാണ്. എന്നാൽ
രിഫ, രന്ധ്ര ഖ ജല ത്രി - 12-8-10-4-3 ഭാവങ്ങളിൽ
യദാ വിദ്യതേ ഗഗനചാരിഭിഃ നഹി - ഗ്രഹങ്ങൾ പാടില്ല.

(8)
ആസുതാഷ്ടമതപോവ്യയായഗോ
വിദ്ധ ആസ്ഫുജിദശോഭനഃ സ്മൃതഃ
നൈധനാസ്തതനുകർമ്മധർമ്മധീ-
ലാഭവൈരിസഹജസ്ഥലേ ചരൈഃ.

ശുക്രൻ

ആസുത അഷ്ടമ തപോ വ്യയ ആയ - 1-2-3-4-5-8-9-12-11 ഭാവങ്ങളിൽ നിൽക്കുന്ന
ആസ്ഫുജിത് ശോഭനഃ സ്മൃതഃ - ശുക്രൻ ശുഭനെന്നറിയുക. എന്നാൽ അപ്പോൾ
നൈധന അസ്ത തനുകർമ്മ ധർമ്മ ധീ ലാഭ വൈരി സഹജസ്ഥലേ
- 8-7-1-10-9-5-11-6-3 ഇവയിൽ ഗ്രഹങ്ങൾ ഉണ്ടാവരുത്.

ശുഭസ്ഥാനങ്ങളും വേധസ്ഥാനങ്ങളും

സൂര്യൻ	ശുഭം		3	6	10	11			
	വേധം		9	12	4	5			
ചന്ദ്രൻ	ശുഭം		1	3	6	7	10	11	
	വേധം		5	9	12	2	4	8	
കുജൻ	ശുഭം		3	6	11				
	വേധം		12	9	5				
ബുധൻ	ശുഭം		2	4	6	8	10	11	
	വേധം		5	3	9	1	8	12	
വ്യാഴം	ശുഭം		2	5	7	9	11		
	വേധം		12	4	3	10	8		
ശുക്രൻ	ശുഭം	1	2	34	5	8	9	11	12
	വേധം	8	7	1	10	9	5	113	6
ശനി	ശുഭം			3	6	11			
	വേധം			12	9	5			

ഗ്രഹങ്ങൾ ചാരവശാൽ ഓരോ ഭാവത്തിലും നിന്നാലുള്ള ഫലം

(9)
ജന്മന്യായാസദാതാ ക്ഷപയതി വിഭവാൻ
ക്രോധരോഗാദ്ധ്വദാതാ[(1)]
വിത്തഭ്രംശം[(2)] ദ്വിതീയേ ദിശതി ന സുഖദോ
വഞ്ചനാമാഗ്രഹഞ്ച[(3)]
സ്ഥാനപ്രാപ്തിം തൃതീയേ ധനനിചയമുദാ
കല്യ[(4)] കൃച്ഛാരിഹന്താ
രോഗാൻ ദത്തേ ചതുർത്ഥേ ജനയതി ച മുഹുഃ
സ്രഗ്ദ്ധരാരോഗവിഘ്നം.

പാഠഭേദം
(1) താപം
(2) ചിത്തഭ്രംശം

(3) വഞ്ചനാദ്രാഗ്ലഹഞ്ച
(4) കൽപ്പ

(10)
ചിത്തക്ഷോഭം സുതസ്ഥേ വിതരതി ബഹുശോ
 രോഗമോഹാദിദാതാ
ഷഷ്ഠേfർക്കോ ഹന്തി രോഗാൻ ക്ഷപയതി ച രിപൂൻ
 ശോകമോഹാൻ പ്രമാർഷ്ടി
അദ്ധ്വാനം സപ്തമസ്ഥോ ജഠരഗദമയം
 ദൈന്യഭാവഞ്ച തസ്മൈ
രുക്സ്രാവാദ്യഷ്ടമസ്ഥഃ കലയതി കലഹം
 രാജഭീതിം ച താപം.

(11)
ആപദ്ദൈന്യം തപസി വിരഹം ചിത്തചേഷ്ടാനിരോധം
പ്രാപ്നോത്യുഗ്രാം ദശമഗൃഹഗേ കർമ്മസിദ്ധിം ദിനേശേ
സ്ഥാനം മാനം വിഭവമപി ചൈകാദശേ രോഗനാശം
ക്ലേശം വിത്തക്ഷയമപി സുഹൃദ്വൈരമന്ത്യേ ജ്വരം ച.

സൂര്യൻ
ജാതകത്തിൽ ചന്ദ്രൻ നിൽക്കുന്ന രാശിയിൽ സൂര്യൻ ചാരവശാൽ വരുമ്പോൾ

ജന്മനി ആയാസദാതാ ക്ഷപയതി വിഭവാൻ ക്രോധരോഗാദ്ധ്വദാതാ

ജന്മനി	-	ജന്മരാശിയിൽ
ആയാസം	-	പ്രയാസം,
ക്ഷപയതി വിഭവാൻ	-	വിഭവങ്ങളെ നശിപ്പിക്കുന്നു .
ക്രോധം,		
രോഗം,		
അദ്ധ്വദാതാ / അദ്ധ്വതാപം	-	വഴി നടന്നുണ്ടാകുന്ന ക്ലേശങ്ങൾ

വിത്തഭ്രംശം ദ്വിതീയേ ദിശതി ന സുഖദോ വഞ്ചനാമാഗ്രഹഞ്ച

ദ്വിതീയേ	-	(ചന്ദ്രാൽ) രണ്ടിൽ
വിത്തഭ്രംശം	-	ധനനഷ്ടം,
(ചിത്തഭ്രംശം - സന്ദർഭത്തിനു യോജിക്കുന്നില്ല).		
ന സുഖദോ	-	സുഖമില്ലായ്മ
വഞ്ചനാ..	-	വഞ്ചനയ്ക്കിരയാവുക

സ്ഥാനപ്രാപ്തിം തൃതീയേ ധനനിചയമുദാ കല്യ കൃച്ഛ്രാർഹന്താ

തൃതീയേ	-	മൂന്നിൽ
സ്ഥാനപ്രാപ്തി,		
ധനനിചയം	-	ധനപ്രാപ്തി
മുദാ	-	സന്തോഷം,
കല്യം	-	സുഖം, ആരോഗ്യം

അരിഹന്താ	-	ശത്രുക്കളെ നശിപ്പിക്കുന്നവൻ.

രോഗാൻ ദത്തേ ചതുർത്ഥേ ജനയതി ച മുഹുഃ സ്രഗ്ദ്ധരാഭോഗവിഘ്നം

ചതുർത്ഥേ	-	നാലിൽ
രോഗാൻ	-	രോഗങ്ങൾ
സ്രഗ്ദ്ധരാ ഭോഗവിഘ്നം	-	രോഗം ഹേതുവായി സ്ത്രീസുഖത്തിനു തടസ്സം.

ചിത്തക്ഷോഭം സുതസ്ഥേ വിതരതി ബഹുശോ രോഗമോഹാദ്ദാതാ

സുതസ്ഥേ	-	അഞ്ചിൽ
ചിത്തക്ഷോഭം	-	മനസ്സ് അസ്വസ്ഥമാവുക
രോഗ	-	രോഗങ്ങൾ
മോഹാദി	-	അസ്ഥാളിപ്പ്

ഷഷ്ഠേ അർക്കോ ഹന്തി രോഗാൻ ക്ഷപയതി ച രിപൂൻ ശോകമോഹാൻ പ്രമാർഷ്ടി

ഷഷ്ഠേ	-	ആറിൽ
ഹന്തി രോഗാൻ	-	രോഗനാശം,
ക്ഷപയതി രപൂൻ	-	ശത്രുനാശം
ശോകമോഹാൻ പ്രമാർഷ്ടി	-	ദുഖങ്ങളേയും ആശങ്കകളേയും ഇല്ലാതാക്കുന്നു.

അദ്ധ്വാനം സപ്തമസ്ഥോ ജഠരഗദമയം ദൈന്യഭാവഞ്ച തസ്മൈ

സപ്തമസ്ഥോ	-	ഏഴിൽ
അദ്ധ്വാനം		ക്ലേശകരമായ യാത്രകൾ
ജഠരഗദമയം	-	ഉദരരോഗങ്ങൾ (പാഠഭേദം: ഗുദാമയം - ഗുദരോഗം)
ദൈന്യഭാവം		

രുക്സ്രാവാദൃഷ്ടമസ്ഥഃ കലയതി കലഹം രാജഭീതിം ച താപം.

അഷ്ടമസ്ഥ	-	എട്ടിൽ
രുക്	-	രോഗം,
കലഹം,		
രാജഭീതിം	-	രാജഭയം,
താപം	-	ദുഖം.

ആപദ്ദൈന്യം തപസി വിരഹം ചിത്തചേഷ്ടാനിരോധം

തപസി	-	ഒമ്പതിൽ
ആപത്	-	ആപത്ത്,
ദൈന്യം	-	ദീനത,
വിരഹം,		
ചിത്തചേഷ്ടാനിരോധം	-	ബുദ്ധി പ്രവർത്തനരഹിതമാവുക, അസ്ഥാളിപ്പ്.

പ്രാപ്നോത്യുഗ്രം ദശമഗൃഹഗേ കർമ്മസിദ്ധിം ദിനേശേ

ദശമഗൃഹഗേ	-	പത്തിൽ
കർമ്മസിദ്ധിം	-	കർമ്മവിജയം

സ്ഥാനം മാനം വിഭവമപി ചൈകാദശേ രോഗനാശം.

ഏകാദശേ	-	പതിനൊന്നിൽ
സ്ഥാനം മാനം	-	സ്ഥാനമാനബ്ധി,
വിഭവമപി	-	വിഭവലാഭം,

രോഗനാശം.

ക്ലേശം വിത്തക്ഷയമപി സുഹൃദ്വൈരമന്ത്യേ ജ്വരം ച.

അന്ത്യേ	-	പന്ത്രണ്ടിൽ
ക്ലേശം	-	കഷ്ടപ്പാടുകൾ
വിത്തക്ഷയ	-	വിത്തനാശം,
സുഹൃദ്വൈര	-	സുഹൃദ്‌വിരോധം,
ജ്വരം	-	പനി.

ചന്ദ്രൻ(12)
ക്രമേണ ഭാഗ്യോദയമർത്ഥഹാനിർ-
ജയം ഭയം ശോകമരോഗതാം ച
സുഖാന്യനിഷ്ടം ഗദമിഷ്ടസിദ്ധിം
മോദം വ്യയം ച പ്രദദാതി ചന്ദ്രഃ.

ഭാവം	ഫലം		
1	ഭാഗ്യോദയം	-	ഭാഗ്യം
2	അർത്ഥഹാനി	-	ധനനഷ്ടം
3	ജയം		
4	ഭയം		
5	ശോകം		
6	അരോഗതാം	-	ആരോഗ്യം
7	സുഖാനി	-	സുഖം
8	അനിഷ്ടം		
9	ഗദ	-	രോഗം
10	ഇഷ്ടസിദ്ധി		
11	മോദം	-	സന്തോഷം
12	വ്യയം	-	ചിലവുകൾ.

കുജൻ

(13)
അന്തശ്ശോകം സ്വജനവിരഹം രക്തപിത്തോഷ്ണരോഗം
ലഗ്നേ വിത്തേ ഭയമപി ഗിരാംദോഷമർത്ഥക്ഷയഞ്ച
ധൈര്യേ ഭൗമോ ജനയതി ജയം സ്വർണ്ണഭൂഷാ പ്രമോദം
സ്ഥാനഭ്രംശം രുജമുദരജാം ബന്ധുദുഖം ചതുർത്ഥേ.

(14)
ജ്വരമനുചിതചിന്താം പുത്രഹേതുവ്യഥാം വാ
കലയതി കലഹം സ്വൈഃ പഞ്ചമേ ഭൂമിപുത്രഃ
രിപുകലഹനിവൃത്തിം രോഗശാന്തിം ച ഷഷ്ഠേ
വിജയമഥ ധനാപ്തിം സർവ്വകാര്യാനുകൂല്യം.

(15)
കളത്രകലഹാക്ഷിരുഗ്ജഠരരോഗകൃത്സപ്തമേ
ജ്വരക്ഷതജരൂക്ഷിതോ വിഗതവിത്തമാനോ *f* ഷ്ടമേ
കുജേ നവമസംസ്ഥിതേ പരിഭവോ *f* ർത്ഥനാശാധിഭിർ-
വിളംബിതഗതിർഭവത്യബലദേഹധാതുക്ഷയൈ. (1)
(1) പാഠഭേദം - ധാതുക്രമൈഃ.

(16)
ദുശ്ചേഷ്ടാം വാ കർമ്മവിഘ്നഃ ശ്രമഃ ഖേ
ദ്രവ്യാരോഗ്യക്ഷേത്ര വൃദ്ധിശ്ച ലാഭേ
ഭൗമഃ ഖേടോ ഗോചരേ ദ്വാദശസ്ഥോ
ദ്രവ്യച്ഛേദസ്താപമുഷ്ണാമയാദ്യൈഃ.

ഭാവം	ഫലം
1	അന്തശ്ശോകം സ്വജനവിരഹം രക്തപിത്തോഷ്ണരോഗം ലഗ്നേ - ദുഖം സ്വജനവിരഹം, രക്തപിത്തഉഷ്ണരോഗം
2	വിത്തേ ഭയമപി ഗിരാംദോഷമർത്ഥക്ഷയഞ്ച- ഭയം, വാക്ദോഷം, ധനനാശം
3	ധൈര്യേ ഭൗമോ ജനയതി ജയം സ്വർണ്ണഭൂഷാ പ്രമോദം - ജയം, സ്വർണ്ണാഭരണങ്ങൾ, സന്തോഷം
4	സ്ഥാനഭ്രംശം രുജമുദരജാം ബന്ധുദുഖം ചതുർത്ഥേ. - സ്ഥാനഭ്രംശം, ഉദരരോഗം, ബന്ധുദുഖം.
5	ജ്വരമനുചിതചിന്താം .... - പനി, ഉചിതമല്ലാത്ത ചിന്തകൾ, മക്കൾ കാരണമായ ദുഖം, ബന്ധുക്കളുമായി കലഹം
6	രിപുകലഹനിവൃത്തിം .... - ശത്രുക്കളുമായുള്ള വഴക്കിനു ശമനം, രോഗശാന്തി, വിജയം, ധനവരവ്, എല്ലാ കാര്യങ്ങളും അനുകൂലമാവുക.
7	കളത്രകലഹ അക്ഷിരുഗ് .....- ഭാര്യയുമായി വഴക്ക്, നേത്രരോഗം, ഉദരരോഗം

8 ജ്വര ക്ഷതജരൂക്ഷിതോ ....
- പനി, മുറിഞ്ഞു രക്തം പോകുക, ധനവും മാനവും നഷ്ടമാകും.

9 കുജേ നവമസംസ്ഥിതേ ...- അപമാനം, ധനനാശം, ധാതുക്ഷയംമൂലമുള്ള ബലക്കുറവുമൂലം വേഗം നടക്കാൻകൂടി വയ്യാതാവുക.

10 ദുശ്ചേഷ്ടാംവാകർമ്മവിഘ്നഃ....-ദുഷ്കർമ്മങ്ങൾ,കർമ്മവിഘ്നം,ശ്രമം (തളർച്ച, ക്ഷീണം).

11 ദ്രവ്യാരോഗ്യക്ഷേത്രവൃദ്ധിശ്ച ലാഭേ- ദവ്യം, ആരോഗ്യം, ക്ഷേത്രം (ഭൂമി) ഇവയിൽ അഭിവൃദ്ധി

12 ഭൗമഃഖേടോ ഗോചരേ ....- ദ്രവ്യനഷ്ടം,ഉഷ്ണരോഗങ്ങൾമുതലായവകൊണ്ടുതാപം,ദുഖം.

(17)
വിത്തക്ഷയം ശ്രിയമരാതിഭയം ധനാപ്തിം
ഭാര്യാതനൂജകലഹം വിജയം വിരോധം
പുത്രാർത്ഥലാഭമഥ വിഗ്നഘ്നമശേഷസൗഖ്യം
പുഷ്ടിം പരാഭവഭയം പ്രകരോതി ചാന്ദ്രിഃ.

4. ബുധൻ

ഭാവം	ഫലം		
1	വിത്തക്ഷയം	-	ധനനാശം
2	ശ്രിയം	-	ഐശ്വര്യം
3	അരാതിഭയം	-	ശത്രുഭയം
4	ധനാപ്തി	-	ധനലാഭം
5	ഭാര്യാതനൂജകലഹം	-	ഭാര്യയും മക്കളുമായി വിരോധം
6	വിജയം		
7	വിരോധം		
8	പുത്രാർത്ഥലാഭം	-	പുത്രനും ധനവും ഉ ാകും.
9	വിഘ്നം		
10	അശേഷസൗഖ്യം	-	സുഖം
11	പുഷ്ടി	-	പുരോഗതി
12	പരാഭവഭയം	-	അപമാനഭയം

(18)
ജീവേ ജന്മനി ദേശനിർഗമനമ-
പ്യർത്ഥച്യുതിം ശത്രുതാം
പ്രാപ്നോതി ദ്രവിണം കുടുംബസുഖമ-
പ്യർത്ഥേ സ്വവാചാം ഫലം
ദുശ്ചിത്കേ സ്ഥിതിനാശമിഷ്ടവിയുതിം
കാര്യാന്തരായം രുജം
ദുഖൈർബ്ബന്ധുജനോത്ഥവൈശ്ച ഹിബുകേ
ദൈന്യം ചതുഷ്പാദ്ഭയം

(19)

പുത്രോൽപത്തിമുപൈതി സജ്ജനയുതിം

രാജാനുകൂല്യം സുതേ

ഷഷ്ഠേ മന്ത്രിണി പീഡയന്തി രിപവഃ

സ്വജ്ഞാതയോ വ്യാധയഃ

യാത്രാം ശോഭനഹേതവേ വനിതയാ

സൗഖ്യം സുതാപ്തിം സ്മരേ.

മാർഗ്ഗക്ലേശ[1]മരിഷ്ടമഷ്ടമഗതേ നഷ്ടം

ധനൈഃ കഷ്ടതാം.

(1) പാഠഭേദം - മൃത്യുക്ലേശ

(20)

ഭാഗ്യേ ജീവേ സർവ്വസൗഭാഗ്യസിദ്ധിം

കർമ്മണ്യർത്ഥസ്ഥാനപുത്രാദിപീഡാം

ലാഭേ പുത്രസ്ഥാനമാനാദി ലാഭം

രിഃഫേ ദുഃഖം സാദ്ധ്വസം ദ്രവ്യഹേതോഃ.

വ്യാഴം

ജീവേ ജന്മനി ദേശനിർഗമനമപ്യർത്ഥച്യുതിം ശത്രുതാം

ജന്മനി - *വ്യഴം* ജന്മരാശിയിൽ

ദേശനിർഗമനം - നാടുവിടൽ

അർത്ഥച്യുതിം - ധനനഷ്ടം,

ശത്രുതാം - ശത്രുത

പ്രാപ്നോതി ദ്രവിണം കുടുംബസുഖമപ്യർത്ഥേ സ്വവാചാം ഫലം

വാചാം ഫലം - *വ്യാഴം രണ്ടിൽ*

പ്രാപ്നോതി ദ്രവിണം - ധനലാഭം,

കുടുംബസുഖം,

ദുശ്ചിത്കേ സ്ഥിതിനാശമിഷ്ടവിയുതിം കാര്യാന്തരായം രുജം

ദുശ്ചിത്കേ - *മൂന്നിൽ*

സ്ഥിതിനാശം - സ്ഥാനനഷ്ടം,

ഇഷ്ടവിയുതി - വേണ്ടപ്പെട്ടവരുടെ വേർപാട്,

കാര്യാന്തരായം - കാര്യതടസ്സം

രുജം - രോഗം

ദുഖൈർബ്ബന്ധുജനോത്ഥവൈശ്ച ഹിബുകേ ദൈന്യം ചതുഷ്പാദ്ഭയം

ഹിബുകേ - വ്യാഴം നാലിൽ

ദുഖൈഃ ബന്ധുജനോത്ഥവൈഃ - ബന്ധുക്കൾമൂലം ദുഖം,

ദൈന്യം - ദീനത,

ചതുഷ്പാത് ഭയം - നാൽക്കലി ഭയം.

പുത്രോൽപത്തിമുപൈതി സജ്ജനയുതിം രാജാനുകൂലം സുതേ
സുതേ - വ്യാഴം അഞ്ചിൽ
പുത്രോൽപത്തി - പുത്രജനനം,
സജ്ജനയുതിം - സജ്ജനസംഗം,
രാജാനുകൂല്യം,

ഷഷ്ഠേ മന്ത്രിണി പീഡയന്തി രിപവഃ സ്വജ്ഞാതയോ വ്യാധയഃ
ഷഷ്ഠേ - വ്യാഴം ആറിൽ
പീഡയതി രിപവഃ സ്വജ്ഞാതയോ- ശത്രുപീഡ, ബന്ധുക്കളുടെ ഉപദ്രവം
വ്യാധയഃ - രോഗങ്ങൾ

യാത്രാം ശോഭനഹേതവേ വനിതയാ സൗഖ്യം സുതാപ്തിം സ്മരേ.
സ്മരേ. - വ്യാഴം എട്ടിൽ
യാത്രാം ശോഭനഹേതവേ - ശുഭകർമ്മങ്ങൾക്കുവേണ്ടി യാത്ര
വനിതയാ സൗഖ്യം - ഭാര്യാസുഖം,
സുതാപ്തിം - പുത്രലാഭം

മാർഗ്ഗക്ലേശമരിഷ്ടമഷ്ടമഗതേ നഷ്ടം ധനൈഃ കഷ്ടതാം.
അഷ്ടമഗതേ - വ്യാഴം എട്ടിൽ
മാർഗ്ഗക്ലേശം - യാത്രാക്ലേശം
(*മൃത്യുക്ലേശം* - - - - - - മരണദുഖം)
അരിഷ്ടം - ദൗർഭാഗ്യം
നഷ്ടം ധനൈഃ - ധനനഷ്ടം,
കഷ്ടതാം - കഷ്ടത

ഭാഗ്യേ ജീവേ സർവ്വസൗഭാഗ്യസിദ്ധിം
ഭാഗ്യേ - വ്യാഴം ഒമ്പതിൽ
സർവ്വസൗഭാഗ്യസിദ്ധി - എല്ലാ സൗഭാഗ്യങ്ങളും ഉണ്ടാകും.

കർമ്മണി അർത്ഥസ്ഥാനപുത്രാദിപീഡാം
അർത്ഥ സ്ഥാന പുത്രാദി പീഡാം - ധനം, സ്ഥാനം, മക്കൾ ഇവയ്ക്കുദോഷം

ലാഭേ - വ്യാഴം പതിനൊന്നിൽ
പുത്രസ്ഥാനമാനാദി ലാഭം - പുത്രജനനം, സ്ഥാനമാനങ്ങളുടെ ലബ്ധി

രിഃഫേ - വ്യാഴം പന്ത്രണ്ടിൽ
ദുഃഖം സാദ്ധ്വസം ദ്രവ്യഹേതോഃ.- ദുഃഖം, ധനസംബന്ധമായ ഭയം

(21)

അഖിലവിഷയഭോഗം വിത്തസിദ്ധിം വിഭൂതിം
സുതസുഹൃദഭിവൃദ്ധിം പുത്രലബ്ധിം വിപത്തിം
ദിശതി യുവതിപീഡാം സമ്പദം വാ സുഖാപ്തിം
കലഹമഭയമർത്ഥപ്രാപ്തിരിന്ദ്രാരി മന്ത്രി.

ഇന്ദ്രാദി മന്ത്രി		-	ശുക്രൻ
<u>ഭാവം</u>	<u>ഫലം</u>		
1	*അഖിലവിഷയഭോഗം*	-	എല്ലാ സുഖഭോഗങ്ങളും അനുഭവമാകും.
2	*വിത്തസിദ്ധി*	-	ധനലാഭം
3	*വിഭൂതി*	-	ഐശ്വര്യം
4	സുത സുഹൃദ് അഭിവൃദ്ധി	-	മക്കൾക്കും ബന്ധുക്കൾക്കും അഭിവൃദ്ധി
5	പുത്രലബ്ധി		
6	*വിപത്തി*	-	ആപത്തുകൾ
7	*യുവതിപീഡാം*	-	ഭാര്യാദുഖം
8	*സമ്പദം*	-	സമ്പത്ത്
9	സുഖാപ്തിം	-	സുഖാനുഭവം
10	കലഹം		
11	*അഭയം*	-	ഭയമില്ലായ്മ
12	*അർത്ഥപ്രാപ്തി*	-	ധനലാഭം

(22)

രോഗാശൗചക്രിയാപ്തിം ധനസുതവിഹതിം
സ്ഥാനഭൃത്യാർത്ഥലാഭം
സ്ത്രീബന്ധ്വർത്ഥപ്രണാശം ദ്രവിണമതിസുത-
പ്രച്യുതിം സർവസൗഖ്യം
സ്ത്രീരോഗാദ്ധ്വാവഭീതിം സ്വസുതപശുസുഹൃ
ദ്വിത്തനാശാമയാദിം
ജന്മാദേരഷ്ടമാന്തം ദിശതി പദവശേ-
നാർക്കസൂനുഃ ക്രമേണ.

(23)

ദാരിദ്ര്യം ധർമ്മവിഘ്നം പിതൃസമവിലയം
നിത്യദുഃഖം ശുഭസ്ഥേ
ദുർവ്യാപാരപ്രവൃത്തിം കലയതി ദശമേ
മാനഭംഗം രുജം വാ
സൗഖ്യാന്യേകാദശസ്ഥോ ബഹുവിധവിഭവ-
പ്രാപ്തിമുൽകൃഷ്ടകീർത്തിം
വിശ്രാന്തിം വ്യർത്ഥകാര്യാത് സുഹൃദയമരിഭിഃ
സ്ത്രീസുതവ്യാധിമന്ത്യേ.

അർക്കസൂനു - ശനി

ഭാവം	ഫലം		
1	രോഗം	-	രോഗം,
2	ശൗചക്രിയാപ്തിം	-	മരണാനന്തരക്രിയകൾ ചെയ്യ ിവരുക.
3	*ധന സുത വിഹതിം*	-	ധനനാശം, പുത്രനാശം
4	*സ്ഥാന ഭൃത്യ അർത്ഥ ലാഭം*	-	പദവി, ഭൃത്യർ, ധനം ഇവ ലഭിക്കും.
5.	*സ്ത്രീബന്ധുഅർത്ഥപ്രണാശം*	-	ഭാര്യ, ബന്ധുക്കൾ, ധനം ഇവയ്ക്കു നാശം
6	*ദ്രവിണ മതി സുത പ്രച്യുതിം*	-	ധനം, ബുദ്ധി, മക്കൾ ഇവയ്ക്കു നാശം
7	സർവസൗഖ്യം		
8	*സ്ത്രീരോഗം*	-	സ്ത്രീയ്ക്കു (ഭാര്യയ്ക്കു) രോഗം,
	അധ്വാവഭീതി	-	യാത്രാക്ലേശഭീതി.
9	*സ്വസുത പശു സുഹൃദ് വിത്തനാശം*	-	മക്കൾ, പശു, സുഹൃത്തുക്കൾ, ധനം ഇവയ്ക്കു നാശം,
	ആമയാദിം	-	രോഗം തുടങ്ങിയവ.
10	ദാരിദ്ര്യം,		
	ധർമ്മവിഘ്നം,	-	ധാർമ്മികകർമ്മങ്ങൾക്കു മുടക്കം
	പിതൃസമവിലയം	-	പിതൃതുല്യരുടെ നാശം,
	നിത്യദുഃഖം		
11	*ദുർവ്യാപാരപ്രവൃത്തി*	-	ദുഷ്കർമ്മങ്ങൾ
	മാനഭംഗം,		
	രുജാ	-	രോഗം
11	സൗഖ്യാനി	-	സുഖങ്ങൾ,
	ബഹുവിധവിഭവപ്രാപ്തി,	-	പല വിധത്തിലുള്ള ധനപ്രാപ്തി
	ഉൽകൃഷ്ടകീർത്തി,	-	പ്രശസ്തി
12	*വിശ്രാന്തിം വ്യർത്ഥകാര്യാൽ*	-	വേണ്ടാത്ത കാര്യങ്ങളിൽ ഇടപെടാതിരിക്കുക,
	സുഹൃദയമരിഭിഃ	-	ശത്രുക്കൾപോലും മിത്രങ്ങളാകും.
	സ്ത്രീ സുത വ്യാധി	-	ഭാര്യയ്ക്കും മക്കൾക്കും രോഗം.

(24)

ദേഹക്ഷയം വിത്തവിനാശസൗഖ്.ൗ
ദുഃഖാർത്ഥനാശൗ സുഖനാശമൃത്യൂൻ
ഹാനിം ച ലാഭം സുഭഗം വ്യയം ച
കുര്യാത്തമോ ജന്മഗൃഹാത് ക്രമേണ.

രാഹു

1	ദേഹക്ഷയം	-	അനാരോഗ്യം / മരണം
2	വിത്തവിനാശം	-	ധനനഷ്ടം
3	സൗഖ്യം		

4	ദുഃഖം	
5	അർത്ഥനാശം	
6	സുഖം	
7	നാശം	
8	മൃത്യു	
9	ഹാനി	- നഷ്ടം, ഉപദ്രവം
10	ലാഭം	- വരവ്
11	ഭാഗ്യം, സുഖം, സന്തോഷം	
12	വ്യയം	- ചിലവ്

ഗോചരത്തിൽ ഗ്രഹങ്ങൾ ഫലം നൽകുന്നതെപ്പോൾ

(25)
ക്ഷിതിതനയപതംഗൗ രാശിപൂർവത്രിഭാഗേ
സുരപതിഗുരുശുക്രൗ രാശിമദ്ധ്യത്രിഭാഗേ
തുഹിനകിരണമന്ദൗ രാശി പാശ്ചാത്യഭാഗേ
ശശിതനയഭുജംഗൗ പാകദൗ സർവകാലേ.

ക്ഷിതി.ത.ന.യ പതംഗൗ രാശ്.പൂർവത്രി.ഭാഗേ - കുജനും രവിയും രാശിയുടെ ആദ്യഭാഗത്തും
സുരപതി ഗുരു ശുക്രൗ രാശിമദ്ധ്യത്രി.ഭാഗേ - ഗുരുവും ശുക്രനും രാശിയുടെ മദ്ധ്യഭാഗത്തും
തുഹി.ന.കി.രണ മന്ദൗ രാശി പാശ്ചാത്യഭാഗേ - ചന്ദ്രനും ശനിയും രാശിയുടെ അവസാനഭാഗത്തും
ശശി.ത.ന.യ ഭുജംഗൗ പാകദൗ സർവകാലേ. - ബുധനും രാഹുവും എല്ലായ്പ്പോഴും ഫലം നൽകുന്നു.

1 മുതൽ 8 വരെയുള്ളശ്ലോകങ്ങളിൽ ഗ്രഹങ്ങളുടെ ശുഭസ്ഥാനങ്ങളും വേധസ്ഥാനങ്ങളും, 9 മുതൽ 24 വരെയുള്ള ശ്ലോകങ്ങളിൽ ഗ്രഹങ്ങൾ ചാരവശാൽ ഓരോ ഭാവത്തിലും നിന്നാലുള്ള ഫലങ്ങളും 25-ാം ശ്ലോകത്തിൽ ഗ്രഹങ്ങൾ രാശിയുടെ (ഭാവത്തിന്റെ) ഏതു ഭാഗത്തു വരുമ്പോഴാണു ഫല പ്രദമാവുകയെന്നും വിവരിച്ചു. ഇനി അടുത്ത ശ്ലോകങ്ങളിൽ നക്ഷത്ര ഗോചരം വിവരിക്കുന്നു.

നക്ഷത്രഗോചരം

(26)
രേഖാഃ സപ്ത സമാലിഖേദുപരിഗാസ്തിര്യക് തഥൈവ ക്രമാ-
ദീശാദഗ്നിഭമാദിതോ ഉ പി ഗണയേദാദിത്യഭാസ്യാവധി
വേധാ ജന്മദിനേ മൃതിർഭയമഥാധാനാഖ്യ നക്ഷത്രകേ
കർമ്മണ്യർത്ഥവിനാശനം ഖലു രവിർദദ്യാത്സപാപോ മൃതിം.

സപ്തശലാകാചക്രവും ജന്മ-അനുജന്മ-നക്ഷത്രങ്ങളുടെ വേധവും

ഏഴു രേഖകൾ ദീർഘമായും ഏഴു രേഖകൾ കുറുകേയും വരയ്ക്കുക. 28 രേഖാപുച്ഛങ്ങൾ (രേഖകളുടെ അറ്റങ്ങൾ) കിട്ടും. ഈശാനദിക്കിലെ അറ്റം കാർത്തികയിൽ തുടങ്ങി, അഭിജി

ത്തടക്കം, ക്രമത്തിൽ 28 നക്ഷത്രങ്ങളും എഴുതു ക. നേരെ എതിരെ വരുന്ന നക്ഷത്രവുമായാണ് വേധമുള്ളത്

1 - 10 - 19 നക്ഷത്രങ്ങളുടെ വേധസ്ഥാനങ്ങളിൽ സൂര്യൻ വന്നാൽ

1 - 10 - 19 നക്ഷത്രങ്ങളുടെ നേരെ എതിരെയുള്ള നക്ഷത്രങ്ങളിൽ സൂര്യൻ ചാരവശാൽ വരുമ്പോൾ അവയുടെ (1 - 10 - 19 നക്ഷത്രങ്ങളുടെ) ഫലങ്ങളെ വിപരീതമായി ബാധിക്കും. ആ വേധഫലങ്ങളെക്കുറിച്ചാണ് ഇനി പറയുന്നത്.

വേധോ ജന്മദിനേ മൃതി - ജന്മനക്ഷത്രത്തിനു വേധം വന്നാൽ മരണം.
(സൂര്യൻ ഗോചരത്തിൽ നിൽക്കുന്ന നക്ഷത്രം ജന്മനക്ഷത്രവുമായി വേധിച്ചാൽ, നേർക്കുനേർ വന്നാൽ, മരണം ഫലം.)

കർമ്മണി അർത്ഥവിനാശനം - കർമ്മനക്ഷത്രത്തിനു (10) വേധം വന്നാൽ : ധനനാശം.
ഭയമഥ ആധാനാഖ്യ നക്ഷത്രകേ - ആധാനനക്ഷത്രത്തിനു (19) വേധം വന്നാൽ : ഭയം
സപാപോ മൃതിം - ഈ സ്ഥിതിയിൽ സൂര്യനു പാപസംബന്ധം കൂടിയുണ്ടെങ്കിൽ മൃതിഫലം.

(27)
ഏവം വിദ്ധേ ഖേചരൈഃ ക്രൂരൈരന്യൈർമരണം
സൗമ്യേ വിദ്ധേ ന മൃതിർവിദ്യാദേവം സകലം.

മേൽപ്പറഞ്ഞ വേധനക്ഷത്രങ്ങളിൽ പാപികൾ നിന്നാൽ മരണം. ശുഭന്മാർ നിന്നാൽ മരണം ഉണ്ടാവുകയില്ല.

(28)
ആധാനകർമ്മർക്ഷവിപന്നിജർക്ഷേ [1]
വൈനാശികേ പ്രത്യരഭേ വധാഖ്യേ
പാപഗ്രഹോ മൃത്യുഭയം വിദ്യാ-
ദ്വേധേ തഥാ കാര്യഹരഃ ശുഭാഖ്യേ.

(1) പാഠഭേദം: വിപജ്ജനിർക്ഷെ..

വേധനക്ഷത്രങ്ങളും അവയിലെ ഗ്രഹസ്ഥിതിഫലവും

ആധാനം	-	19
കർമ്മം	-	10
വിപത്ത്	-	3
നിജർക്ഷേ	-	1
വൈനാശികം	-	22
പ്രത്യരം	-	5
വധം	-	7
വേധേ	-	(എന്നീ) വേധനക്ഷത്രങ്ങളിൽ
പാപഗ്രഹം	-	പാപന്മാർ നിന്നാൽ
മൃത്യുഭയം	-	മരണഭയം ഫലം
തഥാ കാര്യഹരഃ ശുഭാഖ്യേ	-	പാപന്മാർക്കു പകരം ഇവയിൽ നിൽക്കുന്നത് ശുഭരാണെങ്കിൽ കാര്യതടസ്സം ഫലം.

(29)
ആദിത്യസങ്ക്രാന്തിദിനേ ഗ്രഹാണാം
പ്രവേശനേ വാ ഗ്രഹണേ ച യുദ്ധേ
ഉൽക്കാനിപാതേ തഥാത്ഭുതേ ച
ജന്മത്രയം സ്യാന്മരണാദി ദുഃഖം.

ജന്മ അനുജന്മ നക്ഷത്രങ്ങൾ സംക്രാന്തി തുടങ്ങിയവയുമായി ഒത്തു വന്നാൽ

ആദിത്യസംക്രാന്തിദിനേ	-	സൂര്യസംക്രദിവസവും
ഗ്രഹാണാം പ്രവേശനേ	-	ഗ്രഹങ്ങൾ രാശി മാറുമ്പോഴും
ഗ്രഹണേ	-	ഗ്രഹണസമയത്തും
യുദ്ധേ	-	ഗ്രഹയുദ്ധം ഉള്ളപ്പോഴും
ഉൽക്കാനിപാതേ	-	കൊള്ളിമീൻ വീഴുമ്പോഴും
തഥാത്ഭുതേ ച	-	പ്രകൃതിപ്രതിഭാസങ്ങളിലും
ജന്മത്രയം സ്യാത്	-	1 - 10 - 19 നക്ഷത്രങ്ങളിൽ ഒന്ന് ഒത്തു വന്നാൽ
മരണാദിദുഃഖം.	-	മരണം അല്ലെങ്കിൽ അതുപോലുള്ള ദുഖം ഫലം

.

ചില പ്രത്യേക ഫലങ്ങൾ

(30)
അസത്ഫലഃ സൗമ്യനിരീക്ഷിതോ യഃ
ശുഭപ്രദശ്ചാപ്യശുഭേക്ഷിതശ്ച
ദ്വൗ നിഷ്ഫലൗ ദ്വാവപി ഖേചരേന്ദ്രൗ
യശ്ശത്രുണാ സ്വേന വിലോകിതശ്ച.

അസത്ഫലഃ സൗമ്യനിരീക്ഷിതോ യഃ	-	അശുഭന്മാരെ ശുഭന്മാർ നോക്കിയാലും
ശുഭപ്രദാഃ ച അശുഭ ഈക്ഷിതഃ ച	-	ശുഭന്മാരെ അശുഭന്മാർ നോക്കിയാലും
ദ്വൗ നിഷ്ഫലൗ	-	രണ്ടും നിഷ്ഫലമാകുന്നു.
യഃ ശത്രുണാ സ്വേന വിലോകിതശ്ച	-	ശത്രുഗ്രഹത്താൽവീക്ഷിക്കപ്പെട്ടാലും നിഷ്ഫലം.

ശുഭന്മാരെ അശുഭന്മാർ നോക്കിയാൽ ശുഭഫലം നഷ്ടമാകും. അശുഭ ന്മാരെ ശുഭന്മാർ നോക്കിയാൽ അശുഭഫലവും നഷ്ടമാകും. ശത്രുഗ്രഹങ്ങളാൽ വീക്ഷിക്കപ്പെട്ടാലും ര ു കൂട്ടരുടെയും ഫലം ഇതുപോലെ നഷ്ടമാകും.

(31)
അനിഷ്ടഭാവസ്ഥിതഖേചരേന്ദ്രൈഃ
സ്വോച്ചസ്വഗേഹോപഗതോ യദി സ്യാത്
സ ദോഷകൃച്ചോത്തമഭാവഗശ്ചേത്
പൂർണ്ണം ഫലം യച്ഛതി ഗോചരേഷു.

ഗോചരേഷു	-	ചാരവശാൽ
അനിഷ്ടഭാവസ്ഥിതഖേചരേന്ദ്രൈഃ	-	അനിഷ്ടഭാവങ്ങളിൽവരുന്ന ഗ്രഹങ്ങൾ

സ്വഉച്ച സ്വഗേഹ ഉപഗത യദി സ്യാത്

- ആ അനിഷ്ടഭാവങ്ങൾ തങ്ങളുടെ ഉച്ചരാശിയോ സ്വക്ഷേത്രമോ ആണെങ്കിൽ

ന ദോഷകൃത് - ദോഷം ചെയ്യില്ല.

സ ഉത്തമഭാവഗശ്ചേത് - (ചാരവശാൽ അവ വരുന്നത്)ഉത്തമഭാവങ്ങളിലാണെങ്കിൽ

പൂർണ്ണം ഫലം യച്ഛതി - പൂർണ്ണഫലം തരുകയും ചെയ്യുന്നു.

(32)

ഗ്രഹേശ്വരാസ്തേ ശുഭഗോചരസ്ഥാ
നീചാരിമൗഢ്യം സമുപാശ്രിതാശ്ചേത്
തേ നിഷ്ഫലാഃ കിന്ത്വശുഭാങ്കസംസ്ഥാഃ
കഷ്ഠം ഫലം സംവിദധത്യനൽപ്പം.

ഗ്രഹേശ്വരാഃ തേ ശുഭഗോചരസ്ഥാ - ഗോചരത്തിൽ ശുഭസ്ഥാനത്തു നിൽക്കുന്ന ഗ്രഹങ്ങൾ

നീചാരിമൗഢ്യം സമുപാശ്രിതാശ്ചേത്

- നീചരാശിസ്ഥിതി, ശത്രുക്ഷേത്രസ്ഥിതി, മൗഢ്യം ഇവ ഉണ്ടെങ്കിൽ

തേ നിഷ്ഫലാഃ - അവ നിഷ്ഫലമാകുന്നു. (ശുഭഫലം നൽകില്ല.)

അശുഭാങ്കസംസ്ഥാഃ

- ഗോചരത്തിൽ അശുഭസ്ഥാനങ്ങളിൽ നിൽക്കുന്ന ഗ്രഹങ്ങൾ അവ നിൽക്കുന്നത് ഈ ദുസ്ഥാനങ്ങളിൽ (നീചരാശിസ്ഥിതി, ശത്രുക്ഷേത്രസ്ഥിതി, മൗഢ്യം) കൂടിയാണെങ്കിൽ

കഷ്ഠം ഫലം സംവിദധത്യനൽപ്പം - അധികമായ ദോഷഫലം നൽകുന്നു.

(33)

ദ്വാദശാഷ്ടമജന്മസ്ഥാഃ ശന്യർക്കാംഗാരകാ ഗുരുഃ
കുർവന്തി പ്രാണസന്ദേഹം സ്ഥാനനാശം ധനക്ഷയം.

ദ്വാദശാഷ്ടമജന്മസ്ഥാ - 12, 8, ജന്മരാശി ഇവയിൽ ഗോചരവശാൽ വരുന്ന

ശനി അർക്ക അംഗാരകാ ഗുരു - ശനി, രവി, കുജൻ, ഗുരു എന്നീ ഗ്രഹങ്ങൾ

പ്രാണസന്ദേഹം - പ്രാണഭയം

സ്ഥാനനാശം - സ്ഥാനഭ്രംശം

ധനക്ഷയം - ധനനാശം

കുർവന്തി - ഇവ ചെയ്യുന്നു.

(34)

ചന്ദ്രോ ഉഷ്ടമേ ച ധരണീതനയഃ [(1)] കളത്രേ
രാഹുശ്ശുഭേ കവി രിപൗ ച ഗുരുസ്തൃതീയേ
അർക്കസ്സുതേർ ഉക്കിരുദയേ ച ബുധശ്ചതുർത്ഥേ
മാനാർത്ഥഹാനിമരണാനി വദേദ്വിശേഷാൽ.

(1) പാഠഭേദം:

കുജചന്ദ്രസുതൗ കളത്രേ - ചൊവ്വയും ബുധനും ഏഴിലും

ചന്ദ്രാഷ്ടമേ ച - (ചാരവശാൽ) ചന്ദ്രൻ എട്ടിലും

ധരണീതനയഃ കളത്രേ - കുജൻ ഏഴിലും

രാഹുശ്ശുഭേ	-	രാഹു ഒമ്പതിലും
കവി രിപൗ ച	-	ശുക്രൻ ആറിലും
ഗുരുഃ തൃതീയേ	-	വ്യാഴം മൂന്നിലും
അർക്കഃ സുതേ	-	സൂര്യൻ അഞ്ചിലും
അർക്കി ഉദയേ ച	-	ശനി ജന്മത്തിലും
ബുധഃ ചതുർത്ഥേ	-	ബുധൻ നാലിലും* വരുമ്പോൾ

മാനാർത്ഥഹാനിമരണാനി വദേത് വിശേഷാൽ

- മാനഹാനി, അർത്ഥനാശം, മരണം ഇവ വിശേഷിച്ചും പറയണം.

* പ്രകാരം ബു 7 - ൽ

അംഗനക്ഷത്രങ്ങളും അവയിൽ ഗ്രഹങ്ങൾ നിന്നാലുള്ള ഫലങ്ങളും

ജന്മനക്ഷത്രംമുതൽക്കുള്ള ഇരുപത്തിയേഴു നക്ഷത്രങ്ങളെ അംഗങ്ങൾ (അവയവങ്ങൾ) ആയി സങ്കൽപ്പിച്ച് അവയിൽ സൂര്യൻ മുതൽക്കുള്ള ഗ്രഹങ്ങൾ നിന്നാലുള്ള ഫലങ്ങളാണ് ഇനി പറയുന്നത്.

(35)

വക്ത്രേ ക്ഷ്മാ മൂർദ്ധ്നി ചത്വാര്യുരസി ച ചതുരധോ
 സവ്യഹസ്തേ ചതുഷ്കം
പാദേ ഷഡ്വാമഹസ്തേ ചതുരഥ നയനേ
 ദ്വൗ ച ഗുഹ്യേ ദ്വയം ച
ഭാനുർന്നാശം വിഭൂതിം വിജയമഥ ധനം
 നിർധനം ദേഹപീഡാം
ലാഭം മൃത്യും ച ചക്രേ ജനയതി വിവിധാൻ
 ജന്മഭാദ്ദേഹസംസ്ഥഃ.

1. സൂര്യൻ

ചക്രേ ജനയതി വിവിധാൻ ജന്മഭാദ്ദേഹസംസ്ഥഃ - ജന്മനക്ഷത്രംമുതൽക്കുള്ള നക്ഷത്രങ്ങളിൽ നിന്നാൽ നൽകുന്ന ഫലം.

അംഗം	നക്ഷത്രം		ഫലം	
വക്ത്രേ ക്ഷ്മ	- മുഖം	1	(1)	നാശം
മൂർദ്ധനി ചത്വാര	- ശിരസ്സ്	4	(2 - 5)	ഐശ്വര്യം, ധനലാഭം
ഉരസി ച ചതുരി	- മാറ്	4	(6 - 9)	വിജയം
സവ്യഹസ്തേ ചതുഷ്കം	- വലതുകൈ	4	(10 - 13)	ധനം (ധനലാഭം)
പാദേ ഷഡ്	- പാദങ്ങൾ	6	(14 - 19)	നിർധനം (ധനനാശം)
വാമഹസ്തേ ചതുഃ	- ഇടതുകൈ	4	(20 - 23)	ദേഹപീഡാ (രോഗം)
നയനേ ദ്വൗ	- കണ്ണുകൾ	2	(24 - 25)	ലാഭം(ധനലാഭം)
ഗുഹ്യേ ദ്വയം ച	- ഗുഹ്യഭാഗം	2	(26 - 27)	മൃത്യു (മരണം)

ചാരവശാൽ സൂര്യൻ ഇതിൽ ഏതു നക്ഷത്രത്തിലാണു നിൽക്കുന്നതെന്നു നോക്കി അതുപ്രകാരം ഫലം പറയണം.

(36)
ശീതാംശോർവദനേ ദ്വയോരതിഭയം
ക്ഷേമം ശിരസ്യംബുധൗ
പൃഷ്ഠേ ശത്രുജയം ദ്വയോർനയനയോർ-
നേത്രേ ധനം ജന്മഭാത്
പഞ്ചസ്വാത്മസുഖം ഹൃദി ത്രിഷു കരേ
വാമേ വിരോധം ക്രമാത്
പാദൗ ഷട്സു വിദേശതാം ജനയതി
ത്രിഷ്വർത്ഥലാഭം കരേ.

ചന്ദ്രൻ

അംഗം		നക്ഷത്രം	ഫലം	
വദനേ ദ്വയോഃ അതിഭയം	മുഖം	2	1 - 2	അതിഭയം
ക്ഷേമം ശിരസി അംബുധൗ	ശിരസ്സ്	4	3 - 6	ക്ഷേമം
പൃഷ്ഠേ ശത്രുജയം ദ്വയോ	പൃഷ്ഠം	2	7 - 8	ശത്രുജയം
നയനയോ നേത്രേ ധനം	കണ്ണുകൾ	2	29 - 10	ധനലാഭം
പഞ്ചസ്വാത്മസുഖം ഹൃദി	ഹൃദയം (മാറ്)	5	11 - 15	ആത്മസുഖം
ത്രിഷു കരേ വാമേവിരോധം	ഇടതു കൈ	3	16 - 18	വിരോധം
പാദൗ ഷട്സു വിദേശതാം	കാലുകൾ	6	19 - 24	വിദേശഗമനം
ത്രിഷു അർത്ഥലാഭം കരേ	വലതു കൈ	3	25 - 27	ധനലാഭം

(37)
വക്ത്രേ ദ്വേ മരണം കരോത്യവനിജഃ ഷഡ്പാദയോർവിഗ്രഹം
ക്രോഡേ ത്രീണി ജയം ചതുർവിധനതാം വാമേ കരേ മസ്തകേ
ദ്വേ ലാഭംചതുരാനനേധികഭയം ക്ഷേമം കരേ ദക്ഷിണേ
വർദ്ധിദ്വേ നയനേ വിദേശഗമനം ചക്രേ സ്വജന്മർക്ഷതഃ

കുജൻ

അംഗം	നക്ഷത്രം		ഫലം	
വക്ത്രേ ദ്വേ മരണം	മുഖം	2	1 - 2	മരണം
ഷഡ് പാദയോഃവിഗ്രഹ	പാദങ്ങൾ	6	3 - 8	കലഹം, യുദ്ധം
ക്രോഡേ ത്രീണി ജയം	മാറ്	3	9 - 11	ജയം
ചതുഃ വിധനതാം വാമേ കരേ	ഇടതു കൈ	4	12 - 15	ധനനാശം, ദാരിദ്ര്യം
മസ്തകേ ദ്വേ ലാഭം	ശിരസ്സ്	2	16 - 17	ലാഭം
ചതുഃ ആനനേ അധികഭയം	മുഖം	4	18 - 21	അധികഭയം
ക്ഷേമം കരേ ദക്ഷിണേ	വലതുകൈ	4	22 - 25	ക്ഷേമം
ദ്വേ നയനേ വിദേശഗമനം	കണ്ണുകൾ	2	26 - 27	വിദേശഗമനം

(38)
മൂർദ്ധ്നി ത്രീണി മുഖേ ത്രയം ച കരയോഃ ഷഡ് പഞ്ച കുക്ഷൗ തഥാ
ലിംഗേ ദ്വേ ദ്വിചതുഷ്ടയം ചരണയോഃ പ്രാപ്തേ f മരേന്ദ്രാർച്ചിതഃ
ശോകം ലാഭമനർത്ഥമർത്ഥനിചയം നാശം പ്രതിഷ്ഠാം തഥാ
ദദ്യാദാത്മദിനാത്തഥൈവ ഭൃഗുജാസ്തദ്വദ്ബുധോ f പി ക്രമാത്.

ബുധൻ, 5. ഗുരു, 6. ശുക്രൻ

അംഗം		നക്ഷത്രം		ഫലം
മൂർദ്ധനി ത്രീണി ശിരസ്സ്		3	1 - 3	ശോകം
മുഖേ ത്രയം ച മുഖം		3	4 - 6	ലാഭം
കരയോഃ ഷഡ്	കൈകൾ	6	7 - 12	അനർത്ഥം
പഞ്ച കുക്ഷൗ	ഉദരം	5	13 - 17	അർത്ഥനിചയം (ധനം)
ലിംഗേ ദ്വേ	ഗുഹ്യം	2	18 - 19	നാശം
ദ്വിചതുഷ്ടയം ചരണയോഃ കാലുകൾ		8	20 - 27	പ്രതിഷ്ഠാ (അംഗീകാരം)

പ്രാപ്തേ അമരേന്ദ്രാർച്ചിതഃ - (ഇങ്ങനെ) വ്യാഴത്തിന്

ദദ്യാത് ആത്മദിനാ തഥൈവ ഭൃഗുജാഃ തദ്വദ്ബുധഃ അപി ക്രമാത്.

- ശുക്രൻ, ബുധൻ ഇവയ്ക്കും വ്യാഴത്തെപ്പോലെ തന്നെയാകുന്നു.

(39)

ഭൂവേദവഹ്നിഗുണവേദശരാഗ്നിനേത്ര-
ദസ്രം ച വക്ത്രകരപാദപദേഷു ഹസ്തേ
കുക്ഷൗ ച മൂർദ്ധ്നി നയനദ്വയ പൃഷ്ഠഭാഗേ-
ന്യസ്യ ക്രമേണ ശനിസംയുതഭാന്നിജർക്ഷാത്.

(40)

ദുഃഖം ച സൗഖ്യം ഗമനം ച നാശം
ലാഭം സ്വഭോഗം സുഖസൗഖ്യമൃത്യൂൻ
വക്ത്രക്രമാദാഹ ഫലാനി മന്ദ-
സൈവ്യം തമഃ ഖേചരയോർവദന്തു.

ശനി, രാഹു, കേതു

അംഗം				നക്ഷത്രംഫലം
വക്ത്ര - മുഖം	ഭൂ	1	1 - 3	ദുഖം
കര വലതു കൈ	വേദ	4	2 - 5	സൗഖ്യം
പാദ - വലതു കാൽ	വഹ്നി	3	6 - 8	ഗമനം
പദേഷു - ഇടതു കാൽ	ഗുണ	3	9 - 11	നാശം
ഹസ്തേ - ഇടതു കൈ	വേദ	4	12 - 15	ലാഭം
കുക്ഷൗ - ഉദരം	ശര	5	16 - 20	ഭോഗസുഖം
മൂർദ്ധ്നി ശിരസ്സ്	അഗ്നി	3	21 - 23	സുഖം
നയനദൗ - കണ്ണുകൾ	നേത്ര	2	24 - 25	സൗഖ്യം
പൃഷ്ഠഭാഗേ - പൃഷ്ഠ	അസ്രം	2	26 - 27	മൃത്യു

വക്ത്രക്രമാദാഹ ഫലാനി മന്ദസ്യ - ഇങ്ങനെ മുഖംമൂതൽ ശനിയുടെ ഫലം

ഏവം തമഃ ഖേചരയോഃ വദന്തു

- തമോഗ്രഹങ്ങളുടെ (രാഹുകേതുക്കളുടെ) ഫലവും ഇപ്രകാരം (ശനിയെപ്പോലെ) പറയണം.

ഭൂതസംഖ്യ

പഞ്ചഭൂതങ്ങൾ മാത്രമല്ല, എണ്ണത്തിന് ഉപയോഗപ്പെടുത്താവുന്നവയെല്ലാംതന്നെ ഈ സമ്പ്രദായത്തിൽ ഉപയോഗിക്കാറുണ്ട്. ഇത് സന്ദർഭം അനുസരിച്ച് ഊഹിച്ചെടുക്കണം

അഷ്ടവർഗ്ഗഫലം

(41)

യത്രാഷ്ടവർഗ്ഗേ ƒധികബിന്ദവഃ സ്യു-
സ്തത്ര സ്ഥിതോ ഗോചരതോ ഗ്രഹേന്ദ്രൈഃ
തദ്വത്ഫലം പ്രാഹ ശുഭം വ്യയാരി-
രന്ധ്രസ്ഥിതോ വാ ƒ പി ശുഭം വിധത്തേ.

യത്രാഷ്ടവർഗ്ഗേ അധികബിന്ദവഃ സ്യു - അഷ്ടവർഗ്ഗത്തിൽ അധികം ബിന്ദുക്കളുള്ള രാശികളിൽ
തത്ര സ്ഥിതോ ഗോചരതോ ഗ്രഹേന്ദ്രൈഃ - ചാരവശാൽ ഗ്രഹങ്ങൾ വരുമ്പോൾ
തദ്വത്ഫലം പ്രാഹ ശുഭം - ഫലം ശുഭമായിരിക്കും

വ്യയാരിരന്ധ്രസ്ഥിതോ അപി ശുഭം വിധത്തേ.
- ആ രാശി ജാതകത്തിൽ 12, 6, 8 ഭാവങ്ങളിൽ ഒന്നായിരുന്നാലും ശുഭഫലം നൽകും.ദുസ്ഥാനമായിരുന്നാലും അഷ്ടകവർഗ്ഗത്തിൽ വേണ്ടത്ര ബിന്ദു ക്കളുണ്ടെ ങ്കിൽ അതു സുസ്ഥാനത്തിന്റെ ഫലം നൽകുമെന്നർത്ഥം.

ലത്താനക്ഷത്രങ്ങളും അവയിൽ ഗ്രഹങ്ങൾ നിന്നാലുള്ള ഫലങ്ങളും

(42)

രവേർദ്ദ്വാദശനക്ഷത്രം ഭൂസുതസ്യ തൃതീയകം
ഗുരോഃ ഷട്താരകം ചൈവ ശനേരഷ്ടമതാരകം

(43)

ഏതേഷാം ച പുരോലത്താ പൃഷ്ഠലത്താഃ പ്രകീർത്തിതാഃ
ശുക്രസ്യ പഞ്ചമം താരം ചന്ദ്രജസ്യ തു സപ്തമം.

(44)

രാഹോസ്തു നവമം ചൈവ ദ്വാവിംശം ഭം ഹിമദ്യുതേഃ
ഗ്രഹസ്ഥിതർക്ഷാദ് ഗണയേല്ലത്തായാം ജന്മഭേ വ്യഥാ. .(1)

(1) പാഠഭേദം. ജന്മഭേ വധഃ.

രവേഃ ദ്വാദശനക്ഷത്രം - സൂര്യനിൽനിന്നു പന്ത്രാമത്തെ നക്ഷത്രം
ഭൂസുതസ്യ തൃതീയകം - കുജനിൽനിന്നു - 3
ഗുരോഃ ഷട്താരകം - ഗുരുവിൽനിന്നു - 6
ശനേരഷ്ടമതാരകം - ശനിയിൽനിന്നു - 8
ഏതേഷാം ച പുരോലത്താ - ഇവയാണ് പുരോലത്തകൾ (മുന്നോട്ട് എണ്ണേണ്ടവ)

പൃഷ്ഠലത്താഃ - പൃഷ്ഠലത്തകൾ (പിറകോട്ട് എണ്ണേണ്ടവ)
ശുക്രസ്യ പഞ്ചമം താരം - ശുക്രനിൽനിന്നു - 5
ചന്ദ്രജസ്യ തു സപ്തമം. - ബുധനിൽനിന്നു - 7
രാഹോസ്തു നവമം ചൈവ - രാഹുവിൽനിന്നു - 9
ദ്വാവിംശം ഭം ഹിമദ്യുതേഃ - ചന്ദ്രനിൽനിന്നു - 22
ഗ്രഹസ്ഥിതർക്ഷാദ് ഗണയേത - ഗ്രഹം നിൽക്കുന്ന രാശിമുതൽ എണ്ണണം.

(സൂര്യൻ നിൽക്കുന്ന നക്ഷത്രത്തിൽനിന്നും പന്ത്രണ്ടാമത്തെ നക്ഷത്രം, ചന്ദ്രൻ നിൽക്കുന്ന നക്ഷത്രത്തിൽനിന്നും 22-ാമത്തെ നക്ഷത്രം എന്നിങ്ങനെ ക്രമത്തിൽ കണക്കാക്കണം.)

ലത്തായാം ജന്മഭേ വ്യഥാ - - ജന്മനക്ഷത്രലത്താഫലം:
(ലത്താനക്ഷത്രം ജന്മനക്ഷത്രമായി വരുന്ന ദിവസം) - വ്യഥ, ദുഖം.

(45)
രവേസ്സർവാത്ഥഹാനിസ്യാത്തമസോ ദുഃഖമുച്യതേ
മരണം ജീവലത്തായാം ബന്ധുനാശം ഭയാവഹം

(46)
ശുക്രസ്യ കലഹം ഭ്രംശമനർത്ഥം ശശിജസ്യ തു
ചന്ദ്രസ്യ തു മഹാഹാനിർലത്താമാത്രഫലം ഭവേത്.

(47)
സർവത്ര ലത്താ സാങ്കര്യദ്വിഗുണത്രിഗുണാധികാ
വദേദ്ദോഷഫലം നൃണാം ഗ്രഹാല്ലത്താധികാക്രമാത്.

ലത്താഫലം
രവേഃ സർവാർത്ഥഹാനി - സൂര്യലത്താഫലം സർവാർത്ഥ(ധന)ഹാനി
തമസോ ദുഖമുച്യതേ - രാഹുകേതുക്കൾക്ക് ദുഖം,
മരണം ജീവലത്തായാം.... - ഗുരു ലത്തയ്ക്ക് മരണം, ബന്ധുനാശം, ഭയം
ശുക്രസ്യ കലഹം ഭ്രംശം - ശുക്രലത്തയ്ക്ക് കലഹം, സ്ഥാനഭ്രംശം
അനർത്ഥം ശശിജസ്യ - ബുധലത്തയ്ക്ക് അനർത്ഥം
ചന്ദ്രസ്യ മഹാഹാനിഃ - ചന്ദ്രലത്തയ്ക്കു വലിയ ഹാനി.

സർവത്ര ലത്താ സാങ്കര്യം - എല്ലാ ലത്തകളും കൂട്ടി ഫലം പറയണം.
ദ്വിഗുണത്രിഗുണാ ധികാ - രണ്ടു ലത്തയ്ക്കു രണ്ടു മടങ്ങ്,
മൂന്നു ലത്തയ്ക്കു മൂന്നിരട്ടി
വദേത് ദോഷഫലം നൃണാം ഗ്രഹാല്ലത്താധികാക്രമാത്
- ഗ്രഹലത്തയുടെ വർദ്ധനയ്ക്കനുസരിച്ച് ദോഷഫലം പറയണം.

ഇതിൽ കുജൻ, ശനി ഇവരുടെ ലത്താഫലം പറഞ്ഞിട്ടില്ല.
4-ൽ *മരണം ജീവലത്തായാം ബന്ധുനാശം കുജസ്യ ച* എന്ന പാഠഭേദത്തിൽക്കൂടി കുജന്റെ കുറവു പരിഹരിക്കുന്നുണ്ട്.

10 വേധങ്ങൾക്ക് സർവ്വതോഭദ്രചക്രവും പ്രമാണമാകുന്നു

(48)

സർവതോഭദ്രചക്രോക്തശുഭവേധാഃ ശുഭാവഹാഃ
പാപവേധാ ദുഖതരാ ഗോചരേതോശ്ച ചിന്തയേത്.

സർവതോഭദ്രചക്രോക്ത - സർവതോഭദ്രചക്രത്തിൽ പറഞ്ഞിട്ടുള്ള വിധത്തിലും,
ശുഭവേധാഃ ശുഭാവഹാഃ - ശുഭവേധം ശുഭകരവും ,
പാപവേധാ ദുഖതരാ - പാപവേധം അശുഭകരവുമാണ്.
ഗോചരേതോശ്ച ചിന്തയേത് - ഇതും ഗോചരത്തിൽ ചിന്തിക്കണം.

ഗോചരഫലത്തിൽ ലത്തയെപ്പോലെത്തന്നെ സർവതോഭദ്രചക്രത്തിനും ഒരു പ്രധാന സ്ഥാനമുണ്ട ്. ഫലദീപികയിൽ അതു സന്ദർഭവശാൽ സൂചിപ്പിച്ചിട്ടേയുള്ളൂ. മറ്റു പല ഗ്രന്ഥങ്ങളിലും അതു വിസ്തരിച്ചു വിവരിച്ചിട്ടുണ്ട ്. ജാതകാഭരണത്തിൽ 60 ശ്ലോകങ്ങളിലാണ് ഇതു പറയുന്നത്. അൽപ്പം വലിയ വിഷയമായതിനാലും കൂടുതലായി ഒന്നും അതുവെച്ചു പറയാനില്ലാത്തതിനാലും ആയിരിക്കണം മന്ത്രേശ്വരൻ സർവതോഭദ്രചക്രവും അതിന്റെ ഫലങ്ങളും വിസ്തരിക്കാതെ വിട്ടത്.

(49)

ദശാപഹാരാഷ്ടകവർഗ്ഗഗോചരേ
ഗ്രഹേഷു നൃണാം വിഷമസ്ഥിതേഷ്വപി
ജപേച്ച തത് പ്രീതികരൈസ്സുകർമ്മഭിഃ
കരോതി ശാന്തിം വ്രതദാനവന്ദനൈഃ.

ദശാപഹാരാഷ്ടകവർഗ്ഗഗോചരേ - ദശാപഹാരം, അഷ്ടവർഗ്ഗം, ഗോചരം ഇവകളിൽ
ഗ്രഹേഷു നൃണാം വിഷമസ്ഥിതേഷ്വപി - ഗ്രഹങ്ങൾമനുഷ്യർക്കുപ്രതികൂലമായി വരുമ്പോൾ,
ജപേത് ച തത് പ്രീതികരൈഃ.......
- ജപം, സത്കർമ്മങ്ങൾ, വ്രതം, ദാനം, വന്ദനം എന്നീവകൊണ്ട്ഗ്രഹശാന്തി വരുത്തണം.

(50)

അഹിംസകസ്യ ദാന്തസ്യ ധർമ്മാർജ്ജിതധനസ്യ ച
സർവദാ നിയമസ്ഥസ്യ സദാ സാനുഗ്രഹാ ഗ്രഹാഃ.

അഹിംസകസ്യ - അഹിംസ പാലിക്കുന്നവൻ
ദാന്തസ്യ - ആത്മസംയമനമുള്ളവൻ
ധർമ്മാർജ്ജിതധനസ്യ ച - ധാർമ്മികമായി ആർജ്ജിച്ച ധനത്തോടുകൂടിയവൻ
സർവദാ നിയമസ്ഥസ്യ - നിയമത്തിൽ (യമനിയമങ്ങളിൽ) വർത്തിക്കുന്നവൻ
സദാ സാനുഗ്രഹാ ഗ്രഹാഃ. - ഇങ്ങനെയുള്ളവന് എപ്പോഴും ഗ്രഹങ്ങളുടെ അനുഗ്രഹം ഉണ്ടാകും.

അഹിംസ (ഒരാൾക്കും ഒന്നിനും ഒരുവിധത്തിലും ദ്രോഹം ചെയ്യാതിരി ക്കൽ), ആത്മനിയന്ത്രണം, ധാർമ്മികമായിമാത്രം ധനസമ്പാദനം തുടങ്ങിയ സദ് ഗുണങ്ങളോടെ ശാന്തരായി ജീവിക്കുന്നവർക്ക് ഗ്രഹങ്ങൾ എപ്പോഴും അനുഗ്രഹ ങ്ങൾ ചൊരിയുന്നു.

അദ്ധ്യായം 27

സന്യാസയോഗങ്ങൾ

(1)

ഗ്രഹൈശ്ചതുർഭിഃ സഹിതേ ഖനാഥേ
ത്രികോണഗൈഃ കേന്ദ്രഗതൈസ്തു മുക്തഃ
ലഗ്നേ ഗൃഹാന്തേ സതി സൗമ്യഭാഗേ
കേന്ദ്രേ ഗുരൗ കോണഗതേ ച മുക്തഃ

ഖ.ന.ാഥേ	-	പത്താംഭാവാധിപൻ
ഗ്രഹൈശ്ചതുർഭിഃ സഹിതേ.	-	നാലു ഗ്രഹങ്ങളുടെ കൂടെ
ത്രികോണഗൈഃകേന്ദ്രഗതൈസ്തു	-	ത്രികോണത്തിലേകേന്ദ്രത്തിലോ നിന്നാൽ
മുക്തഃ	-	മുക്തനാകും.
ലഗ്നേ ഗൃഹാന്തേ സതി	-	ജനനം ലഗ്നരാശിയുടെ അവസാനഭാഗത്താവുക;
സൗമ്യഭാഗേ	-	ആ ഭാഗം ശുഭഭാഗമാവുകയും ചെയ്യുക
ഗുരൗ	-	വ്യാഴം
കേന്ദ്രേ കോണഗതേ ച	-	ത്രികോണത്തിലോ കേന്ദ്രത്തിലോ നിൽക്കുക
മുക്തഃ	-	എന്നാൽ മുക്തനാകും.

(2)

ഏകർക്ഷസംസ്ഥൈശ്ചതുരാദികൈസ്തു
ഗ്രഹൈർവദേത്തത്ര ബലാന്വിതേന
പ്രവ്രജ്യതാം തത്ര വദന്തി കേചിത്
കർമേശതുല്യാം സഹിതേ ഖനാഥേ.

ഏകർക്ഷസംസ്ഥൈഃ	-	ഒരു രാശിയിൽ നിൽക്കുന്ന
ചതുരാദികൈസ്തു ഗ്രഹൈഃ	-	നാലോ അതിലധികമോ ഗ്രഹങ്ങളിൽ
വദേത് തത്ര ബല:.ന്വിതേ.ന	-	ബലമുള്ള ഗ്രഹത്തെക്കൊണ്ടു
പ്രവ്രജ്യതാം തത്ര വദന്തി	-	സന്യാസയോഗം പറയണം.
സഹിതേ ഖ.ന.ാഥേ	-	അതിൽ പത്താംഭാവാധിപൻ ഉ ങ്കിൽ
കർമേശതുല്യാം	-	ആ ഗ്രഹത്തിനു തുല്യമായ
പ്രവ്രജ്യാം തത്ര വദന്തി കേചിത	-	പ്രവ്രജ്യയെ (സന്യാസത്തെ) പറയണം എന്നു ചിലർ.

(3)

ശശീ ദൃഗാണേ രവിജസ്യ സംസ്ഥിതഃ
കുജാർക്കിദൃഷ്ടേ പ്രകരോതി താപസം

കുജാംശകേ വാ രവിജേന ദൃഷ്ടേ
നവാംശതുല്യാം കഥയന്തി തം പുനഃ.

ശശീ ദൃഗാണേ രവിജസ്യ സംസ്ഥിതഃ - ശനിയുടെ ദ്രേക്കാണത്തിൽ നിൽക്കുന്ന ചന്ദ്രന്

കുജാർക്കിദൃഷ്ടേ പ്രകരോതി താപസം - കുജന്റേയോ ശനിയുടേയോ ദൃഷ്ടിയുണ്ടെങ്കിൽ
പ്രകരോതി താപസം - ജാതകൻ താപസനാകും.

കുജാംശകേ വാ രവിജേന ദൃഷ്ടേ - കുജാംശകത്തിൽ നിൽക്കുന്ന ചന്ദ്രനു ശനിദൃഷ്ടിയുങ്കിലും താപസനാകും.

നവാംശതുല്യം കഥയന്തി തം പുനഃ. - (ചന്ദ്രൻ നിൽക്കുന്ന) നവാംശമനുസരിച്ചു പ്രവ്രജ്യയെ പറയണം.

(4)
ജന്മാധിപഃ സൂര്യസുതേന ദൃഷ്ടഃ
ശേഷൈരദൃഷ്ടഃ പുരുഷസ്യ സുതൗ
ആത്മീയദീക്ഷാം കുരുതേ ഹ്യവശ്യം
പൂർവോക്തമത്രാപി വിചാരണീയം.

ജന്മാധിപഃ - ചന്ദ്രലഗ്നാധിപന്
ശേഷൈരദൃഷ്ടഃ പുരുഷസ്യ സുതൗ - മറ്റൊരു ഗ്രഹത്തിന്റെയുംദൃഷ്ടിയില്ലാതെ
സൂര്യസുതേന ദൃഷ്ടഃ - ശനിദൃഷ്ടി മാത്രം ഉണ്ടെങ്കിൽ
ആത്മീയദീക്ഷാം കുരുതേ ഹി അവശ്യം - ആത്മദീക്ഷ ചെയ്യും, സന്യസിക്കും.

പൂർവോക്തമത്രാപി വിചാരണീയം. - സന്യാസസമ്പ്രദായം ഇവിടെയും നേരത്തെ പറഞ്ഞതുപോലെ (നവാംശംകൊണ്ട്) പറയണം

(5)
യോഗിശം ദീക്ഷിതം വാ കലയതി തരണി-
സ്ത്രീർത്ഥപാന്ഥം ഹിമാംശുർ-
ദുർമന്ത്രജ്ഞം ച ബൗദ്ധാശ്രയമവനിസുതോ
ജ്ഞോ മതാന്യം പ്രവിഷ്ടം
വേദാന്തജ്ഞാനിനം വാ യതിവരമമരേ-
ഡ്യോ ഭൂഗുർലിംഗവൃത്തിം
വ്രാത്യം ശൈലൂഷവൃത്തിം ശനിരിഹ പതിതം
വാഥ പാഷണ്ഡിനാ വാ.

സന്യാസഭേദം :
(നേരത്തെ പറഞ്ഞ പത്താംഭാവാധിപനെ / നവാംശാധിപനെക്കൊണ്ട്) - -
യോഗീശം ദീക്ഷിതം വാ കലയതി തരണിഃ തീർത്ഥപാന്ഥം ഹിമാംശു
ചന്ദ്രൻ : തീർത്ഥയാത്ര ചെയ്യുന്നവൻ
ദുർമന്ത്രജ്ഞം ച ബൗദ്ധാശ്രയമവനിസുതോ

കുജൻ : ദുർമന്ത്രങ്ങൾ അറിയുന്നവൻ,
ബൗദ്ധൻ, താന്ത്രികൻ

ജ്ഞോ മതാന്യം പ്രവിഷ്ടം ബുധൻ : അന്യമതം

വേദാന്തജ്ഞാനിനം വാ യതിവരമമരേഡ്യോ ഗുരു : വേദാന്തി, ബ്രഹ്മജ്ഞാനി

ഭൂഗുർലിംഗവൃത്തിം വ്രാത്യം ശൈലൂഷവൃത്തിം - ശുക്രൻ : ലിംഗവൃത്തി , കള്ളസന്യാസി

ശനിരിഹ പതിതം വാഥ പാഷണ്ഡിനാ വാ. ശനി : പതിതനും പാഷണ്ഡിയും
(വേദവിരുദ്ധൻ)

(6)

അതിശയപലയുക്തഃ ശീതഗുഃ ശുക്ലപക്ഷേ
ബലവിരഹിതമേനം പ്രേക്ഷതേ ലഗ്നനാഥം
യദി ഭവതി തപസ്വീ ദുഃഖിതഃ ശോകതപ്തോ
ധനജനപരിഹീനഃ കൃച്ഛ്രലബ്ധാന്നപാനഃ.

അതിശയബലയുക്തഃ ശീതഗുഃ ശുക്ലപക്ഷേ - വെളുത്ത പക്ഷത്തിൽ വളരെ ബലത്തോടെ നിൽക്കുന്ന ചന്ദ്രൻ

ബലവിരഹിതമേനം പ്രേക്ഷതേ ലഗ്നനാഥം - ദുർബ്ബലനായലഗ്നാധിപനെ നോക്കുന്നുവെങ്കിൽ

യദി ഭവതി തപസ്വീ - ആ ജാതകൻ തപസ്വിയാകുന്നുവെങ്കിൽ

ദുഃഖിതഃശോകതപ്തോ - ദുഖിതനും ശോകതപ്തനും

ധനജനപരിഹീനഃ - ധനവും, ബന്ധുക്കളും ഇല്ലാത്തനും

കൃച്ഛ്രലബ്ധാന്നപാനഃ. - അന്നപാനങ്ങൾക്ക് വിഷമിക്കുന്നവനുമായിരിക്കും.

(ദുർബ്ബലനായ ലഗ്നാധിപനാൽ നോക്കപ്പെടുന്നുവെങ്കിൽ എന്നും കാണുന്നു.)

(7)

പ്രകഥിതമുനിയോഗേ രാജയോഗോ യദി സ്വാ-
ദശുഭഫലവിപാകം സർവ്വമുന്മൂല്യ പശ്ചാത്
ജനയതി പൃഥിവീശം ദീക്ഷിതം സാധുശീലം
പ്രണതനൃപശിരോഭിഃ സ്പൃഷ്ടപാദാബ്ജയുഗ്മം.

പ്രകഥിതമുനിയോഗേ - മുകളിൽ പറഞ്ഞ സന്യാസയോഗങ്ങളുടെ കൂടെ

രാജയോഗോ യദി സ്യാത് - രാജയോഗങ്ങൾകൂടിയുണ്ടെങ്കിൽ

അശുഭഫലവിപാകം സർവ്വം ഉന്മൂല്യ - അശുഭഫലങ്ങളെയെല്ലാം നശിപ്പിച്ച്

ദീക്ഷിതം സാധുശീലം - ദീക്ഷിതനും സാധുശീലനുമായ,

പ്രണത നൃപശിരോഭിഃ സ്പൃഷ്ട പാദാബ്ജയുഗ്മം
- രാജാക്കന്മാർ പോലും പാദങ്ങൾ തൊട്ടു വന്ദിക്കുന്ന

പശ്ചാത് ജനയതി പൃഥിവീശം - രാജാവാകും (രാജർഷിയാകും).

(സന്യാസയോഗവും രാജയോഗവും ഒരുമിച്ച്
അനുഭവമാകുന്ന ഒരവസ്ഥയാണിത്.)

(8)

ചത്വാരോ ദ്യുചരാഃ ഖനാഥസഹിതാഃ
കേന്ദ്രേ ത്രികോണേ *f* ഥവാ
സുസ്ഥാനേ ബലിനസ്ത്രയോ യദി തദാ

സന്യാസസിദ്ധിർ ഭവേത്
സദ്ബാഹുല്യവശാച്ച തത്ര സുശുഭ-
സ്ഥാനസ്ഥിതൈസ്തൈർവദേത്
പ്രവ്രജ്യാം മഹിതാം സതാമഭിമതാം
ചേദന്യഥാ നിന്ദിതാം.

ഖനാഥസഹിതാഃ - പത്താംഭാവാധിപനടക്കമുള്ള
ചത്വാരോ ദ്യുചരാഃ - നാലു ഗ്രഹങ്ങൾ
കേന്ദ്രേ ത്രികോണേ അഥവാ - കേന്ദ്രത്തിലോ ത്രികോണത്തിലോനിൽക്കുക, അല്ലെങ്കിൽ
സുസ്ഥാനേ ബലിനസ്ത്രയോ യദി തദാ - സുസ്ഥാനങ്ങളിൽ ബലമുള്ള മൂന്നു ഗ്രഹങ്ങൾ നിൽക്കുക; എങ്കിൽ
സന്യാസസിദ്ധിർ ഭവേത് - സന്യാസസിദ്ധിയുണ്ടാകും.

സദ്ബാഹുല്യവശാച്ച - ഇതിൽ ശുഭഗ്രഹങ്ങൾ അധികമുണ്ടാകുകയും
തത്ര സുശുഭസ്ഥാനസ്ഥിതൈസ്തൈഃ
- അവ ശുഭസ്ഥാനങ്ങളിൽ നിൽക്കുകയും ചെയ്താൽ
വദേത് പ്രവ്രജ്യാം മഹിതാം സതാം അഭിമതാം
- സത്തുക്കൾ മാനിക്കുന്ന മഹത്തായ പ്രവ്രജ്യയെ പറയണം.

ചേത് അന്യഥാ നിന്ദിതാം - ഇതിനു വിപരീതമായി അശുഭന്മാരും അശുഭസ്ഥാനങ്ങളും വന്നാൽ നിന്ദിക്കപ്പെടുന്നവനുമാകും.

അദ്ധ്യായം 28

ഉപസംഹാരം

വിഷയവിവരം

(1)
സംജ്ഞാധ്യായഃ കാരകോ വർഗ്ഗസംജ്ഞോ
വീര്യാധ്യായഃ കർമ്മാജീവോ *f* ഥ യോഗഃ
യോഗോ രാജ്ഞാം രാശിശീലോ ഗ്രഹാണാം
മേഷാദീനാം ലഗ്നസമ്പ്രാപ്തശീലഃ.

(2)
ഭാര്യാഭാവോ ജാതകം കാമിനീനാം
സൂനുർബാലാരിഷ്ടയോഗോ *f* ഥ രോഗഃ
ഭാവസ്തസ്മാത് ദ്വാദശാവാപ്തഭാവാ
നിര്യാണം സ്യാദ് ദ്വിഗ്രഹാദ്യാശ്ച തസ്മാത്.

(3)
സൂര്യാദീനാം യത്ഫലം തദ്ദശാപ്തം
ഭാവാദീനാമീശ്വരാങ്കാ ദശാ ച
സൂര്യാദീനാമന്തരാഖ്യാ ദശാ *f* ഥ
സവ്യാസവ്യാ കാലചക്രോ *f* ഷ്ടവർഗഃ

(4)
ഹോരാസാരാവാപ്ത യദ്വ്യഷ്ടവർഗോ
മാന്ദ്യധ്യായോ ഗോചരഃ സ്യാത് പ്രവ്രജ്യഃ
അധ്യായാനാം വിംശതിഃ സപ്തയുക്താൻ
ജന്മന്യേതദ്ഗോളജം സംവദാമി.

അദ്ധ്യായം	വിഷയം		
1.	*സംജ്ഞാധ്യായഃ*	-	രാശികളെയും ഭാവങ്ങളെയും കുറിച്ചുള്ള വിവരങ്ങൾ
2.	*കാരകോ*	-	ഗ്രഹങ്ങളുടെ കാരകത്വങ്ങൾ
3.	*വർഗ്ഗസംജ്ഞോ*	-	ദശവർഗ്ഗങ്ങൾ
4.	*വീര്യാധ്യായഃ*	-	ഗ്രഹബലം (ഷഡ്ബലം)
5.	*കർമ്മാജീവ*	-	കർമ്മാജീവം (ഉപജീവനമാർഗ്ഗം)
6.	*യോഗഃ*	-	യോഗങ്ങൾ
7.	*യോഗോ രാജ്ഞാം*	-	സ്വതഃസിദ്ധരാജയോഗങ്ങൾ
8.	*രാശിശീലോ ഗ്രഹാണാം*	-	(ഒമ്പതു) ഗ്രഹങ്ങൾ (പന്ത്രണ്ടു) ഭാവങ്ങളിൽ നിന്നാലുള്ള ഫലങ്ങൾ
9.	*മേഷാദീനാം ലഗ്നസമ്പ്രാപ്തശീലഃ.*	-	മേടം തുടങ്ങി ലഗ്നഫലവും മറ്റും
10.	*ഭാര്യാ ഭാവോ*	-	കളത്രഭാവം

11.	*ജാതകം കാമിനീനാം*	-	സ്ത്രീജാതകം
12.	*സൂനു*	-	പുത്രഭാവം
13.	*ബാലാരിഷ്ടയോഗോ*	-	ബാലാരിഷ്ടും ആയുസ്സും
14.	*രോഗഃ*	-	രോഗം, മരണം,മുജ്ജന്മവും വരും ജന്മവും
15.	*ഭാവഃ*	-	ഭാവചിന്ത (ഭാവബലവും മറ്റും)
16.	*ദ്വാദശാവാപ്തഭാവാ*	-	ദ്വാദശഭാവഫലം
17.	*നിര്യാണം*	-	മരണം
18.	*ദ്വിഗ്രഹാദ്യാശ്ച*	-	ദ്വിഗ്രഹയോഗങ്ങൾ
19.	*സൂര്യാദീനാം യത്ഫലം തദ്ദശാപ്തം*	-	ദശാഫലം
20.	*സൂര്യാദീനാമന്തരാഖ്യാ ദശാ*	-	അന്തർദ്ദശാഫലം (അപഹാരഫലം)
21.	*പ്രത്യന്തർദ്ദശാഫലം*	-	പ്രത്യന്തർദ്ദശാഫലം
22.	*കാലചക്രോ*	-	കാലചക്രദശ തുടങ്ങിയവ
23,24	*അഷ്ടവർഗോ*	-	അഷ്ടർഗ്ഗം
25	*മാന്ദ്യധ്യായോ*	-	മാന്ദി തുടങ്ങിയ ഉപഗ്രഹങ്ങൾ
26.	*ഗോചരഃ സ്യാത്*	-	ഗോചരം
27.	*പ്രവ്രജ്യഃ*	-	സന്യാസയോഗങ്ങൾ
	അധ്യായാനാം വിംശതിഃ സപ്തയുക്താൻ	-	ആകെ 27 അദ്ധ്യായങ്ങൾ

ഗ്രന്ഥകാരനെക്കുറിച്ച്

(5)

ശ്രീശാലിവാടിജാതേന മയാ മന്ത്രേശ്വരേണ വൈ
ദൈവജ്ഞേന ദ്വിജാഗ്ര്യേണ സതാം ജ്യോതിർവിദാം മുദേ.

(6)

സുകുന്തളാംബാം സമ്പൂജ്യ സർവാഭീഷ്ടപ്രദായിനീം
തത്കടാക്ഷവിശേഷേണ കൃതാ യാ ഫലദീപികാ.

ശ്രീശാലിവാടിജാതേന	-	ശ്രീശാലിവാടിയിൽ ജനിച്ച
ദൈവജ്ഞേന ദ്വിജാഗ്ര്യേണ	-	ദൈവജ്ഞനും ബ്രാഹ്മണനുമായ
മയാ മന്ത്രേശ്വരേണ വൈ	-	മന്ത്രേശ്വരനെന്ന എന്നാൽ
സതാം ജ്യോതിർവിദാം മുദേ	-	സത്തുക്കളായ ജ്യോതിഷപണ്ഡിതന്മാരുടെ മോദത്തിനായിക്കൊണ്ട്
സർവാഭീഷ്ടപ്രദായിനീം	-	എല്ലാ ആഗ്രഹങ്ങളും സാധിച്ചു തരുന്ന
സുകുന്തളാംബാം സമ്പൂജ്യ	-	കുന്തളാംബയെ പൂജിച്ച്
തത്കടാക്ഷവിശേഷേണ	-	ആ ദേവിയുടെ അനുഗ്രഹത്താൽ
കൃതാ യാ ഫലദീപികാ.	-	രചിക്കപ്പെട്ടതാണ് ഈ ഫലദീപിക

ഫലദീപിക സമാപ്തം
ശുഭമസ്തുഃ

അനുബന്ധം 1

ഗ്രഹങ്ങളുടെ വർഗ്ഗബലം (അദ്ധ്യായം 3)

വിഷയവിവരം

1. വർഗ്ഗങ്ങൾ
   1. ഷഡ്വർഗ്ഗം
   2. സപ്തവർഗ്ഗം
   3. ദശവർഗ്ഗം
   4. ത്രയോദശവർഗ്ഗം
2. ദശവർഗ്ഗം കാണുന്നതിന്റെ ഉദ്ദേശം
3. ഗ്രഹങ്ങളുടെ മിത്രശത്രുബന്ധവും മിത്രശത്രുവർഗ്ഗങ്ങളും
4. ദശവർഗ്ഗഗണന

   വർഗ്ഗബലം കാണുന്ന രീതിയും

   ഉദാഹരണജാതകത്തിൽ ഗ്രഹങ്ങളുടെ വർഗ്ഗബലവും

   1. രാശി 2. ഹോര 3. ദ്രേക്കാണം 4. സപ്താംശം

   5. നവാംശം 6. ദശാംശം 7. ദ്വാദശാംശം 8. കലാംശം

   9. ത്രിംശാംശം 10. ഷഷ്ട്യംശം

5 ഉദാഹരണജാതകത്തിലെ വർഗ്ഗബലം
   1. ഷഡ്വർഗ്ഗം
   2. ദശവർഗ്ഗം
   3. ത്രയോദശവർഗ്ഗം

ഉദാഹരണജാതകം

ജനനം: 10 - 6 - 1945, 1 - 36 എ.എം., തൃശൂർ.

ഗ്രഹസ്ഫുടം :

കുജൻ	ശുക്രൻ	ബുധൻ	ചന്ദ്രൻ	സൂര്യൻ	ശനി	ഗുരു
5 - 42	10 - 46	48 - 00	50 - 49	55 - 31	77 - 61	145 - 2

ഗ്രഹസ്ഥിതി :

കുജൻ	ശുക്രൻ	ബുധൻ	ചന്ദ്രൻ	സൂര്യൻ	ശനി	വ്യാഴം
മേടം	മേടം	ഇടവം	ഇടവം	ഇടവം	മിഥുനം	ചിങ്ങം
5^{0} - 42	10^{0} - 46	18^{0} - 0	20^{0} - 49	25 - 31	17^{0} - 51	25^{0} - 26

1. വർഗ്ഗങ്ങൾ

1. ഷഡ്വർഗ്ഗം

1	2	3	4	5	6
രാശി	ഹോര	ദ്രേക്കാണം	നവാംശം	ദ്വാദശാംശം	ത്രിംശാംശം
30/1	30/2	30/3	30/9	30/12	30/30
30^{0}	15^{0}	10^{0}	3^{0} - 20	2^{0} - 30	1^{0}

2. സപ്തവർഗ്ഗം

1	2	3	**4**	5	6	7	
രാശി	ഹോര	ദ്രേക്കാ	**സപ്ത**	നവാം	ദ്വാദശ	ത്രിംശാം	..
			30/7				
			4° – 17 – 18				

3. ദശവർഗ്ഗം

.1	2	3	4	5	**6**	7	**8**	9	10
രാശി	ഹോര	ദ്രേക്കാ	സപ്ത	നവാം	**<u>ദശാം</u>**	ദ്വാദശ	**<u>കലാം</u>**	ത്രിംശാ	**<u>ഷഷ്ട്യംശ</u>**
					30/10		30/16		30/60

4. ത്രയോദശവർഗ്ഗം

സപ്തവർഗ്ഗങ്ങളുടെകൂടെ ത്രികോണം, മൂലത്രികോണം, സ്വക്ഷേത്രം, ഉച്ചം, കേന്ദ്രം, വർഗ്ഗോത്തമം ഇവ ആറുംകൂടി കൂട്ടിയത് ത്രയോദശവർഗ്ഗം.

<u>സപ്തവർഗ്ഗം</u>	<u>ത്രികോണം തുടങ്ങിയവ</u>
1. രാശി	8. ത്രികോണം
2. ഹോര	9. മൂലത്രികോണം
3. ദ്രേക്കാണ	10. സ്വക്ഷേത്രം
4. സപ്താം	11. ഉച്ചം
5. നവാംശ	12. കേന്ദ്രം
6. ദ്വാദശാ	13. വർഗ്ഗോത്തമം
7. ത്രിംശാം	

2 ദശവർഗ്ഗം കാണുന്നതിന്റെ ഉദ്ദേശം

രാശിമുതൽ ഷഷ്ട്യംശംവരെയുള്ള പത്തു വർഗ്ഗങ്ങളിലെ സ്ഥിതി ഗ്രഹങ്ങളെ സംബന്ധിച്ചിടത്തോളം ഉച്ചം, മൂലത്രികോണം, സ്വക്ഷേത്രം, മിത്രക്ഷേത്രം, സമക്ഷേത്രം, ശത്രുക്ഷേത്രം, നീചം, മൗഢ്യം തുടങ്ങിയ ഏതെങ്കിലും ചില സ്ഥാനങ്ങളിലാണല്ലോ വരുക. ഉച്ചത്തിലെ സ്ഥിതി ഗ്രഹങ്ങൾക്കു പൂർണ്ണ ബലം കൊടുക്കുമ്പോൾ നീചത്തിലെ ബലം ശൂന്യമാണ്. അതുപോലെ സ്വക്ഷേത്രത്തിൽ (+) 75% ബലം കിട്ടുന്ന ഗ്രഹത്തിനു ശത്രുക്ഷേത്രത്തിൽ കിട്ടുക (- -) 50% ബലമാണ്.

3. ഗ്രഹങ്ങളുടെ മിത്രശത്രുബന്ധവും മിത്രശത്രുവർഗ്ഗങ്ങളും

കഴിഞ്ഞ അദ്ധ്യായത്തിൽ (ശ്ലോകം 21-22) വിവരിച്ച നൈസർഗ്ഗിക മിത്ര ശത്രുബന്ധംതന്നെയാണ് ഇവിടെ പറയുന്ന മിത്രശത്രുക്ഷേത്രങ്ങൾക്കും അടിസ്ഥാനം: മിത്രത്തിന്റെ രാശി മിത്രക്ഷേത്രം; ശത്രുവിന്റെ രാശി ശത്രു ക്ഷേത്രവും. ആതിഥേയ ഗ്രഹത്തിന് തന്റെ രാശിയിൽ വന്നുനിൽക്കുന്ന ഗ്രഹത്തിനോടുള്ള മനോഭാവമാണ് ഇതിന്നടിസ്ഥാനം. ഉദാഹരണത്തിന് ഒരു ജാതകത്തിൽ ചന്ദ്രൻ നിൽക്കുന്നത് കുംഭത്തിലാ ണെന്നു കരുതുക. ശനിക്കു ചന്ദ്രൻ ശത്രുവായതിനാൽ ചന്ദ്രന്റെ സ്ഥിതി ശത്രുക്ഷേത്ര ത്തിലാണ്. ചന്ദ്രനു ശത്രുക്കളി ല്ലാത്തതിനാൽ അതു സമക്ഷേത്രമാണെന്നു പറയുന്നതു തെറ്റാണ്.

4 ദശവർഗ്ഗഗണന : വർഗ്ഗബലം കാണുന്ന രീതിയും ഉദാഹരണജാതകത്തിൽ ഗ്രഹങ്ങളുടെ വർഗ്ഗബലവും

1. രാശിയും രാശിനാഥന്മാരും

നമ്പർ	1	2	3	4	5	6	7	8	9	10	11	12
രാശി	മേടം	ഇടവം	മിഥുനം	കർക്ക	ചിങ്ങം	കന്നി	തുലാം	വൃശ്ചി	ധനു	മകരം	കുംഭം	മീനം
നാഥൻ	കു	ശു	ബു	ച	ര	ബു	ശു	കു	ഗു	മ	മ	ഗു

ഉദാഹരണജാതകത്തിലെ രാശിസ്ഥിതി:

ഗഹം	കു	ശു	ബു	ച	ര	മ	ഗു	ലഗ്നം
രാശി	മേടം	മേടം	ഇടവം	ഇടവം	ഇടവം	മിഥു	ചിങ്ങം	മീനം
നാഥൻ	കു	കു	ശു	ശു	ശു	ബു	ര	ഗുരു
ബന്ധം	മൂല	സമ	മിത്ര	മൂല	ശത്രു	സമ	മിത്ര	- -

2. ഹോരയും ഹോരാനാഥന്മാരും

രാശിയെ രണ്ടായി പകുത്തതു ഹോര.

ഹോരാനാഥന്മാർ:

ഓജരാശിയിൽആദ്യഹോര സൂര്യന്റെയും രണ്ടാമത്തെ ഹോര ചന്ദ്രന്റെയും.

യുഗ്മരാശിയിൽ നേരെ മറിച്ച്, ആദ്യഹോര ചന്ദ്രന്റെയും

രണ്ടാമത്തെ ഹോര സൂര്യന്റെയും

ഹോരകളും ഹോരാനാഥന്മാരും:

ഓജരാശി	(1) 1^{O} - 15°	(2) 16° - 30°	യുഗ്മരാശി	(1) 1^{O} - 15°	(2) 16° - 30°
മേടം	ര	ച	ഇടവം	ച	ര
മിഥുനം	ര	ച	കർക്കടം	ച	ര
ചിങ്ങം	ര	ച	കന്നി	ച	ര
തുലാം	ര	ച	വൃശ്ചികം	ച	ര
ധനു	ര	ച	മകരം	ച	ര
കുഭം	ര	ച	മീനം	ച	ര

ഉദാഹരണജാതകത്തിലെ ഹോരാസ്ഥിതി:

ഗ്രഹം	ര	ച	കു	ബു	ഗു	ശു	മ
ഹോര	സൂര്യ	സൂര്യ	സൂര്യ	സൂര്യ	ചന്ദ്ര	സൂര്യ	ചന്ദ്ര
ബന്ധം	സ്വ	മിത്ര	മിത്ര	സമ	സമ	ശത്രു	സമ

3. ദ്രേക്കാണം

ദ്രേക്കാണേശാ ത്രിഭാഗൈ... രാശിയെ മൂന്നായി തിരിച്ചതു ദ്രേക്കാണം.

ദ്രേക്കാണങ്ങൾ

ദ്രേക്കാണം	1	2	3
പരിധി	1^{O} - 10°	11° - 20°	21° - 30°

ദ്രേക്കാണനാഥന്മാർ:

1. ആദ്യദ്രേക്കാണം - രാശ്യാധിപൻ
2. മദ്ധ്യദ്രേക്കാണം - അഞ്ചാം രാശിയുടെ അധിപൻ
3. അന്ത്യദ്രേക്കാണം - ഒമ്പതാം രാശിയുടെ അധിപൻ.

നാഥന്മാർ: മേടം - കു, ഇടവം - ശു .... മീനം - ഗു എന്ന ക്രമത്തിൽ തന്നെ.

ദ്രേക്കാണനാഥ പട്ടിക

		ദ്രേക്കാണം - 1	ദ്രേക്കാണം - 2	ദ്രേക്കാണം - 3
1.	മേടം	കു	ര	ഗു
2.	ഇടവം	ശു	ബു	മ
3.	മിഥുനം	ബു	ശു	മ
4.	കർക്കടം	ച	കു	ഗു
5.	ചിങ്ങം	ര	ഗു	കു
6.	കന്നി	ബു	മ	ശു
7.	തുലാം	ശു	മ	ബു
8.	വൃശ്ചികം	കു	ഗു	ച
9.	ധനു	ഗു	കു	ര
10.	മകരം	മ	ശു	ബു
11.	കുംഭം	മ	ബു	ശു
12.	മീനം	ഗു	ച	കു

ഉദാഹരണജാതകത്തിലെ ദ്രേക്കാണസ്ഥിതി:

ഗ്രഹം	ര	ച	കു	ബു	ഗു	ശു	മ
ദ്രേക്കാണം	മകരം	മകരം	മേടം	കന്നി	മേടം	ചിങ്ങം	തുലാം
നാഥൻ	മ	മ	കു	ബു	കു	ര	ശു
ബന്ധം	ശത്രു	ശത്രു	സ്വ	സ്വ	മിത്ര	ശത്രു	മിത്ര

4. സപ്താംശം

ഒരു രാശിയെ ഏഴായി ഭാഗിച്ചതു സപ്താംശം.

സപ്താംശനാഥന്മാർ:
1. ഓജരാശിയിൽ - അതാതു രാശിമുതൽ
2. യുഗ്മരാശിയിൽ - ഏഴാം രാശിമുതൽ

സപ്താംശപട്ടിക (1 മേടം, അധിപൻ കു എന്ന ക്രമത്തിൽ)

അംശം		1	2	3	4	5	6	7
പരിധി		4 - 17 - 8	8 - 34 - 17	12 - 51 - 26	17 - 8 - 34	21 - 25 - 42	25 - 42 - 51	30 - 0 - 0
1.	മേടം	1	2	3	4	5	6	7
2.	ഇടവം	8	9	10	11	12	1	2
3.	മിഥുനം	3	4	5	6	7	8	9
4.	കർക്കടം	10	11	12	1	2	3	4
5.	ചിങ്ങം	5	6	7	8	9	10	11
6.	കന്നി	12	1	2	3	4	5	6
7.	തുലാം	7	8	9	10	11	12	1
8.	വൃശ്ചിക	2	3	4	5	6	7	8
9.	ധനു	9	10	11	12	1	2	3
10.	മകരം	4	5	6	7	8	9	10
11.	കുംഭം	11	12	1	2	3	4	5
12.	മീനം	6	7	8	9	10	11	12

ഉദാഹരണജാതകത്തിലെ സപ്താംശസ്ഥിതി

ഗ്രഹം	ര	ച	കു	ബു	ഗു	ശു	മ
അംശം	മേടം	മീനം	ഇടവം	മീനം	മകരം	മിഥുനം	തുലാം
നാഥർ	കു	ഗു	ശു	ഗു	മ	ബു	ശു

| ബന്ധം | മിത്ര | മിത്ര | സമ | ശത്രു | സമ | മിത്ര | മിത്ര |

5. നവാംശം

ഒരു രാശിയെ 3⁰-20 വീതമുള്ള ഒമ്പതു ഭാഗങ്ങളായി തിരിച്ചതു നവാംശകം.

ഗ്രൂപ്പ്	1	5	9
1. മേഷാദി:	മേടം,	ചിങ്ങം,	ധനു
2. മകരാദി	ഇടവം,	കന്നി,	മകരം
3. തുലാദി	മിഥുനം,	തുലാം,	കുംഭം
4. കർക്ക്യാദി	കർക്കടം	വൃശചികം	മീനം

നവാംശ പട്ടിക (1 മേടം, അധിപൻ കു എന്ന ക്രമത്തിൽ)

രാശി	1	2	3	4	5	6	7	8	9
പരിധി	3-20	6-40	10-00	13-20	16-40	20-00	23-20	26-40	30-00
1. മേടം	1	2	3	4	5	6	7	8	9
2. ഇടവം	10	11	12	1	2	3	4	5	6
3. മിഥുനം	7	8	9	10	11	12	1	2	3
4. കർക്കടം	4	5	6	7	8	9	10	11	12
5. ചിങ്ങം	1	2	3	4	5	6	7	8	9
6. കന്നി	10	11	12	1	2	3	4	5	6
7. തുലാം	7	8	9	10	11	12	1	2	3
8. വൃശ്ചികം	4	5	6	7	8	9	10	11	12
9. ധനു	1	2	3	4	5	6	7	8	9
10. മകരം	10	11	12	1	2	3	4	5	6
11. കുംഭം	7	8	9	10	11	12	1	2	3
12. മീനം	4	5	6	7	8	9	10	11	12

ഉദാഹരണജാതകത്തിലെ നവാംശസ്ഥിതി

ഗ്രഹം	ര	ച	കു	ബു	ഗു	ശു	മ
അംശം	ചിങ്ങം	കർക്ക	ഇടവം	മിഥുന	വൃശ്ചി	കർക്ക	മീനം
നാഥൻ	ര	ച	ശു	ബു	കു	ച	ഗു
ബന്ധം	സ്വ	സ്വ	സമ	സ്വ	മിത്ര	സമ	സമ

6. ദശാംശം

ഒരു രാശിയെ പത്തു ഭാഗമാക്കിയതാണ് ദശാംശം

ദശാംശനാഥന്മാർ
1. ഓജരാശിയിൽ അതാതു രാശിമുതൽ
2. യുഗ്മരാശിയിൽ ഒമ്പതാം രാശിമുതൽ

ദശാംശം പട്ടിക 1 മേടം, അധിപൻ കു എന്ന ക്രമത്തിൽ)

അംശം	1	2	3	4	5	6	7	8	9	10
പരിധി	3⁰	6⁰	9⁰	12⁰	15⁰	18⁰	21⁰	24⁰	27⁰	30⁰
1. മേടം	1	2	3	4	5	6	7	8	9	10
2. ഇടവം	10	11	12	1	2	3	4	5	6	7
3. മിഥുനം	3	4	5	6	7	8	9	10	11	12
4. കർക്കട	12	1	2	3	4	5	6	7	8	9
5. ചിങ്ങം	5	6	7	8	9	10	11	12	1	2
6. കന്നി	2	3	4	5	6	7	8	9	10	11

7. തുലാം	7	8	9	10	11	12	1	2	3	4
8. വൃശ്ചി	4	5	6	7	8	9	10	11	12	1
9. ധനു	9	10	11	12	1	2	1	2	3	4
10. മകരം	6	7	8	9	10	11	12	1	2	3
11. കുംഭം	11	12	1	2	3	4	5	6	7	8
12. മീനം	8	9	10	11	12	1	2	3	4	5

ഉദാഹരണജാതകത്തിലെ ദശാംശസ്ഥിതി:

ഗ്രഹം	ര	ച	കു	ബു	ഗു	ശു	മ
അംശം	കന്നി	കർക്ക	ഇടവം	കർക്ക	മേടം	കർ	വൃശ്ചി
നാഥൻ	ബു	ച	ശു	ച	കു	ച	കു
ബന്ധം	മിത്ര	സ്വ	സമ	മിത്ര	മിത്ര	സമ	സമ

7. ദ്വാദശാംശം

രാശിയെ പന്ത്രണ്ടായി തിരിച്ചതു ദ്വാദശാംശം.

ദ്വാദശാംശനാഥന്മാർ:

ഗ്രഹം നിൽക്കുന്ന രാശിമുതൽ 1 മുതൽ 12 വരെയുള്ളതാണ് ദ്വാദശാംശം. ഉദാഹരണത്തിന് കുജൻ നിൽക്കുന്നത് മേടത്തിൽ. ദ്വാദശാംശം മേടംമുതൽ മീനം വരെ. ഗുരു നിൽക്കുന്നത് ചിങ്ങത്തിൽ. ദ്വാദശാംശം ചിങ്ങംമുതൽ കർക്കടകംവരെ. നാഥന്മാർ മേടം-കു, ഇടവം-ശു എന്ന ക്രമത്തിൽ തന്നെ.

ദ്വാദശാംശം പട്ടിക

അംശം	1	2	3	4	5	6	7	8	9	10	11	12
പരിധി	2-30	5	7-30	10-00	12-30	15-00	17-30	20-00	22-30	25-00	27-30	30-00
രാശി												
1. മേടം	1	2	3	4	5	6	7	8	9	10	11	12
2. ഇടവം	2	3	4	5	6	7	8	9	10	11	12	1
3. മിഥുനം	3	4	5	6	7	8	9	10	11	12	1	2
4. കർക്കടകം	4	5	6	7	8	9	10	11	12	1	2	3
5. ചിങ്ങം	5	6	7	8	9	10	11	12	1	2	3	4
6. കന്നി	6	7	8	9	10	11	12	1	2	3	4	5
7. തുലാം	7	8	9	10	11	12	1	2	3	4	5	6
8. വൃശ്ചികം	8	9	10	11	12	1	2	3	4	5	6	7
9. ധനു	9	10	11	12	1	2	3	4	5	6	7	8
10. മകരം	10	11	12	1	2	3	4	5	6	7	8	9
11. കുംഭം	11	12	1	2	3	4	5	6	7	8	9	10
12. മീനം	12	1	2	3	4	5	6	7	8	9	10	11

ഉദാഹരണജാതകത്തിലെ ദ്വാദശാംശസ്ഥിതി

ഗ്രഹം	ര	ച	കു	ബു	ഗു	ശു	മ
അംശം	മീനം	മകരം	മിഥു	ധനു	മിഥു	ചിങ്ങം	മകരം
നാഥൻ	ഗു	മ	ബു	ഗു	ബു	ര	മ
ബന്ധം	മിത്ര	ശത്രു	സമ	ശത്രു	സമ	ശത്രു	സ്വ

8. ഷോഡശാംശം

ഒരു രാശിയെ പതിനാറായി തിരിച്ചതാണ് ഷോഡശാംശം അഥവാ കലാംശം.

ഷോഡശാംശനാഥന്മാർ രാശ്യാധിപക്രമത്തിൽ തന്നെ.

<u>ഷോഡശാംശം</u>:

1. ചരരാശിയിൽ : മേടംമുതൽ കർക്കടകംവരെ

2. സ്ഥിരരാശിയിൽ : ചിങ്ങംമുതൽ വൃശ്ചികം വരെ
3. ഉഭയരാശിയിൽ : ധനുമുതൽ മീനംവരെ

<u>ഷോഡശാംശം കാണുന്ന രീതി</u>

ഉദാഹരണം കുജസ്ഫുടം	=	മേടം 5 - 42 .(മേടം ചരരാശി)
ഇതു വികലയിലാക്കുമ്പോൾ		
5 • 60 =300. 300+ 42 =" 342. 342 • 60	=	20520 വികല
ഷോഡശാംശം	=	6750 വികല
20520 - ൽ എത്ര 6750 ഉണ്ട് ?	=	3.04 = 4
മേടത്തിൽനിന്നും നാലാമത്തെ രാശി	=	കർക്കടം
രാശിനാഥൻ	=	ചന്ദ്രൻ

ഉദാഹരണജാതകത്തിലെ ഷോഡശാംശനാഥന്മാർ

ഗ്രഹം	ര	ച	കു	ബു	ഗു	ശു	മ
അംശം	കന്നി	കർക്കടം	കർക്കട	ഇടവം	കന്നി	കന്നി	കന്നി
നാഥൻ	ബു	ച	ച	ശു	ബു	ബു	ബു
ബന്ധം	മിത്ര	സ്വ	സമ	മിത്ര	സമ	മിത്ര	സമ

9. ത്രിംശാംശം

ഒരു രാശിയെ മുപ്പതായി തിരിച്ചതു ത്രിംശാംശകം.

ത്രിംശാംശകനാഥന്മാർ:

1.	ഓജരാശികളിൽ:	5	5	8	7	5
	പരിധി	$1-5^{0}$	$6-10^{0}$	$11-18^{0}$	$19-25^{0}$	$26-30^{0}$
	ത്രിംശാംശം:	മേടം	കുംഭം	ധനു	മിഥുനം	തുലാം
	ത്രിംശാംശനാഥ:	കു	മ	ഗു	ബു	ശു
2.	യുഗ്മരാശികളിൽ	5	7	8	5	5
	പരിധി	$1-5^{0}$	$6-10^{0}$	$11-18^{0}$	$19-25^{0}$	$26-30^{0}$
	നാഥന്മാർ	ശു	ബു	ഗു	മ	കു

ഉദാഹരണജാതകത്തിലെ ത്രിംശാംശനാഥന്മാർ

ഗ്രഹം	ര	ച	കു	ബു	ഗു	ശു	മ
നാഥൻ	കു	മ	മ	ഗു	ശു	ഗു	ഗു
ബന്ധം	മിത്ര	ശത്രു	ശത്രു	ശത്രു	സമ	ശത്രു	സമ

10. ഷഷ്ട്യംശം

ഒരു രാശിയെ അറുപതായി ഭാഗിച്ചത് ഷഷ്ട്യംശം.

1. ഓജരാശിയിൽ ക്രൂരാംശങ്ങൾ:

1	2	8	9	10	11	12	13	16
28	31	32	33	34	35	39	40	42
43	44	48	49	52	59			

2. ശേഷിച്ചവ സൗമ്യാംശങ്ങൾ
3. യുഗ്മരാശിയിൽ ഇതിനു വിപരീതമായി വരുന്നു.

<u>ഷഷ്ട്യംശം പട്ടിക</u>

1. ഓജരാശിയിൽ

ക്രൂരാംശം	1	2	8	9	10	11	12	13	16	28	31
	32	33	34	35	39	40	42	43	44	48	49
	52	59									

സൗമ്യാംശം	3	4	5	6	7	14	15	17	18	19	20
	21	22	23	24	25	26	27	29	30	36	37
	38	41	45	46	47	50	51	52	54	55	56
	57	58	60								

2. യുഗ്മരാശിയിൽ

കൂരാംശം

3	4	5	6	7	14	15	17	18	19	20	21
22	23	24	25	26	27	29	30	36	37	38	41
45	46	47	50	51	52	54	55	56	57	58	60

സൗമ്യാംശം

1	2	8	9	10	11	12	13	16	28	31	32
33	34	35	39	40	42	43	44	48	49	52	59

ഉദാഹരണജാതകത്തിലെ ഷഷ്ട്യംശസ്ഥിതി

ഗ്രഹം:	സൂര്യൻ	ചന്ദ്രൻ	കുജൻ	ബുധൻ	ഗുരു	ശുക്രൻ	ശനി
വർഗ്ഗം:	ക്രൂര	സൗമ്യ	ക്രൂര	ക്രൂര	സൗമ്യ	സൗമ്യ	സൗമ്യ

5. ഉദാഹരണജാതകത്തിലെ വർഗ്ഗബലം

(1) ഷഡ്വർഗ്ഗം

	ര	**ച**	**കു**	**ബു**	**ഗു**	**ശു**	**മ**
1. രാശി	ശു	ശു	കു	ശു	ര	കു	ബു
2. ഹോര	ര	ര	ര	ര	ച	ര	ച
3. ദ്രേക്കാണം	മ	മ	കു	ബു	കു	ര	ശു
4. നവാംശം	ര	ച	ശു	ബു	കു	ച	ഗു
5. ദ്വാദശാംശം	ഗു	മ	ബു	ഗു	ബു	ര	മ
6. ത്രിംശാംശം	കു	മ	മ	ഗു	ശു	ഗു	ഗു
ശുഭവർഗ്ഗം	2	1	1	3	1	1	3
പാപവർഗ്ഗം	4	5	5	3	5	5	3

(2) ദശവർഗ്ഗം:

	ര	**ച**	**കു**	**ബു**	**ഗു**	**ശു**	**മ**
1. രാശി	ശത്രു	മൂലത്രി	മൂലത്രി	മിത്ര	മിത്ര	സമ	സമ
2. ഹോര	സ്വ	മിത്ര	മിത്ര	സമ	സമ	ശത്രു	സമ
3. ദ്രേക്കാണ	ശത്രു	ശത്രു	മൂല	മൂല	മിത്ര	ശത്രു	ഉച്ചം
4. സപ്താം	മിത്ര	മിത്ര	സമ	നീച	നീച	മിത്ര	മിത്ര
5. നവാംശ	സ്വ	സ്വ	സമ	സ്വ	മിത്ര	സമ	സമ
6. ദശാംശ	മിത്ര	സ്വ	സമ	മിത്ര	മിത്ര	സമ	സമ
7. ദ്വാദശാ	മിത്ര	ശത്രു	സമ	ശത്രു	സമ	ശത്രു	സ്വ
8 കലാംശം	മിത്ര	സ്വ	നീചം	മിത്ര	സമ	മിത്ര	സമ
9. ത്രിംശാം	മിത്ര	ശത്രു	ശത്രു	ശത്രു	സമ	ശത്രു	സമ

10. ഷഷ്ട്യംശ	ക്രൂര	സൗമ്യ	ക്രൂര	ക്രൂര	സൗമ്യ	സൗമ്യ	സൗമ്യ
അനുകൂലം	7	7	3	5	5	3	4 (പത്തിൽ)

(3) ത്രയോദശവർഗ്ഗം

	ര	ച	കു	ബു	ഗു	ശു	മ
1. രാശി	ശു	ശു	കു	ശു	ര	കു	ബു
2. ഹോര	ര	ര	ര	ര	ച	ര	ച
3. ദ്രേക്കാണം	മ	മ	കു	ബു	കു	ര	ശു
4. സപ്താംശം	കു	ഗു	ശു	ഗു	മ	ബു	ശു
5. നവാംശം	ര	ച	ശു	ബു	കു	ച	ഗു
6. ദ്വാദശാംശം	ഗു	മ	ബു	ഗു	ബു	ര	മ
7. ത്രിംശാം ശം	കു	മ	മ	ഗു	ശു	ഗു	ഗു
8. ത്രികോണം	..	..	..	..	..	..	..
9. മൂലത്രികോണം.	..	ച	കു	..	..	..	..
10. സ്വക്ഷേത്രം	..	..	...	..	..	..	..
11. ഉച്ചം	..	..	..	..	..	..	..
12. കേന്ദ്രം	..	..	..	..	..	..	മ
13. വർഗ്ഗോത്തമം	..	..	..	..	..	..	..
കിട്ടിയ സംഖ്യ	2	2	3	2	..	..	2

അനുബന്ധം 2
ഷഡ്ബലം : ഗണിതം

വിഷയവിവരം

1. നൈസർഗ്ഗികബലം (Natural / Permanent Streangth)
2. ദിഗ്ബലം (Directional Streangth)
3. ദൃക്ബലം (Aspect Streangth)
4. ചേഷ്ടാബലം (Motional Streangth)

5. സ്ഥാനബലം (Positional Streangth)
   - (1) ഉച്ചബലം
   - (2) സപ്തവർഗ്ഗജബലം
   - (3) ഓജയുഗ്മരാശ്യംശബലം
   - (4) കേന്ദ്രബലം
   - (5) ദ്രേക്കാണബലം

6. കാലബലം (Temporal Streangth)
   - (1) നതോന്നതബലം
   - (2) പക്ഷബലം
   - (3) ത്രിഭാഗബലം
   - (4) അബ്ദബലം
   - (5) മാസബലം
   - (6) വാരബലം
   - (7) ഹോരാബലം
   - (8) അയനബലം
   - (9) യുദ്ധബലം

ഉദാഹരണജാതകം:

	സൂര്യൻ	ചന്ദ്രൻ	കുജൻ	ബുധൻ	വ്യാഴം	ശുക്രൻ	ശനി
ഗ്രഹസ്ഫുടം (ഭാഗ - കലയിൽ)							
	55° - 31	50° - 49	5° - 42	48°	145° - 26	10° - 46	77° - 51
ഗ്രഹസ്ഫുടം (*ദശാംശത്തിൽ)							
	55.52^{O}	50.82^{O}	5.70^{O}	48°	145.43^{O}	10.77^{O}	77.85^{O}

*ഷഡ്ബലഗണിതത്തിന് ഇവിടെ ഭാഗ - കലയ്ക്കു പകരം ഭാഗ, ദശാംശത്തോടെ, ഉപയോഗിക്കുന്നു.

1. നൈസർഗ്ഗികബലം

ഗ്രഹങ്ങളുടെ സ്വാഭാവികബലമാണ് നിസർഗ്ഗബലം. ഏറ്റവും കൂടുതൽ നൈസർഗ്ഗികബലം സൂര്യനാണ്. (1 രൂപ അഥവാ 60 ഷഷ്ട്യംശം). സൂര്യൻ, ചന്ദ്രൻ, ശുക്രൻ ഗുരു, ബുധൻ, കുജൻ ശനി എന്ന ക്രമത്തിൽ ഇതു കുറഞ്ഞു വരുന്നു.

(

ഗ്രഹം	ശനി	കുജൻ	ബുധൻ	വ്യാഴം	ശുക്രൻ	ചന്ദ്രൻ	സൂര്യൻ
അനുപാതം	60•1/7	60•2/7	60•3/7	60•4/7	60•5/7	60•6/7	60•7/7
ബലം	8.57	17.14	25.70	34.28	42.85	51.43	60

നൈസർഗ്ഗികബലം സ്ഥിരമാണ്. അത് എല്ലാ ജാതകത്തിലും ഇതു പോലെത്തന്നെ വരും.

ഉദാഹരണജാതകത്തിൽ ഗ്രഹങ്ങളുടെ നിസർഗ്ഗബലം:

ഗ്രഹം	സൂര്യൻ	ചന്ദ്രൻ	കുജൻ	ബുധൻ	വ്യാഴം	ശുക്രൻ	ശനി
ബലം	60	51.43	17.14	25.70	34.28	42.85	8.57

2. ദിഗ്ബലം

ജാതകത്തിൽ കേന്ദ്രഭാവങ്ങളിൽ സ്ഥിതി വരുമ്പോൾ ഗ്രഹങ്ങൾക്കു കിട്ടുന്ന ബലമാണ് ദിഗ്ബലം. തനിക്കു പറഞ്ഞിട്ടുള്ള ഭാവത്തിന്റെ മദ്ധ്യത്തിൽ നിൽക്കുമ്പോൾ ഒരു ഗ്രഹത്തിനു 1 രൂപ അഥവാ 60 ഷഷ്ട്യംശം ദിഗ്ബലമുണ്ട . ദിഗ്ബലമുള്ള രേഖാംശത്തിന്റെ 180° - യിൽ ബലം ശൂന്യമായിരിക്കും. ഇതിനിടയ്ക്കുള്ള സ്ഥിതിയുടെ ബലം ത്രൈരാശികം ചെയ്ത് (മൂന്നുകൊണ്ട ു ഹരിച്ച്) കാണണം.

നാലു പടികളിലായി വേണം ഈ ബലം കാണാൻ.

1. ഗ്രഹങ്ങൾക്കു പൂർണ്ണബലം കിട്ടുന്ന സ്ഥാനം (ഭാവമദ്ധ്യം) കാണുക
2. അതിൽനിന്നും 180° കുറച്ച് 0 ബലം കിട്ടുന്ന സ്ഥാനം കാണുക.
3. 0 ബലം വരുന്ന രേഖാംശത്തിൽനിന്നും ഗ്രഹസ്ഫുടം കുറച്ച് വ്യത്യാസം കാണുക.
4. ഈ വ്യത്യാസത്തെ മൂന്നുകൊ ണ്ടു ഹരിക്കുക.

ഉദാഹരണജാതകത്തിലെ ഭാവമദ്ധ്യം

കേന്ദ്രഭാവങ്ങൾ	1	7	10	4
അവിടെ ബലമുള്ള ഗ്രഹങ്ങൾ	ബുഗു	മ	രകു	ചശു
ഉദാ. ഭാവമദ്ധ്യം	343.30	163.30	252.01	72.01

1. ഓരോ ഗ്രഹത്തിനും ബലം കിട്ടുന്ന സ്ഥാനങ്ങൾ

ഗ്രഹം	സൂര്യൻ	ചന്ദ്രൻ	കുജൻ	ബുധൻ	വ്യാഴം	ശുക്രൻ	ശനി
ഭാവം	10	4	10	1	1	4	7

ഭാവമദ്ധ്യം	252^0 - 01	72^0 - 01	252^0 - 01	343^0 - 30	343^0 - 30	72^0 - 01	163^0 - 30
(+)	-	*360 **	-	-	-	*360**	*360**
ആകെ	**252 – 01**	**432.01**	**252 – 01**	**343^0 – 30**	**343^0 – 30**	**432.01**	**523.30**

*180^0 - ൽ കുറവുള്ളിടത്ത് 360 കൂട്ടണം

2. പൂജ്യം ബലം കിട്ടുന്ന സ്ഥാനങ്ങൾ

ഗ്രഹം	സൂര്യൻ	ചന്ദ്രൻ	കുജൻ	ബുധൻ	വ്യാഴം	ശുക്രൻ	ശനി
ആകെ	252 - 01	432.01	252 - 01	343^0 - 30	343^0 - 30	432.01	523.30
(- -)	180^0	180^0	180^0	180^0	180^0	180^0	180^0
ശൂന്യംബലം	72^0 - 01	252^0 - 01	72^0 - 01	163^0 - 30	163^0 - 30	252^0 - 01	343^0 - 30

3. ഭാവസ്ഫുടവും ഗ്രഹസ്ഫുടവും തമ്മിലുള്ള വ്യത്യാസം.

ഗ്രഹം	സൂര്യൻ	ചന്ദ്രൻ	കുജൻ	ബുധൻ	വ്യാഴം	ശുക്രൻ	ശനി
ഭാവസ്ഫുടം	72^0 01	252^0 01	72^0 01	$163^0$30	163^0 30	252^0 01	343^0 30
(- -)ഗ്രഹസ്ഫുടം	55^0 31	50^0 49	5^0 42	48^0	145^0 26	10^0 46	77^0 51
വ്യത്യാസം	16^0 30	201^0 12*	66^0 19	115^0 30	18^0 5	241^0 15*	$265^0$79*

4. ദിക് ബലം (വ്യത്യാസത്തിന്റെ മൂന്നിലൊന്ന്)

ഗ്രഹം	സൂര്യൻ	ചന്ദ്രൻ	കുജൻ	ബുധൻ	വ്യാഴം	ശുക്രൻ	ശനി
വ്യത്യാസം	16^0.30	158^0 .48	66^0 .19	115^0 .30	18^0 .5	118^0 45	94^0 21
മൂന്നിലൊന്ന്	5^0 - 30	52^0 - 56	22^0 - 7	38^0 - 30	6^0 - 1	39^0 - 35	31^0 - 27
ദശാംശത്തിൽ	5^0 .50	52^0 .93	22^0 .11	38^0 .50	6^0 02	$39.^0$ 58	$31.^0$ 45

ഉദാഹരണജാതകത്തിലെ ഗ്രഹങ്ങളുടെ ദിഗ്ബലം (ദശാംശത്തിൽ) :

ഗ്രഹം	സൂര്യൻ	ചന്ദ്രൻ	കുജൻ	ബുധൻ	വ്യാഴം	ശുക്രൻ	ശനി
ദിക് ബലം	5.50	52.93	22.11	38.50	6 - 02	39.58	31.45

3. ദൃക്ബലം

(1) **പൂർണ്ണദൃഷ്ടി** : പൂർണ്ണദൃഷ്ടിബലം കാണുന്ന രീതി

1. നോക്കുന്ന ഗ്രഹത്തിന്റെ രേഖാംശം നോക്കപ്പെടുന്ന ഗ്രഹത്തിന്റെ രേഖാംശത്തിൽനിന്നും കുറച്ച് ദൃഷ്ടികേന്ദ്രം കാണുക.
2. ഈ ദൃഷ്ടികേന്ദ്രം വെച്ച് താഴെ കൊടുത്തിട്ടുള്ള പട്ടികയിൽനിന്നും ദൃഷ്ടിമൂല്യം കാണുക. ഇതാണ് ആ ഗ്രഹത്തിന്റെ ദൃഷ്ടിബലം
3. ദൃഷ്ടിമൂല്യം കാണുന്നതിനുള്ള ടേബിൾ:

നോക്കുന്ന ഗ്രഹത്തിൽനിന്നും-

(1)	0^0	-	30^0	=	ദൃഷ്ടി ഇല്ല.
(2)	30^0	-	60^0	=	(ദൃഷ്ടി കേന്ദ്രം - - 30)/2
(3)	60^0	-	90^0	=	(ദൃഷ്ടി കേ ന്ദ്രം- - 60) + 15
(4)	90^0	-	120^0	=	(120 - ദൃഷ്ടി കേന്ദ്രം)/2 + 30
(5)	120^0	-	150^0	=	150 - - ദൃഷ്ടി കേന്ദ്രം
(6)	150^0	-	180^0	=	(ദൃഷ്ടി കേന്ദ്രം - - 150)
(7)	180^0	-	300^0	=	(300 - ദൃഷ്ടി കേന്ദ്രം)/2
(8)	300^0	-	360^0	=	ദൃഷ്ടി ഇല്ല.

2. ദൃഷ്ടി വ്യാപ്തി

ഗ്രഹങ്ങൾക്കു 2 മുതൽ 10 വരെ ഭാവങ്ങളിലേയ്ക്ക് (30° - നും 300° - നും ഇടയ്ക്കുള്ള സ്ഥലത്തേയ്ക്ക്) ദൃഷ്ടിയു '..

11, 12, 1 ഭാവങ്ങളിലേയ്ക്ക് (300° - നും 30° - നും ഇടയ്ക്കുള്ള സ്ഥലത്തേയ്ക്ക്) ദൃഷ്ടിയില്ല.

3. ഉദാഹരണജാതകത്തിലെ ദൃഷ്ടികേന്ദ്രങ്ങളും ദൃഷ്ടിമൂല്യവും

(* ഗ്രഹസ്ഫുടം ദൃഷ്ടികേന്ദ്രത്തേക്കാൾ കുറവുള്ളിടത്ത് 360 കൂട്ടണം..)

(1) സൂര്യദൃഷ്ടി

	സൂര്യന്	ചന്ദ്രന്	കുജന്	ബുധന്	വ്യാഴന്	ശുക്രന്	ശനിയ്ക്ക്
ഗഹസ്ഫുടം	-	50.82^{O}	5.70^{O}	48°	145.43^{O}	10.77^{O}	77.85^{O}
+	-	360*	360*	360*	-	360*	-
ആകെ =	-	410.82	365.70	408.	-	370.77	-
(- -) സൂര്യസ് -		55.52	55.52	55.52	55.52	55.52	55.52
(=) ദൃഷ്ടികേന്ദ്രം -		355.30	310.18	352.48	89.91	315.25	22.33
ദൃഷ്ടിമൂല്യം -		•	•	•	(3)	•	•

ഇതിൽ വ്യാഴത്തിനു മാത്രമേ സൂര്യദൃഷ്ടിയുള്ളൂ. ഈ ദൃഷ്ടിയുടെ മൂല്യം മുകളിലെ പട്ടികയിൽനിന്നും കാണണം. വ്യാഴത്തിനു കിട്ടുന്ന സൂര്യ ദൃഷ്ടിയുടെ (89.91) മൂല്യം :

60° - 90° = (ദൃഷ്ടി കേന്ദ്രം- - 60) + 15

ദൃഷ്ടി കേന്ദ്രം = 89.91

60 കുറയ്ക്കണം - - 60

ബാക്കി = 29.91

അതിനോടു 15 കൂട്ടണം + 15 = 44.91^{O}

വ്യാഴത്തിനു കിട്ടുന്ന സൂര്യദൃഷ്ടിയുടെ ബലം= 44.91^{O}.

സൂര്യൻ പാപനായതിനാൽ = 44.91^{O}. (- -)

2) ചന്ദ്രദൃഷ്ടി

	സൂര്യന്	ചന്ദ്രന്	കുജന്	ബുധന്	വ്യാഴന്	ശുക്രന്	ശനിക്ക്
ഗ്രഹസ്ഫുടം	55.52^{O}	....	5.70	48°	145.43	10.77^{O}	77.85^{O}
	-	-	360	360	-	360	
	-	-	365.70	408	-	370.77	-
ചന്ദ്രസ്ഫുടം	50.82^{O}	....	50.82^{O}	50.82^{O}	50.82^{O}	50.82^{O}	50.82^{O}
ദൃഷ്ടികേന്ദ്രം	4.70	....	314.88	357.18	94.61	319.95	27.03
ദൃഷ്ടിമൂല്യം	•	....	•	•	(4)	•	•

ചന്ദ്രദൃഷ്ടി വ്യാഴത്തിനുമാത്രം. ദൃഷ്ടിമൂല്യം പട്ടികയിലെ (4) പ്രകാരം കാണണം.

90° - 120° = (120 - ദൃഷ്ടി കേന്ദ്രം) /2 + 30

120 - - 94.61 = 25.39

25.39/2 = 12.70

ചന്ദ്രദൃഷ്ടി (വ്യാഴത്തിന്) 12.70+ 30 = 42.70

ചന്ദ്രൻ ഈ ജാതകത്തിൽ പാപനായതിനാൽ (- -) 42.70

((3) കുജദൃഷ്ടി

	സൂര്യന്	ചന്ദ്രന്	കുജന്	ബുധന്	വ്യാഴന്	ശുക്രന്	ശനിക്ക്
ഗ്രഹസ്ഫുടം	55.52^{O}	50.82^{O}	-	48°	145.43^{O}	10.77^{O}	77.85^{O}

കുജസ്ഫുടം	5.70	5.70	-	5.70	5.70	5.70	5.70
ദൃഷ്ടികേന്ദ്രം	49.82	45.12	....	42.30	139.73	5.07	72.15
ദൃഷ്ടിമൂല്യം	(2)	(2)	....	(2)	(5)	•	(3)
കുജദൃഷ്ടി (- -)	9.91	7.56	- -	6.15	10.27	- -	27.15

(4) ബുധദൃഷ്ടി

	സൂര്യന്	ചന്ദ്രന്	കുജന്	ബുധന്	വ്യാഴന്	ശുക്രന്	ശനിയ്ക്ക്
ഗ്രഹസ്ഫുടം	55.52°	50.82°	365.70°	...	145.43°	370.77°	77.85°
ബുധസ്ഫുടം	48°	48°	48°.	...	48°	48°	48°
ദൃഷ്ടികേന്ദ്രം	7.52	2.82	317.70	....	97.43	322.77	29.85
ദൃഷ്ടിമൂല്യം	•	•	•	....	(4)	•	•

ഗുരുവിന് ബുധദൃഷ്ടി

ബുധൻ ഈ ജാതകത്തിൽ പാപനായതിനാൽ പാപദൃഷ്ടി (- -) 41.58

5) ഗുരുദൃഷ്ടി

	സൂര്യന്	ചന്ദ്രന്	കുജന്	ബുധന്	വ്യാഴന്	ശുക്രന്	ശനിയ്ക്ക്
ഗ്രഹസ്ഫുടം	415.52°	410.82°	365.70°	408°	....	370.77°	77.85°
ഗുരുസ്ഫുടം	145.43°	145.43°	145.43°	145.43°	...	145.43°	145.43°
ദൃഷ്ടികേന്ദ്രം	270.09	265.39	220.27	262.57	...	225.34	292.42
ദൃഷ്ടിമൂല്യം	(7)	(7)	(7)	(7)	....	(7)	(7)
ശുഭദൃഷ്ടി	14.96	17.31	39.87	18.72	....	37.33	3.79

(6) ശുക്രദൃഷ്ടി

	സൂര്യന്	ചന്ദ്രന്	കുജന്	ബുധന്	വ്യാഴന്	ശുക്രന്	ശനിയ്ക്ക്
ഗ്രഹസ്ഫുടം	5.52°	50.82°	365.70°	48°	145.43°	....	77.85°
ശുക്രസ്ഫുടം	10.77	10.77	10.77	10.77	10.77	....	10.77
ദൃഷ്ടികേന്ദ്രം	44.75	40.05	354.93	37.23	134.68	...	67.08
ദൃഷ്ടിമൂല്യം	(2)	(2)	•	(2)	(5)	...	(3)
ശുഭദൃഷ്ടി	.38	5.03	...	3.62	15.32	...	22.08

(7) ശനിദൃഷ്ടി

	സൂര്യന്	ചന്ദ്രന്	കുജന്	ബുധന്	വ്യാഴന്	ശുക്രന	ശനി
ഗ്രഹസ്ഫുടം	415.52°	410.82°	365.70°	408°	145.43°	370.77	....
ശനിസ്ഫുടം	77.85°	77.85°	77.85°	77.85°	77.85°	77.85°	....
ദൃഷ്ടികേന്ദ്രം	337.67	332.97	287.85	330.15	67.58	292.92	....
ദൃഷ്ടിമൂല്യം	•	•	(7)	•	(3)	(7)	
ശനിദൃഷ്ടി(- -)	...	...	**6.07**	**...**	**22.58**	**3.54**	**- -**

(2) വിശേദൃഷ്ടി

ഗ്രഹം	വിശേഷദൃഷ്ടി	ദൃക്ബലം	ഷഷ്ട്യംശം
കുജൻ	4 - 8,	1/4	15
ഗുരു	5 - 9,	1/2	30
ശനി	3 - 10	3/4	45

1) കുജന്റെ വിശേഷദൃഷ്ടി

		4		8	
		90 -	120	210 -	240
കുജസ്ഫുടം	+	5.70	5.70	5.70	5.70
		95.70	125.70	215.70 -	245.70

ഗ്രഹം	സൂര്യൻ	ചന്ദ്രൻ	കുജൻ	ബുധൻ	വ്യാഴം	ശുക്രൻ	ശനി
ഗ്രഹസ്ഫുടം:	55.52^{O}	50.82^{O}	5.70^{O}	8.00^{O}	145.43^{O}	10.77^{O}	77.85^{O}
കുജദൃഷ്ടി	--	--	--	--	--	--	--

ഒരു ഗ്രഹത്തിന്റെ സ്ഫുടവും കുജന്റെ മേൽപ്പറഞ്ഞ വീക്ഷണ കോണത്തിൽ വരുന്നില്ല അതിനാൽ ഉദാഹരണജാതകത്തിൽ ഒരു ഗ്രഹത്തിനും കുജന്റെ വിശേഷ ദൃഷ്ടി ഇല്ല.

2) ഗുരുവിശേഷദൃഷ്ടി

			5	9	
		120	- 150	240	- 270
ഗുരുസ്ഫുടം	+	145.43	145.43	145.43	145.43
		265.43	295.43	385.43 -	415.43
				(25.43 -	55.43)

	സൂര്യൻ	ചന്ദ്രൻ	കുജൻ	ബുധൻ	വ്യാഴം	ശുക്രൻ	ശനി
ഗ്രഹസ്ഫുടം:	55.52^{O}	50.82^{O}	5.70^{O}	48.00^{O}	145.43^{O}	10.77^{O}	77.85^{O}
വിശേഷദൃഷ്ടി	-	30	- -	30	- -	- -	- -

3) ശനി വിശേഷദൃഷ്ടി

		3	10
		60 - 90	270 - 300
മന്ദസ്ഫുടം	+	77.85	77.85
		137.85 - 167.85	347.85 - 377.85 (17.85)

	സൂര്യൻ	ചന്ദ്രൻ	കുജൻ	ബുധൻ	വ്യാഴം	ശുക്രൻ	ശനി
ഗഹസ്ഫുടം	55.52^{O}	50.82^{O}	5.70^{O}	48.00^{O}	$.43^{O}$	10.77^{O}	77.85^{O}
നിദൃഷ്ടി	-	-	45	-	45	45	- -

3. ദൃക്ബലം സമ്മരി

1. ശുഭദൃഷ്ടി

	സൂര്യന്	ചന്ദ്രന്	കുജന്	ബുധന്	വ്യാഴന്	ശുക്രന്	ശനിയ്ക്ക്
വ്യാഴം	14.96	17.31	39.87	1 8.71	....	37.34	3.79
വിശേഷദൃ	-30	-	30	-	-	-	-
ശുക്രൻ	7.38	5.02	-	3.62	15.33	-	22.09
ദൃഷ്ടിബലം	22.34	52.34	39.87	52.34	15.33	37.34	25.88

2. പാപദൃഷ്ടി

	സൂര്യന്	ചന്ദ്രന്	കുജന്	ബുധന്	വ്യാഴന്	ശുക്രന്	ശനിക്ക്
സൂര്യൻ	...	....	....	....	44.91	....	....
ചന്ദ്രൻ	....	....	....	....	42.70	....	....
കുജൻ	9.91	7.56	....	6.16	10.27	....	27.15
ബുധൻ	....	....	....	....	41.29	....	....
ശനി	....	....	6.07	....	22.59	3.54	-
വിശേഷദൃ	....	...	45	....	45	45	-
ദൃഷ്ടിബലം	- 9.91	- 7.56	- 51.07	- 6.16	- 206.76	- 48.54	- 27.15

ഉദാഹരണജാതകത്തിലെ ദൃക്ബലം

	സൂര്യൻ	ചന്ദ്രൻ	കുജൻ	ബുധൻ	വ്യാഴം	ശുക്രൻ	ശനി
ശുഭബലം (+)	22.34	52.34	39.87	52.34	15.33	37.34	25.88
പാപബലം (-)	9.91	7.56	51.07	6.16	206.75	48.54	27.15

ദൃഷ്ടിപിണ്ഡം	12.43	44.78	- - 11.20	46.18	- 191.42	- 11.20	1.27
ദൃ. ബലം(1/4)	3.11	11.19	- - 2.80	11.55	- 47.86	- 2.80	- 0.32

4. ചേഷ്ടാബലം

കുജൻ, ബുധൻ, വ്യാഴം, ശുക്രൻ, ശനി എന്നീ അഞ്ചു താരാഗ്രഹങ്ങൾക്കു വക്രഗതിയിൽ കിട്ടുന്ന ബലമാണ് ചേഷ്ടാബലം. ചേഷ്ടാബലം കാണുന്നതിന് യഥാർ ത്ഥസ്ഫുടം, ശരാശരിസ്ഫുടം, ശീഘ്രോച്ചം, ചേഷ്ടാകേന്ദ്രം ഇവ ആവശ്യമാണ്.

1. യഥാർത്ഥസ്ഫുടം.

ഉദാഹരണജാതകത്തിലെ ഗ്രഹസ്ഫുടം

ഗ്രഹസ്ഫുടം:	സൂര്യൻ	-	കുജൻ	ബുധൻ	വ്യാഴം	ശുക്രൻ	ശനി
ഭാഗ - കലയിൽ	55° - 31	-	5° - 42	48°	145° - 26	10° - 46	77° - 51
ദശാംശത്തിൽ	55.52^{O}	-	5.70^{O}	48°	145.43^{O}	10.77^{O}	77.85^{O}

2. ശരാശരിസ്ഫുടം

ഒരു ഗ്രഹത്തിന്റെ പ്രദക്ഷിണവഴി പാളിച്ചയില്ലാത്തതും കൃത്യമായ വൃത്താകൃതിയിലുള്ള തുമാണെന്ന സങ്കൽപത്തിലുള്ളതാണ് ശരാശരി സ്ഫുടം. ഇതു കാണുന്നതിനുള്ള എളുപ്പത്തിന് പട്ടികകൾ ലഭ്യമാണ്. എന്നാൽ ഇവയുടെ അടിസ്ഥാനം ഉജ്ജയിനി രേഖാംശത്തിൽ (76° ഇ), 1-1-1900 അർദ്ധരാത്രി സമയമാണ്. അതുകൊണ്ട് ഈ പട്ടികകളിൽനിന്നും ജനനത്തിയതിയിലെ ശരാശരിസ്ഫുടം കാണുന്നതിന് ആദ്യമായി 1-1-1900 മുതൽ ജനനത്തിയതിവരെ കഴിഞ്ഞുപോയ ദിവസങ്ങൾ ഗണി ച്ചെടുക്കണം.

2 (1) 1-1-1900 മുതൽ ജനനസമയംവരെ ചെന്ന ദിവസങ്ങൾ കാണുന്ന വിധം:

ഉദാഹരണജാതകത്തിലെ ജനനം 10-6-1945, 1-36 എ.എം. ആയതിനാൽ 1-1-1900 അർദ്ധരാത്രിമുതൽ 10-6-1945, 1-36 എ.എം. വരെ കഴിഞ്ഞ സമയമാണ് കാണേത്.

(1)	1 - 1 - 1900 മുതൽ 10 - 6 - 1945 വരെ ആകെ ചെന്ന വർഷങ്ങൾ (1945 - - 1900)	-	45
(2)	45 വർഷത്തെ ദിവസം(45• 365)	=	16425 ദിവസങ്ങൾ
(3.)	അധിവർഷങ്ങളിലെ അധികദിവസങ്ങൾ	=	12 ദിവസങ്ങൾ
(4)	1-1-1945 മുതൽ 9-6-1945 വരെ	=	160 ദിവസങ്ങൾ
(5)	ആകെ	-	16597 ദിവസങ്ങൾ

(6) അർദ്ധരാത്രിമുതൽ ജനനം വരെയുള്ള സമയം:

1945 ജൂൺ 9-ാം തിയതി അർദ്ധരാത്രിമുതൽ ജനനംവരെ ചെന്നത്:
1 മണിക്കൂർ 36 മിനിറ്റ്. എന്നാൽ പട്ടികയിലെ ശരാശരിസ്ഫുടം ഉജ്ജയിനി സമയത്തിനാകയാൽ,
ഇന്ത്യൻ സ്റ്റാൻഡേർഡ് സമയവും ഉജ്ജയിനി സമയവും തമ്മിലുള്ള വ്യത്യാസം അനുസരിച്ച് ഈ സമയത്തെ മാറ്റണം.

രേഖാംശത്തിലെ ഡിഗ്രിയെ സമയമാക്കാൻ:	1^{O} = 4 മിനിറ്റ്
ഇന്ത്യൻ സ്റ്റാൻഡാർഡ് സമയത്തിന്റെ രേഖാംശം	82° - 30
ഉജ്ജയിനിസമയ.ത്തിന്റെ രേഖാംശം	76°
വ്യത്യസം	6 - 30
6° - 30 നെ സമയമാക്കുമ്പോൾ 6 - 30• 4	26 മിനിറ്റ്

ജനനസമയമായ 1 മണിക്കൂർ 36 മിനിറ്റിൽനിന്നും 26മിനിറ്റ് കുറയ്ക്കു മ്പോൾ 1 മണി 10 മിനിറ്റ് അഥവാ 70 മിനിറ്റ് കിട്ടും. ഇതിനെ 24 മണിക്കൂർ (1440 മിനിറ്റ്) കൊണ്ട ുഹരിച്ച് ആവശ്യമായ ദിവസഭാഗം കാണണം.

2 (2) ശരാശരിസ്ഫുടം കാണുന്നതിനുള്ള പട്ടികകൾ

വക്രമോ അതുമൂലമുള്ള ചേഷ്ടാബലമോ ഇല്ലെങ്കിലും സൂര്യന്റെ ശരാശരിസ്ഫുടം കാണണം. കാരണം അതാണ് ബുധശുക്രന്മാരുടെ ശരാശരി സ്ഫുടവും കുജൻ വ്യാഴം, ശനി ഇവരുടെ ശീഘ്രോച്ചവും.

ശരാശരിസ്ഫുടം : സൂര്യൻ

1-1-1900-ലെ (0 മണിക്കൂർ, 76° ഋ) ശരാശരിസൂര്യസ്ഫുടം: 257.4568°

	യൂണിറ്റ്	100	1000	10000
1	0.9856	98.5602	265.6026	146.0265
2	1.9712	197.1205	71.2053	272.0531
3	2.9568	295.6808	76.8080	48.0796
4	3.9524	34.2411	342.4106	184.1062
5	4.9280	132.8013	248.0133	320.1327
6	5.9136	231.3616	153.6159	96.1593
7	6.8992	329.9218 59.	2186	2 32.1868
8	7.8848	68.4821	324.8212	8.2124
9	8.8704	167.0424	230.4239	144.2389

ഉദാഹരണജാതകത്തിൽ സൂര്യന്റെ ശരാശരിസ്ഫുടം

1-1-1900 ലെ ശരാശരിസ്ഫുടം - 257.4568

ഇതിന്റെകൂടെ 1-1-1900 മുതൽ 9-6-1945 വരെ യുള്ള 16597 ദിവസത്തെ മാറ്റം ചേർക്കണം.

	257.4568
10000	146.0265
6000	153.6159
500	132.8013
90	88.704
7	6.8992
1മ 10മി	0.04791

ആകെ **785.55.** ഇതിൽ ഉള്ള 360°കൾ കുറയ്ക്കുമ്പോൾ -- 720 = **65.55**

ഉദാഹരണജാതകത്തിലെ സൂര്യൻ, ബുധൻ, ശുക്രൻ ഇവരുടെ ശരാശരി സ്ഫുടവും ഇതുതന്നെ. ഇനി കുജൻ, ഗുരു, ശനിഇവരുടെ ശരാ ശരി സ്ഫുടം കാണണം.

ശരാശരിസ്ഫുടം : കുജൻ

1-1-1990 : ശരാശരിസ്ഫുടം: 270.22°

	യൂണിറ്റ്	100	1000	10000
1	0.524	52.40	164.02	200.19
2	1.048	104.80	328.04	40.39
3	1.572	157.21	132.06	240.58
4	2.096	209.61	296.08	80.78
5	2.620	262.01	100.10	280.97
6	3.144	314.41	264.12	121.16
7	3.668	6.81	68.14	321.36
8	4.192	59.22	232.55	161.55
9	4.716	111.62	36.17	1.74

ശരാശരിസ്ഫുടം : ഗുരു

ശരാശരിസ്ഫുടം (1-1-1900) : 220.04

യൂണിറ്റ്		10	100	1000	0000
1	.08	0.83	8.31	83.1	110.96
2	.17	1.66	16.62	166.19	221.96
3	.25	2.49	24.93	249.29	332.89
4	.33	3.32	33.24	332.39	83.85
5	.41	4.15	41.55	55.48	194.82
6	.50	4.99	49.86	138.58	305.78
7	.58	5.82	58.17	221.67	56.74
8	.66	6.65	66.58	304.77	167.71
9	.75	7.48	74.79	78.87	278.67

ശരാശരിസ്ഫുടം : ശനി

1-1-1900 ശരാശരിസ്ഫുടം 236.74

	യൂണിറ്റ്	10	100	1000	10000
1	.03	.33	3.34	33.44	334.39
2	.07	.67	6.59	66.88	308.79
3	.10	1.00	10.03	100.32	283.18
4	.13	1.34	13.38	133.76	257.57
5	.17	1.67	16.72	167.20	231.97
6	.20	2.01	20.06	200.64	206.36
7	.23	2.34	23.41	234.08	180.75
8	.27	2.68	26.75	267.51	155.14
9	.30	3.01	30.10	300.95	129.54

ഉദാഹരണജാതകത്തിൽ ഗ്രഹങ്ങളുടെ ശരാശരിസ്ഫുടം:

ഗ്രഹം	സൂര്യൻ	കുജൻ	ബുധൻ	വ്യാഴം	ശുക്രൻ	ശനി
സ്ഫുടം ദശാംശത്തിൽ						
	55.52^{O}	5.70^{O}	48°	145.43^{O}	10.77^{O}	77.85^{O}
1-1-1990-ൽ	-	270.22	-	220.04	-	236.74
1-1-1990നു ശേഷം (16597 ദിവസത്തിന്)						
10000	-	200.19	-	110.96	-	334.39
6000	-	264.12	-	138.58	-	200.64
500	-	262.01	-	41.55	-	16.72
90	-	47.16	-	7.48	-	3.01
7	-	3.66	-	0.58	-	0.23
1മ 10മി	-	0.02	-	0.00	-	0.00
ആകെ	-	1047.39	-	519.19	-	791.73
കറക്ഷൻ*	-	- -	-	(- -)3.63	-	(+)5.04
ബാക്കി	-	1047.39	-	515.56	-	796.77
- -360/720		720	-	360	-	720
ശരാശരി/	65.55	327.39	65.55	155.56	65.55	76.77

കറക്ഷൻ *

	സൂര്യൻ	കുജൻ	-	വ്യാഴം	-	ശനി
1-1-1900	-	-	-	- - 3.33	-	+5
1-1-1900 മുതൽ	-	-	-	.0067	-	001
ജനനവർഷംവരെ	-	-	-	•	-	•
(1945- -1900)= 45	-	-	-	45	-	45
	-	-	-	0.301	-	0.045
	-	-	-	- -	-	- -04
	-	-	-	(-) 3.63	-	(+)5.04

3. ശീഘ്രോച്ചം

സൂര്യന്റെ ശരാശരിസ്ഫുടമാണ് കുജൻ, വ്യാഴം, ശനി ഇവരുടെ ശീഘ്രോച്ചം. ബുധൻ, ശുക്രൻ ഇവരുടെ ശീഘ്രോച്ചം 5, 6 പട്ടികകളിൽ നിന്നു കാണണം.

ശീഘ്രോച്ചം കാണുന്നതിനുള്ള പട്ടികകൾ

6 (1) ശീഘ്രോച്ചം : ബുധൻ (1-1-1900ലെ സ്ഥിതി - 164^{1})

	യൂണിറ്റ്	10	100	1000	10000
1	4.09	40.92	49.23	133.32	243.18
2	8.18	81.84	98.46	264.64	126.36
3	12.28	122.77	147.69	36.95	9.54
4	16.37	163.69	196.93	169.27	252.72

5	20.46	204.62	246.16	301.59	135.90
6	24.55	245.54	295.39	73.91	19.08
7	28.65	286.46	344.62	206.34	262.26
8	32.74	327.38	33.85	338.54	145.44
9	36.83	8.31	83.09	110.86	28.63

ശീഘ്രോച്ചം : ശുക്രൻ (1-1-1900ലെ സ്ഥിതി: 328.51ി)

	യൂണിറ്റ്	10	100	1000	10000
1	1.60	16.02	160.21	162.15	181.46
2	3.20	32.04	320.43	324.29	2.93
3	4.81	48.06	120.64	246.44	184.39
4	6.41	64.09	280.86	288.52	5.86
5	8.01	80.11	81.07	90.73	187.32
6	9.61	96.13	241.29	252.88	8.87
7	11.21	116.15	41.50	55.02	190.25
8	12.82	128.17	201.72	217.17	11.71
9	14.42	144.19	1.93	19.32	193.18

ഉദാഹരണജാതകത്തിലെ ശീഘ്രോച്ചങ്ങൾ

	കുജൻ	ബുധൻ	ഗുരു	ശുക്രൻ	ശനി
1-1-1990-ൽ	-	164.0	-	328.51	-
1-1-1990നു ശേഷം (16597 ദിവസത്തിന്)					
10000	-	243.18	-	181.46	-
6000	-	73.91	-	252.88	-
500	-	246.16	-	81.07	-
90	-	8.31	-	144.19	-
7	-	28.65	-	11.21	-
1മ 10മി	-	0.19	-	0.07	-
ആകെ	-	764.40	-	999.32	-

	കുജൻ	ബുധൻ	ഗുരു	ശുക്രൻ	ശനി
ആകെ	-	764.40	-	999.32	-
കറക്ഷൻ					
	-	(+) 6.61-	(-) 5.01	-	
ബാക്കി	-	771.01	-	994.31	-
--360/720	-	720	-	720	-
ശീഘ്രോച്ചങ്ങൾ	65.55	51.01	65.55	274.31	65.55

കറക്ഷൻ *

	ബുധൻ	-	ശുക്രൻ			
1-1-1900	-	+6.67	-		--5	-
1-1-1900 മുതൽ	.00133	-	001	-		
ജനനവർഷംവരെ	•	-	•	-		
(1945 -- 1900) = 45	45	-	45	-		
	+ 0.059		.045	-		
	0.06	-	0.30	-		
	+ 6.61	-	-- 5.01	-		

4. ചേഷ്ടാകേന്ദ്രം

1. യഥാർത്ഥ ഗ്രഹസ്ഫുടവും ശരാശരി ഗ്രഹസ്ഫുടവും തമ്മിൽകൂട്ടി രണ്ടു

കൊണ്ടു ഹരിക്കുക. (ചേഷ്ടാകേന്ദ്രം കുറവാണെങ്കിൽ അതിന്റെകൂടെ 360 കൂട്ടണം.)

2. ഈ ഹരണഫലത്തെ ശീഘ്രോച്ചത്തിൽനിന്നും കുറച്ചാൽ കിട്ടുന്ന വ്യത്യാസമാണ് ചേഷ്ടാകേന്ദ്രം

ഉദാഹരണജാതകത്തിലെ ചേഷ്ടാകേന്ദ്രങ്ങൾ

		കുജൻ	ബുധൻ	വ്യാഴം	ശുക്രൻ	ശനി
യഥാർത്ഥസ്ഫുടം		5.70^{O}	48°	145.43^{O}	10.77^{O}	77.85^{O}
ശരാശരിസ്ഫുടം		327.39	65.55	155.56	65.55	76.77
		333.09	113.55	300.99	76.32	154.62
പകുതി		166.54	56.77	150.49	38.16	77.31
ശീഘ്രോച്ചം		65.55	51.01	65.55	274.31	65.55
	+	360	360	360	-	360
	=	425.55	411.01	425.55	-	425.55
സ്ഫുടംപകുതി		166.54	56.77	150.49	38.16	77.31
ചേഷ്ടാകേന്ദ്രം		259.01	354.24	275.06	236.15	348.24

4. ചേഷ്ടാബലം

ചേഷ്ടാകേന്ദ്രത്തിന്റെ മൂന്നിലൊന്നാണ് ചേഷ്ടോബലം.

(ചേഷ്ടാകേന്ദ്രം 180° - ൽ കൂടുതലാണെങ്കിൽ അത് 360° - ൽനിന്നും കുറയ്ക്കണം.)

ഉദാഹരണജാതകത്തിലെ ചേഷ്ടാബലം

	കുജൻ	ബുധൻ	വ്യാഴം	ശുക്രൻ	ശനി
	360	360	360	360	360
(-)	259.01	354.24	275.06	236.15	348.24
=	100.99	576	84.94	123.85	11.76
ചേഷ്ടാബലം(1/3)	33.66	1.92	28.31	41.28	3.92

5. സ്ഥാനബലം

5 (1) ഉച്ചബലം

ഗ്രഹങ്ങളുടെ ഉച്ചനീചസ്ഥിതിക്കനുസരിച്ചുള്ള ബലമാണിത്. ഒരു ഗ്രഹത്തിന്റെ അതിനീച സ്ഥാനവും അതു നിൽക്കുന്ന രേഖാംശവും (ഗ്രഹസ്ഫുടവും) തമ്മിലുള്ള വ്യത്യാസത്തെ മൂന്നുകൊണ്ട ു ഹരിച്ചാൽ ഉച്ചബലം കിട്ടും.

ഉദാഹരണജാതകത്തിലെ ഉച്ചബലം

ഗ്രഹം		സൂര്യൻ	ചന്ദ്രൻ	കുജൻ	ബുധൻ	വ്യാഴം	ശുക്രൻ	ശനി
ഉച്ചം		10°	33°	298°	165°	95°	357°	200°
	*(+)	180°	180°	180°	180°	180°	180°	180°
നീചം	=	190°	213°	478°	345°	275°	537°	380°
	**(-)	-	-	360	-	-	360	360
		190°	213°	118°	345°	275°	177°	20°
ഗ്രഹസ്ഫുടം		55.52^{O}	50.82^{O}	5.70^{O}	48°	145.43^{O}	10.77^{O}	77.85^{O}
വ്യത്യാസം		134.48	162.18	112.30	63*	129.57	166.23	57.85

ച്ചബലം (1/3) 44.83^{O} 54.06^{O} 37.43^{O} 21° 43.19^{O} 55.41^{O} 19.28^{O}

* ഉച്ചത്തോടു 180 കൂട്ടിയാൽ നീചം കിട്ടും.

** 360-ൽ കൂടുതലാണെങ്കിൽ 360 കുറച്ചു കളയണം.

5 (2) സപ്തവർഗ്ഗജബലം

കഴിഞ്ഞ അദ്ധ്യായത്തിൽ വിവരിച്ച ദശവർഗ്ഗത്തിൽനിനിന്നും രാശി, ഹോര, ദ്രേക്കാണം, സപ്താംശം, നവാംശം, ദ്വാദശാംശം, ത്രിംശാംശം എന്നീ ഏഴു വർഗ്ഗങ്ങൾ ചേർന്നതാണ് സപ്തവർഗ്ഗം. ഇപ്പോൾ സപ്ത വർഗ്ഗജബലത്തിൽ ഗ്രഹങ്ങൾ തമ്മിലുള്ള നൈസർഗ്ഗിക ബന്ധത്തിനു പുറമെ തൽക്കാല ബന്ധംകൂടി ഇവിടെ പരിഗണിക്കുന്നു '.

സപ്തവർഗ്ഗജബലം (ഷഷ്ട്യംശത്തിൽ):

വർഗ്ഗം	മൂലത്രി	സ്വവർഗ്ഗം	അധിമിത്ര	മിത്ര	സമ	ശത്രു	അധിശത്രു
ബലം	45	30	22.5	15	7.5	3.75	1.875

ദാഹരണജാതകത്തിലെ-

1. രാശിസ്ഥിതിബലം

	സൂര്യൻ	ചന്ദ്രൻ	കുജൻ	ബുധൻ	ഗുരു	ശുക്രൻ	ശനി
രാശിസ്ഥിതി	ഇടവം	ഇടവം	മേടം	ഇടവം	ചിങ്ങം	മേടം	മിഥുനം
രാശിനാഥൻ	ശു	ശു	കു	ശു	ര	കു	ബു
നൈസർഗ്ഗി	ശത്രു	മൂലത്രി	മൂലത്രി	മിത്രം	മിത്രം	സമൻ	സമൻ
തത്ക്കാല	12 മി	....	....	12 മിത്രം	10 മിത്രം	1 ശത്രു	12 മിത്രം
ബന്ധം	സമൻ	മൂലത്രി	മൂലത്രി	അധിമി	അധിമി	ശത്രു	മിത്രം
ബലം	7.5	45	45	22.5	22.5	3.75	15

2. ഹോരാസ്ഥിതിബലം

	സൂര്യൻ	ചന്ദ്രൻ	കുജൻ	ബുധൻ	ഗുരു	ശുക്രൻ	ശനി
ഹോരാനാഥൻ	സൂര്യൻ	സൂര്യൻ	സൂര്യൻ	സൂര്യൻ	ചന്ദ്രൻ	സൂര്യൻ	ചന്ദ്രൻ
നൈസർഗ്ഗിക	സ്വ	മിത്ര	മി	സമ	സമ	ശത്രു	സമ
തത്കാല	....	1 ശത്രു	2 മിത്ര	1 ശത്രു	10 മിത്രം	2 മിത്ര	12 മിത്ര
സംയുക്ത	...	സമ	അധിമി	ശത്രു	മിത്ര	സമ	മിത്ര
ബലം	30.	7.5	22.5	3.75	15.	7.5	15.

3. ദ്രേക്കാണസ്ഥിതിബലം

	സൂര്യൻ	ചന്ദ്രൻ	കുജൻ	ബുധൻ	ഗുരു	ശുക്രൻ	ശനി
	മകരം	മകരം	മേടം	കന്നി	മേടം	ചിങ്ങം	തുലാം
ദ്രേക്കാണനാഥൻ	മ	മ	കു	ബു	കു	ര	ശു
നൈ.ബന്ധം	ശത്രു	ശത്രു	സ്വ	മൂലത്രി മി	ശത്രു	മിത്ര	
തത്.ബന്ധം	2 മിത്ര	2 മിത്ര	....	....	9 ശത്രു	2 മിത്ര	11 മിത്ര
സം.ബന്ധം	സമ	സമ	....	....	സമ	സമ	അധിമിത്ര
ബലം	7.5	7.5	30	45.	7.5	7.5	22.5

4. സപ്താംശസ്ഥിതിബലം

	സൂര്യൻ	ചന്ദ്രൻ	കുജൻ	ബുധൻ	ഗുരു	ശുക്രൻ	ശനി
	മേടം	മീനം	ഇടവം	മീനം	മകരം	മിഥുനം	തുലാം
സപ്താംശനാ.	കു	ഗു	ശു	ഗു	മ	ബു	ശു
നൈ.ബന്ധം	മിത്രം	മിത്രം	സമ	ശത്രു	സമ	മിത്ര	മിത്ര
തത്.ബന്ധം	12 മിത്രം	4 മിത്രം	1 ശത്രു	4 മിത്രം	3 മിത്രം	2 മിത്രം	11 മിത്രം
സം.ബന്ധം	അധിമി	അധിമി	ശത്രു	സമ	മിത്രം	അധിമി	അധിമി
ബലം	22.5	22.5	3.75	7.5	1.5	22.5	22.5

5. നവാംശസ്ഥിതിബലം

	സൂര്യൻ	ചന്ദ്രൻ	കുജൻ	ബുധൻ	ഗുരു	ശുക്രൻ	ശനി
	ചിങ്ങം	കർക്കടം	ഇടവം	മിഥുനം	വൃശ്ചികം	കർക്കടം	മീനം
നവാംശനാഥ.	ര	ച	ശു	ബു	കു	ച	ഗു
നൈ.ബന്ധം	സ്വ	സ്വ	സമ	സ്വ	മിത്ര	സമ	സമ
തത്.ബന്ധം	-	-	1 ശത്രു	-	9 ശത്രു	12 മിത്രം	11 മിത്രം
സം.ബന്ധം	-	-	ശത്രു	മിത്ര	സമ	മിത്ര	മിത്ര
ബലം	30	30	3.75	30.	7.5	15	15.

6. ദ്വാദശാംശസ്ഥിതിബലം

	സൂര്യൻ	ചന്ദ്രൻ	കുജൻ	ബുധൻ	ഗുരു	ശുക്രൻ	ശനി
	മീനം	മകരം	മിഥുനം	ധനു	മിഥുനം	ചിങ്ങം	മകരം
ദ്വാദശാംശനാ	ഗു	മ	ബു	ഗു	ബു	ര	മ
നൈ.ബന്ധം	മിത്രം	ശത്രു	സമ	ശത്രു	സമ	ശത്രു	സ്വ
തത്.ബന്ധം	4 മിത്രം	2 മിത്രം	2 മിത്രം	4 മിത്രം	10 മിത്രം	2 മിത്രം	....
സം.ബന്ധം	അധിമി	സമ	മിത്രം	സമ	മിത്രം	സമൻ	
ബലം	22.5	7.5	15	7.5	15	7.5	30

7. ത്രിംശാംശസ്ഥിതിബലം

	സൂര്യൻ	ചന്ദ്രൻ	കുജൻ	ബുധൻ	ഗുരു	ശുക്രൻ	ശനി
നഥൻ	കുജ	ശനി	ശനി	ഗുരു	ശുക്ര	ഗുരു	ഗുരു
നൈ.ബന്ധം	മിത്രം	ശത്രു	ശത്രു	ശത്രു	സമ	ശത്രു	സമ
തത്.ബന്ധം	12 മിത്രം	2 മിത്രം	3 മിത്രം	4 മിത്രം	9 ശത്രു	5 ശത്രു	3 മിത്രം
സം.ബന്ധം	അധിമി	സമ	സമ	സമ	ശത്രു	അധിശ	മിത്രം
ബലം	22.5	7.5	7.5	7.5	3.75	1.875	15
ആകെ	142.5	127.5	127.5	123.75	86.25	65.62	135

5 (3)   ഓജയുഗ്മരാശ്യംശബലം

ഓജ-യുഗ്മരാശികളിലും ഓജ-യുഗ്മനവാംശങ്ങളിലുമുള്ള സ്ഥിതിക്കനുസരിച്ച് ഗ്രഹങ്ങൾക്കു കിട്ടുന്ന ബലമാണിത്.

	ഓജരാശി	ഓജനവാംശം	രണ്ടും
സൂര്യൻ, കുജൻ, ബുധൻ, ഗുരു, ശനി	15	15	30
	യുഗ്മരാശി	യുഗ്മനവാംശം	രണ്ടും
ചന്ദ്രൻ, ശുക്രൻ	15	15	30

ഉദാഹരണജാതകത്തിലെ ഓജയുഗ്മസ്ഥിതി:

ഗ്രഹം	സൂര്യൻ	ചന്ദ്രൻ	കുജൻ	ബുധൻ	വ്യാഴം	ശുക്രൻ	ശനി
സ്ഫുടം	55.52⁰	50.82⁰	5.70⁰	48⁰	145.43⁰	10.77⁰	77.85
1. രാശി	ഇടവം	ഇടവം	മേടം	ഇടവം	ചിങ്ങം	മേടം	മിഥുനം
2. ഓജം / യുഗ്മം	യുഗ്മം	യുഗ്മം	ഓജം	യുഗ്മം	ഓജം	ഓജം	ഓജം
3. ബലം	....	15	15	,,,,	15	....	15
1. നവാംശം	ചിങ്ങം	കർക്കടം	ഇടവം	മിഥുനം	വൃശ്ചികം	കർക്കടം	മീനം
2. ഓജം/യുഗ്മം	ഓജം	യുഗ്മം	യുഗ്മം	ഓജം	യുഗ്മം	യുഗ്മം	യുഗ്മം
3. ബലം	15	15	....	15	....	15	....
ആകെബലം	15	30	15	15	15	15	15
(ഷഷ്ട്യംശത്തിൽ)	15	30	15	15	15	15	15

5 (4) കേന്ദ്രബലം

കേന്ദ്രബലം

കേന്ദ്രം	1,	4,	7,	10	:	60 ഷഷ്ട്യംശം
പണപരം	2,	5,	8,	11	:	30 ഷഷ്ട്യംശം
ആപോക്ലിമം	3,	6,	9,	12	:	15 ഷഷ്ട്യംശം

ഉദാഹരണജാതകത്തിലെ കേന്ദ്രബലം

ഗ്രഹം	സൂര്യൻ	ചന്ദ്രൻ	കുജൻ	ബുധൻ	വ്യാഴം	ശുക്രൻ	ശനി
ഗ്രഹസ്ഥിതി (ഭാവം)	III	III	II	III	VI	II	IV
	ആപോക്ലി	ആപോക്ലി	പണപരം	ആപോക്ലി	ആപോക്ലി	പണപരം	കേന്ദ്രം
ബലം	15	15	30	15	15	30	60

5 (5) ദ്രേക്കാണബലം

ഗ്രഹങ്ങൾ പുരുഷൻ (സൂര്യൻ, ഗുരു, കുജൻ), നപുംസകം (ശനി, ബുധൻ), സ്ത്രീ (ചന്ദ്രൻ, ശുക്രൻ) എന്നിങ്ങനെ മന്നൂ തരത്തിൽ വരുന്നു. അവർക്ക് ദ്രേക്കാണത്തിലെ (മൂന്നു ഭാഗങ്ങളിൽ) ചില പ്രത്യേകഭാഗങ്ങളിൽ നിൽക്കുമ്പോൾ കിട്ടുന്ന ബലമാണ് ദ്രേക്കാണ ബലം.

ഗഹം	സൂര്യൻ	ചന്ദ്രൻ	കുജൻ	ബുധൻ	വ്യാഴം	ശുക്രൻ	ശനി
പുരുഷ...	പുരുഷൻ	സ്ത്രീ	പുരുഷ	നപുംസ	പുരുഷ	സ്ത്രീ	നപുംസക
ദ്രേക്കാണം	1	2	1	2	1	3	2
ബലം	15	15	15	15	15	15	15

ഉദാഹരണജാതകത്തിലെ ദ്രേക്കാണബലം

ഗ്രഹം	സൂര്യൻ	ചന്ദ്രൻ	കുജൻ	ബുധൻ	വ്യാഴം	ശുക്രൻ	ശനി
സ്ഫുടം	55.52^{O}	50.82^{O}	5.70^{O}	48°	145.43^{O}	10.77^{O}	77.85^{O}
ദ്രേക്കാണം	3	3	1	2	3	2	2
ബലം	....	15	15	15	....	....	15

6. കാലബലം

6 (1) നതോന്നതബലം (ദിവരാത്രിബലം)

നതോന്നതബലം (ദിവരാത്രിബലം) 60 ഷഷ്ട്യംശം അഥവാ 1 രൂപയാണ്. രാത്രി-ഗ്രഹങ്ങൾക്ക് അർദ്ധരാത്രി 12 മണിക്കും പകൽ - ഗ്രഹങ്ങൾക്ക് ഉച്ചയ്ക്ക് 12 മണിക്കുമാണ് ഈ ബലം കിട്ടുക. അല്ലാത്തപ്പോഴത്തെ ബലം ക്രിയചെയ്തു കണ്ടുപിടിക്കണം.

ഉദാഹരണജാതകത്തിലെ ജനനം രാത്രി 1.36-നാണ്. അന്ന് ഉദയം 6.03-നും അസ്തമനം 6.46-നും. അതുവെച്ചു ദിനമാനം കാണണം.

			മണി	മിനിറ്റ്	സെക്കന്റ്
അസ്തമനം: 6-46 പി.എം.		=	18	46	
ഉദയം		=	6	03	
ദിനമാനം	18-46 -- 6.03	=	12	43	
പകലിന്റെ പകുതി	6-43/2 = 6-21 1/2	=	6	21	30

ഉദയത്തിനോടുകൂടെ ഇതു കൂട്ടിയാൽ നട്ടുച്ച കിട്ടും.

നട്ടുച്ച	6-03 + 6-21-30	=	12	24	30.
അർദ്ധരാത്രി	12-24-30 + 12-00	=	24	24	30

രാത്രിബലക്കാരായ ചന്ദ്രൻ, കുജൻ, ശനി എന്നിവർക്ക് രാത്രി 0 മണി 24 മിനിറ്റ് 30 സെക്കന്റിന് 60 ഷഷ്ട്യംശം ബലം കിട്ടും. എന്നാൽ ജനനം 1-36 നാണല്ലോ. ആ വ്യത്യാസം കുറയ്ക്കണം.

1-36 - - 0-24-30 = 1 11 30

1 മണിക്കൂർ 11 മിനിറ്റ് 30 സെക്കന്റുകൊ ്.

ബലം എത്ര കുറഞ്ഞു എന്നു നോക്കാൻ ക്രിയ ചെയ്യാം.

1-11-30 • 60	= 71-30 • 60	71 1/2 • 60 = 5.96 ഷഷ്ട്യംശം
12 മണിക്കൂർ	720 മിനിറ്റ്	720
ബാക്കി	60- - 5.96	= 54.04 ഷഷ്ട്യംശം

അതായത് - -

1) ചന്ദ്രൻ, കുജൻ, ശനി എന്നിവരുടെ രാത്രിബലം 54.04 ഷഷ്ട്യംശം.
2) പകൽ-ബലക്കാരായ സൂര്യൻ, കുജൻ, ഗുരു എന്നിവരുടെ
3) ബുധന് എപ്പോഴും ഒരേ ബലമാകയാൽ ബുധന്റെ ബലം 60 ഷഷ്ട്യംശം.

ഉദാഹരണജാതകത്തിലെ ഗ്രഹങ്ങളുടെ നതോന്നതബലം

ഗ്രഹം	സൂര്യൻ	ചന്ദ്രൻ	കുജൻ	ബുധൻ	വ്യാഴം	ശുക്രൻ	ശനി
ബലം	5.96	54.04	54.04	60	5.96	5.96	54.04

6 (2.) പക്ഷബലം

ചന്ദ്രന് സൂര്യനിൽനിന്നുമുള്ള അകൽച്ചയാണ് വാവുകളുടെയും പക്ഷങ്ങളുടെയും അടിസ്ഥാനം. രണ്ടു പേർക്കും ഒരേ രേഖാംശം (ഗ്രഹസ്ഫുടം) ആകുമ്പോൾ ചന്ദ്രന്റെ സഞ്ചാരം സൂര്യന്റെ കൂടെയാകുകയും ഒട്ടും ദൃശ്യമല്ലാതെ വരികയും ചെയ്യും. അതാണ് കറുത്ത വാവ് (അമാവാസി). അവിടുന്നങ്ങോട്ട് വെളുത്തപക്ഷമാണ്. ചന്ദ്രൻ സൂര്യനിൽനിന്നും 12° അകലുമ്പോൾ ഒരു തിഥിയായി. 15 തിഥിയാകുമ്പേൾ (180°) വെളുത്തവാവ് (പൗർണ്ണമി). ചന്ദ്രസ്ഫുടം വീണ്ടും സൂര്യസ്ഫുടത്തിലെത്തുമ്പോൾ അടുത്ത കറുത്തവാവ്. ചുരുക്കത്തിൽ ചന്ദ്രനും സൂര്യനും തമ്മിലുള്ള ദൂരം നോക്കിയാണ് പക്ഷബലം കണക്കാക്കുന്നത്. കറുത്തവാവു കഴിഞ്ഞ് എട്ടാമത്തെ ദിവസംമുതൽ വെളുത്ത വാവു കഴിഞ്ഞ് ഏഴാമത്തെ ദിവസം വരെ ചന്ദ്രന് പക്ഷബലമുണ്ട്.

.

പക്ഷബലമാണ് ചന്ദ്രന്റെ പ്രധാനബലം. പക്ഷബല മില്ലാത്ത ചന്ദ്രൻ പാപനാണ്. 60 ഷഷ്ട്യംശം അഥവാ 1 രൂപയാണ് പക്ഷബലം.

ചന്ദ്രനും സൂര്യനും തമ്മിലുള്ള അകലവും ഗ്രഹങ്ങളുടെ പക്ഷബലവും

(1)	(2)
0° - 180°	180° - 360°
പാപർക്കു പൂർണ്ണബലം	ശുഭർക്കു പൂർണ്ണ ബലം
ശുഭർക്കു 0 ബലം	പാപർക്കു 0 ബലം

ഇതിനിടയ്ക്കു വരുന്നത് കണക്കുചെയ്തു ക ു പിടിക്കണം

പക്ഷബലം കാണുന്നവിധം:

ചന്ദ്രസ്ഫുടം - - സൂര്യസ്ഫുടം = പാപരുടെ പക്ഷബലം.

(ചന്ദ്രസ്ഫുടം സൂര്യസ്ഫുടത്തേക്കാൾ കുറവാണെങ്കിൽ 180° കൂട്ടണം.)

ഉദാഹരണജാതകത്തിലെ ഗ്രഹസ്ഫുടം (ദശാംശത്തിൽ):

സൂര്യൻ	ചന്ദ്രൻ	കുജൻ	ബുധൻ	വ്യാഴം	ശുക്രൻ	ശനി
55.52^{O}	50.82^{O}	5.70^{O}	48.00^{O}	145.43^{O}	10.77^{O}	77.85^{O}

ഉദാഹരണജാതകത്തിലെ ചന്ദ്രസ്ഫുടം		:	50.82
ഇതു സൂര്യസ്ഫുടത്തേക്കൾ കുറവായതിനാൽ			180° കൂട്ടണം.
50-82 + 180		=	230 .82
(-) സൂര്യസ്ഫുടം			(-) 55.52
വ്യത്യാസം		=	175. 30
175.30നെ 3 കൊണ്ടു ഹരിച്ചാൽ പാപരുടെ			
പക്ഷബലം കിട്ടും.	175.30/3	=	58.43

ശുഭരുടെ പക്ഷബലം	60 -- 58.43				=	1. 57
ചന്ദ്രന് പക്ഷബലം ഇരട്ടിയാണ്. 58.43 • 2					=	116.86

ഉദാഹരണജാതകത്തിലെ ഗ്രഹങ്ങളുടെ പക്ഷബലം

സൂര്യൻ	ചന്ദ്രൻ	കുജൻ	ബുധൻ	വ്യാഴം	ശുക്രൻ	ശനി
58.43	116.86	58.43	58.43	1.57	1.57	58.43

6 (3.) ത്രിഭാഗബലം

പകലിനെയും രാത്രിയേയും മുമ്മൂന്നു ഭാഗങ്ങളാക്കി ഓരോ ഭാഗത്തും ഓരോ ഗ്രഹത്തിനും ഓരോ ബലം കൊടുത്തിട്ടുള്ളതാണ് ത്രിഭാഗബലം. ജനനം എപ്പോഴായാലും വ്യാഴത്തിന് ത്രിഭാഗബലമുണ്ട്.

60 ഷഷ്ട്യംശമാണ് ത്രിഭാഗബലം.

ത്രിഭാഗബലം കാണുന്ന രീതി:

	പകൽ			രാത്രി		
ഭാഗം	1	2	3	1	2	3
ബലമുള്ള ഗ്രഹം	ബു	ര	മ	ച	ശു	കു

1. ഉദാഹരണജാതകത്തിലെ ജനനം രാത്രിയായതിനാൽ ആദ്യം രാത്രിമാനം കാണണം.

ജനനദിവസത്തെ അസ്തമനം	=	18-46
അടുത്ത ഉദയം	=	6-03
രാത്രിമാനം (18.46 -- 6.03)	=	11-17

2. ഇതിനെ 3 ഭാഗമാക്കണം.

11-17 / 3 = 3 മണിക്കൂർ 45 മിനിറ്റ് വീതമുള്ള 3 ഭാഗങ്ങൾ

3. അടുത്തതായി ജനനം ഏതു ഭാഗത്താണു വരുന്നതെന്നു നോക്കണം.

ജനനസമയം	1-36 എ.എം.	=	25-36 മണി
അസ്തമനം		=	18-46
ഭാഗം -1	18-46 + 3-45 = 21.91	=	22-31
ഭാഗം-2	22-31 + 3-45 25-76	=	26-16

4. ജനനം 25-36 നാകയാൽ അതു ര ാമത്തെ ഭാഗത്ത് അഥവാ ശുക്രന്റെ ഭാഗത്തു വരുന്നു.

ഉദാഹരണജാതകത്തിലെ ത്രിഭാഗബലം

സൂര്യൻ	ചന്ദ്രൻ	കുജൻ	ബുധൻ	വ്യാഴം	ശുക്രൻ	ശനി
-	-	-	-	60	60	-

6 (4) അബ്ദബലം (15 ഷഷ്ട്യംശം)

ജനനം വരുന്ന ചൈത്രവർഷത്തിന്റെ ആദ്യദിവസത്തിന്റെ നാഥനാണ് വർഷാധിപൻ.

ജനനദിവസത്തെ അഹർഗ്ഗണസംഖ്യ അനുസരിച്ചാണ് ഇതു കാണുന്നത്. അഹർഗ്ഗണം വളരെ നീ സംഖ്യയായതിനാൽ സൗകര്യത്തിനുവേണ്ടി ഒതുക്കിയ സംഖ്യകളാണ് വർഷാരംഭം കാണാനുപയോഗിക്കുന്നത്. വിവിധ ചുരുക്കസംഖ്യകൾ ഇതിനായി നിലവിലുണ്ട്. ഇവിടെ ഡോ. ബി.വി.രാമൻ അദ്ദേഹത്തിന്റെ ഗ്രഹബലവും ഭാവബലവും എന്ന പുസ്തകത്തിൽ കൊടുത്തിട്ടുള്ള അഹർഗ്ഗണപട്ടികയാണ് ഉപയോഗിക്കുന്നത്. ഈ അഹർഗ്ഗണപട്ടിക ആരംഭിക്കുന്നത് 2-5-1827 ബുധനാഴ്ച മുതൽക്കാണ്.

1. ഉദാഹരണജാതകത്തിലെ ജനനം: 1945 ജൂൺ 10, ശനിയാഴ്ച.
2. 1944 ഡിസംബർ 31-ന്റെ അഹർഗ്ഗണം - 42978

1-1-46 മുതൽ 10-6-45 വരെ	-	161 ദിവസങ്ങൾ
10-6-45 ലെ അഹർഗ്ഗണം	-	43139

3. ഈ ദിവസങ്ങളെ 360-കൊു ഹരിച്ച് എത്ര വർഷമുണ്ടെന്നു കാണണം.
   43139 / 360 = ഹരണഫലം   വർഷസംഖ്യ   = 119
4. ഈ വർഷസംഖ്യയെ 3 കൊു പെരുക്കി 1 കൂട്ടണം.
   119 • 3 = 357. 357 + 1   = 358.
5. ഈ സംഖ്യയെ 7-കൊു ഹരിച്ചാൽ കിട്ടുന്ന ശിഷ്ടം ആ വർഷം തുടങ്ങുന്ന ആഴ്ചയും ആ ആഴ്ചയുടെ നാഥൻ വർഷാധിപനു മാണ്.

   ശിഷ്ടം   1-ബുധൻ,
             2-വ്യാഴം,
             3-വെള്ളി,
             4-ശനി
             5-ഞായർ.
             6-തിങ്കൾ,
             7-ചൊവ്വ എന്നതാണ് ക്രമം.

6. 358/ 7 = ഹരണഫലം 51, ബാക്കി 1. 1-ബുധനാഴ്ച. ബുധനാഴ്ചയുടെ നാഥൻ ബുധൻ. ജനനസമയത്തെ വർഷാധിപൻ ബുധൻ.

ഉദാഹരണജാതകത്തിലെ അബ്ദാധിപബലം:

സൂര്യൻ	ചന്ദ്രൻ	കുജൻ	ബുധൻ	വ്യാഴം	ശുക്രൻ	ശനി
-	-	-	15	-	-	-

6 (5) മാസബലം (30 ഷഷ്ട്യംശം)

മാസാധിപനെ കാണുന്നതിന്, ജനനദിവസത്തെ അഹർഗ്ഗണത്തെ 30-കൊു ഹരിച്ചാൽ കിട്ടുന്ന ഹരണഫലത്തെ 2-കൊണ്ടു പെരുക്കി, 1 കൂട്ടി, 7-കൊു ഹരിക്കണം.

1. 1945 ജൂൺ 10-ലെ അഹർഗ്ഗണം   -   43139
2. 30-കൊണ്ടു ഹരിക്കുക 43139 / 30   =   1437
3. ഹരണഭലത്തെ 2-കൊണ്ടു പെരുക്കുക
                              1437 • 2 = 2874
4. 1 കൂട്ടുക   2874+1 = 2875
5. 2875-നെ 7-കൊണ്ടു ഹരിക്കുക.2875/7 = 410.
                                    ശിഷ്ടം 5.

1-ബുധൻ, 2-വ്യാഴം, 3-വെള്ളി, 4-ശനി 5-ഞായർ. എന്ന ക്രമത്തിൽ മാസാരംഭം ഞായറാഴ്ച. മാസാധിപൻ സൂര്യൻ.

ഉദാഹരണജാതകത്തിലെ മാസാധിപബലം:

സൂര്യൻ	ചന്ദ്രൻ	കുജൻ	ബുധൻ	വ്യാഴം	ശുക്രൻ	ശനി
30	-	-	-	-	-	-

6 (6) വാരാധിപബലം (45 ഷഷ്ട്യംശം)

ജനനദിവസം ഏതാഴ്ചയാണോ, ആ ആഴ്ചയുടെ നാഥനായിരിക്കും വാരാധിപൻ. ഉദാഹരണജനനം ശനിയാഴ്ച. വാരാധിപൻ ശനി.

ഉദാഹരണജാതകത്തിലെ വാരാധിപബലം:

സൂര്യൻ	ചന്ദ്രൻ	കുജൻ	ബുധൻ	വ്യാഴം	ശുക്രൻ	ശനി
-	-	-	-	-	-	45

6 (7) ഹോരാധിപബലം (60 ഷഷ്ട്യംശം)

ഒരുദിവസം ഉദയംമുതൽ അടുത്ത ദിവസം ഉദയംവരെയാണ് ഒരു ഭാരതീയദിവസം. ദിവസത്തെ ഇരുപത്തിനാലായി തിരിച്ചതാണ് ഒരു ഹോര. അതായത്, കാലഹോര ഒരു മണിക്കൂറാണ്. അത് സൗരയൂഥത്തിലെ

ക്രമമനുസരിച്ചുതന്നെ മ, ഗു, കു, ര (ഭൂമിക്കുപകരം), ശു. ബു, ച എന്ന ക്രമത്തിൽ ആവർത്തിച്ചുവരുന്നു. വാരാധിപന്റെ ഹോരതന്നെയാണ് ആദ്യം. ഉദയം ഞയറാഴ്ച 6-15 നാണെങ്കിൽ 7-15 വരെ സൂര്യഹോരാ. തുടർന്ന്, ശുക്രൻ, ബുധൻ, ചന്ദ്രൻ ശനി, വ്യഴം, കുജൻ എന്ന ക്രമത്തിൽ ആവർത്തിച്ചുവരും. 25-ാമത്തെ ചന്ദ്രഹോരയോടെ തിങ്കളാഴ്ച ആരംഭിക്കും. ജനനം ഏതു കാലഹോരയിലാണോ അതിന്റെ നാഥനാണ് ഹോരാധിപൻ.

ഹോരകളും ഹോരാധിപന്മാരും ആവർത്തിക്കുന്ന വിധം:

ഹോര					ഹോരാധിപൻ
1	8	15	22	-	ശനി
2	9	16	23	-	ഗുരു
3	10	17	24	-	കുജൻ
4	11	18	-	-	രവി
5	12	19	-	-	ശുക്രൻ
6	13	20	-	-	ബുധൻ
7	14	21	-	-	ചന്ദ്രൻ

ഉദാഹരണജാതകത്തിലെ ജനനം ശനിയാഴ്ച.
ജനനസമയം 1-36 എ.എം.
അന്ന് ഉദയം 6-03 മണിക്ക്.

1) ആദ്യമായി ഇന്ത്യൻ സമയത്തെ പ്രാദേശികസമയം ആക്കണം.

സ്റ്റാൻഡേർഡ് മെറീഡിയൻ 82° - 30
തൃശൂർ 76° -15
വ്യത്യാസം 6 -15 • 4 (- -) 25 മിനിറ്റ്
ജനനം ഇന്ത്യൻ സമയം; 1-36 എ.എം.
ജനനം പ്രാദേശികസമയം
1-36 - - 0-25 = 1 മണി 11 മിനിറ്റ്
= 25 11

2) അടുത്തതായി അന്നത്തെ ഉദയത്തെ പ്രാദേശികസമയമാക്കണം.
ഉദയം ഇന്ത്യൻ സമയം 6-03 എ.എം.
ഉദയം പ്രാദേശികസമയം (- -) 0-25 മിനിറ്റ്
= 5 മണി 38 മിനിറ്റ്

3) 25-11 എത്രാമത്തെ ഹോരയിലാണെന്നു കണ്ടു പിടിക്കണം.
ജനനം പ്രാദേശികസമയം 25-11
ഉദയം പ്രാദേശികസമയം (- -) 5-38
വ്യത്യാസം = 19-33
പത്തൊമ്പതു കഴിഞ്ഞതിനാൽ ഇരുപതാമത്തെ ഹോര.

4) ഇരുപതാമത്തെ ഹോര മുകളിലെ പട്ടികപ്രകാരം ബുധഹോര. അതുകൊണ്ട് ഹോരാധിപൻ ബുധൻ.

ഉദാഹരണജാതകത്തിലെ ഹോരാബലം:

സൂര്യൻ	ചന്ദ്രൻ	കുജൻ	ബുധൻ	വ്യാഴം	ശുക്രൻ	ശനി
0	0	0	60	0	0	0

6 (8) അയനബലം

1. ഉത്തരായണവും ദക്ഷിണായനവും

(1) മേടം - മിഥുനം: മേടമാസം ഒന്നാംതിയതി മേടംരാശിയിലേയ്ക്കു പ്രവേശിക്കുമ്പോൾ സൂര്യൻ നമുക്കു നേരെ മുമ്പിൽ (0°=മേഷവിഷുവം) ആയിരിക്കും. പിന്നീട് ദിവസം ഒരു ഡിഗ്രിവീതം വടക്കോട്ടു നീങ്ങി മേടം, ഇടവം, മിഥുനം രാശികൾ പിന്നിട്ട് അങ്ങു വടക്കേ അറ്റത്ത്(90°)എത്തുന്നു,

(2) കക്കടകം - കന്നി: കർക്കടമാസം ഒന്നാംതിയതി തെക്കോട്ടുള്ള മടക്കം ആരംഭിക്കും. കർക്കടകം, ചിങ്ങം, കന്നി രാശികൾ പിന്നിട്ട്, തുലാം ഒന്നാംതിയതി സൂര്യൻ വീണ്ടും നമുക്കു നേരെ മുമ്പിൽ (180° = തുലാ വിഷുവം) എത്തുന്നു.

(3) തുലാം - ധനു: തെക്കോട്ടുള്ള യാത്ര തുടരുന്ന സൂര്യൻ തുലാം, വൃശ്ചികം, ധനു രാശികൾ പിന്നിട്ട്, ധനുമാസം അവസാനം തെക്കേ അറ്റത്ത് (270°) എത്തുന്നു.

(4) മകരം - മീനം: മകരം ഒന്നാംതിയതി വീണ്ടും വടക്കോട്ടുള്ള യാത്ര ആരംഭിക്കുന്നു. മീനം അവസാനം / മേടം ഒന്നിന് വീണ്ടും നമുക്കു മുമ്പിൽ (0° = മേഷവിഷുവം) എത്തുന്നു

0° / 360°

1 - മേടം 12 - മീനം

(0° - 30°) (330 - 360 ^{O})

2 - ഇടവം
(30° - 60°)

11 - കുംഭം
(300 - 330°)

3 - മിഥുനം
(60° - 90°)

10 - മകരം
(270 - 300°)

90° വടക്ക്

തെക്ക് **270°**

4 - കർക്കടം
(90° - 120°)

9 - ധനു
(240° - 270°)

5 - ചിങ്ങം
(120° - 150°)

8 - വൃശ്ചികം
(210° - - 240°)

6 - കന്നി
(150° - 180°)

7 - തുലാം
(180 - 210 ^{O})

180°

സൂര്യന്റെ വടക്കോട്ടും (മകരം - മിഥുനം) തെക്കോട്ടും (കർക്കടകം - ധനു) ഉള്ള ഈ യാത്രകളെയാണ് ഉത്തരായണം എന്നും ദക്ഷിണായനം എന്നും പറയുന്നത്. ഈ ഉത്തരായണവും ദക്ഷിണായനവും എല്ലാ ഗ്രഹങ്ങൾക്കുമു ്. എന്നാൽ അയനബല ത്തിനു നോക്കുന്നത് ഗ്രഹം മദ്ധ്യ രേഖയ്ക്കു വടക്കോ തെക്കോ എന്നതാണ് അഥവാ ഓരോ ഗ്രഹത്തി ന്റെയും ക്രാന്തി (ചീ്യവേ ഉലരഹശിമശേീ / ടീൗവേ ഉലരഹശിമശേീ) ആണ്.

2. അയനബലം

മദ്ധ്യരേഖയിൽനിന്നും വടക്കോട്ടോ തെക്കോട്ടോ അകലും തോറുംഗ്രഹങ്ങളുടെ അയന ബലം കൂടുകയോ കുറയുകയോ ചെയ്യുന്നു. ഗ്രഹങ്ങൾക്ക് മദ്ധ്യരേഖയി ($0^{\circ}/180^{\circ}$) 30 ഷഷ്ട്യംശമാണ്അയന ബലം. ഗ്രഹങ്ങളുടെ പരമാവധി അയനം (ക്രാന്തി) 24 ഡിഗ്രിയും 24° -ക്കു കിട്ടു അയനബലം 60 ഷഷ്ട്യംശവും ആണ്. ഇടയ്ക്കുള്ളത് ആനുപാതികമായി (ത്രൈരാശികം ചെയ്തു) കാണണം.

മദ്ധ്യരേഖയ്ക്കു വടക്കുള്ള ഗതിയി സൂര്യൻ, കുജൻ, വ്യാഴം, ശുക്രൻ എ ീ ഗ്രഹങ്ങൾക്ക് അയനബലം വർദ്ധിക്കു ു. ഭൂമദ്ധ്യരേഖയ്ക്കു തെക്കോട്ടുള്ള ഗതിയി ഇതു കുറഞ്ഞു കുറഞ്ഞു തീരെ ഇ ാതാകു ു. സൂര്യൻ, കുജൻ, വ്യാഴം, ശുക്രൻ എ ീ ഗ്രഹങ്ങളുടെ ഉത്തരക്രാന്തി (ചീ്യവേ ഉലരഹശിമശേീ) 24° യോട് കൂട്ടണം. ദക്ഷിണക്രാന്തി (ടീൗവേ ഉലരഹശിമശേീ) ആണെങ്കി 24° യി നി ും കുറയ്ക്കണം.

ഭൂമദ്ധ്യരേഖയ്ക്കു തെക്കുള്ള ഗതിയിൽ ശനി, ചന്ദ്രൻ എന്നീ ഗ്രഹങ്ങൾക്കാണ് അയന ബലം കിട്ടുക. വടക്കുള്ള ഗതിയിൽ ഇവരുടെ ബലം ആനുപാതികമായി കുറയുകയും ചെയ്യുന്നു.

(ചന്ദ്രനും ശനിക്കും ദക്ഷിണ ക്രാന്തി 24°യോടു കൂട്ടണം; ഉത്തരക്രാന്തി കുറയ്ക്കണം.)

(4) ബുധൻ വടക്കു ഭാഗത്തായാലും തെക്കു ഭാഗത്തായാലും 24° - യോടു കൂട്ടണം. (ബുധന് കൂടുകമാത്രമേ ഉള്ളൂ; കുറയലില്ല.)

(5) സൂര്യന് അയനബലം ഇരട്ടിയാണ്.

3. സായനസ്ഫുടങ്ങളും സായനസ്ഥിതിയും

ഗ്രഹങ്ങളുടെ അയനബലം കണക്കാക്കുന്നത് സായനഗ്രഹസ്ഫുടങ്ങളിലാണ്; ജാതകങ്ങളിൽ കൊടുക്കുന്നത് നിരയനസ്ഫുടങ്ങളും. അതുകൊണ്ട് അയനബലം കാണുന്നതിന്റെ ആദ്യപടിയായി ജാതകത്തിലെ നിരയന ഗ്രഹസ്ഫുടങ്ങളെ സായനമാക്കി മാറ്റണം. (മാസം ഒന്നാംതിയതികളിലെ അയനാംശം പഞ്ചാംഗങ്ങളിലും എഫെമെറിസുകളി ലും കൊടുത്തിരിക്കും.)

ഉദാഹരണജാതകത്തിലെ ഗ്രഹസ്ഫുടം (നിരയനവും സായനവും)

ഗ്രഹം	സൂര്യൻ	ചന്ദ്രൻ	കുജൻ	ബുധൻ	വ്യാഴം	ശുക്രൻ	ശനി
നിരയനം	55° - 31	50° - 49	5° - 42	48° - 00	145° - 26	10° - 46	77° - 51
(+) അയനാംശം 23° - 5							
(=)സായനം	78° - 36	73° - 54	28°47	71 ° - 5	168° - 31	33° 51	100° 56
(ദശാംശത്തിൽ)	78.60°	73.90°	28.78°	71..10°	168.53°	33.85°	100.93°

ജ്യോതിശ്ശാസ്ത്രപ്രകാരം മേഷവിഷുവം (ഢല്വിമഹ ഋൗശീ:) വരുന്നത് മാർച്ച് 21 - നാണ്. എന്നാൽ നമ്മൾ ഇത് (വിഷു) ആഘോഷിക്കുന്നത് ഏപ്രിൽ 14 - നും. ഇരുപത്തിനാലു ദിവസത്തെ ഈ വ്യത്യാസത്തിനു കാരണം അയനാംശമാണ്. ജ്യോതിശ്ശാസ്ത്ര കണക്കുകൾ *(അല്വേീിീ്യ)* സായനം അഥവാ അയനാംശം ചേർന്നതും, ഭാരതീയജ്യോതിഷ കണക്കുകൾ *(കിറശമി അല്വേീഹീഴ്യ)* നിരയനം അഥവാ അയനാംശം ചേരാത്തവയും ആണ്.

4. ഗ്രഹങ്ങളുടെ ക്രാന്തി (ഉലരഹശിമശേീി)

ഗ്രഹങ്ങൾ തങ്ങളുടെ ഭ്രമണത്തിനിടയ്ക്ക് കുറച്ചുനാള് മദ്ധ്യരേഖയ്ക്കു വടക്കും കുറച്ചുനാൾ മദ്ധ്യരേഖയ്ക്കു തെക്കുമായിരിക്കും. ഈ വ്യതിചലനത്തെയാണ് ക്രാന്തി (Declination) എന്നു പറയുന്നത്.

.360° വ്യാസമുള്ള ഖഗോളവൃത്തത്തെ ഗണിതസൗകര്യത്തിനുവേണ്ടി 90° വീതമുള്ള നാലു ഭുജങ്ങളായി തിരിച്ചിട്ടുണ്ട്. ഗ്രഹങ്ങളുടെ സായന സ്ഫുടങ്ങൾ ഏതു ഭുജത്തിലാണ് വരുന്നതെന്നു നോക്കിയാണ് അവയുടെ ക്രാന്തി നിശ്ചയിക്കുന്നത്.

ഭുജം	പരിധി	ക്രാന്തി കാണുന്ന വിധം
1.	0° - - 90°	ഗ്രഹസ്ഫുടം - - 0°
2.	90° - - 180°	180° - - ഗ്രഹസ്ഫുടം
3.	180° - 270°	ഗ്രഹസ്ഫുടം - - 180°
4.	270° - 360°	360° - - ഗ്രഹസ്ഫുടം

ഉദാഹരണജാതകത്തിൽ ഗ്രഹങ്ങളുടെ ക്രാന്തി:

ഗ്രഹം	സൂര്യൻ	ചന്ദ്രൻ	കുജൻ	ബുധൻ	വ്യാഴം	ശുക്രൻ	ശനി
സ്ഫുടം	78.60°	73.90°	28.78°	71.10°	168.53°	33.85°	100.93°
ഭുജം	1	1	1	1	2	1	2
ക്രാന്തി	78.60°	73.90°	28.78°	71.10°	*11.47°	33.85°	*79.07°

*ഈ ജാതകത്തിൽ വ്യാഴത്തിനും ശനിക്കും മാത്രമേ മാറ്റം വരുന്നുള്ളൂ.

(ഗു 180 - - 168.53 = 11.47, മ - 180 - - 100.95 = 79.05)

5. ഭുജത്തിന്റെ 6 ഭാഗങ്ങളും അവയുടെ ക്രാന്തിയും

90° വീതമുള്ള ഭുജങ്ങളെ 15° വീതമുള്ള 6 ഭാഗങ്ങളായി തിരിച്ച് ഓരോ ഭാഗത്തിലും വരുന്ന അയനം (ക്രാന്തി) പ്രത്യേകം കണക്കാക്കിയിട്ടു ് (0° - യ്ക്ക്അയനചലനമില്ല).

ഭുജത്തിന്റെ ഭാഗം	1	2	3	4	5	6
പരിധി	1^{0} - 15^{0}	15^{0} - 30^{0}	30^{0} - 45^{0}	45^{0} - 60^{0}	60^{0} - 75^{0}	75^{0} - 90^{0}
ക്രാന്തി (കലയിൽ)	362	341	299	236	150	52
ആകെ	- -	703	1002	1238	1388	1440

ഉദാഹരണജാതകത്തിൽ- -

സൂര്യന്റെ വടക്കോട്ടും (മകരം - മിഥുനം) തെക്കോട്ടും (കർക്കടകം - ധനു) ഉള്ള ഈ യാത്രകളെയാണ് ഉത്തരായണം എന്നും ദക്ഷിണായനം എന്നും പറയുന്നത്. ഈ ഉത്തരായണവും ദക്ഷിണായനവും എല്ലാ ഗ്രഹങ്ങൾക്കുമു ്. എന്നാൽ അയനബലത്തിനു നോക്കുന്നത് ഗ്രഹം മദ്ധ്യ രേഖയ്ക്കു വടക്കോ തെക്കോ എന്നതാണ് അഥവാ ഓരോ ഗ്രഹത്തി ന്റെയും ക്രാന്തി (North Declination / South Declination) ആണ്.

2. അയനബലം

മദ്ധ്യരേഖയിൽനിന്നും വടക്കോട്ടോ തെക്കോട്ടോ അകലും തോറും ഗ്രഹങ്ങളുടെ അയനബലം കൂടുകയോ കുറയുകയോ ചെയ്യുന്നു. ഗ്രഹങ്ങൾക്ക് മദ്ധ്യരേഖയി ($0^{\circ}/180^{\circ}$) 30 ഷഷ്ട്യംശമാണ് അയനബലം. ഗ്രഹങ്ങളുടെ പരമാവധി അയനം (ക്രാന്തി) 24 ഡിഗ്രിയും 24°-ക്കു കിട്ടു അയനബലം 60 ഷഷ്ട്യംശവും ആണ്. ഇടയ്ക്കുള്ളത് ആനുപാതികമായി (ത്രൈരാശികം ചെയ്തു) കാണണം.

മദ്ധ്യരേഖയ്ക്കു വടക്കുള്ള ഗതിയി സൂര്യൻ, കുജൻ, വ്യാഴം, ശുക്രൻ എന്നീ ഗ്രഹങ്ങൾക്ക് അയനബലം വർദ്ധിക്കുന്നു. ഭൂമദ്ധ്യരേഖയ്ക്കു തെക്കോട്ടുള്ള ഗതിയിൽ ഇതു കുറഞ്ഞു കുറഞ്ഞു തീരെ ഇല്ലാതാകുന്നു. സൂര്യൻ, കുജൻ, വ്യാഴം, ശുക്രൻ എന്നീ ഗ്രഹങ്ങളുടെ ഉത്തരക്രാന്തി (North Declination) 24° യോട് കൂട്ടണം. ദക്ഷിണക്രാന്തി (South Declination) ആണെങ്കിൽ 24° യിൽ നിന്നും കുറയ്ക്കണം.

ഭൂമദ്ധ്യരേഖയ്ക്കു തെക്കുള്ള ഗതിയിൽ ശനി, ചന്ദ്രൻ എന്നീ ഗ്രഹങ്ങൾക്കാണ് അയനബലം കിട്ടുക. വടക്കുള്ള ഗതിയിൽ ഇവരുടെ ബലം ആനുപാതികമായി കുറയു കയും ചെയ്യുന്നു.

(ചന്ദ്രനും ശനിക്കും ദക്ഷിണ ക്രാന്തി 24^{0}യോടു കൂട്ടണം; ഉത്തരക്രാന്തി കുറയ്ക്ക ണം.)

(4) ബുധൻ വടക്കു ഭാഗത്തായാലും തെക്കു ഭാഗത്തായാലും 24^{0}-യോടു കൂട്ടണം. (ബുധന് കൂടുകമാത്രമേ ഉള്ളൂ; കുറയലില്ല.)

(5) സൂര്യന് അയനബലം ഇരട്ടിയാണ്.

3. സായനസ്ഫുടങ്ങളും സായനസ്ഥിതിയും

ഗ്രഹങ്ങളുടെ അയനബലം കണക്കാക്കുന്നത് സായനഗ്രഹസ്ഫുട ങ്ങളിലാണ്; ജാതകങ്ങളിൽ കൊടുക്കുന്നത് നിരയനസ്ഫുടങ്ങളും. അതുകൊണ്ട് അയനബലം കാണുന്നതിന്റെ ആദ്യപടിയായി ജാതകത്തിലെ നിരയന ഗ്രഹസ്ഫുടങ്ങളെ സായനമാക്കി മാറ്റണം. (മാസം ഒന്നാംതിയതികളിലെ അയനാംശം പഞ്ചാംഗങ്ങളിലും എഫെമെറിസുകളി ലും കൊടുത്തിരിക്കും.)

ഉദാഹരണജാതകത്തിലെ ഗ്രഹസ്ഫുടം (നിരയനവും സായനവും)

ഗ്രഹം	സൂര്യൻ	ചന്ദ്രൻ	കുജൻ	ബുധൻ	വ്യാഴം	ശുക്രൻ	ശനി
നിരയനം	55^{0}-31	50^{0}-49	5^{0}-42	48^{0}-00	145^{0}-26	10^{0}-46	77^{0}-51
(+) അയനാംശം 23^{0}-5							
(=)സായനം	78^{0}-36	73^{0}-54	$28^{0}47$	71^{0} -5	168^{0}-31	33^{0} 51	100^{0} 56
(ദശാംശത്തിൽ)	78.60^{0}	73.90^{0}	28.78^{0}	$71..10^{0}$	168.53^{0}	33.85^{0}	100.93^{0}

ജ്യോതിശ്ശാസ്ത്രപ്രകാരം മേഷവിഷുവം (ഢല്വിമഹ ജ്ജൗശീഃ) വരുന്നത് മാർച്ച് 21-നാണ്. എന്നാൽ നമ്മൾ ഇത് (വിഷു) ആഘോഷിക്കുന്നത് ഏപ്രിൽ 14-നും. ഇരുപത്തിനാലു ദിവസത്തെ ഈ വ്യത്യാസത്തിനു കാരണം അയനാംശമാണ്. ജ്യോതിശ്ശാസ്ത്ര കണക്കുകൾ *(അല്വേീിീാ)* സായനം അഥവാ അയനാംശം ചേർന്നതും, ഭാരതീയജ്യോതിഷ കണക്കുകൾ *(കിറശമി അല്വേീഹീഴ്യ)* നിരയനം അഥവാ അയനാംശം ചേരാത്തവയും ആണ്.

ഉദാഹരണജാതകത്തിലെ സായനഗ്രഹങ്ങളുടെ അയനസ്ഥിതി

വടക്ക്			തെക്ക്		
3	2	1	12	11	10
$60^{O}-90^{O}$	$30^{O}-60^{O}$	$0^{O}-30^{O}$	$330-360^{O}$	300 - 330	$270-300^{O}$
ര 78.60	-	കു 28°.78 -		- -	- -
ച 73.90	ശു 33.85	- -	- -	- -	- -
ബു $71..10^{O}$	- -	- -	- -	- -	- -
4	5	6	7	8	9
$90^{O}-120^{O}$	$120^{O}-150^{O}$	$150^{O}-180^{O}$	$180-210^{O}$	210 - - 240	240 - 270
മ 100.93^{O}	- -	ഗു 168.53^{O}	-	-	-

ഈ ജാതകത്തിൽ സായനസ്ഫുടപ്രകാരം എല്ലാ ഗ്രഹങ്ങളും രാശിമണ്ഡലത്തിന്റെ വടക്കുഭാഗ ത്താണ്.

4. ഗ്രഹങ്ങളുടെ ക്രാന്തി (Declination)

ഗ്രഹങ്ങൾ തങ്ങളുടെ ഭ്രമണത്തിനിടയ്ക്ക് കുറച്ചുനാൾ മദ്ധ്യരേഖ യ്ക്കു വടക്കും കുറച്ചുനാൾ മദ്ധ്യരേഖയ്ക്കു തെക്കുമായിരിക്കും. ഈ വ്യതിചലന ത്തെയാണ് ക്രാന്തി (Declination) എന്നു പറയുന്നത്.

.360° വ്യാസമുള്ള ഖഗോളവൃത്തത്തെ ഗണിതസൗകര്യത്തിനുവേണ്ടി 90° വീതമുള്ള നാലു ഭുജങ്ങളായി തിരിച്ചിട്ടുണ്ട്. ഗ്രഹങ്ങളുടെ സായന സ്ഫുടങ്ങൾ ഏതു ഭുജത്തിലാണ് വരുന്നതെന്നു നോക്കിയാണ് അവയുടെ ക്രാന്തി നിശ്ചയിക്കുന്നത്.

ഭുജം	പരിധി	ക്രാന്തി കാണുന്ന വിധം
1.	0° - - 90°	ഗ്രഹസ്ഫുടം - - 0°
2.	90° - - 180°	180° - - ഗ്രഹസ്ഫുടം
3.	$180^{O}-270^{O}$	ഗ്രഹസ്ഫുടം - - 180°
4.	$270^{O}-360^{O}$	360° - - ഗ്രഹസ്ഫുടം

ഉദാഹരണജാതകത്തിൽ ഗ്രഹങ്ങളുടെ ക്രാന്തി:

ഗ്രഹം	സൂര്യൻ	ചന്ദ്രൻ	കുജൻ	ബുധൻ	വ്യാഴം	ശുക്രൻ	ശനി
സ്ഫുടം	78.60^{O}	73.90^{O}	28.78^{O}	71.10^{O}	168.53^{O}	33.85^{O}	100.93^{O}
ഭുജം	1	1	1	1	2	1	2
ക്രാന്തി	78.60^{O}	73.90^{O}	28.78^{O}	71.10^{O}	*11.47^{O}	33.85^{O}	*79.07^{O}

*ഈ ജാതകത്തിൽ വ്യാഴത്തിനും ശനിക്കും മാത്രമേ മാറ്റം വരുന്നുള്ളു.

(ഗു - 180 - - 168.53 = 11.47. മ - 180 - - 100.95 = 79.05)

5. ഭുജത്തിന്റെ 6 ഭാഗങ്ങളും അവയുടെ ക്രാന്തിയും

90° വീതമുള്ള ഭുജങ്ങളെ 15° വീതമുള്ള 6 ഭാഗങ്ങളായി തിരിച്ച് ഓരോ ഭാഗത്തിലും വരുന്ന അയനം (ക്രാന്തി) പ്രത്യേകം കണക്കാക്കിയിട്ടു ്.(0° - യ്ക്ക് അയനചലനമില്ല).

ഭുജത്തിന്റെ ഭാഗം	1	2	3	4	5	6
പരിധി	$1^{O}-15^{O}$	$15^{O}-30^{O}$	$30^{O}-45^{O}$	$45^{O}-60^{O}$	$60^{O}-75^{O}$	$75^{O}-90^{O}$
ക്രാന്തി (കലയിൽ)	362	341	299	236	150	52
ആകെ	- -	703	1002	1238	1388	1440

ഉദാഹരണജാതകത്തിൽ- -

ഗ്രഹം	സൂര്യൻ	ചന്ദ്രൻ	കുജൻ	ബുധൻ	വ്യാഴം	ശുക്രൻ	ശനി
ക്രാന്തി	78.60^{O}	73.90^{O}	28.78^{O}	71.10^{O}	11.47^{O}	33.85^{O}	79.07^{O}
ഭാഗം1 (1-15)	362	362	362	362	*276.80	362	362
ഭാഗം2 (15-30)	341	341	*313.72	341	-	341	341
ഭാഗം3 (30-45)	299	299		299	-	*77.14	299
ഭാഗം4 (45-60)	236	236	-	236		-	236
ഭാഗം5 (60-75)	150	*139.2	-	*111	-	-	150
ഭാഗം6 (75-90)	*12.54	-	-	-	-	-	*15.60
ആകെ(കല)	1400.54	1377.2	675.72	1349	*276.80	780.14	1403.60
(ഭാഗ)	23.34^{O}	22.95^{O}	11.26^{O}	22.48^{O}	4.61^{O}	13°	23.39^{O}
	*52•3.60 / 15	*150•13.90 / 15	*341•13.78 / 15	*150•11.10 / 15	*362•11.47 / 15	*299•3.65 / 15	*52•4.07 / 15

ഉദാഹരണജാതകത്തിലെ അയനബലം

ഗ്രഹം	സൂര്യൻ	ചന്ദ്രൻ	കുജൻ	ബുധൻ	വ്യാഴം	ശുക്രൻ	ശനി
ഡിഗ്രിയിൽ	23.34^{O}	22.95^{O}	11.26	22.48	4.61	13	23.39
ക്രാന്തി (+ / - -)	+ 24° - -	24	+ 24°	+ 24°	+ 24°	+ 24°	- - 24
ആകെ	47.34^{O}	1.05	35.26	46.48	28.61	37	0.61
അയനബലം (• 5/4)	59.175*	1.31	44.08	58.10	35.76	46.25	0.76

സൂര്യന് ഇരട്ടി 118.35

6 (9) യുദ്ധബലം

സാമാന്യനിയമം

മേഷാദി വിക്ഷേപമുള്ള ഗ്രഹം വടക്കു നിൽക്കും. തുലാദിവിക്ഷേപ മുള്ളവൻ തെക്കും. രണ്ടു വിക്ഷേപവും മേഷാദിയാണെങ്കിൽ വിക്ഷേപമേറിയവൻ വടക്കായിരിക്കും. രണ്ടും തുലാദിയാണെങ്കിൽ വിക്ഷേപം കുറഞ്ഞവനാണ് വടക്ക്. വടക്കു നിൽക്കുന്നവ നാണ് ജയിക്കുന്നാത്. ശുക്രൻ എവിടെ നിന്നാലും ജയിക്കും.

സൂക്ഷ്മഗണിതം.

1. രണ്ടു ഗ്രഹങ്ങളുടെ രേഖാംശങ്ങൾ (ഗ്രഹസ്ഫുടങ്ങൾ) തമ്മിലുള്ള അകലം ഒരു ഡിഗ്രിയിൽ കുറയുമ്പോളുള്ള അവസ്ഥയെയാണ് ഗ്രഹയുദ്ധം എന്നു പറയുന്നത്.

2. സൂര്യനും ചന്ദ്രനും ഗ്രഹയുദ്ധത്തിൽ വരുന്നില്ല; താരാഗ്രഹങ്ങൾ (കു, ബു, ഗു, ശു, മ) തമ്മിലാണ് ഗ്രഹയുദ്ധം സംഭവിക്കുക.

3. ഗണിതരീതി: യുദ്ധത്തിലുള്ള രണ്ടു ഗ്രഹങ്ങളുടെയും വിവിധ ബലങ്ങൾ, അതായത്, നതോന്നതബലം, പക്ഷബലം, ത്രിഭാഗബലം, വർഷബലം, മാസബലം, ദിവസബലം, ഹോരാബലം എന്നീ കാലബലങ്ങ ളോടുകൂടി ഇനി പറയാൻ പോകുന്ന സ്ഥാനബലം, ദിക്ബലം എന്നിവ കൂടി കൂട്ടണം. അവയിൽ കൂടുതൽ ഉള്ളതിൽ നിന്നും കുറവുള്ളതു കുറയ്ക്കണം. അപ്പോൾ കിട്ടുന്ന സംഖ്യയെ ബിംബപരിമാണ വ്യത്യാസം കൊ ു ഹരിക്കണം.

ബിംബപരിമാണങ്ങൾ (കലയിൽ):

കുജൻ	ബുധൻ	ഗുരു	ശുക്രൻ	ശനി
9.4	6.6	190.4	16.6	158

ആദ്യം പറഞ്ഞ സംഖ്യയിൽ നിന്നും ര ാമതു പറഞ്ഞ സംഖ്യ കുറയ്ക്കു മ്പോൾ കിട്ടുന്നതാണ് ് യുദ്ധബലം. യുദ്ധത്തിൽ ജയിച്ച ഗ്രഹത്തിന്റെ കാലബലത്തോട് ഇതു കൂട്ടണം; യുദ്ധത്തിൽ തോറ്റ ഗ്രഹത്തിന്റെ കാലബലത്തിൽ നിന്ന് അത്രയും കുറയ്ക്കുകയും വേണം.

നമ്മുടെ ഉദാഹരണജാതകത്തിൽ ഗ്രഹയുദ്ധമില്ലാത്തതിനാൽ, ഇവിടെ ഉദാഹരണത്തിനായി ഗ്രഹയുദ്ധമുള്ള മറ്റൊരു ജാതകം എടുക്കുകയാണ്.

	ബുധൻ	വ്യാഴം	
ഗ്രഹസ്ഫുടം	170.53	170.45	
സ്ഥാനബലം	238.16	152.98	
ദിക്ബലം	31.97	31.99	
നതോന്നതബലം	60.00	6.10	
പക്ഷബലം	54.38	54.38	
ത്രിഭാഗബലം	- -	60.0	
വർഷബലം	- -	- -	
മാസബലം	- -	- -	
ദിവസബലം	- -	- -	
ഹോരാബലം	60.00	- -	
ആകെ ബലം	444.51	305.45	139.06
ബിംബപരിമാണം	6.6	90.4	183 .8
139.06 / 183.8	0.8 ഷഷ്ട്യംശം		
യുദ്ധബലം	- - 0.80	+ 0.80	

ഉദാഹരണജാതകത്തിൽ ഗ്രഹങ്ങളുടെ ഷഡ്ബലം

ഗ്രഹം ബലം -	സൂര്യൻ	ചന്ദ്രൻ	കുജൻ	ബുധൻ	വ്യാഴം	ശുക്രൻ	ശനി
1. നൈസർഗ്ഗിക	60.00	51.43	17.14	25.70	34.28	4285	8.57
2. ദിഗ്	5.50	52.93	22.11	38.50	6.02	39.58	31.45
3. ദൃക്	3.11	11.19	- 2.80	11.55	- 47.86	- 2.80	- 0.32
4. ചേഷ്ടാ	0	0	33.66	1.92	28.31	41.28	3.92
5. ഉച്ച	44.83	54.06	37.43	21	43.19	55.41	19.28
6. സപ്തവർഗ്ഗജ	142.5	127.5	127.5	123.75	86.25	65.62	135
7. ഓജയുഗമ	15	30	15	15	15	15	15
8. കേന്ദ്രം	15	15	30	15	15	30	60
9. ദ്രേക്കാണ	-	15	15	15	-	-	15
10.നതോന്നത	5.96	54.04	54.04	60	5.96	5.96	54.04
11.പക്ഷ	58.43	116.86	58.43	58.43	1.57	1.57	58.43
12.ത്രിഭാഗ	-	-	-	-	60	60	-
13. വർഷ	-	-	-	15	-	-	-
14. മാസ	30	-	-	-	-	-	-
15. വാര	-	-	-	-	-	-	45
16. ഹോരാ	-	-	-	60	-	-	-
17.അയന	118.35	1.31	44.08	58.10	35.7646.25		0.76
18.യുദ്ധ	0	0	0	0	0	0	0
ആകെ ഷഷ്ട്യംശത്തിൽ	498.68	529.32	451.59	518.95	283.48	400.72	446.13
രൂപയിൽ	8.318.82	7.53	8.65	4.72	6.68	7.44	
മിനിമംവേണ്ടത്	5.00	6.00	5.00	7.00	6.50	5.50	5.00
അനുപാതം	1.661.47	1.51	1.24	0.73	1.21	1.49	

ഉദാഹരണജാതകത്തിൽ ഗ്രഹങ്ങളുടെ ബലം (രൂപ - ദശാംശം)

സൂര്യൻ	1.66
കുജൻ	1.51
ശനി	1.49
ചന്ദ്രൻ	1.47
ബുധൻ	1.24
ശുക്രൻ	1.21
വ്യാഴം	0.73

അനുബന്ധം 3
കാലചക്രദശയിലെ ദശാനാഥപട്ടിക
(അദ്ധ്യായം 22)

1. അശ്വതി - കാർത്തിക ഗ്രൂപ്പ്
   (അശ്വതി, കാർത്തിക, പുണർതം, ആയില്യം, അത്തം, ചോതി,
   മൂലം, ഉത്രാടം, പൂരുരുട്ടാതി, രേവതി) 5 + 5 = 10 നക്ഷത്രം

പാദം	1									
1	2	3	4	5	6	7	8	9		
മേടം	ഇടവം	മിഥുനം	കർക്ക	ചിങ്ങം	കന്നി	തുലാം	വൃശ്ചി	ധനു		
കു	ശു	ബു	ച	ര	ബു	ശു	കു	ഗു	പരമായു	
7	16	9	21	5	9	16	7	10	100	

പാദം	2									
10	11	12	8	7	6	4	5	3		
മകരം	കുംഭം	മീനം	വൃശ്ചി	തുലാം	കന്നി	കർക്ക	ചിങ്ങം	മിഥുനം		
മ	മ	ഗു	കു	ശു	ബു	ച	ര	ബു		
4	4	10	7	16	9	21	5	9	85	

പാദം	3									
2	1	12	11	10	9	1	2	3		
ഇടവം	മേടം	മീനം	കുംഭം	മകരം	ധനു	മേടം	ഇടവം	മിഥുനം		
ശു	കു	ഗു	മ	മ	ഗു	കു	ശു	ബു		
16	7	10	4	4	10	7	16	9	83	

പാദം	4									
4	5	6	7	8	9	10	11	12		
കർക്ക	ചിങ്ങം	കന്നി	തുലാം	വൃശ്ചി	ധനു	മകരം	കുംഭം	മീനം		
ച	ര	ബു	ശു	കു	ഗു	മ	മ	ഗു		
21	5	9	16	7	10	4	4	10	86	

2. ഭരണിഗ്രൂപ്പ്
   (ഭരണി, പൂയം, ചിത്ര, പൂരാടം, ഉത്രട്ടാതി) - 5 നക്ഷത്രം

പാദം 1										
8	7	6	4	5	3	2	1	12		
വൃശ്ചി	തുലാം	കന്നി	കർക്കട	ചിങ്ങം	മിഥുനം	എടവം	മേടം	മീനം		
കു	ശു	ബു	ച	ര	ബു	ശു	കു	ഗു		
7	16	9	21	5	9	16	7	10	100	

പാദം 2									
11	10	9	1	2	3	4	5	6	

കുംഭം	മകരം	ധനു	മേടം		ഇടവം	മിഥുനം	കർക്ക	ചിങ്ങം	കന്നി	
മ	മ	ഗു	കു		ശു	ബു	ച	ര	ബു	
4	4	10	7		16	9	21	5	9	85

		പാദം 3								
7	8	9	10	11	12	8	7	6		
തുലാം	വൃശ്ചി	ധനു	മകരം	കുംഭം	മീനം	വൃശ്ചി	തുലാം	കന്നി		
ശു	കു	ഗു	മ	മ	ഗു	കു	ശു	ബു		
16	7	10	4	4	10	7	16	9	83	

പാദം 4									
4	5	3	2	1	12	11	10	9	
കർക്ക	ചിങ്ങം	മിഥുനം	ഇടവം	മേടം	മീനം	കുംഭം	മകരം	ധനു	
ച	ര	ബു	ശു	കു	ഗു	മ	മ	ഗു	
21	5	9	16	7	10	4	4	10	86

3. രോഹിണിഗ്രൂപ്പ്

(രോഹിണി, മകം, വിശാഖം, തിരുവോണം) - 4 നക്ഷത്രം

പാദം 1

9	10	11	12	1	2	3	5	4	
ധനു	മകരം	കുംഭം	മീനം	മേടം	ഇടവം	മിഥുന	ചിങ്ങം	കർക്കടം	
ഗു	മ	മ	ഗു	കു	ശു	ബു	ര	ച	
10	4	4	10	7	16	9	5	21	86

പാദം 2

6	7	8	12	11	10	9	8	7	
കന്നി	തുലാം	വൃശ്ചി	മീനം	കുംഭം	മകരം	ധനു	വൃശ്ചി	തുലാം	
ബു	ശു	കു	ഗു	മ	മ	ഗു	കു	ശു	
9	16	7	10	4	4	10	7	16	83

പാദം 3

6	5	4	3	2	1	9	10	11	
കന്നി	ചിങ്ങം	കർക്കടം	മിഥുനം	ഇടവം	മേടം	ധനു	മകരം	കുംഭം	
ബു	ര	ച	ബു	ശു	കു	ഗു	മ	മ	
9	5	21	9	6	7	10	4	4	85

പാദം 4

12	1	2	3	5	4	6	7	8	
മീനം	മേടം	ഇടവം	മിഥുനം	ചിങ്ങം	കർക്ക	കന്നി	തുലാം	വൃശ്ചികം	
ഗു	കു	ശു	ബു	ര	ച	ബു	ശു	കു	
10	7	16	9	5	21	9	16	7	100

4. മകയിരം - തിരുവാതിര ഗ്രൂപ്പുകൾ

(മകയിരം, തിരുവാതിര, പൂരം, ഉത്രം, അനിഴം, തൃക്കേട്ട, അവിട്ടം, ചതയം.)

(4 + 4 = 8 നക്ഷത്രം)

പാദം 1

12	11	10	9	8	7	6	5	4	
മീനം	കുംഭം	മകരം	ധനു	വൃശ്ചികം	തുലാ	കന്നി	ചിങ്ങം	കർക്കടം	
ഗു	മ	മ	ഗു	കു	ശു	ബു	ര	ച	
10	4	4	10	7	16	9	5	21	86

പാദം 2

3	2	1	9	10	11	12	1	2	
മിഥുനം	ഇടവം	മേടം	ധനു	മകരം	കുംഭം	മീനം	മേടം	ഇടവം	
ബു	ശു	കു	ഗു	മ	മ	ഗു	കു	ശു	
9	16	7	10	4	4	10	7	16	83

പാദം 3

3	5	4	6	7	8	12	11	10	
മിഥുനം	ചിങ്ങം	കർക്ക	കന്നി	തുലാം	വൃശ്ചി	മീനം	കുംഭം	മകരം	
ബു	ര	ച	ബു	ശു	കു	ഗു	മ	മ	
9	5	21	9	16	7	10	4	4	85

പാദം 4

8	7	6	5	4	3	2	1		
ധനു	വൃശ്ചി	തുലാം	കന്നി	ചിങ്ങം	കർക്ക	മിഥുനം	ഇടവം	മേടം	
ഗു	കു	ശു	ബു	ര	ച	ബു	ശു	കു	
10	7	16	9	5	21	9	16	7	10

അനുബന്ധം 4
ഗ്രഹങ്ങളുടെ ശത്രുമിത്രത്വം

	മിത്രം	സമൻ	ശത്രു
സൂര്യന്	ചന്ദ്രൻ, കുജൻ, ഗുരു	ബുധൻ	ശുക്രൻ ശനി
ചന്ദ്രന്	രവി, ബുധൻ	കുജൻ,ഗുരു,ശുക്രൻ,ശനി	ഇല്ല
കുജന്	രവി, ചന്ദ്രൻ, ഗുരു	ശുക്രൻ, ശനി	ബുധൻ
ബുധന്	രവി, ശുക്രൻ	കുജൻ, ഗുരു, ശനി	ചന്ദ്രൻ
ഗുരുവിന്	രവി, ചന്ദ്രൻ,	കുജൻ ശനി	ബുധൻ, ശുക്രൻ
ശുക്രന്	ബുധൻ, ശനി	കുജൻ, ഗുരു	ചന്ദ്രൻ
ശനിക്ക്	ബുധൻ, ശുക്രൻ	ഗുരു	രവി,ചന്ദ്രൻ,കുജൻ

അനുബന്ധം - 5
കടപയാദി അക്ഷരസംഖ്യ

1	2	3	4	5	6	7	8	9	0
ക	ഖ	ഗ	ഘ	ങ	ച	ഛ	ജ	ഝ	ഞ
ട	ഠ	ഡ	ഢ	ണ	ത	ഥ	ദ	ധ	ന
പ	ഫ	ബ	ഭ	മ					
യ	ര	ല	വ	ശ	ഷ	സ	ഹ	ള	ഴ, റ
1	2	3	4	5	6	7	8	9	0

നിയമങ്ങൾ
1. സംഖ്യകളുടെ ക്രമം വലത്തുനിന്നും ഇടത്തോട്ട്
2. അകാരാദി സ്വരാക്ഷരങ്ങൾ പതിനാറും പൂജ്യം
3. കൂട്ടക്ഷരങ്ങളിൽ താഴെ വരുന്ന അക്ഷരത്തിന്റെ സംഖ്യ.
   റ കൂട്ടക്ഷരമായാൽ ര യുടെ സംഖ്യ
4. വ്യഞ്ജനങ്ങളോട് സ്വരം ചേർന്നാൽ വ്യഞ്ജനത്തിന്റെ സംഖ്യ തന്നെ.
5. 9- നു ശേഷം പൂജ്യം വന്നാൽ 10, 1 വന്നാൽ 11 ഈ ക്രമത്തിൽ.

ഫലദീപിക, മലയാളം പദാനുപദതർജ്ജമ, സമാപ്തം

൩

www.ingramcontent.com/pod-product-compliance
Lightning Source LLC
Chambersburg PA
CBHW080648190526
45169CB00006B/2030